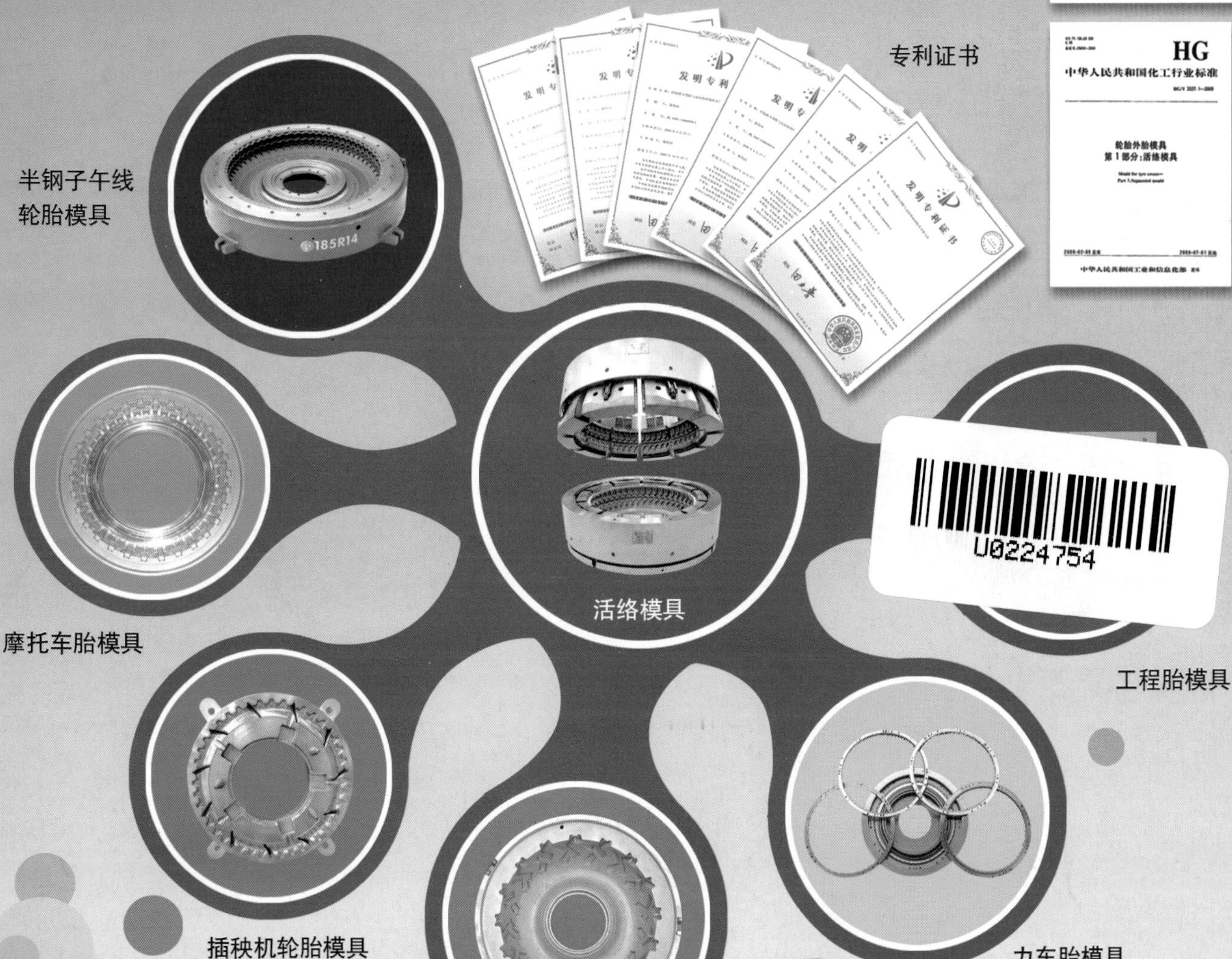

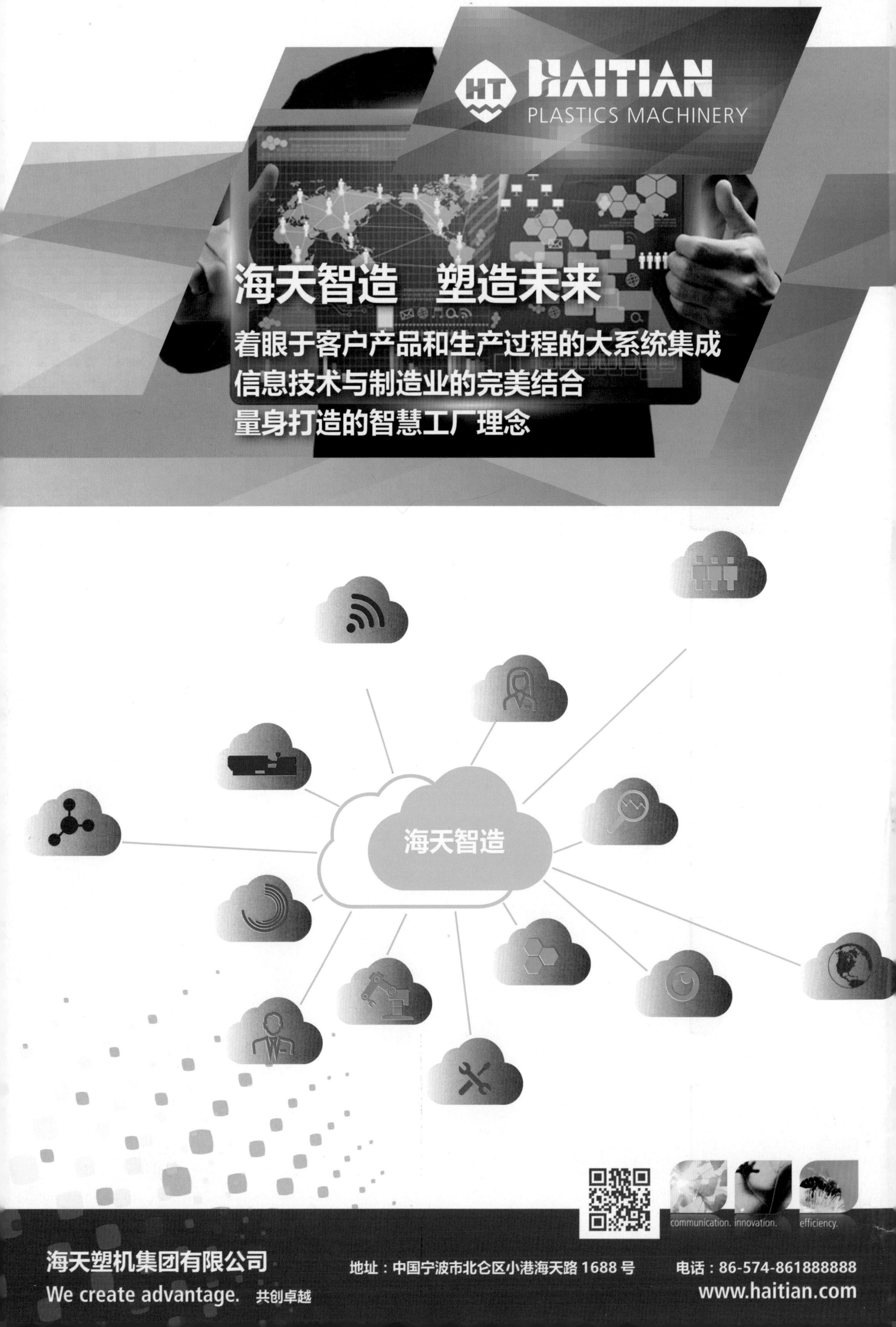
HT HAITIAN
PLASTICS MACHINERY
海天智造　塑造未来
着眼于客户产品和生产过程的大系统集成
信息技术与制造业的完美结合
量身打造的智慧工厂理念
海天智造
communication. innovation. efficiency.
海天塑机集团有限公司
We create advantage. 共创卓越
地址：中国宁波市北仑区小港海天路 1688 号
电话：86-574-861888888
www.haitian.com

目录 CONTENTS

橡胶机械标准汇编

合海橡塑装备制造有限公司

浙江来福模具有限公司

海天塑机集团有限公司

内蒙古北通橡塑机械有限公司

南通三信塑胶装备科技股份有限公司

青岛双星橡塑机械有限公司

浙江本发科技有限公司

广东利拿实业有限公司

上海德杰仪器设备有限公司

江苏明珠试验机械有限公司

江苏新真威试验机械有限公司

大同机械（东莞）销售有限公司

益阳新华美机电科技有限公司

余姚华泰橡塑机械有限公司

大连华韩塑机有限公司

广东仕诚塑料机械有限公司

桂林市君威机电科技有限公司

福建建阳龙翔科技开发有限公司

唐山市致富塑料机械有限公司

桂林中昊力创机电设备有限公司

江门市辉隆塑料机械有限公司

天华化工机械及自动化研究院设计有限公司

大同机械（无锡）销售有限公司

北京贝特里戴瑞科技发展有限公司

鸣谢单位 冠名权

浙江本发科技有限公司	梁贤军
浙江来福模具有限公司	潘伟润
广东利拿实业有限公司	王孔金
江苏大道机电科技有限公司	陈宇辉
江门市辉隆塑料机械有限公司	许锦才
南通三信塑胶装备科技股份有限公司	陈　伟
江苏明珠试验机械有限公司	朱安明　朱　明
青岛双星橡塑机械有限公司	刘培华　陆永高　殷　晓
天华化工机械及自动化研究设计院有限公司	张国强　梁晓刚

橡胶塑料机械标准汇编

（第二版）

上册

全国橡胶塑料机械标准化技术委员会
中　国　标　准　出　版　社　编

中国标准出版社

北　京

图书在版编目(CIP)数据

橡胶塑料机械标准汇编(第二版).上册/全国橡胶塑料机械标准化技术委员会,中国标准出版社编.—2版.—北京:中国标准出版社,2018.4
ISBN 978-7-5066-8899-4

Ⅰ.①橡… Ⅱ.①全…②中… Ⅲ.①橡胶机械—标准—汇编—中国②塑料—化工机械—标准—汇编—中国 Ⅳ.①TQ330.4-65②TQ320.5-65

中国版本图书馆 CIP 数据核字(2018)第 017197 号

中国标准出版社出版发行
北京市朝阳区和平里西街甲 2 号(100029)
北京市西城区三里河北街 16 号(100045)

网址 www.spc.net.cn
总编室:(010)68533533 发行中心:(010)51780238
读者服务部:(010)68523946

中国标准出版社秦皇岛印刷厂印刷
各地新华书店经销

*

开本 880×1230 1/16 印张 73.25 字数 2 213 千字
2018 年 4 月第二版 2018 年 4 月第二次印刷

*

定价 (上下册):495.00 元

出 版 说 明

为适应我国橡胶塑料机械工业的快速发展，促进全行业技术进步的需要，方便行业企业对标准的检索，同时为加大标准的宣传力度，推进橡胶塑料机械标准的贯彻实施，满足广大读者对标准文本的需求，我们在2006年第一版的基础上，编辑出版《橡胶塑料机械标准汇编（第二版）》。

本次修订收录的标准数量较多，故分为上、下册，上册是橡胶塑料通用机械与橡胶专用机械，下册是塑料专用机械，收集了截止2017年12月底批准发布的现行国家标准和行业标准共137项，其中国家标准40项，行业标准97项。

本汇编包括的标准，由于出版年代的不同，其格式、计量单位以及技术术语存在不尽相同的地方。

目录中标准号后括号内的年代号，表示在该年度确认了该标准，但没有重新出版。

本汇编可供橡胶、塑料机械行业的生产、技术、检验人员和科研人员等参考使用，也可供从事相关专业标准化工作的人员使用。

编　者

2018年1月

目　录

上　册

一、橡胶塑料通用机械

二、橡胶专业机械

一、橡胶塑料通用机械

ICS 71.120;83.200
G 95

中华人民共和国国家标准

GB/T 9707—2010
代替 GB/T 9707—2000

密闭式炼胶机炼塑机

Rubber internal mixers & plastics internal mixers

2010-09-26 发布　　2011-10-01 实施

中华人民共和国国家质量监督检验检疫总局
中国国家标准化管理委员会　发布

前　言

本标准代替 GB/T 9707—2000《密闭式炼胶机、炼塑机》。

本标准与 GB/T 9707—2000 相比主要变化如下：

——增加工作环境要求(见 4.2)；

——对第 4 章"要求"作了必要的修改；

——增加了适用于啮合型密炼机的范围；

——增加了多种密炼机规格(见 3.1 及附录 A)；

——取消了对合金硬度的要求(见 4.3.6、4.3.7、4.3.8)；

——取消原标准中的安全要求条款，直接引用密闭式炼胶机炼塑机安全要求标准；

——增加了判定规则(见 6.3)。

本标准的附录 A 为资料性附录。

本标准由中国石油和化学工业协会提出。

本标准由全国橡胶塑料机械标准化技术委员会(SAC/TC 71)归口。

本标准负责起草单位：大连橡胶塑料机械股份有限公司、益阳橡胶塑料机械集团有限公司。

本标准参加起草单位：绍兴精诚橡塑机械有限公司、北京橡胶工业研究设计院。

本标准主要起草人：贺平、陈汝祥、杨宥人、李香兰、彭志深、凌玉荣。

本标准参加起草人：徐银虎、劳光辉、尉方炜、夏向秀、何成。

本标准所代替标准的历次版本发布情况为：

——GB/T 9707—1988、GB/T 9707—2000。

密闭式炼胶机炼塑机

1 范围

本标准规定了密闭式炼胶机、炼塑机的规格系列、基本参数、型号、要求、试验、检验规则、标志、包装、使用说明、运输和贮存。

本标准适用于一对具有一定形状的转子，间歇进行混炼或塑炼的密闭式炼胶机、炼塑机（以下简称密炼机）。

2 规范性引用文件

下列文件中的条款通过本标准的引用而成为本标准的条款。凡是注日期的引用文件，其随后所有的修改单（不包括勘误的内容）或修订版均不适用于本标准，然而，鼓励根据本标准达成协议的各方研究是否可使用这些文件的最新版本。凡是不注日期的引用文件，其最新版本适用于本标准。

GB/T 191 包装储运图示标志(GB/T 191—2008,ISO 780:1997,MOD)

GB/T 3766—2001 液压系统通用技术条件(eqv ISO 4413:1998)

GB/T 6388 运输包装收发货标志

GB/T 7932—2003 气动系统通用技术条件(ISO 4414:1998,IDT)

GB/T 9969 工业产品使用说明书 总则

GB/T 12783—2000 橡胶塑料机械产品型号编制方法

GB/T 13306 标牌

GB/T 13384 机电产品包装通用技术条件

GB/T 14039—2002 液压传动 油液固体颗粒污染等级代号(ISO 4406:1999,MOD)

GB 25433 密闭式炼胶机炼塑机安全要求(GB 25433—2010,EN 12013:2000,MOD)

HG/T 2148 密闭式炼胶机炼塑机检测方法

HG/T 3120—1998 橡胶塑料机械外观通用技术条件

HG/T 3228—2001 橡胶塑料机械涂漆通用技术条件

3 规格系列、基本参数及型号

3.1 规格系列及基本参数

密炼机规格系列及基本参数参见附录 A。

3.2 型号

密炼机的型号应符合 GB/T 12783—2000 的规定。

4 要求

4.1 总则

密炼机应符合本标准的要求，并按照经规定程序批准的图样及技术文件制造。

4.2 工作环境要求

4.2.1 环境温度：5 ℃～40 ℃。

4.2.2 环境相对湿度：不大于 85%。

4.2.3 环境海拔高度不大于 1 000 m。

注：以上工作环境要求为常规的条件，如用户有特殊要求时，应单独注明。

4.3 技术要求

4.3.1 密炼机的压料装置和卸料装置应工作可靠，操作方便灵活，并便于拆卸清理。

4.3.2 密炼机应有显示密炼机内部物料温度的装置。

4.3.3 规格 50 L(含 50 L)以上密炼机，在电气控制系统中，应留有与辅机控制系统联动的接点。

4.3.4 规格 80 L(含 80 L)以上的密炼机，在工作过程中，不提起压砣的情况下，可向密炼室内加入液态物料。

4.3.5 规格 45 L(含 45 L)以上密炼机的主传动电动机，应采用 IP44 及以上防护等级，以便能在有粉尘的环境中正常工作。

4.3.6 生产用密炼机转子凸棱及棱侧主要表面应堆焊耐磨硬质合金，采用其他硬化处理时，应不低于堆焊耐磨硬质合金的性能。

4.3.7 生产用密炼机的密炼室内表面、卸料门和压砣与物料接触表面，应进行耐磨硬化处理。

4.3.8 实验室用密炼机的转子、密炼室、压砣和卸料门工作表面应具有耐磨、耐腐蚀性，转子凸棱与密炼室内壁表面应进行硬化处理。

4.3.9 实验室用密炼机凡与物料接触的表面应光滑，便于清理，表面粗糙度 $Ra \leqslant 3.2\ \mu m$。

4.3.10 密炼室、转子、压砣内腔必须进行水压试验，其试验压力不得低于工作压力的 1.5 倍，持续时间不得少于 30 min，并不得渗漏。

4.3.11 采用钻孔式加热或冷却的密炼室、卸料门应进行水压试验或加热试验。当进行水压试验时，压力不低于 3 MPa，持续时间不得少于 30 min，不得渗漏；当进行加热试验时，炼胶机蒸汽压力为 0.3 MPa；炼塑机蒸汽压力为 1 MPa，持续时间不得少于 30 min，不得渗漏。

4.3.12 整机运转中，卸料门应密封良好，转子端面密封处应采取可靠措施，不应有粉状物料漏出。

4.3.13 密炼机液压系统应符合 GB/T 3766—2001 的规定，液压系统工作油液污染度等级不得低于 GB/T 14039—2002 中规定的 19/16 级。

4.3.14 密炼机气动系统应符合 GB/T 7932—2003 的规定。气动系统使用的压缩空气应是经过除水、过滤的干燥洁净空气。

4.3.15 密炼机冷却(加热)、空气、润滑等各管路系统应连接可靠，管路中杂物应清理干净，管路应畅通，不得渗漏，各润滑点应润滑充分。

4.4 空运转要求

4.4.1 密炼机空运转时，空运转所消耗的功率不得超过主电动机额定功率的 15%。

4.4.2 密炼机运转时，转子轴承和减速器轴承的温度不得有骤升现象。空运转时，其温升不得超过 20℃。

4.5 负荷运转要求

负荷运转时，轴承温升应符合表 1 的规定。

表 1 轴承温升要求

单位为摄氏度

部 位	温 升	最高温度极限值
炼胶机转子轴承	≤40	80
炼塑机转子轴承	≤90	120
减速机轴承	≤40	80

4.6 噪声要求

密炼机运转时，在操作者位置的整机噪声应符合表2的规定。

表2 密炼机整机噪声要求

规格	实验室用	<160	≥160～370	>370
噪声级/dB(A)	≤80	≤85	≤90	≤95

4.7 安全要求

密炼机安全要求应符合GB 25433的规定。

4.8 外观和涂漆要求

密炼机的外观和涂漆质量应分别符合HG/T 3120—1998和HG/T 3228—2001的规定。

5 试验

5.1 空运转试验

5.1.1 空运转试验前，应按4.3.13、4.3.14及4.3.15要求进行检查。

5.1.2 空运转试验应在完成整机装配并符合5.1.1要求后进行。

5.1.3 连续空运转试验时间不少于2 h。

5.1.4 空运转试验项目按4.4进行。

5.1.5 在空运转试验前，必须用手转动转子两周，不得有异常现象。

5.2 负荷运转试验

5.2.1 负荷运转试验应在空运转试验合格后进行。

5.2.2 每台密炼机须经不少于10车料的连续负荷运转试验，试验用胶料块的大小应适宜。

5.2.3 负荷运转试验应进行下列项目的检查：

a) 参照附录A中表A.1和表A.2的规定检查基本参数；

b) 按4.5要求进行检查；

c) 按4.3.1、4.3.12、4.3.15及4.6要求进行检查。

注：负荷运转试验可在用户厂进行。

5.3 安全试验

按GB 25433检验密闭式炼胶机炼塑机安全要求。

5.4 试验方法

密炼机的试验方法按HG/T 2148进行。

6 检验规则

6.1 出厂检验

每台密炼机出厂前应按4.4、4.7及4.8进行检查，经制造厂质量检验部门检验合格并签发合格证后，方能出厂。出厂时应附有产品质量合格证。

6.2 型式检验

6.2.1 型式检验的项目内容包括本标准中的各项要求。

6.2.2 有下列情况之一时，应进行型式检验：

a) 新产品或老产品转厂时的试制定型鉴定；

b) 正式生产后，如结构、材料、工艺等有较大改变，可能影响产品性能时；

c) 正常生产时，每年最少抽试一台；

d) 产品停产二年后，恢复生产时；

e) 出厂检验结果与上次型式检验有较大差异时；

f) 国家质量监督机构提出型式检验要求时。

6.3 判定规则

经型式检验若有不合格项时,需进行复检,复检若仍有不合格项时,则判定为型式检验不合格。

7 标志、包装、使用说明、运输和贮存

7.1 标志

每台密炼机应在明显位置固定产品标牌。标牌型式、尺寸和技术要求应符合 GB/T 13306 的规定。产品标牌应有下列内容:

a) 产品名称、型号及执行标准号;

b) 产品的主要技术参数;

c) 制造厂名称和商标;

d) 制造日期和产品编号。

7.2 包装

7.2.1 产品包装应符合 GB/T 13384 的规定。包装运输应符合运输部门的有关规定,包装箱上应有下列内容:

a) 产品名称及型号;

b) 制造厂名;

c) 出厂编号;

d) 外形尺寸;

e) 毛重;

f) 生产日期。

7.2.2 在产品包装箱的明显位置注明"随机文件在此箱"内容;随机文件应统一装在防水的塑料袋内;随机文件应包括下列内容:

a) 产品合格证;

b) 使用说明书;

c) 装箱单;

d) 备件清单;

e) 安装图。

7.3 使用说明

使用说明书应符合 GB/T 9969 的规定。

7.4 运输和贮存

7.4.1 产品运输应符合 GB/T 191 和 GB/T 6388 的规定。

7.4.2 产品的运输应符合运输部门的有关规定。

7.4.3 产品应贮放在干燥通风处,避免受潮腐蚀,不能在有腐蚀性气(物)体环境中存放,露天存放应有防雨措施。

附 录 A
（资料性附录）
密炼机基本参数

表 A.1 相切型密炼机基本参数

规 格	密炼室总容积(±4%)/L		密炼室填充系数	压砣对物料的单位压力/MPa	转子转速[a]/(r/min)	每转每分种消耗功率[b]/[kW/(r/min)]
	二 棱	四 棱				
1(实验用)	1	0.93	0.55～0.80	0.40～0.60	20～150	0.10～0.75
1.5(实验用)	1.45	1.35				0.20～1.50
(1.7)[c](实验用)	1.7	—			50～250	0.08～0.45
5(实验用)	5	4.65			20～150	0.30～2.25
25(实验用)	25	24			10～ 100	1.0～ 2.0
30	30	27		0.20～0.45	40	1.8～2.5
					80	
50	50	46			40	3.3～4.0
					80	
60	60	56			30	4.4～5.0
					80	
(75)[c]	75	—	0.60～0.70	0.20～0.40	35	3.1～4.0
					40	
					70	
80	80	74	0.55～0.80	0.35～0.53	40	5.2～6.6
					60	
					80	
90	90	84			30	5.6～6.6
					40	
					60	
					80	
110	105	99			30	6.1～7.8
					40	
					60	
					80	
135	135	125			20	8.0～8.4
					30	
					40	
					60	

表 A.1（续）

<table>
<tr><th rowspan="2">规　格</th><th colspan="2">密炼室总容积
(±4%)/L</th><th rowspan="2">密炼室填充系数</th><th rowspan="2">压砣对物料的单位压力/MPa</th><th rowspan="2">转子转速[a]/(r/min)</th><th rowspan="2">每转每分钟消耗功率[b]/[kW/(r/min)]</th></tr>
<tr><th>二 棱</th><th>四 棱</th></tr>
<tr><td rowspan="4">160</td><td rowspan="4">160</td><td rowspan="4">147</td><td rowspan="8">0.55～0.80</td><td rowspan="8">0.35～0.63</td><td>20</td><td rowspan="4">11.2～13.3</td></tr>
<tr><td>30</td></tr>
<tr><td>40</td></tr>
<tr><td>60</td></tr>
<tr><td rowspan="4">190</td><td rowspan="4">190</td><td rowspan="4">174</td><td>20</td><td rowspan="4">14～17</td></tr>
<tr><td>30</td></tr>
<tr><td>40</td></tr>
<tr><td>60</td></tr>
<tr><td>(250)[c]</td><td>250</td><td>—</td><td>0.50～0.60</td><td>0.16～0.21</td><td>20</td><td>12～13</td></tr>
<tr><td rowspan="4">270</td><td rowspan="4">270</td><td rowspan="4">245</td><td rowspan="4">0.55～0.80</td><td rowspan="4">0.40～0.53</td><td>20</td><td rowspan="4">20～26</td></tr>
<tr><td>30</td></tr>
<tr><td>40</td></tr>
<tr><td>60</td></tr>
<tr><td rowspan="4">300</td><td rowspan="4">—</td><td rowspan="4">280</td><td rowspan="4">0.55～0.80</td><td rowspan="4">0.45～0.6</td><td>30</td><td rowspan="4">23.1～32.5</td></tr>
<tr><td>40</td></tr>
<tr><td>50</td></tr>
<tr><td>60</td></tr>
<tr><td rowspan="5">370
400</td><td rowspan="5">—</td><td rowspan="5">400</td><td rowspan="13">0.55～0.80</td><td rowspan="13">0.40～0.53</td><td>20</td><td rowspan="9">33.8～38.0</td></tr>
<tr><td>30</td></tr>
<tr><td>40</td></tr>
<tr><td>50</td></tr>
<tr><td>60</td></tr>
<tr><td rowspan="4">430</td><td rowspan="4">—</td><td rowspan="4">430</td><td>20</td></tr>
<tr><td>30</td></tr>
<tr><td>40</td></tr>
<tr><td>60</td></tr>
<tr><td rowspan="4">650</td><td rowspan="4">—</td><td rowspan="4">672</td><td>20</td><td rowspan="4">55～60</td></tr>
<tr><td>30</td></tr>
<tr><td>40</td></tr>
<tr><td>50</td></tr>
<tr><td colspan="7">a 转子转速可以是单速、多速或无级变速。表中转子转速是名义转速。当采用直流电动机时，转子转速可根据需要适当降低。但名义转速为最高转速。
b 每转每分钟消耗功率根据实际情况可适当放大。
c 括号内数据为第二优先选择规格。</td></tr>
</table>

表 A.2 啮合型密炼机基本参数

规　格	密炼室总容积(±4%)/L	密炼室填充系数	压砣对物料的单位压力/MPa	转子转速[a]/(r/min)	每转每分种消耗功率[b]/[kW/(r/min)]
1(实验用)	1	0.30～0.70	0.40～0.60	20～100	0.12～0.75
1.8(实验用)	1.8		0.40～0.60		0.25～0.75
5(实验用)	5		0.45～0.60		1.0～1.2
20(实验用)	20		0.45～0.60		1.61～2.21
(45)[c]	47		0.50～0.60	6～60	3.6～4.6
50	50		0.48～0.58		3.62～4.82
90	87		0.55～0.60		7.5～ 8.7
110	110		0.55～0.60		8.3～9.6
135	140		0.52～0.58		11～ 12.5
150	150		0.52～0.58		10.6～13.6
(160)[c]	160		0.52～0.58		13.7～16.2
190	195		0.54～0.58		18.3～21.0
250	250		0.51～0.58		20.0～31.2
320	320	0.30～0.65	0～0.62		10.0～37.5
420	420		0～0.58		14.0～41.7
580	580		0～ 0.58		16.0～50.0

a 转子速度可根据用户要求进行选择。

b 每转每分钟消耗功率根据实际情况可适当放大。

c 括号内数据为第二优先选择规格。

前　　言

本标准是对原 GB/T 12783—1991《橡胶塑料机械产品型号编制方法》的修订。

本版本的修订内容如下：

——对产品型号的格式做了必要的修改。

——对橡胶机械产品型号(表 1)和塑料机械产品型号(表 2)的内容，做了必要的补充和修改。

本标准自实施之日起，代替 GB/T 12783—1991。

本标准的附录 A 和附录 B 是提示的附录。

本标准由中华人民共和国原化学工业部提出。

本标准由全国橡胶塑料机械标准化技术委员会归口。

本标准主要起草单位：北京橡胶工业研究设计院、大连塑料机械研究所。

本标准主要起草人：何万庆、李香兰、林长吉。

本标准首次发布日期为 1991 年 3 月 26 日。

本标准由全国橡胶塑料机械标准化技术委员会负责解释。

中华人民共和国国家标准

GB/T 12783—2000

代替 GB/T 12783—1991

橡胶塑料机械产品型号编制方法

Editorial nominating method for the model designation of rubber and plastics machinery

1 范围

本标准规定了橡胶塑料机械产品型号编制的基本原则、要求和方法。

本标准适用于橡胶塑料机械产品型号的编制。

2 产品型号的编制

2.1 产品型号的编制应以简明、不重复为基本原则。

2.2 产品型号采用大写印刷体汉语拼音字母，以及国际通用符号和阿拉伯数字表示。

2.3 汉语拼音字母的选用按产品分类中有代表意义的汉字，取其拼音的第一个字母；如有重复，取拼音的第二个字母；再有重复，可选用其他字母。

3 产品型号的构成及其内容

3.1 产品型号由产品代号、规格参数(代号)、设计代号三部分组成。

3.2 产品型号的格式：

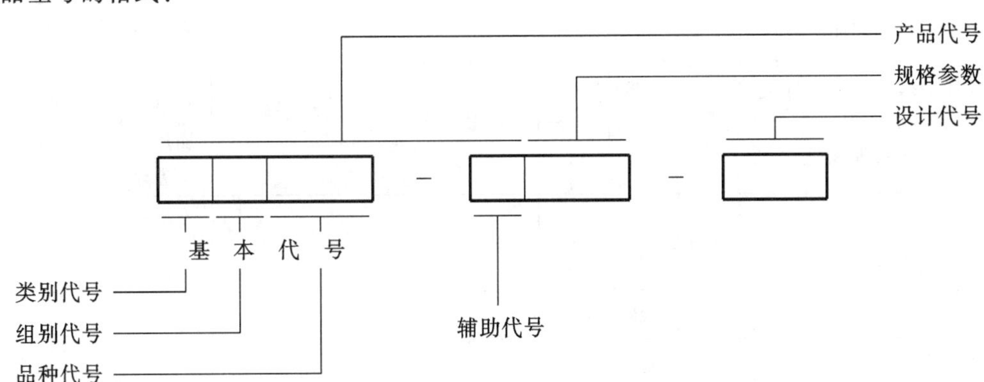

3.3 产品代号由基本代号和辅助代号组成，均用汉语拼音字母表示。基本代号与辅助代号之间用短横线“-”隔开。

3.3.1 基本代号由类别代号、组别代号、品种代号三个小节顺序组成。

基本品种不标注品种代号。橡胶机械的品种代号均以二个以下字母表示，塑料机械的品种代号以三个以下的字母组成。

3.3.2 橡胶机械的辅助代号用于表示联动装置(代号为 F)、生产线(代号为 X)、机组(代号为 Z)，在必要时用于表示结构型式。

塑料机械的辅助代号用于表示辅机(代号为 F)、机组(代号为 Z)、附机(代号为 U)。主机不标注辅助代号。

国家质量技术监督局 2000-09-26 批准　　2001-04-01 实施

3.3.3 橡胶机械的产品代号按第4章的规定(见表1)。塑料机械的产品代号按第5章的规定(见表2)。

3.4 规格参数的表示方法及计量单位分别按表1、表2的规定。

凡规格参数未作规定的产品,如确有需要表示时,应在该产品的标准中说明。

3.5 设计代号在必要时使用,可以用于表示制造单位的代号或产品设计的顺序代号,也可以是两者的组合代号。使用设计代号时,在规格参数与设计代号之间加短横线"-"隔开。当设计代号仅以一个字母表示时允许在规格参数与设计代号之间不加短横线。设计代号在使用字母时,一般不使用I和O,以免与数字混淆。

4 橡胶机械产品型号(表1)

表1 橡胶机械产品型号

类别	组别	品种		产品代号		规格参数	备注
		产品名称	代号	基本代号	辅助代号		
橡胶通用机械X(橡)	切胶机械Q(切)	立式切胶机	L(立)	XQL		总压力(kN)	
		卧式切胶机	W(卧)	XQW			
		切胶条机	T(条)	XQT		胶片最大宽度(mm)	
	胶浆搅拌机械B(拌)	立式胶浆搅拌机	L(立)	XBL		工作容积(L)	
		卧式胶浆搅拌机	W(卧)	XBW			
	密闭式炼胶机械M(密)	椭圆形转子密闭式炼胶机		XM			双速的转速以"低速×高速"表示,无级调速的转速以"低速~高速"表示
		圆柱形转子密闭式炼胶机	Y(圆)	XMY		总容积(L)×转子转速(r/min)	
		橡胶加压式捏炼机		XN			加压式捏炼机组别代号,以N表示
	开放式炼胶机械K(开)	开放式炼胶机		XK		前辊筒直径(mm)	
		压片机	Y(压)	XKY			
		热炼机	R(热)	XKR			
		破胶机	P(破)	XKP			
		粗碎机	C(粗)	XKC			
		粉碎机	F(粉)	XKF			
		洗胶机	X(洗)	XKX			
		精炼机	J(精)	XKJ			
	胶片冷却装置P(片)	悬挂式胶片冷却装置	G(挂)	XPG		胶片最大宽度(mm)	

表 1(续)

类别	组别	品种 产品名称	品种 代号	产品代号 基本代号	产品代号 辅助代号	规格参数	备注
橡胶通用机械X(橡)	浸胶机械I(浸)	帘布浸胶机	L(帘)	XIL		最大浸布宽度(mm)	
		帆布浸胶机	F(帆)	XIF			
		浸胶热伸张生产线	R(热)	XIR	X		
	橡胶压延机械Y(压)	橡胶压延机		XY		辊筒数量、辊筒排列型式、辊面宽度(mm)	
		钢丝帘布压延机	G(钢)	XYG			
		橡胶压型压延机	X(型)	XYX			
		压延联动装置		XY	F	配套使用的压延机辊筒数量、辊筒排列型式、辊面宽度(mm)	
		钢丝帘布压延联动装置	G(钢)	XYG	F		
		贴隔离胶联动装置	T(贴)	XYT	F		
		压延生产线		XY	X		
		钢丝帘布压延生产线	G(钢)	XYG	X		
		贴隔离胶生产线	T(贴)	XYT	X		
		压延法内衬层生产线	N(内)	XYN	X		
	橡胶挤出机械J(挤)	橡胶挤出机		XJ		螺杆直径(mm)	热喂料
		橡胶冷喂料挤出机	W(喂)	XJW		螺杆直径(mm)×长径比	
		销钉冷喂料挤出机	D(钉)	XJD			
		排气冷喂料挤出机	P(排)	XJP			
		销钉传递式冷喂料挤出机	C(传)	XJC			
		橡胶螺杆塑炼机	S(塑)	XJS		螺杆直径(mm)	
		橡胶螺杆混炼机	H(混)	XJH			
		造粒机	Z(造)	XJZ			
		滤胶机	L(滤)	XJL			
		单螺杆挤出压片机	Y(压)	XJY		螺杆大端直径(mm)×螺杆小端直径(mm)	等径螺杆以直径表示
		双螺杆挤出压片机	Y(压)	XJY	S		
		复合挤出机	F(复)	XJF		螺杆直径(mm)×螺杆直径(mm)	
		挤出法内衬层生产线	N(内)	XJN	X	最大内衬层宽度(mm)	
	裁断机械C(裁)	卧式裁断机		XC		最大胶布宽度(mm)	
		立式裁断机	L(立)	XCL			
		高台式裁断机	T(台)	XCT			
		定角裁断机	D(定)	XCD			
		纵向裁断机	Z(纵)	XCZ			

表 1(续)

类别	组别	品种 产品名称	品种 代号	产品代号 基本代号	产品代号 辅助代号	规格参数	备注
橡胶通用机械X(橡)	裁断机械C(裁)	综合裁断机	H(合)	XCH		最大胶布宽度(mm)	
		钢丝帘布裁断机	G(钢)	XCG			裁刀形式使用辅助代号,圆盘式以P表示,铡刀式以Z表示
		钢丝胎体帘布裁断机	G(钢)	XCG	T		
		钢丝带束层裁断机	G(钢)	XCG	D		
		钢丝带束层挤出裁断生产线	G(钢)	XCG	X		
	一般硫化机械L(硫)	卧式硫化罐		XL		罐体内径(m)×筒体长度(m)	仅用于制品、胶鞋等的硫化。间接蒸汽加热使用辅助代号,以J表示
		立式硫化罐	L(立)	XLL			
		平板硫化机	B(板)	XLB		热板宽度(mm)×热板长度(mm)×层数	仅用于模型制品硫化。单层不注层数。加热方式使用辅助代号,电加热以D表示,油加热以Y表示,蒸汽加热不注
		自动开模式平板硫化机	BZ(板自)	XLBZ			
		抽真空式平板硫化机	BK(板空)	XLBK			
		发泡式平板硫化机	F(发)	XLF			
		鼓式硫化机	G(鼓)	XLG		硫化鼓直径(mm)×最大制品宽度(mm)	仅用于板状橡胶制品硫化
	橡胶注射机Z(注)	卧式橡胶注射机		XZ		注射容积(cm^3)×总压力(kN)	
		立式橡胶注射机	L(立)	XZL			
		角式橡胶注射机	J(角)	XZJ			
		多模橡胶注射机	D(多)	XZD		注射容积(cm^3)×总压力(kN)×合模装置数量	
轮胎生产机械L(轮)	胎面生产机械M(面)	胎面挤出联动装置		LM	F	最大胎面宽度(mm)	
		胎面挤出生产线		LM	X		
		胎面磨毛机	M(磨)	LMM			
		胎面压头机	Y(压)	LMY			
		胎面挤出缠卷机	C(缠)	LMC		最大轮胎规格	包括翻胎使用
	贴合机T(贴)	帘布筒贴合机		LT		最大贴合宽度(mm)	
		皮带式帘布筒贴合机	D(带)	LTD			
		鼓式帘布筒贴合机	G(鼓)	LTG			
	钢丝圈生产机械G(钢)	钢丝圈卷成机		LG		最小钢丝圈规格 最大钢丝圈规格	
		钢丝圈挤出卷成生产线		LG	X		
		六角形钢丝圈缠卷机	L(六)	LGL			
		六角形钢丝圈挤出缠卷生产线	L(六)	LGL	X		
		圆断面钢丝圈缠绕机	Y(圆)	LGY			

表 1(续)

类别	组别	品种		产品代号		规格参数	备注
		产品名称	代号	基本代号	辅助代号		
轮胎生产机械L(轮)	钢丝圈生产机械G(钢)	钢丝圈包布机	B(包)	LGB		按系列顺序代号(阿拉伯数字)表示	
		钢丝圈螺旋包布机	B(包)	LGB	L		
		上三角胶机	J(角)	LGJ			卧式使用辅助代号以 W 表示
	成型机械C(成)	斜交轮胎成型机	X(斜)	LCX		按系列顺序代号(阿拉伯数字)表示	压辊包边式 层贴法使用辅助代号以 C 表示
		斜交轮胎成型机	X(斜)	LCX	J	成型轮胎的最小胎圈规格最大胎圈规格	指形正包胶囊反包式使用辅助代号以 J 表示
		子午线轮胎第一段成型机	Y(一)	LCY			
		子午线轮胎第二段成型机	E(二)	LCE			
		子午线轮胎一次法成型机	Z(子)	LCZ			
		实芯轮胎成型机	S(实)	LCS			
		胎坯刺孔机	C(刺)	LCC			
	定型机械D(定)	空气定型机		LD		按系列顺序代号(阿拉伯数字)表示	
		胶囊定型装置	N(囊)	LDN		成型胶囊的最小胎圈规格最大胎圈规格	
	内胎生产机械N(内)	内胎挤出联动装置		LN	F	最大内胎平叠宽度(mm)	包括力车胎使用
		内胎挤出生产线		LN	X		
		内胎接头机	J(接)	LNJ		最大接头平叠宽度(mm)	
	硫化机械L(硫)	轮胎定型硫化机		LL		蒸汽室内径或热板护罩内径(mm)×一个模型的合模力(kN)×模型数量	胶囊脱出轮胎的形式使用辅助代号,胶囊全翻降式以 A 表示,胶囊拉直升式以 B 表示,胶囊半翻升式以 C 表示,胶囊半翻降式以 R 表示
		液压式轮胎定型硫化机	Y(液)	LLY			
		轮胎硫化罐	G(罐)	LLG		筒体内径(m)×使用高度(m)×总压力(kN)	
		内胎硫化机	N(内)	LLN		连杆内侧间距(mm)	
		垫带硫化机	D(带)	LLD			
		实芯胎硫化机	S(实)	LLS		最大轮胎规格	
		液压胶囊硫化机	A(囊)	LLA		总压力(kN)	

表 1(续)

类别	组别	品种		产品代号		规格参数	备注
		产品名称	代号	基本代号	辅助代号		
力车胎生产机械C(车)	成型机械C(成)	软边力车胎成型机	R(软)	CCR		成型力车胎的最小胎圈规格最大胎圈规格	弹簧反包使用辅助代号以T表示
		硬边力车胎包贴法成型机	Y(硬)	CCY			
		摩托车胎成型机	M(摩)	LCM		成型摩托车胎的最小胎圈规格最大胎圈规格	
	硫化机械L(硫)	力车胎硫化机		CL		总压力(kN)×层数	单层不注层数
		力车胎隔膜硫化机	M(膜)	CLM			电动式使用辅助代号以D表示,气动式以Q表示,液压式以Y表示
		力车内胎硫化机	N(内)	CLN		总压力(kN)	
轮胎翻修机械F(翻)	扩胎机械K(扩)	扩胎机		FK		轮胎胎圈规格	
		局部扩胎机	J(局)	FKJ			
	衬垫加工机械C(衬)	胎圈切割机	Q(圈)	FCQ		最大轮胎胎圈规格	
		衬垫片割机	P(片)	FCP		圆刀直径(mm)	
		衬垫磨毛机	M(磨)	FCM		辊面宽度(mm)	
	磨胎机械M(磨)	磨胎机		FM		轮胎胎圈规格	
		仿形磨胎机	F(仿)	FMF			
		轮胎削磨机	X(削)	FMX			
		轮胎削磨贴合机	T(贴)	FMT			
	喷浆机械P(喷)	环形预硫化胎面打磨涂浆机	H(环)	FPH		胎面最大宽度(mm)	
	贴合机械T(贴)	胎面压合机	Y(压)	FTY		轮胎规格	
轮胎翻修机械F(翻)	硫化机械L(硫)	翻胎硫化机		FL		外模内径(mm)	启闭方式使用辅助代号,半自动式以B表示,气动式以Q表示,液压式以Y表示
		局部翻胎硫化机	J(局)	FLJ		轮胎规格	
		胶囊翻胎硫化机	A(囊)	FLA			
		条形预硫化胎面硫化机	T(条)	FLT		热板宽度(mm)×热板长度(mm)	
		环形预硫化胎面硫化机	H(环)	FLH		胎面最大直径(mm)	
		包封套硫化机	B(包)	FLB		包封套最大直径(mm)	

表 1(续)

类别	组别	品种		产品代号		规格参数	备注
		产品名称	代号	基本代号	辅助代号		
胶管生产机械G(管)	成型机械C(成)	单面胶管成型机	B(布)	GCB		最大胶管直径(mm)×胶管长度(m)	
		双面胶管成型机	B(布)	GCB	S		双面使用辅助代号以S表示
		夹布胶管成型生产线	B(布)	GCB	X	最大胶管直径(mm)	
		吸引胶管成型机	X(吸)	GCX		最大胶管直径(mm)×胶管长度(m)	
		吸引胶管解绳机	X(吸)	GCX	S		解绳机使用辅助代号以S表示
		吸引胶管解水布机	X(吸)	GCX	B		解水布机使用辅助代号以B表示
		吸引胶管脱铁芯机	X(吸)	GCX	T		脱铁芯机使用辅助代号以T表示
		吸引胶管成型机组	X(吸)	GCX	Z		
	缠绕机械R(绕)	盘式纤维线胶管缠绕机	X(纤)	GRX	P	每盘的锭子数×盘数	盘式使用辅助代号以P表示
		鼓式纤维线胶管缠绕机	X(纤)	GRX	G	每鼓的锭子数×鼓数	鼓式使用辅助代号以G表示
		盘式钢丝胶管缠绕机	G(钢)	GRG	P	每盘的锭子数×盘数	盘式使用辅助代号以P表示
		鼓式钢丝胶管缠绕机	G(钢)	GRG	G	每鼓的锭子数×鼓数	鼓式使用辅助代号以G表示
	编织机械B(编)	卧式纤维线胶管编织机	X(纤)	GBX		锭子数	立式使用辅助代号以L表示
		立式纤维线胶管编织机	X(纤)	GBX	L		
		卧式钢丝胶管编织机	G(钢)	GBG			无盘式使用辅助代号以W表示,过线式以G表示
		立式钢丝胶管编织机	G(钢)	GBG	L		
		纤维线编织胶管生产线	X(纤)	GBX	X	胶管直径(mm)	
		钢丝编织胶管生产线	G(钢)	GBG	X		
	合股机械H(合)	纤维线合股机	X(纤)	GHX		最大合股数×工位数	
		钢丝线合股机	G(钢)	GHG			
	硫化机械L(硫)	胶管硫化罐		GL		罐体内径(m)×筒体长度(m)	
胶带生产机械D(带)	浸胶机械I(浸)	线绳浸胶机	X(线)	DIX		线绳根数	

表 1(续)

类别	组别	品种 产品名称	代号	产品代号 基本代号	辅助代号	规格参数	备注
胶带生产机械 D(带)	包布机械 B(包)	V带包布机	V	DBV		最大内周长度(mm)×工位数	单工位不注工位数
		双工位V带包布机	V	DBV			
		四工位V带包布机	V	DBV			
	切割机械 Q(切)	带芯压缩层切边机	X(芯)	DQX		最大内周长度(mm)	
		V带切割机	V	DQV			
		齿形V带切齿机	C(齿)	DQC			
	带芯成型机 X(芯)	绳芯V带带芯成型机	X(芯)	DXX		最大内周长度(mm)	双工位使用辅助代号,以S表示
		帘布V带带芯成型机	L(帘)	DXL			
		汽车V带带芯成型机	Q(汽)	DXQ			
	成型机械 C(成)	输送带成型机	S(输)	DCS		最大成型宽度(mm)	
		传动带成型机	C(传)	DCC			
		叠层传动带成型机	C(传)	DCC	D		
		钢丝绳输送带生产线	G(钢)	DCG	X	最大输送带宽度(mm)	
		V带成型机	V	DCV		最大内周长度(mm)	双鼓式使用辅助代号以S表示
		汽车V带成型机	Q(汽)	DCQ			
		橡胶同步带成型机	T(同)	DCT			
	伸长机械 S(伸)	V带伸长机	V	DSV		最大内周长度(mm)	
	缠水布机 A(缠)	V带缠水布机	V	DAV		最大圆模直径(mm)	
	硫化机械 L(硫)	平带平板硫化机组	B(平)	DLB	Z	热板宽度(mm)×热板长度(mm)×层数	
		平带颚式平板硫化机	B(平)	DLB	E	热板宽度(mm)×热板长度(mm)	颚式使用辅助代号以E表示
		V带平板硫化机	V	DLV			
		V带颚式平板硫化机	V	DLV	E		颚式使用辅助代号以E表示
		汽车V带硫化机	Q(汽)	DLQ		热板直径(mm)	
		V带鼓式硫化机	G(鼓)	DLG		硫化鼓直径(mm)×硫化鼓辊面宽度(mm)	
		胶套硫化罐	T(套)	DLT		罐体内径(mm)×筒体长度(mm)	罐盖平移式开启使用代号以P表示

表 1(续)

类别	组别	品种		产品代号		规格参数	备注
		产品名称	代号	基本代号	辅助代号		
胶带生产机械D(带)	打磨机械M(磨)	V 带测长打磨机	V	DMV			
		多楔带打磨机	D(多)	DMD			
胶鞋生产机械E(鞋)	部件准备机械B(部)	合布机	H(合)	EBH		最大合布宽度(mm)	
		外底冲切机	W(外)	EBW		每分钟冲切次数	结构形式使用辅助代号,颚式以E表示,曲柄式以Q表示
		海绵中底冲切机	Z(中)	EBZ			
		冲裁机	C(冲)	EBC			
		上眼机	Y(眼)	EBY			
	喷浆机械P(喷)	静电喷浆装置	D(电)	EPD		挂杆数量	
		棉毛布刮浆机	G(刮)	EPG			
	成型机械C(成)	胶鞋压合刮浆机	Y(压)	ECY		压合段数	
		前绷帮机	Q(前)	ECQ			
		中绷帮机	Z(中)	ECZ			
		后绷帮机	H(后)	ECH			
		胶鞋模压机	M(模)	ECM			
胶乳制品生产机械R(乳)	浸渍机械I(浸)	避孕套浸渍生产线	B(避)	RIB	X		
		气球浸渍生产线	Q(球)	RIQ	X		
		手套浸渍生产线	S(手)	RIS	X		
	干燥机械G(干)	六角转鼓干燥机	L(六)	RGL		干燥鼓长度(mm)×转鼓转速(r/min)	
	压出机械Y(压)	胶乳胶丝压出生产线	S(丝)	RYS		压出头数	
	打泡机械D(打)	连续打泡机	L(连)	RDL			

表1(续)

类别	组别	品种		产品代号		规格参数	备注
		产品名称	代号	基本代号	辅助代号		
胶乳制品生产机械R(乳)	海绵硫化机H(海)	海绵硫化机		RH			
	切割机械Q(切)	胶圈切割机	Q(圈)	RQQ		每分钟切割次数	
		海绵切割机	H(海)	RQH			
	检查机械J(检)	避孕套电检机	B(避)	RJB		模型数量	
	包装机械B(包)	避孕套包装机	B(避)	RBB		每分钟包装数量	
		手套包装机	S(手)	RBS			
再生胶机械Z(再)	洗涤机X(洗)	清洗罐	G(罐)	ZXG		罐体内径(m)×筒体长度(m)	
		废胶洗涤机	J(胶)	ZXJ		筒体大端直径(mm)×筒体长度(mm)	
	切割机械Q(切)	废胶切割机	J(胶)	ZQJ			
		废胎切割机	T(胎)	ZQT			
		齿盘破碎机	C(齿)	ZQC		齿盘直径(mm)	
	粉碎机械F(粉)	常温粉碎机	C(常)	ZFC			
		低温粉碎机	D(低)	ZFD			
	脱硫机械T(脱)	脱硫罐	G(罐)	ZTG		罐体内径(m)×筒体长度(m)	水油法
		动态脱硫罐	D(动)	ZTD			罐体转动卸料式使用辅助代号以Z表示
		螺杆脱硫机	L(螺)	ZTL		螺杆直径(mm)	
	脱水机械S(水)	螺杆脱水机	L(螺)	ZSL		螺杆直径(mm)	

表 1(续)

类别	组别	品种 产品名称	品种 代号	产品代号 基本代号	产品代号 辅助代号	规格参数	备注
其他机械Q(其)	切割机械Q(切)	胶丝切割机	S(丝)	QQS			
		瓶塞冲切机	P(瓶)	QQP			
		密封圈修边机	M(密)	QQM			
		胶坯挤切机	J(挤)	QQJ		机筒直径(mm)	
	整理机械E(理)	垫布整理机	D(垫)	QED		垫布最大宽度(mm)	
	涂胶机机械T(涂)	涂胶机		QT		布料最大宽度(mm)	
	成型机械C(成)	胶球缠绕成型机	Q(球)	QCQ			
		胶球包皮机	B(包)	QCB			
	硫化机械L(硫)	胶布连续硫化装置	B(布)	QLB		胶布最大宽度(mm)	
		制品连续硫化装置	L(连)	QLL			加热方式使用辅助代号，盐浴式以Y表示；热空气式以R表示；微波式以W表示
		胶片生产线	P(片)	QLP	X	胶片最大宽度(mm)	挤出法连续硫化
		胶球硫化机	Q(球)	QLQ			
		球胆硫化机	D(胆)	QLD			
橡胶制品检验机械Y(验)	轮胎检验机械L(轮)	轮胎静负荷试验机	F(负)	YLF			
		轮胎强度与脱圈试验机	T(脱)	YLT			
		轮胎耐久性试验机	N(耐)	YLN			
		轮胎高速/耐久性试验机	SN(速耐)	YLSN			
		轮胎高速试验机	S(速)	YLS			
		轮胎力和力矩试验机	L(力)	YLL			
		轮胎动平衡试验机	H(衡)	YLH	D		动平衡使用辅助代号，以D表示
		轮胎静平衡试验机	H(衡)	YLH	J		静平衡使用辅助代号，以J表示
		轮胎滚动阻力试验机	G(滚)	YLG			
		轮胎均匀性试验机	J(均)	YLJ			
		轮胎X射线检验机	X	YLX			
		轮胎偏心度试验机	P(偏)	YLP			
		轮胎水压爆破试验机	Y(压)	YLY			

表 1(完)

类别	组别	品种 产品名称	代号	产品代号 基本代号	辅助代号	规格参数	备注
橡胶制品检验机械Y(验)	力车胎检验机械C(车)	力车胎试验机		YC			
	胶管检验机械G(检)	胶管耐压试验机	Y(压)	YGY			
		胶管脉冲试验机	M(脉)	YGM			
		胶管屈挠试验机	Q(屈)	YGQ			
		胶管弯曲试验机	W(弯)	YGW			
	胶带试验机械D(带)	V 带试验机	V	YDV			
		汽车 V 带试验机	Q(汽)	YDQ			
	海绵试验机械H(海)	海绵疲劳试验机	P(疲)	YHP			
	制品试验机械Z(制)	油封试验机	Y(油)	YZY			

5 塑料机械产品型号(表 2)

表 2 塑料机械产品型号

类别	组别	品种 产品名称	代号	产品代号 基本代号	辅助代号	规格参数	备注
塑料机械S(塑)	捏合机N(捏)	塑料捏合机		SN		总容积(L)	
		塑料加压式捏炼机		SN		密炼总容积(L)×转子转速(r/min)	规格参数中注以转子转速,区别于捏合机
	混合机H(混)	塑料混合机		SH		总容积(L)×搅拌桨转速(r/min)	双速混合机的转速以“低速×高速”表示。无级调速混合机以“低速～高速”表示
		塑料热炼混合机	R(热)	SHR			
		塑料冷却混合机	L(冷)	SHL			

表 2(续)

类别	组别	品种		产品代号		规格参数	备注
		产品名称	代号	基本代号	辅助代号		
塑料机械S(塑)	密闭式炼塑机M(密)	密闭式炼塑机		SM		总容积(L)×转子转速(r/min)	双速密炼机的转速以“低速×高速”表示。无级调速密炼机以“低速～高速”表示
	开放式炼塑机K(开)	开放式炼塑机		SK		前辊直径(mm)	
	压延成型机械Y(压)	塑料压延机		SY		辊筒数、排列型式和辊面宽度(mm)	同径辊压延机为基本型不标注品种代号
		塑料异径辊压延机	Y(异)	SYY			
		塑料压延膜辅机	M(膜)	SYM	F		
		塑料压延钙塑膜辅机	GM(钙膜)	SYGM	F		
		塑料压延拉伸拉幅膜辅机	LM(拉膜)	SYLM	F		
		塑料压延人造革辅机	RG(人革)	SYRG	F		
		塑料压延硬片辅机	YP(硬片)	SYYP	F		
		塑料压延钙塑片辅机	GP(钙片)	SYGP	F		
		塑料压延透明片辅机	TP(透片)	SYTP	F		
		塑料压延壁纸辅机	B(壁)	SYB	F		
		塑料压延复合膜辅机	FM(复膜)	SYFM	F		
		塑料压延膜机组	M(膜)	SYM	Z		
		塑料压延钙塑膜机组	GM(钙膜)	SYGM	Z		
		塑料压延拉伸拉幅膜机组	LM(拉膜)	SYLM	Z		
		塑料压延人造革机组	RG(人革)	SYRG	Z		
		塑料压延硬片机组	YP(硬片)	SYYP	Z		
		塑料压延钙塑片机组	GP(钙片)	SYGP	Z		
		塑料压延透明片机组	TP(透片)	SYTP	Z		
		塑料压延壁纸机组	B(壁)	SYB	Z		
		塑料压延复合膜机组	FM(复膜)	SYFM	Z		
塑料机械S(塑)	挤出成型机械J(挤)	塑料挤出机		SJ		螺杆直径(mm)×长径比	20∶1的长径比可不标注
		塑料排气挤出机	P(排)	SJP			
		塑料喂料挤出机	W(喂)	SJW			
		塑料鞋用挤出机	E(鞋)	SJE		工位数×挤出装置数	挤出装置数为1不标注

表 2(续)

类别	组别	品种 产品名称	品种 代号	产品代号 基本代号	产品代号 辅助代号	规格参数	备注
塑料机械 S (塑)	挤出成型机械 J (挤)	双螺杆塑料挤出机	S(双)	SJS		螺杆直径(mm)×长径比	20：1的长径比可不标注
		锥形双螺杆塑料挤出机	SZ(双锥)	SJSZ		小头螺杆直径(mm)	
		双螺杆混炼挤出机	SH(双混)	SJSH		螺杆直径(mm)×长径比	
		多螺杆塑料挤出机		SJ		主螺杆直径(mm)×螺杆数	
		电磁动态塑化挤出机	DD(电动)	SJDD		转子直径(mm)	
		塑料挤出吹塑薄膜辅机	M(膜)	SJM	F	牵引辊筒工作面长度(mm)	
		塑料挤出平吹薄膜辅机	PM(平膜)	SJPM	F		
		塑料挤出下吹薄膜辅机	XM(下膜)	SJXM	F		
		塑料共挤出吹塑复合膜辅机	GM(共膜)	SJGM	F	牵引辊筒工作面长度(mm)×复膜层数	
		塑料挤出复合膜辅机	FM(复膜)	SJFM	F		
		塑料挤出吹塑拉伸拉幅膜辅机	LM(拉膜)	SJLM	F	成膜宽度(mm)	
		塑料挤出双吹薄膜辅机	HM(双膜)	SJHM	F	牵引辊筒工作面长度(mm)×牵引辊筒工作面长度(mm)	
		塑料挤出板辅机	B(板)	SJB	F	最大板宽(mm)	
		塑料挤出低发泡板辅机	FB(发板)	SJFB	F		
		塑料挤出瓦楞板辅机	LB(楞板)	SJLB	F		
		塑料挤出硬管辅机	G(管)	SJG	F	最大管径(mm)	
		塑料挤出软管辅机	RG(软管)	SJRG	F		
		塑料挤出波纹管辅机	BG(波管)	SJBG	F		
		塑料挤出缠绕管辅机	CG(缠管)	SJCG	F	最大管外径(mm)	
		塑料挤出铝塑复合管辅机	LG(铝管)	SJLG	F		
		塑料挤出铜塑复合管辅机	TG(铜管)	SJTG	F		
		塑料挤出网辅机	W(网)	SJW	F	模口直径(mm)	
		塑料挤出平网辅机	PW(平网)	SJPW	F	模唇宽度(mm)	
		塑料挤出发泡网辅机	FW(发网)	SJFW	F	模口直径(mm)	
		塑料挤出异型材辅机	Y(异)	SJY	F	型材宽(mm)×高(mm)	
		塑料挤出造粒辅机	L(粒)	SJL	F	主机螺杆直径(mm)	
		塑料挤出拉丝辅机	LS(拉丝)	SJLS	F	丝根数×最大拉伸倍数	
		塑料挤出平膜扁丝辅机	MS(膜丝)	SJMS	F	模唇长(mm)×拉伸倍数	
		塑料挤出吹塑撕裂膜辅机	CS(吹撕)	SJCS	F	丝根数×最大拉伸倍数	
		塑料挤出打包带辅机	A(带)	SJA	F	带宽度(mm)	
		塑料挤出电缆包复辅机	N(电)	SJN	F	最大外径(mm)	

表 2(续)

类别	组别	品种：产品名称	品种：代号	产品代号：基本代号	产品代号：辅助代号	规格参数	备注
塑料机械S(塑)	挤出成型机械J(挤)	塑料挤出吹塑薄膜机组	M(膜)	SJM	Z	螺杆直径(mm)×长径比—牵引辊筒工作面长度(mm)	20∶1的长径比可不标出
		塑料挤出平吹塑薄膜机组	PM(平膜)	SJPM	Z		
		塑料挤出下吹塑薄膜机组	XM(下膜)	SJXM	Z		
		塑料共挤出吹塑复合膜机组	GM(共膜)	SJGM	Z	螺杆直径(mm)×长径比—牵引辊筒工作面长度(mm)×复合膜层数	
		塑料挤出复合膜机组	FM(复膜)	SJFM	Z		
		塑料挤出吹塑拉伸拉幅膜机组	LM(拉膜)	SJLM	Z	螺杆直径(mm)×长径比—成膜宽度	
		塑料挤出双吹薄膜机组	HM(双膜)	SJHM	Z	螺杆直径(mm)×长径比—牵引辊筒工作面长度(mm)×螺杆直径(mm)×长径比—牵引辊筒工作面长度(mm)	
		塑料挤出板机组	B(板)	SJB	Z	螺杆直径(mm)×长径比—最大板宽(mm)	
		塑料挤出低发泡板机组	FB(发板)	SJFB	Z		
		塑料挤出瓦楞板机组	LB(楞板)	SJLB	Z		
		塑料挤出硬管机组	G(管)	SJG	Z	螺杆直径(mm)×长径比—最大管外径(mm)	
		塑料挤出软管机组	RG(软管)	SJRG	Z		
		塑料挤出波纹管机组	BG(波管)	SJBG	Z		
		塑料挤出缠绕管机组	CG(缠管)	SJCG	Z		
		塑料挤出铝塑复合管机组	LG(铝管)	SJLG	Z		
		塑料挤出铜塑复合管机组	TG(铜管)	SJTG	Z		
		塑料挤出网机组	W(网)	SJW	Z	模口直径(mm)	20∶1的长径比可不标出
		塑料挤出平网机组	PW(平网)	SJPW	Z	模唇宽度(mm)	
		塑料挤出发泡网机组	FW(发网)	SJFW	Z	模口直径(mm)	
		塑料挤出异型材机组	Y(异)	SJY	Z	螺杆直径(mm)×长径比—型材宽(mm)×高(mm)	
		塑料挤出造粒机组	L(粒)	SJL	Z	螺杆直径(mm)×长径比—最大产量(kg/h)	
		塑料挤出拉丝机组	LS(拉丝)	SJLS	Z	螺杆直径(mm)×长径比—丝根数×最大拉伸倍数	
		塑料挤出平膜扁丝机组	MS(膜丝)	SJMS	Z	模唇长(mm)×拉伸倍数	
		塑料挤出吹塑撕裂膜机组	CS(吹撕)	SJCS	Z	螺杆直径(mm)×长径比—丝根数×最大拉伸倍数	
		塑料挤出打包带机组	A(带)	SJA	Z	带宽度(mm)	
		塑料挤出电缆包复机组	N(电)	SJN	Z	最大外径(mm)	

表 2(续)

类别	组别	品种 产品名称	品种 代号	产品代号 基本代号	产品代号 辅助代号	规格参数	备注
塑料机械S(塑)	塑料注射成型机械Z(注)	塑料注射成型机		SZ		合模力(kN)	卧式螺杆式预塑为基本型不标注品种代号
		立式塑料注射成型机	L(立)	SZL			
		角式塑料注射成型机	J(角)	SZJ			
		柱塞式塑料注射成型机	Z(注)	SZZ			
		塑料低发泡注射成型机	F(发)	SZF			
		塑料排气式注射成型机	P(排)	SZP			
		塑料反应式注射成型机	A(反)	SZA			
		热固性塑料注射成型机	G(固)	SZG			
		塑料鞋用注射成型机	E(鞋)	SZE		工位数×注射装置数	注射装置数为1不标注
		聚氨酯鞋用注射成型机	EJ(鞋聚)	SZEJ			
		全塑鞋用注射成型机	EQ(鞋全)	SZEQ			
		塑料雨鞋、靴注射成型机	EY(鞋雨)	SZEY			
		塑料鞋底注射成型机	ED(鞋底)	SZED			
		聚氨酯鞋底注射成型机	EDJ(鞋底聚)	SZEDJ			
		塑料双色注射成型机	S(双)	SZS		合模力(kN)	卧式螺杆式预塑为基本型不标注品种代号
		塑料混色注射成型机	H(混)	SZH			
	吹塑中空成型机械C(吹)	塑料挤出吹塑中空成型机	J(挤)	SCJ		制品容器容积(L)×工位数	
		塑料挤出吹塑非对称中空成型机	JF(挤非)	SCJF			
		塑料挤拉吹中空成型机	JL(挤拉)	SCJL			
		塑料注射吹塑中空成型机	Z(注)	SCZ			
		塑料注拉吹中空成型机	ZL(注拉)	SCZL		制品容器容积(L)×工位数	
		塑料拉伸吹塑中空成型机	LC(拉吹)	SCLC		制品容器容积(L)×模腔数	
		塑料多层挤吹中空成型机	JC(挤层)	SCJC		制品容器容积(L)×层数	
		塑料多层挤拉吹中空成型机	JLC(挤拉层)	SCJLC			
		塑料多层注吹中空成型机	ZC(注层)	SCZC			
		塑料多层注拉吹中空成型机	ZLC(注拉层)	SCZLC			
	压力成型机L(力)	塑料压力成型机		SL		总压力(kN)	
		塑料多层压力成型机	C(层)	SLC		总压力(kN)×层数	
		塑料多工位压力成型机	W(位)	SLW		总压力(kN)×工位数	

表 2(续)

类别	组别	品种		产品代号		规格参数	备注
		产品名称	代号	基本代号	辅助代号		
塑料机械S(塑)	泡沫塑料成型机P(泡)	泡沫塑料成型机		SP		总压力(kN)	
		泡沫塑料预发泡机	Y(预)	SPY		螺杆直径(mm)	
		泡沫塑料包装成型机	Z(装)	SPZ		总压力(kN)	
		泡沫塑料板材成型机	B(板)	SPB			
		聚氨酯泡沫塑料成型机	J(聚)	SPJ		工作面宽度(mm)	
		聚氨酯连续发泡成型机	JF(聚发)	SPJF			
		聚氨酯高压灌注成型机	JG(聚高)	SPJG		出料量(g/s)	
	人造革机械R(人)	塑料涂刮法人造革机组	T(涂)	SRT	Z	涂刮辊工作长度(mm)	
		塑料钢带人造革机组	G(钢)	SRG	Z	钢带宽度(mm)	
		塑料离型纸法人造革机组	L(离)	SRL	Z	离型纸辊筒工作长度(mm)	
	滚塑成型机G(滚)	塑料滚塑成型机		SG		制品最大直径(mm)	
	编织机B(编)	塑料圆织机	Y(圆)	SBY		梭子数×编织最大折径(mm)	
		塑料不织布机组	B(不)	SBB		不织布最大宽度(mm)	
	热成型机E(热)	塑料热成型机		SE		成型面积(长×宽)(mm^2)	
		塑料真空成型机	Z(真)	SEZ			
	干式复合机械F(复)	塑料复膜机组	M(膜)	SFM	Z	最大复膜宽度(mm)×层数	
		钙塑瓦楞板复合机组	LB(楞板)	SFLB	Z	加热辊工作面长度(mm)	
	制袋机械D(袋)	塑料制袋机		SD		制袋规格:长(mm)×宽(mm)	
		塑料背心袋制袋机	B(背)	SDB			
		塑料圆筒袋制袋机	Y(圆)	SDY			
		塑料手提袋制袋机	S(手)	SDS			

表 2(完)

类别	组别	品种		产品代号		规格参数	备注
		产品名称	代号	基本代号	辅助代号		
塑料机械S(塑)	扩管机U(扩)	塑料扩管机	U(扩)	SU		最大可扩管径(mm)	
	印刷机械S(刷)	塑料平台印刷机组	P(平)	SSP	Z	印刷辊工作长度(mm)×印刷色数	
		塑料凹板印刷机组	A(凹)	SSA	Z		
		塑料丝网印刷机组	S(丝)	SSS	Z		
		塑料凸板印刷机组	U(凸)	SSU	Z		
		塑料烫印机	T(烫)	SST		最大烫印长度(mm)×最大烫印宽度(mm)	
		塑料移印机	Y(移)	SSY		最大移印长度(mm)×最大移印宽度(mm)	
		塑料胶印机	J(胶)	SSJ		最大胶印长度(mm)×最大胶印宽度(mm)	
	焊接机A(焊)	塑料焊接机		SA		功率(W)	
	异型材拼装机X(机)	塑料异型材拼装机组	P(拼)	SXP	Z	最大异型材规格:宽(mm)×高(mm)	
	切粒机Q(切)	塑料切粒机		SQ		旋转刀直径(mm)	
	回收机械W(回)	塑料薄膜造粒回收机组	M(膜)	SWM	Z	螺杆直径(mm)×长径比	以小头螺杆直径表示锥形
		塑料破碎机	P(破)	SWP		旋转刀直径(mm)	
		塑料团粒机	T(团)	SWT		团料容积(L)	
	其他机械T(他)	上料附机		ST	U	最大上料高度(mm)	
		料斗式塑料干燥机	G(干)	STG	U	料斗容积(L)	

附 录 A
（提示的附录）
橡胶机械产品型号编制示例

A1 总容积为 80 L，转子转速为 40 r/min 的椭圆形转子密闭式炼胶机的型号：

XM-80×40

A2 前辊筒直径为 450 mm 开放式炼胶机的型号：

XK-450

A3 最大浸布宽度为 1 500 mm 的浸胶热伸张生产线的型号：

XIR-X1500

A4 辊筒排列型式为 S 型，辊面宽度为 1 800 mm 的四辊橡胶压延机的型号：

XY-4S1800

A5 为 XY-4S1800 橡胶压延机配置的压延联动装置的型号：

XY-F4S1800

A6 由 XYG-4S1300 钢丝帘布压延机组成的钢丝帘布压延生产线的型号：

XYG-X4S1300

A7 螺杆直径为 90 mm，长径比为 14 的冷喂料挤出机的型号：

XJW-90×14

A8 螺杆直径为 250 mm 的滤胶机的型号：

XJL-250

A9 适用最大胶布宽度为 1 500 mm 的卧式裁断机的型号：

XC-1500

A10 裁刀型式为圆盘式，适用压延钢丝帘布最大宽度为 1 200 mm 的钢丝帘面裁断机的型号：

XCG-P1200

A11 罐体内径为 1.5 m，筒体长度为 5 m，采用间接蒸气加热，适用于制品、胶鞋硫化的卧式硫化罐的型号：

XL-J1.5×5

A12 热板宽度为 400 mm，热板长度为 400 mm，电加热方式，适用于模型制品硫化的双层平板硫化机的型号：

XLB-D400×400×2

A13 注射容积为 200 cm^3，总压力为 1 080 kN 的立式橡胶注射机的型号：

XZL-200×1 080

A14 最大贴合宽度为 1 000 mm 的帘布筒贴合机的型号：

LT-1 000

A15 适用于钢丝圈规格为 20～25 的六角形钢丝圈缠卷机的型号：

LGL-2 025

A16 适用于帘布筒最大宽度为 980 mm，成型机头外径为 540～690 mm，成型机头宽度为 470～630 mm，套筒法成型、压辊包边式的斜交轮胎成型机的型号：

LCX-2

A17 蒸汽室内径为 1 310 mm，一个模型的合模力为 2 890 kN，胶囊为拉直升式、双模的轮胎定型硫化机的型号：

LL-B1310×2890×2

A18 连杆内侧间距为 1 430 mm 的内胎硫化机的型号：

LLN-1 430

A19 蒸汽室内径为 1 230 mm，启闭方式为液压的翻胎硫化机的型号：

FL-Y1230

A20 适用于成型胶管直径为 13～76 mm，胶管长度为 20 m 的双面胶管成型机的型号：

GCB-S76×20

A21 24 锭的卧式纤维线胶管编织机的型号：

GBX-24

A22 最大成型宽度为 600 mm 的传动带成型机的型号：

DCC-600

A23 适用于成型最大内周长度为 4 000 mm 的 V 带成型机的型号：

DCV-4 000

A24 硫化鼓直径为 230 mm，硫化鼓有效宽度为 500 mm 的 V 带鼓式硫化机的型号：

DLG-230×500

A25 适用于垫布最大宽度为 1 800 mm 的垫布整理机的型号：

QED-1800

附 录 B
（提示的附录）
塑料机械产品型号编制示例

B1 捏合室总容积 100 L 的塑料捏合机的型号：

SN-100

B2 混合室总容积为 200 L，搅拌桨转速为 500 r/min 塑料热炼混合机的型号：

SHR-200×500

B3 密炼室总容积为 75 L，转子转速为 35 r/min、70 r/min 双速的椭圆形转子密闭式炼塑机的型号：

SM-75×35×70

B4 前辊筒直径为 550 mm，第一次改型设计的开放式炼塑机的型号：

SK-550-A 或 SK-550A

B5 辊筒排列型式为 S 型，辊面宽度为 1 800 mm 的塑料四辊压延机的型号：

SY-4S1800

B6 辊筒排列型式为 Γ 型，辊面宽度为 2 360 mm 的塑料异径四辊压延机的型号：

SYY-4Γ2360

B7 配辊筒排列型式为 S 型，辊面宽度为 1 800 mm 的塑料四辊压延机的塑料压延膜辅机的型号：

SYM-F4S1800

B8 辊筒直径为 700 mm，辊筒排列型式为 S 型，辊面宽度为 1 800 mm 的塑料四辊压延钙塑膜机组的型号：

SYGM-Z4S1800

B9 螺杆直径为 65 mm，长径比为 30：1 的塑料挤出机的型号：

SJ-65×30

B10 牵引辊筒工作面长度 1 600 mm 的塑料挤出吹塑薄膜辅机的型号：

SJM-F1600

B11 主机螺杆直径为 65 mm，长径比为 30：1，辅机牵引辊筒工作面长度为 1 600 mm 的塑料挤出吹塑薄膜机组的型号：

SJM-Z65×30×1 600

B12 理论注射容积为 10 000 cm^3，合模力为 16 000 kN 的塑料注射成型机的型号：

SZ-16000

B13 理论注射容积为 160 cm^3，合模力为 800 kN 的塑料双色注射成型机的型号：

SZS-800

B14 制品容器最大容积为 500 L，双工位的塑料挤出吹塑中空成型机的型号：

SCJ-500×2

B15 总压力为 3 000 kN 的四层塑料压力成型机的型号：

SLC-3000×4

B16 合模力为 300 kN 的泡沫塑料成型机的型号：

SP-300

B17 离型纸辊筒工作面长度为 1 450 mm 的塑料离型纸法人造革机组的型号：

SRL-Z1450

B18 编织袋最大折径为 750 mm 的 4 梭塑料圆织机的型号为：

SBY-4×750

B19 最大成型面积为 750 mm×750 mm 的塑料真空吸塑成型机的型号：

SEZ-750×750

B20 制袋规格为 1 500 mm×900 mm 的塑料背心袋制袋机的型号：

SDB-1 500×900

B21 最大可扩管径为 225 mm 的塑料扩管机的型号：

SU-225

B22 印刷辊工作长度为 450 mm 的 5 色塑料凹板印刷机组的型号：

SSA-Z450×5

B23 最大型材规格为 100 mm×800 mm 的塑料异型材拼组装机组的型号：

SXP-Z100×800

B24 旋转刀直径为 200 mm 的塑料切粒机的型号：

SQ-200

B25 螺杆直径为 65 mm，长径比为 20：1 的塑料薄膜造粒回收机组的型号：

SWM-Z65

B26 最大上料高度为 7 000 mm 的上料附机的型号：

ST-U7000

ICS 71.120；83.200
G 95

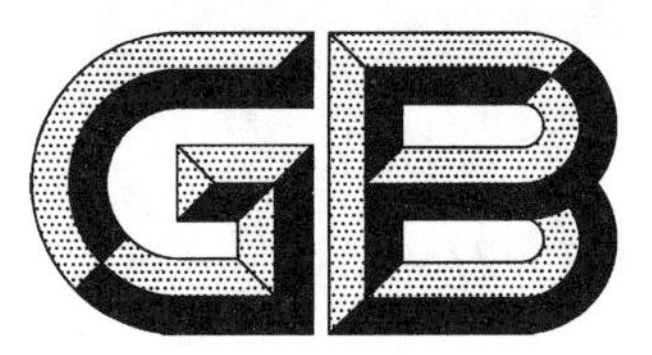

中华人民共和国国家标准

GB/T 12784—2017
代替 GB/T 12784—1991

橡胶塑料加压式捏炼机

Pressurized kneader for rubber and plastics

2017-05-12 发布　　　　2017-12-01 实施

中华人民共和国国家质量监督检验检疫总局
中国国家标准化管理委员会　发布

前 言

本标准按照 GB/T 1.1—2009 给出的规则起草。

本标准代替 GB/T 12784—1991《橡胶塑料加压式捏炼机》，与 GB/T 12784—1991 相比，除编辑性修改外主要技术差异如下：

——增加了 9 项引用文件，并更新了原 6 项引用文件(见第 2 章，1991 年版第 2 章)；

——增加了加压式捏炼机的术语和定义及示意图，并增加了其他术语的示意图(见第 3 章)；

——增加了型号要求(见 4.1)；

——为了鼓励新产品、新技术的研发，将原标准第 4 章的基本参数移到资料性附录中，以提供参考，并增加和修改了基本参数(见附录 A，1991 年版第 4 章)；

——调整了第 5 章要求的条款顺序，以符合工艺流程(见第 5 章，1991 年版第 5 章)；

——对捏炼机密炼室、转子、压砣等部件与物料接触表面增加了“硬度低于 HRC 45 以下的表面不应有裂纹”的要求(见 5.2.2，1991 年版 5.10)；

——延长了水压试验的持续时间(见 5.2.7、5.2.8)；

——增加了电气系统要求(见 5.3.1)；

——捏炼机规格以 35L 为界限重新划分，对噪声值进行了调整，提高了要求(见 5.3.3，1991 年版 5.18)；

——对第 5 章的所有要求都增加了检测方法(见附录 B)；

——对“车料”进行了量化，增加了“每车料按照密炼室总容积的 0.7 倍～0.8 倍进行投料”(见 6.3)；

——型式检验中增加：型式检验的项目内容包括本标准中的各项技术要求(见 7.2)；

——修改了判定规则(见 7.3，1991 年版 7.2.3)；

——标牌上增加了“执行标准编号”(见 8.1)；

——对使用说明书增加了执行相应标准的规定(见 8.2)；

——对产品贮存要求进行了修改(见 8.4，1991 年版 8.5)；

——删除了原标准的第 9 章：其他。

本标准由中国石油和化学工业联合会提出。

本标准由全国橡胶塑料机械标准化技术委员会(SAC/TC 71)归口。

本标准起草单位：大连橡胶塑料机械股份有限公司、北京橡胶工业研究设计院、浙江申达机器制造股份有限公司。

本标准主要起草人：张仁广、黄树林、何成、夏向秀、杜鑑时、李香兰。

本标准所代替标准的历次版本发布情况为：

——GB/T 12784—1991。

橡胶塑料加压式捏炼机

1 范围

本标准规定了橡胶塑料加压式捏炼机的术语和定义、型号与基本参数、要求、试验、检验规则、标志、包装、运输和贮存。

本标准适用于对橡胶和塑料进行塑炼和混炼(捏炼)的捏炼机(以下简称捏炼机)。

2 规范性引用文件

下列文件对于本文件的应用是必不可少的。凡是注日期的引用文件,仅注日期的版本适用于本文件。凡是不注日期的引用文件,其最新版本(包括所有的修改单)适用于本文件。

GB/T 191 包装储运图示标志

GB 5226.1—2008 机械电气安全 机械电气设备 第1部分:通用技术条件

GB/T 6388 运输包装收发货标志

GB/T 9969 工业产品使用说明书 总则

GB/T 12783 橡胶塑料机械产品型号编制方法

GB/T 13306 标牌

GB/T 13384 机电产品包装通用技术条件

GB/T 24342 工业机械电气设备 保护接地电路连续性试验规范

GB/T 24343 工业机械电气设备 绝缘电阻试验规范

GB/T 24344 工业机械电气设备 耐压试验规范

HG/T 2108 橡胶机械噪声声压级的测定

HG/T 3120 橡胶塑料机械外观通用技术条件

HG/T 3223 橡胶机械 术语

HG/T 3228—2001 橡胶塑料机械涂漆通用技术条件

JB/T 5438 塑料机械 术语

3 术语和定义

HG/T 3223 和 JB/T 5438 界定的术语和定义适用于本文件。为了便于使用,以下重复列出了 HG/T 3223 和 JB/T 5438 中的一些术语和定义。

3.1

加压式捏炼机 pressurized kneader

采用翻转密炼室的方法卸料的密闭式炼胶(塑)机。示意图见图1。

[HG/T 3223—2000,定义 2.1.2]

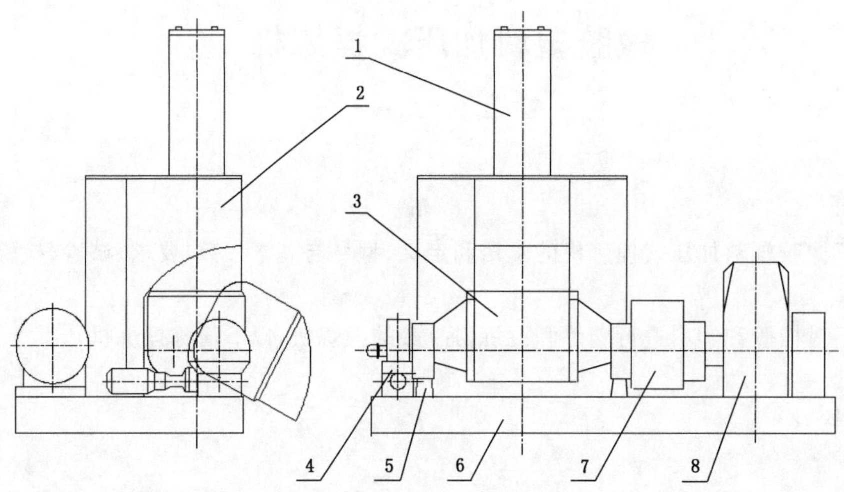

说明：

1——压料装置；

2——机架；

3——密炼装置；

4——翻转装置；

5——支撑座；

6——底座；

7——速比齿轮；

8——传动装置。

图 1　加压式捏炼机示意图

3.2

捏合总容积　net volume of kneading chamber

压砣底面下落至接料口位置时，密炼室与转子之间的空腔容积。示意图见图 2。

[JB/T 5438—2008，定义 2.2.3]

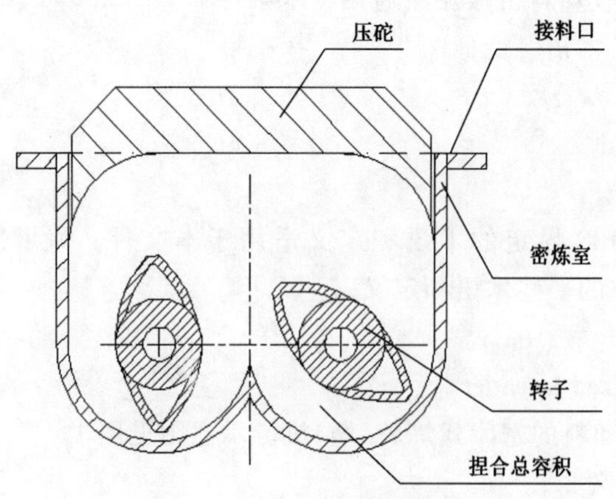

图 2　捏合总容积示意图

3.3

密炼室总容积　net volume of mixing chamber

压砣下落至最低极限位置时,密炼室与转子之间的空腔容积,示意图见图3。

[JB/T 5438—2008,定义2.2.4]

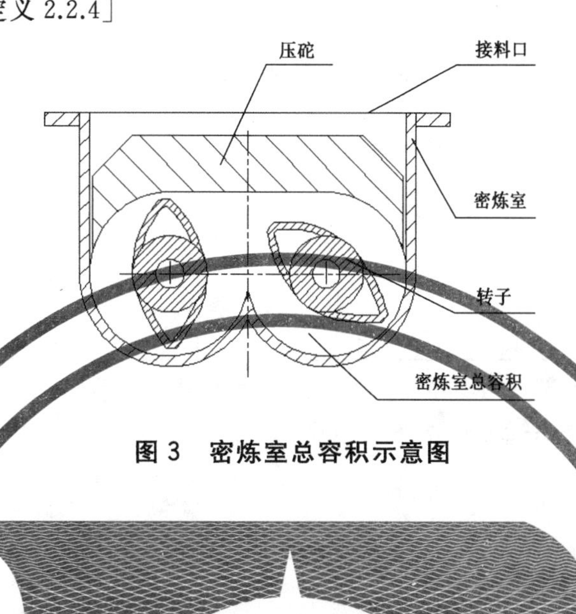

图3　密炼室总容积示意图

4　型号与基本参数

4.1　型号

捏炼机的型号编制方法应符合GB/T 12783的规定。

4.2　基本参数

捏炼机的基本参数参见附录A。

5　要求

5.1　总则

捏炼机应符合本标准的要求,并按经规定程序批准的图样及技术文件制造。

5.2　技术要求

5.2.1　捏炼机转子凸棱及棱侧表面硬度不应低于HRC 40。

5.2.2　捏炼机密炼室、转子、压砣等部件与物料接触表面应进行耐磨和耐腐蚀处理,硬度低于HRC 45以下的表面不应有裂纹。

5.2.3　捏炼机空气、润滑等管路系统应清洁畅通,不应有堵塞及渗漏现象。

5.2.4　捏炼机的各封闭传动装置不应有漏油现象。

5.2.5　捏炼机压料装置和翻转装置应工作可靠,操作方便灵活。

5.2.6　压料装置的压砣对物料的压力应不小于0.15 MPa。

5.2.7　密炼室、转子、压砣等各热传导零件均应进行水压试验,其试验压力不应低于工作压力的1.5倍,持续30 min,不得渗漏。

5.2.8　整机的冷却(或加热)管路应清洁畅通,并进行水压试验,其试验压力不应低于工作压力的1.5倍,持续15 min,不得渗漏。

5.2.9　捏炼机应有测量、显示及控制密炼室内部物料温度的装置。

5.2.10 整机空负荷运转时，主驱动电动机所消耗的功率不应超过额定功率的12 %。

5.2.11 整机负荷运转时，主驱动电动机所消耗的功率不应超过电动机的额定功率(允许瞬时超载)。

5.2.12 整机运转时，转子轴承和减速器轴承的温度不应有骤升现象。

5.2.13 整机运转时，转子轴承和减速器轴承的温升及最高温度极限值应符合表1的规定。

表1 轴承温升要求及最高温度极限值

单位为摄氏度

轴承部位	空负荷运转	负荷运转	
	温升	温升	最高温度极限值
炼胶时转子轴承	≤20	≤40	80
炼塑时转子轴承		≤95	125
减速器轴承		≤40	80

5.2.14 整机运转时，各运动部件的动作应平稳、灵活、准确、无卡碰现象。

5.2.15 捏炼机的操作、控制系统应灵活、安全可靠。

5.3 安全和环保要求

5.3.1 电气系统应符合以下要求：

a) 应有安全可靠的接地装置和明显的接地标志；

b) 应有紧急停机按钮，并有声光报警功能；

c) 应进行保护接地电路连续性试验，其试验条件应符合GB 5226.1—2008中18.2.2的试验1规定；

d) 应进行绝缘电阻试验，其试验条件应符合GB 5226.1—2008中18.3的规定；

e) 应进行耐压试验，其试验条件应符合GB 5226.1—2008中18.4的规定。

5.3.2 整机负荷运转时，转子端面密封处，不得有团状或块状的物料泄漏。

5.3.3 整机负荷运转时，其整机噪声应符合表2的规定。

表2 捏炼机整机噪声要求

规格 L	A计权噪声声压级 dB
≤35	≤82
>35	≤85

5.4 外观和涂漆要求

捏炼机外观质量应符合HG/T 3120的规定，涂漆质量应符合HG/T 3228—2001中的3.4.6的规定。

6 试验

6.1 检测方法

捏炼机检测方法见附录B。

6.2 空负荷运转试验

6.2.1 空负荷运转试验前，应按 5.2.2、5.2.3、5.2.4、5.2.5、5.2.7、5.2.8、5.2.9 及 5.3.1 的要求进行检查。

6.2.2 捏炼机装配合格后并符合 6.2.1 要求后，应进行不少于 2 h 的连续空负荷运转试验。

6.2.3 空负荷运转试验中，各运动机构应单独运行 10 次～15 次，应按照 5.2.3、5.2.4、5.2.5、5.2.10、5.2.12 及5.2.13 对设备进行检查并符合要求。

6.3 负荷运转试验

空负荷运转试验合格后，在稳定的工作情况下进行不少于 3 车料的连续负荷运转试验(无特殊要求允许只用橡胶混炼负荷试车)。每车料按照密炼室总容积的 0.7 倍～0.8 倍进行投料。应按照 5.2.11、5.2.12、5.2.13、5.3.2 及 5.3.3 对设备进行检查并符合要求。

7 检验规则

7.1 出厂检验

7.1.1 每台捏炼机出厂前，按 5.2.3、5.2.4、5.2.5、5.2.9、5.2.14、5.2.15、5.3.1、5.4 及 6.2 进行检查，应符合其规定。

7.1.2 每台捏炼机应经制造厂质量检验部门检查合格后方能出厂。出厂时应附有产品质量合格证。

7.2 型式检验

型式检验的项目内容包括本标准中的各项技术要求。型式检验应在下列情况之一时进行：

a) 新产品或老产品转厂时的试制定型鉴定；
b) 正式生产后，如结构、材料、工艺等有较大改变，可能影响产品性能；
c) 正常生产时，每年最少抽试一台；
d) 产品停产两年后，恢复生产；
e) 出厂检验结果与上次型式检验有较大差异；
f) 国家质量监督机构提出型式检验要求。

7.3 判定规则

型式检验项目全部符合本标准规定，则为合格。型式检验每次抽检一台，当检验不合格时，则应再抽检一台，若再不合格，则应逐台进行检验。

8 标志、包装、运输和贮存

8.1 标志

产品应在适当的明显位置固定产品标牌。标牌型式、尺寸及技术要求应符合 GB/T 13306 的规定，标牌上应标出下列内容：

a) 产品的名称、型号及执行标准编号；
b) 产品的主要技术参数；
c) 制造企业的名称和商标；
d) 制造日期和产品编号。

8.2 包装

产品包装应符合 GB/T 13384 的规定。包装箱内应装有下列技术文件(装入防水袋内)：

a) 产品合格证；

b) 使用说明书,其内容应符合 GB/T 9969 的规定；

c) 装箱单；

d) 备件清单；

e) 安装图。

8.3 运输

产品运输应符合 GB/T 191 和 GB/T 6388 的有关规定。

8.4 贮存

产品应贮存在干燥、通风、无火源、无腐蚀性气(物)体处,如露天存放应有防雨措施。

附 录 A
（资料性附录）
捏炼机基本参数

捏炼机的基本参数见表A.1。

表A.1 捏炼机的基本参数

规格 L	捏合总容积 (±5%) L	密炼室总容积 (±5%) L	主驱动电动机功率 kW	主动转子转速 r/min	密炼室翻转角度
1	3	1	3.7 4	42	≥110°
3	8	3	5.5 7.5		
5	15	5	7.5 11	32	
10	25	10	11 15 22		
20	45	20	22 30 37		
(25)	55	25	37 45		
35	75	35	37 45 55	30	
(50)	110	50	55 75		
55	125	55	55 75 90 119		
75	180	75	75 90 110 132 160		

表 A.1（续）

规格 L	捏合总容积 （±5%） L	密炼室总容积 （±5%） L	主驱动电动机功率 kW	主动转子转速 r/min	密炼室翻转角度
110	250	110	110 132 160 185	30	≥110°
150	325	150	110 160 185 220		
200	440	200	250 280		
注：转子转速可以无级变速。表中转子转速是名义转速，且为最高转速。					

附 录 B
(规范性附录)
捏炼机检测方法

B.1 密炼室总容积检测

密炼室总容积检测方法见表 B.1。

表 B.1 密炼室总容积检测方法

步骤序号	检测方法	检测简图	检测工具
1	将转子一端吊起,整个转子倒立,稳定后将其放入装满水的容器当中,如右侧检测简图中所示,待转子下端面与水平面一齐时,将溢出在水槽中的水通过阀门排放干净	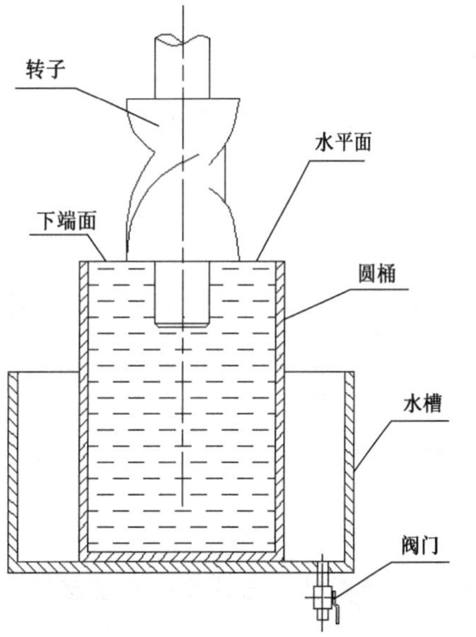 转子 水平面 下端面 圆桶 水槽 阀门	—
2	继续将转子放入到容器当中,如右侧检测简图中所示,待转子上端面与水平面一齐时,将溢出在水槽中的水接出,并在台秤上称量,换算成体积,单位为升(L)	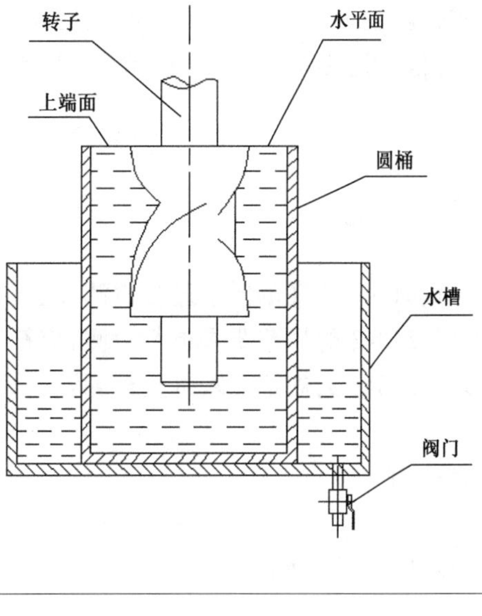 转子 水平面 上端面 圆桶 水槽 阀门	台秤

表 B.1（续）

步骤序号	检测方法	检测简图	检测工具
3	用同样的方法测出另一个转子工作部分的体积	—	—
4	根据密炼室图样尺寸，计算出密炼室的空间体积	—	—
5	用计算出密炼室的空间体积减去两个转子工作部分的体积，即为密炼室总容积	—	—

B.2 主要零部件检测

采用目测和手感检查 5.2.2、5.2.3、5.2.4、5.2.5、5.2.7、5.2.8 及 5.2.9，应符合其要求；对于 5.2.1，采用硬度计并按照图纸文件要求对表面硬度进行检测。

B.3 主驱动电动机功率检测

在额定电压和额定转速条件下，运转 1.5 h 后，用功率表(精度等级：0.5 级)或电流表进行检测。检测方法分为：

方法 1：用功率表测量主电机的功率值，至少检测三次，取其最大值作为主驱动电动机功率值。

方法 2：用电流表测量主电动机的电流值，测量三次，取其最大值作为主电动机负荷运转电流，再换算成功率值。

B.4 转子轴承和减速器轴承温升及最高温度的检测

在额定电压和额定转速条件下，空负荷运转 1.5 h 后，用接触式表面温度计或红外测温仪沿 4 个转子轴承端面、减速器轴承各测 3 点，取其最大值减去室温，即为转子轴承、减速器轴承的温升；或通过电控柜显示的温升值。测出的最大值即为转子轴承和减速器轴承的最高温度。检测应符合 5.2.13 的规定。

B.5 电气系统检测

B.5.1 按 GB/T 24342 的规范要求进行检测，应符合 5.3.1 中 c)的要求。

B.5.2 按 GB/T 24343 的规范要求进行检测，应符合 5.3.1 中 d)的要求。

B.5.3 按 GB/T 24344 的规范要求进行检测，应符合 5.3.1 中 e)的要求。

B.6 整机噪声检测

在额定电压和额定转速条件下，空负荷运转和负荷运转中，按 HG/T 2108 的规定检测应符合 5.3.3 的要求。

B.7 外观质量检测

捏炼机外观、油漆表面按 HG/T 3228—2001 规定的方法和 HG/T 3120 规定的方法分别对涂漆质量和外观质量进行检测，应符合 5.4 的要求。

ICS 71.120;83.200
G 95

中华人民共和国国家标准

GB/T 13577—2006
代替 GB/T 13577—1992

开放式炼胶机炼塑机

Mill for rubber and plastics

2006-01-09 发布　　2007-07-01 实施

中华人民共和国国家质量监督检验检疫总局
中国国家标准化管理委员会　发布

前　言

本标准代替 GB/T 13577—1992《开放式炼胶机炼塑机》。

本标准与 GB/T 13577—1992 相比主要变化如下：

——对原标准中表 1、表 2 和表 3 的内容作了补充修改；

——对技术要求作了必要的修改；

——提高了开炼机辊筒工作表面粗糙度的要求；

——增加了开炼机辊筒内部圆柱表面加工的要求；

——删除了有关开炼机安全、噪声要求的具体内容，直接引用安全标准；

——增加了开炼机空运转试验的检查项目。

本标准由中国石油和化学工业协会提出。

本标准由全国橡胶塑料机械标准化技术委员会归口。

本标准负责起草单位：大连冰山橡塑股份有限公司。

本标准参加起草单位：上海橡胶机械厂、无锡市第一橡塑机械有限公司、北京橡胶工业研究设计院。

本标准主要起草人：鲁敬、李香兰、黄树林、王承绪、夏向秀。

本标准所代替标准的历次版本发布情况为：

——GB/T 13577—1992。

开放式炼胶机炼塑机

1 范围

本标准规定了开放式炼胶机炼塑机(以下简称开炼机)的系列与基本参数、技术要求、安全要求、试验、检验规则、标志、包装、运输、贮存。

本标准适用于加工橡胶、再生胶、塑料的开炼机。

2 规范性引用文件

下列文件中的条款通过本标准的引用而成为本标准的条款。凡是注日期的引用文件,其随后所有的修改单(不包括勘误的内容)或修订版均不适用于本标准,然而,鼓励根据本标准达成协议的各方研究是否可使用这些文件的最新版本。凡是不注日期的引用文件,其最新版本适用于本标准。

GB/T 191 包装储运图示标志(GB/T 191—2000,eqv ISO 780:1997)

GB/T 1184—1996 形状和位置公差 未注公差值(eqv ISO 2768-2:1989)

GB/T 1801—1999 极限与配合 公差带和配合的选择(eqv ISO 1829:1975)

GB/T 6388—1986 运输包装收发货标志

GB/T 13306 标牌

GB/T 13384 机电产品包装通用技术条件

GB 20055—2006 开放式炼胶机炼塑机安全要求

HG/T 2149—2004 开放式炼胶机炼塑机检测方法

HG/T 3108—1998 冷硬铸铁辊筒

HG/T 3120—1998 橡胶塑料机械外观通用技术条件

HG/T 3228—2001 橡胶塑料机械涂漆通用技术条件

3 系列与基本参数

开炼机中炼胶机、压片机和热炼机的系列与基本参数见表1,破胶机和精炼机的系列与基本参数见表2。

表 1

辊筒尺寸(前辊直径×后辊直径×辊面宽度) mm×mm×mm	前后辊筒速比	前辊筒线速度 m/min ≥	主电机功率 kW ≤	一次性投料 kg	用途
160×160×320	1:1.20~1.35	8	7.5	2~4	橡胶的塑炼、混炼、热炼、压片 塑料的混炼
250×250×620	1:1.00~1.30	13	22	10~15	橡胶的塑炼、混炼、热炼、压片 塑料的塑炼、混炼
300×300×700		14	30	15~20	橡胶的塑炼、混炼、热炼、压片 塑料的塑炼、混炼

表 1(续)

辊筒尺寸 (前辊直径×后辊直径×辊面宽度) mm×mm×mm	前后辊筒 速比	前辊筒 线速度 m/min ≥	主电机 功率 kW ≤	一次性 投料 kg	用　途
360×360×900	1∶1.00～1.30	15	37	15～20	塑料的塑炼、混炼、压片
				20～25	橡胶的塑炼、混炼、热炼、压片
400×400×1 000		17	55	18～25	塑料的塑炼、混炼、压片
				25～35	橡胶的塑炼、混炼、热炼、压片
450×450×1 200		22	75	25～35	塑料的塑炼、混炼、压片
				30～50	橡胶的塑炼、混炼、热炼、压片
550×550×1 500 (560×510×1 530)	1∶1.04～1.30	24	132	50～60	橡胶的塑炼、混炼 橡胶、塑料供密炼机压片
				35～50	塑料的塑炼、混炼
			160	50～60	橡胶的热炼(供料)
610×610×2 000 (610×610×1 830)		26	160	90～120	橡胶、塑料的塑炼、混炼、热炼及压片
660×660×2 130		28	280	75～95	塑料的塑炼
				140～160	橡胶、塑料供密炼机压片
		22		70～120	橡胶的热炼
710×710×2 200 (710×710×2 540)		26	350	190～220	橡胶的塑炼、混炼、热炼及压片

表 2

辊筒尺寸 (前辊直径×后辊直径×辊面宽度) mm×mm×mm	前后辊筒 速比	主电机 功率 kW ≤	前辊筒 线速度 m/min ≥	生产能力 kg/h	用　途
400×400×600	1∶1.20～3.00	55	18	400	废旧橡胶、生胶的破碎或粉碎
450×450×620	1∶2.50～3.50	45	10	300	废旧橡胶、生胶的破碎
560×510×800	1∶1.20～3.00	95	24	2 000	废旧橡胶的破碎
	1∶1.25～1.35	75		2 000	生胶的破碎
560×560×800	1∶1.50～1.80	110	24	300	再生胶的精炼
610×480×800	1∶1.50～3.20	75	20	150	废旧橡胶的粉碎
			23	300	再生胶的精炼

4 技术要求

4.1 开炼机应符合本标准的规定，并按照经规定程序批准的图样和技术文件制造。

4.2 开炼机辊筒材料选用冷硬铸铁时，其性能和技术要求应符合 HG/T 3108—1998 标准的规定。

4.3 开炼机辊筒工作表面粗糙度 $Ra \leqslant 1.6\ \mu m$。沟槽辊筒工作面的表面粗糙度 $Ra \leqslant 3.2\ \mu m$，沟槽表面粗糙度 $Ra \leqslant 12.5\ \mu m$。

4.4 开炼机辊筒轴颈（轴承部位）表面粗糙度 $Ra \leqslant 1.6\ \mu m$。

4.5 开炼机辊筒内部圆柱表面应加工，其表面粗糙度 $Ra \leqslant 25\ \mu m$。

4.6 开炼机左右机架安装轴承的水平面应处于同一平面上，其平面度不低于 GB/T 1184—1996 中表 B1 中 7 级公差等级的规定。左右机架与后轴承座接触的垂直受力面应处于同一平面上，其平面度不低于 GB/T 1184—1996 中表 B1 中 7 级公差等级的规定（采用球面支承除外）。

4.7 开炼机前轴承和压盖之间的配合间隙应符合 GB/T 1801—1999 中 H9/f9 的规定。

4.8 开炼机辊筒轴颈的两端面与轴承端面的轴向总间隙值应符合表 3 的规定。

表 3

单位为毫米

<table>
<tr><td colspan="2">辊筒工作长度</td><td>320</td><td>620</td><td>800</td><td>900</td><td>1 000</td><td>1 200</td><td>1 500</td><td>1 530</td><td>1 830</td><td>2 000</td><td>2 130</td><td>2 200</td><td>2 540</td></tr>
<tr><td rowspan="2">轴向间隙</td><td>橡胶</td><td>1.0～1.5</td><td>1.0～2.0</td><td colspan="3">2.0～4.0</td><td colspan="4">2.5～4.5</td><td colspan="4">3.0～5.0</td></tr>
<tr><td>塑料</td><td>1.5～2.0</td><td>1.5～2.5</td><td colspan="3">3.0～5.0</td><td colspan="2">3.5～5.5</td><td colspan="2">4.0～6.0</td><td colspan="4">5.0～7.0</td></tr>
</table>

4.9 开炼机空运转时，主电机的实际功率不应大于额定功率的 15%。

4.10 开炼机负荷运转时，主电机功率不应大于额定功率（允许瞬时过载）。

4.11 开炼机空运转时，辊筒轴承体温度不应有骤升现象，最大温升不应大于 20℃。

4.12 开炼机负荷运转时，减速器轴承最大温升不应大于 40℃；对于橡胶开炼机，其轴承体温升不应大于 35℃；对于塑料开炼机，当辊筒工作表面温度为 160℃时，其轴承体温升不应大于 80℃，当辊筒工作表面温度为 160℃～200℃时，其轴承体温升不应大于 100℃。

4.13 开炼机的辊筒轴承、传动齿轮、减速机等各润滑点的润滑应充分，每个密封处的渗漏量不应超过 1 滴/h。

4.14 开炼机在负荷运转中，辊筒温度调节装置不应有泄漏现象。

4.15 开炼机外观应整洁，色彩和谐，外观质量应符合 HG/T 3120—1998 的规定。

4.16 开炼机涂漆表面应符合 HG/T 3228—2001 中 3.4.5 的规定。

5 安全要求

开炼机安全要求应符合 GB 20055—2006 的规定。

6 试验

6.1 空运转试验

空运转试验应在整机总装配合格后方可进行，连续空运转时间不少于 2 h，空运转中，检验下列项目：

6.1.1 按 4.6～4.8 要求，检测装配精度；

6.1.2 按 4.9 要求，检测主电机的功率；

6.1.3 按 4.11 要求，检测轴承体的温升；

6.1.4 按 4.13 要求，检测开炼机润滑系统的渗漏情况；

6.1.5 按 GB 20055—2006 检验开炼机安全要求。

6.2 负荷运转试验

空运转试验合格后方能进行负荷运转试验。连续负荷运转时间不少于 2 h，负荷运转中，检验下列项目：

6.2.1 按表 1、表 2 中的要求检测主要性能参数；

6.2.2 按 4.10 要求，检测主电机的功率；

6.2.3 按 4.12 要求，检测轴承体的温升；

6.2.4 按 4.14 要求，检验辊筒温度调节装置的泄漏情况。

6.3 试验方法

开炼机的试验方法按 HG/T 2149—2004 进行。

7 检验规则

7.1 出厂检验

7.1.1 每台产品需经过制造厂质量检验部门检验合格后方能出厂，并附有产品质量合格证书。

7.1.2 每台产品出厂前应按 6.1 进行空运转试验。也可根据用户要求在出厂前按 6.2 进行负荷运转试验。

7.1.3 每台产品出厂前应按 4.15、4.16 进行检验，安全要求应按 GB 20055—2006 中 5.1.1.1.2～5.1.1.1.5、5.1.1.1.8、5.1.1.1.9、5.1.3、5.1.4 a)、5.7 进行检验。

7.2 型式检验

型式检验按本标准各项内容进行检验，安全要求应按 GB 20055—2006 进行检验。型式检验应在下列情况之一时进行：

a) 新产品或老产品转厂时的试制定型鉴定；

b) 正式生产后，如结构、材料、工艺等有较大改变，可能影响产品性能时；

c) 正常生产时，每年最少抽检一台；

d) 产品停产两年后，恢复生产时；

e) 出厂检验结果与上次型式检验有较大差异时；

f) 国家质量监督机构提出型式检验要求时。

7.3 判定

型式检验项目全部符合本标准规定，则判为合格。型式检验每次抽检一台，当检验有不合格时，应再抽检两台，若仍有不合格项时，则应对该产品逐台进行检验。

8 标志、包装、运输、贮存

8.1 每台产品应在适当的明显位置固定产品的标牌，标牌的尺寸及技术要求应符合 GB/T 13306 的规定，产品标牌的内容应包括：

a) 制造厂名称和商标；

b) 产品名称；

c) 产品型号；

d) 执行标准号；

e) 制造日期和产品编号；

f) 产品的主要技术参数。

8.2 产品包装前，机件及工具的外露加工面应涂防锈剂。

8.3 产品包装应符合 GB/T 13384 的规定，并注明制造厂厂址。

8.4 在产品包装箱内应装有下列技术文件(装入防水袋内):

a) 产品质量合格证书;

b) 产品使用说明书;

c) 装箱单。

8.5 产品运输应符合 GB/T 191 和 GB/T 6388—1986 的规定。

8.6 产品应贮存在通风、干燥、无火源、无腐蚀性气体处,如露天存放,应有防雨措施。

ICS 71.120;83.200
G 95

中华人民共和国国家标准

GB/T 13578—2010
代替 GB/T 13578—1992

橡胶塑料压延机

Rubber and plastics calendar

2010-09-26 发布　　2011-10-01 实施

中华人民共和国国家质量监督检验检疫总局
中国国家标准化管理委员会　发布

前　言

本标准代替 GB/T 13578—1992《橡胶塑料压延机》。

本标准与 GB/T 13578—1992 相比主要变化如下：

——取消了原标准表 1 中的最低辊筒线速度（1992 年版的表 1；本版的表 A.1）；

——取消了原标准表 1 中的主电机功率（1992 年版的表 1；本版的表 A.1）；

——增加了供应胶鞋行业压延胶鞋鞋底、鞋面沿条等制品厚度偏差(见表 A.1)；

——供压延软塑料的压延机制品厚度偏差由±0.02 mm 改为±0.01 mm(1992 年版的表 1；本版的表 A.1)；

——增加了 8 个规格 31 个系列(1992 年版的表 1；本版的表 A.1)；

——将原标准表 1 改为资料性附录(见本标准附录 A)；

——将原标准表 2 改为资料性附录(见本标准附录 B)；

——将原标准第 4 章“技术要求”改为“要求”，增加了工作环境要求和外观、涂漆要求(见本版 4、4.1和 4.6)；

——将塑料压延机轴承回油温度 110 ℃修改为不大于 105 ℃(1992 年版的 4.11；本版的 4.4.2)；

——将钻孔辊筒工作表面温度与规定值的偏差由±2 ℃修改为±1 ℃(1992 年版的 4.13；本版的 4.2.5)；

——取消原标准中的安全要求条款，直接引用压延机安全标准；

——增加了判定规则(见 6.3)。

本标准的附录 A 和附录 B 为资料性附录。

本标准由中国石油和化学工业协会提出。

本标准由全国橡胶塑料机械标准化技术委员会(SAC/TC 71)归口。

本标准负责起草单位：大连橡胶塑料机械股份有限公司。

本标准参加起草单位：北京橡胶工业研究设计院。

本标准主要起草人：黄树林、吕海峰、李香兰、何成。

本标准所代替标准的历次版本发布情况为：

——GB/T 13578—1992。

橡胶塑料压延机

1 范围

本标准规定了橡胶压延机、塑料压延机(以下简称压延机)的规格系列与基本参数、辊筒排列型式及型号、要求、试验方法、检验规则、标志、使用说明书、包装、运输及贮存。

本标准适用于加工橡胶、塑料制品的压延机。

2 规范性引用文件

下列文件中的条款通过本标准的引用而成为本标准的条款。凡是注日期的引用文件,其随后所有的修改单(不包括勘误的内容)或修订版均不适用于本标准,然而,鼓励根据本标准达成协议的各方研究是否可使用这些文件的最新版本。凡是不注日期的引用文件,其最新版本适用于本标准。

GB/T 191 包装储运图示标志(GB/T 191—2008,ISO 780:1997,MOD)

GB/T 321—2005 优先数和优先数系(ISO 3:1973,IDT)

GB/T 1184—1996 形状和位置公差 未注公差值(eqv ISO 2768-2:1989)

GB/T 6388 运输包装收发货标志

GB/T 12783 橡胶塑料机械产品型号编制方法

GB/T 13306 标牌

GB/T 13384 机电产品包装通用技术条件

GB 25434 橡胶塑料压延机安全要求

HG/T 2150 橡胶塑料压延机检测方法

HG/T 3108 冷硬铸铁辊筒

HG/T 3120 橡胶塑料机械外观通用技术条件

HG/T 3228 橡胶塑料机械涂漆通用技术条件

JB/T 5995 机电产品使用说明书编写规定

3 规格系列与基本参数、辊筒排列型式及型号

3.1 规格系列与基本参数

压延机规格系列与基本参数参见附录 A。

3.2 辊筒排列型式

压延机辊筒排列型式参见附录 B。

3.3 型号

压延机的型号应符合 GB/T 12783 的规定。

4 要求

压延机应符合本标准的要求,并按照经规定程序批准的图样及技术文件制造。

4.1 工作环境要求

4.1.1 环境温度:5 ℃~40 ℃。

4.1.2 环境湿度:不大于 85%。

4.1.3 环境海拔高度不大于 1 000 m。

4.1.4 电源:380 V,3P+N+PE,50 Hz。

注:以上工作环境要求为常规的条件,如用户有特殊要求时,应单独注明。

4.2 技术要求

4.2.1 压延机辊筒材料选用冷硬铸铁时，其性能和技术要求应符合 HG/T 3108 的规定。

4.2.2 辊筒工作表面粗糙度 *Ra* 值：橡胶压延机不大于 0.8 μm；塑料压延机不大于 0.2 μm。

4.2.3 左右机架安装固定轴承的滑槽受力面应在同一平面上，其平面度不低于 GB/T 1184—1996 附表中 7 级公差的规定。

4.2.4 装配好的压延机辊筒工作表面相对于轴颈的径向跳动不大于 0.02 mm。

4.2.5 辊筒有效工作表面温度与规定值的偏差：中空辊筒为±5 ℃；钻孔辊筒为±1 ℃。

4.2.6 加热冷却管路应清理干净，经 1.5 倍工作压力的水压（油压）试验，并保压 10 min，不应有渗漏现象。

4.2.7 润滑系统应清理干净，在工作压力下无渗漏。

4.3 空运转要求

4.3.1 压延机空运转时，主电机消耗功率不得大于额定功率的 15%。

4.3.2 压延机在不加热条件下空运转时，辊筒轴承温度不得有骤升现象，温升不超过 20 ℃。

4.4 负荷运转要求

4.4.1 压延机负荷运转时，主电机消耗功率不得大于额定功率（允许瞬时过载）。

4.4.2 压延机负荷运转时，辊筒轴承的回油温度：橡胶压延机不大于 75 ℃；塑料压延机不大于 105 ℃。

4.5 安全要求

压延机安全要求应符合 GB 25434 的规定。

4.6 外观、涂漆要求

压延机的外观和涂漆质量应分别符合 HG/T 3120 和 HG/T 3228 的规定。

5 试验

5.1 空运转试验

5.1.1 空运转试验前，应按 4.2.1～4.2.4、4.2.6、4.2.7 和 4.5 规定对压延机进行检查。

5.1.2 空运转试验应在完成整机装配并符合 5.1.1 要求后进行。

5.1.3 空运转试验在不加热条件下，辊筒速度由低逐步提高到接近最高速的 3/4，连续空运转时间不少于 2 h。

5.1.4 空运转试验项目按 4.3 进行。

5.2 负荷运转试验

5.2.1 负荷运转试验应在空运转试验合格后进行，连续负荷运转时间不少于 2 h。

5.2.2 负荷运转试验应进行下列项目的检查：

a) 按附录 A 中表 A.1 的规定检查压延制品厚度和偏差；

b) 按 4.2.5 要求对辊筒有效工作表面温度进行检查；

c) 按 4.4 要求主电机消耗功率和辊筒轴承的回油温度进行检查。

5.3 安全性试验

按 GB 25434 对压延机安全要求进行检查。

5.4 试验方法

压延机的试验方法按 HG/T 2150 进行。

6 检验规则

6.1 出厂检验

每台压延机出厂前应按 4.3、4.5、4.6 规定对压延机进行检查，经制造厂质量检验部门检验合格并签发合格证后，方能出厂。

6.2 型式检验

6.2.1 型式检验的项目内容包括本标准中的各项要求。

6.2.2 有下列情况之一时,应进行型式检验:

a) 新产品或老产品转厂时的试制定型鉴定;

b) 正式生产后,如结构、材料、工艺等有较大改变,可能影响产品性能时;

c) 正常生产时,每年最少抽试一台;

d) 产品停产二年后,恢复生产时;

e) 出厂检验结果与上次型式检验有较大差异时;

f) 国家质量监督机构提出型式检验要求时。

6.3 判定规则

经型式检验若有不合格项时,需进行复检,复检若仍有不合格项时,则判定型式检验为不合格。

7 标志、包装、使用说明、贮存、运输

7.1 标志

每台压延机应在明显位置固定产品标牌。标牌型式、尺寸和技术要求应符合 GB/T 13306 的规定。产品标牌应有下列内容:

a) 产品名称、型号及执行标准号;

b) 产品的主要技术参数;

c) 制造厂名称和商标;

d) 制造日期和产品编号。

7.2 包装

7.2.1 产品包装应符合 GB/T 13384 的规定。包装运输应符合运输部门的有关规定,包装箱上应有下列内容:

a) 产品名称及型号;

b) 制造厂名;

c) 出厂编号;

d) 外形尺寸;

e) 毛重;

f) 生产日期;

g) 发货单位;

h) 收货地点和收货单位。

7.2.2 在产品包装箱的明显位置注明“随机文件在此箱”内容;随机文件应统一装在防水的塑料袋内;随机文件应包括下列内容:

a) 产品合格证;

b) 使用说明书;

c) 装箱单;

d) 备件清单;

e) 安装图。

7.3 使用说明

使用说明书应符合 JB/T 5995 的规定。

7.4 贮存、运输

7.4.1 产品运输应符合 GB/T 191 和 GB/T 6388 的规定。

7.4.2　产品应贮放在干燥通风处，避免受潮腐蚀，不能与有腐蚀性气(物)体一同存放，露天存放应有防雨措施。

7.4.3　用户在遵守运输、贮存、安装和使用等有关要求的条件下，制造厂应承担从出厂之日起至12个月内的保用期。

附 录 A
（资料性附录）
压延机规格系列与基本参数

压延机规格系列与基本参数见表 A.1。

表 A.1 压延机规格系列与基本参数

辊筒尺寸		辊筒个数	辊筒线速度/(m/min) ≤	制品最小厚度/mm	制品厚度偏差/mm	用 途
直径/mm	辊面宽度/mm					
230	630	2	10	0.50	±0.02	供胶鞋行业压延胶鞋鞋底、鞋面沿条等
		3	10	0.20	±0.02	供压延力车胎胎面、胶管、胶带和胶片等
		4	10	0.10	±0.01	供压延软塑料
				0.20	±0.02	供压延橡胶
				0.50		供压延硬塑料或橡胶钢丝帘布
360	800	2	35	0.80	±0.03	供压延橡胶
	900 或 1 120	3	20	0.20	±0.02	供胶布的擦胶或贴胶
		4	20	0.14	±0.01	供压延软塑料
				0.20	±0.02	供压延橡胶
				0.50		供压延硬塑料
		4	12	0.50	±0.02	供压延橡胶钢丝帘布
		5	30	0.50	±0.02	供压延塑料
400	1 300	2	40	0.50	±0.03	供压延胶片
	700 或 920	2	40	0.20	±0.02	
		3				
		4				
	1 000	5	50	0.50	±0.02	供压延塑料
450	600	2	45	0.20	±0.02	供压延磁性胶片
	1 000	4				供压延橡胶钢丝帘布
	1 200	3	40	0.10	±0.01	供压延软塑料
				0.20	±0.02	供压延橡胶
		4	40	0.20	±0.02	供压延胶片
	1 430	4	70	0.10	±0.01	供压延塑料
	1 350	5	40	0.50	±0.02	供压延硬塑料
500	1 300	4	50	0.20	±0.02	供压延橡胶钢丝帘布

表 A.1(续)

辊筒尺寸		辊筒个数	辊筒线速度/(m/min) ≤	制品最小厚度/mm	制品厚度偏差/mm	用　途
直径/mm	辊面宽度/mm					
550	1 000	2	20	0.40	±0.02	供压延磁性胶片
	1 300	4	50	0.20		供压延橡胶钢丝帘布;EVA 热熔膜
	1 500	3	50			用于帘布贴胶擦胶
	(1 600)	5	60	0.50		供压延塑料
	(1 700)	3	50	0.20	±0.02	供压延胶片
		4	70	0.10	±0.01	供压延塑料
			60	0.20	±0.02	供压延胶片
(570)	1 730	4	60	0.10	±0.01	供压延塑料
		5	60	0.10	±0.01	供压延塑料
610	1 400	2	40	0.20	±0.02	供压延胶片
	1 500	2	30	0.50	±0.03	供压延橡胶板材
	1 500	3	50	0.10	±0.01	供压延塑料
	1 500	4	50	0.20	±0.02	供压延橡胶钢丝帘布
	1 730	3	50	0.20	±0.02	供压延橡胶
				0.10	±0.01	供压延软塑料
			30	0.50	±0.02	供压延硬塑料
		4	60	0.20	±0.02	供压延橡胶
				0.10	±0.01	供压延软塑料
			40	0.50	±0.02	供压延硬塑料
	1 800	3	50	0.20	±0.02	供压延橡胶
		5	60	0.50	±0.01	供压延塑料
	(1 830)	4	60	0.10	±0.01	供压延塑料
	2 030	4	60	0.10	±0.01	供压延塑料
	2 500	4	60	0.10	±0.01	供压延塑料
(610[a]/570)	2 360	4	60	0.10	±0.01	供压延软塑料
	1 900		60	0.10	±0.01	供压延软塑料
660	2 000	4	70	0.50	±0.01	供压延塑料
	2 300	4	70	0.10	±0.01	供压延软塑料
	2 500	5	70	0.10	±0.01	供压延软塑料
700	1 800	3	60	0.20	±0.02	供压延橡胶
			60	0.10	±0.01	供压延塑料
			70	0.10	±0.01	供压延塑料

表 A.1(续)

辊筒尺寸		辊筒个数	辊筒线速度/(m/min)≤	制品最小厚度/mm	制品厚度偏差/mm	用　途
直径/mm	辊面宽度/mm					
700	1 800	4	70	0.20	±0.02	供压延橡胶
			70	0.10	±0.01	供压延软塑料
			50	0.50	±0.02	供压延硬塑料
750	2 000 或 2 400	2	70	0.20	±0.02	供压延橡胶
		3	70	0.20	±0.02	供压延橡胶
		4	70	0.20	±0.02	供压延橡胶
			70	0.10	±0.01	供压延软塑料
800	2 500	3	60	0.20	±0.02	供压延橡胶
		4	60	0.20	±0.02	供压延橡胶
			70	0.10	±0.01	供压延软塑料
850	3 400	4	70	0.10	±0.01	供压延软塑料
960	4 000	4	70	0.10	±0.01	供压延软塑料

塑料压延机辊面宽度允许按 GB/T 321—2005 中优先数系 R40 系列变化。

注 1：本标准中所涉及的速度等参数均以设定标准时现有产品为基础标定，如遇特殊要求或在现有标准上修改的产品可以等比参考标准产品。

注 2：括号内的尺寸不是优选系列。

[a] 异径辊压延机。

附 录 B
（资料性附录）
压延机辊筒排列型式

压延机辊筒排列型式见表 B.1。

表 B.1 压延机辊筒排列型式

辊筒个数		2	3			4			5
辊筒排列型式	型式		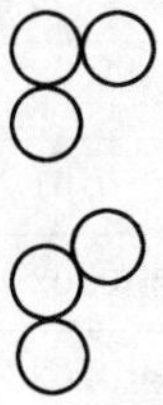	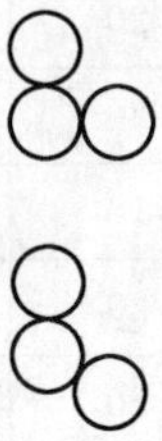		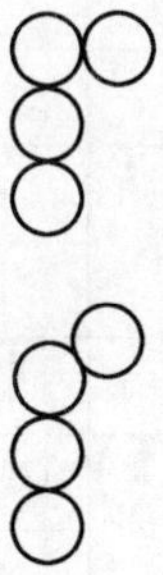		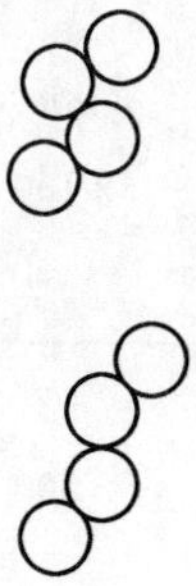	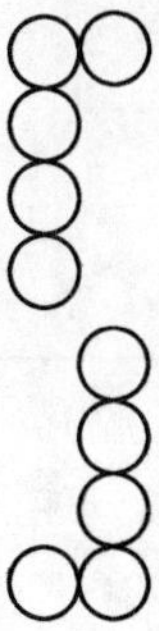
	符号	I、W	Γ	L	I	Γ	L	S	Γ、L

ICS 71.120;83.200
G 95

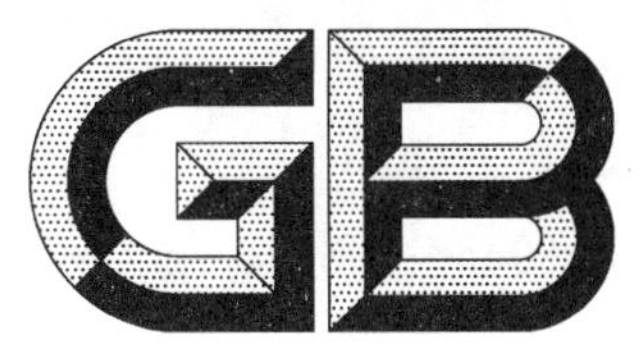

中华人民共和国国家标准

GB 20055—2006

开放式炼胶机炼塑机安全要求

Safety requirements of mill for rubber and plastics

2006-01-09 发布　　2007-07-01 实施

中华人民共和国国家质量监督检验检疫总局
中国国家标准化管理委员会　发布

前　言

本标准的全部技术内容为强制性。

本标准对应于英国标准 BS EN1417:1997《橡胶塑料机械　开炼机　安全要求》(英文版)。本标准与 BS EN1417 的一致性程度为非等效。主要差异如下:

——在术语和定义中取消伸缩铲,取消了与我国标准中一致的术语解释,直接采用我国相关术语标准;

——将停车角中的弧度转化为角度;

——在辊筒的机械危险中增加了辊筒与减速器间联轴器以及电机与减速器间联轴器的卷入和碾压危险;

——在热危险中增加了由于旋转接头泄漏、喷溅所造成的烫伤危险;

——挡胶板与开炼机辊筒间的间隙由不大于 4 mm 改为应小于 2mm;

——增加了噪声值的要求。

自 2007 年 7 月 1 日起,生产企业生产的产品应执行该国家标准;自 2007 年 10 月 1 日起,市场上应停止销售不符合该国家标准的产品。

本标准由中国石油和化学工业协会提出。

本标准由全国橡胶塑料机械标准化技术委员会归口。

本标准负责起草单位:大连冰山橡塑股份有限公司。

本标准参加起草单位:上海橡胶机械厂、无锡市第一橡塑机械有限公司、北京橡胶工业研究设计院。

本标准主要起草人:鲁敬、李香兰、刘梦华、洛少宁、王承绪、夏向秀。

本标准首次发布。

开放式炼胶机炼塑机安全要求

1 范围

本标准规定了开放式炼胶机炼塑机安全要求。

本标准涉及开放式炼胶机炼塑机安全要求中的术语和定义、危险列举、安全要求及措施、安全要求及措施的检测和使用信息。

本标准适用于加工橡胶和塑料材料的所有两辊开炼机(以下简称开炼机)。

本标准没有包括排气系统设计的安全要求。

2 规范性引用文件

下列文件中的条款通过本标准的引用而成为本标准的条款。凡是注日期的引用文件,其随后所有的修改单(不包括勘误的内容)或修订版均不适用于本标准,然而,鼓励根据本标准达成协议的各方研究是否可使用这些文件的最新版本。凡是不注日期的引用文件,其最新版本适用于本标准。

GB 5226.1—2002 机械安全 机械电气设备 第1部分:通用技术条件(IEC 60204-1:2000,IDT)

GB 12265.1—1997 机械安全 防止上肢触及危险区的安全距离(eqv EN 294:1992)

GB 12265.3—1997 机械安全 避免人体各部位挤压的最小间距(eqv EN 349:1993)

GB/T 13577—2006 开放式炼胶机炼塑机

GB/T 15706.1—1995 机械安全 基本概念与设计通则 第1部分:基本术语、方法学(eqv ISO/TR 12100-1:1992)

GB/T 15706.2—1995 机械安全 基本概念与设计通则 第2部分:技术原则与规范(eqv ISO/TR 12100-2:1992)

HG/T 2149—2004 开放式炼胶机炼塑机检测方法

HG/T 3223 橡胶机械术语

JB/T 5438 塑料机械术语

3 术语和定义

HG/T 3223 和 JB/T 5438 中确立的以及下列术语和定义适用于本标准。

3.1

开炼机的重要部件 principal parts of mill

在本标准中开炼机的重要部件是指涉及开炼机安全的部件,见图1所示。

3.2

主要碾压区 principal crushing zone

主要碾压区是指延伸在整个开炼机辊筒工作面长度上的区域。在图2中用V来表示。

3.3

停车角 stopping angle

开炼机装有安全杆或控制按钮式等紧急停车装置,其停车角是开炼机从紧急停车启动到设备完全停下来辊筒所转动的角度,规定的停车角由机械设计规定,其条件是开炼机在空载的情况下,电机以最大转速运转，在图 2 中用 α_0 表示。最大停车角为停车角的上极限值，用 α_{max} 表示。测量停车角是实际检测停车角的结果，用 α_m 表示。

3.4

安全极限　safety limit

具有紧急停车装置的开炼机，其安全极限是一个垂直的平面，在图 2 中由直线 S 来划分，操作者应在进入 S 区域外拉动紧急停车装置，否则是很危险的。

3.5

挡胶板　stock guide

挡胶板可分为固定式和移动式两种，安装在开炼机辊筒两侧，用来阻止物料在加工过程中被压出辊筒边界（见图 1 序号 7）。

3.6

切刀装置　strip cutting device

切刀装置装有转动式或固定式的刀片，用其将辊面上的物料切成条状送至翻料装置或下一道工序（见图 1 序号 3）。

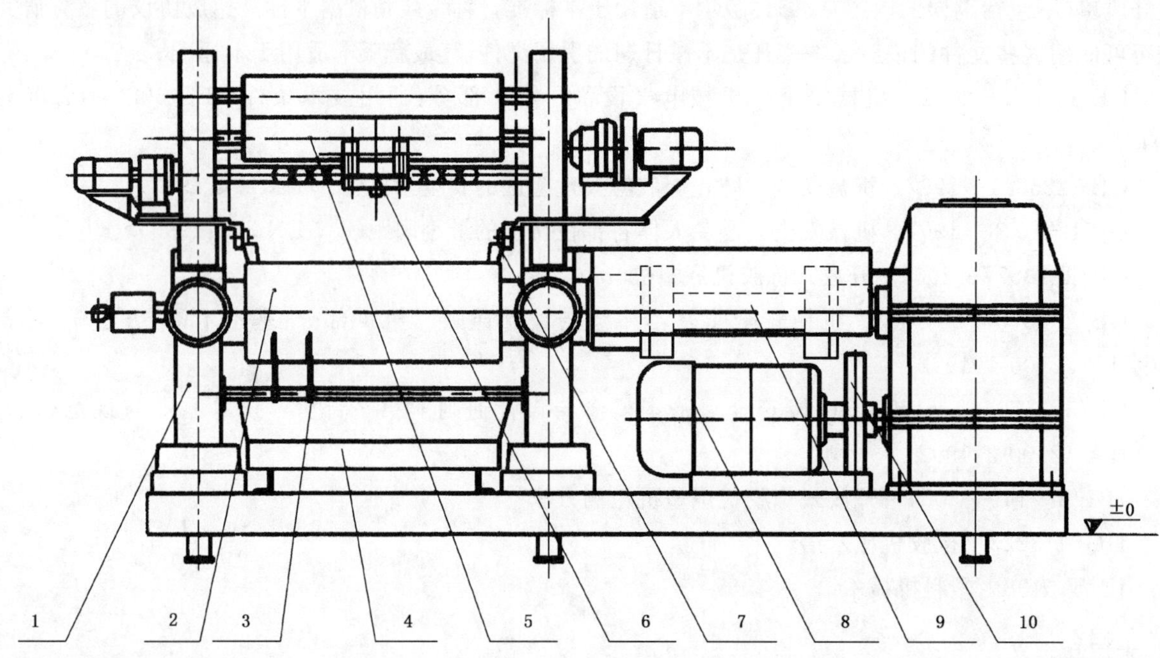

1——机架；
2——辊筒；
3——切刀装置；
4——接料盘；
5——牵引辊；
6——摆动装置；
7——挡胶板；
8——传动装置；
9——联轴器；
10——制动装置。

图 1　开炼机重要部件图

单位为毫米

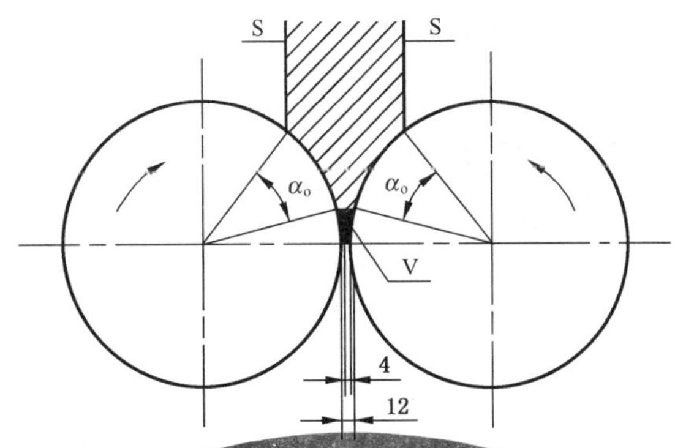

图 2　主要碾压区 V，安全极限 S 和规定的停车角 α_0

3.7

翻料装置　stock blender

为了在加工过程中获得均匀的混炼效果，翻料装置通过往复运动的摆动装置（见图 1 序号 6）把物料分配在辊筒的整个长度上，并通过牵引辊（见图 1 序号 5）使之与开炼机辊筒之间形成持续的循环运动。

3.8

接料盘　mill tray

用以盛接从辊筒上掉下来的物料的装置（见图 1 序号 4）。

3.9

回收传送带　recovery conveyor belt

用以回收从辊筒上掉下来的物料的装置。

4　危险列举

4.1　关于辊筒的机械危险

4.1.1　在正常运转中（正向），碾压区的卷入和碾压危险（见图 3a）。

4.1.2　在反向运转中，碾压区的卷入和碾压危险（见图 3a）。

4.1.3　挡胶板与辊筒间的卷入和碾压危险（见图 3a）。

4.1.4　辊筒与减速器间联轴器以及主电机与减速器间联轴器的卷入和碾压危险。

4.1.5　制动功能失效所造成的危险。

4.2　关于附属装置的机械危险

4.2.1　切刀装置中被刀片刮伤的危险（见图 3a）。

4.2.2　翻料装置中摆动装置与机架间的冲撞危险（见图 3a）。

4.2.3　牵引辊间的卷入和碾压危险（见图 3a）。

4.2.4　带有回收传送带的开炼机，当辊筒反向运转时，回收传送带与辊筒间的卷入和碾压危险（见图 3b）。

4.2.5　接料盘中物料喷溅的危险（见图 3a）。

4.3　控制系统失灵引起的危险

4.4　电气危险

由于直接或间接与导电部件接触所引起的电击或灼伤。

4.5　热危险

4.5.1　由于无意识地接触到热部件或热的物料所引起的烧伤或烫伤的危险。

4.5.2　由于旋转接头泄漏、喷溅所造成的烫伤危险。

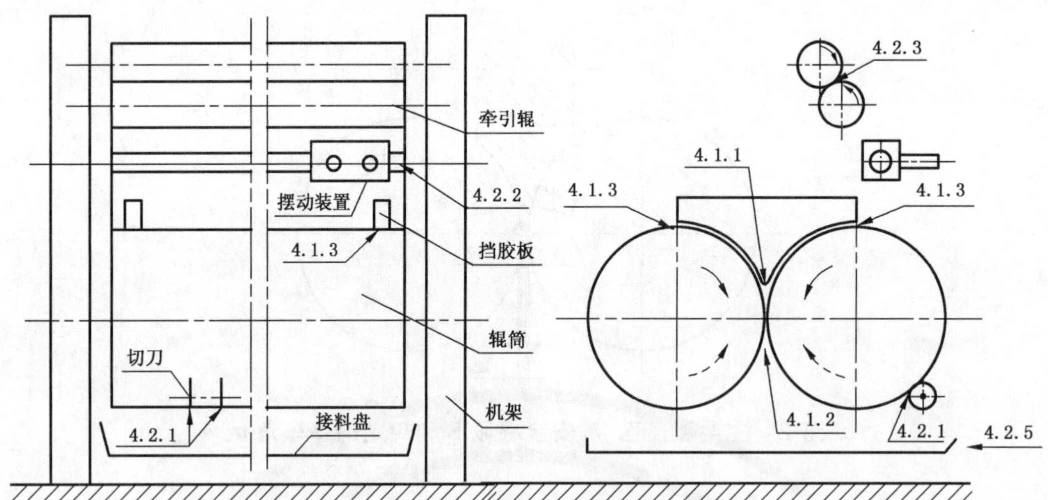

图 3a 开炼机机械危险定位图

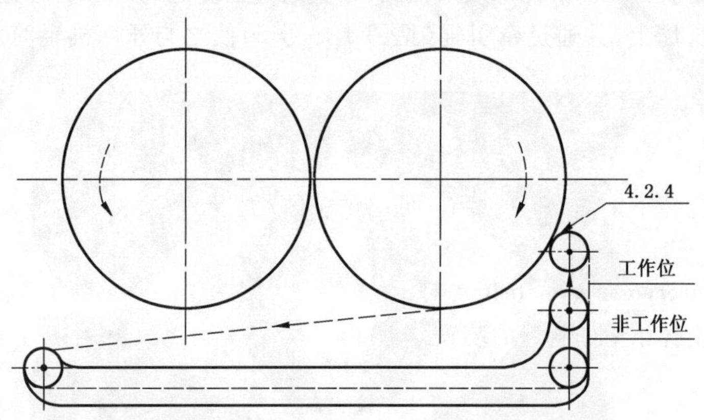

图 3b 带有回收传送带的开炼机机械危险定位图

4.6 忽视人类工程学原理所引起的危险

4.6.1 由于设计不符合操作者正常工作位置所引起的危险。

4.6.2 由于紧急停车安全杆等防护措施不能保护人身安全所引起的危险。

4.7 由噪声引起的危险

来自驱动和传动设备的噪声引起的听力损伤。

5 安全要求及措施

5.1 辊筒运转的机械危险

5.1.1 在正常工作中(正向)辊筒的卷入和碾压危险

5.1.1.1 采用安全杆紧急停车防护,并应达到以下要求:

5.1.1.1.1 在设备安装时,辊筒的上部应在距操作者所立地面大于 1 300 mm 的地方。

5.1.1.1.2 辊筒最大停车角度 α_{max} 为 60°。

5.1.1.1.3 规定的停车角 α_0 不应大于最大停车角度 α_{max}。

5.1.1.1.4 启动安全杆后,辊筒再转动角度不应超过停车角 α_0。

5.1.1.1.5 在断电的情况下,开炼机处于紧急停车状态,辊筒再转动角度不应超过最大停车角 α_{max}。

5.1.1.1.6 应按下列要求定位安全杆:

a) 紧急停车安全杆应延伸在辊筒整个工作长度上;

b) 安全杆 A(见图 4)距操作者所立地面的距离 a 应大于 1 115 mm;

c) 安全杆与工作区中心的水平距离 b(见图 4)不应小于 b_{α_o},b_{α_o} 可通过下列公式进行计算:

$$b_{\alpha_o}=\frac{D}{2}\left[1-\cos\left(\alpha_o+\arccos\frac{D-8}{D}\right)\right]+802$$

式中:

b_{α_o}——安全杆与工作区中心的水平距离,单位为毫米(mm);当 b_{α_o} 值小于 850 mm 时,取 850 mm; b_{α_o} 不能小于当 $\alpha_o=30°$ 时的计算值;

α_o——规定的停车角,单位为度(°);

D——辊筒直径,单位为毫米(mm)。

d) 安全杆距辊筒表面距离 c(见图 4)不应小于 300 mm;

e) 在保证操作者安全的前提下,允许采用拉杆式紧急停车方式。

单位为毫米

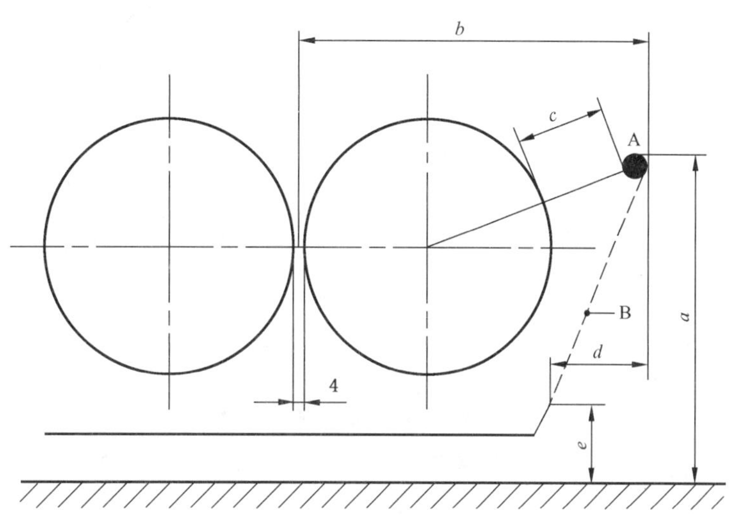

图 4 安全杆的定位和辅助防护

5.1.1.1.7 安全杆应设计成手臂启动方式,并满足下列要求:

a) 靠近辊筒或远离辊筒时,安全杆的位移不应超过 10 mm;

b) 安全杆启动所需要的力不应小于 25N,但也不应超过 200 N;

c) 安全杆两端至少各装一个行程开关;

d) 安全杆复位时,不能引起主机正向再启动。

5.1.1.1.8 紧急停车装置启动 5 s 内,辊筒应自动分离,形成至少 25 mm 的间隙,或者在 2 s 内,辊筒马上开始反转,并且最终旋转角在 60°~ 90°范围内。

5.1.1.1.9 紧急停车装置启动后,相应的附属装置应处于下列可操作状态:

a) 翻料装置中的摆动装置停止工作;

b) 翻料装置中的牵引辊在 90°内停止转动;

c) 如果开炼机辊筒自动反向运转,翻料装置中的牵引辊也将反向运转;

d) 带有回收传送带的开炼机,如果开炼机辊筒自动反向运转,回收传送带应立刻停止工作。

5.1.1.2 辅助防护装置应达到以下要求:

5.1.1.2.1 如果紧急停车安全杆与辊筒表面或与固定在安全杆和辊筒之间的机械部件的间隙 c 大于 400 mm(见图 4 中 c),则在整个安全杆到接料盘的范围内要安装固定式防护或活动式防护装置(见 GB/T 15706.1—1995 中 3.22.2),并与开炼机辊筒的正向运转开关联锁起来(见图 4 中 B),以防止脚踏进去。

5.1.1.2.2 对于较小型开炼机,如果制动系统不能满足 5.1.1.1.2~5.1.1.1.5 所述的必要条件,开炼机的两个辊筒就只有被安装在一个封闭的防护装置内,才允许启动紧急停车装置,并且只有当辊筒在小于60°的停车角之内停下来后，才可以将封闭的防护装置打开。

5.1.1.2.3 对于较小型开炼机也可采取固定式防护（见GB/T 15706.1—1995中3.22.1）、联锁防护（见GB/T 15706.1—1995中3.22.4）或带防护锁的联锁防护装置（见GB/T 15706.1—1995中3.22.5）（见图5）。防护装置应根据GB 12265.1—1997表2进行定位。防护装置的选用、设计与制造原则按GB/T 15706.2—1995的规定。

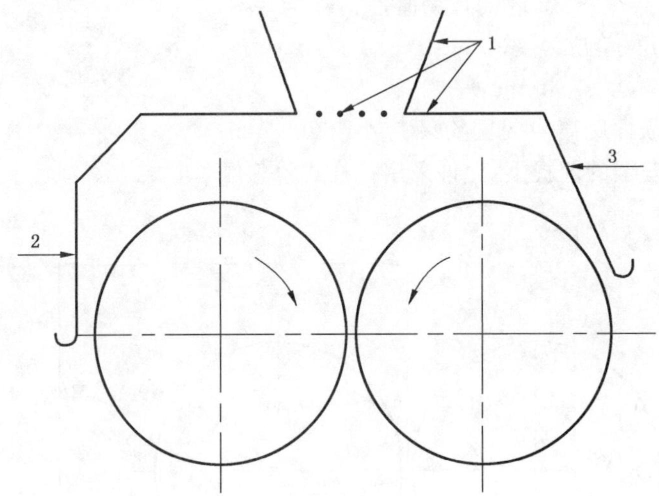

1——固定式防护；

2——联锁防护；

3——带防护锁的联锁防护装置。

图5 较小型开炼机的防护图例

5.1.2 在反向运转中，辊筒的卷入和碾压危险

5.1.2.1 自动反向运转

当启动紧急停车装置后，辊筒在2 s内自动反向运转，为避免人体进入开炼机辊筒下面的区域，开炼机应满足5.1.1.1.8和5.1.1.2。

5.1.2.2 有意反向运转

应通过一种有效防止误操作的强制运转控制装置，可实现有意的反向运转。

5.1.3 挡胶板与辊筒间的卷入和碾压危险

挡胶板与开炼机辊筒间的间隙应小于2 mm。

5.1.4 制动功能失效所造成的危险

a) 当断电时，制动系统应能保证辊筒自动停止运转；

b) 如果制动系统仅由机械摩擦制动原理构成，应保证制动时所产生的热量能及时散发。

5.2 开炼机附属装置的机械危险

5.2.1 切刀装置

5.2.1.1 切刀装置本身的固定位置应安全可靠，否则刀锋应被保护起来，以防意外接触。

5.2.1.2 切刀装置中的切刀从停止位到工作位的移动及返回，如果采用自动控制，应将操纵装置设置在切刀装置外。

5.2.2 翻料装置

5.2.2.1 摆动装置的行程需要有一定的限制，以保证与左、右支架的最小间距，避免身体受到伤害，其最小间距应符合GB 12265.3—1997表1的要求。

5.2.2.2 牵引辊应被定位，其位置应保证在启动紧急停车安全杆之前，操作者不能触及。

5.2.3 接料盘

接料盘应固定在工作位上，设计及制造成可防止脚踏入的结构。图4中的尺寸d应不小于

300 mm，如果在特殊情况下 d 大于 100 mm 而小于 300 mm，那么接料盘与地面的距离 e 应大于 400 mm。

5.2.4 回收传送带

5.2.4.1 对于带有回收传送带和自动反向运转以及有意反向运转的开炼机，辊筒与回收传送带(在停止位时)之间的距离至少为 120 mm。一旦辊筒开始反向运转，回收传送带应马上返回到其停止位(见图 6)。

5.2.4.2 在回收传送带下部应增加固定防护。

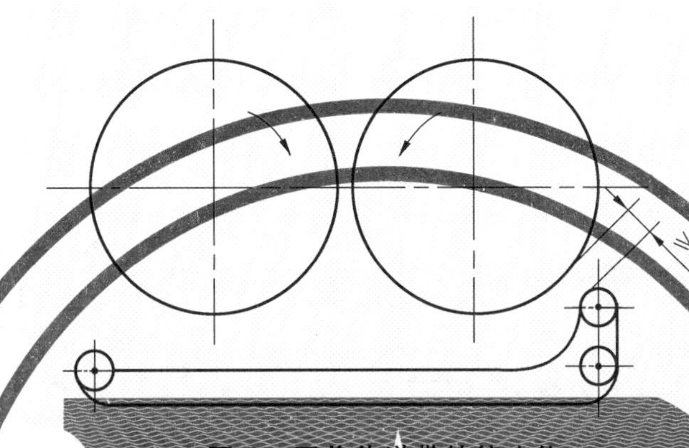

图 6 回收传送带的停止位

5.3 控制系统失灵引起的危险

5.3.1 为保证控制系统及其相关部件的安全，应根据炼胶(炼塑)的工艺操作需求进行设计和组装，使其达到预期的控制效果。

5.3.2 在控制系统单个部件失灵的情况下，应保证其他安全防护功能的正常使用。

5.4 电气危险

5.4.1 在控制面板上应装有紧急停车按钮，且标志明显，易于操作。

5.4.2 为了避免直接或间接与导电部件接触所引起的电击或灼伤，电控设备应可靠接地。保护接地电路的连续性应按 GB 5226.1—2002 中 19.2 的规定。

5.4.3 按 GB 5226.1—2002 中 19.3 的要求检测绝缘电阻，绝缘电阻应符合其规定。

5.4.4 电气设备的所有电路导线和保护接地电路之间应按 GB 5226.1—2002 中 19.4 的要求进行耐压试验，并符合其规定。

5.5 热危险

5.5.1 除了开炼机辊筒外，其他可无意识接触到的热部件都应被隔热保护(制造商如果不随机配带，应在随机文件中有明确提示)。

5.5.2 对于用热油和蒸汽加热的开炼机，旋转接头不应在工作中有泄漏现象。

5.6 忽视人类工程学原理所引发的危险

5.6.1 开炼机应按人类工程学原理设计，以减轻劳动强度，避免操作者的疲劳。

5.6.2 开炼机应执行安全杆紧急停车防护(5.1.1.1)所规定的具体安装尺寸，安全杆的定位要求只适用于正常身高的操作者。

5.7 噪声危险

开炼机在空运转中的噪声值应小于 85 dB。对驱动传动部分应通过选择低噪声部件或应用现有工艺水平的隔音技术达到其要求。

6 安全要求及措施的检测

检测项目及检测方法应按表 1 所示执行。

表 1

分条款	直观检测	功能测试	测量	计算	检测方法
5.1.1.1.1			×		按 HG/T 2149—2004 中 3.8.3 进行。
5.1.1.1.4		×	×		按 HG/T 2149—2004 中 3.8.1 进行。
5.1.1.1.5		×	×		按 HG/T 2149—2004 中 3.8.12 进行。
5.1.1.1.6a)	×				
5.1.1.1.6b)			×		按 HG/T 2149—2004 中 3.8.3 进行。
5.1.1.1.6c)			×		按 HG/T 2149—2004 中 3.8.3 进行，并按该条所给公式计算。
5.1.1.1.6d)			×		按 HG/T 2149—2004 中 3.8.3 进行。
5.1.1.1.7a)			×		按 HG/T 2149—2004 中 3.8.3 进行。
5.1.1.1.7b)		×	×		按 HG/T 2149—2004 中 3.8.4 进行。
5.1.1.1.7c)	×				
5.1.1.1.7d)		×			按 HG/T 2149—2004 中 3.8.11 进行。
5.1.1.1.8		×	×		按 HG/T 2149—2004 中 3.8.8～3.8.9 进行。
5.1.1.1.9a)	×	×			按 HG/T 2149—2004 中 3.8.10 进行。
5.1.1.1.9b)		×	×		按 HG/T 2149—2004 中 3.8.2 进行。
5.1.1.1.9c)	×	×			按 HG/T 2149—2004 中 3.8.10 进行。
5.1.1.1.9d)	×	×			按 HG/T 2149—2004 中 3.8.10 进行。
5.1.1.2.1	×		×		按 HG/T 2149—2004 中 3.8.3 进行。
5.1.1.2.2	×		×		按 HG/T 2149—2004 中 3.8.1 进行。
5.1.1.2.3	×				
5.1.2	×				
5.1.3			×		按 HG/T 2149—2004 中 3.8.5 进行。
5.1.4a)	×				
5.1.4b)	×				
5.2.1	×				
5.2.2.1			×		按 HG/T 2149—2004 中 3.8.7 进行。
5.2.2.2	×				
5.2.3			×		按 HG/T 2149—2004 中 3.8.3 进行。
5.2.4	×	×	×		按 HG/T 2149—2004 中 3.8.6 进行。
5.3.2	×				
5.4.1	×				
5.4.2	×				
5.5	×				
5.7			×		按 HG/T 2149—2004 中 3.8.13 进行。

7 使用信息

7.1 说明

7.1.1 需在产品随机文件中提示的有关安全内容如下：

a) 在开炼机辊筒或加工物料处于高温状态时，用户应采用专用的防护装置；

b) 排气系统的安全定位；

c) 如果预计到某种材料加工过程中可能放射有害物质，为了对操作者负责，用户应安装定位排气系统；

d) 在加工含有气泡的材料过程中，引起高噪声时，用户应采用听力防护措施；

e) 电控设备用户应可靠接地。

7.1.2 开炼机采用安全杆时，产品说明书中应有下列提示：

a) 开炼机安装时，辊筒的上部距操作者所在的地平面的直线距离不应小于 1 300 mm；

b) 当机器安装后，不允许任意提升操作者的立地平面；

c) 该产品规定的停车角 α_0 的值应不大于 60°；

d) 提示安全杆的测试方法和频率。

7.2 标识

7.2.1 开炼机标识应符合 GB/T 13577—2006 中 8.1 的规定。

7.2.2 装有紧急停车装置安全杆的两辊开炼机应有附加说明。

ICS 71.120;83.200
G 95

中华人民共和国国家标准

GB 22530—2008

橡胶塑料注射成型机安全要求

Safety requirements of injection moulding machines for rubber and plastics

2008-11-20 发布　　　　2009-11-01 实施

中华人民共和国国家质量监督检验检疫总局
中国国家标准化管理委员会　发布

前言

本标准第5章、第6章、第7章为强制性的，其余为推荐性的。

本标准对应于欧洲标准EN 201:1997(融合A1:2000和A2:2005修订条文)《橡胶塑料机械——注射成型机——安全要求》(英文版)，与EN 201:1997(2005)的一致性程度为非等效。

本标准与EN 201:1997(2005)相比主要差异如下：

——编写格式不同，本标准按我国GB/T 1.1—2000进行编制；

——欧洲标准EN 201:1997(2005)中的引用标准，部分已经转化为我国国家标准，本标准尽量引用了我国国家标准；

——欧洲标准EN 201:1997(2005)中术语及术语解释与我国橡胶塑料机械行业有一定的差异。为与我国标准统一协调，本标准中部分术语采用了我国橡胶塑料机械及相关行业名词术语标准；

——本标准在欧洲标准EN 201:1997(2005)基础上取消原文3.1、3.3、3.4、5.2.1.1.4、附录A.2、附录B、附录D、附录E、附录F等条款及附录；

——本标准在欧洲标准EN 201:1997(2005)基础上替换原图2——滑板往复机下模板移动(未安装防护装置)的示意图、原图5——带卧式合模及注射装置的注射成型机的示意图(未安装防护装置)，以符合国内产品的要求。

本标准的附录A、附录B、附录C为规范性附录。

本标准由中国石油和化学工业协会提出。

本标准由全国橡胶塑料机械标准化技术委员会(SAC/TC 71)归口。

本标准负责起草单位：无锡格兰机械集团有限公司、余姚华泰橡塑机械有限公司。

本标准参加起草单位：东华机械有限公司、宁波海达塑料机械有限公司、力劲集团深圳领威科技有限公司、宁波海天塑机集团有限公司、北京橡胶工业研究设计院、大连塑料机械研究所。

本标准主要起草人：吴依贫、朱大韶、杨雅凤。

本标准参加起草人：李青、励建岳、蔡恒志、高世权、夏向秀、李香兰。

本标准为首次发布。

橡胶塑料注射成型机安全要求

1 范围

本标准规定了橡胶塑料注射成型机（以下简称注射成型机）及注射成型机与辅助设备间相互作用的安全要求，其中包含术语和定义、危险列举、安全要求及措施、安全要求及措施的确认及使用信息。

本标准不包含对注射成型机辅助设备本身及注射成型机排气系统设计的安全要求。

本标准适用于加工橡胶和塑料的注射成型机。

本标准不适用于以下注射成型机：

——锁模机构只能依靠操作者手工操作完成的注射成型机；

——反应注射成型机；

——压铸及转边成型机；

——鞋底成型机及整靴成型机。

2 规范性引用文件

下列文件中的条款通过本标准的引用而成为本标准的条款。凡是注日期的引用文件，其随后所有的修改单（不包括勘误的内容）或修订版均不适用于本标准，然而，鼓励根据本标准达成协议的各方研究是否可使用这些文件的最新版本。凡是不注日期的引用文件，其最新版本适用于本标准。

GB 5083—1999 生产设备安全卫生设计总则

GB 5226.1—2002 机械安全 机械电气设备 第1部分：通用技术条件（IEC 60204-1：2000，IDT）

GB 12265.1—1997 机械安全 防止上肢触及危险区的安全距离（eqv EN294：1992）

GB/T 15706.1—2007 机械安全 基本概念与设计通则 第1部分：基本术语和方法（ISO 12100-1：2003，IDT）

GB/T 15706.2—2007 机械安全 基本概念与设计通则 第2部分：技术原则（ISO 12100-2：2003，IDT）

GB 16754—1997 机械安全 急停 设计原则（eqv ISO/IEC 13850：1995）

GB/T 16855.1—2005 机械安全 控制系统有关安全部件 第1部分：设计通则（ISO 13849-1：1999，MOD）

GB/T 17454.1—2008 机械安全 压敏防护装置 第1部分：压敏垫和压敏地板的设计和试验通则

GB/T 18153 机械安全 可接触表面温度 确定热表面温度限值的工效学数据（eqv EN 563：1994）

GB/T 19876—2005 机械安全 与人体部位接近速度相关防护设施的定位（ISO 13855：2002，MOD）

HG/T 3223 橡胶机械术语

JB/T 5438 塑料机械术语

ISO/IEC 17025：2005 检测和校准实验室能力的一般要求

3 术语和定义

HG/T 3223 和 JB/T 5438 中确立的以及下列术语和定义适用于本标准。

3.1

模具区域 mould area

固定模板与移动模板之间的区域。

3.2

有旋转合模装置的多工位注射成型机 carousel machine

含有二个或多个合模装置、水平或垂直安装在转盘上旋转，检索一个或多个注射装置对接的装置（见图 1a 、图 1b）。

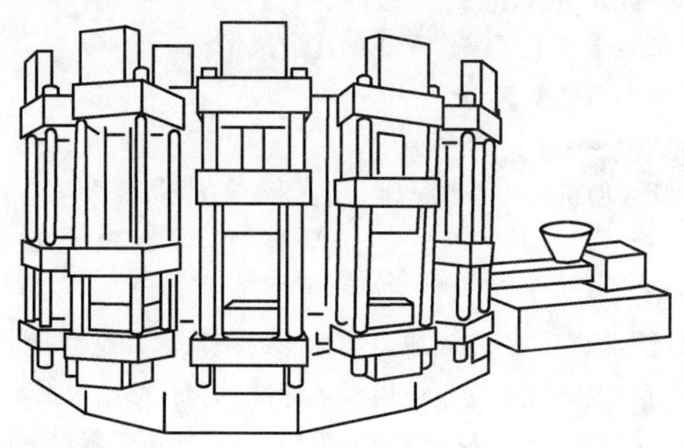

图 1a 有旋转合模装置的多工位注射成型机（未安装防护装置）的示意图

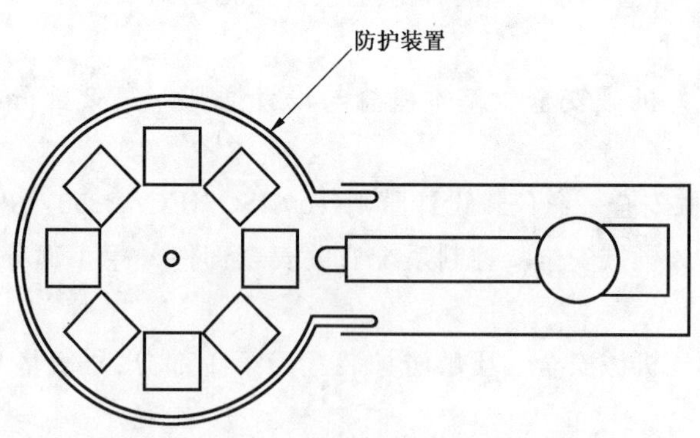

图 1b 有旋转合模装置的多工位注射成型机（安装防护装置）的示意图

3.3

滑板往复机/转盘机 shuttle/turntable machine

下模板面上含有一个或多个模具的注射成型机。该模板通过加载/卸载位置及注射位置的滑动或旋转运动检索下模（见图 2、图 3）。

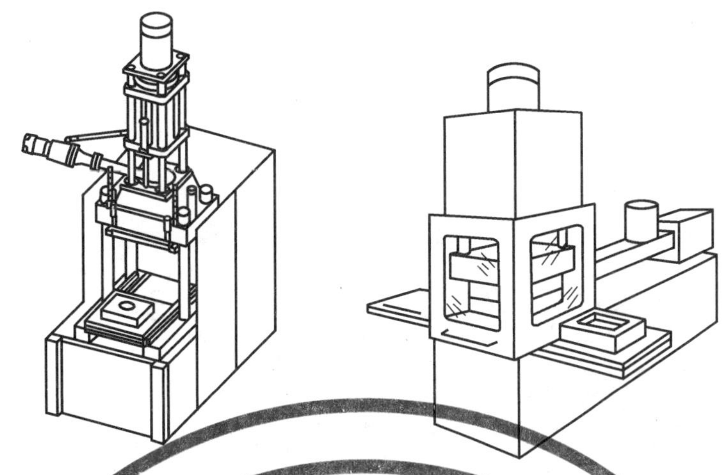

图 2　滑板往复机下模板移动(未安装防护装置)的示意图

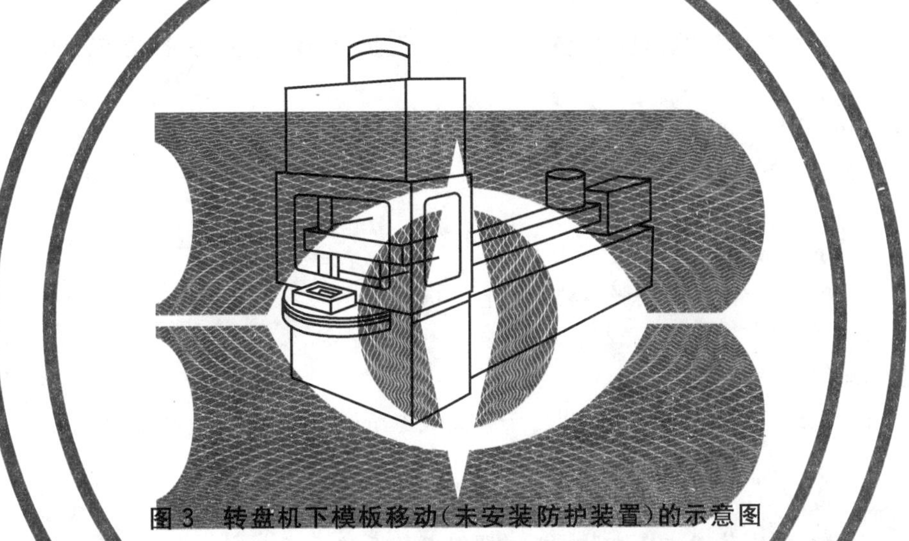

图 3　转盘机下模板移动(未安装防护装置)的示意图

3.4

带活动注射装置的多工位注射成型机　multistation machine with mobile injection unit

由可移动的塑化和/或注射装置组成,在两个或多个静止合模装置间变换位置。(见图 4a、图 4b)

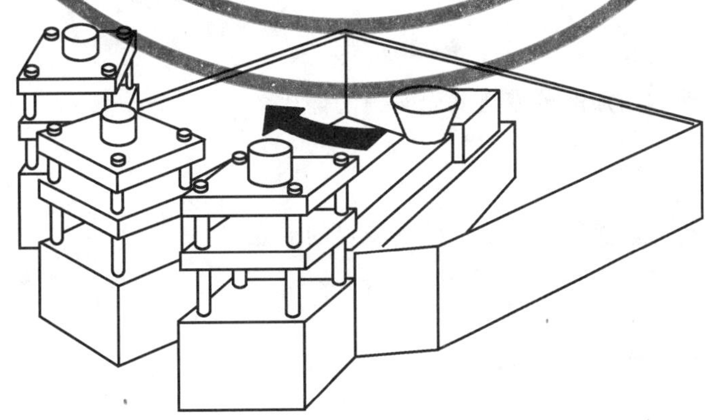

图 4a　带活动注射装置的多工位注射成型机(合模装置无护罩)的示意图

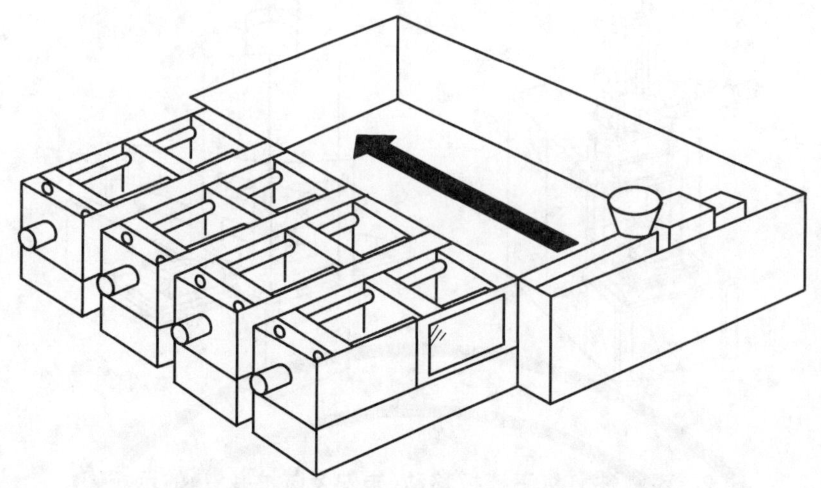

图 4b　带活动注射装置的多工位注射成型机(合模装置带护罩)的示意图

3.5

辅助设备　ancillary equipment

与注射成型机相互影响的设备,如机械手、换模装置、夹模装置或输送装置等。

3.6

电动机　electrical motor

任何使用电能的发动机,例如伺服电动机或直线电动机。

3.7

电动机控制装置　motor control unit

控制电动机运动或停止的装置,可带或可不带集成电子器件,例如变频器、接触器。

3.8

电动轴　electrical axis

由电动机、电动机控制装置和其他附加接触器组成的系统。

3.9

停机　standstill

具有电动轴的机器部件无运动的状态。

3.10

安全停机　safe standstill

在采取预防意外启动的附加保护措施下而实施的停机。

3.11

安全相关输入　safety related input

用于中断电动轴驱动电源而给予电动机控制装置的输入。

4　危险列举

本章列举了与注射成型机有关的危险:

——一般危险;

——与特殊区域相关联的附加危险;

——与特殊设计相关联的附加危险;

——注射成型机与辅助设备的相互作用而造成的附加危险。

4.1 一般危险

4.1.1 机械危险

4.1.1.1 由以下原因造成的冲击、挤压或剪切危险：

——由动力驱动防护装置的运动；

——压力超过 5 MPa 时软管突然扭动。

4.1.1.2 压力流体释放所造成的危险

在液压、气动或热传递系统中，由于意外的高压流体释放而对眼睛、皮肤造成的伤害，特别是压力超过 5 MPa 时软管的猛烈扭动造成的危险。

4.1.2 电气危险

直接或间接与带电部件接触所造成的电击或灼伤。

4.1.3 热危险

下列原因造成的烧伤或烫伤：

——加热系统的软管及其接头；

——热传递系统中溢出的流体。

4.1.4 噪声产生的危险

由噪声造成的听觉损伤。主要噪声源有：

——液压系统尤其在注射时；

——气动系统尤其在排气时。

4.1.5 有害气体、烟雾及粉尘造成的危险

接触或吸入对身体有害的气体、烟雾及粉尘造成的损伤：

——原料在塑化过程中产生的以及随后注入模腔或清料时产生的；

——模具内成型件在固化或是硫化过程中产生的；

——开模后产生的。

4.1.6 滑倒，绊倒和跌落可造成的危险

在进入指定位置由于滑倒、绊倒和跌落而造成的危险。

4.2 与特殊区域相关联的附加危险

主要的危险区域见图 5 和图 6 所示。

4.2.1 模具区域

4.2.1.1 机械危险

下列原因造成的挤压、剪切或冲击危险：

——模板的合模动作；

——机筒通过固定模板定位孔时的运动；

——抽芯、顶出及其驱动机构的运动。

4.2.1.2 热危险

下列工作温度造成的灼伤或烫伤：

——模具和热板；

——模具和机筒的加热元件；

——模具和机筒溢出的熔料。

4.2.2 合模机构区域

下列原因造成的挤压和/或剪切等机械危险：

——模板驱动装置的运动；

——当模具区域的防护装置打开，人体可以进入开模时移动模板的后面区域；

——抽芯和顶出驱动机构的运动。

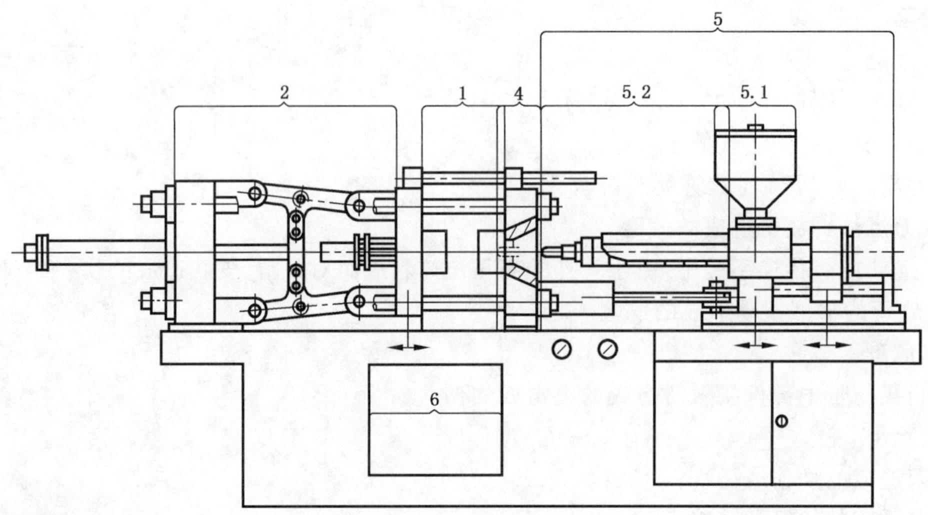

1——模具区域；

2——合模机构区域；

4——喷嘴区域；

5——塑化区域及注射成型机构区域；

5.1——机筒加料区域；

5.2——加热圈区域；

6——制品下落区域。

图5　带卧式合模及注射装置的注射成型机(未安装防护装置)的示意图

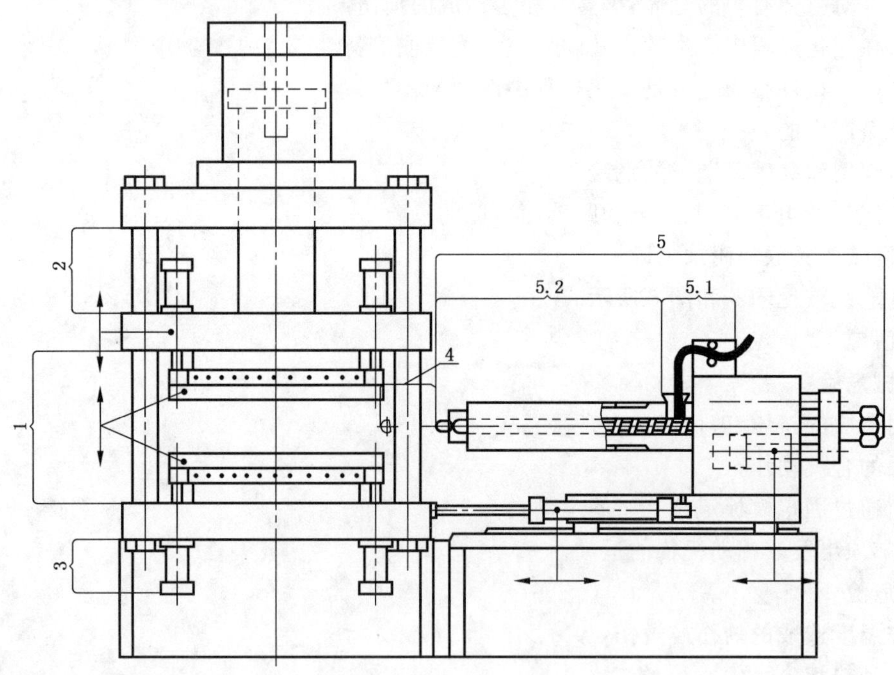

1——模具区域；

2——合模机构区域；

3——超出1和2区域以外的抽芯及顶出驱动机构的运动区域；

4——喷嘴区域；

5——塑化区域及注射成型机构区域；

5.1——机筒加料区域；

5.2——加热圈区域。

图6　带立式合模及卧式注射装置的注射成型机(未安装防护装置)的示意图

4.2.3 模具和合模机构区域外的抽芯顶出驱动装置的运动区域(见图6序号3)

抽芯和顶出驱动机构的运动造成的挤压和剪切等机械危险。

4.2.4 喷嘴区域

4.2.4.1 机械危险

下列原因造成的挤压和剪切危险:

——塑化和/或注射装置包括喷嘴的向前移动;

——油压或气压封嘴装置的运动。

4.2.4.2 注射运动

注射运动造成的危险:

——喷嘴安装不正确;

——使用的喷嘴类型不当。

4.2.4.3 热危险

下列物料的工作温度引起的灼伤或烫伤:

——喷嘴;

——喷嘴溢出的熔料。

4.2.5 塑化和/或注射装置区域

4.2.5.1 机械危险

下列原因造成的挤压、剪切或拖拽危险:

——意外的重力下降,如塑化和/或注射装置安装在模具区域上方的注射成型机;

——通过加料口触及在机筒内运动的螺杆和/或柱塞。

4.2.5.2 热危险

下列物料的工作温度引起的灼伤或烫伤:

——塑化和/或注射装置;

——加热元件,例如加热圈、热交换器等;

——熔融胶料从排风口溢出。

4.2.5.3 机械和/或热危险

过热导致塑化组件和/或机筒机械强度下降产生的危险。

4.2.6 制品下落区域

模具区域制品下落造成的挤压、剪切及冲击等机械危险。

4.3 与特殊设计相关联的附加危险

4.3.1 在活动防护装置和模具区域之间可能整个身体进入的地方

操作者可能进入活动防护装置与模具区域之间,造成挤压和剪切等机械危险。

4.3.2 人体进入注射成型机的模具区域

操作者可能进入模具区域的挤压和剪切等机械危险。

4.3.3 带有下行模板的注射成型机

模板重力所导致的合模动作造成挤压和剪切等机械危险。

4.3.4 有旋转合模装置的多工位注射成型机

转盘和固定件之间由于旋转造成的冲击、剪切、挤压或拖拽的机械危险。

4.3.5 滑板往复机/转盘机

滑板往复机/转盘机附加危险:

——工作台面的运动造成的拖拽、冲击、剪切和挤压等机械危险;

——滑板台面垂直运动,重力导致的意外下降而造成的冲击、剪切和挤压等机械危险。

4.3.6 带活动注射装置的多工位注射成型机

注射装置在合模装置之间运动造成的冲击、剪切和挤压等机械危险。

4.3.7 具有一个或多个电动轴的机器

具有电动轴机器的附加危险：

——电动轴机器部件运动相关联的机械危险；

——电动机控制装置产生的电气、电磁干扰，可能引发控制系统故障的危险。

4.4 注射成型机与辅助设备的相互作用而造成的附加危险

4.4.1 动力驱动的换模装置

动力驱动换模装置的附加危险：

——模具移动和/或传送装置与注射成型机固定件之间的剪切和挤压造成的机械危险；

——模具移动和/或传送装置紧邻模具区域的冲击造成的机械危险。

4.4.2 动力驱动的夹模装置

4.4.2.1 机械危险

下列原因造成的冲击、剪切和挤压的危险：

——夹模装置的运动；

——停电、磁力下降、夹模装置失灵或夹模失败造成的模具或模具零件脱落。

4.4.2.2 磁场引起的危险

对心脏起搏器，助听器等使用者引起的危险。

4.4.3 其他辅助设备

危险取决于不同类型的辅助设备。

5 安全要求及措施

5.1 通则

5.1.1 安全距离

安全距离应符合 GB 12265.1—1997 表 1 的要求，依照参考平面 5.2.6 确定。

5.1.2 急停装置

急停装置应符合 GB 16754—1997 的要求。除特殊指定外，可以选择停止类型 0 或急停类型 1。

5.1.3 注射成型机保护装置

5.1.3.1 Ⅰ型保护装置(见图 7)

互锁活动防护装置上的位置开关通过控制电路作用于动力回路的主切断装置上(例如阀、接触器等)。

当关闭活动防护装置时，位置开关应：

——对动力回路的主切断装置不起作用；

——闭合接触或有相同功能的模式；

——发出启动危险动作的控制信号。

当活动防护装置打开时，位置开关应直接准确地被活动防护装置激活。准确地中断启动危险动作的控制信号。一般情况下，单一故障应保证安全性。例如，如果位置开关控制的继电器被用于多点接触，应对继电器进行监控。监控通过可编程序控制系统实现。

注：单一故障安全要求不适用于位置开关或主切断设备，这是因为假设这些元件非常可靠。

5.1.3.2 Ⅱ型保护装置(见图 7)

互锁活动防护装置上的两个位置开关通过控制电路作用于动力回路的主切断装置上，第一个位置开关与Ⅰ型保护装置作用相同。

当关闭活动防护装置时，第二个位置开关应：

——被活动防护装置激活；

——闭合接触或有相同功能的模式；

——发出启动危险动作的控制信号。

当打开活动防护装置时，第二个位置开关应对动力回路的主切断装置不起作用，中断启动危险运动的控制信号。活动防护装置每次动作过程中，两个位置开关的作用是否正确应该至少被监控一次。所以两个位置开关中任何一个发生故障时都会被自动识别，防止进一步发生危险动作。

5.1.3.3 Ⅲ型保护装置(见图7)

互锁活动防护装置上的两个彼此独立的互锁装置，其中一个装置与Ⅱ型保护装置一样，经由控制电路发生作用，另外一个互锁装置通过位置检测器直接或间接作用于动力回路。

当关闭活动防护装置时，位置检测器应：

——对动力回路不起作用；

——闭合接触或有相同功能的模式；

——启动动力回路。

当打开活动防护装置时，位置检测器应准确直接地被活动防护装置激活，同时由第二个切断装置中断动力回路。活动防护装置的每次动作，两个互锁装置的作用是否准确至少被监控一次。因此两个互锁装置中任何一个故障都将被自动识别，防止进一步发生危险动作。

5.1.3.4 Ⅲ型保护装置的附加要求见附录A。

5.1.4 除上述的保护装置外，固定式防护装置应符合GB/T 15706.1—2007中3.25.1的规定。

5.1.5 安全装置应符合GB/T 15706.1—2007中3.26的规定。

5.2 一般危险的安全要求及措施

5.2.1 机械危险

5.2.1.1 冲击、挤压或剪切危险

如果自动防护装置的运动会导致人体伤害，那么应该安装敏感保护设备或有源光电保护装置(见GB/T 15706.1—2007中3.26.5、3.26.6)。它可以立即阻止防护装置运动或使其向相反方向运动，而反方向的运动不应再对人体造成伤害。

为了防止5 MPa以上的高压软管连接处发生脱落而引起被抽打的危险，软管总成应采取防止松脱的措施。卡套式软管不能使用。制造商应提供软管总成使用安全说明。

5.2.1.2 压力流体释放所造成的危险

为了防止压力流体的突然释放，液压和气动装置的设计应符合GB/T 15706.2—2007中4.10和GB 5083—1999中6.5的要求。

为了防止软管总成压力流体的释放，高压软管及其接头应符合5.2.1.1的要求。

5.2.2 电气危险

5.2.2.1 在控制面板上应安装紧急停机按钮，并且标志明显，易于操作。

5.2.2.2 为了避免直接或间接与带电部位接触所引起的电击或灼伤，电控设备应可靠接地。保护接地电路的连续性应按GB 5226.1—2002中19.2的规定。

5.2.2.3 按GB 5226.1—2002中19.3的要求检测绝缘电阻，并符合其规定。

5.2.2.4 电气设备的所有电路导线和保护接地电路之间应按GB 5226.1—2002中19.4的要求进行耐压试验，并符合其规定。

5.2.3 热危险

为防止不慎接触高温软管及其接头而造成的灼伤或烫伤，在高温区域易接近发热件的地方应安装固定防护装置或隔热装置。

防护区域的最高工作温度可能超过限定值的，按GB/T 18153规定的方法确定，并在高温处粘贴警告标志(见7.2)。

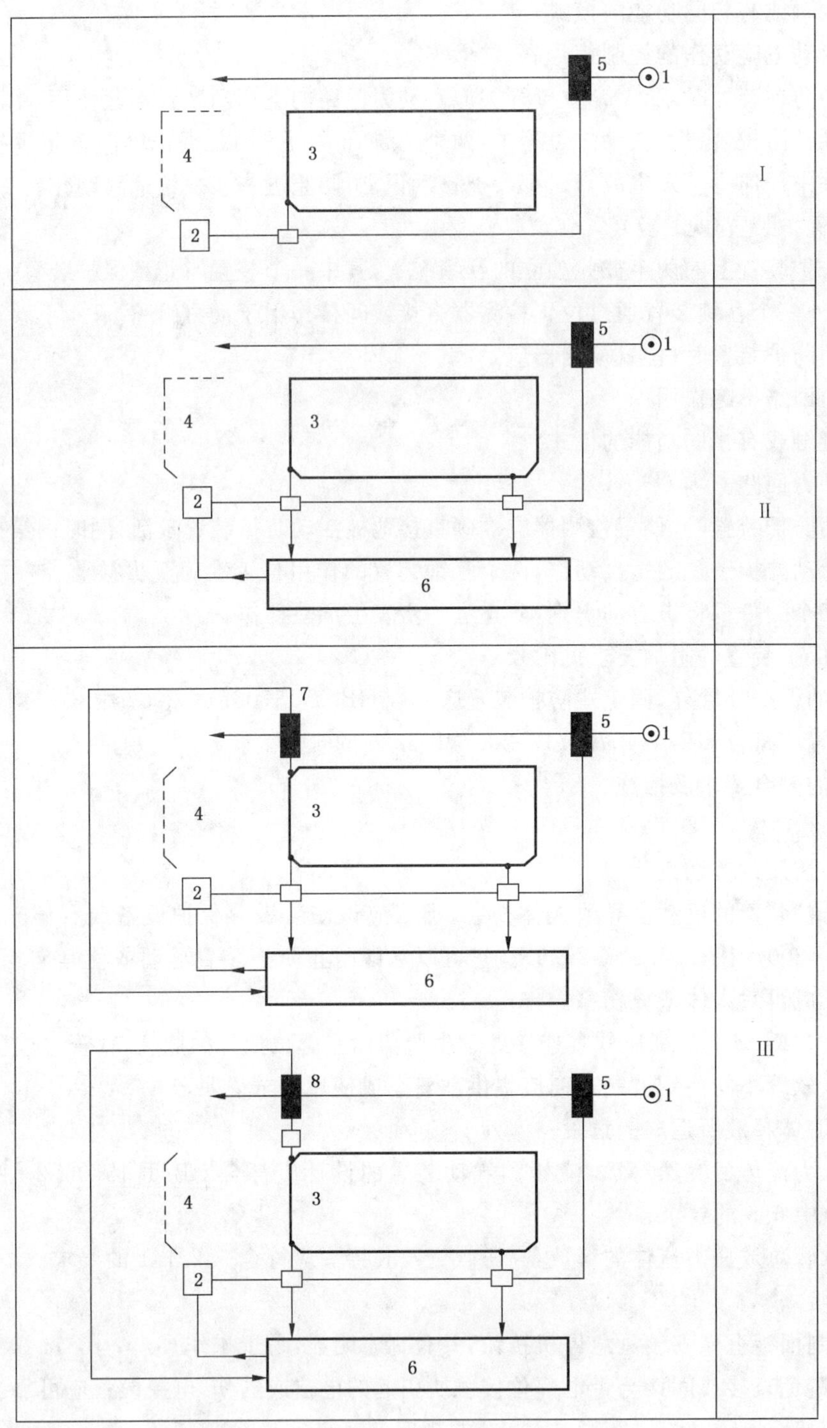

1——动力回路；

2——控制电路；

3——活动防护装置关闭；

4——活动防护装置打开；

5——主切断设备；

6——监控回路；

7——二级切断装置(直接切断，见附录 A.1.1 中 a)；

8——二级切断装置(间接切断，见附录 A.1.1 中 b、c、d)。

图 7　Ⅰ、Ⅱ、Ⅲ 型保护装置

5.2.4 噪声产生的危险

为了降低液压和气动系统的噪声,应选用低噪声元件或在排气口安装消音器或运用现有工艺水平进行隔音。注射成型机噪声应符合表1的规定。

表1

合模力/kN	≤4 500	>4 500～16 000	>16 000～25 000	>25 000
噪声值/dB(A)	≤82	≤83	≤84	≤85

5.2.5 有害气体、烟雾或粉尘造成的危险

注射成型机应设计有排气系统接口,以排出有害物质。本标准未涵盖排气系统的设计要求。

5.2.6 滑倒、绊倒和跌落的危险

注射成型机指定进入位置应有永久标识,标识位置可以是:

——防止滑倒和绊倒处;

——防止跌落处(离地高度不小于1 000 mm);

——提供其他安全进入途径(见7.1.7和7.2或参见GB/T 15706.2—2007中5.5.6的要求)。

5.3 与特殊区域相关联的附加危险的安全要求及措施

5.3.1 模具区域

5.3.1.1 机械危险

5.3.1.1.1 合模造成的危险

合模造成的危险包括:

——操作侧用Ⅲ型保护装置防止人体进入模具区域时合模产生的危险。如有必要,可采用固定防护装置进行预防并且固定防护装置不需要与Ⅲ型保护装置互锁。反操作侧安全要求应符合5.3.1.1.2规定。

——若增加活动防护装置且所用的连接件十分可靠,则活动防护装置与Ⅲ型保护装置的机械连接不必互锁。

——注射成型机的模板是在水平方向运动的,为防止从顶部进入,应使用Ⅰ型保护装置。如设计中已考虑或使用固定防护罩并且指定进入位置达到安全距离的要求,则无需使用活动顶罩。

——防护装置可以设计成移动式的,使人不能停留在防护装置和模具区域之间。如果已经保证图8中尺寸不大于150 mm,则是符合安全要求的。

——如果人可以在防护装置和模具区域之间停留,或整个身体可以进入模具区域,那么该区域的安全要求应符合5.4.1或5.4.2的规定。

单位为毫米

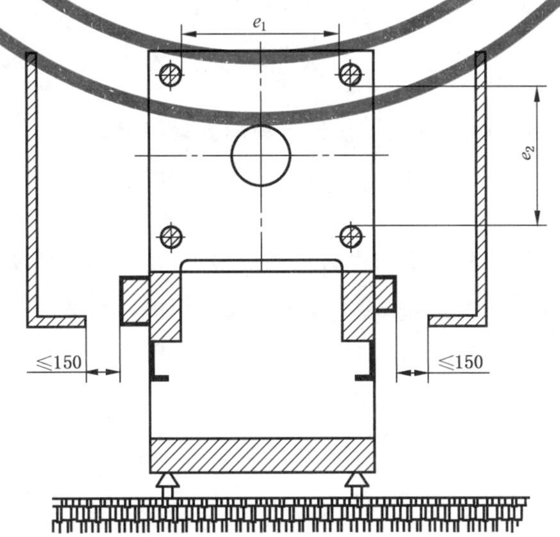

图8 活动防护装置位置和拉杆间距示意图

5.3.1.1.2 无法启动机器循环的防护装置

无法启动机器循环的防护装置,用于保证人体不能进入模具区域或模具区域与防护装置之间,可以使用有两个位置开关的互锁防护装置,替代Ⅲ型保护装置。

当活动防护装置打开时,两个位置开关应:

——切断合模动作的主驱动;和

——关闭合模动作的储能器。

为达到上述要求,应使用电气-机械构成的硬件电路。当活动防护装置回到关闭位置时,应在操作侧对无法启动的循环动,进行手动复位。

5.3.1.1.3 模具区域机械运动造成的危险(见4.2.1.1)

5.3.1.1.1或5.3.1.1.2中指定的防护装置也用来防止其他运动可能造成的危险。对于这些运动,防护装置应起到Ⅱ型保护装置的作用。

当防护装置打开时:

——循环中断,如果能防止熔料溢出并且喷嘴的接触力不会引起危险时,塑化可以继续进行;

——停止螺杆及柱塞向前的动作;

——停止注射座向前的动作;

——橡胶注射成型机必须停止顶出或抽芯及其驱动机构的危险动作。

当模具区域的防护装置打开时,注射成型机可以安装锁定开关,以便能够手动控制顶出和抽芯运动。使用手动操纵装置(见GB/T 15706.1—2007中3.26.2)或利用双手操纵装置(GB/T 15706.1—2007中3.26.4)或者使用有限运动控制装置(GB/T 15706.1—2007中3.26.9),并符合相应要求(见7.1.5)。

5.3.1.2 热危险

在高温模具和/或加热元件处张贴警告标识(见7.2),活动防护装置和固定防护装置应设计成能封住任何喷出的熔料。

当活动防护装置打开时,螺杆或柱塞向前的运动应停止。

此外注射成型机制造商应提出必要的人身安全防护装备的建议(见7.1.1)。

5.3.2 合模机构区域

5.3.2.1 为防止接近合模机构区域的危险运动,应使用Ⅱ型保护装置。

5.3.2.2 当活动防护装置打开时,两个位置开关应:

——中断循环动作;

——中断模板的所有运动。

5.3.2.3 如果进入处只是维护或维修用,则该处可使用固定防护装置。

5.3.2.4 模具区域的活动防护装置打开时,只有移动模板后面的剪切、挤压点都被护罩保护,才能进行开模动作。

5.3.2.5 接触顶出抽芯或驱动机构危险动作区域的危险,已由上述合模机构区域的防护装置保证,对于这些动作,如果防护装置是活动的,则起到Ⅰ型保护装置作用。也可以使用附加的固定防护装置。

5.3.3 模具区域和合模机构外的顶出抽芯运动区域(见图6中的3)

进入该区域应由下列措施阻止:

——Ⅰ型保护装置;或

——固定防护装置。

5.3.4 喷嘴区域

5.3.4.1 机械危险

5.3.4.1.1 喷嘴区域应提供Ⅰ型保护装置。

5.3.4.1.2 当防护装置打开时，除了维修处，注射装置所有位置的下列动作都应中止：

——注射座包括喷嘴的向前运动；

——动力驱动的喷嘴及其驱动动力。

5.3.4.1.3 在水平注射装置中，喷嘴以下的防护装置允许开口。

5.3.4.2 熔料射出造成的危险见7.1.1。

5.3.4.3 热危险

5.3.4.3.1 应贴与高温喷嘴危险有关的警告牌(见7.2)。

5.3.4.3.2 5.3.4.1中所述的防护装置可防止喷嘴溢出熔料产生的危险。此外，当该防护装置打开时作Ⅰ型保护装置使用以停止螺杆或柱塞前移。该防护装置的设计应考虑高温熔料的飞溅危险及喷嘴的极端位置，不包括维修位置。

5.3.4.3.3 在注射装置的所有保养位置(防护装置外的喷嘴区域)都可以手动控制清料，该防护装置控制应符合GB/T 15706.2—2007中4.11.8和4.11.10的规定。

5.3.5 塑化和注射装置区域

5.3.5.1 机械危险

为防止自重引起的意外下降，液压驱动模具区域上方的注射装置应安装平衡阀。例如垂直液压运动，平衡阀最好直接安装在缸体上，或尽可能靠近油缸法兰或接口。

加料口的设计，应保证无法进入挤压和剪切位置（安全距离见GB/T 12265.1—1997表4）。

5.3.5.2 热危险

热危险防护应符合5.3.4.3的要求，并提供机筒防护装置。

当机筒温度不小于240 ℃时，应提供机筒隔热装置。机筒隔热层外表面温度不能超过GB/T 18153规定的限定值。

可使用喷嘴防护装置消除由于熔料从喷嘴孔溢出造成的危险。

5.3.5.3 机械和/或热危险

机筒的温度应被自动监测以保证不超过最高允许值。限定值由制造商设定(见7.1.1)。当出现下列情况时，所有加热元件的能量供应应立即中断：

——温度超过了最高允许值；或

——温度失控。

注：5.3.5.3中的要求只适用于塑料注射成型机，不适用于橡胶注射成型机。

5.3.6 制品下落区域

下落口的设计或提供防护装置应避免人体通过下落口触及危险区域，即使安装输送带也应达到图10要求。

5.3.6.1 可用下列保护装置：

——Ⅰ型保护装置；和/或

——符合规定的电感保护装置。保护装置不能用来控制机器。

5.3.6.2 使用输送带时，安全要求及措施见5.5.3。

5.4 与特殊设计相关联的附加危险的安全要求及措施

5.4.1 人体可以进入活动防护装置与模具区域之间

对于此类注射成型机，应有5.3.1.1.1中规定的附加保护装置用以检测人体是否处于活动防护装置与模具区域之间或处于模具区域内。

注射成型机启动，人体进入该区域时，这些保护装置应具有：

——中断合模动作的控制电路。如果使用自动防护装置,应中断防护装置动作的控制电路;和

——阻止向模内注射动作;和

——阻止下一个循环动作;

——可使用单一确认系统(见附录 B)或符合 5.4.2 中规定的机械锁作为现场检测;

——在活动防护装置和模具区域之间,至少安装一个急停开关,符合 0 类要求。

5.4.2 人体可以进入模具区域

5.4.2.1 对下列注射成型机应具备 5.3.1.1.1 中指定的保护装置及 5.4.1 中指定的相应保护装置:

a) 有拉杆的卧式合模机构(见图 8):模具区域有直立面,且 e_1 或 e_2>1 200 mm;

b) 无拉杆的卧式合模机构(见图 9):a<850 mm,e_1>400 mm,e_2>400 mm;或 e_1>1 200 mm 或 e_2>1 200 mm;

c) 有拉杆的立式合模机构:e_1 或 e_2>1 200 mm,且移动模板最大开距大于 1 200 mm;

d) 无拉杆的立式合模机构:移动模板尺寸大于 1 200 mm,且移动模板最大开距大于 1 200 mm。

5.4.2.2 这些附加的保护装置应具有下列特点:

a) 机械锁装置可防止活动防护装置意外关闭,活动防护装置每次打开时,机械锁均有效,下一循环启动前应单独对其进行设定。从安全装置设定位置能清楚看到模具区域,如果有必要可使用辅助工具查看。活动防护装置的每一次动作循环,安全装置的准确功能应至少被位置开关监测一次。任何安全装置或位置开关出现故障时,自动停止合模动作。对于所有安装了此类安全装置的自动防护装置,活动防护装置的关闭动作由手柄启动运行控制装置,控制装置启动处能清楚看到模具区域。

b) 至少有一个符合 0 类要求的急停装置。

在注射成型机所有安装Ⅲ型保护装置的侧面,应至少提供一个容易从模具区内部触及到的且符合 0 类要求的急停装置。

c) 对于卧式合模机构的注射成型机,用以检测模具区域是否有人的电感保护装置(安全踏板)应按 GB/T 17454.1—2008 中附录 C 及附录 D 的要求设计和安装,其操作应与 5.3.1 中规定的相一致;对于立式合模机构,用 5.4.1 中所述的单一确认系统(见附录 B)作为现场检测装置。

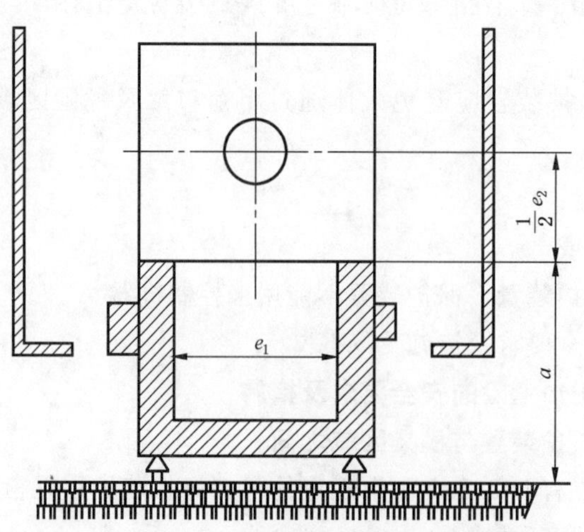

图 9 无拉杆机器的尺寸 a、e_1、e_2 示意图

单位为毫米

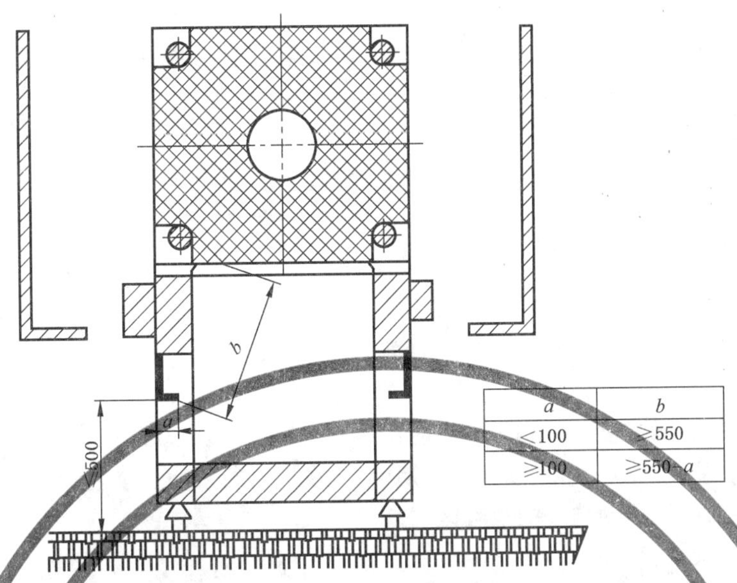

a	b
<100	≥550
≥100	≥550−a

图 10　制品下落区域尺寸示意图

5.4.3　具有下行模板的注射成型机

5.4.3.1　气动或液动式下行动作的注射成型机应配备两个安全限制装置，它是用平衡阀防止模板的意外重力下降，平衡阀最好安装在缸体上并尽可能接近缸筒法兰或管件。

5.4.3.2　模板其中的一个方向尺寸大于 800 mm，同时开模行程超过 500 mm，至少其中一个安全限制装置是机械式的，当活动防护装置打开或模具区域的其他安全装置被激活时，机械限制装置应在整个模板行程上自动起作用。

5.4.3.3　只有模板达到最大开模行程时，模具区域的活动防护装置才可以打开，机械限制装置只有在允许位置起作用。

5.4.3.4　一旦其中一个限制装置失效，其他装置应阻止模板的重力下降。应自动监控限制装置以保证其中任何一个出现故障时：

——故障被自动识别；和

——防止模板进一步下降。

5.4.4　有旋转合模装置的多工位注射成型机

固定防护装置或Ⅱ型保护装置应防止接近旋转合模装置的多工位注射成型机的危险区域。如果需要通过Ⅱ型保护装置进入模具区域，那么应符合 5.3.1.1、5.4.1 和 5.4.2 中的要求。

5.4.5　滑板往复机/转盘机

5.4.5.1　安装固定防护装置或Ⅱ型保护装置可以防止进入滑板往复机/转盘机的危险区域。

5.4.5.2　通过下列措施可以防止接近台面的危险区域：

——固定防护装置；

——Ⅱ型保护装置；

——电感保护装置；

——2 个手控装置。

5.4.5.3　如果通过Ⅱ型保护装置能够进入模具区域，应满足 5.3.1.1 中规定的要求。模板上下运动时，用 5.4.3 中所述的液压限制装置防止模板的重力下降。

5.4.6　有活动注射装置的多工位注射成型机

固定防护装置或Ⅱ型保护装置可以防止由于注射装置在合模机构间运动而造成的危险。如果通过Ⅱ型保护装置能够进入模具区域，那么应符合 5.3.1.1、5.4.1 和 5.4.2 中的要求。

5.4.7 具有一个或多个电动轴的机器

5.4.7.1 紧急停机

紧急停机应具 GB 5226.1—2002 中 9.2.2 第 1 类规定的停机功能。紧急停机装置应符合 GB 5226.1—2002 中 10.7 规定。

5.4.7.2 驱动模板水平运动的电动轴

5.4.7.2.1 模具区域防护装置打开时的安全停机

当 5.4.7.2.2 中 a）所规定的模具区域带锁定的联锁式防护装置打开时的安全停机，应按照 C.1、C.2 或 C.3 或 GB/T 16855.1—2005 第 4 类规定的两个渠道，中断模板运动的供电源。

这两个渠道断电应独立于可编程序控制器。应使用：

——用于电动机或电源控制装置上的电源接触器；和/或

——用于电动机控制装置的安全相关输入。

要使用安全相关元器件进行自动监视，并能在这些元器件的任一器件发生故障时，不可能启动下一步运动。在活动防护装置的每一个运动循环周期中，至少应进行一次自动监视。

5.4.7.2.2 防止进入模板运动造成的危险区域

a） 模具区域要求：

——为防止进入模具区域，应采用带锁定的联锁防护装置；

——防护装置的锁定应在检测到停机之前持续有效（见附件 C）；

——至于防护装置的锁定装置，应使用符合 GB/T 16855.1—2005 第 1 类规定的试用效果良好的元器件；

——防护装置保持锁定时，开启其中任一防护装置，而这些元器件应设计成至少承受 1 000 N 的作用力。

停机检测应能安全应对单个故障。要实现此点，应通过：

1） 监视两个独立停机信号；或

2） 或采用 GB/T 16855.1—2005 第 3 类规定的停机检测系统；或

3） 或采用电动机编码器，对模板的位置变动进行持续监视。

b） 合模机构区域要求：

——凡采用活动防护装置防止进入模板及其驱动机构的（见 5.2.2），这些联锁防护装置均应符合 C.6 或 C.7 或 GB/T 16855.1—2005 第 3 类规定的；

——针对具有危险的停机，即 t（进入时间）＜T（GB/T 19876—2005 中 3.2 定义的整个系统停机性能），则合模机构区域的防护装置应采用带锁定的联锁防护装置；

——防护装置的锁定应在检测到停机之前持续有效。停机检测能安全应对单个故障，如 5.4.7.2.2 中 a）第 4 段规定；

——如合模机构区域联锁防护装置为不带锁定功能的联锁防护装置，则进入时间（t）应按下面公式计算。

$$t = \frac{d}{v} + \Delta t \qquad \cdots\cdots(1)$$

式中：

t——进入时间，单位为秒（s）；

d——防护装置与危险点的距离，单位为米（m）；

v——接近速度，单位为米每秒（m/s），取值 1.6 m/s，见 GB/T 19876—2005；

Δt——打开防护装置，足够进入保护区域所需要的时间，单位为毫秒（ms），取值 100 ms。

在计算或测量模板及其驱动机构运动所需的整个系统停止性能时，应考虑速度、质量、温度等最不利的情况（见 7.1.9）。

5.4.7.3 驱动塑化和/或注射装置运动的电动轴

驱动塑化和/或注射装置运动电动轴机器的安全要求及措施：

——针对此项运动，喷嘴区域防护装置的联锁应按 C.4 或 C.5 或 GB/T 16855.1—2005 第 1 类规定执行，而模具区域防护装置的联锁应按 C.6 或 C.7 或 GB/T 16855.1—2005 第 3 类规定执行；

——针对具有危险的停机，即 t（进入时间）<T（GB/T 19876—2005 中 3.2 定义的整个系统停机性能），则喷嘴区域的防护装置应采用可锁定的联锁防护装置；

——防护装置的锁定应在检测到停机之前持续保持作用。停机的检测应按 GB/T 16855.1—2005 的 B 类规定执行；

——如喷嘴区域为不带锁定功能的联锁防护装置，则进入时间应按 5.4.7.2.2 中 b)所列公式计算；

——在计算或测量塑化和/或注射装置运动所需的整个系统停止性能时，应考虑速度、质量、温度等最不利的情况（见 7.1.9）。

5.4.7.4 驱动塑化螺杆旋转运动的电动轴

驱动塑化螺杆旋转运动电动轴机器的安全要求及措施：

——针对此项运动，喷嘴区域防护装置的联锁应按 C.4 或 C.5 或 GB/T 16855.1—2005 第 1 类规定执行，而模具区域防护装置的联锁应按 C.6 或 C.7 或 GB/T 16855.1—2005 第 3 类规定执行；

——如果停机没有危险，则无需防护装置锁定；

——如果是橡胶注射成型机，按 GB/T 16855.1—2005 标准的 B 类规定执行，不必使用接触器。

5.4.7.5 驱动注射螺杆或柱塞直线运动的电动轴

驱动注射螺杆或柱塞直线运动电动轴机器的安全要求及措施：

——针对此项运动，喷嘴区域防护装置的联锁应按 C.4 或 C.5 或 GB/T 16855.1—2005 第 1 类规定执行，而模具区域防护装置的联锁应按 C.6 或 C.7 或 GB/T 16855.1—2005 第 3 类规定执行；

——如果停机没有危险，则无需防护装置锁定。

5.4.7.6 抽芯顶针运动的电动轴

抽芯顶针运动电动轴机器的安全要求及措施：

——针对抽芯顶针以和/或它们的驱动机构的运动，模具区域外的防护装置的联锁应按 C.4 或 C.5 或 GB/T 16855.1—2005 第 1 类规定执行，而模具区域的联锁应按 C.6 或 C.7 或 GB/T 16855.1—2005 第 3 类规定执行；

——针对具有危险的停机，即 t（进入时间）<T（GB/T 19876—2005 中 3.2 定义的整个系统停止性能），该防护装置应采用可锁定的联锁防护装置；

——防护装置的锁定应在检测到停机之前持续有效。停机的检测应按 GB/T 16855.1—2005 标准的 B 类规定执行；

——如联锁防护装置不带锁定功能，则进入时间应按 5.4.7.2.2 中 b)所列公式计算；

——在计算或测量抽芯顶针运动所需的整个系统停止性能时，应考虑速度、质量、温度等最不利的情况（见 7.1.9）。

5.4.7.7 对自动监视回路的要求

5.4.7.7.1 适用于附录 C 的自动监视回路的要求

在活动防护装置每一运动循环周期中，应按下列情况至少自动监视一次：

——防护装置位置检测器状态改变时（如 S1 为试用良好的元器件，则图 C.4 和图 C.5 不适用）；

——接触器位置或电动机控制装置给出信号信息；

——如果使用防护装置的锁定装置位置；

——如果使用停机检测系统信息。

如果出现单个故障，自动监视应能防止发生任何进一步的运动。

监视回路不应向断路装置,例如接触器、电动机控制装置等产生直接控制信号。

监视应通过可编程序控制器实施,此时为了防止电气干扰,监视程序应储存在固化存储器内,同时监视系统应配备启动测试设备。

另外,采用位置检测器、接触器和/或电动机控制装置,控制同样的安全功能:

——以上任意元器件应与其自己的输入模块相连接;或

——如果共用输入模块,则任一元器件的相反信号均应能输入,或自动识别输入回路中的任何故障;或

——如果输入设备(输入卡)由若干个输入模块组成,元件发出的信号都需进行异或监控,并且输入模块的数字量的位距应被单独分离(例如:4 位、8 位或 16 位)。另外,每一元件发出的信号,没有进行异或监控,且和相同的输入模块连接,那么这些信号同时不可使用相邻位数字量进行监控。

机器控制回路的允许信号应由监视回路产生。

5.4.7.7.2 不适用附录 C 的自动监视回路的要求

附录 C 不适用之处,监视系统的设计应达到 GB/T 16855.1—2005 所规定的相应类的要求。

5.4.7.8 由重力导致的运动

由重力导致的运动,应采用弹簧加载停机制动器予以设防(见 7.1.10)。

5.4.7.9 电气或电磁干扰

电动机控制装置的安装和使用应按电动机控制装置制造厂商的技术规格明细要求执行。

5.5 使用辅助设备时附加危险的安全要求及措施

5.5.1 动力驱动的换模装置

5.5.1.1 用Ⅰ型保护装置防止进入换模区域,必要时安装固定防护装置。

5.5.1.2 如果整个人体都可进入换模区域,进入处应加装电子感应装置,当电子感应装置被激活,应立即中断换模装置的控制电路。

5.5.1.3 当没有防护装置或防护装置打开或加装安全装置失效时,模具或换模装置可用手动启动,在所有位置都用切换开关锁定,通过激活下列机能的装置:

——最高速度不超过 75 mm/s 的手动控制装置;或

——限定动作控制装置。

手动控制装置处应能清楚看到危险区域。

5.5.2 动力驱动的夹模装置

5.5.2.1 机械危险:

——在 5.3.1.1.1 或 5.3.1.1.2 中所述的活动防护装置,同样也应保护动力驱动的夹模装置的运动,对于这类运动,活动防护装置起到Ⅱ型保护装置的作用;

——为防止模具及其连接零部件的下落,可安装机械限制装置或自保持夹模元件;

——磁力夹模时,半模的正确位置应被自动监测,防止另外一半模具移位时模板进一步继续运动。

5.5.2.2 由磁场引起的危险见 7.1.8。

5.5.3 其他辅助设备

辅助设备的连接不能降低注射成型机的安全等级,即:

——辅助设备的连接导致注射成型机保护装置改变;

——如果打开辅助设备的活动防护装置能进入注射成型机的危险区域,那么防护装置应执行注射成型机该危险区域的标准。一旦出现 4.3.1 和/或 4.3.2 中所述的整个人体进入的情况,应有 5.4.1 和/或 5.4.2 中所述的附加安全装置;

——辅助设备可以防止进入注射成型机危险区域,若不使用工具就可将其移走,那么辅助设备应该像危险区域有关活动防护装置一样与注射成型机控制系统互锁;

——如果打开活动防护装置可以进入辅助设备的危险区域,防护装置应符合本标准中适用于辅助

设备的安全要求；

——停止装置或急停装置应具有 GB/T 15706.2—2007 中 5.5.2 的要求；

——如果注射成型机同辅助设备一起使用，只有辅助设备按上述要求连接时，才能运行注射成型机。

6 安全要求及措施的确认

6.1 检验条款及确认方法应按表 2 规定。

表 2

条款	确认方法			
	直观检查	功能检测	测量	计算
5.2.1.1	×	×		
5.2.1.2	×			
5.2.2	×	×		
5.2.3	×			
5.2.4	×		×	×
5.2.5	×			
5.2.6	×		×	
5.3.1.1	×	×	×	
5.3.1.2	×	×		
5.3.2	×	×		
5.3.3	×	×		
5.3.4.1	×	×		
5.3.4.2	×	×		
5.3.5.1	×	×	×	
5.3.5.2	×		×	
5.3.5.3	×	×		
5.3.6	×	×	×	
5.4.1	×	×	×	
5.4.2	×	×	×	
5.4.3	×	×	×	×
5.4.4	×	×	×	
5.4.5	×	×	×	
5.4.6	×	×	×	
5.4.7	×	×	×	×
5.5.1	×	×	×	
5.5.2.1	×	×		×
5.5.3	×	×	×	

6.2 表 2 的功能检测包括根据下列要求检验防护和安全装置的功能和有效性：

——使用说明中特性描述；

——有关设计文件的安全叙述和电路图表；

——本标准第 5 章要求及其他引用标准中给定的要求。

7 使用信息

7.1 随机文件说明

7.1.1 塑化和/或注射装置

7.1.1.1 制造商应提供选择、组装、拆卸喷嘴的方法。

7.1.1.2 制造商应声明只有制造商指定的喷嘴、塑化组件、加热圈及紧固件才可以使用。

7.1.1.3 制造商应声明由于预干燥不充分或某些物料降解，使熔料从喷嘴意外射出，在这种情况下，操作人员应穿戴适宜的防护用具。

7.1.1.4 制造商应声明塑化和/或注射装置最高加热温度值。

7.1.2 噪声

若注射成型机噪声值超过 70 dB(A)，说明书应指出声压值及建议用户增加必要的防护措施。

7.1.3 排气系统

制造商应说明要加工的物料可能散发有害气体、烟雾或粉尘，此时，需要排气系统。制造商应指明用户有责任安装排气系统，还应给出与排气系统安装有关的信息。

7.1.4 辅助设备

应声明制造商仅对自己设计的注射成型机和辅助设备的界面相互作用负责，应声明如果移走辅助设备，应重新安装符合本标准要求的防护或安全装置。

7.1.5 锁定开关(见 5.3.1.1.3)

制造商应声明，如果模具、抽芯、顶出及其驱动机构设计成不能进入挤压或剪切区域，那么操作人员只允许使用这种开关。

7.1.6 软管总成

制造商应给出软管总成的常规检查和更换信息。

7.1.7 进入位置

制造商应指明，所有没有按 5.2.6 标明的位置，不能用作进入位置。

7.1.8 磁性夹模装置

制造商应给出磁性夹模装置安全使用信息，包括准备阶段说明和模具与模板接触面保养的说明，制造商应指明心脏起博器、助听器等器械可能被磁场影响。

7.1.9 停止性能

如使用的是不带锁定功能的联锁防护装置，制造厂商应规定电动轴驱动部件的最大停止距离或时间。

7.1.10 停止制动器(见 5.4.7.8)

制造厂商应规定停机制动系统检查测试的频次和步骤。

制造厂商应针对可能因重力导致运动的部件，规定在其上面应附加的最大质量。

制造厂商还应规定需要用的备用传动带。

7.2 标志

至少包括下列标志：

——制造商和供应商的名称和地址；

——设计系列或型号及执行标准号；

——系列号码或者注射成型机编号；

——生产日期；

——进入位置；

——对发热件、热传导的软管、接头、模具、喷嘴等加热元件的警示；

——热表面指示标记。

附　录　A
（规范性附录）
对液压回路Ⅲ型保护装置的附加要求

A.1　对二级断路装置的要求（见图7中序号7和8）

A.1.1　二级断路装置中断流向油缸的液压油以防止危险运动，该附加阀应：

a)　在打开活动防护装置时被活动防护装置直接激活；或

b)　被附加位置开关控制，在打开活动防护装置时，位置开关被活动防护装置直接激活；或

c)　被先导阀控制，在打开活动防护装置时，可以被活动防护装置直接激活；或

d)　由位置开关控制的先导阀，打开活动防护装置时，先导阀可以被活动防护装置直接激活。

A.1.2　附加阀由位置开关控制的，要符合A.1.1中b)或d)的要求，并且：

——位置开关有明确的打开触点；

——位置开关与附加阀之间的联接由一个硬件回路（可以是继电器）控制，独立于可编程序控制器。

A.2　对监测系统的要求

A.2.1　活动防护装置的每次循环动作，下列内容应被自动监测：

——活动防护装置位置开关的切换作用于控制电路；

——附加阀的位置切换依据A.1；

——附加位置开关（依据A.1.1中b)或d)）和先导阀（依据A.1.1中c)或d)）位置切换。

A.2.2　附加阀位置切换处的自动监测，不需要对附加位置开关和先导阀进行监测。

A.2.3　出现故障时，自动监测将起作用，以阻止危险动作进一步发生。监测回路不应对附加阀产生直接控制信号。可通过可编程序控制器监测。监测程序应置于固化存储器内保护以防电气干扰，同时应配备启动测试程序。

A.2.4　如果监测被可编程序控制器作用，那么：

——每个位置开关都应被直接接到其本身的输入模块中；

——如果用普通输入模块，来自两个位置开关的相反信号应同时被输入，输入回路的故障应被自动识别。

A.2.5　注射成型机控制回路的启动信号应由监测回路产生。

附 录 B
（规范性附录）
单一确认系统

B.1 单一确认系统应固定在危险区域外的确认开关组成。当安全防护装置关闭时，不能从危险区域内部激活确认开关。

B.2 确认开关应安装在能清楚看到危险区域的地方。

B.3 只在关闭相应活动防护装置后，危险动作才有可能再启动，接着激活确认开关。激活确认开关后不应启动危险动作。

B.4 确认开关的正确功能应被自动监测，活动防护装置的每一次循环过程至少监测一次，从而在确认开关发生故障时能自动识别，防止启动进一步的危险动作。

附　录　C
（规范性附录）
具有一个或多个电动轴的注射成型机的防护装置联锁

C.1　使用机电元器件的Ⅲ型联锁的原则见图C.1。

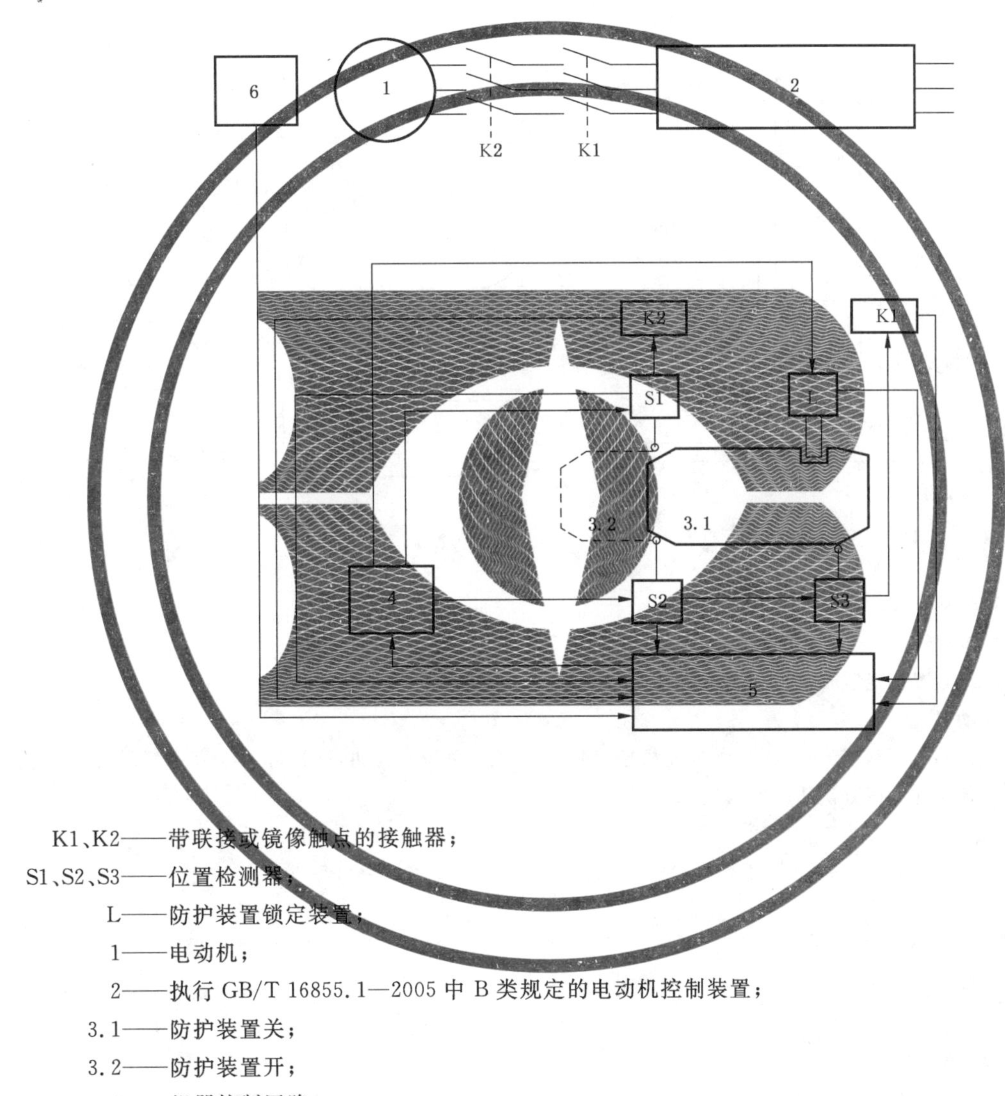

K1、K2——带联接或镜像触点的接触器；
S1、S2、S3——位置检测器；
L——防护装置锁定装置；
1——电动机；
2——执行GB/T 16855.1—2005中B类规定的电动机控制装置；
3.1——防护装置关；
3.2——防护装置开；
4——机器控制回路；
5——机器监视回路；
6——停机检测器。

图C.1　使用机电元器件的Ⅲ型联锁的原则

可使用其中一个位置检测器来实现防护装置锁定功能。

如果电动机控制装置中尚存能量可能导致危险运动，则K1和K2应位于电动机和电动机控制装置之间。在其他情况下，K1和K2应位于电动机控制装置的两侧，以防止同样模式的故障。

如果S1位置检测器的状态改变由接触器K2自动监视，则无需S1位置检测器进行监视。

C.2 使用机电元器件和电动机控制装置的Ⅲ型联锁的原则见图C.2。

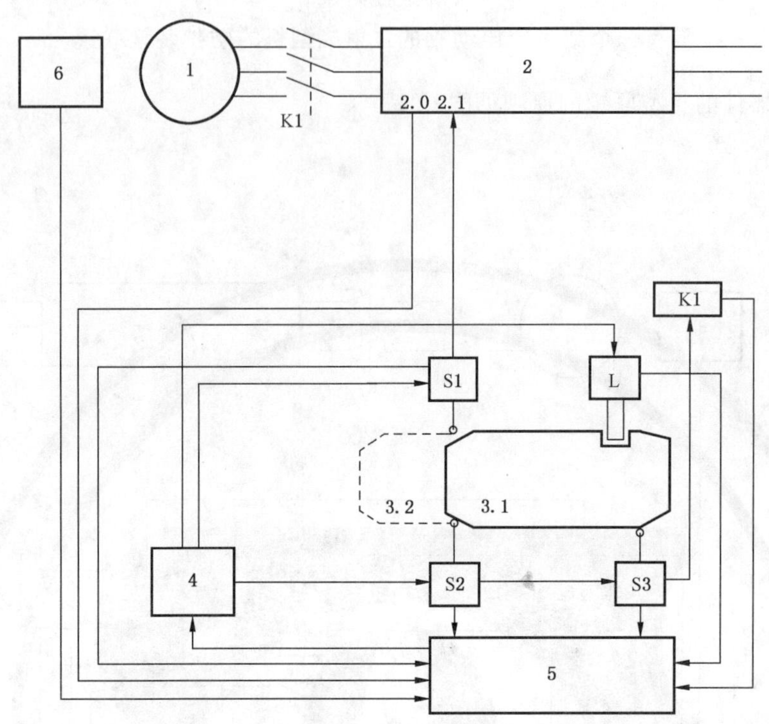

K1——带联接或镜像触点的接触器；

S1、S2、S3——位置检测器；

L——防护装置锁定装置；

1——电动机；

2——执行GB/T 16855.1—2005的电动机控制装置，B类以外安全停机，则执行ISO/IEC 17025:2005规定，由独立的第三方认证；

2.0——从2.1确认关状态；

2.1——安全相关输入；

3.1——防护装置关；

3.2——防护装置开；

4——机器控制回路；

5——机器监视回路；

6——停机检测器。

图C.2 使用机电元器件和电动机控制装置的Ⅲ型联锁的原则

可使用其中一个位置检测器来获得防护装置锁定功能。

如果电动机控制装置中尚存能量可能导致危险运动，则K1应位于电动机和电动机控制装置之间。在其他情况下，K1可位于电动机控制装置的另一侧。

C.3　使用电动机控制装置的Ⅲ型联锁的原则见图 C.3。

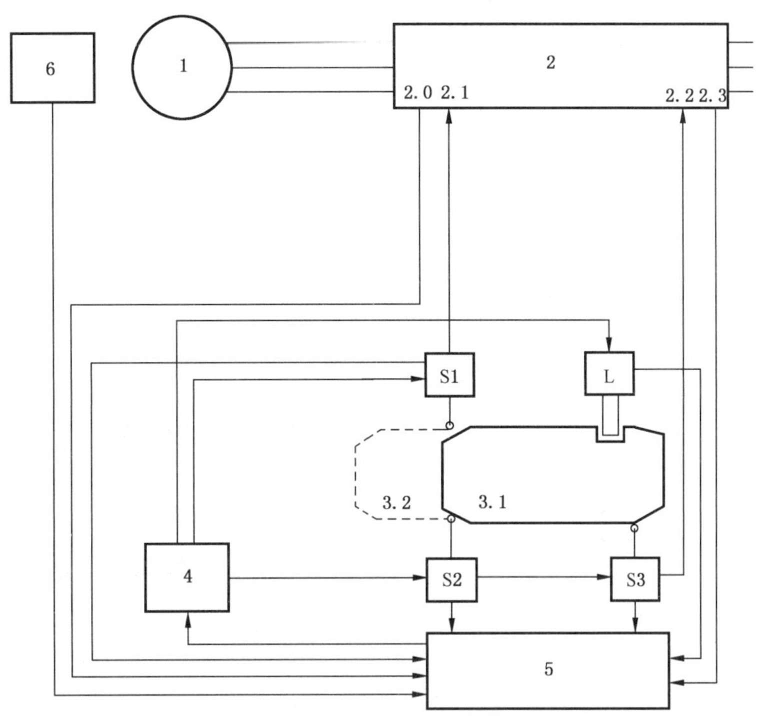

S1、S2、S3——位置检测器；
L——防护装置锁定装置；
1——电动机；
2——执行 GB/T 16855.1—2005 的电动机控制装置，B 类以外安全停机，则执行 ISO/IEC 17025:2005 规定，由独立的第三方认证；
2.0——从 2.1 确认关状态；
2.1、2.2——安全相关输入；
2.3——从 2.2 确认关状态；
3.1——防护装置关；
3.2——防护装置开；
4——机器控制回路；
5——机器监视回路；
6——停机检测器。

图 C.3　使用电动机控制装置的Ⅲ型联锁的原则

可使用其中一个位置检测器来获得防护装置锁定功能。

如果对安全相关输入的监视是在电动机控制装置之内实现的，则机器的监视回路只需一条返回线路就完全足够。

C.4　使用一机电元器件的Ⅰ型联锁的原则见图C.4。

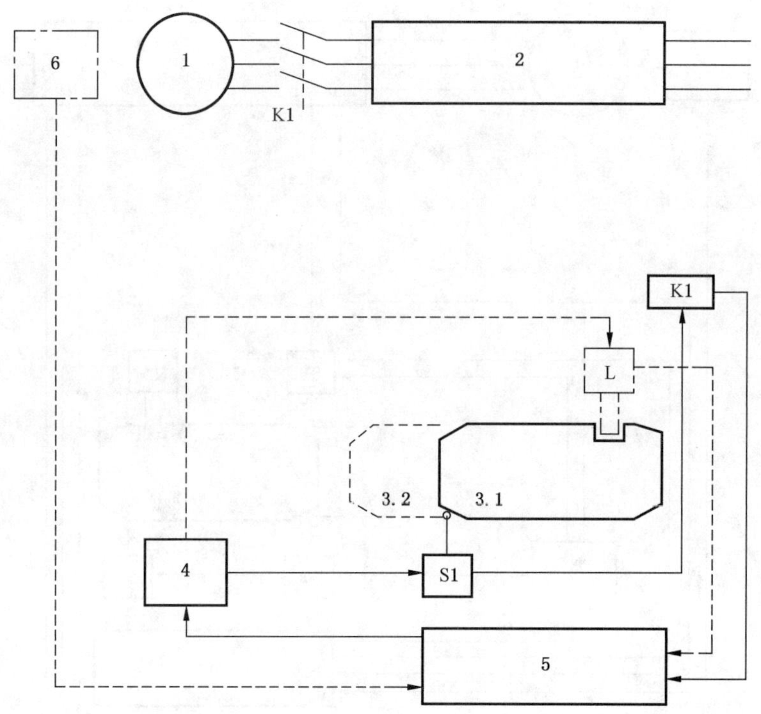

K1——带联接或镜像触点的接触器；
S1——位置检测器；
L——防护装置锁定装置；
1——电动机；
2——执行GB/T 16855.1—2005中B类的电动机控制装置；
3.1——防护装置关；
3.2——防护装置开；
4——机器控制回路；
5——机器监视回路；
6——停机检测器。

图C.4　使用一个机电元器件的Ⅰ型联锁的原则

可使用其中一个位置检测器来获得防护装置锁定功能。

如果电动机控制装置中尚存能量可能导致危险运动，则K1应位于电动机和电动机控制装置之间。在其他情况下，K1可位于电动机控制装置的另一侧。

如果没有防护装置锁定功能，点划线所示的线路删除。

C.5 使用电动机控制装置的Ⅰ型联锁的原则见图C.5。

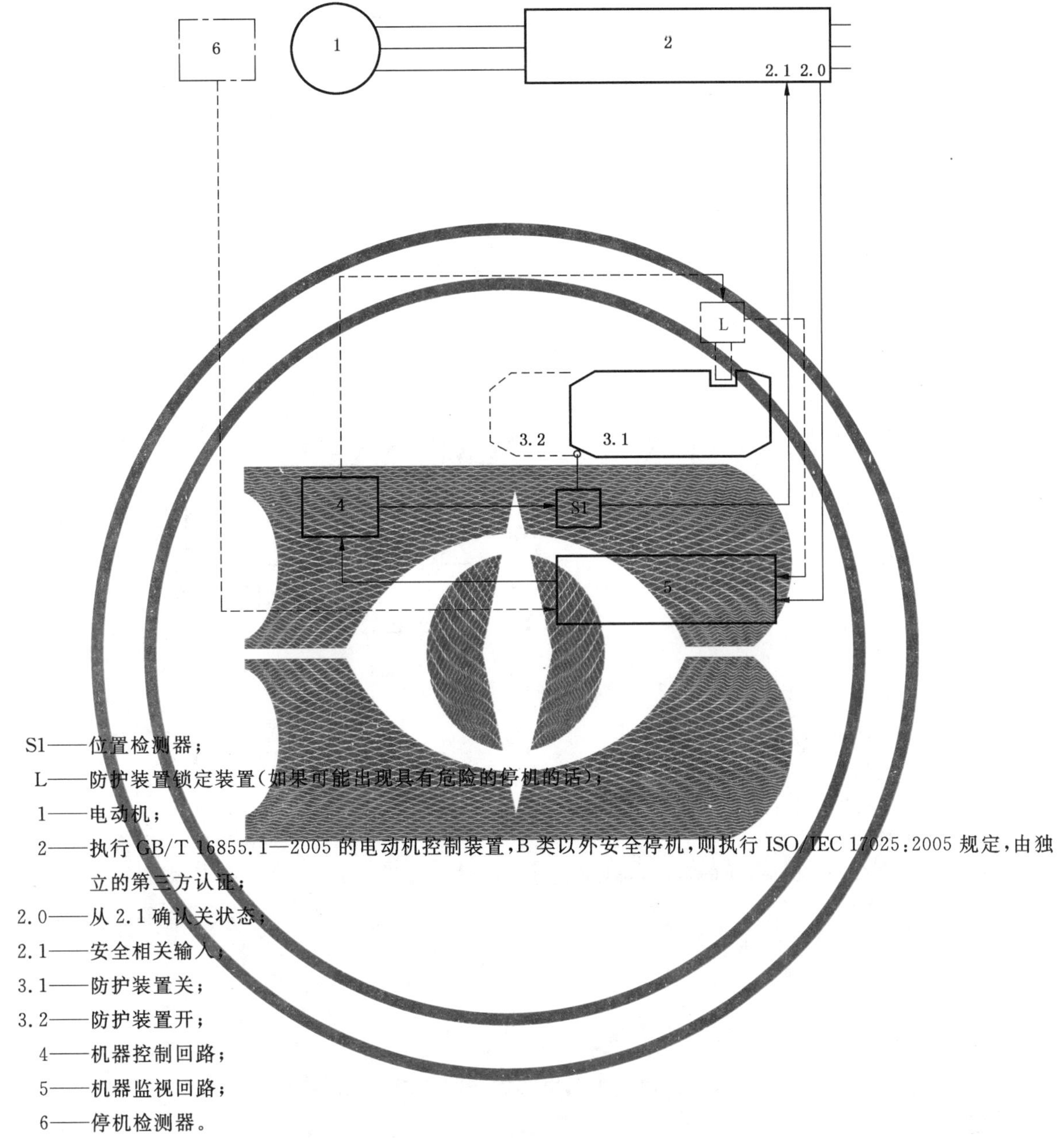

S1——位置检测器；

L——防护装置锁定装置(如果可能出现具有危险的停机的话)；

1——电动机；

2——执行GB/T 16855.1—2005的电动机控制装置，B类以外安全停机，则执行ISO/IEC 17025:2005规定，由独立的第三方认证；

2.0——从2.1确认关状态；

2.1——安全相关输入；

3.1——防护装置关；

3.2——防护装置开；

4——机器控制回路；

5——机器监视回路；

6——停机检测器。

图C.5 使用电动机控制装置的Ⅰ型联锁的原则

可使用其中一个位置检测器来获得防护装置锁定功能。

如果没有防护装置锁定功能，点划线所示的线路删除。

C.6 使用一个机电元器件的Ⅱ型联锁的原则见图 C.6。

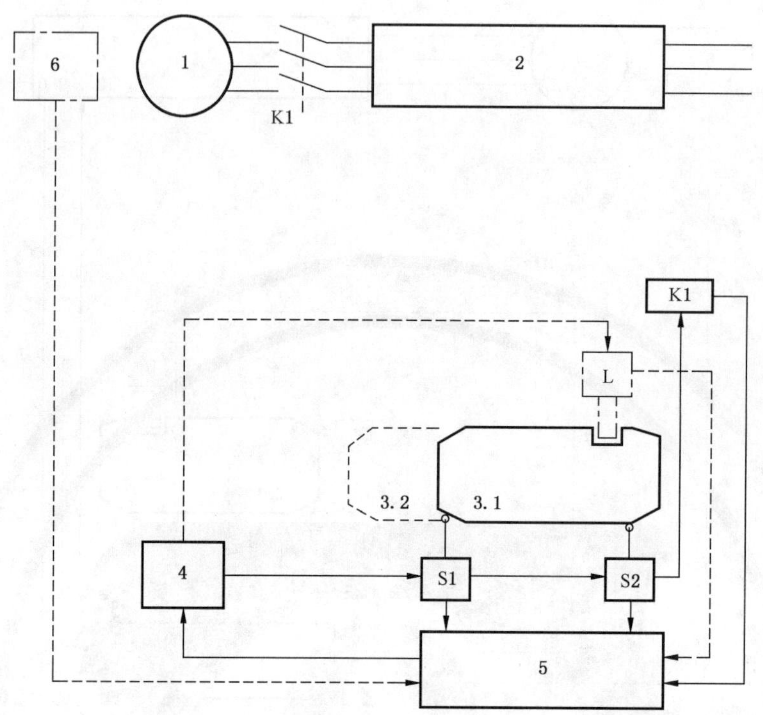

K1——带联接或镜像触点的接触器；

S1、S2——位置检测器；

L——防护装置锁定装置；

1——电动机；

2——执行 GB/T 16855.1—2005 标准 B 类规定的电动机控制装置；

3.1——防护装置关；

3.2——防护装置开；

4——机器控制回路；

5——机器监视回路；

6——停机检测器。

图 C.6 使用一个机电元器件的Ⅱ型联锁的原则

可使用其中一个位置检测器来获得防护装置锁定功能。

如果电动机控制装置中尚存能量可能导致危险运动，则 K1 应位于电动机和电动机控制装置之间。在其他情况下，K1 可以位于电动机控制装置的另一侧。

如果没有防护装置锁定功能，点划线所示的线路删除。

C.7 使用电动机控制装置的Ⅱ型联锁的原则见图 C.7。

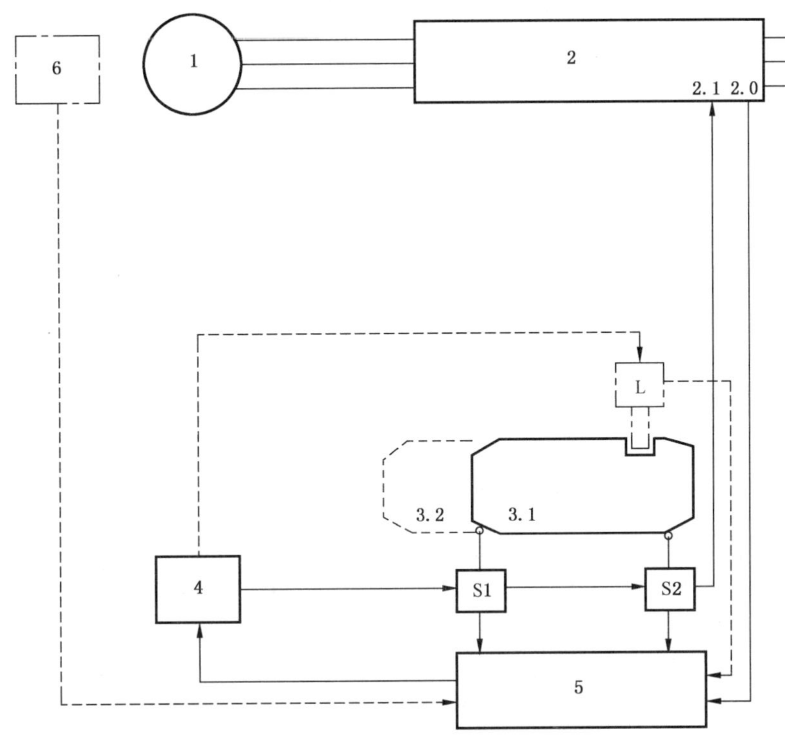

S1、S2——位置检测器；

L——防护装置锁定装置(如果可能出现具有危险的停机)；

1——电动机；

2——执行 GB/T 16855.1—2005 的电动机控制装置，B 类以外安全停机，则执行 ISO/IEC 17025:2005 规定，由独立的第三方认证；

2.0——从 2.1 确认关状态；

2.1——安全相关输入；

3.1——防护装置关；

3.2——防护装置开；

4——机器控制回路；

5——机器监视回路；

6——停机检测器。

图 C.7 使用电动机控制装置的Ⅱ型联锁的原则

可使用其中一个位置检测器来获得防护装置锁定功能。

如果没有防护装置锁定功能，点划线所示的线路删除。

ICS 71.120;83.200
G 95

中华人民共和国国家标准

GB/T 25156—2010

橡胶塑料注射成型机通用技术条件

General specifications of injection moulding machines for rubber and plastics

2010-09-26 发布　　2011-03-01 实施

中华人民共和国国家质量监督检验检疫总局
中国国家标准化管理委员会　发布

前　言

本标准的附录A为资料性附录。

本标准由中国石油和化学工业协会提出。

本标准由全国橡胶塑料机械标准化技术委员会(SAC/TC 71)归口。

本标准负责起草单位:宁波海天塑机集团有限公司、余姚华泰橡塑机械有限公司。

本标准参加起草单位:东华机械有限公司、宁波海达塑料机械有限公司、力劲集团深圳领威科技有限公司、宁波海太机械集团有限公司、广东佛山震德塑料机械有限公司、浙江申达机器制造股份有限公司、广东伊之密精密机械有限公司。

本标准主要起草人:高世权、王乃颖、罗宝树、杨雅凤。

本标准参加起草人:李青、王旺斌、励建岳、蔡恒志、朱立志、梁健民、杜鉴时、张涛。

橡胶塑料注射成型机通用技术条件

1 范围

本标准规定了橡胶塑料注射成型机的型号和基本参数、要求、检测方法、检验规则及标志、包装、运输、贮存。

本标准适用于单螺杆、单工位、立、卧式橡胶注射成型机及单螺杆、单工位、卧式塑料注射成型机(以下通称注射成型机)。

2 规范性引用文件

下列文件中的条款通过本标准的引用而成为本标准的条款。凡是注日期的引用文件,其随后所有的修改单(不包括勘误的内容)或修订版均不适用于本标准,然而,鼓励根据本标准达成协议的各方研究是否可使用这些文件的最新版本。凡是不注日期的引用文件,其最新版本适用于本标准。

GB/T 191 包装储运图示标志(GB/T 191—2008,ISO 780:1997,MOD)

GB/T 321—2005 优先数和优先数系(ISO 3:1973,IDT)

GB/T 6388 运输包装收发货标志

GB/T 12783—2000 橡胶塑料机械产品型号编制方法

GB/T 13306 标牌

GB/T 13384 机电产品包装通用技术条件

GB/T 25157 橡胶塑料注射成型机检测方法

HG/T 3120 橡胶塑料机械外观通用技术条件

HG/T 3228—2001 橡胶塑料机械涂漆通用技术条件

3 型号和基本参数

注射成型机的型号和基本参数参见附录A。

4 要求

4.1 通用要求

4.1.1 注射成型机应符合本标准的规定,并按照经规定程序批准的图样及其技术文件制造。

4.1.2 注射成型机至少应具备手动、半自动两种操作控制方式。

4.1.3 运动部件的动作应正确、平稳、可靠。当系统油压为其额定值的25%时,不应发生爬行、卡死和明显的冲击现象。

4.1.4 注射成型机移动模板与固定模板的模具安装面间或相邻两热板间允许的平行度误差应符合表1的规定。

表1 允许的平行度误差

单位为毫米

拉杆有效间距或热板尺寸	锁模力为零时	塑料注射成型机 锁模力为最大时	橡胶注射成型机 30%的额定锁模压力时
≤250	≤0.25	≤0.12	
>250~400	≤0.30	≤0.15	
>400~630	≤0.40	≤0.20	

表 1（续）

单位为毫米

拉杆有效间距或热板尺寸	锁模力为零时	塑料注射成型机 锁模力为最大时	橡胶注射成型机 30%的额定锁模压力时
＞630～1 000	≤0.50	≤0.25	
＞1 000～1 600	≤0.60	≤0.30	
＞1 600	≤0.80	≤0.40	
注 1：当水平和垂直两个方向上的拉杆有效间距不一致时，取较大值对应的平行度误差。 注 2：当热板为长方形时，取边长较大值对应的平行度误差。			

4.1.5 注射成型机喷嘴孔轴线与固定模板模具定位孔轴线的同轴度应符合表 2 的规定。

表 2 同轴度

单位为毫米

模具定位孔直径	同轴度
≤125	≤Φ0.25
＞125～250	≤Φ0.3
＞250	≤Φ0.4

4.1.6 液压系统应符合以下要求：

a) 工作油温不超过 55 ℃；

b) 在额定工作压力下，无漏油现象，渗油处数应符合表 3 的规定。

表 3 渗油处数

合模力/ kN	≤2 400	＞2 400～10 000	＞10 000～25 000	＞25 000
渗油处数	≤1	≤2	≤3	≤5
注：渗油处——将渗油擦干净，在注射成型机运行 10 min 后重新出现渗油，且每分钟不大于一滴的部位。				

4.1.7 整机外观要求：

4.1.7.1 整机外观应符合 HG/T 3120 的规定。

4.1.7.2 涂漆表面应符合 HG/T 3228—2001 中的 3.4.5 的规定。

4.2 塑料注射成型机的要求

4.2.1 锁模力重复精度不大于 1%。

4.2.2 拉杆受力偏载率不大于 8%。

4.3 橡胶注射成型机的要求

4.3.1 合模系统在额定压力下，保压 10 min，系统的压力降应不大于额定压力的 8%。

4.3.2 热板应能达到的最高工作温度：蒸汽加热为 180 ℃；油加热、电加热为 200 ℃。

4.3.3 当温度达到稳定状态时，热板工作面温差：

a) 蒸汽加热、油加热、电加热(热板尺寸不大于 1 000 mm×1 000 mm)不应超过±3 ℃；

b) 电加热(热板尺寸大于 1 000 mm×1 000 mm)不应超过±5 ℃。

5 检测方法

检测方法应符合 GB/T 25157 的规定。

6 检验规则

6.1 检验分类

产品检验分出厂检验和型式检验。

6.2 出厂检验

6.2.1 每台产品应经制造厂质检部门检验合格后方能出厂。

6.2.2 空运转试验：

每台注射成型机出厂前，应进行不少于 4 h 或 3 000 次的连续空运转试验(在试验中若发生故障，则试验时间或次数应从故障排除后重计)，并在试验前检查 4.1.5、4.1.7、A.2.2。在试验中检查 4.1.2～4.1.4、4.1.6b)以及 4.3。

6.2.3 负载试验：

空运转试验合格后，才能进行不少于 2 h 的连续负载试验(在试验中若发生故障，则试验时间应从故障排除后重计)。

每批产品中，用随机抽样法至少抽 5%(不足 20 台抽一台，依次类推)进行负载试验。

负载试验应检查 4.1.6a)。

6.3 型式检验

6.3.1 型式检验应对本标准规定的第 4 章要求和 A.2 基本参数全部进行检验。

6.3.2 型式检验应在下列情况之一时进行：

a) 新产品或老产品转厂生产的试制定型鉴定；

b) 正式生产后，如结构、材料、工艺有较大改变，可能影响产品性能时；

c) 产品长期停产后，恢复生产时；

d) 出厂检验结果与上次型式检验有较大差异时；

e) 国家质量监督机构提出进行型式检验的要求时。

7 标志、包装、运输及贮存

7.1 标志

每台产品应在明显位置固定产品标牌，标牌应符合 GB/T 13306 的规定，并有下列内容：

a) 制造厂名称和商标；

b) 产品名称、型号及执行标准号；

c) 产品编号及出厂日期；

d) 主要技术参数。

7.2 包装

产品包装应符合 GB/T 13384 的规定，在产品包装箱内，应装有下列技术文件(装入防水袋)：

a) 产品合格证；

b) 产品使用说明书；

c) 装箱单。

7.3 运输

产品运输应符合 GB/T 191 和 GB/T 6388 的规定。

7.4 贮存

产品应贮存在干燥通风处，避免受潮。如露天存放时，应有防雨措施。

附　录　A
（资料性附录）
型号和基本参数

A.1　型号

塑料注射成型机的型号编制方法参见 GB/T 12783—2000 第 5 章塑料机械产品型号中表 2 的内容；橡胶注射成型机的型号编制方法参见 GB/T 12783—2000 第 4 章橡胶机械产品型号中表 1 的内容。

A.2　基本参数

A.2.1　销售合同(协议书)或产品使用说明书等应提供的参数：

a)　锁模力(kN)推荐在 GB/T 321—2005 中的优先数 R 10 或 R 20 系列中选取规格参数值；

b)　理论注射容积；

c)　塑化能力；

d)　注射速率；

e)　注射压力；

f)　实际注射质量。

A.2.2　制造厂应向用户提供的参数：

a)　拉杆有效间距(水平、垂直)或热板长度；

b)　模具定位孔直径；

c)　移动模板行程；

d)　最大模厚(或模板最大开距)；

e)　最小模厚；

f)　电动机功率、加热功率；

g)　整机重量、机器外形尺寸。

A.2.3　制造厂可向用户提供的参数：制品质量重复精度。

ICS 71.120;83.200
G 95

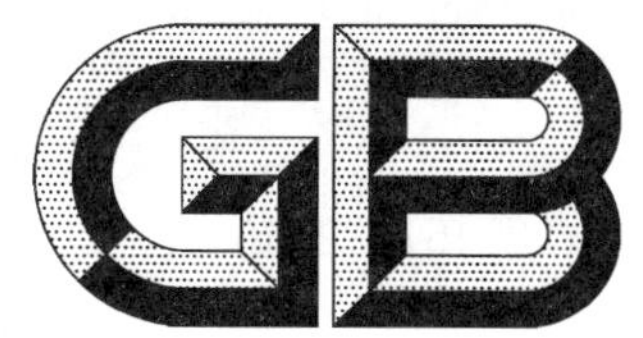

中华人民共和国国家标准

GB/T 25157—2010

橡胶塑料注射成型机检测方法

Inspections methods of injection moulding machines for rubber and plastics

2010-09-26 发布 2011-03-01 实施

中华人民共和国国家质量监督检验检疫总局
中国国家标准化管理委员会 发布

前　言

本标准的第 3 章技术条件检测方法应与 GB/T 25156—2010《橡胶塑料注射成型机通用技术条件》配合使用。本标准的第 4 章安全要求检测方法应与 GB 22530—2008 配合使用。

本标准由中国石油和化学工业协会提出。

本标准由全国橡胶塑料机械标准化技术委员会(SAC/TC 71)归口。

本标准负责起草单位:宁波海天塑机集团有限公司、余姚华泰橡塑机械有限公司。

本标准参加起草单位:东华机械有限公司、宁波海达塑料机械有限公司、力劲集团深圳领威科技有限公司、宁波亨润塑料机械有限公司、宁波海太机械集团有限公司、广东佛山震德塑料机械有限公司、浙江申达机器制造股份有限公司、国家塑料机械产品质量监督检验中心、广东伊之密精密机械有限公司。

本标准主要起草人:高世权、王乃颖、罗宝树、杨雅凤。

本标准参加起草人:李青、王旺斌、励建岳、蔡恒志、陈富昌、朱立志、梁健民、杜鉴时、郭一萍、郑吉、张涛。

橡胶塑料注射成型机检测方法

1 范围

本标准规定了橡胶塑料注射成型机的技术条件检测方法和安全要求检测方法。

本标准适用于橡胶塑料注射成型机的检测。

2 规范性引用文件

下列文件中的条款通过本标准的引用而成为本标准的条款。凡是注日期的引用文件，其随后所有的修改单(不包括勘误的内容)或修订版均不适用于本标准，然而，鼓励根据本标准达成协议的各方研究是否可使用这些文件的最新版本。凡是不注日期的引用文件，其最新版本适用于本标准。

GB/T 3785—1983 声级计的电、声性能及测试方法

GB 22530—2008 橡胶塑料注射成型机安全要求(EN 201:1997,NEQ)

3 技术条件检测方法

3.1 通用的检测方法

3.1.1 理论注射容积的计算

理论注射容积按式(1)进行计算。

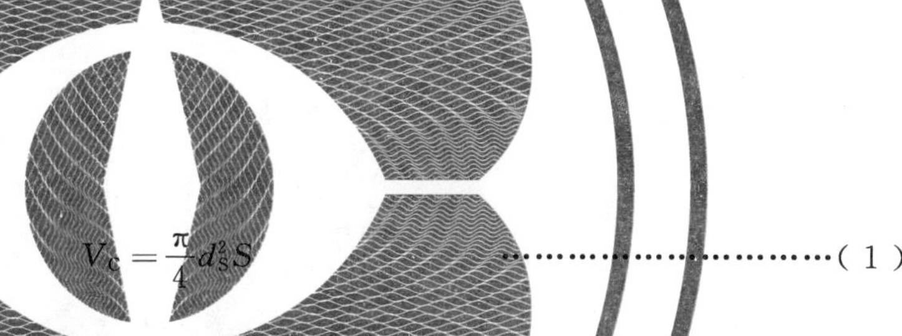

$$V_C = \frac{\pi}{4} d_S^2 S \qquad (1)$$

式中：

V_C——理论注射容积，单位为立方厘米(cm^3)；

d_S——螺杆或料筒柱塞直径，单位为厘米(cm)；

S——额定注射行程，单位为厘米(cm)。

3.1.2 塑化能力的检测

3.1.2.1 检测条件

a) 塑化能力、注射速率、实际注射质量三项应同时检测；

b) 物料推荐：塑料注射成型机采用聚苯乙烯(PS)，橡胶注射成型机采用丁腈橡胶(NBR)；

c) 塑料注射成型机喷嘴处加热温度为 216 ℃±6 ℃，橡胶注射成型机注射料筒处加热温度为 65 ℃±5 ℃；

d) 在检测过程中，背压设定完后不应再作调节；

e) 预塑时注射喷嘴处于闭锁状态；

f) 额定注射行程；

g) 螺杆为额定转速，转动时间与停止时间为 1∶1。

3.1.2.2 检测方法

用秒表或其他更精确的记录装置记录塑化全行程 1/4 处至塑化全行程 3/4 处的塑化时间($t_{塑化}$)，然后对空注射，待物料冷却后用标准衡器称出其质量($w_{塑化}$)，再计算塑化能力(G)，$G=\frac{W_{塑化}}{2t_{塑化}}$。如此塑化检测三次，最后取三次计算结果的算术平均值，作为塑化能力值。

3.1.3 注射速率的检测

3.1.3.1 检测条件

注射速率的检测条件按3.1.2.1的a)～f)规定。

3.1.3.2 检测方法

进行对空注射，并用秒表或其他更精确的记时装置记录其注射时间($t_{注射}$)，待物料冷却后用标准衡器称出其质量($w_{注射}$)，再计算注射速率(q)，$q=\frac{w_{注射}}{t_{注射}}$。如此检测三次，最后取三次计算结果的算术平均值，作为注射速率值。

3.1.4 实际注射质量的检测

3.1.4.1 检测条件

实际注射质量检测条件按3.1.2.1的a)～f)规定。

3.1.4.2 检测方法

进行对空注射。待物料冷却后用标准衡器称出其质量，检测三次，最后取三次检测结果的算术平均值，作为实际注射质量值。

3.1.5 注射压力的检测

在机器空载运行条件下，注射活塞到底，根据压力表确定系统工作压力(p_0)，然后按式(2)计算注射压力(p)。

$$p=\frac{A_0 p_0}{A_S}n \quad \cdots\cdots(2)$$

式中：

p——注射压力，单位为兆帕(MPa)；

A_0——注射活塞有效截面积，单位为平方厘米(cm^2)；

p_0——系统工作压力，单位为兆帕(MPa)；

A_S——螺杆或料筒柱塞的截面积，单位为平方厘米(cm^2)；

n——注射油缸数量。

3.1.6 锁模力的检测

3.1.6.1 检测条件

a) 被测拉杆和试验块的温度为室温；

b) 液压系统额定工作压力下。

3.1.6.2 检测方法一

a) 采用应变仪测量拉杆最大应变量的方法(也允许采用精度相当的锁模力测试仪进行检测)。

b) 把试验块安装在固定模板中心位置处(见图1)，试验块材料、尺寸按表1，试验块形式二选一。

注：当拉杆内间距在水平与垂直方向上不一致时，取较小值对应的试验块尺寸。

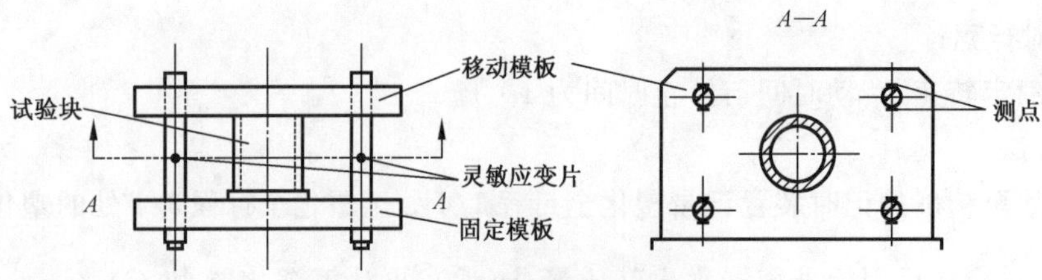

图1 试验块安装位置

表 1　试验块

单位为毫米

形式一：　　　　形式二：

拉杆有效间距或热板尺寸	D、B	d	L	D_1	d_1	l	C
200～223	170	140	170	210	55	20	≤0.032
224～249	200	160	200	240	60		
250～279	225	180	225	265	65		
280～314	250	200	250	300	75	30	
315～354	280	225	280	330	85		
355～399	315	250	315	365	95		≤0.04
400～449	350	280	350	400	105		
450～499	400	315	400	460	120	40	
500～559	450	360	450	510	135		
560～629	500	400	500	560	150		≤0.05
630～709	560	450	560	620	170		
710～799	630	500	630	700	190	50	
800～899	720	560	720	780	215		
900～999	800	630	800	870	240		≤0.066
1 000～1 119	900	720	900	970	270		
1 120～1 249	1 000	800	1 000	1 070	300	70	
1 250～1 399	1 100	900	1 100	1 200	335		
1 400～1 599	1 250	1 000	1 250	1 350	370		≤0.11
1 600～1 799	1 400	1 100	1 400	1 500	420		
1 800～1 999	1 600	1 250	1 600	1 700	470	100	
2 000～2 239	1 800	1 400	1 800	1 950	530		
≥2 240	2 000	1 600	2 000	2 150	600		≤0.135

注 1：材料为抗拉强度不少于 370 MPa 的钢或铸铁。

注 2：注射成型机实际模厚小于 L 值时，应取小一档的 L 值。

c）在每根拉杆上，按图 1 粘贴灵敏应变片，灵敏应变片到固定模板的距离小于 1.5 倍的拉杆直径，并粘贴两个以上（偶数个）。

d）测出拉杆应变量 ε_i（在合模机构锁紧状态下进行）。

e）按式(3)计算锁模力 $F_{锁}$(kN)。

$$F_{锁}=\sum_{i=1}^{n=4}F_i=\sum_{i=1}^{n=4}AE\varepsilon_i \quad \cdots\cdots(3)$$

式中：

$F_{锁}$——锁模力，单位为千牛顿(kN)；

F_i——第 i 根拉杆上的轴向力，单位为千牛顿(kN)；

A——拉杆测试处截面积，单位为平方厘米(cm^2)；

E——拉杆材料的弹性模量，单位为千牛顿每平方厘米(kN/cm^2)；

ε_i——第 i 根拉杆的应变量；

n——拉杆的数量。

连续检测 3 次，取算术平均值作为锁模力。

3.1.6.3　检测方法二

a)　把试验块安装在热板间的中心位置，试验块材料、尺寸按表 1。

注：当热板为长方形时，取边长较小值对应的试验块尺寸。

b)　以额定工作压力加压，记录压力表读数，然后用式(4)计算额定锁模力。

$$F_{锁}=10^{-1}p_0An \quad \cdots\cdots(4)$$

式中：

$F_{锁}$——锁模力，单位为千牛顿(kN)；

p_0——压力表读数值，单位为兆帕(MPa)；

A——液压作用于柱塞上的面积，单位为平方厘米(cm^2)；

n——液压缸个数。

连续检测 3 次，取算术平均值作为锁模力。

3.1.7　制品质量重复精度的检测

3.1.7.1　检测条件

a)　塑料注射成型机物料采用聚苯乙烯(PS)粒料原料；橡胶注射机物料采用丁腈橡胶(NBR)胶片。

b)　试验模具由制造商或用户提供。

c)　试验制品质量应在注射成型机的额定注射量的 60%～80%。

d)　注射成型机应经调试后处于正常工作状态(包括模具)，其注塑工艺参数设置合理。

3.1.7.2　检测方法

注射成型机正常连续注射的试验制品数应大于 50 个。称量每个制品的质量，取其平均值作为制品质量的试验结果，并按式(5)计算制品质量重复精度。

$$\delta_w=\frac{\sqrt{\frac{1}{n-1}\sum_{i=1}^{n}(w_i-\overline{w})^2}}{\overline{w}}\times 100\% \quad \cdots\cdots(5)$$

式中：

δ_w——制品质量重复精度；

w_i——第 i 个制品质量，单位为克(g)；

$\overline{w}$——制品的平均质量，单位为克(g)；

n——试验制品数量。

3.1.8　注射喷嘴孔中心与模板模具定位孔同轴度的检测

a)　注射喷嘴头移至固定模板模具定位孔的可测位置；

b)　用游标卡尺测量图 2 中四个位置(A、B、C、D)的数值，并取最大值和最小值之差作为同轴度公差值。

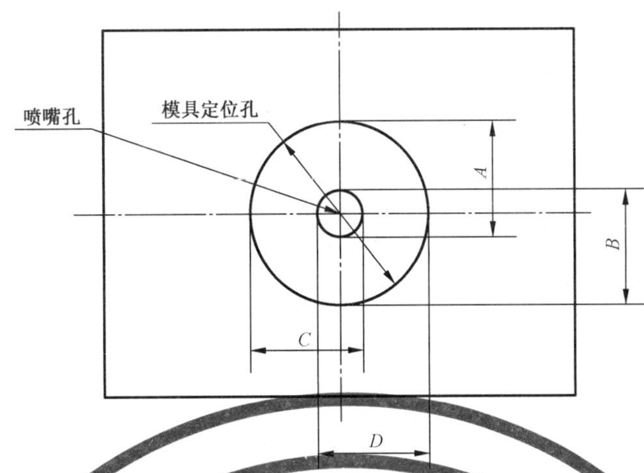

图 2　同轴度的检测位置

3.1.9　**液压系统的检测**

3.1.9.1　工作油温的检测(负载试验完毕后且冷却水温度不大于 28 ℃)：

a)　检测位置在油箱(泵)的吸油侧；

b)　用普通温度计检测。

3.1.9.2　渗油处数的检测：

a)　擦干净已渗油部位；

b)　设定系统油压为其额定值的 100%，使机器运行 10 min 后，把出现油量每分钟不大于一滴的部位作为渗油处数。

3.1.10　**模板上定位孔直径的检测**

定位孔直径采用内径千分尺检测。

3.1.11　**合模部分运动部件动作的检测**

分别设定系统油压为其额定值的 25%、50%、100% 及其他空载运行条件后，并分别用手动操作、半自动操作、自动操作做启闭模动作、液压顶出与退回动作、注射喷嘴前进与后退动作各三次，并检查以下项目：

a)　手动操作控制方式是否具备且有效；

b)　半自动操作控制方式是否具备且有效；

c)　自动操作控制方式是否具备且有效；

d)　运动部件的动作有无爬行、卡死和明显的冲击现象。

3.1.12　**整机外观(包括涂漆表面)的检测**

整机外观(包括涂漆表面)的检测采用目测。

3.1.13　**注射成型机其他参数的检测**

3.1.13.1　**拉杆有效间距(水平、垂直)或热板长度的检测**

用长度尺分别测量拉杆水平与垂直方向的内侧距离或热板的长度与宽度。

3.1.13.2　**移动模板行程、最大模厚、最小模厚的检测(三项一同检测)**

3.1.13.2.1　曲肘连杆式合模装置：

a)　用长度尺测出最大模厚 H_{max}、最小模厚 H_{min} 和模板最大开距 L_{max}；

b)　计算移动模板行程 S_m($S_m = L_{max} - H_{max}$)。

3.1.13.2.2　液压式(直压式)合模装置用长度尺测出模板最大开距 L_{max} 和最小模厚 H_{min}，如果有最大模厚 H_{max}，则测量最大模厚。

3.1.13.3　**电动机功率、加热功率**

查看机器铭牌上标注的电动机功率和加热功率。

3.2 塑料注射成型机检测方法

3.2.1 模板与固定模板的模具安装面的平行度的检测

a) 把试验块安装在固定模板的中心位置处，试验块材料、尺寸按表1规定，试验块形式二选一。

注：当拉杆内间距在水平与垂直方向上不一致时，取较小值对应的试验块尺寸。

b) 按图3确定四个测量点。

c) 当锁模力为零和锁模力为额定值时，分别用内径千分尺在各测量点测出四个值，并取最大值和最小值之差作为平行度误差。

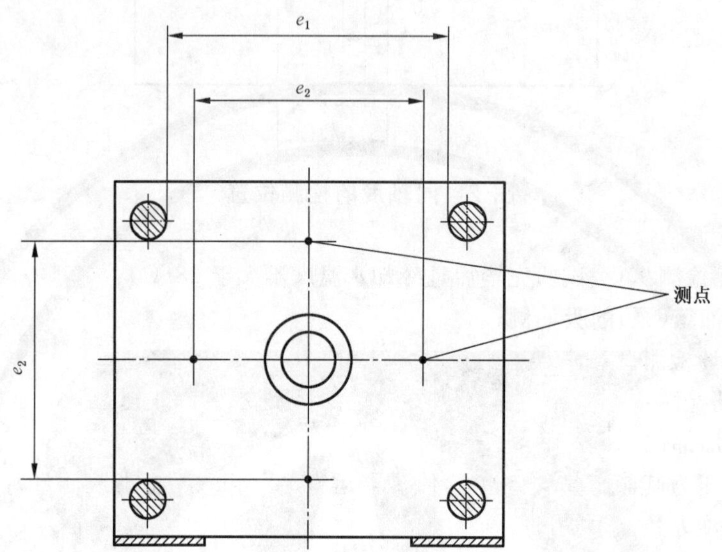

e_1——拉杆有效间距较长边；

e_2——拉杆有效间距较短边。

图3 平行度测点位置

3.2.2 锁模力重复精度的检测

注：锁模力重复精度、拉杆受力偏载率可同时检测。

3.2.2.1 检测条件

锁模力重复精度的检测条件按3.1.6.1的规定。

3.2.2.2 检测方法

按3.1.6.2a)～e)的方法进行检测，连续检测10次以上，按式(6)计算锁模力偏差率。

$$P_{锁}=\frac{\sqrt{\frac{1}{n-1}\sum_{i=1}^{n}(F_{锁i}-\overline{F_{锁}})^2}}{\overline{F_{锁}}}\times 100\% \qquad \cdots\cdots(6)$$

式中：

$P_{锁}$——锁模力重复精度；

$F_{锁i}$——第i次测得的锁模力，单位为千牛顿(kN)；

$\overline{F_{锁}}$——i次测得的锁模力算术平均值，单位为千牛顿(kN)；

n——测试次数。

3.2.3 拉杆受力偏载率的检测

3.2.3.1 检测条件

拉杆受力偏载率的检测条件按3.1.6.1规定。

3.2.3.2 检测方法

拉杆受力偏载率按3.1.6.2a)～d)的方法进行检测，按式(7)计算每根拉杆的轴向力。

$$F_i = AE\varepsilon_i \qquad \cdots\cdots(7)$$

式中：

F_i——第 i 根拉杆的轴向力，单位为千牛顿(kN)；

A——拉杆测试处的截面积，单位为平方厘米(cm^2)；

E——拉杆材料的弹性模量，单位为千牛顿每平方厘米(kN/cm^2)；

ε_i——第 i 根拉杆的应变量。

按式(8)计算拉杆的受力偏载率。

$$P = \frac{\sqrt{\frac{1}{n-1}\sum_{i=1}^{n}(F_i - \overline{F})^2}}{\overline{F}} \times 100\% \qquad \cdots\cdots(8)$$

式中：

P——拉杆受力偏载率；

F_i——第 i 根拉杆的轴向力，单位为千牛顿(kN)；

$\overline{F}$——拉杆轴向力的算术平均值，单位为千牛顿(kN)；

n——拉杆的数量。

连续检测 3 次，取算术平均值作为拉杆受力偏载率。

3.3 橡胶注射成型机检测方法

3.3.1 相邻两热板平行度的检测

a) 把试验块安装在热板的中心位置处，试验块材料、尺寸按表 1 规定，试验块选形式一。

注：当热板为长方形时，取边长较小值对应的试验块尺寸。

b) 按图 4 确定测量点及布置熔断丝。

c) 当锁模力为零时，分别用内径千分尺测量图 4 的四个点，并取最大值和最小值之差作为平行度误差。

d) 以 30% 的额定压力加压时，采用放置熔断丝的方法检测，熔断丝推荐用 Φ3 mm×15 mm，按图 4 布置熔断丝，当热板完全闭合后，保压 1 min 后取出被压扁的熔断丝，用千分尺测量各熔断丝中部的厚度，最大厚度与最小厚度之差作为相邻两热板的平行度误差。

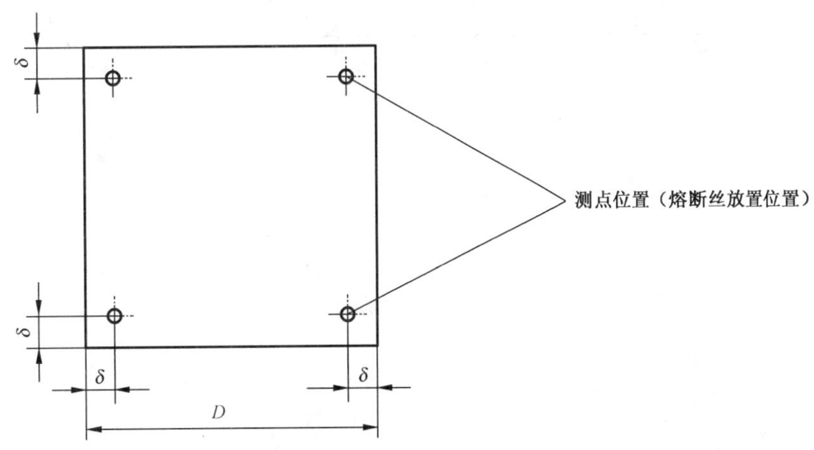

D——试验块长度；

δ——热板厚度。

图 4 平行度测点位置(熔断丝布点位置)

3.3.2 合模系统压力降的检测

在相邻热板间放入试验块，以额定压力加压，完全锁模后，开始记录压力表读数，以后每隔 1 min 记录读数，当记时到 10 min，即记录 10 个读数值后，计算最大读数与最小读数之差即为合模系统的压力降。

3.3.3 热板最高温度的检测

蒸汽加热的橡胶注射成型机，以压力为 0.8 MPa 饱和蒸汽加热，油加热和电加热的橡胶注射成型机，接通热油源和电源，加热热板达到稳定状态，用相应量程的点温计在中心线附近测量 2 点，取其平均值为热板的最高工作温度。

3.3.4 热板工作表面温度差的检测

将热板加热到 150 ℃，待温度达稳定状态后，用点温计测量：

a) 热板长度 $L \leqslant 1\ 000$ mm，按图 5 所示布点测量；

b) 热板长度 $1\ 000\ \text{mm} < L \leqslant 6\ 000$ mm，按图 6 所示布点测量；

c) 热板长度 $L > 6\ 000$ mm，按图 7 所示布点测量。

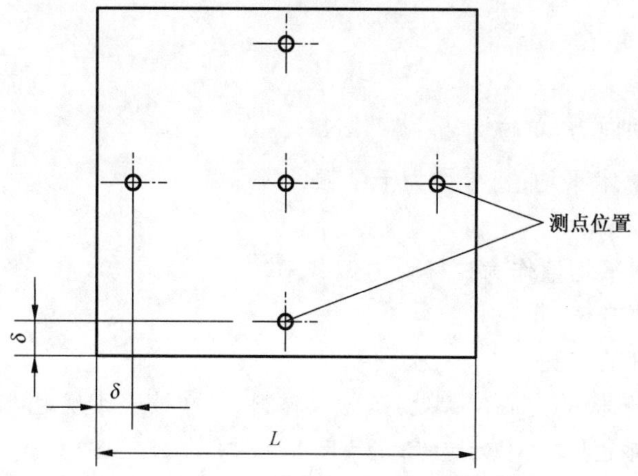

L——热板长度；

δ——热板厚度。

图 5 $L \leqslant 1\ 000$ mm 时测量点位置

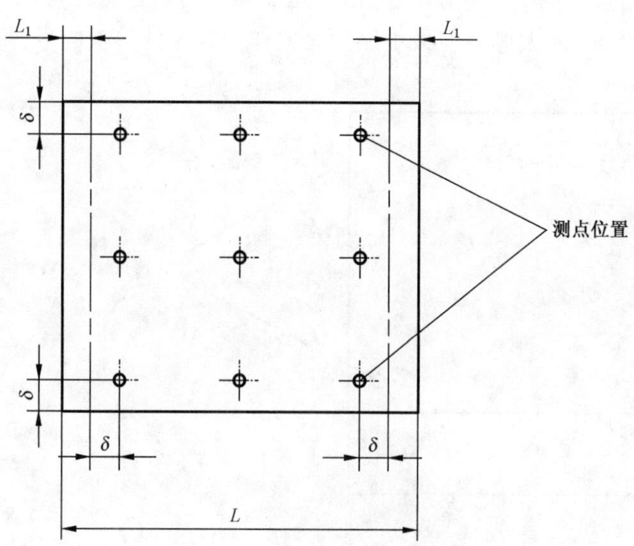

L——热板长度；

δ——热板厚度；

L_1——从边缘至第三加热孔的距离。

图 6 $1\ 000\ \text{mm} < L \leqslant 6\ 000$ mm 时测量点位置

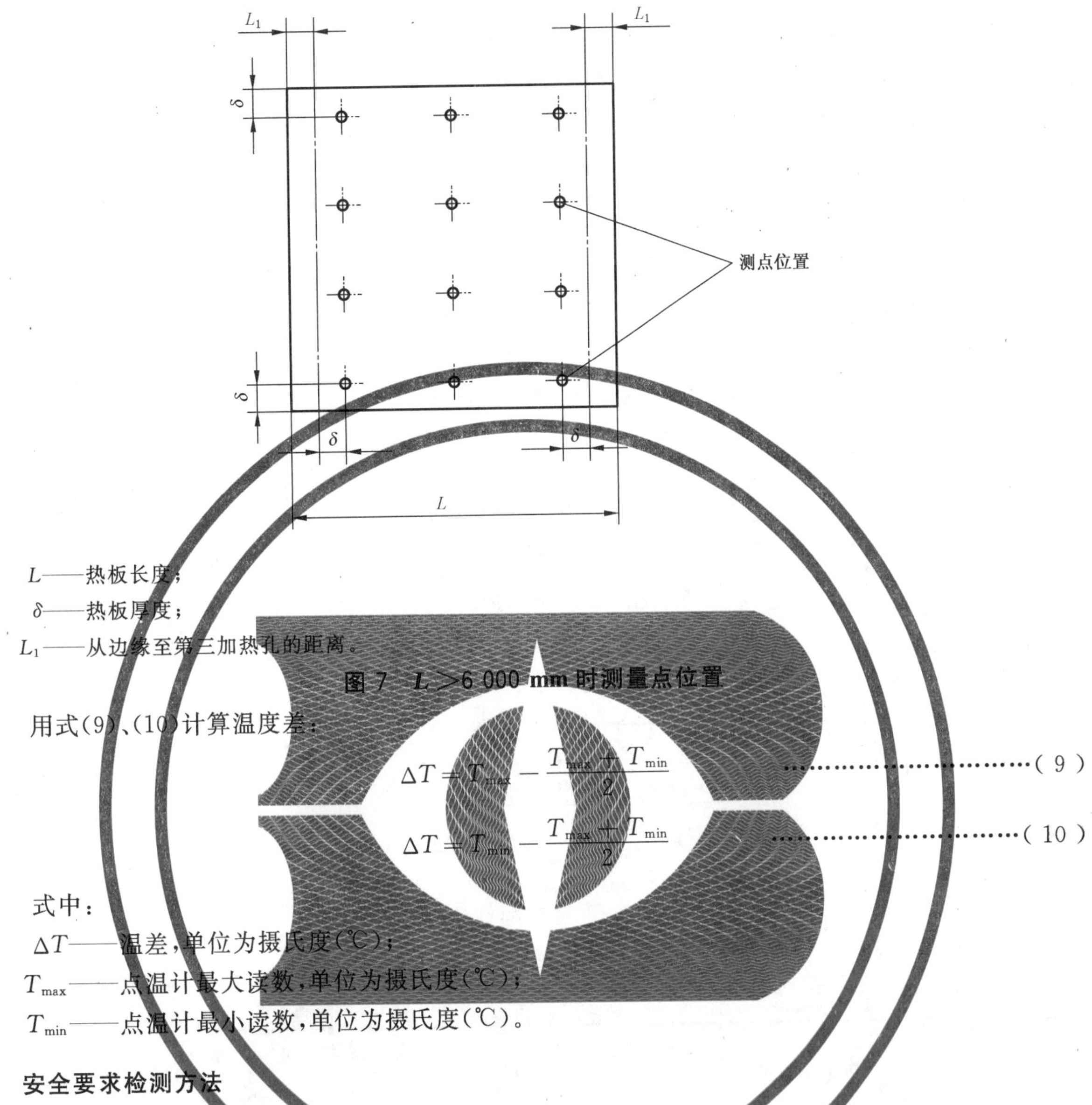

L——热板长度；

δ——热板厚度；

L_1——从边缘至第三加热孔的距离。

图7 $L>6\ 000$ mm 时测量点位置

用式(9)、(10)计算温度差：

$$\Delta T=T_{max}-\frac{T_{max}+T_{min}}{2} \qquad \cdots\cdots(9)$$

$$\Delta T=T_{min}-\frac{T_{max}+T_{min}}{2} \qquad \cdots\cdots(10)$$

式中：

ΔT——温差，单位为摄氏度(℃)；

T_{max}——点温计最大读数，单位为摄氏度(℃)；

T_{min}——点温计最小读数，单位为摄氏度(℃)。

4 安全要求检测方法

4.1 四种确认方法

注射成型机是否与GB 22530—2008第5章的安全要求相符，应按下列四种确认方法予以判定。当某一安全要求具有多种方法可判定时，几种方法判定的结果均应相符。

a) 确认方法1——直观检查：通过对规定部件的目视测定，检查是否达到必须具备的要求和性能。直观检查包括检查或审查机器的使用信息。

b) 确认方法2——功能检测：通过安全功能试验检查规定部件的功能是否满足要求。功能检测包括根据下列要求检验防护和安全装置的功能和有效性：

——使用说明中特性描述；

——有关设计文件的安全叙述和电路图表；

——GB 22530—2008中第5章要求及其他引用标准中给定的要求。

c) 确认方法3——测量：借助检测仪器、仪表，优先选择现有的标准化的测定方法，检查规定的要求是否在限定之内。

d) 确认方法4——计算：利用计算来分析和检查规定部件是否满足要求，对某些特定要求(如稳定性、重心位置等)适用这种方法。

4.2 GB 22530—2008 中各条款的检测方法

4.2.1 GB 22530—2008 中 5.2.4 噪声产生的危险的检测

4.2.1.1 检测条件

噪声产生的危险的检测条件：

a) 被测注射成型机应离墙壁 2 m 以上；

b) 被测注射成型机周围 1.5 m 内应无易引起共振声的物体，如油桶等；

c) 室外测量时，风速应小于 6 m/s(相当于 4 级风)；当风速大于 1 m/s 时，传声器应使用风罩；

d) 注射成型机在锁模状态(不注射)下运行，系统油压为其额定值的 100%。

4.2.1.2 检测方法

选用 GB/T 3785—1983 中规定的 2 型以上精度的声级计或准确度相当的其他测试仪器，按图 8、表 2 进行检测，并把六个测点上最大噪声值的算术平均值，作为整机的噪声值。

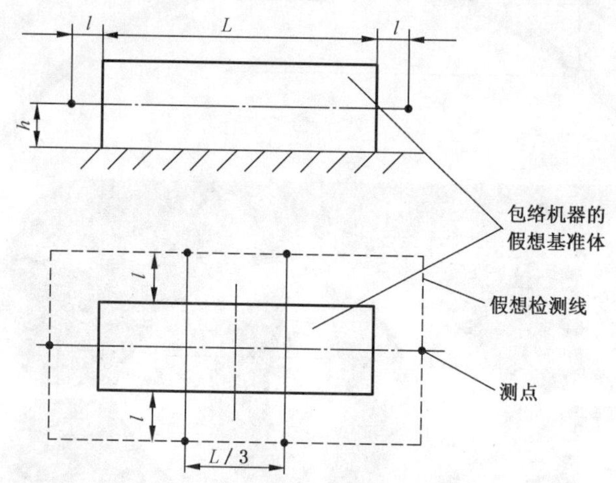

图 8 噪声测点位置

表 2 噪声测点位置

合模力/kN	l/m	h/m
≤5 000	1.0	1.5
>5 000	1.5	

4.2.1.3 背景噪声要求及背景噪声修正

4.2.1.3.1 注射成型机噪声测量应在安静的环境中进行。在整个测量过程中，要求背景噪声的 A 声级比被测注射成型机运转时相应测得的 A 声级最好低 10.0 dB(A)以上，至少要低 3.0 dB(A)，否则应停止测量，设法降低背景噪声后再进行测量。

4.2.1.3.2 若各测试点所测得的注射成型机运转噪声和背景噪声之差在 3.0 dB(A)～10.0 dB(A)间，则所测得的结果需进行背景噪声修正。背景噪声修正值见表 3。

表 3 背景噪声修正值

单位为分贝

注射成型机运转时测得的声压级与背景噪声声压级之差	3.0	4.0	5.0	6.0	7.0	8.0	9.0	10.0	>10.0
应从运转时的声压级测量值中减去的背景噪声修正值	3.0	2.0		1.0			0.5		0

4.2.2 其他条款的检测

GB 22530—2008 中其他条款的检测方法见表 4。

表 4　检验条款

GB 22530—2008 条款	确认方法	检测条件	检测仪器
5.2.1.1　冲击、挤压或剪切危险	4.1a)～b)	空运转	
5.2.1.2　由于释放压力流体产生的危险	4.1a)	空运转	
5.2.2　电气危险	4.1a)～b)	停机时检测	耐压试验台、电桥或微欧计、兆欧表
5.2.3　热危险	4.1a)、4.1c)	加热到设定温度并保温 1 h 后	点温计
5.2.5　有害气体、烟雾或粉尘造成的危险	4.1a)	负载运转	
5.2.6　滑倒、绊倒和跌落的危险	4.1a)、4.1c)	停机时检测	钢卷尺
5.3.1.1　模具区域的机械危险	4.1a)～c)	停机和运行时检测	钢卷尺
5.3.1.2　模具区域的热危险	4.1a)～b)	停机和运行时检测	
5.3.2　合模机构区域的危险	4.1a)～b)	停机和运行时检测	
5.3.3　模具区域和合模机构外的顶出抽芯运动区域	4.1a)～b)	停机和运行时检测	
5.3.4.1　喷嘴区域的机械危险	4.1a)～b)	停机和运行时检测	
5.3.4.3　喷嘴区域的热危险	4.1a)～b)	停机和运行时检测	
5.3.5.1　塑化和注射装置区域的机械危险	4.1a)～c)	停机和运行时检测	钢卷尺
5.3.5.2　塑化和注射装置区域的热危险	4.1a)、4.1c)	机筒加热至 240 ℃	点温计
5.3.5.3　机械和/或热危险	4.1a)～b)	机筒加热至设计要求的最高温度	
5.3.6　制品下落区域	4.1a)～c)	停机和运行时检测	钢卷尺
5.4.1　人体可以进入活动防护装置与模具区域之间	4.1a)～c)	停机和运行时检测	钢卷尺
5.4.2　人体可以进入模具区域	4.1a)～c)	停机和运行时检测	钢卷尺
5.4.3　具有下行模板的注射机	4.1a)～d)	停机和运行时检测	钢卷尺
5.4.4　有旋转合模装置的多工位注射机	4.1a)～c)	停机和运行时检测	钢卷尺
5.4.5　滑板往复机/转盘机	4.1a)～c)	停机和运行时检测	钢卷尺
5.4.6　有活动注射装置的多工位注射机	4.1a)～c)	停机和运行时检测	钢卷尺
5.4.7　具有一个或多个电动轴的机器	4.1a)～d)	运行时检测	钢卷尺、测力机、秒表
5.5.1　动力驱动的换模装置	4.1a)～c)	停机和运行时检测	钢卷尺
5.5.2.1　动力驱动的夹模装置机械危险	4.1a)～b)、4.1d)	停机和运行时检测	
5.5.3　其他辅助设备	4.1a)～c)	停机和运行时检测	钢卷尺

ICS 71.120;83.200
G 95

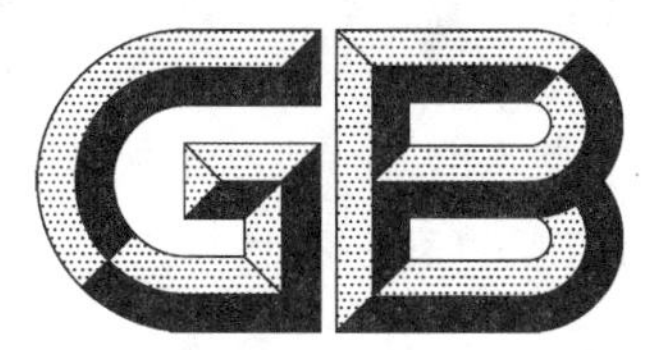

中华人民共和国国家标准

GB/T 25158—2010

轮胎动平衡试验机

Dynamic balancing machine for tyre

2010-09-26 发布　　　　2011-03-01 实施

中华人民共和国国家质量监督检验检疫总局
中国国家标准化管理委员会　发布

前　言

本标准的附录 A 为资料性附录。

本标准由中国石油和化学工业协会提出。

本标准由全国橡胶塑料机械标准化技术委员会(SAC/TC 71)归口。

本标准负责起草单位:青岛高校软控股份有限公司。

本标准参加起草单位:天津赛象科技股份有限公司、中航工业北京航空制造工程研究所、北京橡胶工业研究设计院。

本标准主要起草人:杭柏林、孟鹏、东野广俊、徐建华、张建浩、于立、宋震方、夏向秀。

轮胎动平衡试验机

1 范围

本标准规定了轮胎动平衡试验机(以下简称动平衡试验机)的术语和定义、产品型号、基本参数、要求、试验、检验规则、标志、包装、运输和贮存等要求。

本标准适用于轿车、轻型载重和载重汽车轮胎动平衡性能检测的试验机。

2 规范性引用文件

下列文件中的条款通过本标准的引用而成为本标准的条款。凡是注日期的引用文件,其随后所有的修改单(不包括勘误的内容)或修订版均不适用于本标准,然而,鼓励根据本标准达成协议的各方研究是否可使用这些文件的最新版本。凡是不注日期的引用文件,其最新版本适用于本标准。

GB 150 钢制压力容器

GB/T 2977 载重汽车轮胎规格、尺寸、气压与负荷

GB/T 2978 轿车轮胎规格、尺寸、气压与负荷

GB/T 3487 汽车轮辋规格系列

GB 4208—2008 外壳防护等级(IP 代码)(IEC 60529:2001,IDT)

GB 5083 生产设备安全卫生设计总则

GB 5226.1 机械电气安全 机械电气设备 第1部分:通用技术条件(GB 5226.1—2002,IEC 60204-1:2000,IDT)

GB/T 6326 轮胎术语及其定义(GB/T 6326—2005,ISO 4223-1:2002,Definitions of some terms used in tyre industy—Part 1:Pneumatic tyres,NEQ)

GB/T 7723 固定式电子衡器

GB/T 8196 机械安全 防护装置 固定式和活动式防护装置设计与制造一般要求(GB/T 8196—2003,ISO 14120:2002,MOD)

GB/T 12783 橡胶塑料机械产品型号编制方法

GB/T 13306 标牌

GB/T 13384 机电产品包装通用技术条件

GB/T 14250 衡器术语

GB/T 18505—2001 汽车轮胎动平衡试验方法

HG/T 3120 橡胶塑料机械外观通用技术条件

HG/T 3223 橡胶机械术语

HG/T 3228 橡胶塑料机械涂漆通用技术条件

3 术语和定义

GB/T 6326、GB/T 14250、GB/T 18505—2001 和 HG/T 3223 中确立的以及下列术语和定义适用于本标准。

3.1

多级轮辋 multi-step rim

按轮辋直径大小排列用于轮胎试验的轮辋。一般不超过三级。

3.2

极差 range

实际测量的一组数据中最大值与最小值之差。

4 产品型号及规格系列

4.1 动平衡试验机型号及编号方法应符合 GB/T 12783 的规定。

4.2 规格系列参见附录 A。

5 基本参数

5.1 动平衡试验机测试轮胎的参数范围见表 1。

表 1 测试轮胎的参数范围

轮胎参数	轿车/轻型载重汽车轮胎系列	载重汽车轮胎系列
轮胎外径/mm	450～1 050	700～1 500
轮辋直径/in	10～30	16～24.5
断面宽度/mm	≤450	≤550
轮胎重量/kg	≤50	≤130

5.2 动平衡试验机的测试条件见表 2;动平衡试验机的分辨率应符合 GB/T 18505—2001 中 4.3 的要求。

表 2 测试条件

测试条件	轿车/轻型载重汽车轮胎系列	载重汽车轮胎系列
轮胎测试转速/(r/min) 允差	200～800 ±2	100～500 ±2
充气压力[a]/MPa 允差/MPa	0.2～0.5 ±0.01	0.6～0.9 ±0.01
环境温度/℃	5～40	
湿度(RH)	≤90%	
压缩空气	气动系统应使用经过过滤、脱水的干燥清洁空气	
试验轮辋(单级或多级轮辋)	分 1 级、2 级或 3 级	

[a] 轮胎试验时的充气压力为单胎最大负荷对应气压的 80%。

5.3 动平衡试验机的测试项目见表 3。

表 3 测试项目

测试项目[a]	轿车/轻型载重汽车轮胎系列	载重汽车轮胎系列
上校正面不平衡质量及角度	0～300 g,0～360°	0～800 g,0～360°
下校正面不平衡质量及角度	0～300 g,0～360°	0～800 g,0～360°
静不平衡质量及角度	0～300 g,0～360°	0～800 g,0～360°
偶不平衡质量及角度	0～300 g,0～360°	0～800 g,0～360°
上下校正面不平衡质量的代数和[b]/g	0～300	0～800
称重装置的最大称量[b]/kg	60	150
规格识别[b]	有	

[a] 本标准中测试项目的单位以不平衡质量为基准。若以不平衡量为基准,其量值为静不平衡质量、上不平衡质量、下不平衡质量与校正半径 r 的乘积,单位为 g·cm。标准偏差同时也放大 r 倍。偶不平衡量为偶不平衡质量乘以校正半径和断面宽,单位为 g·cm·cm。

[b] 为可选项。

6 要求

6.1 基本要求

动平衡试验机应符合本标准的要求，并按照经过规定程序批准的图样和技术文件制造。

6.2 检验要求

动平衡试验机检验要求，按标准偏差检验应符合表4的规定；按极差检验应符合表5的规定。

表4 准确度、重复性标准偏差检验要求

检验项目			轿车/轻型载重汽车轮胎系列	载重汽车轮胎系列
准确度验证	砝码验证 *N*次测试偏差		质量标准偏差≤砝码质量(≥50 g)×2% 角度标准偏差≤2°	质量标准偏差≤砝码质量(≥100 g)×2% 角度标准偏差≤2°
	面分离验证 *N*次测试偏差		质量标准偏差≤砝码质量(≥50 g)×2%	质量标准偏差≤砝码质量(≥100 g)×2%
重复性验证	不卸胎*N*次测试偏差		质量标准偏差≤轮胎质量(>20 kg)×0.005% 质量标准偏差≤1 g(轮胎质量≤20 kg)角度标准偏差≤2°(单面不平衡质量≥20 g)	质量标准偏差≤轮胎质量(>50 kg)×0.005% 质量标准偏差≤2.5 g (轮胎质量≤50 kg)角度标准偏差≤2°(单面不平衡质量≥50 g)
	M×*N*测试	偏差	质量标准偏差≤轮胎质量(>20 kg)×0.01% 质量标准偏差≤2 g (轮胎质量≤20 kg)	质量标准偏差≤轮胎质量(>50 kg)×0.01% 质量标准偏差≤5 g (轮胎质量≤50 kg)
		静不平衡量位置标记准确度	±5°(单面不平衡质量≥20 g)	±7.5°(单面不平衡质量≥50 g)
		静不平衡量的标识位置	静不平衡量位置的轻点或重点	
测试结果自动判级			分2级、3级或多级	

注1：*M*表示轮胎数量，*N*表示测量次数；一般*N*取5或10，*M*取5或10，使用时可根据实际情况适当放大*N*、*M*的值。

注2：准确度验证和重复性验证可以选用标准偏差或极差其中一组进行检验。

表5 准确度、重复性极差检验要求

检验项目			轿车/轻型载重汽车轮胎系列	载重汽车轮胎系列
准确度验证	砝码验证 *N*次测试偏差		质量偏差范围：±砝码质量(≥50 g)×2% 角度偏差范围：±3°	质量偏差范围：±砝码质量(≥100 g)×2% 角度偏差范围：±3°
	面分离验证 *N*次测试偏差		质量偏差范围：±砝码质量(≥50 g)×2%	质量偏差范围：±砝码质量(≥100 g)×2%
重复性验证	不卸胎*N*次测试极差		质量极差≤轮胎质量(>20 kg)×0.015% 质量极差≤3 g (轮胎质量≤20 kg) 角度允许极差≤5°(单面不平衡质量≥20 g)	质量极差≤轮胎质量(>50 kg)×0.015% 质量极差≤7.5 g (轮胎质量≤50 kg) 角度允许极差≤7.5°(单面不平衡质量≥50 g)
	M×*N*测试	极差	质量极差≤轮胎质量(>20 kg)×0.025% 质量极差≤5 g (轮胎质量≤20 kg)	质量极差≤轮胎质量(>50 kg)×0.03% 质量极差≤15 g (轮胎质量≤50 kg)
		静不平衡量位置标记准确度	±5°(单面不平衡质量≥20 g)	±7.5°(单面不平衡质量≥50 g)
		静不平衡量的标识位置	静不平衡量位置的轻点或重点	

表 5（续）

检验项目	轿车/轻型载重汽车轮胎系列	载重汽车轮胎系列
测试结果自动判级	分 2 级、3 级或多级	
注 1：M 表示轮胎数量，N 表示测量次数；一般 N 取 5 或 10，M 取 5 或 10，使用时可根据实际情况适当放大 N、M 的值。 注 2：准确度验证和重复性验证可以选用标准偏差或极差其中一组进行检验。		

6.3 功能要求

6.3.1 动平衡试验机应具有轮胎输送、定中和润滑的功能。

6.3.2 动平衡试验机可具有轮胎规格识别、胎号识别和称重功能。

6.3.3 动平衡试验机应具有自动装卡、充气、测试、卸胎功能。

6.3.4 动平衡试验机应具有根据测试结果将轮胎进行标识、分级功能。

6.3.5 动平衡试验机应具有以下工作模式：

a) 手动工作模式：控制系统的操作部分应对动平衡试验机的动作部件实现单独操作，用于调试、维修和维护；

b) 自动工作模式：轮胎进入动平衡试验机后，自动完成输送、润滑、装卡、充气、测试、卸胎、标识、分级、数据记录等动作；

c) 标定工作模式：用砝码对动平衡试验机进行校准的系列动作；

d) 验证工作模式：用砝码和轮胎验证动平衡试验机的准确度和重复性。

6.3.6 控制系统应具有手动控制与自动控制无扰动切换功能。

6.3.7 控制系统应具有各部分连锁运行，故障实时报警功能。

6.3.8 在计算机控制轮胎测试过程中应具有实时监控和数据信息处理功能：

a) 轮胎规格的输入、编辑和调用；

b) 动态监控系统应符合 6.3.5 的要求，验证工作模式应具有准确度验证和重复性验证的功能；

c) 轮胎检验运行记录、统计按月、日、班、规格报表及打印功能；

d) 具有网络功能，支持车间级信息化；

e) 人机对话界面。

6.4 制造要求

6.4.1 压缩空气储罐应符合 GB 150 的规定。

6.4.2 称重装置应符合 GB/T 7723 的规定。

6.4.3 上、下轮辋的跳动应不大于 0.050 mm。

6.4.4 上、下轮辋段宽调整误差应不大于±0.100 mm。

6.4.5 转子的轮辋安装面径向、轴向跳动应不大于 0.025 mm。

6.4.6 上轮辋轴在下降定位过程中不得与下轮辋座碰撞。

6.4.7 轮辋的参数应符合 GB/T 3487 的要求。

6.4.8 润滑系统不得渗漏；空气等各管路系统应连接可靠，管路应清理干净、畅通，不得泄漏。

6.4.9 负荷运转时电机功率应不大于额定功率。

6.5 涂漆和外观要求

6.5.1 涂漆质量应符合 HG/T 3228 的规定。

6.5.2 外观质量应符合 HG/T 3120 的规定。

6.6 安全和环保要求

6.6.1 动平衡试验机应符合 GB 5083、GB 5226.1 和 GB/T 8196 规定的安全要求。

6.6.2 动平衡试验机的电气控制系统应具有过载保护功能和紧急停机功能；外壳防护等级应符合 GB 4208—2008 规定的 IP54 级。

6.6.3 空负荷运转时的噪声声压级应小于 80 dB(A);负荷运转时的噪声声压级应小于 85 dB(A)。

6.6.4 动平衡试验机空负荷运转和负荷运转时,不得有异常振动。

7 试验

7.1 空负荷运转试验

空负荷运转试验应在装配检验合格后方可进行,空负荷运转试验时间不少于 2 h,空负荷运转试验中进行以下检查:

a) 按照 6.3.5 的 a)、c)、d)进行检查;

b) 按照 6.6.3、6.6.4 进行检查。

7.2 负荷运转试验

7.2.1 应在空负荷运转试验合格后,进行负荷运转试验。

7.2.2 负荷运转试验的轮胎应符合 GB/T 2977、GB/T 2978 的要求。

7.2.3 负荷运转试验期间,设备应连续累计负荷运转 72 h 无故障,若中间出现故障,故障排除时间应不超过 2 h,否则应重新进行试验。

7.2.4 负荷运转试验中进行以下检查:

a) 按照 6.2 进行检查;

b) 按照 6.3 进行检查;

c) 按照 6.4.9 进行检查;

d) 按照 6.6.3、6.6.4 进行检查。

8 检验规则

8.1 出厂检验

8.1.1 每台产品应经质量检验部门检验合格后,方可出厂。出厂时应附有产品合格证明书。

8.1.2 每台产品出厂前,应按照 5、6.1～6.3、6.4.1～6.4.8、6.5、6.6.1、6.6.2 的规定进行检验。

8.1.3 出厂前动平衡试验机的参数应符合表 1～表 3 中的要求。

8.1.4 出厂前应经过标准轮胎测试,测试数据应符合表 4 或表 5 中的要求。

8.1.5 检验记录应包括以下测试数据:

a) 规格型号;

b) 充气压力;

c) 转速;

d) 时间;

e) 上校正面不平衡质量及角度、下校正面不平衡质量及角度、静不平衡质量及角度、偶不平衡质量及角度。

8.2 型式检验

8.2.1 有下列情况之一时,应进行型式检验:

a) 新产品首台或老产品转厂时;

b) 正式生产后,如结构、材料、工艺有较大变化,可能影响产品性能时;

c) 产品停产两年以上,恢复生产时;

d) 出厂检验结果与上次型式检验结果超过允差时;

e) 正常生产时,每三年至少抽检一台;

f) 国家质量监督机构提出进行型式检验要求时。

8.2.2 型式检验应按本标准中的各项规定进行检验。

8.2.3 型式检验项目全部符合本标准规定,则判为合格。型式检验每次抽检一台,若有不合格项时,应再抽二台进行检验,若仍有不合格项时,则应逐台进行检验。

9 标志、包装、运输和贮存

9.1 应在每台动平衡试验机的明显位置固定标牌,标牌应符合 GB/T 13306 的规定。标牌的内容如下:

a) 产品名称;

b) 产品型号;

c) 产品编号;

d) 执行标准号;

e) 主要技术参数;

f) 设备净重;

g) 外形尺寸;

h) 制造单位名称、商标;

i) 制造日期。

9.2 动平衡试验机发货时,应随机附带下列文件:

a) 产品合格证明书;

b) 产品使用说明书;

c) 装箱单;

d) 随机压力容器的质量证明书。

9.3 动平衡试验机的包装应符合 GB/T 13384 的规定。

9.4 动平衡试验机的运输应符合运输部门的有关规定。

9.5 动平衡试验机安装前应贮存在防雨、干燥、通风良好的场所,并且妥善保管好。

附　录　A
（资料性附录）
动平衡试验机规格系列

动平衡试验机规格系列参见表 A.1。

表 A.1　动平衡试验机规格系列

规格代号	1018	1218	1318	1326	1624	1626	1630	1830
适用轮辋名义直径/in	10～18	12～18	13～18	13～26	16～24.5	16～26	16～30	18～30

ICS 71.120;83.200
G 95

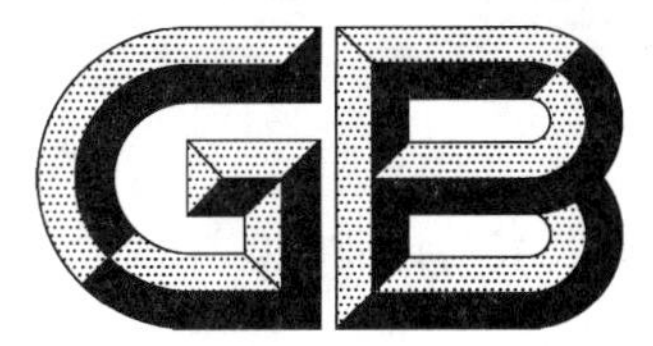

中华人民共和国国家标准

GB 25431.1—2010

橡胶塑料挤出机和挤出生产线 第1部分:挤出机的安全要求

Extruders and extrusion lines for rubber and plastics—Part 1:Safety requirements for extruders

2010-11-10 发布

2012-01-01 实施

中华人民共和国国家质量监督检验检疫总局
中国国家标准化管理委员会
发布

前　　言

GB 25431 的本部分的第 5 章、第 6 章和第 7 章除 7.2.1g)外为强制性的，其余为推荐性的。

GB 25431《橡胶塑料挤出机和挤出生产线》分为三个部分：

——第 1 部分：挤出机的安全要求；

——第 2 部分：模面切粒机的安全要求；

——第 3 部分：牵引装置的安全要求。

本部分为 GB 25431 的第 1 部分。

本部分等同采用欧洲标准 EN 1114-1:1996《橡胶塑料机械　挤出机和挤出生产线　第 1 部分：挤出机的安全要求》(英文版)。

为便于使用，本部分做了下列编辑性修改：

——用“前言”代替 EN 1114-1:1996 标准“前言”；

——用“本部分”代替“本欧洲标准”；

——EN 1114-1:1996 中的规范性引用文件，部分已经转化为我国国家标准，为便于使用，本部分尽量引用了我国国家标准，其对应关系见附录 A；

——删除 EN 1114-1:1996 引言；

——删除 EN 1114-1:1996 的资料性附录 ZA；

——增加了附录 A。

本部分的附录 A 为资料性附录。

本部分由中国石油和化学工业联合会提出。

本部分由全国橡胶塑料机械标准化技术委员会(SAC/TC 71)归口。

本部分负责起草单位：国家塑料机械产品质量监督检验中心、中国化学工业桂林工程有限公司。

本部分参加起草单位：上海金纬机械制造有限公司、宁波方力集团有限公司、大连橡胶塑料机械股份有限公司、益阳橡胶塑料机械集团有限公司、内蒙古宏立达橡塑机械有限责任公司、绍兴精诚橡塑机械有限公司、广东金明塑胶设备有限公司、张家港华明机械有限公司、舟山市定海通发塑料有限公司。

本部分主要起草人：郭一萍、邵丽萍、郑吉、张志强、吴志勇。

本部分参加起草人：刘同清、干思添、郝海龙、邓伊娜、韦兆山、徐银虎、黄虹、陈刚、吴汉民。

橡胶塑料挤出机和挤出生产线
第1部分:挤出机的安全要求

1 范围

针对条款4.1中列出的和第5章涉及的危险,GB 25431的本部分规定了下列几种橡胶和塑料螺杆类挤出机设计和制造的安全要求:

——单螺杆挤出机;

——双螺杆挤出机;

——多螺杆/复合螺杆挤出机;

——热喂料挤出机;

——冷喂料挤出机;

——排气式挤出机;

——销钉式挤出机。

本部分还涵盖了下列喂料系统:

——斗式喂料系统;

——单辊喂料系统;

——双辊喂料系统;

——填塞式喂料系统;

以及下列辅助装置:

——换网装置;

——熔体/齿轮泵;

——熔体连接体;

——静态混合器;

——排气装置;

——剪切机头装置;

——挤出机机头(本部分仅适用于给出塑化物料雏形的机头)。

本部分不适用于没有螺杆的挤出机,例如:

——活塞式挤出机;

——圆盘式挤出机;

——辊轴式挤出机。

2 规范性引用文件

下列文件中的条款通过GB 25431的本部分的引用而成为本部分的条款。凡是注日期的引用文件,其随后所有的修改单(不包括勘误的内容)或修订版均不适用于本部分,然而,鼓励根据本部分达成协议的各方研究是否可使用这些文件的最新版本。凡是不注日期的引用文件,其最新版本适用于本部分。

GB/T 3767—1996 声学 声压法测定噪声源声功率级 反射面上方近似自由场的工程法(eqv ISO 3744:1994)

GB 4208—2008 外壳防护等级(IP代码)(IEC 60529:2001,IDT)

GB 5226.1—2008 机械电气安全 机械电气设备 第1部分:通用技术条件(IEC 60204-1:2005,IDT)

GB/T 8196—2003 机械安全 防护装置 固定式和活动式防护装置设计与制造一般要求(ISO 14120:2002,MOD)

GB 12265.3—1997 机械安全 避免人体各部位挤压的最小间距

GB/T 14367 声学 噪声源声功率级的测定 基础标准使用指南(GB/T 14367—2006,ISO 3740:2000,MOD)

GB/T 14574—2000 声学 机器和设备噪声发射值的标示和验证(eqv ISO 4871:1996)

GB/T 15706.1—1995 机械安全 基本概念与设计通则 第1部分:基本术语、方法学(ISO/TR 12100-1:1992,IDT)

GB/T 15706.1—2007 机械安全 基本概念与设计通则 第1部分:基本术语和方法(ISO 12100-1:2003,IDT)

GB/T 15706.2—2007 机械安全 基本概念与设计通则 第2部分:技术原则(ISO 12100-2:2003,IDT)

GB/T 16404 声学 声强法测定噪声源的声功率级 第1部分:离散点上的测量(GB/T 16404—1996,eqv ISO 9614-1:1993)

GB 16754—2008 机械安全 急停 设计原则(ISO 13850:2006,IDT)

GB/T 16855.1—2008 机械安全 控制系统有关安全部件 第1部分:设计通则(ISO 13849-1:2006,IDT)

GB/T 17248.2 声学 机器和设备发射的噪声 工作位置和其他指定位置发射声压级的测量 一个反射面上方近似自由场的工程法(GB/T 17248.2—1999,eqv ISO 11201:1995)

GB/T 17248.5 声学 机器和设备发射的噪声 工作位置和其他指定位置发射声压级的测量 环境修正法(GB/T 17248.5—1999,eqv ISO 11204:1995)

GB/T 18153—2000 机械安全 可接触表面温度 确定热表面温度限值的工效学数据(eqv EN 563:1994)

GB/T 18569.1—2001 机械安全 减小由机械排放的危害性物质对健康的风险 第1部分:用于机械制造商的原则和规范(eqv ISO 14123-1:1998)

GB/T 18831—2010 机械安全 带防护装置的联锁装置设计和选择原则(ISO 14119:1998/Amd.1:2007,MOD)

GB/T 19670—2005 机械安全 防止意外启动(ISO 14118:2000,MOD)

GB/T 19671—2005 机械安全 双手操纵装置 功能状况及设计原则(ISO 13851:2002,MOD)

GB 23821—2009 机械安全 防止上下肢触及危险区的安全距离(ISO 13857:2008,IDT)

EN 292-2:1991/Amd.1:1995 机械安全 基本概念与设计通则 第2部分:技术原则与规范(有关机器与安全性零组件的设计和制造的基本健康与安全要求)

3 术语和定义

下列术语和定义适用于GB 25431的本部分。

3.1

挤出机 extruder

挤出机是单根或多根螺杆在机筒内转动,将固体或液体物料通过机头持续挤出的机器。在此过程中物料可能被加热、冷却、加固、混合、塑化、经历化学反应,以及可能排放或注入气体。从物料流出的方向看,挤出机本身到螺杆的终端结束。

换网装置、熔体泵、剪切机头装置、静态混合器和排气装置等,可以位于挤出机和挤出机头之间或沿着机筒排列。

3.2

塑化物料　plasticized material

可以加工成半成品或成品的液态、膏状或固态物料。

3.3

喂料系统　feeding system

将物料喂入挤出机的设备。

3.4

填塞式喂料系统　crammer feeding system

此系统具有专用的驱动，通过螺杆或其他装置将物料由喂料口送入挤出机。它也用来压实松散低密度物料。

3.5

双辊喂料装置　double roller feeding device

用于持续向挤出机喂入橡胶（如胶条）的装置。喂料装置由两个辊轴组成，这两个辊轴平行位于开放螺杆上方的挤出机喂料口处。两个辊子在恒定功率下向两个相反的方向转动，将恒定压力下的物料送入挤出机。用水来冷却辊轴以防止产品过热和硫化。

3.6

单辊喂料装置　single roller feeding device

辊轴与螺杆的轴线平行。螺杆和辊朝相反的方向转动，形成一个运动间隙以提高喂料均匀性。此装置可以由螺杆或一个独立装置驱动。

3.7

主喂料口　main feed opening

机筒上的一个开口，例如粒料、薄片料、条状料、粉末料或塑化物料的通道。

3.8

辅喂料口　secondary feed opening

机筒上的一个次要开口，例如粒料、粉末料、液体料或膏状料（如染料、稳定剂、塑化剂）的通道。

3.9

机筒　barrel

包容螺杆工作部分的筒形零（部）件。

3.10

排气装置　degassing equipment

此装置位于机筒螺杆的特定部位，专用于在橡胶和塑料加工过程中排除塑化物料中的不稳定成分。

3.11

销钉　pins

固定在挤出机机筒内或螺杆上且突出来以使物料更好混合的元件。

3.12

挤出机机筒上喂料口的辅件　accessories attached to openings in the extruder barrel

辅件是一些测量装置，例如最大接口直径为 30 mm 的温度计或压力计。

3.13

熔体/齿轮泵　melt/gear pump

此泵具有专用的驱动，用于持续传输塑化物料。它的目的是确保压力均等，尤其是对于螺杆的下游部分，以提高螺杆输送的均匀性。

3.14

熔体连接体　melt ducts

熔体连接体是连接辅机（例如换网装置、熔体齿轮泵和静态混合器）的加热管道，用于传送塑化物料。

3.15

静态混合器　static mixer

固定在挤出机与口模之间起分流混合作用的混合器。

3.16

换网装置　screen changer

在挤出辅机中,用以更换已经受到熔体中杂质堵塞的过滤网的装置。

3.17

剪切机头装置　shear head device

辅助装置的一种,自身带有动力和温度控制系统,位于挤出机螺杆和机头之间。它用于提高从机头挤出后塑化物料的温度,使其达到持续硫化所需的正确温度。

3.18

机头　extruder head

用于成型塑化物料的装置。

3.19

挤出物　extrudate

挤出过程中由机头流出的塑化物料。如果没有机头,则指从挤出机出来的塑化物料。

4　危险和危险区

4.1　危险列举

4.1.1　机械危险

机械危险有:

——挤压;

——剪切;

——切割和切断;

——吸入或卷入;

——机械零部件的抛射;

——高压或其他原因下塑化物料的卸载。

这些危险主要由下列原因引起:

——驱动和动力传输机械的旋转部件;

——机筒内的运动部件;

——挤出机任何开口处的旋转螺杆;

——喂料系统的运动部件;

——净化、清洁和预热时可触及的运动部件;

——冷却风机的可触及运动部件;

——机筒过压;

——熔体连接体过压;

——换网装置可触及的运动部件;

——移动的挤出机本身;

——挤出机头和/或其部件的任何危险运动;

——任何部件的跌落。

4.1.2　电气危险

4.1.2.1　电击或燃烧危险,例如直接或间接与带电零件接触。

4.1.2.2　静电现象引起的电击。

4.1.3 热危险

由于与热机器部件或挤出机制品接触而导致：

——烧伤；

——烫伤。

4.1.4 噪声危险

强噪声可能引起：

——听力损失；

——干扰语言通讯；

——高噪声等级干扰听觉信号。

4.1.5 机械加工、使用或排放的物料和物质引起的危险

例如接触或吸入有害的液体、气体、雾气、烟雾和粉尘所引起的健康危险。

4.1.6 火灾危险

由下列原因引起的燃烧：

——与可燃材料或热表面接触；

——有缺陷的电装置；

——液压流体泄漏至热表面。

4.1.7 跌落危险

从高空工作台跌落引起的伤害。

4.2 危险区

危险区示例见4.2.1～4.2.10。

4.2.1 挤出机的主要危险区示例

挤出机的主要危险区示例见图1、图2。

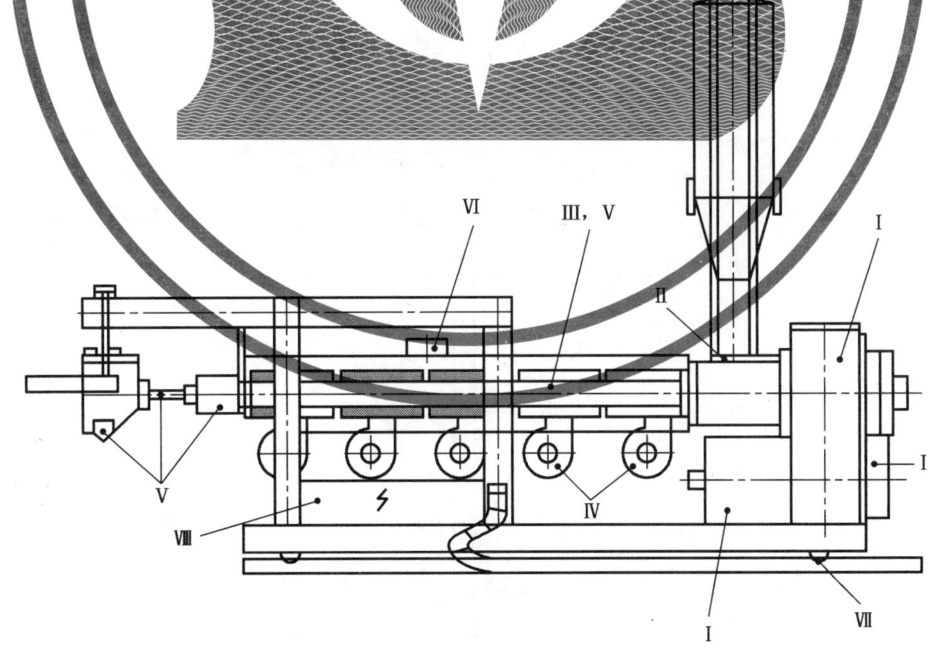

Ⅰ——螺杆驱动和传动装置；

Ⅱ——喂料口；

Ⅲ——机筒加热器；

Ⅳ——机筒冷却器；

Ⅴ——热表面；

Ⅵ——排气装置；

Ⅶ——水平运动的轮子；

Ⅷ——电气接线盒。

图1 塑料挤出机主要危险区示例

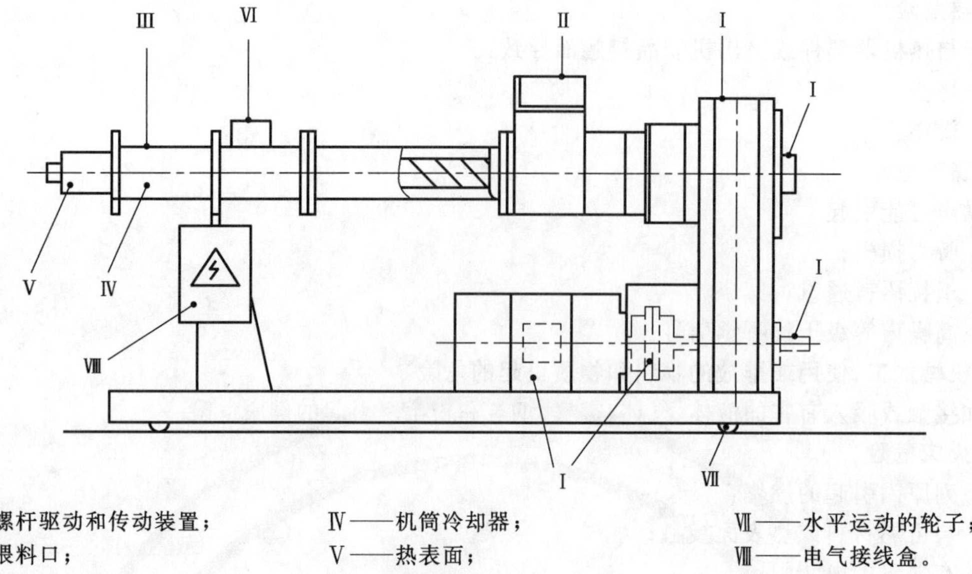

Ⅰ——螺杆驱动和传动装置；
Ⅱ——喂料口；
Ⅲ——机筒加热器；
Ⅳ——机筒冷却器；
Ⅴ——热表面；
Ⅵ——排气装置；
Ⅶ——水平运动的轮子；
Ⅷ——电气接线盒。

图 2　橡胶挤出机主要危险区示例

4.2.2　填塞式喂料系统的主要危险区示例

填塞式喂料系统的主要危险区示例见图 3、图 4。

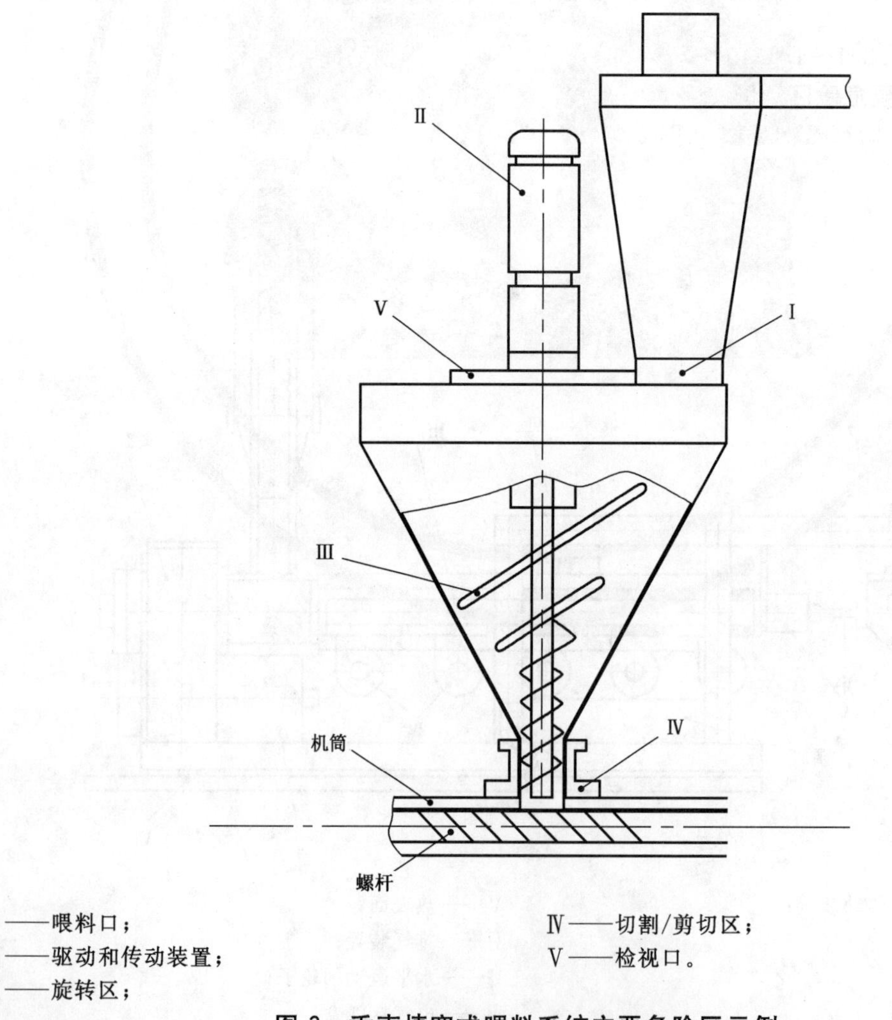

Ⅰ——喂料口；
Ⅱ——驱动和传动装置；
Ⅲ——旋转区；
Ⅳ——切割/剪切区；
Ⅴ——检视口。

图 3　垂直填塞式喂料系统主要危险区示例

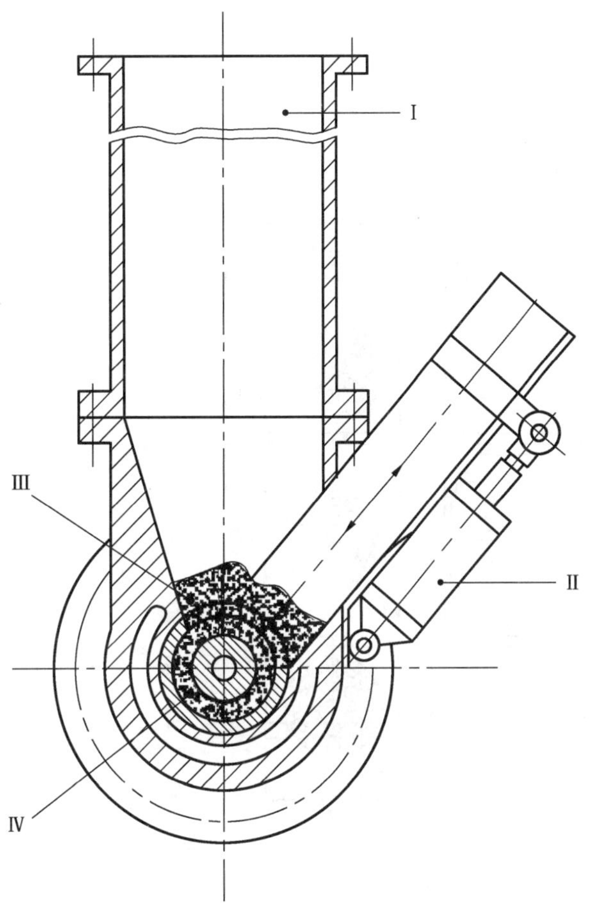

Ⅰ——喂料口；

Ⅱ——驱动装置；

Ⅲ——挤压区；

Ⅳ——旋转区。

图 4 橡胶垂直填塞式喂料系统主要危险区示例

4.2.3 换网装置的主要危险区示例

换网装置的主要危险区示例见图5。

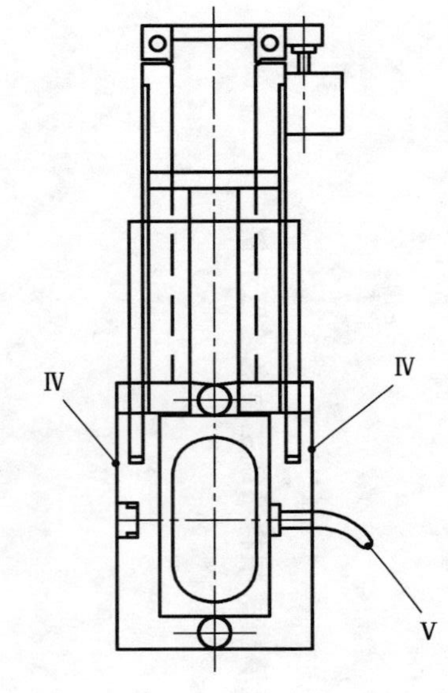

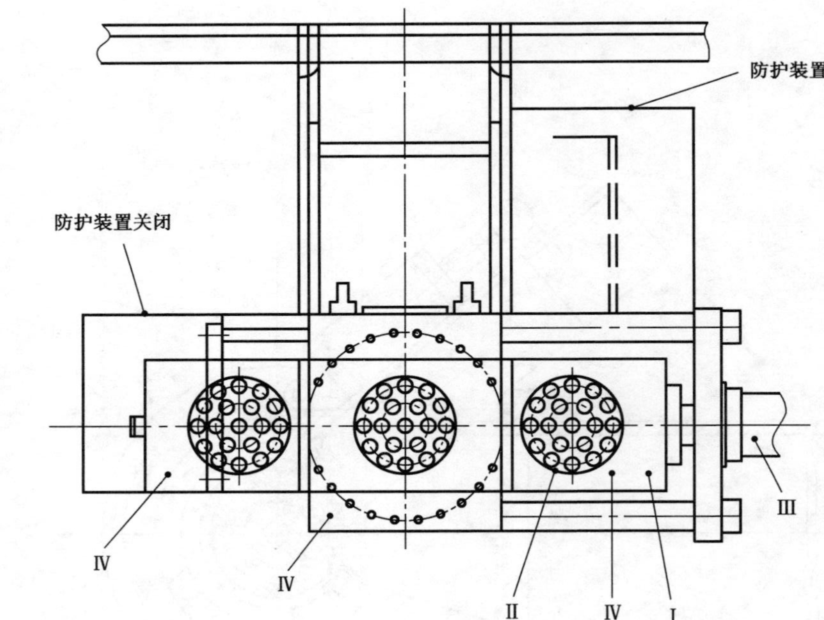

Ⅰ——网板的运动区；
Ⅱ——热塑化物料的飞溅区；
Ⅲ——活塞杆的移动区；
Ⅳ——热表面；
Ⅴ——加热介质的接头。

图5 换网装置主要危险区示例

4.2.4 熔体/齿轮泵的主要危险区示例

熔体/齿轮泵的主要危险区示例见图 6。

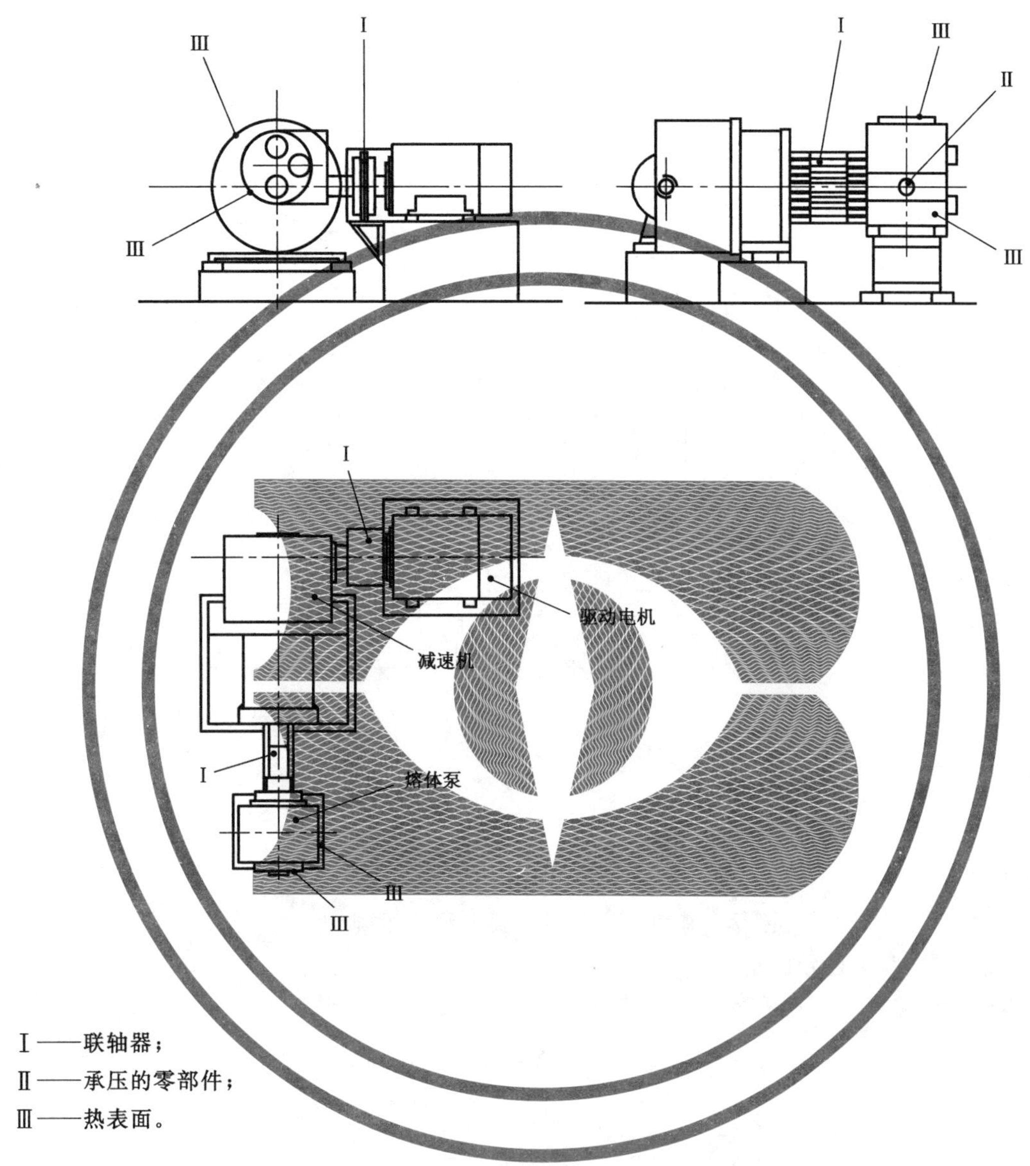

Ⅰ——联轴器；

Ⅱ——承压的零部件；

Ⅲ——热表面。

图 6 熔体/齿轮泵主要危险区示例

4.2.5 剪切机头装置的危险区示例

剪切机头装置的危险区示例见图 7。

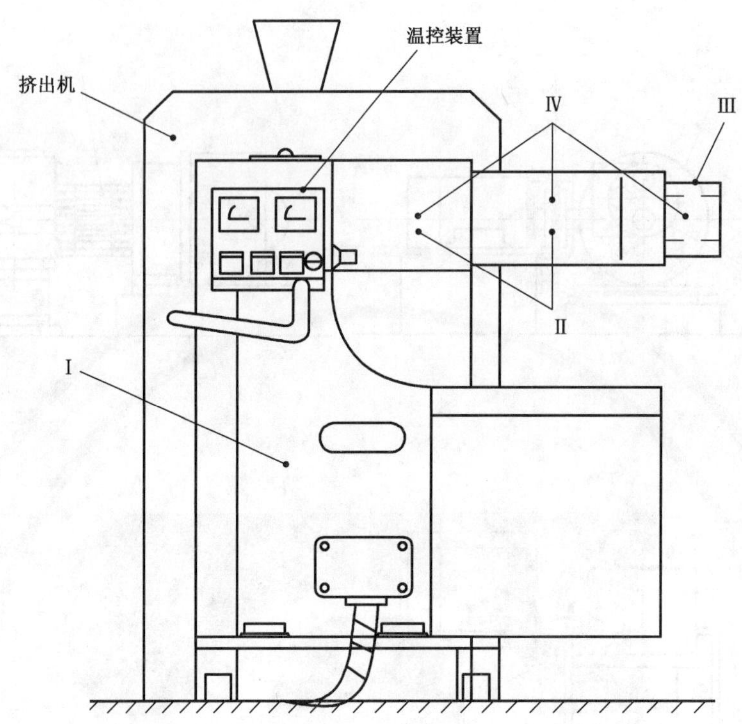

Ⅰ——主轴驱动和传动装置；

Ⅱ——电控加热冷却系统；

Ⅲ——剪切机头；

Ⅳ——热表面。

图 7 剪切机头装置主要危险区示例

4.2.6 静态混合器的危险区示例

静态混合器的危险区示例见图 8。

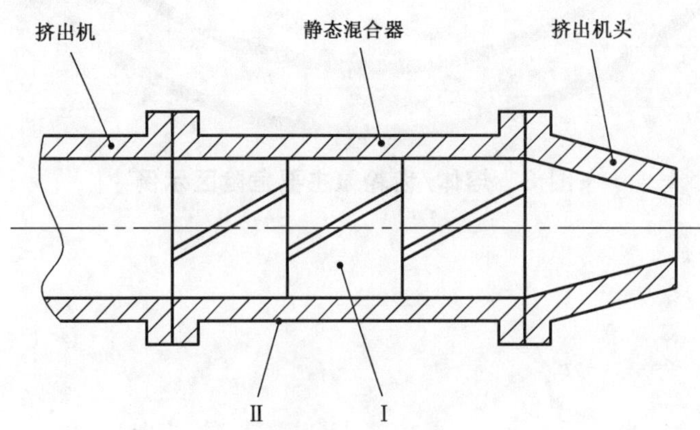

Ⅰ——承压的零部件；

Ⅱ——热表面。

图 8 静态混合器主要危险区示例

4.2.7 排气装置的主要危险区示例

排气装置的主要危险区示例见图9。

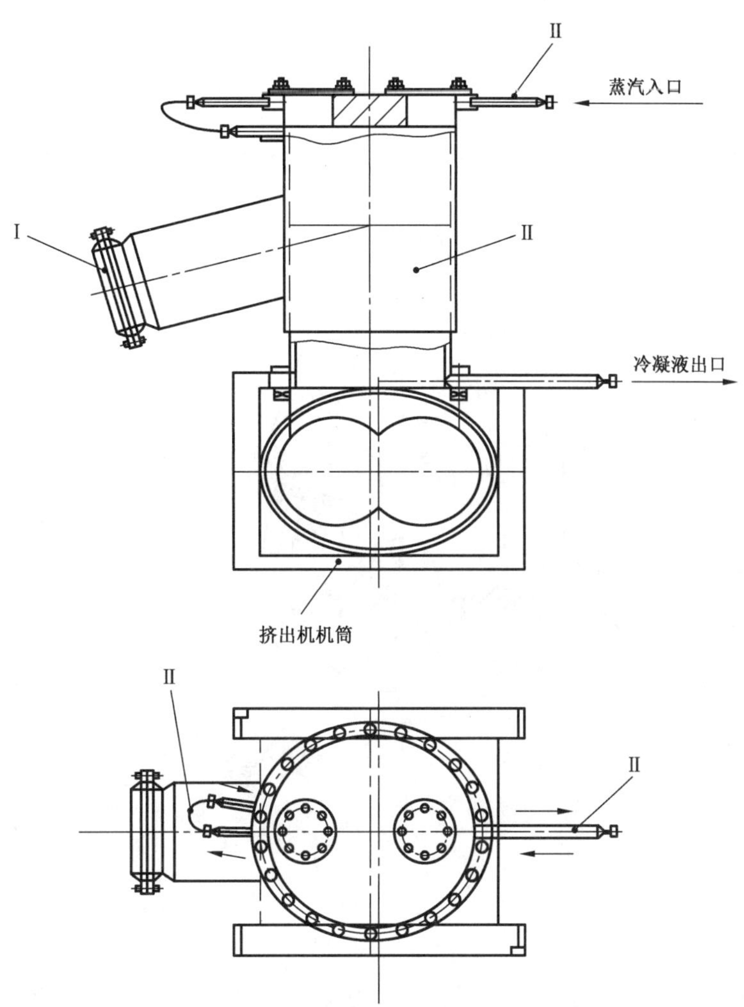

Ⅰ——回水管中可能有：

1) 对人体有害的热气；

2) 对人体有害的热冷凝液；

3) 热塑化物料。

Ⅱ——热表面。

图9 排气装置主要危险区示例

4.2.8 单辊喂料系统主要危险区示例

单辊喂料系统主要危险区示例见图10。

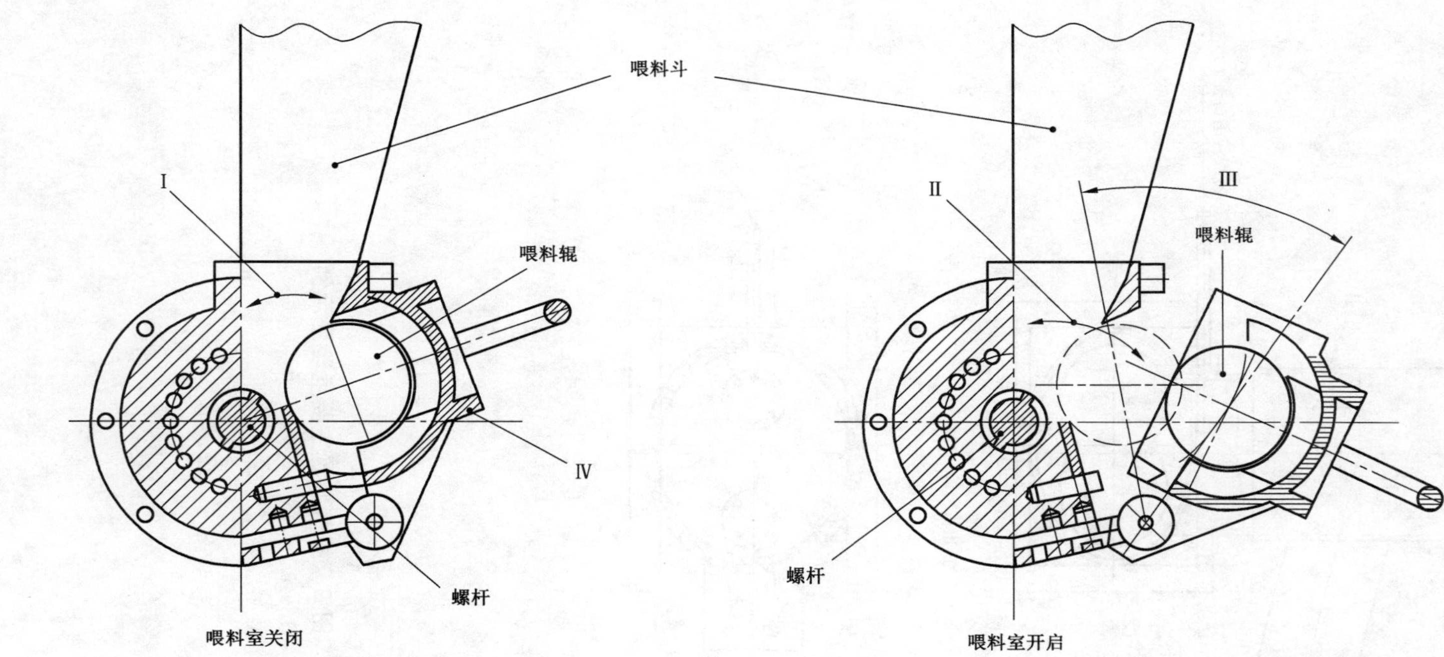

Ⅰ——喂料室关闭时操作卷入区；

Ⅱ——喂料室开启时操作卷入区；

Ⅲ——喂料辊闭合区；

Ⅳ——喂料辊的热部件。

图10　单辊喂料系统主要危险区示例

4.2.9 双辊喂料系统主要危险区示例

双辊喂料系统主要危险区示例见图11。

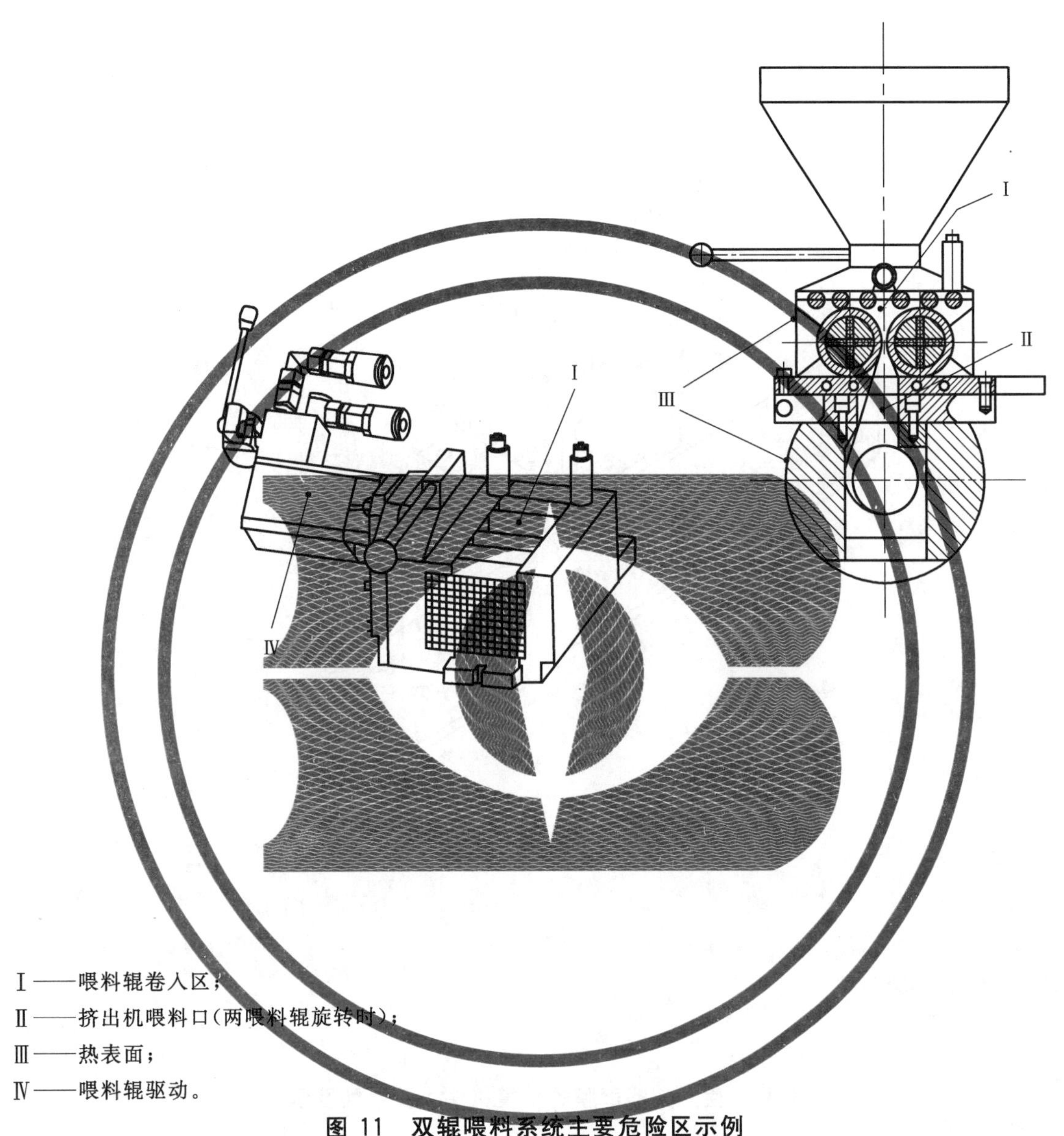

Ⅰ——喂料辊卷入区；

Ⅱ——挤出机喂料口(两喂料辊旋转时)；

Ⅲ——热表面；

Ⅳ——喂料辊驱动。

图11 双辊喂料系统主要危险区示例

4.2.10 挤出机机头的主要危险区示例

挤出机机头的主要危险区示例见图12～图15。

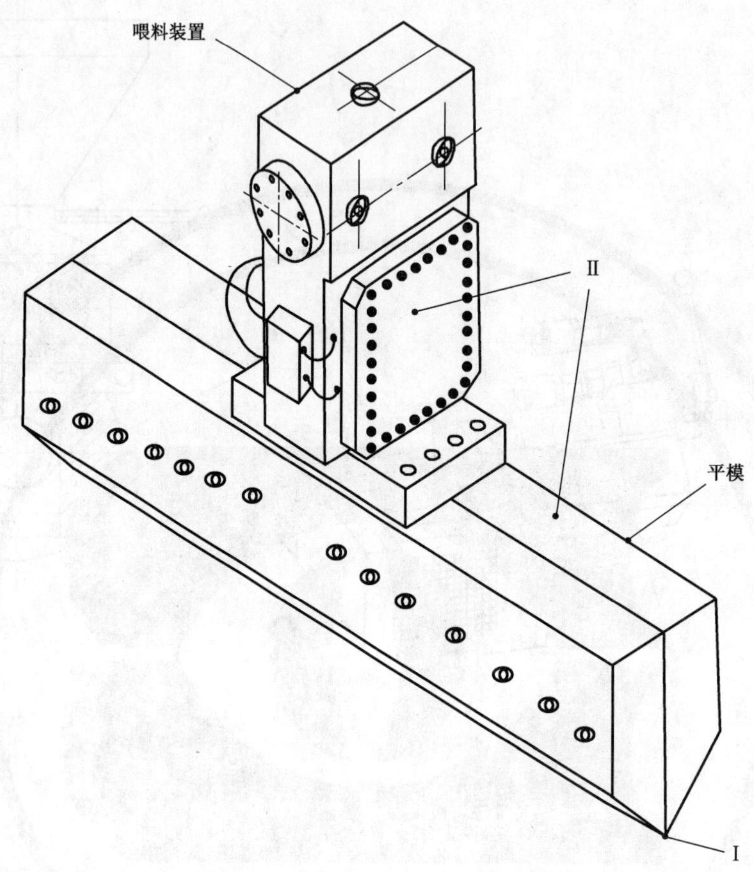

Ⅰ——热挤出物的出口；
Ⅱ——热表面。

图12 生产塑料薄膜的平模机头主要危险区示例

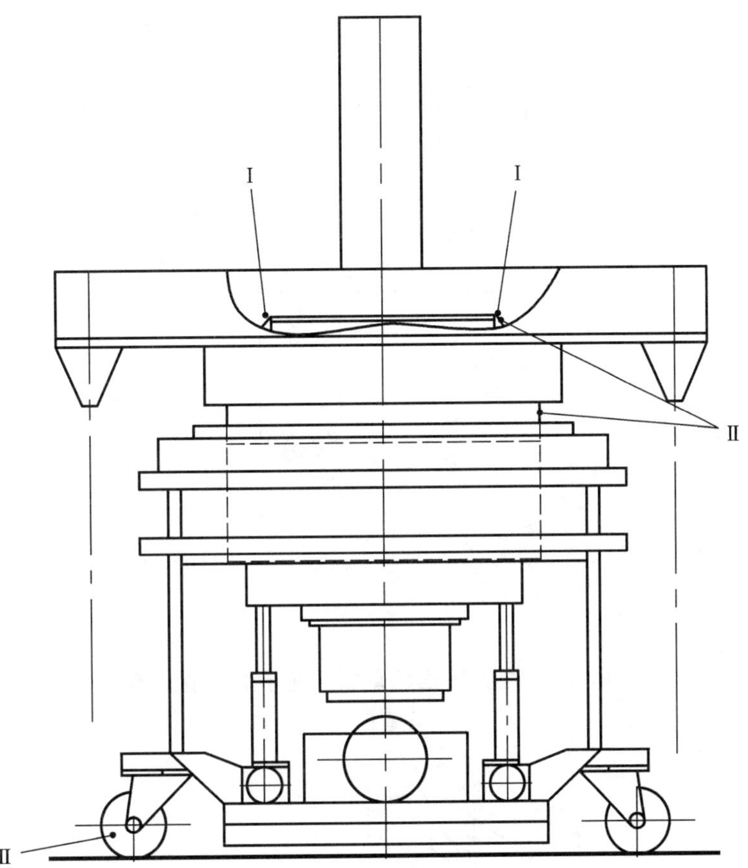

Ⅰ——热挤出物的出口；

Ⅱ——热表面；

Ⅲ——水平运动的轮子。

图 13　生产吹塑薄膜的挤出机头主要危险区示例

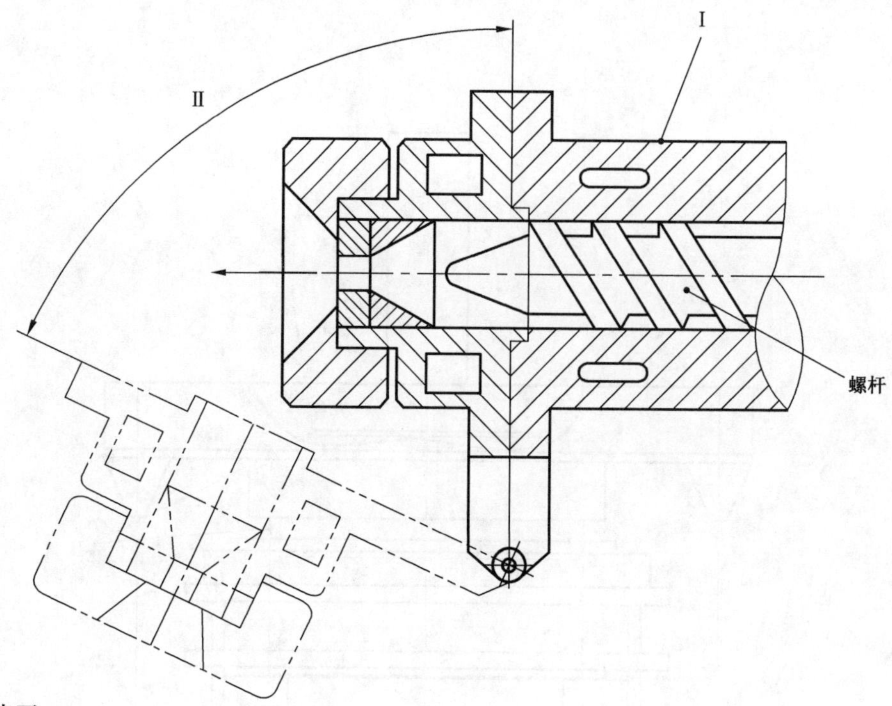

Ⅰ——热表面；

Ⅱ——挤压区。

图 14 橡胶挤出机单机头主要危险区示例

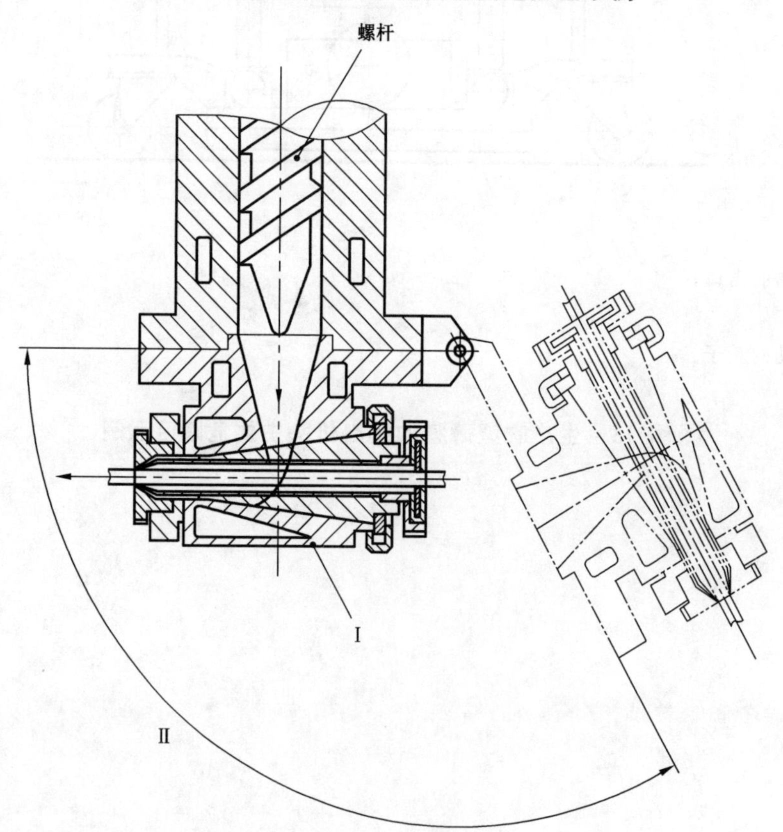

Ⅰ——热表面；

Ⅱ——挤压区。

图 15 橡胶和塑料挤出机直角机头主要危险区示例

5 安全要求及措施

防护装置的设计和制造应符合 GB/T 15706.2—2007 中 5.3、GB/T 8196—2003 和 GB/T 18831—2010 的规定。

5.1 机械危险

5.1.1 驱动和传动装置

位于电机和减速器之间的驱动轴和连接器以及传动带应使用固定式防护装置进行防护，该防护装置应符合 GB/T 15706.2—2007 中 5.3.2.2 的规定。安全距离应符合 GB 23821—2009 的规定；对越过防护结构可及的情况，应符合 GB 23821—2009 中表 2 的规定。

5.1.2 螺杆轴

如果螺杆轴的端部无外壳封闭起来，应使用符合 GB/T 15706.2—2007 中 5.3.2.2 要求的固定式防护装置进行防护。安全距离应符合 GB 23821—2009 的规定；对越过防护结构可及的情况，应符合 GB 23821—2009 中表 1 的规定。

5.1.3 机筒上的开口

5.1.3.1 主喂料口——有或无喂料系统

主喂料口的防护应：

——通过设计，考虑 GB 23821—2009 中规定的安全距离(表 2 提供了越过防护结构可及的安全距离)；或

——按固定或活动的喂料系统的情况而定(例料斗或填塞式喂料系统)。

如果必须接近喂料口，应以活动式喂料系统的形式予以防护，该系统与螺杆驱动装置联锁。联锁系统应符合 GB/T 15706.2—2007 中 5.3.2.3b)、GB/T 15706.1—2007 中 3.25.4 和 GB/T 16855.1—2008 中类别 1 的规定。

也可选择，当活动式主喂料系统被移开时，主喂料口应按照 GB 23821—2009 中表 4 规定的安全距离由遮板防护，此板自动插入喂料口并在喂料系统移动时保持闭合。

由于特殊原因，如橡胶工业，在没有喂料系统时螺杆还需要旋转，如果螺杆没有通过设计进行防护，则只允许使用符合 GB/T 19671—2005 中Ⅱ型规定的双手操纵装置进行操作，此双手操纵装置应位于紧邻喂料口的区域。在有必要阻止第二个人进入危险区的地方，应安装固定式防护装置或等效防护装置。

5.1.3.2 辅喂料口

不承受压力的辅喂料口应按照 5.1.3.1 进行防护。

承受压力的辅喂料口应按照 5.1.3.3 进行防护。

5.1.3.3 辅助部件的附加开口

辅助部件的附加开口的防护应：

——通过设计，考虑 GB 23821—2009 中表 4 规定的安全距离；或

——根据辅助部件的安装情况。

当辅助部件未安装时，应为其开口提供合适的固定式防护装置，此防护装置应符合 GB/T 15706.2—2007 中 5.3.2.2 的规定。

5.1.3.4 排气口

排气口应用排气装置加以防护，该装置作为固定式防护装置应符合 GB/T 15706.1—2007 中 3.25.1 的规定。当有通道从排气装置到螺杆时，该危险区的防护应：

——通过设计，考虑 GB 23821—2009 中表 4 规定的安全距离；或

——通过活动式的联锁防护装置来停止螺杆的转动，该防护装置应符合 GB/T 15706.2—2007 中 5.3.2.3b)、GB/T 15706.1—2007 中 3.25.4 和 GB/T 16855.1—2008 中类别 1 的规定；或

——通过插入阻挡装置。

5.1.4 喂料系统

5.1.4.1 斗式喂料系统

防止接近危险运动应：

——通过设计，考虑 GB 23821—2009 中表 2 和表 4 规定的安全距离；或

——通过活动式联锁防护装置，该装置应符合 GB/T 15706.2—2007 中 5.3.2.3b)、GB/T 15706.1—2007 中 3.25.4 和 GB/T 16855.1—2008 中类别 1 的规定。

5.1.4.2 单辊喂料系统

为防止触及，单辊喂料系统的入口应：

——通过设计，考虑 GB 23821—2009 中规定的安全距离（表 2 提供了越过防护结构可及的安全距离）；或

——使用符合 GB/T 15706.1—2007 中 3.25.1 规定的固定料斗和其他固定式防护装置。

如果单辊喂料系统被打开，螺杆和喂料辊的运动应被一个联锁系统停止，该系统应符合 GB/T 15706.2—2007 中 5.3.2.3b)、GB/T 15706.1—2007 中 3.25.4 和 GB/T 16855.1—2008 中类别 1 的规定。

如果喂料辊的打开和闭合是自动的，危险点的防护应：

——使用符合 GB/T 15706.1—2007 中 3.25.4 和 GB/T 16855.1—2008 中类别 3 规定的联锁防护装置；或

——使用符合 GB/T 15706.1—2007 中 3.26.3 和 GB/T 16855.1—2008 中类别 1 规定的止-动控制装置，其位置应保证操作者能看到危险区，且留有足够的距离防止操作者因喂料室开闭而处于危险中。

如果没有防护装置，当喂料室开闭时，其角速度应小于 0.4 rad/s。

对特定的操作而言，当打开喂料系统时，如果螺杆或喂料辊的转动是必须的，而且它们没有通过设计进行防护，则应提供符合 GB/T 19671—2005 中Ⅱ型规定的双手操纵装置，该装置应安装在紧邻喂料辊的区域。在有必要阻止第二个人进入危险区的地方，应安装固定式防护装置或等效防护装置。

单辊喂料系统应配有一个急停装置，该装置应符合 GB 16754—2008 中 0 类或 1 类停止的规定，能停止挤出机螺杆和喂料辊的转动。

5.1.4.3 双辊喂料系统

为防止触及，喂料辊进料区的防护应：

——通过设计，考虑 GB 23821—2009 中规定的安全距离（表 2 提供了越过防护结构可及安全距离）；或

——使用符合 GB/T 15706.1—2007 中 3.25.1 要求的固定料斗和其他固定式防护装置。

如果双辊喂料系统是打开的，例如喂料斗被打开，喂料辊的转动应被一个联锁系统停止，该系统应符合 GB/T 15706.2—2007 中 5.3.2.3b)、GB/T 15706.1—2007 中 3.25.4 和 GB/T 16855.1—2008 中类别 1 的规定。

对特定的操作而言，当喂料系统打开时，如果螺杆或喂料辊的转动是必须的，则应该配备一个双手操纵装置，该装置应符合 GB/T 19671—2005 中Ⅱ型的规定且应安装在紧邻喂料辊的区域。在有必要阻止第二个人进入危险区的地方，应安装固定式防护装置或等效防护装置。

如果双辊喂料系统能被打开或拆除，其开口的防护应符合 5.1.3.1。

双辊喂料系统应配有一个急停装置，该装置应符合 GB 16754—2008 中 0 类或 1 类停止的规定，能停止挤出机的螺杆和喂料辊的转动。

5.1.4.4 填塞式喂料系统

填塞式喂料系统的危险区的防护应：

——通过设计;或

——使用符合 GB/T 15706.2—2007 中 5.3.2.2 规定的固定式防护装置;或

——使用符合 GB/T 15706.1—2007 中 3.25.4 和 GB/T 16855.1—2008 中类别 1 规定的联锁防护装置。

在上述选择中,GB 23821—2009 提供了安全距离的规定;对越过防护结构可及的情况,应符合 GB 23821—2009 中表 1 的要求。

如果填塞式喂料系统能被打开,阻止触及填塞式喂料系统危险运动的防护措施有:

——通过设计,考虑 GB 23821—2009 中规定的安全距离(表 2 提供了越过防护结构可及的安全距离);或

——使用符合 GB/T 15706.1—2007 中 3.26.1 和 GB/T 16855.1—2008 中类别 1 规定的联锁装置来停止危险运动。

如果填塞式喂料系统能被打开或拆除,机筒开口的防护应符合 5.1.3.1。

5.1.5 过压保护

在整体安装的框架下,承压的部件如熔体/齿轮泵、熔体连接体、静态混合器、剪切机头、机头等,应被防护以防止超过制造商标示的最大允许内压,例如通过:

——设置安全断点;

——防爆膜;

——压力传感器,能通过控制系统关闭压力源,该系统符合 GB/T 16855.1—2008 中类别 1 的规定;

——可拉伸螺栓。

用于过压保护的零部件或材料(安全断点、防爆膜、可拉伸螺栓等)的可能抛射物应被安全地引导,例如使其向下,或安全偏转设计,例如使用导向板。

5.1.6 换网装置

换网装置的防护应:

——避免换网装置的危险运动;和

——通过使用联锁防护装置避免热塑化物料的飞溅,该装置应符合 GB/T 15706.2—2007 中 5.3.2.3b)、GB/T 15706.1—2007 中 3.25.4 和 GB/T 16855.1—2008 中类别 3 的规定。

这并不适用于当螺杆停止转动单独启动换网装置时,手动操作换网装置的情况。

GB 23821—2009 提供了安全距离的要求;对越过防护结构可及的情况,应符合 GB 23821—2009 中表 2 的规定。

5.1.7 熔体/齿轮泵

熔体/齿轮泵的防护应:

——按照 5.1.1 的防护措施,避免由驱动和传动部分引起的危险;

——按照 5.1.5 的防护措施,避免超过厂商规定的最大允许内压。

5.1.8 熔体连接体

按照保护措施 5.1.5,避免熔体连接体超过厂商规定的最大允许内压。

5.1.9 静态混合器

按照保护措施 5.1.5,避免静态混合器超过厂商规定的最大允许内压。

5.1.10 排气装置

机器应被设计和制造允许其安装一个适合自身的排气装置,此装置以一种可控的方式抽走对人体有害的热和气体。提供一个适当的遮蔽物用于转移任何挤出混合物的喷射。

5.1.11 剪切机头装置

剪切机头装置的防护应:

——按照 5.1.1 的防护措施,避免设备旋转部分引起的危险;

——按照 5.1.5 的防护措施,避免超过厂商规定的最大允许内压。

5.1.12 挤出机头

机头危险区的防护应:

——通过设计,考虑 GB 23821—2009 中规定的安全距离(表 2 提供了越过防护结构可及的安全距离);或

——采用符合 GB/T 15706.2—2007 中 5.3.2.2 规定的固定式防护装置;或

——采用符合 GB/T 15706.2—2007 中 5.3.2.3b)、GB/T 15706.1—2007 中 3.25.4 和 GB/T 16855.1—2008 中类别 3 规定的联锁防护装置。

如果必须接近危险运动区域,危险动作应通过下列方式启动:

——符合 GB/T 19671—2005 中Ⅲ型规定的双手操纵装置,该装置应位于紧邻挤出机机头的区域,可以让操作人员清楚地看到危险区;或

——符合 GB/T 15706.1—2007 中 3.26.3 和 GB/T 16855.1—2008 中类别 1 规定的止-动控制装置,该装置距危险区的最小距离为 2 m。

在有必要阻止第二个人进入危险区的地方,应安装固定式防护装置或等效防护装置。

当机头打开时,其零部件应被防护以阻止由重力坠落或液压、气压、控制电路故障引起的危险运动。

按照 5.1.5 的防护措施,避免超过厂商规定的最大允许的内压。

5.1.13 高空工作地点

超过地面 1 m 的高空工作地点应符合 GB/T 15706.2—2007 中 5.5.6 的规定。

5.1.14 整机及其部件的动力操纵水平运动

如果机器的设计无法让操作人员看到整机的所有部件,应配备自动的听觉和/或视觉信号装置对机器即将发生的运动提供警告。

为了防止机器挤压脚,车轮应配备符合 GB/T 15706.2—2007 中 5.3.2.2 规定的固定式防护装置,并应考虑 GB 23821—2009 中表 7 规定的最大安全距离——15 mm。

针对所有运动情况,应在其运动方向提供符合 GB/T 15706.1—1995 中 3.23.5 和 GB/T 16855.1—2008 中类别 1 规定的自动停机装置,以确保超限后机器安全停止。机器的最大运动速度不能超过 0.133 m/s。如果自动停机装置不能安装在机架上,应提供一个符合 GB/T 15706.1—2007 中 3.26.3 和 GB/T 16855.1—2008 中类别 1 规定的止-动控制设备,此时机器最大允许运动速度为 25 mm/s。

应确保机器不能自行启动。例如可以通过制动系统达到此目的。为防止意外启动,要求见 GB/T 19670—2005。

如果机器配备供操作人员站立的操作平台,其安装应符合 GB 12265.3—1997 安全距离的规定,能排除任何由固定或移动的临近部件引起的挤压危险。如果无法满足安全距离,自动停机装置应能阻止机架的运动,该装置不应被人为操控。

5.2 电气危险

5.2.1 概述

参考 GB 5226.1—2008,除了加热区域的连接器和接线盒,GB 4208—2008 中 IP3X 要求的防护等级是充分的。这与 GB 5226.1—2008 的 11.3 有所偏离。

5.8 和其他条款提供了急停装置的要求和可选的停止模式。

5.2.2 静电危险

应采取适当的措施防止由于摩擦、表面分离和其他运动(尤其是喂料口处)产生静电电荷,例如接地或通过接地的导体表面进行放电。

5.3 热机器部件和热塑化物料

热机器部件,例如熔体/齿轮泵、熔体连接体、静态混合器、剪切机头装置、机头和工作人员工作或经

过区域的热塑化物料应通过使用绝热材料或符合 GB/T 15706.1—2007 中 3.27 规定的阻挡装置进行防护以避免意外接触。GB/T 18153—2000 给出了可接触表面温度限值。

由于操作原因不能对热表面进行防护的情况下，制造商应按照 7.2.1 的要求在热部件表面设置标志，给出安全警告。

5.4 噪声

机械的设计和制造应符合 EN 292-2:1991/Amd.1:1995 中 A.1.5.8 的规定。

5.4.1 设计时减小噪声

特别注意下列主要的噪声来源：

——电机驱动；

——动力传动系统；

——气动系统；

——压力释放/排气系统；

——通风系统；

——液压泵装置；

——控制阀；

——管道。

下列措施用于抑制噪声：

——减少噪声的设计；

——隔音罩；

——消声器；

——低噪声泵；

——阻尼；

——防振安装。

5.4.2 噪声发射值的测定

当没有噪声测试方法标准时，应采用测定噪声发射值的方法：

——测定工作位置上发射声压级的 GB/T 17248 系列标准中的一个。如果可行，应采用 2 级精密法(GB/T 17248.5—1999)测量。由于挤出机上无法定义一个精确的工作位置，测试的具体位置定在距机器表面 1 m、距地面或进出平台高度 1.60 m 处，该处 A 计权声压级最大。

——如果工作位置的同等连续 A 计权声压级超过 85 dB(A)，则应用 GB/T 14367 系列标准及 GB/T 16404 系列标准之一测量声功率级。如果可行，则应采用 2 级精密法。测量声功率级的首选方法是 GB/T 3767—1996。

制造商的噪声声明中应给出噪声发射值并精确指明：

——测量噪声发射时机器的安装和运行条件；

——A 计权声压级最大的位置(距机器表面 1 m、距地面或工作进出平台高度 1.60 m)；

——噪声声明基于的标准(例如:GB/T 14574—2000)。

5.5 机械加工、使用或排放的物料和物质

机械的设计、制造应符合 EN 292-2:1991/Amd.1:1995 中 A.1.5.13 和 GB/T 18569.1—2001 的规定。另外，见 7.2.1h)和 7.2.1i)。

5.6 火

机械的设计和制造应符合 EN 292-2:1991/Amd.1:1995 中 A.1.5.6 的规定。例如，通过选择合适的制造材料、合理安排液压管路以阻止液压流体泄漏到热表面或挑选合理的绝热材料来达到要求。

5.7 加热区的温度控制

挤出机上加热区的温度控制系统应能监测到温度传感器的任何失效，以限制最大的允许温度。传

感器的任何失效应切断相关的加热源。应发出一个信号以引起注意。

5.8 急停装置

应提供符合 GB 16754—2008 中 0 类或 1 类停止规定的急停装置。

控制面板至少应提供一个急停装置。如果控制面板与喂料口或出料口之间的距离大于 3 m,应设置另外的急停装置。

停止冷却系统、排气系统和加热系统的载热流体的循环是非强制性的。

急停装置的具体要求见 5.1.4.2 和 5.1.4.3。

5.9 机械控制系统

机械控制系统应考虑 GB/T 15706.2—2007 中 4.11 和 EN 292-2:1991/Amd.1:1995 中 A.1.2 的规定。

控制系统有关部件的安全至少应符合 GB/T 16855.1—2008 中类别 B 的规定。其余的要求包括在其他的条款中,参见表 1。

表 1 按照 GB/T 16855.1—2008 控制系统类别的附加要求

条款	段落/句子	控制系统	类别
5.1.3.1	2/2	联锁系统	1
5.1.3.4	1/缩进的第 2 句	联锁系统	1
5.1.4.1	1/缩进的第 2 句	联锁系统	1
5.1.4.2	2/第 1 句	联锁系统	1
5.1.4.2	3/缩进的第 1 句	联锁系统	3
5.1.4.2	3/缩进的第 2 句	止-动控制系统	1
5.1.4.3	2/第 1 句	联锁系统	1
5.1.4.4	1/缩进的第 3 句	联锁系统	1
5.1.4.4	3/缩进的第 2 句	联锁系统	1
5.1.5	1/缩进的第 3 句	压力监控系统	1
5.1.6	1/缩进的第 2 句	联锁系统	3
5.1.12	1/缩进的第 3 句	联锁系统	3
5.1.12	2/缩进的第 2 句	止-动控制系统	1
5.1.14	3/第 1 句	自动停机装置	1
5.1.14	3/第 3 句	止-动控制系统	1

6 安全要求及措施的符合性验证

按表 2 的规定进行安全要求及措施的符合性验证。

表 2 验证方式索引

条 款	验证方式				参 考 标 准
	1[a]	2[b]	3[c]	4[d]	
5.1.1	●		●		GB/T 15706.2,GB 23821,GB/T 8196,GB/T 18831
5.1.2	●		●		GB/T 15706.2,GB 23821,GB/T 8196,GB/T 18831
5.1.3.1	●	●	●		GB/T 15706.1,GB/T 15706.2,GB 23821,GB/T 19671,GB/T 8196,GB/T 16855.1,GB/T 18831
5.1.3.2 ——不承受压力 ——承受压力					 见本部分 5.1.3.1 见本部分 5.1.3.3,5.1.5

表 2（续）

条 款	验证方式				参 考 标 准
	1[a]	2[b]	3[c]	4[d]	
5.1.3.3	●		●		GB 23821,GB/T 15706.2
5.1.3.4	●	●	●		GB/T 15706.1,GB/T 15706.2,GB 23821,GB/T 8196,GB/T 16855.1,GB/T 18831
5.1.4.1	●	●	●		GB/T 15706.1,GB/T 15706.2,GB 23821,GB/T 8196,GB/T 16855.1,GB/T 18831
5.1.4.2	●	●	●		GB/T 15706.1,GB/T 15706.2,GB 23821,GB 16754,GB/T 19671,GB/T 8196,GB/T 16855.1,GB/T 18831
5.1.4.3	●	●	●		GB/T 15706.1,GB/T 15706.2,GB 23821,GB 16754,GB/T 19671,GB/T 8196,GB/T 16855.1,GB/T 18831
5.1.4.4	●	●	●		GB/T 15706.1,GB/T 15706.2,GB 23821,GB/T 8196,GB/T 16855.1,GB/T 18831
5.1.5	●	●	●	●	GB/T 16855.1
5.1.6	●	●	●		GB/T 15706.1,GB/T 15706.2,GB 23821,GB/T 16855.1
5.1.7	●		●		GB/T 15706.2,GB 23821,GB/T 8196,GB/T 18831
5.1.8	●		●		见本部分 5.1.5
5.1.9	●		●		见本部分 5.1.5
5.1.10	●				5.5
5.1.11	●	●	●		GB/T 15706.2,GB 23821,GB/T 8196,GB/T 16855.1,GB/T 18831
5.1.12	●	●	●		GB/T 15706.1,GB/T 15706.2,GB 23821,GB/T 19671,GB/T 8196,GB/T 16855.1
5.1.13	●				GB/T 15706.2
5.1.14	●	●	●		GB/T 15706.1,GB/T 15706.2,GB 12265.3,GB 23821,GB/T 19670
5.2					
5.2.1	●	●	●		GB 5226.1,GB 4208
5.2.2	●				
5.3	●	●	●		GB/T 15706.1,GB/T 18153
5.4	●		●		GB/T 15706.2,GB/T 17248.2,GB/T 17248.5,GB/T 3767,GB/T 14574,GB/T 16404
5.5	●				GB/T 15706.1,GB/T 18569.1
5.6	●				GB/T 15706.2
5.7	●	●	●		
5.8	●	●	●		GB 16754,GB/T 16855.1
5.9		●	●		GB/T 15706.2,GB/T 16855.1

a 为表观检测。

b 为功能检测，包括防护装置和安全设备的功能和效率验证，基于下列方面：

——使用信息的描述；

——相关设计和电路图的安全；

——本部分第 5 章和提供的引用标准。

c 为测量。

d 为计算。

7 使用信息

7.1 机器上至少应有的标志

每个机器应带有符合 GB/T 15706.2—2007 中 6.4 规定的指示标志，且标志的设计也应符合该条款。

另外，指示标志应标于在下列危险发生处：

a) 热机器部件，如果其表面温度超过 GB/T 18153—2000 中的限值，且通过绝缘材料和额外防护装置不能对意外接触进行防护时；

b) 释放热塑化物料和挤出物的特定区域，例如在换网装置、剪切机头和机头处；

如有需要，这些标志还应包括关于试运行、操作、维修和清洁等方面的附加信息和穿个人防护服（例如操作换网装置时）等附加要求。

7.2 使用说明书

使用说明书应符合 GB/T 15706.2—2007 中 6.5 的规定。

7.2.1 内容

每台机器应配备使用说明书，使用说明书除符合 GB/T 15706.2—2007 中 6.5.1 的基本要求外，还应包括 7.1 中至少应有的信息。

另外，使用说明书还应包括：

a) 挤出机机筒开口处各类操作的指导说明，例如操作人员的指导说明、佩戴个人防护用具和残留危险的警告等；

b) 辅机开口等处用户的指导说明，这些地方应由辅机自身防护或由固定式防护装置防护；

c) 挤出机及其附加装置（例如熔体/齿轮泵、熔体连接体、静态混合器、换网装置、剪切机头和机头）允许内压的说明；

d) 换网时应采取的防护措施的说明，例如保护装置的使用等；

e) 整机运动的说明：

——运动的机器与建筑构件或其他机器之间挤压危险的说明；

——运动的机器与建筑构件或其他机器之间应有足够的空间以确保人身不会受到挤压（见 GB 12265.3—1997）；

——标志，例如通过粘贴禁止性标记阻止靠近移动的机器；

f) 如果热机器部件、热挤出物或热塑化物料的表面温度超过 GB/T 18153—2000 中的限值，为防止意外接触应采取的安全措施的说明；

g) 下列关于噪声的信息：

——声明机器噪声发射值和 5.4.2 中的相关信息；

——如果适用，说明机器可能安装的隔音罩或消声器等的信息；

——如果适用，需有使用工作间和/或减少噪声发射的操作和维修模式的建议，减少噪声的安装和装配要求，例如扭力减震器。如果适用，推荐使用听力保护器；

h) 机器上通风装置安装位置的说明，该装置用于避免气体、蒸汽或粉尘的外逸而有害健康；

i) 对于排气装置的维修操作，机器的制造者应根据使用的材料告知用户：当松开排气盖或连接管路时，可能会释放对人体有害的蒸汽或气体，同时接触连接管路释放的冷凝物也可能对人体造成伤害，针对这样的操作，应说明防护措施，例如聘用经过训练的专业人员、佩带防护手套和眼镜等；

j) 特殊情况下，应指明爆炸危险，例如戊烷作为发泡剂使用时。

7.2.2 挤出机上下辅机的接口

机器的特定使用说明应包括挤出机安装的上下辅机接口/安装情况，以及外部供给能源的信息。

如果这样，应考虑，例如：

——紧急切断开关的功能；

——整机控制系统。

附 录 A
（资料性附录）
本部分引用相关标准情况对照

表 A.1 给出了本部分引用相关标准情况对照一览表。

表 A.1 本部分引用相关标准情况对照

本部分引用的国家标准	对应的国际标准	EN 1114-1:1996 中引用的标准
GB/T 3767—1996	ISO 3744:1994	EN ISO 3744:1995
GB 4208—2008	IEC 60529:2001	EN 60529:2000
GB 5226.1—2008	IEC 60204-1:2005	EN 60204-1:1992
GB/T 8196—2003	ISO 14120:2002	EN 953:1997
GB 12265.3—1997	—	EN 349:1993
GB/T 14367—2006	ISO 3740:2000	—
GB/T 14574—2000	ISO 4871:1996	EN ISO 4871:1996
GB/T 15706.1—1995	ISO/TR 12100-1:1992	EN 292-1:1991
GB/T 15706.1—2007	ISO 12100-1:2003	EN 292-1:1991
GB/T 15706.2—2007	ISO 12100-2:2003	EN 292-2:1991 + A1:1995
GB/T 16404—1996	ISO 9614-1:1993	EN ISO 9614-1:1995
GB 16754—2008	ISO 13850:2006	EN 418:1992
GB/T 16855.1—2008	ISO 13849-1:2006	EN 954-1:1996
GB/T 17248.2—1999	ISO 11201:1995	EN ISO 11201:1995
GB/T 17248.5—1999	ISO 11204:1995	EN ISO 11204:1995
GB/T 18153—2000	—	EN 563:1994
GB/T 18569.1—2001	ISO 14123-1:1998	EN 626-1:1994
GB/T 18831—2010	ISO 14119:1998/Amd.1:2007	EN 1088:1995
GB/T 19670—2005	ISO 14118:2000	EN 1037:1995
GB/T 19671—2005	ISO 13851:2002	EN 574:1996
GB 23821—2009	ISO 13857:2008	EN 294:1992,EN 811:1994

ICS 71.120;83.200
G 95

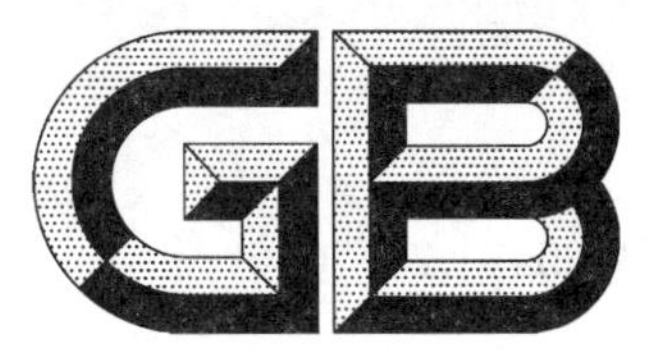

中华人民共和国国家标准

GB 25431.2—2010

橡胶塑料挤出机和挤出生产线 第2部分:模面切粒机的安全要求

Extruders and extrusion lines for rubber and plastics—Part 2:Safety requirements for die face pelletizers

2010-11-10 发布　　2012-01-01 实施

中华人民共和国国家质量监督检验检疫总局
中国国家标准化管理委员会　发布

前　言

GB 25431 的本部分的第 5 章、第 6 章和第 7 章除 7.2h)外为强制性的，其余为推荐性的。

GB 25431《橡胶塑料挤出机和挤出生产线》分为三个部分：

——第 1 部分：挤出机的安全要求；

——第 2 部分：模面切粒机的安全要求；

——第 3 部分：牵引装置的安全要求。

本部分为 GB 25431 的第 2 部分。

本部分等同采用欧洲标准 EN 1114-2:1998《橡胶塑料机械　挤出机和挤出生产线　第 2 部分：模面切粒机的安全要求》(英文版)。

为便于使用，本部分做了下列编辑性修改：

——用“前言”代替 EN 1114-2:1998 标准“前言”；

——用“本部分”代替“本欧洲标准”；

——EN 1114-2:1998 中的规范性引用文件，部分已经转化为我国国家标准，为便于使用，本部分尽量引用了我国国家标准，其对应关系见附录 A；

——第 2 章中，增加了规范性引用文件 GB/T 14367；

——删除了 EN 1114-2:1998 的引言；

——删除了 EN 1114-2:1998 的 5.7.1 中的“注”；

——删除了 EN 1114-2:1998 的资料性附录 ZA；

——增加了附录 A。

本部分的附录 A 为资料性附录。

本部分由中国石油和化学工业联合会提出。

本部分由全国橡胶塑料机械标准化技术委员会(SAC/TC 71)归口。

本部分负责起草单位：大连橡胶塑料机械股份有限公司。

本部分参加起草单位：上海大云塑料回收辅助设备有限公司、内蒙古宏立达橡塑机械有限责任公司、中国化学工业桂林工程有限公司、北京橡胶工业研究设计院。

本部分主要起草人：杨宥人、何桂红、李香兰、李振军。

本部分参加起草人：刘同清、韦兆山、张志强、何成。

橡胶塑料挤出机和挤出生产线
第2部分:模面切粒机的安全要求

1 范围

针对第4章所列的和第5章所涉及的危险,GB 25431的本部分规定了下列模面切粒机的设计和制造的安全要求:

——水下切粒机;

——水环切粒机;

——干法切粒机;

——离心切粒机;

——滚刀式切粒机。

拉条切粒机不在本部分规定范围内。

本部分未涵盖有关任何排放系统设计的要求。

2 规范性引用文件

下列文件中的条款通过GB 25431的本部分的引用而成为本部分的条款。凡是注日期的引用文件,其随后所有的修改单(不包括勘误的内容)或修订版均不适用于本部分,然而,鼓励根据本部分达成协议的各方研究是否可使用这些文件的最新版本。凡是不注日期的引用文件,其最新版本适用于本部分。

GB/T 3766—2001 液压系统通用技术条件(eqv ISO 4413:1998)

GB/T 3767—1996 声学 声压法测定噪声源声功率级 反射面上方近似自由场的工程法(eqv ISO 3744:1994)

GB 4208—2008 外壳防护等级(IP代码)(IEC 60529:2001,IDT)

GB 5226.1—2008 机械电气安全 机械电气设备 第1部分:通用技术条件(IEC 60204-1:2005,IDT)

GB/T 7932—2003 气动系统通用技术条件(ISO 4414:1998,IDT)

GB/T 8196—2003 机械安全 防护装置 固定式和活动式防护装置设计与制造一般要求(ISO 14120:2002,MOD)

GB/T 14367 声学 噪声源声功率级的测定 基础标准使用指南(GB/T 14367—2006,ISO 3740:2000,MOD)

GB/T 14574—2000 声学 机器和设备噪声发射值的标示和验证(eqv ISO 4871:1996)

GB/T 15706.1—2007 机械安全 基本概念与设计通则 第1部分:基本术语和方法(ISO 12100-1:2003,IDT)

GB/T 15706.2—2007 机械安全 基本概念与设计通则 第2部分:技术原则(ISO 12100-2:2003,IDT)

GB/T 16404 声学 声强法测定噪声源的声功率级 第1部分:离散点上的测量(GB/T 16404—1996,eqv ISO 9614-1:1993)

GB/T 16404.2 声学 声强法测定噪声源的声功率级 第2部分:扫描测量(GB/T 16404.2—1999,eqv ISO 9614-2:1996)

GB/T 16404.3 声学 声强法测定噪声源声功率级 第3部分:扫描测量精密法(GB/T 16404.3—2006,ISO 9614-3:2002,IDT)

GB 16754—2008 机械安全 急停 设计原则(ISO 13850:2006,IDT)

GB/T 16855.1—2008 机械安全 控制系统有关安全部件 第1部分:设计通则(ISO 13849-1:2006,IDT)

GB/T 17248.2 声学 机器和设备发射的噪声 工作位置和其他指定位置发射声压级的测量 一个反射面上方近似自由场的工程法(GB/T 17248.2—1999,eqv ISO 11201:1995)

GB/T 17248.5 声学 机器和设备发射的噪声 工作位置和其他指定位置发射声压级的测量 环境修正法(GB/T 17248.5—1999,eqv ISO 11204:1995)

GB/T 18153—2000 机械安全 可接触表面温度 确定热表面温度限值的工效学数据(eqv EN 563:1994)

GB/T 18569.1—2001 机械安全 减小由机械排放的危险性物质对健康的风险 第1部分:用于机械制造商的原则和规范(eqv ISO 14123-1:1998)

GB/T 18831—2010 机械安全 带防护装置的联锁装置设计和选择原则(ISO 14119:1998/Amd.1:2007,MOD)

GB 23821—2009 机械安全 防止上下肢触及危险区的安全距离(ISO 13857:2008,IDT)

3 术语和定义

下列术语和定义适用于GB 25431的本部分。

3.1

模面切粒机 die face pelletizer

安装在挤出机出料端,用于将塑化物料制成粒料的装置。塑化物料在压力或离心力的作用下,通过模板孔型或喷嘴挤出小断面料条,立即被切成颗粒,同时被水或空气等介质冷却并带走。

模面切粒机主要组成:

——熔体连接体;

——开车阀/换向阀;

——切粒室;

——刀轴的驱动装置;

——切刀支撑装置;

——在切粒室上冷却和输送介质(如水、空气)的进出接口;

——粒料转向装置;

——粒料排出侧的第一个法兰接口。

3.2

水下切粒机 underwater pelletizer

指模面和切刀均置于充满循环水的切粒室内的模面切粒机。

3.3

水环切粒机 water ring pelletizer

在气体介质中切刀旋转,将热切粒料抛入环绕切刀和模面的旋转水域中被冷却和输送的模面切粒机。

3.4

干法切粒机 dry pelletizer

在气体介质中切刀旋转,将热切粒料甩离切粒室的模面切粒机。粒料被气态或液态介质冷却输送。切刀装置可以与模板同轴,也可不同轴。

3.5

离心切粒机 centrifugal pelletizer

模板旋转、切刀固定的模面切粒机。模板旋转产生离心力形成挤出压力，挤出料条在气体介质中被切成粒料，粒料被甩入冷却系统，并经气态介质或液态介质输送。

3.6

滚刀式切粒机 knife rotor pelletizer

切刀垂直于模板出料轴轴线旋转的模面切粒机。气流沿着切粒装置流动。为达到冷却和输送目的，也可加水。

3.7

塑化物料 plasticized material

可以加工成半成品或成品的液态、膏状或固态物料。

3.8

熔体连接体 melt duct

连接挤出机和模面切粒机的部件、内有供塑化物料通过的流道，具有加热保温功能。

3.9

开车阀 starter valve

换向阀 diverter valve

位于模板或喷嘴前熔体连接体内、在开车时使塑化物料换向的装置。

3.10

切粒室 pellet chamber

内有循环冷却和输送介质(如水、空气)，用以收集、冷却和输送粒料的装置。

3.11

转向装置 diverter device

位于模面切粒机出口处、使粒料转向至输送管道的装置。

4 危险和危险区

4.1 危险列举

4.1.1 机械危险

机械危险有：

a) 挤压；

b) 切割和切断；

c) 卷入或吸入；

d) 机器零部件的抛射。

这些危险主要由下列原因引起：

——驱动装置和动力传动系统的转动部件，易引起 a)、b)和 c)危险；

——切刀的固定和转动部件，易引起 a)、b)、c)和 d)危险；

——离心切粒机的转动机头，易引起 a)、b)和 c)危险；

——整机或零件的运动，易引起 a)危险；

——开车阀的机械运动，易引起 a)、b)和 c)危险。

4.1.2 失去稳定引起的危险

由于倾翻造成的危险，如：

——模面切粒机安装和拆除时；

——对于安装在支架或小车上的模面切粒机，在移离挤出机时。

4.1.3 电气危险

4.1.3.1 电击或电灼伤，例如与带电部件直接或间接接触等。

4.1.3.2 由于静电释放引起的电击。

4.1.4 液压或气动设备引起的危险

采用液压或气动进行切刀移动、开车阀移动、切刀轴移动，会因以下原因造成危险：

——液压系统流体的意外泄漏或从气动元器件中泄漏压缩空气；

——管路泄漏造成猛烈冲击。

4.1.5 控制系统安全有关部件发生故障引起的危险

由于测量、调节和控制回路的元器件发生故障，可能出现无法控制的危险运动或意外启动而引起的危险。

4.1.6 热危险

以下原因可造成热危险：

——与热的机器部件、热的塑化物料或热的粒料接触引起的灼伤；

——切粒室打开与热的冷却或输送介质接触而引起的烫伤；

——液压流体意外泄漏而与热的机器部件接触引起的火灾。

4.1.7 噪声危险

强噪声可能引起：

——听力下降；

——干扰语言交流；

——因干扰而无法听到声音信号。

4.1.8 机械加工、使用或排放的物料和物质引起的危险

操作中意外接触或吸入如液体、气体、烟气和粉尘等有害物质可引起危险，例如加工的物料可能因挤出机意外过热而发生分解等：

——开车时的塑化物料；

——排放点排放的粒料和排放介质。

4.2 危险区

4.2.1 危险区的分区

各种类型模面切粒机，均可分成下列区段：

Ⅰ 区：熔体连接体，开车阀；

Ⅱ 区：切刀区，切粒室；

Ⅲ 区：粒料排放区/转向装置，冷却和输送介质出口区；

Ⅳ 区：驱动电机和离合器区；

Ⅴ 区：水平移动轮组。

4.2.2 模面切粒机示例

图 1～图 5 所示标出了模面切粒机危险区区段。

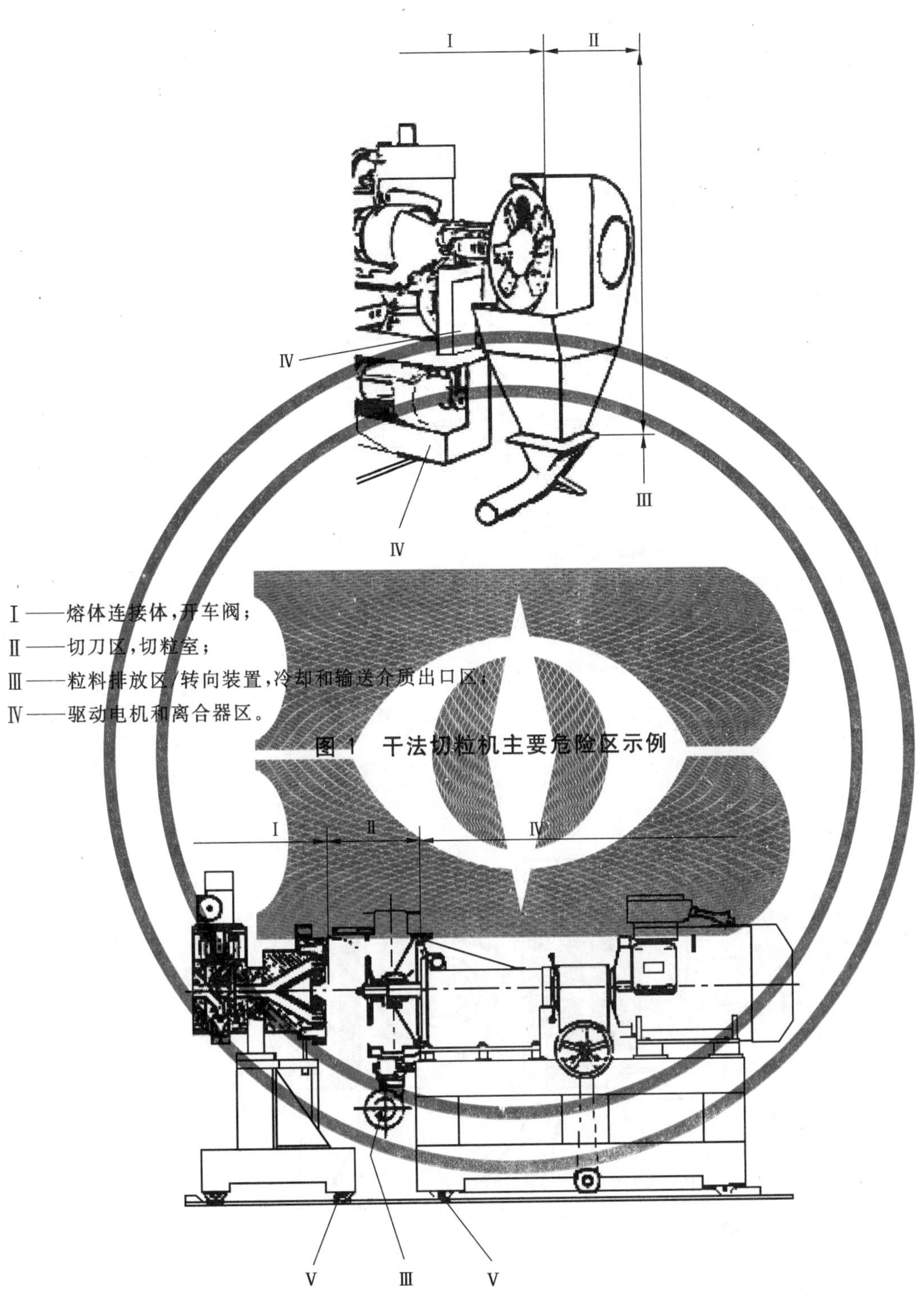

Ⅰ——熔体连接体,开车阀;
Ⅱ——切刀区,切粒室;
Ⅲ——粒料排放区/转向装置,冷却和输送介质出口区;
Ⅳ——驱动电机和离合器区。

图 1　干法切粒机主要危险区示例

Ⅰ——熔体连接体,开车阀;
Ⅱ——切刀区,切粒室;
Ⅲ——粒料排放区/转向装置,冷却和输送介质出口区;
Ⅳ——驱动电机和离合器区;
Ⅴ——水平移动轮组。

图 2　水下切粒机主要危险区示例

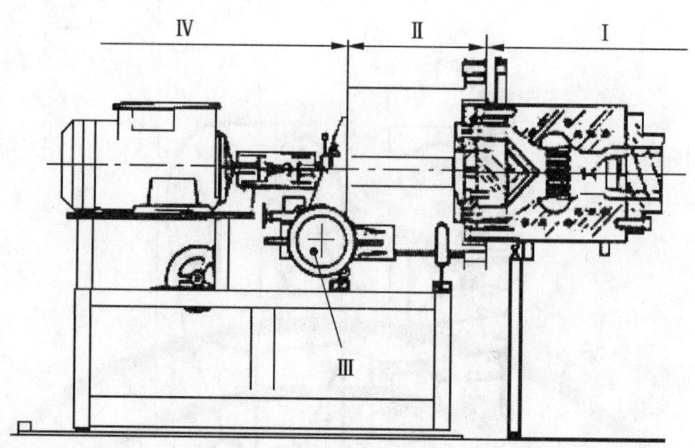

Ⅰ——熔体连接体,开车阀;

Ⅱ——切刀区,切粒室;

Ⅲ——粒料排放区/转向装置,冷却和输送介质出口区;

Ⅳ——驱动电机和离合器区;

图 3　水环切粒机主要危险区示例

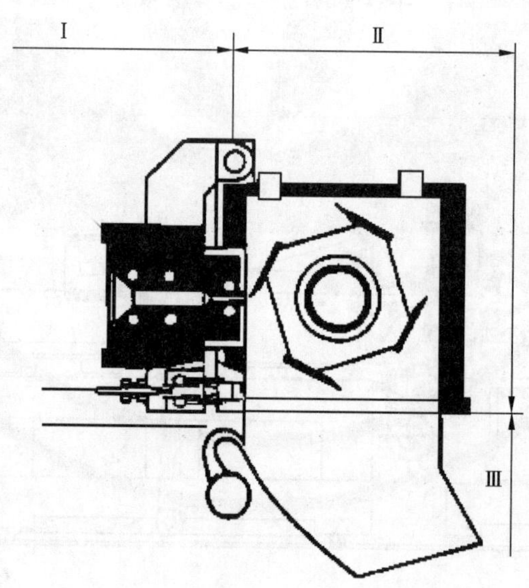

Ⅰ——熔体连接体,开车阀;

Ⅱ——切刀区,切粒室;

Ⅲ——粒料排放区/转向装置,冷却和输送介质出口区。

图 4　滚刀式切粒机主要危险区示例

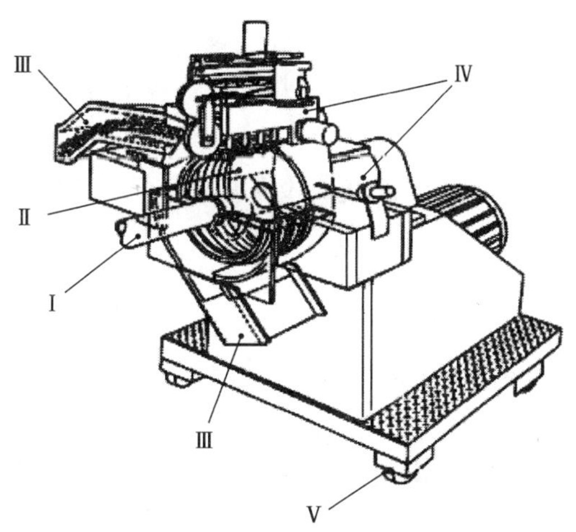

Ⅰ——熔体连接体，开车阀；

Ⅱ——切刀区，切粒室；

Ⅲ——粒料排放区/转向装置，冷却和输送介质出口区；

Ⅳ——驱动电机和离合器区；

Ⅴ——水平移动轮组。

图 5　离心切粒机主要危险区示例

5　安全要求及措施

5.1　机械危险的安全要求及措施

下面规定的安全要求及措施，主要适用于第 1 章所列出的所有模面切粒机。只要有任何偏离均应予以注明。

a)　Ⅰ区

应采取下列措施防止接近开车阀(见图 1)的危险区：

——按 GB 23821—2009 中表 2、表 3 或表 4 规定的安全距离进行设计；

——按 GB/T 8196—2003 中 3.2.1 的规定，设置封闭式防护装置，安全距离符合 GB 23821—2009 中表 4 的规定；

——按 GB/T 8196—2003 中 3.2.2 的规定，设置距离防护装置，安全距离符合 GB 23821—2009 中表 2 的规定；

——按 GB/T 8196—2003 中 3.5 的规定，设置联锁防护装置，使之与开车阀联锁。

b)　Ⅱ区

应采取下列措施防止接近切刀、切割设备的危险区：

——按 GB/T 8196—2003 中 3.2.1 的规定，设置封闭式防护装置，安全距离符合 GB 23821—2009 中表 4 的规定；

——按 GB/T 8196—2003 中 3.5 的规定，设置联锁防护装置；

——按 GB/T 8196—2003 中 3.6 的规定，设置带防护锁定的联锁防护装置。

以下场合也应采取防护措施：

——考虑尚具后患的危险，应符合 GB/T 18831—2010 中 7.4 的规定；

——考虑切粒室排放冷却和输送介质所需的时间，需要采用防护锁定装置。

此列项也适用于切粒室上的开口。

切粒室的设计应具有足够的强度，能承受切刀损坏或紧固处松脱时，切刀以最高转速射出。

当模面切粒机移离挤出机时，Ⅰ区与Ⅱ区之间的分离区应采用符合 GB/T 18831—2010 中3.3

规定的带防护锁定的联锁装置加以监控，以防切刀转动发生危险。

为避免在停机情况下，例如调试、维护保养和维修时，打开防护罩引起的割伤而采取的措施，应在使用说明书中注明[见 7.2i)]。其危险也应以安全标志标明[见 7.1.c)]。

c) Ⅲ 区

应采取下列措施防止系统打开时，穿过Ⅲ区接近Ⅱ区产生的危险：

——在设计上考虑；

——同Ⅱ区一样的防护；

——设置牢固的粒料冷却和转向装置。

在上述任一情况下，应符合 GB 23821—2009 中表 2、表 3 或表 4 规定的安全距离。

d) Ⅳ 区

应采取下列措施防止接近电机、减速机及其之间的驱动轴和离合器而产生的危险：

——按 GB/T 8196—2003 中 3.2.1 的规定，设置封闭式防护装置；

——按 GB/T 8196—2003 中 3.2.2 的规定，设置距离防护装置。

在上述任一情况下，应符合 GB 23821—2009 中表 2 或表 4 规定的安全距离。

e) Ⅴ区

为防止脚被挤压，车轮应配备符合 GB/T 8196—2003 中 3.2.2 规定的距离防护装置，参考 GB 23821—2009 中表 7 规定的最大安全距离——15 mm。

5.2 失去稳定引起的危险的安全要求及措施

模面切粒机的设计和制造，应保证其在下列情况下的稳定性，例如：

模面切粒机在不用支架或车载时，应配备：

——在其重心下设置支架，以防止紧固件松开或拆卸时，机械发生倾翻；

——安装或拆卸用的起吊连接装置；

——模面切粒机安装架或小车的设计制造，应保证其相对水平面倾斜 10°时不发生自身倾翻。

5.3 电气危险的安全要求及措施

应符合 GB 5226.1—2008 的要求，特别要注意该标准中 6.2 和 12.3 的规定。此处，与水接触还另有危险。

在空气或其他气体介质中切粒时，Ⅱ区和Ⅲ区产生的静电应采用适当的措施进行释放，例如采用导体接地或用电离设备。

只要设有水系统或可接近水系统，或因出现水渗漏及喷溅，就应采取安全措施。电气设备应符合 GB 4208—2008 规定的 IP54。

5.4 液压或气动设备引起的危险的安全要求及措施

液压设备应按 GB/T 3766—2001 中的第 5 章要求进行设计。

气动设备应按 GB/T 7932—2003 中的第 5 章要求进行设计。

5.5 控制系统安全有关部件发生故障引起的危险的安全要求及措施

5.5.1 与控制系统部件有关的安全

与控制系统部件有关的安全要求除应使用符合 GB/T 16855.1—2008 中 3 类规定的带防护锁定的联锁防护装置外，还应符合 GB/T 16855.1—2008 中 1 类规定。

当模面切粒机控制系统包括有可编程序电子系统(PES)时，其关键安全功能不允许只受 PES 独立控制，还应受硬连接线路和继电器等控制。关键安全功能应储存在永久存储器内，使其不受再编程序的破坏。

模面切粒机控制系统的设计，应使其关键安全功能能受外部相连的挤出机控制系统的控制。只有在模面切粒机的所有危险区得到防护时，才允许启动挤出机/模面切粒机。

5.5.2　急停装置

模面切粒机应配备符合 GB 16754—2008 中规定的 0 类停机功能的急停装置。

急停装置应至少有以下功能：

——切刀驱动装置的停止；

——对于水环切粒机和水下切粒机，停止向切粒室和管路系统供水并排水；

——对于干法切粒机，停止送风。

手动控制应设置在切粒装置附近。

如果与挤出机或挤出生产线共用手动控制，则手动控制应安装在切粒装置附近，以便操作者容易接近。

至于模面切粒机与挤出生产线成套联机时，它与挤出机的电气接口，应保证模面切粒机急停装置能够接触到即可。该接口应在文件中指明。

5.6　热危险的安全要求及措施

在操作和通过时，接近热机械部件的区域，应按 GB/T 15706.1—2007 中 3.27 的规定，设置阻挡装置或采用绝热或隔热降温材料予以防护，以防止意外接触。其温度限值应按 GB/T 18153—2000 的规定。

此条不适用于需要操作而无法防护的热表面。

在此情况下，制造商应设置热部件安全标志［见 7.1a)、b)和 d)］，在使用说明书［见 7.2d)和 j)］中注明。

液压流体的闪点应高于预计的机械部件最高表面温度(另见 GB/T 3766—2001)。

对于水环切粒机和水下切粒机，接近切粒室的活动联锁防护装置应与防护锁定装置联用；如有必要，应根据 5.1 的Ⅱ区，在防护能够打开前，确保水排放完毕，当模面切粒机移离挤出机时，此规定也同样适用。

如冷却和输送介质供给出现故障，将会导致停车，包括冷却输送循环系统。还应注意与其相关的其他零部件的运行情况和正确的关机程序。

水环切粒机和水下切粒机应在水循环系统最低点配备排水阀，以排放冷却和输送介质。

5.7　噪声危险的安全要求及措施

噪声危险的安全要求及措施应按 GB/T 15706.2—2007 中的 5.4.2 进行设计和制造。

5.7.1　通过设计降低噪声源处的噪声

特别应注意以下噪声源：

——电机驱动装置；

——动力传动系统；

——气动系统；

——泄压/排放系统；

——通风系统；

——液压泵设备；

——控制阀；

——管路。

应采取以下措施控制噪声，例如：

——在设计上降低噪声；

——加隔音箱降低噪声；

——消音器；

——低噪声泵；

——阻尼；

——防振垫。

5.7.2 测定噪声发射值

在没有噪声测试方法标准的情况下，应采用测定噪声发射值的方法：

——测定工位上发射声压级的 GB/T 17248 系列标准之一。如果可行，应采用(GB/T 17248.2 或 GB/T 17248.5)2 级精密法测量。由于在模面切粒机上无法精确定位测量，应以距离机器表面 1 m、距地面或操作平台高 1.6 m 为准，该处 A 计权声压级最大。

——如果该工作站区的同等连续 A 计权声压级超过 85 dB(A)，则应用 GB/T 14367 系列标准及 GB/T 16404 系列标准之一测量声功率级。如果可行，则应采用 2 级精密法。测定声功率级的首选方法是 GB/T 3767—1996。

制造商声明的噪声应是噪声发射值并应注明：

——测定噪声发射值时的机械安装和运行条件；

——位置(距离机器表面 1 m、离地面或操作平台高 1.6 m)，该处 A 计权声压级最大；

——公告声明所依据的基准(例如依据 GB/T 14574—2000)。

5.8 机械加工、使用或排放的物料和物质引起的危险的安全要求及措施

机械加工、使用或排放的物料和物质引起的危险的安全要求及措施应按 GB/T 15706.2—2007 中的 5.4.4 规定进行设计和制造。

如加工、使用或排放的物料或物质可能因挤出机意外过热而发生分解等产生有害健康的液体、气体、烟气和粉尘等，则应按 GB/T 18569.1—2001 的规定，并应特别注意其中的 4.1。

注：实际上，挤出机和模面切粒机共用一个排放系统。

6 安全要求及措施的验证

按表 1 所示进行安全要求及措施的符合性验证。

表 1 验证方法

条款		验证方法						参考标准
		1[a]	2[b]	3[c]	4[d]	5[e]	6[f]	
5.1	机械危险:设计	●	●					GB 23821—2009
	封闭式防护	●	●					GB 23821—2009，GB/T 8196—2003
	距离防护	●	●					GB 23821—2009，GB/T 8196—2003
	联锁防护	●		●			●	GB/T 8196—2003，GB/T 18831—2010
	带防护锁定的联锁防护	●		●			●	GB/T 8196—2003，GB/T 18831—2010
	切粒室的强度				●			
	Ⅰ区和Ⅱ区分离的联锁系统	●		●			●	GB/T 18831—2010
	配备固定辅助设备	●						
5.2	稳定性	●	●			●		
5.3	电气设备	●	●	●			●	GB 5226.1—2008，GB 4208—2008

表 1（续）

条款		验证方法						参考标准
		1[a]	2[b]	3[c]	4[d]	5[e]	6[f]	
5.4	液压设备	●	●	●			●	GB/T 3766—2001
	气动设备	●	●	●			●	GB/T 7932—2003
5.5	有关安全的控制系统							
5.5.1	与控制系统部件有关的安全	●		●			●	GB/T 16855.1—2008
5.5.2	急停装置	●		●			●	GB 16754—2008
5.6	热危险 绝热材料	●	●					GB/T 18153—2000
	隔热/防热装置	●	●					GB/T 15706.1—2007
	标志	●						
	水环/水下切粒机，用带防护锁定的联锁防护装置							同Ⅱ区设置
5.7	噪声	●	●					GB/T 15706.2—2007， GB/T 17248.2，GB/T 17248.5， GB/T 3767—1996， GB/T 14574—2000，GB/T 16404
5.8	机械加工、使用或排放的物料和物质	●						GB/T 15706.2—2007， GB/T 18569.1—2001

[a] 系统的表观检查。

[b] 使用测量仪器，测量诸如形状、尺寸、安全距离、倾斜时的安全、温度、压力、噪声和电流等。

[c] 安全系统的功能测试。

[d] 材料的力学计算。

[e] 倾斜测试。

[f] 检查诸如与安全相关的液压、气动和电气原理图等文件的有效性。

7 使用信息

7.1 机器上至少应有的标志

每台模面切粒机应带有符合 GB/T 15706.2—2007 中 6.4 规定的标志。

另外，在以下危险处应作标志：

a) 热的机器部件，如其表面温度超过 GB/T 18153—2000 规定的限值，并无法以隔热绝热材料或附加护围防止意外接触；

b) 热的塑化物料及热的粒料，可能从某些部位飞溅出来；

c) 停机时，切刀危险；

d) 切粒室打开时，热的机器部件。

7.2 使用说明书

使用说明书内容应符合 GB/T 15706.2—2007 中 6.5 的规定。另外，使用说明书应包括：

a) 有关用途和使用说明，特别是 GB/T 15706.2—2007 中 6.5 的 b)、c)和 d)；

b) 对于不带支架或小车的模面切粒机应有：
——支架用途的说明；
——参考模面切粒机的重量，需要标明检查挤出机锚固点的说明；
——模面切粒机安装拆卸所用的起吊和运搬装置使用的说明；
c) 关于安全开车程序的说明；
d) 关于预防意外接触表面温度超过 GB/T 18153—2000 规定的热机器部件和热粒料的安全措施的说明；
e) 关于液压管路和接头的检查及维护保养时间间隔的说明；
f) 关于冷却和输送介质管路和接头的检查及维护保养时间间隔的说明；
g) 关于排放冷却和输送介质的安全措施的说明；
h) 有关噪声的以下信息：
——如 5.7.2 所要求的公告机械噪声发射值及相关信息；
——机械上可以安装的隔音箱、隔音屏或消音器的信息；
——使用隔音室或通过操作和维护保养途径降低噪声发射的建议，或安装降噪装置，例如减震器的技术规范方面的信息；
——有关个人听力保护方面的建议；
i) 切刀静止而防护打开或Ⅰ区与Ⅱ区之间分开时，避免切割危险而应采取相应措施的说明；
j) 切粒室打开时，防止受到热的机器部件灼伤，而应采取相应措施的说明；
k) 在切粒室开口处工作时的各种操作，如更换切刀、更换模板和调整切刀等有关操作的说明，包括应使用穿戴防护手套和防护靴等；
l) 有关切粒室、冷却装置和粒料输送装置内部允许压力的说明；
m) 机械加工、使用或排放的物料和物质产生有害健康的液体、气体、烟气或粉尘的可能性的信息。如属此情况，制造商应通告用户，应配备足够的通风系统，还应说明安装位置。所有信息均应符合 GB/T 18569.1—2001 中第 6 章和第 7 章的规定。

附　录　A
（资料性附录）
本部分引用相关标准情况对照

表 A.1 给出了本部分引用相关标准情况对照一览表。

表 A.1　本部分引用相关标准情况对照

本部分引用的国家标准	对应的国际标准	EN 1114-2:1998 中引用的标准
GB/T 3766—2001	ISO 4413:1998	EN 982:1996
GB/T 3767—1996	ISO 3744:1994	EN ISO 3744:1995
GB 4208—2008	IEC 60529:2001	EN 60529:1991
GB 5226.1—2008	IEC 60204-1:2005	EN 60204-1:1992
GB/T 7932—2003	ISO 4414:1998	EN 983:1996
GB/T 8196—2003	ISO 14120:2002	EN 953:1997
GB/T 14367—2006	ISO 3740:2000	—
GB/T 14574—2000	ISO 4871:1996	EN ISO 4871:1996
GB/T 15706.1—2007	ISO 12100-1:2003	EN 292-1:1991
GB/T 15706.2—2007	ISO 12100-2:2003	EN 292-2:1991/Amd.1:1995
GB/T 16404—1996	ISO 9614-1:1993	EN ISO 9614-1:1995
GB/T 16404.2—1999	ISO 9614-2:1996	EN ISO 9614-2:1996
GB/T 16404.3—2006	ISO 9614-3:2002	EN ISO 9614-3:2002
GB 16754—2008	ISO 13850:2006	EN 418:1992
GB/T 16855.1—2008	ISO 13849-1:2006	EN 954-1:1994
GB/T 17248.2—1999	ISO 11201:1995	EN ISO 11201:1995
GB/T 17248.5—1999	ISO 11204:1995	EN ISO 11204:1995
GB/T 18153—2000	—	EN 563:1994
GB/T 18569.1—2001	ISO 14123-1:1998	EN 626-1:1994
GB/T 18831—2010	ISO 14119:1998/Amd.1:2007	EN 1088:1995
GB 23821—2009	ISO 13857:2008	EN 294:1992,EN 811:1994

ICS 71.120;83.200
G 95

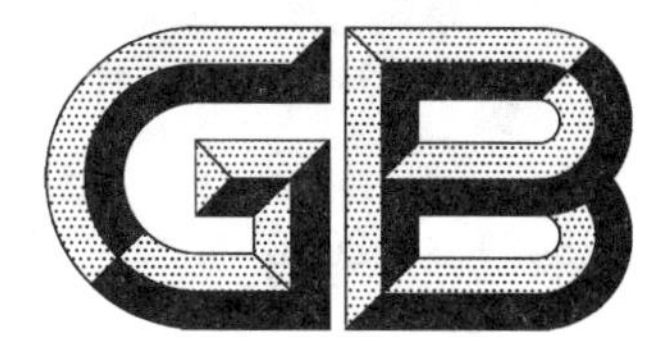

中华人民共和国国家标准

GB 25431.3—2010

橡胶塑料挤出机和挤出生产线 第3部分:牵引装置的安全要求

Extruders and extrusion lines for rubber and plastics—Part 3:Safety requirements for haul-offs

2010-11-10 发布　　2012-01-01 实施

中华人民共和国国家质量监督检验检疫总局
中国国家标准化管理委员会　发布

前　言

本部分的第5章、第6章和第7章除7.2d)和7.2h)外为强制性的，其余为推荐性的。

GB 25431《橡胶塑料挤出机和挤出生产线》分为三个部分：

——第1部分：挤出机的安全要求；

——第2部分：模面切粒机的安全要求；

——第3部分：牵引装置的安全要求。

本部分为GB 25431的第3部分。

本部分等同采用欧洲标准EN 1114-3:2001《橡胶塑料机械　挤出机和挤出生产线　第3部分：牵引装置的安全要求》(英文版)

为便于使用，本部分做了下列编辑性修改：

——用“前言”代替EN 1114-3标准“前言”；

——用“本部分”代替“本欧洲标准”；

——EN 1114-3:2001中的规范性引用文件，已经转化为我国国家标准，为便于使用，本部分全部引用了我国国家标准，其对应关系见附录A；

——删除EN 1114-3:2001引言；

——删除EN 1114-3:2001的资料性附录ZA；

——增加了附录A；

——增加了参考文献。

本部分的附录A为资料性附录。

本部分由中国石油和化学工业联合会提出。

本部分由全国橡胶塑料机械标准化技术委员会(SAC/TC 71)归口。

本部分负责起草单位：中国化学工业桂林工程有限公司。

本部分参加起草单位：上海金纬机械制造有限公司、内蒙古宏立达橡塑机械有限责任公司、宁波方力集团有限公司、北京橡胶工业研究设计院。

本部分主要起草人：张志强、吴志勇。

本部分参加起草人：刘同清、韦兆山、干思添、何成。

橡胶塑料挤出机和挤出生产线
第3部分:牵引装置的安全要求

1 范围

GB 25431 的本部分规定了橡胶和塑料加工挤出生产线用牵引装置设计和制造的安全要求。

本部分适用于以下各类牵引装置:

——履带式牵引装置;

——皮带式牵引装置;

——绞盘式牵引装置;

——皮带绞盘式牵引装置;

——辊道式牵引装置。

本机械起始于物料入口,至物料出口终止。

本部分不适用于与牵引装置综合于一体或附属于挤出机上的裁断装置。

本部分不适用于薄膜或卷材线上的接取装置。

本部分也不适用于导开和卷取装置。

由于被加工物料的缘故,例如在连续硫化装置内,可能出现的化学、毒理学和火灾危险,未予涉及。

2 规范性引用文件

下列文件中的条款通过 GB 25431 的本部分的引用而成为本部分的条款。凡是注日期的引用文件,其随后所有的修改单(不包括勘误的内容)或修订版均不适用于本部分,然而,鼓励根据本部分达成协议的各方研究是否可使用这些文件的最新版本。凡是不注日期的引用文件,其最新版本适用于本部分。

GB/T 3766—2001 液压系统通用技术条件(eqv ISO 4413:1998)

GB/T 3767—1996 声学 声压法测定噪声源声功率级 反射面上方近似自由场的工程法(eqv ISO 3744:1994)

GB 4208—2008 外壳防护等级(IP 代码)(IEC 60529:2001,IDT)

GB 5226.1—2008 机械电气安全 机械电气设备 第1部分:通用技术条件(IEC 60204-1:2005,IDT)

GB/T 7932—2003 气动系统通用技术条件(ISO 4414:1998,IDT)

GB/T 8196—2003 机械安全 防护装置 固定式和活动式防护装置设计与制造一般要求(ISO 14120:2002,MOD)

GB/T 14367—2006 声学 噪声源声功率级的测定 基础标准使用指南(ISO 3740:2000,MOD)

GB/T 14574—2000 声学 机器和设备噪声发射值的标示和验证(eqv ISO 4871:1996)

GB/T 15706.1—2007 机械安全 基本概念与设计通则 第1部分:基本术语和方法(ISO 12100-1:2003,IDT)

GB/T 15706.2—2007 机械安全 基本概念与设计通则 第2部分:技术原则(ISO 12100-2:2003,IDT)

GB/T 16404 声学 声强法测定噪声源的声功率级 第1部分:离散点上的测量(GB/T 16404—1996,eqv ISO 9614-1:1993)

GB 16754—2008 机械安全 急停 设计原则(ISO 13850:2006,IDT)

GB/T 16855.1—2008 机械安全 控制系统有关安全部件 第1部分:设计通则(ISO 13849-1:2006,IDT)

GB/T 17248.2 声学 机器和设备发射的噪声 工作位置和其他指定位置发射声压级的测量 一个反射面上方近似自由场的工程法(GB/T 17248.2—1999,eqv ISO 11201:1995)

GB/T 17248.5 声学 机器和设备发射的噪声 工作位置和其他指定位置发射声压级的测量 环境修正法(GB/T 17248.5—1999,eqv ISO 11204:1995)

GB/T 17454.2—2008 机械安全 压敏保护装置 第2部分:压敏边和压敏棒的设计和试验通则(ISO 13856-2:2005,IDT)

GB/T 18153—2000 机械安全 可接触表面温度 确定热表面温度限值的工效学数据(eqv EN 563:1994)

GB/T 18831—2010 机械安全 带防护装置的联锁装置 设计和选择原则(ISO 14119:1998/Amd.1:2007,MOD)

GB/T 19670—2005 机械安全 防止意外启动(ISO 14118:2000,MOD)

GB/T 19671—2005 机械安全 双手操纵装置 功能状况及设计原则(ISO 13851:2002,MOD)

GB/T 19876—2005 机械安全 与人体部位接近速度相关防护设施的定位(ISO 13855:2002,MOD)

GB 23821—2009 机械安全 防止上下肢触及危险区的安全距离(ISO 13857:2008,IDT)

3 术语和定义

下列术语和定义适用于GB 25431的本部分。

3.1

牵引装置 haul-off

挤出生产线上连续牵引电缆、缆芯、型材、管和带等挤出制品的机动装置。它利用产品和移动夹具之间的摩擦力牵引产品。

3.2

履带式牵引装置 caterpillar haul-off

由一组或数组被驱动的、配备夹块或履板的链接机件组成的装置。当链接机件在压力下与产品相靠近时,实现夹移(见图1)。

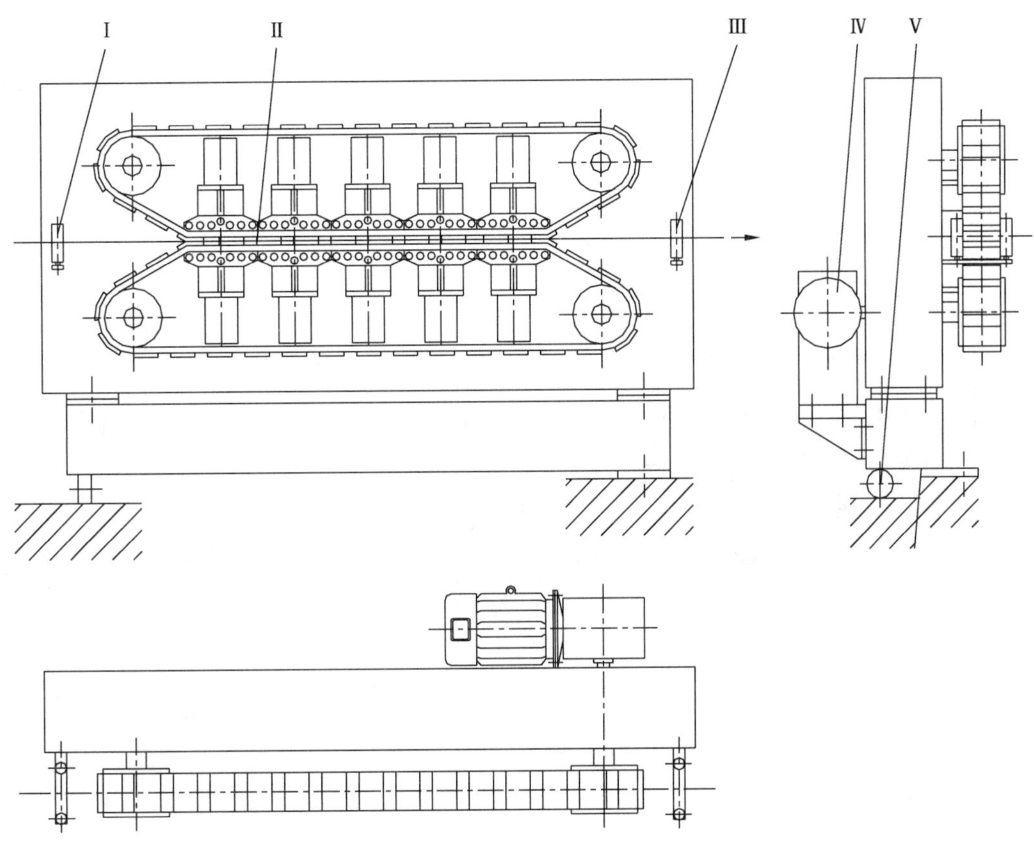

Ⅰ——入口区；

Ⅱ——输送区；

Ⅲ——出口区；

Ⅳ——驱动和动力传动区；

Ⅴ——车轮运动区。

图1 履带式牵引装置危险区示例(未表示安全装置)

3.3

皮带式牵引装置 belt haul-off

由一组或数组被驱动的皮带组成的装置。当皮带在压力下与产品相靠近时，实现夹移(见图 2)。

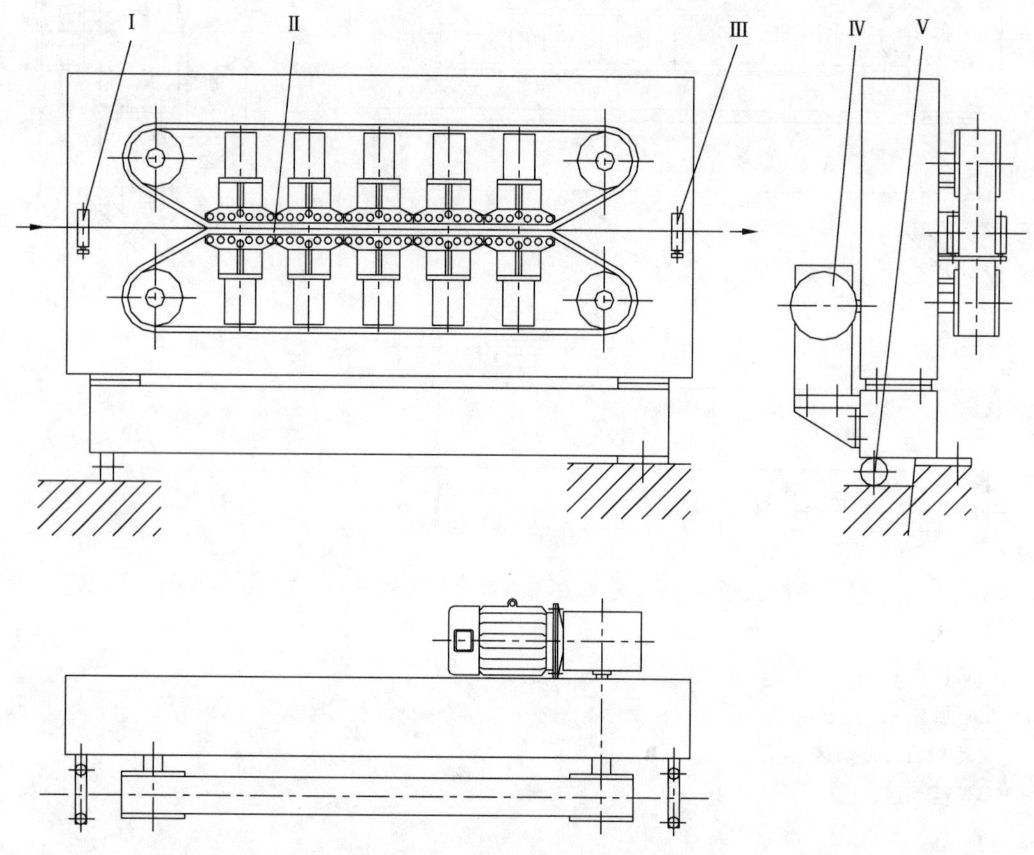

Ⅰ——入口区；

Ⅱ——输送区；

Ⅲ——出口区；

Ⅳ——驱动和动力传动区；

Ⅴ——车轮运动区。

图 2 皮带式牵引装置危险区示例(未表示安全装置)

3.4

绞盘式牵引装置　capstan haul-off

由一个或数个、至少有一个是主动的鼓或轮子组成的装置。电缆、软管之类产品绕缠鼓或轮子一圈或数圈，由产品的张力实现牵移(见图3)。

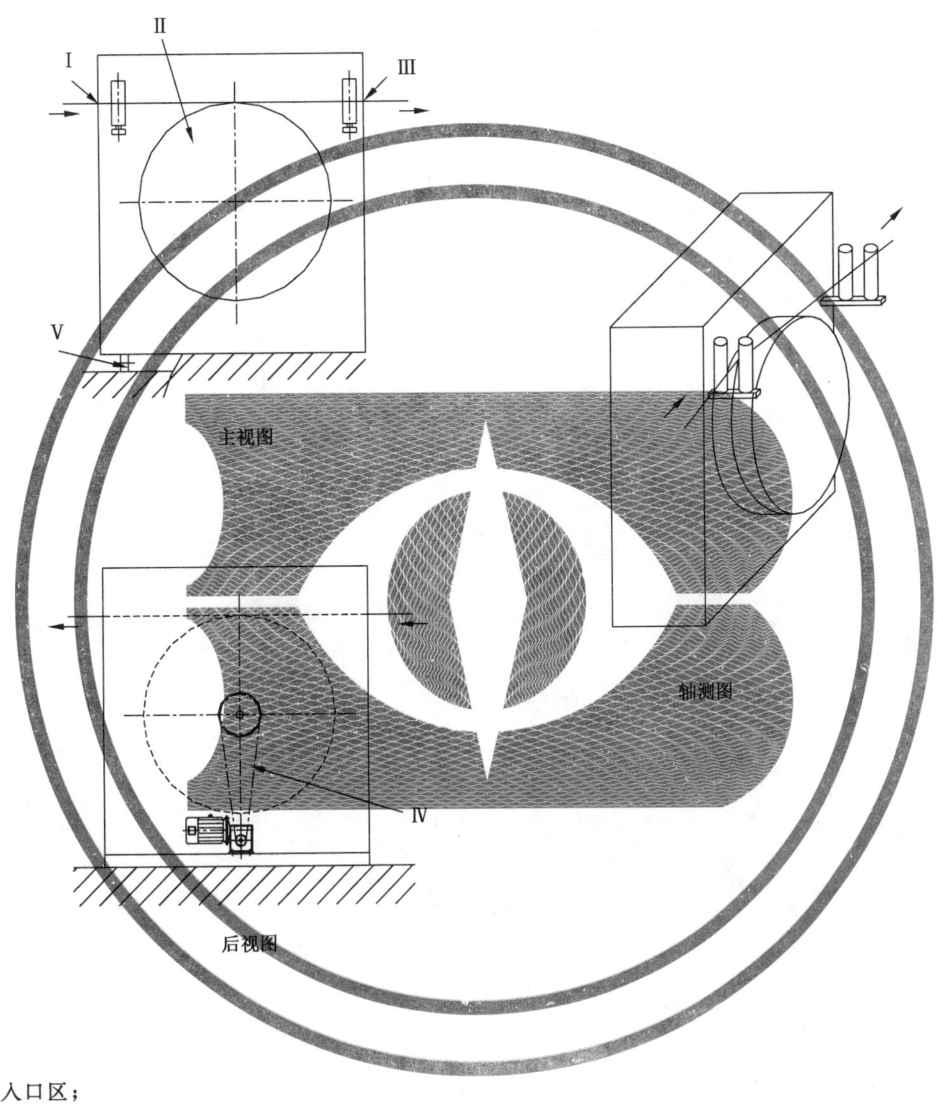

Ⅰ——入口区；

Ⅱ——输送区；

Ⅲ——出口区；

Ⅳ——驱动和动力传动区；

Ⅴ——车轮运动区。

图3　绞盘式牵引装置危险区示例(未表示安全装置)

3.5

皮带绞盘式牵引装置　belt capstan haul-off

由一个轮子和一条至少部分覆盖轮子的皮带组成的装置。产品压在轮子和皮带之间，实现夹移(见图4)。

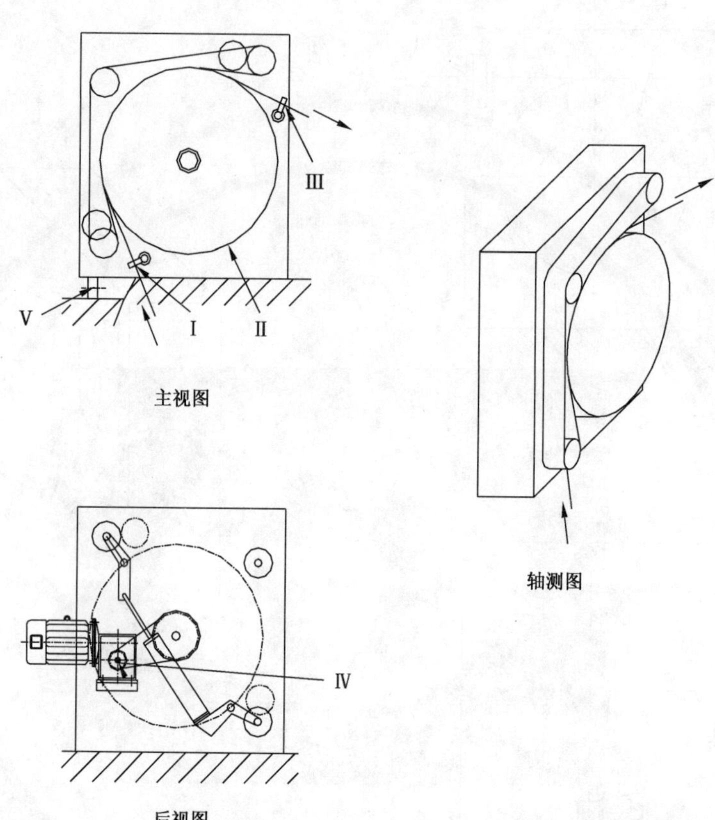

后视图

Ⅰ——入口区；
Ⅱ——输送区；
Ⅲ——出口区；
Ⅳ——驱动和动力传动区；
Ⅴ——车轮运动区。

图4　皮带绞盘式牵引装置危险区示例(未表示安全装置)

3.6

辊道式牵引装置 roller haul-off

由一组或数组被驱动的辊道组成的装置。产品压在辊道之间,实现夹移(见图5)。

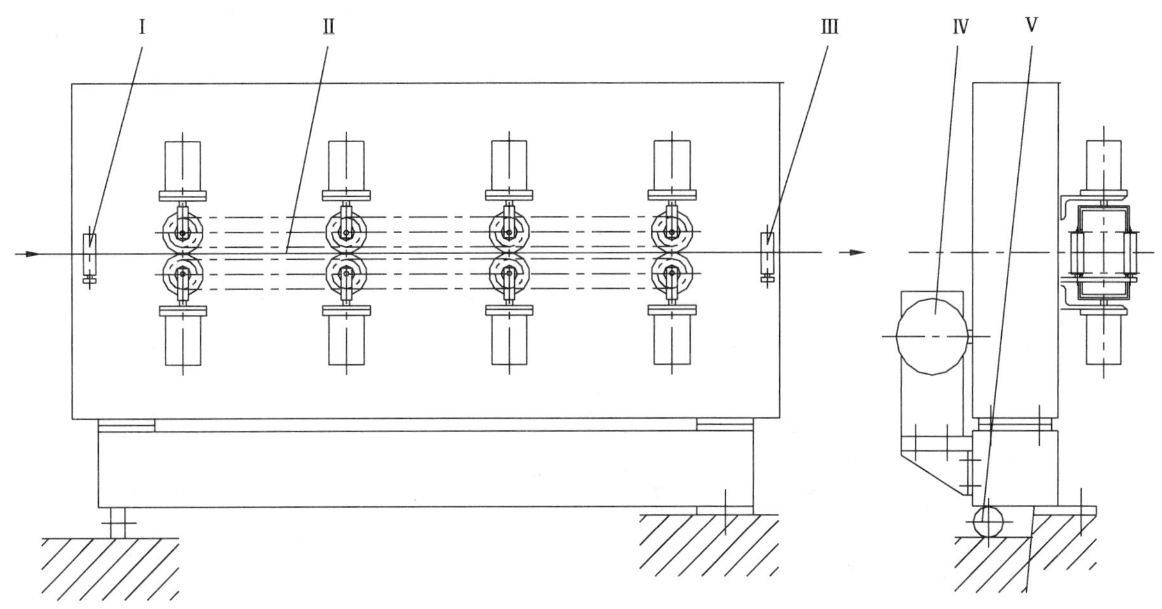

Ⅰ——入口区;

Ⅱ——输送区;

Ⅲ——出口区;

Ⅳ——驱动和动力传动区;

Ⅴ——车轮运动区。

图5 辊道式牵引装置示例(未表示安全装置)

4 重大危险列举

4.1 机械危险

机械危险包括:

a) 挤压;

b) 切割或切断;

c) 剪切;

d) 吸入或卷入;

e) 坠落/因重力而不可控制的坠落。

这些危险形成的原因主要有:

——驱动装置和动力传动装置的转动部件易引起a)、b)、c)和d)危险;

——带着或不带产品的驱动辊道、轮子或鼓易引起a)、b)、c)和d)危险;

——带着或不带产品的输送机件的运动部件,如履带、皮带、压辊、返回辊等易引起a)、b)、c)和d)危险;

——在开合过程中,输送机件的运动部件易引起a)和e)危险;

——产品通过防护处入口的动作易引起a)和b)危险;

——机器改变位置的动作易引起a)危险。

危险区与机械危险对照索引见表1。

表 1　危险区与机械危险对照索引

危险区	危 险 原 因	危险类别				
		A[a]	B[b]	C[c]	D[d]	E[e]
入口区	带或不带产品的驱动辊道、轮子或鼓	●	●	●	●	
	带或不带产品的输送机件的运动部件，如履带、皮带、压辊、返回辊等	●	●	●	●	
	在开合过程中，输送机件的运动部件	●				●
	产品通过防护处入口的动作	●			●	
输送区	带着或不带产品的驱动辊道、轮子或鼓	●	●	●	●	
	带着或不带产品的输送机件的运动部件，如履带、皮带、压辊、返回辊等	●	●	●	●	
	在开合过程中，输送机件的运动部件	●				●
驱动和动力传动区	驱动装置和动力传动装置的转动部件	●	●	●	●	
出口区	带着或不带产品的驱动辊道、轮子或鼓	●	●	●	●	
	带着或不带产品的输送机件的运动部件，如履带、皮带、压辊、返回辊等	●	●	●	●	
	在开合过程中，输送机件的运动部件	●				●
车轮运动区	机械移动位置的运动	●				

a 挤压。

b 切割或切断。

c 剪切。

d 吸入或卷入。

e 坠落/因重力而不可控制的坠落。

4.2　电气危险

电气危险有：

a)　触电及电烧伤，例如与因电气故障而带电部件的直接或间接接触而致；

b)　由于冷却水带电而触电；

c)　由于静电原因触电。

4.3　液压或气动危险

如果采用液压或气动系统，会因以下原因造成危险：

——液压系统带压流体泄漏或从气动元器件中泄漏压缩空气；

——管路破裂，高压流体喷射。

4.4　控制系统安全有关部件发生故障引起的危险

由于测量、调节和控制线路的元器件发生故障，可能出现无法控制的危险运动或意外启动而形成危险。

4.5　热危险

与灼热的机械部件或灼热的挤出产品接触而致烫伤。

4.6　噪声危险

强噪声可能引起：

——听力损失；

——干扰话语交流；

——因干扰而无法听到声响信号。

4.7 机械不稳定/翻倒危险

因挤出产品向机械传递力而使牵引装置倾翻或意外运动。

5 安全要求及措施

相关机械应符合本条款安全要求及措施的规定。另外应根据 GB/T 15706.2—2007 中并不重大但相关的危险应对原则进行设计，该标准涉及的某些危险（例如锋利刀刃），本部分未予涉及。

5.1 机械危险

5.1.1 总则

机械设计和制造应做到没有可以接近的危险区。若不能做到，应采用符合 GB/T 15706.2—2007 第 5 章规定的防护，防止接近危险区。

5.1.2 入口区

应对危险区予以防护，防止接近，应选用以下方案：

——符合 GB/T 8196—2003 中 3.2.2 规定的距离防护装置。

1）以防护结构的形式，防止接近危险区，其安全距离按 GB 23821—2009 中表 2、表 3 和表 4 的规定；

2）以通道的形式，从机械的入口沿产品线伸展，其安全距离按 GB 23821—2009 中表 3 和表 4 的规定。运动着的挤出制品与固定式防护装置之间的间距应能防止产生其他危险。

——符合 GB/T 8196—2003 中 3.5 规定的联锁防护装置，或符合 GB/T 8196—2003 中 3.6 规定的带有防护锁定功能的联锁防护装置。考虑 GB/T 18831—2010 的选择基准，接近速度基准应依据 GB/T 19876—2005 的规定来确定。该防护装置应与驱动装置联锁。至于安全距离，应按照 GB 23821—2009 中表 2、表 3 和表 4 的规定。

——行程限制装置，例如符合 GB/T 17454.2—2008 规定的压敏边或有源光、电保护装置。其定位应考虑 GB/T 19876—2005 中的接近速度基准，行程限制装置应与驱动装置联锁。

——如果这些解决方案因技术原因无法使用，则应使用符合 GB/T 8196—2003 中 3.4 规定的可调式防护装置。挤出制品与防护之间的间距应小于 4 mm。这应在使用说明书上予以注明：该防护装置的调整应按此保持不变[见 7.2b)]。如果牵引的挤出产品和防护装置之间的间距，由于牵引过程中挤出产品尺寸发生变化而必须大于 4 mm，该机台上应贴上标牌，注明其危险[见 7.2b)]。

5.1.3 输送区

应对危险区予以防护，防止接近，应采用以下方案：

——符合 GB/T 8196—2003 中 3.2 规定的固定防护装置。至于安全距离，按照 GB 23821—2009 中表 2、表 3 和表 4 的规定；

——符合 GB/T 8196—2003 中 3.5 规定的联锁防护装置，或符合 GB/T 8196—2003 中 3.6 规定的带有防护锁定功能的联锁防护装置。考虑 GB/T 18831—2010 的选择基准，接近速度基准可依据 GB/T 19876—2005 的规定来确定。该防护装置应与驱动装置联锁。至于安全距离，应按照 GB 23821—2009 中表 2、表 3 和表 4 的规定。

5.1.4 驱动和动力传动区

应对危险区予以防护，防止接近，应采用以下方案：

符合 GB/T 8196—2003 中 3.2 规定的固定防护装置，至于安全距离，按照 GB 23821—2009 中表 2、表 3 和表 4 的规定。

5.1.5 出口区

应对危险区予以防护，防止接近，应采用以下方案：

——符合 GB/T 8196—2003 中 3.2 规定的固定防护装置，至于安全距离，按照 GB 23821—2009 中表 2、表 3 和表 4 的规定；

——符合 GB/T 8196—2003 中 3.5 规定的联锁防护装置，或符合 GB/T 8196—2003 中 3.6 规定的带有防护锁定功能的联锁防护装置。考虑 GB/T 18831—2010 的选择基准，接近速度基准应依据 GB/T 19876—2005 的规定来确定。该防护装置应与驱动装置联锁。至于安全距离，应按照 GB 23821—2009 中表 2、表 3 和表 4 的规定。

5.1.6 在危险区进行启动和机械调试作业

应在牵引装置设计上，对接近危险区进行的启动和机械调试作业予以防护，以使这些作业在机械停止运行后进行。例如：在启动时的入口处，挤出产品可用手引头拉过去。与此相关的说明应在说明书上予以注明[见 7.2g)]。

如这些作业只能在牵引装置运行时进行，则应对接近危险区的危险运动予以防护，应采用以下方案：

——使用安全引头装置。例如：使用特殊的启动引头产品，与上游挤出产品相连，使之引入并通过静止的牵引装置；或

——其他方案。例如：牵引装置停车时，让挤出制品留在牵引装置内，或使用选择开关并结合符合 GB/T 19671—2005 的ⅢB 型双手操纵装置或符合 GB/T 15706.1—2007 中 3.26.5 规定的保护装置。

如果这些解决方案因技术原因无法使用，而操作又必须紧靠危险区，则应使用以下任一方案：

——使输送机件的运动由符合 GB/T 15706.1—2007 中 3.26.3 规定的止-动控制装置激活、启动并控制，以使：

1） 这种方式控制下，输送机件运动的最高圆周速度达 0.2 m/s，而在开合时，输送机件支座运动的最高速度控制在 0.05 m/s；

2） 该控制装置由选择开关激活，使任何遥控装置都不能对其进行操控。在接触止-动控制装置时，如果选择开关位于操作人员够不着的位置，应使用钥匙模式选择开关；或

——牵引装置的输送机件应在如下条件时由生产线上其他机械同步控制：

1） 使用钥匙模式选择开关，且其在生产线启动和调试位置上使用；

2） 输送机件运动的最高圆周速度达 0.2 m/s，而在开合时，输送机件支座运动的最高速度控制在 0.05 m/s；

3） 只要选择开关处于生产线启动或调试位置，就必须激活牵引装置上的警示灯；

4） 当选择开关转到生产位置，牵引装置的危险区就立即处于防护下。另见 7.2e)。

5.1.7 机台改变位置的运动轮

为防止机台改变位置时的机械运动挤脚或夹脚，车轮应配备符合 GB/T 8196—2003 中 3.2.1 规定的封闭式防护装置。还应考虑 GB 23821—2009 中表 7 规定的最大安全距离——15 mm。另见 7.2h)。

5.1.8 坠落/因重力而不可控制的坠落

对因电气故障引起的机件坠落/因重力而不可控制的坠落的危险应予以防护：

——使用可控分气缸或阀，直接安装在气缸或液压缸上；

——如是机械驱动装置，可使用自锁不能逆转型传动装置；

——使用机械装置，例如锁紧螺栓。

5.2 电气危险

5.2.1 直接或间接与带电部件接触，造成触电或烧伤

电器设备应符合 GB 5226.1—2008 以及以下附加要求。

5.2.1.1 电源切断(隔离)开关

应使用以下电源切断开关：

——隔离开关；

——隔离器；

——断路器；

——组合插头/插座；

——用插头/插座通过软电缆对可移式机械供电。

5.2.1.2 意外启动

应按 GB/T 19670—2005 对意外启动危险予以设防。

5.2.1.3 防止直接接触

以下应为适用的最低防护等级：

——机箱内带电部件：符合 GB 4208—2008 中的 IP2X 或 IPXXB 防护等级；

——可以很容易接近的机箱顶面：符合 GB 4208—2008 中的 IP4X 或 IPXXD 防护等级。

以下应为机箱打开时适用的最低防护等级：

——针对 GB 5226.1—2008 中 6.2.2a)，应符合 GB 4208—2008 中机箱门内带电部件 IP1X 或 IPXXA 防护等级。在此类操作用的装置复位和调节时，若设备仍然连接着，极可能接触带电部件，应按 GB 4208—2008 中的 IP2X 或 IPXXB 防护等级予以防护。

——针对 GB 5226.1—2008 中 6.2.2b)，应符合 GB 4208—2008 中的 IP2X 或 IPXXB 防护等级；

——针对 GB 5226.1—2008 中 6.2.2c)，应符合 GB 4208—2008 中的 IP2X 或 IPXXB 防护等级。

5.2.1.4 防止进水

电器设备机箱防止进水的防护等级至少应为 GB 4208—2008 中的 IP54。

5.2.1.5 防止间接接触

应采用以下措施：

——电源自动隔离防护；

——绝缘或等效绝缘防护；

——电气隔离防护。

5.2.1.6 停车功能

停车功能应符合 GB 5226.1—2008 中 9.2.2 的 0 类规定。如果 0 类停车功能可能会因牵引装置与其他机械联锁等原因，其惯性引发其他危险，则应采用 1 类停车。如果必须使牵引装置在停车后依然接通电源，例如要求在生产线停止时保持挤出产品处于张力状态，则应使用 2 类停车。

从牵引装置的启动或停车，应对与之联锁的机械也起作用。与牵引装置联锁的其他机械的启动或停车，也应对牵引装置起作用。

5.2.1.7 急停装置

牵引装置应配备符合 GB 16754—2008 中 0 类标准的、可从危险区接近操控的急停装置。如果 0 类停车功能可能会因牵引装置与其他机械同步等原因，其惯性引发其他危险，则应采用 1 类停车。另见 7.2f)。

急停装置的操纵机构应使牵引装置在安全条件下紧急停车。

制造商应向用户书面说明有关急停装置的电气接口。

应使用下述种类的急停装置：

——按钮开关；

——拉绳开关；

——不带机械防护的脚踏开关。

5.2.1.8 测试和验证

应进行以下一种或多种测试，但不管如何必须包括保护电路的连续性验证：

——验证电器设备是否符合技术文件规定；

——保护电路的连续性验证；

——绝缘电阻测定；

——耐压测定；

——残余电压的防护；

——功能测试。

5.2.2 静电危险

应采取适当措施，例如使用互联和接地的传导面，或使用离子设备，对静电产生予以防护。

5.3 液压和气动设备引起的危险

液压设备应按 GB/T 3766—2001 中的第 5 章要求进行设计。

气动设备应按 GB/T 7932—2003 中的第 5 章要求进行设计。

5.4 控制系统中安全有关部件故障引起的危险

除非另有规定，控制系统中安全相关部件均应符合 GB/T 16855.1—2008 的要求。

5.5 热危险

在人员因工作和通行而接近挤出产品温度超过 GB/T 18153—2000 规定的极限值的区域，应按 GB/T 15706.1—2007 中 3.27 规定的阻挡装置予以防护，防止意外与之接触。上述情况不适用于需要操作而无法防护或必须接近的灼热面，在此情况下，制造厂商应设置灼热部件标志[见 7.1b)]，在使用说明书[见 7.2c)]上注明应采取的预防措施。

5.6 噪声危险

5.6.1 通过设计，在噪声源处降低噪声。

噪声源主要有：

——驱动和动力传动系统；

——输送部件；

——通风系统；

——气动系统；

——液压设备。

可采取下述措施以抑制噪声，例如：

——在设计上降低噪声；

——加隔离罩；

——用消声器；

——使用低噪声元器件；

——阻尼；

——装防震垫。

在机械设计时，声源处控制噪声的可用信息和技术措施应予以考虑。

5.6.2 噪声发射值的测定

在没有噪声测试方法标准的情况下，应采用测定噪声发射值的方法：

——测定工位上声音发射声压级的 GB/T 17248 系列标准之一。如果可行，则应采用 GB/T 17248.2 或 GB/T 17248.5 中的 2 级精密法；

——如果工作位置的同等连续 A 计权声压级超过 85 dB(A)，则应用 GB/T 14367 系列标准及 GB/T 16404 系列标准之一测量声功率级。如果可行，则应采用 2 级精密法。测量声功率级的首选方法是 GB/T 3767—1996。

5.6.3 噪声发射值的公布

噪声公布应依据 GB/T 14574—2000 规定的两位数公布。

注：GB/T 14574—2000 给出了噪声发射值公布和验证的有关信息资料。

5.7 不稳定危险

牵引装置的倾翻和意外运动应予以防止，应采用以下方法：

——将牵引装置固定在地面上[另见 7.2i)]；

——在牵引装置运动轮上安装制动器或夹扣机件；

——在牵引装置上安装牵引力限制装置，中断牵引过程。

6 安全设备及措施的验证

按表 2 的规定进行安全要求及措施的符合性验证。

表 2 验证方法

条款	危险/安全措施	验证方法				参考标准
		1[a]	2[b]	3[c]	4[d]	
5.1.1	安全防护	●	●	●	●	GB/T 15706.2
5.1.2	安全距离防护	●	●			GB 23821，GB/T 8196
	联锁防护	●	●	●	●	GB 23821，GB/T 8196，GB/T 19876，GB/T 18831
	带防护锁定的联锁防护	●	●	●	●	GB 23821，GB/T 8196，GB/T 19876，GB/T 18831
	行程限制装置	●	●	●	●	GB/T 19876，GB/T 17454.2
	可调防护	●	●			GB/T 8196
5.1.3	固定防护	●	●			GB 23821，GB/T 8196
	联锁防护	●	●	●	●	GB 23821，GB/T 8196，GB/T 19876，GB/T 18831
	带防护锁定的联锁防护	●	●	●	●	GB 23821，GB/T 8196，GB/T 19876，GB/T 18831
5.1.4	固定防护	●	●			GB/T 8196
5.1.5	固定防护	●	●			GB/T 8196
	联锁防护	●	●	●	●	GB 23821，GB/T 8196，GB/T 19876，GB/T 18831
	带防护锁定的联锁防护	●	●	●	●	GB 23821，GB/T 8196，GB/T 19876，GB/T 18831

表 2（续）

条款	危险/安全措施	验证方法 1[a]	2[b]	3[c]	4[d]	参 考 标 准
5.1.6	安全入口装置	●		●	●	
	双手控制装置	●		●	●	GB/T 19671
	行程控制装置	●		●	●	GB/T 15706.2
	暂停控制装置	●	●	●	●	GB/T 15706.1
	选择开关	●	●	●	●	
	按键式选择开关	●	●	●	●	
	警示灯	●		●		
5.1.7	封闭式防护	●	●			GB 23821，GB/T 8196
5.1.8	坠落/因重力而不可控制的掉落	●		●	●	
5.2.1	电气设备	●	●	●	●	GB 16754，GB/T 19670，GB 4208，GB 5226.1
5.2.2	静电	●	●	●		
5.3	液压设备	●	●	●	●	GB/T 3766
	气动设备	●	●	●	●	GB/T 7932
5.4	安全相关的控制系统部件	●		●	●	GB/T 16855.1
5.5	温度	●	●			GB/T 18153
	隔热绝热装置	●	●			GB/T 15706.2
5.6	噪声	●	●			GB/T 15706.2，GB/T 3767，GB/T 14574，GB/T 17248.2，GB/T 17248.5
5.7	不稳定	●		●	●	

a 表观检测。

b 使用测量仪器，测量诸如形状、尺寸、安全距离、倾斜时的安全、温度、压力、噪声和电流等。

c 安全系统的功能检测。

d 有效性，检查诸如安全相关的液压、气动和电气原理图等文件。

7 使用信息

7.1 机器上至少应有的标志

每一机台应带有符合 GB/T 15706.2—2007 中 6.4 规定的标志。

机台至少应具有的标志：

——制造厂商名称、地址；

——制造年份；

——如有的话，标称系列或型号；

——如有的话，系列或标识号；

——额定功率等额定信息。

另外，在以下危险情况下，机械上应配设安全标志：

a) 如果使用可调式防护，防护和挤出产品之间间距的机械危险；

b) 灼热的机械部件和灼热产品在牵引出来时，其表面温度超过 GB/T 18153—2000 规定的限值，但因操作原因或必须接近而无法防止意外接近之处。

7.2 使用说明书

使用说明书应按 GB/T 15706.2—2007 中 6.5.2 的规定进行编写。

使用说明书的内容应符合 GB/T 15706.2—2007 中 6.5.1 的规定。

另外，还应包括以下各项：

a) 特别是 GB/T 15706.2—2007 中 6.5.1b)、c)、d)规定的，有关使用的说明。

b) 如使用的是可调式防护，在防护和挤出产品之间的间距内，进行调节作业的有关说明。

c) 关于应采取的安全预防措施的说明，以及在灼热的机械部件和灼热产品牵引出来时，其表面温度超过 GB/T 18153—2000 规定的限值，但因操作原因或必须接近时，应使用的个人防护装备的说明。

d) 有关噪声的以下信息：

按 5.6.2 和 5.6.3 的要求，公告测定的机械噪声发射值及相关信息；

1) 如果适用，机械上可以安装的隔音箱、隔音屏或消声器等有关信息；

2) 如果适用，使用隔音室或通过操作和维护途径降低噪声发射的建议，或安装降噪装置或组件，例如减震器的技术规范方面的信息；

3) 如果适用，使用个人听力保护器的建议。

e) 在联锁防护打开时进行工作，其各种相关操作的说明，例如针对操作人员，应穿戴个人防护装备的说明等。

f) 针对牵引装置停车，其上下游设备造成或可能造成危险运动之处，应采取措施的说明。

g) 有关安全引头的说明，包括何处适用的、在防护/安全装置运行时进行引头的说明。如不能按此进行此项作业，制造商应就如何使用特殊装置将引头通过牵引装置，或使牵引装置停车，将挤出产品留在牵引装置内，予以说明。如所用的引头方法存在后患风险，则应予以明示。

h) 有关机械改变位置，应如何安全运动的建议：

1) 运动机械与建筑构件及其他机械部件之间的挤压危险的说明；

2) 运动机械与建筑构件及其他机械部件之间的空间要足够大，足以使它们之间的任何一方不会受到挤压；

注：应参考 GB 12265.3—1997。

3) 例如粘贴上不要踏上运动机械之类标志等说明。

i) 装置使用时不稳定，应予以固定的信息。信息中应给出固定锚固强度要求。

j) 清洁作业应在机械停止时进行的信息。

附 录 A
（资料性附录）
本部分引用相关标准情况对照

表 A.1 给出了本部分引用相关标准情况对照一览表。

表 A.1 本部分引用相关标准情况对照

本部分引用的国家标准	对应的国际标准	EN 1114-3:1998 中引用的标准
GB/T 3766—2001	ISO 4413:1998	EN 982:1996
GB/T 3767—1996	ISO 3744:1994	EN ISO 3744:1994
GB 4208—2008	IEC 60529:2001	EN 60529:1991
GB 5226.1—2008	IEC 60204-1:2005	EN 60204-1:2000
GB/T 7932—2003	ISO 4414:1998	EN 983:1996
GB/T 8196—2003	ISO 14120:2002	EN 953:1992
GB/T 14367—2006	ISO 3740:2000	EN ISO 3740:2000
GB/T 14574—2000	ISO 4871:1996	EN ISO 4871:1996
GB/T 15706.1—2007	ISO 12100-1:2003	EN ISO 12100-1:2003,EN 292-1:1991
GB/T 15706.2—2007	ISO 12100-2:2003	EN ISO 12100-2:2003,EN 292-2:1991+A1:1995
GB/T 16404—1996	ISO 9614-1:1993	EN ISO 9614-1:1995
GB 16754—2008	ISO 13850:2006	EN 418:1992
GB/T 16855.1—2008	ISO 13849-1:2006	EN 954-1:1994
GB/T 17248.2—1999	ISO 11201:1995	EN ISO 11201:1995
GB/T 17248.5—1999	ISO 11204:1995	EN ISO 11204:1995
GB/T 17454.2—2008	ISO 13856-2:2005	EN 1760-2:1996
GB/T 18153—2000	—	EN 563:1994
GB/T 18831—2010	ISO 14119:1998/Amd.1:2007	EN 1088:1995
GB/T 19670—2005	ISO 14118:2000	EN 1037:1995
GB/T 19671—2005	ISO 13851:2002	EN 574:1991
GB/T 19876—2005	ISO 13855:2002	EN 999:1998
GB 23821—2009	ISO 13857:2008	EN 294:1992,EN 811:1994
—	ISO 11688-1	EN ISO 11688-1

参 考 文 献

[1] GB 12265.3—1997 机械安全 避免人体各部位挤压的最小间距

ICS 71.120;83.200
G 95

中华人民共和国国家标准

GB 25432—2010

平板硫化机安全要求

Safety requirements of daylight press

2010-11-10 发布　　　　2012-01-01 实施

中华人民共和国国家质量监督检验检疫总局
中国国家标准化管理委员会　发布

前　言

本标准的第 5 章、第 6 章、第 7 章为强制性的，其余为推荐性的。

本标准修改采用欧洲标准 EN 289:2004《橡塑机械　模压机　安全要求》(英文版)。

本标准根据 EN 289:2004 重新起草，附录 I 列出了本标准与 EN 289:2004 章条编号的对照表，以便比较。

本标准与 EN 289:2004 的有关技术性差异用垂直线标识在正文中它们所涉及的条款的页边空白处，并在附录 J 中列出了这些技术性差异及原因以供参考。

本标准还做了以下编辑性修改：

——用“本标准”代替“本欧洲标准”；

——用“前言”代替欧洲标准“前言”；

——删除 EN 289:2004 引言；

——删除 EN 289:2004 “文献”一章；

——删除 EN 289:2004 的附录 ZA(资料性附录)；

——欧洲标准 EN 289:2004 中的引用标准，大部分已经转化为我国国家标准，本标准尽量引用了我国国家标准；

——增加了附录 I 和附录 J 为资料性附录。

本标准附录 A～附录 H 为规范性附录，附录 I 和附录 J 为资料性附录。

本标准由中国石油和化学工业联合会提出。

本标准由全国橡胶塑料机械标准化技术委员会(SAC/TC 71)归口。

本标准负责起草单位：益阳橡胶塑料机械集团有限公司、湖州东方机械有限公司。

本标准参加起草单位：宁波千普机械制造有限公司、余姚华泰橡塑机械有限公司、大连橡胶塑料机械股份有限公司、福建华橡自控技术股份有限公司。

本标准主要起草人：徐秩、刘雪云、张冬益、李纪生、王连明、洪军、杨雅凤、贺平、孙鲁西。

平板硫化机安全要求

1 范围

本标准规定了对平板硫化机和辅助装置，特别是和装模、卸模装置之间相互作用引起的附加危险的基本安全要求。对辅助装置本身的安全要求，未予规定。

本标准适用于具有垂直锁模运动、行程超过 6 mm 的模压成型橡塑制品、胶带、胶板的平板硫化机。

本标准第 4 章所列平板硫化机(见 3.1)的重大危险均涵盖了模压硫化机(见 3.1.1)和胶带硫化机/胶板硫化机(见 3.1.2)。

本标准不涵盖下列机器：

——注射成型机；

——充气轮胎硫化机；

——内胎、各类胶囊硫化机；

——热成型机；

——反应注射成型机。

本标准不包括：

——具有潜在爆炸环境下使用的设备及防护系统的要求；

——排气通风系统的设计要求。

2 规范性引用文件

下列文件中的条款通过本标准的引用而成为本标准的条款。凡是注日期的引用文件，其随后所有的修改单(不包括勘误的内容)或修订版均不适用于本标准，然而，鼓励根据本标准达成协议的各方研究是否可使用这些文件的最新版本。凡是不注日期的引用文件，其最新版本适用于本标准。

GB/T 3766—2001 液压系统通用技术条件(eqv ISO 4413:1998)

GB/T 3767 声学 声压法测定噪声源声功率级 反射面上方近似自由场的工程法(GB/T 3767—1996,eqv ISO 3744:1994)

GB/T 3768 声学 声压法测定噪声源声功率级 反射面上方采用包络测量表面的简易法(GB/T 3768—1996,eqv ISO 3746:1995)

GB 4208 外壳防护等级(IP 代码)(GB 4208—2008,IEC 60529:2001,IDT)

GB 5226.1—2008 机械电气安全 机械电气设备 第 1 部分:通用技术条件(IEC 60204-1:2005,IDT)

GB/T 7932 气动系统通用技术条件(GB/T 7932—2003,ISO 4414:1998,IDT)

GB/T 8196—2003 机械安全 防护装置 固定式和活动式防护装置设计与制造一般要求(ISO 14120:2002,MOD)

GB/T 14367 声学 噪声源声功率级的测定 基础标准使用指南(GB/T 14367—2006,ISO 3740:2000,MOD)

GB/T 14574—2000 声学 机器和设备噪声发射值的标示和验证(eqv ISO 4871:1996)

GB/T 15706.1—2007 机械安全 基本概念与设计通则 第 1 部分:基本术语和方法(ISO 12100-1:2003,IDT)

GB/T 15706.2—2007 机械安全 基本概念与设计通则 第 2 部分:技术原则(ISO 12100-2:2003,IDT)

GB/T 16404　声学　声强法测定噪声源的声功率级　第1部分:离散点上的测量(GB/T 16404—1996,eqv ISO 9614-1:1993)

GB/T 16404.2　声学　声强法测定噪声源的声功率级　第2部分:扫描测量(GB/T 16404.2—1999,eqv ISO 9614-2:1996)

GB/T 16538　声学　声压法测定噪声源声功率级　现场比较法(GB/T 16538—2008,ISO 3747:2000,IDT)

GB 16754—2008　机械安全　急停　设计原则(ISO 13850:2006,IDT)

GB/T 16855.1—2008　机械安全　控制系统有关安全部件　第1部分:设计通则(ISO 13849-1:2006,IDT)

GB/T 17248.1　声学　机器和设备发射的噪声　测定工作位置和其他指定位置发射声压级的基础标准使用导则(GB/T 17248.1—2000,eqv ISO 11200:1995)

GB/T 17248.2　声学　机器和设备发射的噪声　工作位置和其他指定位置发射声压级的测量　一个反射面上方近似自由场的工程法(GB/T 17248.2—1999,eqv ISO 11201:1995)

GB/T 17248.3　声学　机器和设备发射的噪声　工作位置和其他指定位置发射声压级的测量　现场简易法(GB/T 17248.3—1999,eqv ISO 11202:1995)

GB/T 17248.5　声学　机器和设备发射的噪声　工作位置和其他指定位置发射声压级的测量　环境修正法(GB/T 17248.5—1999,eqv ISO 11204:1995)

GB/T 17454.1　机械安全　压敏保护装置　第1部分:压敏垫和压敏地板的设计和试验通则(GB/T 17454.1—2008,ISO 13856-1:2001,IDT)

GB/T 17454.2　机械安全　压敏保护装置　第2部分:压敏边和压敏棒的设计和试验通则(GB/T 17454.2—2008,ISO 13856-2:2005,IDT)

GB 17888.1　机械安全　进入机械的固定设施　第1部分:进入两级平面之间的固定设施的选择(GB 17888.1—2008,ISO 14122-1:2001,IDT)

GB 17888.2　机械安全　进入机械的固定设施　第2部分:工作平台和通道(GB 17888.2—2008,ISO 14122-2:2001,IDT)

GB 17888.3　机械安全　进入机械的固定设施　第3部分:楼梯、阶梯和护栏(GB 17888.3—2008,ISO 14122-3:2001,IDT)

GB 17888.4　机械安全　进入机械的固定设施　第4部分:固定式直梯(GB 17888.4—2008,ISO 14122-4:2004,IDT)

GB/T 18153—2000　机械安全　可接触表面温度 确定热表面温度限值的工效学数据

GB/T 18831—2010　机械安全　带防护装置的联锁装置　设计和选择原则(ISO 14119:1998/Amd.1:2007,MOD)

GB/T 19436.1　机械电气安全　电敏防护装置　第1部分:一般要求和试验(GB/T 19436.1—2004,IEC 61496-1:1997,IDT)

GB/T 19671—2005　机械安全　双手操纵装置　功能状况及设计原则(ISO 13851:2002,MOD)

GB/T 19876　机械安全　与人体部位接近速度相关防护设施的定位(GB/T 19876—2005,ISO 13855:2002,MOD)

GB 23821—2009　机械安全　防止上下肢触及危险区的安全距离

HG/T 3223—2000　橡胶机械术语

IEC 61496-3　机械安全　电敏防护装置　第3部分:引起漫反射有源光电保护装置的特殊要求

3　术语和定义

HG/T 3223—2000中2.6.2～2.6.16、2.6.35～2.6.39、2.10.2、2.10.9、2.10.26确立的以及下列术语和定义适用于本标准。

3.1

平板硫化机　daylight press

有两块或两块以上热板，使橡塑半制品或预先置于模型中的胶料在热板间受压加热硫化的机械。包括模压硫化机和胶带硫化机/胶板硫化机。

3.1.1

模压硫化机　moulding press

用于非连续生产橡胶或橡塑模压制品的机器，它基本上由一个或数个锁模装置、驱动和控制系统以及可能有的辅助装置(3.4)组成。根据其生产工艺过程的不同主要有平板模压、传递模压和往复模压/转台模压等类型。

3.1.1.1

平板模压　compression moulding

将模压材料置入开着的模具中，当平板硫化机闭合时，在压力下加热或不加热的情况进行的模压成型工艺过程(见图1、图2)。这一过程也可用于片材或板材的多层模压。

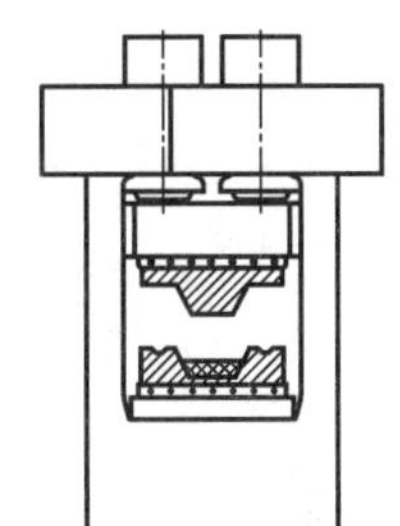

图1　模具开启，已有模压材料置入模内

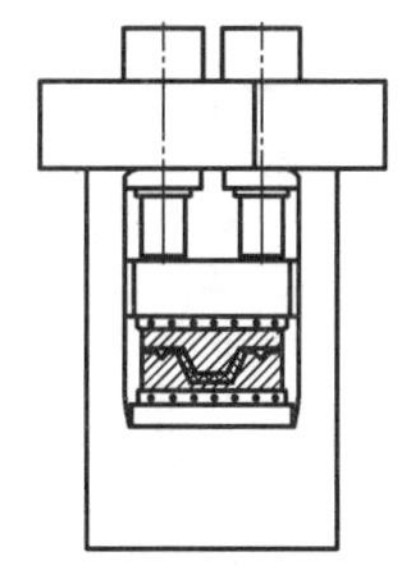

图2　模具闭合，模压材料在模内被模压成型

3.1.1.2

传递模压　transfer moulding

模压材料置入模具中的单独模腔(传递模腔)，并在传递柱塞的压力下压进模压腔的工艺过程。传递柱塞的运动可由模具闭合运动(见图3、图4)或通过单独的驱动缸(见图5、图6)得以实现。

注：如果模压材料由注射嘴注入闭合的模具，参见GB 22530。

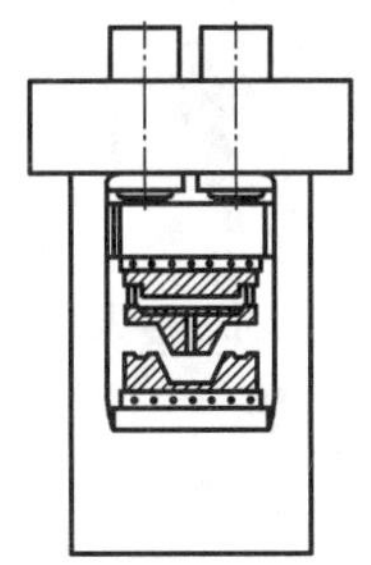

图3　模具开启，模压材料在传递腔内

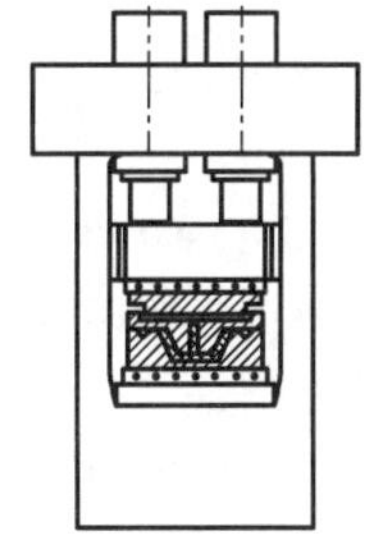

图4　模具闭合，模压材料被压进模腔内

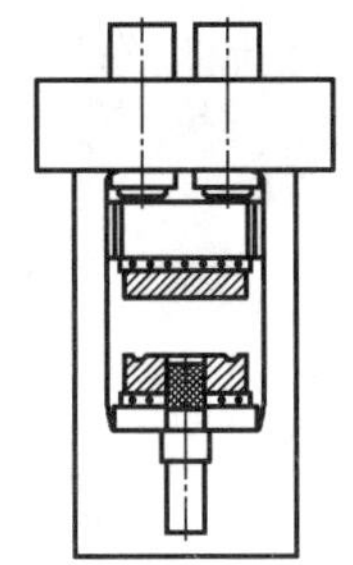

图5　单独的驱动缸，模压材料在传递腔内

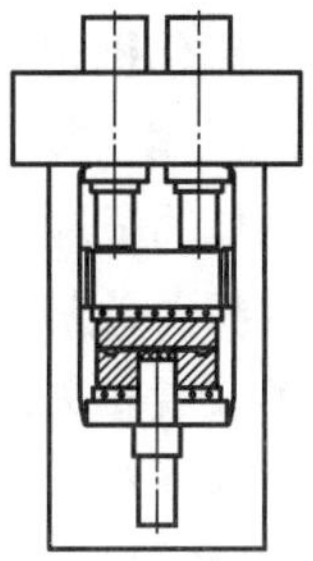

图6　单独的驱动缸，模压材料被压进模压腔内

3.1.1.3

往复平板硫化机　shuttle machine

转台平板硫化机　turntable machine

指设计有一套或数套模具并连接于机台的平板硫化机。其机台通过滑动或转动在装模、卸模站以及模压成型工位之间寻索模具。

3.1.2

胶带硫化机　belt press

胶板硫化机

用于生产橡胶或橡塑胶带、胶板制品的机器，它基本由锁模、驱动和控制系统组成，并可与其他装置(锭子架、夹持、张力、成型、裁断、卷取)联合组成生产线(见图7)。

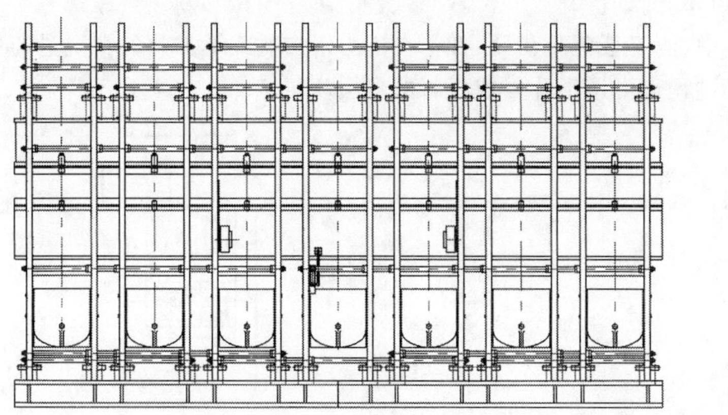
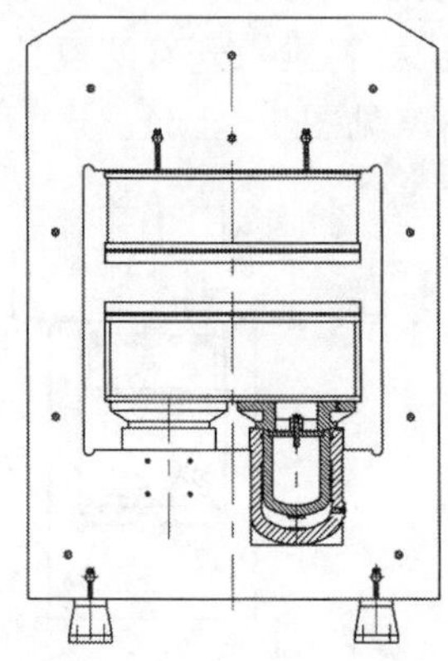

图7　框板结构上行式单层平板硫化机示例

3.2

模具区　mould area

上、下热板之间的区域。

3.3

锁模装置　clamping unit

包括有固定热板、活动热板与相关驱动机构的平板硫化机部件。

3.4

辅助装置　ancillary equipment

与平板硫化机相互协作的装置。例如装、卸模装置(包括加热站、滑台、机器人和塑化装置)与活动锁模装置。

4　重大危险列举

4.1　总则

本条款列出平板硫化机相关的重大危险清单。本标准将其与下列各类危险作了区分：

——总体危险；

——机器特定区域的危险；

——与特定设计相关的附加危险；

——与使用辅助装置相关的附加危险。

注：第5章中的安全要求和/或防护措施的编号系统，与本条款中的重大危险的编号系统相应一致。

4.2　平板硫化机的危险区

其主要危险区如图8、图9、图10和图11所示。

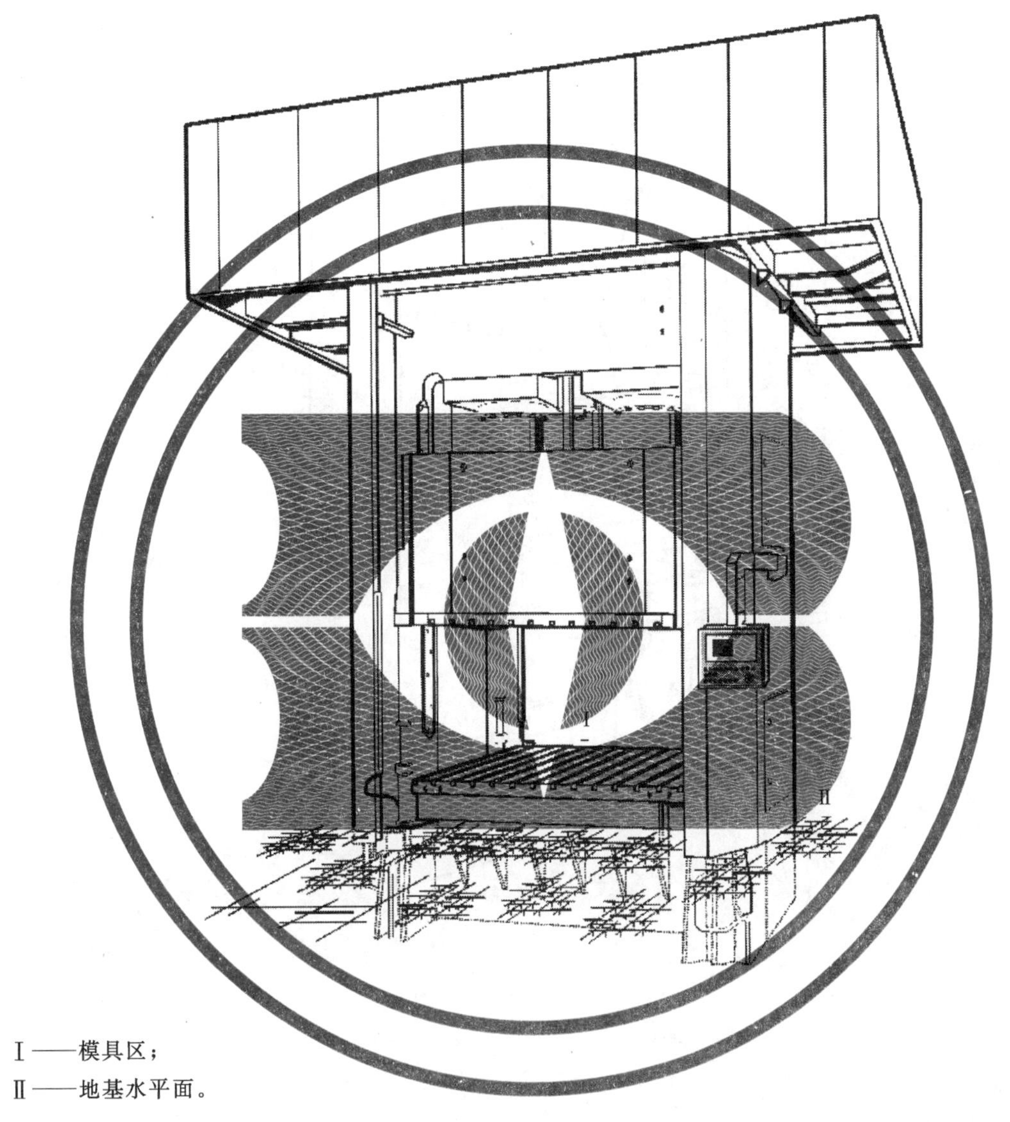

Ⅰ——模具区；

Ⅱ——地基水平面。

图8　大型框板结构下行式模压硫化机示例(示出电子感应式防护装置,未示出模具)

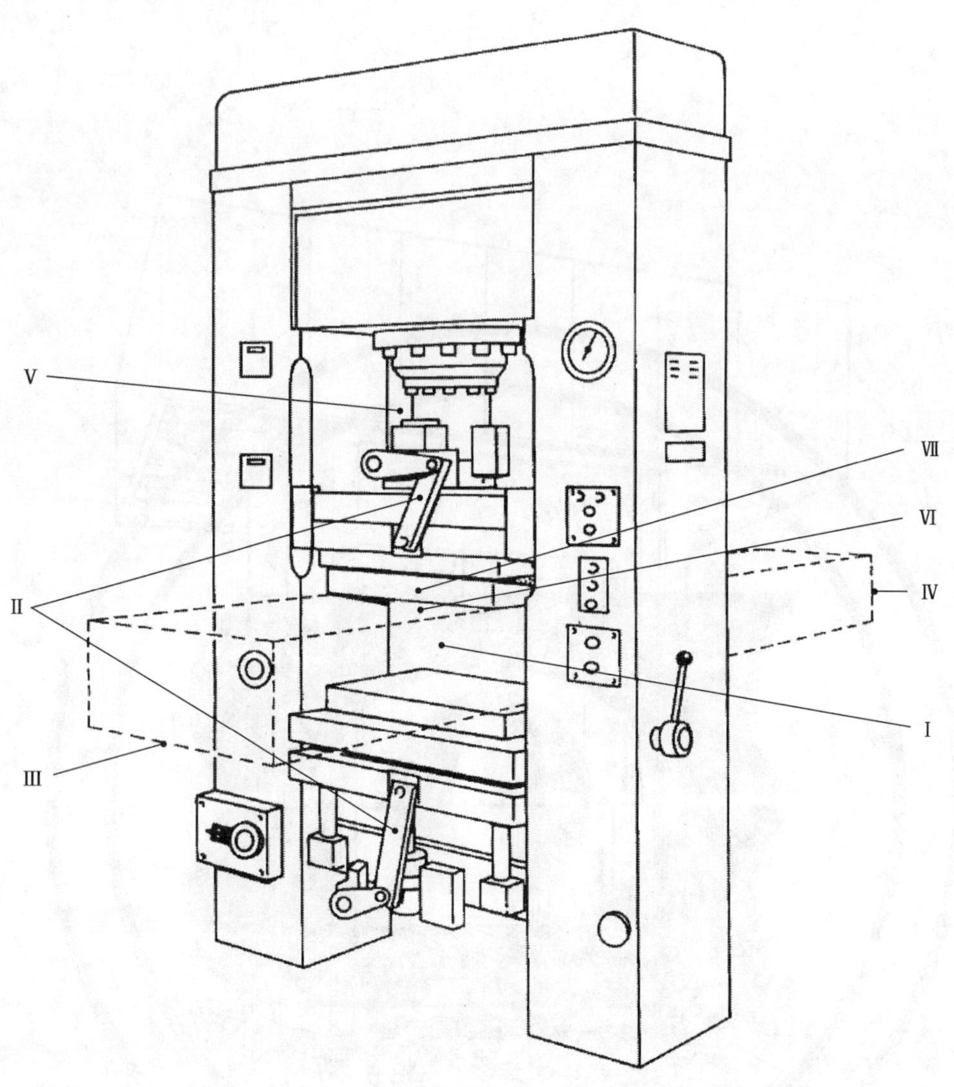

Ⅰ——模具区；
Ⅱ——顶推机构；
Ⅲ——装模装置；
Ⅳ——卸模装置；
Ⅴ——移动热板以上；
Ⅵ——模芯；
Ⅶ——热模和热板。

图 9 框板结构下行式模压硫化机示例(示出模具,未示出防护装置)

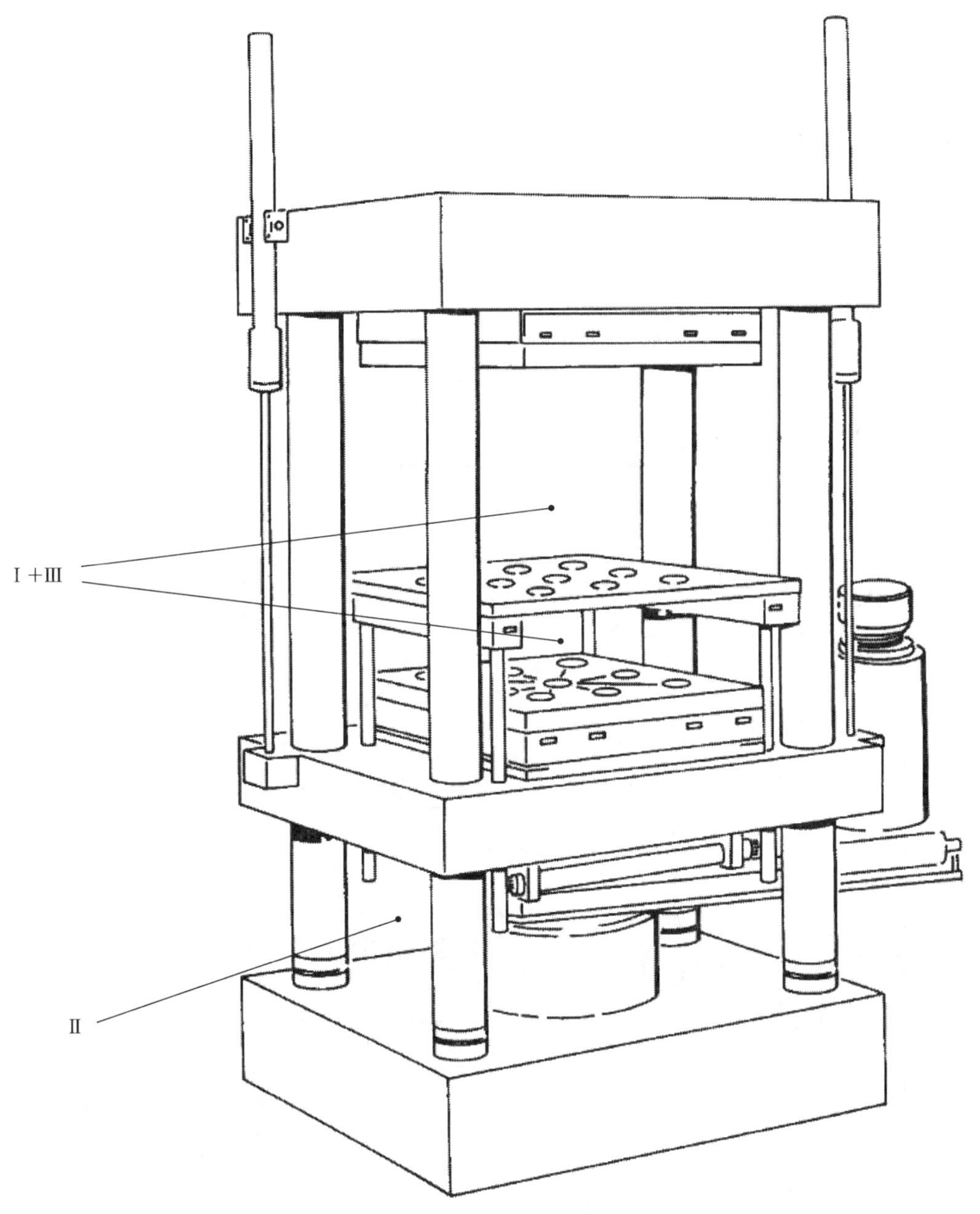

Ⅰ——模具区；
Ⅱ——移动热板以下；
Ⅲ——热模和热板。

图 10　立柱结构上行式模压硫化机示例(也适用于多层平板硫化机)(未示出防护装置)

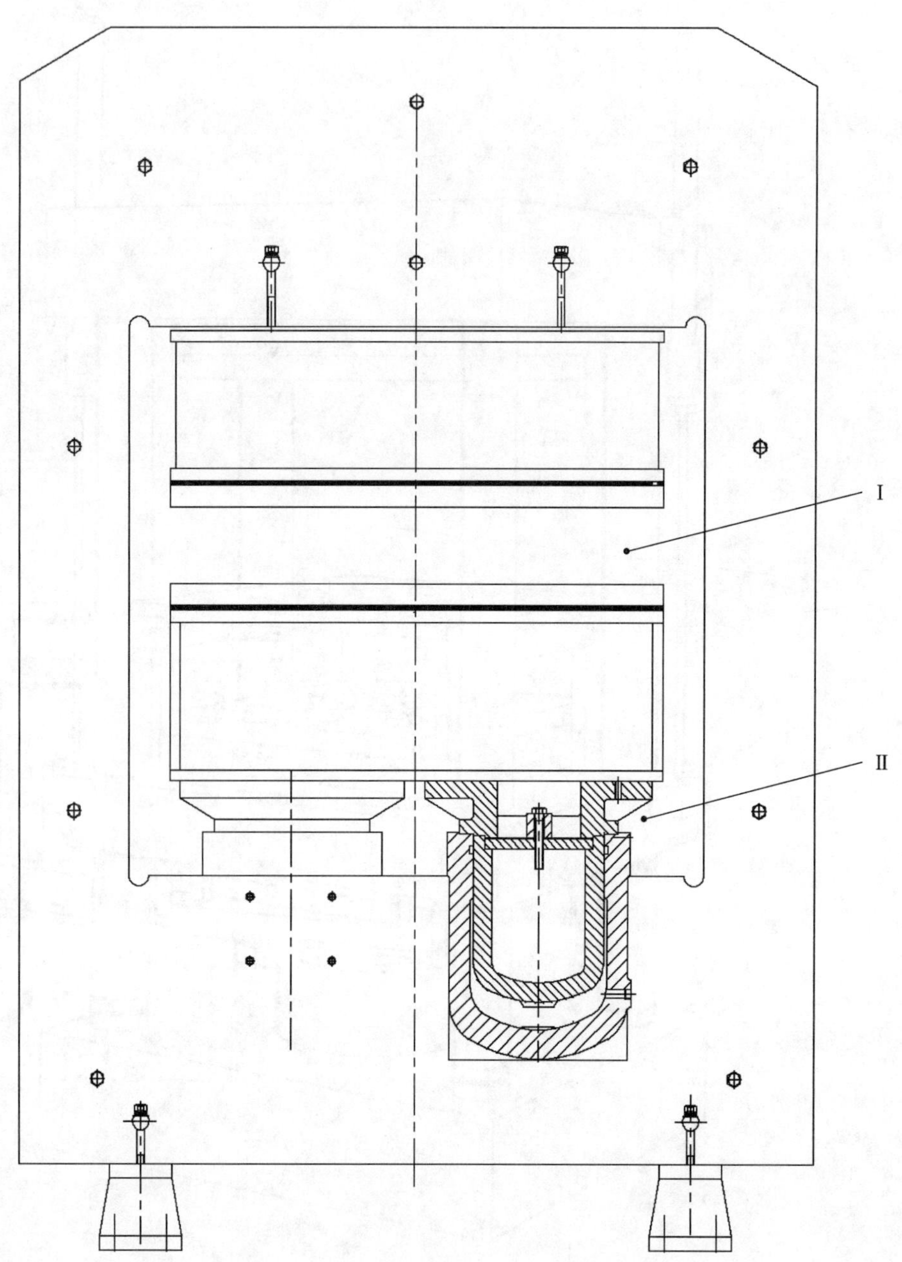

Ⅰ——热板区；

Ⅱ——移动热板以下。

图 11 框板结构上行式胶带硫化机/胶板硫化机示例（增加中热板时可双层硫化）（未示出防护装置）

4.3 总体危险

4.3.1 机械危险

4.3.1.1 以下情况引起的挤压和/或剪切危险：

——活动防护装置运动；

——5 MPa 以上高压胶管的鞭击；

——平板硫化机失稳或倾倒。

4.3.1.2 压力下的液体危险

液压、气动或加热调温系统，特别是 5 MPa 以上高压胶管和接头的液体流体意外泄放可致使眼睛和皮肤受到伤害。

4.3.2 电气危险

直接或间接与带电部件接触所致电击或电烧伤。

4.3.3 热危险

加热调温系统胶管和配件的工作温度可能引起烧伤烫伤。

4.3.4 噪声危险

高强级噪声引起的如听力受损、耳鸣、听觉疲劳、神经紧张、知觉平衡损伤、语言交谈受干扰或声响信号被噪声遮盖等危险。

4.3.5 粉尘、气体和烟气危险

以下场合可接触或吸入有害健康的粉尘、气体和烟气的危险：

——向模具内置入模压材料时；

——制品在模具内固化或硫化时；

——模具开启后。

4.3.6 滑倒、绊倒和跌落危险

在平板硫化机上的高工位或与平板硫化机一体的进出设施上滑倒、绊倒和跌落而引起的危险。

4.3.7 液压系统故障危险

4.3.8 控制系统电气部件故障危险

4.4 机器特定区域的危险

4.4.1 模具区

4.4.1.1 机械危险

以下运动引起的挤压和/或剪切危险：

——任何情况下热板的闭合运动；

——模芯和顶推器及其驱动机构运动(如其设计使得这类运动具有危险性)。

4.4.1.2 热危险

以下部件工作温度所引起的烧伤和/或烫伤：

——模具和热板；

——模具加热元器件或自动调温装置；

——材料在模具内或从模具内卸出。

4.4.2 模具区外的锁模装置区

挤压、剪切、冲击时引发的机械危险：

——热板驱动运动所致；

——热板开启运动时，防护装置允许进出下行式平板硫化机活动热板上、以及上行式平板硫化机活动热板下所致；

——模芯和顶推器驱动机构的运动所致；

——上行式平板硫化机热板重力坠落所致。

4.5 与特定设计相关的附加危险

4.5.1 允许全身进出模具区活动防护装置或感应光幕与模具自身所在区域之间的平板硫化机

操作人员如被允许站在该区域内时的挤压和/或剪切的机械危险。

4.5.2 允许全身进出模具区的平板硫化机

操作人员如被允许进出模具区时的挤压和/或剪切的机械危险。

4.5.3 往复平板硫化机/转台平板硫化机

机台运动所引起的挤压、剪切、冲击之类的机械危险。

4.6 与使用辅助装置相关的附加危险

4.6.1 失稳

如果可能影响平板硫化机平稳性的辅助装置安装在平板硫化机上，又没有地面支撑时，则可能因失稳或倾翻而引发挤压之类的机械危险。

4.6.2 其他危险

平板硫化机与辅助装置相互作用使防护水平降低所引起的附加危险。

4.6.3 活动锁模装置

因以下原因而引起挤压、剪切、冲击的机械危险：

——活动锁模装置运动所致；

——由于电源故障或意外解锁或锁模失效使模具或模具部件坠落所致。

5 安全要求和/或防护措施

5.1 总则

机器应遵守本条款所规定的安全要求和/或防护措施。此外，机器的设计还应就相关的、但不是重大的危险，按照 GB/T 15706.1—2007 和 GB/T 15706.2—2007 规定的原则执行。所谓相关联的，但不是重大的危险(例如锋利的边缘、刀刃等)本标准并未涉及。

机器的设计应在防护装置闭合以及防护装置工作的情况下，可以移动热板进行设定作业。

如果是由不受控制的停止装置(见 GB 5226.1—2008 中的 3.56)实施最短停止时间而又不致产生附加危险的情况，则紧急停止装置应符合 GB 16754—2008 中 0 类要求。其他情况下，适用 1 类要求。

紧急停止机器的致动器应设置在操作人员所在工位上可以触及的位置内。在全身可以进出危险区的情况下，应增设紧急停止机器的致动器(见 5.5.1 和 5.5.2)。另见 7.1.3。

5.2 平板硫化机上使用的主要防护装置

5.2.1 规则

除了固定防护装置以外，在平板硫化机上使用的主要防护装置分为三类。下述条款内所叙述的分类系统则基于其装置整体性和相关联的控制系统。组合并不是指装置适合于某个特定的用途，因此应按照 5.3～5.6 所给出的危险风险评估作出对合适组合防护装置的选择。

5.2.2 组合防护装置Ⅰ

本组合包括：

——活动联锁防护装置(见 GB/T 15706.1—2007 中 3.25.2 和 3.25.4)符合本标准附录 A 的Ⅰ型或 GB/T 16855.1—2008 中类别 1 的要求；

——双手控制装置，应符合 GB/T 19671—2005 中类别 1 的要求；

——止-动控制装置(见 GB/T 15706.1—2007 中 3.26.3)符合本标准附录 A 的Ⅰ型或 GB/T 16855.1—2008 中类别 1 的要求。

5.2.3 组合防护装置Ⅱ

本组合包括：

——活动联锁防护装置符合本标准附录 B 的Ⅱ型或 GB/T 16855.1—2008 中类别 2 或 3 的要求；

——电感应防护装置应符合 GB/T 19436.1 中 2 型的要求，形式为光幕；

——双手控制装置应符合 GB/T 19671—2005 中ⅢB 型的要求；

——压敏垫、压敏地板或压感边缘应符合 GB/T 17454.1 或者 GB/T 17454.2 的要求，符合 GB/T 16855.1—2008 中类别 2 或 3 的要求；

——扫描器应符合 IEC 61496-3 和 GB/T 16855.1—2008 中类别 3 要求；

——其他有人在场探测装置，至少符合 GB/T 16855.1—2008 中类别 2 要求。

5.2.4 组合防护装置Ⅲ

本组合包括：

——活动联锁防护装置符合本标准附录 C 的Ⅲ型或 GB/T 16855.1—2008 中类别 4 的要求；

——电感应防护装置应符合 GB/T 19436.1 中 4 型的要求；符合本标准附录 D 的要求或 GB/T 16855.1—2008 中类别 4 的要求；

——双手控制装置应符合 GB/T 19671—2005 中ⅢC 型的要求并符合本标准附录 E 的要求或 GB/T 16855.1—2008 中类别 4 的要求。

5.2.5 防护装置的总体要求

5.2.5.1 防护装置设计

防护装置的设计应符合 GB/T 8196—2003。其最好安装在平板硫化机上或紧邻平板硫化机安装。

安全距离应符合 GB 23821—2009 中表 1 和/或表 4。

活动联锁防护装置的设定位置，应在进出危险区之前，防护装置开启并且危险运动均已停止为准。

5.2.5.2 光幕形式的电感应防护装置

光幕应在平板硫化机开动时就立即得以生效。

光幕的设置位置应按 GB/T 19876 所列的公式确定。

不允许到达光幕周围、以上或以下的危险区。

光幕中断的结束，不应自动引起任何进一步运动的发生。如要启动则需要新的起动指令。

光幕复位控制装置应安装在能清晰地看见危险区的位置。复位动作应在控制装置上能够可视化显示，但此点不适用于安装在操作人员一侧的光幕。

另见 7.1.4、7.1.5 和 7.2。

5.2.5.3 双手控制装置

双手控制装置的设计应符合 GB/T 19671—2005。

双手控制装置的致动器定位应按 GB/T 19876 所给出的公式确定，并应为看清危险区提供良好的视野。附加防护装置应能对未设双手控制装置致动器的一侧的进出危险区提供防护。

另见 7.1.5 和 7.2。

5.2.5.4 止-动控制装置

对于允许使用降低危险运动速度的止-动控制装置的场合，其减速的最大数值，应采用设计控制电路而不采用调速装置的办法予以实现。但低于这个减速最大数值时，其速度应能调节。

5.2.5.5 机械压敏垫、压敏地板和压敏边缘

机械压敏垫、压敏地板和压敏边缘在平板硫化机开动时应立即生效。

5.2.6 自动监视要求

5.2.6.1 总体要求

如果为了多通路接触的目的采用继电器，则应对这些继电器进行自动监视。这种监视应采用可编程序的电子系统作为工具而得以实现。继电器的任何故障，均应自动识别，并防止任何进一步的危险运动发生。

在使用具有两个位置开关的防护装置的场合，两个位置开关的功能是否正确，应在防护装置的每一次运动的循环周期中至少监视一次，以使两个位置开关中的任何一个发生故障时，应自动识别，并防止任何进一步的危险运动发生。

5.2.6.2　对组合防护装置Ⅲ的附加要求

主断路装置的功能是否正确，应在活动热板的每一次运动循环周期中，对其位置监视一次，自动识别该装置的任何故障，并防止任何进一步的危险运动发生。

第二个断路装置的断路位置也应在以下情况下予以监视：

——防护装置每一次运动循环周期时；

——光幕每一次中断时或以后；

——双手控制装置每次松开后。

使得第二个断路装置的任何故障，都能自动识别，并防止任何进一步的危险运动发生。

如果断路装置是由操纵阀控制的，则其操纵阀的功能应予以监视。如果是由断路装置位置开关自动监视，则无需附加自动监视操纵阀。

监视电路不应向两个断路装置产生直接控制信号，应由监视电路向平板硫化机控制电路产生有效信号。监视应由可编程序控制器实现，监视程序应储存在防止电子干扰的永久存储器内，且监视系统应配备开机测试程序。

对特别防护装置的附加要求，在附录C(C.1.4,C.2.4)，附录D(D.3)和附录E(E.3)加以详述。

5.3　防止总体危险的安全要求和/或防护措施

5.3.1　机械危险

5.3.1.1　挤压、剪切与冲击危险

如果活动防护装置运动产生危险(见GB/T 8196—2003的5.2.5.2)，则应：

——按照5.2.3、5.2.5和5.2.6.1的组合防护装置Ⅱ，安装压敏边缘或有人探测装置，使其阻截防护装置的闭合运动并使其作反向运动，但反向运动不应产生进一步的危险；或

——防护装置的运动应按照5.2.2和5.2.5组合防护装置Ⅰ，采用双手控制装置或止-动控制装置加以控制；该止-动控制装置的设置位置应离防护装置前边缘的运动区域至少2 m，并应在这些控制装置的位置上清晰看到危险区。应防止防护装置在电源发生故障时因重力而造成危险运动。

为了防止胶管在5 MPa以上压力下产生抽打危险，其接头的设计应能防止在固定件处受拉断裂以及在联接点处意外脱开。

应采用防扯断配件，例如在胶管与配件之间采用牢固配合接头，以防扯断。胶管管路采用固定包封起来(见GB/T 8196—2003中3.2.1)，或者采用胶管附加配件(例如用固定链加固)，以防止抽打危险。

为防止从联结点意外脱开，不应使用剖分环接头。合适的接头有：法兰接头、扩口接头与锥管接头等。

另见7.1.6。

平板硫化机的设计应适于固定在支承面上。

5.3.1.2　压力流体的危险

液压和气动回路及其元器件的设计，应符合GB/T 3766—2001和GB/T 7932。

5.3.2　电气危险

5.3.2.1　总体要求

电气设备应符合GB 5226.1—2008，特别是以下5.3.2.2、5.3.2.3和5.3.2.4所规定的要求。

5.3.2.2　防止直接接触

为防止直接接触，应符合GB 5226.1—2008中6.2和GB 4208中的最低防护等级。

5.3.2.3　防止间接接触

为防止间接接触，应符合GB 5226.1—2008中6.3。

5.3.2.4 防止固体和液体进入

位于机器上或紧邻机器的电气设备应至少配备达到 GB 4208 规定的 IP 54 的封闭机箱。

5.3.3 热危险

为防止意外接触加热管路及其配件而引起烧伤和灼伤,在接近防护区外应提供固定防护或隔离装置。在温度超过 GB/T 18153—2000 规定的极限值的可接近部件上,并在防护装置上加贴警示符号标志(见 7.2)。

5.3.4 噪声危险

5.3.4.1 从设计上降低噪声源噪声

平板硫化机上主要噪声源有:

——液压系统;

——气动系统,例如排气。

平板硫化机的设计和制造,应在噪声源头降噪的基础上,考虑降噪技术的进步与经济实用性,使噪声在空气中的发射强度降低到最低程度。液压系统的降噪,应通过选用低噪声元器件得以实现。

5.3.4.2 采用防护装置降低噪声

液压系统的附加降噪效果,应通过采用局部或整体机箱来实现。气动系统的降噪应采用排气消音器实现。

5.3.4.3 噪声相关联的信息

见 7.1.7 和附录 F。

5.3.5 粉尘、气体和烟气产生的危险

平板硫化机的设计,应使排气通风系统的安装和就位位置尽量接近排放源。本标准未涵盖这类排放通风系统的设计要求(见第 1 章)。

另见 7.1.8。

5.3.6 滑倒、绊倒和跌落危险

平板硫化机上的指定高位工位应:

——防滑防绊跌;

——防≥500 mm 跌落;

——配备进出安全设施。

另见 GB/T 15706.2—2007 中 5.5.6、GB 17888.1、GB 17888.2、GB 17888.3、GB 17888.4。

选择进出设施应符合 GB 17888.1。

5.3.7 液压系统故障危险

应配备合适的过滤器,以防污染物损害液压系统安全相关的功能(见 GB/T 3766—2001)。

另见 7.1.9。

5.3.8 控制系统电气部件故障危险

对本标准未特别要求的控制系统的电气部件的设计,应符合 GB 5226.1—2008。

5.4 机器特定区域的附加安全要求和/或防护措施

5.4.1 模具区

5.4.1.1 机械危险

5.4.1.1.1 因生产需要接近平板硫化机侧面活动热板闭合运动的危险

这类运动危险应根据 5.2.4、5.2.5 和 5.2.6 组合防护装置Ⅲ规定的防护或保护装置予以防范。

另见 5.5.1 和 5.5.2,全身可进出的一类。

对热板运动控制采用比例阀的场合,应符合附录 G 的要求。

特定设计的平板硫化机应采用双手控制装置,因其模具区无法用防护装置或光幕予以防护,例如模具部件或镶嵌件突出于模具区(见 7.1.10)。双手控制装置见 5.5.2.4。在这些平板硫化机上:

——平板硫化机设计为可有一个以上的操作人员在上工作，每个操作人员配备一个双手控制装置，其中之一应设计为主控制装置，其他仅用来表示允许，在操作双手控制装置之前，热板的闭合运动不应发生；

——平板硫化机应设计为不使用可脱离激活的双手控制装置，除非其双手控制装置被组合防护装置Ⅲ所规定的防护或保护装置取代；

——如果在一个循环周期中，双手控制装置中有一个是可脱离激活的双手控制装置，则平板硫化机应按照紧急停止控制停机；

——如果模具已经闭合(间距不大于6 mm)，双手控制装置的致动器可以松开而不中断平板硫化机的运动。为此，应配备两个位置传感器，以能在一个生产循环周期内至少监视一次。探测可以允许松开双手控制装置致动器的模具间距的系统，应至少具有双手控制装置同样的防护水平。双手控制装置应在下一个生产循环周期开始之前，重新自动激活。

另见7.2。

5.4.1.1.2　在生产时不接近平板硫化机的位置上，活动热板闭合运动的危险

只有修理或维修保养时才接近平板硫化机侧面活动热板闭合运动的场合，作为5.4.1.1.1的替代方案，可采用固定防护装置。

如不能为全身进出提供其他防护替代方案(见5.5.1和5.5.2)，则应按照5.2.3、5.2.5.1和5.2.6.1组合防护装置Ⅱ规定的联锁防护装置予以防护。

联锁防护装置打开时，位置开关应将驱动热板闭合运动的液压泵的电动机关闭掉，从储能器内排放驱动热板闭合运动的能量；要达到这一要求，只能使用电子-机械元器件硬连线的电路。

联锁防护装置闭合后，应按照GB/T 16855.1—2008中5.2.2予以手动复位，并在复位致动器的位置上，应能清晰看到模具区。

5.4.1.1.3　热板意外闭合的危险

下行式平板硫化机应配备两个限制装置，这两个限制装置应为机械式限制装置或液压阀，且这样的阀门应直接安装在液压缸上。如果不可能，则应尽量接近液压缸安装，接头应使用法兰接头(扩口接头)或锥管接头等。

对长宽尺寸至少有一个大于800 mm而开模行程超过500 mm的热板，这两个液压限制装置应为防泄漏紧急突开阀或至少有一个限制装置是机械式的。这两个液压限制装置，应在热板运动期间的整个行程内，模具区活动防护装置打开、光幕中断或双手控制装置的致动器脱开时，都自动有效。热板到达其最大开启行程前，不能打开模具区活动防护装置，应使用在那个位置有效的机械式限制装置。

在限制装置中有一个发生故障时，另一个应能阻截热板在重力下坠落。为确保限制装置功能的正确，以防这些装置的任一装置发生故障，应按以下方式予以自动监视：

——故障自动识别；

——防止热板进一步下行运动的发生。

对于配备有两个液压限制装置的平板硫化机，则应附加一个机械式限制装置，应能自动将热板阻挡在其最大开启位置上。这一装置的啮合状态应予以可视化显示。另见7.1.11。

5.4.1.1.4　模芯和顶推器及其驱动机构运动的危险(若这类部件的设计导致这类运动具有危险)

5.4.1.1.1或5.4.1.1.2所规定的防护和保护装置，应同样可以在生产循环周期中自动触发，防止这类运动引起的危险。

防护和保护装置应针对这类运动，按照5.2.3、5.2.5和5.2.6.1的组合防护装置Ⅱ规定执行。

如果模具的设计(叠层模具)需要用户和/或平板硫化机制造厂商对附加的风险进行评估(见7.1.12)。由此而得出的防护措施应至少达到上述安全保护度。

在模具区防护装置打开时，或光幕中断时，或控制热板运动的双手控制装置脱开时，用5.2.2和5.2.5.4所述的组合防护装置Ⅰ中的止-动控制装置，以不大于10 mm/s的降速，或用组合防护装置Ⅱ

中的双手控制装置，允许操作人员手动操作模芯和顶推器，平板硫化机应配备可锁式钥匙选择开关。

5.4.1.1.5 **控制防护装置的使用**

作为活动联锁防护装置的替代，在满足下列条件下，应使用 GB/T 15706.1—2007 中 3.25.6 所列的控制防护装置：

——符合 GB/T 15706.2—2007 中 5.3.2.5 的要求；

——符合 5.4.1.1.1 和 5.4.1.1.4 的要求；

——下热板锁模面在操作人员所站立的水平面以上的最低位置不小于 750 mm；

——不能全身进出(见 5.5.1 和 5.5.2)；

——活动防护装置闭合由手动启动；

——手动启动活动防护装置闭合的位置，应能清晰看见模具区。

5.4.1.2 **热危险**

应切实合理地降低热危险。应张贴警示标志，以对模具、热板、加热元器件和/或材料仍具危险性的热危险引起注意。另见 7.2。

此外，制造厂商应对操作人员的劳保着装提出建议。另见 7.1.13。

5.4.2 **模具区之外的锁模装置区**

5.4.2.1 **热板驱动机构**

对可能进出的热板驱动机构的危险运动区，例如操作人员可到达的(见 GB 23821—2009 中的表 1)或没有 5.4.1.1.1 规定的防护或保护装置设防的区域，则应提供符合 5.2.3、5.2.5.1 和 5.2.6.1 要求的组合防护装置Ⅱ中的联锁防护装置。

当联锁防护装置打开时，两个位置开关应：

——中断生产循环周期；

——中断热板的任何运动；

对于仅有修理或维修保养才要进出之处，应使用固定防护装置。

5.4.2.2 **热板开启运动**

当模具区的防护装置、或光幕、或双手控制装置相应打开、或中断、或脱开时，则只有在下行式平板硫化机的活动热板之上或上行式平板硫化机的活动热板之下的挤夹、剪切以及冲击点都得以防护时，热板的开启运动才能进行。

下行式平板硫化机的活动热板之下的区域应采用固定防护装置予以防护。

5.4.2.3 **模芯和顶推器的驱动机构**

如进出模芯和顶推器驱动机构的危险运动区，则其应按照如下方法予以设防：

a) 在下行式模压硫化机上

——活动热板之上，热板驱动机构应采用联锁防护装置(见 5.4.2.1)；不过无论如何，对这类运动，防护装置起的作用应如同 5.2.2 和 5.2.5.1 要求的组合防护装置Ⅰ中的联锁防护装置一样；

——固定热板之下，应采用组合防护装置Ⅰ规定的联锁防护装置或固定防护装置。

b) 在上行式模压硫化机上

——活动热板之下，热板驱动机构应采用联锁防护装置(见 5.4.2.1)；不过无论如何，对这类运动，防护装置起的作用如组合防护装置Ⅰ中的联锁防护装置一样；

——固定热板之上，应采用组合防护装置Ⅰ规定的联锁防护装置或固定防护装置。

5.4.2.4 **上行式模压硫化机的重力下热板的运动**

见 7.1.12。

5.5 与特定设计相关的附加安全要求和/或防护措施

5.5.1 可以在模具区活动防护装置或光幕与模具区之间全身进出的平板硫化机

如果闭合位上防护装置和平板硫化机之间的最小水平间距不小于100 mm，则存在全身进出防护装置和平板硫化机之间的可能性，应使用防护装置。

如果最小水平间距不小于150 mm，则存在全身进出光幕和平板硫化机之间的可能性，应使用光幕。

针对这些平板硫化机，应配备5.4.1.1.1规定的防护装置外再予以附加的保护装置，以能探测有人在该区域，也就是5.2.3、5.2.5和5.2.6.1要求的组合防护装置Ⅱ。

这些附加的保护装置应在平板硫化机一开机并有人在该区域时，就立即变为有效，并：

——中断热板闭合运动的控制电路；

——如是活动防护装置的场合，中断防护装置闭合运动的控制电路；

——防止引起进一步生产循环周期的发生。

5.5.2 全身可以进出模具区的平板硫化机

5.5.2.1 总则

以下类型平板硫化机允许全身进出模具区：

a) 带立柱的平板硫化机(见图12)，其：

——e_1 或 e_2 大于1 200 mm；

——热板之间最大开启距离大于1 200 mm。

b) 不带立柱的平板硫化机，其：

——热板的一个尺寸大于1 200 mm；

——热板之间最大开启距离大于1 200 mm。

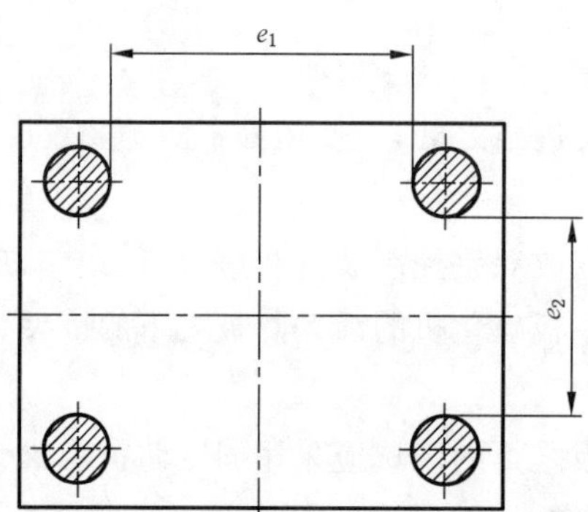

e_1——立柱之间较大的柱距；

e_2——立柱之间较小的柱距。

图12 具有立柱的平板硫化机的模具区截面

5.5.2.2 联锁防护装置

对于配备有模具区联锁防护装置的平板硫化机，在其四周应装有防护，为防止防护装置意外闭合应配备插锁或类似的保护装置。

这些插锁或类似的保护装置在防护装置每次开启运动时，应立即生效。在下一生产循环周期启动前，应使这些装置退回。而这些装置的退回位置应能清晰看到模具区，如有必要则使用保证视野的辅助装置。

对于所有配备这类附加保护装置的活动防护装置，其闭合运动应使用止-动控制装置来启动，止-动控制装置位置应无遮挡，应清晰看到模具区。止-动控制装置可以是插锁或类似的保护装置退回所用的那类止-动控制装置。

插锁或类似的保护装置的功能正确与否，应在防护装置每一运动循环周期中，由位置开关予以监视，使这些插锁或类似的保护装置或其位置开关的任何故障均能够自动得以识别，而所有进一步热板闭合运动的发生则均得以防止。

5.5.2.3 光幕

对配备光幕的平板硫化机，还有以下附加要求：

——应满足5.5.1规定的要求；

——只要有光幕之处，其所在的一侧就应配备一个确认开关；

——确认开关的位置上，应对模具区无视野遮挡；

——确认开关的位置定位，应以其不能从模具区内启动热板运动为准；

——一个或数个光幕中断后，应在光幕被中断的平板硫化机周围各侧进行确认；

——确认开关的启动不应引发热板运动的启动指令；

——相应于光幕的每次中断，对确认系统的监视应能：自动识别确认系统的故障，以防止进一步引起热板闭合运动；对确认系统的监视可由可编程序控制器进行。

如果操作人员站立位置到下热板锁模面最低位置小于750 mm，则制造厂商应在模具区内提供符合5.2.3、5.2.5和5.2.6.1要求的组合防护装置Ⅱ的附加有人在场探测装置。但在此情况下，则无须确认系统。见7.1.14。

5.5.2.4 双手控制装置

在全身可进出模具区的平板硫化机上，双手控制装置不应仅用作防护和控制装置。

在一些特殊情况下，平板硫化机配备有可锁式钥匙开关，以允许工艺过程要求部件突出模具区以外的防护装置联锁或光幕的激活得以脱离。在这类平板硫化机上，只允许使用符合5.4.1.1.1规定的双手控制装置启动热板闭合运动。见7.1.15。

5.5.3 往复平板硫化机/转台平板硫化机

应采用以下方法，针对进出往复/转台的危险运动，予以设防：

——使用固定防护装置；

——使用符合5.2.3、5.2.5和5.2.6.1要求的组合防护装置Ⅱ的防护或保护装置。若组合防护装置Ⅱ的防护或保防护装置也对模具区的进出予以设防，则5.4.1.1规定的要求也适用。

5.6 对使用辅助装置的附加安全要求和/或防护措施

5.6.1 失稳

见7.1.16。

5.6.2 其他危险

辅助装置与平板硫化机的连接和相互作用，不应降低本标准规定的安全水准，也不应产生附加的危险。特别是：

——因与辅助装置连接致使平板硫化机安全防护所作的修改，不应在平板硫化机危险区的进出上留有任何不加设防之处。

——如果辅助装置的活动防护装置打开或光幕中断，而得以进出平板硫化机危险区，则该活动防护装置或光幕应符合该平板硫化机危险区所要求的防护装置或光幕一样的功能并具有同样的水平。如是5.5.1和/或5.5.2定义的全身进出，则应配备5.5.1和/或5.5.2规定的附加安全装置：

——防止进出平板硫化机的危险区且不用任何工具即可移走的辅助装置，应以相关危险区的活动防护装置的方式与机器的控制系统相联锁；

——如果平板硫化机的活动防护装置打开或光幕中断，而得以进出辅助装置危险区，则该活动防护装置或光幕应符合并达到该辅助装置危险区所要求的防护装置或光幕一样的功能。

——带有紧急停止装置的停止装置，不仅应能停止平板硫化机本身，若其继续运动具有危险，还应能停止上游和/或下游的辅助装置。

如果本意就是平板硫化机与辅助装置一起使用，则其设计就应按照上述所列的要求，使平板硫化机只能与辅助装置连接在一起才能运行(见7.1.17)。

5.6.3 活动锁模装置

应对同样可配备5.4.1.1.1或5.4.1.1.2规定的任何活动防护装置、光幕或双手控制装置的活动锁模装置的运动予以设防，其防护和保护装置应按照5.2.3、5.2.5和5.2.6.1要求的组合防护装置Ⅱ执行。

对模具及其部件的坠落，可采用附加机械式限制装置或采用自截止锁紧元器件予以防范(另见7.1.18)。

6 安全要求和/或防护措施的验证

应使用表1规定的测试类型，对安全要求和/或防护措施予以验证。

表1 验证方法

条款	直观检测	功能测试	测量	计算
5.1	●	●	●	
5.2.5.1	●	●	●	
5.2.5.2	●	●	●	●
5.2.5.3	●	●	●	
5.2.5.4	●	●	●	
5.2.5.5		●		
5.2.6.1		●		
5.2.6.2		●		
5.3.1.1	●	●	●	
5.3.2	●	●		
5.3.3	●		●	
5.3.4	●		●	
5.3.5	●			
5.3.6	●		●	
5.3.7	●			
5.4.1.1.1	●	●	●	
5.4.1.1.2	●	●		
5.4.1.1.3	●	●	●	
5.4.1.1.4	●	●	●	
5.4.1.1.5	●	●	●	
5.4.1.2	●			
5.4.2.1	●	●		
5.4.2.2	●	●		
5.4.2.3	●	●		
5.5.1	●	●	●	

表 1（续）

条款	直观检测	功能测试	测量	计算
5.5.2	●		●	
5.5.2.2	●	●		
5.5.2.3	●	●	●	
5.5.2.4	●		●	
5.5.3	●	●		
5.6.1			●	●
5.6.2	●	●		
5.6.3	●	●		
附录 A	●	●		
附录 B	●	●		
附录 C	●	●		
附录 D		●		
附录 E		●		
附录 F	●	●	●	
附录 G	●	●		
附录 H	●	●		

功能测试包括防护与安全装置的功能和效率的验证，其依据的是：

——使用信息中的说明；

——安全相关的设计文件；

——本标准的第 5 章规定的要求。

按照组合防护装置Ⅱ和组合防护装置Ⅲ执行的防护以及安全装置的功能测试，还应包括可能出现的故障模拟试验。

7 使用信息

7.1 使用说明书

7.1.1 总则

每一台机器应附有使用说明书，对其使用加以总体说明（见 GB/T 15706.2—2007 中 6.5）。另外说明书应包括以下各项：

7.1.2 总体说明

制造厂商应明示以下各项：

——平板硫化机的设计仅用以加工塑料和/或橡胶，因为其他材料可能产生附加危险；

——明示防护装置检查、功能测试频率和指标；

——对防护装置应进行的维修保养；

——特别是在防护装置被禁止时，应遵循的维修保养和/或修理程序和步骤；

——用户不应修改或更换的安全相关元器件清单；

——安全相关元器件更换的时间间隔；

——检查外部泄漏的频率次数；

——检测液压系统内部泄漏的功能测试的频率次数和程序步骤；

——平板硫化机上可用的模具的最大质量和尺寸。

7.1.3 营救程序步骤

制造厂商应叙述如何在故障，特别是由于防护装置失效或使用不当或紧急停止启动后发生故障的时候，营救身陷模具区内的人员。

7.1.4 光幕

制造厂商应就带有光幕的平板硫化机上停止时间的监视，以及不应使用突出热板的模具等，予以充分必要的说明。

7.1.5 停止距离和停止时间

制造厂商应就用户应保证光幕和双手控制装置相应的停止距离和停止时间至少一年验证一次等，予以声明。

7.1.6 胶管组合件

制造厂商应就胶管配件组合件的定期检查与更换，提供有关信息资料。

7.1.7 噪声发射

平板硫化机的使用说明书和技术文件应：

——按附录 F.7 和 GB/T 14574—2000 中 A.2.2，就平板硫化机噪声发射值作出公告，要求噪声发射值含两个数值；

——注明平板硫化机噪声发射值测定所依据的是附录 F 规定的噪声测定标准，还应注明所使用的噪声测定的基本标准；

——应包括降低噪声发射可采用装置的安装方法相关联的信息资料；

——如有必要，应就人员配戴听觉防护器具提出建议。

7.1.8 排气通风系统

制造厂商应：

——注明某些材料在加工中能释放出有害于健康的粉尘、气体或烟气；

——注明如有这类情况发生，应由用户负责装用或负责排放通风系统定位就位；

——就排放通风系统有关的安装、定位就位和电器连接等，提供信息资料。

7.1.9 液压系统的清洁

制造厂商应：

——就过滤器的清洁和更换、液压系统液压介质补加及废油处置的程序步骤和时间间隔等，予以规定。

——对在液压系统上长期工作的操作人员，就避免液压油污染应采取的合适措施，提出建议。

7.1.10 配备双手控制装置的平板硫化机

制造厂商应就专为使用突出模具区的模具和/或镶嵌件的平板硫化机，提供有关信息资料。

7.1.11 带有两个液压限制装置的下行式平板硫化机用附加机械限制装置

制造厂商应注明，除非符合 5.4.1.1.3 规定的可视化指示器业已生效，否则不应在模具区进行修理和维修保养。

7.1.12 模芯和顶推器及其驱动机构的运动

制造厂商应提供特定类型模具的附加风险评估信息。

对上行式平板硫化机，制造厂商应提供调试设定模芯和顶推器及其驱动机构，以防重力作用下热板出现风险运动的信息。

7.1.13 人员防护装备

制造厂商应就在平板硫化机炙热元器件、部件或材料附近工作人员人身保护装置的配备，加以说明。

7.1.14 **模具区有人在场探测装置**

制造厂商应声明：模具更换后，应重新调整5.5.2.3规定的有人在场探测装置。

7.1.15 **可锁钥匙开关**

制造厂商应注明该平板硫化机是否可用于加工突出设防区的模制件。

制造厂商应声明：5.5.2.4规定的可锁钥匙开关只应在以下情况下使用：

——如果工艺过程需要的活动防护装置或光幕的联锁可以对联锁加以分离，并且

——用户已在组织安排措施上对第三人予以防护。

制造厂商应声明：可锁钥匙开关的钥匙，只允许由得到授权的人员使用，并不应在操作时插在锁上。

7.1.16 **使用辅助装置时平板硫化机的稳定性**

制造厂商应声明：如可能影响平板硫化机稳定性辅助装置是固定在平板硫化机框架上、且不由地面支持，此时，应对稳定性予以复核计算。

制造厂商应声明：在辅助装置安装于平板硫化机上之前，应征得其同意。

7.1.17 **辅助装置**

制造厂商应声明：只对由其设计接口系统的带有辅助装置的平板硫化机，它们之间的相互作用，才负有责任。

制造厂商应声明：如果辅助装置拆除，则平板硫化机应按其原始设计加以防护。

7.1.18 **锁模**

制造厂商应对锁模和模具更换的程序和步骤，予以说明。

7.2 **标志**

标志应至少包括：

——制造和供货厂商的名称和地址；

——系列名称和型号；

——系列号或机器编号；

——制造年份；

——有关炙热部件、调温加热胶管和配件、模具、热板和加热元器件等警示告知标志；

——电气连接数据；

——机器的净重；

——平板硫化机上可使用的模具的最大重量；

——升降点的位置。

另外，针对光幕或双手控制装置的场合，应注明：

——停止距离和停止时间；

——光幕与模具区之间的距离；或

——双手控制装置与模具区之间的距离。

附　录　A
（规范性附录）
活动联锁防护装置Ⅰ型

A.1　说明

具有一个位置开关的活动联锁防护装置（见 GB/T 18831—2010 中 6.2），通过控制电路（见图 A.1）对电源回路的主断路装置起作用。

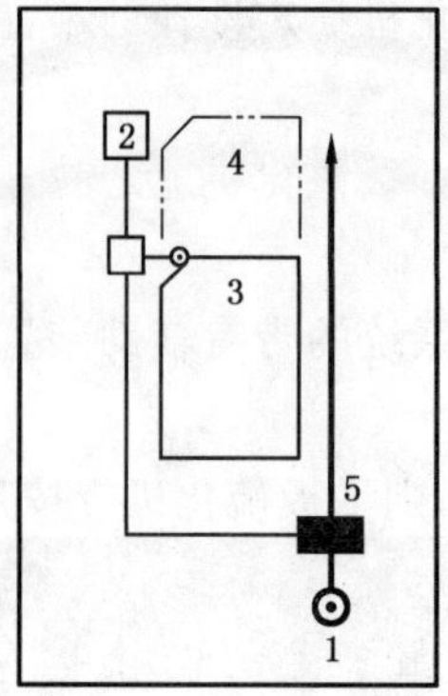

1——电源回路；
2——控制回路；
3——活动防护装置（关）；
4——活动防护装置（开）；
5——主断路装置。

图 A.1　活动联锁防护装置Ⅰ型

A.2　联锁功能

当防护装置在闭合位置时，其位置开关：

——不应被防护装置所操作；

——触点应闭合，或功能处于同样的模式；

——应允许控制信号起动危险运动。

如防护装置不在闭合位置，则位置开关应能直接地被防护装置所操作，并确保中断危险运动的控制信号。

A.3　元器件的质量

主断路装置以及位置开关和相连接的继电器应符合 GB/T 16855.1—2008 中类别 1 的要求、经过试验的良好的元器件。

另见 5.3.7 和 7.1.2。

附 录 B
（规范性附录）
活动联锁防护装置Ⅱ型

B.1 说明

具有两个位置开关的活动联锁防护装置通过控制回路（见图B.1）对电源回路的主断路装置起作用。

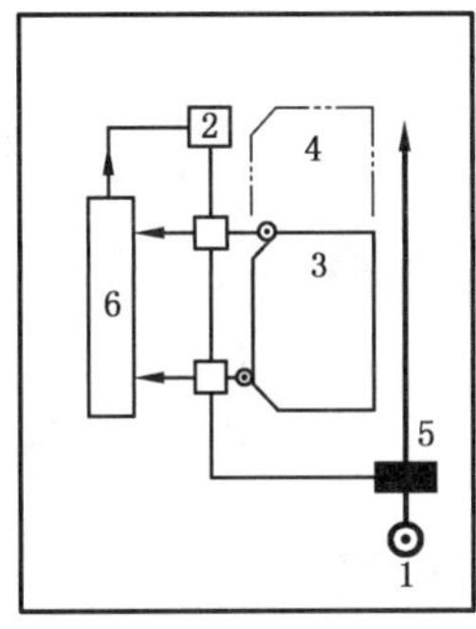

1——电源回路；

2——控制回路；

3——活动防护装置（关）；

4——活动防护装置（开）；

5——主断路装置；

6——监视回路。

图B.1 活动联锁防护装置Ⅱ型

B.2 联锁功能

第一个位置开关应按照活动联锁防护装置Ⅰ型一样起作用（见附录A）。

当防护装置在闭合位置时，其第二个位置开关：

——应被防护装置所操作；

——触点应闭合，或功能处于同样的模式；

——应允许控制信号起始危险运动。

如防护装置不在闭合位置，第二个位置开关就不再被操作而应中断起始危险运动的控制信号。

B.3 元器件的质量

主断路装置以及位置开关和相连接的继电器应为符合GB/T 16855.1—2008中类别1的要求、经过试验的良好元器件。另见5.3.7和7.1.12。

附 录 C
(规范性附录)
活动联锁防护装置Ⅲ型

C.1 带有三个位置探测器的活动联锁防护装置

C.1.1 说明

具有两个相互独立的联锁装置的活动联锁防护装置(见图C.1)。

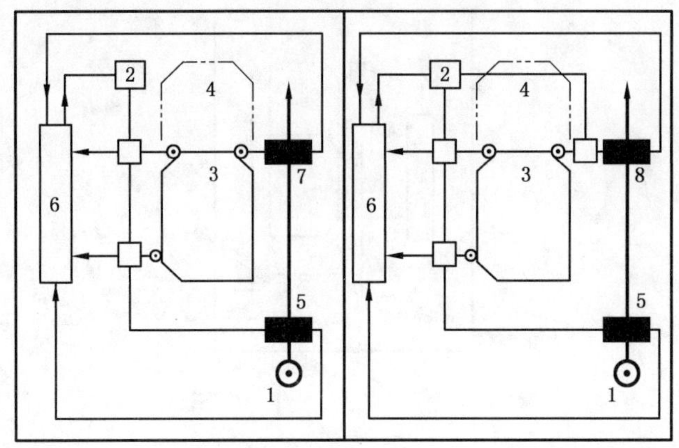

1——电源回路;
2——控制回路;
3——活动防护装置(关);
4——活动防护装置(开);
5——主断路装置;
6——监视回路;
7——第二个断路装置(直接致动,见附录H的H.1);
8——第二个断路装置(间接致动,见附录H的H.2、H.3和H.4)。

图C.1 具有三个位置探测器的活动联锁防护装置Ⅲ型

C.1.2 联锁功能

一个联锁防护装置应通过符合活动联锁防护装置Ⅱ型规定的控制回路起作用(见附录B)。另一个联锁装置应直接或间接用位置探测器对电源起作用(见GB/T 18831—2010中5.1和5.2)。

当防护装置在闭合位置时,其位置探测器:

——不应被操作;

——以同样的模式闭合触点或功能;

——应接通电源回路。

如防护装置不在闭合位置,位置探测器就应能直接地被防护装置所操作,并通过第二个断路装置中断危险运动的电源回路。

附加要求见附录H。

C.1.3 元器件的质量

见5.3.7和7.1.2。

C.1.4 监视要求

电源回路的两个断路装置的监视回路的操作如下:

关闭活动防护装置后,平板硫化机进一步的循环周期的开始,只有在经过以下各项监视而未探测到任何故障之后才能进行：

——位置开关切换，对控制回路起作用；

——符合附录 H 规定的附加阀门切换位置；

——附加位置探测器(符合附录 H 的 H.2 或 H.4 规定)和/或制导阀(符合附录 H 的 H.3 或 H.4 规定)切换位置后。如此项自动监视由附加阀门的位置切换得以实现，则无须对附加位置探测器和/或制导阀再附加任何监视。

如果监视由可编程序控制器实行，则：

——每一个位置探测器应与其自己的输入模块相连接；或

——如果共用同一模块，则两个位置探测器之中任何反向信号均应能输入，或者输入回路中的任何故障均能自动得以识别；或

——如果输入装置(输入卡)包括有几个输入模块，常开/常闭对位监测的位置开关的信号则至少应以输入模块位宽(例如：4 位、8 位或 16 位)予以分隔，非常开/常闭对位监视的位置开关信号且连接到同一输入模块的，则不应占据邻近的位宽。

C.2 带有两个位置探测器的活动联锁防护装置

C.2.1 说明

具有两个相互独立的位置探测器的活动联锁防护装置(见图 C.2)。

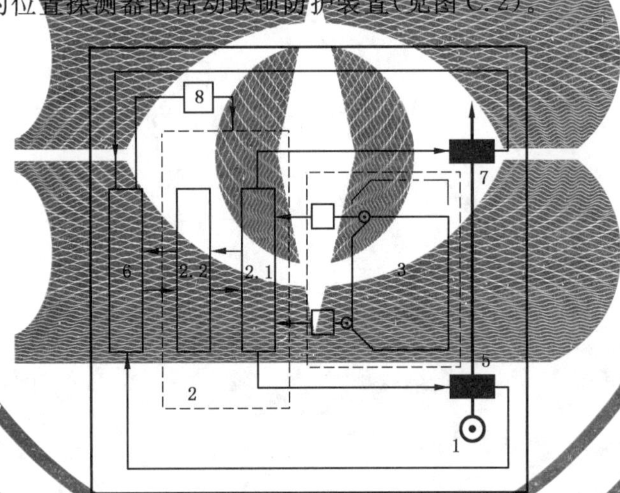

1——电源回路；

2——符合 GB/T 16855.1—2008 中类别 4 要求的控制和监视装置；

2.1——断路装置的控制回路；

2.2——位置探测器的监视回路；

3——活动防护装置(关)；

5——主断路装置；

6——平板硫化机的监视回路；

7——第二个断路装置；

8——平板硫化机的控制回路。

图 C.2 具有两个位置探测器的活动联锁防护装置Ⅲ型

C.2.2 联锁功能

这两个位置探测器应在防护装置打开时，通过两个断路装置，直接作用于符合 GB/T 16855.1—2008 中类别 4 要求的控制和监视装置，从而中断危险运动的电源回路。

这两个位置探测器应按附录 B 的 B.2 位置开关规定，执行其功能。

C.2.3 元器件的质量

见 5.3.7 和 7.1.2。

C.2.4 监视要求

控制和监视装置应符合 GB/T 16855.1—2008 中类别 4 的要求。

——监视两个位置探测器；

——如图 C.2 所示，控制两个断路装置。

附　录　D
（规范性附录）
光幕式电子感应防护装置

D.1　说明

符合 GB/T 19436.1 中类别 4 要求的光幕(见图 D.1)。

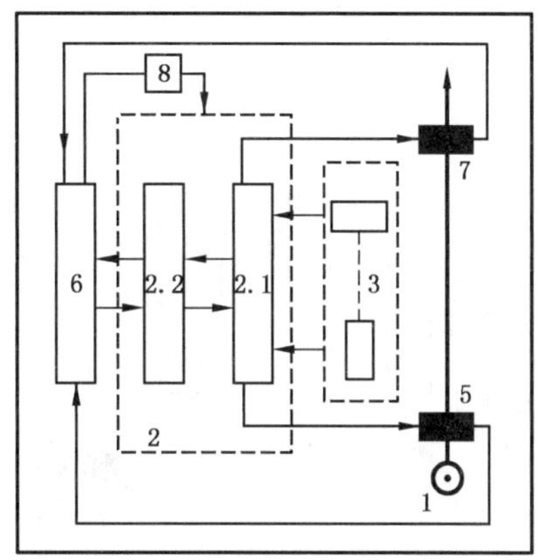

1——电源回路；
2——符合 GB/T 16855.1—2008 中类别 4 要求的光幕控制和监视装置；
2.1——断路装置的控制回路；
2.2——光幕的监视回路；
3——光幕；
5——主断路装置；
6——平板硫化机的监视回路；
7——第二个断路装置；
8——平板硫化机的控制回路。

图 D.1　光幕式电子感应防护装置

D.2　光幕的操作模式

光幕一经遮断，应通过两个断路装置直接中断危险运动的电源回路。

D.3　监视要求

符合 GB/T 16855.1—2008 中类别 4 要求的控制和监视装置应：
——监视光幕；
——如图 D.1 所示，控制两个断路装置。

附 录 E
（规范性附录）
双手控制装置

E.1 说明

符合 GB/T 19671—2005 中ⅢC 型的双手控制装置（见图 E.1）。

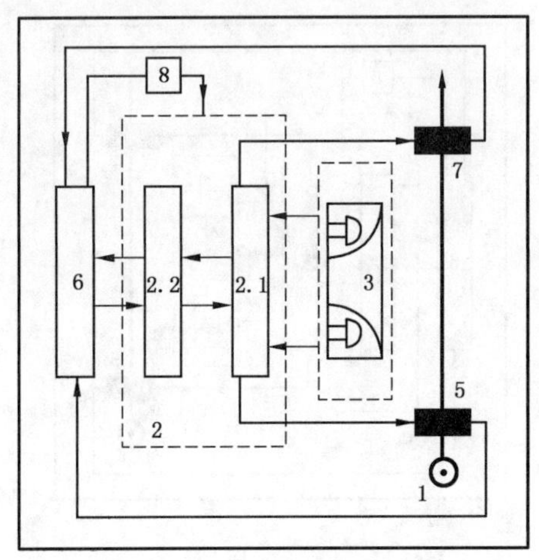

1——电源回路；
2——符合 GB/T 16855.1—2008 中类别 4 要求双手控制装置的控制和监视装置；
2.1——断路装置的控制回路；
2.2——双手控制装置的监视回路；
3——双手控制装置；
5——主断路装置；
6——平板硫化机的监视回路；
7——第二个断路装置；
8——平板硫化机的控制回路。

图 E.1 双手控制装置

E.2 双手控制装置的操作模式

双手控制装置的两个致动器的任一个松开，就应通过两个断路装置直接中断危险运动的电源回路。

E.3 监视要求

符合 GB/T 16855.1—2008 中类别 4 要求的控制和监视装置应：
——监视双手控制装置；
——如图 E.1 所示，控制两个断路装置。

附　录　F
（规范性附录）
噪声测定规范

F.1　引言

本噪声测定规范，对标准条件下有效进行空气中平板硫化机噪声发射值测定、公告和验证所需的信息资料，以及噪声测定方法、测试的操作与基础条件，作了规定。

使用本噪声测定规范，可在所用基本测定方法精度级所决定的极限内，确保测定的可再现性和空气中噪声发射值测定的可比性。本噪声测定规范所允许的噪声测定方法为工程法（2 级）和勘测（3 级）法。

F.2　操作人员工位或其他规定位上 A 计权声压级的测定

对所有平板硫化机，采用 GB/T 17248.2、GB/T 17248.3 或 GB/T 17248.5 三个标准中的任何一个时，应将扬声器放置在离平板硫化机外表面 1 m、操作人员站立面以上 1.6 m、相互间距不超过 2 m 之处，记录所测定的最高数值（另见 GB/T 17248.1）。

对操作人员装卸模的平板硫化机，则应在规定的所有工位上，进行 A 计权声压级测定。

如果切实可行的话，应采用工程法。在每一扬声器位上的测定按 F.5 规定，对平板硫化机每一个完整的测试循环周期，至少测定一个循环周期。

F.3　A 计权声功率级的测定

如果在操作人员工位上测定的 A 计权声压级超过 85 dB，则应采用 GB/T 3767、GB/T 3768、GB/T 16538、GB/T 16404 或 GB/T 16404.2 中任何一个标准，测定 A 计权声功率级。

如果切实可行的话，应采用工程法，在每一扬声器位上应测定一次，且每次测定的持续时间按 F.5 规定执行。

如果采用 GB/T 3767 或 GB/T 3768，则测定面应为平行六边形；其测定距离应为 1 m（另见 GB/T 14367）。

F.4　噪声测定时的安装和基础条件

平板硫化机的固定和连接应由制造厂商在使用说明书中予以注明。

平板硫化机应安装在混凝土建造的平面反射面上。如果在机器与其支持面之间使用弹性基垫，则应记录其技术特性。所有测定的安装与基础的条件应相同。

F.5　操作条件

平板硫化机应处于正常的操作温度和运行状态：

——带有模具或金属隔板；

——开启行程应不小于最大开启行程的 75%；

——顶推器、辅助装置或排气通风系统不运行；

——液压泵不间断连续持续至少三个相连的测试周期，至少 90 s。

测试周期应包括蓄能器的蓄能和机械插锁运动一次，如有这些装置的话。

测试周期在表 F.1 内予以规定。

表 F.1 测试周期

部分周期	时间
总周期时间	80*Pt*
施加压力的时间	1*Pt*
保持时间	30*Pt*
剩余时间(包括平板硫化机以最高速度的 80%启闭所用时间)	49*Pt*
注:*Pt* 为将压力从最高压力的 10%增高至 80%所需的时间。	

对所有测定,其操作条件应相同。

F.6 应记录和报告的信息

F.6.1 总则

记录的信息应包括所用的基本标准所需的所有数据,例如按 F.6.2 和 F.6.6 规定的受测试的平板硫化机的精度证明、声学环境、仪器仪表、如有否操作人在场和位置等至少应有的数据。

应报告的信息如下。

F.6.2 总体数据

——平板硫化机的型号和系列号,如有的话,制造年份;

——测试日期、位置和负责人;

——室温。

F.6.3 平板硫化机的技术数据

——最大行程;

——合模力;

——最高液压压力。

F.6.4 标准

——测定用标准。

F.6.5 基础和操作条件

——油温;

——*Pt* 值;

——实际行程;

——有/无蓄能器运行;

——模具或隔板尺寸。

F.6.6 声学数据

——测定点的位置;

——所得到的噪声发射值,特别是噪声发射声压级最高值及获得这一最高值的位置。

与本测定规范相悖之处应予以记录和报告。

F.7 噪声发射值的公告和验证

噪声公告应符合 GB/T 14574—2000,应为双数值公告,即测定的数值和此测定的不确定度数值应分别注明。且应包括以下各项:

——操作人员工位上所测定的 A 计权声压级超过 70 dB 时的数值;A 计权声压级最高数值;以及得到这些数的点位均应予以公告;对于操作人员装卸模的平板硫化机,按照 F.2 规定:测得的最高值和操作人工位测得的值均应予以公告。而 A 计权声压级未超过 70 dB 时;要对这一事实据实予以公告。

——A 计权声功率级数值，只有在操作人员工位处测得 A 计权声压级数值超过 85 dB 之处才要。

噪声公告应明确注明，噪声发射值是执行本规范性附录获得的，并应注明所使用的基本标准。噪声公告还应明确注明与本规范性附录和/或所用基本标准相悖之处。

如要进行公告数值验证，则应符合 GB/T 14574—2000 中 6.2 并在原初噪声数值测定时所用的同样的基垫和操作条件进行。

附 录 G
（规范性附录）
热板运动比例阀的使用

G.1 设计

G.1.1 如果能源供给发生故障，比例阀应在弹簧的作用下返回基位。

G.1.2 在基位，比例阀的压力连接侧应堵住或者排入油箱内。

G.1.3 比例阀在其基位上时，不应有产生危险运动的泄漏。要实现这点可采用高精度阀或将泄漏从比例阀直接排入油箱的方法。

G.2 操作模式

G.2.1 比例阀的基位，在每一周期中应至少到达一次。

G.2.2 控制热板运动的比例阀不应用于控制任何其他运动。

G.2.3 当模具运动的活动防护装置打开时，位置开关应：

——直接或通过监视继电器，中断热板闭合运动电磁比例阀的能源供给；或

——直接或通过监视继电器，关掉比例阀的控制卡的能源供给，在这种情况下，应保证控制卡中任何剩余数值不会进而引起热板闭合运动。

G.2.4 此项为可以使用的 G.2.3 的替代方案：

——用附加阀(非比例)中断比例阀控制油；或

——用附加阀(非比例)使比例阀移到其基位；或

——用附加阀(非比例)抑制热板闭合运动。

当这些防护装置打开时，应由模具区活动防护装置的位置开关直接中断电磁附加阀的能源供给。

附加阀的故障不应影响比例阀的安全功能，应能被控制系统自动探测到；否则，应对附加阀加以自动监视。

G.2.5 带有防止进出模具区的光幕或双手控制装置的平板硫化机，应按 G.2.3 和 G.2.4 要求使用模拟方式进行。

附 录 H
（规范性附录）
图C.1第二个断路装置的附加要求

中断危险运动液压缸的液压油的供给的第二个断路装置应使用一个附加阀，在防护装置打开时，其应：

H.1 直接地被活动防护装置所启动；或

H.2 直接地被活动防护装置启动的附加位置开关所控制；或

H.3 直接地被活动防护装置启动的制导阀所控制；或

H.4 直接地被活动防护装置启动的附加位置开关控制的制导阀所控制。

当附加阀由H.2或H.4规定的位置开关控制时：

——位置开关应能确保开启触点；

——位置开关与附加阀之间应通过硬连线回路进行连接并且应该独立于可编程序控制器。

附 录 I
(资料性附录)
本标准与 EN 289:2004 章条编号对照

表 I.1 给出了本标准与 EN 289:2004 章条编号对照一览表。

表 I.1 本标准与 EN 289:2004 章条编号对照

本标准章条编号	EN 289:2004 章条编号	本标准章条编号	EN 289:2004 章条编号
1	1	5.2	5.2
2	2	5.3	5.3
3	3	5.4	5.4
3.1	—	5.5	5.5
3.1.1	3.1	图 12	图 10
3.1.1.1	3.1.1	5.6	5.6
图 1	图 1	6	6
图 2	图 2	7	7
3.1.1.2	3.1.2	7.1	7.1
图 3	图 3	7.2	7.2
图 4	图 4	附录 A	附录 A
图 5	图 5	A.1	A.1
图 6	图 6	A.2	A.2
3.1.1.3	3.4	A.3	A.3
3.2	3.2	附录 B	附录 B
3.3	3.3	B.1	B.1
3.4	3.5	B.2	B.2
4	4	B.3	B.3
4.1	4.1	附录 C	附录 C
4.2	4.2	C.1	C.1
图 8	图 7	C.2	C.2
图 9	图 8	附录 D	附录 D
图 10	图 9	D.1	D.1
图 11	—	D.2	D.2
4.3	4.3	D.3	D.3
4.4	4.4	附录 E	附录 E
4.5	4.5	E.1	E.1
4.6	4.6	E.2	E.2
5	5	E.3	E.3
5.1	5.1	附录 F	附录 F

表 I.1（续）

本标准章条编号	EN 289:2004 章条编号	本标准章条编号	EN 289:2004 章条编号
F.1	F.1	附录 G	附录 G
F.2	F.2	G.1	G.1
F.3	F.3	G.2	G.2
F.4	F.4	附录 H	附录 H
F.5	F.5	附录 I	—
F.6	F.6	附录 J	—
F.7	F.7		

附 录 J
（资料性附录）
本标准与 EN 289:2004 技术性差异及其原因

表 J.1 给出了本标准与 EN 289:2004 的技术性差异及其原因的一览表。

表 J.1 本标准与 EN 289:2004 的技术性差异及其原因

本标准章条编号	技术性差异	原 因
本标准名称	“平板硫化机”代替“模压机”	依据我国产品称谓的实际情况。
1	删去范围中的“——液压模压机;——机械模压机”。	本标准涵盖了“液压模压机”与“机械模压机”。
2	本标准尽量引用了我国国家标准。	欧洲标准 EN 289 中的引用标准,大部分已经转化为我国国家标准,使用方便。
3.1	① 本标准 3.1 代替欧洲标准 EN 289 中 3.1; ② 将模压硫化机(俗称“小平板”)、胶带硫化机/胶板硫化机(俗称“大平板”)统称为“平板硫化机”。	① 考虑标准编写层次比较清楚; ② 规范我国平板硫化机的称谓。
3.1.1	“模压硫化机”的英文表述改动为“moulding press”。	因平板硫化机包括了模压硫化机,用“press”表示“模压硫化机”不合适。
3.1.2	增加“胶带硫化机/胶板硫化机”术语和图 7。	根据我国平板硫化机的实际使用情况。
4.2	图 8、图 9、图 10 替代图 7、图 8、图 9;增加图 11。	因 3.1.2 增加图 7,依次推移。
5.5.2.1	图 12 替代图 10。	因 3.1.2 增加图 7,依次推移。

参 考 文 献

[1] GB 22530—2008 橡胶塑料注射成型机安全要求

ICS 71.120;83.200
G 95

中华人民共和国国家标准

GB 25433—2010

密闭式炼胶机炼塑机安全要求

Safety requirements of rubber internal mixers & plastics internal mixers

2010-11-10 发布　　　　2011-10-01 实施

中华人民共和国国家质量监督检验检疫总局
中国国家标准化管理委员会　发布

前　言

本标准的第5章、第6章及第7章为强制性的,其余为推荐性的。

本标准修改采用欧洲标准 EN 12013:2000《橡胶塑料机械　密炼机　安全要求》(英文版)。

本标准根据 EN 12013:2000 重新起草,对第6章增加了6.1、6.2、6.3、6.4条编码。

本标准在采用欧洲标准时进行了修改,这些技术性差异用垂直单线标识在所涉及的条款的页边空白处。在附录A中给出了技术性差异及其原因的一览表以供参考。

为便于使用,本标准还作了下列编辑性修改:

a) 用"前言"代替欧洲标准"前言";

b) 用"本标准"代替"本欧洲标准";

c) 删除了欧洲标准中的引言;

d) 删除了 EN 12013:2000 的资料性附录 ZA;

c) 补充了图7及图8的名称;

f) EN 12013:2000 的附录A改为本标准的附录B,增加了附录B的标题"预防火灾措施";

g) 增加了附录A;

h) 增加了参考文献。

本标准的附录A和附录B为资料性附录。

本标准由中国石油和化学工业联合会提出。

本标准由全国橡胶塑料机械标准化技术委员会(SAC/TC 71)归口。

本标准负责起草单位:大连橡胶塑料机械股份有限公司、益阳橡胶塑料机械集团有限公司。

本标准参加起草单位:绍兴精诚橡塑机械有限公司、北京橡胶工业研究设计院。

本标准主要起草人:贺平、陈汝祥、杨宥人、李香兰、澎志深、凌玉荣。

本标准参加起草人:徐银虎、劳光辉、尉方炜、夏向秀、何成。

密闭式炼胶机炼塑机安全要求

1 范围

本标准规定了密闭式炼胶机炼塑机(以下简称密炼机)的安全要求。

本标准涉及密炼机安全要求中的术语和定义、危险列举、安全要求及措施、安全要求及措施的验证和使用信息。

本标准规定了密炼机和辅助设备间相互作用的安全要求。

本标准的第4章涵盖了所有重大危险列举。

本标准不包含排气系统和辅助设备设计的安全要求。

本标准中规定的安全要求及措施适用于3.1所定义的所有加工橡胶和塑料的密炼机,不限定机器规格大小以及加料前门和卸料门的驱动方式。

2 规范性引用文件

下列文件中的条款通过本标准的引用而成为本标准的条款。凡是注日期的引用文件,其随后所有的修改单(不包括勘误的内容)或修订版均不适用于本标准,然而,鼓励根据本标准达成协议的各方研究是否可使用这些文件的最新版本。凡是不注日期的引用文件,其最新版本适用于本标准。

GB/T 3766 液压系统通用技术条件(GB/T 3766—2001,eqv ISO 4413:1998)

GB 3836.15 爆炸性气体环境用电气设备 第15部分:危险场所电气安装(煤矿部分除外)(GB 3836.15—2000,eqv IEC 60079-14:1996)

GB 4208—2008 外壳防护等级(IP代码)(IEC 60529:2001,IDT)

GB 5226.1—2008 机械电气安全 机械电气设备 第1部分:通用技术条件(IEC 60204-1:2005,IDT)

GB/T 7932 气动系统通用技术条件(GB/T 7932—2003,ISO 4414:1998,IDT)

GB/T 8196—2003 机械安全 防护装置 固定式和活动式防护装置设计与制造一般要求(ISO 14120:2002,MOD)

GB 12158—2006 防止静电事故通用导则

GB/T 14574 声学 机器和设备噪声发射值的标示和验证(GB/T 14574—2000,eqv ISO 4871:1996)

GB/T 15706.1—2007 机械安全 基本概念与设计通则 第1部分:基本术语和方法(ISO 12100-1:2003,IDT)

GB/T 15706.2—2007 机械安全 基本概念与设计通则 第2部分:技术原则(ISO 12100-2:2003,IDT)

GB 16754—2008 机械安全 急停 设计原则(ISO 13850:2006,IDT)

GB/T 16855.1—2008 机械安全 控制系统有关安全部件 第1部分:设计通则(ISO 13849-1:2006,IDT)

GB/T 17248.3—1999 声学 机器和设备发射的噪声 工作位置和其他指定位置发射声压级的测量现场简易法(eqv ISO 11202:1995)

GB 17888.1 机械安全 进入机械的固定设施 第1部分:进入两级平面之间的固定设施的选择

(GB 17888.1—2008,ISO 14122-1:2001,IDT)

GB 17888.2 机械安全 进入机械的固定设施 第2部分:工作平台和通道(GB 17888.2—2008,ISO 14122-2:2001,IDT)

GB 17888.3 机械安全 进入机械的固定设施 第3部分:楼梯、阶梯和护栏(GB 17888.3—2008,ISO 14122-3:2001,IDT)

GB 17888.4 机械安全 进入机械的固定设施 第4部分:固定式直梯(GB 17888.4—2008,ISO 14122-4:2004,IDT)

GB/T 18153—2000 机械安全 可接触表面温度 确定热表面温度限值的工效学数据

GB 18209.1 机械安全 指示、标志和操作 第1部分:关于视觉、听觉和触觉信号的要求(GB 18209.1—2000,idt IEC 61310-1:1995)

GB/T 18831—2010 机械安全 带防护装置的联锁装置 设计和选择原则(ISO 14199:1998/Amd.1:2007,MOD)

GB/T 19670—2005 机械安全 防止意外启动(ISO 14118:2000,MOD)

GB/T 19671—2005 机械安全 双手操纵装置 功能状况及设计原则(ISO 13851:2002,MOD)

GB/T 19876—2005 机械安全 与人体部位接近速度相关防护设施的定位(ISO 13855:2002,MOD)

GB 23821—2009 机械安全 防止上下肢触及危险区的安全距离(ISO 13857:2008,IDT)

GB/T 25078.1—2010 声学 低噪声机器和设备设计实施建议 第1部分:规划(ISO/TR 11688-1:1995,IDT)

GB/T 25078.2—2010 声学 低噪声机器和设备设计实施建议 第2部分:低噪声设计的物理基础(ISO/TR 11688-2:1998,IDT)

3 术语和定义

下列术语和定义适用于本标准。

3.1

密炼机 internal mixer

用于间歇生产橡胶或塑料混合物的塑炼或混炼的机器,其主要由下列部件组成(见图1):

——在密炼室(b)中,有两个相向回转的水平转子(a);

——加料斗(c)有几个开口;

——在加料斗的加料一侧,有个开口,装有门(加料前门)(d);

——在加料斗的加料另一侧,有个检查/进出口(加料斗后开口),其上装有一个固定或可动的防护板(加料斗后门)(e);

——可能有的另外的加料口,用以连接加料管(f);

——有可浮动的压砣,用以向物料施加压力(g);

——下落式或滑动式卸料门(h)。

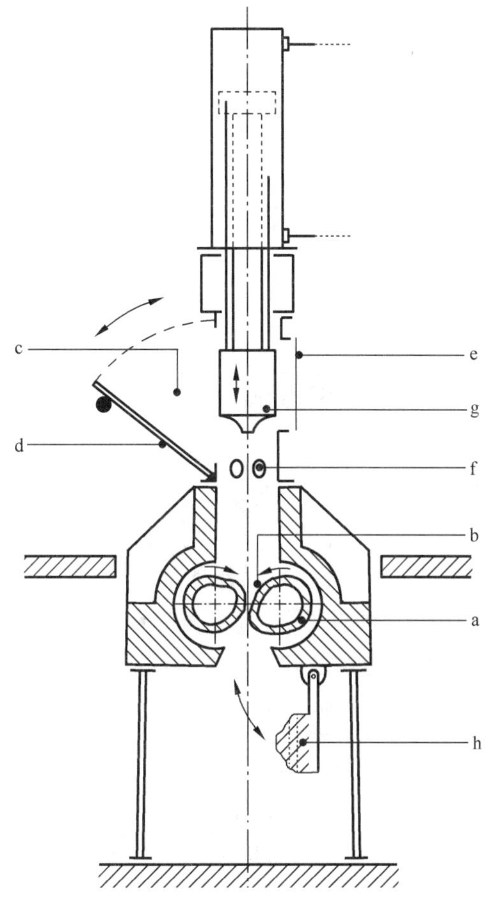

图 1 密炼机主要部件图

3.2

辅助设备 ancillary equipment

与密炼机相配合的设备,包括上游和下游设备。例如:皮带输送机、斗式加料器、粉料或液体喂料系统、开炼机和挤出机。

3.3

大规模清洁作业 major cleaning

清空密炼室以及进出密炼室需要停止生产的清洁操作。

4 危险列举

4.1 机械危险

与密炼机确切相关的重大的机械危险在 4.1.1～4.1.6 中专门予以说明。与密炼机非确切相关的机械危险在 4.1.7～4.1.8 中专门予以说明;与大规模清洁作业、维护保养和维修相关的机械危险在 4.8 中有予以说明。

4.1.1 加料区的危险(见图 2)

4.1.1.1 动力驱动加料前门的动作(自动或手动控制)所引起的危险如下:

a) 关闭动作:

——在加料口边沿(位置 a)和加料门之间的剪切及/或挤压危险[见 4.1.3c)];

b) 打开动作:

——在加料前门和固定件间的挤压危险,尤其在停止位置(位置 b)。

4.1.1.2 加料口的危险如下:

a) 由于压砣的动作可能引起的切断、剪切和挤压的危险:

——压砣与固定连接件之间或压砣与加料口上边沿间,在压砣上升时产生的危险(位置 c);

——压砣与加料口下边沿间,在压砣下降时产生的危险(位置 d);

b) 转子之间或转子和密炼室内壁(位置 e)间的切断、剪切和挤压的危险:

——当从开口伸入时;

——当从开口掉入时;

c) 当从注油器中注射压力油时,可能伤及到眼睛或皮肤(位置 f)。

4.1.1.3 加条状物料时卷入的危险(位置 g)。

4.1.2 其他加料口的危险(见图 2)

其他加料口的危险如下:

a) 压砣与其他加料口边沿间的切断、剪切和挤压的危险(位置 h);

b) 转子之间或转子和密炼室内壁间的切断、剪切和挤压的危险(位置 i);

c) 当从注油器中注射压力油时可能伤及到眼睛或皮肤(位置 j)。

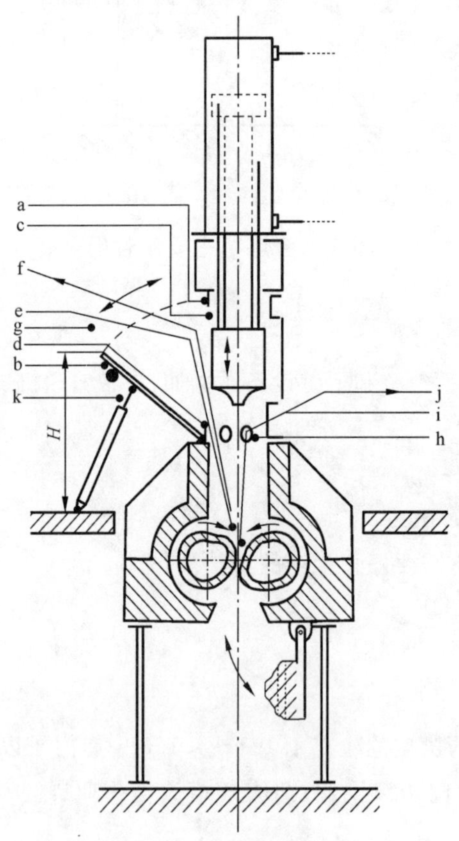

图 2 在加料区和其他加料开口处机械危险的位置

4.1.3 加料斗后开口的危险(见图 3)

加料斗后开口的危险如下：

a) 由于压砣的动作可能引起的切断、剪切和挤压的危险：

——压砣与固定连接件间或压砣与加料斗后开口边沿间,在压砣上时产生的危险(位置 a);

——压砣与加料斗后开口的下边沿间,在压砣下降时产生的危险(位置 b);

b) 转子之间或转子和密炼室内壁间的切断、剪切和挤压的危险(位置 c);

c) 当加料前门关闭时,在动力驱动加料前门和加料口边沿间的剪切和挤压危险(位置 d);

d) 当从注油器中注射压力油时,可能伤及到眼睛或皮肤(位置 e)。

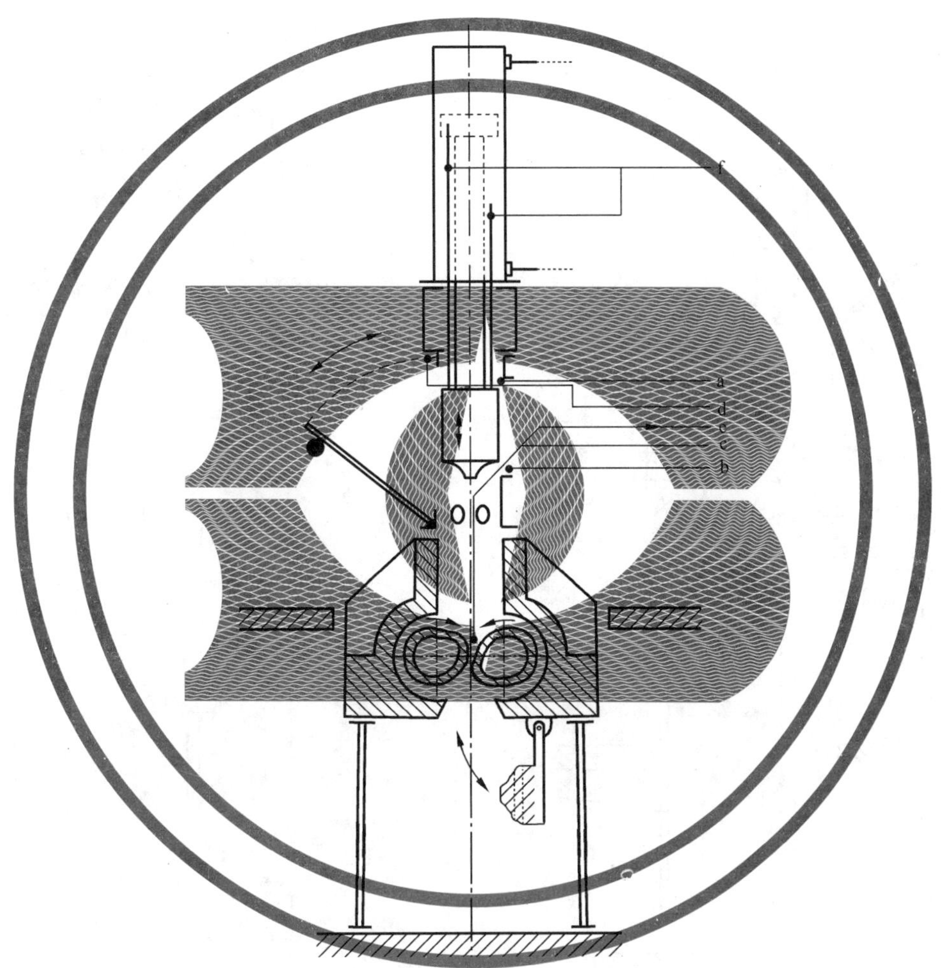

图 3 加料斗后开口处机械危险的位置

4.1.4 卸料区的危险(见图 4 和图 5)

在密炼室自身的开口(倾斜)部分进行卸料时,密炼室的这种可运动部分被称为下落式卸料门(见图 5)。

卸料区的危险如下：

a) 动力驱动的卸料门机构的动作引发的危险：

——关闭动作：

1) 卸料门与卸料口边缘间剪切或碾压危险,下落式卸料门[见图 4a)或图 5,位置 a]或滑动式卸料门[见图 4b)或图 4c)的位置 a];

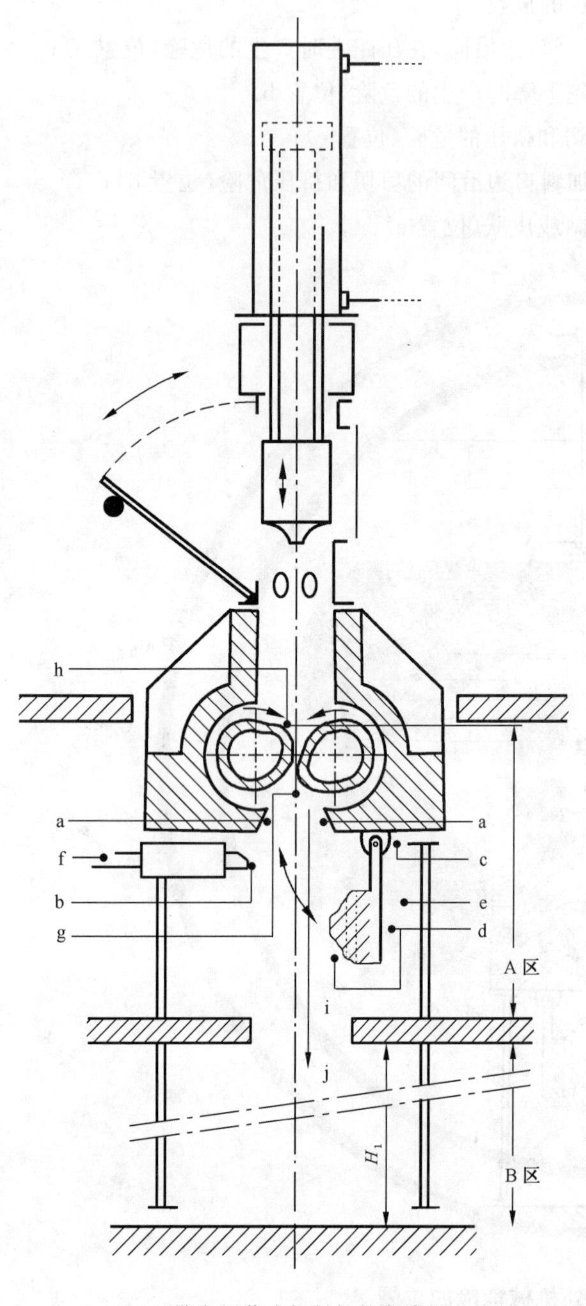

a）带有下落式卸料门的密炼机

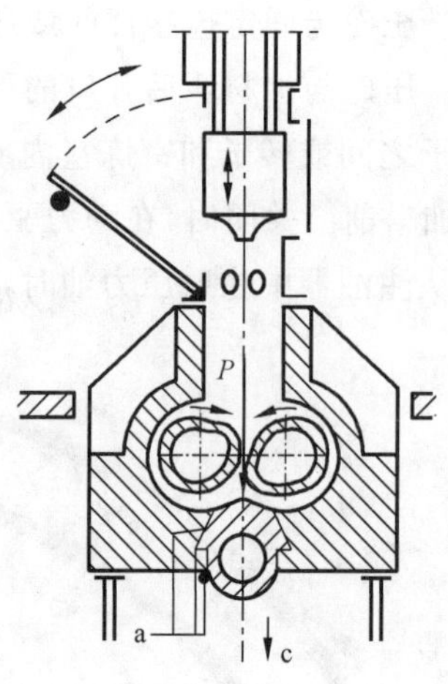

b）与滑动式卸料门相关的危险

P 向

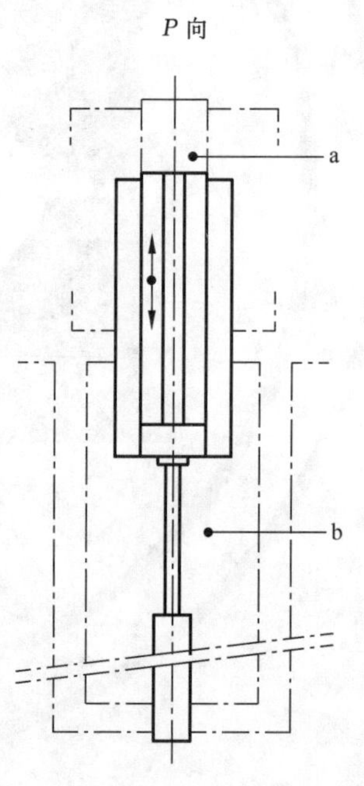

c）滑动式卸料门

图 4　卸料区危险位置

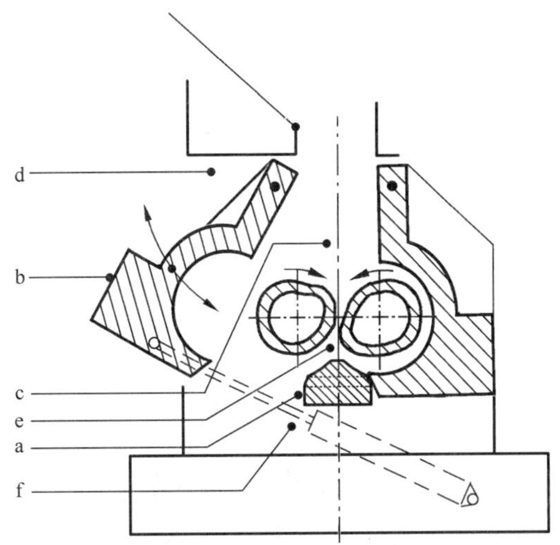

图5 卸料区的机械危险位置(通过密炼室的开口部分卸料)

2) 在下落式卸料门和锁紧机构的插板间碾压的危险[见图4a)的位置b]:

——关闭和开启动作:

1) 被滑动式卸料门的滑动机构冲撞、剪切或碾压的危险[见图4c)的位置b];

2) 被下落式卸料门冲撞的危险;

3) 下落式卸料门与机器的固定部件间碾压的危险[见图4a)的位置e、图5的位置d]。

——开启动作:

被下落式卸料门的锁紧插板的位置指示杆碾压或戳伤的危险[见图4a)的位置f]。

b) 关于卸料口的危险:

——在转子间、转子与密炼室内壁间或转子与卸料口边缘的切断、剪切或碾压的危险[见图4a)的位置g、图5的位置e];

——当压砣下降时,压砣与转子间的碾压的危险;

——注油器中工艺油的注射对眼睛及皮肤的伤害的危险[图4a)的位置i];

——被下落的物料冲撞或碾压的危险[见图4a)的位置j、图4b)的位置c]。

根据密炼机的尺寸和安装情况,列于上述a)和b)中的危险,可能被区分成两个不同的区[见图4a)]。

4.1.4.1 A区

压砣在最低位时,压砣的底部所在的水平面和卸料门机构的通道平台间的区域为A区。

上述a)和b)中所列的所有危险都存在于A区。

4.1.4.2 B区

通道平台和密炼后物料下落处的平面间的区域为B区。仅当$H_1 \geqslant 2\ 500$ mm时,B区才存在。列于上述b)中序3和序4的危险,存在于B区。

如果A区与B区成为一个区,这个区则近似于A区。

4.1.5 由压砣驱动机构的动作或其相关运动部件的动作所引起的危险(如果这种驱动机构安装在加料斗的外边)(见图6)

驱动机构的运动部件和机器的固定部件间的卷入,剪切或碾压的危险(位置a)。

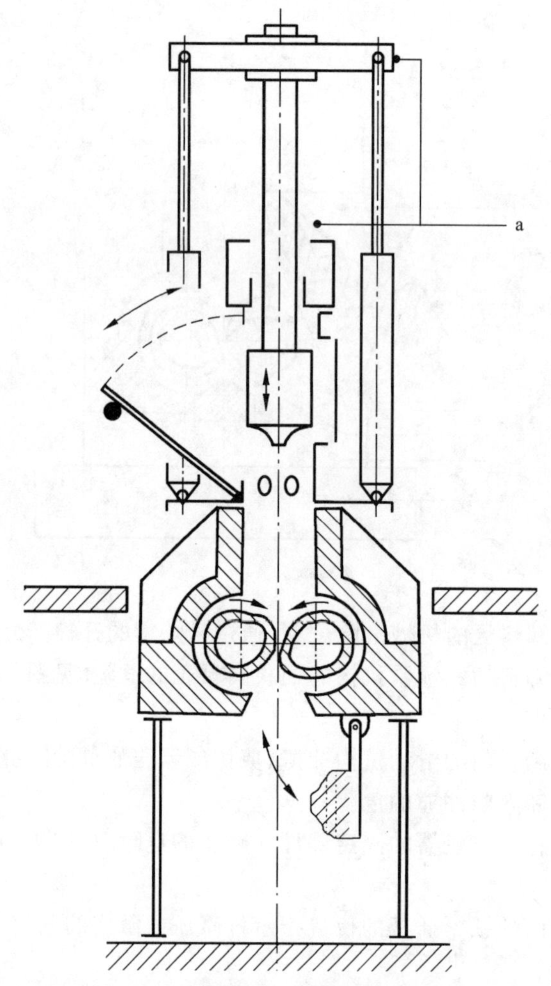

图 6 压砣运动引起危险的位置

4.1.6 由压砣位置指示杆和冷却管运动引起的危险(见图 3)

刺破和卷入危险(位置 f)。

4.1.7 由机器驱动机构和传动系统相关部件的运动引起的危险

冲击或卷入危险(见图 7 的位置 b)、挤压危险[见图 7 的位置 a 和位置 c、图 2 的位置 k、图 4a)的位置 c 和图 5 的位置 f]。

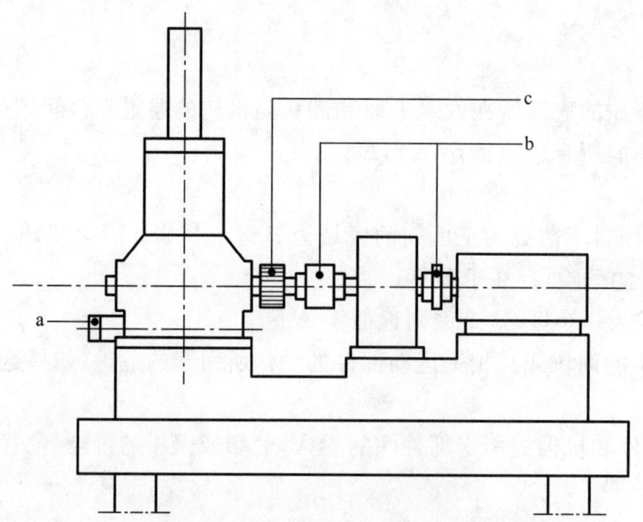

图 7 传动系统和驱动器的运动引起危险的位置

4.1.8 由液压气动及加热和冷却系统的软管组合件引起的危险如下：

a) 由于压力流体的意外泄漏引起的危险；

b) 当软管断裂或接口脱开时，软管猛烈抽打引起的危险。

4.2 电气危险

电气危险如下：

——直接或间接接触带电体引起的电击或灼伤；

——由于静电荷积累引起的电击；

——电气设备故障所引起的危险（例如：短路）。

4.3 热危险

由以下高温引起的烧伤或烫伤：

——热油；

——混合物；

——机械部件。

4.4 噪声危险

噪声可造成的危险如下：

——永久性失聪；

——耳鸣；

——疲劳、紧张等；

——其他的影响：如失去平衡、失去知觉等；

——对语言交流和声音信号等的干扰。

4.5 有害健康的物质引起的危险

接触或吸入了可能从被加工物料中释放出的有害物质，其潜在的危害存在于：

——加料斗开口处；

——转子的端面密封处；

——卸料口处；

——工艺油处。

4.6 火灾危险

由以下原因引起的潜在的危险：

——对放热反应的混合物，由于过度混合或混合动作的程序意外停止，使混合物的温度过高；

——在断电的情况下，放热反应的混合物不能从密炼室中排放出来；

——静电释放。

4.7 滑倒、绊倒和跌落危险

4.7.1 端面密封的泄漏引起的滑倒。

4.7.2 在常用通道的滑倒、绊倒和跌落。

4.8 进行大规模清洁作业（见3.3）、维护保养和维修时易发生的危险

进行大规模清洁作业维护和维修时易发生的危险如下：

——列于4.1中（除4.1.1.3外）的所有机械危险；

——列于4.3和4.5中的危险；

——整个身体接近密炼机时，可能发生的其他危险（意外的启动、储存能量的释放、滑倒或跌落）。

5 安全要求及措施

本章中的安全装置的说明应符合下列标准：

——固定防护（见GB/T 8196—2003中3.2的要求）；

——联锁防护(见 GB/T 18831—2010 中 3.2 的要求);

——带防护锁紧的联锁防护(见 GB/T 18831—2010 中 3.3 的要求);

——暂停-运行控制装置(见 GB/T 15706.1—2007 中 3.26.3 的要求);

——双手操纵装置(见 GB/T 19671—2005 中 3.1 的要求)。

本章的安全要求及防护措施,对于相关区域发生的每一相同的危险将以组合的方式提供防护。除另有规定外,与控制系统部件相关的安全防护应符合 GB/T 16855.1—2008 的 1 类中有相关规定。

5.1 机械危险的安全要求及措施

5.1.1 加料区的危险

5.1.1.1 动力驱动加料前门的动作(自动或手动控制)所引起的危险,应采用下列一种或几种措施,防止上肢触及危险区:

a) 关闭动作

——根据 GB 23821—2009 中表 2 的规定,与固定或运动的机器部件间的距离不大于180 mm,人不能站立于固定防护与部件之间;

——上辅机(例如:辅助喂料装置)可起到固定防护的作用;如果它是可动的,则应该符合下一条规定的联锁防护要求;

——根据 GB 23821—2009 中表 1 联锁防护定位的、离固定或可动的机械部件的距离不大于180 mm,防护装置被打开时,将停止加料前门的动作(手动控制加料前门适用 GB/T 16855.1—2008 的 1 类;自动控制加料前门适用 GB/T 16855.1—2008 的 3 类);

——动力驱动加料前门采取手动控制:符合 GB/T 19671—2005 的ⅢA 型的双手操纵装置或者暂停-运行控制装置,安装位置离最近的碾压点至少 2 m 远,见 7.1.1a)。操作位置能够看清危险区。

b) 开启动作

——5.1.1.1a)中的第 1 项或第 2 项规定的固定或联锁防护;

——动力驱动加料前门若采用手动控制,则应符合 5.1.1.1a)的第三项的规定;

——动力驱动加料前门若采用自动控制,则应采用感应装置,感应装置反应时,可阻止加料前门的打开,见 5.1.1.2d)。

5.1.1.2 加料口的危险

加料口的危险的防护:

a) 压砣的动作

下列情况之一应能防止由加料口触及危险区:

——加料前门在关闭位置,可作为一种联锁防护装置。如果加料前门开着,就对压砣的动作(包括浮动状态)予以阻止,除了下述情况以外:

1) 如果压砣已经过了加料口的下边沿且向下动作或处于浮动状态、压砣已经过了加料口的上边沿且向上动作或处于浮动状态;

2) 如果采取双手操纵装置(符合 GB/T 16855.1—2008 的ⅢA 型)来控制,或者采用暂停-运行控制装置(其定位至少要离剪切或碾压点 2 m 以外)来控制,这些装置都只能采用模式选择开关来执行操作,见 7.1.1a)。

——在 5.1.1.1a)中的固定或联锁防护。此联锁防护带有防护锁紧,它能防止接近加料口产生危险,直到下述动作发生为止:

1) 加料前门关闭(GB/T 16855.1—2008 规定的 3 类)或

2) 加料前门打开(GB/T 16855.1—2008 规定的 3 类),且达到 5.1.1.2a)中的第一条中的 1)和 2)所述的条件。

b) 转子的动作

应防止通过加料口触及到转子或跌落到转子上。

——应采用下列一种或几种措施防止通过加料口触及到转子：

1) 根据 GB 23821—2009 中表 2 的安全距离(此距离是依据最近的出入点测量)，或根据 GB 23821—2009 表 4 或表 7 的规定设防；

2) 在 5.1.1.1a)中第一项所述的固定防护装置，在必须为加料口清理时，此固定防护能打开，允许操作者使用工具进行清理。这些开口应配备联锁防护。固定防护装置的安装位置和防护装置上任何防护开口的尺寸均应符合下述要求：从其开口最下边沿起的安全距离应符合 GB 23821—2009 中表 2 的要求或表 4 的要求。

联锁防护应能防止操作者进入加料口，直到加料前门被打开(见 GB/T 16855.1—2008 的 3 类)，且在 5.1.1.2a)中的第一项中的 1)和 2)所述的条件满足为止，当加料前门开着时，这些防护锁紧能阻止加料前门的任何动作。

——为防止通过加料口跌落到转子上，应使用这种解决方法：各种辅料都通过一个特殊的加料系统加入；连接此加料系统与密炼机的导管即成为固定防护(有这样的加料系统可以代替从加料前门加料，从而消除了 4.1.1.1 和 4.1.1.2 所列出的危险)。

如技术或工艺不可能这样做时，为减少跌落到转子上的危险，应采用限制入口尺寸 A 和 B(见图 8)的方式，其最大的尺寸不超过 500 mm×400 mm(或 400 mm×500 mm)；或应采用一种特殊的活动机械装置，一旦加料前门打开时，它能自动地把开口尺寸缩小至此极限。

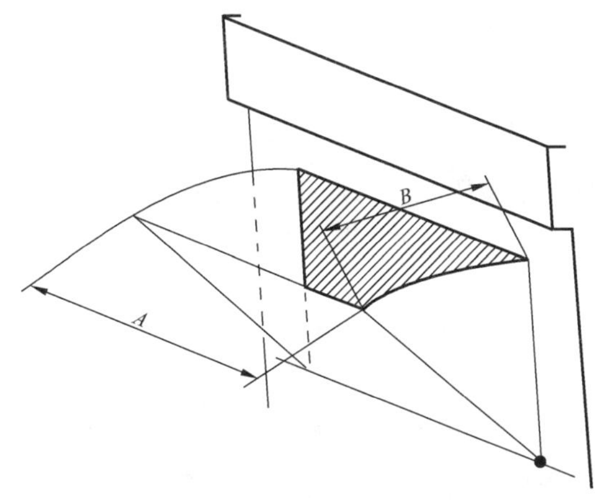

图 8　加料前门开口尺寸

或者采用下列措施：

1) 加料前门在开启位置时，上边缘距操作平台至少 1.1 m 高(图 2 中尺寸 H)，也可见 7.1.1b)；

2) 在 5.1.1.2b)的第二项中所提及的固定防护的开口上边缘距操作平台至少 1.1 m 高，也见7.1.1b)；

3) 上游加料设备[见 5.1.1.1a)]中第一项将作为一个联锁防护，带有防护锁紧，其能阻止人员跌落到转子，直至转子因失去动力来源而停止转动，使转子静止或直到上面提及的特殊活动机械装置到达安全位置为止。

如上游设备是活动的(例如：向前或向后动作)，应配备机械跳闸装置(例如：压敏垫、杆或边缘)或非机械式跳闸装置(例如：电感应保护装置)，当有操作者站在此上游设备和开着的加料前门之间时，能防止或停止上游设备的向前运动。

此标准不包括用于操作者被加料设备运输到转子上而引起的人体跌落到转子上的危险。

c) 工艺油的注射

如果在下述情况下，应采用停止油料注射的措施，对危险予以设防：

——加料前门是打开的；或

——在5.1.1.1a)的第一项所述的联锁防护是打开的；或联锁的上游设备被拆除的情况。

d) 自动加料密炼机采取的相应防护措施

对于这样的机器，对于4.1.1.2所提及的危险可以通过感应装置[见5.1.1.1b)第三项]来设防，当此感应装置反应时，使加料前门关闭(GB/T 16855.1—2008的3类)。此装置应安装在：操作者到达危险区前，就使门彻底关闭的位置。对于接近速度，按GB/T 19876—2005的规定。

5.1.1.3 加条状物料时卷入的危险，见7.1.2a)。

5.1.2 其他加料口的危险

其他加料口的危险的防护：

a) 压砣的动作

对于进入危险区应采用固定防护装置予以设防，每一个开口都要配备固定防护装置，开口不用时，予以关闭，见7.1.2b)。

b) 转子的动作

配备5.1.2a)所规定的防护方式，对进入危险区予以设防。

c) 工艺油的注射

5.1.2a)所规定的防护配备可以防止此种危险。

5.1.3 加料斗后开口危险

加料斗后开口危险的防护：

a) 压砣的动作

下列一种或两种方式应能防止触及压砣危险区：

——带有防护锁紧的联锁防护可以阻止进入压砣危险区，直至压砣在以机械方式固定于最高位或停止在最低位，或者压砣的动力供应被切断，该运动的贮存能量释放完为止(见GB/T 16855.1—2008的3类)。

如果遵守下列条件，带有防护锁紧的联锁防护，联锁防护的钥匙应有专人管理(见GB/T 18831—2010的附录E)。

1) 需要经常进出的(平均每班不多于一次)，见7.1.2c)；

2) 使用不易复制的编码钥匙；

3) 每一具锁，对应一把唯一的钥匙，见7.1.2d)。

——固定防护，专门为大规模清洁作业、维修保养和维修用(见5.8)。

b) 转子的动作

采用5.1.3a)中所述的安全措施，以防止进入危险区。选择带有防护锁紧的联锁防护，应能防止进入危险区，直到转子运动的动力源切断或停止为止(见GB/T 16855.1—2008的3类)。

c) 动力关闭加料斗前的动作

应采用下列两种措施，防止进入危险区：

1) 依据GB 23821—2009中表2或表4中的安全距离；或

2) 5.1.3a)中规定的安全措施，如选择带有防护锁紧的联锁防护，它应能阻止进入危险区，直至加料前门的关闭动作的动力源中断为止(如果门的动作采用的是手动控制方式，见GB/T 16855.1—2008的1类；如果门的动作采用的是自动控制方式，见GB/T 16855.1—2008的3类)。

d) 工艺油的注射

此危险应按5.1.3a)规定的防护措施予以防止。如选用带有防护锁紧的联锁防护，防护装置打开时，应能停止工艺油的注射。

5.1.4 **卸料区的危险**

5.1.4.1 **A区**

A区的危险的防护：

a) 卸料门及其驱动机构的动作

依据GB 23821—2009中表2的规定设固定防护装置以防止进入危险区。这些防护装置将形成一个符合GB/T 8196—2003中6.3d)规定的全方位环绕安全距离的防护。如必要，可与带有锁紧的联锁防护组合起来，以防接近危险区，直至：

——卸料门停在其打开位或以机械方式固定于开启位、关门动作的动力源供应中断、且关门动作存贮的能量也释放完；或

——卸料门以机械方式固定于关闭位。

b) 转子的动作

对于通过卸料口触及到转动的转子的危险，应采用固定防护装置予以设防。按5.1.4.1a)规定，固定防护与带锁紧的联锁防护组合在一起。要打开这些联锁防护，只有当转子动作所需的动力源供应切断且转子停止时才允许。

c) 压砣的动作

应采用下列措施，对通过卸料口触及到的压砣，予以设防：

——依据GB 23821—2009中4.2.1.3规定的安全距离，从通道平台的水平面算起，或依据GB 23821—2009中表4的规定；

——符合5.1.4.1a)规定的带有锁紧的联锁防护的固定防护装置，联锁防护一打开，就将压砣运动的动力源供应切断。

d) 工艺油的注射

为了防止危险，下述任一项动作，停止注射工艺油：

——卸料门打开；

——打开5.1.4.1a)规定的联锁防护。

e) 物料的下落

这一危险应采用固定防护装置与带有防护锁紧的联锁防护[如5.1.4.1a)所规定的]予以设防。只有在下列条件下，才允许打开这些联锁防护：

——卸料门关闭且固定在关闭位；或

——物料已全部下落完毕，手动加料密炼机的加料前门关闭，全自动加料的密炼机的加料机构都停止。

5.1.4.2 **B区**

B区的危险的防护：

应采用下列一种或几种措施，对物料下落或工艺油注射引发的危险予以设防：

——5.1.4.1a)规定的固定防护装置，其与带有锁紧的联锁防护相组合，且只有在下列条件下可被打开：

1) 卸料门关闭且固定在关闭位；或

2) 卸料门打开，转子停止，5.1.4.1 e)规定的条款都已满足，并且加工艺油也停止注射；

——料斗状的固定防护与下游设备(例如：开炼机、挤出机)共同起固定防护的作用。如果下游设备是可运动的，它应在下游设备运动时，能与联锁装置联动，实现关闭卸料门。

5.1.5 **由压砣的驱动机构以及与它连接的运动部件的运动引起的危险**

如果机构安装在加料斗外面。如果没有采取设计措施消除此危险，或没有达到消除危险的设计目的(见GB 23821—2009中4.2.1.2的要求)，应采用固定防护装置。

5.1.6　**由压砼位置指示杆和冷却管运动引起的危险**

应按 5.1.5 的规定。

5.1.7　**由机器驱动机构和传动系统相关部件的运动引起的危险**

应按 5.1.5 的规定。

5.1.8　**由液压气动及加热和冷却系统的软管组合件引起的危险**

由液压气动及加热和冷却系统的软管组合件引起的危险的防护：

a)　由于压力流体的意外泄漏引起的危险，液压和气动设备应按 GB/T 15706.2—2007 中 4.10 和 GB/T 3766 或 GB/T 7932 的要求进行设计。防止压力流体从胶管组合件释放出来应满足 5.1.8b)规定的软管及连接件的要求。

b)　防止压力胶管在压力突然释放时产生抽打的危险，软管中的压力高于 5 MPa 时，它的连接的设计应能防止软管从接头处撕裂和意外的从连接点脱开。在软管和接头间采用防撕裂接头(例如：法兰接头)。采用固定护套防护(见 GB/T 8196—2003 中 3.2.1 的要求)或附属的软管附件(例如：用链子)以防止软管的可能发生的突然抽打。

为防止软管意外地从连接点脱开，不应采用切环型接头。合适的连接方式有：法兰接头、扩口接头或锥形螺纹接头。

5.2　**电气危险的安全要求及措施**

5.2.1　**总则**

电气设备应根据 GB 5226.1—2008 和下面 5.2.2、5.2.3 和 5.2.4 的要求进行安装。

应根据 GB 5226.1—2008 第 18 章选择测试和验证方法。

应按照 GB 5226.1—2008 的要求，安装供电电压为 1 kV～36 kV 的电气设备。

5.2.2　**防止直接与导电部件接触**

下列措施适用于每一电路或电气设备部件：

5.2.2.1　**采用外壳保护**

应提供下列外壳最低的防护等级：

——在外壳内的带电部件，应符合 GB 4208—2008 要求的 IP2X 或 IPXXB 防护等级；

——可以直接接近的外壳的上表面，应符合 GB 4208—2008 要求的 IP4X 或 IPXXD 防护等级。

对可打开的外壳(即打开门、盖、壳等)应为外壳内带电部件提供最低的防护等级：

——门内的带电部件，在设备始终带电的时候，用于复位和调节作用的装置，可能极易被接触到，其防护等级应符合 GB 4208—2008 要求的 IP2X 或 IPXXB 防护等级；

——门内其他带电部件，其在复位和调节时，不需要接触到的，其防护等级应符合 GB 4208—2008 要求的 IP1X 或 IPXXA 防护等级。

根据 GB 5226.1—2008 的 6.2.2a)的要求，外壳的打开，只允许用专用钥匙或工具由技术熟练和经过培训的人员来操作或根据 GB 5226.1—2008 的 6.2.2b)的要求，先断开外壳内的带电部件后，再操作。如果不需要用专门的钥匙或工具在不断开电源的情况下，就打开外壳，所有带电部件的防护等级至少达到 GB 5226.1—2008 的 6.2.2c)要求的 IP2X 或 IPXXB。

5.2.2.2　**需要绝缘保护的带电部件**

需要绝缘保护的带电部件应采用绝缘物彻底包覆，绝缘物只有通过破坏才能拆除，并且能承受正常工作条件下的化学、机械和热影响(见 GB 5226.1—2008 中 6.2.3 的要求)。

5.2.2.3　**防止残余电压的危险**

在断开电源后，带有残余电压超过 60 V 的带电部件应该在断电后 5 s 内，放电到 60 V(含 60 V)，且放电率不影响设备正常功能。对于插头等类似装置，拔出就使导体露出(如插头上的插脚)、其放电时间不应超过 1 s，否则导体应予以保护以防接触。根据 GB 4208—2008 的要求，其防护等级至少达到要求的 IP2X 或 IPXXB(也见 GB 5226.1—2008 中 6.2.4 的要求)。

5.2.3 间接接触的防护

在任何电路中发生绝缘故障，将可能导致触电危险，根据 GB 5226.1—2008 中 6.3.3 的要求，此时，电源应被自动切断。而在无法这样做的场合，根据 GB 5226.1—2008 中 6.3.2.2 的要求，应采用Ⅱ级设备(或等效绝缘)或根据 GB 5226.1—2008 中 6.3.2.3 的要求，采用电气隔离的方法。

5.2.4 由静电释放引起的电击或火灾

按 GB 12158 —2006 中所述的措施应予以适当应用，来防止电击危险和潜在爆炸性的气体的引爆危险。

5.2.5 电气设备故障引起的危险

5.2.5.1 防止固体和液体进入电气设备

电气设备固定在机器上或机器附近时，根据 GB 5226.1—2008 的 11.3 的要求，应配备防护外壳。外壳防护等级至少为 GB 4208—2008 要求的 IP44。另外，防护外壳密封垫应耐工艺油。

5.2.5.2 潜在爆炸性气体的环境中的电气设备

在具有潜在爆炸性气体的环境中，应根据相关标准选择电气设备并应按 GB 3836.15 的规定进行安装。非电气设备应防止爆炸危险并采取保护措施。

注：危险场所的分类，参见 GB 3836.14 的规定。

5.3 热危险的安全要求及措施

由热工艺油引起的危险，应按照 5.1.1.2c)、5.1.2c)、5.1.3d)、5.1.4.1d)和 5.1.4.2 的第一项规定，予以防止。

对热混炼胶、混合物，见 7.1.2e)。

工作区的机器外表面，当表面温度超过 GB/T 18153—2000 规定的限值时，应采取包覆或绝热的保护措施，以免意外接触。

5.4 噪声危险的安全要求及措施

——密炼机应根据 GB/T 15706.2—2007 中 4.2.2a)的要求进行设计，采用有效方式和公认的技术措施在设计阶段降低噪声(见 GB/T 25078.1—2010 和 GB/T 25078.2—2010)。

——对于密炼机，应特别注意气动、液压和传动系统的降噪。通过选用低噪声元件或根据当前公认的技术采取整体或部分隔音方法降噪。另外，对气动系统，应采用排气消音器来降噪(也可见 7.1.4)。

5.5 有害健康的物质引起危险的安全要求及措施

在设计阶段，优先考虑技术措施，允许在不开加料前门的情况下，把添加剂加入密炼室。密炼室的设计和构造，应能在不改变机器的本身构造基础上装入固定排气通风装置，尤其在加料口和卸料口及转子密封部分。本标准未涉及排气通风装置设计的要求。

皮肤与工艺油接触引起的危险，见 7.1.2g)。

5.6 火灾危险的安全要求及措施

火灾危险的安全要求及措施如下：

——密炼机应配备检测密炼温度的系统。例如：在每个端面密封圈上至少要有一个测温装置，限值由用户设定，见 7.1.2h)。根据 GB 18209.1 的要求，如果在任何一个测温装置所测得的数值达到限值，自动给出报警信号。根据加工工艺立即执行紧急程序。也可见 7.1.2 h)。

——当突然停电时，对于发生放热反应的混合物，如果没有及时从密炼室中排放出来，就有可能发生火灾。为防止发生火灾，应采取另外的技术措施，这些措施应是设备制造商和用户都协商同意的。可采取的措施例子见附录 B。也可见 7.1.2i)。

——防静电放电的措施见 5.2.4。

5.7 滑倒、绊倒和跌落危险的安全要求及措施

5.7.1 由端面密封泄漏引起的滑倒

机器的设计应满足收集和贮存端面密封处的泄漏物。

5.7.2 在常用通道滑倒、绊倒和跌落

常用通道由其制造商按 GB 17888.1～GB 17888.4 的要求提供。

5.8 进行大规模清洁作业(见 3.3)、维护保养和维修时易发生危险的安全要求及措施

5.8.1 为防止密炼机的意外启动，根据 GB/T 19670—2005 的规定，机器设有可锁装置，使其与其他所有电源相分离，并可将存贮能量释放。

对于电气设备，见 GB 5226.1—2008 中 5.5 和 5.6 的要求。

对于密炼室能完全打开(例如翻转式密炼机)的机器(通常是小型的)，能够满足密炼室的打开动作与转子和压砣动作联锁(见 GB/T 16855.1—2008 的 3 类)。

5.8.2 采用安全销或其他类型的机械限位装置来保证压砣固定，防止运动。

5.8.3 如果要大规模清洁作业，可提供双手控制装置(符合 GB/T 19671—2005 的ⅢA 型)或暂停-运行控制装置来控制转子、压砣或卸料门动作。这些控制装置应通过专用的、可锁的模式选择开关来接通电源。

5.8.4 在机器的加料门前门附近贴上警告牌，不应通过加料前门进入密炼室，直到按使用说明书中所规定的程序步骤执行完成方可。

5.8.5 如果在加料斗同开口处有固定防护，应标有明显和持久的警示牌，内容如下：

——此防护只能由得到授权的人员才能拆除；

——只有当使用说明书中规定的程序被执行完后，才能拆除此防护。

5.8.6 对于整个人体可以进入密炼室的密炼机，而其任一开口的尺寸大于 400 mm×300 mm 的，利用可动的设施，使密炼室有确保安全的落脚处，保证进出安全。

5.8.7 见 7.1.3。

5.9 急停装置

急停装置应满足 GB 16754—2008 的 0 类的要求。如果继续运转是危险的，急停装置应能切断对密炼机的所有能量供应，并能使上下游设备停下来，但排气通风系统不能停止。当加工某种发生放热反应的混合物时，除非在 5.6 中提及的其他技术措施均已符合要求，否则应采用符合 GB 16754—2008 的 1 类的急停装置。

在每个控制或工作站和加料斗后开口的附近，都应装有一个急停装置。

密炼机的控制电路应设计成能够接收从上游或下游的急停装置发送的输入信号。

注：这些信号传送方式应得到设备制造商与用户的同意。

6 安全要求及措施的验证

6.1 安全要求及措施的验证应按照表 1 执行。

表 1 验证方法

条 款	验证方法				参考标准
	表观检查	功能测试	测量	计算	
5.1.1.1	●	●	●		GB 23821—2009 GB/T 19671—2005 GB/T 16855.1—2008
5.1.1.2	●	●	●	●	GB 23821—2009 GB/T 19671—2005 GB/T 16855.1—2008 GB/T 19876—2005

表 1（续）

条款	验证方法				参考标准
	表观检查	功能测试	测量	计算	
5.1.2	●				
5.1.3	●	●	●		GB 23821—2009 GB/T 16855.1—2008 GB/T 18831—2010
5.1.4	●	●	●		GB 23821—2009 GB/T 8196—2003
5.1.5	●		●		GB 23821—2009
5.1.6	●		●		GB 23821—2009
5.1.7	●		●		GB 23821—2009
5.1.8	●				GB/T 15706.2—2007 GB/T 8196—2003 GB/T 3766 GB/T 7932
5.2	●	●	●		GB 5226.1—2008 GB 4208—2008 GB 3836.15 GB 12158—2006
5.3	●	●	●		GB/T 18153—2000
5.4	●		●		GB 14574 GB/T 17248.3—1999 GB/T 25078.1—2010 GB/T 25078.2—2010
5.5	●				
5.6	●	●			GB 18209.1
5.7	●				GB 17888.1 GB 17888.2 GB 17888.3 GB 17888.4
5.8	●	●	●		GB/T 19671—2005 GB/T 18831—2010 GB/T 19670—2005 GB 5226.1—2008
5.9	●	●			GB 16754—2008

6.2 表 1 的功能测试包括根据以下要求验证防护装置和安全装置的功能和有效性：

——使用信息中的说明；

——安全相关的设计文件；

——本标准第 5 章中给出的要求和其他的引用标准。

6.3 对于控制系统安全相关部件应符合 GB/T 16855.1—2008 的 3 类规定的防护和安全装置的功能

测试,还应包括可能发生的故障的模拟测试。

6.4 应根据 GB/T 17248.3—1999 的方法,测量工位上的声压级。

6.4.1 工作站区的定义如下:距操作者所在的平台 1.6 m 高,离加料前门全开的位置有 1 m 的距离。测量时间至少要包括 3 个连续的工作周期。在测量中应尽量减少环境噪声。

6.4.2 应声明的测量值和测量本身的不确定性(GB/T 14574 规定的两项数值声明)。对所声明的声压级数值的验证,应在和原测量时相同的安装与操作条件下进行(包括混合物的成分和混炼参数)。

7 使用信息

7.1 使用说明书

提供的使用说明书根据 GB/T 15706.2—2007 中 5.4.2 的要求,应符合 GB/T 15706.2—2007 中 6.5 的规定。另外应包括下列关于安全的指导和说明。

7.1.1 安装

安装应包括下列指导和说明:

a) 有关距离和尺寸的信息[见 5.1.1.1a)的第三项、5.1.1.2a)的第一项和 5.1.1.2b)的第二项所指明的];

b) 工作平台的位置确定的信息;

c) 为防静电危险的接地说明;

d) 排气通风系统的安装和位置确定的说明,见 7.1.2f)。

7.1.2 操作

操作应包括下列指导和说明:

a) 警告:填加条状物料时,易发生卷入危险;

b) 有关用固定防护遮盖其他的加料斗开口(如果没有加料输送管道)的信息;

c) 设计的加料斗后防护通道使用频率的信息;

d) 当专人使用的钥匙联锁装置的某一钥匙损坏或丢失,而整个钥匙联锁装置应予以更换的说明;

e) 如果混合物达到了较高的温度,易发生烧伤或烫伤的危险而需要用个人保护装备的信息;

f) 当加工某种材料时,可能释放危险物质的信息。这种情况下,应提示用户,指明用户有责任安装和确定排气通风系统的位置[见 7.1.1d)],并对易产生粉尘的物料采用密封袋包装,而且不用拆袋即可加入到混炼胶或炼塑胶中;

g) 关于接触工艺油的危险和穿着适当的保护服装的信息;

h) 说明:测温装置的限值应由专人来设定,并且用户有责任拟定警报信号发出后采取的紧急程序;

i) 密炼机是否适合加工某些发生放热反应的混合物(见 4.6)。如果密炼机适合加工这些混合物,应提示用户,用户有责任采取如下措施:

——除了机械设计措施外,还应根据 5.6 采取另外的技术措施;

——拟定相应的紧急程序。

7.1.3 大规模清洁作业、维护保养和维修

大规模清洁作业、维护保养和维修应包括下列指导和说明:

——在安全进入密炼室前应遵循的程序说明;

——提示:在进入热的密炼室时,要穿隔热的衣服,除非在进入密炼室前,用户已经采用冷却系统进行了冷却;

——提示:用户有责任为操作者提供危险物质防护装备或使密炼室通风以保障安全进入;

——提示:在大规模清洁作业、维护保养和维修时,应防止上下游设备意外启动。

7.1.4 噪声

降低噪声应包括下列指导和说明：

——降低噪声的安装方法的说明；

——说明：当密炼机发出的噪声声压级能够引起听力损伤时，需要采用听力保护设施；

——机器在密炼时的噪声发射情况的通告[根据GB/T 15706.2—2007中6.5.1c)的要求]，噪声测试时指出现场的机器安装和操作条件及混合物的成分和混炼参数。

7.2 标志

密炼机至少应标有：

——制造商、供货商的名称和地址；

——强制性要求标志和制造日期；

——设计序号或型号；

——系列号或机器编号；

——外部液压源或气动源的每个接点的最大压力。

附 录 A
（资料性附录）
本标准与 EN 12013:2000 技术性差异及其原因

表 A.1 给出了本标准与 EN 12013:2000 的技术性差异及其原因的一览表。

表 A.1 本标准与 EN 12013:2000 技术性差异及其原因

本标准的章条编号	技术性差异	原 因
2 5.2.4	用 GB 12158—2006《防止静电事故通用导则》，替代“CENELEC 报告 R-044-001 机械安全 避免静电危险的指导意见和建议”。	引用了我国标准并且适用，增加可操作性。
5.2.5.1	对于具体规定的外壳防护等级“IP65”，修改为“IP44”。	能够满足使用要求，具有可操作性。
5.2.5.2	“非电气设备应防止爆炸危险并采取保护措施。”，替代“非电气设备应符合 EN 1127-1 的要求”。	国内无对应的标准，用具体描述替代，具有可操作性。

附　录　B
（资料性附录）
预防火灾措施

当加工发生放热反应的混合物时，由于断电而不能从密炼室中排出时，为防止火灾发生，可能采取的技术措施的示例：

a)　提供外部动力源(例如：蓄能器、备用发电机)，以使

——测温装置继续工作；

——如果超过预先设定的密炼温度限值，会发出报警信号(5.6 中要求)，立即手动或自动启动紧急程序，此紧急程度可能包括：

1)　立即从密炼室中排放物料，并采用冷却装置进行冷却或在卸料区采用灭火设备；

2)　关闭密炼室，立即注入冷却液或阻燃剂(惰性气体)。

b)　提供手动操作设施，尤其对于小型机器。

参 考 文 献

［1］ GB 3836.14 爆炸性气体环境用电气设备 第14部分：危险场所分类（GB 3836.14—2000，idt IEC 60079-10：1995）

ICS 71.120;83.200
G 95

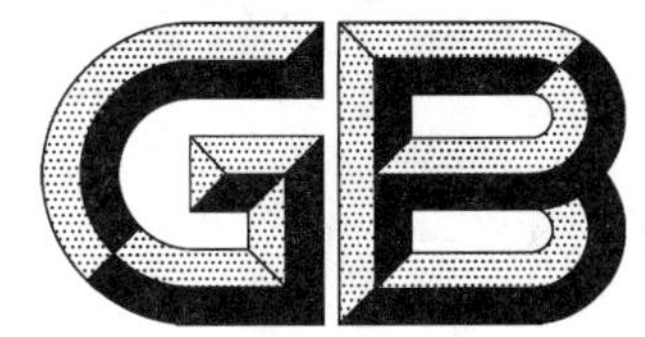

中华人民共和国国家标准

GB 25434—2010

橡胶塑料压延机安全要求

Safety requirements of rubber calenders & plastics calenders

2010-11-10 发布　　2011-10-01 实施

中华人民共和国国家质量监督检验检疫总局
中国国家标准化管理委员会　发布

前 言

本标准的第 5 章除 5.1.1.9e)外为强制性的,第 6 章为强制性的,第 7 章除 7.1.1e)、7.1.2j)、7.1.2k)和 7.1.2m)外为强制性的,其余为推荐性的。

本标准修改采用欧洲标准 EN 12301:2000《橡胶塑料机械 压延机 安全要求》(英文版)。

本标准仅由于引用国家标准带来技术性差异,引用相关标准情况对照表参见附录 G。

为便于使用,本标准作了下列编辑性修改:

a) 用“前言”代替欧洲标准“前言”;

b) 用“本标准”代替“本欧洲标准”;

c) 删除了 EN 12301:2000 介绍;

d) 删除了 EN 12301:2000 的资料性附录 ZA;

e) 删除了“参考文献”;

f) 增加了附录 G。

本标准的附录 A、附录 B、附录 C、附录 D、附录 E、附录 F 和附录 G 为资料性附录。

本标准由中国石油和化学工业联合会提出。

本标准由全国橡胶塑料机械标准化技术委员会(SAC/TC 71)归口。

本标准主要起草单位:大连橡胶塑料机械股份有限公司、北京橡胶工业研究设计院。

本标准主要起草人:黄树林、李香兰、杨宥人、夏向秀、何成。

橡胶塑料压延机安全要求

1 范围

本标准规定了橡胶塑料压延机的安全要求。

本标准涉及橡胶塑料压延机安全要求中的定义、危险列举、安全要求及措施、安全要求及措施的验证及使用信息。

本标准适用于加工橡胶和塑料的压延机(以下简称压延机),包括固定在机架上的所有部件(压延机不同类型示例见附录 A,压延工艺示例见附录 B)。

本标准不适用于:

——两辊压延机,与一台挤出机(辊头)一起形成的一台完整独立的设备;

——两辊或三辊压光、层压或压花设备(其不是压延机),其在薄膜生产线中作为挤出机的下游设备。

本标准不包括下列危险:

——由被加工物料引起的危险(见附录 C);

——加工爆炸性材料或易产生爆炸性气体材料引起的危险;

——由于易燃材料接触了压延机热部件导致的起火危险(例如:当漏油时);

——由电磁、激光或电离辐射引起的危险;

——如果压延机安装在一个易爆环境中引起的危险。

2 规范性引用文件

下列文件中的条款通过本标准的引用而成为本标准的条款。凡是注日期的引用文件,其随后所有的修改单(不包括勘误的内容)或修订版均不适用于本标准,然而,鼓励根据本标准达成协议的各方研究是否可使用这些文件的最新版本。凡是不注日期的引用文件,其最新版本适用于本标准。

GB/T 1251.1 人类工效学 公共场所和工作区域的险情信号 险情听觉信号(GB/T 1251.1—2008, ISO 7731:2003,IDT)

GB/T 3767 声学 声压法测定噪声源声功率级 反射面上方近似自由场的工程法(GB/T 3767—1996,eqv ISO 3744:1994)

GB/T 3768 声学 声压法测定噪声源声功率级 反射面上方采用包络测量表面的简易法(GB/T 3768—1996,eqv ISO 3746:1995)

GB 4208—2008 外壳防护等级(IP 代码)(IEC 60529:2001,IDT)

GB 5226.1—2008 机械电气安全 机械电气设备 第1部分:通用技术条件(IEC 60204-1:2005,IDT)

GB/T 6881.2—2002 声学 声压法测定噪声源声功率级 混响场中小型可移动声源工程法 第1部分:硬壁测试室比较法(ISO 3743-1:1994,IDT)

GB/T 6881.3—2002 声学 声压法测定噪声源声功率级 混响场中小型可移动声源工程法 第2部分:专用混响测试室法(ISO 3743-2:1994,IDT)

GB/T 8196—2003 机械安全 防护装置 固定式和活动式防护装置设计与制造一般要求(ISO 14120:2002,MOD)

GB 12265.3—1997 机械安全 避免人体各部位挤压的最小间距

GB/T 14574 声学 机器和设备噪声发射值的标示和验证(GB/T 14574—2000,eqv ISO 4871:1996)

GB/T 15706.1—2007 机械安全 基本概念与设计通则 第1部分:基本术语和方法(ISO 12100-1:2003,IDT)

GB/T 15706.2—2007 机械安全 基本概念与设计通则 第2部分:技术原则(ISO 12100-2:2003,IDT)

GB/T 16404—1996 声学 声强法测定噪声源的声功率级 第1部分:离散点上的测量(eqv ISO 9614-1:1993)

GB/T 16404.2—1999 声学 声强法测定噪声源的声功率级 第2部分:扫描测量(eqv ISO 9614-2:1996)

GB/T 16538 声学 声压法测定噪声源声功率级 现场比较法(GB/T 16538—2008,ISO 3747:2000,IDT)

GB 16754—2008 机械安全 急停 设计原则(ISO 13850:2006,IDT)

GB/T 16855.1—2008 机械安全 控制系统有关安全部件 第1部分:设计通则(ISO 13849-1:2006,IDT)

GB/T 17248.2—1999 声学 机器和设备发射的噪声 工作位置和其他指定位置发射声压级的测量 一个反射平面上方近似自由场的工程法(eqv ISO 11201:1995)

GB/T 17248.3—1999 声学 机器和设备发射的噪声 工作位置和其他指定位置发射声压级的测量 现场简易法(eqv ISO 11202:1995)

GB/T 17248.4—1998 声学 机器和设备发射的噪声 由声功率级确定工作位置和其他指定位置的发射声压级(eqv ISO 11203:1995)

GB/T 17248.5—1999 声学 机器和设备发射的噪声 工作位置和其他指定位置发射声压级的测量 环境修正法(eqv ISO 11204:1995)

GB/T 17454.1—2008 机械安全 压敏防护装置 第1部分:压敏垫和压敏地板的设计和试验通则(ISO 13856-1:2001,IDT)

GB 17888.1 机械安全 进入机械的固定设施 第1部分:进入两级平面之间的固定设施的选择(GB 17888.1—2008,ISO 14122-1:2001,IDT)

GB 17888.2 机械安全 进入机械的固定设施 第2部分:工作平台和通道(GB 17888.2—2008,ISO 14122-2:2001,IDT)

GB 17888.3 机械安全 进入机械的固定设施 第3部分:楼梯、阶梯和护栏(GB 17888.3—2008,ISO 14122-3:2001,IDT)

GB 17888.4 机械安全 进入机械的固定设施 第4部分:固定式直梯(GB 17888.4—2008,ISO 14122-4:2004,IDT)

GB/T 18153—2000 机械安全 可接触表面温度 确定热表面温度限值的工效学数据

GB 18209.1 机械安全 指示、标志和操作 第1部分:关于视觉、听觉和触觉信号的要求(GB 18209.1—2000,idt IEC 61310-1:1995)

GB/T 18831—2010 机械安全 带防护装置的联锁装置 设计和选择原则(ISO 14119:1998/Amd.1:2007,MOD)

GB/T 19436.1—2004 机械电气安全 电敏防护装置 第1部分:一般要求和试验(IEC 61496-1:1997,IDT)

GB/T 19670 机械安全 防止意外启动(GB/T 19670—2005,ISO 14118:2000,MOD)

GB/T 19876—2005 机械安全 与人体部位接近速度相关防护设施的定位(ISO 13855:2002,MOD)

GB 23821—2009 机械安全 防止上下肢触及危险区的安全距离(ISO 13857:2008,IDT)

GB/T 25078.1—2010 声学 低噪声机器和设备设计实施建议 第1部分:规划(ISO/TR 11688-1:1995,IDT)

GB/T 25078.2—2010 声学 低噪声机器和设备设计实施建议 第2部分:低噪声设计的物理基础(ISO/TR 11688-2:1998,IDT)

EN 614-1:1995 机械安全 人类工效学设计原则 第1部分:术语和通则

3 术语和定义

下列术语和定义适用于本标准。

3.1

压延机 calender

通过将物料持续拉伸到两辊或多辊之间,用于加工橡胶、塑料、胶浆或分散体的机器。各辊两端由机架支撑。

可能的操作过程举例:

——持续压延橡胶、塑料的片材或型材;

——将一片(层)或几片(层)送到输送带上;

——采用加热或粘合剂,将两层或两层以上橡胶、塑料片材进行层压;

——塑料印花。

图1显示了一个典型的压延过程和大部分部件的定位情况及各区的划分。图中各标号对应于第3章中相应的分条号。

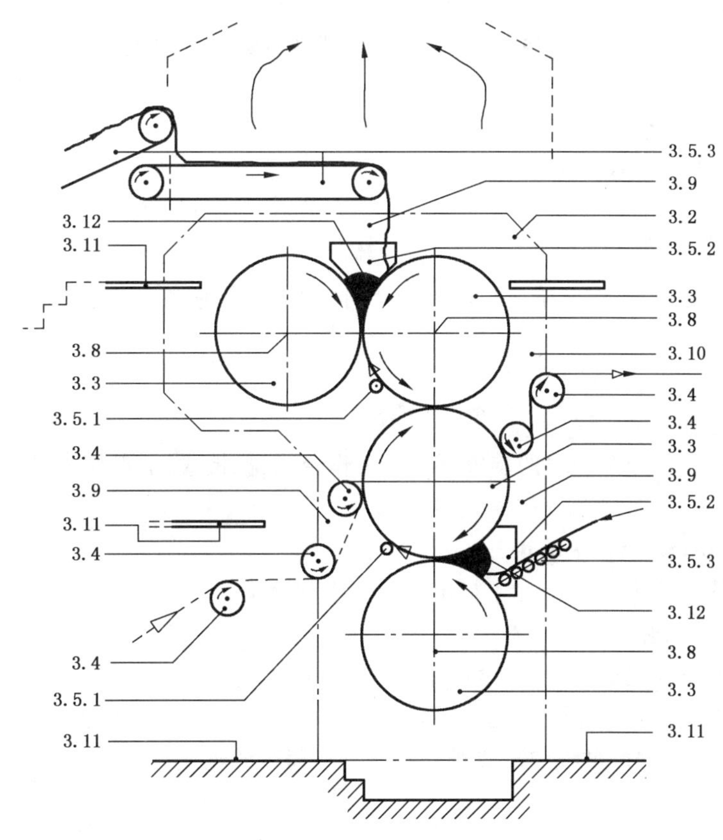

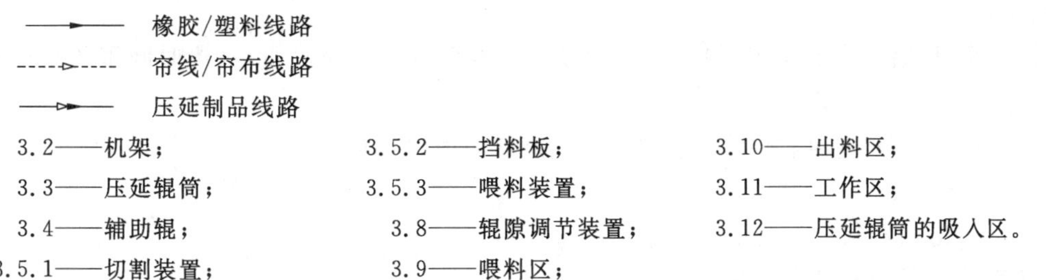

3.2——机架;
3.3——压延辊筒;
3.4——辅助辊;
3.5.1——切割装置;
3.5.2——挡料板;
3.5.3——喂料装置;
3.8——辊隙调节装置;
3.9——喂料区;
3.10——出料区;
3.11——工作区;
3.12——压延辊筒的吸入区。

图1 纤维帘布(织物或金属网)双面涂覆工艺的原料流程的四辊压延机举例

3.2

机架 frame

压延机用以固定压延辊筒轴承、一些辅助辊轴承和辅助装置的部件。

3.3

压延辊筒 calendar roll

具有平滑的表面,表面抛光或喷砂的辊筒。架在空中,由机架上的导向轴承,根据各辊筒之间的关系来定位。辊可镗孔或钻孔以使其温度可以由液体循环来进行控制。

3.4

辅助辊 secondary roller

用在压延工艺中区别于压延辊筒的一种辊。其可被驱动也可调节温度。辅助辊包括:压力辊、印花辊、拉丝导向辊、张力辊、剥离辊、展平辊和牵引辊等。

3.5

辅助设备 ancillary equipment

本标准中介绍了下列辅助设备:

3.5.1

切割装置 cutting equipment

将片材切边修整到一定宽度的装置,其可将片材切成两种或两种以上宽度规格,下面是不同型式切割装置的举例:

——固定刀(金属丝或刀片);

——旋转刀(切割盘)。

3.5.2

挡料板 stock guides

固定在喂料区两边的挡板,用以确定被压延的片材的宽度,并且限制物料位置,防止物料超出正常工作区。

3.5.3

喂料装置 feeding device

在喂料区中用来填入和分配物料的装置,例如:工作台式、栅板式、加料槽式、固定或往复传送带式。

3.6

压延辊筒速度 calendar roll speed

辊筒的线速度 v 的单位为 m/min。本标准中应用下列速度:

——启动生产时,低辊速 v_l;

——制造者提供的最高辊速 v_{max};

——正常生产速度 v_p,其介于 v_l 和 v_{max}之间;

——降低的辊速 v_r,当生产过程中需要操作者靠近辊筒时的辊速。

3.7

停车角 stopping angle

高速的压延机辊筒,从启动了安全装置或急停装置后,至辊筒由制动而停止,这段时间里所转过的角度。

此角度是在压延机空运转,并且辊筒以最高速度 v_{max}旋转时所测得(见 3.6)。

本标准应用下列停车角:

——给定停车角 α:由机器制造者给定的停车角;

——最大停车角 α_{max}:停车角的上限值;

——减速的停车角 α_r:当辊以降低辊速 v_r 旋转时,所获得的停车角。

3.8

辊隙调节装置　nip adjusting device

通过加大或减小辊隙来改变辊筒间相对位置的装置。

3.9

喂料区　feed zone

给压延机加入物料(橡胶或塑料等)或材料(帘布、纺织品和纤维织物等)的区域。一台压延机可有一个或多个喂料区。

3.10

出料区　discharge zone

压延制品排出的区域。

3.11

工作区　working zone

操作者执行正常操作的区域。一台压延机可有一个或多个工作区。

3.12

压延辊筒的吸入区　trapping zone at the calendar rolls

吸入区存在是当两个压延辊筒相互接近,并向辊隙方向相对旋转时,易发生卷入和碾压危险的区域。

吸入区是由辊筒的长度 X 和横截面尺寸 S 和 L 所围成的空间(见图 2):

——当辊筒理论上相接触时 S 取 12 mm,不考虑辊筒直径;

——$L=\sqrt{6}D$,当两辊筒的直径 D 不同时,应当取较大的直径。在附录 D 中给出一个计算 L 的公式;

——不管辊隙多大,L 始终保持不变。

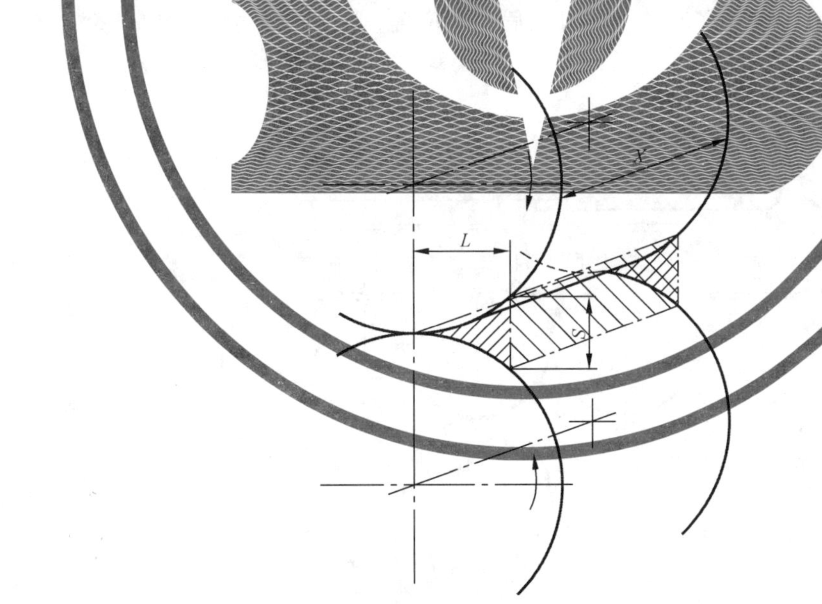

X,S 和 L:决定吸入区的尺寸

图 2　压延辊筒的吸入区

3.13

压延辊筒的危险区　danger zone at the calendar rolls

当进入 3.12 中所规定的吸入区,而安装在吸入区中间附近的保护机构不能阻止时,在压延机上就存在着危险区。

危险区是在辊筒的喂料侧,由辊长 X 和阴影断面[见图 3 和图 7a)]所围成的空间。

此部分由下列尺寸决定：

——在吸入区入口处的直线尺寸 S(见 3.12)；

——根据给定的停车角 α 所确定的辊筒上的两段圆弧(见 3.7)；

——大圆弧的圆心是直线尺寸 S 的中点，其半径为 F，F 为根据给定的停车角 α 所确定的辊筒上的弧线长度。

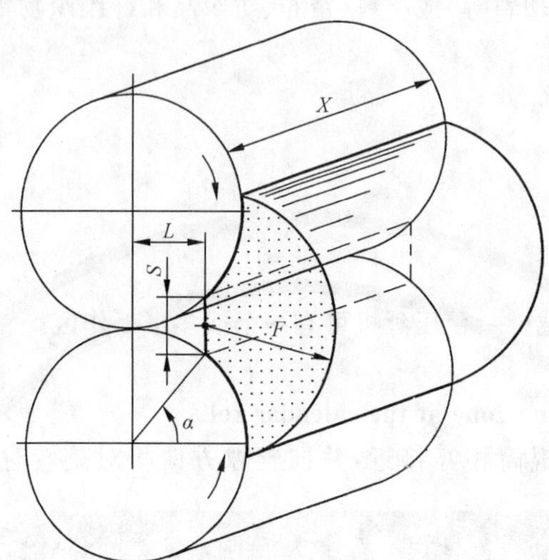

图 3 压延辊筒的危险区

4 危险列举

4.1 机械危险

图 4 中以四辊压延机为例，指出了存在主要机械危险的位置。图中的各标号对应于第 4 章中的分条号。

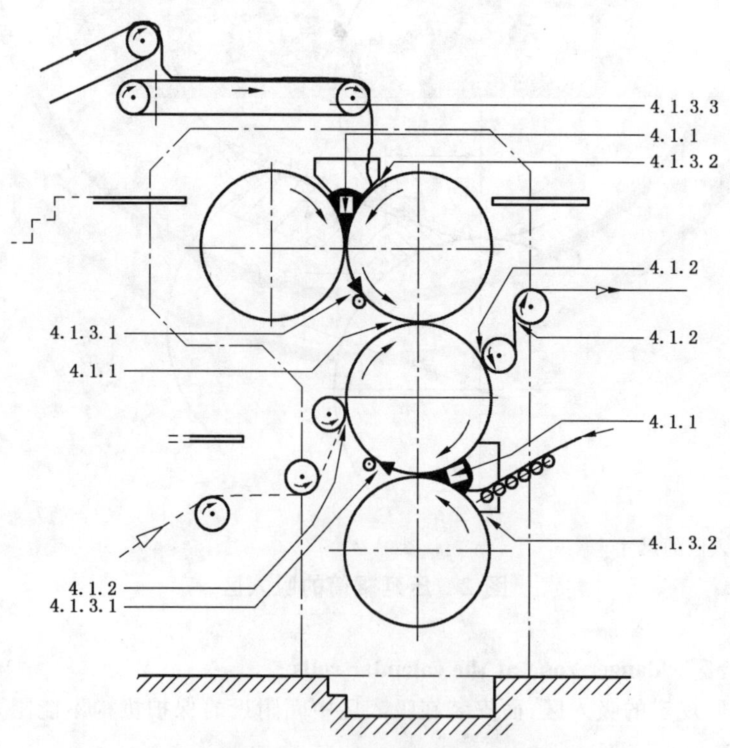

图 4 以四辊压延机为例，主要机械危险的定位

4.1.1 压延辊筒之间或压延辊筒与物料之间的卷入和碾压危险

这些危险可由下列原因引起：

——启动时；

——正常操作中的正向运转时；

——反向运转时；

——清理或清洗操作中；

——机器设定、过程转换、故障排查和维护操作中。

4.1.2 辅助辊的卷入和碾压危险

4.1.3 由辅助设备引起的危险

4.1.3.1 由切割装置引起的切割危险。

4.1.3.2 挡料板和压延辊筒间的剪切和碾压危险。

4.1.3.3 由往复喂料传送带引起的冲击和挤压危险。

4.2 电气危险

4.2.1 直接或间接接触导电部件引起的电击或灼伤。

4.2.2 由静电荷引起的电击或火灾。

4.3 热危险

4.3.1 接触压延机的热部件或热物料引起的灼伤。

4.3.2 胶管或胶管配件破裂，热传导液喷出引起的烫伤。

4.3.3 红外辐射引起的灼伤。

4.4 噪声危险

由噪声引起的危险，例如：听力损害、干扰语言交流或影响听觉。

4.5 忽略人类工效学原则产生的危险

更换印花辊或辊筒时，过多地使用人力引起的危险。

4.6 由于能源供应失效引起的危险

由于能源供应失效而安全装置失灵引起的卷入或碾压危险。

4.7 控制系统故障引起的危险

控制系统的安全相关部件失灵引起的机械危险。

此危险可由下列原因引起：

——意外的启动；

——控制模式失效，包括设定、启动、过程转换、清洗、故障排查、维护和反向运转；

——意外的速度变化；

——一个或几个安全装置失灵。

4.8 滑倒、绊倒和跌落危险

在工作位、到工作位或离开工作位时引起的滑倒、绊倒和跌落危险。

5 安全要求及措施

5.1 机械危险的安全要求及措施

5.1.1 在压延辊筒处的危险

5.1.1.1 通过在吸入区入口位置设置安全防护而防止进入到3.12所规定的吸入区

至少应采用下列措施中的一项，方可阻止进入吸入区：

a) 根据GB/T 8196—2003中3.2的要求，沿辊的整个长度上设置一个固定防护装置。此装置应满足下列准则：

——防护和辊筒表面的间隙不超过6 mm；

——防护和辊筒切面的角度不少于90°。

在资料性附录E和F中给出布局示例，除了圆横截面以外的其他布局也可采用。

对于带开口的防护装置，其安全距离应根据GB 23821—2009中的表3或表4确定。

如果此防护装置需要移走（由于清洗或设定等原因），其应被设计成带防护锁定的联锁防护形式（根据GB/T 8196—2003中3.6的要求）。

b) 将喂料装置定位，以使其作为上述提及的固定防护。配以一个联锁机构，它能使辊筒只有当喂料装置处在合适的位置时才能转动。

5.1.1.2 通过在吸入区以外设置防护从而防止进入吸入区

当5.1.1.1中所介绍的防护方式由于加工上的原因而不能采用时，至少应采用下列措施中的一项，方可阻止进入吸入区：

a) 防止进入的防护装置：

——根据GB/T 8196—2003中3.6的要求，应采用一种带防护锁定的联锁防护；

——依据GB/T 8196—2003中3.5的联锁防护要求，根据GB/T 19876—2005定位；

——联锁防护装置的类型应根据GB/T 18831—2010选择。

b) 辊筒制动跳闸装置：

——机械驱动跳闸装置：

1) 跳闸杆（见5.1.1.4）；

2) 其他装置，例如依据GB/T 17454.1—2008选择的压敏垫，且根据GB/T 19876—2005定位。

——非机械驱动跳闸装置，例如依据GB/T 19436.1—2004的光电装置，且根据GB/T 19876—2005定位。

依据GB/T 19876—2005计算的距离应从吸入区入口处开始测量。

如果一个联锁防护装置或一个非机械驱动跳闸装置已被定位，而操作者还能站立在防护装置或跳闸装置与压延机之间，则应提供另外的安全措施（如敏感防护设备）以防止当操作者站立在那里时发生危险。

5.1.1.3 防护和安全装置的性能列于5.1.1.2中

5.1.1.3.1 压延辊筒的停止

无论有意还是无意，也无论用身体的任一部位，只要打开了联锁防护或启动了跳闸装置，就应在3.7中规定的停车角内，使辊筒由制动而停止。

只要操作者的手指触及到3.13规定的危险区，制动就应马上启动，并且在手指伸进3.12规定的吸入区之前，辊筒就应停止[见图5a)、b)和c)]。

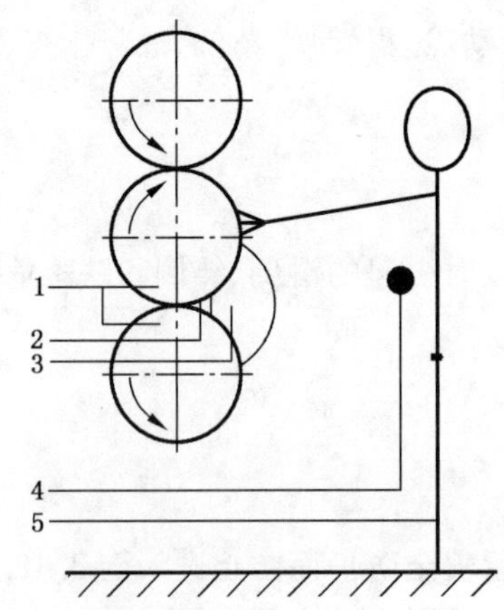

1——压延辊；
2——吸入区；
3——危险区；
4——跳闸杆；
5——操作者。

a) 操作者伸出的手指在危险区之外

图5 通过启动跳闸装置而制动压延机（当采用5.1.1.4所述的跳闸杆时）

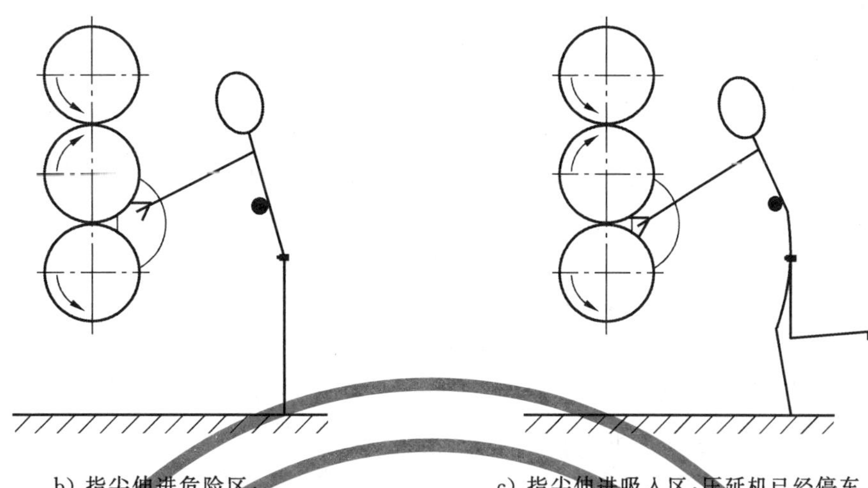

b) 指尖伸进危险区：由操作者的身体启动跳闸杆而制动

c) 指尖伸进吸入区：压延机已经停车

图 5（续）

如果制动时能源失效，辊筒应在最大停车角 α_{max}(120°)内停止(见 3.7)。当压延辊筒的最高速度 v_{max}(见 3.6)超过 120 m/min 时，α_{max} 可能随 v_{max} 的增大而上升到最大值(160°)。

例如：当压延辊的最大速度 v_{max} = 140 m/min 时，那么

$$\alpha_{max} = 120° \times \frac{140\ \text{m/min}}{120\ \text{m/min}} = 140°$$

当速度大于 160 m/min 时，在等于或小于 160°的角度下使辊筒停止是不可能的，此时应用一个带防护锁紧的联锁防护。

也见 7.1.1b)和 7.1.2a)。

5.1.1.3.2 **辊筒分离**

由于有意或无意启动了跳闸装置或辊筒分离联锁防护装置被打开，压延辊筒随之停止后，辊筒应分离，可以通过下列形式：

——自动；或

——采用专门的手动控制方式，其不需要手动重新设定就能动作。

辊筒分离应越快越好，分离的辊隙越大越好，且不小于 30 mm。

辊筒分离不应产生额外的危险，分离后，辊筒应处于打开位置，不应发生无意识的闭合，只有手动形式才能解除它。

见 5.6。

注：可以提供一个装置，操作者可用它来中断辊筒的自动分离。

5.1.1.3.3 **反向救助动作**

由于联锁防护的打开或有意/无意启动跳闸装置，压延辊筒随后停止。通过启动一个专用的止-动控制装置(根据 GB/T 15706.1—2007 中 3.2.6.3 的要求)可以实现辊筒的反向运转，其目的是解救卷入辊筒间或辊筒和物料间的人。

此控制装置应不需手动重调，也不应依赖方式选择开关(5.1.1.7 中介绍的)的位置，就能发挥作用。它应该被清晰的标注“反向救助动作”。辊的反转速度不应该超过 5 m/min。一但停止了手动控制，反向救助动作就将因制动而停止。关于视觉和声音报警信号在 5.1.1.7 和 5.1.1.8 中给出。

见 7.1.2b)。

5.1.1.4 **杆式机械驱动跳闸装置的应用**

5.1.1.4.1 **功能**

跳闸杆是一根水平刚性杆，身体的某一部分有意或无意启动它时，将如：

——5.1.1.3.1 中所描述那样，应能使压延辊筒停止；

——5.1.1.3.2 中所描述那样，应能使或允许辊筒分离；和

——5.1.1.3.3 中所描述那样，允许辊筒反向运转。

跳闸杆应满足下列要求：

——当操作者的身体向辊筒移动不超过 10 mm 的位移时，跳闸杆应被启动；杆的反应时间 t_1（根据 GB/T 19876—2005 中 3.2 的要求）应少于 50 ms；

——驱动杆所需力不大于 200 N；

——沿杆的长度上发生的"推"的动作时，杆发生 10 mm 的位移，就能使至少一个位置的传感器强制动作（见 GB/T 18831—2010 中 5.1 的要求）；

——从这些位置上的传感器传出的信号由硬件系统控制，此控制电路应只由电气硬件构成；

——跳闸杆复位时不应引起再启动。

见 7.1.2a）和 7.1.2d）。

为防止从跳闸杆的下面进入吸入区，应用一个固定的防护板进行保护，防护板的设计应能防止脚踏入。

另外，在工作侧从压延机的边侧到各辊筒的端头，如果存在入口，应按照 GB 23821—2009 中的表 2、表 3 或表 4 的安全距离要求设置侧面防护。

5.1.1.4.2 定位

跳闸杆应延伸在整个辊筒长度上。

它应安装在一个距水平面不低于 1 150 mm 的高度上，此水平面为操作者的站立面，并根据图 6 定位。

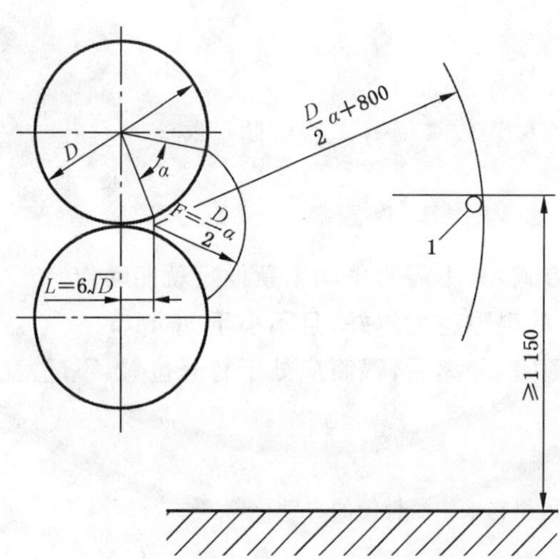

1——跳闸杆（在停止位）；

L——吸入区的深度（见 3.12 和附录 D）；

F——长度等同于 v_{max} 下的停止弧长。

注：线性尺寸，单位为毫米；α 的单位为弧度。

图 6 跳闸杆定位

5.1.1.5 3.13 中规定的危险区的缩小

a) 通过降低辊筒速度，从 v_{max} 到 v_p 或 v_r（见 3.6），可缩小危险区域。停车角 α 也降为 α_r。危险区显示在图 7b）中。

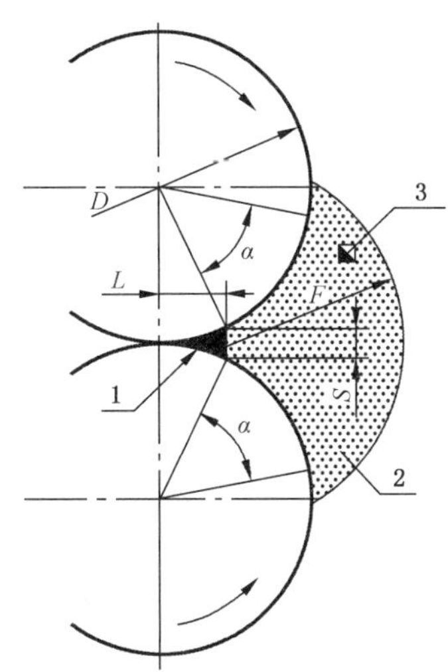

a) 危险区的尺寸

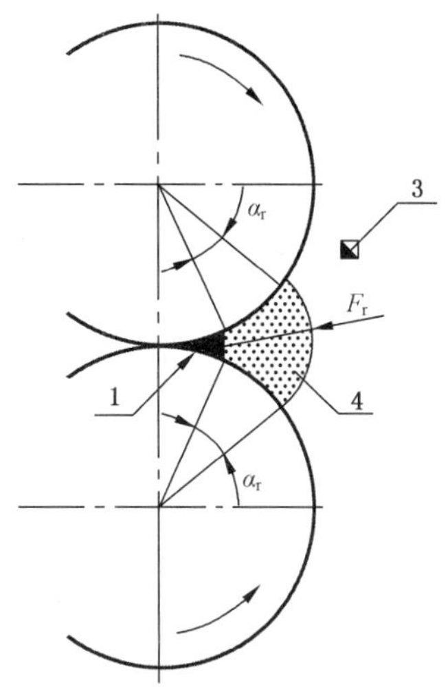

b) 缩小的危险区的尺寸

1——吸入区；

2——危险区；

3——要求的接近点；

4——缩小的危险区。

$F=\alpha$ 的弧长　　　　$F_r=\alpha_r$ 的弧长

$F=\frac{\pi}{360}D\alpha$（α 单位为度）　　　　$F_r=\frac{\pi}{360}D\alpha_r$（$\alpha_r$ 单位为度）

$F=\frac{D}{2}\alpha$（α 单位为弧度）　　　　$F_r=\frac{D}{2}\alpha_r$（α_r 单位为弧度）

图 7　危险区和危险区的缩小

b)　将图 8 所示的两个安全装置组合起来，可以防止进入缩小的危险区。

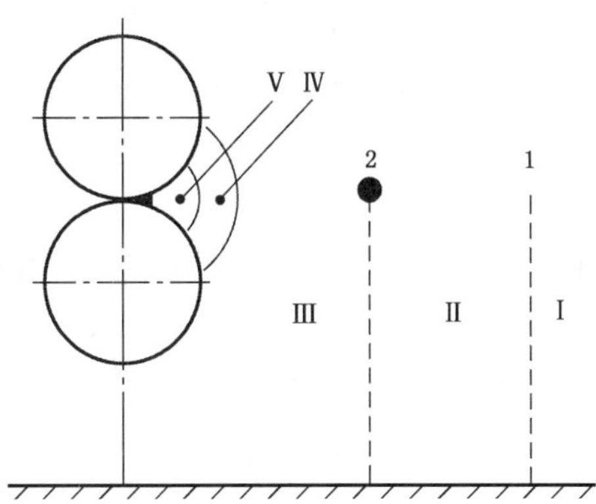

1——安全装置 1(较远的装置，5.1.1.2 中所介绍的防护或安全装置)；

2——安全装置 2(较近的装置，5.1.1.4 中所介绍的跳闸杆)。

Ⅰ区——自由区，身体在此区，上臂伸不到Ⅳ区；

Ⅱ区——当辊筒以低速度 v_r 运转时，允许身体在此区；

Ⅲ区——当辊筒以大于 v_r 的速度运转时，允许上臂伸至此区；

Ⅳ区——危险区(见 3.13)，当辊筒以降低的速度 v_r 运转时，允许上臂伸至此区；

Ⅴ区——缩小的危险区，在所有情况下，都不能进入此区。

图 8　两个安全装置的组合

组合式安全装置应具有以下功能：

——当辊筒以大于 v_r 速度转动时，操作者从Ⅰ区到Ⅱ区的移动可通过驱动安全装置使压延辊筒停止。当辊筒以速度 v_r 转动时，操作者从Ⅰ区到Ⅱ区的移动，不应产生停止命令。

——当上臂到Ⅴ区时，主动驱动安全装置2应使压延辊筒停止。该装置为5.1.1.4中规定的跳闸杆，位置如图6所示，但是应用 α_r 代替 α。

——在操作者从Ⅱ区回到Ⅰ区后，压延辊筒的转速可通过手动控制从 v_r 增加到 v_p。操作者从Ⅱ区返回Ⅰ区应可通过驱动设在Ⅰ区的确认开关发出信号。此位置在Ⅱ区不能操作。在Ⅱ区发出一个确认信号，若需要可利用观测工具。

见7.1.2 c)。

5.1.1.6 急停装置

急停装置应符合GB 16754—2008的要求，该标准中1类停车适用于电气制动；0类停车适用于简单机械制动(与电能无关)，压延机的控制面板上应设急停操动器，其他急停操动器应装在工作区附近及工作区每侧。

任何急停操动器的动作应：

——使压延机辊筒按5.1.1.3.1要求停止；

——允许压延辊筒按5.1.1.3.2要求分离；

——允许按5.1.1.3.3要求进行反向救助动作；

——触发视觉及(或)听觉信号，手动复位。

应使用下列一种型式急停：

——按钮操作开关；

——拉线操作开关；

——脚或膝操作开关。

见GB 5226.1—2008中10.7的要求。

5.1.1.7 正向或反向(若有)启动

压延机应按GB/T 15706.2—2007中4.11.10和5.5.2的要求配模式选择器：

——停车；

——慢速正向运动；

——以生产速度正向运动；

——反向运动(若有)。

只有在发出符合GB/T 1251.1和GB 18209.1要求的声音报警信号后才允许启动，信号应持续到辊筒开始转动至5 s。

如果为了启动，应拆除某些防护装置，应按GB/T 15706.2—2007中4.11.9的要求，通过控制方式保证操作者的安全。

见7.1.2f)。

5.1.1.8 反向操作(若有)

模式选择器上反向运动的选择应触发一个闪亮的光信号到反向运动产生的新吸入区，只要选择器开关在该方式下，信号将持续下去。

反向运行应按GB/T 15706.1—2007中3.26.3的要求，通过维持运行止-动控制装置进行操作，速度不应超过5 m/min。

重要的是当压延机进行反向操作时，操作者应能清晰地观察到所形成的新的危险区。根据压延机的规格，应采取一些可视辅助措施，例如：镜子、监视器。

手动控制松开，反向运动应在制动装置作用下立即停止。

5.1.1.9 压延机辊筒的清理

压延机辊筒的清理：

a) 在清理过程中，应防止压延机辊筒间卷入及(或)碾压危险。设计的压延机应能用以下方式进行清理：

——在辊筒静止状态下；或

——在辊筒的出料侧；或

——在辊筒的入料侧，除 3.13 中确定的危险区的外侧。

其中无法采用这些方法，压延机应配置清理装置(例如：工具、操作装置、机械手)以保证操作者能在 3.13 中确定的危险区自由地清理辊筒。

b) 因技术原因且在危险区中的干涉不可避免导致 a)中方法不能采用时，应提供下列的一种装置以防止接近 3.12 中确定的吸入区：

1) 在离吸入区一定距离(根据 GB 23821—2009 的规定和本标准的 5.1.1.1 规定的尺寸下)设置清理专用防护装置(见图 9)，安装此防护装置可取代 5.1.1.2 中指定的防护或安全装置；

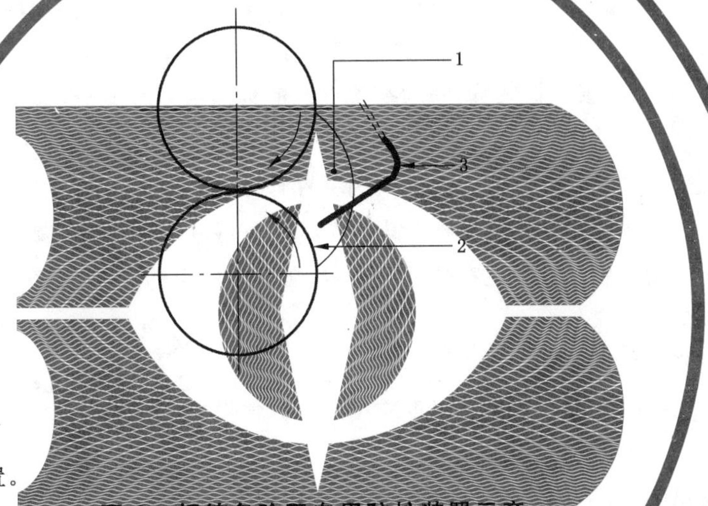

1——危险区；

2——清理区；

3——清理专用防护装置。

图 9 辊筒危险区专用防护装置示意

2) 只有在单层料片送入辊隙并且料片和辊筒表面之间第一接触点处于 3.13 中确定的危险区的外侧时，5.1.1.4.1 中的跳闸杆应根据图 10 定位；

单位为毫米

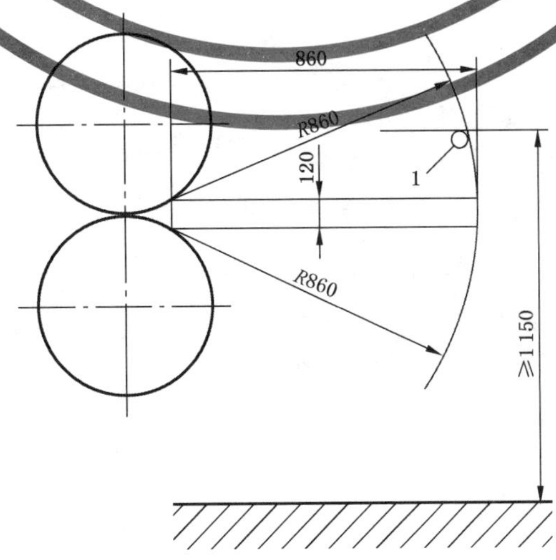

图 10 按 5.1.1.9b)中 2)所描述的跳闸杆的定位

c) 如果从清理工作站易进入吸入区,也应按照 5.1.1.1 或 5.1.1.2 的要求设安全防护装置;

d) 制造商应提供清理工作安全措施;

注:按 GB 17888.1～GB 17888.4 中的永久性的安全方法;

e) 尽可能采用人类工效学原则(见 EN 614-1:1995);

f) 使用说明书中应提供有关安全清理步骤的综合信息,见 7.1.2g)。

5.1.1.10 机器设定、过程转换、故障排查及维护工作

应按 GB/T 15706.2—2007 中 5.2.4 的要求。

使用说明书中提供安全工作说明,见 7.1.2f)。

5.1.2 辅助辊的危险

应采取以下一种或多种方法防止这些危险:

——按 GB 23821—2009 的表 2 和 4.2.2 的要求确定距离;

——辅助辊的位置符合 GB 12265.3—1997 中要求的距离;

——固定防护装置按 GB/T 8196—2003 中 3.2 的要求或本标准的 5.1.1.1 确定;

——根据 GB/T 8196—2003 中 3.5 的要求的联锁防护装置或 GB/T 8196—2003 中 3.6 的要求的带防护锁紧的联锁防护装置,联锁装置形式的选择与 GB/T 18831—2010 的要求一致;

——按本标准的 5.1.1.2b)要求的跳闸装置。

联锁防护装置的打开或有意或无意驱动跳闸装置都将使辊筒停止或分离,以保证符合 GB 12265.3—1997 要求的距离。联锁防护装置或跳闸装置应按 GB/T 19876—2005 的要求定位。

分离后,辊筒应安全可靠地固定在打开的位置,防止无意识的闭合,解除只能通过手动操作。

5.1.3 辅助设备的危险

5.1.3.1 切割设备

除切刀定位保证自身安全性外,切刀刃应按以下方式作保护以防止无意接触:

a) 在静止位置,切刀应回撤到防护罩内;

b) 在工作位置不用于切割的部件应采用下列方式防护:

——按照 GB/T 8196—2003 中 3.2.2 的要求,以 GB 23821—2009 的表 2 要求的安全距离设置距离防护装置;

——按照 GB/T 8196—2003 中 3.2.1 的要求,设置封闭式防护装置。

见 7.1.2h)。

5.1.3.2 挡料板

挡料板与辊筒间的间隙不应超过 4 mm。

5.1.3.3 往复式喂料输送装置

应提供以下一种或一种以上防护方法(防护方法示例见图 11):

——符合 GB/T 8196—2003 中 3.2 的要求的固定防护装置;

——符合本标准的 5.1.1.2b)要求的跳闸装置;

——输送装置和固定部件间的最小间隙应符合 GB 12265.3—1997 的要求;

——输送装置往复运动的驱动力限制在 150 N。

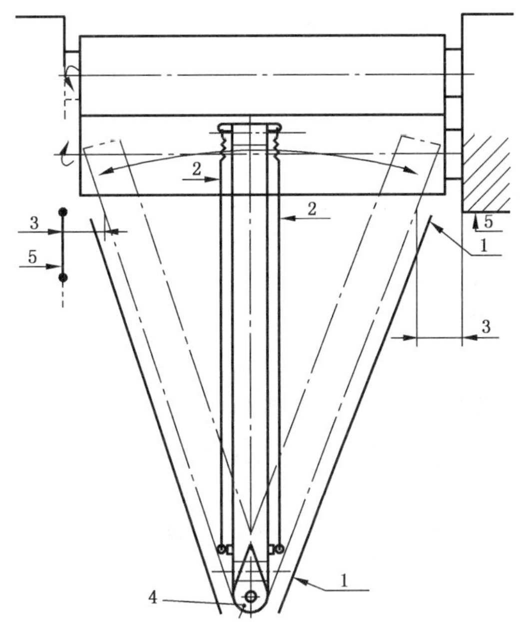

1——固定防护罩；

2——跳闸装置；

3——符合 GB 12265.3—1997 规定的防护区域；

4——驱动力的限制；

5——固定部件。

图 11　往复式喂料输送装置的防护方法示例

5.2　电气危险的安全要求及措施

5.2.1　因活动部件直接或间接引起的电击或燃烧

电气设备应符合 GB 5226.1—2008 的要求和下列要求。

5.2.1.1　电源切断(隔离)装置

电源切断装置应符合 GB 5226.1—2008 中 5.3.2 的要求。

5.2.1.2　直接接触防护

应采用以下最低防护等级：

——防护罩内动作部件：IP2X(按 GB 4208—2008 的要求)；

——易接触到的防护罩的上表面：IP4X(按 GB 4208—2008 的要求)。

当打开防护罩时，应采用以下最低的防护等级：

——按 GB 5226.1—2008 中 6.2.2a)的要求：门内侧动作部件为 IP1X(按要求)，当重新设置或调整装置可能接触到的动作部件，防护应为 IP2X(按 GB 4208—2008 的要求)；

——按 GB 5226.1—2008 中 6.2.2b)的要求：IP2X(按 GB 4208—2008 的要求)；

——按 GB 5226.1—2008 中 6.2.2c)的要求：IP2X(按 GB 4208—2008 的要求)。

见 GB 5226.1—2008 中 6.2 的要求。

5.2.1.3　间接接触防护

间接接触防护应采取以下措施：

——通过自动切断电源进行防护；或

——防护绝缘或等效绝缘；或

——电气分离防护。

见 GB 5226.1—2008 中 6.3 的要求。

5.2.1.4 导线的确定

导线应按 GB 5226.1—2008 中 13.2 的要求确定。

5.2.1.5 测试和鉴定

应按 GB 5226.1—2008 中 18 的要求选择测试和鉴定方法。

5.2.2 因静电释放产生的电击或燃烧

见 GB/T 15706.2—2007 中 5.5.4 的要求。

应采取适当的措施,例如,形成或使用互接和接地的导体表面或使用电离设备,见 7.1.2i)。

5.3 热危险的安全要求及措施

5.3.1 由压延机热部件或热物料引起的灼伤

为了防止因与压延机热部件无意接触产生灼伤,应在易接触到的部件处(表面最高温度可能超过 GB/T 18153—2000 规定的限值)设置 GB/T 8196—2003 中 3.2 规定的固定防护装置、热屏蔽或隔热装置;易接触到热部件的地方,应通过采用活动式防护装置或跳闸装置加以防护。这些热部件在防护装置或跳闸装置或附近应贴警示标志。

如果在压延机热部件防护装置外易接触到热的物料,应在接触点附近设警示标志。此外,使用说明书中应提供具体说明,见 7.1.2j)及 7.2。

5.3.2 因热流体喷出产生的烫伤

为了保护操作者在软管破裂时免受烫伤,应设置封闭的防护罩或屏,以保护在此区域工作或通过的人员。

高压液体输送软管端应按 GB/T 15706.2—2007 中 4.10 的要求配辅助限制装置。

5.3.3 由红外线辐射产生的灼伤

这些危险应通过安装防护罩或隔离方式消除。

5.4 噪声危险的安全要求及措施

5.4.1 通过设计降低噪声

机器应按 GB/T 15706.2—2007 中 4.2.2 的要求设计,同时在设计阶段考虑控制噪声的有关资料和技术措施(例如,见 GB/T 25078.1—2010 和 GB/T 25078.2—2010)。

主要噪声源为:

——电动机传动部分;

——动力传递系统;

——气控系统;

——减压阀/排出系统;

——排气系统;

——液压装置;

——控制阀;

——管路。

例如,可采取以下措施:

——消音器;

——低噪声机械元件(例如:泵、风机、电机、齿轮);

——减振;

——抗震安装;

——隔音罩。见 7.1.1e)、7.1.2k)、7.1.2l)和 7.1.2m)。

5.4.2 噪声值的确定

在没有噪声测试方法的情况下,应采用以下一种方法确定噪声发射值:

——按 GB/T 17248.2—1999 或 GB/T 17248.3—1999 或 GB/T 17248.4—1998 或 GB/T 17248.5—

1999 的要求来确定工作站区的声压级。如果可行，应采用 2 级精密法(GB/T 17248.2—1999 或 GB/T 17248.5—1999 的要求)。不确定或不能确定工作站区噪声时，应按 GB/T 15706.2—2007 中 5.4.2 的相关要求；

——如果工作站区的同等连续 A 计权声压级超过 85 dB(A)，应按 GB/T 6881.2—2002 或 GB/T 6881.3—2002 或 GB/T 3767 或 GB/T 3768 或 GB/T 16538 或 GB/T 16404—1996 或 GB/T 16404.2—1999 的要求测定声功率级。如果可行，应采用 2 级精密法。测定声功率级的优先选用方法为按 GB/T 3767 执行。

见 7.1.1 d)。

5.5 忽略人类工效学原则产生的危险的安全要求及措施

由于压光辊或辊筒需经常更换，应配置机械处理装置予以协助，见 7.1.2n)。

5.6 由能源供应失效引起的危险的安全要求及措施

由能源供应失效导致任意一个辊筒驱动电动机中的一个接触器打开，也会使所有辊筒按 5.1.1.3.1 的要求停止。

压延机应配备一种与正常能源无关的装置，以保证辊筒即使在能源供应失效时也能按 5.1.1.3.2 的要求分离。

5.7 控制系统故障引起的危险的安全要求及措施

5.7.1 与控制系统元件有关的安全性

不应选 GB/T 16855.1—2008 中的 B 类要求作为控制系统中有关安全性元件，下列装置控制系统相关安全性元件应选用安全等级 3 的元件，包括用于制动系统的触发、操作和启动的相关装置：

——联锁防护装置(5.1 的所有相关分条款)；

——带防护锁定的联锁防护(5.1 中所有相关分条款)；

——喂料装置的联锁(5.1.1.1)；

——跳闸杆[5.1.1.2 b)、5.1.1.4、5.1.1.9 b)中的 2)]；

——其他机械驱动跳闸装置，例如，压力传感器[5.1.1.2 b)]；

——非机械驱动跳闸杆(例如，光-电装置)。

5.7.2 意外启动

根据 GB/T 19670 和 GB 5226.1—2008 中 5.4 的要求防止意外启动。

5.8 滑倒、绊倒和跌落危险的安全要求及措施

应按以下标准采取安全措施：

——GB/T 15706.2—2007 中 4.14 的要求；

——GB/T 15706.2—2007 中 5.5.6 的要求；

——GB 17888.1～GB 17888.4 的要求。

6 安全要求及措施的验证

6.1 按表 1 所示进行安全要求及措施的符合性验证。

表 1 验证方法

条款	安全措施	验证方法				参考标准
		表观检查	功能测试	测量	计算	
5.1.1.1	固定防护装置	●		●		GB 23821—2009 GB/T 8196—2003
	固定防护锁紧(用于带防护锁定的联锁防护)	●	●			GB/T 8196—2003
	喂料装置	●	●	●		GB 23821—2009

表 1(续)

条款	安全措施	验证方法				参考标准
		表观检查	功能测试	测量	计算	
5.1.1.2	带防护锁定的联锁防护	●	●			GB/T 8196—2003 GB/T 18831—2010
	联锁防护	●	●	●	●	GB/T 8196—2003 GB/T 19876—2005 GB/T 18831—2010
	机械驱动跳闸装置 ——跳闸杆 ——其他装置,例如压敏垫	●	●	●	●	见本表的 5.1.1.4 GB/T 19876—2005 GB/T 17454.1—2008
	非机械驱动跳闸装置,例如光-电装置	●	●	●	●	GB/T 19876—2005 GB/T 19436.1—2004
5.1.1.3.1	压延辊筒的停止		●	●	●	
	带防护锁定的联锁防护	●	●	●		GB/T 8196—2003 GB/T 18831—2010
5.1.1.3.2	辊筒分离	●	●	●		
5.1.1.3.3	反向救助动作	●	●	●		
5.1.1.4	跳闸杆	●	●	●	●	GB 23821—2009 GB/T 18831—2010
	辅助固定防护	●		●		GB 23821—2009 GB/T 8196—2003
5.1.1.5	安全装置 1					见本表的 5.1.1.2
	安全装置 2					见本表的 5.1.1.4
	两个安全装置的组合	●	●	●	●	
5.1.1.6	急停装置	●	●	●		GB 16754—2008 GB 5226.1—2008
5.1.1.7	模式选择器	●	●			GB/T 15706.2—2007
	声音报警信号		●	●		GB/T 1251.1 GB 18209.1
	在拆去,取代安全装置情况下的其他控制方式	●	●			GB/T 15706.2—2007
5.1.1.8	闪亮的光信号	●	●			
	维持运行止-动控制装置	●	●	●		
5.1.1.9	清理	●	●	●		GB 23821—2009 EN 614-1:1995 见本表的 5.1.1.1、5.1.1.2 和 5.1.1.4

表 1（续）

条款	安全措施	验证方法				参考标准
		表观检查	功能测试	测量	计算	
5.1.1.10	机器设定、过程转换、故障排查和维护	●	●			GB/T 15706.2—2007
5.1.2	距离			●		GB 23821—2009
	定位			●		GB 12265.3—1997
	固定防护	●		●		GB/T 8196—2003 见本表的 5.1.1.1
	联锁防护	●	●	●	●	GB 12265.3—1997 GB/T 8196—2003 GB/T 19876—2005 GB/T 18831—2010
	带防护锁定的联锁防护	●	●			GB/T 8196—2003 GB/T 18831—2010
	跳闸装置	●	●	●	●	GB/T 8196—2003 GB/T 19876—2005 见本表的 5.1.1.2
5.1.3.1	在静止位置上的切刀	●				
	固定距离防护	●		●		GB 23821—2009 GB/T 8196—2003
	固定防护罩	●				GB/T 8196—2003
5.1.3.2	挡料板			●		
5.1.3.3	固定防护装置	●				GB/T 8196—2003
	跳闸装置					见本表的 5.1.1.2
	最小间隙			●		GB 12265.3—1997
	驱动力限制			●		
5.2	电气危险	●	●	●		GB/T 15706.2—2007 GB 5226.1—2008 GB 4208—2008
5.3.1	固定防护，隔热绝缘	●		●		GB/T 18153—2000
	警示标记	●				
5.3.2	封闭的防护罩或屏	●				
	限制装置	●				GB/T 15706.2—2007
5.3.3	屏蔽	●				
	距离	●				

表 1（续）

条款	安全措施	验证方法				参考标准
		表观检查	功能测试	测量	计算	
5.4	噪声	●		●		GB/T 15706.2—2007 GB/T 14574 GB/T 6881.3—2002 GB/T 6881.2—2002 GB/T 3767 GB/T 3768 GB/T 16538 GB/T 16404—1996 GB/T 16404.2—1999 GB/T 17248.2—1999 GB/T 17248.3—1999 GB/T 17248.4—1998 GB/T 17248.5—1999 GB/T 25078.1—2010 GB/T 25078.2—2010
5.5	机械搬运装置	●	●			
5.6	辊筒的停止		●			见本表的 5.1.1.3.1
	与能源无关的辅助分离装置	●	●			见本表的 5.1.1.3.2
5.7.1	控制系统相关件的安全		●			GB/T 16855.1—2008
5.7.2	意外启动		●			GB/T 19670 GB 5226.1—2008
5.8	安全接近方法	●		●		GB/T 15706.2—2007 GB 17888.1～ GB 17888.4

6.2 表 1 的功能测试包括根据以下要求验证防护装置和安全装置的功能和有效性：

——使用说明；

——有关安全的设计资料；

——本标准的第 5 章和提供的其他标准的要求。

7 使用信息

使用信息应符合 GB/T 15706.2—2007 的第 6 章规定。

7.1 使用说明书

提供的使用说明书应符合 GB/T 15706.2—2007 中 6.5 的要求，并且应包括下列与压延机安全有关的资料说明。

7.1.1 与机器设计有关的说明

与机器设计有关的说明如下：

a) 低速值 v_1，减速值 v_r，最大速度值 v_{max}；

b) 停车角 α，α_{max} 和 α_r（若可行）；

c) 用户不应改变的安全装置位置明细；

d) 与 GB/T 15706.2—2007 中 6.5.1c)的要求和 GB/T 14574 的规定相符合的噪声传播声明,噪声声明应为 GB/T 14574 的规定的复式声明,测试见 5.4.2;

e) 如果可行,机器应配隔音罩、噪声防护屏或消音器。

7.1.2 用户指导

用户指导:

a) 有关停车角的测量程序和方法及制动测试的频率的指导说明,这些指导说明了制动系统再调整所采取的测量方式,以保证:

——测量的停车角不超过规定的停车角 α;

——断电的情况下测量的停车角不超过 α_{max}(见 5.1.1.3.1);

如果制动系统包括一个机械制动和一个电气制动,使用说明书内容应该包括整个制动系统的测试及机械系统的单独测试;

b) 反向救助动作的挽救措施(见 5.1.1.3.3);

c) 有关跳闸杆功能测试的方法和频率的指导说明(见 5.1.1.4),或有关两种安全装置组合的说明(见 5.1.1.5);

d) 要求正确应用跳闸杆,不能用跳闸杆来执行正常停车;

e) 关于危险区的界定和 7.2 中所做的警告的要求,强调:当压延机安装完毕后,无论如何不允许操作者站在危险的地面上或工作平台上;

f) 关于机器的启动、设定、过程转换、故障排查和维护操作的指导说明(见 5.1.1.7 和 5.1.1.10);

g) 辊筒清理安全程序(见 5.1.1.9);

h) 切刀的固定和改变的安全程序(见 5.1.3.1);

i) 由于静电危险,所以要求必须接地的有关说明;

j) 如果可行,提供有关人身安全装备的指导,如保护手套,以防止接触热机械部件或物料而引起的灼伤;

k) 如果可行,采用隔音罩、隔音室或采用降低噪声的操作和维护模式;

l) 为降低噪声,在安装和组装时采取的措施,例如,防震装备;

m) 如果可行,提供个人听力保护器;

n) 更换辊筒时的安全程序;

o) 5.6 提及的与正常能源无关的辊筒分离装置的应用说明。

7.2 标志

根据 GB/T 15706.2—2007 中 6.4 的要求作标志。

每台压延机应至少有如下项目的标志:

——制造商和供应商的名称;

——强制性要求的标志;

——设计序号或型号;

——系列号或机器编号;

——热表面警示标志。

另外,根据 5.1.1.4 在压延机上安装跳闸杆:

——危险区的界定应清楚且持久地用线(圆弧)标记在辊筒两端的机器机架上,线的宽度不应小于 10 mm,且扩展到辊筒表面的水平面;

——在跳闸杆附近机器上应标志下列警告“没有启动跳闸杆,而超越此界限是危险的。”

附 录 A
（资料性附录）
压延机不同类型示例

图 A.1～图 A.5 的辊筒可能不同。

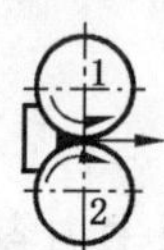

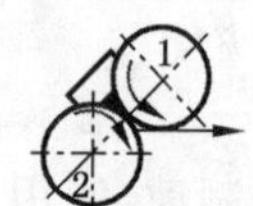

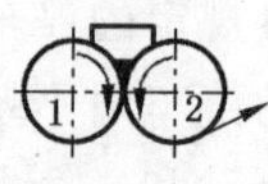

图 A.1 两辊压延机

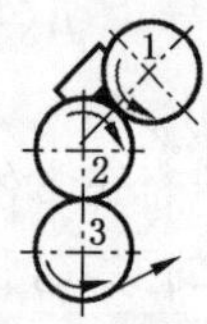

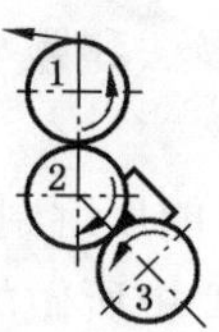

图 A.2 三辊压延机

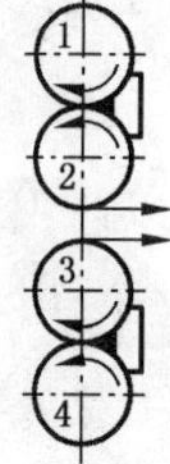

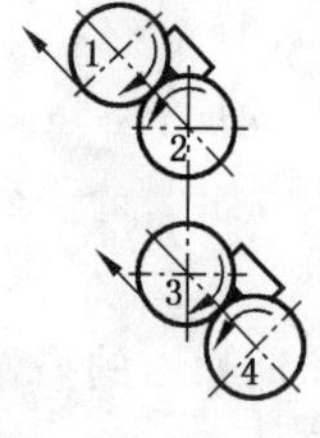

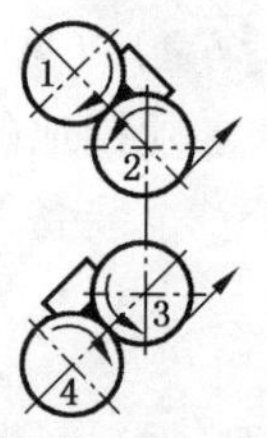

图 A.3 2+2 辊压延机

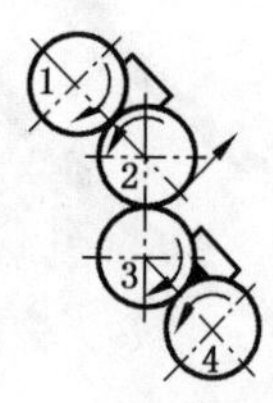

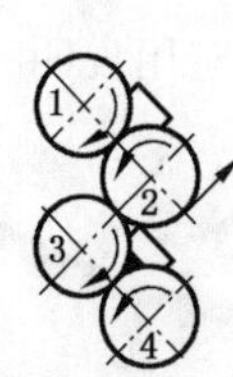

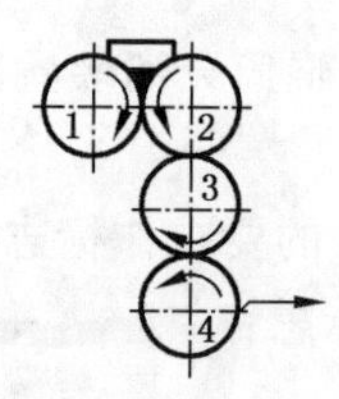

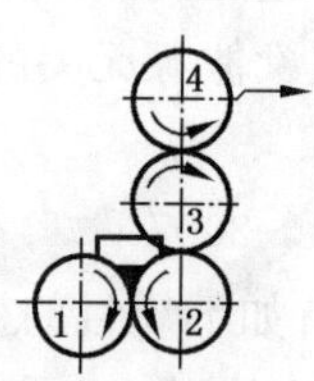

图 A.4 四辊压延机

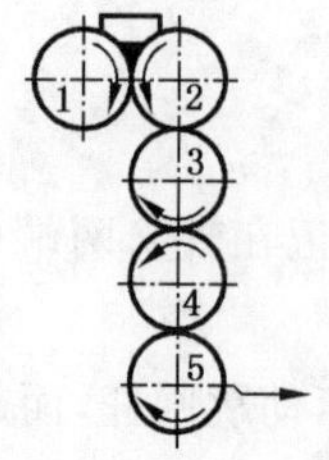

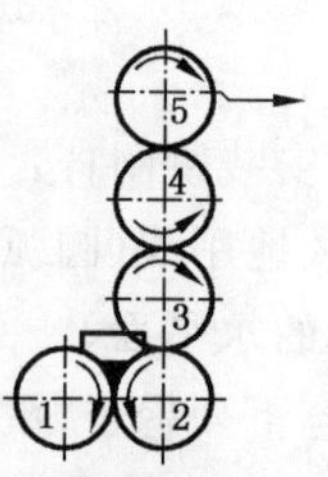

图 A.5 五辊压延机

附 录 B
（资料性附录）
压延工艺示例

压延工艺示例见图 B.1～B.5。

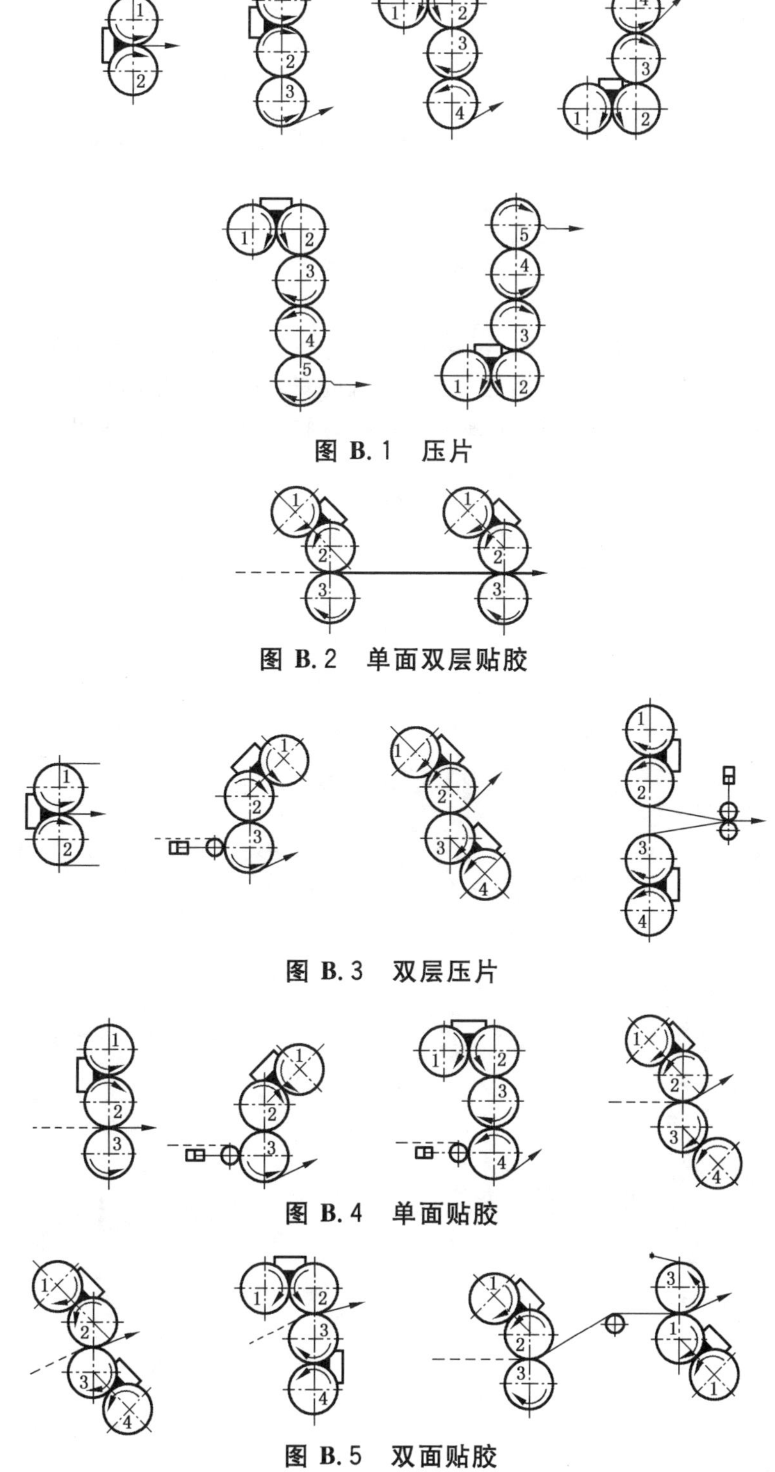

图 B.1 压片

图 B.2 单面双层贴胶

图 B.3 双层压片

图 B.4 单面贴胶

图 B.5 双面贴胶

附 录 C
（资料性附录）
物料加工时产生的危险

C.1 危险介绍

接触和/或吸入物料加工时放出的有害气体、蒸汽、烟或粉尘。

C.2 物料危险的防护

在机器设计上，在不影响原来机械结构的基础上，安装固定一个排气装置，当有有害气体放出时，可及时排出有害气体。

见 GB/T 15706.2—2007 中 5.4 的要求。

C.3 用户指导

如果由于加工特定的材料而预计有有害释放物排出时，应给用户提供安装和定位排气系统的指导手册，以指示用户对排气系统的安装和固定。排气系统的安装应该方便压延辊的安装和拆卸。

当眼睛和/或皮肤有可能接触到有害材料或物质时，用户应该为操作者提供人身防护设备。

附 录 D
（资料性附录）
吸入区尺寸 L 的计算（对同直径的辊筒）

吸入区尺寸计算如图 D.1，其中：

OO'——辊筒轴线；

C——理论辊筒接触点；

OA——辊筒半径（$OA=R$）；

AB——吸入区入口（$AB=S=12$ mm）；

H——A 在 OO' 轴线上的投影；

AH——吸入区的深度（$AH=L$）；

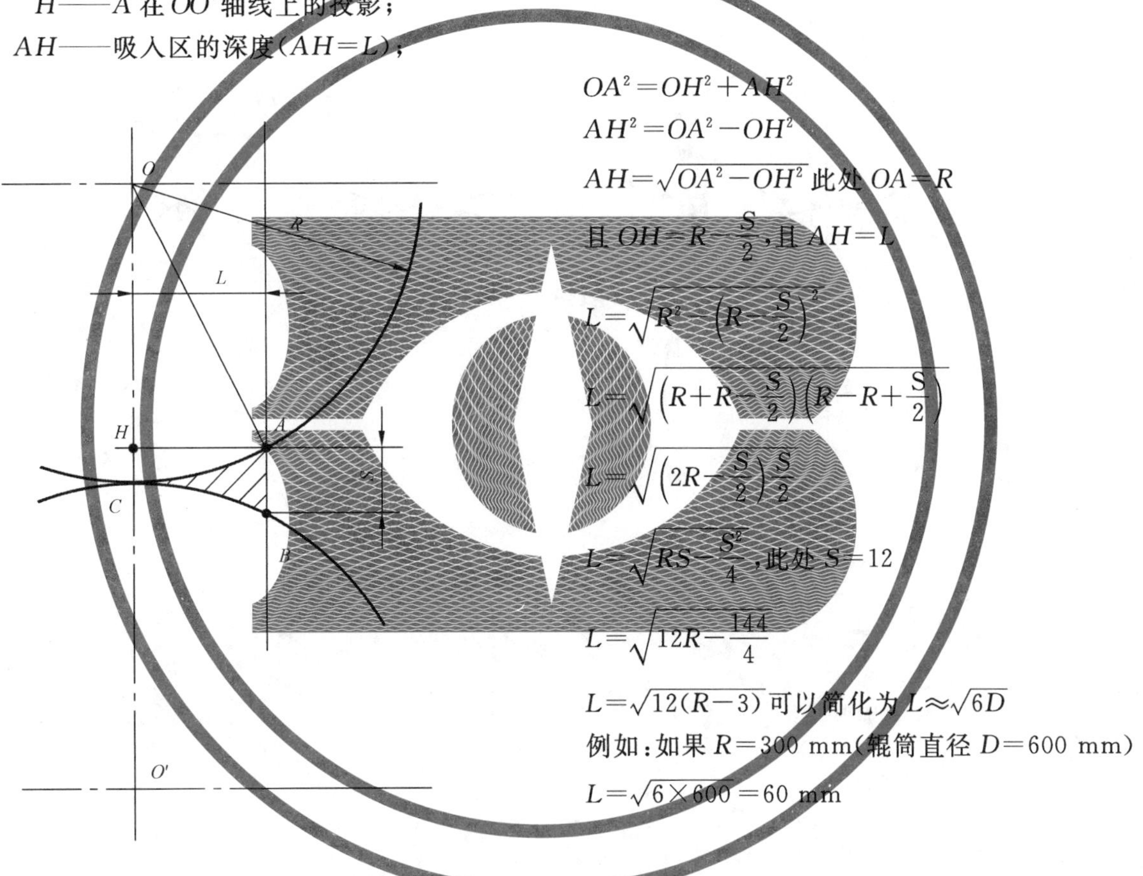

$$OA^2=OH^2+AH^2$$

$$AH^2=OA^2-OH^2$$

$AH=\sqrt{OA^2-OH^2}$ 此处 $OA=R$

且 $OH=R-\dfrac{S}{2}$，且 $AH=L$

$$L=\sqrt{R^2-\left(R-\frac{S}{2}\right)^2}$$

$$L=\sqrt{\left(R+R-\frac{S}{2}\right)\left(R-R+\frac{S}{2}\right)}$$

$$L=\sqrt{\left(2R-\frac{S}{2}\right)\frac{S}{2}}$$

$L=\sqrt{RS-\dfrac{S^2}{4}}$，此处 $S=12$

$$L=\sqrt{12R-\frac{144}{4}}$$

$L=\sqrt{12(R-3)}$ 可以简化为 $L\approx\sqrt{6D}$

例如：如果 $R=300$ mm（辊筒直径 $D=600$ mm）

$L=\sqrt{6\times600}=60$ mm

图 D.1 计算尺寸

附 录 E
（资料性附录）
吸入区的固定防护装置

单位为毫米

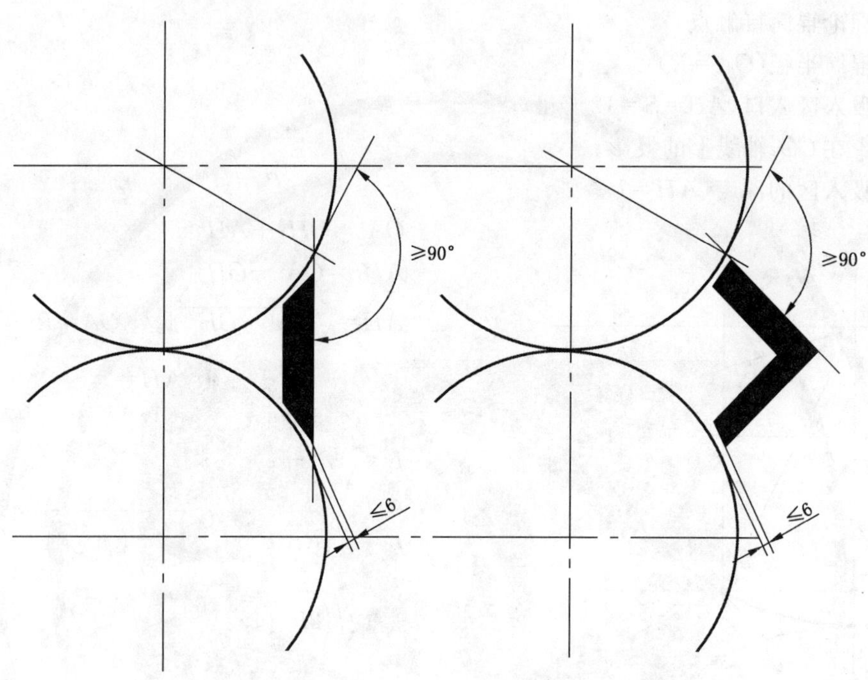

图 E.1 吸入区固定防护图例

附　录　F
（资料性附录）
限制移动从而防止进入吸入区的特殊防护示例

F.1　介绍

延伸在整个辊筒长度的防护装置，用于防止操作者的手指尖进入吸入区，安装要允许操作者能很好的看到辊隙。此种防护装置尤其适用于纤维帘布的加工防护。

F.2　结构和性能

F.2.1　此防护装置由小间距的杆或环型构成或沿整个长度有无数的孔，间距和孔根据 GB 23821—2009 的表 3 或表 4 来确定。防护轮廓的设计要使防护和辊筒的角度和间隙不超过图 F.1 所指示的大小。

F.2.2　如果手或材料被卷入防护和辊筒之间，防护会绕水平轴线转动。转动会触动位置传感器从而使压延辊筒停止。防护会被一个挡块挡住，并与辊筒保持 6 mm 的间隙。当手或物料撤出时，防护返回到静止位置，这样不会引起重新启动。

单位为毫米

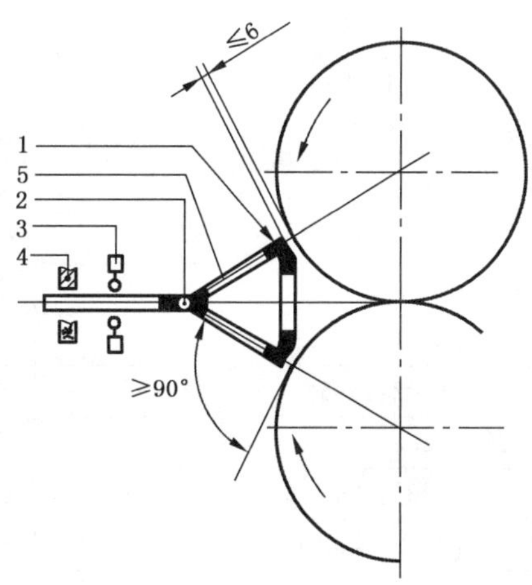

1——防护；
2——枢轴；
3——位置传感器；
4——挡块；
5——防护装置上的间距和孔。

图 F.1　特殊防护示例

附 录 G
（资料性附录）
本标准引用相关标准情况对照

见表G.1。

表G.1 本标准引用相关标准情况对照表

本标准引用的国家标准	对应的国际标准	EN 12301:2000 中引用的标准
GB/T 1251.1—2008	ISO 7731:2003	EN 457:1992
GB/T 3767—1996	ISO 3744:1994	EN ISO 3744:1995
GB/T 3768—1996	ISO 3746:1995	EN ISO 3746:1995
GB 4208—2008	IEC 60529:2001	EN 60529:1991
GB 5226.1—2008	IEC 60204-1:2005	EN 60204-1:1997
GB/T 6881.2—2002	ISO 3743-1:1994	EN ISO 3743-1:1995
GB/T 6881.3—2002	ISO 3743-2:1994	EN ISO 3743-2:1996
GB/T 8196—2003	ISO 14120:2002	EN 953:1992
GB 12265.3—1997	—	EN 349:1993
GB/T 14574—2000	ISO 4871:1996	EN ISO 4871:1996
GB/T 15706.1—2007	ISO 12100-1:2003	EN 292-1:1991
GB/T 15706.2—2007	ISO 12100-2:2003	EN 292-2:1991/A1:1995
GB/T 16404—1996	ISO 9614-1:1993	EN ISO 9614-1:1995
GB/T 16404.2—1999	ISO 9614-2:1996	EN ISO 9614-2:1996
GB/T 16538—2008	ISO 3747:2000	ISO/DIS 3747:2000
GB 16754—2008	ISO 13850:2006	EN 418:1992
GB/T 16855.1—2008	ISO 13849-1:2006	EN 954-1:1994
GB/T 17248.2—1999	ISO 11201:1995	EN ISO 11201:1995
GB/T 17248.3—1999	ISO 11202:1995	EN ISO 11202:1995
GB/T 17248.4—1998	ISO 11203:1995	EN ISO 11203:1995
GB/T 17248.5—1999	ISO 11204:1995	EN ISO 11204:1995
GB 17454.1—2008	ISO 13856-1:2001	EN 1760-1:1994
GB 17888.1—2008	ISO/DIS 14122-1:2001	Pr EN 12437-1:1996
GB 17888.2—2008	ISO/DIS 14122-2:2001	Pr EN 12437-2:1996
GB 17888.3—2008	ISO/DIS 14122-3:2001	Pr EN 12437-3:1996
GB 17888.4—2008	ISO/DIS 14122-4:2004	Pr EN 12437-4:1996
GB/T 18153—2000	—	EN 563:1994
GB 18209.1—2000	IEC 61310-1:1995	IEC 61310-1:1995
GB/T 18831—2010	ISO 14119:1998/Amd.1:2007	EN 1088:1995
GB/T 19436.1—2004	IEC 61496-1:1997	EN 61496-1:1998
GB/T 19670—2005	ISO 14118:2000	EN 1037:1995
GB/T 19876—2005	ISO 13855:2002	EN 999:1998
GB 23821—2009	ISO 13857:2008	EN 294:1992
GB/T 25078.1—2010	ISO/TR 11688-1:1995	EN ISO 11688-1:1998
GB/T 25078.2—2010	ISO/TR 11688-2:1998	EN ISO 11688-2:1999

ICS 71.120;83.200
G 95

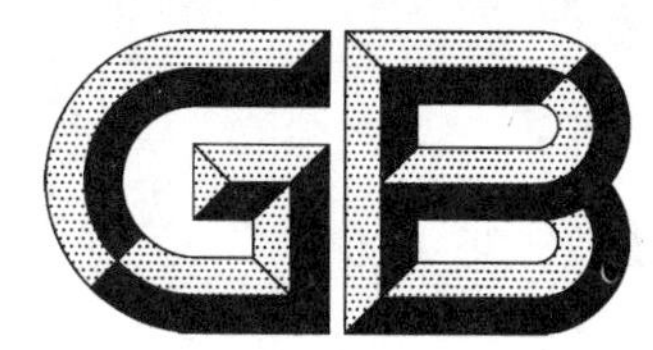

中华人民共和国国家标准

GB 25935—2010

橡胶硫化罐

Rubber autoclave

2010-12-23 发布　　　　2012-01-01 实施

中华人民共和国国家质量监督检验检疫总局
中国国家标准化管理委员会　发布

前言

本标准5.1.1、5.4.1、5.5.1～5.5.3、5.6.1、5.7.2为强制性的，其余为推荐性的。

本标准附录A为资料性附录。

本标准由中国石油和化学工业联合会提出。

本标准由全国橡胶塑料机械标准化技术委员会(SAC/TC 71)归口。

本标准主要起草单位：广东湛江机械制造集团公司。

本标准参加起草单位：益阳橡胶塑料机械集团有限公司、桂林橡胶机械厂、福建华橡自控技术股份有限公司、北京橡胶工业研究设计院。

本标准主要起草人：许木养、黄营珠。

本标准参加起草人：陈晓晨、谢盛烈、曾友平、何成。

橡 胶 硫 化 罐

1 范围

本标准规定了橡胶硫化罐(以下简称硫化罐)的术语和定义、型号与基本参数、要求、试验、检验规则、标志、包装运输和贮存。

本标准适用于以蒸汽或热空气为工作介质硫化橡胶制品的硫化罐。

2 规范性引用文件

下列文件中的条款通过本标准的引用而成为本标准的条款。凡是注日期的引用文件,其随后所有的修改单(不包括勘误的内容)或修订版均不适用于本标准,然而,鼓励根据本标准达成协议的各方研究是否可使用这些文件的最新版本。凡是不注日期的引用文件,其最新版本适用于本标准。

GB 150—1998 钢制压力容器

GB/T 191 包装储运图示标志(GB/T 191—2008,ISO 780:1997,MOD)

GB 2894 安全标志及其使用导则

GB 5226.1—2008 机械电气安全 机械电气设备 第1部分:通用技术条件(IEC 60204-1:2005,IDT)

GB/T 12783 橡胶塑料机械产品型号编制方法

GB/T 13306 标牌

GB/T 13384 机电产品包装通用技术条件

HG/T 2113 卧式硫化罐检测方法

HG/T 3120 橡胶塑料机械外观通用技术条件

HG/T 3223 橡胶机械术语

HG/T 3228 橡胶塑料机械涂漆通用技术条件

HG 20582—1998 钢制化工容器强度计算规定

JB/T 4711 压力容器涂敷与运输包装

JB 4732 钢制压力容器—分析设计标准

TSG R0004—2009 固定式压力容器安全技术监察规程

3 术语和定义

HG/T 3223 和 GB 150—1998 确立的以及下列术语和定义适用于本标准。

3.1

直接式硫化罐 immediate autoclave

以饱和蒸汽作为工作介质的硫化罐。

3.2

间接式硫化罐 indirect autoclave

以蒸汽、热油等载热体通过换热装置加热空气作为工作介质的硫化罐。

3.3

电加热式硫化罐 electricity heat autoclave

通过电加热装置加热空气作为工作介质的硫化罐。

3.4

快开门式硫化罐 quick-actuating doors autoclave

罐门与罐体之间采用错齿方式连接的硫化罐。

4 型号与基本参数

4.1 型号

硫化罐的型号的编制方法应符合 GB/T 12783 的规定。

4.2 基本参数

硫化罐的基本参数参见附录 A。

5 要求

5.1 基本要求

5.1.1 硫化罐设计、制造应符合 GB 150—1998 和 TSG R0004—2009 的规定。

5.1.2 硫化罐应符合本标准要求,并按照经规定程序批准的图样及技术文件制造。

5.2 功能要求

5.2.1 硫化罐应有手动控制和自动控制硫化过程中罐内工作压力和温度的功能。

5.2.2 硫化罐应有监测罐内压力和温度的功能。

5.2.3 硫化罐应有冷凝水排放功能。

5.2.4 硫化罐罐门的启闭和锁紧装置应通过机械装置完成,并具有手动或自动控制功能。

5.2.5 轮胎硫化罐液压系统应具有自动补压功能。

5.3 性能要求

5.3.1 硫化罐硫化区最大径向温差应不大于 4 ℃,最大轴向温差应不大于 8 ℃。

5.3.2 硫化罐的电气设备在下列条件下应能正常工作:

a) 交流稳态电压值为 0.9～1.1 倍标称电压;

b) 环境温度 5 ℃～40 ℃;

c) 当温度为 40 ℃,相对湿度不超过 50%时(温度低则允许高的相对湿度,如 20 ℃时为 90%);

d) 海拔 1 000 m 以下。

5.3.3 间接式硫化罐热风循环装置,空负荷试验 1 h,轴承温升应不大于 20 ℃,且运转平稳,无异常振动和响声。

5.3.4 间接式硫化罐热风循环装置,负荷试验时,电机功率应不大于电机额定功率。

5.3.5 轮胎硫化罐液压系统的工作压力应连续可调,当轮胎硫化罐液压系统达到工作压力时,停止加压 1 h,液压系统的压力降应不大于工作压力的 10%。

5.3.6 快开门式硫化罐罐门开、闭、锁定动作应灵活、准确、可靠。

5.4 压力试验要求

5.4.1 硫化罐罐体应按图样要求进行耐压试验,试验时不应有异常变形和响声,保压时间不小于 30 min,保压期间不应渗漏。

5.4.2 液压缸和柱塞以 1.25 倍设计压力进行液压试验,保压时间不小于 30 min,保压期间不应渗漏。

5.4.3 硫化罐管路系统应按图样规定进行压力试验,保压时间不少于 30 min,保压期间不应渗漏。

5.5 焊接接头外观要求

5.5.1 焊接接头的对口错边量应符合 GB 150—1998 中 10.2.4.1 的规定。

5.5.2 焊接接头形成的棱角应符合 GB 150—1998 中 10.2.4.2 的规定。

5.5.3 受压元件焊缝表面的形状尺寸及外观要求应符合 GB 150—1998 中 10.3.3 的规定。

5.5.4 其他焊缝表面的形状尺寸及外观要求应符合 HG/T 3120 的规定。

5.6 筒体尺寸偏差要求

5.6.1 筒体的圆度应符合 GB 150—1998 中 10.2.4.10 的规定。

5.6.2 筒体长度偏差应符合表 1 的规定。

表 1 长度允许偏差

单位为毫米

长度/L	允许偏差
$L\leqslant$ 3 000	±6
3 000<$L\leqslant$6 000	±10
6 000<$L\leqslant$10 000	±15
10 000<$L\leqslant$22 000	±20
22 000<$L\leqslant$42 000	±30

5.6.3 筒体内径偏差应符合表 2 的规定。

表 2 内径允许偏差

单位为毫米

内径 D	允许偏差
$D\leqslant$1 000	±4.0
1 000<$D\leqslant$2 000	±5.0
2 000<$D\leqslant$4 000	±7.5
D>4 000	±10.0

5.7 安全和环保要求

5.7.1 快开门式硫化罐应有开门安全联锁装置并应具备 TSG R0004—2009 中 3.20 规定的功能，各部件动作应灵敏、准确、可靠。

5.7.2 硫化罐的超压泄放装置应符合 GB 150—1998 中附录 B 的要求。

5.7.3 轮胎硫化罐的液压缸达到工作压力时，系统应能自动停止加压。

5.7.4 硫化罐在负荷工作时，噪声声压级应不大于 80 dB(A)。

5.7.5 硫化罐应有便于吊装的结构。

5.7.6 硫化罐外表面人体可接触的部位最高温度应不高于 60 ℃。

5.7.7 硫化罐罐体外表应填充绝热材料，工作时绝热层外表面温度与环境温度之差应不大于 20 ℃。绝热材料不允许使用含石棉的材料。

5.7.8 硫化罐外露的齿轮、齿条、皮带等传动部件应有安全防护装置。

5.7.9 硫化罐电气设备导体间的绝缘电阻应符合 GB 5226.1—2008 中 18.3 的规定。

5.7.10 硫化罐电气设备的保护联结电路应符合 GB 5226.1—2008 中 8.2 的规定。

5.7.11 硫化罐电气设备耐压试验应符合 GB 5226.1—2008 中 18.4 的规定。

5.7.12 硫化罐应设置相应的安全警示标志，安全警示标志及其使用应符合 GB 2894 的规定。

5.8 其他要求

5.8.1 快开门装置的强度计算应按 HG 20582—1998 第 14 章、第 15 章或 JB 4732 的规定。

5.8.2 产品涂敷质量应符合 JB/T 4711 及 HG/T 3228 的规定。

5.8.3 产品外观质量应符合 HG/T 3120 的规定。

6 试验

6.1 空负荷试验

6.1.1 试验前应按 5.2、5.3.6、5.5、5.6、5.7.2、5.7.5、5.7.8、5.7.12 进行检验，合格后方能进行空负荷试验。

6.1.2 空负荷试验应按 5.3.3、5.3.5、5.4、5.7.1、5.7.3、5.7.9～5.7.11 进行检验，合格后方能进行负荷试验。

6.2 负荷试验

6.2.1 检查基本参数。

6.2.2 负荷试验应按 5.3.1、5.3.4、5.7.4、5.7.6、5.7.7 进行检验。

6.3 试验方法

硫化罐应按 HG/T 2113 进行检测。

7 检验规则

7.1 出厂检验

7.1.1 产品应经制造单位质量检验部门检验合格后方能出厂。

7.1.2 产品出厂前应按 6.1 进行空负荷运转试验。

7.2 型式检验

7.2.1 型式检验应在下列情况之一进行：

a) 新产品或老产品转厂生产时；

b) 产品在结构、工艺、材料上有较大的改变，可能影响产品性能时；

c) 产品长期停产(相隔 3 年及 3 年以上)，恢复生产时；

d) 出厂检验结果与上次型式检验结果有较大差异时；

e) 正常生产时，每年至少抽检一台；

f) 国家质量监督机构提出进行型式检验时。

7.2.2 型式检验应符合本标准第 5 章的要求。

7.3 抽样方法与判定规则

7.3.1 抽样方法

型式检验每次抽检一台，当检验有不合格时，应再抽检两台，若仍有不合格时，则应对该产品逐台进行检验。

7.3.2 判定规则

型式检验项目全部符合本标准相关条款的规定，则为合格。

8 标志、运输、包装和贮存

8.1 标志

硫化罐应在明显位置固定产品标牌，标牌应符合 GB/T 13306 的规定，产品标牌的内容至少应包括：

a) 产品标准号；

b) 产品名称及型号；

c) 产品的主要参数；

d) TSG R0004—2009 规定的内容。

8.2 包装与运输

8.2.1 硫化罐的包装应符合 GB/T 13384 的规定。包装储运图示标志应符合 GB/T 191 的规定。

8.2.2 硫化罐的运输包装应符合运输部门的有关规定。

8.2.3 随机文件应统一装在防水的塑料袋内。随机文件应包括：

a) 产品质量证明书；

b) 使用说明书；

c) 装箱单；

d) 备件单;

e) TSG R0004—2009 规定的出厂文件资料。

8.3 贮存

硫化罐应存放在通风、干燥,无火源、无腐蚀性气(物)体的地方,露天存放应有防雨措施。

附 录 A
(资料性附录)
橡胶硫化罐产品系列与基本参数

橡胶硫化罐产品系列与基本参数见表A.1。

表A.1 橡胶硫化罐产品系列与基本参数

类别	结构形式	罐体内径/m	筒体长度/m	罐内的最高工作压力/MPa	最大合模力/kN
轮胎硫化罐	立式	1.4	1.5、3.0	0.45、0.8	3 000
		1.5	1.5、3.0		3 300
		1.6	1.5、3.0		4 500
		1.8	3.0、5.0	0.45、0.6、0.7 0.8、1.2	5 300
		2.0	3.2、4.0		8 500
		2.2	2.9、3.2、4.0		8 500
		2.8	1.85、3.2、4.0、6.0、8.0		11 250
		4.0	2.6		32 000
		4.2	2.6		32 500
		4.5	2.6、2.8		38 000
		4.8	1.6、3.2		36 000
	卧式	4.5	2.6		38 000
其他硫化罐	卧式	0.8、1.0	1.5、3.0、5.0、11.0、22.0、32.0、42.0	0.45、0.8	—
		1.2	1.5、3.0、5.0、11.0		
		1.5	3.0、5.0、7.0	0.45、0.8 1.0、1.2	
		1.7	4.0、6.0、8.0、10.0		
		2.0	4.0、6.0、10.0		
		2.2、2.6 2.8、3.4	5.0、6.0、8.0、10.0、12.0		
		4.0、4.2	5.0、8.0、10.0、12.0		
	立式	0.8	1.5、3.0	0.45、0.8	—
		1.0	1.5、3.0		
		1.2	1.5、3.0		
		1.5	3.0、5.0	0.45、0.8 1.0、1.2	
		1.7	4.0、6.0		
		2.0	4.0、6.0、8.0		
		2.6	4.0、6.0、8.0		
		2.8	4.0、6.0、8.0		
注：硫化罐的内径、筒体长度、罐内的最高工作压力和最大合模力等参数可按用户要求进行设计。					

ICS 71.120;83.200
G 95

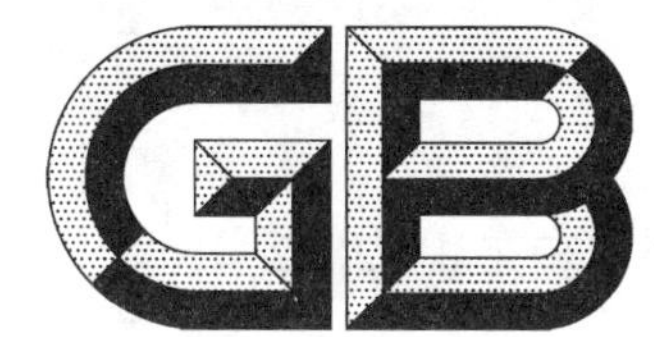

中华人民共和国国家标准

GB 25936.1—2012

橡胶塑料粉碎机械 第1部分:刀片式破碎机安全要求

Rubber and plastics machines—Size reduction machines—Part 1:Safety requirements for blade granulators

2012-03-09 发布

2013-01-01 实施

中华人民共和国国家质量监督检验检疫总局
中国国家标准化管理委员会 发布

前　言

本部分的第5章、第6章和第7章为强制性的，其余为推荐性的。

GB 25936《橡胶塑料粉碎机械》分为4个部分：

——第1部分：刀片式破碎机安全要求；

——第2部分：拉条式切粒机安全要求；

——第3部分：切碎机安全要求；

——第4部分：团粒机安全要求。

本部分为GB 25936的第1部分。

本部分按照GB/T 1.1—2009给出的规则起草。

本部分使用重新起草法修改采用欧洲标准EN 12012-1:2007《橡胶塑料机械　破碎机　第1部分：刀片式破碎机安全要求》。

本部分与欧洲标准EN 12012-1:2007的技术性差异如下：

——在规范性引用文件中用我国标准代替了国际标准；

——删除了EN 12012-1:2007第1章最后一段；

——删除了EN 12012-1:2007第4章后面的悬置段。

本部分做了下列编辑性修改：

——将A.8中"至少应记录A.7规定的数据"改为"至少应记录A.8.2～A.8.6规定的数据"；

——删除了EN 12012-1:2007的资料性附录ZA。

本部分由中国石油和化学工业联合会提出。

本部分由全国橡胶塑料机械标准化技术委员会(SAC/TC 71)归口。

本部分起草单位：北京橡胶工业研究设计院、大连塑料机械研究所、广东省东莞市质量技术监督标准与编码所。

本部分主要起草人：夏向秀、何成、李香兰、李毅。

橡胶塑料粉碎机械
第1部分:刀片式破碎机安全要求

1 范围

GB 25936 的本部分规定了破碎橡胶塑料制品或材料用刀片式破碎机的设计和制造安全要求。

本部分适用于对橡胶塑料制品或材料进行粉碎的刀片式破碎机(以下简称破碎机)。

本部分所涉及的机器起始于破碎机整机喂料口的外边缘或作为集成部分的喂料装置的外边缘,终止于破碎机的排料区域。

本部分不涉及加工有害材料产生的危险。

2 规范性引用文件

下列文件对于本文件的应用是必不可少的。凡是注日期的引用文件,仅注日期的版本适用于本文件。凡是不注日期的引用文件,其最新版本(包括所有的修改单)适用于本文件。

GB/T 3767 声学 声压法测定噪声源声功率级 反射面上方近似自由场的工程法(GB/T 3767—1996,eqv ISO 3744:1994)

GB/T 3768 声学 声压法测定噪声源声功率级 反射面上方采用包络测量表面的简易法(GB/T 3768—1996,eqv ISO 3746:1995)

GB 5226.1—2008 机械电气安全 机械电气设备 第1部分:通用技术条件(IEC 60204-1:2005,IDT)

GB/T 6881.1 声学 声压法测定噪声源声功率级 混响室精密法(GB/T 6881.1—2002,idt ISO 3741:1999)

GB/T 6881.2 声学 声压法测定噪声源声功率级 混响场中小型可移动声源工程法 第1部分:硬壁测试室比较法(GB/T 6881.2—2002,idt ISO 3743-1:1994)

GB/T 6881.3 声学 声压法测定噪声源声功率级 混响场中小型可移动声源工程法 第2部分:专用混响测试室法(GB/T 6881.3—2002,idt ISO 3743-2:1994)

GB/T 6882 声学 声压法测定噪声源声功率级 消声室和半消声室精密法(GB/T 6882—2008,ISO 3745:2003,IDT)

GB/T 8196—2003 机械安全 防护装置 固定式和活动式防护装置设计与制造一般要求(ISO 14120:2002,MOD)

GB/T 14574 声学 机器和设备噪声发射值的标示和验证(GB/T 14574—2000,eqv ISO 4871:1996)

GB/T 15706.1—2007 机械安全 基本概念与设计通则 第1部分:基本术语和方法(ISO 12100-1:2003,IDT)

GB/T 15706.2—2007 机械安全 基本概念与设计通则 第2部分:技术原则(ISO 12100-2:2003,IDT)

GB/T 16404 声学 声强法测定噪声源的声功率级 第1部分:离散点上的测量(GB/T 16404—1996,eqv ISO 9614-1:1993)

GB/T 16404.2 声学 声强法测定噪声源的声功率级 第2部分:扫描测量(GB/T 16404.2—

1999,eqv ISO 9614-2:1996)

GB/T 16538 声学 声压法测定噪声源声功率级 现场比较法(GB/T 16538—2008,ISO 3747:2000,IDT)

GB 16754 机械安全 急停 设计原则(GB 16754—2008,ISO 13850:2006,IDT)

GB/T 16855.1—2008 机械安全 控制系统有关安全部件 第1部分:设计通则(ISO 13849-1:2006,IDT)

GB/T 17248.2 声学 机器和设备发射的噪声 工作位置和其他指定位置发射声压级的测量 一个反射面上方近似自由场的工程法(GB/T 17248.2—1999,eqv ISO 11201:1995)

GB/T 17248.3 声学 机器和设备发射的噪声 工作位置和其他指定位置发射声压级的测量 现场简易法(GB/T 17248.3—1999,eqv ISO 11202:1995)

GB/T 17248.4 声学 机器和设备发射的噪声 由声功率级确定工作位置和其他指定位置的发射声压级(GB/T 17248.4—1998,eqv ISO 11203:1995)

GB/T 17248.5 声学 机器和设备发射的噪声 工作位置和其他指定位置发射声压级的测量 环境修正法(GB/T 17248.5—1999,eqv ISO 11204:1995)

GB/T 18831 机械安全 带防护装置的联锁装置 设计和选择原则(GB/T 18831—2010,ISO 14119:1998,MOD)

GB/T 19670 机械安全 防止意外启动(GB/T 19670—2005,ISO 14118:2000,MOD)

GB/T 19671—2005 机械安全 双手操纵装置 功能状况及设计原则(ISO 13851:2002,MOD)

GB/T 19876 机械安全 与人体部位接近速度 相关防护设施的定位(GB/T 19876—2005,ISO 13855:2002,MOD)

GB 23821—2009 机械安全 防止上下肢触及危险区的安全距离(ISO 13857:2008,IDT)

GB/T 25078.1—2010 声学 低噪声机器和设备设计实施建议 第1部分:规划(ISO/TR 11688-1:1995,IDT)

3 术语和定义

GB/T 15706.1—2007 界定的以及下列术语和定义适用于本文件。

3.1

刀片式破碎机 blade granulator

在其破碎室内用刀片将物料破碎,直至被破碎物料能通过合适规格的筛板孔进入排料区的机械,见图1。

3.2

破碎室 cutting chamber

在其内部产生破碎及粉碎作用的部件。

3.3

转子 rotor

在破碎室内,装有刀片的旋转破碎装置的部件。

3.4

固定切刀 stationary cutting blade(s)

一片或多片安装在破碎室内的静止刀架上的切刀。

3.5

喂料区 feeding area

喂入物料的区域。

3.6

喂料装置　feeding device

将物料送入破碎室的部件。喂料装置可以是固定的，例如，喂料斗或类似装置；也可以是可移动的，例如，喂料辊、螺杆、运输带或气动输送装置等。

3.7

转子抑制器　rotor restraint

当破碎机停车和破碎室打开时，防止手触动转子转动或转子因惯性而转动的部件。

3.8

排料区　discharge area

被破碎物料或成品排出破碎室的区域。

3.9

筛板　screen plate

安装在破碎室排料侧、允许符合规定尺寸的破碎物料或成品进入排料区的筛网。

3.10

工作平面　working level

操作者站立的平面。

3.11

装料台　loading table

放置送往破碎机中物料的平面。

说明：

1——破碎室；
2——转子；
3——旋转刀片；
4——固定切刀；
5——喂料斗；
6——喂料口；
7——防护挡板；
8——排料区；
9——排料斗；
10——筛板；
11——防护装置。

图 1　刀片式破碎机示意图

4 重大危险列举

4.1 机械危险

4.1.1 破碎室

破碎室有如下危险：
——机械零部件或物料从破碎室内弹出；
——在转子和破碎室内壁之间被挤压或剪切；
——被刀片切割或切断。

4.1.2 喂料区

喂料区有如下危险：
——被喂料装置剪切；
——被喂物料缠绕；
——跌落进喂料斗；
——由于料斗移动所引起的挤压；
——机械零部件或物料从喂料口弹出。

4.1.3 排料区

排料区有如下危险：
——机械零部件或物料从破碎室内弹出；
——在转子和破碎室内壁之间被挤压或剪切；
——被刀片切割或切断。

4.2 噪声危险

噪声可能导致：
——听力受损；
——语言交谈被干扰以及声响信号被掩盖而引发事故；
——精神紊乱。

4.3 被加工物料产生的危险

加工过程中产生的粉尘引发的火灾。

4.4 机械失去稳定产生的危险

在喂料斗处于打开位置时，引起整机失去平衡，导致设备损坏和人员伤害。

4.5 电气危险

接触带电部件或由于电气故障而带电的部件，导致电击或灼伤。

5 安全要求和/或保护措施

5.1 总则

破碎机应遵守本章所规定的安全要求和/或保护措施。此外，本文件中其他一些未予规定的非重大危险的机械设计，也应符合 GB/T 15706.2—2007 的规定。

5.2 机械危险

5.2.1 破碎室

当喂料装置和排料装置与破碎室组装在一起时，破碎室的设计应考虑消除引发 4.1.1 所列的一切危险，并防止在转子运行时进入破碎室。

5.2.1.1 强度

破碎室应能承受正常工作产生的应力和运转时由于刀片断裂或松脱产生的应力。

5.2.1.2 通过开口进入

对通过开口进入破碎室，应进行以下保护：

——在设计上，安全距离应符合 GB 23821—2009 中表 2、表 3 或表 4 的规定；或

——按 GB/T 8196—2003 中 3.2.2 的规定设置距离防护装置；

——按 GB/T 8196—2003 中 3.6 和 GB/T 18831 的规定设置带防护锁定的联锁防护装置。控制系统有关安全部件应符合 GB/T 16855.1—2008 中的 3 类规定。

5.2.1.2.1 采用固定喂料装置时，对通过喂料口进入破碎室的保护：

——喂料斗或其他喂料装置的尺寸和设计应符合 GB 23821—2009 中表 2 规定的安全距离，以避免上肢进入破碎室；

——如果喂料口尺寸大于 0.40 m×0.50 m，则孔口的下边缘和/或装料台与工作平面的距离应不小于 1.20 m；

——如果距离小于 1.20 m，则应在喂料口前至少 1.20 m 处安装距离防护装置，防止直接进入喂料口，或者利用防护装置，使操作者只能从侧面喂料；

——如果机器上安装的是自动喂料装置，该装置应起到保护装置的作用。

5.2.1.2.2 采用可移动的喂料装置时，对通过喂料口进入破碎室的保护：

——当喂料斗或其他喂料装置可移动时，转子停止转动前应防止通过喂料口进入破碎室；

——喂料斗或其他喂料装置应起到带防护锁定的联锁防护装置的作用，并应符合 GB/T 8196—2003 中 3.6 和 GB/T 18831 的规定。控制系统的有关安全部件应符合 GB/T 16855.1—2008 中的 3 类规定。

5.2.1.2.3 对通过排料口进入破碎室的保护：

——转子停止转动前，应对通过排料口进入破碎室进行保护；

——应按 GB/T 8196—2003 中 3.6 和 GB/T 18831 的规定设置带防护锁定的联锁防护装置。控制系统有关安全部件应符合 GB/T 16855.1—2008 中的 3 类规定。

5.2.1.2.4 对通过维修或清洁口进入破碎室的保护：

——破碎室壁上的维修或清洁孔口，应按 GB/T 8196—2003 中 3.6 和 GB/T 18831 的规定设置带防护锁定的联锁防护装置；

——控制系统有关安全部件应符合 GB/T 16855.1—2008 中的 3 类规定。

5.2.1.3 转子抑制器

破碎机转子运动的惯性足以引起伤害，例如，某部件拆卸后或正在拆卸时失去平衡，或在拧松刀片进行拆卸时。在破碎室开启到能触及转子之前，转子抑制器应起作用(具体开口尺寸见 GB 23821—2009 中表 4 的规定)。

转子抑制器在以下情况，应能解除限制：

——需要转动转子时，通过操作者需连续操控解除限制；

——在破碎机能够启动之前，通过某一方法，如关闭破碎室，或其他合适的方法，确保转子抑制器解除限制；

——使转子抑制器解除限制的装置，应设计成由控制转子运动的操作者激活。

5.2.2 喂料区

在喂料区的设计中，应消除4.1.2所列的危险。

5.2.2.1 喂料装置

5.2.2.1.1 喂料装置应按GB 23821—2009中表2、表3或表4的规定进行设计，以避免上肢触及运动部件。

5.2.2.1.2 如果加工极易缠绕的薄膜、纤维及塑胶条等材料的破碎机采用动力喂料装置，应在喂料口处配备符合GB/T 15706.1—2007中3.26.5规定的机械致动的敏感保护设备(自动停机装置)，用来自动停止喂料。该敏感保护设备(自动停机装置)应能在受到不小于150 N的力时触发。

5.2.2.1.3 如果喂料斗设有转轴或铰链，不管采用什么系统打开或关闭喂料斗，则应使用能自动激活的抑制装置，以防止喂料斗意外闭合。

5.2.2.1.4 如果喂料斗动作是动力驱动的，则：

——应使用符合GB/T 19671—2005中的ⅢB型双手操纵装置，其安装位置应符合GB/T 19876的规定，且确保在安装位置能够看清喂料斗的开启和闭合区；或

——应使用符合GB/T 15706.1—2007中3.26.3规定的止-动控制装置，其安装位置应距离危险区至少2 m，且确保在安装位置能够看清喂料斗的开启和闭合区。

有关手动喂料的信息资料，应在使用说明书中给出(见7.1.5)。

5.2.2.2 机械零部件或物料弹出

在设计阶段，应采取措施来消除加工时机械零部件或物料通过喂料口从破碎室内弹出的可能性。可以采取的措施，例如有：

——喂料装置配备遮挡屏；

——安装如图1所示的防护挡板；

——当喂入长料可能造成防护挡板无法闭合时，降低危险的其他措施，应在使用说明书中给出(见7.1.5)。

5.3 噪声危险

5.3.1 通过设计降低噪声源的噪声

在机械设计中，应采取可利用的信息和技术措施来控制噪声源的噪声，示例见GB/T 25078.1—2010。

注：机械噪声发生的可利用的信息见GB/T 25078.2。

5.3.2 主要噪声源和降噪措施

5.3.2.1 主要噪声源有破碎室、喂料斗、喂料口、排料口以及可能配备的抽吸系统和排放管。

5.3.2.2 可以采取以下措施控制噪声：

——改变切刀和转子的几何构型；

——改变喂料斗的几何构型；

——破碎室增加隔音材料；
——降低破碎速度；
——加隔音外罩。

5.3.3 噪声发射值的测定和标示

噪声发射值的测定和标示见附录A。
另见7.1.6。

5.4 被加工物料产生的危险

如果破碎机是专为加工易产生附加危害材料(例如易燃或有毒材料)而设计的，则制造商应考虑最新技术，将风险降低到最低程度。

其措施可包括：
——增加局部排放系统；
——增加自动清洗设施；
——增加自动灭火系统；
——增加产生惰性气氛的设施；
——增加声响和视觉警报。

如果破碎机并非为加工易燃或有毒材料而设计，制造商应在机器上就此点加贴警示标志(见7.2)。

5.5 机械失去稳定产生的危险

机器及其固定方式应设计成，当料斗打开时，机器仍能保持稳定(见7.1.2)。

5.6 电气危险

5.6.1 总则

电气设备应符合GB 5226.1—2008的规定，还应符合5.6.2～5.6.8的规定。

5.6.2 电源切断(隔离)开关

电源切断(隔离)开关应采用GB 5226.1—2008中5.3.2规定的a)～e)型式，凡采用a)～d)型式的电源切断(隔离)开关，应符合GB 5226.1—2008中5.3.3的规定。

5.6.3 意外启动

应按GB/T 19670的要求，防止意外启动。
防止意外启动的切断器件应符合GB 5226.1—2008中5.4的规定。

5.6.4 直接接触的防护

直接接触的防护应符合GB 5226.1—2008中6.2的规定。

5.6.5 间接接触的防护

间接接触的防护应符合GB 5226.1—2008中6.3的规定。

5.6.6 紧急停止功能

应符合GB 5226.1—2008中9.2.2的0类规定。

5.6.7 急停装置

破碎机应至少有一个急停操动器，操动器的数量取决于机器的大小。操动器的位置应便于接近和操控。至少应有一个或数个操动器在喂料口和/或排料口操作者能控制的位置上。

注：带有自动喂料和/或排料设施的破碎机或小型破碎机，如果控制面板紧靠喂料口以及排料口，且操作者可以清楚地看到，则可在控制面板上设置一个急停操动器。

急停操动器应符合 GB 16754 的规定。急停器件的型式应为按钮开关。

另见 GB 5226.1—2008 中 10.7 的规定。

5.6.8 试验与验证

可进行以下一项或数项试验，但应包括保护联结电路连续性的验证：

——电气设备与技术文件一致性的检验；

——保护联结电路连续性；

——绝缘电阻试验；

——耐压试验；

——残余电压的防护；

——功能试验。

另见 GB 5226.1—2008 第 18 章。

6 安全要求和/或保护措施的验证

对安全要求和/或保护措施的符合性验证，应按表 1 进行。

表 1 符合性验证方法

条款	表观检查	功能试验[a]	测量	计算	设计确认[b]	参考标准
5.2.1.1					●	
5.2.1.2	●	●	●		●	GB 23821—2009、GB/T 8196—2003、GB/T 16855.1—2008、GB/T 18831
5.2.1.2.1	●		●			GB 23821—2009
5.2.1.2.2	●	●			●	GB/T 8196—2003、GB/T 16855.1—2008、GB/T 18831
5.2.1.2.3	●	●			●	GB/T 8196—2003、GB/T 16855.1—2008、GB/T 18831
5.2.1.2.4	●	●			●	GB/T 8196—2003、GB/T 16855.1—2008、GB/T 18831
5.2.1.3	●	●	●		●	GB 23821—2009
5.2.2.1	●	●	●		●	GB/T 15706.1—2007、GB 23821—2009、GB/T 19671—2005、GB/T 19876
5.2.2.2		●				
5.3	●		●		●	GB/T 25078.1—2010；附录 A

表 1（续）

条款	表观检查	功能试验[a]	测量	计算	设计确认[b]	参考标准
5.4	●	●			●	
5.5				●	●	
5.6	●	●	●		●	GB 16754、GB/T 19670、GB 5226.1—2008

[a] 功能试验包括功能验证、防护以及安全装置的效率，其依据的是：
——使用信息中的说明；
——安全方案和线路原理图；
——第 5 章以及其他引用文件规定的要求。

[b] 设计确认是指验证设计符合本部分的安全规定。

7 使用信息

7.1 使用说明书

7.1.1 使用说明书应按照 GB/T 15706.2—2007 中 6.5 的规定编写。

7.1.2 制造商应提供安装说明书，包括：

——凡必要之处，应注明锚固强度要求；

——防震垫安装；

——刀片正确安装，包括螺栓扭矩要求；

——5.2.1.2.1 条中如需要的防护结构的安装。

7.1.3 制造商应就破碎室打开进行维修保养和清洁时有关的作业，例如更换刀片、调整刀片或清除余留物料等，予以以下说明：

——制造商应就更换切刀时切割危险，予以警告，包括需要使用防护手套和防护眼镜；

——说明书应对未配备 5.2.1.3 中所述的转子限制器的转子的维修保养程序步骤，予以描述，其中应包括防止它们转动的措施。

7.1.4 制造商应就切刀或转子的裂缝或断裂或松动的危险，予以警告。说明书应对必须遵循的安全检查系统予以描述，这样的安全检查系统可以检测出以下部件的磨损、裂缝或断裂：

——固定切刀的螺栓和螺孔；

——刀片；

——转子。

每次更换刀片时，应仔细检查上述部件，包括如检查螺栓重新拧紧所使用的正确扭矩等，在说明书中应予以明示。

7.1.5 制造商应就以下内容，予以警告：

——缠绕的危险，特别是手动喂入薄膜、纤维、塑胶条或类似物料时；

——长物弹出的危险。

说明书应对这类物料的安全处理程序，予以描述。该程序可包括，例如，加工前物料预破碎、装袋或打包等。

7.1.6 制造商应就进行噪声测定时所依据的操作条件和安装类型，予以示明，并给出按照附录 A 或相关标准测定的破碎机的噪声发射值有关的信息资料。

7.1.7 制造商应对听力和视力保护，提出建议。

7.2 标志

机器上至少应带有的标志：

——制造商和供货商的名称和地址；

——相应的安全警示；

——设计序号或型号；

——序列号或机器编号；

——若该机设计并非用于加工易燃或有毒材料，则应带有此项内容的警示标签。

附 录 A
（规范性附录）
噪声试验规程

A.1 引言

不同的噪声产生机理在每一机台上是相互影响的。工作条件发生变化，将影响某些或所有机理及其相互干扰的程度。因此，测得的某一操作条件下的值，对该机台的所有操作条件，并不一定具有代表性。仅仅公告一个噪声发射值，可能导致误解。因此本附录规定，除为破碎特定材料特定项而设计的破碎机外，噪声发射值测定至少应取两个不同的试样。

A.2 范围

机器的使用说明书和技术文件应给出按照本附录测定的噪声发射值。

本噪声试验规程就刀片破碎机向空气中发射噪声的测定、标示和验证，规定了其有效进行以及在标准化条件下进行的所有应具备的信息。

本规程规定了噪声测量方法以及试验应使用的操作和安装条件。

噪声发射特性包括工位上发射声压级和声功率级。这些量的测定用于以下情况：

——刀片破碎机制造商标示该机器发射噪声；

——用户对投入市场的刀片破碎机的噪声发射情况进行比较；

——设计人员在设计阶段对声源噪声予以控制。

本规程的使用，在所使用的基本测量方法的准确度等级所决定的特定限度内，可保证空气中噪声发射特性的测定值具有再现性。

A.3 声功率级的测定

A.3.1 基本标准

A计权声功率级应采用下述标准之一进行测定：GB/T 6881.1、GB/T 6881.2、GB/T 6881.3、GB/T 3767、GB/T 6882、GB/T 3768、GB/T 16538、GB/T 16404 或 GB/T 16404.2。

应使用工程法(准确度等级2级)。如果无法使用工程法，则可使用简易法(准确度等级3级)。应给出选择简易法的理由。

在每一传声器位置上至少测量一次。每次测量的持续时间长度至少 90 s。

在使用 GB/T 3767 或 GB/T 3768 时，测量面应为平行六面体，测量距离为 1 m。

A.3.2 测量不确定度

再现性的标准偏差见所用的基本标准。

A.4 发射声压级的测定

A.4.1 基本标准

手动喂料的刀片破碎机，应使用 GB/T 17248.2、GB/T 17248.3 或 GB/T 17248.5 之一测量 A 计

权声压级。

测量应在操作者工位处按上述标准进行。

在未规定工位或无法确定工位的场合，应在距离机器表面 1m 和距离地面或平台入口处高 1.6 m 的地方测量声压级，应记录测量位置和最大声压值。

A 计权声压级的测定，应按下列方法进行：

——用 GB/T 17248.2 或 GB/T 17248.3 或 GB/T 17248.5 进行测定，在离刀片破碎机外表面 1 m，高度 1.6 m 的一系列点上测定 A 计权声压级，并记录其最大值；

——或，用 GB/T 17248.4，按 $Q=Q_2$ 和 $d=1$ m 的方法从声功率级推算 A 计权声压级。

A.4.2 测量不确定度

如果发射声压级经测量而得，则 A 计权声压级再现性的标准偏差即是所用的基本标准中所给出的，即工程法的 $\sigma_{RA}=2.5$ dB(A)。

如果发射声压级经计算而得，则再现性标准偏差即是声功率级测定的标准偏差。

A.5 噪声测量的安装条件

机器的安装和连接应按制造商使用说明书中的说明进行(见 7.1.6)。

A.6 操作条件

从固定的喂料辅助动力装置中发射的噪声，例如输送带等，不予考虑；但是卸料设备发射的噪声应予以考虑。

为破碎特定材料特定项而设计的破碎机，测定应使用该特定材料特定项进行。针对其他情况，至少应选两种试样，其中一个试样应按表 A.1 抽取。

表 A.1 试样和机器数据

公称功率/kW	卸料设备	筛孔直径/mm	试样			
			类型	材料	质量或容积	一次加入的试样数
≤5.5	无	6	瓶盖	PP	3 g±0.5 g	10
			圆珠笔体	PS	4 g±0.5 g	10
>5.5 <30	抽吸	10	预塑坯	PET	45 g±5 g	2
			瓶子	PET	1.5 L	2
≥30	抽吸	10	瓶子	PE	5 L	2

测定应使用新刀片。

试样的喂料频率(Q)按式(1)计算：

$$Q=\frac{C_{75}}{60\times N\times M} \qquad \cdots\cdots(1)$$

式中：

C_{75}——最大公称产量的 75%，单位为千克每小时(kg/h)；

N——一次加入的试样数；

M ——一个试样的质量，单位为千克(kg)；

Q ——每分钟喂料的次数，修正到整数位。

A.7 测量不确定度

测定破碎机的噪声发射值，其不确定性与以下三个因素相关：

——再现性标准偏差：A 计权级 σ_{RA}(见 A.3.2 和 A.4.2)；

——操作条件相关的标准偏差：A 计权级 $\sigma_{OpA}=1.5$ dB(A)；

——试样变量相关的标准偏差：A 计权级 $\sigma_{SA}=1.5$ dB(A)。

按式(2)计算总标准偏差：

$$\sigma=\sqrt{\sigma_{RA}^2+\sigma_{OpA}^2+\sigma_{SA}^2} \quad \cdots\cdots(2)$$

注：噪声发射真值低于 $L_m+1.645\sigma$ 的可能性为 95%，其中：L_m 是测定值。

A.8 应记录的信息

A.8.1 总则

应记录的信息包括：所使用的基本标准中要求予以记录的数据，即试验时机器安装和操作条件、声学环境、仪器仪表和声学数据的准确证明。

至少应记录 A.8.2～A.8.6 规定的数据。

A.8.2 总体数据

记录的总体数据包括：

——制造机器的类型、序列号和年代号；

——喂料装置；

——物料温度；

——室温。

A.8.3 机器技术数据

记录的机器技术数据包括：

——公称功率，单位为千瓦(kW)；

——转子：

- 直径；
- 转速；
- 刀片数；

——固定刀片数；

——筛板特性；

——破碎产出率，单位为千克每小时(kg/h)；

——在使用抽吸式卸料设备时的空气流速，单位为立方米每小时(m^3/h)。

A.8.4 标准

噪声测量使用的标准。

A.8.5 安装和操作条件

机械试验时相关安装和操作条件的说明。

A.8.6 试样和材料数据

试验所用的试样的形状和试验所用物料的物理特性的细节。

A.9 噪声发射值的标示和验证

噪声发射值的标示和验证应符合 GB/T 14574 的规定。

噪声标示应按 GB/T 14574 的规定标示两项数值，即分别明示测定值和测量不确定度。它应包括以下内容：

——声压级超过 70 dB 的操作者操作位上测定的 A 计权时间平均声压级值；若声压级不超过 70 dB 时，此情况应予以指出；

——此项超过 63 Pa(130 dB 对应于 20 μPa)的操作者操作位上测定的 C 计权时间平均声压级峰值；

——在 A 计权时间平均声压级测定值超过 85 dB 的操作者操作位上测定的 A 计权声功率级值。

噪声标示应明示：已按本噪声测定规程得到的噪声发射值，并明示所使用的是哪一个基本标准。如果有偏离本噪声测定规程之处和/或偏离所用的基本标准之处，噪声标示应给予清楚地明示。

注：倍频带内其他噪声发射量，如声功率级，也可在噪声标示内给出。在这种情况下，应特别仔细，避免将这些其他噪声发射数据与测定的噪声发射值混淆。

如果是验证性试验，则应采用噪声发射值初始测定时所用的相同的安装和操作条件进行。

参 考 文 献

[1] GB/T 25078.2 声学 低噪声机器和设备设计实施建议 第2部分:低噪声设计的物理基础

ICS 71.120;83.200
G 95

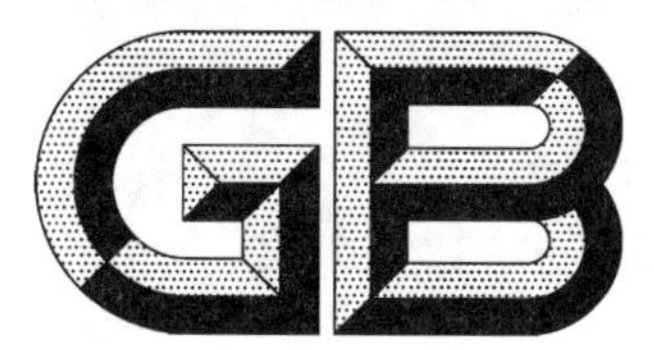

中华人民共和国国家标准

GB 25936.2—2012

橡胶塑料粉碎机械 第2部分:拉条式切粒机安全要求

Rubber and plastics machines—Size reduction machines—
Part 2:Safety requirements for strand pelletisers

2012-03-09 发布　　2013-01-01 实施

中华人民共和国国家质量监督检验检疫总局
中国国家标准化管理委员会　发布

前　言

本部分的第5章、第6章和第7章为强制性的，其余为推荐性的。

GB 25936《橡胶塑料粉碎机械》分为4个部分：

——第1部分：刀片式破碎机安全要求；

——第2部分：拉条式切粒机安全要求；

——第3部分：切碎机安全要求；

——第4部分：团粒机安全要求。

本部分为GB 25936的第2部分。

本部分按照GB/T 1.1—2009给出的规则起草。

本部分使用重新起草法修改采用EN 12012-2:2001+A2:2008《橡胶塑料机械　粉碎机械　第2部分：拉条式切粒机安全要求》。

本部分在修改采用EN 12012-2:2001+A2:2008时做了技术内容修改，修改内容如下：

——删除了EN 12012-2:2001+A2:2008规范性引用文件中的EN 1070:1998机械安全—术语。

本部分还做了如下编辑性修改：

——删除了EN 12012-2:2001+A2:2008的附录ZA(资料性附录)；

——删除了EN 12012-2:2001+A2:2008的附录ZB(资料性附录)。

本部分由中国石油和化学工业联合会提出。

本部分由全国橡胶塑料机械标准化技术委员会(SAC/TC 71)归口。

本部分主要起草单位：凯迈(洛阳)机电有限公司、北京橡胶工业研究设计院、大连塑料机械研究所、广东省东莞市质量技术监督标准与编码所。

本部分主要起草人：陈军、熊伟、袁媛、夏向秀、何成、李香兰、李毅。

橡胶塑料粉碎机械
第2部分:拉条式切粒机安全要求

1 范围

GB 25936 的本部分规定了加工橡胶塑料用拉条式切粒机设计和制造的基本安全要求。

本部分适用于由反应器或挤出机连续喂入的橡胶塑料材料切粒用拉条式切粒机。

本部分所涉及的机器起始于拉条式切粒机的喂料装置的喂料口,如果有启动装置,则起始于拉条式切粒机的启动装置,终止于排料区。

2 规范性引用文件

下列文件对于本文件的应用是必不可少的。凡是注日期的引用文件,仅注日期的版本适用于本文件。凡是不注日期的引用文件,其最新版本(包括所有的修改单)适用于本文件。

GB/T 3767 声学 声压法测定噪声源声功率级 反射面上方近似自由场的工程法(GB/T 3767—1996,eqv ISO 3744:1994)

GB/T 3768 声学 声压法测定噪声源声功率级 反射面上方采用包络测量表面的简易法(GB/T 3768—1996,eqv ISO 3746:1995)

GB 3836.1 爆炸性环境 第1部分:设备 通用要求(GB 3836.1—2010,IEC 60079-0:2007,MOD)

GB 3836.2 爆炸性环境 第2部分:由隔爆外壳"d"保护的设备(GB 3836.2—2010,IEC 60079-1:2007,MOD)

GB 3836.3 爆炸性环境 第3部分:由增安型"e"保护的设备(GB 3836.3—2010,IEC 60079-7:2006,IDT)

GB 3836.4 爆炸性环境 第4部分:由本质安全型"i"保护的设备(GB 3836.4—2010,IEC 60079-11:2006,MOD)

GB 3836.5 爆炸性环境用防爆电气设备 第5部分:正压外壳型"p"(GB 3836.5—2004,IEC 60079-2:2001,MOD)

GB 3836.6 爆炸性环境用防爆电气设备 第6部分:油浸型"o"(GB 3836.6—2004,IEC 60079-6:1995,IDT)

GB 3836.7 爆炸性环境用防爆电气设备 第7部分:充砂型"q"(GB 3836.7—2004,IEC 60079-5:1997,IDT)

GB 4208—2008 外壳防护等级(IP 代码)(IEC 60529:2001,IDT)

GB 5226.1—2008 机械电气安全 机械电气设备 第1部分:通用技术条件(IEC 60204-1:2005,IDT)

GB/T 6881.1 声学 声压法测定噪声源声功率级 混响室精密法(GB/T 6881.1—2002,idt ISO 3741:1999)

GB/T 6881.2 声学 声压法测定噪声源声功率级 混响场中小型可移动声源工程法 第1部分:硬壁测试室比较法(GB/T 6881.2—2002,idt ISO 3743-1:1994)

GB/T 6881.3 声学 声压法测定噪声源声功率级 混响场中小型可移动声源工程法 第2部

分:专用混响测试室法(GB/T 6881.3—2002,idt ISO 3743-2:1994)

GB/T 6882 声学 声压法测定噪声源声功率级 消声室和半消声室精密法(GB/T 6882—2008,ISO 3745:2003,IDT)

GB/T 8196—2003 机械安全 防护装置 固定式和活动式防护装置设计与制造一般要求(ISO 14120:2002,MOD)

GB/T 14574 声学 机器和设备噪声发射值的标示和验证(GB/T 14574—2000,eqv ISO 4871:1996)

GB/T 15706.1 机械安全 基本概念与设计通则 第1部分:基本术语和方法(GB/T 15706.1—2007,ISO 12100-1:2003,IDT)

GB/T 15706.2—2007 机械安全 基本概念与设计通则 第2部分:设计原则(GB/T 15706.2—2007,ISO 12100-2:2003,IDT)

GB/T 16404 声学 声强法测定噪声源的声功率级 第1部分:离散点上的测量(GB/T 16404—1996,eqv ISO 9614-1:1993)

GB/T 16404.2 声学 声强法测定噪声源的声功率级 第2部分:扫描测量(GB/T 16404.2—1999,eqv ISO 9614-2:1996)

GB/T 16538 声学 声压法测定噪声源声功率级 现场比较法(GB/T 16538—2008,ISO 3747:2000,IDT)

GB 16754 机械安全 急停 设计原则(GB 16754—2008,ISO 13850:2006,IDT)

GB/T 16855.1—2008 机械安全 控制系统有关安全部件 第1部分:设计通则(ISO 13849-1:2006,IDT)

GB/T 17248.2 声学 机器和设备发射的噪声工作位置和其他指定位置发射声压级的测量 一个反射面上方近似自由场的工程法(GB/T 17248.2—1999,eqv ISO 11201:1995)

GB/T 17248.3 声学 机器和设备发射的噪声工作位置和其他指定位置发射声压级的测量 现场简易法(GB/T 17248.3—1999,eqv ISO 11202:1995)

GB/T 17248.4 声学 机器和设备发射的噪声 由声功率级确定工作位置和其他指定位置的发射声压级(GB/T 17248.4—1998,eqv ISO 11203:1995)

GB/T 17248.5 声学 机器和设备发射的噪声 工作位置和其他指定位置发射声压级的测量 环境修正法(GB/T 17248.5—1999,eqv ISO 11204:1995)

GB/T 18153 机械安全 可接触表面温度 确定热表面温度极限值的工效学数据(GB/T 18153—2000,eqv EN 563:1994)

GB/T 18831 机械安全 带防护装置的联锁装置 设计和选择原则(GB/T 18831—2010,ISO 14119:1998,MOD)

GB/T 19670 机械安全 防止意外启动(GB/T 19670—2005,ISO 14118:2000,MOD)

GB 23821—2009 机械安全 防止上下肢触及危险区的安全距离(ISO 13857:2008,IDT)

GB/T 25078.1 声学 低噪声机械机器和设备设计实施建议 第1部分:规划(GB/T 25078.1—2010,ISO/TR 11688-1:1995,IDT)

3 术语和定义

GB/T 15706.1 中所界定的以及下列术语和定义适用于本文件。

3.1

拉条式切粒机 strand pelletiser

将橡胶塑料的条状物料在其切割室内切割成规则颗粒的机械,可通过调整转动切刀和喂料辊的转速，实现颗粒外形的尺寸要求，见图 1 和图 2。

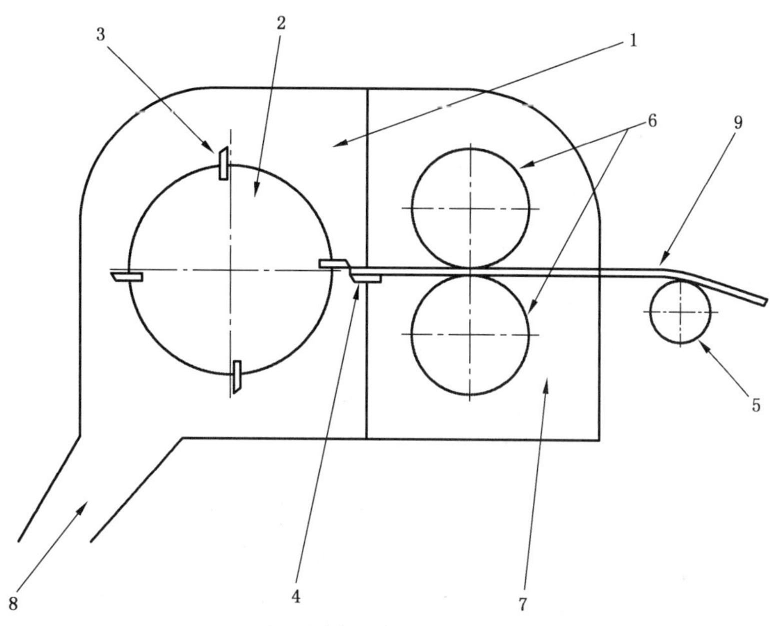

说明：

1——切割室；
2——转动切刀；
3——转动切刀刀刃；
4——固定切刀；
5——喂料装置；
6——喂料辊；
7——喂料区；
8——排料区；
9——条状物料。

图 1　拉条式切粒机示意图

3.2

切割室　cutting chamber

在其内部产生切割作用的部件。

3.3

转动切刀　rotor

在外圆表面上有多个等距刀刃的旋转部件。

3.4

固定切刀　stationary cutting blade

固定于切割室内的切刀。

3.5

启动装置　start-up device

位于喂料区前端，引导条状物料从启动位置到操作位置的装置。

3.6

喂料装置　feeding device

将条状物料输送到喂料区的部件。喂料装置可以是移动的，例如运输带或运输辊；也可以是固定的，例如输送槽或输送板。

3.7

喂料区　feeding area

安装喂料辊的区域。

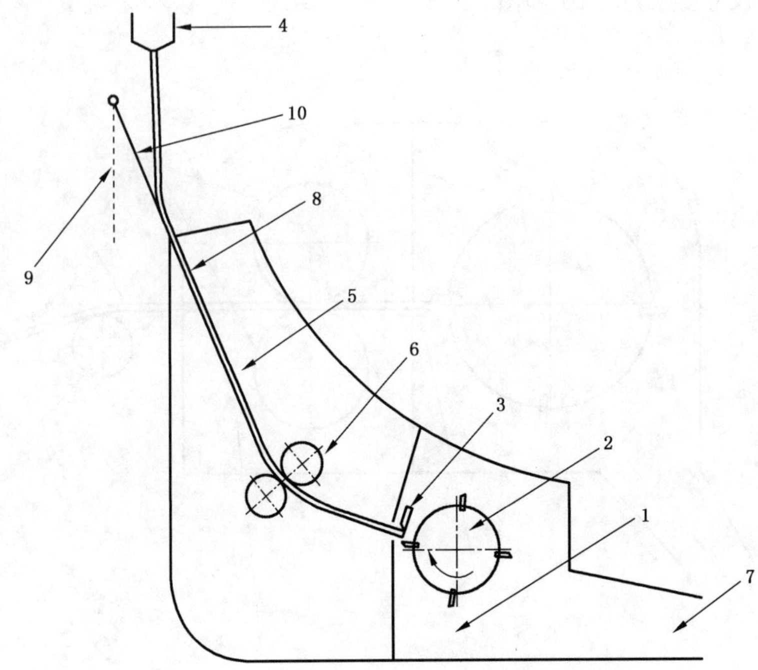

说明：

1——切割室；
2——转动切刀；
3——固定切刀；
4——铸带模板；
5——喂料装置；
6——喂料区；
7——排料区；
8——条状物料；
9——启动装置的启动位；
10——启动装置的操作位。

图 2　带有启动装置的拉条式切粒机示意图

3.8

排料区　discharge area

粒料离开切割室的区域。

3.9

冷却系统　cooling system

用水或空气使物料温度降低到适于切粒工艺的系统。

3.10

工作平面　working level

操作者站立的平面。

4　重大危险列举

4.1　机械危险

4.1.1　切割室

切割室有如下危险：

——在转动切刀和机箱之间被挤压/剪切；

——被刀片或锐边的零件切割/切断；

——机械零部件或物料从切割室内弹出。

4.1.2 喂料装置

喂料装置有如下危险：
——被喂料装置的运动部件卷入；
——被条状物料缠绕。

4.1.3 喂料区

在喂料辊之间被缠绕或挤压。

4.1.4 排料区

机械零部件或物料弹出。

4.1.5 启动装置

启动装置有如下危险：
——在铸带模板和启动装置之间被挤压；
——在启动装置和喂料装置之间被挤压/剪切；
——被启动装置运动部件所挤压/剪切。

4.2 噪声危险

噪声可能导致：
——听力受损；
——语言交谈被干扰而引发事故；
——声响信号被掩盖而引发事故。

4.3 热危险

以下情况可导致灼伤或烫伤：
——与炙热的机器表面接触；
——与高温的物料和冷却介质接触。

4.4 水溢流危险

水浸入电气设备。

4.5 电气危险

接触带电部件或由于电气故障而带电的部件，导致电击或灼伤。

5 安全要求和/或保护措施

拉条式切粒机应遵守本章所规定的安全要求及保护措施。此外，本文件中其他一些未予规定的非重大危险（例如锋利锐边）的机械设计，也应符合 GB/T 15706.1、GB/T 15706.2 的规定。

5.1 机械危险

5.1.1 切割室

5.1.1.1 强度

切割室要能承受正常运转及其可能有以下原因引起的应力：

——运转时刀片意外断裂或松脱；

——物料中的杂物或其他物品。

5.1.1.2 进入切割室内部

转动切刀和喂料辊停止转动前，应不能打开切割室盖，进入到切割室内部。应按 GB/T 8196—2003 中 3.6 和 GB/T 18831 的规定设置带防护锁定的联锁防护装置；控制系统有关安全部件应符合 GB/T 16855.1—2008 中的 3 类规定。

5.1.1.3 从排料区进入切割室

应防止从排料区进入切割室内部，设计时安全距离应符合 GB 23821—2009 中表 2 的规定。

5.1.1.4 进入维修或清洁孔口

切割室壁上的维修或清洁孔口，应按 GB/T 8196—2003 中 3.6 和 GB/T 18831 的规定设置带防护锁定的联锁防护装置；控制系统有关安全部件应符合 GB/T 16855.1—2008 中的 3 类规定。

5.1.2 喂料装置

5.1.2.1 触及喂料装置运动部件

如果喂料装置是固定于机器上的，当触及运动部件，应通过以下各项予以防护：

——使用符合 GB/T 8196—2003 中 3.2 规定的固定式防护装置；或

——应按 GB/T 8196—2003 中 3.6 和 GB/T 18831 的规定设置带防护锁定的联锁防护装置；控制系统有关安全部件应符合 GB/T 16855.1—2008 中的 3 类规定；或

——以上两项相组合。

5.1.2.2 防止缠绕

应参照 5.5.7 的要求设置急停操动器。

见 7.1.8。

5.1.3 喂料区

通过孔口触及喂料辊的防护应按 GB 23821—2009 中表 2、表 3 或表 4 的规定进行设计，以避免上肢触及运动部件。

5.1.4 排料区

排料区的设计应使其能够承受运转时刀片意外断裂或松脱引起的应力，并防止机械零部件弹出。

5.1.5 启动装置

应通过以下各项防止触及运动部件：

——使用符合 GB/T 8196—2003 中 3.2 规定的固定式防护装置；或

——使用符合 GB/T 8196—2003 中 3.5 规定的联锁防护装置，或 GB/T 8196—2003 中 3.6 和 GB/T 18831 规定的带防护锁定的联锁防护装置；控制系统有关安全部件应符合 GB/T 16855.1—2008 中的 1 类规定；或

——以上两项相组合。

5.2 噪声危险

5.2.1 通过设计降低噪声源噪声

在机械设计中，应采取可利用的信息和技术措施来控制噪声源的噪声，示例见 GB/T 25078.1。

5.2.2 主要噪声源

主要噪声源有切割室、喂料口、排料口以及可能配备的抽吸系统和排放管。

可以采取以下措施控制噪声：

——改变切刀和转动切刀的几何构型；

——降低切粒速度；

——安装隔音外罩。如果可能的话，应在切割室出口通道安装消音设施。

5.2.3 噪声发射值的测定和标示

噪声发射值的测定和标示应按附录 A 的规定进行。

5.3 热危险

如果机器表面、物料或冷却介质的温度超过 GB/T 18153 规定的限值，应使用符合 GB/T 8196—2003 中 3.2 规定的固定式防护装置，防止与之接触。

如果为了维修保养等必须接近机器的炙热表面或物料，应使用符合 GB/T 8196—2003 中 3.3 规定的活动式防护装置，并在炙热而足以造成伤害的部件上设置警示标志(见 7.2)。

当热的冷却介质的飞溅有可能造成伤害时，应另外配备防护装置。

5.4 水溢流危险

带有水冷却系统的机器的设计应避免对电气设备产生水溢溅或滴漏。该类设备的外壳防护等级应不低于 GB 4208—2008 中规定的 IP 54。

如果在切粒系统中出现了会导致水溢流的物料堆积，应自动切断供水，阻止水位上升，避免水溢出。

5.5 电气危险

电气设备应符合 GB 5226.1—2008 的规定，还应符合以下要求。

5.5.1 本机器用于爆炸性气体环境中

如果拉条式切粒机要用于爆炸性气体环境中，则应相应采用 GB 3836.1～GB 3836.7 系列标准。

5.5.2 电源切断(隔离)开关

应使用下述电源切断(隔离)开关：

——隔离开关；或

——隔离器；或

——断路器；或

——通过软电缆对移动式机器供电时，采用插头/插座组合或器具耦合器。

另见 GB 5226.1—2008 中 5.3.2。

5.5.3 意外启动

应按 GB/T 19670 的要求，防止意外启动。

另见 GB 5226.1—2008 中 5.4。

5.5.4 直接接触的保护

最低防护等级：
——外壳内带电部件应符合 GB 4208—2008 中的 IP 2X 或 IP XXB；
——易接近的壳体顶面应符合 GB 4208—2008 中的 IP 54。
在开启外壳的情况下，最低防护等级：
——GB 5226.1—2008 中的 6.6.2a)：外壳内的带电部件应符合 GB 4208—2008 中的 IP 2X 或 IP XXB；如果设备需要带电对电器进行调整或复位时，操作上有可能触及的带电部件的防护等级，应符合 GB 4208—2008 中的 IP 2X 或 IP XXB；
——GB 5226.1—2008 中的 6.6.2b)：应按 GB 4208—2008 标准防护等级为 IP 2X 或 IP XXB；
——GB 5226.1—2008 中的 6.6.2c)：应按 GB 4208—2008 标准防护等级为 IP 2X 或 IP XXB。
另见 GB 5226.1—2008 中 6.2 和本部分的 5.4。

5.5.5 间接接触的保护

应采取以下措施：
——使用自动切断电源予以保护；或
——使用绝缘保护或类似的绝缘保护；或
——使用电气隔离保护。
另见 GB 5226.1—2008 中 6.3。

5.5.6 紧急停止功能

应符合 GB 5226.1—2008 中 9.2.2 的 0 类规定。

5.5.7 急停装置

应配备一个或多个急停操动器。操动器的数量取决于机器的大小。操动器应安装在靠近物料进口和靠近所有可能操作位的位置。至少应有一个或多个操动器设置在操作控制面板上。
急停操动器应符合 GB 16754 的规定。急停器件的型式包括：
——按钮开关；或
——拉线操作开关；或
——不带机械防护装置的脚踏开关。
另见 GB 5226.1—2008 中 10.7。

5.5.8 试验与验证

可进行以下一项或数项试验，但应包括保护联结电路连续性的验证：
——电气设备的检验与技术文件一致性；
——保护联结电路连续性；
——绝缘电阻试验；
——耐压试验；
——残余电压的防护；
——功能试验。
另见 GB 5226.1—2008 第 18 章。

6 安全要求和/或保护措施的验证

对安全要求和/或保护措施的验证,应按表1进行。

表 1 验证方法

条款	验证方法				参考标准
	表观检查	功能试验[a]	测量	设计有效性[b]	
5.1.1.1				●	
5.1.1.2	●	●		●	GB/T 8196—2003,GB/T 16855.1—2008,GB/T 18831
5.1.1.3			●	●	GB 23821—2009
5.1.1.4	●	●		●	GB/T 8196—2003,GB/T 16855.1—2008,GB/T 18831
5.1.2.1	●	●		●	GB/T 8196—2003,GB/T 16855.1—2008,GB/T 18831
5.1.2.2	●	●		●	GB/T 16855.1—2008
5.1.3				●	GB 23821—2009
5.1.4				●	
5.1.5	●	●		●	GB/T 8196—2003,GB/T 16855.1—2008,GB/T 18831
5.2	●		●	●	GB/T 25078.1,附录 A
5.3	●		●	●	GB/T 18153,GB/T 8196—2003
5.4	●	●		●	GB 4208—2008
5.5	●	●	●	●	GB 16754,GB/T 19670,GB 5226.1—2008,GB 4208—2008

[a] 功能试验包括功能验证、防护以及安全装置的效率,其依据的是:
——使用信息资料中的说明;
——安全方案和线路原理图;
——第5章以及其他引用文件规定的要求。

[b] 设计确认是指验证设计符合本部分的安全规定。

7 使用信息

7.1 使用说明书

7.1.1 使用说明书应按照GB/T 15706.2—2007中6.5规定编写。

7.1.2 制造商应提供安装说明书,包括:

——机械安装支撑面的强度要求;

——切刀的正确安装，包括紧固螺栓的扭矩要求。

7.1.3 制造商应就切割室打开进行维修保养和清洁时有关的作业，例如，更换刀片、调整刀片或清除余留物料等，予以以下说明：

制造厂商应就更换切刀时切割危险，予以警告。说明书应对安全程序步骤，予以描述，其中应包括例如防范转动切刀运动的措施，并注明需要使用防护手套和防护眼镜。

7.1.4 制造商应就切刀或转动切刀的裂缝或断裂或松动的危险，予以警告。说明书应对必须遵循的安全检查系统予以描述，这样的安全检查系统可以检测出以下部件的磨损、裂缝或断裂：

——固定切刀的螺栓和螺孔；

——刀片；

——转动切刀。

每次更换刀片时，应仔细检查上述部件，包括如检查螺栓重新拧紧所使用的正确扭矩等，在说明书中应予以明示。

7.1.5 制造商应就进行噪声测定时所依据的操作条件和安装类型，予以示明，并给出按照附录A测定的拉条式切粒机的噪声发射值有关的信息资料。

7.1.6 制造商应就防止意外接触表面温度超过GB/T 18153允许限值的炙热机械部件或炙热粒料的安全措施予以明示，例如需要戴防护手套等。

7.1.7 制造商应对听力和视力保护，提出建议。

7.1.8 制造商应在操作手册中说明，机器应尽可能以最低速度启动。

7.2 标志

机器上至少应带有的标志：

——制造商和供货商的名称和地址；

——授权代理的商业名称及全部地址(如果适用)；

——机器名称；

——相应的安全警示；

——设计序号或型号；

——序列号或机器编号；

——警告标志，指示某些部件足以造成烫伤。

附 录 A
（规范性附录）
噪声发射值的测定和标示

A.1 范围

机器的使用说明书和技术文件应给出按照本附录测定的噪声发射值。

本噪声试验规程就拉条式切粒机向空气中发射噪声的测定、标示和验证，规定了其有效进行以及在标准化条件下进行的所有应具备的信息。

本规程规定了噪声测量方法以及试验应使用的操作和安装条件。

噪声发射特性包括工位上发射声压级和声功率级。这些量的测定用于以下情况：

——拉条式切粒机制造商标示该机器发射噪声；

——用户对投入市场的拉条式切粒机的噪声发射情况进行比较；

——设计人员在设计阶段对声源噪声予以控制。

本规程的使用，在所使用的基本测量方法的准确度等级所决定的特定限度内，可保证空气中噪声发射特性的测定值具有再现性。

A.2 声功率级的测定

A.2.1 基本标准

A 计权声功率级应采用下述标准之一进行测定：GB/T 6881.1、GB/T 6881.2、GB/T 6881.3、GB/T 3767、GB/T 3768、GB/T 16538、GB/T 16404、GB/T 16404.2 或 GB/T 6882。

如果切实可行，应使用工程法。

在每一传声器位置上至少测量一次。每次测量的持续时间长度至少 30 s。

A.2.2 测量不确定度

具体针对测定声功率级的工程法，其再现性的标准偏差 $\sigma_R = 1.5$ dB。

A.3 发射声压级的测定

A.3.1 基本标准

A 计权发射声压级应用 GB/T 17248.2～GB/T 17248.5 标准之一测定。

如果切实可行，应使用工程法。

在每一传声器位置上至少测量一次。每次测量的持续时间长度至少 30 s。

A 计权时间平均发射声压级，如果是按照 GB/T 17248.4 从 A 计权发射声功率级推算而得，则应使用下述方法得出：

$Q = Q_2$ 和 $d = 1$ m

在未规定工位或无法确定工位的场合，则 A 计权声压级应在距离机器表面 1 m 以及距离地面或进出平台 1.6 m 的高度上测量。应注明最大声压的位置和数值。

A.3.2 测量不确定度

如果发射声压级经测量而得，则 A 计权声压级再现性的标准偏差即是所用的 GB/T 17248.2 和 GB/T 17248.5 中所给出的，即 $\sigma_{RA}=2.5$ dB(A)。

如果发射声压经计算而得，则再现性的标准偏差即是声功率级测定的标准偏差。

A.4 噪声测量的安装条件

机器的安装和连接应按制造商使用说明书中的说明进行(见 7.1.5)。

不管何种辅助排料设备，均不涵盖在内。但在自动喂料情况下涵盖了喂料装置。

A.5 操作条件

在工位上测量声压级、声功率级的操作条件应与推算声压级的操作条件相同。测定时该机器应以最大公称产量相应的转动切刀速度空负荷运行。

注：本条款仅规定空负荷操作条件，其原因是拉条式切粒机在制造商所在地只能进行空负荷操作，而制造商目前无法在安装新机器的用户所在处测定噪声发射情况。但可以确认拉条式切粒机发射的噪声是空负荷发出的，其对于负荷下、正常操作时的噪声发射情况，不具有代表性。因此建议制造商开始收集符合条件下的噪声发射数据。该数据可由制造商在用户处新安装的机器上，或者在新机器安装阶段进行测量而获得。从该数据，制造商可逐步具有以下能力：

——评估设计阶段实施的负荷下噪声防治措施的效率；

——向用户提供各种可能负荷下噪声发射值。

可以使用以下现行的现场测量方法在用户所在处测得负荷下噪声的发射值：

——用 GB/T 17248.3 或 GB/T 17248.5，测定工位上 A 计权发射声压级；

——最好按照 GB/T 16538 或 GB/T 3768 或 GB/T 16404，测定工位上 A 计权发射声功率级；

在提供负荷下噪声发射数据时，还应提供有关材料的类型、生产率、拉条式切粒机的类型及切粒冷却设备等信息资料。

A.6 应记录的信息

应记录的信息包括：所使用的基本标准中要求予以记录的数据，即试验时机器安装和操作条件、声学环境、仪器仪表和声学数据的准确证明。

至少应该记录 A.6.1～A.6.6 规定的数据。

A.6.1 总体数据

记录的总体数据包括：

——制造机器的类型、序列号和年代号；

——喂料装置(在自动喂料情况下)。

A.6.2 转动切刀技术数据

记录的转动切刀技术数据包括：

——直径；

——转速；

——切刀刀刃数；
——螺旋角。

A.6.3 标准

测量噪声使用的标准。

A.6.4 噪声数据

记录的噪声数据包括：

——机器空运转、转动切刀以最大公称产量相应的转速运转所测得的和/或计算所得的噪声发射值，包括测量不确定度。若是水下拉条式切粒机，应在最大水流量的情况下进行测试。

——依据制造商在该类机器上获得的经验，对本机器负荷运转、转动切刀以最大公称产量相应的转速运转，所应预计的最高噪声发射值。

A.6.5 规定的测试参数

转动切刀最高转速、最大公称产量和最高水流量(如果有的话)。

A.6.6 安装和操作条件

噪声测量时机器的安装和操作条件的说明。

A.7 噪声发射值的标示和验证

噪声发射值的标示和验证应符合GB/T 14574的规定。

噪声标示应按GB/T 14574的规定标示两项数值，即分别明示测定值和测量不确定度。它应包括以下内容：

——声压级超过70 dB的操作者操作位上测定的A计权时间平均声压级值；若声压级不超过70 dB时，此情况应予以指出；

——此项超过63 Pa(130 dB对应于20 μPa)的操作者操作位上测定的C计权时间平均声压级峰值；

——在A计权时间平均声压级测定值超过80 dB的操作者操作位上测定的A计权声功率级值。

噪声标示应明示：已按本噪声测定规程得到的噪声发射值，并明示所使用的是哪一个基本标准。如果有偏离本噪声测定规程之处和/或偏离所用的基本标准之处，噪声标示应给予清楚地明示。

注：倍频带内其他噪声发射量，如声功率级，也可在噪声标示内给出。在这种情况下，应特别仔细，避免将这些其他噪声发射数据与测定的噪声发射值混淆。

如果是验证性测试，则应采用噪声发射值原初测定时所用的相同的安装和操作条件进行。

ICS 71.120;83.200
G 95

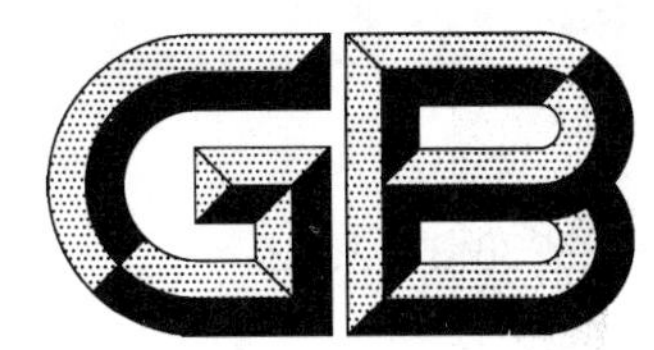

中华人民共和国国家标准

GB 25936.3—2012

橡胶塑料粉碎机械 第3部分:切碎机安全要求

Rubber and plastics machines—Size reduction machines—Part 3:Safety requirements for shredders

2012-03-09 发布 2013-01-01 实施

中华人民共和国国家质量监督检验检疫总局
中国国家标准化管理委员会 发布

前　言

本部分的第5章、第6章和第7章为强制性的，其余为推荐性的。

GB 25936《橡胶塑料粉碎机械》分为4个部分：

——第1部分：刀片式切碎机安全要求；

——第2部分：拉条式切粒机安全要求；

——第3部分：切碎机安全要求；

——第4部分：团粒机安全要求。

本部分为GB 25936的第3部分。

本部分按照GB/T 1.1—2009给出的规则起草。

本部分使用重新起草法修改采用欧洲标准EN 12012-3：2001＋A1：2008《橡胶塑料机械　粉碎机械　第3部分：切碎机安全要求》。

本部分与欧洲标准EN 12012-3：2001＋A1：2008的技术性差异如下：

——在规范性引用文件中用我国标准代替了国际标准；

——删除了EN 12012-3：2001＋A1：2008第1章最后一段。

本部分还做了下列编辑性修改：

——删除了EN 12012-3：2001＋A1：2008的资料性附录ZA；

——删除了EN 12012-3：2001＋A1：2008的资料性附录ZB。

本部分由中国石油和化学工业联合会提出。

本部分由全国橡胶塑料机械标准化技术委员会(SAC/TC 71)归口。

本部分负责起草单位：北京橡胶工业研究设计院、大连塑料机械研究所、东莞市质量技术监督标准与编码所。

本部分主要起草人：何成、夏向秀、李香兰、李毅。

橡胶塑料粉碎机械
第3部分:切碎机安全要求

1 范围

GB 25936 的本部分规定了橡胶塑料用切碎机设计和制造所适用的安全要求。

该机器起始于喂料斗外边缘,终止于排料区。

本部分不涉及喂料设备或切碎的物料排料设备。

本部分不涉及与减少被切碎物料残留的易燃物着火导致的风险有关的安全措施。

本部分不涉及局部排气通风系统。

2 规范性引用文件

下列文件对于本文件的应用是必不可少的。凡是注日期的引用文件,仅注日期的版本适用于本文件。凡是不注日期的引用文件,其最新版本(包括所有的修改单)适用于本文件。

GB/T 3767 声学 声压法测定噪声源声功率级 反射面上方近似自由场的工程法(GB/T 3767—1996,eqv ISO 3744:1994)

GB/T 3768 声学 声压法测定噪声源声功率级 反射面上方采用包络测量表面的简易法(GB/T 3768—1996,eqv ISO 3746:1995)

GB 3836.1 爆炸性环境 第1部分:设备 通用要求(GB 3836.1—2010,IEC 60079-0:2007,MOD)

GB 3836.2 爆炸性环境 第2部分:由隔爆外壳"d"保护的设备(GB 3836.2—2010,IEC 60079-1:2007,MOD)

GB 3836.3 爆炸性环境 第3部分:由增安型"e"保护的设备(GB 3836.3—2010,IEC 60079-7:2006,IDT)

GB 3836.4 爆炸性环境 第4部分:由本质安全型"i"保护的设备(GB 3836.4—2010,IEC 60079-11:2006,MOD)

GB 3836.5 爆炸性气体环境用电气设备 第5部分:正压外壳型"p"(GB 3836.5—2004,IEC 60079-2:2001,MOD)

GB 3836.6 爆炸性气体环境用电气设备 第6部分:油浸型"o"(GB 3836.6—2004,IEC 60079-6:1995,IDT)

GB 3836.7 爆炸性气体环境用电气设备 第7部分:充砂型"q"(GB 3836.7—2004,IEC 60079-5:1997,IDT)

GB 4208—2008 外壳防护等级(IP 代码)(IEC 60529:2001,IDT)

GB 5226.1—2008 机械电气安全 机械电气设备 第1部分:通用技术条件(IEC 60204-1:2005,IDT)

GB/T 6881.1 声学 声压法测定噪声源声功率级 混响室精密法(GB/T 6881.1—2002,ISO 3741:1999,IDT)

GB/T 6881.2 声学 声压法测定噪声源声功率级 混响场中小型可移动声源工程法 第1部分:硬壁测试室比较法(GB/T 6881.2—2002,idt ISO 3743-1:1994)

GB/T 6881.3 声学 声压法测定噪声源声功率级 混响场中小型可移动声源工程法 第2部分:专用混响测试室法(GB/T 6881.3—2002,idt ISO 3743-2:1994)

GB/T 6882 声学 声压法测定噪声源声功率级 消声室和半消声室精密法(GB/T 6882—2008,ISO 3745:2003,IDT)

GB/T 8196—2003 机械安全 防护装置 固定式和活动式防护装置设计与制造一般要求(ISO 14120:2002,MOD)

GB/T 14574 声学 机器和设备噪声发射值的标示和验证(GB/T 14574—2000,eqv ISO 4871:1996)

GB/T 15706.1 机械安全 基本概念与设计通则 第1部分:基本术语和方法(GB/T 15706.1—2007,ISO 12100-1:2003,IDT)

GB/T 15706.2—2007 机械安全 基本概念与设计通则 第2部分:技术原则(ISO 12100-2:2003,IDT)

GB/T 16404 声学 声强法测定噪声源的声功率级 第1部分:离散点上的测量(GB/T 16404—1996,eqv ISO 9614-1:1993)

GB/T 16404.2 声学 声强法测定噪声源的声功率级 第2部分:扫描测量(GB/T 16404.2—1999,eqv ISO 9614-2:1996)

GB/T 16538 声学 声压法测定噪声源声功率级 现场比较法(GB/T 16538—2008,ISO 3747:2000,IDT)

GB 16754 机械安全 急停 设计原则(GB 16754—2008,ISO 13850:2006,IDT)

GB/T 16855.1—2008 机械安全 控制系统有关安全部件 第1部分:设计通则(ISO 13849-1:2006,IDT)

GB/T 17248.2 声学 机器和设备发射的噪声工作位置和其他指定位置发射声压级的测量 一个反射面上方近似自由场的工程法(GB/T 17248.2—1999,eqv ISO 11201:1995)

GB/T 17248.3 声学 机器和设备发射的噪声工作位置和其他指定位置发射声压级的测量 现场简易法(GB/T 17248.3—1999,eqv ISO 11202:1995)

GB/T 17248.4 声学 机器和设备发射的噪声 由声功率级确定工作位置和其他指定位置的发射声压级(GB/T 17248.4—1998,eqv ISO 11203:1995)

GB/T 17248.5 声学 机器和设备发射的噪声 工作位置和其他指定位置发射声压级的测量 环境修正法(GB/T 17248.5—1999,eqv ISO 11204:1995)

GB/T 18569.1—2001 机械安全 减小由机械排放的危险性物质对健康的风险 第1部分:用于机械制造商的原则和规范(ISO 14123-1:1998,EQV)

GB/T 18831 机械安全 带防护装置的联锁装置 设计和选择原则(GB/T 18831—2010,ISO 14119:1998,MOD)

GB/T 19670 机械安全 防止意外启动(GB/T 19670—2005,ISO 14118:2000,MOD)

GB/T 19876 机械安全 与人体部位接近速度相关防护设施的定位(GB/T 19876—2005,ISO 13855:2002,MOD)

GB 23821—2009 机械安全 防止上下肢触及危险区的安全距离(ISO 13857:2008,IDT)

GB/T 25078.1 声学 低噪声机器和设备设计实施建议 第1部分:规划(GB/T 25078.1—2010,ISO/TR 11688-1:1995,IDT)

3 术语和定义

GB/T 15706.1 界定的以及下列术语和定义均适用于本文件。

3.1

切碎机 shredder

在一根或多根低速旋转轴上装有切碎工具的机械，在旋转切碎工具之间或在旋转切碎工具和固定切碎工具之间切碎物料，见图1。

3.2

切碎室 shredding chamber

在其内部产生切碎作用的部件。

3.3

转子 rotor

在切碎室内的由轴、工具和/或切碎工具组成的一个或多个旋转装置。

3.4

固定切碎工具 stationary cutting tool

固定于切碎室内的一个或多个工具。

3.5

喂料装置 feeding device

将物料送入切碎室的部件。喂料装置可以是固定的，例如料斗或类似的装置；也可以是运动的，例如运输带。

3.6

喂料区 feeding area

喂入物料的区域。

3.7

排料区 discharge area

被切碎物料排出切碎机的区域。

3.8

工作平面 working level

操作者站立的平面。

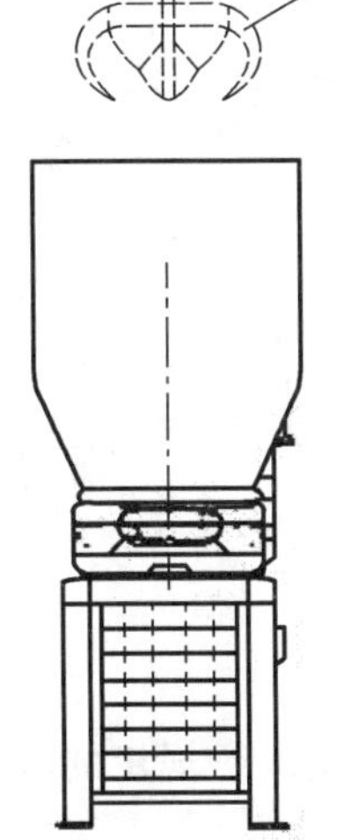

说明：

1——抓斗。

a)

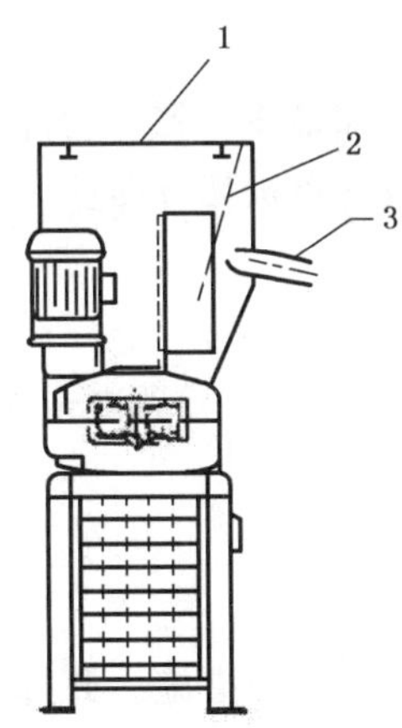

说明：

1——固定防护；

2——防护挡板；

3——输送带。

b)

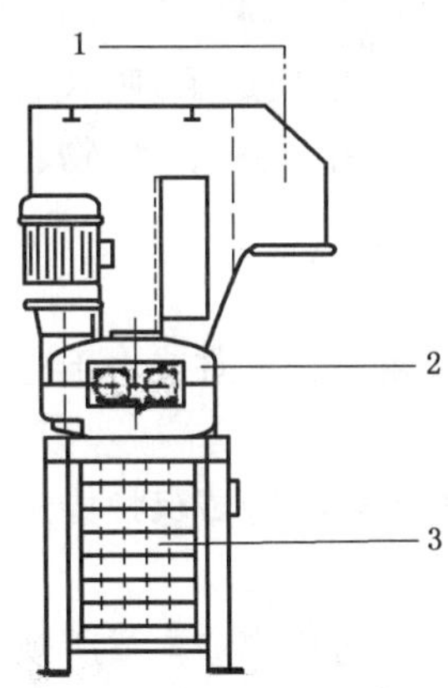

说明：

1——喂料区；

2——切碎室；

3——排料区。

c)

图1 切碎机示意图

4 重大危险列举

4.1 机械危险

4.1.1 切碎室

切碎室有如下危险：
——机械零部件或物料从切碎室内弹出；
——在转子和切碎室内壁之间被挤压或剪切；
——被工具切割或切断。

4.1.2 喂料区

喂料区有如下危险：
——被喂入的物料缠绕；
——机械零部件或物料从喂料口弹出。

4.1.3 排料区

机械零部件或物料从切碎室内弹出或跌落。

4.2 噪声危险

噪声可能导致：
——听力受损；
——语言交流被干扰而引发事故，或
——声响信号的感知被干扰而引发事故。

4.3 被加工物料产生危险

被加工物料可产生的危险有：
——由于接触或吸入有害残留物。例如桶或容器被切碎时。
——由于易燃残留物着火。例如桶或容器被切碎时。

4.4 电气危险

接触带电部件或由于电气故障而带电的部件，导致电击或灼伤。

5 安全要求和/或保护措施

切碎机应遵守本章所规定的安全要求及保护措施。此外，本部分中其他一些未予规定的非重大危险(例如锋利刀刃)的机械设计，也应符合 GB/T 15706 的规定。

5.1 机械危险

5.1.1 切碎室

5.1.1.1 强度

切碎室要能承受正常运转和物料中的杂物或其他物体引起的应力。

5.1.1.2 进入切碎室

应采用符合 GB/T 8196—2003 中的 3.6 和 GB/T 18831 要求的联锁防护装置，在转子和喂料装置停止转动前，联锁防护装置保持关闭和锁定，防止通过开口进入切碎室。控制系统有关安全部件应符合 GB/T 16855.1—2008 中的 3 类规定。

5.1.1.3 通过喂料口进入切碎室

料斗或其他喂料装置的尺寸和设计，应能避免上肢通过喂料口进入切碎室。安全距离应符合 GB 23821—2009 中表 2 的规定。

5.1.1.4 通过排料口进入切碎室

在转子停止转动前，应阻止通过排料口触及切碎室的转子。如果防护设施与转子的最小距离符合 GB/T 19876 的规定，应使用 GB/T 8196—2003 中的 3.5 和 GB/T 18831 规定的联锁防护装置。如果最小距离不符合要求，则应采用符合 GB/T 8196—2003 中的 3.6 和 GB/T 18831 规定的带防护锁定的联锁防护装置；控制系统有关安全部件应符合 GB/T 16855.1—2008 中的 3 类规定。

5.1.2 喂料区

5.1.2.1 被喂入的物料缠绕

如果被加工的物料很容易造成缠绕危险，制造商应向用户通告应采取的预防措施(见 7.1.5)。

注：在切碎流水线上，如果可能出现物料缠绕，则物料一般要经过预切割，例如用裁断机。

5.1.2.2 机械零部件或物料弹出

在设计阶段应采取措施，防止机械零部件或物料从喂料口弹出。例如，可以采取的措施有：

——喂料装置的设计应尽可能防止机械零部件或物料弹出，如图 1a)所示；

——防护挡板，如图 1b)所示。

5.1.3 排料区

在转子停止转动前，应阻止通过排料区接近切碎室的转子。如果防护设施与转子的最小距离符合 GB/T 19876 的规定，应使用 GB/T 8196—2003 中的 3.5 和 GB/T 18831 规定的联锁防护装置。如果最小距离不符合要求，则应采用符合 GB/T 8196—2003 第 3.6 条和 GB/T 18831 规定的带防护锁定的联锁防护装置；控制系统有关安全部件应符合 GB/T 16855.1—2008 中的 3 类规定。

如果配备排料设备，其安全等级应与排料区防护设施的安全等级相同。

5.2 噪声危险

5.2.1 通过设计降低噪声源噪声

在机械设计中，应采取可利用的信息和技术措施来控制噪声源的噪声，示例见 GB/T 25078.1。

5.2.2 主要噪声源

主要噪声源有切碎室、喂料斗、喂料口、排料口以及可能配备的抽吸系统和排放管。

在保护措施中，可以采用的有：

——改变工具和转子的几何构型；

——改变喂料斗的几何构型；

——降低切碎速度；
——加隔音罩：如可能，排料区的出口或排放区应安装消音设施；
——安装基垫以隔离结构振动噪声。

5.2.3 噪声发射值的测定和标示

噪声发射值的测定和标示应按附录A的规定进行。

5.3 被加工物料产生的危险

5.3.1 如果切碎机要用于加工可能造成附加危险的物料，则应符合GB/T 18569.1—2001中4.1的规定(另见7.1.5)。

如果被切碎的桶或容器等含有有害残留物，应使用局部排气通风系统。

本部分不涉及局部排气通风系统。

本部分不涉及与减少被切碎物料残留的易燃物着火导致的风险有关的安全措施。

5.3.2 如果切碎机并非为加工易燃或有毒物料设计，制造商应在机器上附贴警示标志(见7.2)。

5.4 电气危险

电气设备应符合GB 5226.1—2008的规定，还应符合以下要求。

5.4.1 易爆环境用机器

易爆环境用切碎机，应符合GB 3836.1～3836.7的要求。

5.4.2 电源切断(隔离)开关

应使用下述电源切断(隔离)开关：
——隔离开关；或
——隔离器；或
——断路器；或
——通过软电缆对移动式机器供电时，采用插头/插座组合或器具耦合器。

另见GB 5226.1—2008中5.3.2。

5.4.3 意外启动

应按GB/T 19670的要求，防止意外启动。

另见GB 5226.1—2008中5.4。

5.4.4 直接接触防护

最低防护等级：
——外壳内带电部件应符合GB 4208—2008中的IP 2X或IP XXB；
——易接近的壳体顶面应符合GB 4208—2008中的IP54。

在开启外壳的情况下，最低防护等级：
——GB 5226.1—2008中的6.6.2a)：外壳内的带电部件应符合GB 4208—2008中的IP 2X或IP XXB；如果设备需要带电对电器进行调整或复位时，操作上有可能触及的带电部件的防护等级，应符合GB 4208—2008中的IP 2X或IP XXB；
——GB 5226.1—2008中的6.6.2b)：应按GB 4208—2008标准防护等级为IP 2X或IP XXB；
——GB 5226.1—2008中的6.6.2c)：应按GB 4208—2008标准防护等级为IP 2X或IP XXB。

另见 GB 5226.1—2008 中 6.2。

5.4.5 间接接触防护

应采取以下措施：

——使用自动切断电源予以保护，或；

——使用绝缘保护或类似的绝缘保护，或；

——使用电气隔离保护。

另见 GB 5226.1—2008 中 6.3。

5.4.6 紧急停止功能

紧急停止功能应符合 GB 5226.1—2008 中 9.2.2 的 0 类规定。

5.4.7 急停装置

应配备一个或数个急停操动器。操动器的数量取决于机器的大小。操动器的位置应便于接近和操控。至少应有一个或数个操动器设置在喂料口以及/或者排料口操作者附近的位置上。

注：带有自动喂料和/或排料设施的切碎机或小型切碎机，如果控制面板紧靠喂料口以及排料口，且操作者可以清楚地看到，则可在控制面板上设置一个急停操动器。

急停操动器应符合 GB 16754 规定。急停器件的型式应为按钮开关。

另见 GB 5226.1—2008 中 10.7。

5.4.8 试验和验证

可进行以下一项或数项试验，但应包括保护联结电路连续性的验证：

——电气设备的检验与技术文件一致性；

——保护联结电路连续性；

——绝缘电阻试验；

——耐压试验；

——残余电压的防护；

——功能试验。

另见 GB 5226.1—2008 的第 18 章。

6 安全要求和/或保护措施的符合性验证

安全要求和/或措施的符合性验证应按表 1 进行。

表 1 验证方法

条款	验证方法				参考标准
	表观检查	功能测试[a]	测量	设计确认[b]	
5.1.1.1				●	
5.1.1.2	●	●		●	GB/T 8196—2003，GB/T 16855.1—2008，GB/T 18831
5.1.1.3	●		●	●	GB 23821—2009

表 1（续）

条款	验证方法				参考标准
	表观检查	功能测试[a]	测量	设计确认[b]	
5.1.1.4	●	●		●	GB/T 8196—2003,GB/T 16855.1—2008,GB/T 19876,GB/T 18831
5.1.2.2	●	●			
5.1.3	●	●		●	GB/T 8196—2003,GB/T 16855.1—2008,GB/T 19876,GB/T 18831
5.2	●		●	●	GB/T 25078.1,附录 A
5.3	●			●	GB/T 18569.1—2001
5.4	●	●	●	●	GB 16754,GB/T 19670,GB 5226.1—2008,GB 4208—2008

[a] 功能测试包括功能验证、防护及安全装置的有效性，其依据是：

——使用信息中的说明；

——安全方案和电路图；

——第 5 章以及其他引用标准的要求。

[b] 设计确认是指验证设计符合本部分的安全规定。

7 使用信息

7.1 使用说明书

7.1.1 使用说明书应符合 GB/T 15706.2—2007 中 6.5 的规定。

7.1.2 如果物料在加工或排放过程中产生有害流体、气体、烟气或粉尘，制造商应提供相关信息。且制造商应通知用户配备足够的局部排气通风系统，并说明这类系统的安装位置。相关信息应符合 GB/T 18569.1—2001 第 6 章和第 7 章的规定。

7.1.3 制造商应对操作者能相隔一定距离看清喂料区的装置的安装，例如反射镜或闭路电视等，提供使用说明。

7.1.4 制造商应对噪声测定的操作条件和设备类型予以说明，并给出按照附录 A 测定的切碎机的噪声发射值有关的信息资料。

7.1.5 制造商应就切碎某些物料的风险，提出警告，特别是要指明：

——例如丝、带和膜应在喂料前事先切短或汇集成小批料，以防缠绕；

——化学品、溶剂等用容器、桶在喂料前应完全清空，以防危险物泄漏和易燃残留物燃烧。

7.1.6 制造商应警示用户：切碎机的安装应确保其零部件等不能从排料区弹出。

7.1.7 制造商应对切碎室打开时所进行维修保养和清洁有关的作业，例如，更换刀片、调整刀片或清除残余物等，予以说明。

制造商应对更换工具时划伤风险予以警示。说明书应对安全程序予以描述，其中应包括例如防范转子运动的措施，并说明需要使用防护手套和防护眼镜。

7.1.8 制造商应对听力和视力保护，提出建议。

7.2 标志

机器上至少应该带有的标志：

——制造商和供货商的名称和地址；

——(如果适用)授权代表的商业名字和全部地址；

——机器名称；

——相应的安全警示；

——设计序号或型号；

——序列号或机械编号；

——如该机设计并非用于加工易燃或有毒物料，则应带有此项内容的警示标签。

附 录 A
（规范性附录）
噪声发射值的测定和标示

A.1 范围

本噪声试验规程就切碎机在空气中发射噪声的测定、标示和验证，规定了其有效进行以及在标准化条件下进行的所有应具备的信息。本噪声试验规程规定了噪声测量方法以及用于试验的操作和安装条件。

噪声发射特性包括工位上发射声压级和声功率级。这些量的测定用于以下情况：

——用于切碎机制造商标示该装置噪声值；

——用于用户比较市场上的切碎机的噪声发射情况；

——用于设计人员在设计阶段控制噪声源噪声。

本规程的使用，在所使用的基本测量方法的精度等级所决定的特定限度内，可保证空气中噪声发射特性的测定值具有再现性。

A.2 声功率级的测定

A.2.1 基本标准

A计权声功率级应用下述标准之一进行测定：GB/T 3767、GB/T 3768、GB/T 6881.1、GB/T 6881.2、GB/T 6881.3、GB/T 6882、GB/T 16404、GB/T 16404.2、GB/T 16538。

如果切实可行，应使用工程法。

在每一传声器位置上至少测量一次。每次测量的持续时间长度至少90 s。

A.2.2 测量不确定度

具体针对测定声功率级的工程法，其再现性的标准偏差$\sigma_R = 1.5$ dB。

A.3 发射声压级的测定

A.3.1 基本标准

A计权发射声压级应用GB/T 17248.2～17248.5标准之一测定。

如果切实可行，应使用工程法。

在每一传声器位置上至少测量一次。每次测量的持续时间长度至少90 s。

A计权声压级，如果是按照GB/T 17248.4从A计权声功率级推算而得，则应使用下述方法确定：

$$Q = Q_2 \text{ 和 } d = 1\ \text{m}。$$

在未规定工位或无法确定工位的场合，则声压级应在距离喂料口1 m以及距离地面或进出平台1.6 m的高度上测定。应注明最大声压的位置和数值。

A.3.2 测量不确定度

如果声压经测量而得，则A计权级再现性的标准偏差是GB/T 17248.2和GB/T 17248.5中所给出的：

$$\sigma_{RA}=2.5\ dB$$

如果声压经计算而得，则再现性的标准偏差即是声功率级测定的标准偏差。

A.4 噪声测定的安装条件

切碎机的安装应按制造商使用说明书（见 7.1.4）中的说明进行。

切碎机应安装在混凝土制的平面上。如果在机器和支撑面之间安装弹性基垫，应记录其技术特性。不管何种辅助排料设备，均不涵盖在内。但在自动喂料情况下涵盖了喂料装置。

A.5 操作条件

在工位上测定声压级、声功率级的操作条件应与推算声压级的操作条件相同。测定时该机器应以最大公称产量相应的转子速度空负荷运行。

注：本章/条仅规定无负荷操作条件。其原因是切碎机只能在制造商所在处进行无负荷操作，而制造商目前无法在安装新机械的用户所在处测定噪声发射情况的。但是，切碎机无负荷下噪声发射不代表其负荷下正常操作时的噪声发射。因此建议制造商开始收集负荷下噪声发射数据。该数据可由制造商在用户处新安装的机械上，或在新机械安装阶段进行测量而获得。从该数据，制造商可以逐步具有以下能力：

——评估设计阶段实施的负荷下噪声防护措施的效率；

——向用户提供各种可能负荷下估算的噪声发射值。

可使用以下现行的、现场测量方法在用户所在处测得负荷下噪声发射值：

——用 GB/T 17248.3 或 GB/T 17248.5，测定 A 计权发射声压级；

——用 GB/T 3768 或最好 GB/T 16538 或 GB/T 16404，测定 A 计权声功率级。

在提供负荷下噪声发射数据时，还应提供有关切碎产品的类型、物料和生产率等信息资料。

A.6 应记录的信息

应记录的信息包括：所用的基本标准中要求予以记录的数据，即试验时机器安装和操作条件、声学环境、仪器仪表和声学测定数据的准确证明。

至少应记录 A.6.1～A.6.6 规定的数据。

A.6.1 机器总体数据

应记录的机器总体数据包括：

——制造机器的类型、序列号和年代号；

——喂料设备（如是自动喂料的话）。

A.6.2 机器技术数据

应记录的机器技术数据包括：

——标定功率（kW）；

——转子；

——直径；

——转速。

A.6.3 标准

测定噪声使用的标准。

A.6.4 噪声数据

应记录的噪声数据包括：

——机械空负荷运转，转子以最大公称产量的转速运转，所测得的或计算所得的噪声发射值，包括测量不确定度；

——依据制造商在该类机械上所获得的经验，对本机械负荷运转，转子以最大公称产量转速运转，所预计的最高噪声发射值。

A.6.5 规定的测试参数

转子最高转速和最大产量。

A.6.6 安装和操作条件

对噪声测量时，机械的安装和操作条件情况加以描述说明。

A.7 噪声发射值的标示和验证

噪声发射值的标示和验证应符合 GB/T 14574 的规定。

噪声标示应按 GB/T 14574 规定标示两项数值，即测量值和测量不确定度。它应包括以下各项：

——声压级超过 70 dB 的操作位上测定的 A 计权时间平均声压级值；如声压级不超过 70 dB 时，此点应予以明示；

——此项超过 63 Pa(130 dB 与 20 μPa 成对应关系)的操作位上测定的 C 计权时间平均声压级峰值；

——在 A 计权时间平均声压级测定值超过 80 dB 的操作人操作位上测定的 A 计权声功率级值。

噪声标示应明确说明：已按本噪声测定规程得到的噪声发射值，并明示所使用的是哪一个基本标准。如果有偏离本噪声测定规程之处和/或偏离所用的基本标准之处，噪声标示应给予清楚地明示。

倍频带内其他噪声发射量，如声功率级，也可在噪声标示内给出。在这种情况下，应特别仔细，避免将这些其他噪声发射数据与测定的噪声发射值弄混。

如果是验证性测试，则应采用噪声发射值初始测定所用的相同的安装和操作条件进行。

ICS 71.120;83.200
G 95

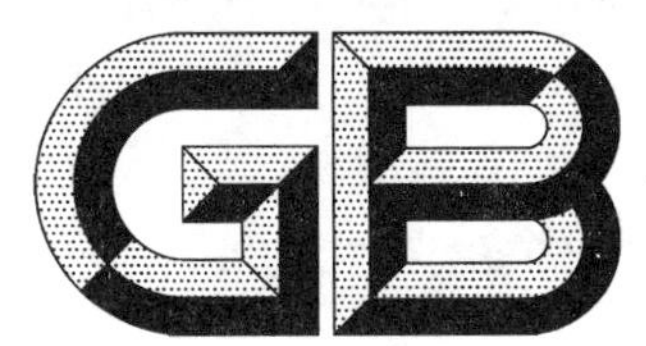

中华人民共和国国家标准

GB 25936.4—2010

橡胶塑料粉碎机械 第4部分:团粒机安全要求

Plastics and rubber machines—Size reduction machines—Part 4:Safety requirements for agglomerators

2010-12-23 发布　　2012-01-01 实施

中华人民共和国国家质量监督检验检疫总局
中国国家标准化管理委员会 发布

前 言

本部分的第5章(除5.4.4)、第6章和第7章(除7.1.6和7.1.8)为强制性的,其余为推荐性的。

GB 25936《橡胶塑料粉碎机械》分四部分:

——第1部分:切刀式造粒机安全要求;

——第2部分:拉丝造粒机安全要求;

——第3部分:切碎机安全要求;

——第4部分:团粒机安全要求。

本部分为GB 25936的第4部分。

本部分修改采用EN 12012-4:2006《橡胶塑料机械 粉碎机械 第4部分:团粒机安全要求》(英文版)。

本部分与EN 12012-4:2006的有关技术性差异用垂直线标识在正文中它们所涉及的条款的页边空白处,并在附录B中列出了这些技术性差异及原因。

为便于使用,本部分做了下列编辑性修改:

——删除了EN 12012-4:2006的前言;

——“EN标准的本部分”改为“GB 25936的本部分”;

——删除了EN 12012-4:2006的引言;

——删除了EN 12012-4:2006的资料性附录ZA;

——删除了EN 12012-4:2006的参考文献。

本部分中的附录A和附录B为资料性附录。

本部分由中国石油和化学工业联合会提出。

本部分由全国橡胶塑料机械标准化技术委员会(SAC/TC 71)归口。

本部分负责起草单位:北京橡胶工业研究设计院、大连塑料机械研究所。

本部分主要起草人:夏向秀、李香兰、何成。

橡胶塑料粉碎机械
第4部分:团粒机安全要求

1 范围

GB 25936 的本部分规定了团粒机最基本的设计和制造安全要求。

本部分适用于粉碎废塑料用的增加废塑料密度、缩小其粒径和/或体积的团粒机。

本部分涉及团粒机从进料口的外边缘或固定喂料装置(例如料斗)的外边缘或喂料系统(例如输送机等)和团粒室之间的接口,到团粒室排料口的外边缘或团粒室和排料系统之间的接口。

本部分不涉及其加工的物料[例如发泡聚苯乙烯(EPS)和发泡聚氨酯(PU)海绵]所引发的危险,这些物料被加热时,有导致火灾和释放毒性气体的危险。

本部分也不涉及上游设备及其下游设备引致的危险。

2 规范性引用文件

下列文件中的条款通过 GB 25936 的本部分的引用而成为本部分的条款。凡是注日期的引用文件,其随后所有的修改单(不包括勘误的内容)或修订版均不适用于本部分,然而,鼓励根据本部分达成协议的各方研究是否可使用这些文件的最新版本。凡是不注日期的引用文件,其最新版本适用于本部分。

GB/T 3767 声学 声压法测定噪声源声功率级 反射面上方近似自由场的工程法(GB/T 3767—1996,eqv ISO 3744:1994)

GB/T 3768 声学 声压法测定噪声源声功率级 反射面上方采用包络测量表面的简易法(GB/T 3768—1996,eqv ISO 3746:1995)

GB 5226.1—2008 机械电气安全 机械电气设备 第1部分:通用技术条件(IEC 60204-1:2005,IDT)

GB/T 6881.2 声学 声压法测定噪声源声功率级 混响场中小型可移动声源工程法 第1部分:硬壁测试室比较法(GB/T 6881.2—2002,ISO 3743-1:1994,IDT)

GB/T 8196—2003 机械安全 防护装置 固定式和活动式防护装置设计与制造一般要求(ISO 14120:2002,MOD)

GB/T 14574 声学 机器和设备噪声发射值的标示和验证(GB/T 14574—2000,eqv ISO 4871:1996)

GB/T 15706.1—2007 机械安全 基本概念与设计通则 第1部分:基本术语和方法(ISO 12100-1:2003,IDT)

GB/T 15706.2—2007 机械安全 基本概念与设计通则 第2部分:技术原则(ISO 12100-2:2003,IDT)

GB/T 16404 声学 声强法测定噪声源的声功率级 第1部分:离散点上的测量(GB/T 16404—1996,eqv ISO 9614-1:1993)

GB/T 16404.2 声学 声强法测定噪声源的声功率级 第2部分:扫描测量(GB/T 16404.2—1999,eqv ISO 9614-2:1996)

GB/T 16538 声学 声压法测定噪声源声功率级 现场比较法(GB/T 16538—2008,ISO 3747:2000,IDT)

GB 16754 机械安全 急停 设计原则(GB 16754—2008,ISO 13850:2006,IDT)

GB/T 16855.1—2008 机械安全 控制系统有关安全部件 第1部分:设计通则(ISO 13849-1:2006,IDT)

GB/T 17248.2 声学 机器和设备发射的噪声 工作位置和其他指定位置发射声压级的测量 一个反射平面上方近似自由的工程法(GB/T 17248.2—1999,eqv ISO 11201:1995)

GB/T 17248.3 声学 机器和设备发射的噪声 工作位置和其他指定位置发射声压级的测量 现场简易法(GB/T 17248.3—1999,eqv ISO 11202:1995)

GB/T 17248.4—1998 声学 机器和设备发射的噪声 由声功率级确定工作位置和其他指定位置的发射声压级(eqv ISO 11203:1995)

GB/T 17248.5 声学 机器和设备发射的噪声 工作位置和其他指定位置发射声压级的测量 环境修正法(GB/T 17248.5—1999,eqv ISO 11204:1995)

GB 17888.1 机械安全 进入机械的固定设施 第1部分:进入两级平面之间的固定设施的选择(GB 17888.1—2008,ISO 14122-1:2001,IDT)

GB 17888.2 机械安全 进入机械的固定设施 第2部分:工作平台和通道(GB 17888.2—2008,ISO 14122-2:2001,IDT)

GB 17888.3 机械安全 进入机械的固定设施 第3部分:楼梯、阶梯和护栏(GB 17888.3—2008,ISO 14122-3:2001,IDT)

GB 17888.4 机械安全 进入机械的固定设施 第4部分:固定式直梯(GB 17888.4—2008,ISO 14122-4:2004,IDT)

GB/T 18153 机械安全 可接触表面温度 确定热表面温度限值的工效学数据

GB/T 18831 机械安全 带防护装置的锁紧装置 设计和选择原则(GB/T 18831—2010,ISO 14119:1998,MOD)

GB/T 19670 机械安全 防止意外启动(GB/T 19670—2005,ISO 14118:2000,MOD)

GB 23821—2009 机械安全 防止上下肢触及危险区的安全距离(ISO 13857:2008,IDT)

3 术语和定义

GB/T 15706.1—2007 确立的以及下列术语和定义适用于 GB 25936 的本部分。

3.1

团粒机 agglomerator

用于将废热塑性塑料在密室内缩小其粒径和体积(有时也称之为增密设备)的机器。物料被切碎、捏合或混合,经摩擦而被加热,并在必要时加水快速冷却后增密。

废料可采用手工或通过喂料系统加入。

3.2

团粒室上的喂料和排料开口 opening in the agglomerator chamber

为喂料、排料、检查团粒室内工艺过程和/或对刀具进行维修保养而设计和制造的开口。

3.3

刀具 blade

用于将被加工物料切碎/捏合和通过摩擦加热的器具,可以是固定的或转动的。

3.4

喂料系统 feed system

团粒机喂料的机动设备(输送带、辊筒加料器、喂料螺杆等)。

3.5

固定喂料装置 fixed feed device

团粒机喂料的非机动设备(料斗和喂料台等)。

3.6

排料系统 discharge system

将物料从团粒室内排出的机动设备，例如挤出机、排料槽等。

4 重大危险列举

4.1 机械危险

下述各项均可产生危险：

——转动刀具和固定刀具或机箱之间可能造成的挤压或剪切；

——转动刀具和固定刀具之间可能造成的切割或切断；

——移动排料系统可能造成的挤压或剪切；

——喂料系统可能造成的挤压或剪切；

——在物料未经预先裁断而被加入团粒机时，被物料缠住而被卷入；

——通过喂料开口跌落进团粒室；

——物料从团粒室弹出。

4.2 热危险

如下的接触可造成热危险：

——热物料从开口喷出或飞落；

——在使用水的场合下，蒸汽从开口喷出；

——团粒室内的热物料；

——团粒室炙热的外表面。

4.3 噪声危险

噪声可以致人失聪、发生生理障碍，并因听觉信号和交流受到干扰而发生事故。

团粒机上的主要噪声源为粉碎过程、电动机和传动部件。

4.4 粉尘、烟气和气体产生的危险

接触或者吸入开口散发出来的粉尘、烟气或气体可造成危险。

4.5 电能导致的危险

电能导致的危险有：

——直接与带电导电部件接触，或者直接接触由于电气故障而带电的部件而导致电击或烧伤；

——静电聚集导致电击。

4.6 意外启动导致的危险

意外启动开关按钮导致操作者受到的机械危险。

4.7 高处跌落危险

在机器的可进出区域的工作平台、台阶或通道上，由于滑倒或绊倒而跌落。

5 安全要求及保护措施

5.1 基本要求

团粒机应遵守本章所规定的安全要求及保护措施。此外，对于本部分未涉及的相关非重要的危险，团粒机的设计应符合 GB/T 15706.2—2007 的原则。

5.2 机械危险

5.2.1 进出团粒室开口可能发生的机械危险

5.2.1.1 无论开口在什么位置，通过团粒室开口进出均应采取以下防护措施：

——应保证开口的尺寸和人体上、下肢的安全距离符合 GB 23821—2009 中表 3 或表 4 和表 7 规定的要求；或

——采用符合 GB/T 8196—2003 中的 3.6 和 GB/T 18831 中所述的带防护锁定的联锁防护装置，予以防护，并使这样的防护在刀具的转动完全停止之前保持关闭和锁紧状态。

5.2.1.2 控制系统有关安全部件应符合 GB/T 16855.1—2008 中的 3 类规定。

5.2.1.3 如果固定喂料装置、喂料系统或带有喂料口的团粒室的部件从原来位置的移开将会导致进入团粒室不符合 GB 23821—2009 中表 3 或表 4 和表 7 规定的人体上、下肢的安全距离的要求，则其应具有 GB/T 8196—2003 中的 3.6 和 GB/T 18831 中所述的带防护锁定的联锁防护的作用，使这样的防护在刀具的转动完全停止之前保持关闭和锁紧状态。控制系统中安全相关的部件应符合 GB/T 16855.1—2008 中的 3 类规定。

5.2.1.4 为防止更换或调节刀具过程中任何运动部件发生任何动作，应配备相应合适的装置或器具予以设防，见 7.1.3、7.1.4、7.1.5、7.1.6 和 7.1.7 的规定。

5.2.2 加入未经预先裁断的物料

5.2.2.1 如果在加工处理特别易于缠绞的物料(如薄膜卷材、纤维卷材、合股线材或类似的物料)的团粒机上安装机动喂料装置，则应在喂料口处配备符合 GB/T 15706.1—2007 中的 3.26.5 规定的机械启动式敏感保护设备(例如压敏垫)，以能自动停止物料加入。

5.2.2.2 敏感保护设备应在受到的作用力大于或等于 150 N 时，激活启动。

5.2.2.3 使用信息同样见 7.1.5 的规定。

5.2.3 部件或物料从团粒室内弹出

5.2.3.1 团粒室及其开口的设计和制造应足以防止部件或者物料弹出。

5.2.3.2 可采取的措施，例如有：

——固定检查窗口应设计成能承受部件弹出所形成的冲击力；

——保护板；

——开口配备折射屏。

5.2.3.3 使用信息同样见 7.1.3 的规定。

5.2.4 强度

团粒室应具有承受操作运行应力的强度。

5.3 热危险

5.3.1 开口的设计和定位应确保热物料不被喷出或飞落到团粒室外。应在靠近开口的部位粘贴永久性的固定警告标志，明示团粒室内有炙热物料，见 7.2。

5.3.2 团粒机的设计应设连接配置排放通风系统的接口，以能排除加工过程中产生的蒸汽，见 7.1.10 的规定。

5.3.3 观察口周围的表面温度和喂料口周围的表面温度(如果团粒机采用手动喂料)应不超过 GB/T 18153中规定的限值，见 7.1.8 和 7.2 的规定。

5.4 噪声危险

5.4.1 在设计上从噪声源降低噪声

5.4.1.1 团粒机的设计和制造，应考虑技术进步成果和可以获得并可供使用的降低噪声的工具、手段和途径，特别是从噪声源头将噪声空气发射传播产生的危险降低至最低的水平。

5.4.1.2 在噪声源源头降低噪声，目前可采取以下措施：

——采用低噪声机器部件(电动机、传动系统)；

——在振动面上使用隔振材料；

——使用弹性传动系统，防止结构产生的噪声从振动部件传播到机器的其他部件上。

5.4.2 采用防护措施降低噪声

降低噪声发射可采取以下措施：

——团粒室隔音；

——机器部件设置隔音罩。

5.4.3 预防噪声危险相关的信息

预防噪声危险相关的信息见 7.1.3 和 7.1.9 的说明。

5.4.4 噪声的测试

噪声的测试参见附录 A。

5.5 粉尘、烟气和气体产生的危险

团粒机的设计应设连接排放通风系统的接口，见 7.1.2 和 7.1.10 的规定。

5.6 电能导致的危险

5.6.1 电气设备

5.6.1.1 总则

电气设备应符合 GB 5226.1—2008 和下述特定的要求。

5.6.1.2 电源切断(隔离)开关

电源切断(隔离)开关应符合下列要求：

——电源切断开关应符合 GB 5226.1—2008 中 5.3.2a)～e)的要求。

——凡电源切断开关为 a)型式～d)型式的，则应符合 GB 5226.1—2008 中的 5.3.3 要求。

5.6.1.3 防止直接接触

应按 GB 5226.1—2008 中 6.2 的要求，防止直接接触。

5.6.1.4 防止间接接触

应按 GB 5226.1—2008 中 6.3 的要求，防止间接接触。

5.6.1.5 急停

关于急停的要求及措施如下：

——急停应具有 GB 5226.1—2008 中 9.2.2 规定的 0 类停止的功能。

——应配备一个或多个紧急停止操动器。紧急停止操动器的数目取决于团粒机的规格大小。紧急停止操动器的位置要求以易于就近操控为准。在接近每一个操作位或者工作位处，至少应配备一个紧急停止操动器。

——如是小型团粒机，或者团粒机采用机动喂料和排料系统，控制面板又位于喂料和排料口的邻近位置上，并且可以清晰地看到喂料和排料口，可在控制面板上安装一个单独的紧急停止操动器。

——急停装置应符合 GB 16754 的要求。急停装置类型应符合 GB 5226.1—2008 中 10.7.2 的要求。

——使用信息见 7.1.6 的规定。

5.6.2 静电聚集

5.6.2.1 团粒机的结构应充分接地，以防止静电聚集。

5.6.2.2 静电引发的危险应通过将电气设备和机器的所有可导电结构件进行联接，并接地予以防止。

5.6.2.3 在团粒机的组装件上装有非永久固定的可活动金属部件时，应为其配备临时连接的接地点。使用信息见 7.1.11 的规定。

5.7 意外启动导致的危险

对于意外启动导致的危险应按照 GB/T 19670 的规定予以设防。

电气安全应符合 GB 5226.1—2008 中 5.4 的规定。

5.8 高处跌落危险

必须在高处进行操作、清洁或者维修保养时，机器制造商应提供符合 GB 17888.1、GB 17888.2、GB 17888.3 和 GB 17888.4 规定的安全工作平台、通道、楼梯、阶梯、护栏以及固定式直梯，以防止滑倒、绊倒或跌落。

6 安全要求及保护措施的符合性验证

按表1的规定进行安全要求及保护措施的符合性验证。

表1 验证方法

标准条款	验证方法			
	表观检查	功能测试[a]	测量[b]	设计确认[c]
5.2.1	●	●	●	●
5.2.2	●	●		●
5.3	●		●	●
5.4	●		●	●
5.5	●			●
5.6	●	●	●	●
5.7	●	●		●
5.8	●		●	●

[a] 功能测试包括以下述依据进行的防护和防护装置的功能和效率的验证：
——使用信息中给出的说明；
——相关安全设计和电路图；
——第5章和其他引用标准所提出的要求。

[b] 噪声发射值测定可按照附录A进行。

[c] 设计确认是对设计是否达到本标准安全规定的验证。

7 使用信息

7.1 使用说明书

7.1.1 使用说明书的内容应符合GB/T 15706.2—2007中6.5的规定。

7.1.2 制造商应注明团粒机不是为加工易燃或有毒物料进行设计的。

7.1.3 制造商应提供有关诸如以下危险的人员防护设备的要求和防护设备使用的说明：
——受噪声危险；
——接触炙热物料和表面的危险；
——受锐利刀具切割切断的危险；
——受喷射物料伤害。

7.1.4 制造商应提供涵盖团粒室打开后进行维修保养和清洁而进行的各种作业的说明。
——制造商应提供刀具更换和调节以及去除团粒室内的残余物料的说明和相应的工具。
——制造商应就更换刀具时可能受到切割伤害提出警告并指明需要使用防护手套。

7.1.5 制造商应对缠绞危险提出警告，特别是在手工加入薄膜、纤维和合股线之类的物料时。使用说明书中应叙述加工这类物料时的安全程序和方法。这样的程序和方法可包括，例如物料加工之前预裁断等。

7.1.6 对使用自动喂料系统和/或排料系统场合，制造商应建议用户安装适用的急停装置，并使其与团粒机的控制系统相接。

7.1.7 制造商应注明从团粒室内排出物料的正确程序和步骤。

7.1.8 制造商应就防止意外接触温度超过GB/T 18153中规定的表面温度而应采取的安全措施，予以说明。

如果团粒机采用手工喂料，制造商应建议用户使用合适的护具(例如防护手套和工作服)。

7.1.9　制造商应注明噪声发射值，其测定应按照附录A进行，并同时注明进行噪声测定的设备的安装类型和作业条件。

7.1.10　制造商应就防止释放出的有害于健康的气体、烟气和粉尘的局部排放通风系统在机器上连接的位置和接头，提供说明。制造商应建议在团粒机工作时使用排放通风系统。

7.1.11　制造商应就电气接地，包括防止静电聚集引致危险的专用接地连接，提供说明。

7.2　标志

团粒机上应标有：

——制造商和供货商的名称和地址；

——设计序号或型号；

——系列号或机器编号；

——制造日期；

——在紧邻开口处粘贴注明团粒室内有热物料的警告标志；

——在表面温度及排放物料温度超过GB/T 18153中规定的限值处粘贴警告标志。

附 录 A
（资料性附录）
噪声测试规程

A.1 范围

A.1.1 本噪声测试规程就团粒机在空气中发射噪声的测定、标示和验证，规定了其有效进行以及在标准化条件下进行的所有应具备的信息。本噪声测试规程规定了噪声测试方法以及测试应使用的操作和基础条件。

A.1.2 噪声发射特性包括工位上发射声压级和声功率级。这些噪声值的测定为以下情况所应用：

——用于团粒机制造商标示该装置噪声值；

——用于用户对投入市场的团粒机的噪声发射情况予以比较；

——用于设计人员在设计阶段针对噪声源噪声予以设防。

A.1.3 本噪声测试规程的使用，可在所使用的空气中噪声发射特性基本测定方法的精度等级所决定的特定限度内，保证其再现性。

A.2 声功率级的测定

A.2.1 基本标准

——A计权声功率级应采用下述标准之一进行测定：GB/T 6881.2，GB/T 3767，GB/T 3768，GB/T 16538，GB/T 16404 或 GB/T 16404.2；

——在使用 GB/T 3767 或 GB/T 3768 时，测量面应成平行六面体，并且所取的测量距离应等于1 m；

——只要切实可行，就应使用工程方法；

——在每一扬声器位上至少测定一次。每次测定的持续时间至少 30 s。

A.2.2 测量不确定性

——具体针对测定声功率级的工程方法，其再现性的标准偏差为：$\sigma_{RA}=1.5$ dB。

——如果使用勘查法，则再现性的标准偏差会大得多。

注：GB/T 14574 提供了从再现性标准偏差值推导出总测量不确定性的方法。

A.3 操作者工位上噪声声压级的测定

A.3.1 基本标准

——A计权声压级采用 GB/T 17248.2、GB/T 17248.3、GB/T 17248.4—1998 或 GB/T 17248.5 之一测定。

——只要切实可行，就应使用工程方法。

——在每一扬声器位上至少测定一次。每次测定的持续时间至少 30 s。

——A计权声压级，如果是按照 GB/T 17248.4—1998 从A计权声功率级推算而得，则应使用下述方法测定：$Q=Q_2$ 和 $d=1$ m。

注：Q 和 d 的定义和确定见 GB/T 17248.4—1998 中 6.2.3。

——在团粒机采用手动喂料时，则应在距离喂料口 1 m 以及距离地面或进出平台 1.6 m 的高度上测定，测定时不应有操作者在场。GB/T 17248.4—1998 标准不合适这种场合。

——在未规定工位或无法确定工位的场合，则声压级应在距离喂料口 1 m 以及距离地面或进出平台 1.6 m 的高度上测定。应注明最大声压的位置和数值。

A.3.2 测定的不确定性

——如果 A 计权声压级使用工程方法测量而得，则再现性的标准偏差即是：$\sigma_{RA}=2.5$ dB。

——如果使用勘查法，则再现性的标准偏差会大得多。

——如果 A 计权声压级是按照 GB/T 17248.4—1998 经计算而得，则再现性的标准偏差为声功率级测定的标准偏差。

注：GB/T 14574 提供了从再现性标准偏差值推导出总测量不确定性的方法。

A.4 测定噪声时机器的安装和基础条件

团粒机的安装和基础条件应按 7.1.9 中所示说明进行。

A.5 操作条件

操作条件应与测定工位上声压级、声功率级和推导声压级的操作条件相同。团粒机应以最高公称产量对应的切刀速度无负荷运行。

注：本条仅规定无负荷操作条件。其原因是团粒机只能在制造商所在地进行无负荷操作，而制造商目前无法在安装新机械的用户所在处测定噪声发射情况的。但是，可以确认团粒机发射的噪声是无负荷下发射出的，其对于负荷下、正常操作时的噪声发射情况，不具代表性。因此建议制造商开始收集负荷下噪声发射数据。该数据可由制造商在用户处新安装的机械上，或在新机械安装阶段进行测量而获得。从该数据，制造商可以逐步具有以下能力：

——评估设计阶段实施的负荷下噪声防治措施的效率；

——向用户提供各种可能负荷下噪声发射值。

可使用以下现行的、现场测量方法在用户所在处测得团粒机负荷下噪声发射值：

——按照 GB/T 17248.3 或 GB/T 17248.5 要求，测定工位上 A 计权声压级；

——按照 GB/T 3768 或最好按照 GB/T 16538 要求或 GB/T 16404 和 GB/T 16404.2，测定工位上 A 计权声功率级。

A.6 应记录和通告的信息

A.6.1 总则

应记录的信息包括：所用的基本标准中要求予以记录的数据，即试验时机械、基础条件、操作条件、声学环境、仪器仪表和声学测定数据的准确证明。

至少应记录 A.6.2～A.6.7 规定的数据。

A.6.2 团粒机的一般数据

——团粒机机械的类型、编号和制造日期；

——喂料系统的类型(如有)。

A.6.3 团粒室数据

——直径；

——转刀的转速；

——刀数；

——刀具的技术说明。

A.6.4 标准

——测定噪声使用的标准。

A.6.5 噪声数据

——团粒机空负荷运行，转子以最高公称产量的转速运转，所测得的或计算所得的噪声发射值，包括测定不确定性；

——依据制造商在该类机械上所获得的经验，对本产品运行及生产产品、转子以最高公称产量转速运转,所预计的最高噪声发射值。

A.6.6 规定的测试参数

——转子最高转速和最高产量。

A.6.7 安装和操作条件

——对测量噪声时,产品的安装和操作条件等情况加以描述说明。

A.7 噪声发射值的标示和验证

A.7.1 噪声发射值的标示和验证应按照 GB/T 14574 的要求进行。

A.7.2 噪声标示应按 GB/T 14574 的要求标示两项数值,即分别标示测定值和测定不确定性。它应包括以下各项:

——声压级超过 70 dB(A)的操作位上测定的 A 加权时声压级值;如果声压级未超过 70 dB(A),此值应予以明示;

——在 A 计权声压级测定值超过 85 dB(A)的操作位上测定的 A 计权声功率级。

A.7.3 噪声标示应明示:已按本噪声测定规程得到的噪声发射值,并明示所使用的是哪一个基本标准。如果有偏离本噪声测定规程之处和/或偏离所用的基本标准之处,噪声标示应给予清楚地明示。

注:倍频带内其他噪声发射量,如声功率级,也可在噪声公告内给出。在这种情况下,应特别仔细,避免将这些其他噪声发射数据与测定的噪声发射值弄混。

A.7.4 如果是验证性测试,则应采用噪声发射值原初测定所用的相同的基础条件和操作条件进行。

A.7.5 在特定的机器或者类似的机器负荷作业下按照本附录测定噪声,测定的噪声发射数值应作为补充数据在噪声公告中给出。负荷的细节,例如加工的物料的类型、厚度和硬度均应给出。

附 录 B
（资料性附录）
本部分与 EN 12012-4:2006 技术性差异及其原因

表 B.1 给出了本部分与 EN 12012-4:2006 的技术性差异及其原因的一览表。

表 B.1 本部分与 EN 12012-4:2006 技术性差异及其原因

本部分章条编号	技术性差异	原因
范围	增加了"本部分适用于粉碎废塑料用……团粒机"。	根据我国 GB/T 1.1 的写法。
范围	删除了"只有第 4 条所列的、第 5 条所述的重大危害才受本欧洲标准约束"。	根据我国 GB/T 1.1 的写法。
范围	删除了"本欧洲标准不适用于其批准为欧洲标准之日前生产制造的团粒机"。	根据我国 GB/T 1.1 的写法。
2	本标准尽量引用了我国国家标准。	欧洲标准的引用标准，大部分已经转化为我国国家标准，使用方便。
4.6	增加了"意外启动开关按钮导致操作者受到的机械危险。"	欧洲标准仅有标题，没内容。
5.4.1	删除了"EN ISO 11688-1:1998 给出了可用的指导。"和"注：EN ISO 11688-2:1998 给出了机器产生噪声的机理等可用的信息。"	该标准条款属指导性条款，且未转化为我国标准。
5.4.4	增加"噪声的测试参见附录 A"	使噪声测试方法改为推荐性条款。
5.6.2.1	删除了"见欧洲标准化委员会电气委员会 CLC R 044-001:1999 报告"。	接地要求，可直接按我国机电产品规定即可。
表 1	删除了在表 1 中对"附录 A"的符合性验证。	该条属强制性条款，但附录 A 已改为资料性附录。
7.2	删除了欧标中的注释。	根据我国国情，团粒机目前非我国强制性认证产品。
附录 A	本部分将 EN 12012-4 中的附录 A，"规范性附录"改为"资料性附录"。	各单位也可根据我国机械产品的噪声检测方法要求或有关规定进行测试。

ICS 71.120;83.200
G 95

中华人民共和国国家标准

GB/T 25937—2010

子午线轮胎一次法成型机

Radial ply tyre single stage building machine

2010-12-23 发布　　2011-07-01 实施

中华人民共和国国家质量监督检验检疫总局
中国国家标准化管理委员会　发布

前 言

本标准的附录 A 和附录 B 为资料性附录.

本标准由中国石油和化学工业联合会提出。

本标准由全国橡胶塑料机械标准化技术委员会(SAC/TC 71)归口。

本标准负责起草单位:青岛高校软控股份有限公司。

本标准参加起草单位:天津赛象科技股份有限公司、北京橡胶工业研究设计院、福建建阳龙翔科技开发有限公司、益阳新华美机电科技有限公司、桂林橡胶机械厂、中航工业北京航空制造工程研究所、北京恒驰智能科技有限公司、北京敬业机械设备有限公司、青岛双星橡塑机械有限公司。

本标准主要起草人:徐孔然、程继国、张君峰、贾海玲。

本标准参加起草人:张建浩、司伟、戴造成、陈玉泉、刘建华、梁国彰、李红军、池启演、刘尚勇、李继岭。

子午线轮胎一次法成型机

1 范围

本标准规定了子午线轮胎一次法成型机的术语和定义、型号与基本参数、要求、试验、检验规则、标志、包装、运输和贮存等要求。

本标准适用于轿车、轻型载重汽车和载重汽车子午线轮胎一次法成型机(以下简称成型机)。

2 规范性引用文件

下列文件中的条款通过本标准的引用而成为本标准的条款。凡是注日期的引用文件，其随后所有的修改单(不包括勘误的内容)或修订版均不适用于本标准，然而，鼓励根据本标准达成协议的各方研究是否可使用这些文件的最新版本。凡是不注日期的引用文件，其最新版本适用于本标准。

GB 4208—2008 外壳防护等级(IP 代码)(IEC 60529:2001,IDT)

GB 5083 生产设备安全卫生设计总则

GB 5226.1 机械电气安全 机械电气设备 第1部分:通用技术条件(GB 5226.1—2008,IEC 60204-1:2005,IDT)

GB/T 6326 轮胎术语及其定义(GB/T 6326—2005,ISO 4223-1:2002,Definitions of some terms used in tyre industy—Part 1:Pneumatic tyres,NEQ)

GB/T 7932 气动系统通用技术条件(GB/T 7932—2003,ISO 4414:1998,IDT)

GB/T 8196 机械安全 防护装置 固定式和活动式防护装置设计与制造一般要求(GB/T 8196—2003,ISO 14120:2002,MOD)

GB/T 12783 橡胶塑料机械产品型号编制方法

GB/T 13306 标牌

GB/T 13384 机电产品包装通用技术条件

HG/T 3120 橡胶塑料机械外观通用技术条件

HG/T 3223 橡胶机械术语

HG/T 3228 橡胶塑料机械涂漆通用技术条件

3 术语和定义

GB/T 6326 和 HG/T 3223 中确立的以及下列术语和定义适用于本标准。

3.1

胎体贴合鼓 carcass drum

将轮胎的胎侧、内衬层、胎圈包布和胎体帘布等进行贴合的装置。

3.2

带束层贴合鼓 belt drum

将带束层或带束层和胎面组件进行贴合的装置。

3.3

胎圈定位装置 bead setting device

夹持胎圈，并传递到成型鼓的胎圈锁定位置上的装置。

3.4

胎体传递环 carcass transfer ring

将胎体贴合鼓完成的轮胎半成品部件传递给成型鼓的装置。

3.5

胎圈预置装置　bead loading device

夹持胎圈，并将胎圈送到胎圈定位装置上的装置。

3.6

带束层传递环　belt transfer ring

将带束层贴合鼓完成的轮胎半成品部件传递给成型鼓的装置。

3.7

灯光标尺　guide lights

标识各轮胎半成品部件在成型鼓、胎体贴合鼓、带束层贴合鼓上的用于工艺位置的指示装置。

3.8

胎体贴合鼓驱动箱　carcass drum station

驱动胎体贴合鼓的装置。

3.9

带束层贴合鼓驱动箱　belt drum station

驱动带束层贴合鼓的装置。

3.10

成型鼓驱动箱　building drum station

驱动成型鼓的装置。

3.11

胎体压合装置　carcass stitcher

在胎体贴合鼓上将贴合的轮胎半成品部件进行压合的装置。

3.12

胎面滚压装置　tread stitcher

在带束层贴合鼓上滚压胎面的装置。

3.13

鼓端支撑架　building drum tail stock

成型鼓、胎体贴合鼓轴端的支架。

4　型号与基本参数

4.1　成型机型号编制方法

成型机型号编制方法应符合 GB/T 12783 的规定。型号的组成及其定义参见附录 A。

4.2　基本参数

成型机的基本参数参见附录 B。

5　要求

5.1　基本要求

5.1.1　精度要求

成型机总装后(包括鼓)的主要精度要求见表 1。

5.1.2　功能要求

5.1.2.1　成型机应具有供料、对中、贴合、反包、定型、压合等功能。

5.1.2.2　控制系统应具有手动控制与自动控制无扰动切换功能。

5.1.2.3　控制系统应具有各部分连锁运行，故障实时报警和自诊断功能。

5.1.2.4　控制系统应对以下功能进行数据信息处理：

a） 轮胎规格参数的输入、编辑和调用；

b） 动态监控系统各部分的运行状况；

c） 实时显示成型机运行状态；

d） 具有人机对话界面。

5.1.3 气动系统

成型机气动系统应符合 GB/T 7932 的规定。

5.1.4 管路系统

气动及润滑系统管道和阀门接头应连接可靠。各管路系统干净、畅通。

5.2 安全和环保要求

5.2.1 成型机应符合 GB 5083、GB 5226.1 和 GB/T 8196 规定的安全要求。

5.2.2 成型机的电气控制系统应具有过载保护功能和紧急停机功能；外壳防护等级应符合 GB 4208—2008 规定的 IP54 级要求。

5.2.3 成型机的噪声要求空负荷运转时的噪声声压级应小于 80 dB(A)；负荷运转时的噪声声压级应小于 85 dB(A)。

5.2.4 成型机空负荷运转和负荷运转时，不得有异常振动。

5.3 涂漆和外观要求

5.3.1 涂漆质量应符合 HG/T 3228 的规定。

5.3.2 外观质量应符合 HG/T 3120 的规定。

表 1 主要精度要求

成型机精度要求项目	示意简图	轿车/轻型载重汽车子午线轮胎成型机	载重汽车子午线轮胎成型机
成型鼓轴端径向跳动（鼓有支承）/mm	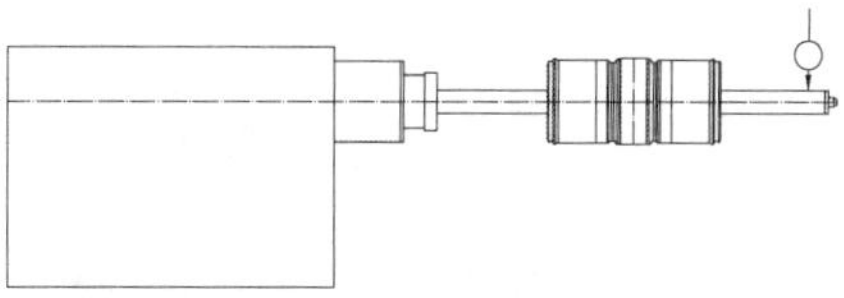	0.20	0.35
带束层贴合鼓轴端径向跳动/mm	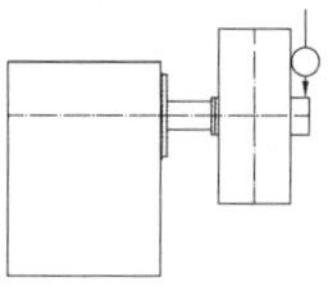	0.10	0.50
胎体贴合鼓轴端径向跳动（鼓有支承）/mm	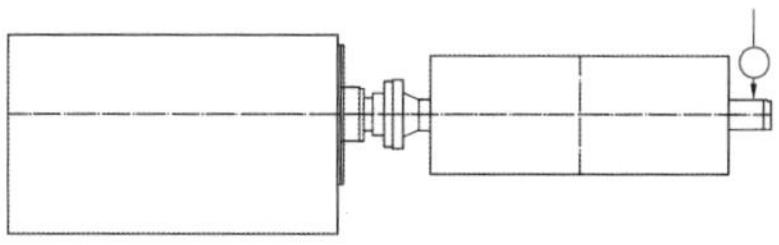	0.20	0.35
带束层贴合鼓周长误差/mm	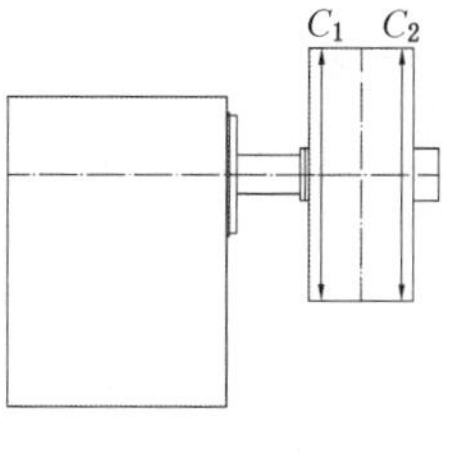 C_1 C_2	±0.75	±1

表 1(续)

成型机精度要求项目	示意简图	轿车/轻型载重汽车子午线轮胎成型机	载重汽车子午线轮胎成型机
胎体贴合鼓周长误差/mm	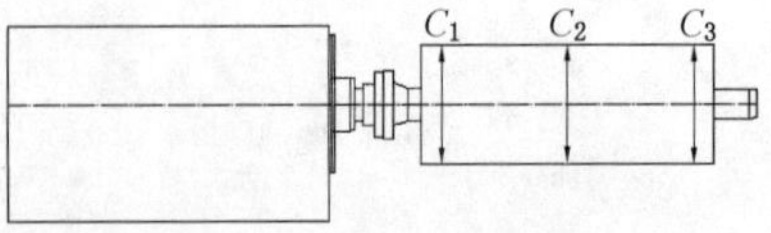 C_1 C_2 C_3	±0.75	±1
鼓与传递环同轴度(鼓带支撑)/mm	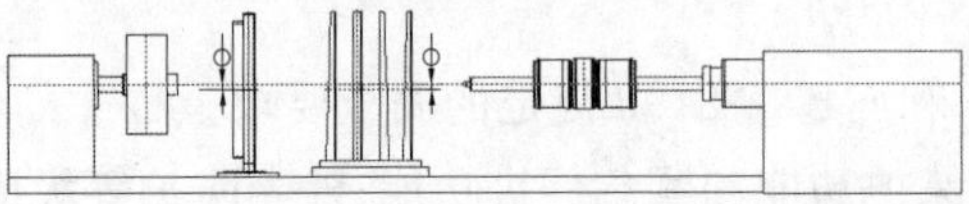	ϕ0.30	ϕ0.50
胎体传递环重复定位精度(鼓中心位置)/mm	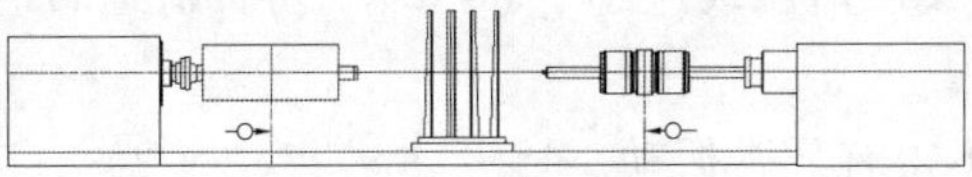	±0.10	±0.10
带束层传递环重复定位精度(鼓中心位置)/mm	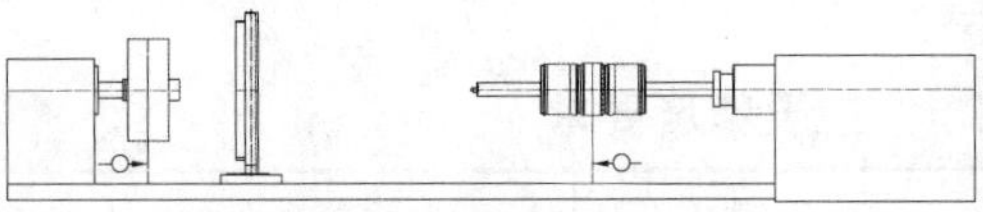	±0.10	±0.10
胎圈定位装置轴向定位精度/mm	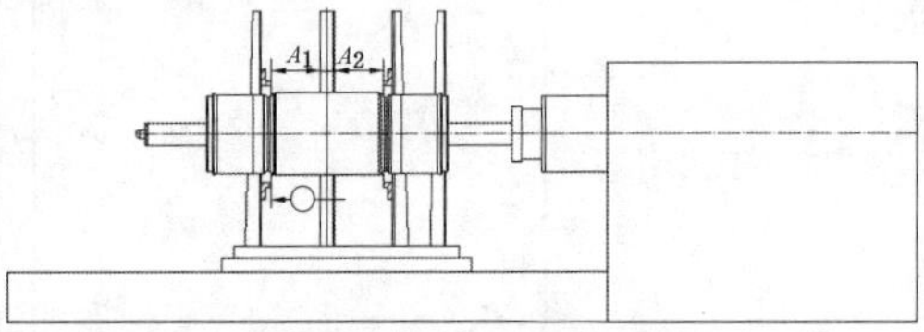 A_1 A_2	±0.30	±0.50
胎圈定位装置径向定位精度/mm	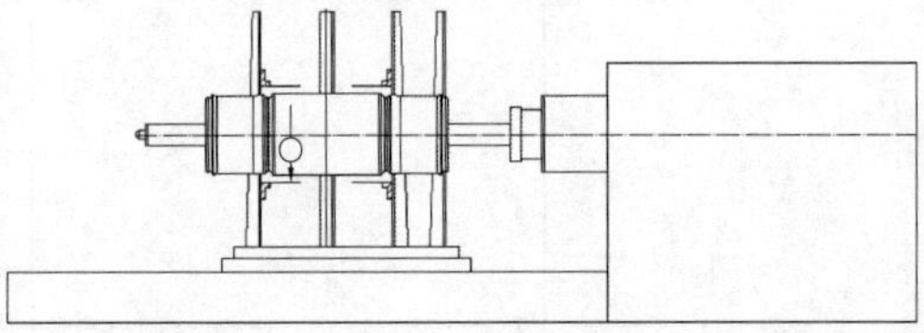	±0.30	±0.50
供料自动定长精度/mm	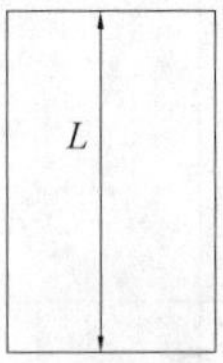 L	±1.50	±2.0
供料模板对中精度/mm	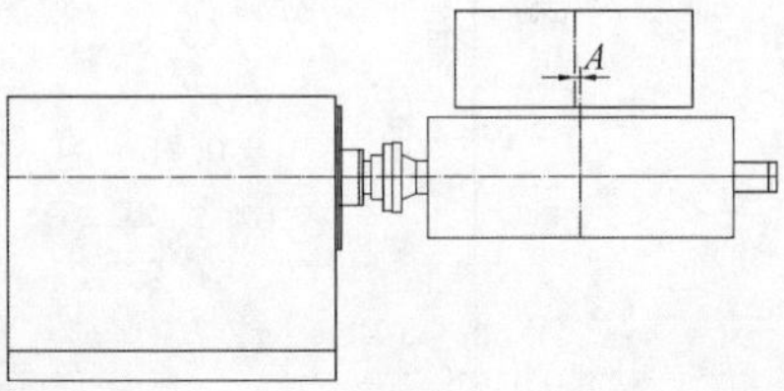 A	±1.0	±1.5

表 1（续）

成型机精度要求项目	示意简图	轿车/轻型载重汽车子午线轮胎成型机	载重汽车子午线轮胎成型机
鼓旋转角度定位精度/(°)	θ	±0.20	±0.50
组合压辊与成型鼓中心线的对称精度/mm	A_1 A_2	±0.20	±0.50

6 试验

6.1 空负荷运转试验

6.1.1 空负荷运转试验应在装配检验合格后方可进行。

6.1.2 空负荷运转中应进行以下检查：

a) 按照 5.1 检查各项精度和功能要求；

b) 按照 5.2 要求进行安全、环保检查。

6.2 负荷运转试验

6.2.1 应在空负荷运转试验合格后，进行负荷运转试验。

6.2.2 负荷运转试验所用的轮胎半成品部件应为合格品。

6.2.3 负荷运转试验期间，设备应连续累计运转 72 h 无故障，若中间出现故障，故障排除时间不应超过 2 h，否则应重新进行试验。

6.2.4 负荷运转中进行应按照 4.2、5.2.1、5.2.3、5.2.4 进行检查。

7 检验规则

7.1 出厂检验

每台产品出厂前应按 5.1、5.2、5.3 检查，经制造厂质量检验部门检验合格并签发合格证后，方可出厂。

7.2 型式检验

7.2.1 有下列情况之一时，应进行型式检验：

a) 新产品或老产品转厂时；

b) 正式生产后，如结构、材料、工艺有较大变化，影响产品性能时；

c) 产品停产两年以上，恢复生产时；

d) 出厂检验结果与上次型式检验结果有较大差异时；

e) 正常生产时，每三年至少抽检一台；

f) 国家质量监督机构提出进行型式检验要求时。

7.2.2 型式检验应按本标准中的各项规定进行检验。

7.2.3 型式检验项目全部符合本标准规定，则判为合格。型式检验每次抽检一台，若有不合格项时，应再抽二台进行检验,若仍有不合格项时,则应逐台进行检验。

8 标志、包装、运输和贮存

8.1 应在每台成型机的明显位置固定标牌,标牌应符合 GB/T 13306 的规定。标牌的内容如下:

a) 产品名称;

b) 产品型号;

c) 产品编号;

d) 执行标准号;

e) 基本参数;

f) 外形尺寸;

g) 重量;

h) 制造单位名称、商标;

i) 制造日期。

8.2 成型机发货时,应随机附带下列文件:

a) 产品合格证;

b) 产品使用说明书;

c) 装箱单。

8.3 成型机的包装应符合 GB/T 13384 的规定。

8.4 成型机的运输应符合运输部门的有关规定。

8.5 成型机安装前应贮存在防雨、干燥、通风良好的场所,并且妥善保管。

附 录 A
（资料性附录）
产品型号的组成及其定义

A.1 产品型号组成

A.1.1 产品型号由产品代号、规格参数、设计代号三部分组成，三者之间用短横线隔开，产品型号格式如下：

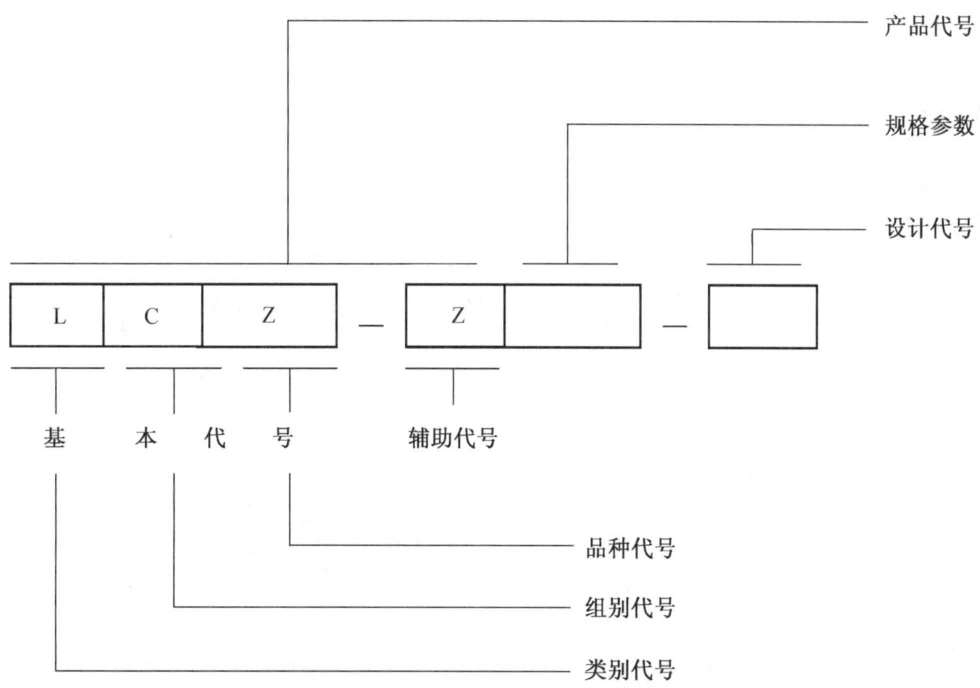

A.1.2 产品代号由基本代号和辅助代号组成，用大写汉语拼音字母表示。

A.1.3 基本代号由类别代号、组别代号、品种代号组成，其定义：类别代号 L 表示轮胎生产机械（轮）；组别代号 C 表示成型机械（成）；品种代号 Z 表示子午线轮胎一次法成型机（子）。

A.1.4 辅助代号用数字与字母组成，其定义企业可自行定义。

例如：第一项为数字，表示鼓工位数；第二项为字母，表示轮胎类别，J 表示轿车轮胎（轿），Z 表示载重汽车轮胎（载）。

A.1.5 规格参数标注成型轮胎的轮辋名义直径范围，用英寸（in）表示。

A.1.6 设计代号在必要时使用，应符合 GB/T 12783 的规定。

A.2 型号示例

成型轮胎的轮辋名义直径范围为 15 in～20 in 的载重汽车子午线轮胎一次法三鼓成型机型号：

L C Z-3Z1520

附 录 B
（资料性附录）
基 本 参 数

B.1 轿车/轻型载重汽车子午线轮胎一次法成型机基本参数见表B.1。

表 B.1

项目	基本参数			
规格代号	1216	1418	1520	2028
适用轮辋名义直径范围/in	12～16	14～18	15～20	20～28
成型生胎外径/mm	480～820	480～845	510～875	620～960
胎圈定位范围(外侧)/mm	120～580	120～580	140～700	280～750
带束层贴合鼓直径/mm	460～790	460～825	460～855	600～940
带束层贴合鼓宽度/mm	330	370	400	400
带束层贴合鼓转速/(r/min)	0～200	0～200	0～200	0～200
胎体帘布宽度/mm	300～870	300～870	330～900	360～950
内衬层宽度/mm	250～600	250～600	330～700	840
胎侧宽度/mm	110～230	110～230	110～230	60～280
胎侧间距(内)～(外)/mm	200～900	200～900	280～1 100	280～1 200
预复合件最大宽度/mm	900	900	1 100	1 200
带束层宽度/mm	80～305	80～320	90～370	90～370
冠带层胶条宽度/mm	10～25	10～25	10～25	10～25
胎面胶宽度/mm	130～300	130～350	150～350	150～400
胎面胶最大长度/mm	2 750	2 750	2 750	3 200

B.2 载重汽车子午线轮胎一次法成型机基本参数见表B.2。

表 B.2

项目	基本参数	
规格代号	1520	2024
适用轮辋名义直径范围/in	15～20	20～24.5
成型生胎外径/mm	630～1 060	740～1 250
成型鼓的最高转速/(r/min)	150	150
成型鼓主轴中心高度/mm	1 050	1 050
胎圈定位范围(外侧)/mm	240～800	400～960
带束层贴合鼓直径/mm	550～1 030	890～1 160
带束层贴合鼓宽度/mm	340	450
带束层贴合鼓转速/(r/min)	0～20	0～20
胎体贴合鼓转速/(r/min)	0～60	0～60
胎体贴合鼓最大工作宽度/mm	1 450	1 600

表 B.2（续）

项目	基本参数	
带束层宽度/mm	50～300	50～380
0°带束层宽度/mm	20～60	20～65
0°带束层内间距范围/mm	50～260	50～330
胎侧宽度/mm	180～350	140～410
胎侧间距(内)～(外)/mm	320～1 350	400～1 550
内衬层宽度/mm	380～850	430～1 000
预复合件宽度/mm	650～1 350	1 550
胎体帘布最大宽度/mm	500～960	500～1 050
胎圈包布最大宽度/mm	180	200
胎圈包布间距(内)～(外)/mm	380～800	380～1 100
肩垫胶宽度(内)～(外)/mm	50～150	60～200
肩垫胶间距(内)～(外)/mm	20～270	40～500
胎面胶宽度/mm	160～350	160～450
胎面胶最大长度/mm	3 300	3 800

ICS 71.120;83.200
G 95

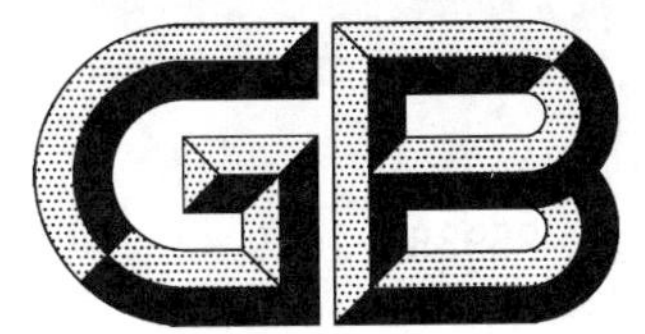

中华人民共和国国家标准

GB/T 25938—2010

炼胶工序中小料自动配料称量系统

Automatic weighing system for small chemicals in rubber mixing process

2010-12-23 发布 2011-07-01 实施

中华人民共和国国家质量监督检验检疫总局
中国国家标准化管理委员会 发布

前言

本标准的附录A和附录B为资料性附录。

本标准由中国石油和化学工业联合会提出。

本标准由全国橡胶塑料机械标准化技术委员会(SAC/TC 71)归口。

本标准负责起草单位:青岛高校软控股份有限公司。

本标准参加起草单位:北京橡胶工业研究设计院、北京万向新元科技有限公司。

本标准主要起草人:李志华、杭柏林、李路波、李亚莉、刘连生、孙明、王际松、夏向秀。

炼胶工序中小料自动配料称量系统

1 范围

本标准规定了炼胶工序中小料自动配料称量系统的术语和定义、型号与基本参数、要求、试验、检验规则、标志、包装、运输、贮存等要求。

本标准适用于根据炼胶工艺配方设定的小料重量,实现自动称量、收集、校核等功能的配料系统(以下简称"系统")。

2 规范性引用文件

下列文件中的条款通过本标准的引用而成为本标准的条款。凡是注日期的引用文件,其随后所有的修改单(不包括勘误的内容)或修订版均不适用于本标准,然而,鼓励根据本标准达成协议的各方研究是否可使用这些文件的最新版本。凡是不注日期的引用文件,其最新版本适用于本标准。

GB 4053.1 固定式钢梯及平台安全要求 第1部分:钢直梯

GB 4053.2 固定式钢梯及平台安全要求 第2部分:钢斜梯

GB 4053.3 固定式钢梯及平台安全要求 第3部分:工业防护栏杆及钢平台

GB 4208—2008 外壳防护等级(IP代码)(IEC 60529:2001,IDT)

GB 4655 橡胶工业静电安全规程

GB 5083 生产设备安全卫生设计总则

GB 5226.1 机械电气安全 机械电气设备 第1部分:通用技术条件(GB 5226.1—2008,IEC 60204-1:2005,IDT)

GB/T 8196 机械安全 防护装置 固定式和活动式防护装置设计与制造一般要求(GB/T 8196—2003,ISO 14120:2002,MOD)

GB/T 12783 橡胶塑料机械产品型号编制方法

GB/T 13306 标牌

GB/T 13384 机电产品包装通用技术条件

GB/T 14250 衡器术语

GB 20426 煤炭工业污染物排放标准

HG/T 3120 橡胶塑料机械外观通用技术条件

HG/T 3223 橡胶机械术语

HG/T 3228 橡胶塑料机械涂漆通用技术条件

NB/T 47003.1 钢制焊接常压容器

3 术语和定义

GB/T 14250 和 HG/T 3223 中确立的以及下列术语和定义适用于本标准。

3.1

小料 small chemicals

在炼胶过程中添加的粉粒状化学原料。

3.2

小料自动配料称量系统 automatic weighing system for small chemicals

根据炼胶工艺配方设定的小料重量,实现自动称量、收集、校核等功能的配料系统。

3.3

贮料仓 storage bin

用于存放小料的常压容器。

3.4

给料装置 feeding device

用于向称量单元输送小料的设备。

4 型号与基本参数

4.1 型号

4.1.1 产品型号编制方法应符合 GB/T 12783 的规定。

4.1.2 产品型号的构成及其定义参见附录 A。

4.2 基本参数

4.2.1 系统配料称量基本参数应符合表 1 规定。

表 1 系统配料称量基本参数

项 目	参 数					
物料最大称量/kg	10	15	20	30	40	60
电子秤准确度等级	Ⅲ					
动态允许误差	≤0.2%FS					
贮料仓容积/m^3	0.2～2.0					

4.2.2 常用给料装置基本参数参见附录 B。

5 要求

5.1 基本要求

5.1.1 系统应符合本标准的要求，并按照经过规定程序批准的图样和技术文件制造。

5.1.2 系统使用的压缩空气应是经过除油、除水、过滤的干燥洁净空气。含油小于 0.1 mg/m^3，含尘粒径小于 0.1 μm，露点低于－40 ℃，气源压力应不低于 0.7 MPa。

5.1.3 气动管道和阀门接头应连接可靠。各管路系统干净、畅通。

5.1.4 贮料仓应符合 NB/T 47003.1 的规定。

5.2 功能要求

5.2.1 系统应具有数据信息处理、自动控制给料和称量功能。

5.2.2 系统应具有手动控制模式与自动控制模式无扰动切换功能，具有各部分联锁运行、故障实时报警和自诊断的功能。

5.2.3 系统应具有控制、显示各称量单元运行状态、动态监控各部分的运行状况的功能。

5.2.4 系统应具有配方的输入与修改、小料与工位的对应关系显示功能。

5.2.5 系统应具有自动实现按设定配方进行配料的运行记录、统计物料消耗和月、日、班报表及打印功能。

5.2.6 系统应具有网络功能以及支持与其他设备或系统的网络信息化功能。

5.2.7 系统应具有人机对话界面。

5.3 安全和环保要求

5.3.1 系统应符合 GB 5083、GB 5226.1 和 GB/T 8196 规定的安全要求。

5.3.2 系统的电气控制系统应具有过载保护功能和紧急停机功能；外壳防护等级应不低于 GB 4208—2008 中规定的 IP54 级要求。

5.3.3 系统空负荷运转时噪声声压级小于 80 dB(A),负荷运转时噪声声压级小于 85 dB(A)。

5.3.4 系统空负荷运转和负荷运转时,不得有异常振动。

5.3.5 使用容易产生静电的小料时,应符合 GB 4655 的规定。

5.3.6 车间空气中粉尘含量应不大于 8 mg/m^3;大气污染物的排放应符合 GB 20426 的规定。

5.3.7 操作、维修和安装用钢直梯应符合 GB 4053.1 的要求;操作、维修和安装用钢斜梯应符合 GB 4053.2的要求;操作、维修和安装用防护栏及钢平台应符合 GB 4053.3 的要求。

5.3.8 负荷运转时电机功率应小于额定功率。

5.4 涂漆和外观要求

5.4.1 涂漆质量应符合 HG/T 3228 的规定。

5.4.2 外观质量应符合 HG/T 3120 的规定。

6 试验

6.1 空负荷运转试验

6.1.1 空负荷运转试验应在装配检验合格后方可进行。

6.1.2 空负荷运转时进行以下检查:

a) 按照 4.2 检查基本参数;

b) 按照 5.1.2、5.1.3 和 5.1.4 检查;

c) 按照 5.2 检查各项功能要求,其中与负荷运转试验相关的要求在 6.2 中进行;

d) 按照 5.3.3、5.3.4 检查安全要求。

6.2 负荷运转试验

6.2.1 应在空负荷运转试验合格后,进行负荷运转试验。

6.2.2 负荷运转试验期间,设备应连续累计 72 h 内无故障,若中间出现故障,故障排除时间不应超过 2 h,否则重新进行试验。

6.2.3 负荷运转中应按照 4.2、5.2、5.3 进行检查。

7 检验规则

7.1 出厂检验

7.1.1 每台设备应经制造单位质量检验部门检验合格,并签发产品合格证后方可出厂。

7.1.2 产品出厂前按照 4.2、5.4 和 6.1 进行检验。

7.2 型式检验

7.2.1 有下列情况之一时,应进行型式检验:

a) 新产品或老产品转厂时;

b) 正式生产后,如结构、材料、工艺有较大变化,可能影响产品性能时;

c) 产品停产两年以上,恢复生产时;

d) 出厂检验结果与上次型式检验结果有较大差异时;

e) 正常生产时,每三年至少抽检一台;

f) 国家质量监督机构提出进行型式检验要求时。

7.2.2 型式检验应按本标准中的各项规定进行检验。

7.2.3 型式检验项目全部符合本标准规定,则判为合格。型式检验每次抽检一台,若有不合格项时,应再抽二台进行检验,若仍有不合格项时,则应逐台进行检验。

8 标志、包装、运输和贮存

8.1 应在系统的明显位置固定标牌,标牌应符合 GB/T 13306 的规定。标牌的内容如下:

a） 产品名称；

b） 产品型号；

c） 产品编号；

d） 执行标准号；

e） 基本参数；

f） 外形尺寸；

g） 重量；

h） 制造日期；

i） 制造单位名称、商标。

8.2 系统发货时，应随机附带下列文件：

a） 产品合格证；

b） 产品使用说明书；

c） 装箱单。

8.3 系统的包装应符合 GB/T 13384 的规定。

8.4 系统的运输应符合运输部门的有关规定。

8.5 系统安装前应贮存在防雨、干燥、通风良好的场所，并且妥善保管。

附 录 A
（资料性附录）
产品型号的组成及其定义

A.1 产品型号组成

A.1.1 产品型号由产品代号、规格参数、设计代号三部分组成，三者之间用短横线隔开，产品型号格式如下：

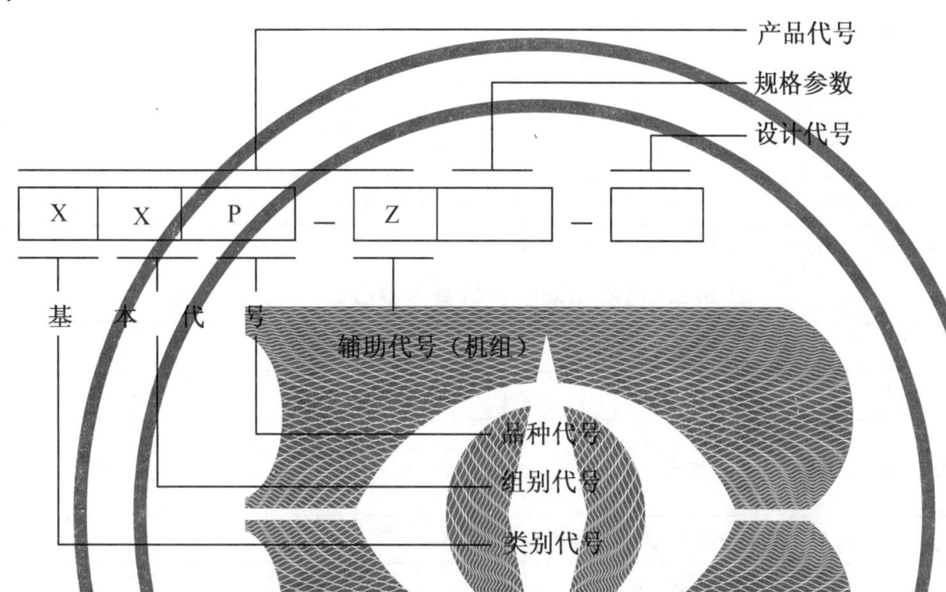

A.1.2 产品代号由基本代号和辅助代号组成，用大写汉语拼音字母表示。

A.1.3 基本代号由类别代号、组别代号、品种代号组成，其定义：类别代号 X 表示橡胶机械（橡）；组别代号 X 表示小料称量机械（小）；品种代号 P 表示配料系统（配）。

A.1.4 辅助代号定义：Z 表示机组（组）。

A.1.5 规格参数用贮料仓数表示。

A.1.6 设计代号在必要时使用，应符合 GB/T 12783 的规定。

A.2 型号示例

贮料仓数为 16，设计顺序号为Ⅲ的小料自动配料称量系统型号示例如下：

X X P—Z 16—Ⅲ

附 录 B
(资料性附录)
常用给料装置基本参数

B.1 螺旋给料机基本参数见表B.1。

表B.1 螺旋给料机基本参数

项 目	基 本 参 数				
螺杆直径/mm	70	90	100	130	150
电机功率/kW	0.55	0.75	1.1	1.5	2.2
给料能力/(t/h)	0.5	1.0	1.5	3.0	4.5
螺杆转速/(r/min)	0～100				
注：给料能力是以输送物料为氧化锌，螺杆转速为100 r/min时，测定的数据。					

B.2 电磁振动给料机基本参数见表B.2。

表B.2 电磁振动给料机基本参数

项 目	基 本 参 数			
料槽宽度/mm	100	150	200	250
有功功率/kW	0.15	0.2	0.3	0.45
给料能力/(t/h)	1.0	1.5	2.0	3.0
注：给料能力是以输送物料为防老剂4020测定的数据。				

ICS 71.120;83.200
G 95

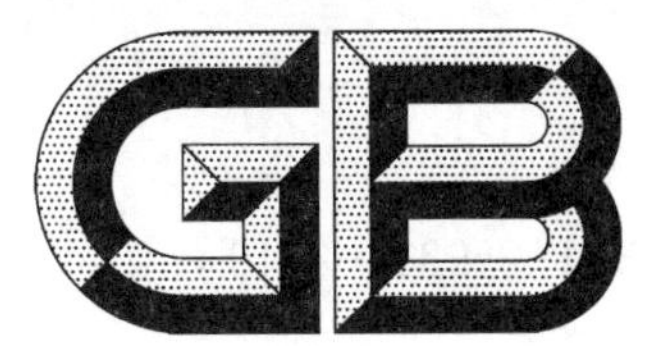

中华人民共和国国家标准

GB/T 25939—2010

密闭式炼胶机上辅机系统

Up-stream equipment system for rubber internal mixer

2010-12-23 发布　　　　2011-07-01 实施

中华人民共和国国家质量监督检验检疫总局
中国国家标准化管理委员会　发布

前　言

本标准的附录A和附录B为资料性附录。

本标准由中国石油和化学工业联合会提出。

本标准由全国橡胶塑料机械标准化技术委员会(SAC/TC 71)归口。

本标准负责起草单位:青岛高校软控股份有限公司。

本标准参加起草单位:北京橡胶工业研究设计院、北京万向新元科技有限公司。

本标准主要起草人:李志华、徐建华、王振峰、徐中洲、刘连生、孙明、夏向秀、朱业胜、姜承法。

密闭式炼胶机上辅机系统

1 范围

本标准规定了密闭式炼胶机上辅机系统的术语和定义、型号与基本参数、要求、试验、检验规则、标志、包装、运输和贮存等要求。

本标准适用于各种规格型号的密闭式炼胶机上辅机系统(以下简称系统)。

2 规范性引用文件

下列文件中的条款通过本标准的引用而成为本标准的条款。凡是注日期的引用文件,其随后所有的修改单(不包括勘误的内容)或修订版均不适用于本标准,然而,鼓励根据本标准达成协议的各方研究是否可使用这些文件的最新版本。凡是不注日期的引用文件,其最新版本适用于本标准。

GB 150 钢制压力容器

GB 4053.1 固定式钢梯及平台安全要求 第1部分:钢直梯

GB 4053.2 固定式钢梯及平台安全要求 第2部分:钢斜梯

GB 4053.3 固定式钢梯及平台安全要求 第3部分:工业防护栏杆及钢平台

GB 4208—2008 外壳防护等级(IP代码)(IEC 60529:2001,IDT)

GB 4655 橡胶工业静电安全规程

GB 5083 生产设备安全卫生设计总则

GB 5226.1 机械电气安全 机械电气设备 第1部分:通用技术条件(GB 5226.1—2008,IEC 60204-1:2005,IDT)

GB/T 8196 机械安全 防护装置 固定式和活动式防护装置设计与制造一般要求(GB/T 8196—2003,ISO 14120:2002,MOD)

GB/T 9707 密闭式炼胶机、炼塑机

GB 10330 车间空气中炭黑粉尘卫生标准

GB/T 12783 橡胶塑料机械产品型号编制方法

GB/T 13306 标牌

GB/T 13384 机电产品包装通用技术条件

GB/T 14250 衡器术语

GB 20426 煤炭工业污染物排放标准

HG/T 3120 橡胶塑料机械外观通用技术条件

HG/T 3223 橡胶机械术语

HG/T 3228 橡胶塑料机械涂漆通用技术条件

NB/T 47003.1 钢制焊接常压容器

3 术语和定义

GB/T 14250 和 HG/T 3223 中确立的以及下列术语和定义适用于本标准。

3.1

气力输送装置 pneumatic conveying device

以压缩气体为动力把炭黑或其他粉料通过密闭式管道进行输送及贮存所需设备的总称。

3.2

压送罐　blowing tank

炭黑及其他粉料通过充压、流态化等过程控制，获得动能，实现输送目的的压力容器。

3.3

贮仓　bin

贮存炭黑或其他粉料的常压容器。

3.4

螺旋输送机　screw feeder

通过螺杆旋转产生的推力，输送炭黑或其他粉料的设备。

3.5

炭黑秤、粉料秤　carbon black scale, powder scale

称量各种炭黑或其他粉料的料斗秤。

3.6

胶片导开机　slab feeder

将折叠胶片导开，向胶料秤供给胶片的设备。

3.7

胶料秤　polymer scale

用于称量胶片、胶块的带输送装置电子平台秤。

3.8

油料秤　oil scale

对油料进行称量的料斗秤。

4　型号与基本参数

4.1　型号

4.1.1　产品型号编制方法应符合 GB/T 12783 的规定。

4.1.2　产品型号的组成及其定义见附录 A。

4.2　基本参数

4.2.1　炭黑秤和粉料秤基本参数见表 1。

表 1　炭黑秤和粉料秤基本参数

项　目		密闭式炼胶机容积/L					
		<75	75～90	110～160	190～270	370～400	420～650
炭黑秤 粉料秤	物料最大称量/kg	60		120		200	
	称量时间/s	≤75			≤90	≤100	≤120
	卸料时间 / s	≤20		≤30			≤40
	准确度等级	Ⅲ					
	动态允许误差	≤0.2%FS					

4.2.2　胶料秤基本参数见表 2。

表 2 胶料秤基本参数

项目		密闭式炼胶机容积/L					
		<75	75～90	110～160	190～270	370～400	420～650
胶料秤	物料最大称量/kg	60	100	200	300	600	1 000
	驱动功率/kW	1.1～2.2			3.0～4.0		
	输送速度/(m/s)	0.25～1.0					
	准确度等级	Ⅲ					
	动态允许误差	≤0.2%FS					

4.2.3 油料秤基本参数见表 3。

表 3 油料秤基本参数

项目		密闭式炼胶机容积/L					
		<75	75～90	110～160	190～270	370～400	420～650
油料秤	物料最大称量/kg	10	20	30	50	60	100
	称量时间/s	≤75			≤90	≤100	≤120
	卸油时间/s	≤15			≤20		≤30
	准确度等级	Ⅲ					
	动态允许误差	≤0.2%FS					

4.2.4 气力输送装置基本参数参见附录 B 表 B.1～表 B.3。

4.2.5 供料设备基本参数参见附录 B 表 B.4。

5 要求

5.1 基本要求

5.1.1 系统应符合本标准的要求，并按照经过规定程序批准的图样和技术文件制造。

5.1.2 系统使用的压缩空气应是经过除油、除水、过滤的干燥洁净空气。含油应小于 0.1 mg/m³，含尘粒径应小于 0.1 μm，露点低于－40 ℃，气源压力应不低于 0.7 MPa。

5.1.3 气动管道和阀门接头应连接可靠。各管路系统干净、畅通。

5.2 功能要求

5.2.1 系统具有数据信息处理、自动称量和投料功能。

5.2.2 对全自动配料方式，系统应具有手动控制模式与自动控制模式无扰动切换、各部分联锁运行、故障实时报警和自诊断的功能。

5.2.3 系统应具有控制和显示各台秤称量不同物料运行状态、动态监控各部分的运行状况的功能。

5.2.4 系统应具有配方的输入与修改、物料与工位的对应关系显示功能。

5.2.5 系统应具有自动实现按设定配方进行配料的运行记录、统计物料消耗和月、日、班报表及打印功能。

5.2.6 系统应具有网络功能以及支持与其他设备或系统的网络信息化功能。

5.2.7 系统应具有人机对话界面。

5.3 制造要求

5.3.1 压送罐应符合 GB 150 的规定。

5.3.2 炭黑、粉料、油料各类贮仓、常压容器应符合 NB/T 47003.1 的规定。

5.4 安全和环保要求

5.4.1 系统应符合 GB 5083、GB 5226.1 和 GB/T 8196 规定的制造、安装、操作和维护的安全要求。

5.4.2 系统的电气控制系统应具有过载保护功能和紧急停机功能；外壳防护等级应不低于 GB 4208—2008 中规定的 IP54 级要求。

5.4.3 空负荷运转时，噪声声压级小于 80 dB(A)，负荷运转时噪声声压级小于 85 dB(A)。

5.4.4 系统空负荷运转和负荷运转时，不得有异常振动。

5.4.5 使用容易产生静电的粉体物料时，应符合 GB 4655 的规定。

5.4.6 车间空气中炭黑粉尘含量应符合 GB 10330 的规定；大气污染物的排放应符合 GB 20426 的规定。

5.4.7 操作、维修和安装用钢直梯应符合 GB 4053.1 的要求；操作、维修和安装用钢斜梯应符合 GB 4053.2的要求；操作、维修和安装用防护栏杆及钢平台应符合 GB 4053.3 的要求。

5.4.8 负荷运转时电机功率应小于额定功率。

5.5 涂漆和外观要求

5.5.1 涂漆质量应符合 HG/T 3228 的规定。

5.5.2 外观质量应符合 HG/T 3120 的规定。

6 试验

6.1 空负荷运转试验

6.1.1 空负荷运转试验应在装配检验合格后方可进行。

6.1.2 空负荷运转时进行以下检查：

a) 按照 4.2 检查基本参数，其中表 1 和表 3 中称量时间和卸料时间的检查除外；

b) 按照 5.1.2 和 5.1.3 检查；

c) 按照 5.2 检查各项功能要求；

d) 按照 5.4.3、5.4.4 检查安全要求。

6.2 负荷运转试验

6.2.1 应在空负荷运转试验合格后，进行负荷运转试验。

6.2.2 负荷运转试验期间，设备应连续累计负荷运转 72 h 无故障，若中间出现故障，故障排除时间应不超过 2 h，否则重新进行试验。

6.2.3 负荷运转中进行以下检查：

a) 按照 4.2 检查基本参数；

b) 按照 5.2 检查各项功能要求；

c) 按照 5.4 检查安全和环保要求。

7 检验规则

7.1 出厂检验

7.1.1 每台设备应经制造单位质量检验部门检验合格，并签发产品合格证后方可出厂。

7.1.2 产品出厂前按照 4.2.1、4.2.2、4.2.3、4.2.5 进行检验，其中表 1 和表 3 中称量时间和卸料时间的检验除外。

7.2 型式检验

7.2.1 有下列情况之一时，应进行型式检验：

a) 新产品或老产品转厂时；

b) 正式生产后，如结构、材料、工艺有较大变化，可能影响产品性能时；

c) 产品停产两年以上，恢复生产时；

d) 出厂检验结果与上次型式检验结果有较大差异时；

e) 正常生产时，每三年至少抽检一台；

f) 国家质量监督机构提出进行型式检验要求时。

7.2.2 型式检验应按本标准中的各项规定进行检验。

7.2.3 型式检验项目全部符合本标准规定，则判为合格。型式检验每次抽检一台，若有不合格项时，应再抽二台进行检验，若仍有不合格项时，则应逐台进行检验。

8 标志、包装、运输和贮存

8.1 应在系统的明显位置固定标牌，标牌应符合 GB/T 13306 的规定。标牌的内容如下：

a) 产品名称；

b) 产品型号；

c) 产品编号；

d) 执行标准号；

e) 基本参数；

f) 外型尺寸；

g) 重量；

h) 制造日期；

i) 制造单位名称和商标。

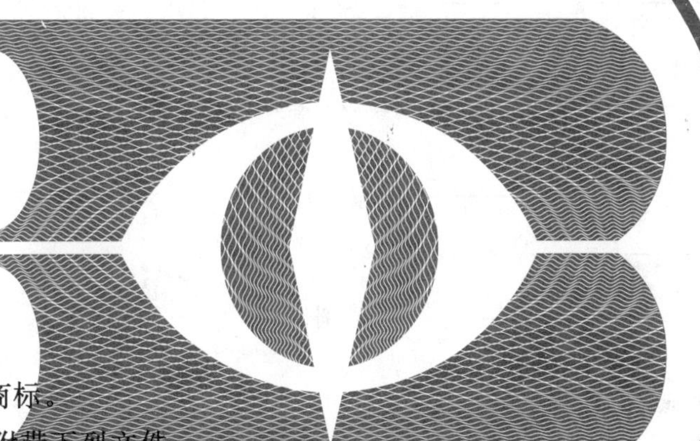

8.2 系统发货时，应随机附带下列文件：

a) 产品合格证；

b) 产品使用说明书；

c) 装箱单；

d) 随机压力容器的质量证明书。

8.3 系统的包装应符合 GB/T 13384 的规定。

8.4 系统的运输应符合运输部门的有关规定。

8.5 系统安装前应贮存在防雨、干燥、通风良好的场所，并且妥善保管好。

附　录　A
（资料性附录）
产品型号的组成及其定义

A.1　产品型号组成

A.1.1　产品型号由产品代号、规格参数、设计代号三部分组成，三者之间用短横线隔开，产品型号格式如下：

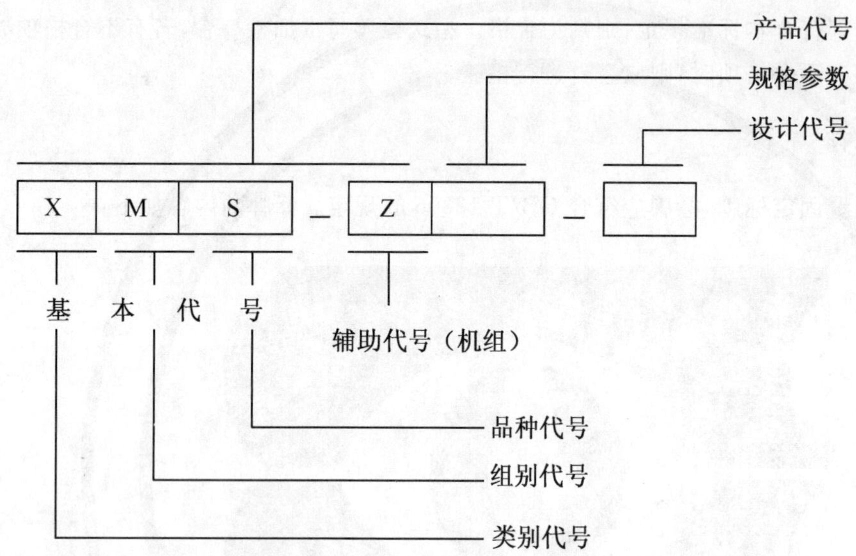

A.1.2　产品代号由基本代号和辅助代号组成，用大写汉语拼音字母表示。

A.1.3　基本代号由类别代号、组别代号、品种代号组成，其定义：类别代号 X 表示橡胶机械(橡)；组别代号 M 表示密闭式炼胶机械(密)；品种代号 S 表示上辅机系统(上)。

A.1.4　辅助代号定义：Z 表示机组(组)。

A.1.5　规格参数按照 GB/T 9707 密闭式炼胶机容积表示。

A.1.6　设计代号在必要时使用，应符合 GB/T 12783 的规定。

A.2　型号示例

为 270 L 密闭式炼胶机配置的，产品设计顺序号为Ⅲ的密闭式炼胶机上辅机系统型号示例如下：

X M S—Z 270—Ⅲ

附 录 B
（资料性附录）
基 本 参 数

气力输送装置基本参数见表 B.1～表 B.3，供料设备基本参数见表 B.4。

表 B.1 压送罐的容积系列

压送罐总容积/m^3	1.5	2.0	2.5	3.0	3.5
压送罐填充系数	0.70～0.85				

表 B.2 气力输送装置的输送能力

输送管公称直径/mm	80	100	125	150	175	200	250
输送能力/(t/h)	1～4	2～6	3～8	4～10	6～15	8～20	10～30

表 B.3 贮仓除尘器处理风量

输送管公称直径/mm	80	100	125	150	175	200	250
除尘器处理风量/(m^3/h)	650～850	750～950	850～1 050	950～1 250	1 150～1 500	1 300～2 000	1 600～2 500

表 B.4 供料设备基本参数

项目		密闭式炼胶机容积/L					
		<75	75～90	110～160	190～270	370～400	420～650
螺旋输送机	螺杆直径/mm	75	100	150	200	250	300
	驱动功率/kW	0.55～1.5		1.1～4.0		2.2～5.5	
	螺杆转速/(r/min)	0～100					
胶片导开机	适用胶片宽度/mm	≤500	≤600	≤700	≤800	≤900	≤1 000
	输送驱动功率/kW	1.1～2.2			3.0～4.0		
	输送速度/(m/s)	0.25～1.0					
带式输送机	适用胶片宽度/mm	≤500	≤600	≤700	≤800	≤900	≤1 000
	驱动功率/kW	1.1～2.2			3.0～5.5		
	输送速度/(m/s)	0.25～1.0					

ICS 71.120;83.200
G 98

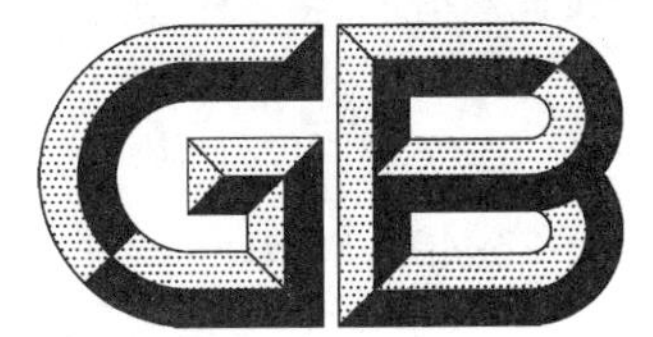

中华人民共和国国家标准

GB/T 25940—2010

定负荷国际橡胶硬度计

IRHD dead-load testers

2010-12-23 发布　　2011-07-01 实施

中华人民共和国国家质量监督检验检疫总局
中国国家标准化管理委员会　发布

前　言

本标准由中国石油和化学工业联合会提出。

本标准由全国橡胶塑料机械标准化技术委员会(SAC/TC 71)归口。

本标准起草单位:北京友深电子仪器有限公司、北京橡胶工业研究设计院。

本标准起草人:朱庆华、何成、夏向秀、艾永安、魏红红。

定负荷国际橡胶硬度计

1 范围

本标准规定了定负荷国际橡胶硬度计(以下简称硬度计)结构与尺寸、要求、试验、检验规则、产品标志、包装、运输、贮存等。

本标准适用于测定硫化橡胶及橡胶类材料国际硬度值、测试范围为10 IRHD～100 IRHD的定负荷国际橡胶硬度计。

2 规范性引用文件

下列文件中的条款通过本标准的引用而成为本标准的条款。凡是注日期的引用文件,其随后所有的修改单(不包括勘误的内容)或修订版均不适用于本标准,然而,鼓励根据本标准达成协议的各方研究是否可使用这些文件的最新版本。凡是不注日期的引用文件,其最新版本适用于本标准。

GB/T 191 包装储运图示标志(GB/T 191—2008,ISO 780:1997,MOD)

GB/T 6388 运输包装收发货标志

GB/T 9969 工业产品使用说明书 总则

GB/T 13306 标牌

GB/T 13384 机电产品包装通用技术条件

3 结构与尺寸

3.1 硬度计由压杆和压杆的支撑装置、对压杆施加接触力和压入力的装置、测量由压入力产生的压杆压入深度增量的装置及扁平环形压足等组成。

3.2 压杆和压足的示意图见图1,硬度计的作用力和尺寸应符合表1的规定。

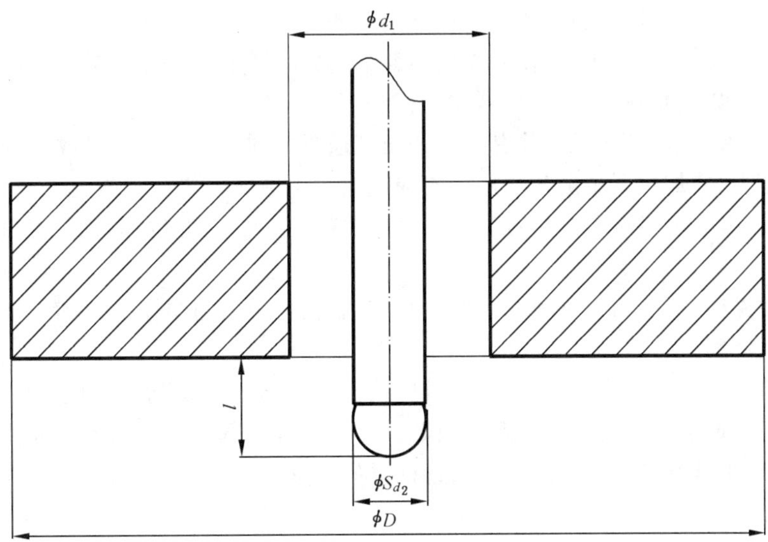

ϕD——压足外直径;

ϕd_1——孔直径;

ϕS_{d_2}——球直径;

l——压入深度。

图1 压杆和压足的示意图

表 1 硬度计的作用力和尺寸

试验	直径 mm	球的作用力 N			压足上的力 N
		接触力	压入力	总力	
方法 N (常规试验)	球 d_2:2.50±0.01 压足 D:20±1 孔 d_1:6±1	0.30±0.02	5.40±0.01	5.70±0.03	8.3±1.5
方法 H (高硬度)	球 d_2:1.00±0.01 压足 D:20±1 孔 d_1:6±1	0.30±0.02	5.40±0.01	5.70±0.03	8.3±1.5
方法 L (低硬度)	球 d_2:5.00±0.01 压足 D:22±1 孔 d_1:10±1	0.30±0.02	5.40±0.01	5.70±0.03	8.3±1.5
方法 M (微型试验)	球 d_2:0.395±0.005 压足 D:3.35±0.15 孔 d_1:1.00±0.15	mN 8.3±0.5	mN 145±0.5	mN 153.3±1.0	mN 235±30

注 1：在微型试验中，当使用借助弹簧向上顶推试样台的仪器时，压足上的压力值和压足上的作用力在施加总力的过程中都是起作用的。在施加 145 mN 压入力之前，压足上的作用力大于此值，即等于 380 mN±30 mN。

注 2：本表中不是所有可能的尺寸和力的组合都符合 3.6 压力要求。

3.3 在压杆和压杆的支撑装置中，垂直压杆的下端是一个刚性球或球形表面，压杆的支撑装置，使其在施加接触力之前，球形表面下端部稍高于环形压足的基准面。

3.4 对压杆施加接触力和压入力的装置，作用力包括压杆和与其相连的附件的质量，以及一切可能作用于压杆的弹簧力，以使其实际施加于球形表面下端部的力符合表 1 的规定。

3.5 测量由压入力产生的压杆压入深度增量的装置，以长度单位表示，或直接读出国际橡胶硬度 IRHD。该测量装置可以是机械的、光学的或电子的。

3.6 扁平环形压足，垂直于压杆轴线，并有一个使压杆通过的同心圆孔。压足放在试样上，并对其施加 30 kPa±5 kPa 的压力，施加在压足上的总压力不应超过表 1 中规定的值。压足与测量压入深度的装置为刚性连接。这样测出的位移是压杆相对于压足(即试样的上表面)的位移，而不是压杆相对于支撑试样的表面的位移。

3.7 硬度计的轻微振动装置，例如电动蜂鸣器，用于克服任何轻微的摩擦力，在完全消除了摩擦力的仪器上可以不装配此装置。

3.8 试样的恒温箱，试样在非标准温度下试验时所用。该恒温箱应装配一个控制温度的装置，控制精确度为±2℃。压足和垂直压杆应穿过恒温箱顶部。穿过顶部的部分由低导热率的材料制成。测量温度的传感装置应安装在恒温箱内靠近试样或放置试样的地方。

4 要求

4.1 工作条件

a) 环境温度：10 ℃～40 ℃；

b) 相对湿度：10%～60%；

c) 周围无腐蚀性气体；

d) 电源：AC220 V±22 V；50 Hz。

4.2 压杆

压杆上球的尺寸应符合表1的规定。

4.3 压足

压足的尺寸应符合表1的规定。

4.4 测量由压入力产生的压杆压入深度的装置

压入深度的允差 Δl 应在±0.01 mm范围内,其中方法M中的允差 Δl 应在±0.002 mm范围内。

4.5 力值

力值应符合表1的规定。

4.6 力的施加时间

总力的施加时间应为30 s±0.3 s,接触力的施加时间应为5 s±0.3 s。

4.7 仪器的测量范围及最大允许误差

测量范围及最大允许误差应符合表2的规定。

表2 仪器的测量范围及最大允许误差

试验	测量范围 IRHD	最大允许误差 IRHD
方法N (常规试验)	35～85	0.5
方法H (高硬度)	85～100	0.5
方法L (低硬度)	10～35	0.5
方法M (微型试验)	35～85	0.5

5 试验

5.1 试验条件:试验应在4.1规定的条件下,但环境温度应控制在18 ℃～25 ℃。

5.2 试验使用的工具、量具及仪器包括:

a) 测量显微镜;

b) 游标卡尺;

c) 千分尺;

d) 标准负荷测量仪;

e) 天平;

f) 频率计时器;

g) 标准国际橡胶硬度块。

5.3 用测量显微镜测量压杆下端的刚性球,球直径应符合4.2的规定。

5.4 用游标卡尺测量压足,压足的外径和孔的直径应符合4.3的规定。

5.5 用千分尺测量压入深度,应符合4.4的要求。

5.6 用标准负荷测量仪或天平测量力值,应符合4.5的要求。

5.7 用频率计时器测量力的施加时间,应符合4.6的要求。

5.8 用标准国际橡胶硬度块测量显示装置,测量结果应符合4.7的要求。

6 检验规则

6.1 检验分类

产品检验分出厂检验和型式检验。

6.2 出厂检验

6.2.1 每台产品应经检验合格后,并附有合格文件方能出厂。

6.2.2 出厂检验应符合 5.6、5.7 和 5.8 的要求。

6.3 型式检验

6.3.1 型式检验应符合 5.3～5.8 的要求。

6.3.2 在下列情况应进行型式检验:

a) 试制的新产品(包括老产品转产);

b) 产品设计、工艺或所使用的材料及配套元、器件有重大变更;

c) 成批生产的产品进行定期抽查;

d) 同类产品的质量鉴定。

6.4 抽样

定期抽查进行型式检验,一般每年抽查一次,每次至少 2 台。

6.5 判定规则

6.5.1 在出厂检验时,若有不合格项,可进行一次修复,重新送检。若仍有不合格项,则判定该台产品为不合格品。

6.5.2 在型式检验时,若有一台不合格,可进行一次修复;若同一个项目有两台不合格则判定该批产品为不合格品。

7 标志、包装、使用说明、运输和贮存

7.1 标志

每台硬度计应在明显位置固定产品标牌。标牌型式、尺寸和技术要求应符合 GB/T 13306 的规定。产品标牌应有下列内容:

a) 产品名称、型号及执行标准号;

b) 产品的主要技术参数;

c) 制造厂名称和商标;

d) 制造日期和产品编号。

7.2 包装

7.2.1 硬度计包装应符合 GB/T 13384 的规定。包装运输应符合运输部门的有关规定,包装箱上应有下列内容:

a) 产品名称及型号;

b) 制造厂名;

c) 出厂编号;

d) 外形尺寸;

e) 毛重;

f) 生产日期。

7.2.2 在硬度计包装箱的明显位置注明“随机文件在此箱”内容;随机文件应统一装在防水的塑料袋内;随机文件应包括下列内容:

a) 产品合格证;

b) 使用说明书;

c) 装箱单;

d) 备件清单;

e) 安装图。

7.3 使用说明

使用说明书应符合 GB/T 9969 的规定。

7.4 运输和贮存

7.4.1 硬度计包装箱储运图示标志应符合 GB/T 191 的规定;包装箱收发货标志应符合 GB/T 6388 的规定。

7.4.2 硬度计的运输应符合运输部门的有关规定。

7.4.3 硬度计应贮放在干燥通风处,避免受潮腐蚀,不能在有腐蚀性气(物)体环境中存放,露天存放应有防雨措施。

ICS 71.120;83.200
G 95

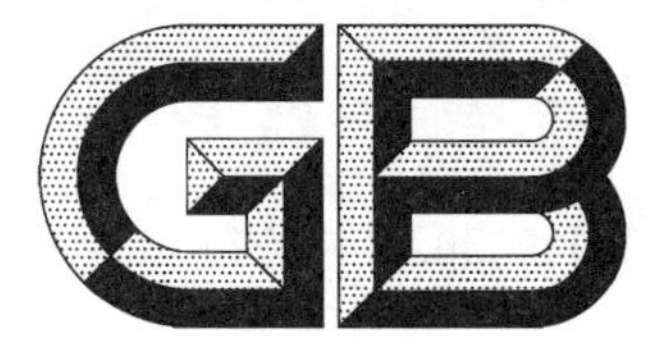

中华人民共和国国家标准

GB/T 26502.1—2011

传动带胶片裁断拼接机

Transmission belt rubber sheets cutting and splicing machine

2011-05-12 发布　　2011-10-01 实施

中华人民共和国国家质量监督检验检疫总局
中国国家标准化管理委员会　发布

前　言

GB/T 26502 的本部分的附录 A 和附录 B 为资料性附录。

本部分由中国石油和化学工业联合会提出。

本部分由全国橡胶塑料机械标准化技术委员会(SAC/TC 71)归口。

本部分起草单位:青岛信森机电技术有限公司、北京橡胶工业研究设计院。

本部分主要起草人:李志洋、刘焕义、何成、夏向秀。

传动带胶片裁断拼接机

1 范围

GB/T 26502 的本部分规定了传动带胶片裁断拼接机的术语和定义、型号及基本参数、要求、试验、检验规则、标志、包装、运输和贮存。

本部分适用于各种规格的橡胶传动带胶片裁断拼接机(以下简称拼接机)。

2 规范性引用文件

下列文件中的条款通过 GB/T 26502 的本部分的引用而成为本部分的条款。凡是注日期的引用文件,其随后所有的修改单(不包括勘误的内容)或修订版均不适用于本部分,然而,鼓励根据本部分达成协议的各方研究是否可使用这些文件的最新版本。凡是不注日期的引用文件,其最新版本适用于本部分。

GB/T 191 包装储运图示标志(GB/T 191—2008,ISO 780:1997,MOD)

GB 2894 安全标志及其使用导则

GB 4208—2008 外壳防护等级(IP 代码)(IEC 60529:2001,IDT)

GB 5226.1—2008 机械电气安全 机械电气设备 第 1 部分:通用技术条件(IEC 60204-1:2005,IDT)

GB/T 6388 运输包装收发货标志

GB/T 7932 气动系统通用技术条件(GB/T 7932—2003,ISO 4414:1998,IDT)

GB/T 8196 机械安全 防护装置 固定式和活动式防护装置设计与制造一般要求(GB/T 8196—2003,ISO 14120:2002,MOD)

GB/T 12783 橡胶塑料机械产品型号编制方法

GB/T 13306 标牌

GB/T 13384 机电产品包装通用技术条件

HG/T 2108 橡胶机械噪声声压级的测定

HG/T 3120 橡胶塑料机械外观通用技术条件

HG/T 3223 橡胶机械术语

HG/T 3228 橡胶塑料机械涂漆通用技术条件

3 术语和定义

HG/T 3223 确立的以及下列术语和定义适用于本部分。

3.1

传动带胶片裁断拼接机 transmission belt rubber sheets cutting and splicing machine

用于将短纤维胶片按设定宽度裁断后做 90°转向,并将胶片首尾拼接后,同垫布一起缠绕到芯轴上的设备。

3.2

胶片拼接废边 rubber splice scrap

采用对接式拼接方式进行胶片拼接时,被裁下的部分称为胶片拼接废边。

4 型号及基本参数

4.1 型号

拼接机型号编制方法应符合 GB/T 12783 的规定。示例参见附录 A。

4.2 基本参数

拼接机基本参数参见附录 B 中表 B.1。

5 要求

5.1 基本要求

拼接机应符合本部分的规定,并按照经规定程序批准的图样和技术文件制造。

5.2 整机要求

5.2.1 拼接机运转应平稳,运动零部件动作应灵敏、协调、准确,无卡阻现象。

5.2.2 拼接机气路系统管路应畅通,无阻塞、无泄漏。气动系统应符合 GB/T 7932 的规定。

5.3 功能要求

5.3.1 拼接机应具有胶片导开、裁断、转向、拼接、卷取等功能,并由控制系统自动控制完成生产过程。

5.3.2 拼接机应具有胶片裁断宽度设定和显示功能。

5.4 性能要求

5.4.1 胶片拼接接头应满足下列要求:

a) 拼接处应厚度均匀、无重叠;

b) 胶片拼接接头处两片胶片错位偏差应小于 5 mm;

c) 胶片拼接接头强度应大于 4 N/cm(胶片为氯丁胶);

d) 拼接机单片胶片拼接废边宽度应小于 15 mm。

5.4.2 胶片裁断断口应平齐、无毛边。

5.4.3 拼接机胶片裁断宽度偏差应小于 2 mm。

5.4.4 拼接机胶片卷取应保持线速度一致,线速度的变化率应小于 5%。

5.5 安全要求

5.5.1 机械安全要求

5.5.1.1 拼接机暴露在外的运动部件应设防护装置,裁断部分应设有可靠防护罩,防护装置应符合 GB/T 8196 要求。

5.5.1.2 拼接机上应有清晰醒目的防切、禁止触摸、注意安全等安全警示标志,安全标志及其使用应符合 GB 2894 的规定。

5.5.1.3 拼接机负荷运转时的噪声声压级应不大于 70 dB(A)。

5.5.2 电气安全要求

5.5.2.1 拼接机动力电路导线和保护接地电路间的绝缘电阻应符合 GB 5226.1—2008 中 18.3 的规定。

5.5.2.2 拼接机动力电路导线和保护接地电路之间耐压应符合 GB 5226.1—2008 中 18.4 的规定。

5.5.2.3 拼接机的电气控制装置外壳防护等级应符合 GB 4208—2008 中规定的 IP5X 级。

5.5.2.4 拼接机的电气装置和主机的金属外壳应有接地设施,接地端应位于接线的位置,并标有保护接地符号或字母 PE。

5.6 涂漆和外观要求

5.6.1 拼接机涂漆应符合 HG/T 3228 的规定。

5.6.2 拼接机外观应符合 HG/T 3120 的规定。

6 试验方法

6.1 试验条件

6.1.1 试验环境温度范围为 15 ℃～40 ℃。

6.1.2 试验用胶片采用厚度为 0.7 mm～1.5 mm 的氯丁胶胶片。

6.2 空负荷运转试验

6.2.1 空负荷运转试验应在装配检验合格后方可进行，空负荷运转试验时间应不少于 2 h。

6.2.2 手动操作各功能按钮，分别启动运行拼接机的各部分，观察设备各动作，检查拼接机功能，应符合 5.3 的功能要求。

6.2.3 检查拼接机运转情况，应符合 5.2.1 的规定。

6.2.4 检查设备安全防护装置、安全标志，应符合 5.5.1.1、5.5.1.2 的规定。

6.2.5 用肥皂水涂抹在气动元件及管路的密封件的密封处，观察是否漏气，结果应符合 5.2.2 的规定。

6.3 负荷运转试验

6.3.1 运转试验时间

空负荷运转试验合格后，方可进行负荷运转试验，负荷运转试验时间应不少于 2 h。

6.3.2 噪声检测

按照 HG/T 2108 检查拼接机运行噪声，应符合 5.5.1.3 的要求。

6.3.3 胶片拼接接头检验

6.3.3.1 从拼接后的胶片中任抽五组拼接后的胶片，观察接头处胶片，应符合 5.4.1a) 的要求。

6.3.3.2 用精度 0.02 mm 的游标卡尺检测五组胶片的拼接接头处的错位尺寸，检测值均应符合 5.4.1b) 的规定。

6.3.3.3 在取出的五组胶片的接头处，以接头为中心，分别剪取长度为 40 cm、宽度为 5 cm 的五组胶条。用精度为 0.1 N 的拉力测试仪进行最大拉力测量，按式(1)计算接头强度，应符合 5.4.1c) 的规定。

$$Q=\overline{F}/5 \qquad \cdots\cdots (1)$$

式中：

Q——接头强度，单位为牛顿每厘米(N/cm)；

$\overline{F}$——五次拉力检测值的平均值，单位为牛顿(N)。

6.3.3.4 从废料盘中任意抽取 10 条胶片废边，用精度为 0.02 mm 的游标卡尺检测废边宽度，取平均值作为废边长度值，应符合 5.4.1d) 的规定。

6.3.4 胶片裁断断口检测

任意裁断三片胶片，检查裁断断口，应符合 5.4.2 的规定。

6.3.5 胶片裁断宽度偏差检测

任意取出五片裁断后的胶片，用精度为 0.1 mm 的游标卡尺检测胶片宽度值，按式(2)计算裁断宽度偏差，结果应符合 5.4.3 的规定。

$$\delta=|L_i-L|_{\max} \qquad \cdots\cdots (2)$$

式中：

δ——裁断宽度偏差，单位为毫米(mm)；

L_i——任意一胶片的裁断宽度，单位为毫米(mm)；

L——胶片设定裁断宽度，单位为毫米(mm)。

6.3.6 胶片卷取速度检测

用精度为 1 mm/s 的测速仪，分五次检测胶片卷取速度，按式(3)计算胶片卷取速度变化率，应符合 5.4.4 的规定。

$$\Delta V=\frac{|V_i-\bar{V}|_{\max}}{\bar{V}}\times 100\% \quad \cdots\cdots(3)$$

式中：

ΔV——胶片卷取速度变化率，%；

$\bar{V}$——五次速度检测值的平均值，单位为毫米每秒(mm/s)；

V_i——任意一次速度检测值，单位为毫米每秒(mm/s)。

6.4 电气安全检测

6.4.1 检查拼接机电气控制系统，应符合 5.5.2.1、5.5.2.2 和 5.5.2.3 的规定。

6.4.2 检查拼接机接地设施，应符合 5.5.2.4 的规定。

7 检验规则

7.1 出厂检验

每台拼接机出厂前应按 5.6 和 6.2 空负荷运转试验项目进行检查，经制造厂质量检验部门检验合格并签发合格证后，方能出厂。

7.2 型式检验

7.2.1 型式检验的项目内容包括本部分中的各项要求。

7.2.2 有下列情况之一时，应进行型式检验：

a) 新产品或老产品转厂时的试制定型鉴定；

b) 正式生产后，如结构、材料、工艺等有较大改变，可能影响产品性能时；

c) 正常生产时，每三年最少抽试一台；

d) 产品停产两年后，恢复生产时；

e) 出厂检验结果与上次型式检验有较大差异时；

f) 国家质量监督机构提出型式检验要求时。

7.3 判定规则

经型式检验若有不合格项时，需进行复检，复检若仍有不合格项时，则判定为型式检验不合格。

8 标志、包装、运输、贮存

8.1 标志

拼接机应在适当的明显位置固定产品标牌，标牌的形式、尺寸和技术要求应符合 GB/T 13306 的规定。其内容包括：

a) 产品型号、名称；

b) 产品出厂编号；

c) 设备净重；

d) 产品的主要参数；

e) 制造单位名称或商标；

f) 制造日期；

g) 产品执行标准号。

8.2 出厂文件

拼接机发货时，应随机附带下列文件：

a) 产品合格证；

b) 产品使用说明书；

c) 装箱单。

8.3 包装

拼接机的包装应符合 GB/T 13384 的规定。

8.4 运输和贮存

8.4.1 拼接机包装箱储运图示标志应符合 GB/T 191 的规定;包装箱收发货标志应符合 GB/T 6388 的规定。

8.4.2 拼接机的运输应符合运输部门的有关规定。

8.4.3 拼接机应贮放在干燥通风处,避免受潮腐蚀,不能在有腐蚀性气(物)体环境中存放,露天存放应有防雨措施。

附 录 A
（资料性附录）
拼接机型号示例

拼接机型号示例如下：

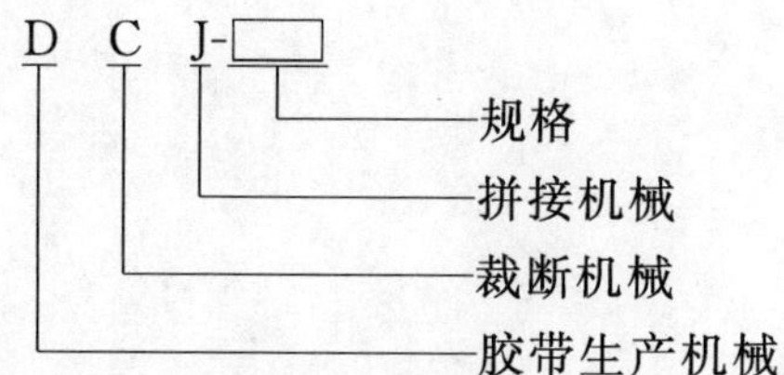

示例：DCJ-1 200×1 000 表示裁断宽度为 1 200 mm，拼接宽度为 1 000 mm 的胶片裁断拼接机。

附 录 B
（资料性附录）
拼接机基本参数

拼接机基本参数见表 B.1。

表 B.1 拼接机基本参数

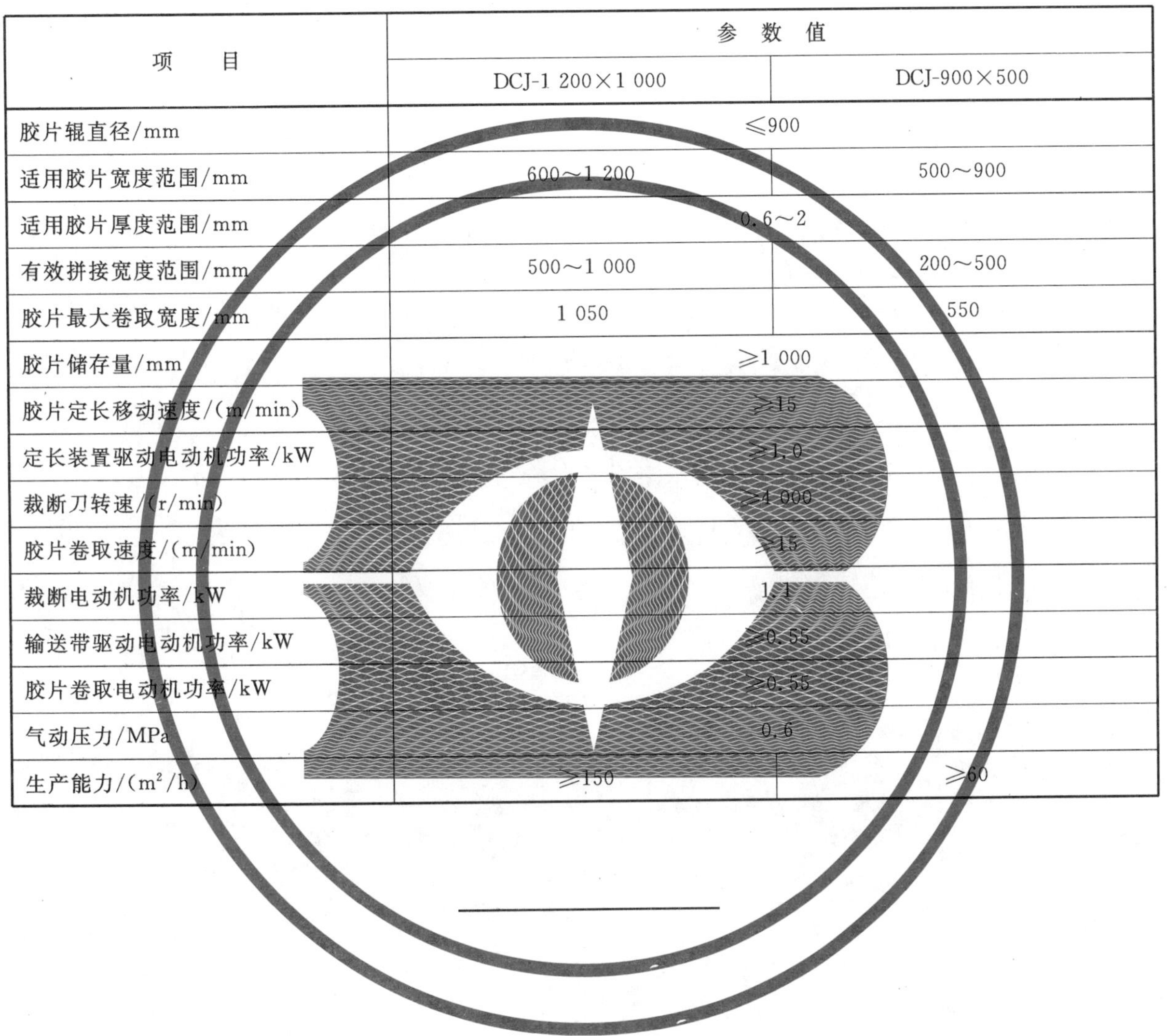

项 目	参数值	
	DCJ-1 200×1 000	DCJ-900×500
胶片辊直径/mm	≤900	
适用胶片宽度范围/mm	600～1 200	500～900
适用胶片厚度范围/mm	0.6～2	
有效拼接宽度范围/mm	500～1 000	200～500
胶片最大卷取宽度/mm	1 050	550
胶片储存量/mm	≥1 000	
胶片定长移动速度/(m/min)	≥15	
定长装置驱动电动机功率/kW	≥1.0	
裁断刀转速/(r/min)	≥4 000	
胶片卷取速度/(m/min)	≥15	
裁断电动机功率/kW	1.1	
输送带驱动电动机功率/kW	≥0.55	
胶片卷取电动机功率/kW	≥0.55	
气动压力/MPa	0.6	
生产能力/(m^2/h)	≥150	≥60

ICS 71.120;83.200
G 95

中华人民共和国国家标准

GB/T 26502.2—2011

传动带成型机

Transmission belt building machine

2011-05-12 发布　　2011-10-01 实施

中华人民共和国国家质量监督检验检疫总局
中国国家标准化管理委员会　发布

前　言

GB/T 26502 的本部分的附录 A 和附录 B 为资料性附录。

本部分由中国石油和化学工业联合会提出。

本部分由全国橡胶塑料机械标准化技术委员会(SAC/TC 71)归口。

本部分起草单位:青岛信森机电技术有限公司、北京橡胶工业研究设计院、软控股份有限公司。

本部分主要起草人:邹维涛、李志洋、何成、夏向秀、徐孔然、曹大伟。

传动带成型机

1 范围

GB/T 26502 的本部分规定了传动带成型机的术语和定义、型号及基本参数、要求、试验方法、检验规则、标志、包装、运输和贮存。

本部分适用于成型各种规格的橡胶 V 带、多楔带、同步带的传动带成型机(以下简称成型机)。

2 规范性引用文件

下列文件中的条款通过 GB/T 26502 的本部分的引用而成为本部分的条款。凡是注日期的引用文件,其随后所有的修改单(不包括勘误的内容)或修订版均不适用于本部分,然而,鼓励根据本部分达成协议的各方研究是否可使用这些文件的最新版本。凡是不注日期的引用文件,其最新版本适用于本部分。

GB/T 191 包装储运图示标志(GB/T 191—2008,ISO 780:1997,MOD)

GB 2894 安全标志及其使用导则

GB/T 3766 液压系统通用技术条件(GB/T 3766—2001,eqv ISO 4413:1998)

GB 4208—2008 外壳防护等级(IP 代码)(IEC 60529:2001,IDT)

GB 5226.1—2008 机械电气安全 机械电气设备 第1部分:通用技术条件(IEC 60204-1:2005,IDT)

GB/T 6388 运输包装收发货标志

GB/T 7932 气动系统通用技术条件(GB/T 7932—2003,ISO 4414:1998,IDT)

GB/T 8196 机械安全 防护装置 固定式和活动式防护装置设计与制造一般要求(GB/T 8196—2003,ISO 14120:2002,MOD)

GB/T 12783 橡胶塑料机械产品型号编制方法

GB/T 13306 标牌

GB/T 13384 机电产品包装通用技术条件

HG/T 2108 橡胶机械噪声声压级的测定

HG/T 3120 橡胶塑料机械外观通用技术条件

HG/T 3223 橡胶机械术语

HG/T 3228 橡胶塑料机械涂漆通用技术条件

3 术语和定义

HG/T 3223 确立的以及下列术语和定义适用于本部分。

3.1

传动带成型机 transmission belt building machine

用于 V 带、多楔带和同步带带筒的绕线、贴胶等工序的成型设备。

3.2

翻转尾架 overturning tail stock

用于支撑模具,能将模具翻转到垂直或水平位置的尾架装置。

3.3

张力机 cord tension machine

对线绳进行导开和张力控制的装置。

3.4

排线装置　cord laying device

将线绳按照一定的间距要求，均匀地缠绕到成型模具上的线绳缠绕装置。

3.5

供料架　sheet feeder device

用于将胶片导开到成型模具上的胶片供给装置。

3.6

成型模具　mould for building

用于传动带带筒排线、贴胶等工序的柱形载体装置，主要用于传动带带筒成型。

3.7

排线密度　density of cord-laying

模具上单位长度排线的根数。单位长度一般为 100 mm。

3.8

排线均匀性偏差　uniformity error of cord-laying

模具上排线密度的波动率。

4　型号及基本参数

4.1　型号

成型机型号编制方法应符合 GB/T 12783 的规定。示例参见附录 A。

4.2　基本参数

成型机基本参数参见附录 B 中表 B.1。

5　要求

5.1　基本要求

成型机应符合本部分的规定，并按照经规定程序批准的图样和技术文件制造。

5.2　整机要求

5.2.1　成型机运转应平稳，运动零部件动作应灵敏、协调、准确，无卡阻现象。

5.2.2　成型机气路系统、液压系统管路应畅通，无阻塞、无泄漏，尾架翻转油路应设置防爆阀。气动系统应符合 GB/T 7932 的规定；液压系统应符合 GB/T 3766 的规定。

5.3　功能要求

5.3.1　成型机应具有排线、贴胶、翻转模具功能。

5.3.1.1　排线装置应具有单、双线排线功能，整个排线装置应可以前后移动，适应不同直径的成型模具。

5.3.1.2　翻转尾架应可以将模具翻转为垂直或水平状态。

5.3.1.3　张力机应具有同步收线、主动放线、速度跟踪以及线绳张力超差报警功能。

5.3.1.4　张力机线绳张力能通过调整重砣数量进行设定，并通过张力表或人机界面实时显示。

5.3.1.5　供料架应具有胶片无拉伸导开和自动定位功能。

5.3.2　成型机的主轴转速、排线速度、排线密度、贴胶速度应可以通过人机界面设定和显示。

5.3.3　成型机的主轴和尾架应满足安装多种规格的成型模具。

5.3.4　成型机单位长度上压辊压力在 5 N/cm～15 N/cm 范围内可调。

5.4　精度要求

5.4.1　主轴径向圆跳动公差值应不大于 0.05 mm，尾架顶针的径向圆跳动公差值应不大于 0.05 mm。

5.4.2　主轴与尾架伸缩轴的同轴度公差值应不大于 0.06 mm。

5.4.3 排线装置移动导轨与主轴平行度公差值应不大于0.06 mm。

5.4.4 成型机正常运转后，排线时主轴转速波动率应小于0.3%。

5.4.5 成型机尾架翻转角度应达到90°±1°。

5.5 性能要求

5.5.1 成型机线绳张力应符合下列要求：

a) 单根线绳张力与设定值之差应不大于1 N；

b) 两根线绳间的张力之差应不大于1 N。

5.5.2 成型机排线应满足下列要求：

a) 排线均匀性偏差应不大于1%；

b) 排线密度与设定密度值偏差应不大于1根线绳。

5.6 安全要求

5.6.1 机械安全要求

5.6.1.1 成型机运动部件应设防护装置，防护装置应符合GB/T 8196的规定。

5.6.1.2 成型机上应有清晰醒目的禁止触摸、注意安全等安全警示标志，安全标志及其使用应符合GB 2894的规定。

5.6.1.3 成型机尾架翻转过程中，按急停按钮或断电时，尾架应立即停止在当前位置，以保证安全。

5.6.1.4 成型机应设有压辊安全装置，防止非正常工作状态下压辊下压。

5.6.1.5 成型机负荷运转时的噪声声压级应不大于70 dB(A)。

5.6.2 电气安全要求

5.6.2.1 成型机动力电路导线和保护接地电路间的绝缘电阻应符合GB 5226.1—2008中18.3的规定。

5.6.2.2 成型机动力电路导线和保护接地电路之间耐压应符合GB 5226.1—2008中18.4的规定。

5.6.2.3 成型机的电气控制装置外壳防护等级应符合GB 4208—2008中规定的IP5X级。

5.6.2.4 成型机的电气装置和主机的金属外壳应有接地设施，接地端应位于接线的位置，并标有保护接地符号或字母PE。

5.7 涂漆和外观要求

5.7.1 成型机涂漆应符合HG/T 3228的规定。

5.7.2 成型机外观应符合HG/T 3120的规定。

6 试验方法

6.1 试验条件

6.1.1 试验环境温度范围为15 ℃～40 ℃。

6.1.2 试验用线绳采用3×3聚酯线绳；试验用胶片采用厚度为1 mm～1.5 mm的氯丁胶片。

6.2 空负荷运转试验

6.2.1 空负荷运转试验应在装配检验合格后方可进行，空负荷运转试验时间应不少于2 h。

6.2.2 手动操作各功能按钮，启动运行成型机的各部分，观察设备各动作，检查成型机功能，应符合5.3的功能要求。

6.2.3 用肥皂水涂抹在气动元件及管路的密封件的密封处，观察是否漏气，检查各液压元件及管路密封件的密封处有无渗油，结果应符合5.2.2的规定。

6.2.4 成型机精度应进行下列检验：

a) 用精度为0.01 mm的0 mm～10 mm百分表，检测成型机主轴模具安装面位置的径向圆跳动和尾架顶针的径向圆跳动，结果应符合5.4.1的要求；

b) 将模具试棒安装到主机上，启动主轴后，用精度为0.01 mm的0 mm～10 mm百分表检测尾

架顶针端试棒径向圆跳动,结果应符合 5.4.2 的要求;

c) 将精度为 0.01 mm 的 0 mm～10 mm 百分表固定在排线装置上,探头沿试棒径向竖直压到试棒上,移动排线装置,检测平行度公差,检测三次,取平均值,结果应符合 5.4.3 的要求。将探头水平沿试棒径向压到试棒上,移动排线装置,检测平行度公差,检测三次,取平均值,结果应符合 5.4.3 的要求;

d) 用精度为 2′的角度尺,检测模具翻转角度,结果应符合 5.4.5 的要求。

6.2.5 检查成型机运转情况,应符合 5.2.1 的规定。

6.2.6 机械安全要求应进行下列检查:

a) 检查设备安全防护装置、安全标志情况,应符合 5.6.1.1、5.6.1.2 的规定;

b) 在模具翻转时按急停按钮,检测尾架情况应符合 5.6.1.3 的要求;

c) 检查压辊安全装置,应符合 5.6.1.4 的要求。

6.3 负荷运转试验

6.3.1 负荷运转试验时间

空负荷运转试验合格后,方可进行负荷运转试验,负荷运转试验时间应不少于 2h。

6.3.2 噪声检测

按照 HG/T 2108 检查成型机运行噪声,应符合 5.6.1.5 的要求。

6.3.3 单位长度上压辊压力调节范围检测

6.3.3.1 用精度为 0.1 N 的压力传感器,放在模具的中间位置上,将压辊沿径向压到压力传感器上,调节压辊气缸气压,检测最大、最小压力值。

6.3.3.2 用精度为 1 mm 的 2 m 钢板尺,检测模具贴胶面长度。按式(1)计算压辊压力,结果应符合 5.3.4 要求。

$$F = P/L \qquad \cdots\cdots(1)$$

式中:

F——压辊压力,单位为牛顿每厘米(N/cm);

P——压辊总压力,单位为牛顿(N);

L——模具贴胶面长度,单位为厘米(cm)。

6.3.4 线绳张力检测

6.3.4.1 用两套精度为 0.1 N 的张力测试仪,同时检测排线时两根线绳张力,间隔 20 s 同时读取两根线绳的一次张力数据,每根线绳读取五组张力值。

6.3.4.2 按式(2)计算单根线绳张力与设定值之差,取其最大值,结果应符合 5.5.1a)的要求。

$$\Delta T_{(i,j)} = |T_{(i,j)} - T_0| \qquad \cdots\cdots(2)$$

式中:

i——第 i 根线绳,$i=1\sim2$;

j——测量次数,$j=1\sim5$;

$\Delta T_{(i,j)}$——单根线绳张力与设定值之差,单位为牛顿(N);

$T_{(i,j)}$——第 i 根线绳第 j 次张力测量值,单位为牛顿(N);

T_0——线绳张力设定值,单位为牛顿(N)。

6.3.4.3 按式(3)计算线绳间的张力之差,取其最大值,结果应满足 5.5.1b)的要求。

$$\Delta T_j = |T_{(1,j)} - T_{(2,j)}| \qquad \cdots\cdots(3)$$

式中:

j——测量次数,$j=1\sim5$;

ΔT_j——两根线绳间的张力之差,单位为牛顿(N);

$T_{(1,j)}$、$T_{(2,j)}$——第 1、2 根线绳的第 j 次的张力测量值,单位为牛顿(N)。

注:V 带、多楔带成型采用单线绳排线,只检测单线绳的张力偏差。

6.3.5 主轴转速波动率检测

用精度为0.1 r/min的测速仪，检测主轴在正常排线时的转速，间隔20 s读取一次数据，共检测五组速度值，按式(4)计算主轴转速波动率，结果应符合5.4.4的要求。

$$\Delta n=\frac{|n_i-\bar{n}|_{\max}}{\bar{n}}\times 100\% \qquad \cdots\cdots(4)$$

式中：

Δn——主轴转速波动率，%；

n_i——任意一次速度检测值，单位为转每分(r/min)；

$\bar{n}$——五次检测主轴速度的平均值，单位为转每分(r/min)。

6.3.6 成型机排线检测

6.3.6.1 用精度为0.02 mm的200 mm游标卡尺，检测20根(或对)线绳的宽度值，按式(5)计算排线均匀性偏差，结果应符合5.5.2a)要求。

检测方法：沿轴向方向选取三处位置，在三处位置分别沿圆周方向选取三处测量点，用卡尺检测20对或根线绳的宽度值，共检测九组数据。

$$\Delta L=\frac{|L_i-\bar{L}|_{\max}}{\bar{L}}\times 100\% \qquad \cdots\cdots(5)$$

式中：

ΔL——排线均匀性偏差，%；

$\bar{L}$——宽度测量值的平均值，单位为毫米(mm)；

L_i——任意一次宽度测量值，单位为毫米(mm)。

6.3.6.2 用开口宽度为100 mm±0.05 mm的卡板，检测排线密度。

检测方法：将检测卡板压到排有线绳的成型模具上，检测长度方向与模具轴向平行，检查开口宽度上的线绳根数或对数；沿成型模具轴向方向上，选取三处位置进行检测；三组结果分别与设定值进行比较，结果均应符合5.5.2b)的要求。

6.4 电气安全检测

6.4.1 检查成型机电气控制系统，应符合5.6.2.1、5.6.2.2和5.6.2.3的规定。

6.4.2 检查成型机接地设施，应符合5.6.2.4的规定。

7 检验规则

7.1 出厂检验

每台成型机出厂前应按5.7和6.2空负荷运转试验项目进行检查，经制造厂质量检验部门检验合格并签发合格证后，方能出厂。

7.2 型式检验

7.2.1 型式检验的项目内容包括本部分中的各项要求。

7.2.2 有下列情况之一时，应进行型式检验：

a) 新产品或老产品转厂时的试制定型鉴定；

b) 正式生产后，如结构、材料、工艺等有较大改变，可能影响产品性能时；

c) 正常生产时，每三年最少抽试一台；

d) 产品停产两年后，恢复生产时；

e) 出厂检验结果与上次型式检验有较大差异时；

f) 国家质量监督机构提出型式检验要求时。

7.3 判定规则

经型式检验若有不合格项时，需进行复检，复检若仍有不合格项时，则判定为型式检验不合格。

8 标志、包装、运输、贮存

8.1 标志

成型机应在适当的明显位置固定产品标牌，标牌的形式、尺寸和技术要求应符合 GB/T 13306 的规定。其内容包括：

a) 产品型号、名称；

b) 产品出厂编号；

c) 设备净重；

d) 产品的主要参数；

e) 制造单位名称或商标；

f) 制造日期；

g) 产品执行标准号。

8.2 出厂文件

成型机发货时，应随机附带下列文件：

a) 产品合格证；

b) 产品使用说明书；

c) 装箱单。

8.3 包装

成型机的包装应符合 GB/T 13384 的规定。

8.4 运输和贮存

8.4.1 成型机包装箱储运图示标志应符合 GB/T 191 的规定；包装箱收发货标志应符合 GB/T 6388 的规定。

8.4.2 成型机的运输应符合运输部门的有关规定。

8.4.3 成型机应贮放在干燥通风处，避免受潮腐蚀，不能在有腐蚀性气(物)体环境中存放，露天存放应有防雨措施。

附 录 A
（资料性附录）
成型机型号示例

成型机型号示例如下：

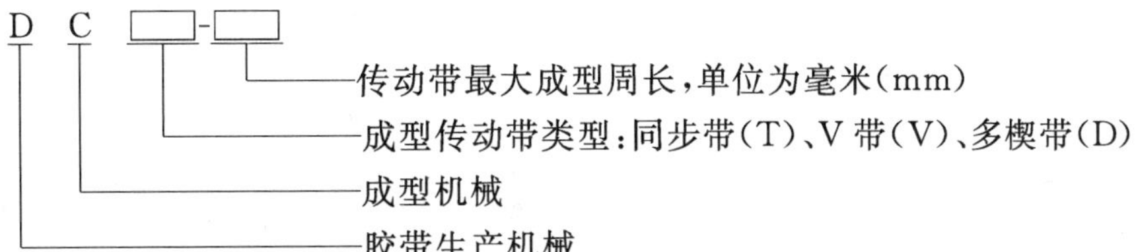

示例：DCT-2500 表示最大成型周长为 2 500 mm 的同步带成型机。

DCV-3000 表示最大成型周长为 3 000 mm 的 V 带成型机。

附 录 B
（资料性附录）
成型机基本参数

成型机基本参数见表B.1。

表B.1 成型机基本参数

项 目	参 数 值	
	DCT(V、D)-2500	DCT(V、D)-5000
成型传动带周长范围/mm	500～2 500	2 000～5 000
主轴转速/(r/min)	≤600(无级调速)	≤150(无级调速)
主电动机功率/kW	18.5	7.5
排线驱动电动机功率/kW	1	1
最大排线速度/(m/min)	≥250	
排线间距/mm	0.5～10	
贴胶速度/(m/min)	≥20	
线绳张力/N	10～250	
线绳储存量/mm	≥1 000	
张力机导开电动机功率/kW	1	
张力机驱动电动机功率/kW	1	
液压系统压力/MPa	12	
气动压力/MPa	0.6	

ICS 71.120;83.200
G 95

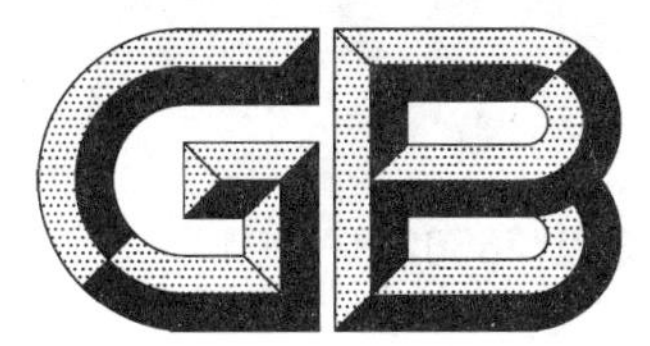

中华人民共和国国家标准

GB/T 26502.3—2011

多楔带磨削机

Poly-v belt grinding machine

2011-05-12 发布　　2011-10-01 实施

中华人民共和国国家质量监督检验检疫总局
中国国家标准化管理委员会　发布

前　言

GB/T 26502 的本部分的附录 A 和附录 B 为资料性附录。

本部分由中国石油和化学工业联合会提出。

本部分由全国橡胶塑料机械标准化技术委员会(SAC/TC 71)归口。

本部分起草单位:青岛信森机电技术有限公司、北京橡胶工业研究设计院。

本部分主要起草人:邹维涛、李志洋、何成、夏向秀。

多楔带磨削机

1 范围

GB/T 26502 的本部分规定了多楔带磨削机的术语和定义、型号及基本参数、要求、试验方法、检验规则、标志、包装、运输和贮存。

本部分适用于各种规格的橡胶多楔带磨削机(以下简称磨削机)。

2 规范性引用文件

下列文件中的条款通过 GB/T 26502 的本部分的引用而成为本部分的条款。凡是注日期的引用文件,其随后所有的修改单(不包括勘误的内容)或修订版均不适用于本部分,然而,鼓励根据本部分达成协议的各方研究是否可使用这些文件的最新版本。凡是不注日期的引用文件,其最新版本适用于本部分。

GB/T 191 包装储运图示标志(GB/T 191—2008,ISO 780:1997,MOD)

GB 2894 安全标志及其使用导则

GB 4208—2008 外壳防护等级(IP 代码)(IEC 60529:2001,IDT)

GB 5226.1—2008 机械电气安全 机械电气设备 第1部分:通用技术条件(IEC 60204-1:2005,IDT)

GB/T 6388 运输包装收发货标志

GB/T 7932 气动系统通用技术条件(GB/T 7932—2003,ISO 4414:1998,IDT)

GB/T 8196 机械安全 防护装置 固定式和活动式防护装置设计与制造一般要求(GB/T 8196—2003,ISO 14120:2002,MOD)

GB/T 12783 橡胶塑料机械产品型号编制方法

GB/T 13306 标牌

GB/T 13384 机电产品包装通用技术条件

HG/T 2108 橡胶机械噪声声压级的测定

HG/T 3120 橡胶塑料机械外观通用技术条件

HG/T 3223 橡胶机械术语

HG/T 3228 橡胶塑料机械涂漆通用技术条件

3 术语和定义

HG/T 3223 确立的以及下列术语和定义适用于本部分。

3.1

多楔带磨削机 poly-v belt grinding machine

采用磨轮进行一次性多楔磨削的多楔带生产设备。

3.2

转带轮 belt driving wheel

用于驱动多楔带转动的驱动轮。

3.3

进给装置 feeding device

用于驱动转带轮部分前后移动,完成磨削进给的装置。

4 型号及基本参数

4.1 型号

磨削机型号编制方法应符合 GB/T 12783 的规定。示例参见附录 A。

4.2 基本参数

磨削机基本参数参见附录 B 中表 B.1。

5 要求

5.1 基本要求

磨削机应符合本部分的规定,并按照经规定程序批准的图样和技术文件制造。

5.2 整机要求

5.2.1 磨削机运转应平稳,运动零部件动作应灵敏、协调、准确,无卡阻现象。

5.2.2 磨削机磨轮轴连续运转后,磨轮轴支撑座温升应小于 20 ℃。

5.2.3 磨削机气路系统、冷却系统管路应畅通,无阻塞、无泄漏。气动系统应符合 GB/T 7932 的规定。

5.3 功能要求

5.3.1 磨削机应具有自动分步磨削功能。

5.3.2 磨削机应具有带坯导向、纠偏功能。

5.3.3 磨削机的磨削参数、带坯参数应能通过人机界面设定和显示。

5.3.4 磨削机应具有带坯及磨轮冷却的功能。

5.3.5 磨削机的磨轮轴应具有轴向移动调整和锁紧功能。

5.3.6 磨削机的张紧部分应能张紧不同长度的带坯,并具有锁紧功能。

5.4 精度要求

5.4.1 磨轮轴径向圆跳动公差值应不大于 0.02 mm。

5.4.2 转带轮驱动轴径向圆跳动公差值应不大于 0.03 mm。

5.4.3 磨轮轴与转带轮驱动轴的平行度公差值应不大于 0.02 mm。

5.5 性能要求

5.5.1 磨削机磨削后的多楔带各楔的角度偏差应不大于 0.5°。

5.5.2 磨削深度偏差应不大于 0.1 mm。

5.5.3 磨削后的多楔带各楔距偏差应不大于 0.05 mm。

5.5.4 楔槽深度均匀性偏差应不大于 0.05 mm。

5.6 安全和环保要求

5.6.1 机械安全要求

5.6.1.1 磨削机的磨轮及暴露在外的运动部件应设防护装置,防护装置应符合 GB/T 8196 的规定。

5.6.1.2 磨削机上应有清晰醒目的禁止触摸、注意安全等安全警示标志,安全标志及其使用应符合 GB 2894 的规定。

5.6.1.3 按压急停时,磨轮应立即停止,进给装置应退回初始位置。

5.6.2 电气安全要求

5.6.2.1 磨削机动力电路导线和保护接地电路间的绝缘电阻应符合 GB 5226.1—2008 中 18.3 的规定。

5.6.2.2 磨削机动力电路导线和保护接地电路之间耐压应符合 GB 5226.1—2008 中 18.4 的规定。

5.6.2.3 磨削机的电气控制装置外壳防护等级应符合 GB 4208—2008 中规定的 IP5X 级。

5.6.2.4 磨削机的电气装置和主机的金属外壳应有接地设施,接地端应位于接线的位置,并标有保护接地符号或字母 PE。

5.6.3 环保要求

5.6.3.1 磨削机负荷连续运转时的噪声声压级应小于 75 dB(A)。

5.6.3.2 磨削机应设有冷却液防溅防护罩和橡胶粉末、冷却液收集系统。

5.7 涂漆和外观要求

5.7.1 磨削机涂漆应符合 HG/T 3228 的规定。

5.7.2 磨削机外观应符合 HG/T 3120 的规定。

6 试验方法

6.1 试验条件

6.1.1 试验环境温度应不低于 10 ℃。

6.1.2 试验用带坯的楔数应不大于磨削机最大磨削楔数，周长应在磨削机允许范围内，型号应与磨轮型号匹配，带坯厚度为标准厚度。

6.2 空负荷运转试验

6.2.1 空负荷运转试验应在装配检验合格后方可进行，空负荷运转试验时间应不少于 2 h。

6.2.2 手动操作各功能按钮，启动运行磨削机的各部分及自动磨削过程，观察设备各动作，检查磨削机功能，应符合 5.3 的功能要求。

6.2.3 用肥皂水涂抹在气动元件及管路的密封件的密封处，观察是否漏气，检测冷却系统各管路、密封件的密封处是否有漏水，结果应符合 5.2.3 的规定。

6.2.4 磨削机精度应进行下列检查：

a) 用精度 0.01 mm 的 0 mm～10 mm 百分表检测磨轮轴和转带轮驱动轴的径向圆跳动，结果应符合 5.4.1、5.4.2 的要求；

b) 用精度 0.01 mm 的千分尺检测磨轮轴和转带轮驱动轴的平行度，结果应符合 5.4.3 的要求。

6.2.5 检查磨削机运转情况，应符合 5.2.1 的要求。

6.2.6 机械安全要求应进行下列检查：

a) 检查设备安全防护装置、安全标志情况，应符合 5.6.1.1、5.6.1.2 的规定；

b) 在磨削过程中按急停按钮，检测磨轮和进给部分情况，应符合 5.6.1.3 的要求；

c) 检测设备冷却液防溅防护罩和橡胶粉末、冷却液收集情况，结果应符合 5.6.3.2 的要求。

6.3 负荷运转试验

6.3.1 运转试验时间

空负荷运转试验合格后，方可进行负荷运转试验，负荷运转试验时间应不少于 2 h。

6.3.2 温升检测

用精度 0.1 ℃的 0 ℃～100 ℃温度测试仪检测磨轮轴支撑座温度，结果应符合 5.2.2 的要求。

6.3.3 噪声检测

按照 HG/T 2108 检查磨削机运行噪声，应符合 5.6.3.1 的要求。

6.3.4 磨削性能检测

6.3.4.1 将磨削后的多楔带，在周向方向上均匀选取三处，沿外圆法线方向，切取三片厚度为 3 mm～5 mm 的切片，用投影仪检测各楔的角度、深度、楔距尺寸。

6.3.4.2 各楔的角度检测值均应符合 5.5.1 的要求。

6.3.4.3 楔槽深度的平均值作为磨削深度值，以磨削深度值与设定值差的绝对值作为磨削深度偏差，结果应符合 5.5.2 要求。

6.3.4.4 按式(1)分别计算各楔距偏差，结果均应符合 5.5.3 的要求。

$$\Delta P_{bi} = |\bar{P}_{bi} - P_{b0}| \qquad \cdots\cdots(1)$$

式中：

ΔP_{bi}——第 i 楔距的偏差，单位为毫米(mm)；

$\overline{P}_{bi}$——三片切片的第 i 楔距检测值的平均值，单位为毫米(mm)；

P_{b0}——楔距标准值，单位为毫米(mm)。

6.3.4.5 按式(2)计算楔槽深度均匀性偏差，结果应符合 5.5.4 的要求。

$$\Delta H = |\overline{H}_i - \overline{H}|_{max} \quad \cdots\cdots(2)$$

式中：

ΔH——槽深均匀性偏差，单位为毫米(mm)；

$\overline{H}_i$——第 i 楔槽的三次槽深检测值的平均值，单位为毫米(mm)；

$\overline{H}$——所有楔槽检测值的平均值，单位为毫米(mm)。

6.4 电气安全检测

6.4.1 检查磨削机电气控制系统，应符合 5.6.2.1、5.6.2.2 和 5.6.2.3 的规定。

6.4.2 检查磨削机接地设施，应符合 5.6.2.4 的规定。

7 检验规则

7.1 出厂检验

每台磨削机出厂前应按 5.7 和 6.2 空负荷运转试验项目进行检查，经制造厂质量检验部门检验合格并签发合格证后，方能出厂。

7.2 型式检验

7.2.1 型式检验的项目内容包括本部分中的各项要求。

7.2.2 有下列情况之一时，应进行型式检验：

a) 新产品或老产品转厂时的试制定型鉴定；

b) 正式生产后，如结构、材料、工艺等有较大改变，可能影响产品性能时；

c) 正常生产时，每三年最少抽试一台；

d) 产品停产两年后，恢复生产时；

e) 出厂检验结果与上次型式检验有较大差异时；

f) 国家质量监督机构提出型式检验要求时。

7.3 判定规则

经型式检验若有不合格项时，需进行复检，复检若仍有不合格项时，则判定为型式检验不合格。

8 标志、包装、运输、贮存

8.1 标志

磨削机应在适当的明显位置固定产品标牌，标牌的形式、尺寸和技术要求应符合 GB/T 13306 的规定。其内容包括：

a) 产品型号、名称；

b) 产品出厂编号；

c) 设备净重；

d) 产品的主要参数；

e) 制造单位名称或商标；

f) 制造日期；

g) 产品执行标准号。

8.2 出厂文件

磨削机发货时，应随机附带下列文件：

a） 产品合格证；

b） 产品使用说明书；

c） 装箱单。

8.3 包装

磨削机的包装应符合 GB/T 13384 的规定。

8.4 运输和贮存

8.4.1 磨削机包装箱储运图示标志应符合 GB/T 191 的规定；包装箱收发货标志应符合 GB/T 6388 的规定。

8.4.2 磨削机的运输应符合运输部门的有关规定。

8.4.3 磨削机应贮放在干燥通风处，避免受潮腐蚀，不能在有腐蚀性气（物）体环境中存放，露天存放应有防雨措施。

附　录　A
（资料性附录）
磨削机型号示例

磨削机型号示例如下：

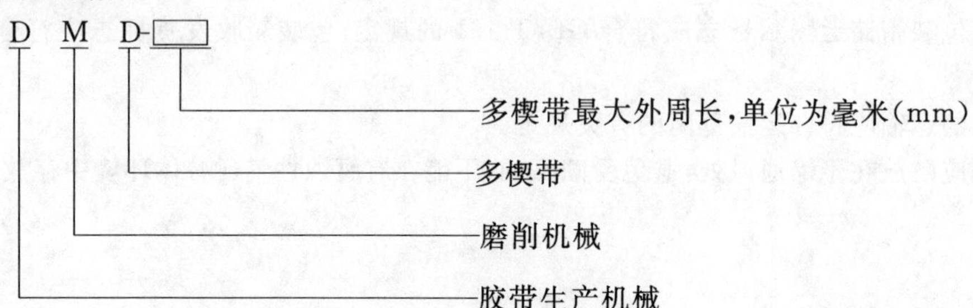

示例：DMD-2 500 表示最大磨削外周长为 2 500 mm 的多楔带磨削机。

附 录 B
（资料性附录）
磨削机的规格与基本参数

磨削机规格与基本参数见表 B.1。

表 B.1 磨削机规格与基本参数

项 目	参 数 值	
	DMD-700	DMD-2 500
多楔带周长范围/mm	200～700	600～2 500
研磨轮圆周速度/(m/s)	30～40	
磨轮电动机功率/kW	11/22	
转带电动机功率/kW	0.37	1.1
冷却水流量/(m^3/min)	≥0.33×10^{-3}	
转带速度/(m/s)	0.1～0.3	
磨削效率/(m^2/min)	≥0.1	
最大磨削宽度/mm	100	
气动压力/MPa	0.6	

ICS 71.120;83.200
G 95

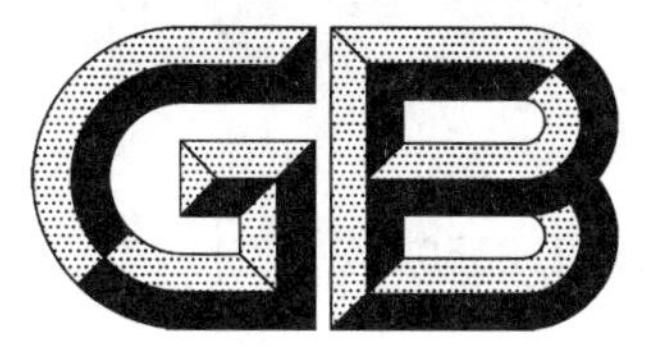

中华人民共和国国家标准

GB/T 26502.4—2011

同步带磨削机

Synchronous belt grinding machine

2011-05-12 发布　　2011-10-01 实施

中华人民共和国国家质量监督检验检疫总局
中国国家标准化管理委员会　发布

前　言

GB/T 26502 的本部分的附录 A 和附录 B 为资料性附录。

本部分由中国石油和化学工业联合会提出。

本部分由全国橡胶塑料机械标准化技术委员会(SAC/TC 71)归口。

本部分起草单位:青岛信森机电技术有限公司、北京橡胶工业研究设计院。

本部分主要起草人:李志洋、徐立记、何成、夏向秀。

同步带磨削机

1 范围

GB/T 26502 的本部分规定了同步带磨削机的术语和定义、型号及基本参数、要求、试验、检验规则、标志、包装、运输和贮存。

本部分适用于各种规格的橡胶同步带磨削机(以下简称磨削机)。

2 规范性引用文件

下列文件中的条款通过 GB/T 26502 的本部分的引用而成为本部分的条款。凡是注日期的引用文件,其随后所有的修改单(不包括勘误的内容)或修订版均不适用于本部分,然而,鼓励根据本部分达成协议的各方研究是否可使用这些文件的最新版本。凡是不注日期的引用文件,其最新版本适用于本部分。

GB/T 191 包装储运图示标志(GB/T 191—2008,ISO 780:1997,MOD)

GB 2894 安全标志及其使用导则

GB 4208—2008 外壳防护等级(IP 代码)(IEC 60529:2001,IDT)

GB 5226.1—2008 机械电气安全 机械电气设备 第1部分:通用技术条件(IEC 60204-1:2005,IDT)

GB/T 6388 运输包装收发货标志

GB/T 7932 气动系统通用技术条件(GB/T 7932—2003,ISO 4414:1998,IDT)

GB/T 8196 机械安全 防护装置 固定式和活动式防护装置设计与制造一般要求(GB/T 8196—2003,ISO 14120:2002,MOD)

GB/T 12783 橡胶塑料机械产品型号编制方法

GB/T 13306 标牌

GB/T 13384 机电产品包装通用技术条件

HG/T 2108 橡胶机械噪声声压级的测定

HG/T 3120 橡胶塑料机械外观通用技术条件

HG/T 3223 橡胶机械术语

HG/T 3228 橡胶塑料机械涂漆通用技术条件

3 术语和定义

HG/T 3223 确立的以及下列术语和定义适用于本部分。

3.1

同步带磨削机 synchronous belt grinding machine

用于硫化后的同步带带筒的磨背设备。

3.2

齿辊 tooth roller

带有同步带带轮齿型的辊轴,用于驱动同步带带筒转动。

3.3

双边定位系统 bilateral localizer

用于控制齿辊两端的摆动进给量的装置。利用两套伺服电机系统分别控制两套进给限位单元,对齿辊两端的进给量分别控制。

4 型号及基本参数

4.1 型号

磨削机型号编制方法应符合 GB/T 12783 的规定。示例参见附录 A。

4.2 基本参数

磨削机基本参数参见附录 B 中表 B.1。

5 要求

5.1 基本要求

磨削机应符合本部分的规定,并按照经规定程序批准的图样和技术文件制造。

5.2 整机要求

5.2.1 磨削机运转应平稳,运动零部件动作应灵敏、协调、准确,无卡阻现象。

5.2.2 磨削机气路系统、冷却系统管路应畅通,无阻塞、无泄漏。气动系统应符合 GB/T 7932 的规定。

5.3 功能要求

5.3.1 磨削机应具有磨削辊冷却、磨削辊轴向往复移动和同步带带筒自动磨削功能。

5.3.2 磨削机的磨削参数、带筒参数应能通过人机界面设定和显示。

5.3.3 磨削机的双边定位系统应具有左右进给补偿的设定和显示功能,磨削过程中左右进给量应实时显示。

5.3.4 磨削机应满足安装各种齿形的齿辊。

5.4 精度要求

5.4.1 磨削辊的外径处不平衡量应不大于 500 g·mm。

5.4.2 磨削辊径向圆跳动公差值应不大于 0.04 mm,齿辊支撑轴径向圆跳动公差值应不大于 0.05 mm。

5.4.3 磨削辊和齿辊的平行度公差值应不大于 0.05 mm。

5.5 性能要求

5.5.1 磨削后的带筒在轴向 1 m 长度上的厚度均匀性偏差应不大于 0.1 mm。

5.5.2 磨削后的带筒在圆周长度上的厚度均匀性偏差应不大于 0.05 mm。

5.5.3 磨削后的带筒厚度与设定值偏差应不大于 0.1 mm。

5.5.4 磨削后带筒表面应平整、无波浪形缺陷。

5.6 安全和环保要求

5.6.1 机械安全要求

5.6.1.1 磨削机的运动部件应设防护装置,防护装置应符合 GB/T 8196 的规定。

5.6.1.2 磨削机上应有清晰醒目的禁止触摸、注意安全等安全警示标志,安全标志及其使用应符合 GB 2894 的规定。

5.6.1.3 按急停按钮或断电状态,齿辊应立即退出工作位置。

5.6.2 电气安全要求

5.6.2.1 磨削机动力电路导线和保护接地电路间的绝缘电阻应符合 GB 5226.1—2008 中 18.3 的规定。

5.6.2.2 磨削机动力电路导线和保护接地电路之间耐压应符合 GB 5226.1—2008 中 18.4 的规定。

5.6.2.3 磨削机的电气控制装置外壳防护等级应符合 GB 4208—2008 中规定的 IP5X 级。

5.6.2.4 磨削机的电气装置和主机的金属外壳应有接地设施,接地端应位于接线的位置,并标有保护接地符号或字母 PE。

5.6.3 环保要求

5.6.3.1 磨削辊应设有吸尘罩。

5.6.3.2 磨削机负荷连续运转时的噪声声压级应小于 75 dB(A)。

5.7 涂漆和外观要求

5.7.1 磨削机涂漆应符合 HG/T 3228 的规定。

5.7.2 磨削机外观应符合 HG/T 3120 的规定。

6 试验方法

6.1 试验条件

6.1.1 试验环境温度应不低于 10 ℃。

6.1.2 试验用带筒的周长和宽度应在磨削机允许范围内,型号应与齿辊型号匹配,带筒厚度为标准厚度。

6.1.3 运转前进行磨削辊的动平衡检测,结果应符合 5.4.1 的要求。

6.2 空负荷运转试验

6.2.1 空负荷运转试验应在装配检验合格后方可进行,手动操作各功能按钮,启动运行磨削机。

6.2.2 观察设备各动作,检查磨削机功能,应符合 5.3 的功能要求。

6.2.3 用肥皂水涂抹在气动元件及管路的密封件的密封处,观察是否漏气,检测冷却系统各管路、密封件的密封处、旋转接头是否有漏水,结果应符合 5.2.2 的规定。

6.2.4 用精度 0.01 mm 的 0 mm~10 mm 百分表检测磨削辊和齿辊支撑轴的径向圆跳动,结果应符合 5.4.2 的要求。

6.2.5 用塞尺检测磨削辊和齿辊的平行度公差,结果应符合 5.4.3 的要求。

6.2.6 检查磨削机运转情况,应符合 5.2.1 的规定。

6.2.7 机械安全要求应进行下列检查:

a) 检查设备安全防护装置、安全标志情况,应符合 5.6.1.1、5.6.1.2 的规定;

b) 在磨削过程中按急停按钮,检测磨削辊和齿辊情况,应符合 5.6.1.3 的要求。

6.2.8 检查磨削辊的吸尘罩,应符合 5.6.3.1 的规定。

6.3 负荷运转试验

6.3.1 运转试验时间

空负荷运转试验合格后,方可进行负荷运转试验,负荷运转试验时间不得少于 2 h。

6.3.2 噪声检测

按照 HG/T 2108 检查磨削机运行噪声,应符合 5.6.3.2 的要求。

6.3.3 性能要求检测

6.3.3.1 用刀片将带筒要检测的位置割出一个缺口用于厚度测量,每端沿圆周方向,均匀选取三处位置。

6.3.3.2 用精度 0.01 mm 的 0 mm~25 mm 的千分尺,在带筒开口处检测同一个齿两端的厚度,共检测三组齿的厚度值。

6.3.3.3 用精度 1 mm 的 1 m 钢板尺检测带筒轴向长度值。

6.3.3.4 按式(1)分别计算同一齿两端的轴向厚度均匀性偏差,结果应符合 5.5.1 的要求。按式(2)分别计算左右两端的周向厚度均匀性偏差,两次结果均应符合 5.5.2 的要求。按式(3)计算厚度误差,结果应符合 5.5.3 的要求。

$$\delta_L = \frac{|H_{左i} - H_{右i}|_{\max}}{L} \times C \qquad \cdots\cdots(1)$$

式中：

δ_L——厚度均匀性偏差，单位为毫米(mm)；

$H_{左i}$，$H_{右i}$——同一齿的左右端厚度检测值，单位为毫米(mm)；

L——同步带带筒宽度，单位为毫米(mm)；

C——带筒的轴向单位长度，值为1 000，单位为毫米(mm)。

$$\delta_s = H_{max} - H_{min} \tag{2}$$

式中：

δ_s——同一端的周向厚度均匀性偏差，单位为毫米(mm)；

H_{max}——同一端厚度检测值的最大值，单位为毫米(mm)；

H_{min}——同一端厚度检测值的最小值，单位为毫米(mm)。

$$\Delta H = | H_0 - \overline{H} | \tag{3}$$

式中：

ΔH——带筒厚度误差，单位为毫米(mm)；

H_0——带筒厚度设定值，单位为毫米(mm)；

$\overline{H}$——带筒厚度检测值的平均值，单位为毫米(mm)。

6.3.3.5 检测带筒表面，应符合5.5.4的要求。

6.4 电气安全检测

6.4.1 检查磨削机电气控制系统，应符合5.6.2.1、5.6.2.2和5.6.2.3的规定。

6.4.2 检查磨削机接地设施，应符合5.6.2.4的规定。

7 检验规则

7.1 出厂检验

每台磨削机出厂前应按5.7和6.2空负荷运转试验项目进行检查，经制造厂质量检验部门检验合格并签发合格证后，方能出厂。

7.2 型式检验

7.2.1 型式检验的项目内容包括本部分中的各项要求。

7.2.2 有下列情况之一时，应进行型式检验：

a) 新产品或老产品转厂时的试制定型鉴定；

b) 正式生产后，如结构、材料、工艺等有较大改变，可能影响产品性能时；

c) 正常生产时，每三年最少抽试一台；

d) 产品停产两年后，恢复生产时；

e) 出厂检验结果与上次型式检验有较大差异时；

f) 国家质量监督机构提出型式检验要求时。

7.3 判定规则

经型式检验若有不合格项时，需进行复检，复检若仍有不合格项时，则判定为型式检验不合格。

8 标志、包装、运输、贮存

8.1 标志

磨削机应在适当的明显位置固定产品标牌，标牌的形式、尺寸和技术要求应符合GB/T 13306的规定。其内容包括：

a) 产品型号、名称；

b) 产品出厂编号；

c) 设备净重；

d) 产品的主要参数；

e) 制造单位名称或商标；

f) 制造日期；

g) 产品执行标准号。

8.2 出厂文件

磨削机发货时，应随机附带下列文件：

a) 产品合格证；

b) 产品使用说明书；

c) 装箱单。

8.3 包装

磨削机的包装应符合 GB/T 13384 的规定。

8.4 运输和贮存

8.4.1 磨削机包装箱储运图示标志应符合 GB/T 191 的规定；包装箱收发货标志应符合 GB/T 6388 的规定。

8.4.2 磨削机的运输应符合运输部门的有关规定。

8.4.3 磨削机应贮放在干燥通风处，避免受潮腐蚀，不能在有腐蚀性气(物)体环境中存放，露天存放应有防雨措施。

附　录　A
（资料性附录）
磨削机型号示例

磨削机型号示例如下：

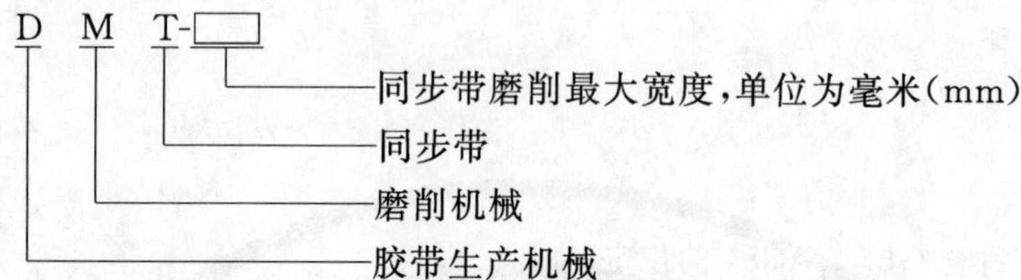

示例：DMT-1000 表示最大磨削宽度为 1 000 mm 的同步带磨削机。

附　录　B
（资料性附录）
磨削机的规格与基本参数

磨削机的规格与基本参数见表B.1。

表B.1　磨削机规格与基本参数

项　　目	参　数　值	
	DMT-500	DMT-1000
磨削同步带磨削宽度/mm	≤500	≤1 000
磨削辊有效工作长度/mm	≤600	≤1 100
齿辊有效工作长度/mm	≤600	≤1 100
磨削带筒周长范围/mm	≥400	
磨削辊转速/(r/min)	1 470	
齿辊转速/(r/min)	28	24
磨削电动机功率/kW	15	30
齿辊驱动电动机功率/kW	0.55	0.75
轴向串动量/mm	4	
轴向串动电动机功率/kW	0.75	
进给定位电动机功率/kW	1	
磨削效率/(mm/min)	≥350	
气动压力/MPa	0.6	

ICS 71.120;83.120
G 95

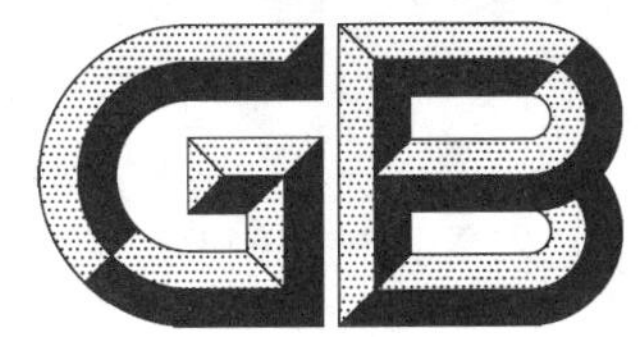

中华人民共和国国家标准

GB/T 26963.1—2011

废旧轮胎常温机械法制取橡胶粉生产线 第1部分:通用技术条件

Crumb ambient-machine-oriented waste tyre recycling line—Part 1: General requirements

2011-09-29 发布 2012-01-01 实施

中华人民共和国国家质量监督检验检疫总局
中国国家标准化管理委员会 发布

前　言

GB/T 26963《废旧轮胎常温机械法制取橡胶粉生产线》分为两个部分：

——第1部分：通用技术条件；

——第2部分：检测方法。

本部分为GB/T 26963的第1部分。

本部分按照GB/T 1.1—2009给出的规则起草。

本部分由中国石油和化学工业联合会提出。

本部分由全国橡胶塑料机械标准化技术委员会(SAC/TC 71)归口。

本部分负责起草单位：四川乐山亚联机械有限责任公司。

本部分参加起草单位：北京橡胶工业研究设计院、软控股份有限公司、广东省东莞市质量技术监督标准与编码所、东莞市运通环保科技有限公司。

本部分主要起草人：张树清、兰永康、何成、杭柏林、蓝宁、李毅、邓裕潮。

废旧轮胎常温机械法制取橡胶粉生产线 第1部分:通用技术条件

1 范围

GB/T 26963的本部分规定了废旧轮胎常温机械法制取橡胶粉生产线的术语和定义、生产线的组成、型号与基本参数、要求、检测、检验规则、标志、包装、运输和贮存。

本部分适用于在常温条件下采用机械法处理废旧轮胎制取橡胶粉的生产线(以下简称生产线)。

2 规范性引用文件

下列文件对于本文件的应用是必不可少的。凡是注日期的引用文件,仅注日期的版本适用于本文件。凡是不注日期的引用文件,其最新版本(包括所有的修改单)适用于本文件。

GB/T 191　包装储运图示标志(GB/T 191—2008,ISO 780:1997,MOD)

GB 5226.1—2008　机械电气安全　机械电气设备　第1部分:通用技术条件(IEC 60204-1:2005,IDT)

GB/T 6326　轮胎术语及其定义

GB/T 9969　工业产品使用说明书　总则

GB/T 13306　标牌

GB/T 13384　机电产品包装通用技术条件

GB/T 13577　开放式炼胶机炼塑机

GB/T 19208—2008　硫化橡胶粉

GB/T 26963.2　废旧轮胎常温机械法制取橡胶粉生产线　第2部分:检测方法

HG/T 3120　橡胶塑料机械外观通用技术条件

HG/T 3223　橡胶机械术语

HG/T 3228　橡胶塑料机械涂漆通用技术条件

3 术语和定义

GB/T 6326和HG/T 3223界定的以及下列术语和定义适用于本文件。

3.1

废旧轮胎常温机械法制取橡胶粉生产线　crumb ambient-machine-oriented waste tyre recycling line

在常温下采用机械法处理废旧轮胎制取橡胶粉的联动机械。完成胎圈处理、破碎、粗碎分离、中碎分离、细碎、磁选、筛选、纤维分离、输送、称量包装等工艺过程。

3.2

胎圈分离机械　bead separator

将废旧轮胎胎圈中的钢丝圈从轮胎中分离的设备。

3.3

破碎机　tyre shredder

对轮胎整胎或大块胶块进行破碎的设备。

3.4

粗碎分离机 separator

将破碎后的胶块粉碎并把骨架材料和橡胶分离的设备。

3.5

中碎分离机 grinding machine

将胶料制成粒径分布在 2 000 μm(10 目)～425 μm(40 目)之间的橡胶粉,并进一步将残留的骨架材料和橡胶分离的设备。

3.6

细碎机 refining machine

将橡胶粉制成粒径小于 425 μm(不小于 40 目)橡胶粉的设备。

4 生产线的组成、型号与基本参数

4.1 生产线的组成

生产线主要由胎圈分离机械、破碎机、粗碎分离机、中碎分离机、细碎机、磁选装置、筛选装置、纤维分离装置、输送装置、称量包装装置和料仓等组成。

4.2 型号

4.2.1 生产线型号的构成及其内容参见附录 A。

4.2.2 主要设备型号编制方法参见附录 B。

4.3 基本参数

4.3.1 主要设备的基本参数参见表 C.1～表 C.10。

4.3.2 磁选装置的基本参数参见表 C.11。

4.3.3 筛选装置的基本参数参见表 C.12。

4.3.4 纤维分离装置的基本参数参见表 C.12 和表 C.13。

4.3.5 输送装置的基本参数参见表 C.14。

4.3.6 称量包装装置的基本参数参见表 C.15。

4.3.7 料仓的基本参数参见表 C.16。

5 要求

5.1 基本要求

5.1.1 生产线应符合本部分的要求,并按照经过规定程序批准的图样和技术文件制造。

5.1.2 生产线生产的胶粉目数及废旧轮胎年处理量应不低于生产线的标称值。

5.1.3 管道和阀门接头应连接可靠,无泄漏,各管路系统干净、畅通。

5.1.4 生产线设备正常运行时应平稳,不应有异常振动,无干涉、卡阻及异常噪声。

5.2 功能要求

5.2.1 生产线应具有手动或自动控制模式。

5.2.2 生产线应具有控制和显示各主机运行状态的功能。

5.2.3 自动控制模式下生产线应具有:

a) 手动控制模式与自动控制模式无扰动切换、各部分联锁运行、故障实时报警和自诊断的功能；
b) 统计物料消耗和月、日、班报表的功能；
c) 预留信息化网络接口；
d) 人机对话界面的功能；
e) 动态监控各部分运行状况的功能。

5.3 技术要求

5.3.1 胎圈分离机液压系统应做 2.5 MPa 的油压试验，各处不得有泄漏。
5.3.2 拉丝机拉丝油缸工作压力不大于 16 MPa，压丝油缸工作压力不大于 8 MPa，液压系统的油温不大于 60 ℃。
5.3.3 轮胎破碎机刀盘工作表面硬度不应低于 HRC52。
5.3.4 锥磨粗碎机和锥磨中碎机锥磨应做 0.5 MPa 水压试验，不应有泄漏。
5.3.5 辊筒粗碎机和辊筒中碎机的技术要求应符合 GB/T 13577 的规定。
5.3.6 滚切粗碎机刀盘工作表面硬度不应低于 HRC55。
5.3.7 细碎机动磨端面跳动应不大于 0.1 mm。
5.3.8 成品胶粉目数应符合 GB/T 19208—2008 表 2 中的规定。
5.3.9 成品胶粉中铁含量应符合 GB/T 19208—2008 表 3 中的规定。
5.3.10 成品胶粉中纤维含量应符合 GB/T 19208—2008 表 3 中的规定。
5.3.11 负荷运转时，生产线各部位轴承体温升不大于 60 ℃。

5.4 安全环保要求

5.4.1 安全危害和防护要求应符合表 1 的规定。

表 1 安全危害和防护要求

设备部位	安全危害	防护要求
外露运动部件	被运动部件挤夹/剪切/撞伤	a) 设置固定或活动防护装置。 b) 不能设置防护装置的应在明显位置设置警示标识并应在说明书中给出
破碎室	a) 机械部件或物料从破碎室内弹射出来。 b) 在破碎室内被挤夹/剪切	应安装防护结构，防止机械部件或物料弹出，防止操作人员接近破碎室
料仓	a) 落入料仓，摔伤/被料仓转动部件挤夹/剪切。 b) 物料堆积引发火灾	a) 应安装防护结构，防止操作人员落入料仓。 b) 操作中防止物料堆积，设置警示标识并应在说明书中给出
气力输送系统风管进风口	被吸入风管	风管进风口加防护结构
外露高温部件	烫伤	a) 设置固定或活动防护装置。 b) 不能设置防护装置的应在明显位置设置警示标识并应在说明书中给出
粉尘	吸入体内	安装除尘装置，操作人员配带防尘护具
噪声	听力受损，语言交谈被干扰及声响信号被掩盖而引发事故	加隔音外箱/外罩，操作人员配带降噪护具

5.4.2 生产线的动力电路导线和保护接地电路间的绝缘电阻应符合 GB 5226.1—2008 中 18.3 的规定。

5.4.3 生产线的电气设备的所有电路导线和保护接地电路之间的耐压应符合 GB 5226.1—2008 中 18.4 的规定。

5.4.4 生产线的电气控制系统应具有过载保护和紧急停机装置。

5.4.5 生产线空负荷运转时噪声声压级应不大于 85 dB(A)。

5.4.6 生产线应设置粉尘和烟气的吸收净化排放装置或能与吸收净化排放装置联接的接口。

5.5 涂漆和外观要求

5.5.1 涂漆质量应符合 HG/T 3228 的规定。

5.5.2 外观质量应符合 HG/T 3120 的规定。

6 检测

6.1 空负荷运转

6.1.1 空负荷运转前，应对 5.2.1、5.4.1、5.4.2、5.4.3、5.4.6 进行检测；全自动控制方式的生产线应对 5.2.3c)、5.2.3d)进行检测。

6.1.2 空负荷运转时，应对 5.1.3、5.1.4、5.2.2、5.4.4 进行检测；全自动控制方式的生产线应对 5.2.3a)、5.2.3e)进行检测。

6.2 负荷运转

6.2.1 在空负荷运转检测合格后，方能进行负荷运转检测。

6.2.2 负荷运转试验期间，设备应连续累计负荷运转 72 h 无故障，若中间出现故障，故障排除时间应不超过 2 h，否则应重新进行试验。

6.2.3 负荷运转应对 5.1.2、5.3.8、5.3.9、5.3.10、5.3.11、5.4.5 进行检测；全自动控制方式的生产线应对 5.2.3b)进行检测。

6.3 检测方法

生产线的检测方法按 GB/T 26963.2 进行。

7 检验规则

7.1 出厂检验

7.1.1 组成生产线的设备出厂前按照 5.1.1、5.3.1～5.3.7、5.5 进行检验，应经制造单位质量检验部门检验合格，并签发产品合格证后方可出厂。

7.1.2 生产线的检验，可在用户场地进行。

7.2 型式检验

7.2.1 有下列情况之一时，应进行型式检验：

a) 新产品或老产品转厂时；

b) 正式生产后，如结构、材料、工艺有较大变化，可能影响产品性能时；

c) 产品停产两年以上，恢复生产时；

d) 出厂检验结果与上次型式检验结果有较大差异时；

e) 正常生产时，每三年至少抽检一条生产线；

f) 国家质量监督机构提出进行型式检验要求时。

7.2.2 型式检验应按本部分中的各项规定进行检验。

7.2.3 型式检验项目全部符合本部分规定，则判为合格。若有不合格项时，应进行整改，并重新对不合格项进行检验，若仍不合格，则判定为不合格。

8 标志、包装、运输和贮存

8.1 生产线全部设备应在明显位置固定标牌，标牌应符合 GB/T 13306 的规定。标牌的内容如下：

a) 产品名称；

b) 产品型号；

c) 产品编号；

d) 执行标准号；

e) 主要参数；

f) 外型尺寸；

g) 重量；

h) 制造日期；

i) 制造单位名称和商标。

8.2 设备发货时，应随机附带下列文件：

a) 产品合格证；

b) 产品使用说明书(应符合 GB/T 9969 的规定)；

c) 装箱单。

8.3 设备的包装应符合 GB/T 13384 的规定。

8.4 设备的运输应符合运输部门的有关规定。

8.5 设备安装前应贮存在防雨、干燥、通风良好的场所，并且妥善保管好。

8.6 生产线贮运标志应符合 GB/T 191 的规定。

附 录 A
（资料性附录）
生产线型号的构成及其内容

A.1 生产线型号的构成及其内容

A.1.1 生产线型号由生产线代号、规格参数、设计代号三部分组成。

A.1.2 生产线型号格式：

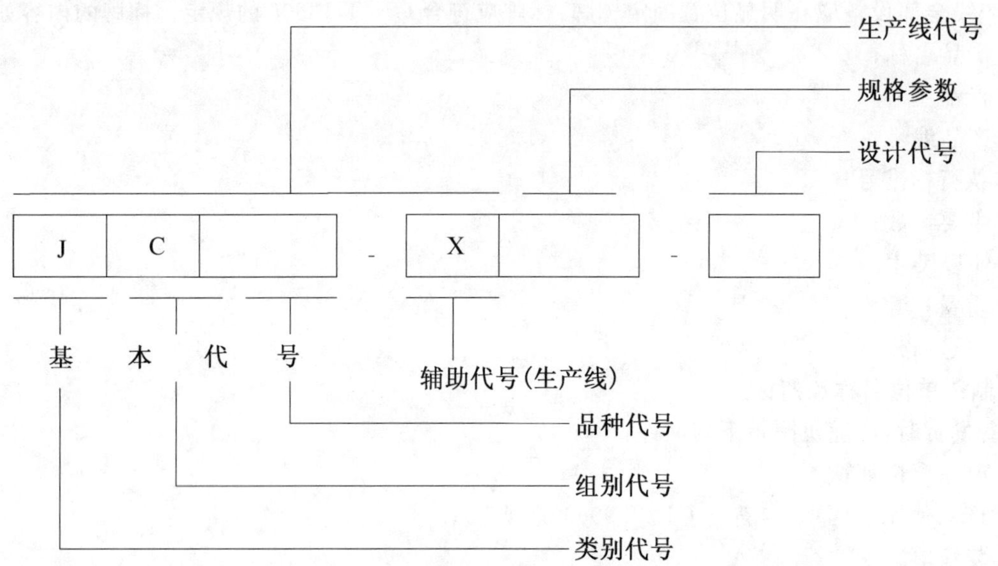

A.1.3 生产线代号由基本代号和辅助代号组成，均用汉语拼音字母表示，基本代号与辅助代号之间用短横线“-”隔开。

A.1.4 基本代号由类别代号、组别代号、品种代号组成，均用大写汉语拼音字母表示。其定义为：类别代号“J”表示胶粉机械（胶）；组别代号“C”表示常温（常）；品种代号无。

A.1.5 辅助代号定义：X 表示生产线（线）。

A.1.6 规格参数用胶粉目数×废旧轮胎年处理量表示。

注：废旧轮胎年处理量单位为吨(t)，每年按 7 200 h 计算。

A.1.7 设计代号在必要时使用，可以用于表示制造单位的代号或产品设计的顺序代号，也可以是两者的组合代号。使用设计代号时，在规格参数与设计代号之间加短横线“-”隔开。当设计代号仅以一个字母表示时允许在规格参数与设计代号之间不加短横线。设计代号在使用字母时，一般不使用 I 和 O，以免与数字混淆。

A.2 型号示例

年处理废旧轮胎 10 000 t，制取 40 目胶粉的生产线型号：

JC-X40×10000

附　录　B
（资料性附录）
主要设备型号编制方法

B.1　主要设备型号格式

B.1.1　主要设备型号由产品代号、规格参数、设计代号三部分组成。

B.1.2　主要设备型号格式：

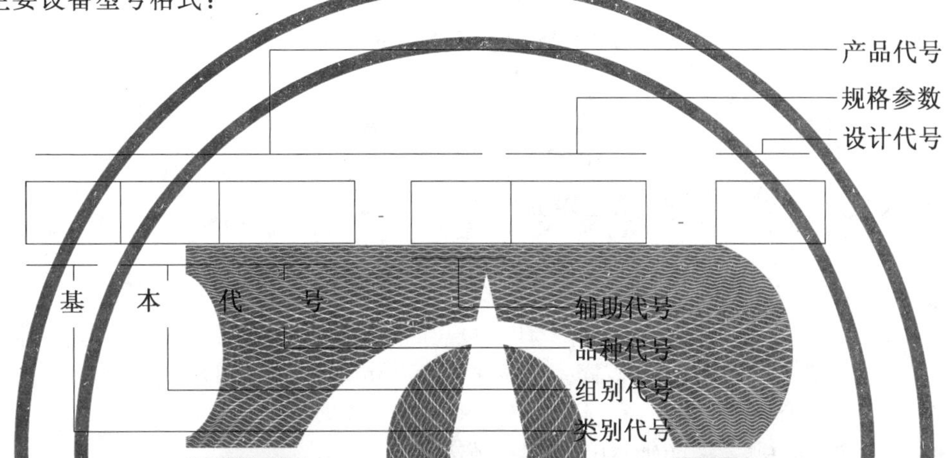

B.1.3　产品代号由基本代号和辅助代号组成，均用汉语拼音字母表示，基本代号与辅助代号之间用短横线“-”隔开。

B.1.3.1　基本代号由类别代号、组别代号、品种代号三个小节顺序组成，基本品种不标注品种代号。

B.1.3.2　辅助代号在必要时用于表示结构形式，当无辅助代号时，可空缺。

B.1.3.3　主要设备的产品代号按表 B.1 的规定。

表 B.1　胶粉机械主要设备型号

类别	组别	品种		产品代号		规格参数
		产品名称	代号	基本代号	辅助代号	
胶粉机械 J（胶）	粗碎分离机 F(分)	锥磨粗碎机	M(磨)	JFM		动磨最大直径(mm)
		辊筒粗碎机	G(辊)	JFG		辊筒工作面最大直径(mm)
		滚切粗碎机	Q(切)	JFQ		刀具最大回转直径(mm)×破碎室长度(mm)
	中碎分离机 Z(中)	锥磨中碎机	M(磨)	JZM		动磨最大直径(mm)
		辊筒中碎机	G(辊)	JZG		辊筒工作面最大直径(mm)
		滚切中碎机	Q(切)	JZQ		刀具最大回转直径(mm)×破碎室长度(mm)
	细碎机 X(细)	细碎机		JX		磨盘直径(mm)
	胎圈分离机械 Q(圈)	胎圈分离机	F(分)	JQF		后搓轮直径(mm)
		拉丝机	L(拉)	JQL		可处理废旧轮胎的最大外直径(mm)
	破碎机 P(破)	轮胎破碎机	L(轮)	JPL		刀片最大直径(mm)×刀片厚度(mm)×破碎室长度(mm)

B.1.4 规格参数的表示方法及计量单位按表 B.1 规定。

B.1.5 设计代号在必要时使用，可以用于表示制造单位的代号或产品设计的顺序代号，也可以是两者的组合代号。使用设计代号时，在规格参数与设计代号之间加短横线“-”隔开。当设计代号仅以一个字母表示时允许在规格参数与设计代号之间不加短横线。设计代号在使用字母时，一般不使用 I 和 O，以免与数字混淆。

B.2 胶粉机械主要设备型号示例

B.2.1 后搓轮直径为 240 mm 的胎圈分离机的型号：

JQF-240

B.2.2 可处理废旧轮胎的最大外直径为 1 000 mm 的废旧轮胎的拉丝机的型号：

JQL-1000

B.2.3 刀片最大直径为 530 mm，刀片厚度为 50 mm，破碎室长度为 1 200 mm 的轮胎破碎机的型号：

JPL-530×50×1200

B.2.4 动磨最大直径为 500 mm 的锥磨粗碎机的型号：

JFM-500

B.2.5 辊筒工作面最大直径为 560 mm 的辊筒粗碎机的型号：

JFG-560

B.2.6 刀具最大回转直径为 550 mm，破碎室长度为 1 200 mm 的滚切粗碎机的型号：

JFQ-550×1200

B.2.7 动磨最大直径为 450 mm 的锥磨中碎机的型号：

JZM-450

B.2.8 辊筒工作面最大直径为 560 mm 的辊筒中碎机的型号：

JZG-560

B.2.9 刀具最大回转直径为 500 mm，破碎室长度为 1 200 mm 的滚切中碎机的型号：

JZQ-500×1200

B.2.10 磨盘直径为 200 mm 的细碎机的型号：

JX-200

附 录 C
(资料性附录)
主要设备和装置的基本参数

C.1 主要设备的基本参数

见表C.1～表C.10。

表C.1 JQF-240胎圈分离机基本参数

项 目	基本参数
前搓轮直径(沟辊)/mm	160
后搓轮直径(沟辊)/mm	240
主电动机功率/kW	11
生产能力/(条/h)	≥10

表C.2 拉丝机基本参数

项 目	基本参数		
型号	JQL-800	JQL-1000	JQL-1200
可处理废旧轮胎最大外直径/mm	800	1 000	1 200
液压系统压力/MPa	16	16	20
主电动机功率/kW	11	11	11
生产能力/(条/h)	≥30	≥30	≥20

表C.3 轮胎破碎机基本参数

<table>
<tr><td>项目</td><td colspan="7">基本参数</td></tr>
<tr><td>型号</td><td>JPL-640×50×1 200</td><td colspan="2">JPL-530×50×1 200</td><td>JPL-420×50×800</td><td>JPL-425×28×800</td><td>JPL-550×50×1 100</td><td>JPL-510×50×800</td></tr>
<tr><td>刀片最大直径/mm</td><td>640</td><td colspan="2">530</td><td>420</td><td>425</td><td>550</td><td>510</td></tr>
<tr><td>刀片厚度/mm</td><td>50</td><td colspan="2">50</td><td>50</td><td>28</td><td>50</td><td>50</td></tr>
<tr><td>破碎室长度/mm</td><td>1 200</td><td colspan="2">1 200</td><td>800</td><td>800</td><td>1 100</td><td>800</td></tr>
<tr><td>刀片数量/片</td><td>22</td><td colspan="2">22</td><td>14</td><td>28</td><td>22</td><td>14</td></tr>
<tr><td>主电动机功率/kW</td><td>110</td><td>90</td><td>110</td><td>90</td><td>90</td><td>75</td><td>44</td></tr>
<tr><td>生产能力/(kg/h)</td><td>≥2 000</td><td>≥1 500</td><td>≥2 000</td><td>≥1 500</td><td>≥1 500</td><td>≥1 500</td><td>≥1 200</td></tr>
</table>

表 C.4 JFM-500 锥磨粗碎机基本参数

项 目	基本参数
动磨最大直径/mm	500
主电动机功率/kW	55
进料粒径/mm	≤30
出料	细钢丝、≤10 mm(≥2 目)的胶粒(粉)
生产能力/(kg/h)	≥400

表 C.5 JFG-560 辊筒粗碎机基本参数

项 目	基本参数	
后辊筒工作直径/mm	560	
主电动机功率/kW	90	110
进料尺寸/mm	50×50 胶块或 50 宽胶条	
出料	骨架材料、7 100 μm(3 目)～850 μm(20 目)的胶粉(用于粉碎工序时) 约 50 mm×50 mm 胶料(用于预处理工序时)	
过胶量/(kg/h)	2 000	

表 C.6 JFQ-550×1200 滚切粗碎机基本参数

项 目	基本参数
动刀回转直径/mm	550
破碎室工作长度/mm	1 200
主电动机功率/kW	75
进料粒径/mm	≤50
出料	细钢丝、尼龙(或纤维)、≤18 mm 的胶粒(粉)
生产能力/(kg/h)	≥1 200

表 C.7 JZM-450 锥磨中碎机基本参数

项 目	基本参数
动磨最大直径/mm	450
主电动机功率/kW	37
进料粒径	≤10 mm(≥2 目)
出料粒径	2 000 μm(10 目)～425 μm(40 目)
生产能力/(kg/h)	≥150

表 C.8 辊筒中碎机基本参数

项　　目	基 本 参 数		
型号	JZG-560		JZG-450
后辊筒工作直径/mm	560		450
主电动机功率/kW	75	90	55
进料尺寸/mm	40×40 胶块或 40 宽胶条		30×30 胶块或 30 宽胶条
出料	骨架材料、2 000 μm(10 目)～500 μm(32 目)的胶粉		骨架材料、2 000 μm(10 目)～500 μm(32 目)的胶粉
胶粉生产能力/(kg/h)	300～450		200～300

表 C.9 JZQ-500×1200 滚切中碎机基本参数

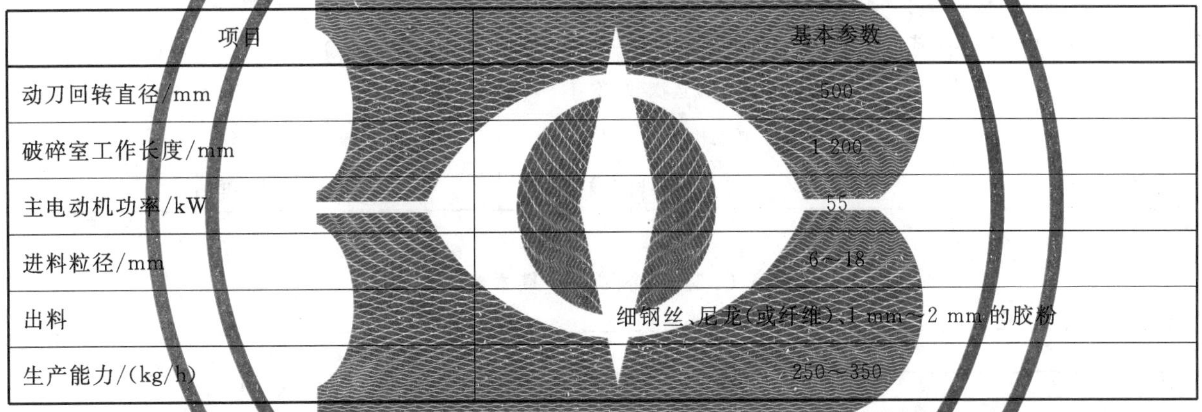

项目	基本参数
动刀回转直径/mm	500
破碎室工作长度/mm	1 200
主电动机功率/kW	55
进料粒径/mm	6～18
出料	细钢丝、尼龙(或纤维)、1 mm～2 mm 的胶粉
生产能力/(kg/h)	250～350

表 C.10 细碎机基本参数

项　　目	基 本 参 数	
型号	JX-200	JX-270
磨盘直径/mm	200	270
主电动机功率/kW	11	15
进料粒径	2 000 μm(10 目)～425 μm(40 目)	
出料粒径	≤425 μm(≥40 目)	
生产能力/(kg/h)	≥50	≥65

C.2 主要装置的基本参数

见表 C.11～表 C.16。

表 C.11 磁选装置基本参数

<table>
<tr><th colspan="2">项　目</th><th colspan="3">基本参数</th></tr>
<tr><td rowspan="8">皮带式磁选机及组合</td><td>皮带宽度/mm</td><td>400</td><td>500</td><td>650</td></tr>
<tr><td>分选区长度/mm</td><td>≥300</td><td colspan="2">≥550</td></tr>
<tr><td>永磁体磁感应强度/mT</td><td colspan="3">≥350</td></tr>
<tr><td>工作间隙/mm</td><td colspan="3">3～12</td></tr>
<tr><td>皮带线速度/(m/s)</td><td colspan="3">0.4～1</td></tr>
<tr><td>组合磁选次数/次</td><td colspan="3">1～6</td></tr>
<tr><td>电动机功率/kW</td><td colspan="3">1.5～4.5</td></tr>
<tr><td>输送能力/(kg/h)</td><td colspan="3">≥1 500</td></tr>
<tr><td rowspan="7">永磁筒式磁选机及组合</td><td>磁辊直径/mm</td><td colspan="3">300</td></tr>
<tr><td>分选区长度/mm</td><td colspan="3">≥400</td></tr>
<tr><td>永磁体磁感应强度/mT</td><td colspan="3">≥350</td></tr>
<tr><td>磁辊线速度/(m/s)</td><td colspan="3">0.4～1</td></tr>
<tr><td>组合磁选次数/次</td><td colspan="3">1～3</td></tr>
<tr><td>电动机功率/kW</td><td colspan="3">0.75</td></tr>
<tr><td>输送能力/(kg/h)</td><td colspan="3">≥1 500</td></tr>
</table>

表 C.12 筛选装置基本参数

<table>
<tr><th colspan="2">项　目</th><th colspan="2">基 本 参 数</th></tr>
<tr><td rowspan="4">滚轮筛选机</td><td>分选区宽度/mm</td><td>600</td><td>1 000</td></tr>
<tr><td>分选区长度/mm</td><td>3 000、4 000</td><td>3 000、4 000</td></tr>
<tr><td>电动机总功率/kW</td><td colspan="2">11</td></tr>
<tr><td>滚轮线速度/(m/s)</td><td colspan="2">0.4～1</td></tr>
<tr><td rowspan="5">旋转筛
(可分离纤维)</td><td>筛体直径/mm</td><td>850</td><td>1 050</td></tr>
<tr><td>分选区长度/mm</td><td>3 000、4 000</td><td>3 000、4 000</td></tr>
<tr><td>筛分层数/层</td><td colspan="2">1～3</td></tr>
<tr><td>旋转速度/(r/min)</td><td colspan="2">15</td></tr>
<tr><td>电动机功率/kW</td><td colspan="2">1.5～4</td></tr>
<tr><td rowspan="6">振动筛
(可分离纤维)</td><td>分选区宽度/mm</td><td colspan="2">600、800</td></tr>
<tr><td>分选区长度/mm</td><td colspan="2">2 000、3 000、4 000</td></tr>
<tr><td>运动轨迹</td><td colspan="2">直线或近似直线的椭圆</td></tr>
<tr><td>激振电机 振动次数/(次/min)</td><td colspan="2">720～1 450</td></tr>
<tr><td>筛分层数/层</td><td colspan="2">1</td></tr>
<tr><td>电动机总功率/kW</td><td colspan="2">0.74～3</td></tr>
</table>

表 C.12（续）

项　　目		基本参数	
胶粉筛（可分离纤维）	分选区宽度/mm	600、800、1 000	
	分选区长度/mm	3 000～8 000	
	运动轨迹	圆形或近似圆形	
	偏心振动装置振幅/mm	50～100	
	振频/(次/min)	180～260	
	电动机功率/kW	4～7.5	
卧式气流筛	筛网直径/mm	180	300
	筛网长度/mm	650	1 000
	风轮转速/(r/min)	810～1 000	
	筛分层数/层	1	
	输送气压/MPa	0.2	
	电动机功率/kW	2.2～4	

表 C.13　纤维分离机基本参数

项　　目	基本参数
风叶直径/mm	1 000
主电动机功率/kW	0.75～5.5
主轴转速/(r/min)	67～810
调速方式	变频调速
生产能力/(kg/h)	≥400

表 C.14　输送装置基本参数

项　　目		基本参数
皮带输送机	适用皮带宽度/mm	400、500、650、800、1 000、1 200
	机长/m	0.5～12
	托辊型式	平型、槽型
	皮带线速度/(m/s)	0.4～1
	电动机功率/kW	0.55～5.5
螺旋输送机	类型	水平型、垂直型、倾斜型(移动式)
	螺旋直径/mm	100、125、160、200、250、315、400
	螺旋输送机长度/m	0.5～7
	螺旋转速/(r/min)	0～100
	螺旋叶片形状	实体叶片
	电动机功率/kW	0.25～11

表 C.14（续）

项　目		基本参数					
气力输送系统	型式	吸送式					
	适用物料粒度/mm	≤1					
	输料管直径/mm	80、100、125、150					
	除尘方式	布袋除尘					
	电动机功率/kW	2.2～15					
斗式提升机	料斗宽度/mm	160		250		315	
	斗距/mm	280	350	360	450	400	500
	输送带宽度/mm	200		300		400	
	物料最大块度/mm	50					
	电动机功率/kW	2.2～4					

表 C.15　称量包装装置基本参数

项　目	基本参数
最大称量/kg	40
称量速度/(包/h)	≥100
允许误差	≤1%

表 C.16　料仓基本参数

项　目	普通料仓	分料料仓		
容积/m^3	3～20	1～5		
出料螺旋直径/mm	250、315	125	160	250
电动机总功率/kW	1.5～7.5	1.5～3		

ICS 71.120;83.120
G 95

中华人民共和国国家标准

GB/T 26963.2—2011

废旧轮胎常温机械法制取橡胶粉生产线 第2部分：检测方法

Crumb ambient-machine-oriented waste tyre recycling line—Part 2: Testing and measuring methods

2011-09-29 发布　　　　2012-01-01 实施

中华人民共和国国家质量监督检验检疫总局
中国国家标准化管理委员会　发布

前　言

GB/T 26963《废旧轮胎常温机械法制取橡胶粉生产线》分为两个部分：

——第1部分：通用技术条件；

——第2部分：检测方法。

本部分为GB/T 26963的第2部分。

本部分按照GB/T 1.1—2009给出的规则起草。

本部分由中国石油和化学工业联合会提出。

本部分由全国橡胶塑料机械标准化技术委员会(SAC/TC 71)归口。

本部分负责起草单位：四川乐山亚联机械有限责任公司。

本部分参加起草单位：北京橡胶工业研究设计院、软控股份有限公司、广东省东莞市质量技术监督标准与编码所、东莞市运通环保科技有限公司。

本部分主要起草人：张树清、兰永康、何成、杭柏林、蓝宁、李毅、邓裕潮。

废旧轮胎常温机械法制取橡胶粉生产线 第2部分:检测方法

1 范围

GB/T 26963的本部分规定了废旧轮胎常温机械法制取橡胶粉生产线的主要检测项目的检测方法。

本部分适用于在常温条件下采用机械法处理废旧轮胎制取橡胶粉的生产线(以下简称生产线)的检测。

2 规范性引用文件

下列文件对于本文件的应用是必不可少的。凡是注日期的引用文件,仅注日期的版本适用于本文件。凡是不注日期的引用文件,其最新版本(包括所有的修改单)适用于本文件。

GB/T 19208—2008 硫化橡胶粉

GB/T 26963.1—2011 废旧轮胎常温机械法制取橡胶粉生产线 第1部分:通用技术条件

HG/T 2108 橡胶机械噪声声压级的测定

HG/T 3120 橡胶塑料机械外观通用技术条件

HG/T 3228 橡胶塑料机械涂漆通用技术条件

3 主要检测项目的检测方法

3.1 基本要求中废旧轮胎年处理量的检测

3.1.1 检测条件:生产线负荷运转正常后。

3.1.2 检测仪器:台秤或投料计量装置(全自动控制方式)和计时器。

3.1.3 检测方法:测量每小时的轮胎处理量,再按式(1)计算废旧轮胎年处理量。

$$废旧轮胎年处理量(t)=每小时轮胎处理量(t/h)\times 7\,200\ h \qquad (1)$$

3.2 功能要求的检测

3.2.1 检测条件:生产线运行之后。

3.2.2 检测方法:人工操作相关控件,目测各项功能。

3.3 技术要求的检测

3.3.1 胎圈分离机液压系统油压试验的检测

3.3.1.1 检测条件:胎圈分离总装完毕后。

3.3.1.2 检测仪器:压力表(液压系统自带)。

3.3.1.3 检测方法:启动液压系统,将液压系统压力调到2.5 MPa,保压5 min后,目测液压系统各处是否有泄漏。

3.3.2　**拉丝机拉丝及压丝油缸工作压力检测**

3.3.2.1　检测条件：拉丝机总装完毕后。
3.3.2.2　检测仪器：压力表(液压系统自带)。
3.3.2.3　检测方法：启动设备进行拉丝工作，在工作过程中目测相应压力表最大读数。

3.3.3　**拉丝机液压系统的油温检测**

3.3.3.1　检测条件：拉丝机空载运转1 h后。
3.3.3.2　检测仪器：温度计(液压系统自带)。
3.3.3.3　检测方法：目测。

3.3.4　**轮胎破碎机和滚切粗碎机刀盘工作表面硬度的检测**

3.3.4.1　检测条件：刀盘加工完毕后，检测硬度的部位其表面应清洁，无磁性、无油脂、无锈蚀、无涂料等，表面粗糙度 $Ra \leqslant 3.2\ \mu m$。
3.3.4.2　检测仪器：硬度计。
3.3.4.3　检测方法：在刀盘两面距外边约5 mm处，各取9点(均布)，共测18点取平均值。

3.3.5　**锥磨粗碎机和锥磨中碎机锥磨水压试验的检测**

3.3.5.1　检测条件：锥磨加工完毕后。
3.3.5.2　检测仪器：电动或手动水压泵。
3.3.5.3　检测方法：启动水压泵，将压力调到0.5 MPa，保压10 min后，目测锥体各处是否有泄漏。

3.3.6　**辊筒粗碎机辊筒工作表面硬度的检测**

3.3.6.1　检测条件：辊筒加工完毕后，检测硬度的部位其表面应清洁，无磁性、无油脂、无锈蚀、无涂料等，表面粗糙度 $Ra \leqslant 3.2\ \mu m$。
3.3.6.2　检测仪器：硬度计。
3.3.6.3　检测方法：在工作辊面一条母线的中部和两端50 mm处，每处沿圆周任意方向在30 mm线段内测3点，共测9点取其平均值。

3.3.7　**细碎机动磨端面跳动的检测**

3.3.7.1　检测条件：动磨装配完毕后。
3.3.7.2　检测仪器：百分表(1级)，百分表表座。
3.3.7.3　检测方法：固定百分表后，将测量头置于动磨工作面最大外直径处，用手动方式使动磨转动一周，目测百分表读数，其最大值与最小值之差不应大于0.1 mm。

3.3.8　**成品胶粉目数的检测**

3.3.8.1　检测条件：制取出成品胶粉后。
3.3.8.2　检测仪器：托盘天平(感量为0.01 g)、天平(感量为0.001 g)、分样筛(配接受盘、盖板)、500 mL搪瓷杯、玻璃棒和滑石粉[50 μm(300目)]。
3.3.8.3　检测方法：按GB/T 19208—2008中6.2.1的规定执行。

3.3.9　**铁含量的检测**

3.3.9.1　检测条件：制取出成品胶粉后。

3.3.9.2 检测仪器：托盘天平（感量为 0.01 g）、天平（感量为 0.001 g）、小型马蹄型磁铁和粗毛刷。

3.3.9.3 检测方法：按 GB/T 19208—2008 中 6.2.2 的规定执行。

3.3.10 纤维含量的检测

3.3.10.1 检测条件：制取出成品胶粉后。

3.3.10.2 检测仪器：天平（感量为 0.001 g）和平面玻璃。

3.3.10.3 检测方法：按 GB/T 19208—2008 中 6.2.3 的规定执行。

3.3.11 轴承体温升的检测

3.3.11.1 检测条件：设备负荷运转 4 h 后。

3.3.11.2 检测仪器：温度计，计时器。

3.3.11.3 检测方法：用温度计在每个轴承体外壳上至少测量 3 点，取其中读数最大值。温升按式（2）计算。

$$温升(℃)=测得温度(℃)-工作环境温度(℃) \qquad (2)$$

3.4 安全环保要求的检测

3.4.1 安全危害防护要求的检测

3.4.1.1 检测条件：在设备安装后进行，其中对物料的防护装置在负荷运转时进行。

3.4.1.2 检测方法：目测；按 GB/T 26963.1—2011 中表 1 中的防护要求逐项进行检测。

3.4.2 绝缘电阻试验

3.4.2.1 检测条件：在设备安装后进行。

3.4.2.2 检测仪器：绝缘电阻测试仪。

3.4.2.3 检测方法：在执行绝缘电阻试验时，在动力电路导线和保护联结电路间施加 500 V d.c 时测得的绝缘电阻不应小于 1 MΩ。绝缘电阻试验可以在整台电气设备的单独部件上进行。

例外：对于电气设备的某些部件，如母线、汇流排系统或汇流环装置，允许绝缘电阻最小值低一些，但不能小于 50 kΩ。

如果电气设备包含浪涌保护器件，在试验期间，该器件可能工作，则允许采用下列任何一种措施：

——拆开这些器件，或

——降低试验电压值，使其低于浪涌保护器件的电压保护水平，但不低于电源电压（相对中线）的上限峰值。

3.4.3 耐压试验

3.4.3.1 检测条件：在设备安装后进行。

3.4.3.2 检测仪器：耐压测试仪。

3.4.3.3 检测方法：

——试验电压的标称频率为 50 Hz 或 60 Hz；

——最大试验电压具有两倍的电气设备额定电源电压值或 1 000 V，取其中的较大者；

——最大试验电压施加在动力电路导线和保护联结电路之间近似 1 s 时间，如果未出现击穿放电则满足要求；

——不适宜经受试验电压的元件和器件在试验期间断开；

——已按照某产品标准进行过耐压试验的元件和器件在试验期间可以断开。

3.4.4 电气控制系统紧急停机功能的检测

3.4.4.1 检测条件:空负荷运转时。

3.4.4.2 检测方法:目测;按设定点逐点检测,并按以下顺序进行检测:

——开启设备;

——启动紧急停机后,检测设备是否停止工作;

——开启设备,检测设备是否不能开始工作;

——解除紧急停机后,检测设备能否开始工作。

3.4.5 噪声的检测

3.4.5.1 检测条件:空运转 1.5 h 之后。

3.4.5.2 检测仪器:声级计(2 型)。

3.4.5.3 检测方法:按 HG/T 2108 的规定执行。

3.4.6 粉尘和烟气吸收净化排放装置的检测

3.4.6.1 检测条件:生产线安装完毕后。

3.4.6.2 检测方法:目测生产线是否安装粉尘和烟气的吸收净化排放装置或与吸收净化排放装置连接的接口。

3.5 涂漆和外观要求的检测

3.5.1 涂漆质量按 HG/T 3228 的规定执行。

3.5.2 外观质量按 HG/T 3120 的规定执行。

ICS 71.120;83.200
G 95

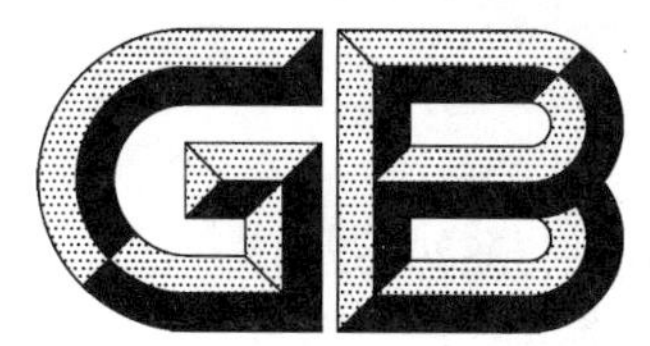

中华人民共和国国家标准

GB/T 30200—2013

橡胶塑料注射成型机能耗检测方法

Test method for energy consumption of rubber and plastics injection moulding machines

(EUROMAP 60:2009,Injection moulding machines determination of specific machine related energy consumption, NEQ)

2013-12-31 发布　　2014-10-01 实施

中华人民共和国国家质量监督检验检疫总局
中国国家标准化管理委员会　发布

前　言

本标准按照 GB/T 1.1—2009 给出的规则起草。

本标准使用重新起草法参考 EUROMAP 60:2009《注射成型机　机器相关的电力能源消耗率的测定》编制，与 EUROMAP 60:2009 的一致性程度为非等效。

本标准与 EUROMAP 60:2009 的主要技术内容差别如下：

——增加了橡胶注射成型机能耗检测方法；

——增加了资料性附录 B：塑料注射成型机能耗等级和节能评价值。

本标准由中国石油和化学工业联合会提出。

本标准由全国橡胶塑料机械标准化技术委员会(SAC/TC 71)归口。

本标准起草单位：海天塑机集团有限公司、余姚华泰橡塑机械有限公司、广东伊之密精密机械股份有限公司、东华机械有限公司、深圳领威科技有限公司、广东佳明机器有限公司、无锡格兰机械集团有限公司、宁波博纳机械有限公司、国家塑料机械产品质量监督检验中心。

本标准主要起草人：高世权、王乃颖、杨雅凤、蒋小军、李青、方来、张建秋、励建岳、郭一萍。

橡胶塑料注射成型机能耗检测方法

1 范围

本标准规定了橡胶塑料注射成型机电能消耗的检测方法。

本标准适用于单螺杆、单工位和热板电加热的橡胶注射成型机及单螺杆、单工位和单个电加热机筒的热塑性塑料注射成型机(以下简称注射成型机)的能耗检测。

注:本标准所测电能不包括机器和模具的冷却水及压缩空气消耗的电能。

2 规范性引用文件

下列文件对于本文件的应用是必不可少的。凡是注日期的引用文件,仅注日期的版本适用于本文件。凡是不注日期的引用文件,其最新版本(包括所有的修改单)适用于本文件。

GB 3102.5 电学和磁学的量和单位

GB/T 25157—2010 橡胶塑料注射成型机检测方法

3 术语和定义

GB 3102.5 界定的以及下列术语和定义适用于本文件。

3.1

整机电能消耗 total machine related electric energy consumption

按本标准第4章的方法进行测定的有功功率(见图1)所对应整机的电能消耗,单位为千瓦小时(kW·h)。

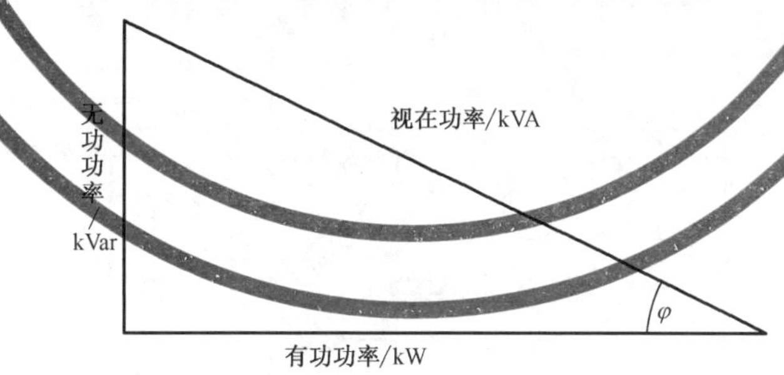

图1 功率三角形

3.2

比能耗 specific machine related electric energy consumption

注射成型机每单位注射质量的整机电能消耗,单位为千瓦小时每千克(kW·h/kg)。

3.3

平均功率消耗 average power consumption

注射成型机每单位时间的整机电能消耗,单位为千瓦(kW)。

4 检测方法

4.1 检测器具

4.1.1 电功率分析仪/电能质量分析仪:精度不低于2%。

4.1.2 称重衡器:准确度等级不低于Ⅲ级。

4.2 检测条件

4.2.1 橡胶注射成型机的测试用料应为以天然橡胶为基料的混炼胶,配方参见附录A,测试用料的温度应小于30 ℃;塑料注射成型机的测试用料应为聚丙烯(PP)粒料,无干燥无预热,熔体流动速率(230 ℃, 2.16 kg)为(20 ～25)g/10 min,测试用料的温度应小于30 ℃。

4.2.2 熔体不应有塑化不均匀、降解或焦烧的现象。

4.2.3 安装可调节的试验喷嘴,例如图2或图3,为防止流延,宜使用闭合装置。

注:可调节的试验喷嘴的设计和使用须符合安全生产的要求,避免因注射压力过高导致调节装置弹出等可能造成人身伤害的危险。

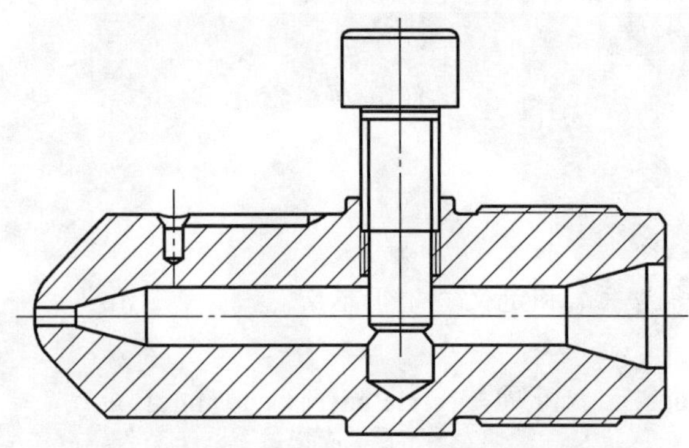

图2 Ⅰ型试验喷嘴(未显示闭合装置)

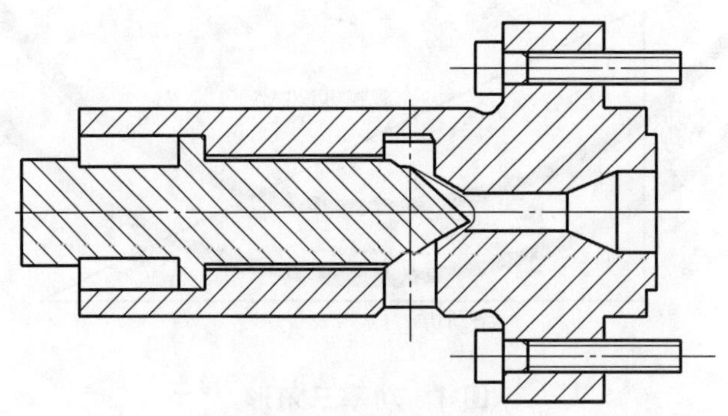

图3 Ⅱ型试验喷嘴(未显示闭合装置)

4.2.4 应安装符合GB/T 25157—2010中表1规定的试验块。

4.2.5 塑料注射成型机机筒温度设定为220 ℃;橡胶注射成型机机筒温度设定为65 ℃、热板温度设定为150 ℃。

4.2.6 注射成型机经调试后处于稳定的状态,在30 min内,机筒、热板的测量点温度变化值应在±3 ℃内。

4.2.7 液压式注射成型机工作油温不超过55 ℃。

4.2.8 橡胶注射成型机按表1、塑料注射成型机按表2规定的一组或多组试验参数进行设定。

表 1　橡胶注射成型机试验参数

区域	参数	工况Ⅰ-薄壁制品	工况Ⅱ-普通制品	工况Ⅲ-厚壁制品	公差
锁模部分	锁模力 /kN	额定最大值	额定最大值	额定最大值	
	开模行程 /mm	S	S	S	
	开/合模速度 /(mm/s)	额定最大值	额定最大值	额定最大值	
	加/减速度 /(mm/s^2)	100%额定值	100%额定值	100%额定值	
	移模速度/(mm/s)	额定最大值的 50%	额定最大值的 50%	额定最大值的 50%	
注射部分	注射压力 /(MPa)	≥100	≥75	≥50	
	注射速度/(mm/s)	—	≤最大速度的 50%	≤最大速度的 50%	
	注射容量[a]/cm^3	0.2D	0.3D	0.5D	
	注射时间[b]/s	—	—	—	
	塑化时间 /s	实测	实测	实测	
	保压压力[c]/MPa	≥注射压力的 50%	≥注射压力的 50%	≥注射压力的 50%	
	保压时间 /s	5	5	10	±1
	硫化时间[d]/s	≥100	≥200	≥300	
	熔体背压 /MPa	5	5	5	±0.5

注 1:试验循环型式可能包括在同一时间发生的不同动作。

注 2:所有压力都是熔体压力,可通过油缸的工作压力换算得到。

[a] D:额定注射容量,单位为立方厘米(cm^3)。

[b] 宜采用图 2、图 3 中所示的试验喷嘴进行注射。当注射压力达到要求的情况下,可调整喷嘴压力降使注射速度或注射容量分别达到上述要求。

[c] 采用限位装置或自锁喷嘴。

[d] 保压终止到开模前的时间;硫化时可停电机。

表 2　塑料注射成型机试验参数

区域	参数	工况Ⅰ-薄壁制品	工况Ⅱ-普通制品	工况Ⅲ-厚壁制品	公差
锁模部分	锁模力 /kN	额定最大值	额定最大值	额定最大值	
	开模行程[a]/mm	S	S	S	
	开/合模速度/(mm/s)	额定最大值	额定最大值	额定最大值	
	加/减速度/(mm/s^2)	100%额定值	100%额定值	100%额定值	
	顶出行程/mm	在零负载,最大速度下,≥最大行程的 50%	在零负载,最大速度下,≥最大行程的 50%	在零负载,最大速度下,≥最大行程的 50%	

表 2（续）

区域	参数	工况Ⅰ-薄壁制品	工况Ⅱ-普通制品	工况Ⅲ-厚壁制品	公差
注射部分	注射压力/MPa	≥100	≥75	≥50	
	注射速度/(mm/s)	—	≤最大速度的 50％	≤最大速度的 50％	
	注射容量/cm^3	塑化容量	塑化容量	塑化容量	
	注射时间[b]/s	≤0.1	—	—	
	计量行程[c]/mm	≤0.5d	≤2d	≤3d	
	塑化时间/s	实测	实测	实测	
	保压压力[d]/MPa	≥注射压力的 50％	≥注射压力的 50％	≥注射压力的 50％	
	保压时间/s	0.5	5	10	±0.1
	冷却时间[c,e]/s	≥0.5	≥5＋0.1d	≥10＋0.2d	
	熔体背压/MPa	5	5	5	±0.5

注 1:试验循环型式可能包括在同一时间发生的不同动作。

注 2：所有压力都是熔体压力，可通过油缸的工作压力换算得到。

[a] S＝150(mm)＋850(mm)×［额定锁模力(kN)－1 000(kN)］/9 000(kN)，且 150 mm≤S≤1 000 mm。

[b] 宜采用图 2、图 3 中所示的试验喷嘴进行注射。在注射压力达到要求的情况下，可调整喷嘴压力降使注射速度或注射容量分别达到上述要求。

[c] d：螺杆直径，单位为毫米(mm)。

[d] 采用限位装置或自锁喷嘴。

[e] 保压终止到开模前的时间。

4.2.9 橡胶注射成型机应在半自动模式注射的状态下测试，测试累积时间应大于 10 min，且注射次数不少于 5 次；当额定注射容量不小于 4 000 cm^3 时，注射次数不少于 3 次。

4.2.10 塑料注射成型机应在全自动模式连续注射的状态下测试，测试时间应大于 10 min，且连续注射次数不少于 5 次；当螺杆直径不小于 80 mm 时，连续注射次数不少于 3 次。

4.2.11 测试的整机电能消耗包括以下动作或元件产生的电能消耗：

——橡胶注射成型机主要的驱动动作(开模/合模、锁模/硫化、预塑、注射、移模)；塑料注射成型机主要的驱动动作(开模/合模、抱闸/开闸、锁模/破模、预塑、注射)；

——塑料注射成型机无负载顶针运动；

——控制器；

——由制造商提供的内部维护装置，如电气元件冷却系统、润滑系统、液压油冷却系统；

——橡胶注射成型机机筒加热(包括喷嘴和储料缸)、热板电加热；塑料注射成型机机筒加热(包括喷嘴和机筒法兰)；

——开启喷嘴闭锁装置所需的电气或液压的驱动。

4.2.12 测试的整机电能消耗不包括以下动作或元件产生的电能消耗：

——喷嘴接触力的保持；

——注射部件的整移；

——与注射成型机辅机插座相连接的辅助设备的能源消耗，如传送装置、热流道、加料机等；

——与机器相连的取料和放料设备；

——其他辅助设备；

——外部流体供应，如冷却水、压缩空气、液压油等。

4.3 数据测量及处理

4.3.1 读取注射成型机连续注射时的整机电能消耗，单位为千瓦小时(kW·h)。

4.3.2 待物料冷却后用标准衡器称出物料质量总和，单位为千克(kg)。

4.3.3 计算比能耗，即整机电能消耗与物料质量总和之比，单位为千瓦小时每千克(kW·h/kg)。

4.3.4 读取平均有功功率或计算整机电能消耗与测试时间之比，即平均功率消耗，单位为千瓦(kW)。

4.3.5 记录循环周期，单位为秒(s)。

4.3.6 读取功率因数 $\cos\varphi$。

5 数值表述

能耗数据检测数值表述应包括整机比能耗、平均功率消耗、循环周期和功率因数 $\cos\varphi$，也应给出表 1、表 2 中相关的参数数据。

示例：机器相关电能消耗(GB/T 30200—2013)，工况Ⅱ：0.95 kW·h/kg；20 kW；30 s；$\cos\varphi$=0.85。

注：根据注射成型机的预期用途，制造商应能出具表 1 或表 2 中一组或多组循环型式的数据。

判定塑料注射成型机的能耗等级和节能评价值，参见附录 B。

附 录 A
（资料性附录）
橡胶测试用料配方及要求

A.1 配方

天然橡胶(1号)	100
炭黑 N 550	22.5
炭黑 N 774	30
碳酸钙	30
环烷油	25
氧化锌	5
硬脂酸	2
防老剂 RD	0.5
防老剂 4010 NA	1
硫磺	1.5
促进剂 CZ	1.25
促进剂 D	0.725
促进剂 DM	0.7
促进剂 TMTD	0.075
合计	220.25

注：配方中原材料的用量均为“质量分数”。

A.2 要求

橡胶测试用料为 45 mm×5 mm 的条状料，硬度(邵尔 A 型)(57±3)度，拉伸强度不小于 16 MPa，扯断伸长率不小于 360 %，密度为 1.16 g/cm^3。

附　录　B
（资料性附录）
塑料注射成型机能耗等级和节能评价值

B.1　能耗等级

塑料注射成型机根据表 2 中工况Ⅱ-普通制品测试所得的比能耗，判定该产品的能耗等级，如表 B.1。

表 B.1　塑料注射成型机能耗等级

能耗等级	比能耗(工况Ⅱ-普通制品)/(kW·h/kg)
1	≤0.4
2	≤0.55
3	≤0.7
4	≤0.85
5	≤1.0
6	>1.0

B.2　塑料注射成型机节能评价值

塑料注射成型机根据额定锁模力的不同，规定了相应的节能评价值指标，具体见表 B.2。达到表 B.2中规定的指标，判定该产品符合节能产品认证的技术要求。

表 B.2　节能产品认证指标

额定锁模力 /kN	节能评价值 /(kW·h/kg)
≤1 000	≤0.7
>1 000 ～10 000	≤0.55
>10 000	≤0.4

B.3　节能产品系列评价方法

确定系列产品是否符合节能产品认证的技术要求，应按以下方法抽取样机进行检测：锁模力不大于 10 000 kN 以下抽取五款机型，锁模力 10 000 kN～20 000 kN 抽取一款机型。每增加 10 000 kN 抽取一款机型，其中最大锁模力机型一款。每款机型抽取一台样机进行检测。所有被抽取的机型比能耗值低于节能评价值，该系列产品可认定为符合节能产品认证的技术要求。

ICS 71.120;83.200
G 95

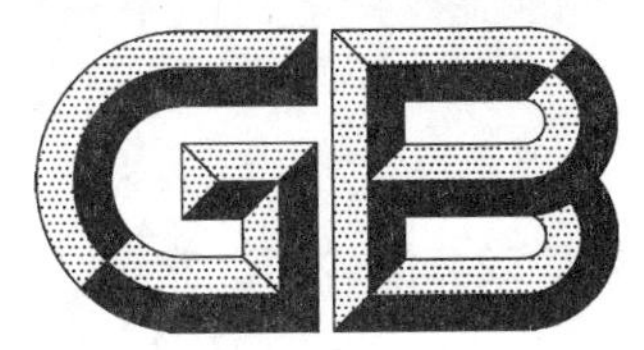

中华人民共和国国家标准

GB/T 32456—2015

橡胶塑料机械用电磁加热节能系统通用技术条件

General specification for electromagnetic heating energy saving system of rubber and plastics machines

2015-12-31 发布　　2016-08-01 实施

中华人民共和国国家质量监督检验检疫总局
中国国家标准化管理委员会　发布

前　言

本标准按照 GB/T 1.1—2009 给出的规则起草。

本标准由中国石油和化学工业联合会提出。

本标准由全国橡胶塑料机械标准化技术委员会(SAC/TC 71)归口。

本标准起草单位:常州兰喆仪器仪表有限公司、南京艺工电工设备有限公司、北京橡胶工业研究设计院、东莞市科技咨询服务中心、深圳领威科技有限公司、山东通佳机械有限公司、国家塑料机械产品质量监督检验中心、浙江申达机器制造股份有限公司、泰瑞机器股份有限公司。

本标准主要起草人:韩金元、韩建文、宋海峰、何成、李毅、刘相尚、李勇、郭一萍、沈雪明、吴敬阳、夏向秀、颜国平。

橡胶塑料机械用电磁加热节能系统
通用技术条件

1 范围

本标准规定了橡胶塑料机械用电磁加热节能系统的术语和定义、组成、要求及试验方法。

本标准适用于橡胶、塑料机械用电磁加热节能系统(以下简称系统)。

2 规范性引用文件

下列文件对于本文件的应用是必不可少的。凡是注日期的引用文件,仅注日期的版本适用于本文件。凡是不注日期的引用文件,其最新版本(包括所有的修改单)适用于本文件。

GB/T 2423.5 电工电子产品环境试验 第2部分:试验方法 试验Ea和导则:冲击

GB/T 2423.10 电工电子产品环境试验 第2部分:试验方法 试验Fc:振动(正弦)

GB 5226.1—2008 机械电气安全 机械电气设备 第1部分:通用技术条件

GB 8702 电磁环境控制限值

GB/T 17799.2 电磁兼容 通用标准 工业环境中的抗扰度试验

GB 17799.4 电磁兼容 通用标准 工业环境中的发射

GB/T 24342 工业机械电气设备 保护接地电路连续性试验规范

GB/T 24343 工业机械电气设备 绝缘电阻试验规范

GB/T 24344 工业机械电气设备 耐压试验规范

HG/T 3223 橡胶机械术语

HJ/T 10.2—1996 辐射环境保护管理导则 电磁辐射监测仪器和方法

JB/T 5438 塑料机械 术语

3 术语和定义

HG/T 3223 和 JB/T 5438 界定的以及下列术语和定义适用于本文件。

3.1

电磁加热节能系统 electromagnetic heating energy saving system

一种利用电磁感应原理,将220 V或380 V、50 Hz的交流电转换成频率为15 kHz～25 kHz的电流,该电流流过感应线圈产生交变磁场,当磁场内的磁力线通过导磁性金属材料时在金属体内产生涡流,使金属材料本身自行快速发热,从而加热与金属接触的橡胶、塑料物料的电加热系统。

3.2

电磁加热器 electromagnetic heater

将15 kHz～25 kHz的电流通过感应线圈转换为交变磁场的器件。

3.3

电磁加热控制器 electromagnetic heating controller

系统中将220 V或380 V、50 Hz的交流电转换成频率为15 kHz～25 kHz电流的变频控制器件。

3.4

发热部件　heating parts

对橡胶、塑料机械中的热固性橡胶、塑料原料进行加热、熔融，使之达到设定工艺温度的部件。

3.5

软启动　soft start

电磁加热器在断开状态转为接通状态时，通过电磁加热控制器，使输入功率由额定值的10%线性上升至额定值，从而调节启动电流，实现在整个启动过程中无冲击的一种功能。

3.6

系统比能耗　system related electric energy consumption

橡胶塑料机械生产每单位产品质量的系统电能消耗，单位为千瓦时每千克(kW·h/kg)。

4 组成

系统通常由电磁加热控制器、一个或一个以上电磁加热器、保温层、发热部件组成(见图1)。

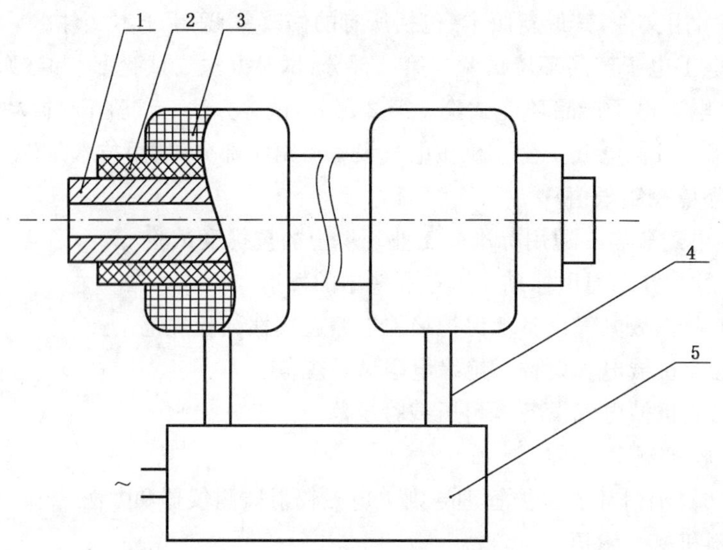

说明：

1——发热部件；

2——保温层；

3——电磁加热器；

4——连接线；

5——电磁加热控制器。

图1　系统组成示意图

5 要求

5.1 技术要求

5.1.1　系统在设计工艺参数范围内应按设定程序可靠工作。

5.1.2　系统具有多个电磁加热器时，各电磁加热器的加热温度可分别设定。

5.1.3　系统各电磁加热器设定的加热温度与稳定后实际温度的允许偏差应为±2 ℃。

5.1.4 系统应具有软启动的功能。

5.1.5 系统具有多个电磁加热器时，各电磁加热器间应无引起工作电流或加热温度突然升高等异常情况的电磁干扰。

5.1.6 系统的任一电磁加热器发生故障时，系统应发出声光报警或发出报警信号至橡胶、塑料机械中的声光报警系统。

5.1.7 系统比能耗应不大于 0.04 kW·h/kg。

5.1.8 感应线圈及连接线的耐高温限值应不低于设计的最高工作温度。

5.1.9 电磁加热器隔热保温层所用材料耐高温限值应不低于 500 ℃。

5.2 安全要求

5.2.1 系统的保护联结电路连续性应符合 GB 5226.1—2008 中 8.2.3 的规定。

5.2.2 系统的绝缘电阻应符合 GB 5226.1—2008 中 18.3 的规定。

5.2.3 系统的所有电路导线和保护接地之间耐电压应符合 GB 5226.1—2008 中 18.4 的规定。

5.2.4 电磁加热器外表面的表面温度应不高于 65 ℃。

5.2.5 发射骚扰应符合 GB 17799.4 的规定。

5.2.6 抗扰度应符合 GB/T 17799.2 的规定。

5.2.7 系统的电磁环境控制限值应符合 GB 8702 的规定。

5.3 环境适应性要求

5.3.1 机械环境适应性

按表 1 规定的条件对系统电磁加热器、电磁加热控制器部分进行冲击、振动试验，试验后电磁加热器、电磁加热控制器应能正常工作，各部件无松动、移位和损伤。

表 1 机械环境适应性试验要求

试验项目	试验条件		试验中样机状态
正弦振动试验	频率循环	10 Hz～55 Hz	非工作状态
	振幅	0.35 mm	
	扫频速率	1 倍频程/min	
	试验持续时间	30 min	
	振动方向	X、Y、Z 三个方向	
冲击试验	加速度	15 g	非工作状态
	脉冲时间	11 ms	
	冲击次数	6 个面各三次	
	波形	半正弦波	

5.3.2 电气环境适应性

供电电源在额定电压±10％、额定频率±2％范围内波动时，系统应能正常工作。

5.4 外观质量要求

5.4.1 连接线的表面不应有明显的凹痕、划伤、裂缝、变形和污染。

5.4.2 布线应整齐、规范,接线端子编码应正确清晰。

5.4.3 系统的各部件外表面不应有起泡、龟裂和磨损,金属零件不应有锈蚀及其他机械损伤。

5.4.4 电磁加热控制器的控制箱外壳涂层应色泽均匀,光泽一致,无漏涂、锈蚀、明显划伤、密集气孔、流挂、皱皮等涂覆缺陷。

5.4.5 各按钮、开关、指示灯应有指示操作功能的标识,标识应与功能一致。

6 试验方法

6.1 技术要求试验方法

6.1.1 系统动作正确性检测

按工艺参数设置工作程序并启动运行,系统加热至设定温度后停止加热,待系统冷却后重新开始加热为一个运行周期。连续运行三个周期,观察系统是否正常工作。

6.1.2 系统各电磁加热器温度分别设定功能检测

电磁加热器温度设定功能检测采用目测。

6.1.3 系统加热温度允许偏差检测

设定系统各电磁加热器加热温度为100 ℃并启动运行。系统开始加热至设定值并保持。采用精度等级不低于0.5%的测温装置测试各电磁加热器原测温点的实际温度,重复测量三次,算其平均值。重新设定加热温度为200 ℃,重复以上操作。

分别计算设定温度为100 ℃和200 ℃时设定的加热温度与实际温度平均值之差,为系统加热温度偏差。

6.1.4 系统软启动功能检测

在系统电源输入端接入精度不低于2%的电功率测量仪,将加热温度设定为100 ℃,然后启动运行,观察电功率测量仪读数是否逐步上升。

6.1.5 系统抗电磁干扰检测

多个电磁加热器同时工作至设定温度,观察有无故障或异常情况。

6.1.6 系统报警功能检测

人为模拟超温或故障情况,检查系统或橡胶、塑料机械中的声光报警系统是否发出声光报警。

6.1.7 系统比能耗检测

6.1.7.1 计量器具

6.1.7.1.1 功率表或电能测试仪:精度不低于2%。

6.1.7.1.2 称重衡器:准确度不低于Ⅲ级。

6.1.7.1.3 测温装置:精度不低于0.5%。

6.1.7.1.4 熔体压力测量装置:精度不低于1%。

6.1.7.1.5 秒表:准确度不低于1等。

6.1.7.2 测试条件

6.1.7.2.1 原料应为聚苯乙烯(PS)粒料(或其他已知比热容的橡胶、塑料原料),密度1.05 g/cm³,熔体指数MVR(200 ℃,5 kg)3 cm³/10 min,料温(20±5)℃。

6.1.7.2.2 检测时应采用符合国家标准或行业标准的橡胶、塑料机械产品,使用的装置(如专用机头等)、工艺参数(如螺杆转速、喂料喂入温度、各单元的温控设定值、机头压力、冷却条件等)应满足所选取产品的技术、工艺要求。

6.1.7.2.3 检测应在环境温度为15 ℃~35 ℃、相对湿度为25%~75%、大气压力为86 kPa~106 kPa的环境条件下进行,供电电源应符合5.3.2的要求。

6.1.7.2.4 制品应为合格制品,无变形、壁厚均匀、表面无气泡等,如制品有料柄,则制品质量包括料柄质量。

6.1.7.3 系统电能消耗组成

6.1.7.3.1 系统电能消耗包括:

——机头、机筒、螺杆等部件所消耗电能;

——系统电气控制所消耗的电能;

——橡胶、塑料机械喂料装置所消耗的电能。

6.1.7.3.2 系统电能消耗不包括:

——主电动机所消耗的电能;

——驱动系统的润滑装置、主电动机电气控制、冷却系统所消耗的电能;

——橡胶、塑料机械的辅机所消耗电能;

——外部流体供应,如冷却水、压缩空气、液压油等;

——未提及的其他辅助设备。

6.1.7.4 测试方法

在规定的检测条件下,橡胶、塑料机械达到稳定工作状态5 min后,开始测试,测试时间不少于10 min,同时正常连续生产不少于50个制品。读取测量时间段内系统电能消耗值,并用称重衡器称量在该时间段内生产出的物料质量。

6.1.7.5 数据处理

将测试时间内测量的系统电能消耗值除以在该时间段内生产出的物料质量,再乘以比热容系数,从而计算出系统比能耗。计算公式见式(1):

$$SEI_{系统}=\frac{C \cdot W_{实测}}{Q_{实测}} \qquad \cdots\cdots(1)$$

式中:

$SEI_{系统}$——系统比能耗数值,单位为千瓦时每千克(kW·h/kg);

C ——比热容系数,即聚苯乙烯(PS)比热容1 300 J/(kg·K)与试验用橡胶、塑料原料比热容的比值;

$W_{实测}$ ——测试时间内测量的系统电能消耗值,单位为千瓦时(kW·h);

$Q_{实测}$ ——测试时间段内生产出的物料质量,单位为千克(kg)。

6.1.8 系统感应线圈及连接线耐高温限值检测

验证与感应线圈及连接线型号规格相应的耐高温等级或由材料制造商提供的耐高温等级证明材料。

6.1.9 系统隔热保温层耐高温限值检测

验证与隔热保温层型号规格相应的耐高温等级或由隔热保温层制造商提供的耐高温等级证明材料。

6.2 安全要求试验方法

6.2.1 保护联结电路连续性试验按 GB/T 24342 的规定进行。

6.2.2 绝缘电阻试验按 GB/T 24343 的规定进行。

6.2.3 耐压试验按 GB/T 24344 的规定进行。

6.2.4 电磁加热器外表面最高温度检测：在环境温度(23±2)℃、环境相对湿度 45%～55%、大气压力 86 kPa～106 kPa 条件下，将系统各电磁加热器的加热温度设定为 150 ℃，然后启动运行，当系统加热指示灯熄灭、系统停止加热时，立即测量温度，测量温度采用精度不低于 0.5% 的测温装置，在每个电磁加热器沿外表面几何中心均匀分布选取四个测温点进行温度测量，见图 2，结果取其中最大值。

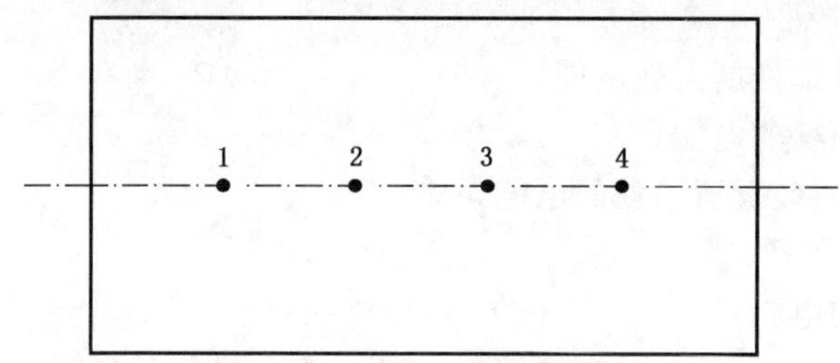

图 2 电磁加热器外表面测温点分布示意图

6.2.5 发射骚扰试验按 GB 17799.4 的规定进行。

6.2.6 抗扰度试验按 GB/T 17799.2 的规定进行。

6.2.7 系统的电磁环境控制限值测试按 HJ/T 10.2—1996 中第 3 章的规定进行。

6.3 环境适应性试验方法

6.3.1 机械环境适应性

6.3.1.1 正弦振动试验时系统的电磁加热器、电磁加热控制器在包装状态且不通电，试验按 GB/T 2423.10 和表 1 规定的正弦振动试验参数进行，试验后打开包装，目测检查外观。接通电源后，系统应能正常工作。

6.3.1.2 冲击试验时系统的电磁加热器、电磁加热控制器在包装状态且不通电，试验按 GB/T 2423.5 和表 1 规定的冲击试验参数进行，试验后打开包装，目测检查外观。接通电源后，系统应能正常工作。

6.3.2 电气环境适应性

经调频调压电源对系统供电，使电源的电压和频率在 5.3.2 规定范围内波动，试验可按电压的上、下限和频率的上、下限组合的四个状态进行，试验中系统应能正常工作。

6.4 外观质量试验方法

目测、手感检查外观。

ICS 71.120;83.200
G 95

中华人民共和国国家标准

GB/T 32662—2016

废橡胶废塑料裂解油化成套生产装备

Complete set of pyrolysis equipment for waste rubber and waste plastic to oil

2016-04-25 发布　　2016-11-01 实施

中华人民共和国国家质量监督检验检疫总局
中国国家标准化管理委员会　发布

前　言

本标准按照 GB/T 1.1—2009 给出的规则起草。

本标准由中国石油和化学工业联合会提出。

本标准由全国橡胶塑料机械标准化技术委员会(SAC/TC 71)归口。

本标准起草单位:济南友邦恒誉科技开发有限公司、青岛科技大学、济南市产品质量检验院、东莞运通环保科技有限公司、北京橡胶工业研究院、山东开元橡塑科技有限公司、卓越(滨州)环保能源有限公司。

本标准主要起草人:牛晓璐、汪传生、娄晓红、牛斌、邓裕潮、何成、赵晓港、卓寿镛、夏向秀。

废橡胶废塑料裂解油化成套生产装备

1 范围

本标准规定了废橡胶废塑料裂解油化成套生产装备的术语和定义、组成、型号与基本参数、要求、试验、检验规则、标志、包装、运输与贮存。

本标准适用于连续式和间歇式废橡胶、废塑料的裂解油化成套生产装备(以下简称成套生产装备)。

2 规范性引用文件

下列文件对于本文件的应用是必不可少的。凡是注日期的引用文件,仅注日期的版本适用于本文件。凡是不注日期的引用文件,其最新版本(包括所有的修改单)适用于本文件。

GB/T 151 热交换器

GB/T 191 包装储运图示标志

GB/T 2589 综合能耗计算通则

GB 2893 安全色

GB 2894 安全标志及其使用导则

GB 4053.1 固定式钢梯及平台安全要求 第1部分:钢直梯

GB 4053.3 固定式钢梯及平台安全要求 第3部分:工业防护栏杆及钢平台

GB 4655 橡胶工业静电安全规程

GB 5226.1—2008 机械电气安全 机械电气设备 第1部分:通用技术条件

GB/T 6388 运输包装收发货标志

GB/T 9969 工业产品使用说明书 总则

GB/T 10610 产品几何技术规范(GPS)表面结构 轮廓法 评定表面结构的规则和方法

GB/T 13306 标牌

GB/T 13384 机电产品包装通用技术条件

GB/T 13452.2 色漆和清漆 漆膜厚度的测定

GB/T 16157 固定污染源排气中颗粒物测定与气态污染物采样方法

GB 16297—1996 大气污染物综合排放标准

GB 50058 爆炸危险环境电力装置设计规范

GBZ 1—2010 工业企业设计卫生标准

HG/T 2108 橡胶机械噪声声压级的测定

HG/T 3120 橡胶塑料机械外观通用技术条件

HG/T 3228—2001 橡胶塑料机械涂漆通用技术条件

NB/T 47003.1—2009 钢制焊接常压容器

SH 3009 石油化工可燃性气体排放系统设计规范

SY 6503 石油天然气工程可燃气体检测报警系统安全技术规范

3 术语和定义

下列术语和定义适用于本文件。

3.1

废橡胶废塑料裂解油化成套生产装备 complete set of pyrolysis equipment for waste rubber and waste plastic to oil

将破碎后的废橡胶、废塑料通过裂解产出油料、不凝可燃气及固体产物的成套生产装备。

3.2

连续式成套生产装备 continuous complete production set

将废橡胶、废塑料连续送入裂解器内进行裂解，产出油料、不凝可燃气及固体产物连续导出的成套生产装备，见图1。

3.3

间歇式成套生产装备 periodical complete production set

将废橡胶、废塑料置于裂解器内升温裂解，将油料、不凝可燃气收集完成后再降温排出固体产物，进行周期性生产的成套生产装备，见图2。

3.4

裂解器 pyrolysis reactor

废橡胶、废塑料进行裂解反应的主体设备。

3.5

供热温度 heating temperature

供热装置作用于裂解器的温度。

3.6

裂解率 pyrolysis efficiency

废橡胶、废塑料裂解程度的指标，用数值1减去裂解油化完成后固体产物中的含油率来表示。

3.7

不凝可燃气 noncondensable fuel gas

经过油气冷却系统后未能冷凝的可燃性气体。

4 组成、型号与基本参数

4.1 组成

成套生产装备主要由进料系统、裂解系统(裂解器、供热装置)、油气冷却系统(分油器、冷却器)、不凝可燃气净化系统、出料系统、烟气净化系统、循环冷却水系统、电气控制系统组成。成套生产装备可分为连续式和间歇式成套生产装备(见图1、图2)。

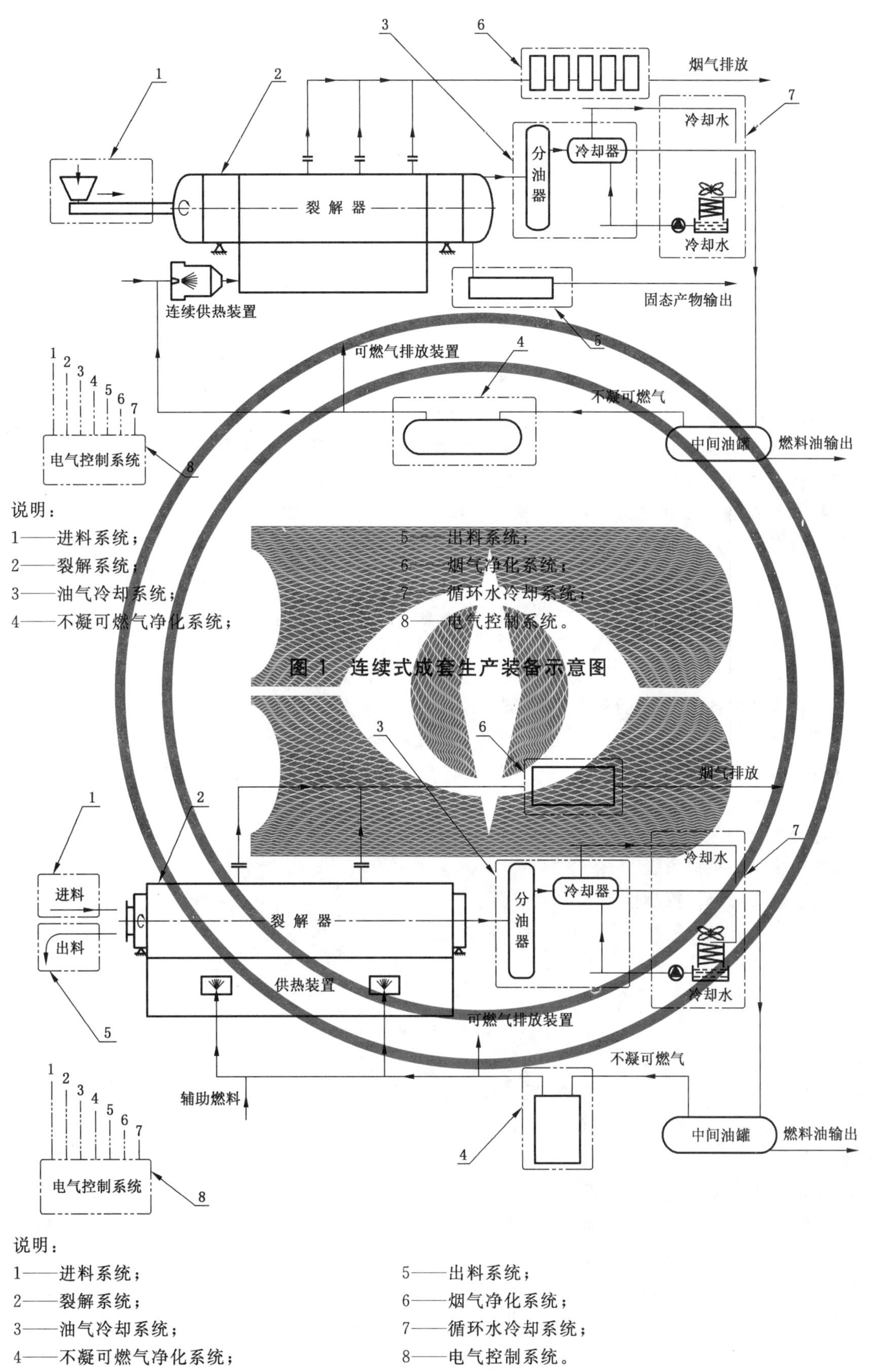

说明：

1——进料系统；
2——裂解系统；
3——油气冷却系统；
4——不凝可燃气净化系统；
5——出料系统；
6——烟气净化系统；
7——循环水冷却系统；
8——电气控制系统。

图1 连续式成套生产装备示意图

说明：

1——进料系统；
2——裂解系统；
3——油气冷却系统；
4——不凝可燃气净化系统；
5——出料系统；
6——烟气净化系统；
7——循环水冷却系统；
8——电气控制系统。

图2 间歇式成套生产装备示意图

4.2 型号

4.2.1 成套生产装备型号及编制方法参见附录A。
4.2.2 主要设备型号及编制方法参见附录B。

4.3 基本参数

主要设备和装置的基本参数参见附录C。

5 要求

5.1 基本要求

5.1.1 成套生产装备应符合本标准的要求,并按照经过规定程序批准的图样和技术文件制造。
5.1.2 管道和阀门接头应连接可靠,无泄漏,各管路系统干净、畅通。
5.1.3 成套生产装备正常运行时应平稳,不应有异常振动,无干涉、卡阻及异常噪声。
5.1.4 供热装置应采用可控温热风对裂解器进行供热。
5.1.5 固体产物与外界空气接触时的温度不得高于60 ℃。
5.1.6 成套生产装备工作环境卫生要求应符合GBZ 1—2010中6.1的规定。

5.2 功能要求

5.2.1 成套生产装备应具有:
 a) 手动或自动控制模式;
 b) 在线控制和显示各设备运行状态的功能;
 c) 自动记录、打印各运行参数(压力、温度、流量、电机频率)的功能;
 d) 故障实时报警和自诊断的功能。
5.2.2 控制系统应具有:
 a) 人机对话功能;
 b) 预留信息化网络接口系统;
 c) 手动控制模式与自动控制模式无扰动切换;
 d) 对压力、温度、流量等数据采集、计算、处理、指令功能。

5.3 技术要求

5.3.1 裂解器
5.3.1.1 裂解器设计压力为90 kPa。
5.3.1.2 裂解器内筒体应做水压或气压试验,不应有泄漏。
5.3.1.3 裂解器动密封面表面粗糙度 $Ra \leqslant 1.6\ \mu m$。
5.3.1.4 裂解器动密封面圆跳动应不大于0.2 mm。
5.3.1.5 裂解器轮毂圆跳动应不大于0.2 mm。
5.3.1.6 裂解器轮毂工作面硬度不应低于HRC 45。
5.3.2 供热装置向裂解器输入的供热温度不得高于650 ℃。
5.3.3 分油器、中间油罐等容器类设备的制造应符合NB/T 47003.1中的有关规定。
5.3.4 冷却器等换热设备的制造、检验与验收应符合GB/T 151的有关规定。
5.3.5 负荷运转时,成套生产装备各轴承体温度不高于60 ℃。
5.3.6 成套生产装备的年处理量应不低于标称值。
5.3.7 成套生产装备的废橡胶、废塑料裂解率不应低于99%。

5.3.8　成套生产装备生产全过程综合能耗低于 18 kgce/t。

5.4　安全要求

5.4.1　成套生产装备的外露运动部件应设置固定或活动防护装置，不能设置防护装置的应在明显位置设置警示标识并应在说明书中给出。各种安全标识应符合 GB 2894 的规定。
5.4.2　成套生产装备中人体可触及的外露高温部件，应采取防护措施，使其外表面温度不大于 60 ℃。
5.4.3　成套生产装备的安全防护部位应按 GB 2893 的规定，涂以黄色安全色或黑色与黄色相间的安全色条纹。
5.4.4　成套生产装备中安装在裂解车间内的电力装置应符合 GB 50058 的规定。
5.4.5　成套生产装备的动力电路导线和保护接地电路间的绝缘电阻应符合 GB 5226.1—2008 中 18.3 的规定。
5.4.6　成套生产装备的电气设备的所有电路导线和保护接地电路之间的耐压应符合 GB 5226.1—2008 中 18.4 的规定。
5.4.7　成套生产装备的保护联结电路的连续性应符合 GB 5226.1—2008 中 8.2.3 的规定。
5.4.8　成套生产装备的电气控制系统应具有过载保护和紧急停机装置。
5.4.9　成套生产装备运转前应有声光提示信号。
5.4.10　成套生产装备的最高点应设有避雷装置。
5.4.11　成套生产装备中所有金属设备、装备外壳、金属管道、支架、构件、部件应采用防静电直接接地，静电接地体的接地电阻值不应大于 100 Ω。
5.4.12　成套生产装备的中间油罐应设置防止油品泄漏围堰，其容积应大于中间油罐容积。
5.4.13　成套生产装备中的钢梯、防护栏杆及平台应符合 GB 4053.1 和 GB 4053.3 的规定。
5.4.14　成套生产装备中应设有可燃气安全排放装置，其设计应符合 SH 3009 的规定。
5.4.15　成套生产装备生产场所内应设置可燃气体检测报警系统，可燃气体检测报警系统的设置应符合 SY 6503 的规定。

5.5　环保要求

5.5.1　成套生产装备常规大气污染物排放浓度限值见表 1。
5.5.2　成套生产装备行业特征大气污染物排放浓度限值见表 2。

表 1　成套生产装备常规大气污染物排放浓度限值

序号	供热装置类型	颗粒物 mg/m³	二氧化硫 mg/m³	氮氧化物（以 NO_2 计）mg/m³	烟气黑度（林格曼级）	监控位置
1	以煤、重油、煤制气等为燃料的供热装置	50	300	300	1	车间或生产设施排放口
2	以轻油、天然气等为燃料的供热装置或电炉	20	200	200	1	

表 2　成套生产装备行业特征大气污染物排放浓度限值　单位为毫克每平方米

污染物名称	排放限值	监控位置
氟化物(以总 F 计)	6.0	车间或生产设施排放口
铅及其化合物	0.1	
汞及其化合物	0.008	
镉及其化合物	0.8	
氯化氢	50	

5.5.3　成套生产装备中进料系统、出料系统应配有除尘装置。除尘装置粉尘排放浓度不高于 20 mg/m³。

5.5.4　成套生产装备空负荷运转时的噪声声压级应不大于 70 dB(A)；负荷运转时的噪声声压级应不大于 80 dB(A)。

5.6　涂漆和外观要求

5.6.1　涂漆质量应符合 HG/T 3228—2001 中 3.4.6 的规定。漆膜厚度不应小于 50 μm。

5.6.2　外观质量应符合 HG/T 3120 的规定。

6　试验

6.1　基本要求检测

6.1.1　通过空负荷试车检查、PLC 程序操作检查，对 5.1.2、5.1.3、5.1.4 进行检测。

6.1.2　对 5.1.5 的检测，用点温计进行检测。

6.1.3　对 5.1.6 的检测，按照 GBZ 1—2010 的规定检测。

6.2　功能要求检测

6.2.1　通过负荷试车、PLC 程序及操作检查，应符合 5.2.1 的规定。

6.2.2　通过空负荷试车、PLC 程序操作检查，应符合 5.2.2 的规定。

6.3　技术要求检测

6.3.1　裂解器的检测

6.3.1.1　水压或气压试验按 NB/T 47003.1—2009 中 9.7 的相关规定进行检验。

6.3.1.2　裂解器动密封面加工完成后，按 GB/T 10610 规定的方法进行检测动密封面表面粗糙度。

6.3.1.3　对 5.3.1.4～5.3.1.6 的检测见表 3。

表 3　跳动及硬度检测方法

序号	检验项目	检 测 方 法	检 测 简 图	检验工具
1	裂解器动密封面圆跳动	将百分表磁力表座吸附在检验方箱或环体侧面，检测头触及裂解器动密封面，旋转裂解器至少一周，测得动密封面圆跳动最大值与最小值的差值为裂解器动密封面圆跳动的误差值。(A、B、C、D 4 处为动密封面)	A B C D	百分表

表 3（续）

序号	检验项目	检测方法	检测简图	检验工具
2	裂解器轮毂圆跳动	将百分表磁力表座吸附在检验方箱或环体侧面，检测头触及裂解器轮毂，旋转裂解器至少一周，测得轮毂圆跳动最大值与最小值的差值为裂解器轮毂圆跳动的误差值。(A、B 2 处为轮毂)	A B	百分表
3	裂解器轮毂工作面硬度	在轮毂工作面上沿圆周方向均分 8 处，每处沿轴线方向在距离轮毂两端各 30 mm 处取 2 点，用硬度计共测 16 处，取其平均值为裂解器轮毂工作面硬度。(A、B 2 处为轮毂)	A 30 30 B	硬度计

6.3.2　**供热温度的检测**

通过负荷试车及 PLC 显示检测供热温度。

6.3.3　**分油器、中间油罐等容器类设备的检测**

分油器、中间油罐等容器设备的制造按 NB/T 47003.1 的有关规定检查和试验。

6.3.4　**冷却器等换热设备的检测**

冷却器等换热设备的制造按 GB/T 151 的有关规定检查和试验。

6.3.5　**轴承体温度的检测**

成套生产装备负荷运转 4 h 后，用温度计在每个轴承体外壳上至少测量 3 点，取其中读数最大值。

6.3.6　**年处理量的检测**

6.3.6.1　**连续式成套生产装备年处理量的检测**

负荷运转正常后，用台秤或投料计量装置和计时器，测量 8 h 的处理量，取其平均值做为每小时处理量，再按式(1)计算年处理量。

$$年处理量(t)=每小时处理量(t/h)\times 8\,000\ h \quad \cdots\cdots(1)$$

6.3.6.2　**间歇式成套生产装备年处理量的检测**

用台秤或投料计量装置和计时器，测量 3 个周期的处理量和所用时间，取其平均值做为每周期处理量和每周期处理时间，再按式(2)计算年处理量。

$$年处理量(t) = 每周期处理量(t/次) \times [8\,000\ h/每周期处理时间(h/次)] \quad \cdots\cdots(2)$$

6.3.7 裂解率的检测

6.3.7.1 裂解所得固体产物取样

6.3.7.1.1 连续式成套生产装备每 2 h 取样一次，每次取样 100 g±5 g，共取 3 次，混合均匀后备用。

6.3.7.1.2 间歇式成套生产装备在出料过程中总出料量约 1/4、1/2、3/4 时各取 100 g±5 g，混合均匀后备用。

6.3.7.2 结果处理

裂解率按式(3)计算。

$$裂解率 = 1 - 裂解所得固体产物的含油率 \quad \cdots\cdots(3)$$

裂解所得固体产物的含油率的测试方法见附录 D。

6.3.8 能耗检测

按 GB/T 2589 的要求进行。

6.4 安全检测

6.4.1 目测，对 5.4.1 要求的固定或活动防护装置、警示标识及安全标识进行检测。

6.4.2 成套生产装备负荷运转 4 h 后，用温度计在保温设备或管道的外表面至少测量 6 点，取其中读数最大值。

6.4.3 目测，对 5.4.3 要求的安全防护部位涂安全色进行检测。

6.4.4 按照 GB 50058 的规定对 5.4.4 进行检测。

6.4.5 绝缘电阻试验。

成套生产装备安装完成后，用绝缘电阻测试仪按照 GB 5226.1—2008 中 18.3 的规定进行检测。

6.4.6 耐压试验。

成套生产装备安装完成后，用耐压测试仪按照 GB 5226.1—2008 中 18.4 的规定进行检测。

6.4.7 保护联结电路的连续性试验。

成套生产装备安装完成后，按照 GB 5226.1—2008 中 8.2.3 的规定进行检测。

6.4.8 通过 PLC 程序及操作检查，对 5.4.8 进行检测。

6.4.9 通过空负荷试车检查、PLC 操作检查，对 5.4.9 进行检测。

6.4.10 目测检查，对 5.4.10 进行检测。

6.4.11 对 5.4.11 的检测，按照 GB 4655 的规定。

6.4.12 目测检查，对 5.4.12 进行检测。

6.4.13 按照 GB 4053.1 和 GB 4053.3 的规定，对 5.4.13 进行检测。

6.4.14 按照 SH 3009 要求，对 5.4.14 进行检测。

6.4.15 按照 SY 6503 的要求，对 5.4.15 进行检测。

6.5 环保要求检测

6.5.1 按 GB 16297—1996 中第 8 章规定的方法，对 5.5.1、5.5.2 成套生产装备排放的大气污染物、行业特征大气污染物进行检测。

6.5.2 按 GB/T 16157 的规定的方法，对 5.5.3 除尘装置排放口粉尘浓度进行检测。

6.5.3 按 HG/T 2108 规定的方法,对 5.5.4 进行噪声检测。

6.6 涂漆和外观检查

6.6.1 按 HG/T 3228 规定的方法,对 5.6.1 进行涂漆质量检测。按 GB/T 13452.2 的规定对漆膜厚度进行检测。

6.6.2 按 HG/T 3120 规定的方法,对 5.6.2 进行外观质量检测。

6.7 空负荷运转前试验

空负荷运转前,应按照 5.3.1.2～5.3.1.6、5.4.1、5.4.3～5.4.15 对成套生产装备进行检查,均应符合要求。

6.8 空负荷运转试验

6.8.1 空负荷运转试验应在装配检验合格并符合 6.7 的要求后方可进行,连续空负荷运转时间不少于 4 h。

6.8.2 空负荷运转时,应按照 5.1.2～5.1.4、5.1.6、5.2、5.5.4 进行检测。

6.8.3 成套生产装备的空负荷运转试验允许在用户现场安装后进行。

6.9 负荷运转试验

6.9.1 在空负荷运转试验合格后,进行负荷运转试验。

6.9.2 负荷运转试验期间,连续式成套生产装备应连续累计负荷运转 72 h 无故障,间歇式成套生产装备应连续累计负荷运转 3 个周期无故障,若中间出现故障,故障排除时间应不超过 2 h,否则应重新进行试验。

6.9.3 负荷运转时,应按照 5.1.5、5.3.2、5.3.5、5.3.6、5.3.7、5.4.2、5.5.1、5.5.2、5.5.4 对成套生产装备进行检查,均应符合要求。

6.9.4 成套生产装备的负荷运转试验允许在用户现场进行。

7 检验规则

7.1 检验分类

成套生产装备的检验分出厂检验和型式试验。

7.2 出厂检验

7.2.1 成套生产装备出厂前应经质量检验部门检验合格并附有产品质量合格证明。

7.2.2 成套生产装备在制造厂的不可检验项目,应在用户现场做补充检验和试验。

7.2.3 成套生产装备的出厂检验项目见 5.2、5.3.1～5.3.4、5.4、5.6、6.8、6.9。

7.3 型式检验

7.3.1 有下列情况之一时,应进行型式检验:

a) 新产品试制或老产品转厂生产的定型鉴定时;
b) 正式投产后,当结构、材料、工艺有较大的改变时;
c) 产品停产两年后,恢复生产时;
d) 出厂检验结果与上次型式检验结果有较大差异时;
e) 正常生产时,每三年至少抽检一台/套;

f) 国家质量监督部门提出进行型式检验要求时。

7.3.2 型式检验的样品应是出厂检验合格的产品,每次抽取样机不少于一台。

7.3.3 型式检验项目应按本标准中的第5章规定进行。

7.3.4 型式检验项目全部符合本标准规定,则判为合格。型式检验每次抽验一台,若有不合格项时,应再抽两台进行检验,若仍有不合格项时,则应逐台进行检验。

8 标志、包装、运输与贮存

8.1 标志

成套生产装备中各单体设备应有产品铭牌、注意事项或警示标牌、有关的运动指向标牌。标牌型式及尺寸应符合 GB/T 13306 的规定。产品标牌应有下列内容:

a) 产品名称;
b) 产品型号;
c) 年处理量;
d) 生产日期;
e) 出厂编号;
f) 生产单位名称、地址、电话和企业商标;
g) 产品执行标准。

8.2 包装

8.2.1 成套生产装备包装应符合 GB/T 13384 的有关规定。包装箱内应装有下列技术文件(装入防水袋内):

a) 产品合格证;
b) 使用说明书,其内容应符合 GB/T 9969 的规定;
c) 装箱单;
d) 安装图。

8.2.2 成套生产装备(和各系统设备)包装前,所有零部件、附件和备件的加工表面应采取可靠的防锈措施。

8.2.3 成套生产装备(和各系统设备)的敞开包装、捆扎包装和裸装部分,应有可靠的防雨防潮措施。

8.2.4 成套生产装备的包装储运图示标志应符合 GB/T 191 的规定。

8.3 运输

成套生产装备的运输应符合 GB/T 191 和 GB/T 6388 的有关规定。

8.4 贮存

成套生产装备贮存在干燥通风处,避免受潮腐蚀性气(物)体存放,露天存放应有防雨措施。

附 录 A
（资料性附录）
成套生产装备型号及编制方法

A.1 成套生产装备型号的构成及其内容

A.1.1 成套生产装备型号由成套生产装备代号、规格参数、设计代号三部分组成。

A.1.2 成套生产装备型号格式：

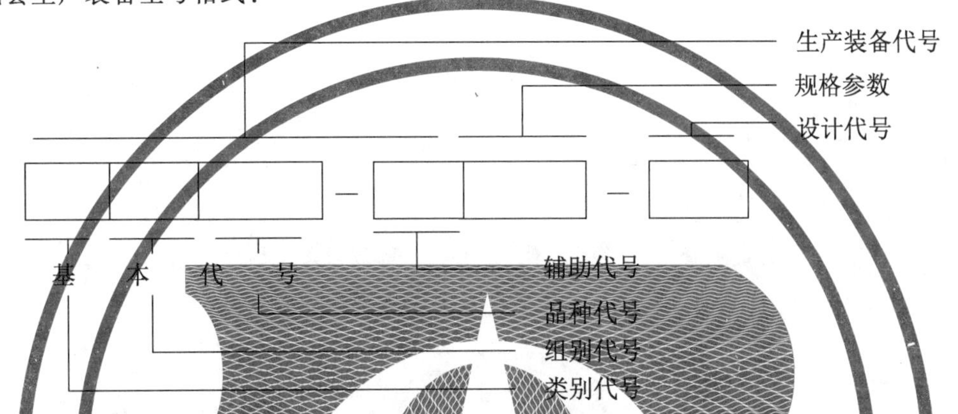

A.1.3 成套生产装备代号由基本代号和辅助代号组成，均用汉语拼音字母表示，基本代号与辅助代号之间用短横线“-”隔开。

A.1.4 基本代号由类别代号、组别代号、品种代号组成，均用大写汉语拼音字母表示。其定义为：类别代号“X”表示废橡胶裂解装备，“S”表示废塑料裂解装备；组别代号“LJ”表示裂解；品种代号“L”表示连续式，“J”表示间歇式。

A.1.5 辅助代号定义：X 表示生产装备(线)。

A.1.6 规格参数用废橡胶废塑料年处理量表示。

注：废橡胶废塑料年处理量单位为吨，每年按 8 000 h 计算。

A.1.7 设计代号在必要时使用，可以用于表示制造单位的代号或产品设计的顺序代号，也可以是两者的组合代号。使用设计代号时，在规格参数与设计代号之间加短横线“-”隔开。当设计代号仅以一个字母表示时允许在规格参数与设计代号之间不加短横线。设计代号在使用字母时，一般不使用 I 和 O，以免与数字混淆。

A.2 型号示例

年处理废橡胶 10 000 t 的连续式裂解成套生产装备型号：

XLJL-X10000

附　录　B
（资料性附录）
主要设备型号及编制方法

B.1　主要设备型号格式

B.1.1　主要设备型号由产品代号、规格参数、设计代号三部分组成。

B.1.2　主要设备型号格式：

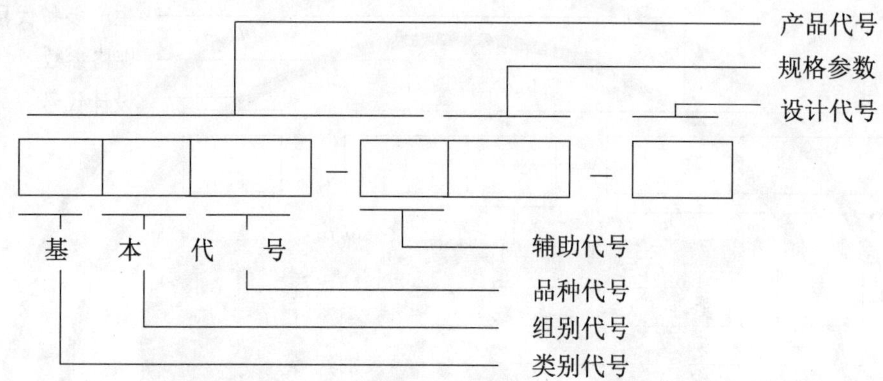

B.1.3　产品代号由基本代号和辅助代号组成，均用汉语拼音字母表示，基本代号与辅助代号之间用短横线"-"隔开。

B.1.3.1　基本代号由类别代号、组别代号、品种代号三个小节顺序组成，基本品种不标注品种代号。其定义为：类别代号"X" 表示废橡胶裂解装备，"S"表示废塑料裂解装备。

B.1.3.2　辅助代号在必要时用于表示结构形式，当无辅助代号时，可空缺。

B.1.3.3　主要设备的产品代号按表 B.1 及表 B.2 的规定。

B.1.4　规格参数的表示方法及计量单位按表 B.1 及表 B.2 的规定。

B.1.5　设计代号在必要时使用，可以用于表示制造单位的代号或产品设计的顺序代号，也可以是两者的组合代号。使用设计代号时，在规格参数与设计代号之间加短横线"-"隔开。当设计代号仅以一个字母表示时允许在规格参数与设计代号之间不加短横线。设计代号在使用字母时，一般不使用 I 和 O，以免与数字混淆。

表 B.1　废橡胶生产装备主要设备型号

组别	品种		产品代号		规格参数
	产品名称	代号	基本代号	辅助代号	
进料系统 J(进)	料仓	C(仓)	XJC		容积(m^3)
	输送机	S(输)	XJS		输送量(kg/h)
	计量秤	L(量)	XJL		最大称重量(kg)
	进料机	J(进)	XJJ		进料量(kg/h)
裂解系统 L(裂)	裂解器	J(解)	XLJ		年处理量(t/a)
	供热装置	R(热)	XLR		供热量(kW)

表 B.1（续）

组别	品种		产品代号		规格参数
	产品名称	代号	基本代号	辅助代号	
油气冷却系统 Y(油)	分油器	F(分)	XYF		直径(mm)×高度(mm)
	冷却器	L(冷)	XYL		换热面积(m^2)
	中间油罐	G(罐)	XYG		容积(m^3)
不凝可燃气净化系统 R(燃)	可燃气净化罐	J(净)	XRJ		直径(mm)×高度(mm)
	储气罐	C(储)	XRC		容积(m^3)
出料系统 C(出)	出料机	C(出)	XCC		出料量(kg/h)
	水冷输送机	S(输)	XCS		输送量(kg/h)
	磁选机	X(选)	XCX		磁感应强度(mT)
烟气净化系统 Q(气)	风冷冷却器	F(风)	XQF		换热面积(m^2)
	水冷冷却器	S(水)	XQS		换热面积(m^2)
	烟气净化装置	J(净)	XQJ		处理量(Nm^3/h)
循环冷却水系统 S(水)	冷却塔	L(冷)	XSL		循环水量(m^3/h)

表 B.2　废塑料生产装备主要设备型号

组别	品种		产品代号		规格参数
	产品名称	代号	基本代号	辅助代号	
进料系统 J(进)	料仓	C(仓)	SJC		容积(m^3)
	输送机	S(输)	SJS		输送量(kg/h)
	计量秤	L(量)	SJL		最大称重量(kg)
	进料机	J(进)	SJJ		进料量(kg/h)
裂解系统 L(裂)	裂解器	J(解)	SLJ		年处理量(t/a)
	供热装置	R(热)	SLR		供热量(kcal/h)
油气冷却系统 Y(油)	分油器	F(分)	SYF		直径(mm)×高度(mm)
	冷却器	L(冷)	SYL		换热面积(m^2)
	中间油罐	G(罐)	SYG		容积(m^3)
不凝可燃气净化系统 R(燃)	可燃气净化罐	J(净)	SRJ		直径(mm)×高度(mm)
	储气罐	C(储)	SRC		容积(m^3)
出料系统 C(出)	出料机	C(出)	SCC		出料量(kg/h)
	水冷输送机	S(输)	SCS		输送量(kg/h)
烟气净化系统 Q(气)	风冷冷却器	F(风)	SQF		换热面积(m^2)
	水冷冷却器	S(水)	SQS		换热面积(m^2)
	烟气净化装置	J(净)	SQJ		处理量(Nm^3/h)
循环冷却水系统 S(水)	冷却塔	L(冷)	SSL		循环水量(m^3/h)

B.2 主要设备型号示例

B.2.1 废橡胶年处理量为5 000 t的裂解器的型号：

XLJ-5000

B.2.2 废塑料年处理量为5 000 t的裂解器的型号：

SLJ-5000

B.2.3 废橡胶成套生产装备中进料系统进料量为700 kg/h的进料机的型号：

XJJ-700

附 录 C
（资料性附录）
主要设备和装置的基本参数

主要设备和装置的基本参数见表 C.1～表 C.5。

表 C.1 进料机基本参数

项 目	基本参数	
型号	XJJ-500	XJJ-700
最大进料量 kg/h	500	700
主电动机功率 kW	11	15

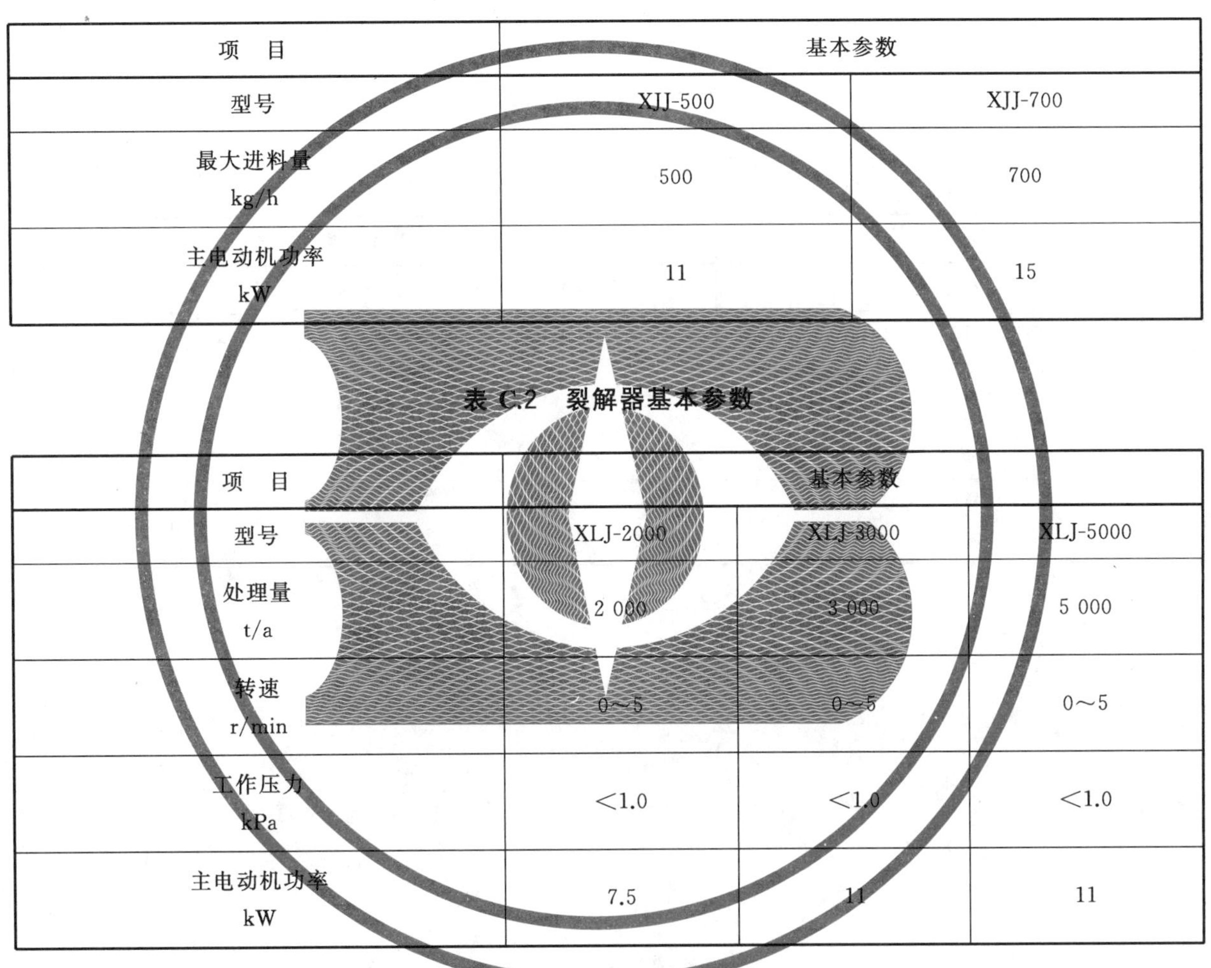

表 C.2 裂解器基本参数

项 目	基本参数		
型号	XLJ-2000	XLJ-3000	XLJ-5000
处理量 t/a	2 000	3 000	5 000
转速 r/min	0～5	0～5	0～5
工作压力 kPa	<1.0	<1.0	<1.0
主电动机功率 kW	7.5	11	11

表 C.3 供热装置基本参数

项 目	基本参数		
型号	XLR-30	XLR-40	XLR-50
供热量 10^4 kW	290～350	350～465	465～580
供热温度 ℃	<650	<650	<650
燃料	燃料油、可燃气		

表 C.4 出料机基本参数

项　目	基本参数		
型号	XCC-200	XCC-300	XCC-400
出料量 kg/h	200	300	400
二级出料温度 ℃	<60	<60	<60
主电动机功率 kW	5.5	7.5	7.5

表 C.5 可燃气净化罐基本参数

项　目	基本参数	
型号	XRJ-800×3000	XRJ-1000×4000
直径 mm	ϕ800	ϕ1 000
高度 mm	3 000	4 000
填料层高度 mm	800	1 000

附　录　D
（规范性附录）
裂解所得固体产物含油率的测定

D.1　方法提要

在隔绝空气的条件下，称取一定量的固体产物试样放入高温炉内加热一定时间，测定其质量损失。

D.2　仪器设备

D.2.1　高温炉，温度可控制在(450±5)℃。
D.2.2　坩埚，容积 30 cm^3，带盖。
D.2.3　秒表，精度 0.2 s。
D.2.4　分析天平，精度为 0.1 mg。
D.2.5　干燥器，装有有效干燥剂。
D.2.6　烘箱，重力对流型，可控温度为(105±2)℃或(125±2)℃。

D.3　样品制备

将采取到的试样全部破碎至 4 mm 以下，用四分法缩分至 60 g 左右，研磨后全部通过 0.25 mm 的标准筛。

D.4　试验步骤

D.4.1　将制备好的试样置于 105 ℃或 125 ℃烘箱(D.2.6)中干燥 1 h，取出移至干燥器(D.2.5)中冷却至室温备用。
D.4.2　在 450 ℃高温炉(D.2.1)中，灼烧空坩埚(D.2.2)约 0.5 h，取出，置于工作台上的石棉网上冷却 2 min～3 min 后，移入干燥器中冷却至室温并用分析天平(D.2.4)称量。
D.4.3　将干燥过的试样置于已称量过的坩埚中，将坩埚在一坚固且平坦的平板上轻轻敲击，使试样平铺坩埚内，装至离坩埚边沿约 2 mm 处，把坩埚盖盖严，称量试样和坩埚的总量。
D.4.4　将已称量过装有试样的坩埚置于镍铬丝架上，然后迅速放入 450 ℃的高温炉，立即用秒表(D.2.3)计时，灼烧 7 min。
D.4.5　取出，置于工作台上的石棉网上冷却 2 min～3 min，移入干燥器中冷却至室温并称量。

D.5　结果计算

试样含油率 Y(质量分数)按式(D.1)计算：

$$Y=\frac{m_1-m_2}{m_1-m_0}\times 100\% \qquad \cdots\cdots(\text{D.1})$$

式中：
m_0——坩埚的质量，单位为克(g)；

m_1——坩埚和试样灼烧前的质量,单位为克(g);

m_2——坩埚和试样灼烧后的质量,单位为克(g)。

D.6 结果处理

测 3 次,取平均值。

D.7 精密度

允许差:两次测定结果之差不超过 0.8%。

ICS 71.120;83.200
G 95

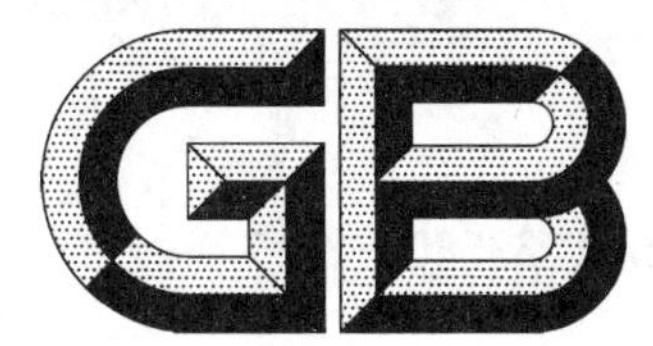

中华人民共和国国家标准

GB/T 33580—2017

橡胶塑料挤出机能耗检测方法

Testing and measuring methods of energy consumption for rubber and plastics extruder

2017-05-12 发布 2017-12-01 实施

中华人民共和国国家质量监督检验检疫总局
中国国家标准化管理委员会 发布

前　言

本标准按照 GB/T 1.1—2009 给出的规则起草。

本标准由中国石油和化学工业联合会提出。

本标准由全国橡胶塑料机械标准化技术委员会(SAC/TC 71)归口。

本标准起草单位:大连橡胶塑料机械股份有限公司、中国化学工业桂林工程有限公司、广东金明精机股份有限公司、山东通佳机械有限公司、德科摩橡塑科技(东莞)有限公司、南京艺工电工设备有限公司、天华化工机械及自动化研究设计院有限公司、国家塑料机械产品质量监督检验中心、青岛软控机电工程有限公司、广州华工百川科技股份有限公司、北京橡胶工业研究设计院、无锡市江南橡塑机械有限公司、东莞市新支点科技服务有限公司。

本标准主要起草人:孙凤萍、洛少宁、杨宥人、黄发国、黄慧生、黄虹、张建群、李晨曦、彭红光、梁晓刚、郭一萍、杭柏林、吴志勇、何成、章华、宫一青、夏向秀、李毅。

橡胶塑料挤出机能耗检测方法

1 范围

本标准规定了橡胶塑料挤出机(以下简称挤出机)电能消耗的检测方法。

本标准适用于单螺杆和双螺杆橡胶塑料挤出机。

本标准不适用于橡胶挤出压片机、塑料发泡挤出机和阶式塑料挤出机。

2 规范性引用文件

下列文件对于本文件的应用是必不可少的。凡是注日期的引用文件,仅注日期的版本适用于本文件。凡是不注日期的引用文件,其最新版本(包括所有的修改单)适用于本文件。

GB/T 2941—2006 橡胶物理试验方法试样制备和调节通用程序

GB/T 3102.5 电学和磁学的量和单位

HG/T 3223 橡胶机械 术语

JB/T 5438 塑料机械 术语

3 术语和定义

GB/T 3102.5、HG/T 3223 和 JB/T 5438 界定的以及下列术语和定义适用于本文件。

3.1

整机电能消耗 total machine related electric energy consumption

按第 4 章规定的检测方法进行测定的电能消耗值,即按本标准规定的测试条件和方法测定的挤出机在一段时间内的电能消耗,单位为千瓦小时(kW·h)。

3.2

比能耗 specific machine related electric energy consumption

挤出机挤出单位质量物料的整机电能消耗,单位为千瓦小时每千克(kW·h/kg)。

4 检测方法

4.1 检测项目

4.1.1 测试时间,单位为分钟(min)。

4.1.2 测试时间内整机电能消耗,单位为千瓦小时(kW·h)。

4.1.3 测试时间内挤出机挤出的物料质量,单位为千克(kg)。

4.1.4 测试条件下各温控区的温度,单位为摄氏度(℃)。

4.1.5 测试机头的压力,单位为兆帕(MPa)。

4.2 检测仪器

4.2.1 功率表或电能测试仪:准确度不低于 0.5 级。

4.2.2 称重衡器:准确度不低于Ⅲ级。

4.2.3 测温装置:精度不低于1%。

4.2.4 熔体压力测量装置:精度不低于1%。

4.2.5 秒表:测量精度不低于一等。

4.3 检测条件

4.3.1 橡胶挤出机检测条件

4.3.1.1 试验材料

4.3.1.1.1 橡胶挤出机测试用橡胶胶料配方参见A.1。

4.3.1.1.2 测试用轮胎胎面胶料门尼黏度应为(60±3)ML(1+4)100 ℃,密度应为(1.130±0.010)g/cm³,炭黑分散度不低于7.0度;测试用排气挤出机用胶料门尼黏度应为(50±3)ML(1+4)100 ℃,密度应为(1.110±0.010)g/cm³,炭黑分散度不低于7.0度;挤出胶料存放时间应符合GB/T 2941—2006中4.3的规定,胶料存放应避光,温度范围15 ℃~25 ℃。

4.3.1.1.3 冷喂料挤出机的喂料胶料温度应为28 ℃±3 ℃;热喂料挤出机、热喂料滤胶机喂料胶料温度应为80 ℃±5 ℃。

4.3.1.1.4 橡胶测试用料为连续片状,厚度为2 mm~10 mm。

4.3.1.2 测试用装置

4.3.1.2.1 测试机头装置

橡胶挤出机测试宜采用测试机头装置,也可使用与挤出机相配的机头,测试机头装置结构示意图及口型尺寸参见A.2;滤胶挤出机宜采用自带的滤胶机头进行测试。

4.3.1.2.2 测试用供料机:对于螺杆直径150 mm及以上的挤出机,可用供料机供料。

4.3.1.3 温度设定

橡胶挤出机各温控单元的温度设定值见表1。

表1 各单元的温控设定值表

温控单元	机头	机筒均化段	机筒塑化段	机筒喂料段	螺杆
温控单元设定温度/℃	80~90	70~80	50~70	40~50	60~80

4.3.1.4 螺杆转速

螺杆转速不低于额定转速的70%。

4.3.1.5 机头压力

测试时机头压力应满足表2要求。

表2 橡胶挤出机测试机头压力

挤出机类型	热喂料挤出机、冷喂料挤出机、销钉机筒冷喂料挤出机	滤胶挤出机		冷喂料排气挤出机
		直径 $D \leqslant 250$ mm	直径 $D > 250$ mm	
测试机头压力/MPa	≥4	≥8	≥5	≥4

4.3.1.6 整机电能消耗组成

整机电能消耗包括：

——主电动机所消耗的电能；

——驱动系统的润滑装置、主电动机冷却系统所消耗的电能；

——机头、机筒、喂料座、螺杆加热和冷却所消耗的电能(即温控系统所消耗的电能)；

——电气控制系统消耗的电能。

整机电能消耗不包括：

——橡胶挤出生产线的联动装置所消耗的电能；

——外部流体供应，如冷却水、压缩空气、液压油等所消耗的电能；

——未提及的其他辅助设备所消耗的电能。

4.3.2 塑料挤出机检测条件

4.3.2.1 试验材料

4.3.2.1.1 测试用塑料配方参见 C.1。

4.3.2.1.2 对于单螺杆塑料挤出机，试验物料应为粒料。聚乙烯(LDPE、LLDPE)熔体流动速率(190 ℃，2.16 kg)为 1 g/10 min～7 g/10 min；高密度聚乙烯(HDPE)熔体流动速率 (230 ℃，2.16 kg)为 0.1 g/10 min～0.5 g/10 min；软聚氯乙烯(SPVC)粘数为 135 mL/g～127 mL/g。

4.3.2.1.3 同向双螺杆塑料挤出机试验用物料为聚丙烯(PP)粒料，熔体流动速率(230 ℃，2.16 kg) 为 4 g/10 min～8 g/10 min。

4.3.2.1.4 异向双螺杆塑料挤出机(含锥形异向双螺杆塑料挤出机)试验用物料为硬聚氯乙烯(UPVC)粉料，粘数为 118 mL/g～107 mL/g。

4.3.2.2 测试用装置

宜使用专用测试机头装置，也可使用与挤出机相配的机头。测试机头装置结构示意图及出口直径参见 C.2。

4.3.2.3 温度控制要求

塑料挤出机各温控区温度设定应满足试验材料工艺要求，并在测试过程中保持设定值稳定。

4.3.2.4 螺杆转速

螺杆转速应不低于额定转速的 70%。

4.3.2.5 机头压力

测试时机头压力应满足表 3 要求。

表 3 塑料挤出机测试机头压力

挤出机类型	单螺杆挤出机	同向平行双螺杆挤出机	异向平行双螺杆挤出机	锥形双螺杆挤出机
测试机头压力/MPa	10～20	6～8	10～20	10～20

4.3.2.6 整机电能消耗组成

整机电能消耗包括：

——主电动机所消耗的电能；

——驱动系统的润滑装置、主电动机冷却系统所消耗的电能；

——机头、机筒、螺杆加热和冷却所消耗的电能(即温控系统所消耗的电能)；

——电气控制系统消耗的电能；

——双螺杆挤出机喂料装置消耗的电能。

整机电能消耗不包括：

——塑料挤出机组的辅机所消耗电能；

——外部流体供应，如冷却水、压缩空气、液压油等所消耗的电能；

——未提及的其他辅助设备所消耗的电能。

4.4 测量方法

4.4.1 橡胶挤出机测量方法

4.4.1.1 按 4.3.1.1 的要求准备试验用材料。

4.4.1.2 按 4.3.1.2 的要求安装测试用装置。

4.4.1.3 按 4.3.1.3 要求设定各温控单元温度并进行加热，温度达到设定值 5 min 后，其变化值不应超过±2 ℃。

4.4.1.4 各部件经充分预热后启动挤出机并进行加料，螺杆转速逐步调整至不低于额定转速的 70%。

4.4.1.5 调整各参数使测试机头压力满足表 2 要求。

4.4.1.6 在距离口型板出口 5 mm～50 mm 处测量胶料温度，应不高于 120 ℃。

4.4.1.7 挤出机稳定挤出物料 5 min 后，开始取样，取样 3 次，螺杆直径 $D<120$ mm 的挤出机每次取样时间不少于 10 min，螺杆直径 $D\geqslant120$ mm 的挤出机每次取样时间不少于 5 min，用功率表或电能测试仪读取取样时间段内整机电能消耗值，单位为千瓦小时(kW·h)，并用称重衡器称量在该时间段内挤出的物料质量，单位为千克(kg)。

4.4.2 塑料挤出机测量方法

4.4.2.1 按 4.3.2.1 的要求准备试验用材料。

4.4.2.2 按 4.3.2.2 的要求安装测试用机头装置或与挤出机相匹配的机头。

4.4.2.3 按试验材料的工艺要求设定各温控区温度并进行加热，各温控区的温度应保持稳定，其变化值不应超过±2 ℃。

4.4.2.4 各部件经充分预热后启动挤出机并进行加料，螺杆转速逐步调整至不低于额定转速的 70%。

4.4.2.5 调整各参数使测试机头压力满足表 3 要求，且物料塑化良好。

4.4.2.6 挤出机稳定挤出物料 5 min 后，开始取样，取样 3 次，螺杆直径 $D<120$ mm 的挤出机每次取样时间不少于 10 min，螺杆直径 $D\geqslant120$ mm 的挤出机每次取样时间不少于 5 min，用功率表或电能测试仪读取取样时间段内整机电能消耗值，单位为千瓦小时(kW·h)，并用称重衡器称量在该时间段内挤出的物料质量，单位为千克(kg)。

4.5 数据处理

4.5.1 将测试时间内测量的整机电能消耗值除以在该时间段内挤出的物料质量，按式(1)计算比能耗。

$$\mathrm{SEI}=W_{实测}/Q_{实测} \qquad (1)$$

式中：

SEI ——挤出机比能耗数值，单位为千瓦小时每千克(kW·h/kg)；

$W_{实测}$ ——取样时间内测量的整机电能消耗值，单位为千瓦小时(kW·h)；

$Q_{实测}$ ——取样时间内挤出的物料质量，单位为千克(kg)。

三次测量的比能耗数值取算术平均值作为整机比能耗数值。

4.5.2 能耗数据检测数值表述应为整机比能耗。

4.5.3 判定橡胶挤出机的节能评价值，参见附录B。判定塑料挤出机的节能评价值，参见附录D。

5 数值表述

能耗数据检测数值表述应包括整机比能耗、配方、温度设置、螺杆转速、挤出物料温度、测试机头压力、机器型号配置等。

附 录 A
（资料性附录）
橡胶挤出机测试用料配方及测试机头装置要求

A.1 配方(质量份数)

A.1.1 适用于热喂料挤出机、滤胶挤出机、冷喂料挤出机、销钉(机筒)冷喂料挤出机的测试用轮胎胎面胶配方如下：

天然橡胶(SMR20)	100.0
炭黑 N234	50.0
氧化锌	3.0
硬脂酸	2.0
芳烃油	5.0
防老剂 RD	1.5
防老剂 4020	1.5
硫磺	1.0
促进剂 NS	1.2
防焦剂 CTP	0.2

A.1.2 适用于冷喂料排气挤出机测试用的胶料配方如下：

三元乙丙橡胶	100.0
炭黑 N330	50.0
氧化锌	5.0
硬脂酸	1.0
环烷油	20.0
硫磺	1.5
促进剂 TT	1.0
促进剂 M	0.5

A.2 橡胶挤出机测试机头装置

热喂料挤出机、冷喂料挤出机、销钉机筒冷喂料挤出机测试机头装置结构示意图见图 A.1，口型尺寸见表 A.1。

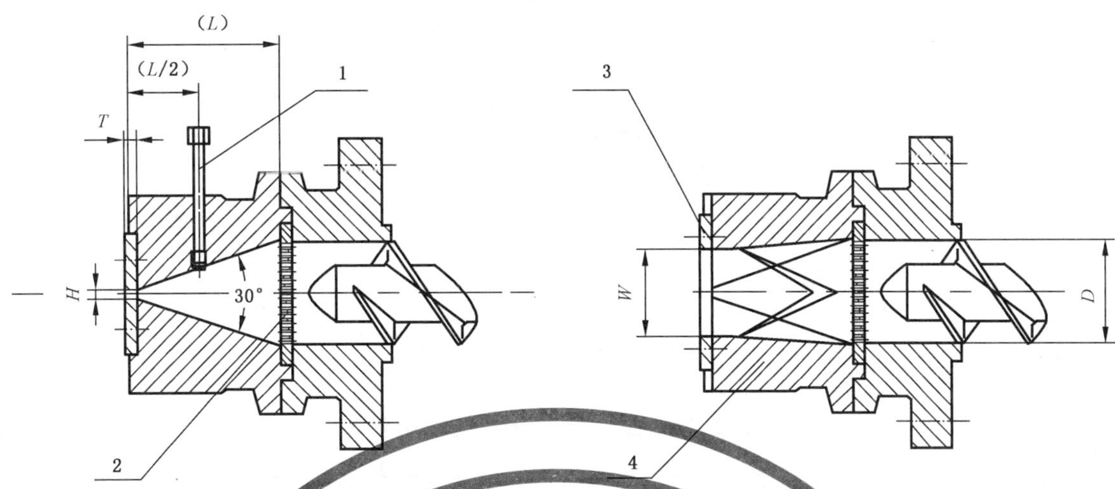

说明：

1——压力传感器；

2——滤胶板（滤胶板只用于滤胶机测试机头上，其他挤出机测试机头不用）；

3——口型板；

4——机头体。

图 A.1 测试机头装置结构示意图

表 A.1 螺杆直径与测试机头口型尺寸表

单位为毫米

螺杆直径 D	30	45	60	90	120	150	200	250	300
$W \times H$	25×4	40×5	50×6	80×8	100×10	150×12	200×15	250×20	300×25
T	10	10	10	12	12	12	16	16	16

附 录 B
（资料性附录）
橡胶挤出机的节能评价值

B.1 橡胶挤出机的节能评价值

橡胶挤出机的节能评价值见表 B.1。

表 B.1 橡胶挤出机的节能评价值

橡胶挤出机分类	螺杆直径范围/mm	节能评价值 /(kW·h/kg)	备 注
热喂料挤出机	60	≤0.12	配方 A.1.1
	90、120	≤0.07	
	150、200	≤0.04	
	250、300	≤0.02	
热喂料滤胶挤出机	120	≤0.08	配方 A.1.1
	150、200、250、300	≤0.05	配方 A.1.1
冷喂料挤出机	30、45	≤0.23	配方 A.1.1
	60、90	≤0.20	
	120、150	≤0.17	
	200、250、300	≤0.15	
销钉(机筒)冷喂料挤出机	60、90	≤0.13	配方 A.1.1
	120、150	≤0.08	
	200、250、300	≤0.06	
冷喂料排气挤出机	30、45	≤0.25	配方 A.1.2
	60	≤0.20	
	90、120、150	≤0.16	

B.2 橡胶挤出机节能产品系列评价方法

确定系列产品是否符合节能产品认证的技术要求，应按以下方法抽样进行检测。按表 B.1 挤出机进行分类，每类产品按螺杆直径进行系列划分，同一系列中每个直径范围抽取 1 台样机进行检测。被抽取样机能耗值符合表 B.1 的规定，则该系列产品可认定为节能产品。

附 录 C
(资料性附录)
塑料挤出机测试用料配方及测试机头装置要求

C.1 配方(质量份数)

C.1.1 适合单螺杆塑料挤出机测试用低密度聚乙烯(LDPE)和线性低密度聚乙烯(LLDPE)粒料配方如下:

线性低密度聚乙烯(LLDPE)	100.0
低密度聚乙烯(LDPE)	50.0
色母料	0.1
防水滴剂	7.0
防老化剂	7.0

C.1.2 适合单螺杆塑料挤出机测试用高密度聚乙烯(HDPE)粒料配方如下:

高密度聚乙烯(HDPE)	100.0
色母料	2.0

C.1.3 适合单螺杆塑料挤出机测试用软聚氯乙烯(SPVC)粒料配方如下:

聚氯乙烯(PVCSG-3)	100.0
增塑剂(DOP)	34.0
稳定剂(3Pb)	4.4
稳定剂(2Pb)	2.2
填充剂($CaCO_3$)	13.0
润滑剂(Hst)	0.4

C.1.4 适合同向双螺杆塑料挤出机测试用的聚丙烯(PP)填充造粒配方如下:

PP	100.0
碳酸钙($CaCO_3$)	25.0

C.1.5 适合异向双螺杆塑料挤出机测试用硬聚氯乙烯(UPVC)粉料配方如下:

聚氯乙烯(PVC SG-5)	100.0
冲击改性剂(CPE)	3.0
稳定剂(T-175)	2.0
填充剂($CaCO_3$)	10.0
润滑剂(PE 蜡)	0.5
钛白粉	1.0

C.2 塑料挤出机测试机头装置

塑料挤出机测试机头装置结构示意图见图 C.1,出口直径按表 C.1 规定。

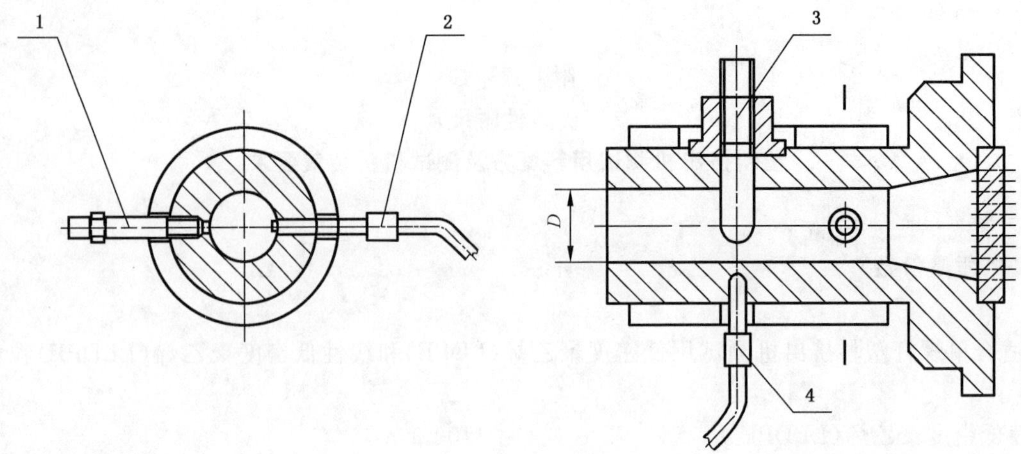

说明：
1——熔体压力传感器；
2——测料温热电偶(阻)；
3——节流阀；
4——控温热电偶(阻)。

图 C.1 测试机头装置结构示意图

表 C.1 测试机头出口直径

挤出量 Q kg/h	≤100	>100～300	>300～500	>500～1 000	>1 000
测试机头出口直径 D mm	20	30	40	60	80

附　录　D
（资料性附录）
塑料挤出机的节能评价值

D.1　塑料挤出机的节能评价值

塑料挤出机的节能评价值见表 D.1。

表 D.1　塑料挤出机的节能评价值

塑料挤出机分类	螺杆直径范围 mm	长径比范围	节能评价值 kW·h/kg	备　注
单螺杆塑料挤出机	>20～65	20～25	≤0.22	配方 C.1.3
			≤0.25	配方 C.1.1/ 配方 C.1.2
		28～36	≤0.30	配方 C.1.1/ 配方 C.1.2
	>65～100	20～25	≤0.20	配方 C.1.3
			≤0.23	配方 C.1.1/ 配方 C.1.2
		28～36	≤0.25	配方 C.1.1/ 配方 C.1.2
	>100～150	20～25	≤0.18	配方 C.1.3
			≤0.22	配方 C.1.1/ 配方 C.1.2
		28～36	≤0.24	配方 C.1.1/ 配方 C.1.2
	>150～300	20～25	≤0.15	配方 C.1.3
			≤0.18	配方 C.1.1/ 配方 C.1.2
		28～33	≤0.22	配方 C.1.1/ 配方 C.1.2
同向双螺杆塑料挤出机	>20～60	32～48	≤0.28	配方 C.1.4 （不含直径大于 180 mm 用于混炼造粒的大型挤出机）
		52～64	≤0.32	
	>60～120	32～48	≤0.26	
		52～64	≤0.30	
	>120～180	32～48	≤0.23	
		52～64	≤0.28	
锥形同向双螺杆塑料挤出机	25～125	20～32	≤0.10	配方 C.1.4
异向双螺杆塑料挤出机	>40～90	28～34	≤0.16	配方 C.1.5（不含直径 200 mm 及长径比小于 28 用于 PVC 造粒的挤出机）
	>90～150		≤0.13	
锥形异向双螺杆塑料挤出机	>25～60	—	≤0.15	配方 C.1.5
	>60～92		≤0.13	

注 1：锥形双螺杆塑料挤出机螺杆直径指小端公称直径。

注 2：表中不包含的长径比节能评价值参考最接近的长径比执行。

D.2 塑料挤出机节能产品系列评价方法

确定系列产品是否符合节能产品认证的技术要求，应按以下方法抽样进行检测。按表 D.1 塑料挤出机分类进行系列划分，按不同直径范围每个长径比范围内抽取 1 台样机进行检测，被抽取的样机能耗值符合表 D.1 的规定，则该系列产品可认定为节能产品。

ICS 71.120;83.200
G 95
备案号:27370—2010

中华人民共和国化工行业标准

HG/T 2148—2009
代替 HG/T 2148—1991

密闭式炼胶机炼塑机检测方法

Measuring method of rubber internal mixers & plastics internal mixers

2009-12-04 发布　　　　2010-06-01 实施

中华人民共和国工业和信息化部　发布

前　言

本标准代替 HG/T 2148—1991《密闭式炼胶机炼塑机检测方法》。

本标准与 HG/T 2148—1991 相比主要变化如下：

——将原标准中“半导体表面温度计”改为“接触式表面温度计”(见本标准 4.1.2)；

——在检测轴承体温升和最高温度的检测仪器中，增加了“红外测温仪”、“设备轴承的测温元件及操作柜”(见本标准 4.1.2、4.3.2)；

——将原标准中“凸棱”改为“棱峰”(见本标准 4.4)；

——在主电动机功率的检测中，将原有方法称为方法 1，同时增加了方法 2(见本标准 3.3.3)；

——检测方法中，将原有方法称为方法 1，同时增加了方法 2(见本标准 4.2.3)；

——增加了外观和涂漆质量的检测(见本标准 4.6)；

——增加了安全要求的检测(见本标准第 5 章)。

本标准由中国石油和化学工业协会提出。

本标准由全国橡胶塑料机械标准化技术委员会(SAC/TC 71)归口。

本标准负责起草单位：大连橡胶塑料机械股份有限公司、益阳橡胶塑料机械集团有限公司。

本标准参加起草单位：绍兴精诚橡塑机械有限公司、北京橡胶工业研究设计院。

本标准主要起草人：贺平、陈汝祥、杨宥人、彭志深、凌玉荣。

本标准参加起草人：徐银虎、劳光辉、尉方炜、夏向秀、何成。

本标准所代替标准的历次版本发布情况为：

——HG/T 2148—1991。

密闭式炼胶机炼塑机检测方法

1 范围

本标准规定了密闭式炼胶机炼塑机的检测条件、仪器和方法。

本标准适用于一对具有一定形状的转子，间歇进行混炼或塑炼的密闭式炼胶机、炼塑机的检测。

2 规范性引用文件

下列文件中的条款通过本标准的引用而成为本标准的条款。凡是注日期的引用文件，其随后所有的修改单(不包括勘误的内容)或修订版均不适用于本标准，然而，鼓励根据本标准达成协议的各方研究是否可使用这些文件的最新版本。凡是不注日期的引用文件，其最新版本适用于本标准。

GB 25433—2010 密闭式炼胶机炼塑机安全要求

GB/T 9707—2010 密闭式炼胶机炼塑机

GB/T 18153—2000 机械安全 可接触表面温度 确定热表面温度极限的工效学数据

HG/T 2108 橡胶机械噪声声压级的测定

HG/T 3120—1998 橡胶塑料机械外观通用技术条件

HG/T 3228—2001 橡胶塑料机械涂漆通用技术条件

3 基本参数的检测

3.1 密炼室总容积的检测

3.1.1 检测条件

a) 一个能容纳转子工作部分体积的圆桶(见图1)。

b) 常温水。

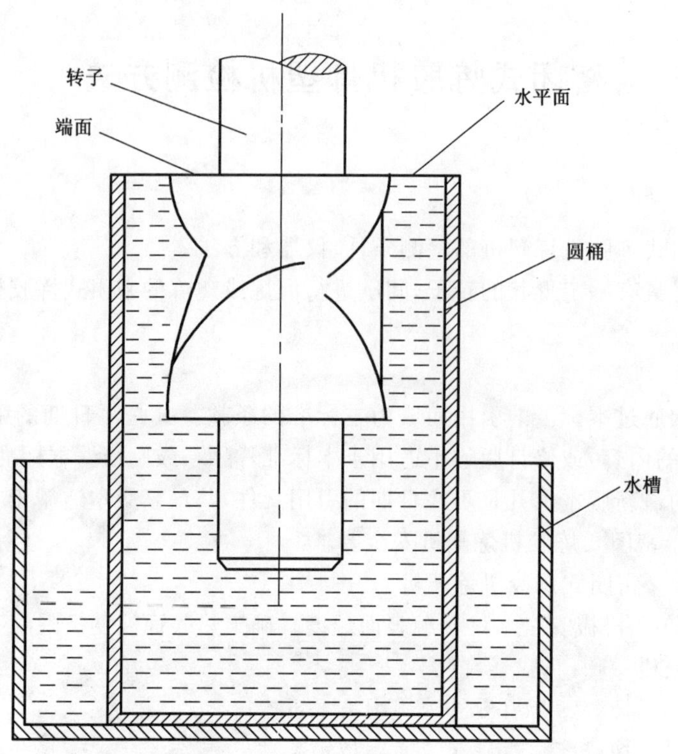

图1 检测转子体积示意图

3.1.2 检测仪器

检测仪器为台秤。

3.1.3 检测方法

a) 圆桶注满水后,将转子一端浸入水中,直至转子工作部分另一端面与水平面平齐,同时用水槽接从桶中溢出的水,在台秤上称质量,换算出体积,再减去浸入水中非工作部分的体积,即为转子工作部分的体积;

b) 用 a)方法测出另一个转子工作部分的体积;

c) 根据密炼室图样尺寸,计算出密炼室的空间体积,减去两个转子工作部分的体积,即为密炼室的总容积。

3.2 压砣对物料的单位压力的检测

3.2.1 检测条件

a) 物料:生胶或 PVC 粒料;

b) 在负荷运转条件下,压砣下降至工作位置。

3.2.2 检测仪器

检测仪器为压力表。

3.2.3 检测方法

负荷运转 30 min 后,压砣下降至工作位置,通过压力表目测通入气缸(或油缸)的压力值。根据表上的压力值,用式(1)计算出压砣对物料的单位压力。

$$p=\frac{S_0 p_0}{S} \quad \cdots\cdots(1)$$

式中:

p——压砣对物料的单位压力,单位为兆帕(MPa);

p_0——压缩空气(或液体)压力,单位为兆帕(MPa);

S——压砣工作面投影截面积,单位为平方毫米(mm^2);

S_0——气缸(或油缸)内径截面积,单位为平方毫米(mm^2)。

3.3 主电动机功率的检测

3.3.1 检测条件

在额定电压和额定转速条件下,负荷运转 1.5 h 后检测。

3.3.2 检测仪器

检测仪器为功率表或电流表。

3.3.3 检测方法

方法 1. 在额定电压和额定转速条件下,负荷运转中用功率表测量主电动机的功率值,测量三次,取其最大值作为主电动机功率值。

方法 2. 在额定电压和额定转速条件下,负荷运转中用电流表测量主电动机的电流值,测量三次,取其最大值作为主电动机负荷运转电流,再换算成功率值。

4 技术要求的检测

4.1 空负荷运转时,轴承体温升的检测

4.1.1 检测条件

在额定电压和额定转速条件下,空负荷运转 1.5 h 后检测。

4.1.2 检测仪器

检测仪器包括:

——接触式表面温度计(以下简称温度计);

——红外测温仪(以下简称点温仪);

——设备轴承的测温元件及操作柜。

4.1.3 检测方法

a) 用温度计或点温仪沿 4 个转子轴承端面,各测 3 点,取其最大值减去室温,即为转子轴承的温升;

b) 用温度计或点温仪沿减速器高速轴承体外圆各测 3 点,取其最大值减去室温,即为减速器轴承温升;

c) 通过电控柜显示的测温值。

4.2 空负荷运转时,主电动机功率的检测

4.2.1 检测条件

在额定电压和额定转速条件下,空负荷运转 1.5 h 后检测。

4.2.2 检测仪器

检测仪器为功率表(精度等级:0.5 级)或电流表。

4.2.3 检测方法

方法 1. 用功率表测量主电机的功率值,至少检测三次,取其中读数最大值。

方法 2. 用电流表测量主电动机的电流值,测量三次,取其最大值作为主电动机负荷运转电流,再换算成功率值。

4.3 负荷运转时,轴承体温升和最高温度的检测

4.3.1 检测条件

在额定电压和额定转速条件下,负荷运转 1.5 h 检测。

4.3.2 检测仪器

检测仪器包括：

——接触式表面温度计(以下简称温度计)；

——点温仪；

——设备轴承的测温元件及操作柜。

4.3.3 检测方法

a) 按4.1.3 a)测出的最大值即为负荷运转时转子轴承的最高温度，该值减去室温即为负荷运转时转子轴承的温升；

b) 按4.1.3 b)测出的最大值即为负荷运转时减速器轴承的最高温度，该值减去室温即为负荷运转时减速器轴承的温升；

c) 通过电控柜显示的测温值。

4.4 转子棱峰硬度的检测

4.4.1 检测方法一

4.4.1.1 检测条件

a) 制作一块材质及工艺条件与转子材质和工艺条件相同的样块(见图2)；

b) 在进行堆焊转子棱峰硬质合金层的同时，在样块的表面堆焊一层与转子棱峰硬质合金层厚度相同的硬质合金。

单位为毫米

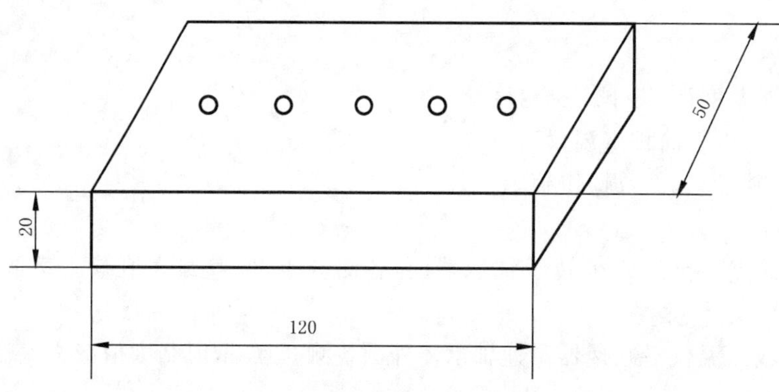

图2 合金硬度检测示意图

4.4.1.2 检测仪器

检测仪器为硬度计。

4.4.1.3 检测方法

将样块上堆焊的硬质合金层磨光后，在样块长度方向等分5点(见图2)，用硬度计测其硬度，取其算术平均值作为转子棱峰的硬度值。

4.4.2 检测方法二

转子棱峰堆焊硬质合金层后，在转子长棱棱峰长度方向取3点以上，在转子短棱棱峰长度方向取2点以上，用硬度计测其硬度，取算术平均值作为转子凸棱的硬度值。

4.5 密炼室内表面硬度的检测

4.5.1 检测方法一

4.5.1.1 检测条件

a) 检测条件同4.4.1.1中a)；

b) 进行堆焊密炼室内表面硬质合金层的同时，在样块的表面堆焊一层与密炼室内表面硬质合金层厚度相同的硬质合金。

4.5.1.2 检测仪器

检测仪器为硬度计。

4.5.1.3 检测方法

检测方法同4.4.1.3。

4.5.2 检测方法二

密炼室内表面堆焊硬质合金后，在密炼室两端内表面各取5点以上，用硬度计测其硬度值，取算术平均值作为密炼室内表面的硬度值。

4.6 外观和涂漆质量的检测

外观和涂漆质量的检测按HG/T 3120—1998和HG/T 3228—2001的要求进行目测。

5 安全要求的检测

5.1 GB 25433—2010中5.1.1.1动力驱动加料前门的动作(自动或手动控制)所引起的危险的检测

5.1.1 检测条件

密炼机在空负荷运转情况下检测。

5.1.2 检测方法

按GB 25433—2010，采用表观检查、功能测试、测量的方法检测应满足要求。如果考虑到用户不同的现场情况而没有在制造厂采取特定的防护措施，应检查制造商说明书中应对用户提出具体要求，建议用户对危险部件根据实际情况增设防护装置。

5.2 GB 25433—2010中5.1.1.2加料口的危险的检测

5.2.1 检测条件

密炼机在空负荷运转情况下检测。

5.2.2 检测方法

按GB 25433—2010，采用表观检查、功能测试、测量、计算的方法，检测应满足要求。

5.3 GB 25433—2010中5.1.2其它加料口的危险的检测

5.3.1 检测条件

密炼机在空负荷运转情况下检测。

5.3.2 检测方法

按GB 25433—2010，采用表观检查，检测应满足要求。

5.4 GB 25433—2010中5.1.3后加料开口的危险的检测

5.4.1 检测条件

密炼机在空负荷运转情况下检测。

5.4.2 检测方法

按GB 25433—2010，采用表观检查、功能测试、测量、计算的方法，检测应满足要求。

5.5 GB 25433—2010中5.1.4卸料区的危险的检测

5.5.1 检测条件

密炼机在空负荷运转情况下检测。

5.5.2 检测方法

按GB 25433—2010，采用表观检查、功能测试、测量等方法，检测应满足要求。如果考虑到用户不同的现场情况而没有在制造厂采取特定的防护措施，应检查制造商说明书中应对用户提出具体要求，建议用户对危险部件根据实际情况增设防护装置。

5.6 GB 25433—2010中5.1.5由压砣的驱动机构以及与它连接的运动部件的运动引起的危险的检测及GB 25433—2010中5.1.6由压砣位置指示杆和冷却管运动引起的危险的检测

5.6.1 检测条件

密炼机在空负荷运转情况下检测。

5.6.2 检测方法

按 GB 25433—2010,采用表观检查、测量等方法,检测应满足要求。如果考虑到用户不同的现场情况而没有在制造厂采取特定的防护措施,应检查制造商说明书中应对用户提出具体要求,建议用户对危险部件根据实际情况增设防护装置。

5.7 GB 25433—2010 中 5.1.7 由机器驱动机构和传动系统相关部件的运动引起的危险的检测

5.7.1 检测条件

密炼机在空负荷运转情况下检测。

5.7.2 检测方法

按 GB 25433—2010,采用表观检查、测量等方法,检测应满足要求。

5.8 GB 25433—2010 中 5.1.8 由液压气动及加热和冷却系统的软管组合件引起的危险的检测

5.8.1 检测条件

密炼机在空负荷运转情况下检测。

5.8.2 检测方法

按 GB 25433—2010,采用表观检查方法,检测应满足要求。表观检查大于 5 MPa 以上的高压软管连接处有无防松脱的措施并检查制造商提供的说明书中有无防撕裂说明。

5.9 GB 25433—2010 中 5.2 电气危险的安全要求与措施的检测

5.9.1 检测条件

密炼机在空负荷运转情况下检测。

5.9.2 检测方法

按 GB 25433—2010,采用表观检查、功能测试、测量等方法,检测应满足要求。

5.10 GB 25433—2010 中 5.3 热危险的安全要求与措施

5.10.1 检测条件

密炼机在空负荷和负荷运转情况下检测。

5.10.2 检测方法

按 GB 25433—2010,采用表观检查、功能测试、测量等方法,检测应满足要求。采用表观检测高温区域易接近发热件的地方应安装固定防护装置或隔热装置,用点温计测出防护装置外表面温度,若此温度大于 GB/T 18153—2000 规定的烧伤温度,应有警告标志。

5.11 GB 25433—2010 中 5.4 噪声危险的安全要求与措施的检测

5.11.1 检测条件

在额定电压和额定转速条件下,空负荷运转和负荷运转中。

5.11.2 检测方法

按 GB 25433—2010,采用表观检查、测量等方法,检测应满足要求;同时按 HG/T 2108 的规定检测,应满足 GB/T 9707—2010 的 4.6 要求。

5.11.3 检测仪器

检测仪器为声压级(Ⅱ型)。

5.12 GB 25433—2010 中 5.5 有害健康的物质引起危险的安全要求与措施的检测

5.12.1 检测条件

密炼机在空负荷运转和负荷运转中。

5.12.2 检测方法

按 GB 25433—2010,表观检查检测应满足要求。检测应有排气系统接口。

5.13 GB 25433—2010 中 5.6 火灾危险的安全要求与措施的检测

5.13.1 检测条件

密炼机在空负荷运转和负荷运转中。

5.13.2 检测方法

按 GB 25433—2010，采用表观检查、功能测试等方法，检测应满足要求。

5.14 GB 25433—2010 中 5.7 滑倒、绊倒和跌落危险的安全要求与措施的检测

5.14.1 检测条件

密炼机在空负荷运转和负荷运转中。

5.14.2 检测方法

按 GB 25433—2010，采用表观检查方法检测，应满足要求。应检查制造商说明书中应对常用通道的制造商提出要求，建议用户对危险部件根据实际情况增设防护装置。同时检查制造商说明书中应建议用户在易滑倒和绊倒的位置制作必要标志，对工作面离地面高度不小于 1 000 mm 时，制作并安装防跌落的标志。

5.15 GB 25433—2010 中 5.8 进行大规模清洁作业、维护保养和维修时易发生危险的安全要求与措施的检测

5.15.1 检测条件

密炼机在空负荷运转和负荷运转中。

5.15.2 检测方法

按 GB 25433—2010，采用表观检查、功能测试、测量等方法，检测应满足要求。

5.16 GB 25433—2010 中 5.9 急停装置的检测

5.16.1 检测条件

所有装置安装到位，急停安全装置安装在操作站附近，密炼机在空负荷运转和负荷运转中。

5.16.2 检测方法

按 GB 25433—2010，采用表观检查、功能测试等方法，检测应满足要求。采用表观检查按钮操作有效，标志明显。

ICS 71.120;83.200
G 95
备案号：15088—2005

中华人民共和国化工行业标准

HG/T 2149—2004
代替 HG/T 2149—1991

开放式炼胶机炼塑机检测方法

Measuring method of mill for rubber and plastics

2004-12-04 发布　　2005-06-01 实施

中华人民共和国工业和信息化部　发布

前　言

本标准代替推荐性化工行业标准 HG/T 2149—1991 开放式炼胶机炼塑机检测方法。

本标准与 HG/T 2149—1991 相比主要变化如下：

——增加了空运转时辊筒工作速度的检测。

——增加了空运转时辊筒工作速比的检测。

——增加了辊筒轴颈表面粗糙度的检测。

——增加了对安全内容的检测。

——增加了主机最大停车角的检测。

——增加了翻料装置最大停车角的检测。

——增加了紧急停车安全杆位置的检测。

——增加了紧急停车安全杆启动力的检测。

——增加了挡胶板与辊筒间的间隙量的检测。

——增加了回收传送带与辊筒间的间隙量的检测。

——增加了摆动装置与左右支架的间隙量的检测。

——增加了紧急停车启动后辊筒自动分离的检测。

——增加了紧急停车启动后辊筒自动反转的检测。

——增加了紧急停车启动后附属装置工作状态的检测。

——增加了紧急停车杆复位后不引起主机启动的检测。

——增加了在断电的情况下制动装置制动能力的检测。

——增加了密封处渗漏量的检测。

——取消了负荷运转时辊筒工作表面和轴承体温升的检测。

本标准由中国石油和化学工业协会提出。

本标准由全国橡胶塑料机械标准化技术委员会归口。

本标准负责起草单位：大连冰山橡塑股份有限公司。上海橡胶机械厂、无锡市第一橡塑机械有限公司、北京橡胶工业研究设计院参加起草。

本标准主要起草人：鲁敬、李香兰、陶乃义、王承绪、夏向秀。

本标准所代替标准的历次版本发布情况为：

——HG/T 2149—1991。

开放式炼胶机炼塑机检测方法

1 范围

本标准规定了开放式炼胶机炼塑机(以下简称开炼机)的检测条件、仪器和方法。

本标准适用于对开放式炼胶机炼塑机的检测。

2 规范性引用文件

下列文件中的条款通过本标准的引用而成为本标准的条款。凡是注日期的引用文件,其随后所有的修改单(不包括勘误的内容)或修订版均不适用于本标准,然而,鼓励根据本标准达成协议的各方研究是否可使用这些文件的最新版本。凡是不注日期的引用文件,其最新版本适用于本标准。

HG/T 2108 橡胶机械噪声声压级的测定

HG/T 3118 冷硬铸铁辊筒检验方法

3 技术要求的检测

3.1 空运转时,轴承体温升的检测

3.1.1 检测条件

空运转 1.5 h 之后。

3.1.2 检测仪器

接触式表面温度计(以下简称温度计)。

3.1.3 检测方法

a) 用温度计在左右机架内侧的每个轴承体外壳上至少测量三点,取其中读数最大值。

b) 在减速器安装轴承部位的外壳上,用温度计至少测量四点,取其中读数最大值。

温升按下式计算:

$$温升=测得温度-工作环境温度$$

3.2 空运转时,电动机功率的检测

3.2.1 检测条件

空运转 1.5 h 之后。

3.2.2 检测仪器

功率表(精度等级:0.5 级)。

3.2.3 检测方法

用功率表至少检测三次,取其中读数最大值。

3.3 空运转时,辊筒工作速度的检测

3.3.1 检测条件

空运转 1.5 h 之后。

3.3.2 检测仪器

速度表(精度:±0.03)。

3.3.3 检测方法

用速度表在前辊筒工作表面至少检测三次,取其中读数最大值。

3.4 空运转时,辊筒工作速比的检测

3.4.1 检测条件

空运转 1.5 h 之后。

3.4.2 检测仪器

速度表(精度:±0.03)。

3.4.3 检测方法

用速度表分别检测前后辊筒的工作速度,然后用前辊筒的工作速度比后辊筒的工作速度即得辊筒的工作速比。

3.5 辊筒的检测

3.5.1 辊筒白口层深度和工作表面硬度的检测

辊筒白口层深度和工作表面硬度的检测按 HG/T 3118 的规定。

3.5.2 辊筒工作表面及辊筒轴颈表面粗糙度的检测

3.5.2.1 检测条件:辊筒工作表面及辊筒轴颈表面精加工完成之后。

3.5.2.2 检测仪器:表面粗糙度测量仪或表面粗糙度样板。

3.5.2.3 检测方法:用表面粗糙度测量仪分别在辊筒工作表面及辊筒轴颈表面任意位置上,至少测量三点,取其最大值。或直接用表面粗糙度样板进行比较。

3.6 装配精度的检测

3.6.1 左右机架上安装轴承的两个水平平面相对位置误差和左右机架上与后轴承座接触的两个垂直平面相对位置误差的检测

3.6.1.1 检测条件

左右机架固定在底座上。

3.6.1.2 检测仪器

塞尺和测量轴(直线度达到 2 级平尺精度)或平尺和塞尺。

3.6.1.3 检测方法

a) 两个水平平面相对位置误差的检测:用测量轴在被测水平面上对角线检测(见图 1)和平行检测至少三个距离均等的截面(见图 2),同时用塞尺测量其间隙量,最后取其间隙量中最大值。

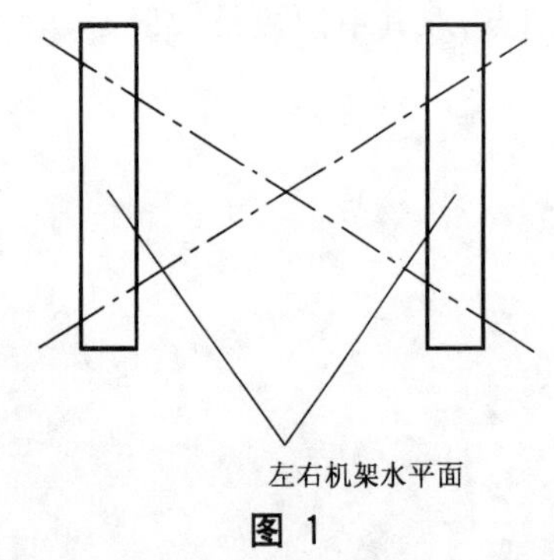

图 1

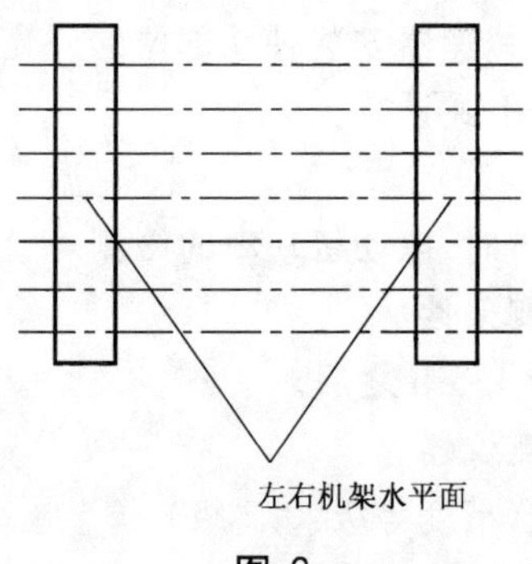

图 2

b) 两个垂直平面相对位置误差的检测:用测量轴在被测的垂直平面上对角线检测(见图 3)和平行检测若干个距离均等的截面(见图 4),同时用塞尺测量其间隙量,最后取间隙量中最大值。

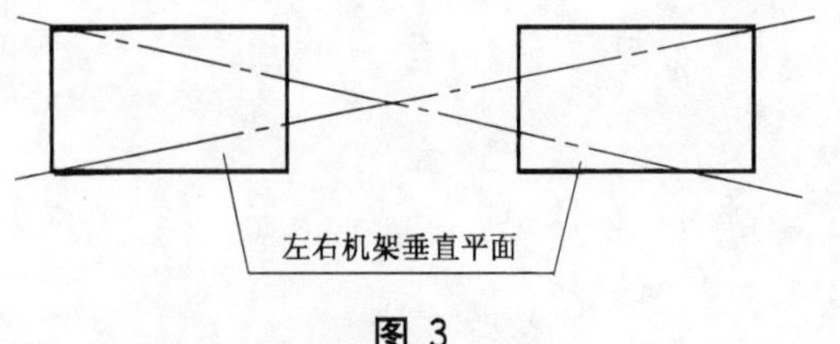

图 3

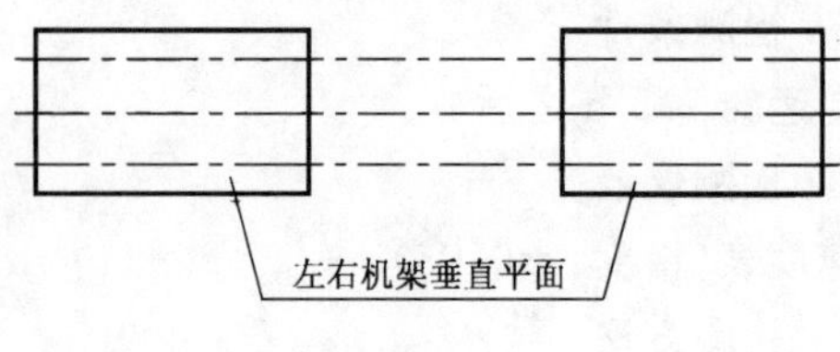

图 4

3.6.2 轴承体与压盖配合间隙量的检测

3.6.2.1 检测条件:辊筒轴承体安装在机架与压盖之间。

3.6.2.2 检测仪器:塞尺。

3.6.2.3 检测方法:用塞尺分别测量辊筒左右轴承体与压盖的间隙量。

3.6.3 辊筒轴颈两端面与轴承的轴向总间隙量的检测

3.6.3.1 检测条件:辊筒轴承体安装在机架与压盖之间。

3.6.3.2 检测仪器:塞尺或游标卡尺。

3.6.3.3 检测方法:用塞尺分别测量辊筒轴颈左右两端面与左右轴承端面之间的间隙量,两个间隙量之和即为轴向总间隙量。

3.7 密封处渗漏量的检测

3.7.1 检测条件

空运转 1 h 之后开始检测。

3.7.2 检测仪器

计时表、目测。

3.7.3 检测方法

a) 检测辊温调节装置中管路及旋转接头每小时的渗漏量,连续测量 2 h,取其最大值。

b) 检测辊筒轴承油封处每小时的渗漏量,连续测量 2 h,取其最大值。

c) 检测减速机各润滑点每小时的渗漏量,连续测量 2 h,取其最大值。

d) 检测传动齿轮润滑处每小时的渗漏量,连续测量 2 h,取其最大值。

e) 检测润滑站及润滑管路每小时的渗漏量,连续测量 2 h,取其最大值。

3.8 安全及噪声检测

3.8.1 主机最大停车角的检测

3.8.1.1 检测条件:辊筒处于空运转状态下,电机以最大转速运转。

3.8.1.2 检测仪器:钢卷尺。

3.8.1.3 检测方法:在辊筒工作表面设定参照点,从制动开始记录,到辊筒停止转动为止,测量这一过程中辊筒工作表面转过的弧长,至少测量三次,取其中弧长最大值,计算最大停车角。

3.8.2 翻料装置最大停车角的检测

3.8.2.1 检测条件:牵引辊处于空运转状态。

3.8.2.2 检测仪器:钢卷尺。

3.8.2.3 检测方法:在牵引辊工作表面设定参照点,从制动开始记录,到牵引辊停止转动为止,测量这一过程中牵引辊工作表面转过的弧长,至少测量三次,取其中弧长最大值,计算停车角。

3.8.3 设备安装和紧急停车安全杆位置的检测

3.8.3.1 检测条件

所有装置安装就位,紧急停车安全杆安装在正常操作侧,辊筒处于静止状态。

3.8.3.2 检测仪器

钢卷尺。

3.8.3.3 检测方法

a) 测量两辊筒上部与操作者所立地面的垂直距离,每个辊筒在长度方向上至少测量三点,取其中最小值。

b) 测量紧急停车安全杆到操作者所立地面的距离,至少测量三点,取其中最小值。

c) 测量紧急停车安全杆到两辊筒中心的距离,至少测量三点,取其中最小值。

d) 测量紧急停车安全杆到前辊筒外表面的距离,至少测量三点,取其中最小值。

e) 测量紧急停车安全杆到接料盘边缘的距离,至少测量三点,取其中最小值。

f) 测量紧急停车安全杆移动距离,至少测量三点,取其中最小值。

3.8.4 紧急停车安全杆启动力的检测

3.8.4.1 检测条件:紧急停车安全杆安装在正常操作侧,辊筒处于静止状态。

3.8.4.2 检测仪器:测力计。

3.8.4.3 检测方法:测量紧急停车安全杆移动距离达到最大值时所需的推力和拉力,至少测量三点,取其最大值和最小值。

3.8.5 挡胶板与辊筒间的间隙量的检测

3.8.5.1 检测条件:挡胶板安装在轴承体或压盖上,辊筒处于静止状态。

3.8.5.2 检测仪器:塞尺。

3.8.5.3 检测方法:用塞尺测量挡胶板与辊筒间的间隙,至少测量三点,取其中最小值。

3.8.6 回收传送带与辊筒间的间距的检测

3.8.6.1 检测条件:回收传送带安装在辊筒下方,辊筒处于静止状态。

3.8.6.2 检测仪器:钢卷尺。

3.8.6.3 检测方法:测量回收传送带到辊筒外表面的距离,至少测量三点,取其中最小值。

3.8.7 摆动装置与左右支架的间隙量的检测

3.8.7.1 检测条件:摆动装置安装在左右支架内侧,主机和翻料装置都处于静止状态。

3.8.7.2 检测仪器:钢卷尺。

3.8.7.3 检测方法:测量摆动装置在左右支架内侧的距离,至少测量三点,取其中最小值。

3.8.8 紧急停车启动后辊筒自动分离的检测

3.8.8.1 检测条件:所有装置安装就位,主机处于空运转状态。

3.8.8.2 检测仪器:钢卷尺或钢板尺、秒表。

3.8.8.3 检测方法:紧急停车启动后,5 s内辊筒自动分离,测量分离后的辊距,至少测量三次,取其中最小值。

3.8.9 紧急停车装置启动后辊筒自动反转的检测

3.8.9.1 检测条件:所有安装就位,主机处于空运转状态。

3.8.9.2 检测仪器:钢卷尺。

3.8.9.3 检测方法:紧急停车装置启动后,从辊筒反转到停止为止,测量这一过程中辊筒工作表面转过的弧长,至少测量三次,取其中弧长最大值,计算停车角。

3.8.10 紧急停车启动后附属装置工作状态的检测

3.8.10.1 检测条件

所有装置安装就位,主机和翻料装置都处于空运转状态。

3.8.10.2 检测仪器

目测。

3.8.10.3 检测方法

首先设定参照点。

a) 紧急停车启动后,检测摆动装置是否停止工作。

b) 紧急停止启动后,检测主机辊筒自动反转时翻料牵引辊是否自动反转。

c) 紧急停车启动后,检测回收输送带是否立刻停止工作。

3.8.11 紧急停车杆复位后不引起主机正向启动的检测

3.8.11.1 检测条件:所有装置安装就位,主机和翻料装置都处于空运转状态。

3.8.11.2 检测仪器:目测。

3.8.11.3 检测方法,紧急停车启动后,用手推住紧急停车杆,待主机和翻料装置完全停车后,松开紧急停车杆,检测主机和翻料装置是否正向启动。

3.8.12 在断电的情况下,制动装置制动能力的检测

3.8.12.1 检测条件:所有装置安装就位,主机和翻料装置都处于空运转状态。

3.8.12.2 检测仪器:钢卷尺。

3.8.12.3 检测方法:在人为断电的情况下,检测制动装置的制动功能,在 10 min 内反复断电三次。主机最大停车角的检测同 3.8.1,翻料装置最大停车角的检测同 3.8.2。

3.8.13 噪声检测

3.8.13.1 检测条件:空运转 1.5 h 之后。

3.8.13.2 检测仪器:声级计。

3.8.13.3 检测方法:按 HG/T 2108 的执行。

ICS 71.120;83.200
G 95
备案号：27368—2010

中华人民共和国化工行业标准

HG/T 2150—2009
代替 HG/T 2150—1991

橡胶塑料压延机检测方法

Measuring method of rubber calenders & plastics calenders

2009-12-04 发布　　2010-06-01 实施

中华人民共和国工业和信息化部　发布

前言

本标准代替 HG/T 2150—1991《橡胶塑料压延机检测方法》。

本标准与 HG/T 2150—1991 相比主要变化如下：

——增加了底座安装精度的检测(见本版的 3.2.1)；

——增加了轴承体与机架导轨面配合间隙的检测(见本版的 3.2.3)；

——增加了压延基准辊筒与水平面的安装平行度的检测(见本版的 3.2.4)；

——增加了辊筒径向跳动的检测(见本版的 3.2.5)；

——增加了齿轮啮合情况的检测(见本版的 3.2.6)；

——增加了空运转时辊筒工作速度的检测(见本版的 3.3.3)；

——增加了空运转时辊筒工作速比的检测(见本版的 3.3.4)；

——增加了空运转时密封处渗漏量的检测(见本版的 3.4)；

——增加了外观和涂漆质量的检测(见本版的 3.6)；

——增加了安全要求的检测(见本版的 4)。

本标准由中国石油和化学工业协会提出。

本标准由全国橡胶塑料机械标准化技术委员会(SAC/TC 71)归口。

本标准起草单位:大连橡胶塑料机械股份有限公司、北京橡胶工业研究设计院。

本标准主要起草人:黄树林、李香兰、杨宥人、夏向秀、何成。

本标准所代替标准的历次版本发布情况为：

——HG/T 2150—1991。

橡胶塑料压延机检测方法

1 范围

本标准规定了橡胶塑料压延机(以下简称压延机)的产品及安全要求检测条件、仪器和方法。

本标准适用于橡胶塑料压延机产品及安全要求的检测。

2 规范性引用文件

下列文件中的条款通过本标准的引用而成为本标准的条款。凡是注日期的引用文件,其随后所有的修改单(不包括勘误的内容)或修订版均不适用于本标准,然而,鼓励根据本标准达成协议的各方研究是否可使用这些文件的最新版本。凡是不注日期的引用文件,其最新版本适用于本标准。

HG/T 2108 橡胶机械噪声声压级的测定

HG/T 3118 冷硬铸铁辊筒检验方法

3 技术要求的检测

3.1 辊筒的检测

3.1.1 辊筒白口层深度和工作表面硬度的检测

辊筒白口层深度和工作表面硬度的检测按 HG/T 3118 的规定。

3.1.2 辊筒工作表面粗糙度的检测

3.1.2.1 检测条件

工作表面粗糙度的检测在辊筒工作表面精加工完成之后进行。

3.1.2.2 检测仪器

用表面糙糙度测量仪或表面粗糙度样板检测工作表面的粗糙度。

3.1.2.3 检测方法

用表面粗糙度测量仪在辊筒工作表面任意位置上,至少测量 3 点,取其最大值或直接用表面粗糙度样板进行比较。

3.2 装配精度的检测

3.2.1 底座安装精度的检测

3.2.1.1 检测条件

在压延主机机体底座安装固定完毕,并经过初次灌浆后,检测底座安装精度。

3.2.1.2 检测仪器

用塞尺和测量轴(直线度达到 2 级平尺精度)或平尺、框架式水平仪、辅助平扳、塞尺,检测底座安装精度。

3.2.1.3 检测方法

底座的四个经过机械加工的上顶面在水平方向上相对安装误差的检测:用测量轴在被测水平面上分别进行对角线检测和相邻平面的至少 3 个距离均等截面的平行检测(见图 1),同时用塞尺测量其间隙量,最后取其间隙量中最大值。

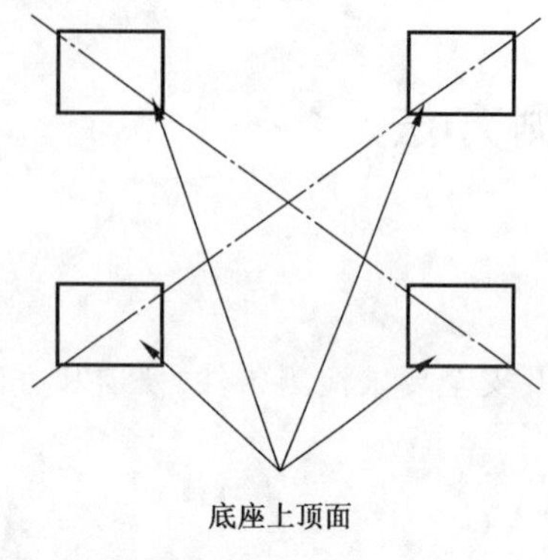

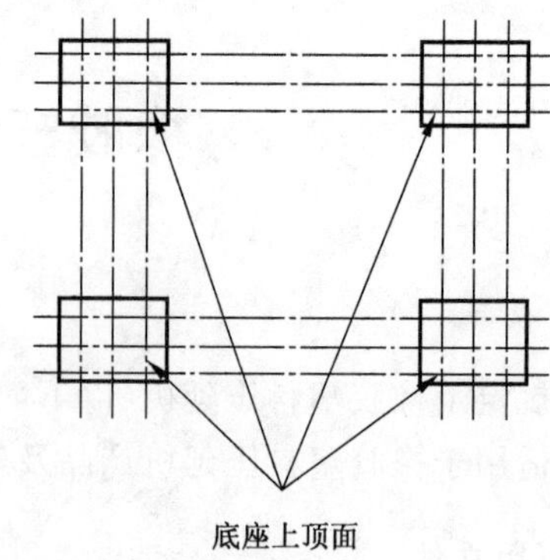

图 1

3.2.2 机架安装精度的检测

3.2.2.1 检测条件

检测机架安装精度时，应将左右机架固定在底座上。

3.2.2.2 检测仪器

用测量杆、塞尺和测量轴(直线度达到 2 级平尺精度)或平尺、框架式水平仪、塞尺，检测机架安装精度。

3.2.2.3 检测方法

a) 左右机架与轴承体相对应的配合平面相对位置误差的检测：用测量轴在被测平面上分别进行对角线检测和至少 3 个距离均等截面的平行检测(见图 2)，同时用塞尺测量其间隙量，最后取其间隙量中最大值；

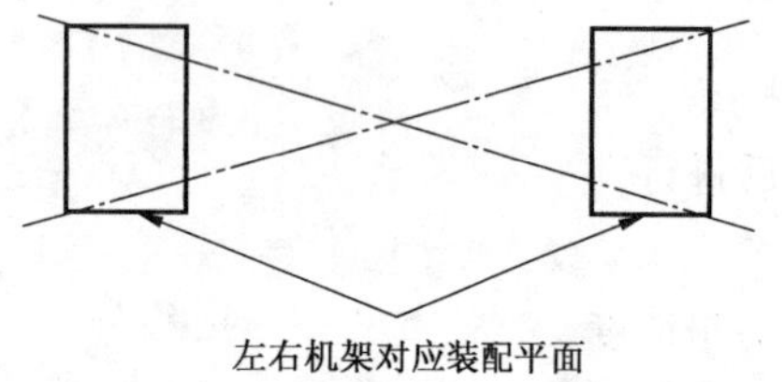

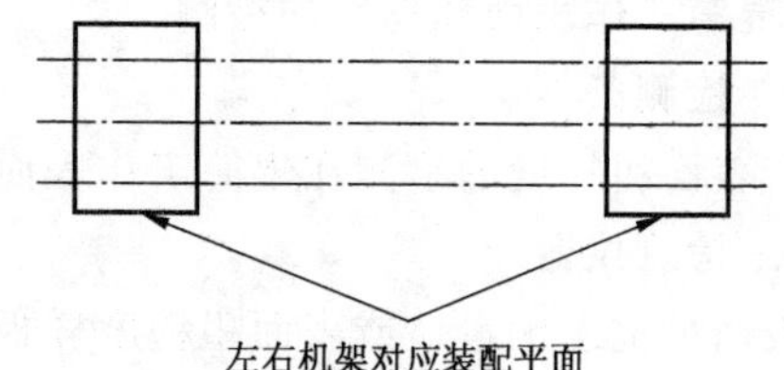

图 2

b) 左右机架内侧加工平面平行度误差的检测：用测量杆在被测平面的最大范围内至少 4 点进行内侧面间距的检测，取最大值与最小值的差值。

3.2.3 轴承体与机架导轨面配合间隙的检测

3.2.3.1 检测条件

检测轴承体与机架导轨面配合间隙时，应将辊筒轴承体安装在机架导轨面上。

3.2.3.2 检测仪器

用塞尺检测轴承体与机架导轨面配合间隙。

3.2.3.3 检测方法

用塞尺检测辊筒轴承体与机架导轨面非接触面之间的间隙：在非接触平面范围内，用塞尺至少等距离检测 3 点。

3.2.4 压延基准辊筒与水平面的安装平行度的检测

3.2.4.1 检测条件

检测压延基准辊筒与水平面的安装平行度时，应将压延基准辊筒及轴承体安装在机架的固定配合面上，并与接触面靠紧，非接触面间隙均匀。

3.2.4.2 检测仪器

用框式水平仪检测压延基准辊筒与水平面的安装平行度。

3.2.4.3 检测方法

用框式水平仪检测压延基准辊筒与水平面的安装平行度：将框式水平仪放置在基准辊筒的上表面的中心位置，读取辊筒表面水平度的偏差值。

3.2.5 辊筒径向跳动的检测

3.2.5.1 检测条件

辊筒在低速运转条件下，空运转 2 h 以后，检测辊筒径向跳动。

3.2.5.2 检测工具

用千分表检测辊筒径向跳动。

3.2.5.3 检测方法

将千分表支架固定在左右机架上检测辊筒两端工作表面的径向跳动量：分别在左右机架上适当的位置固定千分表支架，将千分表检测触点置于辊筒工作面上，开启电机低速运转辊筒，检测辊筒工作表面的径向跳动量，取读数最大值。

3.2.6 齿轮啮合情况的检测

3.2.6.1 检测条件

将减速器箱体调整水平，再按照顺序逐级装入啮合齿轮副，并进行逐级检测。

3.2.6.2 检测工具

用着色剂、塞尺检测齿轮啮合情况。

3.2.6.3 检测方法

齿轮副啮合情况的逐级检测：将减速器箱体调整水平后，将啮合齿轮副逐级装入箱体中，并确认轴承运转灵活，再将着色剂均匀喷涂到小齿轮上，进行手动盘车，检测大齿轮的着色均匀性，对未着色的啮合部位使用塞尺进行测量，并逐点进行记录。

3.3 空运转时的检测

3.3.1 空运转时轴承体温升的检测

3.3.1.1 检测条件

连续空运转 2 h 之后，检测轴承体的温升。

3.3.1.2 检测仪器

用接触式表面温度计(以下简称温度计)检测轴承体的温升。

3.3.1.3 检测方法

a) 用温度计在左右机架内、外两侧的每个轴承体的外壳上至少测量 3 点，取其中读数最大值；

b) 在减速器每个安装轴承部位的外壳上，用温度计至少测量 4 点，取其中读数最大值。

温升按下式计算：

温升＝测得温度－工作环境温度

3.3.2 空运转时电机功率的检测

3.3.2.1 检测条件

连续空运转 2 h 之后，检测电机的功率。

3.3.2.2 检测仪器

用功率表(精度等级 0.5 级)检测电机的功率。

3.3.2.3 检测方法

空运转电机功率的检测：用功率表至少检测三次，取其中读数最大值。

3.3.3 空运转时辊筒工作速度的检测

3.3.3.1 检测条件

连续空运转 2 h 之后，检测辊筒的工作速度。

3.3.3.2 检测仪器

用速度表(精度:±0.03)检测辊筒的工作速度。

3.3.3.3 检测方法

用速度表在压延基准辊筒工作表面至少检测三次,取其中读数最大值。

3.3.4 空运转时辊筒工作速比的检测

3.3.4.1 检测条件

连续空运转 2 h 之后,检测辊筒的工作速比。

3.3.4.2 检测仪器

用速度表(精度:±0.03)检测辊筒的工作速比。

3.3.4.3 检测方法

用速度表分别检测相邻辊筒的工作速度,测得的辊筒工作速度值之比即为辊筒的工作速比。

3.4 空运转时密封处渗漏量的检测

3.4.1 检测条件

空运转 2 h 后开始检测密封处渗漏量。

3.4.2 检测仪器

用计时表,目测密封处渗漏量。

3.4.3 检测方法

a) 检测辊筒温控管路装置中管路及旋转接头每小时的渗漏量,连续测量 2 h,取其最大值;

b) 检测辊筒轴承密封处每小时的渗漏量,连续测量 2 h,取其最大值;

c) 检测减速器各润滑点每小时的渗漏量,连续测量 2 h,取其最大值;

d) 检测传动齿轮润滑处每小时的渗漏量,连续测量 2 h,取其最大值;

e) 检测润滑站及润滑管路每小时的渗漏量,连续测量 2 h,取其最大值。

3.5 负荷运转时的检测

3.5.1 负荷运转时辊筒工作表面温度的检测

3.5.1.1 检测条件

在额定电压和额定转速条件下,平稳负荷运转 2 h 之后,检测辊筒工作表面的温度。

3.5.1.2 检测仪器

用接触式表面温度计(以下简称温度计)检测辊筒工作表面的温度。

3.5.1.3 检测方法

沿辊面宽度方向至少测量 3 个位置(辊面两端和中间必须测量)的辊面温度。温度偏差按下列公式计算:

温度上偏差值＝测得的最高温度－规定温度

温度下偏差值＝测得的最低温度－规定温度

3.5.2 负荷运转时电机功率的检测

3.5.2.1 检测条件

在额定电压和额定转速条件下,平稳负荷运转 2 h 之后检测电机功率。

3.5.2.2 检测仪器

用功率表(精度等级 0.5 级)检测电机功率。

3.5.2.3 检测方法

负荷运转电机功率的检测:用功率表至少检测三次,取其中读数最大值。

3.6 外观和涂漆质量的检测

目测外观和涂漆质量。

4 安全要求的检测

4.1 固定防护与辊筒表面间隙检测(若有)

4.1.1 检测条件

固定防护安装到位,主机处于静止状态,检测固定防护与辊筒表面间隙。

4.1.2 检测仪器

用塞尺检测固定防护与辊筒表面间隙。

4.1.3 检测方法

用塞尺检测固定防护与辊筒表面之间的间隙,至少测量三点,取其中最大值。

4.2 联锁固定防护装置被拆除后控制系统启动被锁止检测(若有)

4.2.1 检测条件

固定防护安全开关安装到位,控制系统工作正常,压延机处于通电静止状态,检测联锁固定防护装置被拆除后控制系统启动被锁止。

4.2.2 检测仪器

目测联锁固定防护装置被拆除后控制系统启动被锁止。

4.2.3 检测方法

将固定防护联锁安全开关分别在打开和闭合状态下进行压延机的开机操作,检测压延机的动作状态,并反复检测3次。

4.3 最大停车角检测

4.3.1 检测条件

制动抱闸安装到位,机器可正常最高速空运转,检测最大停车角。

4.3.2 检测仪器

控测系统自动检测,仪表显示最大停车角。

4.3.3 检测方法

机器以设计的最高速度空运转过程中,驱动急停跳闸杆等急停装置,检测制动后的辊筒停车角,反复测量3次,取其中最大值。

4.4 由急停跳闸杆产生制动后引起的辊筒自动分离检测(若有)

4.4.1 检测条件

急停跳闸杆被驱动,发生急停动作,机器可自动发生辊筒自动分离动作,且分离间隙不小于30 mm。

4.4.2 检测仪器

用目测、塞尺和测量块检测由急停跳闸杆产生制动后引起的辊筒自动分离。

4.4.3 检测方法

a) 由急停跳闸轩引起急停动作,辊距同时自动拉开,测量辊距拉开动作停止后辊筒的间距,反复测量3次,取其中最小值;
b) 由急停跳闸杆引起急停动作,辊距同时自动拉开,目测辊距拉开动作停止后是否又自动闭合,反复测量3次。

4.5 由急停装置产生制动后引起的辊筒反转检测(若有)

4.5.1 检测条件

急停跳闸杆被驱动,发生急停动作,机器可自动或手动控制止-动控制装置发生反转动作,且反转速度不大于5 m/min。

4.5.2 检测仪器

用速度表(精度:±0.03)检测由急停装置产生制动后引起的辊筒反转。

4.5.3 检测方法

检测由急停跳闸杆引起急停动作，辊筒完全静止后，自动进行反向运转的辊筒速度，反复测量 3 次，取其中最大值。

4.6 急停跳闸杆启动力检测

4.6.1 检测条件

急停跳闸杆在正常操作位，辊筒处于静止状态，检测急停跳闸杆启动力。

4.6.2 检测仪器

用测力计检测急停跳闸杆启动力。

4.6.3 检测方法

测量急停跳闸杆从正常位置移动到安全开关触点响应的位置所需的推力和拉力，至少测量 3 点，取其中最大值。

4.7 急停跳闸杆自动复位不引起控制系统再启动检测

4.7.1 检测条件

急停跳闸杆在安全开关已响应的位置，辊筒处于静止状态，检测急停跳闸杆自动复位不引起控制系统再启动。

4.7.2 检测仪器

目测急停跳闸杆自动复位不引起控制系统再启动。

4.7.3 检测方法

将急停跳闸杆从安全开关已响应的位置释放，跳闸杆自动复位，目测控制系统是否会引起机器的再启动，反复测量 3 次。

4.8 急停跳闸杆的安装和位置检测

4.8.1 检测条件

所有装置安装到位，急停跳闸杆安装在主机入料侧，辊筒处于静止状态，检测急停跳闸杆的安装和位置。

4.8.2 检测仪器

用钢卷尺检测急停跳闸杆的安装和位置。

4.8.3 检测方法

a) 测量急停跳闸杆到操作者所立地面的距离，至少测量 3 点，取其中最小值；

b) 测量急停跳闸杆到压延机吸入区的距离，至少测量 3 点，取其中最小值；

c) 测量急停跳闸杆到压延机危险区的距离，至少测最 3 点，取其中最小值；

d) 测量急停跳闸杆到辊筒外表面的距离，至少测量 3 点，取其中最小值；

e) 测量急停跳闸杆移动距离，至少测量 3 点，取其中最大值。

4.9 由紧急制动引起的声光报警检测

4.9.1 检测条件

压延机处于正常运转状态，声光报警装置安装到位，检测由紧急制动引起的声光报警。

4.9.2 检测仪器

目测、感官检测由紧急制动引起的声光报警。

4.9.3 检测方法

触动任意部位的急停装置，压延机产生紧急制动动作，系统发出声-光报警信号，反复检测 3 次。

4.10 急停装置防护功能检测

4.10.1 检测条件

各种形式的急停装置安装到位，控制系统和断电制动装置工作正常，并可进行设计最高速度空运转,检测急停装置防护功能。

4.10.2 检测仪器

目测急停装置防护功能。

4.10.3 检测方法

驱动任何一种急停装置,检测制动系统的制动功能,并在10 min内反复测量3次,最大停车角检测同4.3。

4.11 挡料板与辊筒表面间隙检测

4.11.1 检测条件

挡料板装置安装到位,机器处于静止状态,检测挡料板与辊筒表面间隙。

4.11.2 检测仪器

用塞尺检测挡料板与辊筒表面间隙。

4.11.3 检测方法

用塞尺测量挡料板与辊筒表面的间隙,反复测量3次,取其中最大值。

4.12 摆动供料输送带检测

4.12.1 检测条件

摆动供料输送带安装到位并可单独驱动,机器处于静止状态,检测摆动供料输送带。

4.12.2 检测仪器

用钢卷尺、测力计检测摆动供料输送带。

4.12.3 检测方法

a) 启动摆动供料输送带,检测在最大摆动幅度处输送带与固定装置间的距离,反复测量3次,取其中最小值;

b) 启动摆动供料输送带,检测阻止输送带继续摆动所需的最大制动力,反复测量3次,取其中最大值。

4.13 控制系统断电后制动器功能检测

4.13.1 检测条件

所有装置安装到位,并可进行设计最高速度空运转,检测控制系统断电后制动器功能。

4.13.2 检测仪器

用目测、控制系统自动检测控制系统断电后制动器功能。

4.13.3 检测方法

在人为断电的情况下,检测制动系统的制动功能,并在10 min内反复测量3次,最大停车角检测同4.3。

4.14 控制系统断电后制动器动作检测

4.14.1 检测条件

制动抱闸安装到位,机器可正常运转,控制系统人为断电,检测控制系统断电后制动器动作。

4.14.2 检测仪器

目测控制系统断电后制动器动作。

4.14.3 检测方法

机器正常运转过程中,人为切断电控系统主回路电源,检测制动抱闸是否发生动作,反复测量3次。

4.15 噪声检测

4.15.1 检测条件

空运转2 h以后检测噪声。

4.15.2 检测仪器

用声级计检测噪声。

4.15.3 检测方法

噪声检测按 HG/T 2108 的规定执行。

ICS 71.120;83.200
G 95
备案号:38727—2013

中华人民共和国化工行业标准

HG/T 3108—2012
代替 HG/T 3108—1998,HG/T 3118—1998

冷硬铸铁辊筒

Chilled cast iron roll

2012-12-28 发布　　2013-06-01 实施

中华人民共和国工业和信息化部　发布

前　言

本标准按照 GB/T 1.1—2009 给出的规则起草。

本标准代替 HG/T 3108—1998《冷硬铸铁辊筒》和 HG/T 3118—1998《冷硬铸铁辊筒检验方法》，与 HG/T 3108—1998 和 HG/T 3118—1998 相比，主要技术变化如下：

——删除了白口、灰口、麻口组织的定义(见 HG/T 3108—1998 的 3.1、3.2、3.3)；

——在分类中，增加了离心复合铸造辊筒(见 4.2)；

——修改了合金冷硬铸铁辊筒工作面硬度范围，增加了离心复合铸造辊筒工作面和轴颈硬度要求及工作面白口深度要求(见表 2，HG/T 3108—1998 的表 2)；

——删除了对辊筒灰口部分抗弯强度的要求(见 HG/T 3108—1998 的 5.4)；

——增加了离心复合铸造工艺制造的辊筒轴颈抗拉强度要求(见 5.4.2)；

——增加了橡胶塑料压延机用辊筒轴颈弹性模量要求(见 5.4.3)；

——增加了轴颈为球墨铸铁时，球化率等级和碳化物含量的要求(见 5.5)；

——修改了缺陷的规定(见 5.8.2、5.8.3，HG/T 3108—1998 的 5.7.2、5.7.3)；

——增加了轴颈石墨孔大小的要求(见 5.8.4)；

——增加了开放式炼胶机用辊筒试验压力的规定，修改了保压时间和橡胶压延机用辊筒的水压试验压力(见 5.10 和表 5，HG/T 3108—1998 的表 5)；

——修改了机械性能的检验规则(见 6.3，HG/T 3108—1998 的 6.1.3)；

——增加了轴颈为球墨铸铁时，金相检验规则(见 6.4)；

——增加了辊筒尺寸参数(见附录 A)；

——增加了离心复合铸造辊筒化学成分，删除了表注中直径不大于 250 mm 的辊筒含硅量的允许值(见附录 B，HG/T 3108—1998 的附录 A)；

——修改了辊筒工作面硬度的检测方法(见附录 D 的 D.1.3.1，HG/T 3118—1998 的 3.1.3)；

——增加了测试母线应在辊筒圆周方向均匀分布的要求(见附录 D 的 D.1.3.3)；

——修改了机械性能检验方法(见附录 D 的 D.3，HG/T 3118—1998 的 3.3.3)；

——增加了轴颈弹性模量检验方法(见附录 D 的 D.4)；

——增加了轴颈为球墨铸铁金相组织检验方法(见附录 D 的 D.5)。

本标准的附录 A～附录 D 均为资料性附录。

本标准由中国石油和化学工业联合会提出。

本标准由全国橡胶塑料机械标准化技术委员会(SAC/TC71)归口。

本标准起草单位：大连橡胶塑料机械股份有限公司、北京橡胶工业研究设计院。

本标准主要起草人：李大伟、陈玉海、吴培臣、李元凯、何成。

本标准代替了 HG/T 3108—1998 和 HG/T 3118—1998。

HG/T 3108—1998 的历次版本发布情况为：

——HG 5-1479—1982、HG/T 3108—1988(GB/T 9709—1988)。

HG/T 3118—1998 的历次版本发布情况为：

——HG 5-1613—1986。

冷硬铸铁辊筒

1 范围

本标准规定了冷硬铸铁辊筒的术语和定义、型式和分类、要求、检验规则、标志、包装、运输和贮存等。

本标准适用于橡胶塑料工业使用的冷硬铸铁辊筒(以下简称辊筒)。

2 规范性引用文件

下列文件对于本文件的应用是必不可少的。凡是注日期的引用文件,仅所注日期的版本适用本文件。凡是不注日期的引用文件,其最新版本(包括所有的修改单)适用于本文件。

GB/T 191 包装储运图示标志

GB/T 223.3 钢铁及合金化学分析方法 二安替比林甲烷磷钼酸重量法测定磷量

GB/T 223.5 钢铁及合金化学分析方法 还原型硅钼酸盐光度法测定酸溶硅含量

GB/T 223.11 钢铁及合金 铬含量的测定 可视滴定或电位滴定法

GB/T 223.18 钢铁及合金化学分析方法 硫代硫酸钠分离-碘量法测定铜量

GB/T 223.19 钢铁及合金化学分析方法 新亚铜灵-三氯甲烷萃取光度法测定铜量

GB/T 223.23 钢铁及合金 镍含量的测定 丁二酮肟分光光度法

GB/T 223.25 钢铁及合金化学分析方法 丁二酮肟重量法测定镍量

GB/T 223.26 钢铁及合金 钼含量的测定 硫氰酸盐分光光度法

GB/T 223.60 钢铁及合金化学分析方法 高氯酸脱水重量法测定硅含量

GB/T 223.63 钢铁及合金化学分析方法 高碘酸钠(钾)光度法测定锰量

GB/T 223.68 钢铁及合金化学分析方法 管式炉内燃烧后碘酸钾滴定法 测定硫含量

GB/T 223.71 钢铁及合金化学分析方法 管式炉内燃烧后重量法测定碳含量

GB/T 228.1 金属材料 拉伸试验 第1部分:室温试验方法

GB/T 5612 铸铁牌号表示方法

GB/T 9441 球墨铸铁金相检验

GB/T 13384 机电产品包装通用技术条件

GB/T 22315 金属材料 弹性模量和泊松比试验方法

HG/T 3223 橡胶机械术语

JB/T 10061 A 型脉冲反射式超声波探伤仪 通用技术条件

3 术语和定义

HG/T 3223 界定的以及下列术语和定义适用于本文件。

3.1

辊筒工作区 roll work region

指辊筒工作面直接接触物料的部位。

3.2

辊筒轴颈 roll neck

指除去辊筒工作面的辊筒其他部分,包含安装密封环处、安装轴承处和安装齿轮处。

3.3

当量直径　equivalent diameter

指气孔或砂眼的大小,其形状不规则时,用其最大长度与宽度之和的 1/2 表示。

4　型式和分类

4.1　根据辊筒的结构,冷硬铸铁辊筒分为圆筒形中空辊(见图 1)和圆筒形周边钻孔辊(见图 2)。

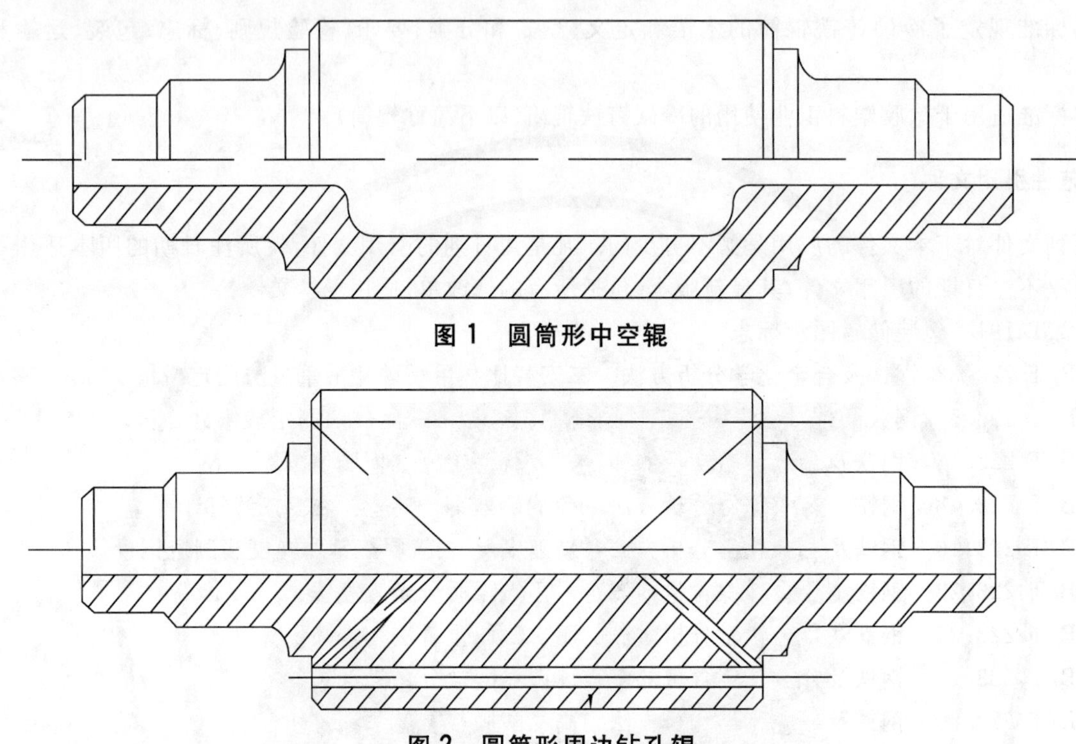

图 1　圆筒形中空辊

图 2　圆筒形周边钻孔辊

4.1.1　常用辊筒主要尺寸参数参见附录 A。

4.1.2　辊筒安装轴承处可采用钢套结构。

4.1.3　辊筒工作面可根据需要加工出沟槽。

4.2　冷硬铸铁辊筒分为普通冷硬铸铁辊筒、合金冷硬铸铁辊筒和离心复合冷硬铸铁辊筒,其分类及标记见表 1。

表 1　辊筒分类及标记

辊筒分类	标记
普通冷硬铸铁辊筒	HTLG-P
合金冷硬铸铁辊筒	HTLG-H
离心复合冷硬铸铁辊筒	HTLG-LF
注:“HTL”为 GB/T 5612 中规定的冷硬灰铸铁代号,“G”系指“辊筒”,“P”系指“普通”,“H”系指“合金”,“LF”系指“离心复合”。	

5　要求

5.1　总则

辊筒应符合本标准的要求,并按照规定程序批准的图样及技术文件制造。

5.2 白口深度及硬度

辊筒经机械加工后，白口深度及表面硬度应符合表2的规定。

表2 白口深度及表面硬度

<table>
<tr><th colspan="2" rowspan="2">项目</th><th colspan="4">辊筒直径/mm</th></tr>
<tr><th>≤250</th><th>>250～400</th><th>>400～500</th><th>>500</th></tr>
<tr><td colspan="2">白口深度/mm</td><td>3～13</td><td>4～20</td><td>4～22</td><td>5～24</td></tr>
<tr><td rowspan="3">工作表面硬度 HSD</td><td>普通冷硬铸铁辊筒</td><td colspan="4">65～72</td></tr>
<tr><td>合金冷硬铸铁辊筒</td><td colspan="4">68～78</td></tr>
<tr><td>离心复合冷硬铸铁辊筒</td><td colspan="4">70～78</td></tr>
<tr><td rowspan="3">轴颈表面硬度 HSD</td><td>普通冷硬铸铁辊筒</td><td colspan="4">26～36</td></tr>
<tr><td>合金冷硬铸铁辊筒</td><td colspan="4">35～48</td></tr>
<tr><td>离心复合冷硬铸铁辊筒</td><td colspan="4">32～45</td></tr>
<tr><td colspan="6">注1：当辊筒轴颈采用钢套结构时，钢套表面硬度 HSD 不低于30。
注2：当辊筒工作面端面采用钻孔结构时，白口深度为5 mm～20 mm。
注3：在辊筒工作面加工成沟槽后，沟底的白口深度下限为3 mm。
注4：离心复合冷硬铸铁辊筒的合金层深度为15 mm～24 mm。</td></tr>
</table>

5.3 冷硬层厚度

辊筒表面机械加工后，冷硬层(白口区深度与麻口区深度之和)不应大于辊筒工作面壁厚的1/2。

5.4 机械性能

5.4.1 采用静态浇注铸造工艺制造的辊筒，辊筒轴颈抗拉强度应不小于180 MPa。

5.4.2 采用离心复合铸造工艺制造的辊筒，轴颈为灰铸铁，其抗拉强度应不小于180 MPa；轴颈为球墨铸铁，其抗拉强度应不小于350 MPa。

5.4.3 橡胶塑料压延机用辊筒轴颈弹性模量为120 GPa～160 GPa。根据辊筒不同需求选择相应的轴颈弹性模量数值。

5.5 轴颈金相组织

轴颈为球墨铸铁时，其球化率不低于5级，碳化物含量不大于10 %。

5.6 化学成分

辊筒熔炼化学成分参见附录B。

5.7 表面同轴度

辊筒轴颈表面与不加工内表面同轴度公差应符合表3的规定。

表3 辊筒轴颈表面与不加工内表面同轴度公差　　单位为毫米

辊筒直径	≤250	>250～400	>400～500	>500
公差值	5	8	10	12

5.8 缺陷的规定

5.8.1 辊筒不应存在裂纹。

5.8.2 辊筒工作区不应有气孔、砂眼和疏松等缺陷。辊筒非工作区(指两端至挡胶板处)范围内可有当量直径2.0 mm以下的气孔和砂眼，其数量应不超过3个。

5.8.3 辊筒轴颈安装轴承处的表面不应有气孔、砂眼和疏松等缺陷。在安装齿轮处可有当量直径3.0 mm以下的气孔和砂眼，其数量应不超过3个。

5.8.4 轴颈部位石墨孔大小的规定：

a） 石墨孔当量直径大于 0.2 mm～0.5 mm，每平方厘米内应不多于 5 个；

b） 石墨孔当量直径大于 0.5 mm～1.0 mm，每平方厘米内应不多于 2 个。

5.9 机械加工要求

5.9.1 与辊筒工作面对应的内孔表面粗糙度 $R_a \leqslant 50\ \mu m$。

5.9.2 辊筒尺寸精度和表面粗糙度应符合橡胶塑料机械相关产品标准对辊筒要求的有关规定。

5.9.3 当辊筒粗加工出厂时，其外表面粗糙度 R_a 值不宜大于 25 μm，并应留有加工余量，加工余量及其极限偏差应符合表 4 的规定。

表 4 加工余量及其极限偏差

单位为毫米

部位	直径 D		长度 L	
	余量	极限偏差	余量	极限偏差
工作面	3.0	±0.5	10.0	±1.0
轴颈	5.0	±0.5	10.0	±1.0

5.10 水压试验要求

经机械加工后要求做水压试验的辊筒，其试验压力见表 5 的规定，保压 15 min 应不渗漏。

表 5 辊筒用途及其试验压力

单位为兆帕

辊筒用途	试验压力
开放式炼胶机用辊筒	0.90
橡胶压延机用辊筒	1.00
开放式炼塑机用辊筒	1.25
塑料压延机用辊筒	1.60
注：其他特殊要求的橡胶塑料机械用辊筒的试验压力为辊筒工作压力的 1.5 倍。	

6 检验规则

6.1 辊筒应经制造厂质量检验部门检验合格后方可出厂。检验方法参照附录 C 和附录 D 的方法进行。

6.2 辊筒出厂时，按 5.2、5.3、5.6～5.10 的内容检验。

6.3 机械性能和弹性模量试样取自辊筒浇注时非冒口端的轴颈部位；机械性能和轴颈弹性模量检验频率：在原材料和生产工艺稳定的条件下，应定量抽检，抽检比例应符合表 6 的规定。

表 6 机械性能与轴颈弹性模量抽检比例

辊筒直径/mm	抽检量（每 100 根）
≤400	1 次
>400	3 次

6.4 轴颈为球墨铸铁时，应取样做金相检验。

6.5 轴颈为球墨铸铁的离心复合铸造辊筒，用超声波探伤方法检验，检验方法及判定规则参见附录 C。

7 标志、包装、运输和贮存

7.1 标志

辊筒检验合格后，应在安装齿轮一端用钢印打上制造厂名或商标、辊筒规定的标记、出厂日期等标志，并附上质量证明书，质量证明书内容包括：

a） 供方名称；

b） 需方名称；

c） 产品编号或辊筒生产编号；

d） 产品规格；

e） 化学成分、硬度、超声波检测结果（离心铸造辊筒）、生产日期；

f） 标准代号。

7.2 包装

辊筒包装前应清除污垢及金属屑，表面应涂有防锈剂，防止在运输和贮存中受到腐蚀。辊筒包装应符合 GB/T 13384 的规定。辊筒包装储运图示标识应符合 GB/T 191 的规定。

7.3 运输

辊筒的运输应符合运输部门的有关规定。

7.4 贮存

辊筒应贮存在防雨、通风的仓库或室内，并妥善保管。

附 录 A
(资料性附录)
常用辊筒主要尺寸参数

A.1 橡胶塑料压延机用辊筒的主要尺寸参数见表 A.1。

表 A.1 橡胶塑料压延机用辊筒主要尺寸参数

单位为毫米

工作面直径	150	230	360	400	450
工作面长度	320	630	800,900,1 120	700, 920, 1 000,1 300	600,1 000,1 200, 1 350,1 430
工作面直径	500	550	610	660	700
工作面长度	1 300	1 000,1 300, 1 500	1 400,1 500,1 730, 1 800,2 030,2 500	2 000,2 300, 2 500	1 800
工作面直径	750	800	850	900	—
工作面长度	2 000,2 400	2 500	3 400	4 000	—

A.2 开炼机中炼胶机、压片机和热炼机用辊筒的主要尺寸参数见表 A.2。

表 A.2 炼胶机、压片机和热炼机用辊筒主要尺寸参数

单位为毫米

工作面直径	160	250	300	360	400
工作面长度	320	620	700	900	1 000
工作面直径	450	550	610	660	710
工作面长度	1 200	1 500	1 830,2 000	2 130	2 200,2 540

A.3 开炼机中破胶机和精炼机用辊筒的主要尺寸参数见表 A.3。

表 A.3 破胶机、精炼机用辊筒主要尺寸参数

单位为毫米

工作面直径	400	450	480	510	560	610
工作面长度	600	620	800	800	800	800

附　录　B
(资料性附录)
辊筒化学成分

辊筒化学成分见表 B.1。

表 B.1　辊筒化学成分

<table>
<tr><th colspan="2" rowspan="2">材质类别</th><th rowspan="2">辊筒标记</th><th colspan="9">化学成分(质量分数)/%</th></tr>
<tr><th>C</th><th>Si</th><th>Mn</th><th>P</th><th>S</th><th>Cr</th><th>Ni</th><th>Mo</th><th>Cu</th></tr>
<tr><td colspan="2">普通冷硬铸铁</td><td>HTLG-P</td><td>3.30～3.80</td><td>0.40～0.80</td><td>0.30～0.50</td><td>0.45～0.55</td><td>≤0.12</td><td>—</td><td>—</td><td>—</td><td>—</td></tr>
<tr><td rowspan="3">合金冷硬铸铁</td><td>铬钼合金</td><td rowspan="3">HTLG-H</td><td>3.30～3.80</td><td>0.40～0.80</td><td>0.30～0.50</td><td>≤0.55</td><td>≤0.12</td><td>0.20～0.30</td><td>—</td><td>0.20～0.40</td><td>—</td></tr>
<tr><td>镍铬合金</td><td>3.30～3.80</td><td>0.40～0.80</td><td>0.30～0.50</td><td>≤0.55</td><td>≤0.12</td><td>0.20～0.30</td><td>0.40～0.80</td><td>—</td><td>—</td></tr>
<tr><td>铬铜合金</td><td>3.10～3.80</td><td>0.30～0.80</td><td>0.30～0.45</td><td>0.45～0.60</td><td>≤0.12</td><td>0.30～0.50</td><td>—</td><td>—</td><td>0.80～1.00</td></tr>
<tr><td rowspan="2">离心复合冷硬铸铁</td><td>镍铬钼合金Ⅰ</td><td rowspan="2">HTLG-LF</td><td>2.90～3.60</td><td>0.25～0.80</td><td>0.20～1.00</td><td>≤0.40</td><td>≤0.08</td><td>0.50～1.50</td><td>2.00～3.00</td><td>0.20～0.60</td><td>—</td></tr>
<tr><td>镍铬钼合金Ⅱ</td><td>2.90～3.60</td><td>0.25～0.80</td><td>0.20～1.00</td><td>≤0.40</td><td>≤0.08</td><td>0.50～1.70</td><td>3.00～4.50</td><td>0.20～0.60</td><td>—</td></tr>
<tr><td colspan="12">注 1:经供需双方协议后可加其他成分。
注 2:化学成分中,除含碳量外,其他化学成分含量允许有 10 %的偏差。</td></tr>
</table>

附 录 C
（资料性附录）
离心铸造复合冷硬铸铁辊筒超声波探伤检验方法和判定规则

本方法适用于离心铸造复合冷硬铸铁辊筒外侧(工作层)和结合层的质量检验。

C.1 检验用仪器

C.1.1 探伤检验仪器应符合 JB/T 10061 的规定。

C.1.2 采用单晶片直探头，工作频率 2.0 MHz～5.0 MHz，必要时可使用其他类型探头或变换频率。

C.2 检验方法

C.2.1 采用接触法探伤，以机油或类似矿物油作为偶合剂。

C.2.2 探伤灵敏度应与辊筒外层相同材质、相同表面曲率的试块，以 $\phi5$ 平底孔一次反射波至仪器屏幕高 100 % F.S. 作为探伤起始灵敏度。

C.2.3 辊筒表面粗糙度和清洁度要求：

a) 表面粗糙度 R_a 不大于 12.5 μm。

b) 表面不得有黑皮、油污、涂料、刮伤、粘附的铁屑和严重锈蚀等。

C.2.4 探伤扫描速度应小于 150 mm/s，探头扫描时晶片覆盖率不少于 90 %。

C.3 判定规则

C.3.1 缺陷当量——平底孔当量。

密集型分布缺陷——相邻两缺陷间距小于或等于其中较大的一个当量尺寸的 8 倍，缺陷位置按回波最高处探头中心位置计算。

C.3.2 用离心铸造法生产的复合冷硬铸铁辊筒，应进行外层和结合层质量超声波检查。

C.3.3 结合部缺陷检查规定：

a) 辊筒工作面端部(指距辊筒工作面端边 100 mm 环带)允许有小于 $\phi7$ 当量(含 $\phi7$)的分散点状缺陷存在，各边不得多于 5 处，并且两点之间的距离不得小于 50 mm；

b) 辊筒工作面端部允许有 $\phi5$～$\phi7$ 当量(含 $\phi5$)密集型缺陷，其面积应小于 150 mm×150 mm，每边不得多于 2 处。小于 $\phi5$ 当量以下缺陷不作计算；其点状和密集型缺陷总数不得多于 5 处；

c) 辊筒工作面中部(两端部除外)结合部允许有小于 $\phi7$ 当量(含 $\phi7$)的缺陷存在，当量缺陷个数不得超出 6 个，两点之间距离不得小于 50 mm；

d) 当小于 $\phi5$ 当量的缺陷呈密集型分布时，其面积应小于 100 mm×100 mm，密集区不多于 2 处，其两边缘间距应大于 100 mm。其点状和密集型缺陷总数不得多于 6 处。

C.4 辊筒工作层厚度的测量

辊筒工作层使用超声波测量厚度时，应在测试前用相同材质、相同曲率试块进行校正，计量时以屏幕基线零点到结合层界面回波起始位置为工作层厚度值。

附 录 D
(资料性附录)
辊筒技术性能的检验

D.1 辊筒工作面和辊筒轴颈表面硬度的检验

D.1.1 检验条件:检验硬度的部位其表面应清洁、无磁性、无油脂、无锈蚀、无涂料等,表面粗糙度 $R_a \leqslant 3.2\ \mu m$。

D.1.2 检验仪器:肖氏硬度计。

D.1.3 检验方法

D.1.3.1 在工作辊面一条母线的中部和两端 50 mm 处共测量三点,每点测 3 次,共测 9 次取其算术平均值。两端轴颈表面中部共测 3 次,取其算术平均值。测试点的硬度指通过该点母线 30 mm 线段内测试硬度的平均值。

D.1.3.2 特殊要求的辊筒、大型高精度压延机及钻孔辊筒硬度检验按表 D.1 规定进行。

表 D.1 辊筒直径与测试点数

辊筒直径 ϕ /mm	辊筒工作面			轴颈	
	工作面长度≤1 500 mm 时测点距/mm	工作面长度>1 500 mm 时测点距/mm	母线数	各轴颈每条母线测试点数	母线数
≤300	≤150	≤200	1~2	1	1
>300 ≤500			3	2	2
>500			4	2	2

D.1.3.3 辊筒工作面及辊筒轴颈表面硬度测试母线应在辊筒圆周方向均布。

D.2 辊筒白口深度的检验

D.2.1 检验条件:测定白口深度的部位,经机械加工后其表面粗糙度 $R_a \leqslant 3.2\ \mu m$。

D.2.2 检验仪器:钢尺及钢卷尺。

D.2.3 检验方法:目测、尺量为准。

D.2.3.1 白口深度的判别原则,以辊筒中心为圆心,自工作辊面向中心目测到第一群灰点至中心的距离为半径 R,作 10 mm 长的圆弧,宽度为 1 mm,如该圆弧带内有 3 个以上(不包括 3 个)灰点时,以圆弧带中心到工作辊面的距离 h 为该处的白口深度(见图 D.1,D 为辊筒直径)。

D.2.3.2 白口深度的判定:在辊筒工作面(不应出现灰点)的两端面,沿圆周任意方向成 90°的位置各测量 4 处,取其算术平均值。对复合铸造辊筒白口层深度可按复合线到辊面距离的 2/3 来判定。

D.2.3.3 当白口深度判别困难时,可用化学腐蚀法,其腐蚀剂溶液可选用下列溶液中任意一种:

a) 5 %~ 10 % 硝酸酒精溶液;

b) 5 %~ 10 % 盐酸溶液;

c) 10 % 硫酸铵溶液。

单位为毫米

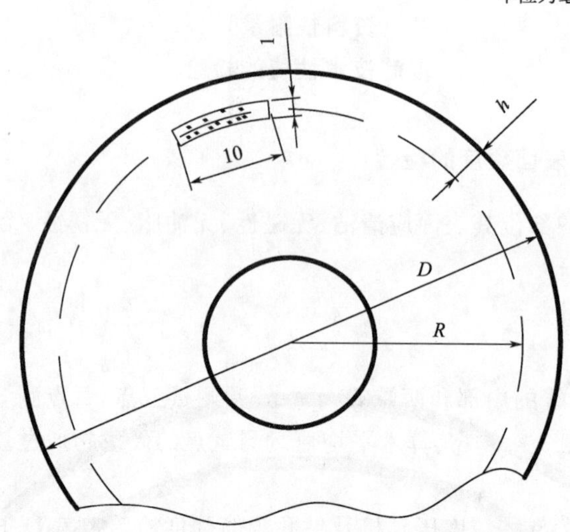

图 D.1 白口深度测定

D.3 机械性能的检验

D.3.1 检验条件:测定辊筒轴颈部分在常温静力条件下的力学性能。

D.3.2 检验仪器:液压式万能材料试验机。

D.3.3 检验方法

D.3.3.1 试样的制备:机械性能试样取自辊筒浇注时非冒口端的轴颈部位。

D.3.3.2 机械性能检验:按 GB/T 228.1 规定进行。

D.4 轴颈弹性模量的检验

D.4.1 检验条件:测定轴颈部分室温下的弹性模量。

D.4.2 检验仪器:弹性模量试验机、引伸计。

D.4.3 检验方法:按 GB/T 22315 规定进行。

D.5 轴颈为球墨铸铁金相组织检验

D.5.1 检验条件:轴颈为球墨铸铁时,可本体或取样做金相检验。

D.5.2 检验分析仪器:光学显微镜。

D.5.3 检验方法

D.5.3.1 试样制备:金相试块在辊筒下轴颈端部切取。

D.5.3.2 金相组织检验:按 GB/T 9441 规定进行。

D.6 化学分析检验

D.6.1 检验条件:在辊筒浇注前或辊筒实物中取样。化学成分参见附录 B。

D.6.2 检验分析仪器:碳硫炉、光度分析仪、光谱分析仪等。

D.6.3 检验方法:按 GB/T 223.3、GB/T 223.5、GB/T 223.11、GB/T 223.18、GB/T 223.19、GB/T 223.23、GB/T 223.25、GB/T 223.26、GB/T 223.60、GB/T 223.63、GB/T 223.68 和 GB/T 223.71 中规定进行化学成分分析。当采用光谱分析仪时,检验结果可以替代化学分析方法。

D.7 辊筒表面粗糙度的检验

D.7.1 检验条件:辊筒表面机械加工完成之后。

D.7.2 检验仪器:表面粗糙度测量仪或表面粗糙度比较样块。

D.7.3 检验方法:用测量仪测量每个辊筒工作面、轴颈表面或用比较样块进行检验。

D.8 辊筒缺陷的检验

D.8.1 检验条件:辊筒表面粗加工、精加工及辊筒毛坯。

D.8.2 检验仪器:钢尺或钢卷尺、放大镜。

D.8.3 检验方法:目测、尺量为准。

辊筒缺陷按 5.8 的规定,石墨孔大小检验按下列规定:

a) 检验时轴颈磨削后表面粗糙度 $R_a \leqslant 1.6\ \mu m$;

b) 轴颈石墨孔大小的检验,以宏观目测对照标样或标样照片。当目测不清时,可采用低倍(20 倍以下)读数显微镜测量;

c) 辊筒轴颈部位石墨孔大小"标样照片"见图 D.2、图 D.3、图 D.4 及图 D.5;

d) 标样照片中图 D.2、图 D.3 及图 D.4 符合石墨孔大小的规定,图 D.5 不符合石墨孔大小的规定。

图 D.2

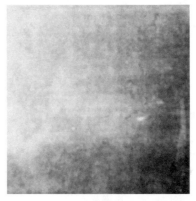

图 D.3

图 D.4

图 D.5

D.9 水压试验

D.9.1 检验条件:水压试验在常温下进行。

D.9.2 检验仪器:电动或手动水压泵。

D.9.3 检验方法:目测。

D.9.3.1 试验压力按 5.10 的要求进行。

D.9.3.2 辊筒允许用浸渗剂渗透处理后做水压试验。

前　　言

本标准是 HG 5-1541—83《橡胶塑料机械外观通用技术条件》的修订版，对原标准部分内容进行了修改、补充，增加了定义、外露铸铁件和铆焊件的技术要求。

本标准从实施之日起，同时代替 HG 5-1541—83。

本标准由中国化工装备总公司提出。

本标准由全国橡胶塑料机械标准化技术委员会归口。

本标准负责起草单位：大连橡胶塑料机械厂、呼和浩特橡胶塑料机械厂。上海橡胶机械厂、张家港市二轻机械厂、宁波海天机械制造有限公司、山东塑料橡胶机械总厂参加起草。

本标准主要起草人：张玉祥、韩亚娜、赵全英。

本标准于 1983 年 10 月首次发布。

本标准委托全国橡胶塑料机械标准化技术委员会负责解释。

中华人民共和国化工行业标准

橡胶塑料机械外观通用技术条件

HG/T 3120—1998

代替 HG5-1541—83

The general technological requirements for the appearance of the rubber and plastic machinery

1 范围

本标准规定了橡胶塑料机械外观的定义、要求、试验方法及检验规则。

本标准适用于橡胶塑料机械外观的检验和评定。

2 引用标准

下列标准所包含的条文，通过在本标准中引用而构成为本标准的条文。本标准出版时，下列标准所示版本均为有效。所有标准都会被修订，使用本标准的各方应探讨使用下列标准最新版本的可能性。

GB 152.2—88 紧固件 沉头用沉孔

GB 152.3—88 紧固件 圆柱头用沉孔

ZB G95 010—88 橡胶塑料机械涂漆通用技术条件

3 定义

本标准采用下列定义。

3.1 外观

指产品的造型、色调、光泽和图案等凭人的视觉、触觉所感觉到的外表质量特性。

3.2 焊缝边缘直线度

在任意 300 mm 连续焊缝长度内，焊缝边缘沿焊缝轴向的直线度，见图 1。

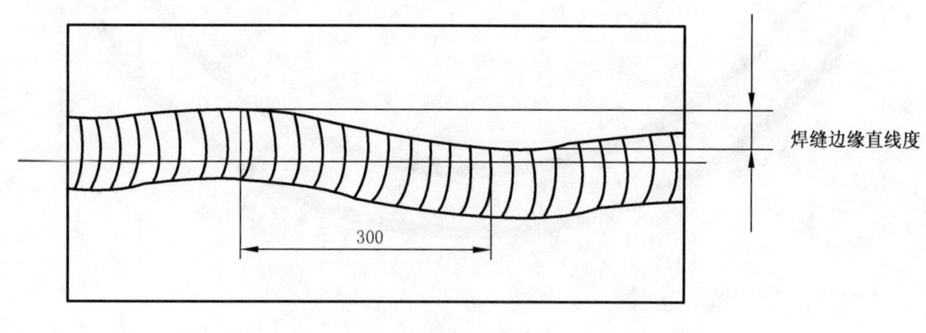

图 1

4 要求

橡胶塑料机械外观应符合本标准的要求，并按经规定程序批准的图样和技术文件制造。

4.1 一般要求

4.1.1 产品各部分的布局应合理，在满足功能的前提下，使外观符合造型美的原则。

4.1.2 产品上的标牌应固定在明显位置，允许在机器上采用镶嵌或铸造的方法制出厂名或商标，其色

中华人民共和国化学工业部 1998-03-17 批准　　1998-10-01 实施

彩应与机器的基色和谐。

4.1.3 产品上使用的汉字应采用国务院正式公布、实施的简化汉字。

4.2 外露件要求

4.2.1 装配要求

4.2.1.1 产品外表面不应有图样未规定但影响外形美观的凸起、凹陷、粗糙不平、磕碰、划伤、锈蚀及其他损伤等缺陷。

4.2.1.2 零、部件外露结合面的边缘应对齐，其错位量按表1规定。

4.2.1.3 产品上的门、罩子、盖等与相关件之间的贴合缝隙值和缝隙不均匀值按表1规定。

表1

mm

结合面边缘及门、罩子、盖的长度尺寸[1]	≤500	>500～1 250	>1 250～3 150	>3 150
错位量	≤2	≤3	≤3.5	≤4.5
贴合缝隙值[2]	≤1.5	≤2	≤2.5	—
缝隙不均匀值[3]	≤1.5	≤2	≤2.5	—

1）当结合面边缘及门、罩子、盖的边长不一致时，应按长边尺寸确定允许值。

2）为最大缝隙值。

3）为最大缝隙与最小缝隙之差值。

4.2.1.4 电控柜、电气操纵台的板面应光洁、平整、美观。显示器、控制器及标志布置合理、色彩和谐，并便于操纵与观察。

4.2.1.5 装入沉孔的螺钉拧紧后，头部不应高出沉孔端面，其头部与沉孔之间不应有明显的偏心。螺栓尾部应略突出于螺母端面，同一组螺栓的尾部突出长度应相等，而且同一组紧固件的色泽也应一致。

4.2.1.6 外露的各种管路，应按机器的外形合理布置，不允许有扭曲现象。管子弯曲处应圆滑，不应有皱折。弯曲部位的椭圆形变形截面的短长轴之比不应小于0.8，长管路应用管夹固定。

4.2.1.7 机器外部的电线应有保护套管，并沿着机器的外形合理布置，保护套管应用管夹固定，在保护套管拐弯处及两端也应用管夹固定。

4.2.2 外露的铸铁件

4.2.2.1 铸件的棱角应明显清晰。铸件表面应平整、光洁，在同一铸型平面内非加工的表面在任意600 mm× 600 mm范围内的平面度公差不大于2 mm。

4.2.2.2 铸件表面不应有砂眼、气孔、飞边、毛刺。

4.2.3 外露的铆焊件

4.2.3.1 焊缝表面应呈均匀平滑的鱼鳞状，不应有漏焊、裂纹、弧坑、气孔、夹渣、烧穿等缺陷。飞溅物、焊渣应清理干净。

4.2.3.2 同一条平面对接焊缝，在任意50 mm焊缝长度范围内，最大宽度与最小宽度之差不大于3 mm，在任意25 mm长度范围内焊缝高度之差不大于2 mm，在任意300 mm连续焊缝长度内，焊缝边缘直线度不大于3 mm。

4.2.3.3 采用压型或压弯成型的零件，外表面不应有皱折及可见的锤痕。

4.2.3.4 铆接时，不应损坏被铆接的零件表面，也不得使被铆接的零件变形。

4.2.3.5 铆接后，应保持铆钉头部光滑圆整，不应变形或碎裂。

4.2.4 外露的镀铬件和发黑(发蓝)件

4.2.4.1 铬层不应有毛刺、烧焦、起皮、脱落、露底及铬瘤。

4.2.4.2 发黑(发蓝)件表面应色泽均匀一致，无锈迹和明显的花斑。

4.2.5 外露的机械加工件

4.2.5.1 外露机械加工件的表面粗糙度 Ra 值不应大于12.5 μm，不应有毛刺、尖角(特殊要求除外)。

4.2.5.2 零件刻度部分的刻线、数字和标记应精确、端正、清晰。

4.2.5.3 内孔表面与壳体凸缘间的壁厚应均匀对称，其凸缘壁厚之差应不大于实际最大壁厚的25%。

4.2.6 涂漆

外露表面的涂漆按ZB G95 010的规定。

5 试验方法

5.1 对4.1.1和4.1.2用目测进行检验。

5.2 对4.1.3按国务院1964年5月公布"简化字总表"进行检验。

5.3 对4.2.1.1、4.2.1.4和4.2.1.7用目测和触感进行检验。

5.4 对4.2.1.2和4.2.1.3，用直尺、游标卡尺和塞尺进行检验。

5.5 对4.2.1.5按GB 152.2～152.3中规定的中等装配进行检验。

5.6 对4.2.1.6，用目测和游标卡尺检验，并通过计算得到数据。

5.7 对4.2.2.1，采用间隙法检验平面度误差值。

检测工具：量块、塞尺或片状塞规、平尺(或刀口尺)。

检测步骤：

a) 在工件被测表面上，离平尺两端约$2L/9$(L为平尺长度)处垫上等厚量块(见图2)；

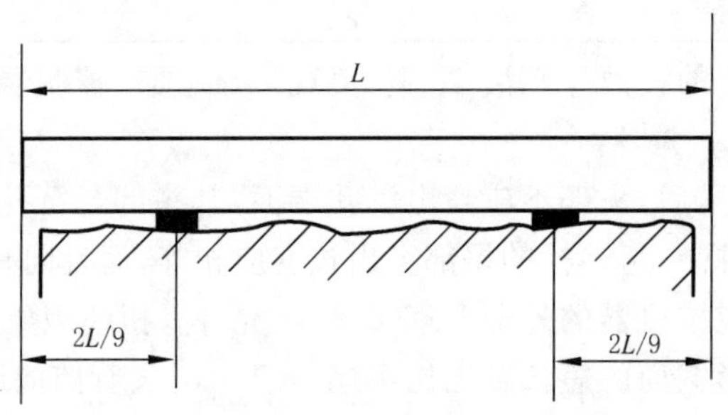

图2

b) 用塞尺或片状塞规测出平尺工作面与工件表面之间的距离；

c) 测得的最大距离减去等厚量块的厚度即为该截面的直线度误差近似值；

d) 根据被测平面的形状，沿多个方向进行测量(见图3)。

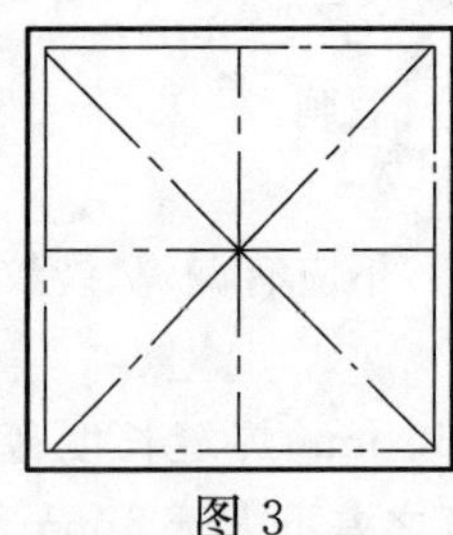

图3

检测结果：取其中最大的直线度误差近似值即为被测平面的平面度误差近似值。

5.8 对4.2.2.2、4.2.3.1、4.2.3.3～4.2.3.5用目测进行检验。

5.9 对4.2.3.2，焊缝宽度之差和高度之差可用游标卡尺检测，焊缝边缘直线度可用划线或直尺检测。

5.10 对4.2.4.1镀铬件外观质量的检验方法：

检验前准备：用清洁的软布揩去试样表面油污。把试样放在无反射光的白色平台上，也允许用半透明白光纸，隔开光源进行检验。

检验方法：应在自然光或光照度在300～600 lx范围内的近似自然光下(例如40 W日光灯)，相距为750～800 mm的距离下进行目测检验。若有争议，经双方协商，用4～5倍的放大镜进行参考检验。

5.11 对4.2.4.2和4.2.5.2用目测检验。

5.12　对4.2.5.1,用粗糙度样板,进行对比检验。

5.13　对4.2.5.3,用游标卡尺检测,并进行计算,得到数据。

5.14　对4.2.6,按ZB G95 010的规定进行检验。

6　检验规则

每台产品的外观,均应进行出厂检验,并经制造厂质量检验部门按本标准规定的项目全检合格后,才能出厂。

备案号:10166—2002
HG/T 3228—2001

前　言

本标准是对推荐性化工行业标准 HG/T 3228—1988《橡胶塑料机械涂漆通用技术条件》及 HG/T 3225—1996《出口橡胶机械涂漆通用技术条件》兼并与修订而成。

本标准与 HG/T 3228—1988 和 HG/T 3225—1986 的主要差别是:

对涂漆前的表面处理,涂料的搭配与选择以及涂漆施工环境条件的限制等进行了修改和提出了要求。

本标准的附录 A 和附录 B 为提示的附录。

本标准自实施之日起,同时代替 HG/T 3228—1988 和 HG/T 3225—1986。

本标准由原国家石油和化学工业局政策法规司提出。

本标准由全国橡胶塑料机械标准化技术委员会归口。

本标准起草单位:上海橡胶机械一厂。

本标准主要起草人:陆敏一、黄俊学。

本标准于 1983 年 10 月首次发布,1988 年 7 月第一次修订。

本标准由全国橡胶塑料机械标准化技术委员会负责解释。

中华人民共和国化工行业标准

HG/T 3228—2001

橡胶塑料机械涂漆通用技术条件

代替 HG/T 3228—1988
HG/T 3225—1986

General specifications of painting for rubber and plastics machinery

1 范围

本标准规定了橡胶、塑料机械产品涂漆要求、检测方法及检验规则等。

本标准适用于橡胶、塑料机械产品的涂漆。

2 引用标准

下列标准所包含的条文，通过在本标准中引用而构成为本标准的条文。本标准出版时，所示版本均为有效。所有标准都会被修订，使用本标准的各方应探讨使用下列标准最新版本的可能性。

GB/T 1720—1979(1989) 漆膜附着力测定法

GB/T 1727—1992 漆膜一般制备法

GB/T 1730—1993 漆膜硬度测定法 摆杆阻尼试验

GB/T 1731—1993 漆膜柔韧性测定法

GB/T 1732—1993 漆膜耐冲击测定法

GB/T 1733—1993 漆膜耐水性测定法

GB/T 1743—1979(1989) 漆膜光泽度测定法

GB/T 1764—1979(1989) 漆膜厚度测定法

GB/T 1865—1997 漆膜老化(人工加速)测定法

GB 2893—1982 安全色

GB/T 3181—1995 漆膜颜色标准

HG/T 3120—1998 橡胶塑料机械外观通用技术条件

3 要求

橡胶塑料机械涂漆应符合本标准的要求，并按经规定程序批准的图样和技术文件施工。

3.1 涂漆前表面处理。

3.1.1 涂漆表面应平整，不允许有明显凸起、凹陷、毛刺、锐边、披锋和浇冒口等缺陷。

3.1.2 外露件的装配错位、铸件外观、铆焊件质量按 HG/T 3120 标准的规定进行处理。

3.1.3 涂漆表面在涂漆前应根据情况，采用手工打磨、喷砂(丸)、酸洗、磷化处理等方法，将影响涂漆质量的夹砂、焊渣、药皮、飞溅、毛刺、氧化皮、锈迹、油污、脏物、灰尘等清除干净。

3.2 涂料要求

3.2.1 底漆、腻子、二道底漆、面漆、稀释剂及防潮剂等材料，一般应采用同类涂料配套使用，也可互相配套或用过渡层的办法解决不同涂料的配套问题。

3.2.2 必须按不同防护性能要求，合理选用涂料。

3.2.3 涂料的质量必须符合国家有关标准的规定。

3.3 施工条件的要求

国家经济贸易委员会2002-01-24批准 2002-07-01实施

3.3.1 涂漆施工应在清洁、干燥、空气流通、光线充足的场地进行。

3.3.2 当相对湿度大于70%时，应加入防潮剂或采取其他防潮措施。当相对湿度大于85%时，则应停止施工。

3.3.3 环境温度高于52℃或低于－10℃时，不得进行涂漆施工。

3.3.4 涂漆用具必须完好、清洁且选择适当。

3.4 涂漆的要求

3.4.1 涂层施工

3.4.1.1 每一道涂层必须在其前一道涂层实干后复涂。

3.4.1.2 涂层经湿磨或干磨后，必须彻底清除表面的磨浆或粉尘，如发现凹陷或露底现象，应补涂。

3.4.1.3 每一道涂层必须涂刷均匀，不得有流挂、漏涂、皱皮或不连续等现象。

3.4.1.4 有色金属件、非金属件、发黑(蓝)件、镀件和不锈钢件一般不涂漆。

3.4.2 涂底漆

3.4.2.1 涂漆表面清理完后，应立即涂一道底漆。

3.4.2.2 存放时间过长的零部件，若发现底漆剥落或表面锈蚀、污染，必须重新清理涂漆表面后再涂底漆。

3.4.2.3 凡需涂漆的有色金属件，必须先涂磷化底漆或锌黄底漆，实干后再涂配套底漆(经磷化处理的零部件，可直接涂配套底漆)。

3.4.2.4 使用耐高温漆时，应涂相应的耐高温底漆。

3.4.3 填刮腻子

3.4.3.1 填刮腻子必须在底漆干透后进行。

3.4.3.2 腻子应分次填刮，每次填刮厚度不得超过1 mm，上道腻子干透后再填刮下道腻子。

3.4.3.3 补漆腻子不得代替填平腻子使用。

3.4.3.4 零件表面局部凹陷处，可用配套性良好的常温化学型腻子填平。

3.4.3.5 蒸汽管路及与蒸汽管路连通的零部件，不得填刮腻子。

3.4.3.6 重要焊缝上，不得刮涂腻子。

3.4.3.7 腻子经打磨后，整个零件表面应平整，腻子与零件表面连接处，不得有明显接痕。

3.4.4 涂面漆

3.4.4.1 面漆至少涂二道，每道涂漆应纵横两个方向，各涂一遍。

3.4.4.2 在安装、调试或移动过程中涂漆层被破坏，则应将损坏处用相同的补漆腻子补涂，然后再涂面漆，补漆面与周围漆膜不应有明显接痕。

3.4.4.3 外露非工作面、紧固件可涂面漆。

3.4.4.4 面漆涂(刷)完毕，须充分干燥后，方可包装。

3.4.5 涂漆颜色

3.4.5.1 外观面漆可单色，也可多色，但整机应美观大方，色调和谐。

3.4.5.2 机器内腔表面推荐涂浅色。

3.4.5.3 压力容器的涂漆颜色及标志应按有关部门规定进行涂刷。

3.4.5.4 凡需区别技术特征的零部件，其涂漆颜色可按附录A(提示的附录)的规定。

3.4.6 油漆涂层质量

3.4.6.1 漆膜颜色参照GB/T 3181规定。

3.4.6.2 漆膜外观应光滑平整、牢固、无流挂、鼓泡、裂纹、皱皮、脱皮、漏涂、剥落、无明显划痕。对外观有直接影响的表面，光泽度良好，色泽均匀一致。

3.4.6.3 漆膜附着力按4.5.1检验应合格。按4.5.2检验应不低于3级。

3.4.6.4 漆膜厚度大于等于40 μm。

3.4.6.5 各种标志涂漆应醒目、清晰、美观。不同颜色涂漆不得相互沾染。

3.4.6.6 其他质量指标也可参照附录B(提示的附录)的规定。

4 检测方法及检验规则

4.1 涂漆前的金属表面处理及每一道涂层施工后,均需进行检验。

4.2 漆膜质量的检测,由制造厂在按 GB/T 1727 规定工艺制作的漆膜样板或工艺条件相同的产品零件上进行。

4.3 漆膜质量检测用的漆膜样板其有效保存期为六个月。

4.4 对3.1.1、3.1.3、3.4.1、3.4.5、3.4.6.2、3.4.6.5采用目测法进行检测,对3.4.6.1采用对比法进行检测。

4.5 对漆膜附着力的检验(任选一种):

4.5.1 划格和胶带综合测定法:用双面刀片在漆膜面上纵横方向各划五条直线(间距为1 mm)至底金属,成16个小方块,用胶带纸紧贴在划格面上,随后将胶带纸撕下。漆膜无剥落为良好。漆膜剥落,底漆未剥落为合格。漆膜与底漆一起剥落为不合格。

4.5.2 按 GB/T 1720 的规定检测。

4.6 漆膜厚度的检测,按 GB/T 1764 的规定检测。

4.7 其他油漆涂层质量检测方法可按附录B(提示的附录)的规定进行。

附 录 A
（提示的附录）
涂漆颜色规定

A1 对裸露于外面，未加防护的旋转零件，如飞轮、皮带轮、齿轮、行星轮等的轮幅板应涂红色。

A2 防检装置的按钮或驱杆、润滑部位标点、压力开关以及安全性标志等，应涂红色（防险装置的按钮或驱杆也可漆成红白相间）。

A3 除用于警示和引起注意的部位外，外露面漆一律不得采用红色。

A4 各管路的涂漆颜色规定如下：

a）进油管为深黄色（Y08）。

b）回油管为柠黄色（Y05）。

c）变压油管为朱红色（R02）、深黄色（Y08）相间。

d）空气管为淡酞蓝色（PB06）。

e）高压水管为中绿色（G04）。

f）低压水管为淡绿色（G02）。

g）蒸汽管为银粉漆［或紫红色（R04）］。

h）电线管与主机颜色相同。

i）管路附件除发黑（蓝）件外，与相应管路颜色相同。

注：各种管路可涂成与机器相同的颜色，再按本附录规定颜色作局部标志，也可在管路的显要部位涂一色环或长方色块。为了便于区分，根据管路的长度和排列情况，在同一管路上可作一处或数处颜色标志。

A5 机器在工作或移动时，容易碰撞的部位和明显不安全部位，应按 GB 2893 的规定，用色漆涂醒目的安全标志。

附 录 B
（提示的附录）
其他油漆涂层的质量指标和检测方法

其他油漆涂层的质量指标和检测方法见表 B1。

表 B1

序号	指标项目	质量要求	检测方法
1	漆膜光泽度	对外观有直接影响的表面，漆膜光泽度不小于 80%（不含无光漆和半光漆）。	按 GB/T 1743 规定
2	机械性能	冲击强度：50 cm 柔韧性：1 mm 硬度：大于等于 0.40（过氯乙烯） 大于等于 0.25（醇酸漆）	按 GB/T 1732 规定 按 GB/T 1731 规定 按 GB/T 1730 规定
3	耐候性	使用一年后，漆膜应平整（不起泡、不开裂，允许有轻微粉化），光泽度失光不大于 60%（不含无光漆和半光漆）	按 GB/T 1865 规定
4	耐水性	浸在室温的蒸馏水中 24 h 或（50±1）℃恒温水中 4 h后，光泽、颜色无变化。	按 GB/T 1733 规定

二、橡胶专用机械

ICS 13.100
G 09

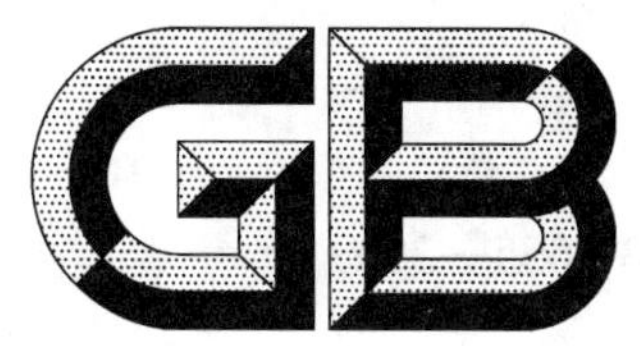

中华人民共和国国家标准

GB 4655—2003
代替 GB 4655—1984

橡胶工业静电安全规程

Safety rules of static electricity in the rubber industry

2003-09-12 发布 2004-05-01 实施

中华人民共和国
国家质量监督检验检疫总局 发布

前　言

本标准第6章中6.1、6.2.2、6.2.3、6.2.4a)、6.2.5b)～6.2.5d)、6.2.8条为强制性条款，其余为推荐性条款。

本标准与原标准GB 4655—1984的差异：

——标准的适用范围扩大。

——引用GB 12158—1990标准，定量说明静电引起人体电击的程度。

——取消原标准中术语和定义部分，直接引用GB/T 15463—1995。

——明确了防静电接地方法及接地电阻的大小。

——在防止产生静电的措施中，局部环境相对湿度由原70％改为50％。

——取消原标准中附录A、附录B、附录C、附录E，直接引用相关国家标准。

——减少原标准中强制加装静电消除器的范围。

——根据实际应用，对常用静电测量仪器、仪表进行了增减。

本标准的附录A为资料性附录。

本标准由国家安全生产监督管理局提出。

本标准由全国橡胶塑料机械标准化技术委员会橡胶机械标准化分技术委员会归口。

本标准主要负责起草单位：北京橡胶工业研究设计院。

本标准主要起草人：冯康见、邵尧燮、马海鹰、寇渭新、屈维家、曹琪琳。

本标准所代替标准的历次版本发布情况：

——GB 4655—1984。

橡胶工业静电安全规程

1 范围

本标准规定了在橡胶制品生产中控制静电的主要方法、防止静电危害的防护措施、管理措施和静电检测等。

本标准适用于各种橡胶制品生产厂的工程设计、静电安全管理及橡胶机械产品的设计和制造。

2 规范性引用文件

下列文件中的条款通过本标准的引用而成为本标准的条款。凡是注日期的引用文件，其随后所有的修改单(不包括勘误的内容)或修订版均不适用于本标准，然而，鼓励根据本标准达成协议的各方研究是否可使用这些文件的最新版本。凡是不注日期的引用文件，其最新版本适用于本标准。

GB 12158—1990 防止静电事故通用导则

GB/T 15463 静电安全术语

GB 50058 爆炸和火灾危险环境电力装置设计规范

3 术语和定义

GB/T 15463 中确立的术语和定义适用于本标准。

4 静电的产生、积累及产生危害的因素

4.1 静电的产生

橡胶制品生产过程中，由于橡胶与其他物质(金属、棉布、化纤布等)的接触分离、摩擦、剥离及半成品本身的撕裂等原因，产生电荷转移，使半成品带有静电荷。

4.2 静电的积累

大部分橡胶半成品电阻率大于 $10^{11}\ \Omega\cdot m$，产生的电荷不易泄漏，当生产过程中静电荷的产生率大于泄漏率时，形成静电积累。

4.3 静电产生的主要危害

橡胶制品生产过程中，静电产生的危害主要有以下几方面：

a) 引起爆炸和火灾事故；

b) 由于静电电击使人体失去平衡，以及由此造成的二次事故；

c) 人体遭受电击影响人的身心健康；

d) 在橡胶制品生产中，由于静电力的作用，使产品质量受到影响；

e) 静电放电产生的电磁波干扰电子设备的正常运行。

4.4 静电产生危害的条件

4.4.1 当同时具备下列条件时，静电将引起爆炸和火灾事故：

a) 在分开的界面上必须存在足够的静电荷，并达到足以产生静电放电的电位差。

b) 静电放电必须在达到爆炸浓度范围的可燃、易燃性混合物中产生。

c) 静电放电的能量，必须足以点燃周围可燃、易燃性混合物。可燃、易燃性混合物最小点燃能量见 GB 12158—1990 附录 G。导体间的静电放电的能量可用下式计算：

$$W=\frac{1}{2}CV^2$$

式中：

W——放电能量，单位为焦(J)；

C——导体间的等效电容，单位为法(F)；

V——导体间的电位差，单位为伏（V)。

4.4.2 当具备下列条件时，静电将引起人体电击：

a) 人体与导体间发生放电的电荷量达到 2×10^{-7}C 以上时就可能感到电击。当人体电容为 100 pF时，发生电击的人体电位约为 3 kV，不同人体电位的电击程度见 GB 12158—1990 附录 F。

b) 当带电体是静电非导体时，引起人体电击的界线，因条件不同而变化。一般情况下，当电位在 30 kV 以上向人体放电时，将感到电击。

5 控制静电的主要方法

5.1 静电接地

5.1.1 在存在静电引爆危险的场所，所有属静电导体的物体应接地。对金属物体应采用金属导体与大地作导通性连接，对金属以外的静电导体及亚导体则应作间接接地。

5.1.2 静电导体与大地间的总接地电阻不应大于 10^6 Ω。每组专设的静电接地体的接地电阻值不应大于 100 Ω。

5.1.3 当静电接地与其他用途的接地系统共用接地装置时，应选其电阻最小值，宜采取联合接地装置。

5.2 增加空气相对湿度

提高亲水性绝缘材料周围的相对湿度，可防止静电积累。局部环境的相对湿度宜控制在 50% 以上。

5.3 采用静电消除器

利用设置在带电体附近的静电消除器使空气电离，以消除静电。

5.3.1 静电消除器的种类：

——自感应式静电消除器；

——外加电源式静电消除器；

——放射性静电消除器；

——离子化静电消除器。

5.3.2 应根据以下条件选择静电消除器：

——静电电位的高低；

——消除要求；

——操作特点；

——爆炸危险环境等级、介质级别和组别；

——自感应式和外加电源式静电消除器放电电极长度应大于带电体宽度 10 cm～15 cm；离子化静电消除器离子喷头的型式及数量应根据可能的安装距离和带电体长度确定。

5.3.3 选择静电消除器安装位置应遵循以下原则：

——应便于工艺操作；

——消除静电效果好；

——紧接涂刷溶剂的后续部位，靠近带电体最高电位的部位，安装位置及距离选择见图 1。

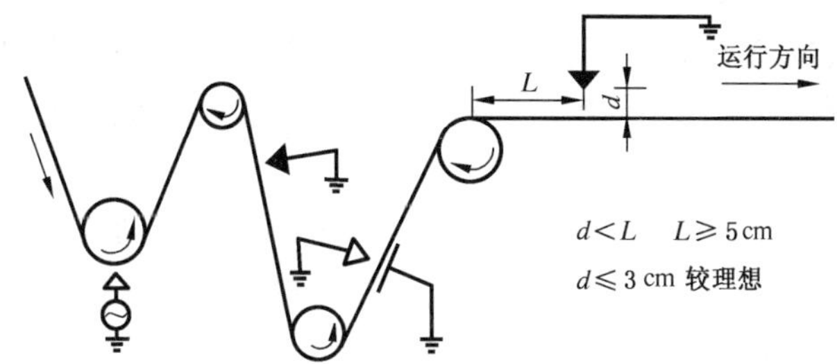

▼——正确的安装位置；

▽——错误的安装位置；

d——静电消除器放电极与带电体之间的距离；

L——静电消除器放电极与传动辊中心之间的距离。

图 1　静电消除器安装距离及安装位置示例

5.4　材质搭配

按照静电起电极性序列的次序进行材质搭配，使生产过程尽量减少电荷的转移和积累。静电起电极性序列表见 GB 12158—1990 中附录 C。

5.5　改善带电体周围环境条件

控制气体中可燃物的浓度，保持在爆炸浓度极限以下。在爆炸性混合物接近爆炸浓度极限范围时，应加强作业场所机械通风措施。

5.6　防止人体带电

——工作人员穿防静电鞋或导电鞋及防静电工作服；

——工作地面采用导电地面。

6　防止静电危害的措施

6.1　基本措施

6.1.1　在周围环境存在可燃、易燃性混合物并达到爆炸极限时，对最小点火能量小于 0.1 mJ 的可燃、易燃性混合物，绝缘体的静电电位应控制在 1 kV 以下；对最小点火能量大于等于 0.1 mJ 的可燃、易燃性混合物，绝缘体的静电电位应控制在 5 kV 以下。

6.1.2　仅对防止带电绝缘体对操作人员造成电击的场合，绝缘体的静电电位应控制在 10 kV 以下。

6.1.3　在静电对操作人员电击时可能造成二次事故的场合，除绝缘体的静电电位应控制在 10 kV 以下外，对设备或装置还应采取相应的安全措施。

6.1.4　凡有爆炸和火灾危险的区域，操作人员应穿防静电鞋、防静电工作服。操作区应铺设防静电地面，防静电地面对地电阻值应小于 10^6 Ω，并保持其导电性能。操作人员不应穿着合成纤维的衣服（已采用防静电溶液定期处理的衣服除外）进入上述区域，不应在上述区域更换服装。

6.2　各主要工序及场所防止静电的措施

6.2.1　炼胶

a)　用开放式炼胶机进行生胶塑炼、对绝缘性胶料进行压片及返炼汽油胶浆胶膜时，应安装静电消除器。

b)　用开放式炼胶机供绝缘性热炼胶时，在胶片取出处宜安装静电消除器。

6.2.2　胶浆制造

使用易燃性溶剂制造胶浆时，应采取以下措施：

a)　胶浆制造机械应采用齿轮传动。当采用 V 带传动时，应选用防静电 V 带。如使用普通 V 带传动，应采取提高其表面导电性能的措施，并应定期检查，根据使用情况及时处理，使其表面任何一点的对地电阻值不大于 10^6 Ω。

b) 胶浆桶桶壁粘附胶膜的剥离，应离开爆炸和火灾危险区域，动作要轻、要慢。

c) 不应用泵直接向胶浆搅拌桶内喷射溶剂，应采取自流方式，其流速限制在 1 m/s 以内。当输送胶浆及汽油等溶剂的管道采用橡胶或塑料管时，应采用导电橡胶、导电塑料软管或金属编织层的导电胶管，并可靠接地。

d) 人工投入胶条、运输胶浆及揭开胶浆桶盖时，应先静置不少于 2 min 再进行操作。遮盖物不应采用绝缘材料。

e) 胶浆制造过程中，当胶浆搅拌机不采用隔墙传动时，应采用防爆电机。防爆电机应根据 GB 50058的要求选择。

6.2.3 涂胶

当采用易燃溶剂胶浆涂胶时，应采用以下措施：

a) 设计涂胶机时，其胶辊应采用导电橡胶胶辊。

b) 在适当位置安装感应式静电消除器。

c) 增加带电体周围的环境湿度，在涂胶辊、胶布拉出处和干燥箱前部设置局部蒸汽喷雾设施，使带电体周围空气相对湿度保持在70%以上。并应在设备开动前首先打开蒸汽喷雾阀门。

d) 取浆不应使用金属工具，应使用非金属导电材料制成的工具。

e) 凡接触胶浆及带电绝缘体的操作工具，应采用电阻率为 10^6 Ω·m～10^9 Ω·m 的材料制造。

6.2.4 压延、裁断

a) 在帘布、帆布压延设备上，凡是在操作人员经常接触带电绝缘体的部位，均应装设自感应式或离子化静电消除器。

b) 在裁断设备上，凡是在操作人员经常接触带电绝缘体的部位，宜装设自感应式或离子化静电消除器。

6.2.5 成型

凡使用汽油及汽油溶剂胶浆的成型工艺，应按不同工艺分别采取下列措施：

a) 轮胎成型：在使用金属折叠机头成型轮胎时，宜按并联电容法进行操作。

注：并联电容法是解决金属折叠机头轮胎成型机静电起火的安全操作法。其原理是胎面胶边通过折叠机头主轴接地，相当于与带电帘布层并联一个与其对地等效电容值近似的电容，从而抑制金属机头折叠瞬间对地电位的迅速升高，达到消除静电放电的目的。

b) 运输带成型：应在适当的位置安装感应式或离子化静电消除器，工作台面应是导电台面，并可靠接地。

c) 胶鞋成型：

——当采用刷浆工艺时，刷浆工作台应是导电台面，并可靠接地。

——操作人员不应坐在人造革等绝缘座面的椅子上操作。

——不应使用绝缘板制作工作台面，不应在绝缘板上铺设不接地的金属板。

——在通风系统因故停止运行时，应停止生产。

d) 胶布制品成型：工作台应是导电台面，并可靠接地。不应在爆炸和火灾危险区域内剥离胶布。

6.2.6 鞋帮布台布

在鞋帮布台布过程中，宜在合布机适当位置上安装感应式静电消除器。

6.2.7 晾布

在晾布室晾布过程中，宜在晾布机适当位置上安装感应式静电消除器。

6.2.8 胶浆溶剂（桶装）库

6.2.8.1 当采用金属管嘴或金属漏斗向金属桶加注溶剂时，应使金属管嘴或金属漏斗与金属桶保持良好的接触或连结，并可靠接地。

6.2.8.2 不应使用绝缘性容器加注胶浆溶剂。

6.2.8.3 向抗静电塑料容器加注溶剂时，容器上的任何金属部件都应与加注溶剂管线跨接。若采用金属漏斗加注，金属漏斗应接地。

6.3 各主要工序及场所安全措施的综合设置

各主要工序及场所安全措施的综合设置见表1，其他工序可参照这些工序采取相应措施。

表1 各主要工序及场所安全措施的综合设置

序号	工序	机台名称	防静电措施				
			静电消除器	防静电鞋	防静电工作服	防静电地面	防静电接地
1	炼胶	开放式炼胶机	◎	○	—	◎	◎
2	热炼	开放式炼胶机	◎	○	—	◎	◎
3	胶浆制造	搅拌机、胶浆桶	—	◎	◎	◎	◎
4	涂胶	涂胶机	○	◎	◎	◎	◎
5	压延	压延机	◎	○	—	◎	◎
6	裁断	立、卧式裁断机	○	○	—	◎	◎
7	贴合 成型	层布贴合机 轮胎成型机	—	◎	◎	◎	◎
8	成型	运输带成型机	◎	◎	◎	◎	◎
9	成型	胶布制品成型	○	◎	◎	◎	◎
10	成型	胶鞋刷浆工作台	—	◎	◎	◎	◎
11	合布	鞋帮布合布机	○	○	—	◎	◎
12	晾布	晾布机	○	◎	◎	◎	◎
13	胶浆溶剂库	库房	—	◎	◎	◎	◎
注：◎表示强制性措施；○表示推荐性措施。							

7 预防静电危害的管理措施

7.1 各单位应制定防静电危害具体实施的方案，并加以检查。

7.2 负责防静电安全管理工作的人员应掌握静电安全技术知识，当发现静电可能酿成事故时，有权采取有效措施，并上报有关部门。

7.3 各单位安全管理部门和消防部门应会同工艺、设备、土建、电力和通风等各专业技术部门，结合本单位情况制定“静电安全规程实施细则”，安全技术部门和消防部门负责监督执行。

7.4 所有防静电设备、测试仪表及防护用品应定期检查、维修，并建立档案。

7.5 对在有爆炸和火灾危险区域工作的人员，应随时或定期进行静电安全知识教育和培训，并列入安全技术考核范围。

8 静电的检测

8.1 静电检测的目的

——分析危害程度；

——研究防范措施；

——判断消除效果。

8.2 常用静电测量仪器、仪表

——见附录A。

8.3 物体带静电性能预测项目

——物体体电阻率；

——物体表面电阻率。

8.4 实际生产过程中带电体带静电状况检测项目

——带静电体静电电位；

——周围空间气温及相对湿度；

——带静电体运行速度；

——可燃性气体浓度；

——导电地面对地电阻值。

8.5 判断静电安全措施使用效果的检测

检测项目同8.4，静电电位测定仪精度为10%，但检测点应选择在静电安全装置的后面。检测点的选择如图2所示。

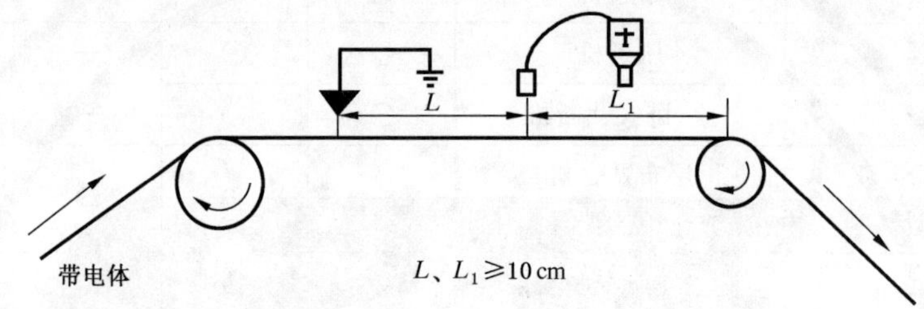

L——静电消除器放电极至测量仪表探头之间距离；

L_1——测量仪表探头与传动辊中心的距离。

图2 消除静电效果判断检测位置选择示意图

附 录 A
（资料性附录）
常用静电测量仪器仪表

测量对象	仪表名称	仪表原理	测量范围	适用场所	特　点	备　注
电压	静电报警系统	测量人体是否带有危险的静电	10 kV～20 kV	实验室、现场	数字或发光二极管指示，带有危险静电时报警	安装在重要部门的入口处，可 24 h 监视工作人员的带静电状态
	静电电压表	利用静电感应，经过直流放大指示读数	数十伏到数万伏	实验室、现场	体积小，非接触式测量	—
	静电电压表	利用静电感应先经传动机构变成交流信号，然后放大指示读数	数十伏到数万伏	实验室、现场	体积小，非接触式测量	—
	集电式静电电压表	利用放射性元素电离空气，改变空气绝缘电阻	数十伏到数万伏	实验室、现场	体积小，非接触式测量	—
电阻	高阻表	—	$10^4\ \Omega \sim 10^{15}\ \Omega$	实验室、现场	耗电小，体积小，操作方便	可测量导电地面电阻
	人体综合电阻测量仪	测量人体穿鞋状态下是否起导静电作用	$10^4\ \Omega \sim 10^{10}\ \Omega$	实验室、现场	数字或发光二极管指示，不合格时有报警声	可对进入车间的工作人员进行检测
高绝缘电阻	振动电容式超高阻计等	用振动电容器将直流微弱信号变成交流信号后放大并指示	$10^6\ \Omega \sim 10^{19}\ \Omega$	实验室	宜用于固体介质高绝缘测量	可测量 10^{-16} A 的微电流
微电流	复射式检流计等	利用磁场对载流线圈的作用力矩使张丝偏转	$<1.5\times10^{-9}$ A	实验室	—	—
电容	万能电桥等	电桥原理	数皮法到数十微法	实验室、现场	携带式	仪表种类较多
电荷	法拉第筒或法拉第笼	测取法拉弟筒的电容及电位	较宽	实验室	设备容易筹备	按 $Q=CV$ 计算
	电荷仪或电量表	直接测量物体的电量	10^{-5} C～10^{-11} C	实验室、现场	测量范围宽，可测导体和非导体的电荷量	测非导体的电荷量时要法拉第筒
可燃气体	可燃气体检漏仪	利用气敏元件在工作状态时，遇到可燃气体使气体电阻下降等原理	第一档：危险浓度检漏； 第二档：灵敏检漏	实验室、现场	体积小，质量轻，灵敏度高	—

ICS 71.120;83.200
G 95

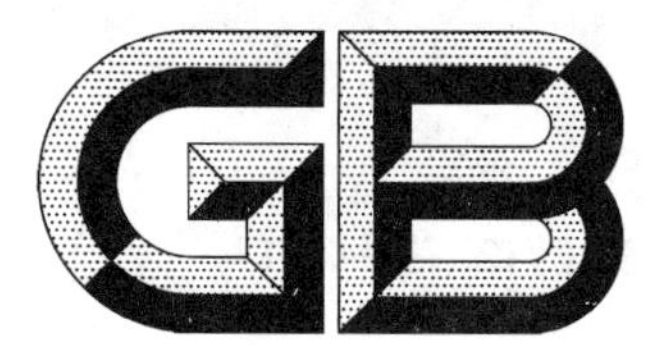

中华人民共和国国家标准

GB/T 13579—2017
代替 GB/T 13579—2008

轮胎定型硫化机

Tyre shaping and curing press

2017-12-29 发布　　2018-07-01 实施

中华人民共和国国家质量监督检验检疫总局
中国国家标准化管理委员会　发布

前　言

本标准按照 GB/T 1.1—2009 给出的规则起草。

本标准代替 GB/T 13579—2008《轮胎定型硫化机》。与 GB/T 13579—2008 相比，除编辑性修改外主要技术变化如下：

——修改了适用范围，不局限于硫化充气式轮胎外胎的硫化机，机械式硫化机也不局限于曲柄连杆式(见第 1 章，2008 年版的第 1 章)；

——增加了术语和定义(见第 3 章)；

——增加硫化机的系列与基本参数，机械式硫化机增加了 6 个系列，液压式硫化机增加了 10 个系列(见附录 A、附录 B，2008 年版的附录 A、附录 B)；

——删除了 2008 年版的 4.1.2；

——修改了硫化机热板温度均匀性要求，删除"工作表面测温点不少于 24 点"与检测方法相关的内容，保留"工作表面温度波动值应不大于±1.5 ℃"的性能要求内容(见 5.1.8，2008 年版的 4.1.9)；

——修改了 2008 年版的 4.1.10，在其基础上增加"或程序"的要求(见 5.1.9)；

——增加了 2410～5400 系列产品的精度要求；

——增加了硫化机底座上平面的水平度要求(见 5.2.1)；

——提高了液压式硫化机上、下热板的平行度要求(见 5.2.2 中表 2，2008 年版的 4.2.1 中表 1)；

——增加了硫化机上热板(或上蒸汽室)下平面与下热板(或下蒸汽室)上平面的平行度，采用压铅法，当合模力不小于最大合模力的 80%时，铅片最大厚度差要求(见 5.2.3)；

——修改了 2008 年版的 4.2.2，在其基础上增加"上热板(上蒸汽室)与下热板(下蒸汽室)的同轴度"要求(见 5.2.4)；

——修改了 2008 年版的 4.2.4，在其基础上增加"卸胎装置升降导向柱的垂直度"要求(见 5.2.6)；

——增加了后充气装置上、下夹盘的平行度要求(见 5.2.11)；

——增加了硫化机的安全性能应符合 GB 30747 的规定(见 5.3.1)；

——修改了 2008 年版的 5.2，删除了"护罩的外表面平均温度与环境温度之差应不大于 40 ℃"的要求，保留了"硫化机不得使用含石棉的材料"要求(见 5.3.3)；

——删除了 2008 年版的 5.3～5.10、5.13～5.20(GB 30747—2014 中已有相关内容)；

——2008 年版的 5.11 和 5.12 移到本标准 5.1 中(见 5.1.16 和 5.1.17)；

——修改了 2008 年版的 6.3，删除"HG/T 3119 没有规定的，由制造厂按照本标准内容进行检验"；

——修改了型式检验的项目(见 7.3.2，2008 年版的 7.2.1)；

——删除了 2008 年版的 8.3.2。

本标准由中国石油和化学工业联合会提出。

本标准由全国橡胶塑料机械标准化技术委员会(SAC/TC 71)归口。

本标准起草单位：桂林橡胶机械有限公司、福建华橡自控技术股份有限公司、益阳益神橡胶机械有限公司、巨轮智能装备股份有限公司、软控股份有限公司、青岛科技大学、福建建阳龙翔科技开发有限公司、青岛双星橡塑机械有限公司、山东丰源轮胎制造股份有限公司、北京橡胶工业研究设计院、广州华工百川科技有限公司。

本标准主要起草人：谢盛烈、付任平、李荣照、胡润祥、张锦芳、刘福文、汪传生、陈玉泉、殷晓、王琨、何成、王更新、苏寿琼。

本标准所代替标准的历次版本发布情况为：

——GB/T 13579—1992、GB/T 13579—2008。

轮胎定型硫化机

1 范围

本标准规定了轮胎定型硫化机(以下简称硫化机)型号、系列与基本参数、要求、试验、检验规则、产品标志、包装、运输与贮存等。

本标准适用于硫化轮胎外胎的机械式硫化机和液压式硫化机。

2 规范性引用文件

下列文件对于本文件的应用是必不可少的。凡是注日期的引用文件,仅注日期的版本适用于本文件。凡是不注日期的引用文件,其最新版本(包括所有的修改单)适用于本文件。

GB/T 191 包装储运图示标志

GB/T 6388 运输包装收发货标志

GB/T 9969 工业产品使用说明书 总则

GB/T 12783 橡胶塑料机械产品型号编制方法

GB/T 13306 标牌

GB/T 13384 机电产品包装通用技术条件

GB 30747 轮胎定型硫化机安全要求

HG/T 3119 轮胎定型硫化机检测方法

HG/T 3120 橡胶塑料机械外观通用技术条件

HG/T 3223 橡胶机械名词术语

HG/T 3228—2001 橡胶塑料机械涂漆通用技术条件

3 术语和定义

GB 30747 和 HG/T 3223 界定的以及下列术语和定义适用于本文件。为了便于使用,以下重复列出了 GB 30747—2014 和 HG/T 3223—2000 中的一些术语和定义。

3.1

机械式轮胎定型硫化机 mechanical tyre curing press

以机械传动形式进行模型驱动和对模型加压的轮胎定型硫化机。

3.2

液压式轮胎定型硫化机 hydraulic tyre curing press

以液压传动形式进行模型驱动和对模型加压的轮胎定型硫化机。

注:改写 HG/T 3223—2000,定义 2.7.55。

3.3

热板 platen

内部可放置加热元件或通入传热介质,对模型或半制品进行加热和加压的金属板。

[HG/T 3223—2000,定义 2.6.10]

3.4

[上]横梁　beam

装于平板硫化机、轮胎硫化机等机械的上部,与立柱、框板或连杆连接,用以固定热板或蒸汽室等的零件。

[HG/T 3223—2000,定义 2.6.11]

3.5

底座　base

位于硫化机下部,与墙板或立柱连接,用以固定热板或蒸汽室等的零件。

3.6

胶囊　bladder

通过硫化介质使之膨胀,把胎坯推向模具并与之接触的橡胶容器。

[GB 30747—2014,定义 3.3]

4　型号、系列与基本参数

4.1　型号

硫化机型号的编制方法应符合 GB/T 12783 的规定。

4.2　系列与基本参数

4.2.1　机械式硫化机系列与基本参数参见附录 A。

4.2.2　液压式硫化机系列与基本参数参见附录 B。

5　要求

5.1　整机要求

5.1.1　硫化机应符合本标准的规定,并按照经规定程序批准的图样和技术文件制造。

5.1.2　硫化机应具有手控和自控系统,能够完成装胎、定型、硫化、卸胎及后充气(必要时)等工艺过程。

5.1.3　硫化机各运动部件的动作应平稳、灵活、准确可靠,液压、气动部件运动时不应有爬行和卡阻现象。

5.1.4　硫化机应具有合模力显示装置。

5.1.5　硫化机合模力应不小于额定值的 98%。

5.1.6　硫化机应具有显示及记录蒸汽室(或热板)和胶囊内的介质温度与压力的仪器、仪表,其工作应灵敏、可靠。

5.1.7　硫化机应具有自动调节蒸汽室(或热板)温度的装置,其工作应灵敏、可靠。

5.1.8　硫化机热板的温度应均匀,其工作表面温度波动值应不大于±1.5 ℃。

5.1.9　配有后充气装置的硫化机,其主机的硫化周期与后充气装置的充气周期应采用联锁电路或程序,以保证动作互相协调。

5.1.10　硫化机电气系统导线连接点,应标明易于识别的接线号。

5.1.11　硫化机管路系统应清洁、畅通,不应有堵塞及渗漏现象。

5.1.12　硫化机囊筒、水缸等应进行不低于工作压力的 1.5 倍的水压试验,保压时间不低于 5 min,不应渗漏。

5.1.13　硫化机涂漆质量应符合 HG/T 3228—2001 中 3.4.6 的规定。

5.1.14　硫化机蒸汽室(或热板护罩)外表面涂漆的耐热温度应不低于120 ℃。

5.1.15　硫化机外观质量应符合HG/T 3120的规定。

5.1.16　硫化机各限位开关应限位准确、灵敏、可靠。

5.1.17　硫化机整机或质量较大的零部件应便于吊装。

5.1.18　机械式硫化机应具有自动润滑系统或选用可靠的自润滑轴承材料。

5.1.19　机械式硫化机主导轮应沿导轨有效工作长度的70%以上滚动(导槽的直线部分除外)。

5.1.20　机械式硫化机合模终点应使曲柄中心位于下死点前4 mm～30 mm。

5.1.21　机械式硫化机空负荷开合模试验应不少于5次,运行中主电机最大电流值应不大于额定电流的1.6倍。

5.1.22　机械式硫化机当合模力符合5.1.5时,主电机最大电流值应不大于额定电流的3.0倍。

5.1.23　机械式硫化机正常工作时主传动减速机油池中油的温升应不大于30 ℃。

5.1.24　液压式硫化机油缸应进行耐压试验,其试验压力应不低于工作压力的1.5倍,保压时间不低于5 min,不应渗漏。

5.1.25　液压式硫化机空负荷开合模试验应不少于5次,液压站电机和各控制阀应灵敏,动作准确、可靠。

5.1.26　液压式硫化机正常工作时,油箱内液压油的温度应不高于60 ℃。

5.1.27　液压式硫化机应具有合模力自动补压装置,其保压压力应不低于工作压力的98%。

5.2　精度要求

5.2.1　硫化机底座上平面的水平度应符合表1的规定。

表1

蒸汽室(或热板护罩)公称内径 D/mm	水平度公差值/(mm/m)	
	机械式硫化机	液压式硫化机
D<1 310		
1 310≤D<1 665	≤0.25	≤0.20
1 665≤D<1 900		
1 900≤D<2 410	≤0.30	≤0.25
2 410≤D<3 800	≤0.35	≤0.30
3 800≤D<5 400	≤0.40	≤0.35

5.2.2　机械式硫化机上横梁下平面对底座上平面的平行度或液压式硫化机上、下热板(蒸锅式的,上横梁下平面对底座上平面)的平行度应符合表2的规定。

表2　　单位为毫米

蒸汽室(或热板护罩)公称内径 D	平行度公差值			
	机械式硫化机		液压式硫化机(上横梁在锁模位置)	
	上横梁在下死点位置	上横梁从下死点位置上升到垂直移动行程的1/2	热板式上、下热板	蒸锅式上横梁下平面对底座上平面
D<1 310	≤0.4	≤1.0	≤0.4	≤0.4
1 310≤D<1 665	≤0.5	≤1.2	≤0.5	≤0.5

表 2（续）

单位为毫米

蒸汽室（或热板护罩）公称内径 D	平行度公差值			
	机械式硫化机		液压式硫化机（上横梁在锁模位置）	
	上横梁在下死点位置	上横梁从下死点位置上升到垂直移动行程的 1/2	热板式上、下热板	蒸锅式上横梁下平面对底座上平面
1 665≤D<1 900	≤0.6	≤1.5	≤0.8	≤0.6
1 900≤D<2 410				
2 410≤D<3 800				
3 800≤D<5 400	≤1.0	≤2.0	≤1.0	≤1.0

5.2.3　硫化机上热板（或上蒸汽室）下平面与下热板（或下蒸汽室）上平面的平行度，采用压铅法，当合模力不小于最大合模力的 80%时，铅片最大厚度差应符合表 3 的规定。

表 3

单位为毫米

蒸汽室（或热板护罩）公称内径 D	平行度公差值	
	机械式硫化机	液压式硫化机
D<1 310	≤0.05	≤0.04
1 310≤D<1 665		
1 665≤D<1 900		
1 900≤D<2 410	≤0.06	≤0.05
2 410≤D<3 800	≤0.08	≤0.06
3 800≤D<5 400	≤0.10	≤0.08

5.2.4　硫化机活络模操纵缸的活塞杆中心（或上横梁相应孔中心）与中心机构中心的同轴度或推顶器中心与囊筒中心的同轴度或上热板（上蒸汽室）与下热板（下蒸汽室）的同轴度应符合表 4 的规定。

表 4

单位为毫米

蒸汽室（或热板护罩）公称内径 D	同轴度公差值	
	机械式硫化机	液压式硫化机
D<1 310	≤Φ 1.0	≤Φ 0.5
1 310≤D<1 665		≤Φ 0.8
1 665≤D<1 900	≤Φ 1.2	≤Φ 1.0
1 900≤D<2 410	≤Φ 1.5	≤Φ 1.2
2 410≤D<3 800	≤Φ 2.0	≤Φ 1.5
3 800≤D<5 400	≤Φ 3.0	≤Φ 2.5

5.2.5　硫化机上固定板（或上热板）安装模型孔的中心与下蒸汽室（或下热板）T 型槽中心的偏差应符合表 5 的规定。

表 5

单位为毫米

蒸汽室(或热板护罩) 公称内径 D	偏差值
D<1 310	±1.0
1 310≤D<1 665	
1 665≤D<1 900	±1.5
1 900≤D<2 410	±2.0
2 410≤D<3 800	
3 800≤D<5 400	±4.0

5.2.6 硫化机装胎装置、卸胎装置升降导向柱的垂直度应小于或等于 0.5 mm/m。

5.2.7 硫化机装胎装置抓胎器抓胎部位张开后的圆度应符合表 6 的规定。

表 6

单位为毫米

胎圈规格 D	圆度公差值
D<457(18 in)	≤0.5
457(18 in)≤D<508(20 in)	≤0.8
508(20 in)≤D<622(24.5 in)	≤1.0
622(24.5 in)≤D<965(38 in)	≤1.5
965(38 in)≤D<1 145(45 in)	≤2.0
1 145(45 in)≤D<1 600(63 in)	≤3.0

5.2.8 硫化机装胎装置抓胎器中心(在装胎位置)与中心机构中心或与囊筒中心的同轴度应符合表 7 的规定。

表 7

单位为毫米

蒸汽室(或热板护罩) 公称内径 D	同轴度公差值
D<1 310	≤Φ 1.0
1 310≤D<1 665	
1 665≤D<1 900	≤Φ 1.5
1 900≤D<2 410	≤Φ 2.0
2 410≤D<3 800	≤Φ 4.0
3 800≤D<5 400	≤Φ 5.0

5.2.9 硫化机装胎装置抓胎器抓胎部位(在装胎位置)与下蒸汽室或下热板的平行度应符合表 8 的规定。

表 8

单位为毫米

蒸汽室(或热板护罩) 公称内径 *D*	平行度公差值
D<1 310	≤1.0
1 310≤*D*<1 665	≤1.5
1 665≤*D*<1 900	≤2.0
1 900≤*D*<2 410	≤2.5
2 410≤*D*<3 800	≤3.0
3 800≤*D*<5 400	≤3.5

5.2.10　后充气装置上、下夹盘的同轴度应符合表 9 的规定。

表 9

单位为毫米

<table>
<tr><th>胎圈规格 D</th><th>同轴度公差值</th></tr>
<tr><td>D<457(18 in)</td><td rowspan="2">≤Φ 1.0</td></tr>
<tr><td>457(18 in)≤D<508(20 in)</td></tr>
<tr><td>508(20 in)≤D<622(24.5 in)</td><td>≤Φ 1.5</td></tr>
<tr><td>622(24.5 in)≤D<965(38 in)</td><td>≤Φ 2.0</td></tr>
<tr><td>965(38 in)≤D<1 145(45 in)</td><td>≤Φ 2.5</td></tr>
<tr><td>1 145(45 in)≤D<1 600(63 in)</td><td>≤Φ 3.0</td></tr>
</table>

5.2.11　后充气装置上、下夹盘的平行度应符合表 10 的规定。

表 10

单位为毫米

<table>
<tr><th>胎圈规格 D</th><th>平行度公差值</th></tr>
<tr><td>D<457(18 in)</td><td rowspan="2">≤1.5</td></tr>
<tr><td>457(18 in)≤D<508(20 in)</td></tr>
<tr><td>508(20 in)≤D<622(24.5 in)</td><td>≤2.0</td></tr>
<tr><td>622(24.5 in)≤D<965(38 in)</td><td rowspan="2">≤2.5</td></tr>
<tr><td>965(38 in)≤D<1 145(45 in)</td></tr>
<tr><td>1 145(45 in)≤D<1 600(63 in)</td><td>≤3.0</td></tr>
</table>

5.3　安全、环保要求

5.3.1　硫化机的安全性能应符合 GB 30747 的规定。

5.3.2　硫化机冷模开、合模试验时，噪声声压级应不大于 80 dB(A)。

5.3.3　硫化机不得使用含石棉的材料。

6 试验方法

6.1 空负荷试验

6.1.1 空负荷试验前，应按 GB 30747 规定进行安全检查，除对 5.1.4、5.1.6～5.1.8、5.1.10、5.1.12、5.1.17、5.2、5.3.3 项目进行试验或检测外，液压式硫化机还要对 5.1.24 项目进行试验或检测，均应符合要求。

6.1.2 空负荷试验应在整机总装配完成后，并符合 6.1.1 要求方可进行。

空负荷试验过程中除对 5.1.2、5.1.3、5.1.11、5.1.16 项目进行试验或检测外，机械式硫化机还要对 5.1.18～5.1.21 项目、液压式硫化机还要对 5.1.25 项目进行试验或检测，均应符合要求。

6.2 负荷试验

6.2.1 负荷试验分类

空负荷试验合格后，方可进行负荷试验。负荷试验分冷模合模试验和热模硫化试验。

6.2.2 冷模合模试验

冷模合模试验除对 5.1.5、5.3.2 项目进行试验或检测外，机械式硫化机还要对 5.1.22 项目、液压式硫化机还要对 5.1.27 项目进行试验或检测，均应符合要求。

6.2.3 热模硫化试验(在用户现场进行)

冷模合模试验合格后，方可进行热模硫化试验。热模硫化试验连续运行不少于 72 h，并在试验中检查下列项目：

a) 检查硫化机仪表、电气元件、阀门、限位开关及其他配套件工作应灵敏、可靠；

b) 除对 5.1.2、5.1.5～5.1.7、5.1.9、5.1.11、5.1.14 项目进行试验或检测外，机械式硫化机还要对 5.1.22、5.1.23 项目、液压式硫化机还要对 5.1.26、5.1.27 项目进行试验或检测，均应符合要求。

6.3 检测方法

硫化机检测方法按照 HG/T 3119 的规定进行。

7 检验规则

7.1 检验分类

检验分为出厂检验和型式检验。

7.2 出厂检验

7.2.1 出厂规定

每台硫化机出厂前应经制造厂质量检验部门按本标准的规定检验合格后方可出厂，出厂时应附有产品合格证。

7.2.2 检验项目

出厂检验项目为 5.1.13、5.1.15、6.1、6.2.2、8.1、8.2，均应符合要求。

7.2.3 合格判定

出厂检验项目全部符合本标准规定,则判为出厂检验合格。

7.3 型式检验

7.3.1 检验要求

有下列情况之一时,应进行型式检验:

——新产品或老产品转厂生产的试制鉴定;

——当产品在设计、结构、材料、工艺上有较重大改变时;

——正常生产时,每三年至少抽检一台;

——出厂检验结果与上次型式检验结果有较大差异时;

——产品停产两年以上,恢复生产时;

——国家质量监督机构提出型式检验要求时。

7.3.2 检验项目

型式检验项目为第5章(5.1.1除外)规定的全部项目。

7.3.3 判定规则

型式检验项目全部符合本标准规定,则判为型式检验合格。型式检验每次抽检一台。当检验不合格时,再抽检两台,若其中有一台仍不合格时,则判定型式检验不合格。同时应对该批其他产品逐台进行检验。

8 产品标志、包装、运输与贮存

8.1 标志

每台硫化机应在明显位置固定产品标牌。标牌型式、尺寸和技术要求应符合GB/T 13306的规定。产品标牌应有下列内容:

——制造单位名称及商标;

——产品名称及型号;

——产品主要参数;

——产品执行标准编号;

——产品编号;

——制造日期。

8.2 包装

8.2.1 产品包装应符合GB/T 13384的规定。包装箱储运图示标志应符合GB/T 191的规定。

包装箱上应有下列内容:

——制造单位名称;

——产品名称及型号;

——产品编号;

——外形尺寸;

——毛重;

——制造日期。

8.2.2 在产品包装箱的明显位置应注明“随机文件在此箱”内容；随机文件应统一装在防水的塑料袋内；随机文件应包括下列内容：

——产品合格证；

——使用说明书，其内容应符合 GB/T 9969 的规定；

——装箱单；

——备件清单；

——安装图。

8.3 运输

产品运输应符合 GB/T 191 和 GB/T 6388 的有关规定。

8.4 贮存

产品应贮放在干燥通风处，避免受潮腐蚀，不能与有腐蚀性气（物）体存放，露天存放应有防雨措施。

附 录 A
（资料性附录）
机械式硫化机系列与基本参数

机械式硫化机系列与基本参数见表A.1。

表 A.1

<table>
<tr><th>规格</th><th>蒸汽室或护罩公称内径
mm</th><th>模型加热方式</th><th>合模力
kN</th><th>模型数量
个</th><th>调模高度
mm</th><th>适用胎圈规格
mm(in)</th></tr>
<tr><td>860</td><td>860</td><td rowspan="20">热板</td><td>1 030</td><td rowspan="26">2</td><td>140～200</td><td>203～330(8～13)</td></tr>
<tr><td>910</td><td>910</td><td>1 030</td><td>150～300</td><td>230～356(8～14)</td></tr>
<tr><td>1 030</td><td>1 030</td><td>1 330</td><td>155～300</td><td rowspan="2">305～406(12～16)</td></tr>
<tr><td>1 050</td><td>1 050</td><td>1 320</td><td>180～300</td></tr>
<tr><td>1 068</td><td>1 068</td><td>1 470</td><td>153～382</td><td>330～406(13～16)</td></tr>
<tr><td rowspan="2">1 120</td><td rowspan="2">1 120</td><td rowspan="2">1 715</td><td rowspan="2">205～430</td><td>305～406(12～16)</td></tr>
<tr><td>406～508(16～20)</td></tr>
<tr><td rowspan="2">1 145</td><td rowspan="2">1 145</td><td>1 570</td><td>205～430</td><td rowspan="2">305～445(12～17.5)</td></tr>
<tr><td>1 720</td><td>230～455</td></tr>
<tr><td rowspan="4">1 170</td><td rowspan="4">1 170</td><td>1 720</td><td rowspan="3">200～440
200～460</td><td rowspan="4">305～432(12～17)
330～457(13～18)
330～508(13～20)</td></tr>
<tr><td>1 960</td></tr>
<tr><td rowspan="2">2 160</td></tr>
<tr><td>330～508</td></tr>
<tr><td rowspan="8">1 220</td><td rowspan="8">1 220</td><td>1 570</td><td>205～430</td><td>305～406(12～16)
406～508(16～20)</td></tr>
<tr><td rowspan="4">1 715</td><td>190～445
240～495</td><td>330～445(13～17.5)</td></tr>
<tr><td>195～445</td><td rowspan="5">330～508(13～20)</td></tr>
<tr><td>205～430</td></tr>
<tr><td>200～480</td></tr>
<tr><td rowspan="2">1 920</td><td>305～505</td></tr>
<tr><td>300～560</td></tr>
<tr><td>蒸汽室</td><td>2 400</td><td>200～470</td><td>305～508(12～20)</td></tr>
<tr><td rowspan="3">1 320
(1 310)</td><td rowspan="3">1 320
(1 310)</td><td rowspan="2">蒸汽室</td><td>2 890</td><td>245～445</td><td>406～508(16～20)</td></tr>
<tr><td>2 840</td><td>240～445</td><td>381～572(15～22.5)</td></tr>
<tr><td>热板</td><td>2 160</td><td>300～560</td><td>381～610(15～24)</td></tr>
<tr><td>1 360</td><td>1 360</td><td>热板</td><td>2 650</td><td>300～560</td><td>406～610(16～24)</td></tr>
<tr><td>1 400</td><td>1 400</td><td>蒸汽室</td><td>2 940</td><td>250～400</td><td>406～508(16～20)</td></tr>
</table>

表 A.1（续）

规格	蒸汽室或护罩公称内径 mm	模型加热方式	合模力 kN	模型数量 个	调模高度 mm	适用胎圈规格 mm(in)
1 525	1 525		4 220		254～635	406～610(16～24)
						381～622(15～24.5)
1 585	1 585	蒸汽室	4 450		400～650	508～622(20～24.5)
1 600	1 600	热板	4 220		254～635	482～622(19～24.5)
		蒸汽室	4 410			381～622(15～24.5)
1 620	1 620	热板	4 220		254～635 400～650	482～622(19～24.5)
1 640	1 640	热板	4 220		400～650	482～622(19～24.5)
			4 450		254～622	482～622(19～24.5)
			4 580		254～635	406～635(16～25)
1 650	1 650	蒸汽室	4 650		400～700	508～635(20～25)
		热板	3 340	2	285～635	381～610(15～24)
			4 300		254～635	406～622(16～24.5)
					400～650	
1 680	1 680	蒸汽室	5 390		450～750	482～635(19～25)
		热板	4 580		254～635	406～622(16～24.5)
1 730	1 730	热板	4 900		300～750	482～635(19～25)
1 750	1 750	热板	4 600		400～700	508～635(20～25)
1 800	1 800		4 650			
1 815	1 815		7 500		330～750	571～864(22.5～34)
1 900	1 900		6 480		305～650	610～965(24～38)
			6 470		380～710	508～965(20～38)
2 160	2 160	蒸汽室或热板	8 430		550～920	
2 235	2 235		9 400		550～920	
			9 510			
2 250	2 250		9 400			
2 500	2 500		12 750		600～960	610～1 067(24～42)
2 565	2 565		13 685	1	600～1 070	508～965(20～38)
2 665	2 665	蒸汽室	13 685		660～1 070	610～1 168(24～46)
3 000	3 000	热板	10 780		700～1 250	610～1 067(24～42)
3 100	3 100	蒸汽室	17 200		800～1 250	610～915(24～36)
3 200	3 200		18 200		660～1 220	810～1 320(32～52)
3 300	3 300		20 000		660～1 220	890～1 295(35～51)
5 000	5 000		35 280		900～1 750	1 450～1 600(57～63)
蒸汽室或护罩实际内径允许增加公称内径的2%。 表中参数(1 310)为保留规格。						

附　录　B
（资料性附录）
液压式硫化机系列与基本参数

液压式硫化机系列与基本参数见表 B.1。

表 B.1

规格	蒸汽室或护罩公称内径 mm	模型加热方式	合模力 kN	模型数量 个	调模高度 mm	适用胎圈规格 mm(in)
730	730	热板	600	2	62～987[a]	203～305(8～12)
840	840					
890	890		900			
1 040	1 040		1 330		200～425	330～406(13～16)
1 120	1 120		1 330		90～950[a]	330～457(13～18)
1 140	1 140		1 360		190～430	305～457(12～18)
1 145	1 145		1 360		220～440	330～457(13～18)
			1 400		43～943[a]	305～406(12～16)
1 170	1 170		1 715		230～500	355～482(14～19)
					310～560	381～610(15～24)
1 220	1 220		1 715		200～490	330～508(13～20)
			1 960		320～450	305～457(12～18)
						305～558(12～22)
1 300	1 300		1 570		250～500	355～445(14～17.5)
			1 810		250～540	355～495(14～19.5)
1 330	1 330		1 715		310～650	381～508(15～20)
			1 860		310～575	355～558(14～22)
			1 960		310～630	355～508(14～20)
1 340	1 340		1 715		225～550	355～508(14～20)
1 420	1 420		2 450		350～650	381～610(15～24)
1 600	1 600	蒸汽室	4 600		410～635	482～635(19～25)
1 620	1 620	热板	3 920		400～650	508～635(20～25)
1 665	1 665		3 800			
1 700	1 700		3 800		390～550	406～610(16～24)
1 725	1 725	蒸汽室	4 400		640(最大)	381～622(15～24.5)
1 750	1 750	热板	4 600		400～700	508～635(20～25)

表 B.1（续）

<table>
<tr><th>规格</th><th>蒸汽室或护罩公称内径
mm</th><th>模型加热方式</th><th>合模力
kN</th><th>模型数量
个</th><th>调模高度
mm</th><th>适用胎圈规格
mm(in)</th></tr>
<tr><td>2 060</td><td>2 060</td><td>蒸汽室</td><td>9 000</td><td rowspan="4">1</td><td>558～914</td><td>508～965(20～38)</td></tr>
<tr><td>2 160</td><td>2 160</td><td>蒸汽室</td><td>9 000</td><td>610～1 067</td><td>610～965(24～38)</td></tr>
<tr><td>3 100</td><td>3 100</td><td rowspan="2">蒸汽室</td><td rowspan="2">17 200</td><td rowspan="2">860～1 260</td><td rowspan="2">610～915(24～36)</td></tr>
<tr><td>3 650</td><td>3 650</td></tr>
<tr><td rowspan="2">3 800</td><td rowspan="2">3 800</td><td rowspan="11">蒸汽室</td><td>27 500</td><td rowspan="11">1</td><td>1 110～1 310</td><td>889～1 295(35～51)</td></tr>
<tr><td>26 600</td><td>850～1 450</td><td>737～1 245(29～49)</td></tr>
<tr><td>4 250</td><td>4 250</td><td>30 000</td><td>1 220～1 300</td><td>1 245～1 295(49～51)</td></tr>
<tr><td rowspan="3">4 320</td><td rowspan="3">4 320</td><td>35 000</td><td>1 500～1 700</td><td rowspan="2">1 245～1 448(49～57)</td></tr>
<tr><td>44 500</td><td>800～1 350</td></tr>
<tr><td>36 000</td><td>970～1 390</td><td>990～1 295(39～51)</td></tr>
<tr><td>4 500</td><td>4 500</td><td>36 000</td><td>1 010～1 410</td><td>990～1 448(39～57)</td></tr>
<tr><td>4 780</td><td>4 780</td><td></td><td></td><td></td></tr>
<tr><td rowspan="2">4 800</td><td rowspan="2">4 800</td><td>40 000</td><td>1 250～1 600</td><td>1 295～1 448(51～57)</td></tr>
<tr><td>46 000</td><td>1 200～1 700</td><td>1 145～1 448(45～57)</td></tr>
<tr><td>5 400</td><td>5 400</td><td>62 000</td><td>1 100～1 900</td><td>1 448～1 600(57～63)</td></tr>
<tr><td colspan="7">蒸汽室或护罩实际内径允许增加公称内径的 2%。</td></tr>
<tr><td colspan="7">[a] 为直压式液压硫化机调模高度参数，数值为热板最大与最小间距。</td></tr>
</table>

ICS 71.120;83.200
G 95

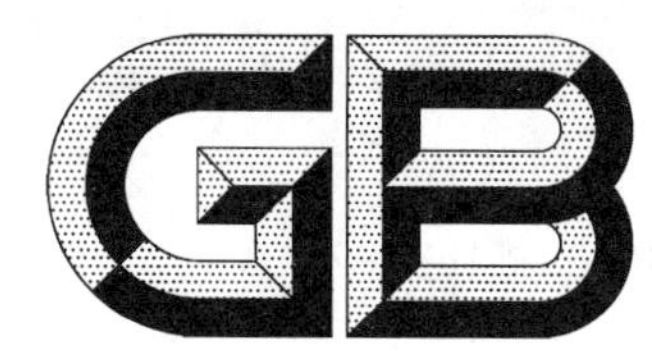

中华人民共和国国家标准

GB/T 25155—2010

平板硫化机

Daylight press

2010-09-26 发布　　　　2012-01-01 实施

中华人民共和国国家质量监督检验检疫总局
中国国家标准化管理委员会　发布

前　言

本标准由中国石油和化学工业协会提出。

本标准由全国橡胶塑料机械标准化技术委员会(SAC/TC 71)归口。

本标准负责起草单位:益阳橡胶塑料机械集团有限公司、湖州东方机械有限公司。

本标准参加起草单位:宁波千普机械制造有限公司、余姚华泰橡塑机械有限公司、大连橡胶塑料机械股份有限公司、福建华橡自控技术股份有限公司。

本标准主要起草人:徐秩、邓伊娜、李纪生、王连明。

本标准参加起草人:洪军、杨雅凤、贺平、孙鲁西。

平 板 硫 化 机

1 范围

本标准规定了平板硫化机的型号与基本参数、技术要求、安全要求、试验、检验规则、标志、包装、运输及贮存。

本标准适用于模压成型橡塑制品、胶带(板)平板硫化机。

本标准不适用于实验室用平板硫化机。

2 规范性引用文件

下列文件中的条款通过本标准的引用而成为本标准的条款。凡是注日期的引用文件,其随后所有的修改单(不包括勘误的内容)或修订版均不适用于本标准,然而,鼓励根据本标准达成协议的各方研究是否可使用这些文件的最新版本。凡是不注日期的引用文件,其最新版本适用于本标准。

GB/T 191 包装储运图示标志(GB/T 191—2008,ISO 780:1997,MOD)

GB/T 321—2005 优先数和优先数系(ISO 3:1973,IDT)

GB/T 1184—1996 形状和位置公差 未注公差值(eqv ISO 2768-2:1989)

GB/T 3766 液压系统通用技术条件(GB/T 3766—2001,eqv ISO 4413:1998)

GB/T 12783 橡胶塑料机械产品型号编制方法

GB/T 13306 标牌

GB/T 13384 机电产品包装通用技术条件

GB 25432—2010 平板硫化机安全要求(EN 289:2004,MOD)

HG/T 3120 橡胶塑料机械外观通用技术条件

HG/T 3228 橡胶塑料机械涂漆通用技术条件

HG/T 3229 平板硫化机检测方法

JB/T 5995 机电产品使用说明书编写规定

3 型号与基本参数

3.1 型号

平板硫化机的型号编制应符合 GB/T 12783 的规定。

3.2 基本参数

3.2.1 公称合模力(MN)应优先选用 GB/T 321—2005 中 R10 数系。

3.2.2 热板规格(宽 mm×长 mm)应优先选用 GB/T 321—2005 中 R40 数系。

3.2.3 热板间距(mm)应优先选用 GB/T 321—2005 中 R20 数系。

4 技术要求

4.1 平板硫化机应符合本标准的各项要求,并按经规定程序批准的图样和技术文件制造。

4.2 液压系统应符合以下要求:

4.2.1 液压系统应符合 GB/T 3766 的规定。

4.2.2 当工作液达到工作压力时,保压 1 h,液压系统的压力降:

——合模力大于 2.5 MN 的平板硫化机,压力降不应大于工作压力的 10%;

——合模力不大于 2.5 MN 的平板硫化机,压力降不应大于工作压力的 15%。

4.2.3 当液压系统的压力降超过规定值时，液压系统应有自动补压至工作压力的功能。

4.2.4 液压系统应进行1.25倍工作压力的耐压试验，保压5 min，不应有外渗漏。

4.3 热板应能达到的最高工作温度：蒸汽加热为180 ℃，油加热、电加热为200 ℃。

4.4 当温度达到稳定状态时，热板工作面温差：

——蒸汽加热、油加热不应超过±3 ℃；

——电加热：热板尺寸不大于1 000 mm×1 000 mm不应超过±3 ℃；热板尺寸大于1 000 mm×1 000 mm不应超过±5 ℃。

4.5 平板硫化机应装有自动调温装置，在温度达到稳定状态时，调温误差不应大于±1.5%。

4.6 热板加压后，相邻两热板的平行度应符合GB/T 1184—1996表B.3中8级公差值的规定。

4.7 热板工作面的表面粗糙度：

a) 用于带模具硫化制品的平板硫化机，$Ra \leqslant 3.2\ \mu m$；

b) 用于不带模具硫化制品的平板硫化机，$Ra \leqslant 1.6\ \mu m$。

4.8 热板开启和闭合速度：

a) 硫化胶板、胶带的平板硫化机不应低于6 mm/s；

b) 橡胶塑料发泡的平板硫化机，开模速度不应低于160 mm/s；

c) 其他的平板硫化机不应低于12 mm/s。

4.9 加热系统应进行最高工作压力的试验，保压30 min，不应有渗漏：

——蒸汽加热系统应进行蒸汽试验；

——油加热系统应进行热油试验。

4.10 有真空要求的平板硫化机，真空度不应低于0.09 MPa。

4.11 平板硫化机的涂漆要求应符合HG/T 3228的规定，外观要求应符合HG/T 3120的规定。

5 安全要求

平板硫化机的安全要求符合GB 25432—2010的规定。

6 试验

6.1 空运转试验

空运转试验在整机装配后进行。应按4.2、4.6、4.7、4.8、4.11的规定检验，合格后方可进行负荷试验。

6.2 负荷运转试验

6.2.1 负荷运转试验应按4.2、4.3、4.4、4.5、4.9、4.10的规定进行。

6.2.2 平板硫化机安全要求按GB 25432—2010进行检验。

注：负荷运转试验可在用户厂进行。

6.3 检测方法按HG/T 3229的要求进行。

6.4 经空运转试验或负荷运转试验检查合格后，在交付包装、运输或贮存之前，应将各管路内的水和减速器内的油放净，并将各管路阀门置于开启位置，以防止设备在贮存和运输中冻坏或污损。

7 检验规则

7.1 出厂检验

7.1.1 每台产品应经制造厂产品检验部门检验合格后方可出厂，并附有产品质量合格证书。

7.1.2 每台产品出厂前应按6.1进行空运转试验，也可根据用户要求在出厂前按6.2进行负荷运转试验。

7.2 型式检验

7.2.1 型式检验按本标准各项内容进行,应在下列情况之一进行:

a) 新产品或老产品转厂生产时;

b) 正式生产后,若材料、结构、工艺有较大改变,可能影响产品性能时;

c) 产品长期停产后,恢复生产时(相隔三年及其以上);

d) 出厂检验结果与上次型式检验结果有较大差异时;

e) 正常生产时,每年至少抽检一台;

f) 国家质量监督机构提出进行型式检验要求时。

7.2.2 判定规则

型式检验项目全部符合本标准规定,则为合格。型式检验每次抽检一台,当检验有不合格时,应再抽检两台,若仍有不合格项时,则应对该产品逐台进行检验。

8 标志、包装、运输及贮存

8.1 每台产品应在适当明显位置固定产品标牌,标牌的尺寸和技术要求应符合 GB/T 13306 的规定,产品标牌的内容应包括:

a) 制造厂名称和商标;

b) 产品名称和型号规格;

c) 产品主要技术参数;

d) 执行标准号;

e) 制造日期和产品编号。

8.2 产品说明书应符合 JB/T 5995 的规定,并符合 GB 25432—2010 中 7.1 的规定。

8.3 产品包装应符合 GB/T 13384 的规定。

8.4 产品的包装储运图示标志应符合 GB/T 191 的规定。

8.5 产品的运输应符合运输部门的有关规定。

8.6 产品应贮存在通风、干燥,无火源、无腐蚀性气体处,当露天存放时,应有防雨措施。

ICS 71.120;83.200
G 95

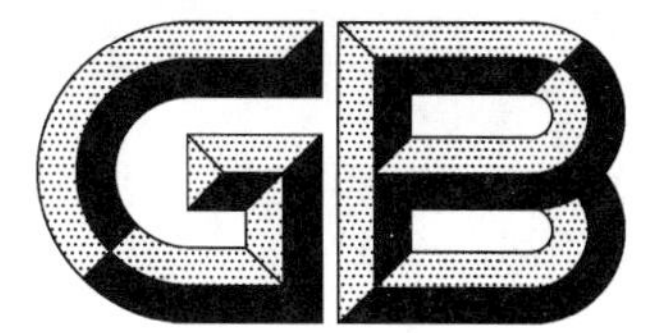

中华人民共和国国家标准

GB 30747—2014

轮胎定型硫化机安全要求

Safety requirements of tyre shaping and curing press

2014-06-09 发布　　　　2015-05-01 实施

中华人民共和国国家质量监督检验检疫总局
中国国家标准化管理委员会　发布

前　言

本标准的第5章、第6章、第7章为强制性的，其余为推荐性的。

本标准按照GB/T 1.1—2009给出的规则起草。

本标准由中国石油和化学工业联合会提出。

本标准由全国橡胶塑料机械标准化技术委员会(SAC/TC 71)归口。

本标准主要起草单位：桂林橡胶机械厂、福建华橡自控技术股份有限公司、巨轮股份有限公司、软控股份有限公司、青岛双星橡塑机械有限公司、广州华工百川科技股份有限公司、益阳益神橡胶机械有限公司、北京橡胶工业研究设计院、东莞馨逸电子商务有限公司。

本标准主要起草人：谢盛烈、付任平、曾友平、张锦芳、刘佐兰、刘云启、苏寿琼、胡润祥、何成、何晓旭、龚素馨。

轮胎定型硫化机安全要求

1 范围

本标准规定了轮胎定型硫化机(以下简称硫化机)安全要求中的术语和定义、重大危险列举、安全要求和/或保护措施、安全要求和/或保护措施的验证和使用信息。

本标准不包括供料系统、卸料系统、相关辅机(如输送设备等)和与排气系统设计相关的安全要求及模套或模具部分坠落引起的危险。

本标准适用于硫化充气轮胎外胎的曲柄连杆式硫化机(简称机械式硫化机)和液压式硫化机。

本标准不适用于在本标准实施日期之前生产的硫化机。

注:硫化机张模力、合模力及总压力计算指南参见附录A。

2 规范性引用文件

下列文件对于本文件的应用是必不可少的。凡是注日期的引用文件,仅注日期的版本适用于本文件。凡是不注日期的引用文件,其最新版本(包括所有的修改单)适用于本文件。

GB 150(所有部分) 压力容器

GB 2894—2008 安全标志及其使用导则

GB/T 3766 液压系统通用技术条件

GB 5226.1—2008 机械电气安全 机械电气设备 第1部分:通用技术条件

GB/T 6326 轮胎术语及其定义

GB/T 7932 气动系统通用技术条件

GB/T 8196 机械安全 防护装置 固定式和活动式防护装置设计与制造一般要求

GB/T 15706 机械安全 设计通则 风险评估与风险减小

GB 16754 机械安全 急停 设计原则

GB/T 16855.1 机械安全 控制系统有关安全部件 第1部分:设计通则

GB/T 17454.2 机械安全 压敏保护装置 第2部分:压敏边和压敏棒的设计和试验通则

GB 17888.2 机械安全 进入机械的固定设施 第2部分:工作平台和通道

GB 17888.3 机械安全 进入机械的固定设施 第3部分:楼梯、阶梯和护栏

GB 17888.4 机械安全 进入机械的固定设施 第4部分:固定式直梯

GB/T 18153 机械安全 可接触表面温度 确定热表面温度限值的工效学数据

GB/T 18831 机械安全 带防护装置的联锁装置 设计和选择原则

GB/T 19436.1 机械电气安全 电敏防护装置 第1部分:一般要求和试验

GB 19436.3 机械电气安全 电敏防护装置 第3部分:使用有源光电漫反射防护器件(AOPDDR)设备的特殊要求

GB/T 19876 机械安全 与人体部位接近速度相关的安全防护装置的定位

GB 23821—2009 机械安全 防止上下肢触及危险区的安全距离

HG/T 3223 橡胶机械术语

TSG R0004 固定式压力容器安全技术监察规程

3 术语和定义

GB/T 6326、GB/T 15706 和 HG/T 3223 界定的以及下列术语和定义适用于本文件。

3.1

进入装置　access equipment

正常操作时用于进入硫化机的特定部件。

示例：踏板、平台和楼梯。

3.2

自动装胎/卸胎　automatic loading/unloading

从一个方位自动地装胎和卸胎。

3.3

胶囊　bladder

通过硫化介质使之膨胀，把胎坯推向模具并与之接触的橡胶容器。

示例：胶囊通过上环和下环连接到机器。

3.4

胶囊夹持装置　bladder support

通过立柱或囊筒固定胶囊的机械装置。

3.5

下环　bottom ring

胶囊底部起夹持作用的环型部件。

3.6

更换识别板　change plate identification

镶嵌模具胎侧实施的动作。

示例：这种识别通常叫做标记或轮胎的识别码。

3.7

爪盘　chuck

抓胎器

抓取胎坯或硫化轮胎的部件。

3.8

模套　container

用于容纳和加热活络模硫化模具的可替换的部件。

示例：模套通过螺钉或自动锁定装置固定在硫化机上。

3.9

模套固定装置　container fixation device

用于固定模套的钢架。

示例：模套固定装置有时也称为枕梁。

3.10

常规运转区域　crossing flow

从前面装胎和从后面卸胎的区域。

3.11

硫化轮胎　cured tyre

轮胎经硫化后的最终形态。

3.12

硫化周期　curing cycle

合模、加压、锁定直到压力下降的全周期。

3.13

硫化模具　curing mould

用于硫化轮胎，使轮胎外部形状定型的可替换的设备。

3.14

硫化阀门和管路　curing valves and pipework

硫化机上安装的温度和压力调节系统。

3.15

调节尺寸　dimension change

根据硫化轮胎的规格调整设备。

3.16

卸料　discharge

从卸胎装置中移除硫化轮胎的手动或自动操作。

3.17

能源疏散系统　energy evacuation system

硫化胶囊和热工系统中泄压的各有关部分。

3.18

能源供应系统　energy supply system

供应电、气体、液体和硫化介质的系统。

示例：硫化介质可以是热水、蒸汽、氮气等。

3.19

输出带　exit conveyer

卸胎装置从硫化机后面卸载硫化轮胎后放置硫化轮胎的传送带。

3.20

供料　feeding

向装胎装置提供胎坯的手动或自动操作。

3.21

固定下部分　fixed lower part

固定在地基上包含胶囊和支撑下模具的机器部分。

3.22

胎坯　green tyre

尚未硫化的橡胶部件的组合。

3.23

操作配件　handling accessory

用于维护操作或换模或设置硫化机的装置。

3.24

维护操作　maintenance action

保持硫化机在设计水平的预防操作。

示例：例如诊断、润滑等。

3.25

移动上部分　movable upper part

装胎和卸胎时打开、硫化时关闭和锁定的机器部分。

3.26

模具清理　mould cleaning

将残留物从模具中清理出去。

3.27

模具操纵装置　segment mould operator

用于打开和关闭模具的装置。

3.28

半封闭的位置　semi-closed position

当模套延伸部分打开到最大距离时,模具或模套上部分所处的位置。

3.29

喷涂装置　spraying device

用处理液处理模具和/或胶囊的静态或动态喷嘴。

3.30

上环　top ring

胶囊顶部起夹持作用的环型部件。

3.31

轮胎硫化机清理　tyre curing press cleaning

从硫化机中清理残留物的操作。

3.32

装胎/卸胎　tyre loading/tyre unloading

将轮胎放入硫化机或从硫化机中取出轮胎的自动动作。

4　重大危险列举

4.1　总则

本章列举了与硫化机有关的重大危险。

常规运转区域硫化机的危险位置,液压式见图1、图2和图3,机械式见图4、图5和图6。

带自动供料和卸料装置的硫化机的危险位置见图7、图8和图9。

图1～图9的危险序号与表1中的危险序号一致。

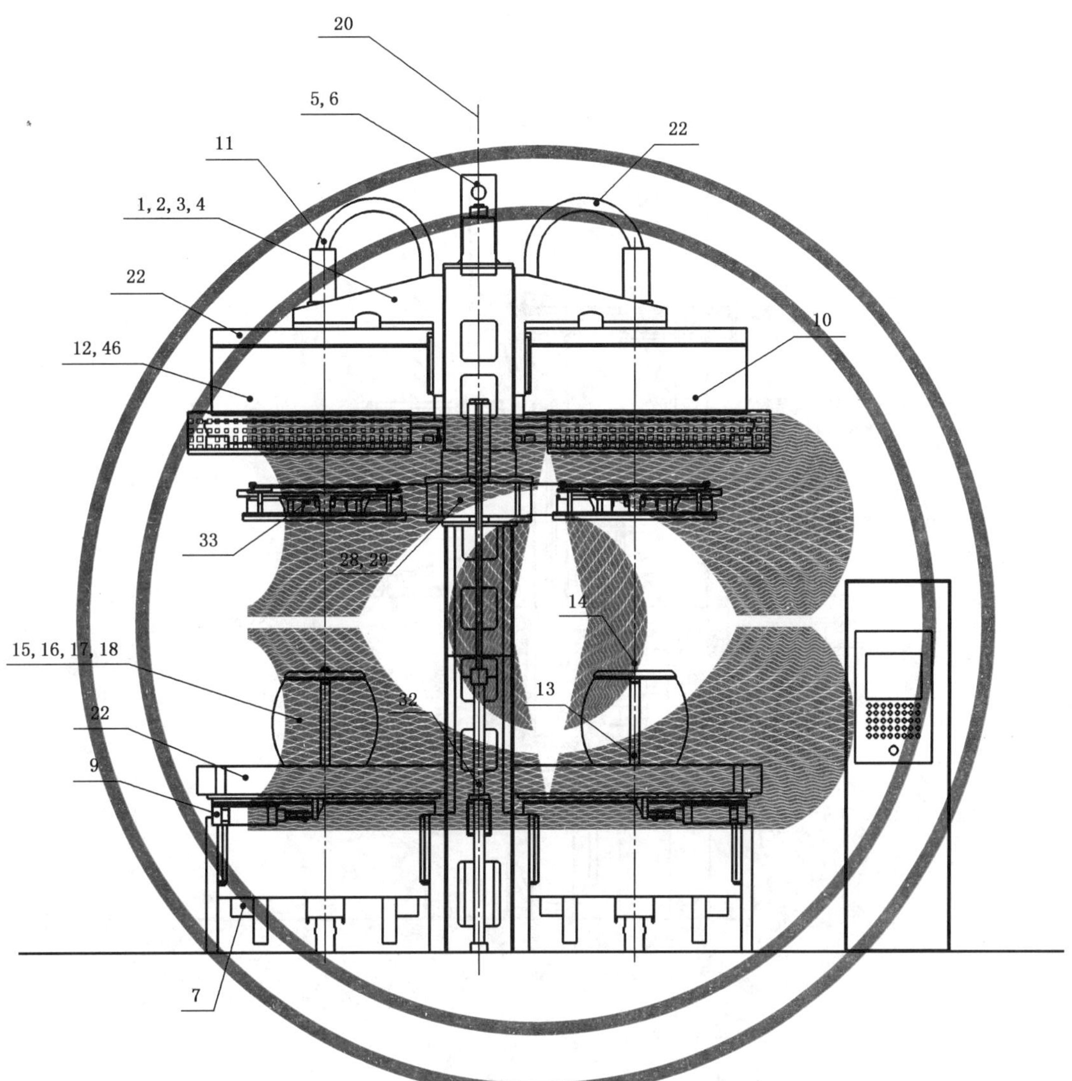

图 1　液压式常规运转区域硫化机的危险位置(正视图)

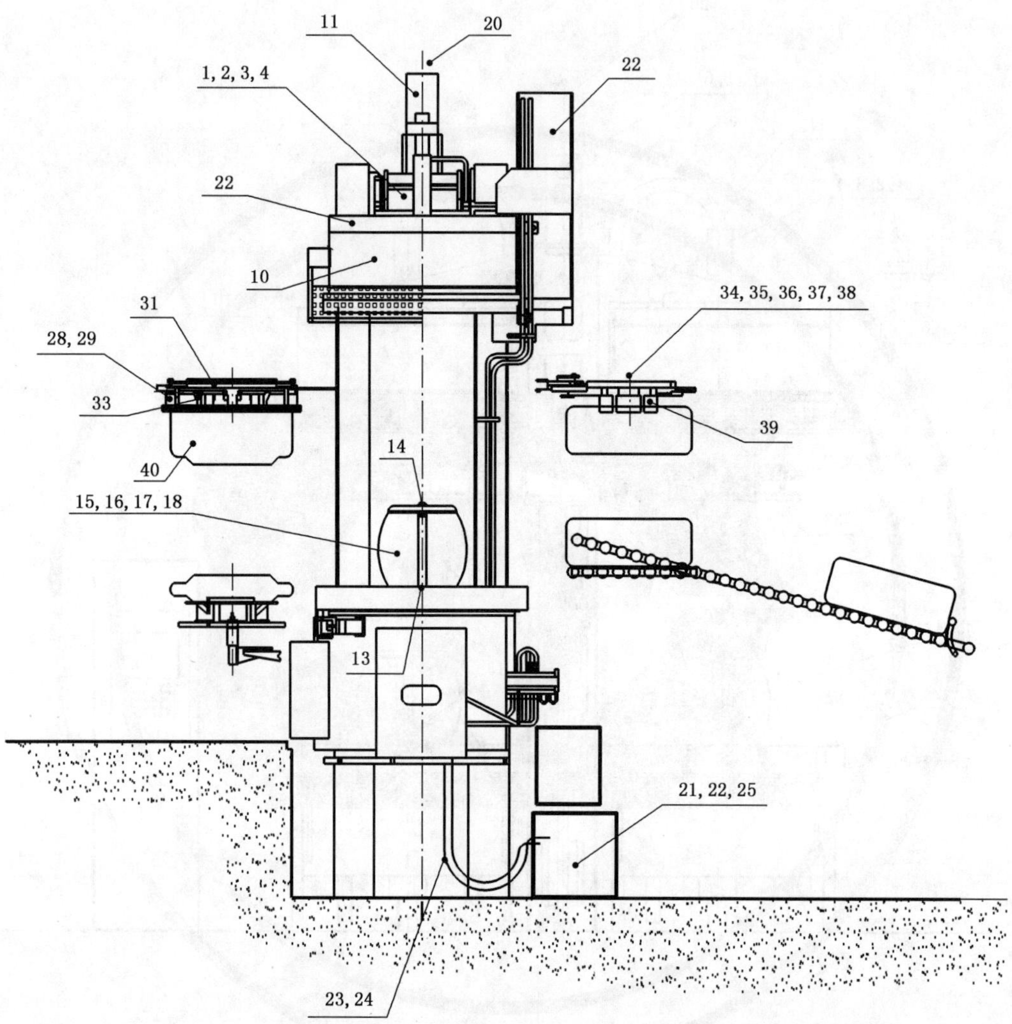

图 2 液压式常规运转区域硫化机的危险位置(侧视图)

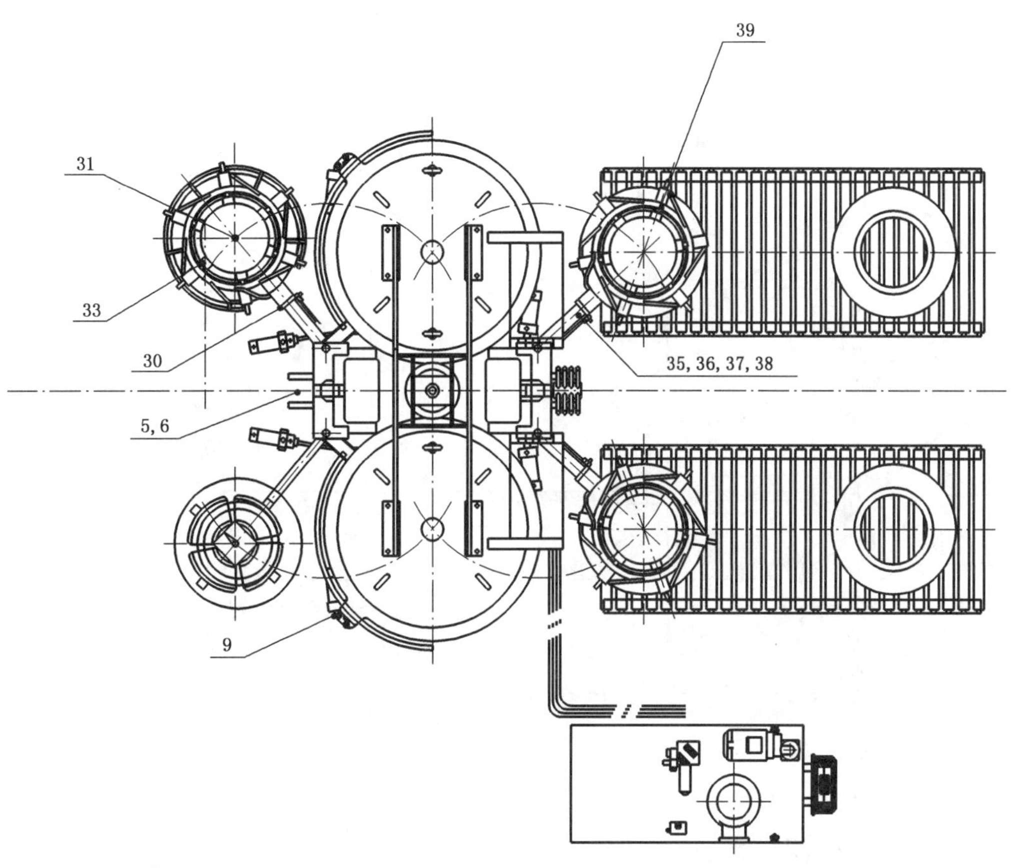

图 3　液压式常规运转区域硫化机的危险位置(俯视图)

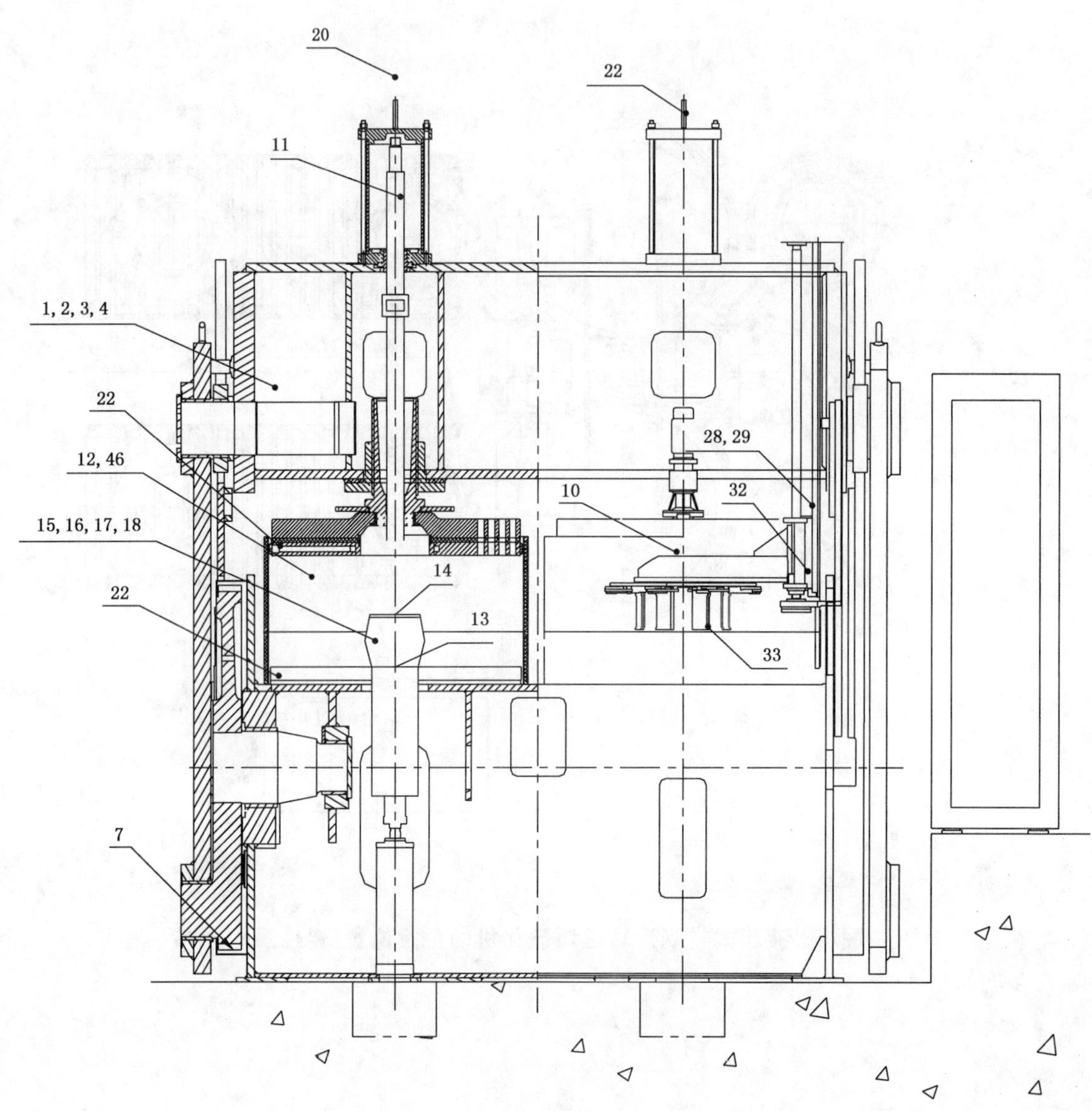

图 4 机械式常规运转区域硫化机的危险位置(正视图)

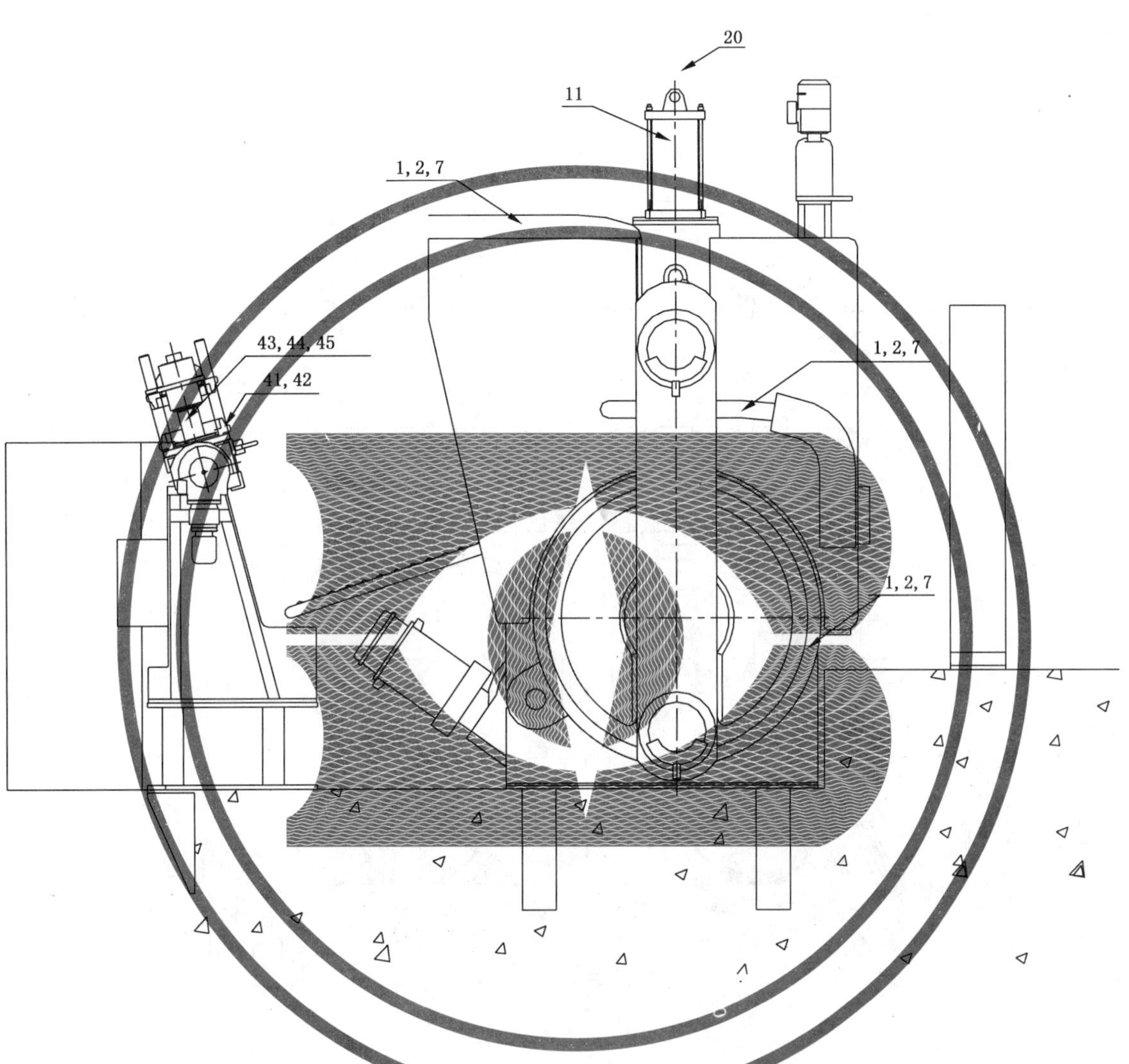

图5　机械式常规运转区域硫化机的危险位置(侧视图)

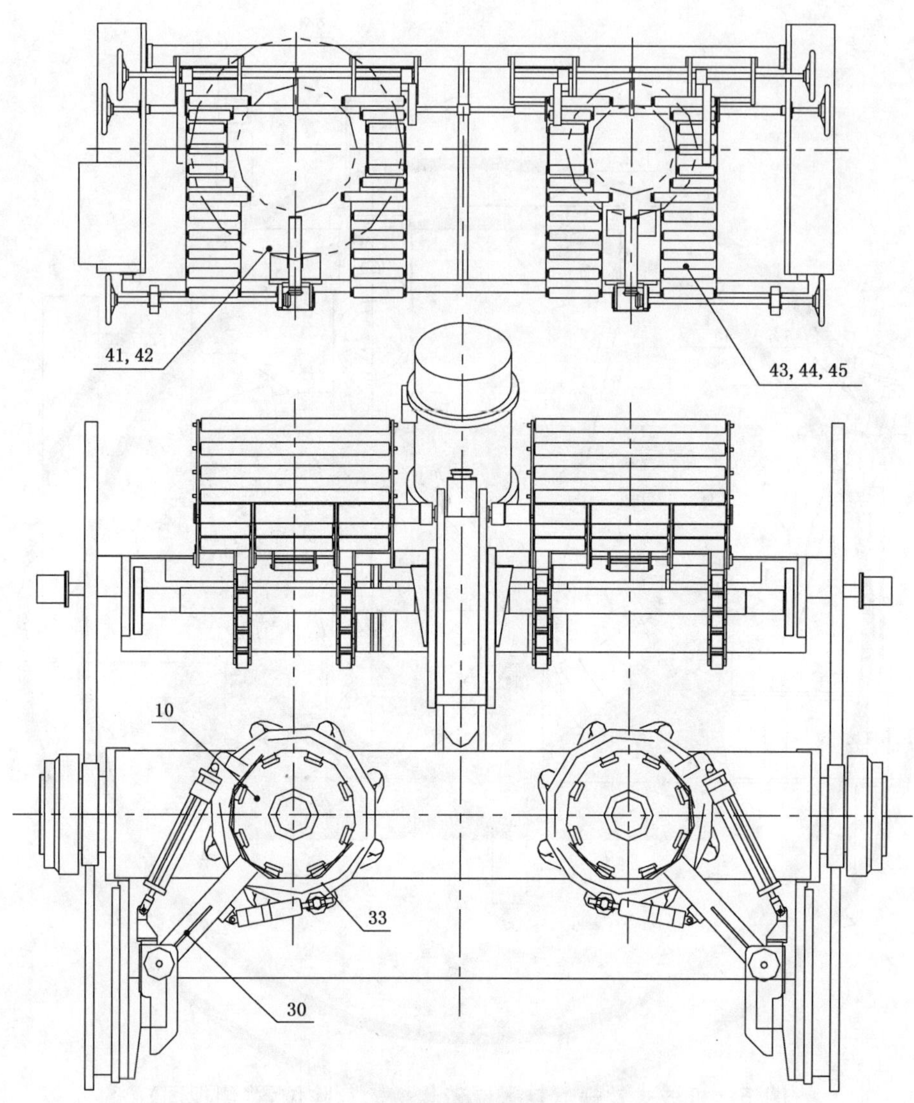

图6 机械式常规运转区域硫化机的危险位置(俯视图)

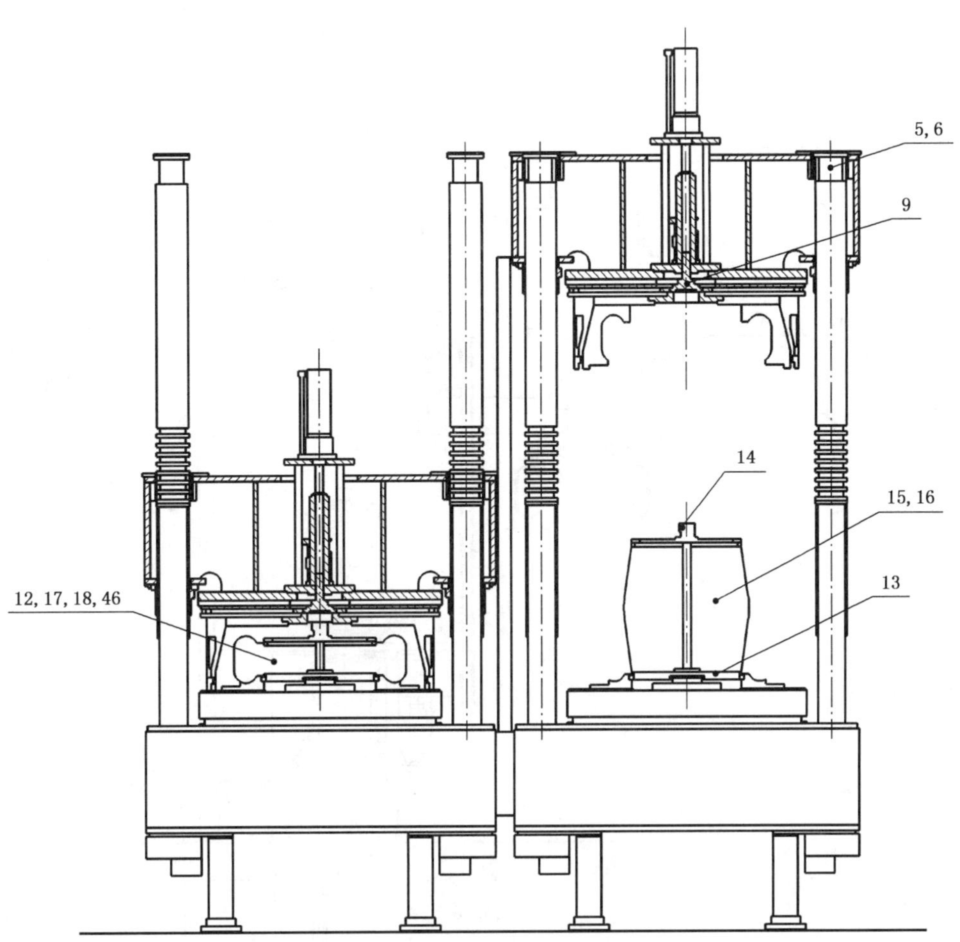

图7　带自动供料和卸料装置的硫化机的危险位置(正视图)

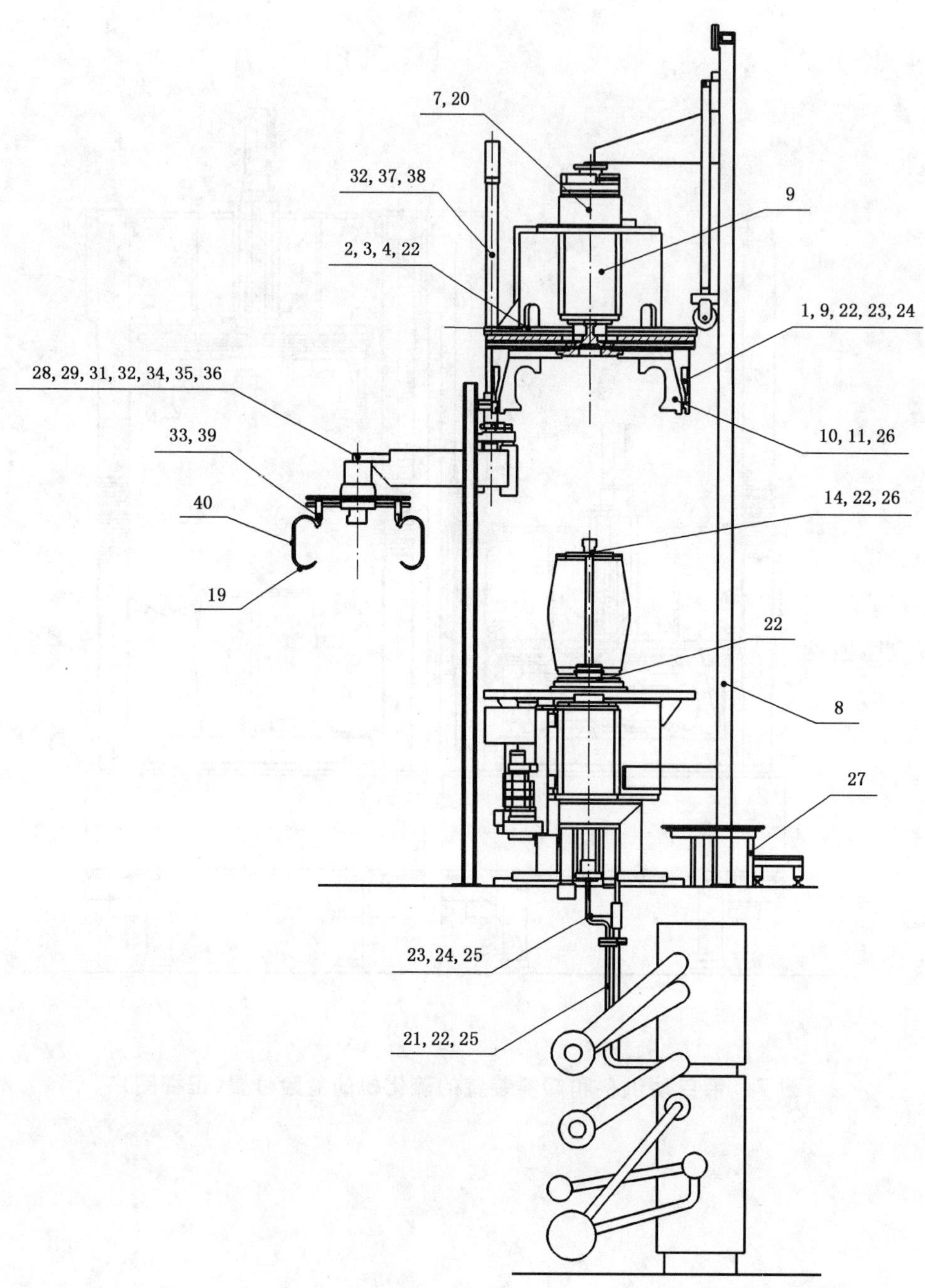

图 8　带自动供料和卸料装置的硫化机的危险位置(侧视图)

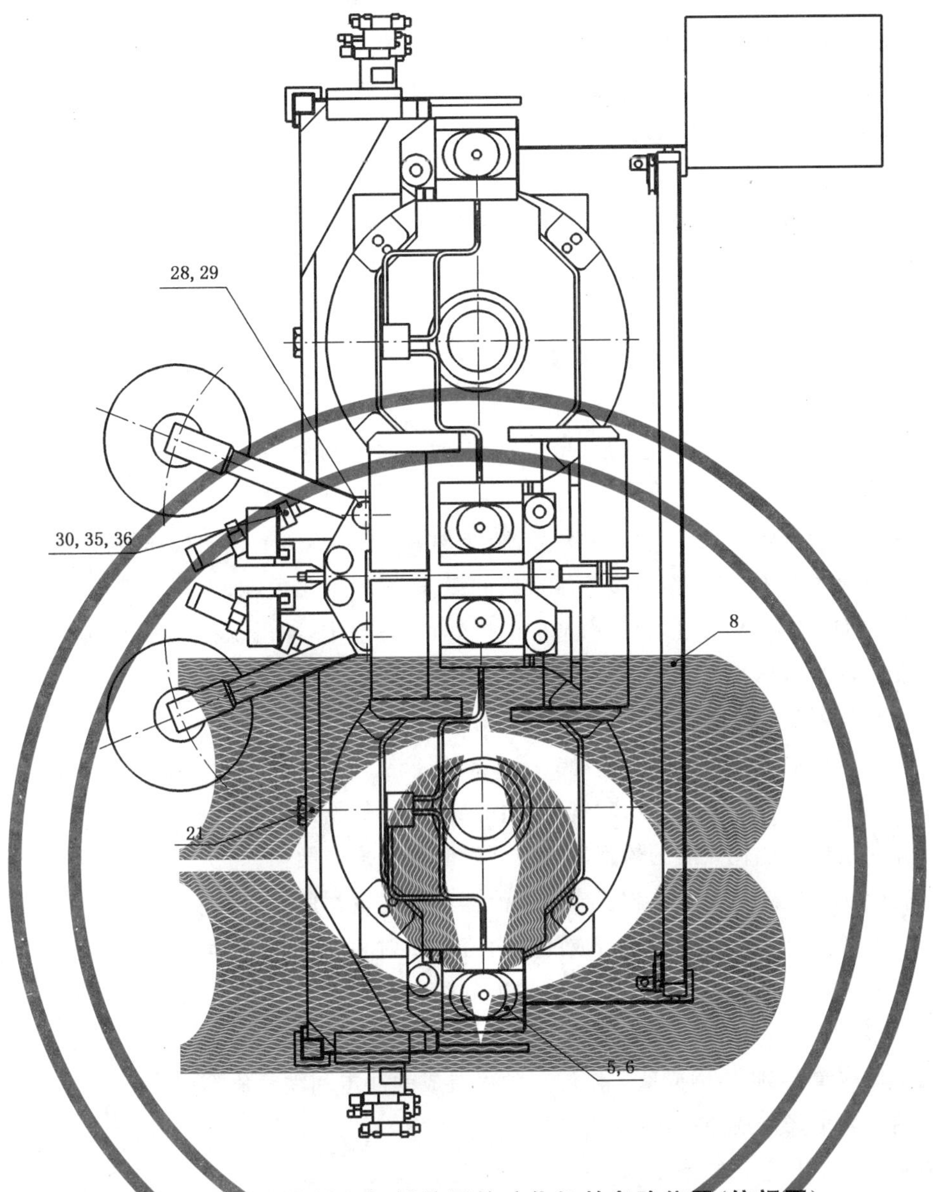

图9 带自动供料和卸料装置的硫化机的危险位置(俯视图)

4.2 总体危险

直接或间接与带电部件接触造成的电击或灼伤。

由于液压和气动系统故障造成的危险。

4.3 机器特定部件或区域相关的危险

硫化机特定部件或区域相关的重大危险如下：

a) 移动上部分关闭(合模运动)造成的挤压、剪切、缠绕和冲击危险；

b) 移动上部分打开(开模运动)造成的挤压、剪切、缠绕和冲击危险；

c) 移动上部分在开模极限位置时，移动上部分意外坠落造成的挤压危险；

d) 移动上部分停车功能发生故障造成的挤压危险；

e) 液压式硫化机移动上部分锁紧装置闭锁运动时造成的挤压和剪切危险；

f) 液压式硫化机移动上部分锁紧装置开锁运动时造成的挤压和剪切危险；
g) 施加合模力或释放合模力运动造成的挤压和切割危险；
h) 动力操纵式防护装置运动造成的冲击、挤压和切割危险；
i) 模套自动锁紧和解锁装置运动造成的挤压和剪切危险；
j) 模套上部分坠落造成的挤压和冲击危险；
k) 模具操纵装置向上和向下运动造成的挤压、剪切和冲击危险；
l) 蒸汽室锁紧之前，由于蒸汽室内压力过高，造成爆炸、材料射出、冲击、高压流体喷射和灼伤危险；
m) 下环下降时造成的挤压和切割危险；
n) 上环运动时造成的挤压和切割危险；
o) 硫化机在半封闭位置(二次定型位置)以上时，对胶囊施压造成的爆炸、材料射出和高压流体喷射危险；
p) 硫化机在半封闭位置(二次定型位置)以下时，对胶囊施压造成的爆炸、材料射出危险；
q) 硫化机合模并锁紧时，对胶囊施压造成的爆炸、材料射出危险；
r) 解锁之前，由于胶囊内压力过高造成的爆炸、材料射出、冲击、高压流体喷射和灼伤危险；
s) 轮胎底部热水积累造成的烫伤危险；
t) 有害气体释放造成吸入有害物质的危险；
u) 管路中氮气泄漏造成的窒息危险；
v) 高温部件(管路、模具、热板、软管、阀门等)造成的灼伤危险；
w) 向硫化机输送硫化介质的软管破裂或硬管断裂造成的烫伤、灼伤和冲击危险；
x) 向硫化机输送硫化介质的软管或硬管泄漏造成的烫伤危险；
y) 管路内硫化介质残留的压力造成的压力流体喷射和灼伤危险；
z) 喷涂臂运动造成的压力流体喷射和冲击危险；如果有的话，喷涂设备使用有害喷涂剂造成吸入有害物质的危险；
aa) 在工作位置滑倒、绊倒或从工作位置跌落造成的冲击和跌落危险；
bb) 装胎装置下降造成的挤压、剪切和冲击危险；
cc) 装胎装置上升造成的挤压、剪切和冲击危险；
dd) 装胎装置的抓胎器转进、转出造成的挤压、剪切和冲击危险；
ee) 装胎装置在装胎位置坠落造成的挤压、剪切和冲击危险；
ff) 装胎装置停车功能发生故障造成的挤压、剪切和冲击危险；
gg) 装胎装置的抓胎器爪片张开、闭合造成的切割、挤压和冲击危险；
hh) 卸胎装置下降造成的挤压、剪切和冲击危险；
ii) 卸胎装置上升造成的挤压、剪切和冲击危险；
jj) 卸胎装置的抓胎器转进、转出或叉型卸胎装置翻转造成的挤压、剪切和冲击危险；
kk) 卸胎装置坠落造成的挤压、剪切和冲击危险；
ll) 卸胎装置停车功能发生故障造成的挤压、剪切和冲击危险；
mm) 卸胎装置的抓胎器爪片张开、闭合造成的切割、挤压和冲击危险；
nn) 胎坯或硫化轮胎在装胎或卸胎时坠落造成的冲击和挤压危险；
oo) 后充气装置的上夹盘与硫化轮胎之间造成的切割、挤压和冲击危险；
pp) 后充气装置的充气盘与上支架之间造成的切割、挤压和冲击危险；

qq）后充气装置的中梁翻转造成的挤压、剪切和冲击危险；

rr）后充气装置的活动梁升降造成的挤压、剪切和冲击危险；

ss）后充气装置的活动梁旋转造成的挤压、剪切和冲击危险；

tt）蒸汽室、热板压力过高造成的爆炸、材料射出、高压流体喷射、冲击、灼伤和烫伤危险。

5 安全要求和/或保护措施

5.1 安全要求和/或保护措施总则

硫化机应遵守本章所规定的安全要求和/或保护措施。此外，对于本标准未涉及的非重大危险，硫化机应按照 GB/T 15706 规定的原则进行设计。相关的、但不是重大的危险本标准并未涉及。

如果没有在相关的条款中规定，安全距离应符合 GB 23821 的规定。

防护装置的设计和制造应符合 GB/T 8196 的规定；联锁装置应符合 GB/T 18831 的规定。

光幕应符合 GB/T 19436.1 的规定；扫描装置应符合 GB 19436.3 的规定。

光幕和不带防护锁的联锁防护装置的定位应符合 GB/T 19876 的规定。

控制系统有关安全部件的设计应符合 GB/T 16855.1 的规定。

电气设备应符合 GB 5226.1 的规定。

液压设备及其部件的设计应符合 GB/T 3766 的规定。

气动设备及其部件的设计应符合 GB/T 7932 的规定。

5.2 具体的安全要求和/或保护措施

5.2.1 基本信息

表 1 中安全要求指定的硫化机的前面、后面和侧面的位置，见图 10 和图 11。

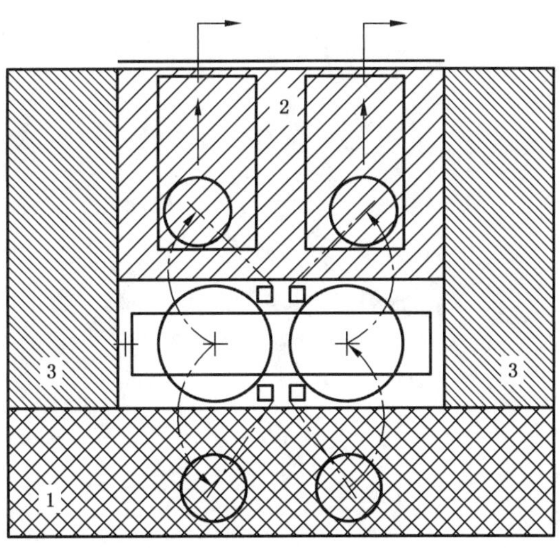

说明：

1——前面；

2——后面；

3——侧面。

图 10 常规运转区域的硫化机的位置

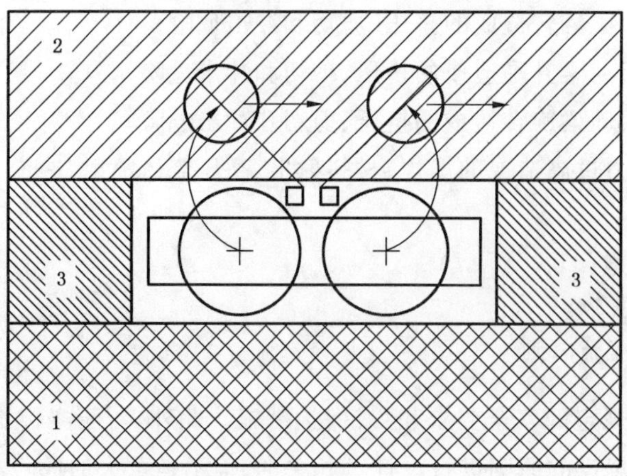

说明：
1——前面；
2——后面；
3——侧面。

图 11　带自动供料和卸料装置的硫化机的位置

5.2.2　具有独立硫化周期和独立安全防护措施的双模硫化机的具体要求

这样的机器，应使用可靠的固定式防护装置分开每个模腔。机器的每一侧都应作为一个硫化机来看待。

5.2.3　常规生产模式和自动生产模式下操作的具体要求

注：常规生产模式指的是常规运转区域的硫化机，自动生产模式指的是带自动供料和卸料装置的硫化机。

所有的安全功能和/或保护措施都应符合表 1 的规定。

表 1　常规生产模式和自动生产模式下硫化机的安全要求和/或保护措施

危险序号	危险情况	重大危险	位置/地点	常规运转区域的硫化机	带自动供料和卸料装置的硫化机	附加的安全措施对于维护是否必要
1	移动上部分关闭（合模运动）	挤压、剪切、缠绕、冲击	位置 1:前面	扫描装置;或 光幕;或 固定式防护装置与机械设备的组合阻止进入	带或不带防护锁的联锁防护装置	是 （见 5.2.4 和 7.2.7）
			位置 2:后面	固定式防护装置阻止进入;和/或 输出带离站立面高度不低于 2.5 m	供料和卸料系统带防护锁的联锁防护装置;和/或必要时,不带防护锁的联锁防护装置与光幕的组合	
			位置 3:侧面	固定式防护装置和带或不带防护锁的联锁防护装置;或 固定式防护装置与机械设备的组合阻止进入	固定式防护装置	
2	移动上部分打开（开模运动）	挤压、剪切、缠绕、冲击	位置 1:前面	扫描装置;或 光幕;或 固定式防护装置与机械设备的组合阻止进入	带或不带防护锁的联锁防护装置	是 （见 5.2.4 和 7.2.7）
			位置 2:后面	固定式防护装置阻止进入;和/或 输出带离站立面高度不低于 2.5 m	供料和卸料系统带防护锁的联锁防护装置;和/或必要时,不带防护锁的联锁防护装置与光幕的组合	
			位置 3:侧面	固定式防护装置和带或不带防护锁的联锁防护装置;或 固定式防护装置与机械设备的组合阻止进入	固定式防护装置	
3	移动上部分在开模极限位置时的意外坠落	挤压	位置 1:前面	移动上部分的锁定装置或制动装置	移动上部分的锁定装置或制动装置	是 （见 5.2.4 和 7.2.7）
			位置 2:后面	移动上部分的锁定装置或制动装置	移动上部分的锁定装置或制动装置	
			位置 3:侧面	固定式防护装置和移动上部分的锁定装置或制动装置	固定式防护装置和移动上部分的锁定装置或制动装置	

表 1（续）

危险序号	危险情况	重大危险	位置/地点	常规运转区域的硫化机	带自动供料和卸料装置的硫化机	附加的安全措施对于维护是否必要
4	移动上部分的停车功能发生故障	挤压	位置 1:前面	液压式:抑制阀,下滑量在 30 mm 之内; 机械式:安全制动装置,下滑量在 30 mm 之内	液压式:抑制阀,下滑量在 30 mm 之内; 机械式:安全制动装置,下滑量在 30 mm 之内	是 (见 5.2.4 和 7.2.7)
			位置 2:后面	液压式:抑制阀; 机械式:安全制动装置	液压式:抑制阀; 机械式:安全制动装置	
			位置 3:侧面	液压式:抑制阀; 机械式:安全制动装置	液压式:抑制阀; 机械式:安全制动装置	
5	液压式硫化机移动上部分锁紧装置闭锁	挤压、剪切	位置 1:前面	扫描装置;或 光幕;或 固定式防护装置与机械设备的组合阻止进入; 此固定式防护装置应符合 GB 23821—2009 表 4 的规定	带或不带防护锁的联锁防护装置;或 固定式防护装置	是 (见 5.2.4 和 7.2.7)
			位置 2:后面	固定式防护装置阻止进入;和/或 输出带离站立面高度不低于 2.5 m; 此固定式防护装置应符合 GB 23821—2009 表 4 的规定	供料和卸料系统带防护锁的联锁防护装置;和/或 必要时,不带防护锁的联锁防护装置与光幕的组合;或 固定式防护装置	
			位置 3:侧面	固定式防护装置和带或不带防护锁的联锁防护装置;或 固定式防护装置与机械设备的组合阻止进入; 此固定式防护装置应符合 GB 23821—2009 表 4 的规定	固定式防护装置	
6	液压式硫化机移动上部分锁紧装置开锁	挤压、剪切	位置 1:前面	扫描装置;或 光幕;或 固定式防护装置与机械设备的组合阻止进入; 此固定式防护装置应符合 GB 23821—2009 表 4 的规定	带或不带防护锁的联锁防护装置;或 固定式防护装置	是 (见 5.2.4 和 7.2.7)
			位置 2:后面	固定式防护装置阻止进入;和/或 输出带离站立面高度不低于 2.5 m; 此固定式防护装置应符合 GB 23821—2009 表 4 的规定	供料和卸料系统带防护锁的联锁防护装置;和/或 必要时,不带防护锁的联锁防护装置与光幕的组合;或 固定式防护装置	

表 1（续）

危险序号	危险情况	重大危险	位置/地点	常规运转区域的硫化机	带自动供料和卸料装置的硫化机	附加的安全措施对于维护是否必要
6	液压式硫化机移动上部分锁紧装置开锁	挤压、剪切	位置 3：侧面	固定式防护装置和带或不带防护锁的联锁防护装置；或 固定式防护装置与机械设备的组合阻止进入； 此固定式防护装置应符合 GB 23821—2009 表 4 的规定	固定式防护装置	是 （见 5.2.4 和 7.2.7）
7	施加合模力或释放合模力运动	挤压、切割	位置 1：前面	扫描装置；或 光幕；或 固定式防护装置与机械设备的组合阻止进入	带或不带防护锁的联锁防护装置；或 固定式防护装置	是 （见 5.2.4 和 7.2.7）
			位置 2：后面	固定式防护装置阻止进入；和/或 输出带离站立面高度不低于 2.5 m	供料和卸料系统带防护锁的联锁防护装置；和/或必要时，不带防护锁的联锁防护装置与光幕的组合；或 固定式防护装置	
			位置 3：侧面	固定式防护装置和带或不带防护锁的联锁防护装置；或 固定式防护装置与机械设备的组合阻止进入	固定式防护装置	
8	动力操纵式防护装置的运动	冲击、挤压、切割	位置 1：前面	不适用	应实施下列的保护措施： 最大关闭速度不超过 250 mm/s 和至少下列方法之一： ——最大关闭力不超过 75 N； ——防护装置行进边缘应装配符合 GB/T 17454.2 的压敏边；当压敏边触发时，防护装置停止或反向运动，操作力不应超过 150 N； ——对于动力驱动向上运动的防护装置，用固定板来阻止进入防护装置反向运动与机器结构之间的挤压区域	不
			位置 2：后面	不适用		
			位置 3：侧面	不适用	不适用	

表 1（续）

危险序号	危险情况	重大危险	位置/地点	常规运转区域的硫化机	带自动供料和卸料装置的硫化机	附加的安全措施对于维护是否必要
9	模套自动锁紧和解锁装置运动	挤压、剪切	位置 1:前面	扫描装置;或 光幕;或 固定式防护装置与机械设备的组合阻止进入	带或不带防护锁的联锁防护装置;或 固定式防护装置	是 （见 5.2.4 和 7.2.7）
			位置 2:后面	固定式防护装置阻止进入;和/或 输出带离站立面高度不低于 2.5 m	供料和卸料系统带防护锁的联锁防护装置;和/或 必要时,不带防护锁的联锁防护装置与光幕的组合;或 固定式防护装置	
			位置 3:侧面	固定式防护装置和带或不带防护锁的联锁防护装置;或 固定式防护装置与机械设备的组合阻止进入	固定式防护装置	
10	模套上部分坠落	挤压、冲击	位置 1:前面	见 7.2.8	见 7.2.8	是 （见 5.2.4 和 7.2.7）
			位置 2:后面			
			位置 3:侧面			
11	模具操纵装置向上和向下运动	挤压、剪切、冲击	位置 1:前面	扫描装置;或 光幕;或 固定式防护装置与机械设备的组合阻止进入	带或不带防护锁的联锁防护装置	是 （见 5.2.4 和 7.2.7）
			位置 2:后面	固定式防护装置阻止进入;和/或 输出带离站立面高度不低于 2.5 m	供料和卸料系统带防护锁的联锁防护装置;和/或 必要时,不带防护锁的联锁防护装置与光幕的组合;或 光幕	
			位置 3:侧面	固定式防护装置和带或不带防护锁的联锁防护装置;或 固定式防护装置与机械设备的组合阻止进入	固定式防护装置	

表 1（续）

危险序号	危险情况	重大危险	位置/地点	常规运转区域的硫化机	带自动供料和卸料装置的硫化机	附加的安全措施对于维护是否必要
12	蒸汽室解锁之前，蒸汽室内压力过高	爆炸、材料射出、冲击、高压流体喷射、灼伤	位置 1：前面 位置 2：后面 位置 3：侧面	解锁装置与压力检测装置联锁，只有当蒸汽室内的压力低于 0.02 MPa 时解锁装置才能解锁。当蒸汽室内的压力过高时，解锁装置无法解锁	解锁装置与压力检测装置联锁，只有当蒸汽室内的压力低于 0.02 MPa 时解锁装置才能解锁。当蒸汽室内的压力过高时，解锁装置无法解锁	是 （见 5.2.4 和 7.2.7）
13	下环下降	挤压、切割	位置 1：前面	扫描装置；或 光幕；或 固定式防护装置与机械设备的组合阻止进入	带或不带防护锁的联锁防护装置	是 （见 5.2.4 和 7.2.7）
			位置 2：后面	固定式防护装置阻止进入；和/或 输出带离站立面高度不低于 2.5 m	供料和卸料系统带防护锁的联锁防护装置；和/或必要时，不带防护锁的联锁防护装置与光幕的组合；或 光幕	
			位置 3：侧面	固定式防护装置和带或不带防护锁的联锁防护装置；或 固定式防护装置与机械设备的组合阻止进入	固定式防护装置	
14	上环运动	挤压、切割	位置 1：前面	扫描装置；或 光幕；或 固定式防护装置与机械设备的组合阻止进入	带或不带防护锁的联锁防护装置	是 （见 5.2.4 和 7.2.7）
			位置 2：后面	固定式防护装置阻止进入；和/或 输出带离站立面高度不低于 2.5 m	供料和卸料系统带防护锁的联锁防护装置；和/或必要时，不带防护锁的联锁防护装置与光幕的组合；或 光幕	
			位置 3：侧面	固定式防护装置和带或不带防护锁的联锁防护装置；或 固定式防护装置与机械设备的组合阻止进入	固定式防护装置	

表 1（续）

危险序号	危险情况	重大危险	位置/地点	常规运转区域的硫化机	带自动供料和卸料装置的硫化机	附加的安全措施对于维护是否必要
15	硫化机在半封闭位置（二次定型位置）以上时，向胶囊施压力	爆炸、材料射出、高压流体喷射	位置 1:前面	控制电路应能监测胶囊压力，其压力应不大于胶囊制造商给出的最大值，且任何情况下不得超过 0.07 MPa。 当发生下列情况之一时，应关闭流体供应并泄压： ——压力超过最大定义值 5 s 以上； ——压力达到 0.15 MPa(注:不适用工程机械轮胎硫化机)； ——在任何情况下，当安全防护装置被打开或中断	控制电路应能监测胶囊压力，其压力应不大于胶囊制造商给出的最大值，且任何情况下不得超过 0.07 MPa。 当发生下列情况之一时，应关闭流体供应并泄压： ——压力超过最大定义值 5 s 以上； ——压力达到 0.15 MPa(注:不适用工程机械轮胎硫化机)； ——在任何情况下，防护装置打开； ——带防护锁的联锁防护装置打开	是 （见 5.2.4 和 7.2.7）
			位置 2:后面	控制电路应能监测胶囊压力，其压力应不大于胶囊制造商给出的最大值，且任何情况下不得超过 0.07 MPa。 当发生下列情况之一时，应关闭流体供应并泄压： ——压力超过最大定义值 5 s 以上； ——压力达到 0.15 MPa(注:不适用工程机械轮胎硫化机)； ——在任何情况下，当安全防护装置被打开或中断	控制电路应能监测胶囊压力，其压力应不大于胶囊制造商给出的最大值，且任何情况下不得超过 0.07 MPa。 当发生下列情况之一时，应关闭流体供应并泄压： ——压力超过最大定义值 5 s 以上； ——压力达到 0.15 MPa(注:不适用工程机械轮胎硫化机)； ——在任何情况下，防护装置打开； ——供料/卸料系统带防护锁的联锁防护装置打开； ——供料/卸料系统不带防护锁的联锁防护装置打开	

表 1（续）

危险序号	危险情况	重大危险	位置/地点	常规运转区域的硫化机	带自动供料和卸料装置的硫化机	附加的安全措施对于维护是否必要
15	硫化机在半封闭位置（二次定型位置）以上时，向胶囊施压力	爆炸、材料射出、高压流体喷射	位置 3：侧面	控制电路应能监测胶囊压力，其压力应不大于胶囊制造商给出的最大值，且任何情况下不得超过 0.07 MPa。 当发生下列情况之一时，应关闭流体供应并泄压： ——压力超过最大定义值 5 s 以上； ——压力达到 0.15 MPa（注：不适用工程机械轮胎硫化机）； ——在任何情况下，当安全防护装置被打开或中断	控制电路应能监测胶囊压力，其压力应不大于胶囊制造商给出的最大值，且任何情况下不得超过 0.07 MPa。 当发生下列情况之一时，应关闭流体供应并泄压： ——压力超过最大定义值 5 s 以上； ——压力达到 0.15 MPa（注：不适用工程机械轮胎硫化机）； ——在任何情况下，当安全防护装置被打开或中断时； ——固定式防护装置打开	是 （见 5.2.4 和 7.2.7）
16	硫化机在半封闭位置（二次定型位置）以下时，向胶囊施压	爆炸、材料射出	位置 1：前面	控制电路应能监测胶囊压力，其压力应不大于 0.15 MPa。 当发生下列情况之一时，应关闭流体供应并泄压： ——压力大于 0.15 MPa（注：不适用工程机械轮胎硫化机）； ——在任何情况下，当安全防护装置被打开或中断	控制电路应能监测胶囊压力，其压力应不大于 0.15 MPa。 当发生下列情况之一时，应关闭流体供应并泄压： ——压力大于 0.15 MPa（注：不适用工程机械轮胎硫化机）； ——在任何情况下，防护装置打开； ——带防护锁的联锁防护装置打开	是 （见 5.2.4 和 7.2.7）
			位置 2：后面	控制电路应能监测胶囊压力，其压力应不大于 0.15 MPa。 当发生下列情况之一时，应关闭流体供应并泄压： ——压力大于 0.15 MPa（注：不适用工程机械轮胎硫化机）； ——在任何情况下，当安全防护装置被打开或中断	控制电路应能监测胶囊压力，其压力应不大于 0.15 MPa。 当发生下列情况之一时，应关闭流体供应并泄压： ——压力大于 0.15 MPa（注：不适用工程机械轮胎硫化机）； ——在任何情况下，防护装置打开； ——供料/卸料系统带防护锁的联锁防护装置打开； ——供料/卸料系统不带防护锁的联锁防护装置打开	

表 1（续）

危险序号	危险情况	重大危险	位置/地点	常规运转区域的硫化机	带自动供料和卸料装置的硫化机	附加的安全措施对于维护是否必要
16	硫化机在半封闭位置（二次定型位置）以下时，向胶囊施压	爆炸、材料射出	位置 3：侧面	控制电路应能监测胶囊压力，其压力应不大于 0.15 MPa。 当发生下列情况之一时，应关闭流体供应并泄压： ——压力大于 0.15 MPa（注：不适用工程机械轮胎硫化机）； ——在任何情况下，当安全防护装置被打开或中断	控制电路应能监测胶囊压力，其压力应不大于 0.15 MPa。 当发生下列情况之一时，应关闭流体供应并泄压： ——压力大于 0.15 MPa（注：不适用工程机械轮胎硫化机）； ——在任何情况下，当安全防护装置被打开或中断时； ——固定式防护装置打开	是 （见 5.2.4 和 7.2.7）
17	硫化机合模并锁紧时，向胶囊施压	爆炸、材料射出	位置 1：前面 位置 2：后面 位置 3：侧面	仅当硫化机合模并锁紧时，才能启用高压。 锁紧系统应标示出能承受的制造商规定的最大合模力。 最大合模力和最大内部压力的信息应在说明书中给出（见第 7 章）。 当硫化机合模并锁紧时，如果打开/中断安全防护装置，不要求停止已关闭模具内的硫化过程	仅当硫化机合模并锁紧时，才能启用高压。 锁紧系统应标示出能承受的制造商规定的最大合模力。 最大合模力和最大内部压力的信息应在说明书中给出（见第 7 章）。 当硫化机合模并锁紧时，如果打开/中断安全防护装置，不要求停止已关闭模具内的硫化过程	是 （见 5.2.4 和 7.2.7）
18	解锁之前，胶囊压力过高	爆炸、材料射出、冲击、高压流体喷射、灼伤	位置 1：前面 位置 2：后面 位置 3：侧面	解锁系统应与压力检测系统联锁，只有当胶囊内的压力低于 0.15 MPa 才能解锁。 胶囊内的压力过高时，锁定系统将无法打开。 硫化机打开时的安全要求与关闭时的安全要求（危险 15 和危险 16）相同	解锁系统应与压力检测系统联锁，只有当胶囊内的压力低于 0.15 MPa 才能解锁。 胶囊内的压力过高时，锁定系统将无法打开。 硫化机打开时的安全要求与关闭时的安全要求（危险 15 和危险 16）相同	是 （见 5.2.4 和 7.2.7）

表 1（续）

危险序号	危险情况	重大危险	位置/地点	常规运转区域的硫化机	带自动供料和卸料装置的硫化机	附加的安全措施对于维护是否必要
19	轮胎底部热水积累	烫伤	位置 1:前面 位置 2:后面 位置 3:侧面	在操作位置用如下警示标识给出警示，此标识的尺寸、颜色等要求应符合 GB 2894 的要求	在操作位置用如下警示标识给出警示，此标识的尺寸、颜色等要求应符合 GB 2894 的要求	不
20	有害气体释放	吸入有害物质	位置 1:前面 位置 2:后面 位置 3:侧面	制造商应有明确提示； 用户应负责安装排气通风系统(见 7.2.2)	制造商应有明确提示； 用户应负责安装排气通风系统(见 7.2.2)	不
21	管路中氮气泄漏	窒息	位置 1:前面 位置 2:后面 位置 3:侧面	用户负责检测固定下部分下部的含氧率(见 7.2.3)	用户负责检测固定下部分下部的含氧率(见 7.2.3)	当维修人员进入时才是(见 5.2.4 和 7.2.7)
22	高温部件（管路、模具、热板、软管、阀门等）	灼伤	位置 1:前面 位置 2:后面 位置 3:侧面	除了对那些因为操作或工序需要不能覆盖的部件、发热件均应使用隔热材料或符合 GB/T 15706 规定的阻挡装置进行防护，防止意外接触，温度限值见 GB/T 18153 的规定。 警告标识应安装在没有覆盖的发热件上或发热件附近。 佩戴个人防护装备和安全操作的信息和建议应在说明书中给出，见 7.2.4	除了对那些因为操作或工序需要不能覆盖的部件、发热件均应使用隔热材料或符合 GB/T 15706 规定的阻挡装置进行防护，防止意外接触，温度限值见 GB/T 18153 的规定。 警告标识应安装在没有覆盖的发热件上或发热件附近。 佩戴个人防护装备和安全操作的信息和建议应在说明书中给出，见 7.2.4	不

表 1（续）

危险序号	危险情况	重大危险	位置/地点	常规运转区域的硫化机	带自动供料和卸料装置的硫化机	附加的安全措施对于维护是否必要
23	向硫化机输送硫化介质的软管破裂或硬管断裂	烫伤、灼伤、冲击	位置 1:前面 位置 2:后面 位置 3:侧面	为防止软管和管件的抽打和高压流体释放危险，软管和管件应固定在硫化机框架上或安装封闭式固定防护装置。 作为上述方案替代方法，应： ——不使用卡套式连接器，以防止从硬管的连接点处脱落； ——使用额外的附件，如链条或支架等，防止软管的抽打	为防止软管和管件的抽打和高压流体释放危险，软管和管件应固定在硫化机框架上或安装封闭式固定防护装置。 作为上述方案替代方法，应： ——不使用卡套式连接器，以防止从硬管的连接点处脱落； ——使用额外的附件，如链条或支架等，防止软管的抽打	是 （见 5.2.4 和 7.2.7）
24	向硫化机输送硫化介质的软管或硬管泄漏	烫伤	位置 1:前面 位置 2:后面 位置 3:侧面	见 7.2.5	见 7.2.5	是 （见 5.2.4 和 7.2.7）
25	管路内硫化介质残留的压力	高压流体喷射、灼伤	位置 1:前面 位置 2:后面 位置 3:侧面	手动阀应安装在硫化介质的供应和排出管路上。 这些阀门应在关闭位置锁定，以防止未经授权的启用。 硫化机设有手动阀的增压管路上应设置在关闭位置锁定的附加装置，附加装置应能释放加压的硫化介质	手动阀应安装在硫化介质的供应和排出管路上。 这些阀门应在关闭位置锁定，以防止未经授权的启用。 硫化机设有手动阀的增压管路上应设置在关闭位置锁定的附加装置，附加装置应能释放加压的硫化介质	是 （见 5.2.4 和 7.2.7）
26	喷涂装置的危险	压力流体喷射、冲击（喷涂臂运动）、吸入有害物质	位置 1:前面	扫描装置；或 光幕；或 固定式防护装置与机械设备的组合阻止进入	带或不带防护锁的联锁防护装置	是 （见 5.2.4 和 7.2.7）
			位置 2:后面	固定式防护装置阻止进入；和/或 输出带离站立面高度不低于 2.5 m	供料和卸料系统带防护锁的联锁防护装置；和/或不带防护锁的联锁防护装置	
			位置 3:侧面	固定式防护装置和带或不带防护锁的联锁防护装置；或 固定式防护装置与机械设备的组合阻止进入	固定式防护装置	

表 1（续）

危险序号	危险情况	重大危险	位置/地点	常规运转区域的硫化机	带自动供料和卸料装置的硫化机	附加的安全措施对于维护是否必要
27	在工作位置滑倒、绊倒或从工作位置跌落	冲击、跌落	位置 1:前面 位置 2:后面 位置 3:侧面	机器上高于地面的指定工作位置，应提供符合 GB 17888.2、GB 17888.3 和 GB 17888.4 的进入机械的固定设施。由于机器布局使提供固定设施不可行时，机器应设计，使它有可能使用一个非固定的安全进入设施，见 7.2.6	机器上高于地面的指定工作位置，应提供符合 GB 17888.2、GB 17888.3 和 GB 17888.4 的进入机械的固定设施。由于机器布局使提供固定设施不可行时，机器应设计，使它有可能使用一个非固定的安全进入设施，见 7.2.6	不
28	装胎装置下降	挤压、剪切、冲击	位置 1:前面	扫描装置；或 光幕；或 固定式防护装置与机械设备的组合阻止进入	带或不带防护锁的联锁防护装置	是 （见 5.2.4 和 7.2.7）
			位置 2:后面	固定式防护装置阻止进入；和/或 输出带离站立面高度不低于 2.5 m	供料和卸料系统带防护锁的联锁防护装置	
			位置 3:侧面	固定式防护装置和带或不带防护锁的联锁防护装置；或 固定式防护装置与机械设备的组合阻止进入	固定式防护装置	
29	装胎装置上升	挤压、剪切、冲击	位置 1:前面	安全距离；或 扫描装置；或 光幕；或 固定式防护装置与机械设备的组合阻止进入	带或不带防护锁的联锁防护装置	是 （见 5.2.4 和 7.2.7）
			位置 2:后面	固定式防护装置阻止进入；和/或 输出带离站立面高度不低于 2.5 m	从后面装卸胎： 供料和卸料系统带防护锁的联锁防护装置；和/或 必要时，不带防护锁的联锁防护装置与光幕的组合	
			位置 3:侧面	固定式防护装置和带或不带防护锁的联锁防护装置；或 固定式防护装置与机械设备的组合阻止进入	固定式防护装置	

表 1（续）

危险序号	危险情况	重大危险	位置/地点	常规运转区域的硫化机	带自动供料和卸料装置的硫化机	附加的安全措施对于维护是否必要
30	装胎装置的抓胎器转进、转出	挤压、剪切、冲击	位置 1:前面	扫描装置;或 光幕;或 固定式防护装置与机械设备的组合阻止进入	带或不带防护锁的联锁防护装置	是 (见 5.2.4 和 7.2.7)
			位置 2:后面	固定式防护装置阻止进入;和/或 输出带离站立面高度不低于 2.5 m	供料和卸料系统带防护锁的联锁防护装置	
			位置 3:侧面	固定式防护装置和带或不带防护锁的联锁防护装置;或 固定式防护装置与机械设备的组合阻止进入	固定式防护装置	
31	装胎装置在装胎位置时坠落	挤压、剪切、冲击	位置 1:前面	防坠落系统:锁紧装置或制动装置	防坠落系统:锁紧装置或制动装置	是 (见 5.2.4 和 7.2.7)
			位置 2:后面	防坠落系统:锁紧装置或制动装置	防坠落系统:锁紧装置或制动装置	
			位置 3:侧面	防坠落系统:锁紧装置或制动装置;或 固定式防护装置	防坠落系统:锁紧装置或制动装置;或 固定式防护装置	
32	装胎装置停车功能发生故障	挤压、剪切、冲击	位置 1:前面	液压或气压运动:抑制阀。 电气运动:机电安全制动器	液压或气压运动:抑制阀。 电气运动:机电安全制动器	是 (见 5.2.4 和 7.2.7)
			位置 2:后面	固定式防护装置阻止进入;和/或 输出带离站立面高度不低于 2.5 m;或 机器的固定部件和/或符合 GB 23821—2009 表 2 和表 4 要求的固定式防护装置	固定式防护装置阻止进入;和/或 输出带离站立面高度不低于 2.5 m;或 机器的固定部件和/或符合 GB 23821—2009 表 2 和表 4 要求的固定式防护装置	
			位置 3:侧面	固定式防护装置和带或不带防护锁的联锁防护装置;或 固定式防护装置与机械设备的组合阻止进入;或 机器的固定部件和/或符合 GB 23821—2009 表 2 和表 4 要求的固定式防护装置	固定式防护装置和带或不带防护锁的联锁防护装置;或 固定式防护装置与机械设备的组合阻止进入;或 机器的固定部件和/或符合 GB 23821—2009 表 2 和表 4 要求的固定式防护装置	

表 1（续）

危险序号	危险情况	重大危险	位置/地点	常规运转区域的硫化机	带自动供料和卸料装置的硫化机	附加的安全措施对于维护是否必要
33	装胎装置的抓胎器爪片张开、闭合	切割、挤压、冲击	位置 1:前面	扫描装置;或 光幕;或 固定式防护装置与机械设备的组合阻止进入	带或不带防护锁的联锁防护装置;或 固定式防护装置	是 (见 5.2.4 和 7.2.7)
			位置 2:后面	固定式防护装置阻止进入;和/或 输出带离站立面高度不低于 2.5 m	供料和卸料系统带防护锁的联锁防护装置;和/或必要时,不带防护锁的联锁防护装置与光幕的组合;或 固定式防护装置	
			位置 3:侧面	固定式防护装置和带或不带防护锁的联锁防护装置;或 固定式防护装置与机械设备的组合阻止进入	固定式防护装置	
34	卸胎装置下降	挤压、剪切、冲击	位置 1:前面	扫描装置;或 光幕;或 固定式防护装置与机械设备的组合阻止进入	带或不带防护锁的联锁防护装置	是 (见 5.2.4 和 7.2.7)
			位置 2:后面	固定式防护装置阻止进入;和/或 输出带离站立面高度不低于 2.5 m	供料和卸料系统带防护锁的联锁防护装置	
			位置 3:侧面	固定式防护装置和带或不带防护锁的联锁防护装置;或 固定式防护装置与机械设备的组合阻止进入	固定式防护装置	
35	卸胎装置上升	挤压、剪切、冲击	位置 1:前面	扫描装置;或 光幕;或 固定式防护装置与机械设备的组合阻止进入	带或不带防护锁的联锁防护装置	是 (见 5.2.4 和 7.2.7)
			位置 2:后面	固定式防护装置阻止进入;和/或 输出带离站立面高度不低于 2.5 m	供料和卸料系统带防护锁的联锁防护装置	
			位置 3:侧面	固定式防护装置和带或不带防护锁的联锁防护装置;或 固定式防护装置与机械设备的组合阻止进入	固定式防护装置	

表 1（续）

危险序号	危险情况	重大危险	位置/地点	常规运转区域的硫化机	带自动供料和卸料装置的硫化机	附加的安全措施对于维护是否必要
36	卸胎装置的抓胎器转进、转出或叉型卸胎装置翻转	挤压、剪切、冲击	位置 1:前面	扫描装置;或 光幕;或 固定式防护装置与机械设备的组合阻止进入	带或不带防护锁的联锁防护装置	是 (见 5.2.4 和 7.2.7)
			位置 2:后面	固定式防护装置阻止进入;和/或 输出带离站立面高度不低于 2.5 m	供料和卸料系统带防护锁的联锁防护装置	
			位置 3:侧面	固定式防护装置和带或不带防护锁的联锁防护装置;或 固定式防护装置与机械设备的组合阻止进入	固定式防护装置	
37	卸胎装置坠落	挤压、剪切、冲击	位置 1:前面	防坠落系统:锁紧装置或制动装置	防坠落系统:锁紧装置或制动装置	是 (见 5.2.4 和 7.2.7)
			位置 2:后面	防坠落系统:锁紧装置或制动装置	防坠落系统:锁紧装置或制动装置	
			位置 3:侧面	防坠落系统:锁紧装置或制动装置	防坠落系统:锁紧装置或制动装置;或 固定式防护装置	
38	卸胎装置停车功能发生故障	挤压、剪切、冲击	位置 1:前面	液压或气压运动:抑制阀。 电气运动:机电安全制动器	液压或气压运动:抑制阀。 电气运动:机电安全制动器	是 (见 5.2.4 和 7.2.7)
			位置 2:后面	固定式防护装置阻止进入;和/或 输出带离站立面高度不低于 2.5 m;或 机器的固定部件和/或符合 GB 23821—2009 表 2 和表 4 要求的固定式防护装置	固定式防护装置阻止进入;和/或 输出带离站立面高度不低于 2.5 m;或 机器的固定部件和/或符合 GB 23821—2009 表 2 和表 4 要求的固定式防护装置	
			位置 3:侧面	固定式防护装置和带或不带防护锁的联锁防护装置;或 固定式防护装置与机械设备的组合阻止进入;或 机器的固定部件和/或符合 GB 23821—2009 表 2 和表 4 要求的固定式防护装置	固定式防护装置和带或不带防护锁的联锁防护装置;或 固定式防护装置与机械设备的组合阻止进入;或 机器的固定部件和/或符合 GB 23821—2009 表 2 和表 4 要求的固定式防护装置	

表 1（续）

危险序号	危险情况	重大危险	位置/地点	常规运转区域的硫化机	带自动供料和卸料装置的硫化机	附加的安全措施对于维护是否必要
39	卸胎装置的抓胎器爪片张开、闭合	切割、挤压、冲击	位置 1:前面	扫描装置;或 光幕;或 固定式防护装置与机械设备的组合阻止进入	带或不带防护锁的联锁防护装置;或 固定式防护装置	是 (见 5.2.4 和 7.2.7)
			位置 2:后面	固定式防护装置阻止进入;和/或 输出带离站立面高度不低于 2.5 m	供料和卸料系统带防护锁的联锁防护装置;和/或必要时,不带防护锁的联锁防护装置与光幕的组合;或 固定式防护装置	
			位置 3:侧面	固定式防护装置和带或不带防护锁的联锁防护装置;或 固定式防护装置与机械设备的组合阻止进入	固定式防护装置	
40	胎坯或硫化轮胎在装胎或卸胎时坠落	冲击、挤压	位置 1:前面	通过下列措施之一,可以阻止此危险的发生: ——通过胎坯支架的设计,阻止进入装胎装置下方; ——通过安全防护装置与装胎装置联锁,来阻止当安全防护装置打开或中断时,装胎装置的释放动作。 另外,在机器上应使用 GB 2894—2008 中 2-15 的警告标识给出警告。 能源供应中断不得造成装载物的掉落	通过下列措施之一,可以阻止此危险的发生: ——通过胎坯支架的设计,阻止进入装胎装置下方; ——通过防护装置与装胎装置联锁,来阻止当防护装置打开时,装胎装置的释放动作。 另外,在机器上应使用 GB 2894—2008 中 2-15 的警告标识给出警告。 能源供应中断不得造成装载物的掉落	是 (见 5.2.4 和 7.2.7)
			位置 2:后面	应通过输送带的设计;和/或 固定式防护装置来预防	轮胎供料和卸料系统:固定式防护装置和带防护锁的联锁防护装置。 另外,在机器上应安装符合 GB 2894—2008 中 2-15 的警告标志。 能源供应中断不得造成装载物的掉落	

表 1（续）

危险序号	危险情况	重大危险	位置/地点	常规运转区域的硫化机	带自动供料和卸料装置的硫化机	附加的安全措施对于维护是否必要
40	胎坯或硫化轮胎在装胎或卸胎时坠落	冲击、挤压	位置 3:侧面	通过下列措施之一，可以阻止此危险的发生： ——通过输送带的设计，阻止进入卸胎装置下方； ——安全防护装置与卸胎装置联锁，来阻止当安全防护装置打开或中断时，卸胎装置的释放动作。 另外，在机器上应安装符合 GB 2894—2008 中 2-15 的警告标志。 能源供应中断不得造成装载物的掉落	固定式防护装置	是（见 5.2.4 和 7.2.7）
41	后充气装置的上夹盘与轮胎之间	切割、挤压、冲击	位置 1:前面	扫描装置；或 光幕；或 固定式防护装置与机械设备的组合阻止进入	带或不带防护锁的联锁防护装置；或 固定式防护装置	是（见 5.2.4 和 7.2.7）
			位置 2:后面	固定式防护装置阻止进入；和/或 输出带离站立面高度不低于 2.5 m	供料和卸料系统带防护锁的联锁防护装置；和/或必要时，不带防护锁的联锁防护装置与光幕的组合；或 固定式防护装置	
			位置 3:侧面	固定式防护装置和带或不带防护锁的联锁防护装置；或 固定式防护装置与机械设备的组合阻止进入	固定式防护装置	
42	后充气装置的充气盘与上支架之间	切割、挤压、冲击	位置 1:前面	扫描装置；或 光幕；或 固定式防护装置与机械设备的组合阻止进入	带或不带防护锁的联锁防护装置；或 固定式防护装置	是（见 5.2.4 和 7.2.7）
			位置 2:后面	固定式防护装置阻止进入；和/或 输出带离站立面高度不低于 2.5 m	供料和卸料系统带防护锁的联锁防护装置；和/或必要时，不带防护锁的联锁防护装置与光幕的组合；或 固定式防护装置	
			位置 3:侧面	固定式防护装置和带或不带防护锁的联锁防护装置；或 固定式防护装置与机械设备的组合阻止进入	固定式防护装置	

表 1（续）

危险序号	危险情况	重大危险	位置/地点	常规运转区域的硫化机	带自动供料和卸料装置的硫化机	附加的安全措施对于维护是否必要
43	后充气装置的中梁翻转	挤压、剪切、冲击	位置 1:前面	扫描装置;或 光幕;或 固定式防护装置与机械设备的组合阻止进入	带或不带防护锁的联锁防护装置	是 (见 5.2.4 和 7.2.7)
			位置 2:后面	固定式防护装置阻止进入;和/或 输出带离站立面高度不低于 2.5 m	供料和卸料系统带防护锁的联锁防护装置	
			位置 3:侧面	固定式防护装置和带或不带防护锁的联锁防护装置;或 固定式防护装置与机械设备的组合阻止进入	固定式防护装置	
44	后充气装置的活动梁升降	挤压、剪切、冲击	位置 1:前面	扫描装置;或 光幕;或 固定式防护装置与机械设备的组合阻止进入	带或不带防护锁的联锁防护装置	是 (见 5.2.4 和 7.2.7)
			位置 2:后面	固定式防护装置阻止进入;和/或 输出带离站立面高度不低于 2.5 m	供料和卸料系统带防护锁的联锁防护装置	
			位置 3:侧面	固定式防护装置和带或不带防护锁的联锁防护装置;或 固定式防护装置与机械设备的组合阻止进入	固定式防护装置	
45	后充气装置的活动梁旋转	挤压、剪切、冲击	位置 1:前面	扫描装置;或 光幕;或 固定式防护装置与机械设备的组合阻止进入	带或不带防护锁的联锁防护装置	是 (见 5.2.4 和 7.2.7)
			位置 2:后面	固定式防护装置阻止进入;和/或 输出带离站立面高度不低于 2.5 m	供料和卸料系统带防护锁的联锁防护装置	
			位置 3:侧面	固定式防护装置和带或不带防护锁的联锁防护装置;或 固定式防护装置与机械设备的组合阻止进入	固定式防护装置	

表 1（续）

危险序号	危险情况	重大危险	位置/地点	常规运转区域的硫化机	带自动供料和卸料装置的硫化机	附加的安全措施对于维护是否必要
46	蒸汽室、热板压力过高	爆炸、材料射出、冲击、高压流体喷射、灼伤、烫伤	位置 1:前面 位置 2:后面 位置 3:侧面	蒸汽室和热板的设计、制造和检验应符合 GB 150 和 TSG R0004 的规定； 设置联锁装置，硫化过程中，错按开模按钮或误动紧急停机安全装置，硫化机不会开模； 蒸汽室上设置安全阀，开启压力符合设计要求； 设置零压开关装置，当压力高于 0.02 MPa 时，无法开模	蒸汽室和热板的设计、制造和检验应符合 GB 150 和 TSG R0004 的规定； 设置联锁装置，硫化过程中，错按开模按钮或误动紧急停机安全装置，硫化机不会开模； 蒸汽室上设置安全阀，开启压力符合设计要求； 设置零压开关装置，当压力高于 0.02 MPa 时，无法开模	不

5.2.4 常规生产模式和自动生产模式以外操作的特殊要求

更换胶囊、更换模具和清洁模具应在所有的防护措施处于有效状态或机器停在安全位置时才能进行。

如果由于用户的特殊需要，如校对热电偶，在防护措施失效期间，机器的某一部件运动是必要的，仅当具备下列条件时，这些运动才被允许：

——特殊模式应使用符合 GB/T 15706 规定的能够锁定的或编码的模式选择器激活；和

——在特殊模式下，安全设施的抑制电路的安全性能等级(PLr)应与被抑制的安全设施的安全性能等级(PLr)相同；和

——使用符合 GB/T 16855.1 要求的止-动控制装置控制这种运动，使速度降低到不大于 33 mm/s；速度控制装置安全性能等级(PLr)至少应达到 GB/T 16855.1 中 c 级的要求。如果止-动控制装置的操纵器装配在手提式操纵装置上，它应当具有以下位置：1——停止，2——启动，3——再次停止。当按压操纵器到位置 3 后，只有当操纵器返回位置 1 时，才有可能重新启动。

5.2.5 维护操作的特殊要求

机器的设计应使维护操作只能在非自动模式下且安全设施运行时进行，或机器停机/挂牌时进行。另见 7.2.7。

5.3 急停功能

急停应具有 GB 5226.1—2008 中 9.2.2 规定的 0 类或 1 类停止功能。

急停装置应符合 GB 16754 和 GB 5226.1—2008 中 10.7 的规定。

当机器不在硫化阶段，急停操纵器的启动应停止所有运动，并关闭所有能源供给阀门，排放硫化介质。

当机器在硫化阶段(硫化机关闭并锁定)，急停操纵器的启动应停止所有运动，并关闭所有能源供给阀门。急停通过停止硫化介质的供应中断了硫化过程。

6 安全要求和/或保护措施的验证

应使用表 2 规定的测试类型，对硫化机的安全要求和/或保护措施进行验证。

表 3 和表 4 给出的危险序号与表 1 的危险序号一致。

表 2 通用安全要求的验证方法

条款	表观检查	测量/计算	功能试验	设计验证
5.2.2	●		●	
5.2.3	(见表 3 和表 4)			
5.2.4	●	●	●	●
5.2.5	●		●	
5.3	●		●	●

表 3 常规运转区域的硫化机的验证方法

危险序号	项　　目	表观检查	测量/计算	功能试验	设计验证
1、2、5、6、7、9、11、13、14、26、28、29、30、32、33、34、35、36、38、39、41、42、43、44、45	扫描装置	●	●	●	●
	光幕	●	●		●
	固定式防护装置与机械设备的组合阻止进入	●	●		●
	后面：固定式防护装置	●	●		●
	足够的输送带高度		●		
	侧面：固定式防护装置和带或不带防护锁的联锁防护装置	●			●
	侧面固定式防护装置与侧面的机械设备的组合阻止进入	●			●
3	移动上部分锁紧装置	●	●	●	●
	制动装置		●	●	●
	侧面：固定式防护装置	●	●		●
4	液压式：液压锁和液控单向阀	●	●	●	●
	机械式：安全制动装置		●	●	●
5、6	此部分的固定式防护装置	●	●		●
10	关于维护操作的信息	●			
12	解锁装置联锁			●	●
	蒸汽室超压时不能开模			●	●
15、16、18	最大压力监控		●	●	●
	关闭流体供应			●	●
	启动泄压			●	●
17	高压时硫化机合模且锁紧		●	●	●
	锁紧装置的参数			●	●
	显示最大合模力	●			
	显示最大内压	●			
18	解锁装置联锁			●	●
	胶囊超压时不能开模		●	●	●
19	是否有警示标志	●			
20	排气系统的指示	●			
21	在进入底座下方之前，应有氮气和含氧率验证的通告	●			
22	隔热材料	●	●		
	防护装置	●	●		
	警示标志	●			
	穿戴个人防护装备和安全工作规程的信息和建议	●			

表 3（续）

危险序号	项　　目	表观检查	测量/计算	功能试验	设计验证
23	软管和管件安装在硫化机框架上	●			
	固定密闭不能打开的防护装置	●	●		●
	不使用卡套式连接器				●
	软管额外的附件	●			
24	定期检查软管和管路的建议	●			
25	手动操作阀	●		●	
	释放加压的硫化介质的附加装置	●		●	
27	指定的工作位置	●	●		●
	使用非永久性的安全进入装置的可能性	●			
31、37	锁紧装置	●		●	
	制动装置		●	●	●
	侧面：固定式防护装置	●	●		●
32、38	抑制阀	●		●	●
	机电安全制动器		●	●	
	机器后面的固定部分；和/或 固定式防护装置	●	●		●
	机器侧面的固定部分；和/或 固定式防护装置	●	●		●
40	胎坯支架的设计	●			●
	联锁防护装置	●	●	●	●
	前面：警示标志	●			
	能源供应失效，载荷物不能掉落			●	
	输出带的设计	●			●
	后面：固定式防护装置	●	●		●
46	符合 GB 150 和 TSG R0004 的规定	●	●	●	●
	硫化过程与开模装置设置联锁装置			●	●
	设置安全阀，开启压力符合设计要求	●			●
	设置零压开关装置，当压力高于 0.02 MPa 时，无法开模		●	●	●

表 4 带自动供料和卸料装置的硫化机的验证方法

危险序号	项 目	表观检查	测量/计算	功能试验	设计验证
1、2、5、6、7、9、11、13、14、26、28、29、30、32、33、34、35、36、38、39、41、42、43、44、45	前面:带或不带防护锁的联锁防护装置	●	●	●	●
	后面:供料和卸料系统带防护锁的联锁防护装置	●		●	●
	后面:联锁防护装置	●	●	●	●
	侧面:固定式防护装置	●	●		●
3	移动上部分锁紧装置	●	●	●	●
	制动装置		●	●	●
	侧面:固定式防护装置	●	●		●
4	液压式:液压锁和液控单向阀	●	●	●	●
	机械式:安全制动装置		●	●	●
7、9、33、39	前面:固定式防护装置	●	●		●
	后面:固定式防护装置	●	●		●
8	最大关闭速度		●		●
	最大关闭力		●		●
	压敏边缘	●	●	●	●
	固定板	●	●		●
10	关于维护操作的信息	●			
11、13、14	光幕	●	●	●	●
12	解锁装置联锁			●	●
	蒸汽室超压时不能开模		●	●	●
15、16、18	最大压力监控		●	●	●
	关闭流体供应			●	●
	启动泄压			●	●
15、16	前面:带防护锁的联锁防护装置	●		●	●
	后面:带防护锁的联锁防护装置	●		●	●
	后面:不带防护锁的联锁防护装置	●	●	●	●
	侧面:固定防护装	●	●		●
17	高压时硫化机合模且锁紧		●	●	●
	锁紧装置的参数			●	●
	显示最大合模力	●			
	显示最大内压	●			
18	解锁装置联锁			●	●
	胶囊超压时不能开模		●	●	●
19	是否有警示标志	●			

表 4（续）

危险序号	项　　目	表观检查	测量/计算	功能试验	设计验证
20	排气系统的指示	●			
21	在进入底座下方之前，应有氮气和含氧率验证的通告	●			
22	隔热材料	●	●		
	防护装置	●	●		
	警示标志	●			
	穿戴个人防护装备和安全工作规程的信息和建议	●			
23	软管和管件安装在硫化机框架上	●			
	固定密闭不能打开的防护装置	●	●		●
	不使用卡套式连接器				●
	软管额外的附件	●			
24	定期检查软管和管路的建议	●			
25	手动操作阀	●		●	
	释放加压的硫化介质的附加装置	●		●	
27	指定的工作位置	●	●		●
	使用非永久性的安全进入装置的可能性	●			
31、37	锁紧装置	●		●	
	制动装置		●	●	●
	侧面：固定式防护装置	●	●		●
32、38	液压缸上的液压锁和液控单向阀；气缸上的先导式节流阀	●		●	●
	机电安全制动器		●	●	
	机器后面的固定部分；和/或固定式防护装置	●	●		●
	机器侧面的固定部分；和/或固定式防护装置	●	●		●
40	胎坯支架的设计	●			●
	联锁防护装置	●	●	●	●
	前面：警示标志	●			
	能源供应失效，载荷物不能掉落			●	
	输出带的设计	●			●
	后面：固定式防护装置	●	●		●
46	符合 GB 150 和 TSG R0004 的规定	●	●	●	●
	硫化过程与开模装置设置联锁装置			●	●
	设置安全阀，开启压力符合设计要求	●			●
	设置零压开关装置，当压力高于 0.02 MPa 时，无法开模		●	●	●

功能试验包括功能验证和防护装置与保护装置基于下列条款的有效性：

——使用信息中的描述；

——安全相关的设计文件；

——本标准第5章的要求。

防护装置和保护装置的功能试验还应包括针对可能出现的故障，根据不同安全性能等级要求进行相应的模拟试验。

7 使用信息

7.1 标志

硫化机应在明显位置安装清楚的固定标志，标志至少应包括：

——制造商和代理商(如有)的名称及地址；

——机器名称；

——系列名称或型号；

——序列号或机器编号；

——生产日期；

——电气连接数据值；

——机器的净重；

——机器使用的最大模具重量；

——起吊位置；

——如果炙热件表面温度超过GB/T 18153规定的限值，且不能通过使用隔热材料或附加的防护装置来防止意外接触，则应使用GB 2894—2008中2-24的警示标志来说明有关炙热件的位置。

7.2 使用说明书

7.2.1 总则

每台机器应附有使用说明书，对其使用加以总体说明。另外，说明书应包括下列各项。

7.2.2 排气系统

制造商应注明，某些材料在加工中可能释放出有害健康的气体、烟雾或粉尘，因此需要排气系统。制造商还应注明，在这种情况下，应由用户负责安装合适的排气系统。制造商应提供排气系统安装相关信息，硫化机不得在排气系统运行之前启动生产模式。

7.2.3 氮气泄漏

制造商应告知用户，使用氮气硫化时，应首先测定固定下部分下方的含氧率，方可进入固定下部分下方工作。

7.2.4 热危险

使用说明书应包含穿戴个人防护装备的说明。如果炙热件表面温度超过GB/T 18153规定的限值，还应进行安全操作培训，防止意外接触炙热件和炙热的材料。

7.2.5 软管和管路中硫化介质的泄漏

制造商应给出定期检查软管和管路的建议。

7.2.6 非永久性安全进入装置

制造商应说明机器的正常工作位置。如果制造商没有配备进入工作位置的安全装置，则应注明：

——进入机器指定工作位置的非永久性安全装置合适的规格参数；

安装和使用非永久性安全进入装置的预留空间；

——安装和使用非永久性安全进入装置的必要预防措施。

制造商应注明：用户负责提供非永久性安全进入装置，防止滑倒、绊倒和坠落危险。

制造商应告知用户非永久性安全进入装置的正确配置，从这些进入装置不能够进入机器的危险区域。

7.2.7 维护操作

制造商应告知用户在什么情况下机器应停机/挂牌。

制造商应叙述正确的维护操作方法，尤其是当机器停止在危险位置时的维护操作方法。

制造商应告知用户有关的剩余风险，并提出可行的措施，去防止或减少这些风险。

7.2.8 模套或模具上部分的固定

制造商应在使用说明书上陈述和/或在硫化机上说明固定模套和模具上部分的螺栓应能承受最大的力。

附 录 A
（资料性附录）
硫化机张模力、合模力及总压力计算指南

A.1 硫化机张模力计算图

硫化机张模力计算示意图见图 A.1。

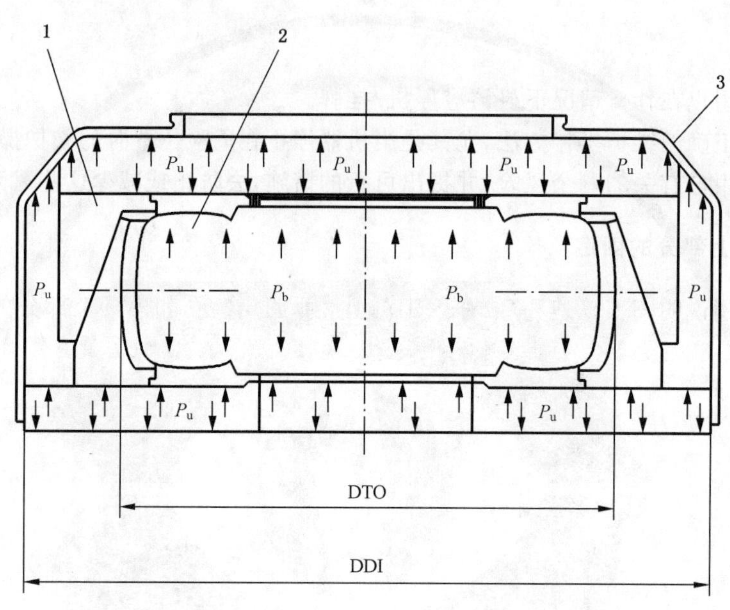

说明：

1 ——模具；

2 ——轮胎；

3 ——蒸汽室；

P_u ——蒸汽室额定工作压力，N/mm^2；

P_b ——最大轮胎硫化压力，N/mm^2；

DTO——最大轮胎外径，mm；

DDI ——蒸汽室内径，mm。

图 A.1 张模力计算示意图

A.2 张模力计算

A.2.1 蒸汽室结构的张模力（P）按式（A.1）计算。

$$P=\frac{\pi}{4}[\mathrm{DTO}^2\times P_b+(\mathrm{DDI}^2-\mathrm{DTO}^2)\times P_u] \qquad \cdots\cdots(A.1)$$

A.2.2 热板式结构的张模力（P）按式（A.2）计算。

$$P=\frac{\pi}{4}\times\mathrm{DTO}^2\times {P_b}^2 \qquad \cdots\cdots(A.2)$$

A.3 合模力计算

一般来说，合模力（Q）等于硫化轮胎时的张模力，即：$Q=P$。

A.4 总压力(最大合模力)的计算

总压力(最大合模力)(Q_1)按式(A.3)计算。

$$Q_1 = K_o \times P \qquad \text{(A.3)}$$

式中：

Q_1——最大合模力,单位为牛(N);

K_o——外载荷系数,一般取 1～1.15;

P ——张模力,单位为牛(N)。

ICS 71.120;83.200
G 95
备案号:34493—2012

HG

中华人民共和国化工行业标准

HG/T 2037—2011
代替 HG/T 2037—1991,HG/T 2038—1991

橡胶胶浆搅拌机

Cement agitator solution mixer

2011-12-20 发布　　2012-07-01 实施

中华人民共和国工业和信息化部　发布

前　言

本标准代替 HG/T 2037—1991《卧式胶浆搅拌机》和 HG/T 2038—1991《立式胶浆搅拌机》。

本标准与 HG/T 2037 和 HG/T 2038 相比主要变化如下：

—— 本标准将基本参数作为附录 A；

—— 增加了规范性引用文件(见本版的 2)；

—— 修改了胶浆机应设置加料口，应适合胶料的投放(见本版的 4.3)；

—— 增加了胶浆机搅拌室应设置降温用的夹套(见本版的 4.4)；

—— 增加了搅拌室内腔圆柱度不大于 2 mm 的要求(见本版的 4.5)；

—— 修改了密封处的泄漏量(见本版的 4.8)；

—— 修改了工作容积 400 L 以上的卧式胶浆机应设置排料孔，并配备吸浆泵的要求(见本版的 4.11)；

—— 对卧式和立式的胶浆机的性能精度分别进行检查，应符合其要求(见本版的 5.1)；

—— 增添了电气安全性能及要求(见本版的 5.8、5.9)；

—— 修改了胶浆机运转时的噪声声压级(见本版的 5.11)。

本标准的附录 A 为资料性附录。

本标准由中国石油和化学工业协会提出。

本标准由全国橡胶塑料机械标准化技术委员会橡胶机械分技术委员会(SAC/TC71/SC1)归口。

本标准起草单位：绍兴精诚橡塑机械有限公司、北京橡胶工业研究设计院。

本标准主要起草人：王元力、劳光辉、何成、夏向秀。

本标准所代替标准的历次版本发布情况为：

—— HG 5-1559—1984；

—— HG 5-1558—1984；

—— HG/T 2037—1991；

—— HG/T 2038—1991。

橡胶胶浆搅拌机

1 范围

本标准规定了橡胶胶浆搅拌机(以下简称胶浆机)的型号与基本参数、要求、安全与环保要求、试验、检验规则、标志、包装、运输和贮存。

本标准适用于制备橡胶胶浆的卧式和立式橡胶胶浆搅拌机。

2 规范性引用文件

下列文件中的条款通过本标准的引用而成为本标准的条款。凡是注日期的引用文件,其随后所有的修改单(不包括勘误的内容)或修订版均不适用于本标准,然而鼓励根据本标准达成协议的各方研究是否可使用这些文件的最新版本。凡是不注日期的引用文件,其最新版本均适用于本标准。

GB/T 191 包装储运图示标志(mod ISO 780:1997)

GB 2893 安全色(mod ISO 3864-1:2002)

GB 3836.2—2000 爆炸性气体环境用电气设备 第2部分:隔爆型(d)(eqv IEC 60079-1:1990)

GB 5226.1—2008 机械电气安全 机械电气设备 第1部分:通用技术条件(idt IEC 60204-1:2005)

GB/T 12783 橡胶塑料机械产品型号编制方法

GB/T 13306 标牌

GB/T 13384 机电产品包装通用技术条件

HG/T 2108 橡胶机械噪声声压级的测定

HG/T 3120 橡胶塑料机械外观通用技术条件

HG/T 3228 橡胶塑料机械涂漆通用技术条件

JB/T 5995 工业产品作用说明书 机电产品使用说明书编写规定

JB/T 9873 金属切削机床 焊接件通用技术条件

3 型号与基本参数

3.1 胶浆机型号及表示方法应符合 GB/T 12783 的规定。

3.2 胶浆机的基本参数参见附录 A。

4 要求

4.1 胶浆机应符合本标准要求,并按照经规定程序批准的设计图样及技术文件制造。

4.2 搅拌室内表面的粗糙度 $R_a \leqslant 6.3\ \mu m$。

4.3 胶浆机应设置加料口,应适合胶料的投放。

4.4 胶浆机搅拌室应设置降温用的夹套。

4.5 搅拌室内腔圆柱度应不大于 2 mm。

4.6 胶浆机搅拌桨材质的抗拉强度应不低于 570 MPa。

4.7 胶浆机的焊接质量应符合 JB/T 9873 的规定。

4.8 胶浆机密封处的总泄漏量应不大于 3 mL/h。

4.9 胶浆机的搅拌室与盖的端部接合面在工作中不应有溶剂渗出。

4.10 胶浆机应设有温度测量和温度调节装置。

4.11 工作容积 400 L 以上的卧式胶浆机应设置排料孔,并配备吸浆泵。

4.12 卧式胶浆机应具有打开和关闭搅拌室的机械控制装置。

4.13 卧式胶浆机应具有观察搅拌室内加料及搅拌情况的目视窗。

4.14 承受工作压力的管路、阀门及搅拌室的夹套应做耐压试验，其试验压力为工作压力的1.5倍，保压10 min不应渗漏。

4.15 胶浆机在负荷运转时，各轴承部位的温升应不大于20 ℃。

4.16 卧式胶浆机搅拌室应设手动或非手动的翻转机构，并应灵敏可靠。

4.17 胶浆机外观质量应符合HG/T 3120的规定。

4.18 胶浆机涂漆表面应符合HG/T 3228的规定。

5 安全与环保要求

5.1 为防止产生火花，胶浆机两搅拌器之间的间隙应不小于2 mm。立式搅拌器与搅拌室内壁两端面斜面的间隙值应为4 mm～5 mm。卧式胶浆机搅拌器与搅拌室内壁之间的间隙应不小于2 mm。

5.2 胶浆机应采用防爆电气装置，其防爆性能应符合GB 3836.2—2000中表4的规定。

5.3 卧式胶浆机的搅拌室盖上必须设有安全防爆装置。

5.4 卧式胶浆机的搅拌室盖打开后，固定方式应可靠，不得自行关闭。

5.5 卧式胶浆机搅拌室的翻转动作采用电动装置时，应设有避免搅拌作业与搅拌室翻转同时进行的联锁装置，翻转装置应具有自锁性能。

5.6 胶浆机传动系统的外露旋转运动件应设有防护装置。

5.7 胶浆机应装有紧急停车和点动反转装置。

5.8 胶浆机绝缘电阻应符合GB 5226.1—2008中18.3的规定。

5.9 胶浆机电气耐压试验应符合GB 5226.1—2008中18.4的规定。

5.10 胶浆机的安全色应符合GB 2893的规定。

5.11 胶浆机的噪声声压级：空负荷运转时400 L以下应不大于78 dB(A)，400 L以上应不大于81 dB(A)；负荷运转时400 L以下应不大于80 dB(A)，400 L以上应不大于83 dB(A)。

6 试验

6.1 空负荷运转试验

6.1.1 胶浆机总装检验合格后应进行不少于2 h的连续空运转试验。

6.1.2 空负荷运转试验前应检查下列项目：

a) 按4.2～4.5分别检查胶浆机零部件，应符合其要求；

b) 按4.6、4.7、4.10和4.14的规定分别进行检查，并达其要求；

c) 按5.7要求进行检查，动作是否灵敏可靠；

d) 按5.1～5.6、5.8和5.9的规定分别检查安全与环保的内容，并符合其要求。

6.1.3 空运转试验时应检查下列项目：

a) 搅拌室内注入煤油，按4.8检查胶浆机密封处的泄漏量；

b) 按4.16检查手动翻转机构，往复试验不少于3次，非手动翻转机构，往复试验不少于5次，工作应灵敏可靠；

c) 按4.15检查轴承各部位的温升，应符合其要求；

d) 按HG/T 2108的规定检查5.11的空运转时的噪声声压级，应符合其要求。

6.2 负荷运转试验(可在用户单位进行)

6.2.1 在空运转试验合格后方可进行不少于4 h的连续运转负荷试验。

6.2.2 负荷运转试验时应检查下列项目：

a) 检查基本参数；

b) 按4.8检查搅拌桨密封处的泄漏量,应符合其要求;

c) 按HG/T 2108的规定检查5.11的负荷运转时的噪声声压级,应符合其要求。

7 检验规则

7.1 出厂检验

每台产品出厂前应按4.17、4.18和6.1进行检查,经制造厂质量检验部门检验合格并签发合格证书后,方可出厂。出厂时应附有产品质量合格证书和使用说明书。

7.2 型式检验

7.2.1 型式检验的项目内容包括本标准中各项要求。

7.2.2 有下列情况之一时应进行型式检验:

a) 新产品或老产品转厂生产的试制定型鉴定;

b) 正式生产后,如结构、材料、工艺上有较大改变,可能影响产品性能时;

c) 正常生产时,每年最少抽检一台;

d) 产品停产两年后,恢复生产时;

e) 出厂检验结果与上次型式检验有较大差异时;

f) 国家质量监督机构提出进行型式检验要求时。

7.2.3 判定规则:型式检验项目全部符合本标准规定时,则判为合格。型式检验每次抽验一台,若有不合格项时,应再抽验一台;若还有不合格项时,则应逐台检验。

8 标志、包装、运输和贮存

8.1 每台产品应在明显的位置固定产品标牌,标牌尺寸及技术要求应符合GB/T 13306的规定。

8.2 标牌的基本内容应包括:

a) 制造单位及商标;

b) 产品名称及型号;

c) 产品的编号及出厂日期;

d) 产品的主要参数;

e) 产品执行的标准号。

8.3 产品说明书应符合JB/T 5995的规定。

8.4 产品包装应符合GB/T 13384的规定。

8.5 产品的运输应符合运输部门的有关规定。

8.6 产品的储运图示标志应符合GB/T 191的规定。

8.7 产品安装前应贮存在防雨、通风的室内或临时棚房内并妥善保管。

附 录 A
(资料性附录)
胶浆搅拌机的基本参数

A.1 卧式胶浆搅拌机的基本参数见表A.1。

表A.1 卧式胶浆搅拌机的基本参数

<table>
<tr><th>胶浆机规格</th><th>搅拌室工作容积/L</th><th>搅拌室总容积/L</th><th>搅拌室最高工作温度/℃</th><th>搅拌室夹套内工作压力/MPa</th><th>搅拌机转速/(r/min)</th><th>排料时搅拌室翻转角度α/(°)</th><th>电动机最大功率/kW</th></tr>
<tr><td>50</td><td>50</td><td>75</td><td rowspan="5">40</td><td rowspan="5">0.3～0.4</td><td rowspan="2">20±5</td><td rowspan="5">>90</td><td>4</td></tr>
<tr><td>100</td><td>100</td><td>140</td><td>5.5</td></tr>
<tr><td>200</td><td>200</td><td>260</td><td rowspan="3">15±5</td><td rowspan="2">10</td></tr>
<tr><td>400</td><td>400</td><td>500</td></tr>
<tr><td>800</td><td>800</td><td>900</td><td>17</td></tr>
</table>

A.2 立式胶浆搅拌机的基本参数见表A.2。

表A.2 立式胶浆搅拌机的基本参数

<table>
<tr><th>胶浆机规格</th><th>搅拌室工作容积/L</th><th>搅拌室总容积/L</th><th>搅拌室最高工作温度/℃</th><th>搅拌室夹套内工作压力/MPa</th><th>搅拌机转速/(r/min)</th><th>电动机功率/kW</th></tr>
<tr><td>50</td><td>50</td><td>75</td><td rowspan="6">40</td><td rowspan="6">0.3～0.4</td><td>60～85</td><td>1.5～2.2</td></tr>
<tr><td>100</td><td>100</td><td>140</td><td>60～85</td><td>2.2～3</td></tr>
<tr><td>200</td><td>200</td><td>260</td><td>60～85</td><td>4～5.5</td></tr>
<tr><td>400</td><td>400</td><td>500</td><td>50～80</td><td>11～15</td></tr>
<tr><td>800</td><td>800</td><td>1 000</td><td>40～80</td><td>15～22</td></tr>
<tr><td>1 600</td><td>1 600</td><td>2 000</td><td>30～60</td><td>22～37</td></tr>
</table>

ICS 71.120;83.200
G 95
备案号:38726—2013

中华人民共和国化工行业标准

HG/T 2039—2012
代替 HG/T 2039—1991

鼓式硫化机

Rotary curing machine

2012-12-28 发布

2013-06-01 实施

中华人民共和国工业和信息化部 发布

前　言

本标准按照 GB/T 1.1—2009 给出的规则起草。

本标准代替 HG/T 2039—1991《平带鼓式硫化机》，与 HG/T 2039—1991 相比，主要技术变化如下：

——修改了标准名称；

——修改了范围(见 1，1991 年版的 1)；

——增加了硫化机的型号组成及定义(见 3.1 和附录 A)；

——修改了基本参数(见 3.2 和附录 B，1991 年版的 3.2)；

——删除了原“硫化机配有制品所需的联动装置，……系统的工作应安全可靠”(见 1991 年版的 4.2)；

——修改了压力带为压力钢带(见 4.1.3、4.1.12、4.1.14 和 4.2.5，1991 年版的 4.3、4.11 和 4.12)；

——增加了“硫化机可具有压力钢带工作面自动清洗装置和制品定宽裁刀装置”的要求(见 4.1.3)；

——增加了硫化机的液压系统的要求(见 4.1.5)；

——修改了光面硫化鼓的保护层厚度(见 4.1.7，1991 年版的 4.6)；

——修改了硫化鼓工作表面的温差值(见 4.1.11，1991 年版的 4.10)；

——取消了伸张辊对底座平面的平行度要求(见 1991 年版的 4.13)；

——修改了硫化机的涂漆质量要求(见 4.1.16，1991 年版的 4.15)；

——增加了压力钢带背部保温电加热装置的安全要求(见 4.2.5)；

——修改了压力钢带两侧带边周长相对误差的要求(见 4.1.14，1991 年版的 4.12)；

——增加了电气系统的安全要求(见 4.2.1～4.2.4)；

——修改了传动装置的外露旋转部分的安全要求(见 4.2.6，1991 年版的 5.2)；

——增加了安装“紧急拉绳开关、急停开关”的要求(见 4.2.7 和 4.2.8)；

——增加了硫化机的检测方法(见 5.1 和附录 C)；

——增加了空负荷运转前试验(见 5.2)；

——删除了产品保用期(见 1991 年版的 9)。

本标准的附录 A 和附录 B 为资料性附录，附录 C 为规范性附录。

本标准由中国石油和化学工业联合会提出。

本标准由全国橡胶塑料机械标准化技术委员会橡胶机械分技术委员会(SAC/TC71/SC1)归口。

本标准起草单位：上海市橡胶机械一厂有限公司、益阳橡胶塑料机械集团有限公司、北京橡胶工业研究设计院、无锡双象橡塑机械有限公司。

本标准主要起草人：周素卿、陆敏一、徐秩、何成、朱俊良。

本标准于 1991 年 7 月首次发布，本次为第一次修订。

鼓式硫化机

1 范围

本标准规定了鼓式硫化机的型号与基本参数、要求、试验、检验规则、标志、包装、运输和贮存等。

本标准适用于连续硫化各种橡胶板、分层输送带和胶布等制品用的硫化机(以下简称硫化机)。

2 规范性引用文件

下列文件对于本文件的应用是必不可少的。凡是注日期的引用文件,仅所注日期的版本适用于本文件。凡是不注日期的引用文件,其最新版本(包括所有的修改单)适用于本文件。

GB/T 191 包装储运图示标志

GB/T 1184—1996 形状和位置公差 未注公差值

GB/T 3766 液压系统通用技术条件

GB 4208—2008 外壳防护等级(IP 代码)

GB 5226.1—2008 机械电气安全 机械电气设备 第1部分:通用技术条件

GB/T 9969 工业产品使用说明书 总则

GB/T 12783 橡胶塑料机械产品型号编制方法

GB/T 13306 标牌

GB/T 13384 机电产品包装通用技术条件

GB/T 24342 工业机械电气设备 保护接地电路连续性试验规范

GB/T 24343 工业机械电气设备 绝缘电阻试验规范

GB/T 24344 工业机械电气设备 耐压试验规范

HG/T 2108 橡胶机械噪声声压级的测定

HG/T 3120 橡胶塑料机械外观通用技术条件

HG/T 3228—2001 橡胶塑料机械涂漆通用技术条件

3 型号与基本参数

3.1 型号

硫化机的型号编制方法应符合 GB/T 12783 的规定,型号组成及定义参见附录 A。

3.2 基本参数

硫化机的基本参数参见附录 B。

4 要求

4.1 技术要求

4.1.1 硫化机应符合本标准规定的各项要求,并按照经过规定程序批准的图样和技术文件制造。

4.1.2 硫化机应具有反转功能。

4.1.3 硫化机应具有工作灵活、可靠的压力钢带自动纠偏装置,可具有压力钢带工作面自动清洗装置和制品定宽裁刀装置。

4.1.4 各润滑系统应保持畅通,并不应有泄漏现象。

4.1.5 液压系统应符合 GB/T 3766 的规定。

4.1.6 液压装置应做耐压试验,其试验压力为最大工作压力的 1.5 倍,保压 10 min 不泄漏。

4.1.7 光面硫化鼓工作表面应做耐磨损和防腐蚀处理，精饰后其保护层厚度不小于 0.10 mm。

4.1.8 光面硫化鼓工作表面粗糙度 $R_a \leqslant 0.8\ \mu m$。

4.1.9 硫化鼓工作表面对两端支承轴颈的径向圆跳动公差值不大于 GB/T 1184—1996 附表 B4 中 7 级公差等级的规定。

4.1.10 硫化鼓应做水压试验，其试验压力为最大工作压力的 1.5 倍，保压 30 min 不泄漏。

4.1.11 当温度达到稳定状态时，硫化鼓的有效工作表面温差不超过±2 ℃。

4.1.12 硫化机的压力钢带接头部位强度不低于母体材料的抗拉强度。

4.1.13 硫化机安装后，其硫化鼓对底座平面任意 1 m 范围内的平行度不大于 0.06 mm。

4.1.14 硫化机的压力钢带外观均匀，两侧带边周长任意 10 m 范围内的相对误差不超过±2 mm。

4.1.15 硫化机的外观质量应符合 HG/T 3120 的规定。

4.1.16 硫化机的涂漆质量应符合 HG/T 3228—2001 中 3.4.6 的规定。

4.2 安全和环保要求

4.2.1 硫化机的保护联结电路连续性的试验应符合 GB 5226.1—2008 中 18.2.2 试验 1 的规定。

4.2.2 硫化机的绝缘电阻试验应符合 GB 5226.1—2008 中 18.3 的规定。

4.2.3 硫化机的所有电路导线和保护接地之间耐压试验应符合 GB 5226.1—2008 中 18.4 的规定。

4.2.4 电气设备的外壳防护等级应符合 GB 4208—2008 中规定的 IP54 级要求。

4.2.5 硫化机压力钢带背部保温电加热装置工作应安全可靠。

4.2.6 硫化机传动装置的所有外露旋转部分应设置防护罩，并设有各种警示标志。

4.2.7 硫化机主机的入料区域应安装有紧急拉绳开关，拉绳开关应安全可靠。

4.2.8 硫化机主机的操作者处及前后辅机的左右两边应安装急停开关，急停开关应安全可靠。

4.2.9 机器运转不应有较大的振动及周期性噪声，其噪声声压级不应大于 80 dB(A)。

5 试验

5.1 检测方法

硫化机检测方法见附录 C。

5.2 空负荷运转前试验

空负荷运转前，应按 4.1.2、4.1.3、4.1.5～4.1.10、4.1.12～4.1.14、4.2.1～4.2.4、4.2.6～4.2.8 要求对硫化机进行检查。

5.3 空负荷运转试验

5.3.1 空负荷运转试验应在装配检验合格并符合 5.2 的要求后方可进行，连续空负荷运转时间不少于 2 h。

5.3.2 空负荷运转时，应按对 4.1.2～4.1.5、4.1.11、4.2.5、4.2.7～4.2.9 的要求对硫化机进行检查。

5.4 负荷运转试验

5.4.1 空负荷运转试验合格后，方可进行负荷运转试验，连续负荷运转时间不少于 2 h。

5.4.2 负荷运转时，应按对 4.1.3～4.1.5、4.1.11、4.2.5、4.2.7～4.2.9 的要求对硫化机进行检查。

6 检验规则

6.1 出厂检验

6.1.1 每台产品应经制造单位质量检验部门检验合格后方能出厂，出厂时应附有产品质量合格证和主要实测数据。

6.1.2 出厂检验按照 4.1.15、4.1.16、5.2 和 5.3 规定的项目对硫化机进行检验并应符合其规定。

6.2 型式检验

6.2.1 凡有下列情况之一时，应进行型式检验，型式检验应对本标准中的各项要求进行检查，并应符合其规定：

a） 新产品或老产品转厂生产的试制定型鉴定；

b） 正式生产后，如结构、材料、工艺上有较大改变；可能影响产品性能时；

c） 产品停产一年以上，恢复生产时；

d） 出厂检验结果与上次型式检验结果有较大差异时；

e） 正常生产时，每年应至少抽试一台；

f） 国家质量监督机构提出型式检验的要求时。

6.2.2 判定规则

型式检验的项目全部符合本标准规定时，则判为合格。型式检验每次抽验一台，若有不合格项时，应再抽验 2 台，若再有不合格项时，则应对该批产品逐台进行检验。

7 标志、包装、运输和贮存

7.1 标志

硫化机应在适当的明显位置固定产品标牌。标牌型式、尺寸及技术要求应符合 GB/T 13306 的规定。产品标牌应有下列内容：

a） 产品名称、型号；

b） 产品的主要技术参数；

c） 制造厂名称和商标；

d） 制造日期和产品编号；

e） 产品标准号。

7.2 包装

7.2.1 硫化机的包装应符合 GB/T 13384 的规定，包装箱储运图示标志应符合 GB/T 191 的规定。

包装箱上应有下列内容：

a） 产品名称及型号；

b） 制造厂名；

c） 外形尺寸；

d） 毛重；

e） 出厂日期。

7.2.2 在硫化机包装箱的明显位置注明“随机文件在此箱”内容；随机文件应统一装在防水的塑料袋内。随机文件应包括下列内容：

a） 产品合格证；

b） 使用说明书，其内容应符合 GB/T 9969 的规定；

c） 装箱单；

d） 安装图。

7.3 运输

硫化机运输时应防雨、防潮及防挤压振动；吊车搬运时，防止滚动。

7.4 贮存

硫化机应贮存在干燥通风处，避免受潮腐蚀，不能与有腐蚀性的气（物）体一起存放，露天存放时应有防雨措施。

附 录 A
（资料性附录）
型号组成及定义

A.1 型号组成及定义

A.1.1 型号由产品代号、规格参数、设计代号三部分组成，产品型号结构见图 A.1。

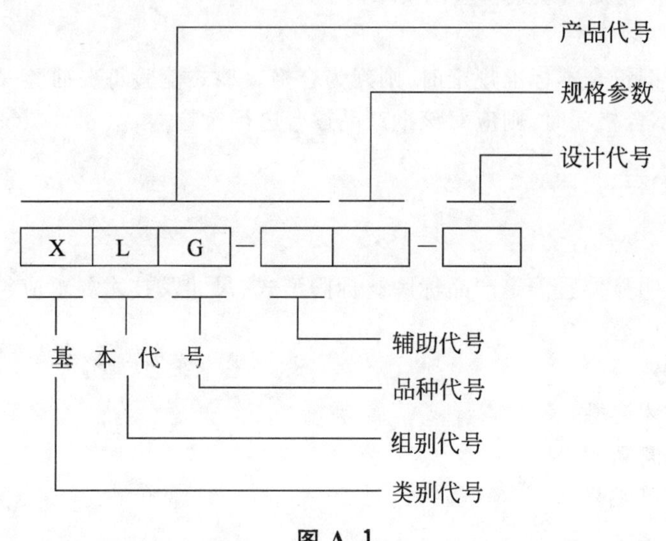

图 A.1

A.1.2 产品代号由基本代号和辅助代号组成，用大写汉语拼音字母表示。

A.1.3 基本代号由类别代号、组别代号、品种代号组成。其定义：类别代号 X 表示橡胶通用机械(橡)；组别代号 L 表示一般硫化机械(硫)；品种代号 G 表示鼓式硫化机(鼓)。

A.1.4 辅助代号定义：鼓内导热介质，Y 表示油加热(油)，Z 表示蒸汽加热(蒸)。

A.1.5 规格参数：标注硫化鼓直径×最大制品宽度，用毫米(mm)表示。

A.1.6 设计代号在必要时使用，应符合 GB/T 12783 的规定。

A.2 示例

硫化鼓直径为 700 mm，最大制品宽度 1 250 mm，油加热的鼓式硫化机型号标记为：XLG-Y 700×1 250。

附 录 B
(资料性附录)
鼓式硫化机基本参数

鼓式硫化机的基本参数见表 B.1。

表 B.1 鼓式硫化机基本参数

项 目		规格				
		ϕ700×L	ϕ1 100×L	ϕ1 200×L	ϕ1 500×L	ϕ2 200×L
硫化鼓直径/mm		700	1 100	1 200	1 500	2 200
硫化鼓鼓面宽度 L /mm		1 400;1 500; 1 800	1 600;1 800; 2 000;2 200; 2 400	1 600;1 800; 2 000;2 200; 2 500	1 600;1 800; 2 000;2 200; 2 400;3 000	3 000;3 400
有效制品最大宽度/mm	蒸汽加热	L−200	L−400	L−400	L−400	L−400
	油加热	L−150	L−300	L−300	L−300	L−300
硫化鼓线速度/(m/min)		0.04～1.12	0.06～1.2	0.08～1.6	0.06～1.2	0.24～4.8
最大硫化压力/MPa		0.45	0.50	0.50	0.60	0.60
鼓内导热介质最大压力/MPa	蒸汽加热	1.0	1.0	1.0	1.0	1.0
	油加热	0.50	0.50	0.50	0.50	0.50
硫化鼓包角展开长度/mm		≈1 650	≈2 590	≈2 826	≈3 530	≈5 180
主电机额定功率/kW		3～4	4～5.5	5.5～7.5	7.5～11	11～15

附　录　C
（规范性附录）
检测方法

C.1　用压力表对液压装置进行耐压试验：在液压站的油箱里灌入 80 %油箱容积的液压油，关闭液压站阀块上的出入口，启动液压泵站，关闭补压系统，逐渐提高液压系统的压力，当试验压力达到最大工作压力的 1.5 倍时，保压 10 min，目测压力表指针，指针保持稳定，则液压装置没有泄漏。

C.2　用镀铬层厚度检测仪检测光面硫化鼓的保护层（即镀铬层）厚度：将镀铬层厚度检测仪的检测头接触硫化鼓工作表面的任意位置，至少检测 6 点，读取其检测值。

C.3　用表面粗糙度测量仪检测光面硫化鼓的有效工作表面的粗糙度：将表面粗糙度测量仪的检测头接触硫化鼓工作表面的任意位置，至少检测 3 点，读取其检测值。

C.4　用百分表检测硫化鼓工作表面对两端支承轴颈的径向圆跳动公差：在硫化鼓加工完毕还安装在机床上时，把百分表座固定在机床的导轨上，百分表的测量头分别接触到硫化鼓工作表面的左、中、右三个位置及两边轴颈的中心表面，转动硫化鼓一圈，分别读取五个位置的百分表的跳动值（最大测量值减去最小测量值），取硫化鼓工作表面的最大跳动值与轴颈中心表面的最小跳动值之差的绝对值即为硫化鼓工作表面对两端支承轴颈的径向圆跳动公差。

C.5　用压力水泵和压力表对硫化鼓进行水压试验：通过压力水泵给硫化鼓供水，逐渐提高水压，当水压达到最大工作压力的 1.5 倍时，保压 30 min，目测压力表指针，指针保持稳定，则硫化鼓没有泄漏。

C.6　用测温仪检测硫化鼓的有效工作表面温差：将测温仪接触硫化鼓的有效工作表面的左、中、右位置进行检测，每一位置各检测径向均匀分布的 8 点，共检测 24 点，其检测值与设定值之差即为硫化鼓的有效工作表面温差。

C.7　压力钢带的抗拉强度试验在材料拉力试验机上进行。取两块相同尺寸，同硫化机压力钢带相同材料、相同厚度的压力钢带试样，一块是有焊缝，另一块是没有焊缝，分别放在材料拉力试验机上做拉力试验，分别读取其强度试验值。

C.8　用框式水平仪检测硫化鼓对底座平面的平行度：在硫化机的底座安装固定完毕，并且确认底座平面为水平后，将框式水平仪放在硫化鼓上表面的左、中、右三个位置上进行检测，其检测值即为硫化鼓对底座平面的平行度。

C.9　用划针法检测压力钢带两边周长相对误差值：将两只带有轴承、轴承座等完全装配好的硫化机副鼓平行放在大型平板上，张紧压力钢带。在压力钢带两边距边缘 5 mm 处，分别画两条平行边缘直线，转动其两只副鼓，用划针检测这两条直线长度，其检测值之差即为钢带两边周长相对误差值。

C.10　按照 HG/T 3120 的规定方法检测硫化机外观质量。

C.11　按照 HG/T 3228—2001 的规定方法检测硫化机涂漆质量。

C.12　用目测、嗅闻及实际操作检测压力钢带背部保温电加热装置的安全性：将压力钢带背部保温电加热装置接通电源，目测并嗅闻其是否有着火、变形、焦味等异样异味出现，没有则为正常安全。

C.13　用目测及实际操作检测硫化机的反转功能：在硫化机正常正向运转时，手动按“急停”按钮，硫化鼓完全停止后，手动按“反转”按钮，至少试验 3 次，目测硫化机的反向运转情况。

C.14　用目测检查硫化机传动装置所有的外露部分是否设置防护罩和警示标志。

C.15　用目测检查硫化机是否设置安全绳和急停开关，并实际操作检查是否安全可靠，至少试验 3 次检测其安全可靠性。

C.16　按 GB/T 24342 的规定，对 4.2.1 进行保护联结电路连续性试验。

C.17　按 GB/T 24343 的规定，对 4.2.2 进行绝缘电阻试验。

C.18 按 GB/T 24344 的规定,对 4.2.3 进行耐压试验。

C.19 按 GB 4208—2008 中规定的方法,对 4.2.4 进行 IP54 级的试验。

C.20 按照 HG/T 2108 中规定的检测方法,检测硫化机在空负荷和负荷运转时噪声。

中华人民共和国化工行业标准

HG/T 2108—91

橡胶机械噪声声压级的测定

1 主题内容与适用范围

本标准规定了测定橡胶机械噪声声压级的测试条件、测量仪器、测量方法和数据处理。

本标准适用于各类橡胶机械噪声 A 声级的测量或比较。

2 引用标准

GB 3785 声级计的电、声性能及测试方法

3 测试条件

3.1 测试应在一个反射平面上方近似为自由场的房间或宽广的室外场地进行。

3.2 测试要求的条件为：

$$\frac{A}{S} \geqslant 1 \quad \cdots\cdots (1)$$

式中：A——房间吸声量，m^2（按附录 A 确定）；

S——测量表面的面积，m^2。

3.3 被测橡胶机械周围，至少在 2m 范围之内不应有反射物体。

3.4 被测橡胶机械应按正常使用情况安装在符合测试条件的反射平面上，并使其位置距墙壁不小于 2m。

3.5 测试应在橡胶机械空载产生最大噪声的稳态工作状况下进行。当需在负载情况下测试时，应规定负载条件。

4 测量仪器

4.1 测量用声级计应使用符合 GB 3785 中规定的 2 型声级计。亦可使用与其准确度相当的其他测量仪器。

4.2 测量仪器应定期检定。每次测量前后，应对包括传声器等在内的整个测量系统按有关规定进行校准。

5 测量方法

5.1 基准体

5.1.1 基准体为一恰好包络被测橡胶机械并以反射平面为底面的最小矩形六面体。确定基准体大小时，不发声或发声很小的凸出部分（如手柄、手轮、支架、操纵杆、连接管等）可不包络在基准体之内。

5.1.2 橡胶机械联动线基准体的确定：当联动装置产生噪声很小时，选其主机为基准体；当联动装置产生噪声较大时，应对主机与联动装置（声源部分）分别选为并列的基准体。

5.2 测量表面

5.2.1 采用假想矩形六面体的各面（反射平面除外）为测量表面。

5.2.2 各测量表面与基准体对应各面平行，其测量距离 d 为 1m。

中华人民共和国化学工业部 1991-08-19 批准　　　　1992-01-01 实施

5.3　测点位置

5.3.1　测点位置应在测量表面上。主要测点如图所示。

5.3.2　测点距反射平面的高度 h：

a.　基准体高度 $H \leqslant 2.5\text{m}$，测点高度 $h_1 = 1.5\text{m}$；

b.　基准体高度 $H > 2.5\text{m}$，当主要噪声源在机械上部时，则测点应位于 $h_1 = 1.5\text{m}$ 和 $h_2 = H + d$ 两个高度上；当主要噪声源不在机械上部时，则测点位置与 5.3.2a 相同。

5.4　测点数目

5.4.1　对于水平尺寸 L_1（或 L_2）$\leqslant 2\text{m}$ 的橡胶机械，如图所示，测点数目为 5 点。即基本点 1～4，加上沿水平矩形路径测得 A 声级最高的一点 5（当与某一基本测点重合时，只取 A 声级最高一点）。

5.4.2　对于水平尺寸 $2\text{m} < L_1$（或 L_2）$\leqslant 5\text{m}$ 的橡胶机械，当所测得 1～5 点 A 声级最大值与最小值之差超过 5dB 时，需在水平矩形路径的四个角上各增加一附加测点，测点数为 9 点。如图所示。

5.4.3　对于水平尺寸 L_1（或 L_2）$> 5\text{m}$ 的橡胶机械，除增加四个角上的测点外，还应在声源附近的相邻两点之间和操作者经常所在位置处附加中间测点。如图所示。

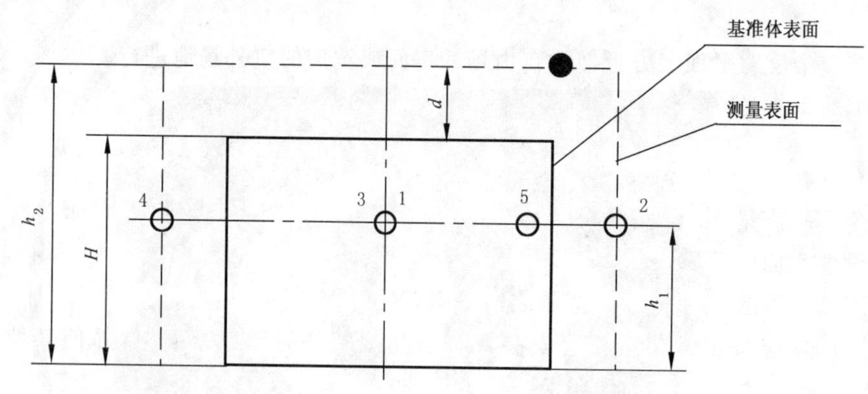

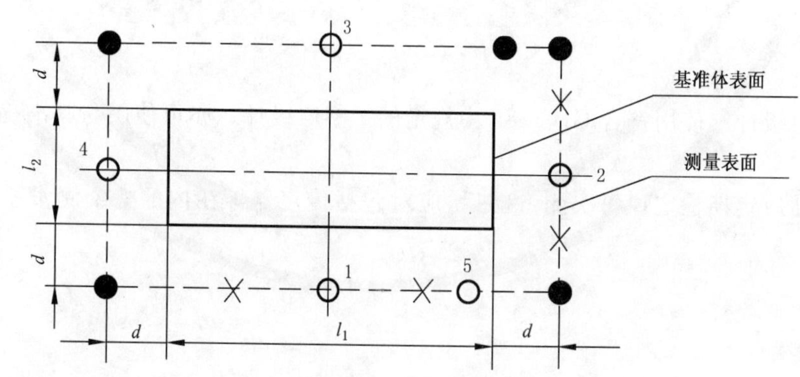

○— 基本测点；　●— 附加测点；　×— 中间测点

测点位置图

5.4.4　对于高度 $H > 2.5\text{m}$ 的橡胶机械，当主要噪声源在其上部时，应在 $h_1 = 1.5\text{m}$ 和 $h_2 = H + d$ 两个高度上测量。在 h_1 上的测点位置与 5.4.1～5.4.3 条相同；在 h_2 上的测点位置为沿其声源周边选定 A 声级最高的一点。

5.5　测量

5.5.1　测量时，传声器应指向被测的橡胶机械，读数取观测时间内声级计表头指针偏摆（或数字显示）

的平均值。

5.5.2　必须用声级计沿水平矩形路径(图中虚线)移动测量，找出 A 声级最高的一点，并记录其值和标出其位置。

5.5.3　在规定的测点位置上测量各测点的 A 声级和背景噪声 A 声级。

5.5.4　测量时，对气动系统排气的瞬时噪声可不计入测量范围内。当排气特别频繁时，应计入测量范围。

6　数据处理

6.1　各测点的噪声声压级，至少应比背景噪声声压级大 10dB(A)，当相差小于 10dB(A)而大于 3dB(A)时，应按下表进行修正。

被测橡胶机械工作时测得的 A 声级与背景噪声 A 声级之差	应减去的背景噪声修正值 K
＜3	测量无效
3	3
4～5	2
6～8	1
9～10	0.5
＞10	0

6.2　最高声压级由式(2)确定：

$$L_p = L_{pg} - K_g \quad \cdots\cdots (2)$$

式中：L_p——最高声压级，dB(A)；

L_{pg}——最高噪声点上测得的声压级，dB(A)；

K_g——最高噪声点上的背景噪声修正值，dB(A)。

6.3　平均声压级的计算

测量各测点(包括最高声压级点)上的 A 声级及背景噪声 A 声级后，由式(3)计算平均声压级：

$$\overline{L}_p = \frac{1}{N}\sum_{i=1}^{N}(L_{pi} - K_i) \quad \cdots\cdots (3)$$

式中：$\overline{L}_p$——平均声压级，dB(A)；

L_{pi}——第 i 点上测得的声压级，dB(A)；

K_i——第 i 点上的背景噪声修正值，dB(A)；

N——测点总数。

7　测试报告

测试报告的内容应包括被测机械的名称、型号、规格、主电动机功率、工作状态及转速、使用的测量仪器、测点布置、测量数据、测量结论以及测试单位和人员等。测试报告见附录 B。

附　录　A
房间吸声量 A 的确定
（补充件）

A1　室内测量环境的要求

测试室必须满足 $A/S \geqslant 1$ 的要求，并使其他反射物体离被测橡胶机械至少 2m。如果不能满足 $A/S \geqslant 1$ 的要求，应选取新的测量表面或在测试室内装入吸声材料，加大 A/S 值以满足要求。

A2　房间吸声量 A 的确定

A2.1　采用估算法，由式(A1)计算房间吸声量：

$$A = \alpha \cdot S_v \qquad \text{(A1)}$$

式中：A——房间吸声量，m^2；

α——房间平均吸声系数；

S_v——包括墙壁、天花板、地面在内的房间总表面面积，m^2。

A2.2　应用表(A1)估算房间平均吸声系数 α。

表 A1

平均吸声系数 α	房　间　状　况
0.10	由混凝土、砖、灰泥或贴面砖等构成的光硬墙面，部分空房间
0.15	矩形的机械间或工业车间
0.2	非矩形的机械间或工业车间
0.25	有铺设少量吸声材料的机械间或工业车间
0.35	天花板和墙壁均铺有吸声材料的房间
0.50	天花板和墙壁均铺有大量吸声材料的房间

附　录　B
橡胶机械噪声测试报告
（参考件）

<table>
<tr><td>橡胶机械名称</td><td colspan="6"></td><td colspan="6">制造厂名</td><td colspan="6"></td></tr>
<tr><td>型号及规格</td><td colspan="6"></td><td colspan="6">出厂编号</td><td colspan="6"></td></tr>
<tr><td>主电机功率，kW</td><td colspan="6"></td><td colspan="6">制造日期</td><td colspan="6"></td></tr>
<tr><td>工作状况
（转速、压力、空载、负载）</td><td colspan="6"></td><td colspan="6">外形尺寸，m
（长×宽×高）</td><td colspan="6"></td></tr>
<tr><td>测量距离，m</td><td colspan="6"></td><td colspan="6">与墙壁距离，m</td><td colspan="6"></td></tr>
<tr><td>测量仪器名称</td><td colspan="6"></td><td colspan="6">测量仪器型号</td><td colspan="6"></td></tr>
<tr><td>测点</td><td>1</td><td>2</td><td>3</td><td>4</td><td>5</td><td></td><td></td><td></td><td></td><td></td><td></td><td></td><td></td><td></td><td></td><td></td><td></td><td></td></tr>
<tr><td>测得的声压级，dB(A)</td><td></td><td></td><td></td><td></td><td></td><td></td><td></td><td></td><td></td><td></td><td></td><td></td><td></td><td></td><td></td><td></td><td></td><td></td></tr>
<tr><td>测得的背景噪声声压级，dB(A)</td><td></td><td></td><td></td><td></td><td></td><td></td><td></td><td></td><td></td><td></td><td></td><td></td><td></td><td></td><td></td><td></td><td></td><td></td></tr>
<tr><td>修正后的声压级，dB(A)</td><td></td><td></td><td></td><td></td><td></td><td></td><td></td><td></td><td></td><td></td><td></td><td></td><td></td><td></td><td></td><td></td><td></td><td></td></tr>
</table>

续表

最大声压级，dB(A)		最大声压级点	
测试计算结果 L_p，dB(A)			
测量表面及测点位置 (包括最大声压级测点) 示意图：			
测试单位	测 试 人 员	测 试 地 点	测 试 日 期

附加说明：

本标准由中国化工装备总公司提出。

本标准由全国橡胶塑料机械标准化技术委员会橡胶机械分技术委员会归口。

本标准由化学工业部北京橡胶工业研究设计院负责起草。

本标准主要起草人邵尧燮、韩锡伟。

ICS 71.120;83.200
G 95
备案号:34708—2012

HG

中华人民共和国化工行业标准

HG/T 2109—2011
代替 HG/T 2109—1991

斜交轮胎成型机

Diagonal tyre building machine

2011-12-20 发布　　2012-07-01 实施

中华人民共和国工业和信息化部　发布

前　言

本标准按照 GB/T 1.1—2009 给出的规则起草。

本标准代替 HG/T 2109—1991《斜交轮胎成型机》，与 HG/T 2109—1991 相比，主要技术变化如下：

——范围中增加了指形正包胶囊反包的斜交轮胎的成型机内容(见 1)；

——增加了型号编制方法的要求(见 3.1)；

——将基本参数作为资料性附录 B(见 3.2,1991 年版表 1)；

——增加了套筒法成型机的规格参数和指形正包胶囊反包的斜交轮胎的成型机的基本参数表(见附录 B.1 和 B.2)；

——将原标准技术要求修改为“要求”，并划分为“基本要求”、“部件要求”、“精度要求”、“技术要求”、“安全和环保要求”及“外观和涂漆要求”(见 4.1、4.2、4.3、4.4、4.5 和 4.6,1991 年版 4)；

——删除了表 1 和表 2(见 1991 年版 表 1 和表 2)；

——修改了内外扣圈盘定位要求(见 4.3.4、4.3.5,1991 年版 4.8 和表 3)；

——删除了“装配后，主轴前端距刹车套筒爪型联结器外端面的径向圆跳动”要求(见 1991 年版 4.9)；

——增加了“精度要求”(见 4.3)；

——增加了对成型机液压系统的规定(见 4.4.5)；

——增加了对气动系统的规定(见 4.4.6)；

——增加了采用指形正包胶囊反包结构的成型机，对其左、右指形正包器和胶囊反包器动作的要求(见 4.4.9)；

——修改了成型机手动控制和自动程序控制无扰动切换功能要求(见 4.4.10,1991 年版 4.10)；

——在原 5.1 中，增加了过载保护功能和对外壳防护等级要求(见 4.5.1,1991 年版 5.1)；

——修改了对电气系统的要求(见 4.5.2 和 4.5.3,1991 年版 5.2)；

——根据第 4 章的内容对空运转试验和负荷运转试验进行了修改(见 5,1991 年版 6)；

——修改了产品正常生产时的抽检数量[见 6.2.2c),1991 年版 7.2.2d)]；

——删除了原标准第 9 章内容(见 1991 年版 9)。

请注意本文件的某些内容可能涉及专利。本文件的发布机构不承担识别这些专利的责任。

本标准的附录 A、附录 B 为资料性附录。

本标准由中国石油和化学工业联合会提出。

本标准由全国橡胶塑料机械标准化技术委员会橡胶机械标准化分技术委员会(SAC/TC71/SC1)归口。

本标准起草单位：北京橡胶工业研究设计院、福建建阳龙翔科技开发有限公司、北京敬业机械设备有限公司。

本标准主要起草人：夏向秀、何成、陈玉泉、刘尚勇。

本标准代替了 HG/T 2109—1991。

HG/T 2109—1991 的历次版本发布情况为：

——HG 5-1536—1983。

斜交轮胎成型机

1 范围

本标准规定了斜交轮胎成型机的型号与基本参数、要求、试验、检验规则、标志、包装运输和贮存等。

本标准适用于使用套筒法及指形正包胶囊反包法成型的斜交轮胎成型机(以下简称成型机)。

本标准不适用于汽车子午线轮胎成型机、摩托车轮胎外胎成型机和力车轮胎外胎成型机。

2 规范性引用文件

下列文件对于本文件的应用是必不可少的。凡是注日期的引用文件,仅注日期的版本适用于本文件。凡是不注日期的引用文件,其最新版本(包括所有的修改单)适用于本文件。

GB/T 191 包装储运图示标志(mod GB/T 191—2008,ISO 780：1997)

GB/T 3766 液压系统通用技术条件(eqv GB/T 3766—2001,ISO 4413：1998)

GB 5226.1—2008 机械电气安全 机械电气设备 第1部分:通用技术条件(idt IEC 60204-1：2005)

GB 4208—2008 外壳防护等级(IP代码)(idt IEC 60529：2001)

GB/T 6388 运输包装收发货标志

GB/T 7932 气动系统通用技术条件(idt GB/T 7932—2003,ISO 4414：1998)

GB/T 12783—2000 橡胶塑料机械产品型号编制方法

GB/T 13306 标牌

GB/T 13384 机电产品包装通用技术条件

HG/T 2108 橡胶机械噪声声压级的测定

HG/T 3120 橡胶塑料机械外观通用技术条件

HG/T 3228 橡胶塑料机械涂漆通用技术条件

3 型号与基本参数

3.1 型号

成型机型号编制方法应符合 GB/T 12783 中的规定。型号的组成及其定义参见附录 A。

3.2 基本参数

成型机基本参数参见附录 B。

4 要求

4.1 总则

成型机应符合本标准的要求,并按照经规定程序批准的图样及技术文件制造。

4.2 主要零部件要求

4.2.1 主轴材料的抗拉强度应不低于 930 N/mm^2,屈服强度应不低于 680 N/mm^2,硬度应为 HB 250～HB 280。

4.2.2 刹车套筒材料的抗拉强度应不低于 735 N/mm^2,屈服强度应不低于 440 N/mm^2,硬度应为 HB 220～HB 250。

4.2.3 主传动电机应采用能满足频繁启动,频繁变换转向的专用电机。

4.2.4 刹车套筒与成型机头的连接宜采用爪式联结器,其各爪应沿爪筒圆周均布。

4.3 精度要求

4.3.1 成型机组装后，主要精度应符合下列要求，其指引部位如图1所示。

4.3.2 图示①主轴径向圆跳动：0号～4号成型机为不大于0.1 mm；5号以上成型机为不大于0.2 mm。

4.3.3 图示②尾架轴与主轴同轴度：≤ϕ0.2 mm。

4.3.4 图示③内、外扣圈盘与主轴同轴度：≤ϕ0.3 mm。

4.3.5 图示④内、外扣圈盘对主轴垂直度：≤0.3 mm。

4.3.6 图示⑤主轴对导轨(机座)平行度(水平方向和垂直方向)：≤0.3 mm/m。

4.3.7 图示⑥成型机头径向圆跳动：0号～4号成型机为不大于0.3 mm；5号以上成型机为不大于0.5 mm。

4.3.8 图示⑦成型机头端面圆跳动：≤0.3 mm。

4.3.9 图示中L_1、L_2后压辊中心偏差$|L_1-L_2|\leqslant 1.0$ mm。

4.3.10 图示中L_3、L_4下压辊中心偏差$|L_3-L_4|\leqslant 1.5$mm。

4.3.11 定位指示灯的定位偏差值不大于0.5 mm。

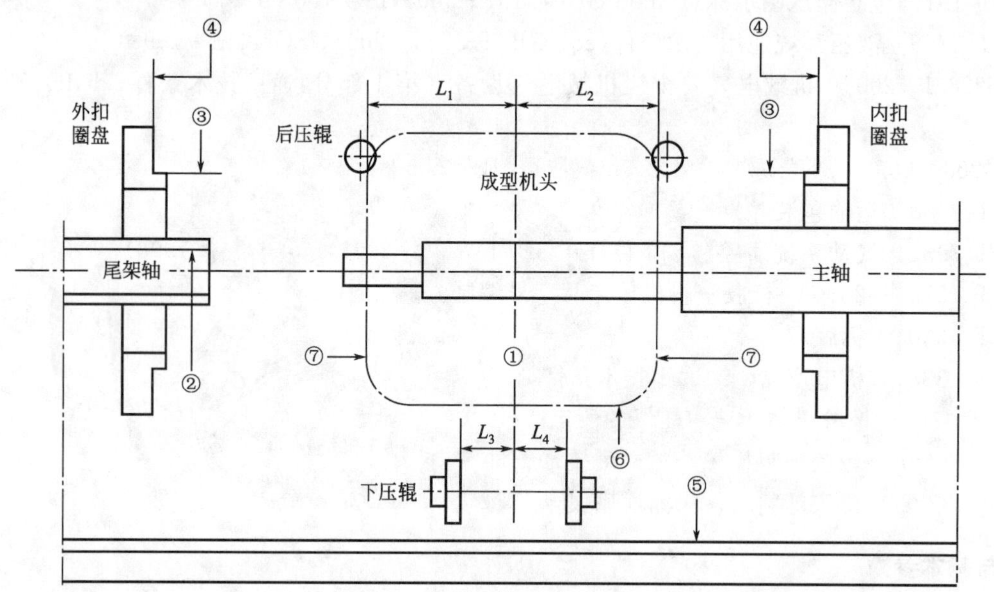

图1 精度要求指引部位

4.4 技术要求

4.4.1 采用成型棒上帘布筒的成型机，其成型棒的起落和摆动应灵活，其进程时间应不大于5 s，返程时间应不大于3 s。

4.4.2 压辊装置应灵活、同步、准确，滚压应均匀、光滑。

4.4.3 电气控制系统和气动控制系统应能保证成型机各部位动作协调、安全可靠。

4.4.4 润滑油路应畅通，各润滑部位应润滑充分，各密封部位应密封良好，不应有泄漏。

4.4.5 液压系统应符合GB/T 3766的规定。

4.4.6 气动系统应符合GB/T 7932的规定。

4.4.7 气动及润滑系统管道和阀门接头应连接可靠，不应有泄漏。

4.4.8 扣圈装置往返运动应灵活，扣圈位置应准确。

4.4.9 采用指形正包胶囊反包结构的成型机，其左、右指形正包器和胶囊反包器应动作灵活、同步、准确到位。

4.4.10 应具有可靠的手动控制和自动程序控制功能，且应具有无扰动切换功能。

4.5 安全和环保要求

4.5.1 电气控制系统应具有过载保护功能和紧急停机功能，外壳防护等级应符合 GB 4208—2008 规定的 IP54 级要求。

4.5.2 电路导线和保护接地线路间的绝缘电阻应符合 GB 5226.1—2008 中 18.3 的规定。

4.5.3 电路导线和保护接地线路间的电气耐压应符合 GB 5226.1—2008 中 18.4 的规定。

4.5.4 各脚踏开关阀应具有必要的防护装置。

4.5.5 整机或重量较大的零部件，应充分考虑吊装结构的设计。

4.5.6 空运转时的噪声声压级应不大于 80 dB(A)。

4.5.7 负荷运转的噪声声压级应不大于 85 dB(A)。

4.6 外观和涂漆要求

4.6.1 外观质量应符合 HG/T 3120 的规定。

4.6.2 涂漆质量应符合 HG/T 3228 的规定。

5 试验

5.1 空运转试验

5.1.1 整机总装按 4.3 要求检验合格后，方能进行空运转试验。

5.1.2 试验应按成型工艺顺序进行，并做不应少于 5 次的手动控制操作工作循环试验。

5.1.3 空运转试验应检查下列项目：

a) 根据 4.4 检测成型机的技术要求；

b) 按 GB 5226.1—2008 中 18.3 和 18.4 规定的方法进行试验，以验证符合 4.5.2、4.5.3 的要求；

c) 按 4.5.6 的要求检测噪声声压级，检测方法按 HG/T 2108 进行。

5.2 负荷运转试验

5.2.1 负荷运转试验应在空运转试验合格后方能进行。

5.2.2 负荷运转试验可在用户单位进行，每台产品应经不少于 5 条轮胎的连续负荷运转试验，并检查下列项目：

a) 按 4.4.4 的要求，对润滑系统进行渗漏情况检验；

b) 按 4.4.2、4.4.3、4.4.9、4.4.10 的要求，检测各部位的动作情况；

c) 按 4.5.7 的要求检测噪声声压级，检测方法按 HG/T 2108 进行。

6 检验规则

6.1 出厂检验

6.1.1 每台产品出厂前应进行出厂检验。

6.1.2 出厂检验应按照 4.6.1、4.6.2 和 5.1 进行，并应符合其规定。

6.1.3 每台产品应经制造单位质量检验部门检验合格后方能出厂，出厂时应附有产品合格证书。

6.2 型式检验

6.2.1 型式检验应按本标准中各项要求进行检查。

6.2.2 有下列情况之一时应进行型式检验：

a) 新产品或老产品转厂生产的试制定型鉴定；

b) 正式生产后，如结构、材料、工艺上有较大改变，可能影响产品性能时；

c) 正常生产时，每三年最少抽检一台；

d) 产品停产三年后，恢复生产时；

e) 出厂检验结果与上次型式检验有较大差异时；

f) 国家质量监督机构提出进行型式检验要求时。

6.2.3 判定规则

型式检验项目全部符合本标准规定时，则判为合格。型式检验每次抽验一台，若有不合格项时，应再抽验二台，若还有不合格项时，则应逐台检验。

7 标志、包装、运输和贮存

7.1 每台成型机应在明显位置固定产品标牌，标牌应符合 GB/T 13306 的规定。

7.2 标牌的基本内容应包括：

a) 制造单位及商标；

b) 产品名称及型号；

c) 产品编号及出厂日期；

d) 主要参数；

e) 执行的标准编号。

7.3 产品包装应符合 GB/T 13384 的规定。

7.4 产品的包装运输标志应符合 GB/T 6388 的有关规定。

7.5 产品的储运图示标志应符合 GB/T 191 的规定。

7.6 产品安装前应贮存在防雨、通风的场所或临时棚房内并妥善保管。

附 录 A
(资料性附录)
成型机型号组成及定义

A.1 型号组成

A.1.1 成型机型号由产品代号、规格参数、设计代号三部分组成,产品型号格式如下:

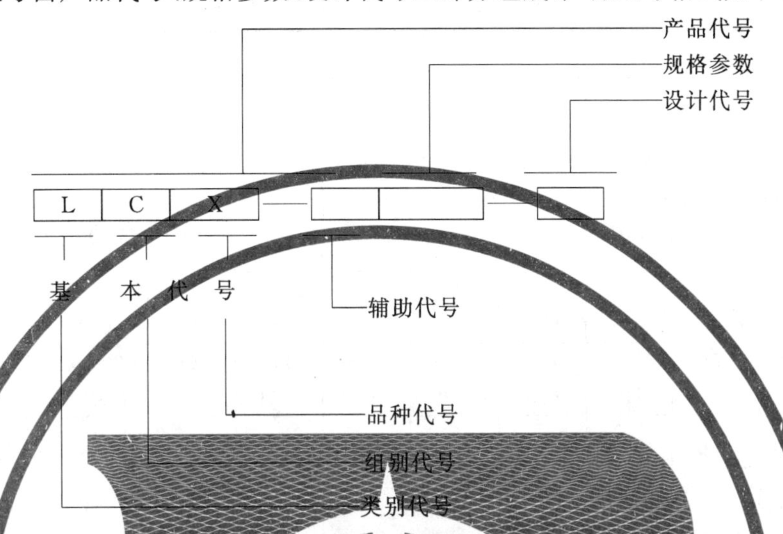

A.1.2 产品代号由基本代号和辅助代号组成,用大写汉语拼音字母表示。

A.1.3 基本代号由类别代号、组别代号、品种代号组成,其定义:类别代号 L 表示轮胎生产机械(轮);组别代号 C 表示成型机械(成);品种代号 X 表示斜交轮胎成型机(斜)。

A.1.4 辅助代号定义:层贴法使用辅助代号以 C 表示,指形正包胶囊反包使用辅助代号以 J 表示。

A.1.5 规格参数:除指形正包胶囊反包成型机以成型轮胎的最小胎圈规格最大胎圈规格[用英寸(in)]表示外,其余按系列顺序代号(阿拉伯数字)表示。

A.1.6 设计代号在必要时使用,应符合 GB/T 12783—2000 中 3.5 的规定。

A.2 型号说明及示例

A.2.1 成型顺序代号为 2 的套筒法斜交轮胎成型机型号为:

LCX-C2

A.2.2 成型轮胎最小胎圈 18 英寸最大胎圈规格 20 英寸的指形正包胶囊反包式斜交轮胎成型机型号为:

LCX-J1820

附 录 B
（资料性附录）
成型机的基本参数

B.1 表B.1给出了套筒法斜交轮胎成型机的基本参数。

表B.1 套筒法斜交轮胎成型机的基本参数

项目	规格代号										
	0	1	2	3	4	5	6	7	8	9	10
适用于胎圈规格/in	8～12	13～16	18～20	20～24	25～28	29～34	35～43	45～48	49～51	54～57	57～63
适用于帘布筒最大宽度/mm	670	740	980	1 260	2 060	2 700	2 500	3 200	3 800	4 800	5 200
适用于成型机头外径/mm	256～415	390～540	540～690	635～830	795～1 003	850～1 300	1 020～1 180	1 500～1 650	1 500～1 850	2 200	<2 400
适用于成型机头宽度/mm	220～430	360～540	470～630	420～780	610～1 050	800～1 700	900～1 500	1 200～1 600	1 300～2 200	2 175～2 880	3 100
与成型机头配合轴径/mm	40 f_9	50 f_9	70 f_9	75 f_9	100 f_9	110 f_9	120 f_9	140 f_9	160 f_9	180 f_9	200 f_9
主电动机功率/kW	3/5			6.5/11		15/22		22/37		37/45	

B.2 表B.2给出了指形正包胶囊反包式斜交轮胎成型机的基本参数。

表B.2 指形正包胶囊反包式斜交轮胎成型机的基本参数

项目	规格参数					
	1012	1516	1820	20	2024	25
适用于胎圈规格/in	10～12	15～16	18～20	20	20～24	25
适用于帘布筒最大宽度/mm	1 000	950	1 100	1 150	1 500	2 026
适用于成型机头外径/mm	320～420	465～530	560～660	630～690	665～785	800～920
适用于成型机头宽度/mm	280～760	340～550	440～680	480～680	600～900	800～1 240
与成型机头配合轴径/mm	50	50	90	$\phi 90f_9$	$\phi 90f_9$	100
主电动机功率/kW	5.5	7.5	7.5	7.5	11	15

ICS 71.120;83.200
G 95
备案号:34498—2012

HG

中华人民共和国化工行业标准

HG/T 2110—2011
代替 HG/T 2110—1991

翻新轮胎硫化机

Tyre retreading press

2011-12-20 发布　　2012-07-01 实施

中华人民共和国工业和信息化部　发布

前　言

本标准代替 HG/T 2110—1991《翻胎硫化机》。

本标准与 HG/T 2110—1991 相比主要变化如下：

——增加了术语和定义(本版第 3 章)；

——增加了硫化机型号的编制方法(本版 4.1)；

——增加了活络模硫化机系列与基本参数(本版附录 A)；

——把原标准第 3 章"规格与基本参数"和 4.10"汽套内腔的主要尺寸"的内容从标准正文中删除，改以资料性附录给出(本版附录 B)；

——增加了曲柄连杆机构式硫化机系列与基本参数(本版附录 C)；

——将要求分为"整机要求"、"精度要求"和"安全、环保要求"(本版第 5 章)；

——增加了硫化机电气设备工作条件的要求(本版 5.1.2)；

——增加了对硫化机运动部件动作的要求(本版 5.1.4)；

——增加了硫化机具有显示合模力装置的要求(本版 5.1.5)；

——增加了对硫化机总压力的要求(本版 5.1.6)；

——增加了对硫化机电气系统导线连接点的要求(本版 5.1.7)；

——修改了硫化机汽套、水缸、油缸等进行耐压试验时的保压时间(1991 年版 4.13,本版 5.1.9)；

——对胎冠部位的温差,增加了对活络模的要求(1991 年版 4.14,本版 5.1.10)；

——对模型材料,只保留了抗拉强度要求,取消了采用铸铝合金要求(1991 年版 4.3,本版 5.1.13)；

——增加了曲柄连杆机构式硫化机的整机要求、精度要求和安全、环保要求(本版 5.1.18～5.1.22、5.2.5～5.2.7、5.3.14～5.3.16)；

——增加了活络模硫化机圆度公差值、模缝间隙值精度要求(本版 5.2.1)；

——修改了两半模模具结合面间隙值、平行度公差值、模型与汽套配合间隙值的要求(1991 年版 4.7～4.9,本版 5.2.2、5.2.3)；

——增加了两半模模具合模后的模口错位公差值要求(本版 5.2.4)；

——修改了安全装置的开启压力要求(1991 年版 5.4,本版 5.3.2)；

——增加了硫化机装胎、卸胎、开模、合模及硫化采用互联锁电路(或程序)的要求(本版 5.3.3)；

——增加了硫化机动力电路导线和保护接地电路间的绝缘电阻应符合 GB 5226.1—2008 中 18.3 的规定的要求(本版 5.3.4)；

——增加了硫化机的电气设备的所有电路导线和保护接地电路之间的耐压应符合 GB 5226.1—2008 中 18.4 的规定的要求(本版 5.3.5)；

——增加了硫化机控制柜操作面应具有急停按钮的要求(本版 5.3.6)；

——增加了硫化机整机或质量较大的零部件应便于吊装的要求(本版 5.3.8)；

——增加了硫化机电力中断后,机器保持现状,通电后只能通过手动机器方能运转的要求(本版 5.3.9)；

——增加了硫化机汽套外部装填的隔热材料不能含有石棉成分的要求(本版 5.3.12)；

——增加了翻新轮胎硫化机的检测方法(本版附录 D)；

——增加了对"随机文件"的要求(本版 8.2.2)；

——删除了原标准第 9 章。

本标准的附录A、附录B和附录C为资料性附录,附录D为规范性附录。

本标准由中国石油和化学工业协会提出。

本标准由全国橡胶塑料机械标准化技术委员会橡胶机械标准化分技术委员会归口。

本标准负责起草单位:桂林橡胶机械厂。

本标准参加起草单位:软控股份有限公司、福建华橡自控技术股份有限公司、北京橡胶工业研究设计院、四川省乐山市亚轮模具有限公司。

本标准主要起草人:谢盛烈、傅任平、杭柏林、蓝宁、曾友平、何成、刘裕厚。

本标准所代替标准的历次版本发布情况为:

——HG 5-1539—1983;

——HG/T 2110—1991。

翻新轮胎硫化机

1 范围

本标准规定了翻新轮胎硫化机(以下简称硫化机)的术语和定义、型号、系列与基本参数、要求、试验、检验规则、产品标志、包装、贮存等。

本标准适用于充气轮胎外胎传统法翻新的硫化机。

本标准不适用于硫化充气轮胎外胎局部翻新和预硫化翻新的硫化机。

2 规范性引用文件

下列文件中的条款通过本标准的引用而成为本标准的条款。凡是注日期的引用文件,其随后所有的修改单(不包括勘误的内容)或修订版均不适用于本标准,然而,鼓励根据本标准达成协议的各方研究是否可使用这些文件的最新版本。凡是不注日期的引用文件,其最新版本适用于本标准。

GB/T 191 包装储运图示标志(mod GB/T 191—2008,ISO 780:1997)

GB 5226.1—2008 机械电气安全 机械电气设备 第1部分:通用技术条件(idt IEC 60204-1:2005)

GB/T 12783 橡胶塑料机械产品型号编制方法

GB/T 13306 标牌

GB/T 13384 机电产品包装通用技术条件

HG/T 2108 橡胶机械噪声声压级的测定

HG/T 3119—2006 轮胎定型硫化机检测方法

HG/T 3120 橡胶塑料机械外观通用技术条件

HG/T 3223 橡胶机械术语

HG/T 3228 橡胶塑料机械涂漆通用技术条件

3 术语和定义

HG/T 3223 确立的以及下列术语和定义适用于本标准。

3.1

活络模硫化机 tyre retreading press with segmented mould

采用活络模具进行轮胎翻新硫化的硫化机。

3.2

两半模硫化机 tyre retreading press with two pieces mould

采用两半模具进行轮胎翻新硫化的硫化机。

3.3

曲柄连杆机构式硫化机 tyre retreading press with crank link

通过主传动电机经减速器及驱动轴传动,带动曲柄连杆机构,使上横梁(或上模盖)作垂直升降开合模运动的硫化机。

4 型号、系列与基本参数

4.1 型号

硫化机型号的编制方法应符合 GB/T 12783 的规定。

4.2 系列与基本参数

4.2.1 活络模硫化机系列与基本参数参见附录A。

4.2.2 两半模硫化机系列与基本参数参见附录B中B.1,其汽套内腔的主要尺寸参见B.2。

4.2.3 曲柄连杆机构式硫化机系列与基本参数参见附录C。

5 要求

5.1 整机要求

5.1.1 硫化机应符合本标准的规定,并按照经规定程序批准的图样和技术文件制造。

5.1.2 硫化机的电气设备在下列条件下应能正常工作:

——交流稳态电压值为0.9~1.1倍标称电压;

——环境空气温度为5 ℃~40 ℃;

——当最高温度为40 ℃,相对湿度不超过50 %时,温度低则对应高的相对湿度,如20 ℃时为90 %;

——海拔1 000 m以下。

5.1.3 硫化机应具有手控或自控系统,能够完成装胎、硫化、卸胎等工艺过程。

5.1.4 硫化机各运动部件的动作应平稳、灵活、准确可靠,液压、气动部件运动时不应有爬行和卡阻现象。

5.1.5 硫化机应具有显示合模力的装置。

5.1.6 硫化机总压力应不小于规定值的98 %。

5.1.7 硫化机电气系统导线连接点,应标明易于识别的接线号。

5.1.8 硫化机管路系统应清洁、畅通,不应有堵塞及渗漏现象。

5.1.9 硫化机汽套、水缸、油缸等应进行不低于工作压力1.5倍的耐压试验,保压不低于5 min,不应渗漏。

5.1.10 硫化机汽套内壁传热应均匀,胎冠部位的温差,活络模应不超过4 ℃,两半模应不超过5 ℃。

5.1.11 硫化机应具有显示汽套内腔蒸汽压力和温度及胶囊(或水胎)内压力的仪器、仪表,其工作应灵敏、可靠。

5.1.12 硫化机汽套材料的抗拉强度应不低于442 MPa。

5.1.13 硫化机模型材料的抗拉强度应不低于196 MPa。

5.1.14 硫化机模型花纹与模型镶合应牢固,当花纹宽度不大于12 mm时,其间隙值应小于0.03 mm;当花纹宽度大于12 mm时,其间隙值应小于0.05 mm。

5.1.15 硫化机模型内腔表面粗糙度$R_a \leqslant 3.2\ \mu m$,花纹表面粗糙度$R_a \leqslant 6.3\ \mu m$。

5.1.16 硫化机涂漆质量应符合HG/T 3228的规定。

5.1.17 硫化机外观质量应符合HG/T 3120的规定。

5.1.18 曲柄连杆机构式硫化机应具有自动润滑系统或选用具有可靠的自润滑轴承材料。

5.1.19 曲柄连杆机构式硫化机合模终点应使曲柄中心位于下死点前4 mm~30 mm。

5.1.20 曲柄连杆机构式硫化机空负荷开合模试验不少于5次,运行中主电机瞬时最大电流应不大于额定电流的1.6倍。

5.1.21 曲柄连杆机构式硫化机当总压力符合5.1.6时,主电机瞬时最大电流应不大于额定电流的3.0倍。

5.1.22 曲柄连杆机构式硫化机正常工作时,主传动减速机的油池温升应不大于30 ℃。

5.2 精度要求

5.2.1 活络模硫化机在工作状态下,模具合模后的圆度公差值、模缝间隙值应符合表1的规定。

表 1

单位为毫米

模型公称外径 D	圆度公差值	模缝间隙值
D≤710	≤1.0	≤0.5
710<D≤940	≤1.5	
940<D≤1200	≤2.0	≤1.0

5.2.2 两半模硫化机在工作状态下，模具合模后的模具结合面间隙值、模具结合面平行度公差值应符合表 2 的规定。

表 2

单位为毫米

模型公称外径 D	间隙值	平行度公差值
D≤940	≤1.5	≤0.5
940<D≤1230	≤2.0	
1230<D≤1530	≤2.5	≤1.0
1530<D≤2250	≤3.0	

5.2.3 两半模硫化机模型与汽套的配合间隙值应符合表 3 的规定。

表 3

单位为毫米

模型公称外径 D	间隙值	模型公称外径 D	间隙值
D≤740	0.80～1.20	1300<D≤1530	2.00～2.40
740<D≤840	1.00～1.40	1530<D≤1700	2.40～2.80
840<D≤1010	1.20～1.60	1700<D≤2000	2.80～3.20
1010<D≤1110	1.40～1.80	2000<D≤2250	3.20～3.60
1110<D≤1300	1.60～2.00		

5.2.4 两半模硫化机在工作状态下，模具合模后的模口错位公差值应符合表 4 的规定。

表 4

单位为毫米

模型公称外径 D	模口错位公差值	模型公称外径 D	模口错位公差值
D≤940	≤1.0	1230<D≤2250	≤2.0
940<D≤1230	≤1.5		

5.2.5 曲柄连杆机构式硫化机上横梁下平面对底座上平面的平行度公差值应符合表 5 的规定。

表 5

单位为毫米

模型公称外径 D	平行度公差值	
	横梁在下死点位置	横梁从下死点位置上升到垂直移动行程的 1/2
D≤1400	≤0.5	≤1.2
1400<D≤1850	≤0.6	≤1.5

5.2.6 曲柄连杆机构式硫化机中心机构与上中心机构的同轴度公差值应符合表 6 的规定。

表 6

单位为毫米

模型公称外径 D	同轴度公差值
$D\leqslant1400$	$\leqslant\phi1.2$
$1400<D\leqslant1850$	$\leqslant\phi1.5$

5.2.7 曲柄连杆机构式硫化机中心机构与下板的同轴度公差值应符合表 7 的规定。

表 7

单位为毫米

模型公称外径 D	同轴度公差值
$D\leqslant1400$	$\leqslant\phi1.2$
$1400<D\leqslant1850$	$\leqslant\phi1.5$

5.3 安全、环保要求

5.3.1 硫化机冷模开、合模试验时，噪声声压级应不大于 80 dB(A)。

5.3.2 硫化机应具有模具内及胶囊内压力不大于 0.02 MPa 时方可开启模型的安全装置。

5.3.3 硫化机装胎、卸胎，开模、合模及硫化过程应采用互联锁电路（或程序），确保动作安全协调。

5.3.4 硫化机动力电路导线和保护接地电路间的绝缘电阻应符合 GB 5226.1—2008 中 18.3 的规定。

5.3.5 硫化机的电气设备的所有电路导线和保护接地电路之间的耐压应符合 GB 5226.1—2008 中 18.4 的规定。

5.3.6 硫化机控制柜操作面应具有安全可靠的急停按钮，并安装在易于操作的明显位置。

5.3.7 硫化机各限位开关应限位准确、灵敏、可靠。

5.3.8 硫化机整机或质量较大的零部件应便于吊装。

5.3.9 硫化机控制系统应具有电力中断后，机器保持现状，通电后只能通过手动机器方能运转的安全功能。

5.3.10 硫化机应具有当合模到终点位置时切断主电机电源的安全装置。

5.3.11 硫化机应具有开模后防止上下蒸汽室自行闭合的安全装置。

5.3.12 硫化机的汽套外部应装填隔热材料，隔热材料不得使用含石棉的材料。硫化时，汽套外表面的平均温度与环境温度之差应不大于 40 ℃。

5.3.13 硫化机暴露在外的齿轮、齿条等传动部件应有防护装置。

5.3.14 曲柄连杆机构式硫化机应具有上横梁在合模过程中停止或反向运行的紧急停车装置。

5.3.15 曲柄连杆机构式硫化机主电机断电后，上横梁的惯性下滑量应不大于 30 mm。

5.3.16 曲柄连杆机构式硫化机在合模位置应设置机械阀或电控阀，确保合模后切断中心机构升、上中心机构降、装胎机构升降及进出、卸胎机构升降及进出的控制气源。

6 试验

6.1 空负荷试验

6.1.1 空负荷试验前，除对 5.1.5、5.1.7、5.1.9、5.1.11～5.1.15、5.3.4、5.3.5、5.3.8、5.3.13 项目进行试验或检测外，活络模硫化机还要对 5.2.1 项目、两半模硫化机还要对 5.2.2、5.2.3 项目、曲柄连杆机构式硫化机还要再对 5.2.5～5.2.7 项目进行试验或检测，均应符合要求。

6.1.2 空负荷试验应在整机总装配完成后，并符合 6.1.1 要求后方可进行。

空负荷试验过程中除对 5.1.3、5.1.4、5.1.8、5.3.3、5.3.6、5.3.7、5.3.9～5.3.11 项目进行试验或检测外，曲柄连杆机构式硫化机还要对 5.1.18～5.1.20、5.3.14～5.3.16 项目进行试验或检测，均应符合要求。

6.2 负荷试验

6.2.1 负荷试验分类

空负荷试验合格后,方可进行负荷试验。负荷试验分冷模合模试验和热模硫化试验。

6.2.2 冷模合模试验

冷模合模试验除对5.1.6、5.3.1项目进行试验或检测外,曲柄连杆机构式硫化机还要对5.1.21项目进行试验或检测,均应符合要求。

6.2.3 热模硫化试验(可在用户现场进行)

冷模合模试验合格后,方可进行热模硫化试验。热模硫化试验连续运行不少于72 h,并在试验中检查下列项目:

a) 检查硫化机仪表、电气元件、阀门、限位开关及其他配套件工作应灵敏、可靠;

b) 除对5.1.3、5.1.6、5.1.10、5.3.2、5.3.12项目进行试验或检测外,两半模硫化机还要对5.2.4项目,曲柄连杆机构式硫化机还要再对5.1.22项目进行试验或检测,均应符合要求。

6.3 试验方法

硫化机试验方法按附录D的规定进行检测。

7 检验规则

7.1 检验分类

检验分为出厂检验和型式检验。

7.2 出厂检验

7.2.1 出厂规定

每台硫化机出厂前应经制造厂质量检验部门按本标准的规定检验合格后方可出厂,出厂时应附有产品质量合格证书。

7.2.2 检验项目

出厂检验项目为5.1.16、5.1.17、6.1、6.2.1、8.1、8.2,均应符合要求。

7.2.3 合格判定

出厂检验项目全部符合本标准规定,则判为出厂检验合格。

7.2.4 不合格品的处理

出厂检验不合格的产品,通过维修或更换零部件后可再次提交检验。

7.3 型式检验

7.3.1 检验要求

有下列情况之一时,应进行型式检验:

——新产品或老产品转厂生产的试制鉴定;

——当产品在设计、结构、材料、工艺上有较重大改变时;

——产品停产三年以上,恢复生产时;

——国家质量监督机构提出型式检验要求时。

7.3.2 抽样

从出厂检验合格的产品中随机抽取三台,型式检验每次抽检一台,另两台备作复验用。

7.3.3 检验项目

型式检验项目为本标准第5章和第6章规定的全部项目。

7.3.4 合格判定

当型式检验项目全部符合本标准规定,则判为合格;当出现不合格项时,再对复验用的两台的相同不合格项进行复验,若所检项目全部合格,则本次型式检验合格;若仍有不合格项,则本次型式检验不合格。

8 产品标志、包装、贮存

8.1 标志

每台硫化机应在明显位置固定产品标牌。标牌形式、尺寸和技术要求应符合 GB/T 13306 的规定。产品标牌应有下列内容：

——制造单位名称及商标；

——产品名称及型号；

——产品主要参数；

——产品标准号；

——产品编号；

——制造日期。

8.2 包装

8.2.1 产品包装应符合 GB/T 13384 的规定。包装箱储运图示标志应符合 GB/T 191 的规定。包装运输应符合运输部门的有关规定。

包装箱上应有下列内容：

——制造单位名称；

——产品名称及型号；

——产品编号；

——外形尺寸；

——毛重；

——制造日期。

8.2.2 在产品包装箱的明显位置应注明“随机文件在此箱”内容；随机文件应统一装在防水的塑料袋内；随机文件应包括下列内容：

——产品合格证；

——使用说明书；

——装箱单；

——备件清单；

——安装图。

8.3 贮存

产品应存放在干燥通风处，避免受潮腐蚀，不能与有腐蚀性气(物)体一起存放，露天存放应有防雨措施。

附 录 A
（资料性附录）
活络模硫化机系列与基本参数

活络模硫化机系列与基本参数见表 A.1。

表 A.1

规格	模型公称外径 /mm	模型高度 /mm	单模总压力（额定） /kN	胶囊（或水胎）内压力 /MPa	蒸汽压力 /MPa	适用轮胎尺寸范围 /mm	
						直径	断面宽
710	710	210	650	≤1.6	0.45～0.60	510～650	125～200
940	940	240	1400	≤1.8		750～880	170～210
1120	1120	290	1870			950～1040	220～250
1200	1200	330	2280			1055～1150	270～300

附　录　B
（资料性附录）
两半模硫化机系列与基本参数及汽套尺寸

B.1　两半模硫化机系列与基本参数见表 B.1。

表 B.1

规格	模型公称外径 /mm	模型高度 /mm	单模总压力 /kN	胶囊（或水胎）内压力 /MPa	蒸汽压力 /MPa	适用胎圈规格 /mm(in)
740	740	200	≤700			305～406(12～16)
840	840	240	≤970			
940	940	250	≤1 180			381～508(15～20)
1 010	1 010	270	≤1 360			457～508(18～20)
1 110	1 110	310	≤1 770			381～508(15～20)
1 230	1 230	336	≤2 140	1.6～2.0	0.7	457～508(18～20)
1 300	1 300	350	≤2 260			559～711(22～28)
1 530	1 530	450	≤3 120			610～700(24～25)
1 700	1 700	680	≤4 050			
2 000	2 000	600	≤5 880			700～838(25～33)
2 250	2 250	700	≤7 700			737～889(29～35)

B.2　两半模硫化机汽套（见图 B.1）内腔的主要尺寸见表 B.2。

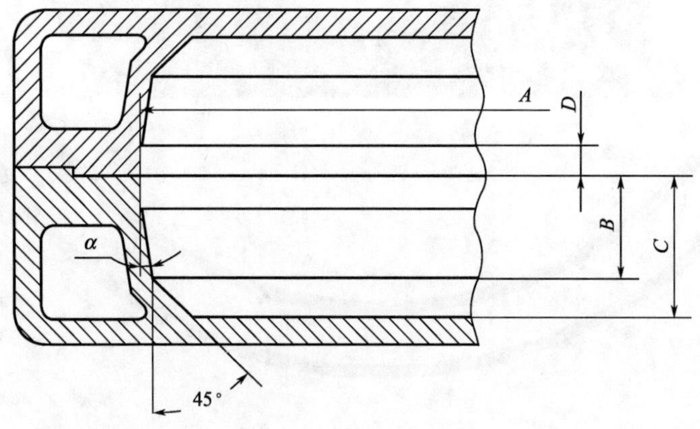

A——模型外径；

B——45°模型锥度起点到模型分型面的距离；

C——二分之一模型高度；

D——10°模型锥度起点到模型分型面的距离。

图 B.1

表 B.2

<table>
<tr><th>规格</th><th>A
/mm</th><th>B
/mm</th><th>C
/mm</th><th>D
/mm</th><th>α/(°)</th></tr>
<tr><td>740</td><td>740</td><td>70</td><td>100</td><td rowspan="8">10</td><td rowspan="11">10</td></tr>
<tr><td>840</td><td>840</td><td>75</td><td>120</td></tr>
<tr><td>940</td><td>940</td><td>80</td><td>125</td></tr>
<tr><td>1 010</td><td>1 010</td><td>83</td><td>135</td></tr>
<tr><td>1 110</td><td>1 110</td><td>100</td><td>155</td></tr>
<tr><td>1 230</td><td>1 230</td><td rowspan="2">115</td><td>168</td></tr>
<tr><td>1 300</td><td>1 300</td><td>175</td></tr>
<tr><td>1 530</td><td>1 530</td><td>150</td><td>225</td></tr>
<tr><td>1 700</td><td>1 700</td><td>270</td><td>340</td><td rowspan="3">25</td></tr>
<tr><td>2 000</td><td>2 000</td><td>235</td><td>300</td></tr>
<tr><td>2 250</td><td>2 250</td><td>285</td><td>350</td></tr>
</table>

附　录　C
（资料性附录）
曲柄连杆机构式硫化机系列与基本参数

曲柄连杆机构式硫化机系列与基本参数见表C.1。

表C.1

<table>
<tr><th>规格</th><th>模型公称外径
/mm</th><th>调模高度
/mm</th><th>单模总压力
/kN</th><th>胶囊(或水胎)
内压力
/MPa</th><th>蒸汽压力
/MPa</th><th>模型数量
/个</th><th>适用胎圈规格
/mm(in)</th></tr>
<tr><td rowspan="2">1 400</td><td rowspan="2">1 400</td><td>280～460</td><td rowspan="2">1960</td><td rowspan="4">2.5～2.8</td><td rowspan="4">0.7</td><td rowspan="4">1</td><td rowspan="2">305～622
(12～19)</td></tr>
<tr><td>260～470</td></tr>
<tr><td rowspan="2">1 850</td><td rowspan="2">1 850</td><td>415～625</td><td rowspan="2">4410</td><td rowspan="2">508～635
(20～25)</td></tr>
<tr><td>400～650</td></tr>
</table>

附 录 D
（规范性附录）
翻新轮胎硫化机检测方法

D.1 整机性能检测

主要整机性能按表 D.1 的规定进行检测。

表 D.1

序号	检测项目	检测方法	检测示意图	检测工具
1	总压力	合模，使上下模具接触，逐次提高合模力，当合模至终点位置时，直接读出测力表指示值		模具
2	胎冠部位的温差	活络模： 取开罩盖，当模具温度达到稳定状态时，用数字式点温计从两汽套间隙中按图示分别测量 6 个测温点的温度，其最高温度与最低温度差，即为该温差	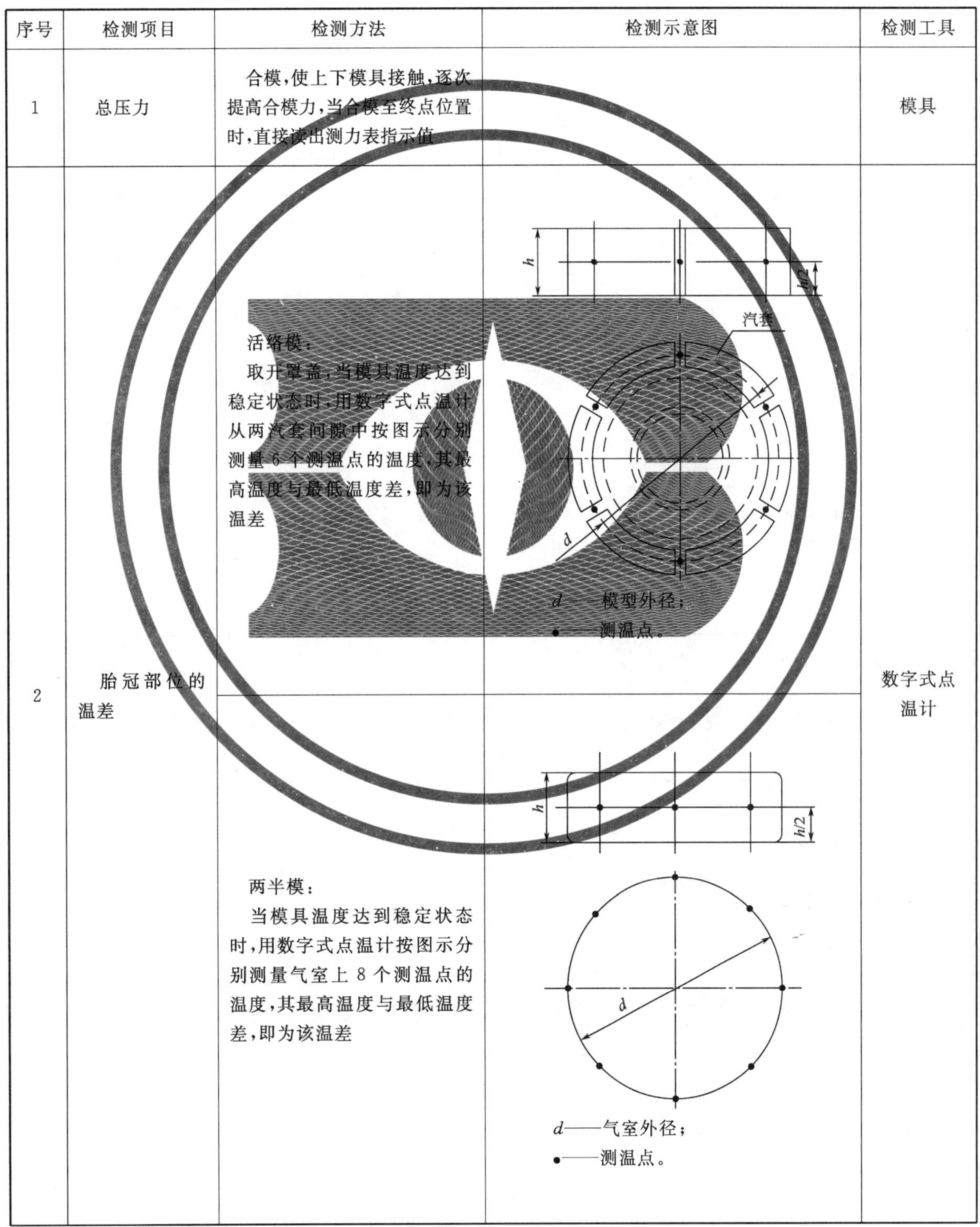	数字式点温计
		两半模： 当模具温度达到稳定状态时，用数字式点温计按图示分别测量气室上 8 个测温点的温度，其最高温度与最低温度差，即为该温差		

表 D.1(续)

序号	检测项目	检测方法	检测示意图	检测工具
3	模型花纹与模型镶合的间隙值	用塞尺对镶合在模型面上的花纹周边逐一检测，其最大值即为模型花纹与模型镶合的间隙值	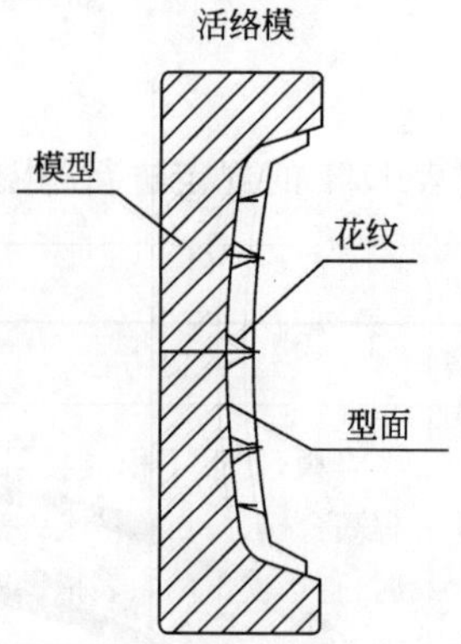 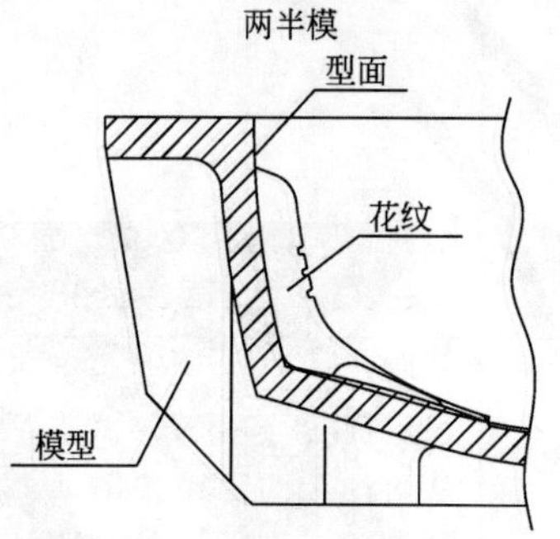	塞尺
4	曲柄连杆机构式硫化机合模至下死点位置的提前量	按照 HG/T 3119—2006 中 3.4 进行检测		
5	曲柄连杆机构式硫化机空负荷运转时主电机电流	按照 HG/T 3119—2006 中 3.5 进行检测		
6	曲柄连杆机构式硫化机合模力达到总压力时主电机电流	按照 HG/T 3119—2006 中 3.6 进行检测		
7	曲柄连杆机构式硫化机正常工作时，主传动减速机的油池温升	用测温仪测量主传动减速机油池的温度，检测两次，其最大值与环境温度差即为油池温升		测温仪

D.2 精度检测

精度按表 D.2 的规定进行检测。

表 D.2

序号	检测项目	检测方法	检测示意图	检测工具
1	活络模硫化机在合模锁紧状态下，模具的圆度公差	当活络模块处于张开状态时，在下侧模上按图示位置布置 12 段铅丝(等直径，长度约 15 mm，且在 6 mm 处弯曲成∟形)，合模，当合模力达到 80 %总压力时开模，测量各铅丝的厚度，其最大厚度与最小厚度差，即为该公差	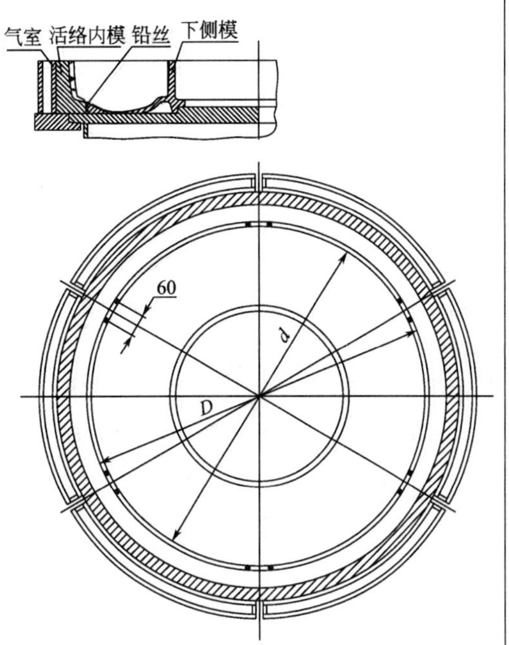 气室 活络内模 铅丝 下侧模 60 d D D——模型内径； d——侧模外径； •——测量点。	铅丝 千分尺
2	活络模硫化机模具合模后的模缝间隙	取开罩盖，在合模锁紧状态下，如图用塞尺测量活络模块结合面的间隙值，其算术平均值，即为其间隙	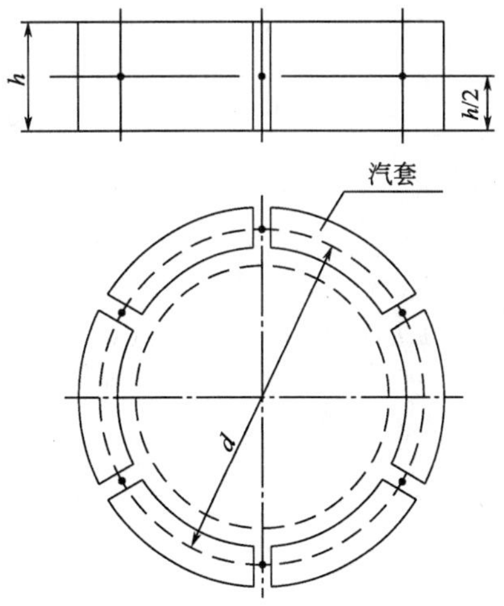 h h/2 汽套 d d——模型外径； •——测量点。	塞尺

表 D.2(续)

序号	检测项目	检测方法	检测示意图	检测工具
3	两半模硫化机在合模锁紧状态下，模具合模后的模具结合面间隙	在下模型结合面的端面中心部位上对称布置4段铅丝(等直径，长约5 mm)，合模，当合模力达到80%总压力时开模，测量各铅丝的厚度，其算术平均值，即为其间隙	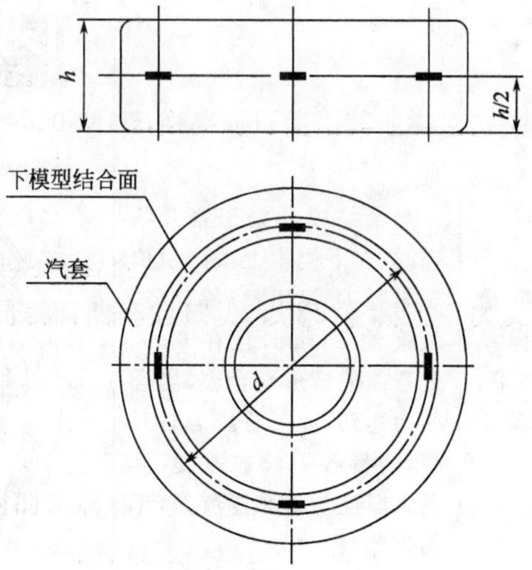 h h/2 下模型结合面 汽套 d d——模型外径； ▬——铅丝布置点。	铅丝 千分尺
4	两半模硫化机在合模锁紧状态下，模具合模后的模具结合面平行度公差	在下模型结合面的端面中心部位对称布置4段铅丝(等直径，长约5 mm)，合模，当合模力达到80%总压力时开模，测量各铅丝的厚度，其最大厚度与最小厚度差，即为该公差	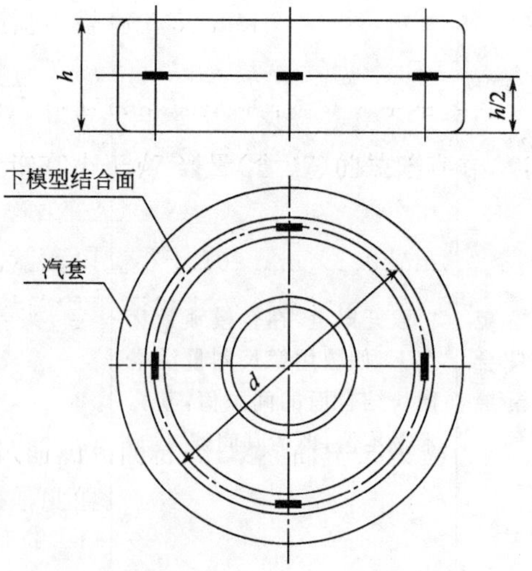 h h/2 下模型结合面 汽套 d d——模型外径； ▬——铅丝布置点。	铅丝 千分尺

表 D.2(续)

序号	检测项目	检测方法	检测示意图	检测工具
5	两半模硫化机模型与汽套的配合间隙	在开模状态下,如图用塞尺测量模具与汽套结合面圆周上相互垂直的4处间隙,其算术平均值,即为其配合间隙	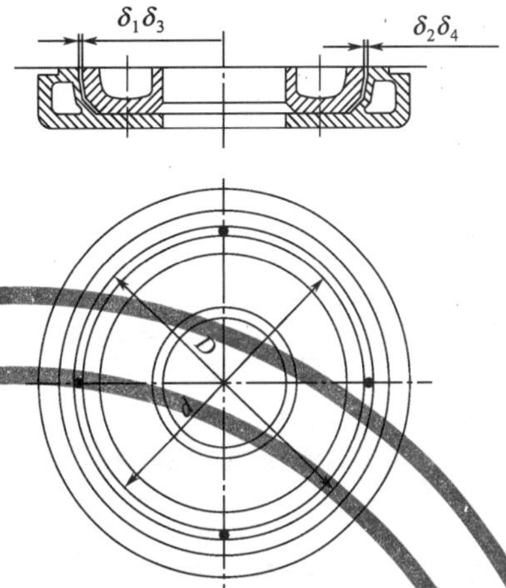 $\delta_1\delta_3$ $\delta_2\delta_4$ D d d——模具外径; D——汽套内径; ●——测量点。	塞尺
6	两半模硫化机在合模锁紧状态下,模具合模后的模口错位公差	在负荷试车时进行。胎体经硫化后出模去除胶边,直接测量错位最深处的垂直深度,其值即为其公差	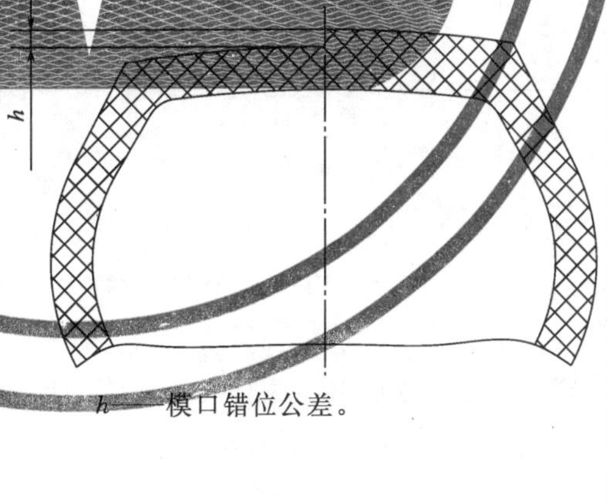 h h——模口错位公差。	游标卡尺
7	曲柄连杆机构式硫化机上横梁下平面对底座上平面的平行度(在下死点位置)	按照 HG/T 3119—2006 中4.1进行检测		

表 D.2(续)

序号	检测项目	检测方法	检测示意图	检测工具
8	曲柄连杆机构式硫化机上横梁从下死点位置升高到垂直移动行程的二分之一时，其下平面对底座上平面的平行度	按照 HG/T 3119—2006 中 4.2 进行检测		
9	曲柄连杆机构式硫化机中心机构与上中心机构的同轴度	以中心机构轴心线为圆心，同轴度要求值为直径划一圆；按图示安装铅锤，目测铅锤尖与所划圆的位置，如铅锤尖在圆内，则同轴度合格，反之不合格	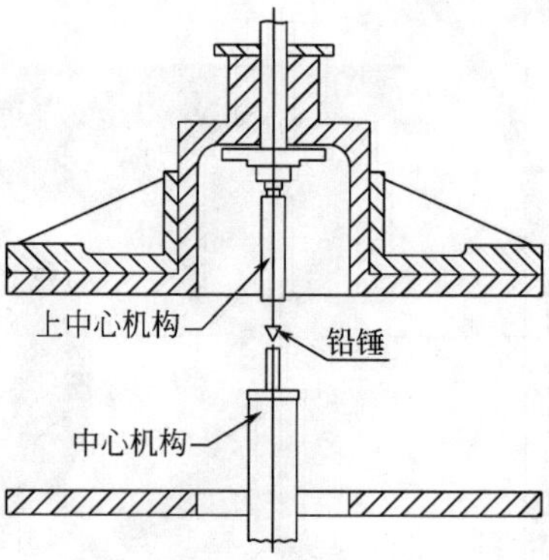 上中心机构 铅锤 中心机构	铅锤
10	曲柄连杆机构式硫化机中心机构与下板的同轴度	以中心机构轴心线为圆心，同轴度要求值为直径划一圆；收缩中心机构并使其低于下板；按图示安装铅锤、测量座，目测铅锤尖与所划圆的位置，如铅锤尖在圆内，则同轴度合格，反之不合格	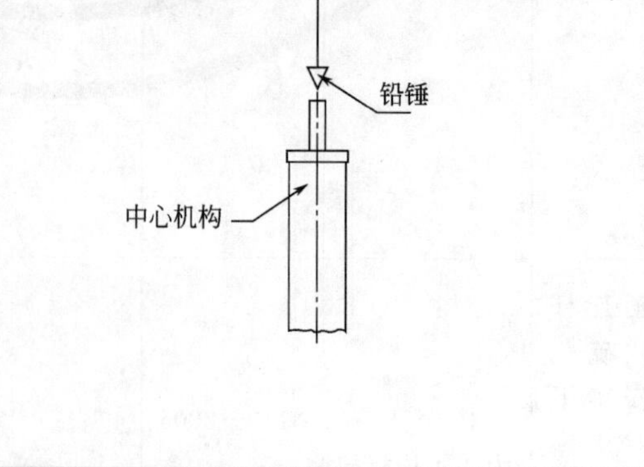 测量座 下板 铅锤 中心机构	铅锤 测量座

D.3 安全、环保性能检测

安全、环保性能按表 D.3 的规定进行检测。

表 D.3

序号	检测项目	检测方法	检测示意图	检测工具
1	运行中的噪声	按照 HG/T 2108 的规定进行检测		
2	热模硫化试验时,汽套外表面的平均温度	正常硫化时,用测温仪按图示测量汽套外表面各测点的温度,各测点温度的算术平均值,即为该项目的平均温度	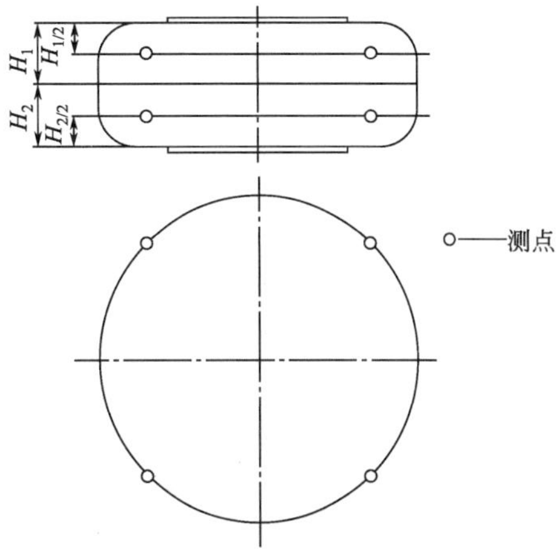 H_1 $H_{1/2}$ H_2 $H_{2/2}$ ○——测点	测温仪
3	曲柄连杆机构式硫化机主电机断电后,上横梁的惯性下滑量	按照 HG/T 3119—2006 中 5.4 进行检测		

ICS 71.120;83.200
G 95
备案号:34496—2012

HG

中华人民共和国化工行业标准

HG/T 2112—2011
代替 HG/T 2111—1991,HG/T 2112—1991

力车胎硫化机

Cycle tyre curing press

2011-12-20 发布　　2012-07-01 实施

中华人民共和国工业和信息化部 发布

前　言

本标准代替 HG/T 2111—1991《电动式力车胎硫化机》和 HG/T 2112—1991《液压式力车胎硫化机》。

本标准与 HG/T 2111—1991 和 HG/T 2112—1991 相比主要变化如下：

—— 增添了引用文件内容；

——本标准将力车胎硫化机的基本参数作为资料性附录；

——增加了对热板焊接质量的要求(见本版 4.6)；

——增加了对液压系统的要求(见本版 4.7)；

——增加了应具有紧急联锁制动装置的要求(见本版 5.3)；

——增加了电气安全性能要求(见本版 5.5～5.6)；

——修改了硫化机运转时的噪声声压级(见本版 5.8)。

本标准的附录 A 为资料性附录。

本标准由中国石油和化学工业协会提出。

本标准由全国橡胶塑料机械标准化技术委员会橡胶机械分技术委员会(SAC/TC71/SC1)归口。

本标准起草单位:绍兴精诚橡塑机械有限公司、北京橡胶工业研究设计院。

本标准主要起草人:徐银虎、尉方炜、何成、夏向秀。

本标准所代替标准的历次版本发布情况为：

—— HG 5-1564—1984；

—— HG 5-1565—1984；

—— HG/T 2111—1991；

—— HG/T 2112—1991。

力车胎硫化机

1 范围

本标准规定了力车胎硫化机(以下简称硫化机)的型号与基本参数、要求、安全要求、试验、检验规则、标志、包装、运输和贮存。

本标准适用于硫化各种自行车胎和力车胎的硫化机,亦适用于硫化各种摩托车内胎的硫化机。

2 规范性引用文件

下列文件中的条款通过本标准的引用而成为本标准的条款。凡是注日期的引用文件,其随后所有的修改单(不包括勘误的内容)或修订版均不适用于本标准。然而,鼓励根据本标准达成协议的各方研究是否可使用这些文件的最新版本。凡是不注日期的引用文件,其最新版本适用于本标准。

GB/T 191 包装储运图示标志(mod ISO 780:1997)

GB/T 1184—1996 形状与位置公差 未注公差值

GB 2893 安全色(mod ISO 2864-1:2002)

GB/T 3766 液压系统通用技术条件(eqv ISO 4413:1998)

GB 5226.1—2008 机械电气安全 机械电气设备 第1部分:通用技术条件(idt IEC 6020-1:2005)

GB/T 12783 橡胶塑料机械产品型号编制方法

GB/T 13306 标牌

GB/T 13384 机电产品包装通用技术条件

HG/T 2108 橡胶机械噪声声压级的测定

HG/T 3120 橡胶塑料机械外观通用技术条件

HG/T 3228 橡胶塑料机械涂漆通用技术条件

JB/T 5995 工业产品使用说明书 机电产品使用说明书编写规定

JB/T 9873 金属切削机床 焊接件通用技术条件

JB/T 10205 液压缸

3 型号与基本参数

3.1 硫化机型号及表示方法应符合 GB/T 12783 中的规定。

3.2 硫化机的基本参数参见附录 A。

4 要求

4.1 硫化机应符合本标准要求,并按照经规定程序批准的图样及技术文件制造。

4.2 硫化机应具有显示热板和胶囊(或气囊)内压力的仪表。

4.3 装配后,上横梁下平面与底座上平面的平行度应符合 GB/T 1184—1996 中表 B3 的 8 级公差值的规定。

4.4 硫化机的柱塞表面须做防腐及硬化处理,其表面粗糙度 $R_a \leqslant 1.6\ \mu m$。

4.5 液压缸与柱塞相配合的内孔表面粗糙度 $R_a \leqslant 3.2\ \mu m$。

4.6 硫化机热板的焊接质量应符合 JB/T 9873 的规定。

4.7 液压系统应符合 GB/T 3766 的规定。

4.8 硫化机液压缸应符合 TB/T 10205 的规定。

4.9 液压缸与柱塞、热板应进行耐压试验，其试验压力为工作压力的 1.5 倍，保压 10 min 不应渗漏。

4.10 热板安装模具的平面温度应均匀，其温差应不大于 4 ℃。

4.11 缸体与柱塞密封良好，柱塞升降应滑动自如。

4.12 热板外表面涂漆耐热温度应不低于 120 ℃。

4.13 硫化机的涂漆质量应符合 HG/T 3228 的规定。

4.14 硫化机的外观质量应符合 HG/T 3120 的规定。

5 安全要求

5.1 硫化机液压系统各调节元件和显示仪表动作应灵敏可靠。

5.2 硫化机应具有当胶囊(或气囊)内压压力低于 0.03 MPa 时，方可开启模具的安全装置。

5.3 硫化机应具有操作方便的紧急联锁制动装置。并保证机器运转至任何位置都能停止运转，或立即恢复至起始点的联动装置。

5.4 硫化机热板外部应装填隔热材料，隔热材料不应含有石棉，硫化时其外表面的平均温度与环境温度之差不大于 40 ℃。

5.5 硫化机绝缘电阻应符合 GB 5226.1—2008 中 18.3 的规定。

5.6 硫化机电气耐压试验应符合 GB 5226.1—2008 中 18.4 的规定。

5.7 硫化机的安全色应符合 GB 2893 的规定。

5.8 硫化机空负荷运转时的噪声声压级应不大于 78 dB(A)，负荷运转时应不大于 80 dB(A)。

6 试验

6.1 空运转试验

6.1.1 空运转试验应在整机总装配完毕，检验合格后进行。

6.1.2 空运转试验前应按 4.3～4.6 的规定分别进行检查，应符合其要求。

6.1.3 空运转试验中开合模次数不得少于 10 次，并在试验中检查下列项目：

a) 按 4.9 的规定进行检查，应符合要求；

b) 按 4.11 检查柱塞升降应灵活，不得有阻滞现象，表面不应有划伤；

c) 按 5.1～5.3、5.5 和 5.6 的规定进行检查，应符合要求；

d) 按 HG/T 2108 的规定检测空负荷运转时的噪声声压级，应符合 5.8 的规定。

6.2 负荷运转试验(可在用户厂执行)

6.2.1 空运转试验合格后方可进行不少于 4 h 的负荷运转试验。

6.2.2 负荷运转试验应检查下列项目：

a) 检查总压力；

b) 液压系统的保压性能、自动补压性能、密封性应符合 4.7～4.9 的规定；

c) 按 4.9 的规定进行检查，应符合其要求；

d) 按 HG/T 2108 的规定检测负荷运转时的噪声声压级，应符合 5.8 的规定。

7 检验规则

7.1 出厂检验

每台产品出厂前应按 4.13、4.14 和 6.1 进行检查，经制造厂质量检验部门检验合格并签发合格证书后，方可出厂。出厂时应附有产品质量合格证书和使用说明书。

7.2 型式检验

7.2.1 型式检验的项目内容包括本标准中各项要求。

7.2.2 有下列情况之一时应进行型式检验：

a) 新产品或老产品转厂生产的试制定型鉴定；

b) 正式生产后，如结构、材料、工艺上有较大改变，可能影响产品性能时；

c) 正常生产时，每年最少抽检一台；

d) 产品停产两年后，恢复生产时；

e) 出厂检验结果与上次型式试验有较大差异时；

f) 国家质量监督机构提出进行型式检验要求时。

7.2.3 判定规则：型式检验项目全部符合本标准规定时，则判为合格。型式检验每次抽验一台，若有不合格项时，应再抽验一台，若还有不合格项时，则应逐台进行检验。

8 标志、包装、运输和贮存

8.1 每台产品应在明显位置固定产品标牌，标牌应符合 GB/T 13306 的规定。

8.2 标牌的基本内容应包括：

a) 制造单位及商标；

b) 产品名称及型号；

c) 产品的编号及出厂日期；

d) 产品的主要参数；

e) 产品执行的标准号。

8.3 产品说明书应符合 JB/T 5995 的规定。

8.4 产品包装应符合 GB/T 13384 的规定。

8.5 产品的运输应符合运输部门的有关规定。

8.6 产品的储运图示标志应符合 GB/T 191 的规定。

8.7 产品安装前应贮存在防雨、通风的室内或临时棚房内并妥善保管。

附　录　A
（资料性附录）
力车胎硫化机的基本参数

力车胎硫化机的基本参数见表 A.1。

表 A.1　力车胎硫化机的基本参数

型　　号	CL-Y350	CL-Y400	CL-Y500	CL-Y630	CL-Y1 000
总压力/kN	350	400	500	630	1 000
硫化胎规格	20″以下力车胎	$28\times1^1/_2$ 以下力车胎	$26\times1^3/_4$～$26\times2^1/_2$ 力车胎	2.25-17～6.00-15 摩托车内胎	摩托车内胎
热板直径/mm	540	745	745	840	890
热板间距/mm	≥180	≥180	≥200	≥310	≥450
层数	3～7	3～7	3～7	3	2
柱塞直径/mm	190	210	250	260	360
动力源(油、水)压力/MPa	12	12	10	12	10
内压压力/MPa	0.8	0.8	0.8	0.8	0.8
热板蒸汽压力/MPa	1.0	1.0	1.0	1.0	1.0
压缩空气压力/MPa	0.6	0.6	0.6	0.6	0.6

ICS 71.120;83.200
G 95
备案号:34499—2012

HG

中华人民共和国化工行业标准

HG/T 2113—2011
代替 HG/T 2113—1991

橡胶硫化罐检测方法

Testing and measuring methods for rubber autoclave

2011-12-20 发布　　2012-07-01 实施

中华人民共和国工业和信息化部　发布

前　言

本标准代替 HG/T 2113—1991《卧式硫化罐检测方法》。

本标准与 HG/T 2113—1991 相比主要变化如下：

——增加了液压系统自动补压功能的检测方法(见本版 3.1 表 1 序号 1)；

——修改了硫化罐硫化区温差的检测方法(见本版 3.2 表 2 序号 1,1991 年版表中序号 1)；

——增加了间接式硫化罐热风循环装置轴承体温升的检测方法(见本版 3.2 表 2 序号 2)；

——增加了间接式硫化罐热风循环装置电机功率的检测方法(见本版 3.2 表 2 序号 3)；

——增加了轮胎硫化罐液压系统工作压力连续可调的检测方法(见本版 3.2 表 2 序号 4)；

——增加了轮胎硫化罐液压系统密封性能的检测方法(见本版 3.2 表 2 序号 5)；

——增加了硫化罐罐体耐压试验方法(见本版 3.3 表 3 序号 1)；

——增加了轮胎硫化罐液压缸和柱塞耐压试验方法(见本版 3.3 表 3 序号 2)；

——增加了硫化罐管路压力试验方法(见本版 3.3 表 3 序号 3)；

——修改了 B 类焊接接头对口错边量的检测方法(见本版 3.4 表 4 序号 2,1991 年版表中序号 2)；

——修改了焊缝余高的检测方法(见本版 3.4 表 4 序号 5,1991 年版表中序号 6)；

——修改了筒体圆度的检测方法(见本版 3.5 表 5 序号 1,1991 年版表中序号 7)；

——增加了筒体长度的检测方法(见本版 3.5 表 5 序号 2)；

——增加了罐体内径的检测方法(见本版 3.5 表 5 序号 3)；

——增加了快开门式硫化罐罐门开闭及安全联锁装置的检测方法(见本版 3.6 表 6 序号 1)；

——增加了轮胎硫化罐液压系统自动限压功能的检测方法(见本版 3.6 表 6 序号 2)；

——修改了硫化罐运行噪声的检测方法(见本版 3.6 表 6 序号 3,1991 年版表中序号 8)；

——增加了硫化罐负荷时,人体可接触部位温度的检测方法(见本版 3.6 表 6 序号 4)；

——增加了绝热层绝热效果的检测方法(见本版 3.6 表 6 序号 5)；

——增加了硫化罐电气设备绝缘电阻的检测方法(见本版 3.6 表 6 序号 6)；

——增加了硫化罐电气设备保护联结电路的检测方法(见本版 3.6 表 6 序号 7)；

——增加了硫化罐电气设备耐压试验方法(见本版 3.6 表 6 序号 8)。

本标准由中国石油和化学工业协会提出。

本标准由全国橡胶塑料机械标准化技术委员会橡胶机械分技术委员会(SAC/TC71/SC1)归口。

本标准负责起草单位:广东湛江机械制造集团公司。

本标准参加起草单位:益阳橡胶塑料机械集团有限公司、桂林橡胶机械厂、福建华橡自控技术股份有限公司、北京橡胶工业研究设计院。

本标准主要起草人:许木养。

本标准参加起草人:陈晓晨、谢盛烈 、曾友平、何成。

本标准所代替标准的历次版本发布情况为：

——HG/T 2113—1991。

橡胶硫化罐检测方法

1 范围

本标准规定了橡胶硫化罐主要项目的检测方法。

本标准适用于橡胶硫化罐(以下简称硫化罐)的检测。

2 规范性引用文件

下列文件中的条款通过本标准的引用而成为本标准的条款。凡是注日期的引用文件,其随后所有的修改单(不包括勘误的内容)或修订版均不适用于本标准,然而,鼓励根据本标准达成协议的各方研究是否可使用这些文件的最新版本。凡是不注日期的引用文件,其最新版本适用于本标准。

GB 5226.1—2008 机械电气安全 机械电气设备 第1部分:通用技术条件(idt IEC 60204-1:2005)

HG/T 2108 橡胶机械噪声声压级的测定

3 主要项目检测方法

3.1 主要功能检测

主要功能项目的检测方法见表1。

表1 主要功能检测

序号	检测项目	检测条件	检测仪器	检测方法
1	液压系统自动补压功能	空负荷试验	压力表(精度不低于1.6级)	目测

3.2 主要性能检测

主要性能项目的检测方法见表2。

表 2 主要性能检测

序号	检测项目	检测条件	检测仪器	检测方法	示意图
1	硫化罐硫化区温差	在达到额定压力和温度下保持 20 min	a)压力表(精度不低于 1.6 级); b)双金属温度计(精度不低于 1.5 级); c)留点温度计;(精度不低于 1.5 级)	a)测温点设置 按图 1 所示的测温点位置挂放留点温度计。 b)测量 在达到额定压力和温度下保持 20 min,卸压后开启罐门,记下各测量点的温度。 c)径向温差 取各测量截面 5 个测温点的最大温差为该测量截面的径向温差;取 3 个测量截面中最大者为该罐的径向温差。 d)轴向温差 取各测量截面 5 个测量点温度的算术平均值作为该测量截面的温度;取 3 个测量截面的最大温差为该罐的轴向温差	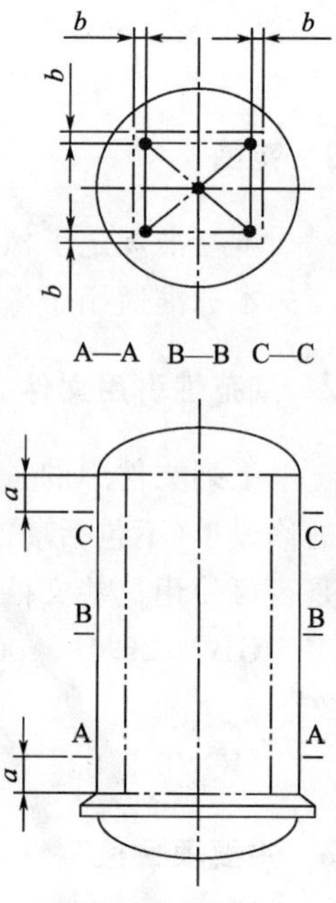 b b b b A—A B—B C—C a C C B B A A a 图中双点划线框表示硫化区;截面 B—B 与截面 A—A、C—C 等距离;a = 150 mm ~ 300 mm,b = 50 mm ~ 100 mm;符号“●”代表测温点。 图 1
2	热风循环装置轴承温升	在额定电压条件下,通电运转 1 h	接触式表面温度计(精度不低于 1.5 级)	用温度计沿轴承端面,测量 3 点,取其最大值减去室温,作为轴承的温升	
3	热风循环电机功率	在额定电压和负荷运转条件下	功率表(精度不低于 1.5 级)	用功率表测量电机的功率值。检测三次,取其中读数最大值为电机功率	
4	液压系统工作压力连续可调	空负荷试验	压力表(精度不低于 1.6 级)	目测	
5	液压系统密封性能	空负荷试验	压力表(精度不低于 1.6 级)	a)液压系统压力加至最高工作压力(p)时,停止加压,1 h 后测量液压系统压力(p_1)。 b)压力降的计算方法: 压力降 = $(p-p_1)/p\times100\%$ 式中: p——最高工作压力; p_1——停止加压 1 h 后的压力	

3.3 压力试验

压力试验方法见表 3。

表 3 压力试验

序号	检测项目	检测条件	检测仪器	检测方法
1	硫化罐罐体耐压试验	罐体制造完成后	压力表(精度不低于1.6级)、计时器	保压 30 min,目测
2	液压缸和柱塞耐压试验	液压缸、柱塞制造完成后,以 1.25 倍设计压力试验	压力表(精度不低于1.6级)、计时器	保压 30 min,目测
3	硫化罐管路压力试验	按图样规定	压力表(精度不低于1.6级)、计时器	保压 30 min,目测

3.4 焊接接头外观检测

焊接接头外观检测方法见表 4。

表 4 焊接接头外观检测

序号	检测项目	检测条件	检测仪器	检测方法	示意图
1	A 类焊接接头对口错边量 b	焊后清除焊渣及飞溅物	样板、塞尺	用内圆弧半径与被测筒体外圆半径一致的样板靠在错边的高侧(图 2 所示),用塞尺测得另一侧的间隙 b,即为焊接接头错边量	200 b 图 2
2	B 类焊接接头对口错边量 b	焊后清除焊渣及飞溅物	焊接检验尺	以焊接检验尺的主尺为测量基面,在活动尺的配合下进行测量(图 3),测量值,即为焊接接头的错边量	主尺 活动尺 b 图 3
3	焊接接头环向形成的棱角 E	罐体组焊后	内样板、外样板	用图 4a 所示的样板尺测量。 对于凸出的棱角,用外圆半径与被测筒体内圆半径一致的内样板紧靠在筒体内表面(图 4b),将样板的活动尺尖端依次插至焊缝两侧母材凹陷的最低处,通过活动尺分别测得 E_1、E_2 值,取其中较大值为因焊接在环向形成的棱角 E	主尺 活动尺 外样板 活动尺 主尺 内样板 图 4a

表 4(续)

序号	检测项目	检测条件	检测仪器	检测方法	示意图
3				对于内凹的棱角，用内圆半径与被测筒体外圆半径一致的外样板，按上述方法进行测量(图 4c)	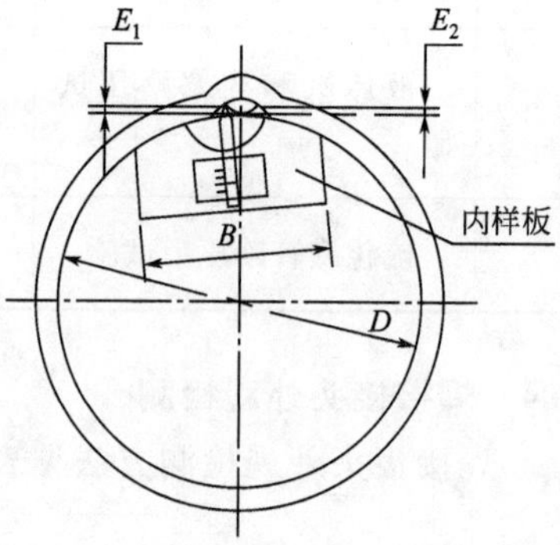 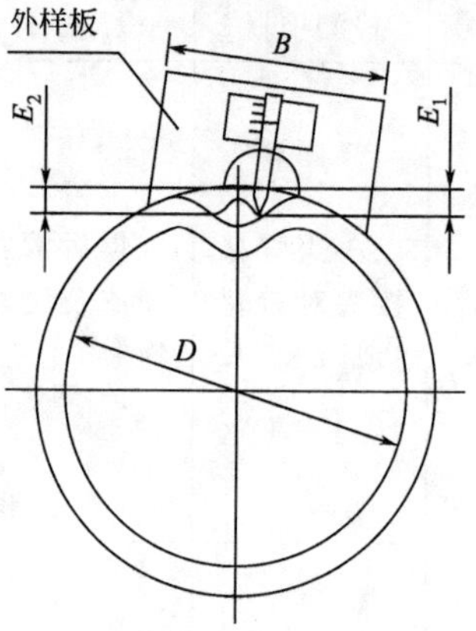 内样板 E_1 E_2 B D 图 4b 外样板 B E_2 E_1 D 图 4c 当 $D<1\ 800$ mm，取 $B=300$ mm； 当 $D\geqslant1\ 800$ mm，取 $B=1/6D$
4	焊接接头轴向形成的棱角 E	罐体组焊后	样板	用长度不小于 300 mm 的样板尺(图 5a)测量。 对于凸出的棱角，用样板尺的基准面紧靠在筒体内表面处(图 5b)，将样板的活动尺尖端依次插至焊缝两侧母材凹陷的最低处，通过活动尺分别测得 E_1、E_2 值，取其中较大值为因焊接在环向形成的棱角 E。	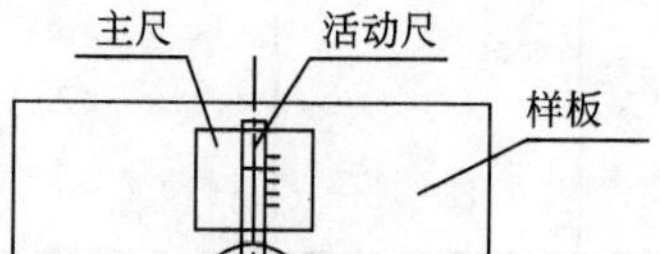 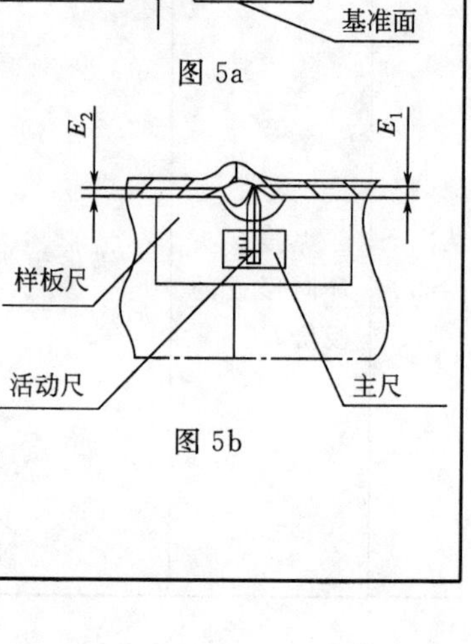 主尺 活动尺 样板 基准面 图 5a E_2 E_1 样板尺 活动尺 主尺 图 5b

表 4(续)

序号	检测项目	检测条件	检测仪器	检测方法	示意图
4	焊接接头轴向形成的棱角 E	罐体组焊后	样板	对于内凹的棱角,用样板紧靠在筒体外表面处,按上述方法进行测量(图5c)	样板尺 活动尺 主尺 E_2 E_1 图 5c
5	焊缝余高	焊后清除焊渣及飞溅物	焊缝检验尺	a)焊缝检验尺测量,如图6所示。 b)取该条焊缝的最大测量值,为该条焊缝的余高	h 图 6
6	焊缝咬边	焊后清除焊渣及飞溅物	焊接检验尺、钢尺	焊缝咬边深度用焊接检验尺测量,以焊接检验尺的主尺端面为基面,将活动尺Ⅱ的尖端插入焊缝咬边的谷底(图7),主尺上的游标零刻度线所对准活动尺Ⅱ的刻度值,即为焊缝咬边深度。 咬边长度用钢尺测量	活动尺Ⅱ 主尺 图 7

3.5 筒体尺寸偏差检测

筒体尺寸偏差的检测方法见表5。

表 5 筒体尺寸偏差检测

序号	检测项目	检测条件	检测仪器	检测方法	示意图
1	筒体圆度	罐体组焊后	内径尺或卡尺	用内径尺按"米"字形测量筒体同一截面上四处的内径值。最大内径 D_{max} 与最小内径 D_{min} 之差为单个截面的圆度误差,如图8所示。沿筒体轴向每隔2 m测量一个截面(全长至少测量前、后2个截面)的圆度误差,取其中的最大值为筒体的圆度误差	D_{min} D_{max} D_{min} D_{max} 图 8

表 5(续)

序号	检测项目	检测条件	检测仪器	检测方法	示意图
2	筒体长度	罐体组焊完毕后	钢卷尺	测量筒体与封头(或罐口法兰)两环焊缝中线间的长度,如图 9 所示,测量 1 次,隔 180°再测量 1 次,取其最小值为筒体长度	筒体长度 图 9
3	罐体内径	罐体组焊后内件安装前	内径尺	罐体同一截面相隔 90°各测量 1 次,如图 10 所示,取 D_1、D_2 的最小值作为罐体内径	D_2 D_1 图 10

3.6 安全性能检测

安全性能项目检测方法见表 6。

表 6　安全性能检测

序号	检测项目	检测条件	检测仪器	检测方法
1	罐门开闭及安全联锁	空负荷试验		目测
2	液压系统自动限压功能	空负荷试验	压力表(精度不低于 1.6 级)	液压系统工作液压力加至公称压力,检查液压系统是否自动停止加压
3	硫化罐的噪声声压级	负荷运转条件下	声级计	按 HG/T 2108 的规定
4	硫化罐外表面人体可接触的部位的温度	负荷运转条件下	接触式表面温度计(精度不低于 1.5 级)	用接触式表面温度计测量硫化罐外表面人体可接触的部位,目测
5	绝热层表面温度与环境的温差	负荷运转条件下	接触式表面温度计(精度不低于 1.5 级)	1)测量绝热层表面温度; 2)测量环境温度。 温差=绝热层表面温度－环境温度
6	绝缘电阻	机械安装及电气连接(包括连接电源)完成后	按 GB 5226.1—2008 中 18.3 的规定	按 GB 5226.1—2008 中 18.3 的规定
7	保护联结电路	当机械安装及电气连接(包括连接电源)完成时	按 GB 5226.1—2008 中 8.2 的规定	按 GB 5226.1—2008 中 8.2 的规定
8	电气设备耐压试验	电气设备安装完成后	按 GB 5226.1—2008 中 18.4 的规定	按 GB 5226.1—2008 中 18.4 的规定

ICS 71.120;83.200
G 95
备案号:34709—2012

HG

中华人民共和国化工行业标准

HG/T 2146—2011
代替 HG/T 2146—1991

胶囊硫化机

Bladder curing press

2011-12-20 发布 2012-07-01 实施

中华人民共和国工业和信息化部 发布

前　言

本标准按照GB/T 1.1—2009给出的规则起草。

本标准代替HG/T 2146—1991《胶囊硫化机》，与HG/T 2146—1991相比，主要技术变化如下：

——修改了适用范围(见1，1991年版的1)；

——增加了注射式胶囊硫化机型号组成及定义(见3.1.2)；

——将规格与基本参数作为资料性附录B、资料性附录C(见3.2，1991年版的表1)；

——模压式硫化机系列增加了4个规格，新增注射式胶囊硫化机系列6个规格(见附录B、附录C)；

——将原标准技术要求分为"整机要求"和"精度要求"(见4.1、4.2，1991年版的4)；

——增加了"整机要求"中的内容(见4.1.9、4.1.10、4.1.11、4.1.12)；

——增加了"精度要求"中的内容(见4.2.3、4.2.4、4.2.5)；

——删除了对液压缸、活(柱)塞及活塞杆工作面的表面粗糙度的要求(见1991年版的4.8)；

——修改了规格范围(见4.2.2表2，1991年版4.11表2)；

——增加了主要精度检测方法(见附录D)；

——增加了"安全要求"中的内容(见5.6、5.7、5.8)；

——增加了"试验"中的内容[见6.1.1 e)、6.1.2 j)、k)、6.2.2 c)、d)]；

——修改了"试验"中的内容[见6.1.1 d)、6.1.2 d)、e)、6.1.2 l)，1991年版6.2.2 c)]；

——删除了对液压缸、活(柱)塞及活塞杆工作面的表面粗糙度的检测[见6.1.1 b)]；

——"标志、包装、贮存"增加了相应的内容[见8.1 c)、8.2.1 a)、b)、c)、d)、e)、f)、8.2.2]。

请注意本文件的某些内容可能涉及专利，本文件的发布机构不承担识别这些专利的责任。

本标准的附录A、附录B、附录C为资料性附录，附录D为规范性附录。

本标准由中国石油和化学工业联合会提出。

本标准由全国橡胶塑料机械标准化技术委员会橡胶机械标准化分技术委员会(SAC/TC71/SC1)归口。

本标准起草单位：福建华橡自控技术股份有限公司、桂林橡胶机械厂、北京橡胶工业研究设计院。

本标准主要起草人：王县贵、高子凌、谢盛烈、何成。

本标准于1991年8月首次发布，本次为第一次修订。

胶囊硫化机

1 范围

本标准规定了胶囊硫化机(以下简称硫化机)的型号、规格与基本参数、技术要求、安全要求、试验、检验规则、标志、包装和贮存等。

本标准适用于硫化胶囊的模压式硫化机和注射式硫化机。

2 规范性引用文件

下列文件对于本文件的应用是必不可少的。凡是注日期的引用文件,仅注日期的版本适用于本文件。凡是不注日期的引用文件,其最新版本(包括所有的修改单)适用于本文件。

GB/T 191 包装储运图示标志(mod GB/T 191—2008,ISO 780:1997)

GB/T 3766 液压系统通用技术条件(eqv GB/T 3766—2001,ISO 4413:1998)

GB/T 12783—2000 橡胶塑料机械产品型号编制方法

GB/T 13306 标牌

GB/T 13384 机电产品包装通用技术条件

HG/T 2108 橡胶机械噪声声压级的测定

HG/T 3120 橡胶塑料机械外观通用技术条件

HG/T 3228 橡胶塑料机械涂漆通用技术条件

3 型号、规格与基本参数

3.1 型号

3.1.1 模压式硫化机的型号编制方法应符合 GB/T 12783 的规定。

3.1.2 注射式硫化机型号组成及定义参见附录 A。

3.2 规格与基本参数

3.2.1 模压式硫化机规格与基本参数参见附录 B。

3.2.2 注射式硫化机规格与基本参数参见附录 C。

4 技术要求

4.1 整机要求

4.1.1 硫化机应符合本标准规定的各项要求,并按照经过规定程序批准的图样和技术文件制造。

4.1.2 硫化机应具有手控及自控系统,能完成充填胶料、硫化、卸下制品等工艺过程。

4.1.3 硫化机应具有指示和调节合模力的装置。

4.1.4 硫化机应具有指示和记录外温、内温并能调节内外温的仪表,各仪表工作应灵敏、安全、可靠。

4.1.5 硫化机合模力达到设定的工作压力时,油泵停止工作,保压 1 h,液压系统的压力降不得超过工作压力的 10 %。

4.1.6 当硫化机液压系统的压力降超过工作压力的 10 %时,液压泵应能自动启动补压,直至达到工作压力为止。

4.1.7 硫化机液压系统的工作液压力,应能在设计压力的 60 %~100 %范围内调节。

4.1.8 硫化机液压缸应进行耐压试验,试验压力为设计压力的 1.5 倍,保压 5 min 不应有渗漏。

4.1.9 硫化机最大合模力值应不低于设计值的 98 %。

4.1.10 硫化机正常工作时，油箱内液压油的温度应不大于 60 ℃。

4.1.11 注射式硫化机预塑螺杆的转速在 0 r/min～120 r/min 范围可调，并有能显示转速信息的元件。

4.1.12 注射式硫化机应具有温度自动调节装置，预塑挤出筒、注射腔、喷嘴腔、喷嘴实际温度值与设定值的误差应不大于±3 ℃。

4.1.13 硫化机的液压系统应符合 GB/T 3766 的规定。

4.1.14 硫化机的外观质量应符合 HG/T 3120 的规定。

4.1.15 硫化机的涂漆质量应符合 HG/T 3228 的规定。

4.2 精度要求

4.2.1 硫化机上、下工作台工作表面的平行度应符合表 1 的规定。

表 1

合模力 P/kN	平行度公差值/(mm/m)
P<5 000	≤0.25
5 000≤P<10 000	≤0.30
10 000≤P<18 000	≤0.40
18 000≤P<32 000	≤0.50

4.2.2 模压式硫化机上、下芯模伸出最大距离时，定位法兰同轴度应符合表 2 的规定。

表 2

合模力 P/kN	同轴度公差值/mm
P<5 000	≤ϕ0.70
5 000≤P<10 000	≤ϕ0.75
10 000≤P<18 000	≤ϕ0.80
18 000≤P<32 000	≤ϕ1.00

4.2.3 注射式硫化机注射喷嘴轴线与模具定位孔轴线的同轴度应符合表 3 的规定。

表 3

合模力 P/kN	同轴度公差值/mm
P<5 000	≤ϕ0.25
5 000≤P<10 000	≤ϕ0.30
10 000≤P<18 000	≤ϕ0.35
18 000≤P<32 000	≤ϕ0.40

4.2.4 注射式硫化机注射装置连接板下平面与横梁上平面的平行度应符合表 4 的规定。

表 4

合模力 P/kN	平行度公差值/(mm/m)
P<5 000	≤0.15
5 000≤P<10 000	≤0.20
10 000≤P<18 000	≤0.25
18 000≤P<32 000	≤0.30

4.2.5 注射式硫化机胶料注射量与设定注射量的误差应不大于±0.5 %。

5 安全要求

5.1 硫化机应配置紧急事故开关。

5.2 液压系统应具有可靠的限压装置。

5.3 硫化机应具有当合模力超过最大值时，自动切断油泵电机电源的安全控制装置。

5.4 硫化机运转时的噪声声压级不得大于 80 dB(A)。

5.5 硫化机整机或质量较大的零部件应便于吊装。

5.6 硫化机上、下工作台与上横梁及工作台底板之间均应装有隔热层，隔热层的隔热材料不得使用含石棉成分的材料。

5.7 硫化机四周应设安全护栏，前护栏门上应设有限位开关。

5.8 注射式硫化机温控系统高温部位应具备防护装置。

6 试验

6.1 空负荷运转试验

6.1.1 空负荷运转试验前应检查下列项目：

a) 参照附录 B 和附录 C，检测硫化机工作台尺寸和间距；

b) 按 4.2.1 的规定，检测硫化机上下工作台工作面平行度；

c) 按 4.2.2 的规定，检测硫化机上、下芯模定位法兰的同轴度；

d) 按 4.2.3 的规定，检测注射式硫化机注射喷嘴轴线与模具定位孔轴线的同轴度；

e) 按 4.2.4 的规定，检测注射式硫化机注射装置连接板下平面与横梁上平面的平行度。

6.1.2 空运转试验开、合模次数不得少于 5 次，并检查下列项目：

a) 按 4.1.2 的要求，检查硫化机控制系统工作的准确性和可靠性；

b) 按 5.1 的要求，检查硫化机紧急事故开关应灵敏、可靠；

c) 参照附录 B，检测模压式硫化机活(柱)塞行程、上下芯模活塞行程；

d) 参照附录 B，检测模压式硫化机活(柱)塞运行速度；

e) 按 4.1.5 的规定，检查硫化机液压系统的保压性能；

f) 按 4.1.6 的规定，检查硫化机液压泵的工作可靠性；

g) 按 4.1.7 的规定，检查硫化机液压系统的压力调节范围；

h) 按 4.1.8 的规定，检查硫化机液压缸的耐压性能；

i) 按 4.1.9 的规定，测量硫化机合模力值；

j) 按 4.1.11 的规定，检查注射式硫化机预塑螺杆转速；

k) 按 4.1.12 的规定，检查注射式硫化机温控精度；

l) 按 5.4 的规定，检查硫化机运转时噪声的声压级，其检测方法按 HG/T 2108 的规定。

6.1.3 硫化机主要精度检测方法按附录 D 规定进行检测。

6.2 负荷运转试验

6.2.1 硫化机应在空负荷运转试验合格后，方可进行负荷运转试验。

6.2.2 负荷运转试验检查下列项目：

a) 参照附录 B，检测模压式硫化机合模加压时间；

b) 检查硫化机各仪表应符合 4.1.3 和 4.1.4 的规定；

c) 检测硫化机油箱内液压油的温度符合 4.1.10 规定；

d) 注射式硫化机检查注射量符合 4.2.5 规定。

7 检验规则

7.1 出厂检验

7.1.1 每台硫化机出厂前应进行出厂检验。

7.1.2 每台硫化机出厂前，按照 4.1.14、4.1.15、6.1 进行检验，并应符合其规定。

7.1.3 每台硫化机需经制造厂质量检验部门检验合格后方能出厂，出厂时应附有产品质量合格证及主要实测数据。

7.2 型式检验

7.2.1 型式检验应对本标准中的各项要求进行检查，并应符合其规定。

7.2.2 凡有下列情况之一时，需进行型式检验：

a) 新产品或老产品转厂生产的试制定型鉴定；

b) 当产品在设计、结构、材料、工艺上有较大改变，可能影响产品性能时；

c) 产品停产三年以上，恢复生产时；

d) 出厂检验结果与上次型式检验结果有较大差异时；

e) 正常生产时，每年至少抽试一台；

f) 国家质量监督机构提出型式检验要求时。

7.2.3 当抽试检查不合格时，应再抽检 2 台，若仍有 1 台不合格时，则应查明原因，对该批产品逐台进行检验。

8 标志、包装、贮存

8.1 标志

每台硫化机应在明显位置固定标牌，标牌型式、尺寸和技术要求应符合 GB/T 13306 规定。产品标牌上的内容应包括：

a) 制造单位名称及商标；

b) 产品型号与名称；

c) 产品主要参数；

d) 产品编号；

e) 制造日期；

f) 产品执行的标准编号。

8.2 包装

8.2.1 硫化机的包装应符合 GB/T 13384 的规定。包装箱储运图示标志应符合 GB/T 191 的规定。硫化机的运输应符合运输部门的有关规定。

包装箱上应有下列内容：

a) 产品名称及型号；

b) 制造厂名；

c) 产品编号；

d） 外形尺寸；

e） 毛重；

f） 生产日期。

8.2.2 在产品包装箱的明显位置注明“随机文件在此箱”内容；随机文件应统一装在防水的塑料袋内；随机文件应包括下列内容：

a） 产品合格证；

b） 使用说明书；

c） 装箱单；

d） 备件清单；

e） 安装图。

8.3 贮存

8.3.1 硫化机应储存在干燥通风处，避免受潮。露天存放应有防雨措施。

附 录 A
（资料性附录）
注射式硫化机型号组成及定义

A.1 型号组成

A.1.1 注射式硫化机型号由产品代号、规格参数、设计代号三部分组成，产品型号格式如下：

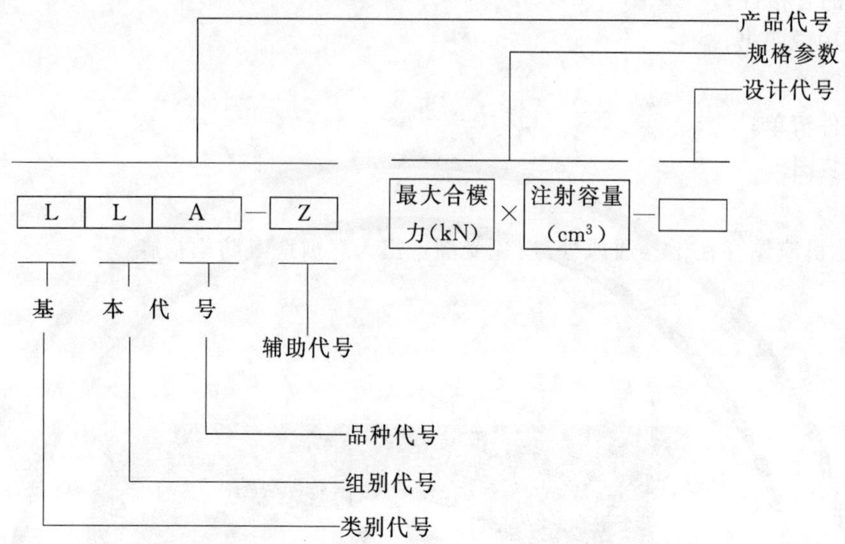

A.1.2 产品代号由基本代号和辅助代号组成，用大写汉语拼音字母表示。

A.1.3 基本代号由类别代号、组别代号、品种代号组成，其定义：类别代号 L 表示轮胎生产机械；组别代号 L 表示硫化机械；品种代号 A 表示胶囊硫化机。

A.1.4 辅助代号定义：Z 表示注射式。

A.1.5 规格参数：标注最大合模力(kN)乘以注射容量(cm^3)。

A.1.6 设计代号在必要时使用，应符合 GB/T 12783—2000 中 3.5 的规定。

A.2 型号说明及示例

最大合模力 6 000 kN、注射容量 10 000 cm^3 的注射式胶囊硫化机型号为：

LLA-Z6 000×10 000

附　录　B
（资料性附录）
模压式硫化机规格与基本参数

B.1　表 B.1 给出了模压式硫化机的规格与基本参数。

表 B.1　模压式硫化机规格与基本参数

规格		4 000	5 000	5 200	10 000	12 000	15 000	18 000	31 500
最大合模力/kN		4 000	5 000	5 200	10 000	12 000	15 000	18 000	31 500
胶囊最大规格　直径×高度/mm		620×600	620×700	820×600	1 150×1 150	1 150×1 150	940×980	1 600×1 400	1 830×2 030
工作台尺寸 长×宽/mm		920×940	920×940	850×800	1 500×1 680	1 500×1 680	1 400×1 400	2 250×2 250	2 300×2 280
上、下工作台间距/mm	最小	350	540	0	600	500	500	1 000	1 270
	最大	1 500	1 800	1 750	3 000	3 000	3 000	4 200	5 700
活(柱)塞行程/mm		1 150	1 260	1 750	2 400	2 400	2 500	800	4 430
上芯模活塞行程/mm		520	520	360	920	920	800	1 250	1 700
下芯模活塞行程/mm		680	680	515	1 220	1 220	760	1 600	2 500
活(柱)塞运行速度不小于/(mm/s)	上行	16		28	23.3	25	25	30	56
	下行	18		37	20	26	25	30	—
合模后加压时间不大于/s		13		—	35	40	—	—	60

附 录 C
（资料性附录）
注射式硫化机规格与基本参数

C.1 表C.1给出了注射式硫化机的规格与基本参数。

表C.1 注射式硫化机规格与基本参数

规　格	Z6 000×10 000	Z8 000×10 000	Z10 000×15 000	Z12 000×18 000	Z15 000×25 000	Z20 000×30 000
最大合模力/kN	6 000	8 000	10 000	12 000	15 000	20 000
工作台尺寸长×宽/mm	920×940	1 000×1 000	1 100×1 100	1 300×1 300	1 400×1 400	1 500×1 500
上下工作台间距/mm	1 800	2 000	2 500	2 500	3 000	3 100
模具厚度 最小/最大/mm	550/850	470/1 000	600/1 250	800/1 250	800/1 400	620/1 400
注射容量/cm^3	10 000	10 000	15 000	18 000	25 000	30 000
注射压力/MPa	150	120～180	120～180	120～180	120～180	120～180
注射速度/(cm^3/s)	400	400	430	430	460	460
螺杆直径/mm	65	65	65	65	80	95
螺杆转速/(r/min)	0～120	0～120	0～120	0～120	0～120	0～120
胶料尺寸/mm	10×50	10×70	10×70	10×70	10×80	10×90
总装机功率/kW	60	72	—	212	—	250
液压泵最大压力/MPa	25	25	25	25	25	25

附 录 D
(规范性附录)
胶囊硫化机主要精度检验方法

D.1 表 D.1 给出了胶囊硫化机的主要精度检验方法。

表 D.1 胶囊硫化机主要精度检验方法

序号	检验项目	检测方法	检测示意图	检测仪器
1	硫化机上、下工作台工作表面的平行度	将内径千分尺放在上、下工作台的四个角、半径为 R100 mm 范围内，测得的最大值和最小值之差，即为上、下工作台的平行度误差值。		内径千分尺
2	模压式硫化机上、下芯模伸出最大距离时定位法兰同轴度	下芯模法兰与上芯模法兰之间距为 10 mm，测量上芯模法兰定中心处外圆对下芯模法兰定中心处外圆的偏移量，其偏移量的最大值即同轴度误差值。 1. 先用外径千分尺测量两法兰的外圆实际尺寸。 2. 将刀口尺贴紧高出的法兰盘母线，用塞尺测量刀口尺与另一端法兰盘母线的间隙；检测圆周四个点。 3.(塞尺最大值的一半)±(两外圆差值的一半)，所得的值即为同轴度误差值。		外径千分尺 刀口尺 塞尺
3	注射式硫化机注射喷嘴轴线与模具定位孔轴线的同轴度	1. 拆下喷嘴，将测量辅助导杆和测量座装入喷嘴座。 2. 将带杠杆千分表的磁力表座吸在测量座上，使杠杆千分表触头触及模具定位孔内表面，旋转测量座一周，千分表最大与最小读数之差即为同轴度误差。	测量座 测量辅助导杆	测量辅助导杆 测量座 磁力表座 杠杆千分表
4	注射式硫化机注射装置连接板下平面与横梁上平面的平行度	将内径千分尺放在连接板下平面和横梁上平面的四个角、半径为 R100 mm 范围内，测得的最大值和最小值之差，即为平行度误差值。		内径千分尺
5	合模力测量	用精度不低于 1.6 级的电接点压力表测得工作液的压力乘以活塞承压面积。	—	电接点压力表

ICS 71.120;83.200
G 95
备案号:34710—2012

HG

中华人民共和国化工行业标准

HG/T 2147—2011
代替 HG/T 2147—1991

橡胶压型压延机

Rubber embossing machine

2011-12-20 发布　　2012-07-01 实施

中华人民共和国工业和信息化部　发布

前 言

本标准按照 GB/T 1.1—2009 给出的规则起草。

本标准代替 HG/T 2147—1991《橡胶压型压延机》,与 HG/T 2147—1991 相比,主要技术变化如下:

——将基本参数作为资料性附录 A(见 3.2,1991 年版表 1);

——增加了压型机辊筒有效工作表面温度与规定值的偏差(见 4.2.7);

——增加了空运转要求内容(见 4.3);

——增加了负荷运转要求内容(见 4.4);

——根据第 4 章的内容对空运转试验和负荷运转试验进行了修改(见 5,1991 年版 6)。

——删除了原标准第 8 章。

请注意本文件的某些内容可能涉及专利。本文件的发布机构不承担识别这些专利的责任。

本标准的附录 A 为资料性附录。

本标准由中国石油和化学工业联合会提出。

本标准由全国橡胶塑料机械标准化技术委员会橡胶机械标准化分技术委员会(SAC/TC71/SC1)归口。

本标准起草单位:北京橡胶工业研究设计院。

本标准主要起草人:夏向秀、何成。

本标准于 1991 年 8 月首次发布,本次为第一次修订。

橡胶压型压延机

1 范围

本标准规定了橡胶压型压延机(以下简称压型机)的型号与基本参数、要求、试验、检验规则、标志、包装、运输和贮存等。

本标准适用于胶鞋大底、鞋面和沿条等压型用的压延机。

2 规范性引用文件

下列文件对于本文件的应用是必不可少的。凡是注日期的引用文件,仅注日期的版本适用于本文件。凡是不注日期的引用文件,其最新版本(包括所有的修改单)适用于本文件。

GB/T 191 包装储运图示标志(mod GB/T 191—2008,ISO 780:1997)

GB/T 1184—1996 形状和位置公差 未注公差值(eqv ISO 2768-2:1989)

GB/T 12783 橡胶塑料机械产品型号编制方法

GB/T 13306 标牌

GB/T 13384 机电产品包装通用技术条件

HG/T 2108 橡胶机械噪声声压级的测定

HG/T 3108 冷硬铸铁辊筒

HG/T 3120 橡胶塑料机械外观通用技术条件

HG/T 3228 橡胶塑料机械涂漆通用技术条件

3 型号与基本参数

3.1 压型机型号编制方法应符合 GB/T 12783 中的规定。

3.2 压型机基本参数参见附录 A。

4 要求

4.1 设计制造要求

压型机应符合本标准的要求,并按照经规定程序批准的图样及技术文件制造。

4.2 技术要求

4.2.1 压型机的固定辊筒选用冷硬铸铁辊筒时,其性能和技术要求应符合 HG/T 3108 的规定。

4.2.2 压型机的活动辊筒选用钢制辊筒时,其机械性能应满足:

——抗拉强度应不低于 560 N/mm^2,屈服强度应不低于 280 N/mm^2;

——表面硬度应不低于 HB 180。

4.2.3 辊筒工作表面的粗糙度 $R_a \leqslant 1.6\ \mu m$。

4.2.4 压型机左右回转盘安装辊筒轴承的滑槽受力面应在同一条轴线上,其平面度应不低于 GB 1184—1996 表 B1 中 7 级公差值的规定。

4.2.5 压型机左右机架轴承孔应在同一轴线上,其同轴度应符合 GB/T 1184—1996 表 B4 中 8 级公差值的规定。

4.2.6 压型机辊筒轴颈两端面与轴承端面的轴向总间隙应在 0.7 mm~1.5 mm 范围内。

4.2.7 压型机辊筒有效工作表面温度与规定值的偏差:若采用中空辊筒应不大于±5℃;若采用钻孔辊筒应不大于±1 ℃。

4.2.8 压型机回转盘转动应灵活，锁紧装置工作应可靠。

4.2.9 加热冷却管路应进行耐压试验，试验压力应不低于工作压力的 1.5 倍，保压 10 min，不应渗漏。

4.2.10 润滑系统应清理干净，在工作压力下无渗漏。

4.3 空运转要求

4.3.1 压型机空运转时，主电机功率应不大于额定功率的 15 %。

4.3.2 压型机在不加热条件下空运转时，辊筒轴承温度不应有骤升现象，辊筒轴承温升应不超过 20 ℃。

4.4 负荷运转要求

4.4.1 压型机负荷运转时，主电机消耗功率应不大于额定功率(允许瞬时过载)。

4.4.2 压型机负荷运转时，辊筒轴承温升应不超过 40 ℃。

4.5 安全和环保要求

4.5.1 压型机的前后均应设有紧急制动操纵装置，制动后辊筒继续旋转行程应不大于辊筒周长的 1/4。

4.5.2 压型机外露运转部分，应设有防护装置。

4.5.3 压型机运转应平稳，无异常振动。运转时的噪声声压级应不大于 80 dB(A)。

4.6 外观和涂漆要求

4.6.1 压型机的外观质量应符合 HG/T 3120 的规定。

4.6.2 压型机的涂漆质量应符合 HG/T 3228 的规定。

5 试验

5.1 空运转试验

5.1.1 压型机在空运转前，应按 4.2、4.6 的要求进行检查。

5.1.2 整机总装检验合格后应进行不少于 2 h(每个活动辊分别运转 0.5 h)的空运转试验。

5.1.3 空运转试验应检查下列项目：

a) 测量辊筒线速度；

b) 检测主电机功率值；

c) 按 4.2.8 的要求，检查回转转盘的转换灵活性和锁紧装置工作的可靠性；

d) 按 4.2.9 的要求，对加热冷却管路应进行耐压试验；

e) 按 4.3.1 的要求，检测主电机功率；

f) 按 4.3.2 的要求，检测辊筒轴承温升；

g) 按 4.5.1 的要求，检测紧急制动的可靠性；

h) 按 4.5.3 的要求，检测噪声声压级，检测方法按 HG/T 2108 规定。

5.2 负荷运转试验

5.2.1 负荷运转试验应在空运转试验合格后方能进行。

5.2.2 负荷运转试验时间不少于 2h，并检查下列项目：

a) 按 4.2.7 的要求，检测辊筒工作表面温度与规定值的偏差；

b) 按 4.2.10 的要求，对润滑系统进行渗漏情况试验；

c) 按 4.4.1 的要求，检测主电机功率；

d) 按 4.4.2 的要求，检测辊筒轴承温升；

e) 按 4.5.3 的要求，检测噪声声压级，检测方法按 HG/T 2108 规定。

6 检验规则

6.1 出厂检验

6.1.1 每台产品出厂前应进行出厂检验。

6.1.2 出厂检验应按照4.6.1、4.6.2和5.1进行，并应符合其规定。

6.1.3 每台产品应经制造单位质量检验部门检验合格后方能出厂，出厂时应附有产品合格证书。

6.2 型式检验

6.2.1 型式检验应按本标准中各项要求进行检查，并应符合其规定。

6.2.2 有下列情况之一时应进行型式检验：

a) 新产品或老产品转厂生产的试制定型鉴定；

b) 正式生产后，如结构、材料、工艺上有较大改变，可能影响产品性能时；

c) 正常生产时，每年最少抽检一台；

d) 产品停产三年后，恢复生产时；

e) 出厂检验结果与上次型式检验有较大差异时；

f) 国家质量监督机构提出进行型式检验要求时。

6.2.3 判定规则

型式检验项目全部符合本标准规定时，则判为合格。型式检验每次抽验一台，若有不合格项时，应再抽验一台，若还有不合格项时，则应逐台检验。

7 标志、包装、运输和贮存

7.1 每台产品应在明显位置固定产品标牌，标牌应符合GB/T 13306的规定。

7.2 标牌的基本内容应包括：

a) 制造单位及商标；

b) 产品名称及型号；

c) 产品编号及出厂日期；

d) 产品的主要参数；

e) 产品执行的标准编号。

7.3 产品包装应符合GB/T 13384的规定。

7.4 产品的运输应符合运输部门的有关规定。

7.5 产品的储运图示标志应符合GB/T 191的规定。

7.6 产品安装前应贮存在防雨、通风的室内或临时棚房内并妥善保管。

附　录　A
（资料性附录）
压型机的基本参数

A.1　压型机的基本参数见表A.1。

表A.1　压型机的基本参数

辊筒尺寸/mm		辊筒最大线速度/(m/min)	主电机最小功率/kW	制品最大压型厚度/mm
直径	辊面宽度			
160	530	7.5	3.0	5
230[a]	630	10	5.5	7
	700			
[a] 230 mm直径可有5%的变动量。				

ICS 71.120;83.200
G 95
备案号:34497—2012

HG

中华人民共和国化工行业标准

HG/T 2176—2011
代替 HG/T 2176—1991

力车轮胎模具

Mould for cycle tyre

2011-12-20 发布　　　　2012-07-01 实施

中华人民共和国工业和信息化部　发布

前　言

本标准代替 HG/T 2176—1991《力车轮胎模具》。

本标准与 HG/T 2176—1991 相比，主要变化如下：

——修改了范围；

——增加了术语和定义；

——修改了模具各部位主要尺寸的极限偏差(见本版 6.3.1,1991 年版 4.3)；

——增加了拼花结构及其示意图[见本版图 1(b)]；

——在表 1 中增加了名称“型腔尺寸的极限偏差”(见本版 6.3.1)；

——在表 1 的内容中增加了端面宽 B、对接花纹间距、非对接花纹间距、花纹圈拼合面间隙(见本版 6.3.1,1991 年版 4.3)；

——型腔外直径改为型腔外直径 D_0，着合直径改为着合直径 d_0(见本版 6.3.1,1991 年版 4.3)；

——增加互换要求(见本版 6.5)；

——增加装配要求(见本版 6.6)；

——增加了安全要求(见本版 6.7)；

——增加了外观要求(见本版 6.8)；

——增加了检验方法(见本版 7)；

——将“检验规则”改为“检验规则及判定”(见本版 8,1991 年版 5)；

——增加“判定与复检”规则(见本版 8.2)；

——删除了原标准中附录 A 和附录 C(见 1991 年版附录 A 和附录 C)；

——原标准附录 B 改为附录 A,修改了力车胎模具的型号编制方法(见本版附录 A,1991 年版附录 B)。

本标准的附录 A 为资料性附录。

本标准由中国石油和化学工业协会提出。

本标准由全国橡胶塑料机械标准化技术委员会橡胶机械标准化分技术委员会(SAC/TC71/SC1)归口。

本标准起草单位：浙江来福模具有限公司、北京橡胶工业研究设计院、绍兴市质量技术监督检测院。

本标准主要起草人：潘伟润、张良、夏向秀、何成、张弘、徐君。

本标准所代替标准的历次版本发布情况为：

——HG/T 2176—1991。

力车轮胎模具

1 范围

本标准规定了力车轮胎模具的术语和定义、分类、型号编制方法、要求、检验方法、检验规则及判定，还给出了标志、标牌、包装运输和贮存的要求。

本标准适用于自行车、三轮车、手推车、电动车、摩托车及类似形式车辆的充气轮胎的外胎、内胎及气囊模具(以下简称模具)。

2 规范性引用文件

下列文件中的条款通过本标准的引用而成为本标准的条款。凡是注日期的引用文件，其随后所有的修改单(不包括勘误的内容)或修订版均不适用于本标准，然而，鼓励根据本标准达成协议的各方研究是否可使用这些文件的最新版本。凡是不注日期的引用文件，其最新版本适用于本标准。

GB/T 191　包装储运图示标志(mod GB/T 191—2008，ISO 780：1997)

GB/T 699　优质碳素结构钢

GB/T 985.1　气焊、焊条电弧焊、气体保护焊和高能束焊的推荐坡口

GB/T 1703　力车内胎

GB/T 1800.1—2009　产品几何技术规范(GPS)极限与配合　第1部分:公差、偏差和配合的基础

GB/T 1804—2000　一般公差　未注公差的线性和角度尺寸的公差(eqv ISO 2768-1：1989)

GB/T 2983　摩托车轮胎系列

GB/T 6326　轮胎术语及其定义(neq GB/T 6326—2005，ISO 4223-1：2002)

GB/T 7377　力车轮胎系列

GB/T 13306　标牌

HG/T 3223　橡胶机械术语

JB/T 4385.1　锤上自由锻件　通用技术条件

3 术语和定义

GB/T 6326 和 HG/T 3223 确立的以及下列术语和定义适用于本标准。

3.1

型腔　cavity

构成轮胎制品外轮廓的模腔零件组合。

3.2

钢圈　bead ring

用于轮胎轮辋部位定型硫化的模具零件。

3.3

分型面　parting plan

上下模的配合面接触面及模体与钢圈的接触面。

3.4

两半模　two pieces mould

结构呈上下两半的模具。

3.5

上模 top mould

构成模具上半部分的零件组合。

3.6

下模 bottom mould

构成模具下半部分的零件组合。

4 分类

4.1 按轮胎模具硫化工艺不同分为胶囊硫化模具[结构示意图参见图1(a)]和水胎硫化模具[结构示意图参见图1(b)]。

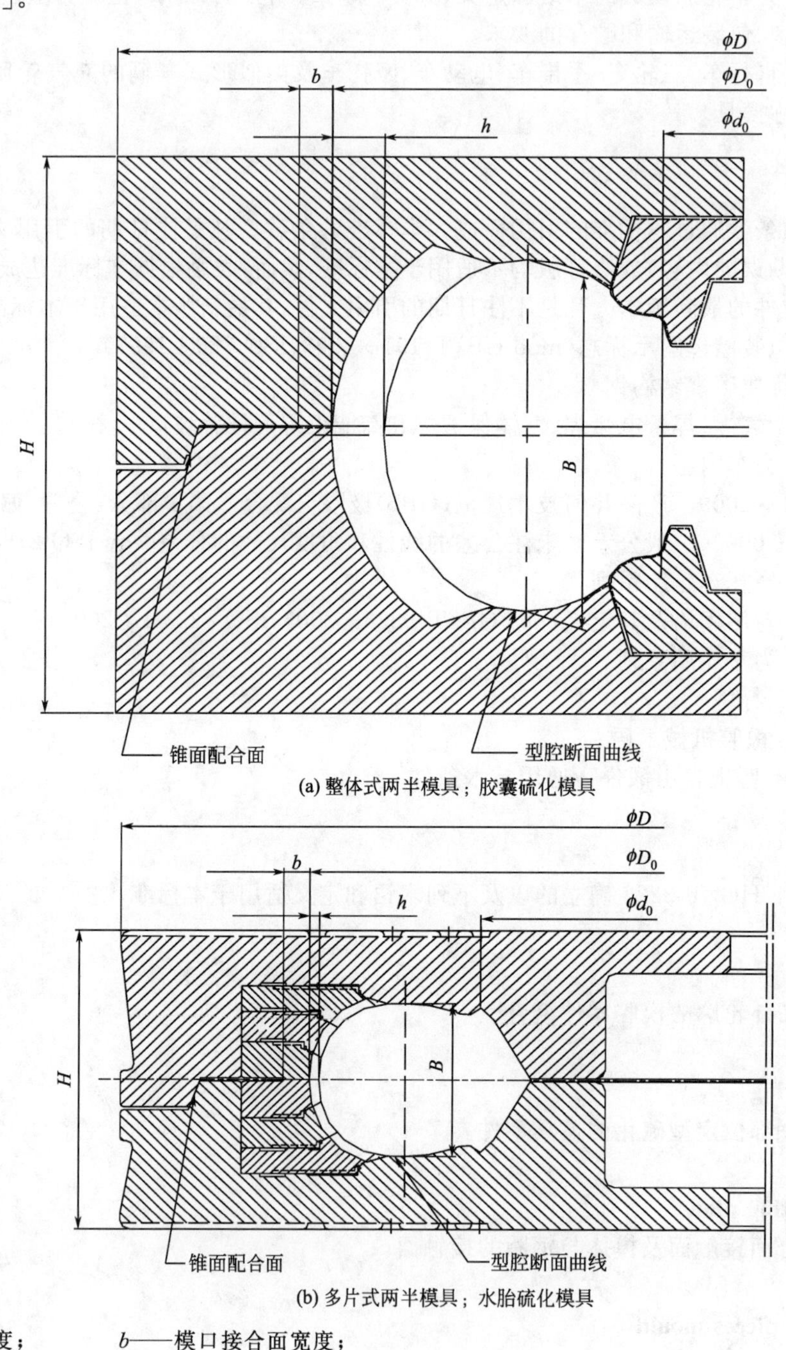

(a) 整体式两半模具；胶囊硫化模具

(b) 多片式两半模具；水胎硫化模具

H——模具高度；
ϕD——模具外直径；
ϕD_0——型腔外直径；
ϕd_0——着合直径；
b——模口接合面宽度；
B——型腔断面宽；
h——花纹深度。

图1 按工艺和结构划分的模具

4.2 按轮胎模具结构不同分为整体式两半模具[结构示意图参见图1(a)]和多片式两半模具[结构示意图参见图1(b)]。

4.3 水胎和内胎模具按模具的硫化设备不同分为无蒸汽室模具和带蒸汽室模具,结构示意图参见图2。

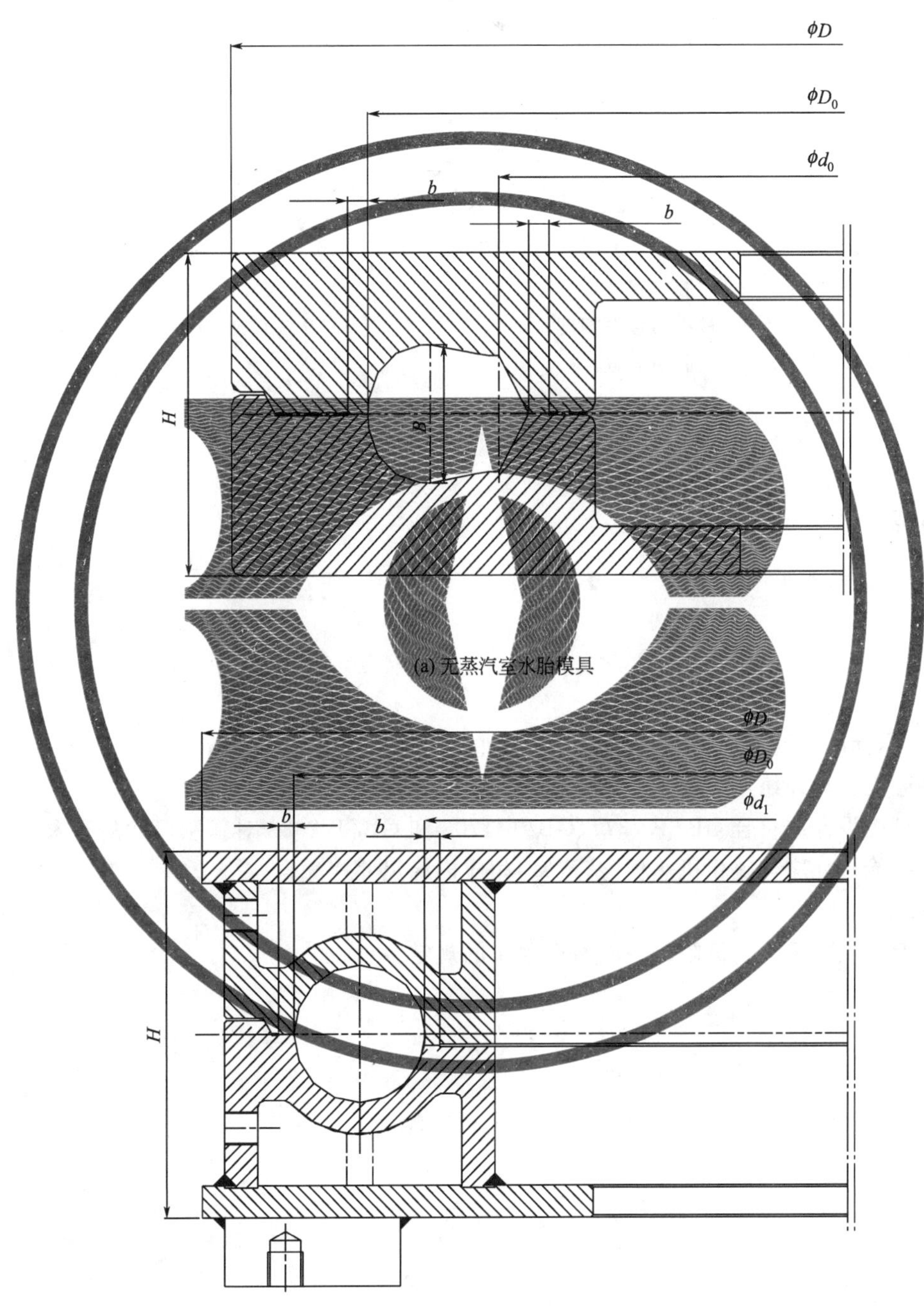

(a) 无蒸汽室水胎模具

(b) 带蒸汽室内胎模具

图 2

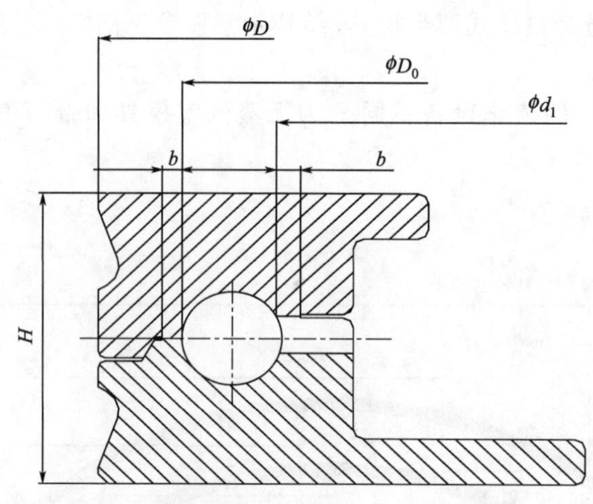

(c) 无蒸汽室内胎模具

H——模具高度；　　ϕd_1——型腔内直径；

ϕD——模具外直径；　　b——模口结合面宽度；

ϕD_0——型腔外直径；　　B——型腔断面宽。

ϕd_0——着合直径；

图2　水胎和内胎模具

5　型号编制方法

模具型号编制方法参见附录A。

6　要求

6.1　总则

模具应符合本标准的要求，并按照规定程序审批的图纸及技术文件加工。

6.2　模具的型腔设计与外缘尺寸要求

6.2.1　模具的型腔设计应符合GB/T 7377、GB/T 1703和GB/T 2983对新胎尺寸的要求。

6.2.2　模具的外缘尺寸应与硫化机热板(蒸汽室)相应内缘尺寸相配合。

6.3　加工要求

6.3.1　模具各部位主要尺寸的极限偏差应符合表1的规定。

表 1　型腔尺寸的极限偏差

单位为毫米

项目名称	偏差值			
	外胎模具		内胎模具	气囊模具
	整体	多片		
断面宽 B	±0.10	±0.10	±0.10	±0.10
断面曲线间隙	≤0.10	≤0.10	≤0.10	≤0.10
型腔外直径 D_0	+0.20 0	+0.20 −0.10	+0.10 0	+0.15 0
着合直径 d_0	−0.10	−0.10	−0.10	±0.10
型腔合模错位量	≤0.10	≤0.15	≤0.05	≤0.10
对接花纹合模错位量错位个数	≤0.15 10 %	≤0.15 10 %	—	—
非对接花纹合模错位量错位个数	≤1 10 %	≤1 10 %	—	—
对接花纹间距	≤0.10	≤0.20	—	—
非对接花纹间距	≤0.10	≤0.20	—	—
花纹圈拼合面间隙	—	0.02～0.04	—	—
模口接合面间隙	≤0.05	≤0.05	≤0.03	≤0.05

6.3.2　模口接合面积比(按分型面研磨均匀着色)：外胎模具应大于 70 %，内胎模具应大于 80 %，气囊模具应大于 70 %。

6.3.3　锥面的配合应符合 GB/T 1800.1—2009 中 H7/h6 的规定，其表面粗糙度 R_a≤1.6 μm。

6.3.4　上下模体与钢圈的配合应符合 GB/T 1800.1—2009 中 H7/h6 的规定，其表面粗糙度 R_a≤1.6 μm。

6.3.5　模具花纹尺寸极限偏差应符合 GB/T 1804—2000 中 m12 级的规定，其表面粗糙度 R_a≤3.2 μm。如客户有特殊要求(如浮雕装表面)，则可按客户要求加工。

6.3.6　拼花模具拼花圈之间的间隙为 0.02 mm～0.04 mm，花纹块底部与拼合面用气线勾通，模体与拼花圈之间及拼花圈与拼花圈之间要有同圆度之间的定位设计。

6.3.7　模口接合面宽度为 6 mm～10 mm。

6.3.8　气门嘴孔中心线斜度偏差值应小于 5°。

6.3.9　模具胎侧型腔表面粗糙度 R_a≤1.6 μm。

6.3.10　模具上下外表面的表面粗糙度 R_a≤3.2 μm。

6.3.11　有焊接结构的零件其焊缝形式及尺寸应符合 GB/T 985.1 的规定，焊缝应平整均匀、圆滑过渡，不应有气孔、夹渣、裂纹、弧坑、未熔合、烧穿等焊接缺陷，焊渣及飞溅物应清理干净。

6.3.12　胎侧字体的排列顺序、表面质量、字体深度、字体大小、线条粗细等应符合客户图纸要求。

6.3.13　带汽室的模具试压时，压力不小于 3 MPa，保压时间不小于 2 h，应无渗漏。

6.3.14　模具材质应符合 GB/T 699 的要求，锻件应符合 JB/T 4385.1 的要求。抗拉强度应大于 460 MPa。

6.4　主要尺寸

模具外部主要尺寸的极限偏差应符合表 2 的规定。

表2 外部主要尺寸的极限偏差

单位为毫米

项目名称	偏 差 值
模具上下面平行度	≤0.30
模具高度	0～0.50
模具外圆直径	0～0.50
模具上下面平面度	≤0.10

6.5 互换要求

以下零部件应具有互换性：

——同一轮胎规格模具的钢圈、胶囊夹盘；

——同一轮胎规格模具型腔内同一位置的活字块。

6.6 装配要求

6.6.1 模具上下模正前方位置应一致。

6.6.2 模具上下模的定位块装置应一一对应。

6.6.3 所有模具零件表面清洁无污渍、无杂质。

6.7 安全要求

质量较大的整套模具应设置便于吊装的装置。

6.8 外观要求

模具经检验合格后应及时作防锈处理，涂漆或防锈处理前表面应除锈和去除油迹、油斑。

7 检验方法

7.1 用专用的花纹深度样板检验花纹深度，专用样板精度应符合 GB/T 1800.1—2009 中 IT7 级的规定。

7.2 用专用样板检验钢圈直径和子口宽度，专用样板精度应符合 GB/T 1800.1—2009 中 IT7 级的规定。

7.3 用专用样板检验上下模体与钢圈配合面的尺寸，专用样板精度应符合 GB/T 1800.1—2009 中 IT7 级的规定。

7.4 使用塞尺检验各可检验的配合面间隙。

7.5 用平台、平尺和百分表检验平行度。

7.6 用平尺和百分表检验平面度。

7.7 模具外径、模具高度、装机孔的位置度、花纹间距等线性尺寸可采用游标卡尺、内径千分尺检测。

7.8 商标字体的检验：

—— 字体的正误、排列顺序及其表面质量采用目测法检验；

—— 字体的深度采用具有测深度功能检测器具检验；

—— 字体的大小、线条宽窄等采用拓印对比法检验。

7.9 上下两半模具锥度面配合面的接触面采用研红丹的方法检验。

8 检验规则及判定

8.1 检验规则

8.1.1 出厂检验

8.1.1.1 模具出厂前，应按本标准 6.3、6.4 的要求进行检验，应检项目全部合格后附上合格证方可出厂。

8.1.1.2 模具出厂时应附有产品检验合格证书、产品质量检验报告书、装箱单，并可根据用户要求提供专用样板等。

8.1.2 型式检验

8.1.2.1 型式检验应对本标准中的各项要求进行检验,并应符合其规定。

8.1.2.2 凡有下列情况之一时,应进行型式检验:

a) 新产品或老产品转厂生产的试制鉴定;

b) 正式生产后,如结构、材料、工艺有较大改变,可能影响产品性能时;

c) 正式生产时应进行周期检验,每两年至少一次;

d) 出厂检验结果与上次型式检验结果有较大差异时;

e) 产品长期停产后恢复生产时;

f) 国家质量监督机构提出进行型式检验要求时。

8.2 判定与复检

模具在检验过程中如发现有不合格项目,允许进行返工或更换零件,然后进行复检,直至应检项目全部合格。

9 标志、标牌

9.1 标志

9.1.1 每套模具应在外形正前方明显位置或客户要求的位置打印标志。

9.1.2 主要零部件上的标志包含以下内容:

a) 上、下模的轮胎规格、花纹代号、产品编号;

b) 上、下模正前方标志线;

c) 钢圈上的轮胎规格、花纹代号。

9.2 标牌

装配后的模具外径表面正前方要求安装或刻印标牌,标牌的尺寸和技术要求应符合 GB/T 13306 的规定,标牌的内容包括:

a) 模具名称和型号;

b) 制造单位名称或商标;

c) 模具的主要参数;

d) 产品编号;

e) 模具重量;

f) 制造日期。

10 包装、运输和贮存

10.1 包装

产品包装应符合 GB/T 191 的规定。

10.2 运输

10.2.1 模具的运输应符合运输部门的有关规定。

10.2.2 模具在运输过程中应谨防碰撞和受潮。

10.3 贮存

模具内外各表面应涂敷防锈油后存放于干燥、无腐蚀、通风良好的场所中并妥善保管。

附 录 A
(资料性附录)
力车轮胎模具型号编制方法

A.1 型号组成

A.1.1 外胎模具型号由型式代号、类别代号、轮胎规格代号及轮胎花纹代号组成;内胎模具型号由型式代号及轮胎规格代号组成。

A.1.2 型式代号:用W代表外胎模具,用N代表内胎模具。

类别代号:用J代表胶囊硫化,用S代表水胎硫化。

规格代号:即轮胎的规格。

花纹代号:即轮胎的花纹代号。

A.2 型号示例

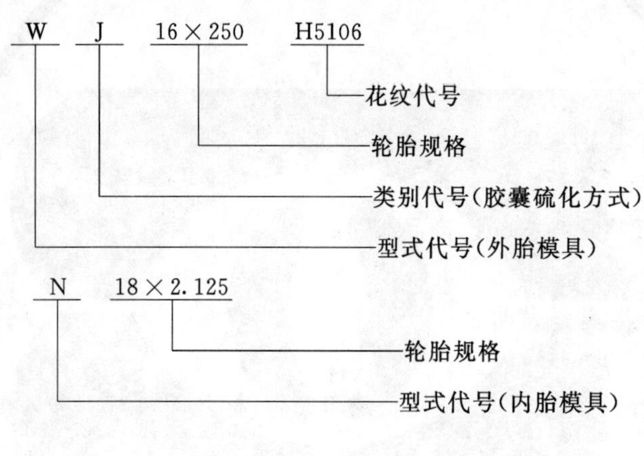

ICS 71.120;83.200
G 95
备案号:34494—2012

HG

中华人民共和国化工行业标准

HG/T 2270—2011
代替 HG/T 2270—1992

内胎接头机

Tube splicer

2011-12-20 发布 2012-07-01 实施

中华人民共和国工业和信息化部 发布

前　言

本标准代替 HG/T 2270—1992《内胎接头机》。

本标准与 HG/T 2270—1992 相比主要变化如下：

——本标准扩大了适用范围；

——本标准将基本参数作为资料性附录 A；

——取消了最大对接压力与最大夹持压力两项基本参数；

——由于对零部件的内容增加，所以引用文件增加较多；

——增加了气动气缸的技术要求（见本版 4.4）；

——增加了对缓冲橡胶的要求与电热切割刀的要求（见本版 4.6、4.7）；

——增加了液压缸的技术要求（见本版 4.9）；

——增加了液压油箱应设有水冷却装置的要求（见本版 4.11）；

——增加了液压油箱应设有油污报警装置的要求（见本版 4.12）；

——增加了对焊接件的要求（见本版 4.18）；

——增加了电气安全性能要求（见本版 5.6、5.7）；

——取消了原技术要求中无故障工作时间。

本标准的附录 A 为资料性附录。

本标准由中国石油和化学工业联合会提出。

本标准由全国橡胶塑料机械标准化技术委员会橡胶机械分技术委员会（SAC/TC71/SC1）归口。

本标准起草单位：绍兴精诚橡塑机械有限公司、北京橡胶工业研究设计院。

本标准主要起草人：徐银虎、徐富根、何成、夏向秀。

本标准所代替标准的历次版本发布情况为：

—— HG 5-1534—1983；

—— HG 5-1535—1983；

—— HG/T 2270—1992。

内胎接头机

1 范围

本标准规定了内胎接头机(以下简称接头机)的型号与基本参数、要求、安全要求、试验、检验规则、标志、包装、运输和贮存。

本标准适用于对接各种轮胎内胎的接头机。

2 规范性引用文件

下列文件中的条款通过本标准的引用而成为本标准的条款。凡是注日期的引用文件,其随后所有的修改单(不包括勘误的内容)或修订版均不适用于本标准。然而,鼓励根据本标准达成协议的各方研究是否可使用这些文件的最新版本。凡是不注日期的引用文件,其最新版本适用于本标准。

GB/T 191 包装储运图示标志(mod ISO 780:1997)

GB/T 1184—1996 形状和位置公差 未注公差值

GB 2893 安全色(mod ISO 2864-1:2002)

GB/T 3766 液压系统通用技术条件(eqv ISO 4413:1998)

GB 5226.1—2008 机械电气安全 机械电气设备 第1部分:通用技术条件(idt IEC 60204-1:2005)

GB/T 7932 气动系统通用技术条件

GB/T 12783 橡胶塑料机械产品型号编制方法

GB/T 13306 标牌

GB/T 13384 机电产品包装通用技术条件

HG/T 2108 橡胶机械噪声声压级的测定

HG/T 3120 橡胶塑料机械外观通用技术条件

HG/T 3228 橡胶塑料机械涂漆通用技术条件

JB/T 5923—1997 气动 气缸技术条件

JB/T 5995 工业产品使用说明书 机电产品使用说明书编写规定

JB/T 9873—1999 金属切削机床 焊接件通用技术条件

JB/T 10205 液压缸

3 型号与基本参数

3.1 接头机型号及表示方法应符合 GB/T 12783 的规定。

3.2 接头机的基本参数参见附录 A。

4 要求

4.1 接头机应符合本标准要求,并按照经规定程序批准的图样及技术文件制造。

4.2 接头机应具有手动和自动控制系统,应完成夹持、切割、对接等工艺过程,每个动作应准确可靠。

4.3 接头机应具有调整对接力、夹持力、电热切割刀温度与速度的功能。

4.4 接头机采用的气动气缸应符合 JB/T 5923—1997 中 3.2.1、3.2.4、3.2.6 的规定。

4.5 接头机左右夹持缸动作应同步,其偏差不大于 1 s。

4.6 接头机对缓冲橡胶要求

4.6.1 缓冲橡胶层为缓冲橡胶与金属组合，与胎坯接触的缓冲橡胶硬度为 76 H_A～80 H_A，弹性层硬度为 56 H_A～60 H_A。

4.6.2 缓冲橡胶与金属板粘接强度不小于 2.9 MPa。

4.7 接头机对电热切割刀要求

4.7.1 接头机采用垂直运动切割时，电热刀与切割面交角应为 10°～20°；接头机采用水平运动切割时，电热刀与切割面交角应为 8°～14°。

4.7.2 接头机电热切割刀，应成对使用且要求电阻值相差不大于 $\pm 0.1\times10^{-2}\Omega$。

4.8 接头机液压系统应符合 GB/T 3766 的规定。

4.9 接头机液压缸应符合 JB/T 10205 的规定。

4.10 液压缸应经耐压试验，其试验压力为工作压力的 1.5 倍，保压 10 min，不应有渗漏。

4.11 液压油箱的油液应设有水冷却装置。

4.12 液压油箱的油液应设有油污报警装置。

4.13 整机运转过程中，液压箱油液温度应不高于 50 ℃。

4.14 气动系统应符合 GB/T 7932 的规定。

4.15 气缸应经气压试验，其试验压力为工作压力的 1.5 倍，保压 10 min，不应有泄漏。

4.16 接头机固定工作台与移动工作台的模具安装平面应在同一水平面上，其平面度在有效工作范围内应符合 GB/T 1184—1996 中表 B1 的 9 级公差值的规定。

4.17 接头机固定工作台夹持面对移动工作台夹持面的平行度在有效的工作范围内应符合 GB/T 1184—1996 中表 B3 的 8 级公差值的规定。

4.18 接头机焊接件应符合 JB/T 9873—1999 第 5 章的规定。

4.19 接头机外观质量应符合 HG/T 3120 的规定。

4.20 接头机涂漆表面应符合 HG/T 3228 的规定。

5 安全要求

5.1 接头机外露的旋转运动件，应设有安全防护装置。

5.2 接头机应具有操作方便，用双手同时操作两个按钮方可启动，并保证机器运转至任何位置时都能运转或立即恢复至起始点的联锁装置。

5.3 接头机应有防止夹持装置自行下落的安全装置，当采用垂直切割时，同时应有防止电热刀自行下落的安全装置。

5.4 接头机的安全色应符合 GB 2893 的规定。

5.5 接头机空负荷运转时的噪声声压级应不大于 78 dB(A)，负荷运转时应不大于 80 dB(A)。

5.6 接头机绝缘电阻应符合 GB 5226.1—2008 中 18.3 的规定。

5.7 接头机电气耐压试验应符合 GB 5226.1—2008 中 18.4 的规定。

6 试验

6.1 空负荷运转试验

6.1.1 空负荷运转试验应在整机总装配完毕，检验合格后进行。空负荷运转试验前应检查下列项目：

a) 检查固定工作台面与移动工作台面的模具安装平面度应符合 4.16 的规定；

b) 检查固定工作台夹持面对移动工作台夹持面的平行度应符合 4.17 的要求。

6.1.2 空负荷运转试验时检查下列项目：

a) 安全装置、联锁装置、紧急制动装置试验不少于 20 次，检查灵敏性与可靠性应符合其规定；

b) 按 4.2 规定检查手动和自动程序控制是否准确可靠；

c) 按 4.3 规定检查接头机应有调整对接力、夹持力、电热切割刀温度与速度的功能，并达其要求；

d) 按4.4分别检查气缸的工作条件、密封性能、外观等要求；

e) 按4.5的规定进行检查，夹持缸动作是否同步，并达其要求；

f) 按4.7的规定检查电热切割刀的安装角度、电阻的相差值，并达其要求；

g) 按4.8～4.12、4.14的规定分别进行检查，应符合要求；

h) 按HG/T 2108的规定检测空负荷运转时的噪声声压级，应符合5.5的规定；

i) 电气系统按5.6、5.7分别进行检测，应符合要求；

j) 检查接头机应有调整对接力、夹持力、电热切割刀温度与速度的功能；

k) 分别按5.1～ 5.4的规定检查接头机的安全要求，应符合其规定。

6.2 负荷运转试验(可在用户厂进行)

6.2.1 空运转试验合格后方可进行负荷运转试验。

6.2.2 负荷运转试验应不少于60 min，并在试验中检查下列项目：

a) 检查各液压和气动控制系统中指示仪表的准确性和可靠性；

b) 用温度计测量油箱中的油温应符合4.13的规定；

c) 按HG/T 2108的规定检测负荷运转时的噪声声压级，应符合5.5的规定；

d) 用测温仪测定电热切刀温度或用电流表检测电热切刀电流后按表1查得对应的稳定温度，其值参见附录A的内胎接头机的基本参数表A.1；

表1 电热切刀温度与电流对应表

电流/A	20	25	30	35	40	45	50	55	60	65	70	75
稳定温度/℃	141	204	308	362	467	498	568	618	676	743	790	882
注：稳定温度系室温为20 ℃，通电时间为50 s，电势值较稳定时的温度。												

e) 检查基本参数；

f) 对接内胎胎坯接头不少于10次，且对接出的胎坯接头应为合格品(不包括非接头机本身造成的不合格品)。

7 检验规则

7.1 出厂检验

每台产品出厂前应按4.19、4.20和6.1进行检查，经制造厂质量检验部门检验合格并签发合格证书后，方可出厂。出厂时应附有产品质量合格证书和使用说明书。

7.2 型式检验

7.2.1 型式检验的项目内容包括本标准中各项要求。

7.2.2 有下列情况之一时应进行型式检验：

a) 新产品或老产品转厂生产的试制定型鉴定；

b) 正式生产后，如结构、材料、工艺上有较大改变，可能影响产品性能时；

c) 正常生产时，每年最少抽检一台；

d) 产品停产两年后，恢复生产时；

e) 出厂检验结果与上次型式检验有较大差异时；

f) 国家质量监督机构提出进行型式检验要求时。

7.2.3 判定规则：型式检验项目全部符合本标准规定时，则判为合格。型式检验每次抽验一台，若有不合格项时，应再抽验一台，若还有不合格项时，则应逐台检验。

8 标志、包装、运输和贮存

8.1 每台产品应在明显位置固定产品标牌，标牌应符合GB/T 13306的规定。

8.2 标牌的基本内容应包括：

a） 制造单位及商标；

b） 产品名称及型号；

c） 产品的编号及出厂日期；

d） 产品的主要参数；

e） 产品执行的标准号。

8.3 产品使用说明书符合 JB/T 5995 的规定。

8.4 产品包装应符合 GB/T 13384 的规定。

8.5 产品的运输应符合运输部门的有关规定。

8.6 产品的储运图示标志应符合 GB/T 191 的规定。

8.7 产品安装前应贮存在防雨、通风的室内或临时棚房内并妥善保管。

附　录　A
（资料性附录）
内胎接头机的基本参数

内胎接头机的基本参数见表 A.1。

表 A.1　内胎接头机的基本参数

型号规格	LNJ-Q60	LNJ-Q120	LNJ-Q200	LNJ-Y320	LNJ-Y450	LNJ-Y560	LNJ-Y630	LNJ-Y800
最大接头平叠宽度/mm	60	120	200	320	450	560	630	800
最大对接厚度/mm	5	6	6	12	12	18	20	24
最大对接力/kN	2.5	5	16	70	74	75	77	78
最大夹持力/kN	2.5	2.5	2.5	12	12	12	12	12
电热刀温度/℃	室温～300	室温～500	室温～500	室温～650	室温～650			
切割形式	垂直切割		水平切割	水平切割	水平切割			
动力源	气压			液压气压 伺服电机	液压			

ICS 71.120;83.200
G 95
备案号:34711—2012

中华人民共和国化工行业标准

HG/T 2391—2011
代替 HG/T 2391—1992

帘布筒贴合机

Band building machine

2011-12-20 发布 2012-07-01 实施

中华人民共和国工业和信息化部 发布

前　言

本标准按照 GB/T 1.1—2009 给出的规则起草。

本标准代替 HG/T 2391—1992《帘布筒贴合机》，与 HG/T 2391—1992 相比，主要变化如下：

——增加了帘布筒贴合机的术语和定义(见 3)；

——本标准将基本参数作为资料性附录 A；

——增加了设计及制造要求(见 5.1)；

——增加了对液压系统的要求(见 5.1.5)；

——增加了整机要求(见 5.1)。

请注意本文件的某些内容可能涉及专利。本文件的发布机构不承担识别这些专利的责任。

本标准的附录 A 为资料性附录。

本标准由中国石油和化学工业联合会提出。

本标准由全国橡胶塑料机械标准化技术委员会橡胶机械标准化分技术委员会(SAC/TC71/SC1)归口。

本标准起草单位：福建建阳龙翔科技开发有限公司、新华美机电科技有限公司、北京橡胶工业研究设计院。

本标准主要起草人：戴造成、陈玉泉、郑真真、沈国雄、周晓兰、张金明、何成。

本标准于 1992 年 9 月首次发布，本次为第一次修订。

帘布筒贴合机

1 范围

本标准规定了帘布筒贴合机(以下简称贴合机)的术语和定义、型号与基本参数、要求、试验方法、检验规则、标志、包装、运输和贮存。

本标准适用于套筒法制造斜交轮胎用帘布筒贴合机。

2 规范性引用文件

下列文件对于本文件的应用是必不可少的。凡是注日期的引用文件,仅注日期的版本适用于本文件。凡是不注日期的引用文件,其最新版本(包括所有的修改单)适用于本文件。

GB/T 191 包装储运图示标志(mod GB/T 191—2008,ISO 780:1997)

GB/T 3766 液压系统通用技术条件(eqv GB/T 3766—2001,ISO 4413:1998)

GB/T 12783 橡胶塑料机械产品型号编制方法

GB/T 13306 标牌

GB/T 13384 机电产品包装通用技术条件

HG/T 2108 橡胶机械噪声声压级的测定

HG/T 3120 橡胶塑料机械外观通用技术条件

HG/T 3223 橡胶机械术语

HG/T 3228 橡胶塑料机械涂漆通用技术条件

3 术语和定义

HG/T 3223 界定的术语和定义适用于本文件。

4 型号与基本参数

4.1 贴合机型号编制方法应符合 GB/T 12783 的规定。

4.2 贴合机基本参数参见附录 A。

5 要求

5.1 整机要求

5.1.1 贴合机应符合本标准的各项要求,并按照规定程序批准的图样及技术文件制造。

5.1.2 弹性压辊应能保证帘布层贴合要求的压力和弹性,并应具有复位功能。

5.1.3 弹性压辊应采用缓冲气缸驱动,其压力应可调,左右驱动气缸应设置同步装置,以保证压合均衡。

5.1.4 贴合机装配后的主动辊筒与弹性压辊应相吻合。

5.1.5 液压系统应符合 GB/T 3766 的规定。

5.1.6 气动管路和润滑油路应畅通,不应堵塞或渗漏。

5.1.7 贴合机的外观质量应符合 HG/T 3120 的规定。

5.1.8 贴合机的涂漆质量应符合 HG/T 3228 的规定。

5.2 安全要求

5.2.1 贴合机应设有紧急停车及弹性压辊复位装置。

5.2.2 脚踏开关应具有必要的电火花密封装置与防护装置。

5.2.3 贴合机空运转时的噪声声压级不应超过 80 dB(A)，负荷运转时不应超过 82 dB(A)。

6 试验方法

6.1 空运转试验

6.1.1 整机总装配检验合格后，应按帘布贴合工艺进行不少于 10 次的操作循环试验。

6.1.2 空运转试验应检查下列项目：

a) 按 5.1.2、5.1.3、5.1.4 的要求，检查贴合机的装配精度和使用性能；

b) 按 5.2.1 的要求检查紧急停车安全装置；

c) 根据 5.2.3 的要求检测空运转时的噪声声压级，其检测方法按 HG/T 2108 的规定；

d) 按 5.1.6 的要求，检查气动管路和润滑油路。

6.2 负荷运转试验

6.2.1 空运转试验合格后，方可进行负荷运转试验。

6.2.2 负荷试验在使用厂进行，每台产品应进行不少于贴合 5 条帘布筒的连续负荷运转试验。

6.2.3 在负荷运转试验中，按 5.2.3 检测整机噪声声压级，检测方法按 HG/T 2108 的规定。

7 检验规则

7.1 出厂检验

7.1.1 每台产品出厂前应进行出厂检验。

7.1.2 出厂检验应按照 5.2、6.1 进行，并应符合其规定。

7.1.3 每台产品须经制造单位质量检验部门检验合格后方能出厂，出厂时应附有产品合格证书。

7.2 型式检验

7.2.1 型式检验应按本标准中各项要求进行检查，并应符合其规定。

7.2.2 有下列情况之一时应进行型式检验：

a) 新产品或老产品转厂生产的试制定型鉴定；

b) 正式生产后，如结构、材料、工艺上有较大改变，可能影响产品性能时；

c) 正常生产时，每年最少抽检一台；

d) 产品停产两年后，恢复生产时；

e) 出厂检验结果与上次型式检验有较大差异时；

f) 国家质量监督机构提出进行型式检验要求时。

7.2.3 判定规则：型式检验项目全部符合本标准规定时，则判为合格。型式检验每次抽验一台，若有不合格项时，应再抽验一台，若还有不合格项时，则应逐台检验。

8 标志、包装、运输和贮存

8.1 每台产品应在明显位置固定产品标牌，标牌应符合 GB/T 13306 的规定。

8.2 标牌的基本内容应包括：

a) 制造单位及商标；

b) 产品名称及型号；

c) 产品编号及出厂日期；

d) 产品的主要参数；

e) 产品执行的标准编号。

8.3 产品包装应符合 GB/T 13384 的规定。

8.4 产品的运输应符合运输部门的有关规定。

8.5 产品的储运图示标志应符合 GB/T 191 的规定。

8.6 产品安装前应贮存在防雨、通风的室内或临时棚房内并妥善保管。

附 录 A
(资料性附录)
帘布筒贴合机的基本参数

A.1 表A.1给出了帘布筒贴合机的基本参数。

表A.1 帘布筒贴合机的基本参数

型 号	LT-700	LT-800	LT-1100	LT-1300	LT-1600	LT-2300
帘布筒最大宽度/mm	670	730	980	1 260	1 500	2 110
弹性压辊有效长度/mm	700	800	1 100	1 300	1 600	2 300
工作气压/MPa	0.5	0.5	0.5	0.5	0.5	0.5
帘布筒最小周长/mm	800	1 100	1 650	1 800	2 000	2 200
主动辊筒线速范围/(m/min)	40～50	40～50	40～50	40～50	40～50	40～50
主电动机功率/kW	0.75	1.1	1.5	2.2/1.1	2.2/1.1	5/5

ICS 71.120;83.200
G 95
备案号:34712—2012

HG

中华人民共和国化工行业标准

HG/T 2394—2011
代替 HG/T 2394—1992

子午线轮胎成型机系列

Series of radial tyre building machine

2011-12-20 发布　　2012-07-01 实施

中华人民共和国工业和信息化部　发布

前　言

本标准按照 GB/T 1.1—2009 给出的规则起草。

本标准代替 HG/T 2394—1992《子午线轮胎成型机系列》，与 HG/T 2394—1992 相比，主要技术变化如下：

——修改了范围(见 1,1992 年版 1)；

——增加了规范性引用文件(见 2)；

——增加了术语和定义(见 3)；

——修改了系列(见 4,1992 年版 2)；

——修改了基本参数(见 5,1992 年版 3)。

请注意本文件的某些内容可能涉及专利。本文件的发布机构不承担识别这些专利的责任。

本标准由中国石油和化学工业联合会提出。

本标准由全国橡胶塑料机械标准化技术委员会橡胶机械标准化分技术委员会(SAC/TC71/SC1)归口。

本标准负责起草单位：软控股份有限公司。

本标准参加起草单位：天津赛象科技股份有限公司、北京敬业机械设备有限公司、福建建阳龙翔科技开发有限公司、青岛双星橡塑机械有限公司、广州华工百川科技股份有限公司、桂林橡胶机械厂、新华美机电科技有限公司、北京橡胶工业研究设计院。

本标准主要起草人：程继国、徐孔然、张建浩、刘尚勇、陈玉泉、刘云启、谢雷、梁国彰、康玉梅、何成。

本标准于 1992 年 9 月首次发布，本次为第一次修订。

子午线轮胎成型机系列

1 范围

本标准规定了轿车、轻型载重汽车和载重汽车子午线轮胎成型机的术语和定义、系列和基本参数。

本标准适用于轿车、轻型载重汽车和载重汽车子午线轮胎的成型机。

2 规范性引用文件

下列文件对于本文件的应用是必不可少的。凡是注日期的引用文件，仅注日期的版本适用于本文件。凡是不注日期的引用文件，其最新版本(包括所有的修改单)适用于本文件。

GB/T 6326 轮胎术语及其定义

HG/T 3223 橡胶机械术语

3 术语和定义

GB/T 6326 和 HG/T 3223 中界定的术语和定义适用于本标准。

4 系列

4.1 轿车/轻型载重汽车子午线轮胎成型机规格代号:1216;1418;1520;2028。

4.2 载重汽车子午线轮胎成型机规格代号:1520;2024。

5 基本参数

5.1 轿车/轻型载重汽车子午线轮胎二次法成型机的基本参数应符合表1规定，轿车/轻型载重汽车子午线轮胎一次法成型机的基本参数参照表1。

表1 轿车/轻型载重汽车子午线轮胎成型机基本参数

项目	规格代号			
	1216	1418	1520	2028
适用轮辋名义直径范围/in	12～16	14～18	15～20	20～28
适用成型生胎外径范围/mm	480～820	480～845	510～875	620～960
成型鼓主轴中心高/mm	950	950	950	950
成型鼓最高转速/(r/min)	150	120	120	100
胎圈定位范围(外侧)/mm	120～580	120～580	140～700	280～750
带束层贴合鼓直径范围/mm	460～790	460～825	460～855	600～940
带束层贴合鼓宽度/mm	330	370	400	400～450
带束层贴合鼓转速范围/(r/min)	0～200	0～200	0～200	0～200
胎体帘布宽度范围/mm	300～870	300～870	330～900	360～950
内衬层宽度范围/mm	250～600	250～600	330～700	350～840
胎侧宽度范围/mm	60～230	60～230	60～230	60～280
胎侧间距(内)～(外)/mm	100～900	200～900	280～1 100	280～1 200

表 1(续) 轿车/轻型载重汽车子午线轮胎成型机基本参数

项目	规格代号			
	1216	1418	1520	2028
预复合件最大宽度/mm	900	900	1100	1200
带束层宽度范围/mm	80～305	80～320	90～370	90～370
冠带层胶条宽度范围/mm	5～20	5～20	5～20	5～20
胎面胶宽度范围/mm	130～300	130～350	150～350	150～400
胎面胶最大长度/mm	2 750	2 750	2 750	3 200
注:基本参数可在给定参数内选定范围。				

5.2 载重汽车子午线轮胎成型机的基本参数应符合表 2 规定。

表 2 载重汽车子午线轮胎成型机基本参数

项目	规格代号	
	1520	2024
适用轮辋名义直径范围/in	15～20	20～24.5
适用成型生胎外径范围/mm	630～1 060	740～1 250
成型鼓的最高转速/(r/min)	150	150
成型鼓主轴中心高度/mm	1 050	1 050
胎圈定位范围(外侧)/mm	240～800	400～960
带束层贴合鼓直径范围/mm	550～1 030	890～1 160
带束层贴合鼓宽度/mm	340	450
带束层贴合鼓转速/(r/min)	0～20	0～20
胎体贴合鼓转速/(r/min)	0～60	0～60
胎体贴合鼓最大工作宽度/mm	1 450	1 600
带束层宽度范围/mm	50～300	50～380
0°带束层宽度范围/mm	20～60	20～65
0°带束层内间距范围/mm	50～260	50～330
胎侧宽度范围/mm	180～350	140～410
胎侧间距(内)～(外)/mm	320～1 350	400～1 550
内衬层宽度范围/mm	380～850	430～1 000
预复合件宽度范围/mm	650～1 350	1550
胎体帘布最大宽度范围/mm	500～960	500～1 050
胎圈包布最大宽度/mm	180	200
胎圈包布间距(内)～(外)/mm	380～800	380～1 100
肩垫胶宽度(内)～(外)/mm	50～150	60～200
肩垫胶间距(内)～(外)/mm	20～270	40～500
胎面胶宽度范围/mm	160～350	160～450
胎面胶最大长度/mm	3 300	3 800
注:基本参数可在给定参数内选定范围。		

ICS 71.120;83.200
G 95
备案号:34713—2012

HG

中华人民共和国化工行业标准

HG/T 2420—2011
代替 HG/T 2420—1993

2011-12-20 发布　　　　2012-07-01 实施

中华人民共和国工业和信息化部 发布

前　言

本标准按照 GB/T 1.1—2009 给出的规则起草。

本标准代替 HG/T 2420—1993《立式裁断机》，与 HG/T 2420—1993 相比，主要技术变化如下：

——修改了纤维帘布裁断机的基本参数并作为资料性附录 A(见 3.2，1993 年版的 3.2)；

——减小了裁断机裁断宽度的偏差[见 4.2 a)，1993 年版的 4.2]；

——增加了裁断角度偏差要求[见 4.2 b)]；

——增加了帘布接头错边偏差要求[见 4.2 c)]；

——增加了帘布搭接尺寸偏差要求[见 4.2 d)]；

——增加了帘布卷取对中偏差要求[见 4.2 e)]；

——增加了帘布拉伸率要求[见 4.2 f)]；

——增加了送布机构重复运动偏差要求(见 4.4)；

——增加了上下裁刀的调整间隙要求(见 4.5)；

——增加了裁刀的表面热处理要求(见 4.9)；

——增加了判定规则(见 7.2.2)；

——修改了包装的规定(见 8.2)；

——取消了原标准中其他(见 1993 年版 9)。

请注意本文件的某些内容可能涉及专利。本文件的发布机构不承担识别这些专利的责任。

本标准的附录 A 为资料性附录。

本标准由中国石油和化学工业联合会提出。

本标准由全国橡胶塑料机械标准化技术委员会橡胶机械标准化分技术委员会(SAC/TC71/SC1)归口。

本标准起草单位：天津赛象科技股份有限公司、软控股份有限公司、北京橡胶工业研究设计院、广州华工百川科技股份有限公司。

本标准主要起草人：张建浩、于立、王秀琴、于明进、何成、杨锋。

本标准代替了 HG/T 2420—1993。

HG/T 2420—1993 的历次版本发布情况为：

——HG 5-1560—1984。

纤维帘布裁断机

1 范围

本标准规定了纤维帘布裁断机(以下简称裁断机)的型号与基本参数、技术要求、安全与环保要求、试验、检验规则、标志、包装、运输和贮存等要求。

本标准适用于裁断覆胶纤维帘布的裁断机。

2 规范性引用文件

下列文件对于本文件的应用是必不可少的。凡是注日期的引用文件,仅所注日期的版本适用于本文件。凡是不注日期的引用文件,其最新版本(包括所有的修改单)适用于本文件。

GB/T 191 包装储运图示标志(mod GB/T 191—2008,ISO 780:1997)

GB 5226.1 机械电气安全 机械电气设备 第1部分:通用技术条件(idt GB 5226.1—2008,IEC 60204-1:2005)

GB/T 6388 运输包装收发货标志

GB/T 12783 橡胶塑料机械产品型号编制方法

GB/T 13306 标牌

GB/T 13384 机电产品包装通用技术条件

HG/T 2108 橡胶机械噪声声压级的测定

HG/T 3120 橡胶塑料机械外观通用技术条件

HG/T 3228 橡胶塑料机械涂漆通用技术条件

3 型号与基本参数

3.1 裁断机的型号及表示方法应符合 GB/T 12783 的规定。

3.2 裁断机的基本参数参见附录 A。

4 技术要求

4.1 裁断机应符合本标准的各项技术要求,并按经规定程序批准的图样及技术文件制造。

4.2 裁断偏差应符合下列规定:

a) 裁断宽度极限偏差不大于±1.0 mm;

b) 裁断角度偏差不大于±0.5°;

c) 帘布接头错边偏差不大于2.0 mm;

d) 帘布搭接尺寸极限偏差不大于±1.0 mm;

e) 帘布卷取对中偏差不大于±3.0 mm;

f) 帘布拉伸率不大于0.7 %。

4.3 送布机构的送布速度、送布长度应根据需要设定,并可调,参见附录 A。

4.4 送布机构重复运动偏差应不大于±0.1 mm。

4.5 上下裁刀的调整间隙应不大于0.02 mm,试裁卫生纸应无粘连。

4.6 储布量参见附录 A 表 A.2 中储布量。

4.7 帘布搭接机构应可调,参见附录 A 表 A.1 中搭接尺寸范围。

4.8 裁断角度应能够自动或手动调节,参见附录 A 表 A.1 或 A.2 中裁断角度范围。

4.9 裁刀应具有足够的刚性和韧性,其表面应进行热处理,硬度应在 HRC 60～HRC 65 范围内。

4.10 裁刀的上下表面应进行防粘处理。

4.11 裁断机的外观质量应符合 HG/T 3120 的规定。

4.12 裁断机的涂漆质量应符合 HG/T 3228 的规定。

5 安全与环保要求

5.1 裁断机各机构的结构和配置,应保证其安全操作和便于维护。

5.2 裁断机的机械运动部件应设防护装置。

5.3 裁断机的刹车机构应灵敏可靠,并能使送布或裁刀在任意位置停止工作。

5.4 电气控制系统和设备应符合 GB 5226.1 的规定。

5.5 裁断机工作时的噪声声压级应不大于 85 dB(A)。

6 试验

6.1 空运转试验

6.1.1 每台/套设备总装检验合格后,应进行各部件单动的试验。

6.1.2 空运转试验中应检查下列项目:

a) 参照附录 A 表 A.1、表 A.2 检查裁断次数及裁断角度;

b) 按 4.2、4.3、4.4、4.5、4.6 检查,并应符合其规定;

c) 按 5.5 检查安全及运转时的噪声声压级,其噪声声压级的检测方法按 HG/T 2108 中的规定。

6.2 负荷运转试验

6.2.1 空运转试验合格后,方可进行负荷运转试验。

6.2.2 负荷运转试验允许在使用单位进行。

6.2.3 负荷运转试验中应检查下列项目:

a) 参照附录 A 表 A.1、表 A.2 检查各项基本参数;

b) 参照附录 A 表 A.1、表 A.2 检查裁断宽度和角度,至少裁 5 块帘布,检查裁断宽度和角度的极限偏差;

c) 按 5.5 检查安全及噪声声压级,其检测方法按 HG/T 2108 的规定。

7 检验规则

7.1 出厂检验

7.1.1 每台产品出厂前应进行出厂检验。

7.1.2 出厂检验应按 4、6.1 的规定进行。

7.1.3 每台产品应经制造厂质量检验部门检验合格后,方能出厂。出厂时应附有证明产品质量合格的证件。

7.2 型式检验

7.2.1 型式检验项目为本标准的全部要求,有下列情况之一时,应作型式检验:

a) 新产品或老产品转厂生产的试制定型鉴定;

b) 正式生产后,如结构、材料、工艺有较大改进,可能影响产品性能时;

c) 正常生产时,每年应抽检一台;

d) 产品长期停产后,恢复生产时;

e) 出厂检验结果与上次型式检验有较大差异时;

f) 国家质量监督机构提出进行型式检验的要求时。

7.2.2 判定规则

型式检验项目全部符合本标准规定时，则判为合格。型式检验每次抽验一台，若有不合格项时，应再抽验一台，若还有不合格项时，则应逐台检验。

8 标志、包装、运输、贮存

8.1 标志

每台产品应在适当的明显位置固定产品标牌，其标牌的型式、尺寸和技术要求应符合 GB/T 13306 的规定，并有下列内容：

a) 制造厂名或商标；
b) 产品名称及型号；
c) 产品的主要技术参数；
d) 制造日期；
e) 产品编号；
f) 产品执行的标准编号。

8.2 包装

产品包装质量应符合 GB/T 13384 的规定，在产品包装箱中应装有下列技术文件(装入防水的袋内)：

a) 装箱单；
b) 产品合格证；
c) 产品使用说明书。

8.3 运输

产品的运输应符合 GB/T 191 和 GB/T 6388 的规定。

8.4 贮存

产品应贮存在干燥通风处、避免受潮，露天存放时应有防雨措施。

附 录 A
(资料性附录)
纤维帘布裁断机基本参数

A.1 适用于半钢子午线轮胎胎体的纤维帘布裁断机基本参数见表 A.1。

表 A.1 适用于半钢子午线轮胎胎体的纤维帘布裁断机基本参数

项 目		参 数 值	备 注
帘布最大幅宽/mm		1 500	
裁断次数/(次/min)	≤	20	圆盘刀式裁断
		25	铡刀式裁断
裁断宽度范围/mm		200～900	
裁断角度范围/(°)		90±5	
接头次数/(次/min)	≤	12	圆盘刀式裁断
		20	铡刀式裁断
搭接尺寸范围/mm		2～5	
圆盘刀刀片寿命/次		5 万	圆盘刀式裁断
铡刀刀片寿命/次/刃		500 万	铡刀式裁断

A.2 适用于斜交带束层和胎体的纤维帘布裁断机基本参数见表 A.2。

表 A.2 适用于斜交带束层和胎体的纤维帘布裁断机基本参数

项 目		参 数 值	备 注
帘布最大幅宽/mm		1 500	
裁断次数/(次/min)	≤	20	
裁断角度范围/(°)		0～75	
供布输送带线速度/(m/min)	≤	60	
储布量/mm		≥4 000	
送布长度/mm		25～2 000	

ICS 71.120;83.200
G 95
备案号:34714—2012

中华人民共和国化工行业标准

HG/T 2421—2011
代替 HG/T 2421—1993

V 带平板硫化机

V-belt curing press

2011-12-20 发布 2012-07-01 实施

中华人民共和国工业和信息化部 发布

前　言

本标准按照GB/T 1.1—2009给出的规则起草。

本标准代替HG/T 2421—1993《V带平板硫化机》，与HG/T 2421—1993相比，主要技术变化如下：

——将基本参数作为资料性附录A(见3.2,1993年版表1)；

——修改了盖板工作表面与槽板顶面的平行度公差值等级要求(见4.1.3,1993年版4.6)；

——修改了电加热的硫化机温度调节装置的调温误差(见4.2.3,1993年版4.10)；

——增加了热板开启和闭合速度要求(见4.2.8)；

——增加了整机试验前的检测项目(见5.1.1)；

——增加了空运转试验中对“热板开启和闭合速度、硫化机运转时的噪声声压级和紧急制动操纵装置的可靠性”的检测；

——修改了判定规则中的抽验要求(见6.2.3,1993年版7.2.3)；

——修改了产品标牌的基本内容(见7.2,1993年版8.2)；

——取消原标准第8章。

请注意本文件的某些内容可能涉及专利。本文件的发布机构不承担识别这些专利的责任。

本标准由中国石油和化学工业联合会提出。

本标准由全国橡胶塑料机械标准化技术委员会橡胶机械标准化分技术委员会(SAC/TC71/SC1)归口。

本标准起草单位：北京橡胶工业研究设计院。

本标准主要起草人：夏向秀、何成。

本标准于1993年3月首次发布，本次为第一次修订。

V 带平板硫化机

1 范围

本标准规定了 V 带平板硫化机的型号与基本参数、要求、试验、检验规则、标志、包装、运输和贮存。

本标准适用于对 GB/T 11544 规定中的 V 带进行硫化的平板硫化机(以下简称硫化机)。

2 规范性引用文件

下列文件对于本文件的应用是必不可少的。凡是注日期的引用文件,仅注日期的版本适用于本文件。凡是不注日期的引用文件,其最新版本(包括所有的修改单)适用于本文件。

GB/T 191 包装储运图示标志(mod GB/T 191—2008,ISO 780:1997)

GB/T 1184—1996 形状和位置公差 未注公差值(eqv ISO 2768-2:1989)

GB/T 11544 普通 V 带和窄 V 带尺寸

GB/T 12783 橡胶塑料机械产品型号编制方法

GB/T 13306 标牌

GB/T 13384 机电产品包装通用技术条件

HG/T 2108 橡胶机械噪声声压级的测定

HG/T 3120 橡胶塑料机械外观通用技术条件

HG/T 3228 橡胶塑料机械涂漆通用技术条件

3 型号与基本参数

3.1 硫化机型号编制方法应符合 GB/T 12783 中的规定。

3.2 硫化机基本参数参见附录 A。

4 要求

4.1 设计制造要求

4.1.1 硫化机应符合本标准的要求,并按照经规定程序批准的图样及技术文件制造。

4.1.2 硫化机应在明显的位置上设置液压系统工作压力及蒸汽压力的显示仪表。

4.1.3 当硫化机以 80 %工作压力加压时,热板工作表面与槽板顶面的平行度公差值,应符合 GB/T 1184—1996 表 B.3 中 8 级公差等级的规定。

4.1.4 左右两槽轮槽形对槽板相应槽形中心的位置度公差应符合表 1 的规定。

表 1　左右两槽轮槽形对槽板相应槽形中心的位置度公差　单位为毫米

项　　目	热板长度	
	≤600	＞600
左右两槽轮槽形对槽板相应槽形中心的位置度公差值	≤0.5	≤1.0

4.1.5　硫化机槽板槽形两侧表面的表面粗糙度 R_a≤1.6 μm。

4.1.6　硫化机热板工作表面的表面粗糙度 R_a≤1.6 μm。

4.2　技术要求

4.2.1　各运动零部件的动作应灵活、准确、平稳，无爬行、卡滞及明显冲击现象。

4.2.2　热板在加热状态时的最高工作温度为 170 ℃，当温度达到 150 ℃稳定状态时，热板工作表面各点的温差值应不大于±2 ℃。

4.2.3　电加热的硫化机应设置温度调节装置，该装置可自动调节硫化温度至给定值，调温相对误差应不大于 1.5 %。

4.2.4　硫化机应具备合模后的保压功能，当工作压力达到稳态额定值时，保压 1h，其液压系统的压力降应不大于工作压力的 10 %。

4.2.5　当半自动及自动液压式硫化机的压力降超过工作压力的 10 %时，液压系统应能自动补压至给定的工作压力值。

4.2.6　液压系统应进行 1.25 倍工作压力的耐压试验，保压 5 min 应无外渗漏现象。

4.2.7　蒸汽加热系统与冷却水系统应进行 1.5 倍额定压力的水压耐压试验，保压 30 min 不应渗漏。

4.2.8　热板开启和闭合速度应不低于 6 mm/s。

4.3　安全和环保要求

4.3.1　硫化机应设有紧急制动操纵装置。

4.3.2　硫化机液压系统应设置可调整压力的安全阀或可起安全阀作用的溢流阀。

4.3.3　电热板的绝缘电阻在常温时不应低于 1 MΩ；在工作温度时，应不低于 0.5 MΩ。

4.3.4　硫化机在频率 50 Hz，功率不小于 0.5 kV・A 的条件下，电热板的绝缘：在常温时，施加 1 500 V 电压；在工作温度时，施加 1 200 V 电压，持续 1 min，不应有绝缘击穿和表面闪络现象。

4.3.5　硫化机运转时的噪声声压级应不大于 80 dB(A)。

4.4　外观和涂漆要求

4.4.1　硫化机的外观质量应符合 HG/T 3120 的规定。

4.4.2　硫化机的涂漆质量应符合 HG/T 3228 的规定。

5　试验

5.1　空运转试验

5.1.1　整机总装后按 4.1.2、4.1.4～4.1.6 进行检验，合格后再进行不少于 5 次的开启和闭合热板的试验。

5.1.2　空运转试验应检查下列项目：

a)　按 4.2.1 的要求，检查各运动零部件的动作情况；

b)　按 4.2.8 的要求，检查热板开启和闭合速度；

c)　按 4.3.5 的要求，检测硫化机运转时的噪声声压级；

d)　检测紧急制动操纵装置的可靠性。

5.2 负荷运转试验

5.2.1 负荷运转试验应在空运转试验合格后方可进行。

5.2.2 负荷运转试验中应检查下列项目：

a) 测量硫化 V 带的基准长度；

b) 检查硫化机总压力；

c) 按 4.1.3 的规定检查热板工作表面与槽板顶面的平行度公差值；

d) 按 4.2.4～4.2.7 检查各项内容；

e) 按 4.3.5 的规定检查硫化机运转时的噪声声压级。

5.3 加热试验

5.3.1 负荷运转试验合格后，方能进行加热试验。

5.3.2 加热试验可在用户进行，在加热试验中应检查下列项目：

a) 按 4.2.2 检查热板最高工作温度及热板工作表面各点温差；

b) 按 4.2.3 检查电加热调温装置的工作可靠性；

c) 按 4.3.3.4.3.4 的规定检查电热板的绝缘电阻和介电性能。

5.4 检测方法

5.4.1 热板工作表面与槽板顶面平行度误差的检测方法

按图 1 与表 2 均布 3 条或 5 条长度大于 B 的 8 号熔断丝，以 80 %工作压力的检测力加压，待盖板与槽板压合后，保压 3 min，取出被压扁的熔断丝，用 1 级外径千分尺分别测量每条熔断丝 a、b、c 点处的厚度，视最大厚度与最小厚度之差作为平行度误差的实测值。

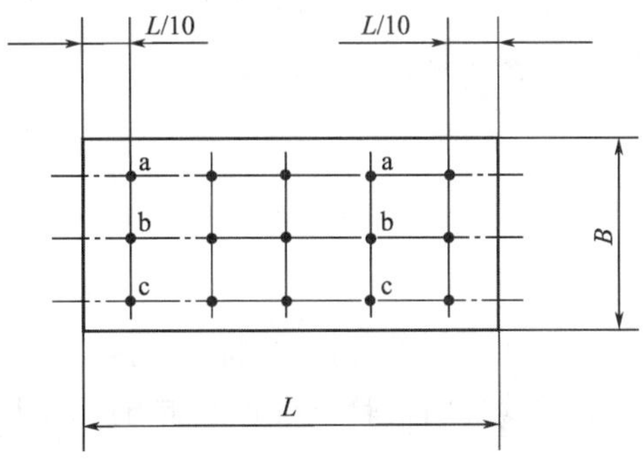

B——槽板宽度；

L——槽板长度；

a、c——自槽板侧面起第二条凸棱顶面测点；

b——槽板宽度中心线处测点(当硫化 V 带根数为奇数时，取中心线附近任一槽形凸棱顶面)。

图 1 热板工作表面与槽板顶面平行度误差的测量图示

表 2 热板长度与熔断丝根数选用表

项　　目	热板长度	
	≤600 mm	>600 mm
熔断丝均布根数	3	5

5.4.2 工作噪声声压级的检测方法

工作噪声声压级的检测按 HG/T 2108 的规定执行。

5.4.3 热板最高工作温度及温差的检测方法

5.4.3.1 热板接通与最高工作温度 170 ℃相适应的压力饱和蒸汽，或接通电源使热板升温，待热板表面温度达到稳定状态时，按图 2 所示测点，使用相应量程的点温计在 a、b 两测点处测量，取其算术平均值为热板的最高工作温度值。

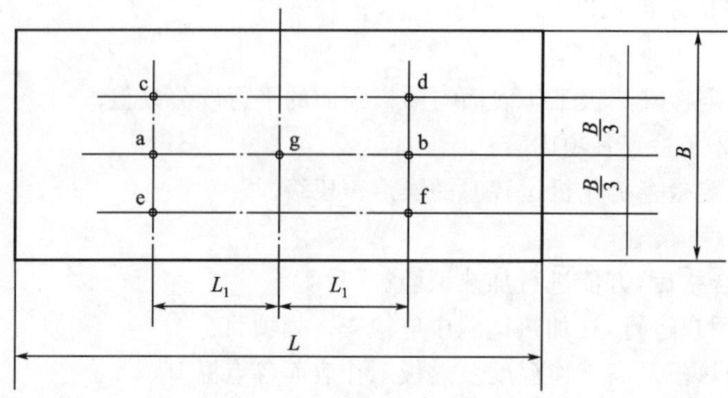

⊕——测点；

L——热板长度；

当 $L \leqslant 400$ mm 时，$L_1=\frac{1}{5}L$；

当 $L>400$ mm 时，$L_1=\frac{1}{4}L$。

图 2 热板最高工作温度及温差的测量图示

5.4.3.2 热板温度在不通循环冷却水的条件下，达到稳定状态时，按图 2 所示测点，使用相应量程的温度测量仪，分别在 c、d、e、f 和 g 的 5 个测点测取温度实测值。

6 检验规则

6.1 出厂检验

6.1.1 每台产品出厂前应进行出厂检验。

6.1.2 出厂检验应按照 4.4.1、4.4.2 和 5.1 进行，并应符合其规定。

6.1.3 每台产品应经制造单位质量检验部门检验合格后方能出厂，出厂时应附有产品合格证书。

6.2 型式检验

6.2.1 型式检验应按本标准中各项要求进行检查，并应符合其规定。

6.2.2 有下列情况之一时应进行型式检验：

a) 新产品或老产品转厂生产的试制定型鉴定；

b) 正式生产后，如结构、材料、工艺上有较大改变，可能影响产品性能时；

c) 正常生产时，每年最少抽检一台；

d) 产品停产三年后，恢复生产时；

e) 出厂检验结果与上次型式检验有较大差异时；

f) 国家质量监督机构提出进行型式检验要求时。

6.2.3 判定规则

型式检验项目全部符合本标准规定时，则判为合格。型式检验每次抽验一台，若有不合格项时，应再抽验一台，若还有不合格项时，则应逐台检验。

7 标志、包装、运输和贮存

7.1 每台产品应在明显位置固定产品标牌，标牌应符合 GB/T 13306 的规定。

7.2 标牌的基本内容应包括：

a) 制造单位及商标；

b) 产品名称及型号；

c) 产品编号及出厂日期；

d) 产品的主要参数；

e) 产品执行的标准编号。

7.3 产品包装应符合 GB/T 13384 的规定。

7.4 产品的运输应符合运输部门的有关规定。

7.5 产品的储运图示标志应符合 GB/T 191 的规定。

7.6 产品安装前应贮存在防雨、通风的室内或临时棚房内并妥善保管。

附 录 A
(资料性附录)
硫化机的基本参数

A.1 硫化机的基本参数见表 A.1。

表 A.1 硫化机基本参数

<table>
<tr><th rowspan="3">热板规格
(宽×长)
/mm×mm</th><th rowspan="3">总压力
/kN</th><th colspan="7">可硫化 V 带</th></tr>
<tr><th colspan="6">普通 V 带型号及根数</th><th rowspan="2">基准长度
/mm</th></tr>
<tr><th>Z</th><th>A</th><th>B</th><th>C</th><th>D</th><th>E</th></tr>
<tr><td>370×180</td><td rowspan="2">210</td><td rowspan="4">24</td><td rowspan="4">19</td><td rowspan="4">15</td><td rowspan="4">—</td><td rowspan="4">—</td><td rowspan="4">—</td><td>900～2 000</td></tr>
<tr><td>370×250</td><td>1 120～2 000</td></tr>
<tr><td>370×360</td><td rowspan="2">360</td><td>1 400～2 500</td></tr>
<tr><td>370×420</td><td>1 600～2 500</td></tr>
<tr><td>400/410×200</td><td rowspan="2">210</td><td rowspan="5">25</td><td rowspan="9">21</td><td rowspan="9">17</td><td rowspan="9">13</td><td rowspan="9">9</td><td rowspan="6">—</td><td>900～2 000</td></tr>
<tr><td>400/410×250</td><td>1 120～2 000</td></tr>
<tr><td>400/410×300</td><td>250</td><td>1 250～2 500</td></tr>
<tr><td>400/410×360</td><td rowspan="2">360</td><td>1 400～2 500</td></tr>
<tr><td>400/410×420</td><td>1 600～2 500</td></tr>
<tr><td>400/410×530</td><td rowspan="3">540</td><td rowspan="4">—</td><td>1 800～4 000</td></tr>
<tr><td>400/410×600</td><td rowspan="3">7</td><td>2 000～5 000</td></tr>
<tr><td>400/410×700</td><td>2 240～5 000</td></tr>
<tr><td>400/410×800</td><td>740</td><td>2 800～10 000</td></tr>
<tr><td>400/410×1 000</td><td rowspan="2">1 100</td><td rowspan="2"></td><td rowspan="2"></td><td rowspan="2"></td><td rowspan="2"></td><td rowspan="2"></td><td rowspan="2"></td><td>5 000～16 500</td></tr>
<tr><td>400/410×1 200</td><td>5 000～16 500</td></tr>
</table>

ICS 71.120;83.200
G 95
备案号:34495—2012

HG

中华人民共和国化工行业标准

HG/T 2602—2011
代替 HG/T 2602—1994

立式切胶机

Vertical bale cutter

2011-12-20 发布 2012-07-01 实施

中华人民共和国工业和信息化部 发布

前　言

本标准代替 HG/T 2602—1994《立式切胶机》。

本标准与 HG/T 2602—1994 相比主要变化如下：

——将立式切胶机的基本参数作为资料性附录 A；

——在范围中删除了“适用于单刀立式切胶机”；

——对“规范性引用文件”中增添可执行零部件的引用标准；

——增加了对切纸机刀片的要求(见本版 4.4)；

——增加了左右立柱安装面的平面度的要求(见本版 4.6)；

——增加了对气动气缸技术条件的要求(见本版 4.7)；

——增加了对液压缸技术条件的要求(见本版 4.8)；

——取消了原技术要求中无故障工作时间；

——修改了切胶机空负荷运转和负荷运转时的噪声声压级的要求(见本版 5.4)；

——增加了电气绝缘电阻及耐压试验的要求(见本版 5.6～5.7)。

本标准的附录 A 为资料性附录 。

本标准由中国石油和化学工业联合会提出。

本标准由全国橡胶塑料机械标准化技术委员会橡胶机械分技术委员会(SAC/TC71/SC1)归口。

本标准起草单位:绍兴精诚橡塑机械有限公司、北京橡胶工业研究设计院。

本标准主要起草人:何锦荣、徐永锋、何成、夏向秀。

本标准所代替标准的历次版本发布情况为：

——HG 5-1563—1984；

——HG/T 2602—1994。

立式切胶机

1 范围

本标准规定了立式切胶机(以下简称切胶机)的型号与基本参数、要求、安全要求、试验、检验规则、标志、包装、运输和贮存。

本标准适用于切割各种橡胶的立式切胶机。

2 规范性引用文件

下列文件中的条款通过本标准的引用而成为本标准的条款。凡是注日期的引用文件,其随后所有的修改单(不包括勘误的内容)或修订版均不适用于本标准。然而,鼓励根据本标准达成协议的各方研究是否可使用这些文件的最新版本。凡是不注日期的引用文件,其最新版本适用于本标准。

GB/T 191 包装储运图示标志(mod ISO 780:1997)

GB/T 1184—1996 形状和位置公差 未注公差值

GB 2893 安全色 (mod ISO 2864-1:2002)

GB/T 3766 液压系统通用技术条件(eqv ISO 4413:1998)

GB 5226.1—2008 机械电气安全 机械电气设备 第1部分:通用技术条件(idt IEC 60204-1:2005)

GB/T 7932—1997 气动系统通用技术条件

GB/T 8196 机械安全 防护装置 固定式和活动式防护装置设计与制造一般要求(mod ISO 14120:2002)

GB/T 12783 橡胶塑料机械产品型号编制方法

GB/T 13306 标牌

GB/T 13384 机电产品包装通用技术条件

HG/T 2108 橡胶机械噪声声压级的测定

HG/T 3120 橡胶塑料机械外观通用技术条件

HG/T 3228 橡胶塑料机械涂漆通用技术条件

JB/T 5923 气动 气缸技术条件

JB/T 5995 工业产品使用说明书 机电产品使用说明书编写规定

JB/T 8115 印刷机械 切纸机

JB/T 10205 液压缸

3 型号与基本参数

3.1 切胶机型号及表示方法应符合 GB/T 12783 的规定。

3.2 切胶机的基本参数参见附录 A。

4 要求

4.1 切胶机应符合本标准要求,并按照经规定程序批准的图样及技术文件制造。

4.2 切胶机应具有手动及半自动控制装置。

4.3 切胶机应有工作压力调节和显示装置。

4.4 切胶机刀片应符合 JB/T 8115 的规定。

4.5 切胶机主工作缸的活塞杆在有效行程范围内与立柱导轨面的平行度应符合 GB/T 1184—1996 表

B3 中 9 级公差值的规定。

4.6 切胶机左右立柱安装的平面应处于同一平面，其平面度不低于 GB/T 1184—1996 表 B1 中 9 级公差值的规定。

4.7 切胶机主工作缸，应符合 JB/T 5923 或 JB/T 10205 的规定。

4.8 切胶机工作时，液压油箱内最高油温应不超过 50 ℃。

4.9 切胶机主工作缸动力源采用气压时，应符合 GB/T 7932—1997 的规定。

4.10 切胶机管路系统应进行 1.25 倍工作压力的密封性试验，并持续 10 min 不得有渗(泄)漏现象。

4.11 液压系统应符合 GB/T 3766 的规定。

4.12 切胶机外观质量应符合 HG/T 3120 的规定。

4.13 切胶机涂漆表面应符合 HG/T 3228 的规定。

5 安全要求

5.1 切胶机应有紧急停车装置，应能在任意位置上停止运行，或立即恢复至起始点的联动装置。

5.2 切胶机立柱两操作面都应有紧急停车装置。

5.3 切胶机的外露旋转运动件应设有防护装置且应符合 GB/T 8196 的规定。

5.4 切胶机空负荷运转时的噪声声压级应不大于 79 dB(A)。负荷运转时应不大于 82 dB(A)。

5.5 切胶机的安全色应符合 GB 2893 的规定。

5.6 切胶机绝缘电阻应符合 GB 5226.1—2008 中 18.3 的规定。

5.7 切胶机电气耐压试验应符合 GB 5226.1—2008 中 18.4 的规定。

6 试验

6.1 空运转试验

6.1.1 空运转试验应在整机总装配完毕，检验合格后进行。空运转试验前应检查下列项目：

a) 应按 4.2～4.7、5.1～5.3、5.5～5.7 的规定进行检测，均应符合要求，其中 5.1 的检测次数应不少于 5 次；

b) 检查基本参数。

6.1.2 空运转试验时，切刀运行次数不少于 10 次；并应检查下列项目：

a) 按 4.9 的规定检查气路系统，应符合要求；

b) 按 4.10 的规定检查各管路系统，应符合要求；

c) 按 4.11 的规定检查液压系统，应符合要求；

d) 按 HG/T 2108 的规定检测空负荷运转时的噪声声压级，应符合 5.4 的规定。

6.2 负荷运转试验(可在用户单位进行)

6.2.1 空运转试验合格后方可进行负荷试验，负荷试验时，切刀切割胶料，应不少于 15 次。

6.2.2 负荷运转试验时应检查下列项目：

a) 检查工作压力；

b) 按附录 A 表中规定用秒表测量切胶行程时间；

c) 按 4.8 规定检查液压油箱内最高油温，应符合要求；

d) 按 HG/T 2108 的规定检测负荷运转时的噪声声压级，应符合 5.4 的规定。

7 检验规则

7.1 出厂检验

每台产品出厂前应按 4.12、4.13 和 6.1 进行检查，经制造厂质量检验部门检验合格并签发合格证书后，方可出厂。出厂时应附有产品质量合格证书和使用说明书。

7.2 型式检验

7.2.1 型式检验的项目内容包括本标准中各项要求。

7.2.2 有下列情况之一时应进行型式检验：

a) 新产品或老产品转厂生产的试制定型鉴定；

b) 正式生产后，如结构、材料、工艺上有较大改变，可能影响产品性能时；

c) 正常生产时，每年最少抽检一台；

d) 产品停产两年后，恢复生产时；

e) 出厂检验结果与上次型式检验有较大差异时；

f) 国家质量监督机构提出进行型式检验要求时。

7.2.3 判定规则：型式检验项目全部符合本标准规定时，则判为合格。型式检验每次抽验一台，若有不合格项时，应再抽验一台，若还有不合格项时，则应逐台检验。

8 标志、包装、运输和贮存

8.1 每台产品应在明显的位置固定产品标牌，标牌尺寸及技术要求应符合 GB/T 13306 的规定。

8.2 标牌的基本内容应包括：

a) 制造单位及商标；

b) 产品名称及型号；

c) 产品的编号及出厂日期；

d) 产品的主要参数；

e) 产品执行的标准号。

8.3 产品说明书应符合 JB/T 5995 的规定。

8.4 产品包装应符合 GB/T 13384 的规定。

8.5 产品的运输应符合运输部门的有关规定。

8.6 产品的储运图示标志应符合 GB/T 191 的规定。

8.7 产品安装前应贮存在防雨、通风的室内或临时棚房内并妥善保管。

附 录 A
(资料性附录)
立式切胶机的基本参数

立式切胶机的基本参数见表 A.1。

表 A.1 立式切胶机的基本参数

型号规格	XQL-Q40	XQL-Q60	XQL-Q70	XQL-Y80	XQL-Y90	XQW-Y800×6	XQW-Y1000×10
切胶总压力/kN	40	60	70	80	90	800	1 000
最大切胶宽度/mm	560	660	660	660	760	860	860
最大切胶行程/mm	320	600	680	680	700	1 000	1 120
最大工作压力/MPa	0.6	0.6	0.6	4.5	4.5	6.3	6.3
切胶行程时间/s	14～20	8～11	14～16	14～22	18～24	60	≈110
切刀数量/把	1	1	1	1	1	6	10
动力源气压/MPa	0.6～0.8			—	—	—	—
电动机功率/kW	—	—	—	≤7.5			≤22

ICS 71.120;83.200
G 95
备案号:34715—2012

HG

中华人民共和国化工行业标准

HG/T 2603—2011
代替 HG/T 2603—1994

双面胶管成型机

Double sided hose building and wrapping machine

2011-12-20 发布　　2012-07-01 实施

中华人民共和国工业和信息化部　发布

前　言

本标准按照GB/T 1.1—2009给出的规则起草。

本标准代替HG/T 2603—1994《双面胶管成型机》,与HG/T 2603—1994相比,主要技术变化如下:

——将基本参数作为资料性附录A(见3.2,1991年版表1);

——增加对加压装置、离合器装置和缠水布装置操作要求(见4.2.6);

——增加对工作辊各连接处的要求(见4.2.7);

——增加对工作辊轴承温升的要求(见4.2.8);

——增加对水布张力的要求(见4.2.9);

——取消原标准第8章。

请注意本文件的某些内容可能涉及专利。本文件的发布机构不承担识别这些专利的责任。

本标准由中国石油和化学工业联合会提出。

本标准由全国橡胶塑料机械标准化技术委员会橡胶机械标准化分技术委员会(SAC/TC71/SC1)归口。

本标准起草单位:北京橡胶工业研究设计院、内蒙古宏立达橡塑机械有限责任公司。

本标准主要起草人:夏向秀、何成、丁春光 、韦兆山。

本标准代替了HG/T 2603—1994。

HG/T 2603—1994的历次版本发布情况为:

—— HG/T 5-1581—1985。

双面胶管成型机

1 范围

本标准规定了双面胶管成型机的型号与基本参数、要求、试验、检验规则、标志、包装、运输和贮存等。

本标准适用于内径为 13 mm～76 mm 的空气胶管、输水胶管和输稀酸碱胶管成型及缠水布的双面胶管成型机(以下简称成型机)。

2 规范性引用文件

下列文件对于本文件的应用是必不可少的。凡是注日期的引用文件,仅注日期的版本适用于本文件。凡是不注日期的引用文件,其最新版本(包括所有的修改单)适用于本文件。

GB/T 191 包装储运图示标志(mod GB/T 191—2008,ISO 780∶1997)

GB/T 12783 橡胶塑料机械产品型号编制方法

GB/T 13306 标牌

GB/T 13384 机电产品包装通用技术条件

HG/T 2108 橡胶机械噪声声压级的测定

HG/T 3120 橡胶塑料机械外观通用技术条件

HG/T 3228 橡胶塑料机械涂漆通用技术条件

3 型号、基本参数及产品组成

3.1 成型机型号编制方法应符合 GB/T 12783 中的规定。

3.2 成型机基本参数参见附录 A。

3.3 成型机由下列主要装置组成:

a) 调节上工作辊压力的可调式加压装置;

b) 控制工作辊运转的离合器装置;

c) 调节水布张力和角度的缠水布装置。

4 要求

4.1 设计和制造要求

4.1.1 成型机应符合本标准的要求,并按照经规定程序批准的图样及技术文件制造。

4.1.2 成型机使用的压缩空气压力应为 0.4 MPa～0.6 MPa。

4.1.3 工作辊材料抗拉强度应不低于 600 N/mm^2。

4.1.4 工作辊表面应镀硬铬,镀铬层厚度 0.04 mm～0.1 mm,其表面粗糙度 $R_a \leqslant 1.6\ \mu m$。

4.2 技术要求

4.2.1 两下工作辊平行度应不大于 1 mm。

4.2.2 两下工作辊的辊距应调节灵活,其辊距调节装置在全长范围内调节的最大和最小辊距及其偏差应符合表 1 规定。

表1 调节辊距及偏差

单位为毫米

项　目	最小辊距及偏差	最大辊距及偏差
成型工作辊	1.0±0.5	31±1.0
缠水布工作辊	3.5±0.5	27±1.0

4.2.3 气动系统不应有泄漏,控制加压装置的各气缸动作应平稳、协调一致。

4.2.4 各控制系统的指示仪表工作应灵敏、可靠。

4.2.5 传动装置、输送装置运行应灵活、平稳,输送带不应有跑偏现象。

4.2.6 加压装置、离合器装置和缠水布装置应操作灵活,工作可靠。

4.2.7 工作辊各连接处应牢固,设备标识的方向应正确。

4.2.8 工作辊轴承温升不应超过 40 ℃。

4.2.9 水布张力应均匀一致。

4.3 安全和环保要求

4.3.1 成型机应具有在任意操作位置进行手动控制的紧急停车装置。

4.3.2 成型机应具有在任意操作位置进行手动控制的安全信号装置,以保证各操作位置工作顺序协调一致。

4.3.3 成型机运转时噪声声压级不应大于 80 dB(A)。

4.4 外观和涂漆要求

4.4.1 成型机的外观质量应符合 HG/T 3120 的规定。

4.4.2 成型机的涂漆质量应符合 HG/T 3228 的规定。

5 试验

5.1 空运转试验

5.1.1 整机总装配合格后方可进行空运转试验。

5.1.2 空运转试验前应检查下列项目:

a) 按 4.2.1 的要求,用游标卡尺测定两个下工作辊的平行度;

b) 按 4.2.2 的要求,用专用塞规(或游标卡尺)测定两个下工作辊的辊距。

5.1.3 空运转试验时应在上下工作辊之间放置穿铁芯的胶管或缓冲垫,以防工作辊直接接触。

5.1.4 每台产品试运转不少于 30 min,其中工作辊连续运转不少于 5 min,但不得超过 10 min,在试验中检查下列项目:

a) 按 4.2.3 的要求,检查气动系统的可靠性;

b) 按 4.2.5 的要求,检查传动装置、输送装置工作的可靠性;

c) 按 4.2.6 的要求,检查加压装置、离合器装置和缠水布装置工作的可靠性;

d) 按 4.2.7 的要求,检查工作辊各连接情况;

e) 按 4.3.1 和 4.3.2 的要求,检查各安全装置的可靠性;

f) 按 4.3.3 的要求,测定运转时的噪声声压级,检测方法按 HG/T 2108 规定。

5.2 负荷运转试验(可在用户厂进行)

5.2.1 负荷运转试验应在空运转试验合格后方能进行。

5.2.2 负荷运转试验为连续成型大、中、小三种规格的胶管,其试验时间不少于 1 h。

5.2.3 在负荷试验中,检查下列项目:

a) 按 4.2.4 的要求,检查控制系统的指示仪表工作的可靠性;

b) 按 4.2.8 的要求,检查工作辊轴承温升;

c) 按 4.2.9 的要求,检查水布张力;

d) 按4.3.3的要求,检测噪声声压级,检测方法按HG/T 2108规定。

6 检验规则

6.1 出厂检验

6.1.1 每台产品出厂前应进行出厂检验。

6.1.2 出厂检验应按照4.4.1、4.4.2和5.1进行,并应符合其规定。

6.1.3 每台产品应经制造单位质量检验部门检验合格后方能出厂,出厂时应附有产品合格证书。

6.2 型式检验

6.2.1 型式检验应按本标准中各项要求进行检查,并应符合其规定。

6.2.2 有下列情况之一时应进行型式检验:

a) 新产品或老产品转厂生产的试制定型鉴定;

b) 正式生产后,如结构、材料、工艺上有较大改变,可能影响产品性能时;

c) 正常生产时,每年最少抽检一台;

d) 产品停产三年后,恢复生产时;

e) 出厂检验结果与上次型式检验有较大差异时;

f) 国家质量监督机构提出进行型式检验要求时。

6.2.3 判定规则

型式检验项目全部符合本标准规定时,则判为合格。型式检验每次抽验一台,若有不合格项时,应再抽验一台,若还有不合格项时,则应逐台检验。

7 标志、包装、运输和贮存

7.1 每台产品应在明显位置固定产品标牌,标牌应符合GB/T 13306的规定。

7.2 标牌的基本内容应包括:

a) 制造单位及商标;

b) 产品名称及型号;

c) 产品编号及出厂日期;

d) 产品的主要参数;

e) 产品执行的标准编号。

7.3 产品包装应符合GB/T 13384的规定。

7.4 产品的运输应符合运输部门的有关规定。

7.5 产品的储运图示标志应符合GB/T 191的规定。

7.6 产品安装前应贮存在防雨、通风的室内或临时棚房内并妥善保管。

附　录　A
（资料性附录）
成型机的基本参数

A.1　成型机的基本参数见表 A.1。

表 A.1　成型机的基本参数

项目		参数
成型胶管最大长度 / m		20
成型胶管内径 / mm		13～76
工作辊直径 / mm		63
成型工作辊转速 /（r/min)		32
缠水布工作辊转速 /（r/min)		133、224
主电机功率 / kW	成型	5.5
	缠布	7.5
成型工作辊压于管坯单位长度的力 /（N/cm)		13～30
缠水布工作辊压于管坯单位长度的力 /（N/cm)		15

ICS 71.120;83.200
G 95
备案号:13288—2004

中华人民共和国化工行业标准

HG/T 3106—2003
代替 HG/T 3106—1988

内胎硫化机

Tube curing press

2004-01-09 发布　　2004-05-01 实施

中华人民共和国国家发展和改革委员会　发布

前　言

本标准与 HG/T 3231《内胎硫化机检测方法》是配套标准。

本标准代替推荐性化工行业标准 HG/T 3106—1988《内胎硫化机》。

本标准与 HG/T 3106—1988 的主要差别是：

——将内胎硫化机的规格与主要参数纳入附录 A 中。

——增加了零部件在装配时垂直度的要求。

——取消了程序控制器的使用。

——在负荷运转试验中增加了硫化机的合模力达到规定值的 98%时，主电机电流值不大于额定电流的 3 倍的要求。

——增加了主电机断电，上横梁在惯性作用下移动量不超过 30mm 的要求。

本标准的附录 A 为资料性附录。

本标准由中国石油和化学工业协会提出。

本标准由全国橡胶塑料机械标准化技术委员会橡胶机械分技术委员会归口。

本标准起草单位：益阳橡胶塑料机械集团有限公司。

本标准主要起草人：张金莲、姜志刚。

本标准所代替标准的历次版本发布情况为：

——HG 5-1477—1982、HG/T 3106—1988(GB 8598—1988)。

内 胎 硫 化 机

1 范围

本标准规定了内胎硫化机的型号、技术要求、安全要求、检测及检验规则等。

本标准适用于硫化充气轮胎内胎的硫化机(以下简称硫化机)。

本标准不适用于硫化力车内胎、摩托车内胎及自行车内胎的硫化机。

2 规范性引用文件

下列文件中的条款通过本标准的引用而成为本标准的条款。凡是注日期的引用文件,其随后所有的修改单(不包括勘误的内容)或修订版均不适用于本标准,然而,鼓励根据本标准达成协议的各方研究是否可使用这些文件的最新版本。凡是不注日期的引用文件,其最新版本适用于本标准。

GB 191 包装储运图示标志

GB 2893 安全色

GB 2894 安全标志

GB/T 12783 橡胶塑料机械产品型号编制方法

GB/T 13306 标牌

GB/T 13384 机电产品包装通用技术条件

HG/T 3120 橡胶塑料机械外观通用技术条件

HG/T 3228 橡胶塑料机械涂漆通用技术条件

HG/T 3231 内胎硫化机检测方法

JB/T 5995 工业产品使用说明书 机电产品使用说明书编写规定

3 型号、规格与基本参数

3.1 硫化机的型号应符合 GB/T 12783 的规定。

3.2 硫化机的规格与主要参数见附录 A 表 A.1 的规定。

4 要求

4.1 硫化机应符合本标准的要求,并按规定程序批准的图样和技术文件制造。

4.2 硫化机应有调节、显示合模力的装置。

4.3 硫化机应有显示模型内部温度和胎内压力的仪表。

4.4 硫化机应具有“合模-硫化-开模”等工艺过程的自动控制。

4.5 硫化机的合模力达到规定值的 98%时,主电机电流值不应大于额定电流的 3 倍。

4.6 在合模位置时,硫化机横梁下平面对底座上平面平行度误差应符合下列规定:

规格为 1 430 以下的硫化机其误差不应大于 0.5 mm;

规格为 1 430 及其以上的硫化机其误差不应大于 1.0mm。

4.7 硫化机墙板滑道直线段、轨道两侧面与底座上平面的垂直度误差应符合下列规定:

规格为 1 430 及其以下的硫化机其误差不应大于 0.2mm;

规格为 1 430 以上的硫化机其误差不应大于 0.3 mm。

4.8 硫化机的润滑系统必须畅通,不得有渗漏现象,并保证各润滑部位(点)得到良好的润滑。

4.9 硫化机的液压、气动、蒸汽管路系统不得有堵塞及渗漏现象。

4.10 硫化机的自动控制系统应灵敏可靠。

4.11 硫化机的涂漆要求应符合 HG/T 3228 的规定。

4.12 硫化机的外观要求应符合 HG/T 3120 的规定。

5 安全要求

5.1 硫化机在结构上应满足便于吊装和运输要求。

5.2 硫化机应具有可使横梁在合模过程中的任意位置停止,并能使其反向运动的安全联锁装置。

5.3 硫化机应具有当胎内压力小于 0.03MPa 时方能开启模型的安全联锁装置。

5.4 硫化机必须具有过载保护装置。

5.5 硫化机每次工作循环结束后,必须停止工作。重新开始合模时,应人工操作启动。

5.6 硫化机负荷运转时的噪声声压级不应大于 80dB(A)。

5.7 硫化机的安全杆安装位置应低于模型分型面 60 mm~100 mm。

5.8 主电机断电后,上横梁在惯性作用下的移动量不应超过 30 mm。

5.9 对硫化机的运输、贮存、安装、调试、操作、使用和维修、防护等安全要求,应在使用说明书中载明。

5.10 硫化机的外露旋转零部件应配置安全防护装置,硫化机的安全色和安全标志应符合 GB 2893 和 GB 2894 的规定。

6 检验及检测规则

6.1 空运转试验

6.1.1 空运转试验前应检查下列项目:

a) 模型安装高度应符合附录 A 中表 A.1 的规定。

b) 联杆内侧间距应不小于附录 A 中表 A.1 的规定。

c) 检查硫化机并应符合 4.2~4.4、4.6、4.7、4.11、4.12 和 5.4、5.7 的要求。

d) 检查各紧固件,应保证安装可靠,无松动现象。

e) 硫化机的安全色和安全标志按 5.10 的要求检查。

6.1.2 按 6.1.1 检查合格后,方可进行空运转试验。空运转试验连续开、合模次数不少于 20 次。在试验中应检查下列项目:

a) 按 4.10 和 5.5 的要求检查控制系统工作的正确性和可靠性。

b) 按 5.2、5.3 的要求检查安全联锁装置的工作情况。

c) 按附录 A 中表 A.1 检查开、合模时间。

d) 按 4.8 检查润滑系统。

e) 按 4.9 检查管路系统。

f) 按 5.8 检查惯性移动量。

g) 检查各运动部件的可靠性和稳定性。

6.2 负荷运转试验

6.2.1 空运转试验合格后,方可进行负荷运转试验。

6.2.2 负荷运转试验分冷模合模试验和热模合模试验。

6.2.2.1 在冷模合模试验中应检测下列项目:

a) 硫化机的合模力应不低于附录 A 表 A.1 中规定值的 98%。

b) 按 4.5 检查主电机电流值。

c) 减速机机油升温应不大于 20℃,并观察主传动系统有无异常。

d) 按 4.8 检查润滑系统情况。

e) 按 4.9 检查管路系统工作情况。

f) 按 5.6 检查硫化机的噪声情况。

g) 按5.8检查惯性移动量。

h) 检查各运动部件的可靠性和稳定性。

6.2.2.2 在冷模合模试验合格后，方可进行热模合模试验，热模合模试验应检查下列项目：

a) 按4.8检查润滑系统情况。

b) 按4.5检查主电机电流值。

c) 按4.9检查管路系统情况。

d) 按5.8检查惯性移动量。

e) 检查各运动部件的可靠性和稳定性。

6.3 检测方法

硫化机检测方法按 HG/T 3231 进行。

7 检验规则

7.1 出厂检验

7.1.1 每台产品应经制造厂质量检验部门检验合格后，方能出厂。出厂时应附有产品质量合格证。

7.1.2 每台产品出厂前一般只进行空运转试验和冷模合模试验。

7.2 型式检验

7.2.1 有下列情况之一时，要进行型式检验：

a) 新产品或老产品转厂时。

b) 正式生产后，如结构、材料、工艺有较大变化，可能影响产品性能时。

c) 产品长期停产后，恢复生产时。

d) 出厂检验结果与上次型式检验结果有较大差异时。

e) 正常生产时，每年至少抽检一台。

7.2.2 型式检验按第6章规定进行检验。

7.2.3 型式检验项目全部符合本标准规定时，则判为合格。型式检验每次抽一台，若有不合格项时，应再抽第二台进行检验，若仍有不合格项时，则应逐台进行检验。

8 标志、使用说明、包装、运输、储存

8.1 每台产品应在适当位置固定产品标牌，标牌的尺寸和技术要求应符合 GB/T 13306 的规定。

标牌的内容包括：

a) 产品名称；

b) 产品型号；

c) 商标；

d) 产品的主要参数；

e) 制造日期、编号；

f) 制造厂名。

8.2 产品包装运输应符合 GB/T 13384 的规定。

8.3 产品的储运图示标志应符合 GB 191 的规定。

8.4 产品的运输应符合运输部门的有关规定。

8.5 产品使用说明书应符合 JB/T 5995 的规定。

8.6 产品应储存在干燥通风处，避免受潮，当露天存放时，应有防水措施。

附 录 A
(资料性附录)
内胎硫化机规格与主要参数

内胎硫化机规格与主要参数见表 A.1。

表 A.1 规格与主要参数

规 格		910	1 140	1 430	2 040	2 160
最大合模力,kN		300	500	850	1 800	2 250
联杆内侧间距,mm		910	1 140	1 430	2 040	2 160
模型安装高度,mm		250～320	310～380	360～450	440～790	500～850
输入内胎蒸汽压力,MPa	≤	1.00				
输入模型内蒸汽压力,MPa	≤	1.00				
开、合模时间,s	≤	5	6	10	18.5	20
电机功率,kW	≤	4.0	5.5	5.5	11.0	11.0

ICS 71.120;83.200
G 95
备案号:27374—2010

中华人民共和国化工行业标准

HG/T 3110—2009
代替 HG/T 3110—1989,HG/T 3111—1989

橡胶单螺杆挤出机

Rubber single screw extruder

2009-12-04 发布　　2010-06-01 实施

中华人民共和国工业和信息化部　发布

前　言

本标准代替 HG/T 3110—1989《橡胶单螺杆挤出机技术条件》、HG/T 3111—1989《橡胶单螺杆挤出机基本参数》。

本标准与 HG/T 3110—1989 和 HG/T 3111—1989 相比主要变化如下：

——对 HG/T 3110—1989 和 HG/T 3111—1989 进行合并；

——增加了橡胶单螺杆挤出机的型号编制方法，规定应符合 GB/T 12783 的规定(见本标准 3.1)；

——将橡胶单螺杆挤出机的基本参数纳入资料性附录 A；

——将原标准胶料耗电量纳入资料性附录 B；

——将原标准 3.2 中表 1 取消，相应增加了对进料温度的要求(见本标准 4.2.1 及 4.2.2)；

——增加了对胶料性能的要求(见本标准 4.2.3 及 4.2.4)；

——增加了对挤出机螺杆转速变化误差的要求(见本标准 4.11)；

——增加了挤出机对胶料密封性能的要求(见本标准 4.18)；

——增加了对旁压辊漏胶量的要求(见本标准 4.19)；

——增加了对机头胶料的压力及温度正确显示的要求(见本标准 4.20 及 4.21)；

——增加了安全要求(见本标准 5.2、5.3、5.4、5.5、5.6、5.7、5.8)；

——增加了对噪声声压级测试条件的要求(见本标准 5.1)；

——修改了原标准对温度自动调节装置性能的要求(见本标准 4.10)；

——修改了原标准对螺杆与衬套内表面配合间隙的要求(见本标准 4.8)；

——取消了原标准中"手工加料"的字样(见原标准 4.2)。

本标准的附录 A 和附录 B 为资料性附录。

本标准由中国石油和化学工业协会提出。

本标准由全国橡胶塑料机械标准化技术委员会橡胶机械标准化分技术委员会(SAC/TC 71/SC 1)归口。

本标准主要起草单位：中国化学工业桂林工程有限公司。

本标准参加起草单位：广东湛江机械制造集团公司、桂林橡胶机械厂、天津赛象科技股份有限公司、绍兴精诚橡塑机械有限公司、南京艺工电工设备有限公司、内蒙古宏立达橡塑机械有限责任公司、北京橡胶工业研究设计院。

本标准主要起草人：吴志勇、莫湘晋、张志强。

本标准参加起草人：苏寿琼、欧哲学、张建浩、夏国忠、金琦、韦兆山、何成。

本标准所代替标准的历次版本发布情况为：

——HG 5-1480—1982、GB/T 10481—1989、HG/T 3110—1989；

——HG 5-1481—1982、GB/T 10482—1989、HG/T 3111—1989。

橡胶单螺杆挤出机

1 范围

本标准规定了橡胶单螺杆挤出机(以下简称挤出机)的基本参数、技术要求、安全要求、耗电要求、试验方法、检验规则、标志、包装、运输和贮存。

本标准适用于橡胶单螺杆挤出机。

本标准不适用于橡胶销钉冷喂料挤出机。

2 规范性引用文件

下列文件中的条款通过本标准的引用而成为本标准的条款。凡是注日期的引用文件,其随后所有的修改单(不包括勘误的内容)或修改版均不适用于本标准,然而,鼓励根据本标准达成协议的各方研究是否可使用这些文件的最新版本。凡是不注日期的引用文件,其最新版本适用于本标准。

GB/T 191　包装储运图示标志(GB/T 191—2008,mod ISO 780:1997)

GB/T 6388　运输包装收发货标志

GB/T 12783　橡胶塑料机械产品型号编制方法

GB/T 13306　标牌

GB/T 13384　机电产品包装通用技术条件

GB/T 15706.1—2007　机械安全　基本概念与设计通则　第1部分:基本术语和方法(idt ISO 12100-1:2003)

HG/T 3120　橡胶塑料机械外观通用技术条件

HG/T 3228　橡胶塑料机械涂漆通用技术条件

HG/T 3230—2009　橡胶单螺杆挤出机检测方法

3 型号与基本参数

3.1　挤出机型号应符合 GB/T 12783 的规定;

3.2　挤出机的基本参数参见附录 A。

4 技术要求

4.1　挤出机应符合本标准要求,并按经规定程序批准的图样和技术文件制造。

4.2　挤出机加工胶料的工艺参数应符合下列规定:

4.2.1　冷喂料挤出机的进料温度小低于 15 ℃。

4.2.2　热喂料挤出机和滤胶挤出机的进料温度不低于 50 ℃。

4.2.3　螺杆所能适应的胶料门尼黏度:$30ML_{1+4}^{100\,℃}\sim160ML_{1+4}^{100\,℃}$。

4.2.4　单根螺杆所能适应的胶料门尼黏度变化值应不小于 $30ML_{1+4}^{100\,℃}$。

4.3　挤出机的螺杆转速应无级调速(滤胶挤出机允许例外),调速范围应不小于 1∶10,且应有螺杆转速显示装置。

4.4　冷喂料挤出机和冷喂料排气挤出机的机筒应各自具有一定的通用性,应能允许选配为不同胶料而设计的不同结构的螺杆。

4.5　挤出机应具有使胶料均匀喂入的喂料装置(滤胶挤出机允许例外),其旁压辊外工作表面应有良好的耐磨性。采用氮化处理时,渗氮层深度不小于 0.5 mm,表面硬度不低于 900 HV;采用淬火处理时,其表面硬度不低于 60 HRC。

4.6 螺杆应有足够的强度和刚度，螺纹表面应有良好的耐磨性。采用氮化处理时，其渗氮层深度不小于 0.5 mm，表面硬度不低于 850 HV，脆性不大于Ⅱ级；采用双金属结构时，其螺棱部位硬度不低于 58 HRC，深度不小于 1.5 mm；螺杆螺纹表面粗糙度 $R_a \leqslant 0.8\ \mu m$。

4.7 机筒内的工作表面应有良好的耐磨性。采用氮化处理时，其渗氮层深度不小于 0.5 mm，表面硬度不得低于 900 HV，脆性不大于Ⅱ级；采用双金属结构时，硬度不低于 60 HRC，深度不小于 2 mm；机筒衬套内表面的表面粗糙度 $R_a \leqslant 1.6\ \mu m$。

4.8 螺杆与机筒内腔的工作表面配合间隙应：

a) 对于轴端固定式结构的螺杆，螺杆与衬套的内表面配合间隙的单面侧隙最小值不小于单面侧隙最大值的 1/5；

b) 对于浮动式结构的螺杆，螺杆与衬套的内表面的左右侧隙应呈对称分布，允许螺杆前端下部与衬套内表面接触。

4.9 在加润滑油后空运转时，不得有刮伤观象。

4.10 挤出机(滤胶挤出机允许例外)应有多区段温度自动调节和显示装置，其温度调节范围为 40 ℃～100 ℃，温度调节精度为±2.0 ℃；升温时间不大于 35 min。

4.11 挤出机在负荷运转时，其螺轩转速变化误差在设定转速的±1%范围内。

4.12 润滑系统油泵运转应平稳，各润滑点须供油充分，无渗漏现象。

4.13 润滑油和轴承的温升不得大于 35 ℃。

4.14 温控系统应有缺水报警及保护功能。

4.15 温控系统应有自动排气功能。

4.16 温控管路系统应进行 0.8 MPa 压力的水压密封性试验，保压 30 min 无渗漏现象。

4.17 液压、润滑、气动等管路系统应进行 1.25 倍的设计工作压力的密封性试验，保压 30 min 无渗漏现象。

4.18 带机头挤出时，在额定工作压力下，持续 10 min 后，机头、机身等各结合面不应有漏胶现象，密封面上渗胶层厚度不大于 0.08 mm。

4.19 旁压辊漏胶量不大于总喂料量的 0.3%。

4.20 机头压力传感器能准确显示机头内胶料的压力，显示的压力值与胶料实际压力值的误差在±5%范围内。

4.21 机头温度传感器能准确显示机头内胶料的温度，显示的温度值与胶料实际温度值的误差在±5%范围内。

4.22 挤出机的涂漆应符合 HG/T 3228 的规定。

4.23 挤出机的外观质量应符合 HG/T 3120 的规定。

5 安全要求

5.1 挤出机在最高转速空负载状态下或在 80%最高转速时负载运转状态下的噪声声压级应不大于85 dB(A)。

5.2 电气控制系统应达到一定的安全要求，以保证操作者及生产的安全：

a) 短接的动力电路与保护电路导线的绝缘电阻不得小于 1 MΩ；

b) 电加热器的冷态绝缘电阻不得小于 1 MΩ；

c) 保护导线的端子与设备任何裸露零件的接地电阻不得大于 0.1 Ω。

5.3 安全及急停开关使用方便，动作灵敏可靠。

5.4 在挤出机的面板上及喂料口附近，必须安置急停装置。

5.5 在挤出机的喂料口处，应按照 GB/T 15706.1—2007 中 3.25.1 的规定，安置固定的料斗和其他固定式防护装置。

5.6 裸露在外对人身有危险的部位，必须安置防护罩。

5.7 当挤出机的减速器具有强制集中润滑系统时，该系统的油泵电动机与主动电机应有相互联锁的装置。

5.8 具有机头超压的机电联锁保护功能。

6 耗电要求

挤出机的单位耗电量参见附录B中的数值。

7 试验方法

7.1 总则

挤出机应按 HG/T 3230—2009 进行检测。

7.2 空运转试验

7.2.1 空运转试验前应向机筒内加入润滑油。

7.2.2 按 4.2～4.8 和 5.2～5.7 的要求检验合格后，方可进行整机总装配及空运转试验。

7.2.3 空运转试验时螺杆转速以最高转速的 1/3 进行，试验时间不应低于 1 h，然后再升到最高转速进行试验，试验时间为 10 min。

7.2.4 空运转试验应对 4.9、4.10 和 4.14～4.17 进行检验。

7.3 负荷运转试验

7.3.1 空运转试验检验合格后方可进行负荷运转试验。

7.3.2 负荷运转试验应对 4.11～4.13、4.18～4.21 和 5.8 进行检验。

8 检验规则

8.1 出厂检验

8.1.1 每台产品出厂前应进行空运转试验并同时检验 4.22 和 4.23。

8.1.2 负荷运转试验除特殊要求外，一般可在用户厂进行。

8.1.3 每台产品应经质量检验部门检验合格方能出厂，并附有产品质量合格证。

8.2 型式检验

8.2.1 型式检验的项目为本标准的全部要求，有下列情况之一时，应进行型式检验：

a） 新产品或老产品转厂生产的试制定型鉴定；

b） 正式生产后，如结构、材料、工艺等有较大改变，可能影响产品性能时；

c） 正常生产时，每年最少抽试一台；

d） 产品长期停产后，恢复生产时；

e） 出厂检验结果与上次型式检验有较大差异时；

f） 国家质量监督部门提出进行型式检验要求时。

8.2.2 **判定规则**

当有一项不符合标准中规定的要求时，应再加倍抽样复检不合格项，若仍不合格则判为不合格。

9 标志、包装、运输和贮存

9.1 标志

每台产品应在明显适当的位置上固定产品标牌；其标牌形式、尺寸和技术要求应符合 GB/T 13306 的规定，并有下列内容：

a） 制造厂名称；

b） 产品名称；

c） 产品型号；

d） 制造日期、编号或生产批号；

e） 产品主要技术参数。

9.2 包装

产品包装应符合 GB/T 13384 的规定，在产品包装箱中应装有下列技术文件（装入防水的袋内）：

a） 装箱单；

b） 产品合格证；

c） 产品使用说明书。

9.3 运输

产品运输应符合 GB/T 191 和 GB/T 6388 的规定。

9.4 贮存

产品应贮存在干燥通风处，避免受潮，露天存放应有防雨措施。

附　录　A
（资料性附录）
橡胶单螺杆挤出机基本参数

A.1　热喂料挤出机的基本参数参见表 A.1。

表 A.1　热喂料挤出机的基本参数

螺杆直径/mm	螺杆长径比 L/D	螺杆最高转速/(r/min)	主电动机功率/kW	最大挤出能力/(kg/h)
60	4、5、6、7、(8)	70～100	11	90～160
90	4、5、6、7、(8)	60～90	22	290～400
120	4、5、6、7、(8)	50～70	30	480～700
150	4、5、6、7、(8)	45～60	55	800～1 200
200	4、5、6、7、(8)	40～50	90	1 400～2 000
250	4、5、6、7、(8)	30～40	132	2 700～3 200
300	4、5、6、7、(8)	25～35	160	3 200～4 600

注 1：最大挤出能力的检测按 HG/T 3230—2009 的规定进行，供工艺选型时参考。

注 2：无旁压辊时，可采用 8 的长径比。

注 3：主电动机功率均按照直流电动机标定，若采用交流电动机应酌情放大电动机功率。

A.2　滤胶挤出机基本参数参见表 A.2。

表 A.2　滤胶挤出机基本参数

螺杆直径/mm	螺杆长径比 L/D	螺杆最高转速/(r/min)	主电动机功率/kW	最大挤出能力/(kg/h)
120	4/5/6	40～60	30	300～500
150	4/5/6	40～60	55	600～900
200	4/5/6	40～50	90	1 000～1 600
250	4/5/6	40	132	1 600～2 200
300	4/5/6	30	160	2 000～3 000

注 1：最大挤出能力的检测按 HG/T 3230—2009 的规定进行，供工艺选型时参考。

注 2：主电动机功率均按照直流电动机标定，若采用交流电动机应酌情放大电动机功率。

A.3　冷喂料挤出机基本参数参见表 A.3。

表 A.3　冷喂料挤出机基本参数

螺杆直径/mm	螺杆长径比 L/D	螺杆最高转速/(r/min)	主电动机功率/kW	最大挤出能力/(kg/h)
30	8/10	80～110	3～4	8～12
45	8/10	80～100	7.5～11	30～50
60	10/12	60～80	18.5～22	70～90
90	12/14/16	50～60	45～75	250～350
120	12/14/16	45～55	75～110	450～600
150	12/14/16	35～45	185～220	800～1 000

表 A.3（续）

螺杆直径/mm	螺杆长径比 L/D	螺杆最高转速/(r/min)	主电动机功率/kW	最大挤出能力/(kg/h)
200	12/14/16/18	28～35	315～355	1 500～1 900
250	12/14/16/18	22～26	400～500	2 400～3 200
注1：最大挤出能力的检测按HG/T 3230—2009的规定进行，供工艺选型时参考。 注2：主电动机功率均按照直流电动机标定，若采用交流电动机应酌情放大电动机功率。				

A.4 冷喂料排气挤出机基本参数参见表A.4。

表 A.4 冷喂料排气挤出机基本参数

螺杆直径/mm	螺杆长径比 L/D	螺杆最高转速/(r/min)	主电动机功率/kW	最大挤出能力/(kg/h)
30	14/16	60～100	3～4	8～10
45	14/16	80～100	7.5～11	40～50
60	16/18	60～80	18.5～22	50～70
90	16/18/20	50～60	45～75	200～260
120	18/20/22	40～50	75～110	320～450
150	18/20/22	35～45	185～220	600～800
注1：最大挤出能力的检测按HG/T 3230—2009的规定进行，供工艺选型时参考。 注2：主电动机功率均按照直流电动机标定，若采用交流电动机应酌情放大电动机功率。				

附 录 B
（资料性附录）
橡胶单螺杆挤出机单位耗电量

B.1 热喂料挤出机的单位耗电量参见表 B.1。

表 B.1 热喂料挤出机的单位耗电量

螺杆直径/mm	60	90	120	150	200	250	300
单位耗电量/(kW·h/kg)	0.130	0.080	0.075	0.050	0.040	0.025	0.025

B.2 滤胶挤出机的单位耗电量参见表 B.2。

表 B.2 滤胶挤出机的单位耗电量

螺杆直径/mm	120	150	200	250	300
单位耗电量/(kW·h/kg)	0.100	0.050	0.050	0.050	0.050

B.3 冷喂料挤出机的单位耗电量参见表 B.3。

表 B.3 冷喂料挤出机的单位耗电量

螺杆直径/mm	30	45	60	90	120	150	200	250
单位耗电量/(kW·h/kg)	0.250	0.250	0.220	0.220	0.185	0.185	0.180	0.180

B.4 冷喂料排气挤出机的单位耗电量参见表 B.4。

表 B.4 冷喂料排气挤出机的单位耗电量

螺杆直径/mm	30	45	60	90	120	150
单位耗电量/(kW·h/kg)	0.300	0.300	0.250	0.200	0.200	0.200

ICS 71.120;83.200
G 95
备案号：18277—2006

中华人民共和国化工行业标准

HG/T 3119—2006
代替 HG/T 3119—1998

轮胎定型硫化机检测方法

Testing and measuring methods for tyre shaping and curing press

2006-07-26 发布 2007-03-01 实施

中华人民共和国国家发展和改革委员会 发布

前　言

本标准代替 HG/T 3119—1998《轮胎定型硫化机检测方法》。

本标准与 HG/T 3119—1998 相比主要变化如下：

——增加了对液压式轮胎定型硫化机的检测；

——整机性能检测项目增加了硫化机热板工作表面温差、机械式硫化机空运转时主电机电流、液压式硫化机液压系统油温检测方法；

——精度检测项目增加了液压式硫化机上下热板的平行度、硫化机上固定板(或上热板)安装模型孔的中心与下蒸汽室(或下热板)T 型槽中心的偏差、装胎机构立柱的垂直度、机械手抓胎器抓胎部位(在装胎位置)与蒸汽室(或下热板)的平行度检测方法；

——取消了原标准活络模操纵缸的活塞杆中心(或上横梁相应孔中心)与中心机构中心的同轴度的检测方法 1"综合量规测量法、检测方法 3"卡环套入中心机构活塞杆，用百分表检测横梁相应孔"；

——取消了原标准装胎机构卡爪张开后的径向圆跳动的检测方法 1"用塞尺测量卡爪与划针盘的针尖间的间隙"、方法 2"用钢板尺测量卡爪外表面与定型盘外径间的距离"；

——取消了原标准后充气装置上下夹盘的同轴度的检测方法 1"综合量规测量法"、方法 3"测量环放在下夹盘上，上下夹盘合拢，用塞尺测量上下夹盘与测量环对应位置的间隙"。

本标准由中国石油和化学工业协会提出。

本标准由全国橡胶塑料机械标准化技术委员会橡胶机械标准化分技术委员会归口。

本标准主要负责起草单位：桂林橡胶机械厂、福建华橡自控技术股份有限公司。

本标准主要参加起草单位：益阳橡胶塑料机械集团有限公司、广东省湛江机械厂、大连冰山橡塑股份有限公司。

本标准主要起草人：秦德林、李荣照、谢盛烈、高子凌、张金莲、苏寿琼、秦淑君、杨文光、李香兰。

本标准所代替标准的历次版本发布情况为：

——ZBG 95006—1987；

——HG/T 3119—1998。

轮胎定型硫化机检测方法

1 范围

本标准规定了机械式、液压式轮胎定型硫化机的检测项目、方法、示意图及仪器。

本标准适用于机械式、液压式轮胎定型硫化机(以下简称硫化机)的检测。

2 规范性引用文件

下列文件中的条款通过本标准的引用而成为本标准的条款。凡是注日期的引用文件,其随后所有的修改单(不包括勘误的内容)或修订版均不适用于本标准,然而,鼓励根据本标准达成协议的各方研究是否可使用这些文件的最新版本。凡是不注日期的引用文件,其最新版本适用于本标准。

HG/T 2108 橡胶机械噪声声压级的测定

3 整机性能的检测

主要整机性能检测见表1。

表 1

序号	检测项目	检测方法	检测示意图	检测仪器
3.1	冷模合模力	将模具或模拟模具置于下蒸汽室或下热板上,调整使上下模具接触;在合模过程中,逐次提高合模力,当合模至终点位置时,直接读出测力表指示值。		模具或模拟模具
3.2	硫化机热板工作表面温差	当热板温度达到稳定状态时,用测温仪按图示分别测量24个测点温度,用下列公式计算温差: $$\Delta t = \pm \frac{t_{max} - t_{min}}{2}$$ 式中: Δt——温差(℃); t_{max}——测点中最高温度(℃); t_{min}——测点中最低温度(℃)。	单位为毫米 ϕd ϕD L $L/2$ 50 50 ϕD——热板内孔直径 ϕd——热板外圆直径 •——测温点	测温仪

表 1（续）

序号	检测项目	检测方法	检测示意图	检测仪器
3.3	机械式硫化机主导轮在导轨有效工作长度的转动率（导槽的直线部分除外）	在开合模过程中，目测主导轮在导轨有效工作长度上的转动长度，则主导轮的转动率为： $$S=\frac{L_1}{L}\times 100\%$$ 式中： S——转动率，单位为百分数（%）； L_1——主导轮的转动长度，单位为毫米（mm）； L——导轨有效工作长度，单位为毫米（mm）。 $$L_1=\pi Dn$$ 式中： D——主导轮直径，单位为毫米（mm）； n——主导轮转数； π 取 3.14。		卷尺或游标卡尺
3.4	机械式硫化机合模至下死点位置的提前量	3.4.1 连杆位于下死点位置的确定 按图所示，将对中轴从连杆上的 ϕA 孔顺利插入曲柄齿轮上的 ϕA 及底座上的 ϕA 孔时，连杆所处位置即为下死点位置。	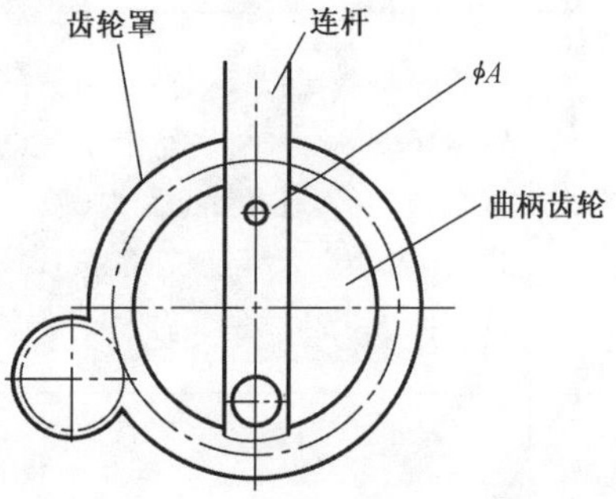	对中轴 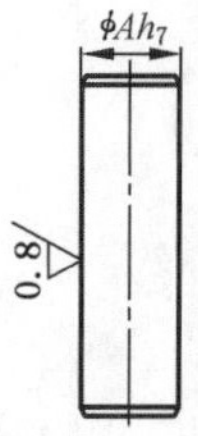
		3.4.2 检测方法 按图所示，当连杆处于下死点位置时，将合模力调试牌安装在齿轮罩上；合模力调试牌刻有相应于下死点提前量 4 mm～30 mm的弧长区域；合模至终点位置时，目测曲柄齿轮上的指针是否位于 4 mm～30 mm 的弧长区域。	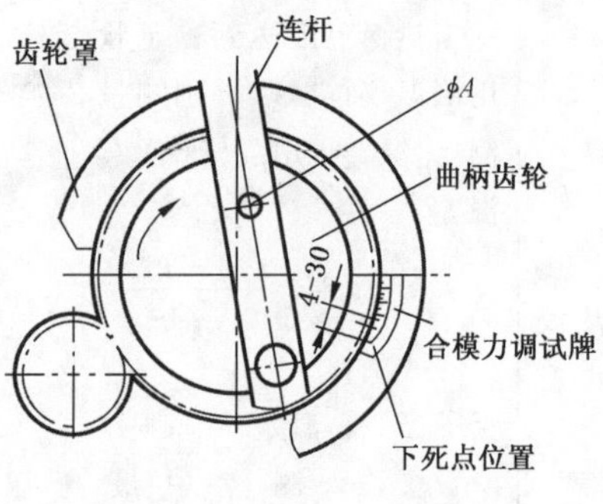	
3.5	机械式硫化机空运转时主电机电流	空运转时，用电流表测量主电机的电流值，检测两次，取其中较大值为空运转时主电机电流。		电流表 （1 级精度）

表 1（续）

序号	检测项目	检测方法	检测示意图	检测仪器
3.6	机械式硫化机最大合模力时主电机电流	合模力达到最大合模力的98%以上时，用电流表测量主电机的电流值，检测两次，取其中较大值为最大合模力时主电机电流。		电流表（1级精度）模具或模拟模具
3.7	液压式硫化机液压系统油温	目测液压系统油箱上温度计的温度。		

4 精度检测

精度检测见表 2。

表 2

序号	检测项目	检测方法	检测示意图	检测仪器
4.1	机械式硫化机上横梁下平面对底座上平面的平行度（在下死点位置）	合模至下死点位置，用内径千分尺或百分表测量横梁下平面与底座上平面之间的距离，其最大值与最小值之差，即为该项目的平行度误差。	单位为毫米 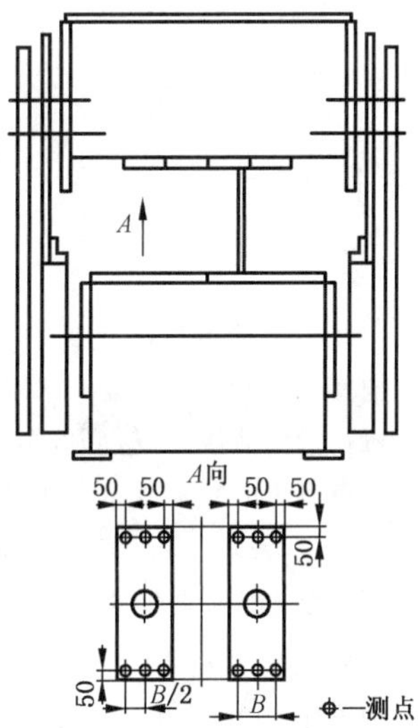 A A向 50 50 50 50 50 50 B/2 B ⊕—测点	内径千分尺或百分表（1级精度）
4.2	机械式硫化机上横梁从下死点位置升高到垂直移动行程的二分之一时，其下平面对底座上平面的平行度	将上横梁从下死点位置升高到横梁垂直移动行程的二分之一位置时，按4.1方法检测。		内径千分尺或百分表（1级精度）

表 2（续）

序号	检测项目	检测方法	检测示意图	检测仪器
4.3	液压式硫化机上下热板的平行度	上横梁在锁模位置，按图示，百分表表座在距离下热板外径、内径 50 mm 范围内任意平移，百分表最大与最小读数之差即为该项目平行度误差。	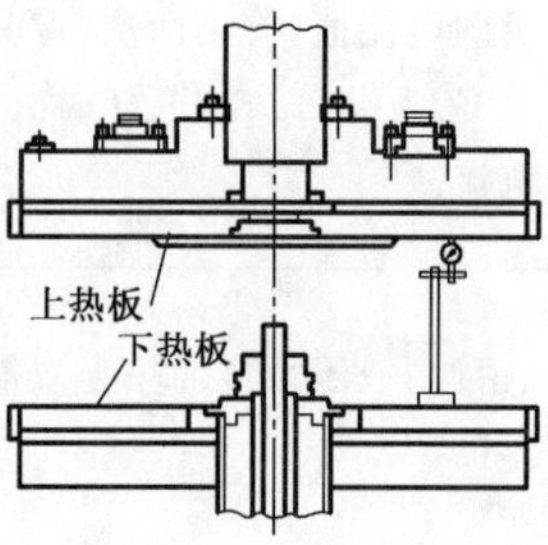	磁力表座 百分表 （1 级精度）
4.4	活络模操纵缸的活塞杆中心（或上横梁相应孔中心）与中心机构中心的同轴度或推顶器中心与囊筒中心的同轴度	按图示将测量座装在中心机构环座的轴颈上（图 a）或中心机构导向筒体定位孔中（图 b），带有百分表的磁力表座吸在测量座上，使百分表测头触及活络模操纵机构活塞杆外圆（或横梁孔或推顶器活塞杆外圆），旋转测量座一周，百分表上最大读数与最小读数之差即为该项目同轴度误差。	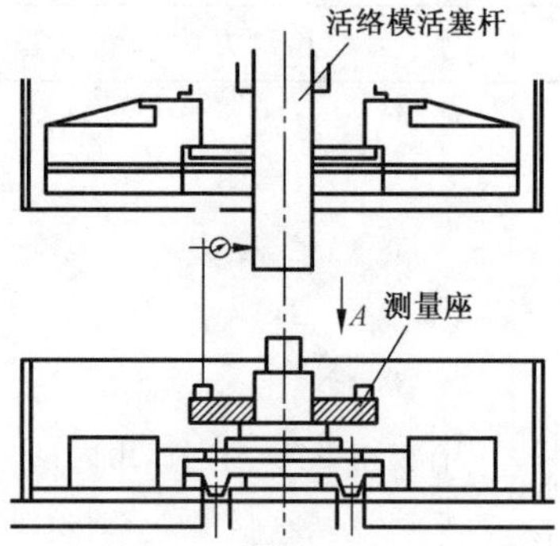 图 a 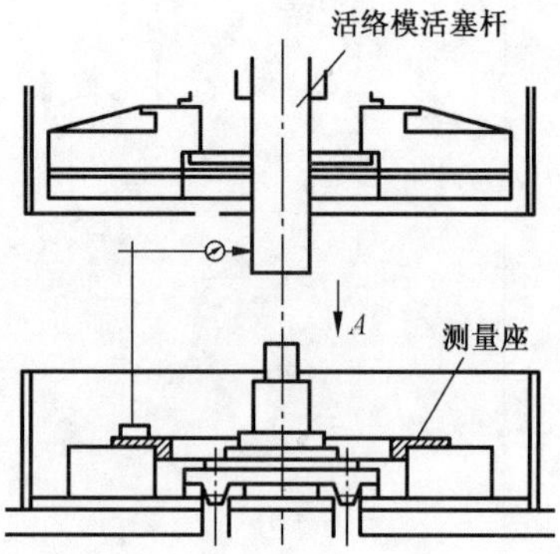图 b	磁力表座 百分表 （1 级精度） 测量座

表 2（续）

序号	检测项目	检测方法	检测示意图	检测仪器
4.5	硫化机上固定板（或上热板）安装模型孔的中心与下蒸汽室（或下热板）T 型槽中心的偏差	吊线法 方法 1： 按图示 a 安装铅锤和测量块，用钢板尺测量锤尖与测量块中心线的偏差，即为该项目的偏差值。 方法 2： 按图示 b，用钢板尺测量锤尖与 T 型槽两边缘的距离，其偏差值为： $\Delta\delta=\frac{\lvert A-B\rvert}{2}$ 式中： $\Delta\delta$——偏差值，单位为毫米（mm）； A、B——锤尖与 T 型槽两边缘的距离，单位为毫米（mm）。	图示 a　图示 b	吊线法： 铅锤 测量块 钢板尺
		对中杆法 按图示在上固定板（或上热板）上安装“对中杆”，当对中杆顺利插入下蒸汽室（或下热板）T 型槽后，用塞尺分别检测两边的间隙。其偏差值按下式计算： $\Delta\delta=\frac{\lvert\delta_1-\delta_2\rvert}{2}$ 式中： $\Delta\delta$——偏差值，单位为毫米（mm）； δ_1、δ_2——对中杆与 T 型槽两边的间隙，单位为毫米（mm）。		对中杆法： 对中杆塞尺（2 级精度）

表 2（续）

序号	检测项目	检测方法	检测示意图	检测仪器
4.6	装胎机构立柱的垂直度	如图所示，将框式水平仪靠在装胎机构立柱上，分别在 0°和 90°方向检测，最大读数即为该项目垂直度误差。	单位为毫米 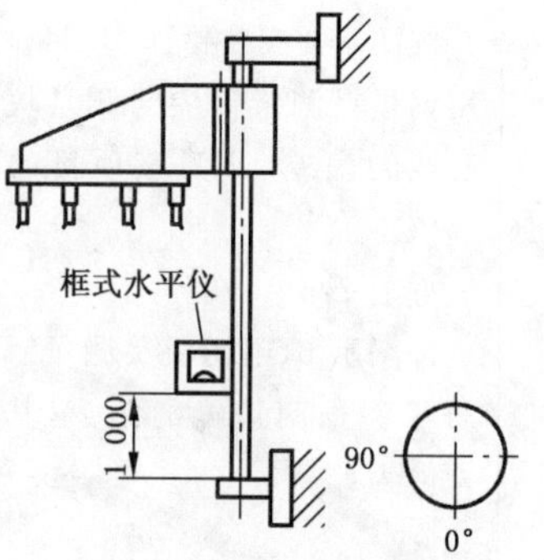 	框式水平仪（精度等级 0.02 mm/m）
4.7	机械手抓胎器抓胎部位张开后的圆度	按图示，将测量环套在抓胎器爪片上，张开爪片，用塞尺测量每个爪片与测量环之间的间隙，取其中最大值即为该项目圆度误差。	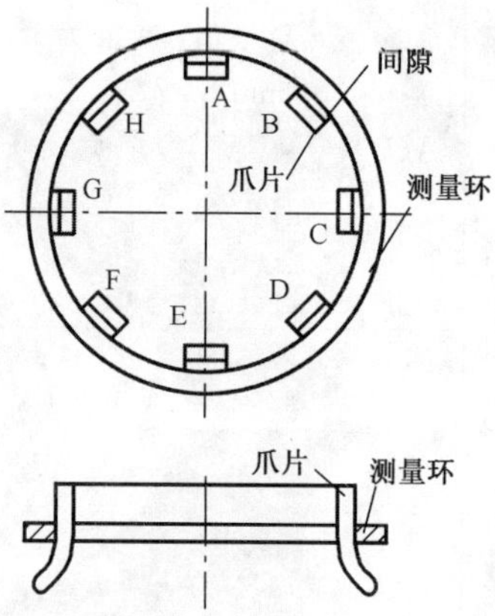	测量环塞尺（2 级精度）
4.8	硫化机机械手抓胎器中心（在装胎位置）与中心机构中心或与囊筒中心的同轴度	按图示，机械手抓胎器在装胎位置，将测量环套在抓胎器爪片上，张开爪片。将测量座安装在中心机构环座轴颈上（图 a）或中心机构导向筒体定位孔中（图 b），带有百分表的磁力表座吸在测量座上，使百分表测头触及测量环外圆，旋转测量座一周，百分表最大读数与最小读数之差，即为该项目同轴度误差。	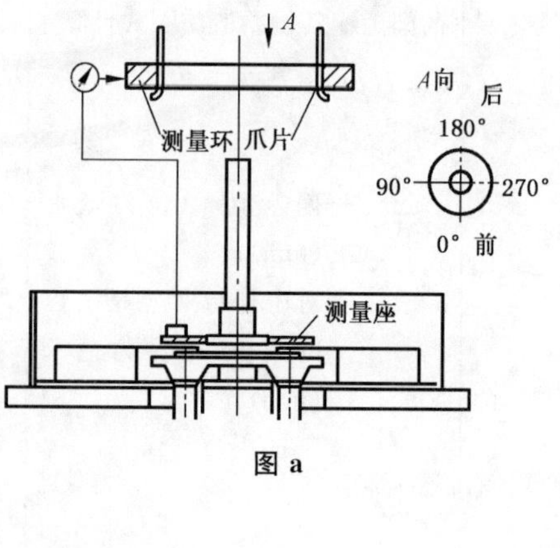 图 a	磁力表座 百分表 （1 级精度） 测量座 测量环

表 2（续）

序号	检测项目	检测方法	检测示意图	检测仪器
4.8	硫化机机械手抓胎器中心(在装胎位置)与中心机构中心或与囊筒中心的同轴度	按图示，机械手抓胎器在装胎位置，将测量环套在抓胎器爪片上，张开爪片。将测量座安装在中心机构环座轴颈上(图 a)或中心机构导向筒体定位孔中(图 b)，带有百分表的磁力表座吸在测量座上，使百分表测头触及测量环外圆，旋转测量座一周，百分表最大读数与最小读数之差，即为该项目同轴度误差。	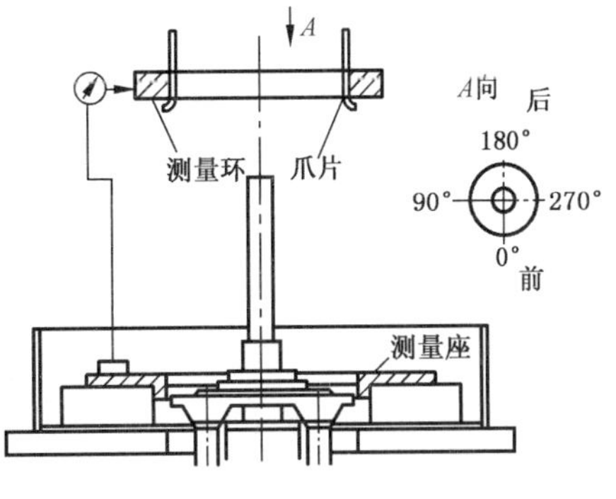 A A向 后 180° 90° 270° 0° 前 测量环 爪片 测量座 图 b	磁力表座 百分表 (1 级精度) 测量座 测量环
4.9	机械手抓胎器抓胎部位(在装胎位置)与蒸汽室(或下热板)的平行度	按图示，抓胎器在装胎位置，将测量环套入抓胎器爪片上，张开爪片。测量座安装在下蒸汽室(或下热板)定位孔中，带有百分表的磁力表座吸在测量座上，使百分表触头触及测量环下平面，测量座匀速转一周，百分表最大与最小读数之差即为该项目平行度误差。	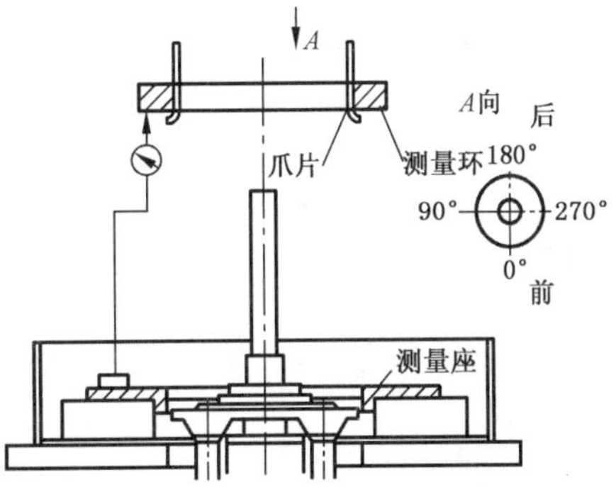 A A向 后 爪片 测量环 180° 90° 270° 0° 前 测量座	测量环 磁力表座 百分表 (1 级精度)
4.10	后充气装置上下夹盘的同轴度	按图示，将带有百分表的磁力表座吸在测量座上，测量座套在下夹盘座上，使百分表触头触及上夹盘表面，旋转测量座一周，百分表最大与最小读数之差为该项目同轴度误差。	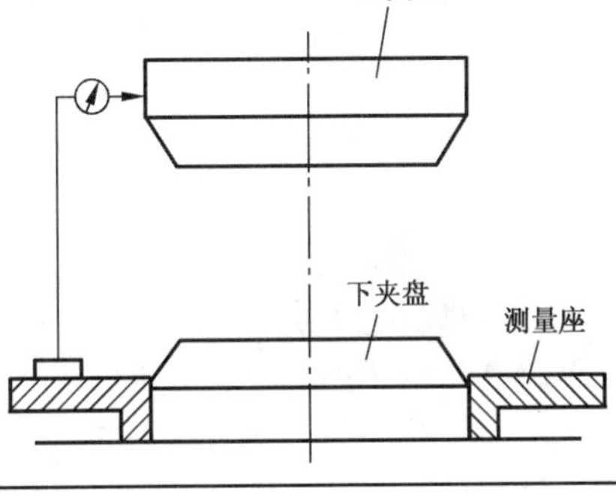 上夹盘 下夹盘 测量座	测量座 百分表 (1 级精度) 磁力表座

5 安全性能的检测

安全性能的检测见表 3。

表 3

序号	检测项目	检测方法	检测示意图	检测仪器
5.1	链条升降的装胎机构，断链后的惯性下滑量	装胎机构(未抓胎时)横臂下端面距离下死点 50 mm 处，用划笔在方柱上标出横臂的原始位置，人为将链条断开后，装胎机构由于重力作用向下滑移，当滑移停止后，用钢板尺测量横臂的下滑距离，该距离即为该项目的惯性下滑量。		划笔 钢板尺

表 3（续）

序号	检测项目	检测方法	检测示意图	检测仪器
5.2	运行中噪声	按照 HG/T 2108 进行检测		
5.3	热模硫化试验，蒸汽室（或热板护罩）外表面的平均温度	正常硫化时，用测温仪按图示测量各测点的温度，各测点温度的算术平均值即为该项目的平均温度。	单位为毫米 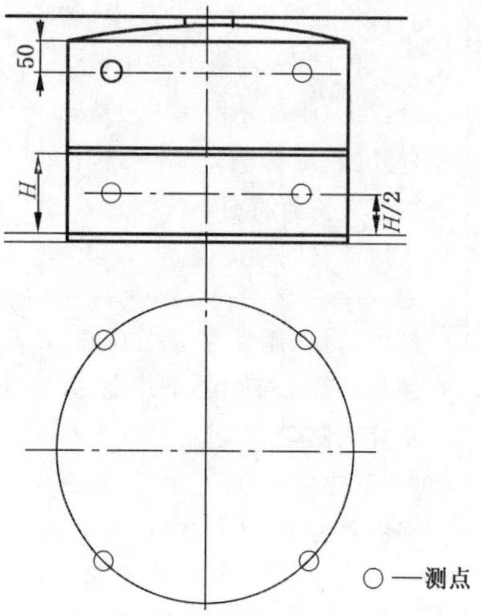 50 H H/2 ○—测点	测温仪
5.4	机械式硫化机主电机断电后，上横梁的惯性下滑量	将惯性测量装置放在下蒸汽室或下热板上，使横梁下降，上蒸汽室或上热板触及碰杆上的微动开关，切断主电机电源，并同时与碰杆上端面接触。当主电机断电制动后，横梁在惯性作用继续下滑；停止后惯性测量装置上的指针在标尺上的示出值即为该项目的下滑量。	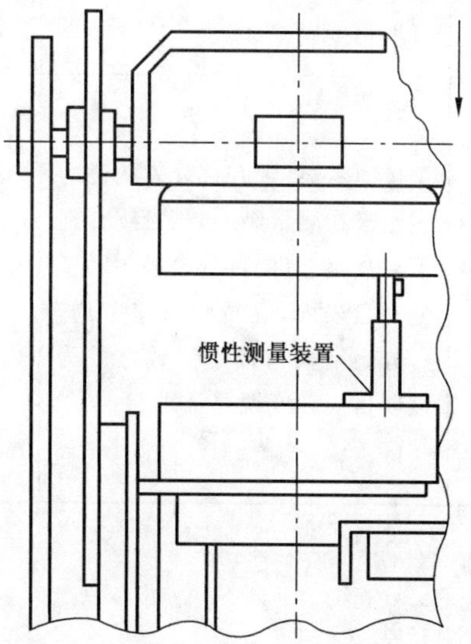 惯性测量装置	惯性测量装置简图 单位为毫米 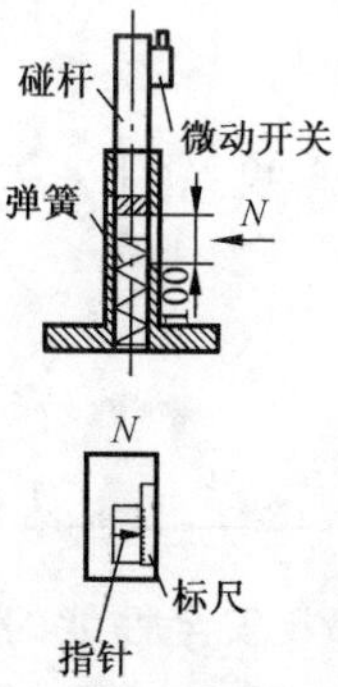 碰杆 微动开关 弹簧 N 10 N 标尺 指针

备案号：10164—2002

HG/T 3222—2001

前　言

本标准是对推荐性化工行业标准 HG/T 3222—1983《三角带鼓式硫化机系列与基本参数》修订而成的。

本标准与 HG/T 3222—1983 的主要差异：

对窄型 V 带型号标注的 3 V、5 V、8 V，修改为 9 N、15 N、25 N。

本标准从实施之日起，同时代替 HG/T 3222—1983。

本标准由原国家石油和化学工业局政策法规司提出。

本标准由全国橡胶塑料机械标准化技术委员会橡胶机械分委会归口。

本标准起草单位：桂林橡胶工业设计研究院。

本标准主要起草人：蒙义。

本标准于 1983 年 10 月首次发布为化工部部颁标准，1999 年 5 月转化为推荐性化工行业标准，并重新编号为 HG/T 3222—1983。

本标准委托全国橡胶塑料机械标准化技术委员会橡胶机械分委会负责解释。

中华人民共和国化工行业标准

HG/T 3222—2001

代替 HG/T 3222—1983

V带鼓式硫化机系列与基本参数

Series and Basic Parameters of Rotary Curing Machine for V-belt

1 范围

本标准规定了V带鼓式硫化机的规格系列和基本参数。

本标准适用于连续硫化橡胶V带的鼓式硫化机。

2 规格系列

硫化鼓直径系列：160 mm、230 mm、280 mm、320 mm、450 mm、700 mm。

3 基本参数

V带鼓式硫化机的基本参数应符合下表的规定：

<table>
<tr><th rowspan="2">规格</th><th rowspan="2">硫化鼓
直径
mm</th><th rowspan="2">硫化鼓
宽度
mm</th><th rowspan="2">硫化鼓
有效宽度
mm</th><th rowspan="2">硫化鼓
有效包角</th><th rowspan="2">硫化压力
MPa</th><th rowspan="2">硫化时间
min</th><th colspan="2">可硫化V带型号</th><th rowspan="2">可硫化V
带内周长
度范围
mm</th><th rowspan="2">主电机
功率
kW</th></tr>
<tr><th>普通型</th><th>窄型</th></tr>
<tr><td>160</td><td>160</td><td rowspan="4">500</td><td rowspan="4">420</td><td rowspan="4">≥180°</td><td rowspan="4">0.65</td><td rowspan="4">6～36</td><td>O,A</td><td>9N
SPZ,SPA</td><td>750～2 000</td><td rowspan="4">0.8</td></tr>
<tr><td>230</td><td>230</td><td>O,A,B</td><td>9N
SPZ,SPA</td><td>1 000～2 400</td></tr>
<tr><td>280</td><td>280</td><td>A,B,C</td><td>9N,15N
SPZ,SPA</td><td>1 100～2 500</td></tr>
<tr><td>320</td><td>320</td><td>A,B,C</td><td>9N,15N
SPZ,SPA
SPB,SPC</td><td>1 200～2 600</td></tr>
<tr><td>450</td><td>450</td><td rowspan="2">600</td><td rowspan="2">520</td><td rowspan="2">≥250°</td><td rowspan="2">0.80</td><td rowspan="2">8～48</td><td>A,B,
C,D</td><td>9N,15N
25N
SPZ,SPA
SPB,SPC</td><td>2 200～10 000</td><td>1.5</td></tr>
<tr><td>700</td><td>700</td><td>C,D,
E,F</td><td>9N,15N
SPB,SPC</td><td>3 500～17 000</td><td>3.0</td></tr>
</table>

国家经济贸易委员会2002-01-24批准

2002-07-01实施

前　言

本标准参考了 ISO 1382:1996《橡胶词汇》。

本标准以 GB 10112—1988《确立术语的一般原则与方法》为指导，对 HG/T 3223—1985《橡胶机械名词术语》进行了修订。

本版本的主要修订内容如下：

——标准的名称作了修改；

——增加了若干新的术语，如销钉机筒挤出机、R 型轮胎定型硫化机等；

——删去了若干机械专业的通用术语，如机架、底座等；

——更改了若干术语的名称，使之更准确地表达概念；

——对多数术语的定义作了修改，力求更准确、更简明。

本标准中，优先术语采用黑体字印刷。用圆括号括起术语的一部分，表示如果在使用该术语的上下文内不会引起混淆的话，可以省略放在括号中的字。

本标准中涉及的橡胶和轮胎相关术语的定义，参见 GB 9881《橡胶与橡胶制品通用术语》和 GB/T 6326《轮胎术语》。

本标准自实施之日起，代替 HG/T 3223—1985。

本标准的附录 A、附录 B 都是标准的附录。

本标准由中华人民共和国原化学工业部技术监督司提出。

本标准由全国橡胶塑料机械标准化技术委员会橡胶机械分委会归口。

本标准起草单位：北京橡胶工业研究设计院。

本标准主要起草人：王守棨、甘学诚、郑玉胜、夏向秀、杨顺根、陈肇谓、魏凤琴。

本标准于 1985 年 5 月 15 日首次发布。

中华人民共和国化工行业标准

HG/T 3223—2000

代替 HG/T 3223—1985

橡 胶 机 械 术 语

Rubber machinery—Terminology

1 范围

本标准确定了橡胶(加工)机械的术语。

2 术语及其定义

2.1 密闭式炼胶机械

2.1.1 密(闭式)炼(胶)机 internal mixer

具有一对特定形状并相向回转的转子,在可调温度和压力的密闭空腔内,对橡胶进行塑炼或混炼的机械。

2.1.2 翻转式密炼机 dispersion mixer

加压式捏炼机 **pressurized kneader**

采用翻转密炼室的方法卸料的密闭式炼胶机。

2.1.3 总容积 net chamber volume

有效容量、净容量(被取代术语)

压砣下落至最低位置时,密炼室与转子之间的空腔的容积。

2.1.4 工作容积 working volume

额定容量(被取代术语)

密炼机的实际工作容积,即每次可塑炼或混炼胶料的体积。

2.1.5 填充系数 filled coefficient

密炼机工作容积与总容积的比值。

2.1.6 转子速比 rotating speed ratio of rotors

密炼机前后转子的转速比,以1:(后转子转速/前转子转速的比值)表示。

2.1.7 右传动 right-hand drive

操作者面对密炼机加料门,传动装置位于其右侧的传动形式。

2.1.8 左传动 left-hand drive

操作者面对密炼机加料门,传动装置位于其左侧的传动形式。

2.1.9 密炼室 mixing chamber

混炼室、混合室(被取代术语)

包容转子工作部分并具有冷却或加热结构的部件。它与压砣、卸料门、侧面壁形成密闭的炼胶空间。

2.1.10 正面壁 chamber side

包容转子工作部分外周面的密炼室内壁。

2.1.11 侧面壁 chamber end

包容转子工作部分轴向端面的密炼室内壁。

国家石油和化学工业局2000-06-30发布 2001-05-01实施

2.1.12 **转子 rotor**

工作部分具有特定形状、作回转运动，是密炼机的主要零件。

2.1.13 **椭圆形转子 elliptical type rotor**

工作部分横断面近似于椭圆形，表面有螺旋状凸棱的转子。

2.1.14 **圆柱形转子 cylindrical type rotor**

圆筒形转子（被取代术语）

工作部分为圆柱形，表面有螺旋状凸棱的转子。

2.1.15 **相切型转子 tangential rotor**

一对转子的凸棱的外圆彼此相切，并以不同转速工作的转子。

2.1.16 **啮合型转子 intermeshing rotor**

一对转子凸棱相互啮合，并以相同转速工作的转子。

2.1.17 **同步技术转子 synchronous technological rotor**

一对转子的凸棱的外圆彼此相切，并以相同转速工作的转子。

2.1.18 **转子凸棱 wing;nog**

转子工作部分凸出的棱。

2.1.19 **转子密封装置 dust stop of rotor**

位于密炼机转子工作部分两侧的轴颈处，用于防止漏料的装置。

2.1.20 **加料门 feed hopper door**

向密炼室加入橡胶等物料时，可打开和关闭的门。

2.1.21 **压料装置 pressing ram device**

上顶栓（被取代术语）

位于密炼室上部，炼胶时对被加工物料加压的部件。由压砣及其加压机构等组成。

2.1.22 **压砣 ram**

上顶栓、重锤（被取代术语）

在压料装置中，直接压着被加工物料的零件。

2.1.23 **卸料装置 discharge device**

下顶栓（被取代术语）

位于密炼室下部，炼胶后能开启卸料的部件。由卸料门及其启闭机构等组成。

2.1.24 **滑动式卸料装置 slide door discharge device**

卸料门启闭时作往复移动的卸料装置。

2.1.25 **摆动式卸料装置 drop door discharge device**

下落式卸料装置、翻板式卸料装置（被取代术语）

卸料门启闭时绕定轴摆动的卸料装置，通常还包括锁紧机构。

2.1.26 **卸料门 discharge door**

下顶栓、滑门（被取代术语）

在卸料装置中，接触被加工物料，打开后可卸料的零件。

2.1.27 **翻转装置 tilting device**

使密炼室绕固定轴翻转后进行卸料的装置。

2.1.28 **上辅机 up-stream equipment**

密炼机炼胶时，所需各种原材料的输送、贮存、称量、加料等机械的总称。

2.1.29 **下辅机 down-stream equipment**

将密炼机排出的胶料进行翻炼、压片、冷却的机械的总称。

2.1.30 **胶片冷却装置 batch off unit;slab cooling unit**

将塑炼胶片或混炼胶片涂隔离剂、冷却吹干、切片或折叠,以便存放的装置。

2.2 开放式炼胶机械

2.2.1 开(放式)炼(胶)机 mill;two-roll mill

具有两个水平放置、相互平行、相向回转的辊筒,在可调辊隙中进行塑炼、混炼、压片、热炼等作业的机械。辊筒通常需冷却或加热。

2.2.2 压片机 sheeting mill

将塑炼胶或混炼胶压制成胶片的开炼机。其辊筒通常为光滑表面,后辊筒也可为沟槽表面。前后辊筒速度差很小。

2.2.3 热炼机 warming mill

用于胶料热炼的开炼机。其辊筒通常为光滑表面,后辊筒也可为沟槽表面。

2.2.4 破胶机 breaker

用于生胶块破碎的开炼机。通常前辊筒为光滑表面,后辊筒为沟槽表面。

2.2.5 粗碎机 cracker

用于废胶块粗破碎的开炼机。通常前后辊筒均为沟槽表面,且设有圆网筛。

2.2.6 粉碎机 grinding mill

将破碎后的废胶块加工成胶粉的开炼机。其辊筒通常为光滑表面,前后辊筒速度差大。

2.2.7 洗胶机 washing mill;washer

在碾压橡胶时喷水,除去橡胶中杂物的开炼机。其辊筒通常为沟槽表面,前后辊筒速度差大。

2.2.8 精炼机 refining mill;refiner

对再生胶进行精炼并除去硬胶粒和杂物的开炼机。通常采用带中高度的辊筒。

2.2.9 辊距 nip;gap

开炼机或压延机相邻的两个辊筒工作表面之间的径向间距。

2.2.10 辊隙 nip;gap

开炼机或压延机相邻的两个辊筒工作表面之间的工作空间。

2.2.11 (辊筒)速比 linear speed ratio (of rolls); friction ratio (of rolls)

摩擦比(被取代术语)

开炼机的前辊筒与后辊筒工作表面线速度之比,以1:(后辊线速度/前辊线速度的比值)表示。

2.2.12 横压力 separating force

在开炼机或压延机工作时,辊隙中的胶料作用于辊筒的径向压力的合力。

2.2.13 右传动 right-hand drive

操作者面对开炼机前辊筒,传动装置位于其右侧的传动形式。

2.2.14 左传动 left-hand drive

操作者面对开炼机前辊筒,传动装置位于其左侧的传动形式。

2.2.15 辊筒 roll

开炼机、压延机等机械中,工作部分为圆柱形、作回转运动的主要零件。

2.2.16 辊面宽度 roll surface width

辊筒工作部分长度(被取代术语)

辊筒上进行炼胶或压延等作业的辊面的轴向宽度。

2.2.17 中空辊筒 bored roll

仅在轴心部位有流通传热介质空腔的辊筒。

2.2.18 钻孔辊筒 drilled roll

在接近辊筒工作表面,按圆周均布有若干流通传热介质的轴向钻孔的辊筒。

2.2.19 沟槽辊筒 fluted roll

工作表面有与轴线成一定角度的沟槽的辊筒。

2.2.20 **前辊筒 front roll**

与辊距调节装置相连接；可前后移动的辊筒。

2.2.21 **后辊筒 rear roll；back roll**

与前辊筒相对应的辊筒。

2.2.22 **压盖 frame cap**

横梁（被取代术语）

装于开炼机的机架上，使机架形成封闭结构的零件。

2.2.23 **辊距调节装置 nip adjusting device**

调距装置

装于开炼机或压延机的左、右机架上，与辊筒轴承体相连接，用以调节辊距的装置。

2.2.24 **速比齿轮副 connecting gears**

辊端齿轮（被取代术语）

装在前、后辊筒上，使辊筒形成速比的齿轮副。

2.2.25 **安全片 breaker pad**

当开炼机或压延机的横压力超过限定值时，为保护机器的主要零件不损坏而先受破坏的金属片。

2.2.26 **液压安全装置 hydraulic relief device**

装于开炼机前辊筒轴承体上，当横压力超过限定值时，油缸中的油压上升使机器停车，以保护机器不受损坏的装置。

2.2.27 **挡胶板 stock guide**

在开炼机或压延机上，使堆积胶保持在辊筒的限定位置内的挡板。

2.2.28 **翻胶装置 stock blender**

翻料装置

使胶料翻动并返回到辊隙的装置。

2.3 **浸胶及压延机械**

2.3.1 **浸胶机 fabric dipping machine**

对纤维帘、帆布等用胶乳浸渍剂进行浸渍、干燥处理的机械。

2.3.2 **浸胶热伸张生产线 fabric dipping and heat stretching line**

对化学纤维帘、帆布用胶乳浸渍剂进行浸渍、干燥、热伸张和热定型处理的联动机械。

2.3.3 **干燥区 drying zone**

纤维帘、帆布经胶乳浸渍剂浸渍后，在一定的张力和温度条件下，进行干燥处理的区段。用以去除水分并使浸渍剂缩合。

2.3.4 **热伸张区 heat stretching zone**

化学纤维帘、帆布在一定的张力、温度和时间条件下，进行加热伸张处理的区段。用以使材料分子趋于定向，改善其物理性能。

2.3.5 **热定型区 normalizing zone**

化学纤维帘、帆布经热伸张处理后，在一定的张力、温度和时间条件下，进行定型热处理的区段。用以使材料适量回缩，消除内应力，稳定热伸张处理后的效果。

2.3.6 **冷却区 cooling zone**

化学纤维帘、帆布经热定型处理后，在一定的张力、时间和常温条件下进行冷却，以免材料收缩的区段。

2.3.7 **浸渍槽 dipping tank**

浸胶槽、浸浆槽（被取代术语）

用于存放浸渍剂并进行浸渍作业的贮槽。通常设有升降装置。

2.3.8 **挤胶装置 squeezing unit**

挤压辊(被取代术语)

对经过浸渍槽浸渍、渗透浸渍剂后的布料采用辊筒挤压,以除去一部分多余胶乳浸渍剂,并使之渗透均匀的装置。

2.3.9 **伸张装置 tension stand**

伸张辊(被取代术语)

在联动运行中,利用前后辊筒线速度的差异,使相邻两装置之间的布料受到伸张的装置。

2.3.10 **压延机 calender**

具有两个或两个以上的辊筒,排列成一定的形式,在要求的辊距、温度和速度下相向回转,用于将胶料压制成要求厚度和表面形状的胶片;或用于布料擦胶、贴胶的机械。

2.3.11 **压型(压延)机 embossing machine;profiling machine**

压花机(被取代术语)

将胶片压延成一定厚度、表面带有花纹或具有一定断面形状的机械。

2.3.12 **压延联动装置 calender train equipment**

压延机辅机(被取代术语)

配合压延机进行压延胶片或布料擦胶、贴胶作业,联动运行的辅助装置。

2.3.13 **压延生产线 calendering line**

由压延机及压延联动装置组成的联动机械,如纤维帘布压延生产线、钢丝帘布压延生产线等。

2.3.14 **(辊筒)速比 linear speed ratio(of rolls);friction ratio(of rolls)**

压延机各辊筒工作表面线速度之间依次的比例。在比例各项中,最小项为1。

2.3.15 **右传动 right-hand drive**

站在压延机出料辊隙的入口一侧面对压延机,传动装置位于观察者右侧的传动形式。

2.3.16 **左传动 left-hand drive**

站在压延机出料辊隙的入口一侧面对压延机,传动装置位于观察者左侧的传动形式。

2.3.17 **(辊筒)中高度 (roll) camber;crown**

中高率(被取代术语)

辊筒工作部分中间直径大于两端直径之值。

2.3.18 **(辊筒)中凹度 (roll) reverse camber**

辊筒工作部分中间直径小于两端直径之值。

2.3.19 **压型辊筒 embossing roll;profiling roll**

工作表面具有给定的花纹或沟纹的辊筒。

2.3.20 **横梁 top link**

装于压延机上部,用以连接两个机架的零件。

2.3.21 **(辊筒)预负荷装置 preloading device**

零间隙装置、拉回装置(被取代术语)

为消除辊筒浮动,在辊筒的轴承外侧的两端轴颈上施以外加负荷,使辊筒保持在预定位置平稳运转的装置。

2.3.22 **(辊筒)轴交叉装置 axis-crossing device**

使一个辊筒对另一个相邻的辊筒形成轴线交叉的调节装置。使这两个辊筒的辊距由中间向两端逐渐增大,用以补偿辊筒挠度。

2.3.23 **(辊筒)反弯曲装置 roll bending device**

为补偿辊筒挠度,在辊筒的轴承外侧的两端轴颈上施以外加负荷,使辊筒产生微量弯曲的调节装置

2.3.24 **过接头保护装置 splice relief device**

当布料接头通过辊距时,能使辊距自动增大,接头通过后自动恢复正常辊距的保护装置。

2.3.25 **划气泡装置 blister pricker**

在压延机中,将包在辊筒上的胶片划破,以消除气泡的装置。

2.3.26 **切胶边装置 edge cutter**

在压延机中,切去胶布或胶片两侧多余胶边的装置。

2.3.27 **张力检测装置 tension measuring device**

自动检测布料张力,并进行显示或发出调节信号的装置。

2.3.28 **测厚装置 thickness measuring device**

自动检测胶片或胶布厚度,并进行显示或发出调节信号的装置。

2.3.29 **接头机 splicer**

将布料尾端与下一个布卷首端相连接的机械。

2.3.30 **牵引机 pull roll stand**

牵引传送布料的机械。

2.3.31 **贮布装置 festooner**

蓄布器(被取代术语)

由相互平行的固定导辊和浮动辊组成,用于贮存布料以使生产线连续作业的装置。

2.3.32 **浮动辊 dancer roll**

舞辊(被取代术语)

在贮布装置或浮动辊张力调节装置中,上下浮动的导辊。

2.3.33 **干燥机 dryer**

将布料进行加热、干燥的机械。

2.3.34 **冷却机 cooler**

将胶布等进行冷却的机械。通常由若干个内通冷却水的薄壁辊筒组成。

2.3.35 **刺孔辊 pricker roll**

表面有许多钢针的辊子。当胶布通过时,被刺扎出许多小孔,以便在贴合、成型过程中排除胶布间的空气。

2.3.36 **浮动辊张力调节装置 dancer tension controller**

单环调节器(被取代术语)

在联动装置中,利用浮动辊调节张力的装置。

2.3.37 **定中心装置 centering device**

调偏装置(被取代术语)

在联动装置中,能连续校正布料的位置偏差,使其在给定中心线位置范围内运行的装置。由检测系统和执行机构组成。

2.3.38 **扩布器 fabric expander**

扩布辊(被取代术语)

将布料幅面展平、扩宽的机构,如弓形扩布器、螺旋扩布器等。

2.3.39 **扩边器 selvage expander**

锥形扩布器(被取代术语)

将帘布边部过密的帘线扩散的机构。

2.3.40 **钢丝帘布压延联动装置 steel cord calender train equipment**

配合压延机进行钢丝帘布两面贴胶的装置。通常由锭子架、排线架、冷却机、贮布装置、牵引机和卷取装置等组成。

2.3.41 **锭子 spindle**

装在支架上,用于放置筒子以便导开或卷取纱线或帘线的部件,可附有张力调节机构。

2.3.42 **排线架 gathering stand**

将纱线或帘线汇集、分层、排列整齐的部件。

2.3.43 **整经装置 spacer**

由整经辊及其移动机构组成,限定帘线进入压延机时的排列密度的装置。

2.3.44 **整经辊 comb roll**

表面有间距相等的周向沟槽的辊子。用于限定帘线排列的相互位置及密度,以备压延。

2.3.45 **贴隔离胶联动装置 squeegee calender train equipment**

配合压延机将隔离胶片贴于胶帘布上的装置。通常由贴合辊、输送带、冷却机和卷取装置等组成。

2.3.46 **内衬层生产线 inner-liner line**

气密层生产线(被取代术语)

由压延机或挤出机及内衬层联动装置组成,用于生产轮胎内衬层和气密层的联动机械。

2.3.47 **卷轴 box;shell**

木轴(被取代术语)

用于卷取和暂时存放胶布或胶片的辊子。通常中心有方孔,能与方轴相配。

2.3.48 **工字形卷轴 flanged bobbin**

两侧带有法兰的卷轴。

2.3.49 **方轴 square bar**

断面为方形的轴,与卷轴方孔相配,用于导开或卷取时支承布卷或其它料卷。

2.3.50 **导开装置 let off unit**

按要求将材料从卷轴或筒子上导出的装置。

2.3.51 **卷取装置 wind up unit**

按要求将材料收卷到卷轴或筒子上的装置。

2.4 **挤出机械**

2.4.1 **(螺杆)挤出机 extruder**

压出机、押出机(被取代术语)

用螺杆将胶料从机筒端部的口型连续挤出,形成要求断面形状的半成品的机械。

2.4.2 **柱塞挤出机 ram extruder**

挤压机(被取代术语)

用柱塞使胶料从机筒端部的口型连续挤出,形成要求断面形状的半成品的机械。

2.4.3 **热喂料挤出机 hot feed extruder**

喂入的胶料需先经热炼的螺杆挤出机。

2.4.4 **冷喂料挤出机 cold feed extruder**

喂入的胶料不需先经热炼的螺杆挤出机。

2.4.5 **螺杆塑炼机 plasticator**

用螺杆将生胶进行连续塑炼的机械。

2.4.6 **螺杆混炼机 mixer-extruder**

螺杆连续混炼机(被取代术语)

用螺杆进行混炼的挤出机。

2.4.7 **造粒机 pelletizer**

将塑炼胶或混炼胶加工成胶粒的挤出机。

2.4.8 **滤胶机** **strainer**

将塑炼胶、混炼胶、再生胶等物料通过滤网,以除去其中杂质的挤出机。

2.4.9 **挤出压片机** **extruder sheeter**

螺杆压片机、压片压出机(被取代术语)

胶料压片用的螺杆挤出机。由单螺杆挤出机或双螺杆挤出机和辊筒机头组成。通常用于将密炼机排出的胶料进行挤出和压片。

2.4.10 **复合挤出机** **multi-extruder**

用一个复合挤出机头,进行几种胶料复合挤出的机械。

2.4.11 **排气式挤出机** **venting extruder**

抽真空挤出机(被取代术语)

在机筒上设有利用负压排出胶料中气体的排气孔的挤出机。

2.4.12 **销钉机筒(冷喂料)挤出机** **pin barrel (cold feed) extruder**

销钉挤出机(被取代术语)

在机筒上装有数排沿圆周方向排列的销钉的冷喂料挤出机。

2.4.13 **齿轮式挤出机** **gear extruder**

利用两个彼此相啮合的齿轮状转子轴向挤出胶料的机械。

2.4.14 **螺杆** **screw**

螺旋(被取代术语)

表面具有螺旋沟槽,在机筒内旋转,将胶料挤压前进并挤出的杆状零件。

2.4.15 **螺杆直径** **screw diameter**

螺杆外径(被取代术语)

螺杆工作区段的螺纹外径。对于锥形螺杆,则分别指明其大端螺纹外径和小端螺纹外径。

2.4.16 **螺杆有效工作长度** **effective screw length**

螺杆上螺纹部分的轴向长度。

2.4.17 **长径比** **length/diameter ratio**

螺杆有效工作长度与螺杆直径之比。

2.4.18 **压缩比** **compression ratio**

压缩率、几何压缩比(被取代术语)

喂料段最初一个导程螺槽的容积与均化段最终一个导程螺槽的容积之比。

2.4.19 **喂料段** **feed zone**

加料段、固体输送段(被取代术语)

螺杆上接受喂入的胶料,使之形成胶团并向塑化段输送的区段。

2.4.20 **塑化段** **plasticizing zone**

压缩段(被取代术语)

螺杆上对喂料段送来的胶团进行压实、塑化、混合的区段。

2.4.21 **均化段** **homogenizing zone**

挤出段、计量段(被取代术语)

螺杆上将塑化段送来的粘流状胶料进一步加压和均匀化,并使之定量、定压、定温地进入机头的区段。

2.4.22 **机筒** **barrel**

包容螺杆工作部分的筒形部件。通常具有流通传热介质的夹套,并在内壁装有耐磨衬套。

2.4.23 **衬套** **liner**

装在机筒内壁的耐磨筒形零件。

2.4.24 (机筒)销钉 (barrel) pin

从机筒外周拧入,端头插入螺杆螺纹槽中,对螺槽内胶料起分割和加强捏炼作用的零件。

2.4.25 (挤出)机头 (extruder) head

装在机筒出料端,可固定口型、芯型、滤网等零件,使胶料以要求的断面形状挤出的部件。

2.4.26 斜角机头 side delivery head

横向机头、Y形机头、歪头(被取代术语)

出胶方向与螺杆轴心线成一斜角的机头。

2.4.27 直角机头 T-head

T形机头

出胶方向与螺杆轴心线成直角,用于钢丝或电缆芯等顺着出胶方向穿过机头进行包胶的机头。

2.4.28 L形机头 L-head

出胶方向与螺杆轴心线成直角,用于挤出宽胶片的机头。

2.4.29 造粒机头 pelletizer head

将塑炼胶或混炼胶加工成胶粒的机头。

2.4.30 滤胶机头 strainer head

装有滤网以除去胶料中杂质的机头。

2.4.31 辊筒机头 roller head

以两个相互平行并相向回转的辊筒的辊距作为口型,对胶料进行压片的机头。

2.4.32 复合挤出机头 multi-head

几种胶料经由同一口型,进行复合挤出的机头。

2.4.33 剪切机头 shear head

使胶料通过机头夹套与芯轴之间的可调间隙挤出,利用胶料剪切变形和摩擦产生的热量使胶料迅速升温至硫化点的挤出机头。

2.4.34 喂料辊 feed roller

旁压辊、供料辊、喂入辊(被取代术语)

在喂料口处,用以强制喂料的辊子。

2.4.35 流道板 channel plate

镶在机头内部,有流线形沟槽,引导胶料流动的板块。

2.4.36 复合芯型 multi-core

预成型板(被取代术语)

装在机头出胶口处,使几个流道来的胶料复合成要求的断面形状,供给口型挤出用的板块。

2.4.37 口型 die

外型(被取代术语)

装在机头出胶口处,使挤出胶横截面达到要求的外形轮廓尺寸的组件。

2.4.38 芯型 cone;core;inside die

装在机头出胶口处,使挤出胶横截面达到要求的内腔轮廓尺寸的组件。

2.4.39 芯型支座 spider;bridge

芯型支架(被取代术语)

装在挤出机头内,支承芯型的零件。

2.5 裁断机械

2.5.1 裁断机 cutter

将覆胶后的纤维帘布、帆布、细布或钢丝帘布裁成要求宽度和角度的布块的机械。

2.5.2 **纤维帘布裁断机 textile bias cutter**

斜裁机、裁布机(被取代术语)

用于覆胶的纤维帘布斜裁(包括裁断角为90°)的裁断机。通常由导开装置、贮布装置、送布装置、角度调整装置、定长装置、裁断装置等组成。

2.5.3 **卧式裁断机 horizontal bias cutter**

胶布处于水平状态进行斜裁的裁断机。

2.5.4 **立式裁断机 vertical bias cutter**

胶布处于铅垂状态进行斜裁的裁断机

2.5.5 **高台式裁断机 high table bias cutter**

卧式裁断机的一种,其裁断装置和送布装置处于高位,使裁断后的布块经滑坡从高位下滑至接头位置。

2.5.6 **定角裁断机 fixed angle bias cutter**

裁布条机(被取代术语)

裁断角度固定不变的裁断机。裁断角一般为45°或某一特定角度,通常用以将纤维胶布裁成窄条。

2.5.7 **纵(向)裁(断)机 slitter**

将宽胶布纵向、连续裁切成窄布条的裁断机。

2.5.8 **综合裁断机 combination bias cutter with slitter**

将胶布先斜裁成45°的宽布,接头后再纵裁成窄条的裁断机。由导开装置、卧式裁断机、接头台、纵裁机、卷取装置等组成。

2.5.9 **钢丝帘布裁断机 steel cord fabric cutter**

用于钢丝帘布斜裁(包括裁断角为90°)的裁断机。

2.5.10 **裁断宽度 cutting width**

两裁断线之间的垂直距离。

2.5.11 **裁断角度 cutting angle**

裁断线与送布方向所夹的锐角或直角的度数。

2.5.12 **裁断频率 cutting rate**

裁断速度、裁断效率、裁断次数(被取代术语)

裁断机的工作频率,以每分钟的裁断次数来表示。

2.5.13 **裁断速度 cutting speed**

在裁断时,裁刀与胶布的相对移动速度。

2.5.14 **压布器 fabric clamp**

将胶布或钢丝帘布压紧,便于裁断的部件。

2.5.15 **接头装置 splicer**

在裁断前或裁断后,将胶布或钢丝帘布接头,以备连续送布或卷取的装置。

2.5.16 **包边装置 edge gummer**

在钢丝帘布的裁断边上包贴胶片的装置。

2.6 一般硫化机械

2.6.1 **平板硫化机 platen press;daylight press**

有两块或两块以上热板,使橡胶半制品或预先置于模型中的胶料在热板间受压加热硫化的机械。

2.6.2 **自动开模式平板硫化机 automatic mold opening press**

热板打开或压合时,制品硫化模型能自动张开或闭合的平板硫化机。

2.6.3 **同步开模式平板硫化机 synchronous mold opening press**

发泡式平板硫化机

装有可使各层热板同步开合的机构的平板硫化机。

2.6.4 **抽真空式平板硫化机 vacuum press**

具有真空装置,合模时抽真空,以排除硫化模型及胶料中气体的平板硫化机。

2.6.5 **压注模平板硫化机 transfer molding press**

传递模平板硫化机

用柱塞式压注料筒将胶料压入模型,然后进行硫化的平板硫化机。

2.6.6 **颚式平板硫化机 open-side press;jaw-type press**

上横梁由一侧开口呈颚状的框板悬臂支承的平板硫化机。

2.6.7 **平板硫化机组 multi-unit press**

由多台相同的平板硫化机组成,并有共同的装模、启模位置或装置的多工位硫化机械。

2.6.8 **层数 number of openings**

加压层数、热板层数(被取代术语)

平板硫化机的热板之间空档的数量,其值等于热板数量减1。

2.6.9 **热板间距 daylight**

平板硫化机开启后,两相邻平行热板的最大间距。

2.6.10 **热板 platen**

平板(被取代术语)

内部可放置加热元件或通入传热介质,对模型或半制品进行加热和加压的金属板。

2.6.11 **(上)横梁 beam**

装于平板硫化机、轮胎硫化机等机械的上部,与立柱、框板或连杆连接,用以固定热板或蒸汽室等的零件。

2.6.12 **平台 bolster**

活动平台

在平板硫化机中,用于固定热板并向热板传递压力的活动压板。

2.6.13 **立柱 strain rod**

支柱(被取代术语)

在平板硫化机中,连接上横梁与机座的圆柱形杆件。

2.6.14 **框板 strain plate**

在平板硫化机中,连结上横梁与机座,开有窗口的板状零件。

2.6.15 **侧板 side strain plate**

在平板硫化机中,位于热板左右两侧,连结上横梁与机座的板状零件。

2.6.16 **装模台 lift table;permanent shelf**

位于平板硫化机操作一侧,用于装模、启模的装置或工作台。

2.6.17 **硫化罐 autoclave**

蒸缸、硫化缸(被取代术语)

具有可以启闭的罐盖,通过直接或间接加热,硫化橡胶制品的圆筒形压力容器。

2.6.18 **立式硫化罐 vertical autoclave**

罐体中心线垂直于水平面的硫化罐。

2.6.19 **卧式硫化罐 horizontal autoclave**

罐体中心线基本水平的硫化罐。

2.6.20 **错齿式罐盖 breech lock door**

能与内周带齿罐口相对转动错齿而启闭的一种带齿罐盖。

2.6.21 **硫化车 carriage**

硫化小车(被取代术语)

载运橡胶制品沿卧式硫化罐的轨道进出硫化罐的小车。

2.6.22 **橡胶注射机 rubber injection moulding machine**

橡胶注压机(被取代术语)

将胶料塑化,以要求的压力和速度注入模腔,并硫化成制品的机械。

2.6.23 **卧式注射机 horizontal injection moulding machine**

注射装置中心线与合模装置的中心线呈一水平直线的注射机。

2.6.24 **立式注射机 vertical injection moulding machine**

注射装置中心线与合模装置的中心线呈一铅垂线的注射机。

2.6.25 **角式注射机 right-angle injection moulding machine**

注射装置中心线与合模装置的中心线互相垂直或呈一锐角排列的注射机。

2.6.26 **多模注射机 multi-station injection moulding machine**

转盘注射机(被取代术语)

一个注射装置与两个或两个以上合模装置组成的注射机。

2.6.27 **注射容积 injection capacity**

注射装置注射时,螺杆或柱塞的一次行程所能注出胶料的体积。

2.6.28 **注射压力 injection pressure**

注射装置注射时,螺杆或柱塞端部作用在胶料单位面积上的最大压力。

2.6.29 **塑化能力 plasticizing capacity**

注射装置连续工作时,每小时能塑化胶料的最大重量。

2.6.30 **注射装置 injection unit**

在注射机中,将胶料塑化并通过喷嘴注入模腔内的装置。

2.6.31 **(注射)柱塞 plunger**

注射装置中,推挤胶料注入模腔的圆柱形零件。

2.6.32 **分流梭 spreader**

鱼雷头(被取代术语)

在注射机的机筒前端,用以增强传热效果,提高塑化能力的流线形零件。

2.6.33 **(注射)喷嘴 nozzle**

在注射装置前端,与模具注料孔相吻合的注出胶料的零件。

2.6.34 **合模装置 mould clamping unit**

在注射机中,使动模板移动并在合模后产生锁模力的装置。

2.6.35 **模板 platen**

在合模装置中,固定模具并与拉杆连接,对模具加压的零件。

2.6.36 **模板间距 daylight**

在合模装置中,模具的定模板与动模板之间的距离。

2.6.37 **模板行程 mould opening stroke**

合模行程、开模行程(被取代术语)

在合模装置中,动模板所能移动的最大距离。

2.6.38 **拉杆 tie bar**

在合模装置中,用来连接模板、承受锁模力并为模板导向的零件。

2.6.39 **拉杆间距 clearance between tie bars**

拉杆间的垂直空档和水平空档的尺寸。

2.6.40 **鼓式硫化机 rotary curing machine**

在转动的硫化鼓和压力带之间对胶板、胶带等半制品加热和加压,进行连续硫化的机械。

2.6.41 **硫化鼓 curing drum**

主辊(被取代术语)

在鼓式硫化机中,承受压力带对橡胶半制品的压力,并对半制品加热以进行连续硫化的圆筒形部件。

2.6.42 **张紧辊 tension roll**

加压辊(被取代术语)

在鼓式硫化机中,使压力带张紧的辊筒。

2.6.43 **压力带 pressure belt**

在鼓式硫化机中,与硫化鼓配合对橡胶半制品加压的环形带。

2.6.44 **钢丝压力带 woven wire pressure belt**

钢丝网编织带(被取代术语)

以编织钢丝网为骨架,工作面覆有橡胶的压力带。

2.6.45 **钢带压力带 steel pressure belt**

由薄钢板制成的压力带。

2.6.46 **总压力 total pressure**

公称吨位、最大工作压力、最大合模力(被取代术语)

硫化机械所能压紧橡胶半制品或模型的最大作用力。

2.6.47 **合模力 mould clamping force**

为了保持模型闭合,合模时加压机构压紧模型的力。

2.6.48 **张模力 mould separating force**

横压力(被取代术语)

轮胎定型硫化机及注射机等机械在硫化工作时,由模腔内外工作介质压力或注射压力的作用而使模型在分型面法向分开的力。

2.6.49 **锁模力 mould locking force**

轮胎定型硫化机及注射机等机械在硫化工作时,压紧模型的作用力。

2.6.50 **开模力 mould opening force**

硫化结束时,开启模型所需的力。

2.6.51 **脱模力 mould ejection force**

开模后,使橡胶制品脱离模型所需的力。

2.7 轮胎及力车胎生产机械

2.7.1 **胎面挤出联动装置 tread extruder train equipment**

配合挤出机,将挤出的胎面接取运输、称量、冷却、定长切断的机械。

2.7.2 **胎面挤出生产线 tread extruding line**

由具有胎面挤出机头的挤出机和胎面挤出联动装置组成的制造胎面半成品的联动机械。

2.7.3 **胎面挤出缠贴机 orbitread machine**

胎面挤出缠卷机

用挤出机挤出胶条,按规定轮廓和尺寸连续缠贴于胎体外表面,以形成胎面的机械。

2.7.4 **胎面磨毛机 tread roughing machine**

胎面刷毛机(被取代术语)

将胎面半成品的贴合面打磨粗糙,以提高贴合牢度的机械。

2.7.5 **胎面压头机 tread stitching press**

将环状胎面的接头或成型后胎坯的胎面接头处压实的机械。

2.7.6 **帘布筒贴合机 band building machine**

层布贴合机、帘布贴合机(被取代术语)

将胎体帘布或缓冲层帘布按要求的层数贴合成帘布筒并压实的机械。

2.7.7 **皮带式帘布筒贴合机 belt type band building machine**

在环形皮带上进行胎体帘布筒或缓冲层帘布筒贴合并压实的机械。

2.7.8 **钢丝带束层挤出生产线 steel belt extrusion line**

将若干根钢丝帘线通过整经、冷喂料挤出机覆胶、冷却、贮布、卷取,制造钢丝带束层的联动机械。用于带角度的钢丝带束层的生产线,还设有裁断拼接装置、包边装置等。

2.7.9 **钢丝圈挤出卷成联动线 bead insulating and winding machine**

将若干根并排的钢丝经挤出制成包胶钢丝带,按规定的层数卷成矩形断面钢丝圈的联动机械。

2.7.10 **钢丝圈卷成机 bead winding machine**

将包胶钢丝带缠卷若干层而制成矩形断面钢丝圈的机械。

2.7.11 **卷成盘 winding chuck**

钢丝圈卷成机中用于按规定内径卷成矩形断面钢丝圈的部件。

2.7.12 **六角形钢丝圈挤出缠卷生产线 hexagonal bead insulating and winding line**

将单根钢丝经挤出包胶并缠卷成六角形断面钢丝圈的机械。

2.7.13 **六角形钢丝圈缠卷机 hexagonal bead winding machine**

将单根包胶钢丝按规定的排列方式缠卷成六角形断面钢丝圈的机械。

2.7.14 **缠卷机头 former**

六角形钢丝圈缠卷机的部件,在其梯形槽中缠卷六角形断面钢丝圈,并确定钢丝圈的内直径和断面底部形状。

2.7.15 **圆断面钢丝圈缠绕机 cable bead winding machine**

将单根钢丝按一定螺距缠绕在芯圈上而制成圆形断面钢丝圈的机械。

2.7.16 **钢丝圈包布机 bead flipping machine**

对钢丝圈进行包布的机械。有的同时贴三角胶条。

2.7.17 **钢丝圈螺旋包布机 bead spiral wrapping machine**

将胶布条螺旋形缠包在钢丝圈上的机械。

2.7.18 **轮胎成型机 tyre building machine**

在成型机头上,将组成外胎的各部件按工艺要求贴合成型,制成胎坯或筒状胎体的机械。

2.7.19 **斜交轮胎成型机 diagonal tyre building machine**

普通轮胎成型机(被取代术语)

用于斜交轮胎的成型,在成型机头上套帘布筒或贴合帘布层、扣钢丝圈、帘布正反包、贴胎面和胎侧,制成筒状胎坯的机械。

2.7.20 **(子午线轮胎)第一段成型机 (radial ply tyre)first stage building machine**

子午线轮胎两次法成型时,用于完成胎体帘布贴合、扣钢丝圈、帘布正反包等作业,制成筒状胎体的机械。

2.7.21 **(子午线轮胎)第二段成型机 (radial ply tyre)second stage building machine**

子午线轮胎两次法成型时,将筒状胎体膨胀定型、贴带束层及胎面,制成胎坯的机械。

2.7.22 **(子午线轮胎)一次法成型机 (radial ply tyre)single stage building machine**

在定型式机头上一次完成胎体帘布贴合、扣钢丝圈、帘布正反包、胎体定型、上带束层和胎面等作业,制成胎坯的机械。

2.7.23 **轮胎成型机组 multi-station tyre building machine**

在外胎成型过程中，由依次完成各成型工序的多台不同机械组成的机组，或由多台相同的机械利用共同的供料和卸胎装置而完成轮胎成型的机组。

2.7.24 **主机箱 headstock**

在轮胎成型机中，由箱体、主轴及其传动装置、内扣圈装置等组成的部件。有的包括成型机头一转控制装置。

2.7.25 **内扣圈装置 inside bead setter**

装于轮胎成型机主机箱侧的扣钢丝圈的装置。

2.7.26 **外扣圈装置 outside bead setter**

装于轮胎成型机左侧机组或主轴悬臂端外的扣钢丝圈的装置。

2.7.27 **下压辊装置 underneath stitcher**

压辊位于成型机头下方的滚压装置。

2.7.28 **后压辊装置 back stitcher**

压辊位于成型机头后方的滚压装置(即以成型机头为准，压辊位于操作者相对的一侧)。通常压辊可作径向、轴向及旋转运动。

2.7.29 **正包装置 turn down device**

将成型机头上的外伸胎体帘布紧包鼓肩并径向收拢的装置，如弹簧带正包装置、指形正包装置等。

2.7.30 **反包装置 turn up device**

将扣钢丝圈后的胎体帘布布边径向扩开并包紧钢丝圈的装置，如胶囊反包装置、弹簧反包装置等。

2.7.31 **成型棒 poke bar**

依靠角度的变化把帘布筒或筒状胎面套到成型机头上去所用的圆棒。

2.7.32 **左侧机组 left hand stock**

尾架 tail stock

轮胎成型机主轴前端的支架。一般还装有外扣圈装置和相应的包边装置。

2.7.33 **带束层贴合机 belt ply up machine**

将带束层或带束层与胎面贴合成筒状组件并压实的机械。通常是子午线轮胎一次法成型机、子午线轮胎第二段成型机的组成部分。

2.7.34 **贴合鼓 ply up drum**

在带束层贴合机或帘布筒贴合机等机械中，用于带束层或帘布层贴合的鼓形部件。通常贴合鼓能作径向涨缩。

2.7.35 **传递装置 transfering device**

子午线轮胎成型机中，将贴合成筒状的带束层、带束层与胎面组件或胎体帘布筒从贴合鼓传递到成型机头的装置。通常包括行走装置、传递环等。

2.7.36 **帘布层供料装置 ply servicer**

往成型机头或贴合鼓供给胎体帘布的装置，有的还可供给复合层帘布。

2.7.37 **带束层供料装置 belt servicer**

往成型机头或贴合鼓供给带束层帘布的装置。

2.7.38 **胎面供料装置 tread servicer**

往成型机头或贴合鼓供给胎面的装置。

2.7.39 **(成型)机头 (building)drum**

成型鼓

装在轮胎成型机主轴上，用于进行轮胎部件的贴合、压实的圆柱形支撑体，用以成型胎坯或筒状胎体。

2.7.40 **半芯轮式机头 crowned drum**

机头直径大于钢丝圈内直径，肩部突出的成型机头。所成型的胎坯，定型时胎圈附近的帘布相对于钢丝圈无明显的翻转。

2.7.41 **半鼓式机头 shoulder drum**

机头直径大于钢丝圈内直径，肩部不突出的成型机头，所成型的胎坯，定型时胎圈附近的帘布相对于钢丝圈有少量的翻转。

2.7.42 **鼓式机头 flat drum**

机头直径小于钢丝圈内直径，大致成圆柱状的成型机头。所成型的胎坯，定型时胎圈附近的帘布相对于钢丝圈翻转约90°。

2.7.43 **折叠机头 collapsible drum**

外圆面由若干块通过连杆机构可同时撑开或折叠的瓦块组成的成型机头。

2.7.44 **涨缩机头 expansible and contractible drum**

外圆面有若干块可径向涨缩的瓦块组成的成型机头。外径能在一定范围内调节，以适应成型和卸胎操作需要。

2.7.45 **胶囊(定型)机头 bladder drum**

胶囊膨胀鼓(被取代术语)

利用胶囊充气使胎体定型的成型机头。通常用于子午线轮胎一次法成型机或子午线轮胎第二段成型机。

2.7.46 **金属(定型)机头 metallic shaping drum**

利用连杆机构改变其直径和宽度使胎体定型的成型机头。通常用于子午线轮胎一次法成型机或子午线轮胎第二段成型机。

2.7.47 **无胶囊(定型)机头 bladderless shaping and building drum**

主要由左右二块夹持筒状胎体胎圈部位的盘状部件组成，夹持胎体，充气膨胀使胎体定型的成型机头。

2.7.48 **胎坯喷涂机 green tyre painting machine**

往待硫化的胎坯内外表面喷涂隔离剂的机械。

2.7.49 **轮胎硫化机 tyre curing press**

外胎硫化机

个体硫化机(被取代术语)

能对模型加热、加压，具有开模、合模等装置，用于硫化外胎的机械。

2.7.50 **轮胎定型硫化机 tyre(shaping and)curing press**

装有中心机构，可以完成胎坯定型作业的轮胎硫化机。

2.7.51 **A型轮胎定型硫化机 model A tyre curing press**

AFV型轮胎定型硫化机(被取代术语)

硫化胶囊从轮胎中脱出的方式是胶囊向下翻入下模下方的囊筒内的轮胎定型硫化机。

2.7.52 **B型轮胎定型硫化机 model B tyre curing press**

BOM型轮胎定型硫化机(被取代术语)

硫化胶囊从轮胎中脱出的方式是胶囊抽真空收缩后向上拉直的轮胎定型硫化机。

2.7.53 **C型轮胎定型硫化机 model C tyre curing press**

AB型轮胎定型硫化机(被取代术语)

硫化胶囊从轮胎中脱出的方式是胶囊上半部先向下翻转，而后整个胶囊藏于囊筒内，并有囊筒上升动作的轮胎定型硫化机。

2.7.54 **R 型轮胎定型硫化机 model R tyre curing press**

RIB 型轮胎定型硫化机(被取代术语)

硫化胶囊从轮胎中脱出的方式是胶囊上半部向下翻转,囊筒不上升,而整个胶囊向下移动藏于囊筒内的轮胎定型硫化机。

2.7.55 **液压式轮胎定型硫化机 hydraulic tyre curing press**

以压力油作动力源,进行驱动和对模型加压的轮胎定型硫化机。

2.7.56 **(轮胎)定型硫化机组 multi-station tyre curing press**

将多个相同的轮胎定型硫化装置排列在一起,由共用的装置依次在各工位进行装、卸胎等操作的多工位轮胎硫化机械。

2.7.57 **蒸汽室 steam dome**

蒸锅、蒸缸(被取代术语)

在轮胎硫化机中,由上下两部分组成的可以开闭的罐状部件。在闭合时通入蒸汽,使其中的模型受热,硫化轮胎。

2.7.58 **护罩 shield**

保温罩

围罩轮胎硫化机热板和轮胎模型的带隔热层的筒形部件,起保温和防护作用。

2.7.59 **调模装置 mould height adjusting device**

在轮胎硫化机等机械中,为适应不同模型高度而设置的调节机械。在采用连杆式加压机构时,也用以调节合模力

2.7.60 **中心机构 center mechanism**

胶囊操纵机构(被取代术语)

在轮胎定型硫化机中,用于夹持胶囊并操纵胶囊的伸缩、升降、折叠,翻转等动作,使胶囊进入胎坯内,完成定型作业,并在硫化后使胶囊从轮胎内脱出的机构。

2.7.61 **存胎器 tyre holder**

轮胎硫化前,用于放置待硫化胎坯的装置。

2.7.62 **装胎装置 loader**

装胎器、机械手(被取代术语)

在轮胎硫化机中,抓取胎坯并送至下模上方,对中放下的装置。

2.7.63 **卸胎装置 unloader**

在轮胎硫化机中,将硫化后的外胎卸出的装置。

2.7.64 **侧板 side plate**

墙板(被取代术语)

位于轮胎硫化机机座两侧,带有轨道的板状零件。

2.7.65 **囊筒 bag well**

储囊筒、储囊缸(被取代术语)

轮胎定型硫化机开模卸胎时,用于收藏胶囊的圆筒形部件。

2.7.66 **负荷指示器 strain gage**

测力机构

吨位表(被取代术语)

测量和指示轮胎硫化机的锁模力、合模力等负荷的装置。

2.7.67 **活络模(型) segmented mould**

由上、下两个整圆胎侧模和一组可径向伸缩移动的扇形胎冠模组成的轮胎硫化模型。

2.7.68 **后充气装置 post cure inflator**

以锦纶等帘线作为胎体骨架材料的轮胎，在硫化启模后立即进行充气加压、冷却定型的装置。

2.7.69 **空气定型机 bagger and shaper**

将水胎装入胎坯内腔，充入压缩空气，利用定型盘对胎坯加压定型的机械。

2.7.70 **胶囊定型装置 bladder type shaping unit**

轮胎胶囊定型机(被取代术语)

将具有要求附件的胶囊装入胎坯内腔，充入压缩空气使胎坯定型的装置。通常也用于从硫化的外胎中脱出胶囊。

2.7.71 **轮胎硫化罐 tyre autoclave**

立式硫化罐、立式水压硫化罐(被取代术语)

以液压缸压紧模型，专用于硫化外胎的立式硫化罐。通常一次可硫化若干条外胎。

2.7.72 **合模机 mould closing press**

轮胎硫化罐的辅助装置。胎坯装模后，压合模型的机械。

2.7.73 **揭模器 mould opening unit**

揭模机(被取代术语)

轮胎硫化罐的辅助装置。用于揭开模型，以便取出轮胎的器具。

2.7.74 **取胎机 tyre stripping machine**

起胎机(被取代术语)

轮胎硫化罐的辅助装置。从揭开的模型中取出轮胎的机械。

2.7.75 **链板运模机 mould drag conveyor**

链条运模机(被取代术语)

轮胎硫化罐的辅助装置。利用链板使模型由运模辊道的低位运送到高位的机械。

2.7.76 **运模辊道 mould roller conveyor**

硫化辊道、胎膜辊道(被取代术语)

轮胎硫化罐的辅助装置。由若干托辊组成的输送模型的装置。

2.7.77 **拔水胎机 debagging machine**

拉水胎机(被取代术语)

从硫化后的外胎内腔中拔出水胎的机械。

2.7.78 **轮胎修整机 tyre trimming machine**

轮胎修剪机(被取代术语)

修剪外胎上流失胶的机械。

2.7.79 **磨白胎侧机 white sidewall buffer**

利用磨轮将轮胎胎侧外层黑色胶层磨去，露出环形白胎侧的机械。

2.7.80 **胶囊硫化机 bladder curing press**

用模压法制造轮胎硫化胶囊的硫化机械。

2.7.81 **洗模机 mould cleaning machine**

利用压力喷射清洗介质或化学除垢等方法，除去轮胎模具内腔表面污垢的机械。

2.7.82 **内胎挤出联动装置 tube extruder train equipment**

配合挤出机，将挤出的内胎胶筒接取运输、称量、冷却、定长切断，加工成为可供接头使用的内胎胶筒的联动机械。

2.7.83 **内胎挤出生产线 tube extruding line**

由挤出机和内胎挤出联动装置组成的制造内胎胶筒的联动机械。

2.7.84 **内胎接头机 tube splicer**

将内胎胶筒两端夹持、切头、对接，制成环状内胎半成品的机械。

2.7.85 **内胎硫化机** **tube curing press**

能对模型加热、加压，具有开模、合模等装置，用于硫化内胎的机械。

2.7.86 **垫带硫化机** **flap curing press**

用模压法制造垫带的硫化机械。

2.7.87 **软边力车胎成型机** **beaded-edge cycle tyre building machine**

用于软边力车外胎成型的机械。由压辊装置及成型机头等组成。

2.7.88 **钢丝定长切断机** **wire cut-to-length cutter**

用于硬边力车胎钢丝圈的钢丝校直、定长、切断的机械。

2.7.89 **硬边力车胎包贴法成型机** **wired-edge cycle tyre overlap building machine**

采用胎体帘布反包贴合的方法成型硬边力车外胎的机械。由主动鼓、被动鼓、反包辊（或胶囊）、下压辊、旁压辊等组成。

2.7.90 **自行车[摩托车]胎弹簧反包成型机** **cycle [motorcycle]tyre spring turn-up building machine**

采用弹簧反包方法成型自行车[摩托车]外胎的成型机。

2.7.91 **力车胎胎圈包布机** **cycle tyre flipping machine**

外包布机（被取代术语）

在硬边力车胎胎体的胎圈部位上，贴合护圈胶布的机械。由主动轮、被动轮以及压辊等组成。

2.7.92 **力车胎贴胎面机** **cycle tyre tread applicator**

上胎面机（被取代术语）

在力车胎胎体上贴合胎面的机械。由贴合鼓、主动压辊等组成。

2.7.93 **力车胎涂隔离剂机** **cycle tyre releasing agent sprayer**

力车外胎硫化前，往胎坯内腔表面喷涂液体隔离剂的机械。

2.7.94 **装气囊定型机** **air-bag type shaper**

定型装囊机、套囊机、撑胎机（被取代术语）

软边力车胎硫化前，将气囊装入胎坯内腔，对胎坯进行定型的机械。

2.7.95 **力车胎硫化机** **cycle tyre curing press**

能对模型加热、加压，具有开模、合模等装置，用于硫化力车胎的机械。通常有液压式、电动式和带胶囊的定型硫化机等。

2.7.96 **软边力车胎包装机** **beaded-edge cycle tyre packaging machine**

力车外胎翻包机（被取代术语）

将软边力车外胎翻面，并使多条外胎套叠成捆，进行扎绳包装的机械。

2.8 轮胎翻修机械

2.8.1 **扩胎机** **tyre spreader**

在全圆周上，将轮胎两胎圈之间距离扩大的机械。用来检查轮胎损坏情况并进行内腔修补或装卸水胎等作业。

2.8.2 **局部扩胎机** **sectional tyre spreader**

在部分圆周上，将轮胎两胎圈之间距离扩大的机械。用来进行轮胎内腔修补等作业。

2.8.3 **洗胎机** **tyre washing machine**

刷洗待翻修轮胎的机械。

2.8.4 **胎面剥离机** **detreader**

将废胎的胎面从胎体上剥离的机械，也可进行帘布层的剥离。

2.8.5 **衬垫裁剪机** **patch cutting machine**

将剥离的废胎胎体帘布层，按要求裁剪成衬垫的机械。通常由两把圆盘刀及其裁剪机构等组成。

2.8.6 **衬垫片割机 patch skiving machine**

将裁剪后的衬垫周边片割成斜面的机械。

2.8.7 **衬垫磨毛机 patch buffing machine**

将片割后的衬垫表面打磨粗糙的机械。

2.8.8 **衬垫涂胶机 patch cementing machine**

在衬垫磨毛的表面上涂刷胶浆的机械。

2.8.9 **轮胎内磨机 internal tyre buffing machine**

打磨轮胎内腔损伤部位周围表面胶层的机械。

2.8.10 **磨胎机 tyre buffer**

大磨机（被取代术语）

将待翻新轮胎的旧橡胶部分磨去，并将其表面打磨粗糙的机械。

2.8.11 **仿型磨胎机 template controlled tyre buffer**

按照磨胎样板的弧形曲线，将待翻新轮胎进行打磨的磨胎机。

2.8.12 **轮胎削磨机 tyre peeling and buffing machine**

装有胎面削刀的磨胎机。工作时，先由削刀削除旧轮胎的胎面，而后再打磨贴胶部位。

2.8.13 **轮胎削磨贴合机 tyre buffing and building machine**

依次完成削除旧轮胎胎面、打磨、涂胶浆、贴合和滚压新胎面的机械。

2.8.14 **磨轮 rasp**

由钢钉、钢丝或钢片等制成，用于打磨轮胎表面的工具。

2.8.15 **胎圈切割机 tyre debeader**

切除废轮胎胎圈的机械。

2.8.16 **喷浆机 cement spraying machine**

在压缩空气作用下，利用喷枪将胶浆喷涂在经过打磨的轮胎表面上的机械。由挂胎回转装置及喷浆装置等组成。

2.8.17 **胎面热贴联动线 hot retreading line**

将挤出的胎面在热态下贴合于胎体上的联动机械。由螺杆挤出机和胎面贴合滚压装置等组成。

2.8.18 **胎面压合机 tread stitcher**

利用压辊将贴合于胎体上的胎面胶压实的机械。

2.8.19 **条形预硫化胎面硫化机 pre-cure tread strip curing press**

将胎面半成品硫化成条形预硫化胎面的平板硫化机。

2.8.20 **环形预硫化胎面硫化机 pre-cure ring tread curing press**

将胎面半成品硫化成环形预硫化胎面的机械。通常由可径向移动的若干扇形块构成的环形外模和芯模等组成。

2.8.21 **预硫化胎面打磨涂浆机 pre-cure tread buffing and cementing machine**

将预硫化胎面的内表面打磨粗糙，并涂刷胶浆的机械。

2.8.22 **包封套 envelope**

在预硫化胎面翻胎工艺中，采用的一种特制环形密封胶套。它用于包封已贴合预硫化胎面的轮胎，以便二次硫化时在包封套与轮胎之间抽真空。

2.8.23 **硫化钢圈 curing rim**

硫化轮辋（被取代术语）

轮胎翻新硫化时,装于轮胎胎圈内周,使水胎或气囊封闭在轮胎内腔的环形部件。

2.8.24 **翻胎硫化机 tyre retreading press**

整圆轮胎翻修硫化机(被取代术语)

具有开模、合模及锁紧模型的装置,用于硫化整圆翻新的轮胎的机械。

2.8.25 **局部(翻胎)硫化机 sectional mould press**

用于硫化局部翻修的轮胎的机械。

2.8.26 **胶囊翻胎硫化机 bladder type retreading press**

在硫化时,利用胶囊对轮胎内腔加热、加压的一种翻胎硫化机。

2.9 胶管生产机械

2.9.1 **(胶管)内胶挤出联动装置 (hose) lining extruder train equipment**

内胶压出联动装置(被取代术语)

配合螺杆挤出机,将挤出的胶管内胶层接取、冷却、输送或卷取的机械。

2.9.2 **(胶管)穿管芯机 (hose) poling machine**

穿铁芯机、穿管机(被取代术语)

在有芯法制造胶管过程中,将管芯穿入胶管内胶层的机械。

2.9.3 **(胶管)外胶挤出联动装置 (hose) cover extruder train equipment**

外胶压出联动装置(被取代术语)

配合螺杆挤出机,将挤出的胶管外胶层接取、冷却、输送或卷取的机械。

2.9.4 **双面胶管成型机 double sided hose building and wrapping machine**

长车、夹布胶管成型机(被取代术语)

在机架的两面,各有一组可同向等速转动的三根长辊,夹住胶管旋转,一面用于成型胶管,另一面用于缠水布的机械。通常用于制造夹布胶管。

2.9.5 **单面胶管成型机 single sided hose building machine**

长车、夹布胶管成型机(被取代术语)

由同向等速转动的三根长辊夹住胶管旋转进行成型的机械。通常用于夹布胶管的成型或缠水布。

2.9.6 **(胶管)解水布机 (hose) unwrapping machine**

脱水布机(被取代术语)

硫化后的胶管解脱水布的机械。通常有托辊式、转盘式等类型。

2.9.7 **(胶管)脱管芯机 (hose) depoling machine**

脱铁芯机、脱棒机(被取代术语)

用于硫化后的夹布胶管、编织胶管或缠绕胶管脱去管芯的机械。由夹持装置、牵引机、管芯架等组成。

2.9.8 **夹布胶管成型生产线 wrapped hose building line**

包卷法夹布胶管生产联动线(被取代术语)

用包卷法进行夹布胶管连续成型的联动机械。可依次完成内胶层挤出、胶布包卷、外胶层包卷或挤出、缠水布、卷取等作业。

2.9.9 **吸引胶管成型机 suction hose building machine**

成型吸引胶管的机械。一般可进行内胶层、胶布层、外胶层的贴合和缠金属丝、缠水布、缠绳等作业。

2.9.10 **吸引胶管解绳机 suction hose unwrapping machine**

硫化后的吸引胶管解绳的机械。

2.9.11 **倒线机 respooling machine**

将金属丝或纤维线在一定的张力下缠卷成要求规格筒子的机械，如钢丝倒线机、纤维线倒线机等。

2.9.12 **合股机 cord gathering machine**

并线机(被取代术语)

将从若干个筒子上导出的单根金属丝或纤维线合并成不加捻的线束，在一定张力下有序地再缠卷于要求规格筒子上的机械，如钢丝合股机、纤维线合股机等。

2.9.13 **胶管编织机 hose braider**

制造胶管编织层的机械，如钢丝胶管编织机、纤维线胶管编织机等。围绕该机中心线有两组数量相等、回转方向相反的锭子，每回转一定角度，这两组锭子导出的金属丝或纤维线相互内外换位，从而形成规定角度的网纹状的编织层。

2.9.14 **胶管编织生产线 hose braiding line**

编织机配以相应辅机，用来完成胶管管坯的导开、编织增强层、牵引、涂胶干燥、卷取等作业的联动机械。

2.9.15 **导盘 braider deck**

编织机的主要部件。编织时用它的导槽使回转着的锭子或从锭子导出的金属丝或纤维线按要求相互内外换位。

2.9.16 **鼓式牵引装置 drum haul-off unit**

胶管在主动的牵引鼓上绕过若干圈，由牵引鼓以一定速度牵引胶管移动的装置。

2.9.17 **辊式牵引装置 capstan haul-off unit**

四辊牵引装置(被取代术语)

胶管由若干对主动的牵引辊夹持，由牵引辊以一定速度牵引胶管移动的装置。

2.9.18 **履带式牵引装置 caterpillar haul-off unit**

胶管由一对主动的牵引履带夹持，由履带以一定速度牵引胶管移动的装置。

2.9.19 **胶管缠绕机 hose spiral winder**

把从锭子上导开的金属丝或纤维线，以一定的螺旋角和张力缠绕在胶管管坯上，制造胶管增强层的机械，如钢丝胶管缠绕机、纤维线胶管缠绕机等。

2.9.20 **胶管缠绕生产线 hose spiral winding line**

胶管缠绕机配以相应辅机，用来完成胶管管坯的导开、缠绕增强层、牵引、涂胶干燥、卷取等作业的联动机械。

2.9.21 **缠绕盘 spiral deck**

盘式缠绕机的主要部件。圆盘形，在其端面的几个同心圆上，装设若干个筒子，当筒子围绕其轴心线回转时，即可在胶管上形成缠绕层。

2.9.22 **缠绕鼓 spiral drum**

转鼓(被取代术语)

鼓式缠绕机的主要部件。圆鼓形，在其外围圆柱面上装设若干个筒子，当筒子围绕其轴心线回转时，即可在胶管上形成缠绕层。

2.9.23 **柱塞压铅机 lead ram press**

利用柱塞将熔化的铅液挤压到待硫化的胶管的外表面上，以形成包铅层的机械。

2.9.24 **螺杆压铅机 lead extruder**

利用螺杆将熔化的铅液挤压到待硫化的胶管的外表面上，以形成包铅层的机械。

2.9.25 **剥铅机 lead stripper**

从包铅硫化后的胶管外面剥去包铅层的机械。

2.9.26 **水布整理机 wrapper spooling machine**

将硫化后解下的水布条用水浸泡、展开并卷在水布卷轴上的机械。

2.10 **胶带生产机械**

2.10.1 **输送带成型机 conveyor belt building machine**

成型输送带的机械。由导开装置、成型工作台、压合装置、贴边胶装置、卷取装置等组成。

2.10.2 **钢丝绳输送带生产线 steel cord conveyor belt building line**

钢丝绳运输带成型机(被取代术语)

用于钢丝绳输送带成型和硫化的联动机械。由钢丝绳筒子架、夹持装置、张力装置、成型车、平板硫化机、裁断装置、卷取装置等组成。

2.10.3 **成型车 make-up carriage**

装有胶片导开装置、加压平板等部件的可移动的车架。在钢丝绳输送带生产线中,用于导开和贴合缓冲胶和覆盖胶片的装置。

2.10.4 **封口胶条切割机 seaming strip cutting machine**

将薄胶片切成一定宽度的多根窄胶条,制成传动胶带封口胶条的机械。

2.10.5 **对口胶条挤出联动装置 butt seaming strip extruder train equipment**

压出对口胶条联动装置(被取代术语)

配合挤出机,将挤出的多根对口胶条经接取、输送、涂粉后再分开盘卷的装置。

2.10.6 **对口胶条整理机 butt seaming strip finishing machine**

将挤出的对口胶条逐根进行整理,按要求排放在料盘中的机械。

2.10.7 **传动带成型机 transmission belt building machine**

平带成型机(被取代术语)

成型包层式或叠包式传动胶带的机械。一般可进行包边、贴对口胶条和封口胶条、压合、卷取等作业。

2.10.8 **叠层传动带成型机 cut edge construction transmission beit building machine**

叠层式平带成型机(被取代术语)

成型叠层式传动胶带的机械,也可用于将硫化后的宽幅胶带切成多条叠层传动胶带。由导开装置、牵引装置、卷取装置、成型工作台等组成。

2.10.9 **平带平板硫化机 belt curing press**

平带平板硫化水压机(被取代术语)

用于传动胶带、输送胶带的平板硫化机。通常配有导开装置、平带夹持装置和伸长装置、卷取装置。

2.10.10 **平带夹持装置 belt clamping device**

在平带平板硫化机的端部,用以夹紧平带的装置。

2.10.11 **平带夹持伸长装置 belt clamping and tensioning device**

夹持拉伸装置(被取代术语)

在平带平板硫化机的端部,用以对平带进行夹持和伸长的装置。

2.10.12 **平带鼓式硫化机 rotary belt curing press**

用于硫化输送胶带、传动胶带的鼓式硫化机。通常配有辅助压力辊、辅助加热器、导开装置、伸长装置和卷取装置等。

2.10.13 **伸长装置 tensioning device**

在平带鼓式硫化机中,使未硫化的胶带进入硫化区时保持一定伸长的装置。

2.10.14 **传动带测长机 transmission belt length measuring machine**

传动胶带成品长度测定和包装的机械。

2.10.15 **压缩胶切断机　compression rubber cutting machine**

压缩胶切头机(被取代术语)

将成组出型的V带或汽车V带的压缩胶,按需要长度切断的机械。

2.10.16 **压缩胶接头机　compression rubber splicing machine**

压缩层胶接头机(被取代术语)

将定长切断的V带或汽车V带压缩胶两端切口对接并加压粘合成环形的机械。

2.10.17 **线绳浸胶机　cord dipping machine**

使线绳经过浸胶浆、干燥、伸长,然后卷在筒管上供成型使用的机械。通常为多根线绳同时浸胶,并可设有预浸装置。

2.10.18 **线绳V带带芯成型机　cable cord construction V-belt core building machine**

线绳三角带成组成型机(被取代术语)

一次成型一组线绳V带带芯的机械。分单鼓式和双鼓式。由成型鼓、线绳导开及排列装置、供胶片装置、压合装置、切割装置等组成。

2.10.19 **帘布V带带芯成型机　ply type V-belt core building machine**

三角带成组成型机(被取代术语)

一次成型一组帘布V带带芯的机械。通常采用双鼓式。由成型鼓、拉伸鼓、供料装置、挤压切割装置等组成。

2.10.20 **带芯压缩层切边机　core compression rubber skiving machine**

将预先成型为矩形断面的V带压缩层切割成梯形断面的机械。通常由回转刀、拉紧和转带等部分组成,一次切割一根带。

2.10.21 **V带包布机　V-belt flipping machine**

风压包布机(被取代术语)

用于带芯包布,以制成V带带坯的机械。由主动轮、拉紧装置、包布导开装置和包布装置等组成。

2.10.22 **V带成型机　V-belt building machine**

用于带芯贴合、包布,完成V带带坯成型的机械。由成型鼓、供料装置、贴合装置、包布装置等组成。分单鼓式和双鼓式。

2.10.23 **V带成型切割打磨机　V-belt building,cutting and grinding machine**

用于线绳V带的成型、切割、打磨的V带成型机。

2.10.24 **V带伸长机　V-belt stretcher**

三角带伸张机、三角带带坯伸张机(被取代术语)

采用圆模硫化时,在V带带坯套模之前进行伸长处理的机械。由转带、伸长、压辊等部分组成。

2.10.25 **V带缠水布机　V-belt wrapping machine**

三角带硫化圆模缠水布机(被取代术语)

采用圆模硫化时,在V带带坯装入圆模后,将水布缠在模型外围以压紧带坯的机械。由下托辊、上压辊和传动装置等组成。

2.10.26 **V带平板硫化机　V-belt curing press**

用于硫化V带的平板硫化机。通常是颚式结构,并配有V带伸长装置和转带装置。

2.10.27 **V带伸长装置　V-belt stretching device**

拉伸装置、转带装置(被取代术语)

位于V带平板硫化机的两端,对V带进行伸长和转带的装置。

2.10.28 **V带鼓式硫化机　V-belt rotary curing press**

用于硫化V带的鼓式硫化机

2.10.29 **胶套式硫化罐 rubber sleeve autoclave**

在罐内有圆筒状胶套的一种立式硫化罐。硫化时,胶套内外充蒸汽,胶套外的压力大于胶套内的压力,胶套对V带等制品的外圆周箍紧加压。

2.10.30 **V带修边机 V-belt trimming machine**

修去V带硫化时产生的流失胶边的机械,也可包括在修边切口处进行涂饰的装置。

2.10.31 **V带测长打磨机 V-belt length measuring and buffing machine**

测量V带成品实际内周长度,并对V带的侧面适量磨削以微量修正V带的长度及楔角的机械。

2.10.32 **汽车V带带芯成型机 automotive V-belt core building machine**

风扇带单鼓成组成型机(被取代术语)

在一个成型鼓上进行汽车V带带芯成组成型的机械。由成型鼓、供线绳装置、切刀等组成。

2.10.33 **汽车V带成型机 automotive V-belt building machine**

单根风扇带成型机(被取代术语)

用于带芯贴合、包布,完成汽车V带带坯成型的机械。由成型鼓、导开装置、贴合装置、包布装置等组成。

2.10.34 **汽车V带硫化机 automotive V-belt curing press**

用于硫化汽车V带的单层或多层平板硫化机。热板一般为圆型,采用圆模硫化,在它的外围设有机械夹紧的钢圈向汽车V带加压。

2.11 胶鞋生产机械

2.11.1 **合布机 doubling machine**

刮浆机(被取代术语)

使两层布经过刮胶浆贴合在一起并加以干燥的机械。

2.11.2 **热熔合布机 hot-melt cloth doubler**

把热熔性粉剂撒在布上,经加热熔化、压合冷却,使两层布粘合在一起的机械。

2.11.3 **棉毛布刮浆机 cloth lining spreader**

将胶浆连续刮涂在棉纱针织布上的机械。

2.11.4 **冲裁机 cutting press**

把皮革片或多层叠置的布料平放在垫板上,用特定轮廓的刀模冲裁下料的机械,如液压冲裁机、摆动臂冲裁机等。

2.11.5 **冲切机 punching press**

利用底模和刀模,可冲切出要求形状的未硫化胶片的机械,如大底冲切机、海绵中底冲切机等。

2.11.6 **滚切机 rotary die cutting machine**

在旋转辊筒上装有特定轮廓的滚切刀,连续地从胶片上滚切下料的机械,如靴面滚切机、海绵中底滚切机等。

2.11.7 **三色围条挤出机 tri-color welt extruder**

用三根螺杆通过一个机头挤出三种颜色的围条的挤出机。

2.11.8 **上眼机 eyeletting machine**

胶鞋五眼机(被取代术语)

在鞋帮上冲眼并上好鞋眼的机械。

2.11.9 **绷帮机 lasting machine**

绷楦机(被取代术语)

将鞋帮绷紧于鞋楦上的机械,如绷前帮机、绷中帮机、绷后帮机等。有的机器还可贴合大底。

2.11.10 **真空湿热定型机** **vacuum wet heat shaper**
对绷帮后的鞋帮在一定的温度和湿度下进行时效处理，使帮胶固化、帮面饱满并清除内应力的机械。

2.11.11 **静电喷浆装置** **electrostatic spraying machine**
利用正负电荷的相互吸引作用，将喷杯雾化的雾状胶乳吸附于套在鞋楦上的鞋里布上并加以干燥的装置。

2.11.12 **(胶鞋)压合机** **(shoe-part)pressing machine**
气压机(被取代术语)
将贴合在鞋帮上的橡胶部件压实的机械。

2.11.13 **(胶鞋)压合机组** **multi-station(shoe-part)pressing machine**
由几台压合不同部位的胶鞋压合机，配备相应的输送装置，依次在不同工位将贴合在鞋帮上的橡胶部件压实的机组。

2.11.14 **浸亮油装置** **varnish dipping machine**
将亮油浸涂在胶鞋表面并进行干燥的装置。

2.11.15 **胶鞋模压机** **rubber footwear compression mould machine**
以可加热的鞋楦作芯模，在鞋楦上套鞋帮、贴橡胶部件，直接由加热的、可启闭的边模和底模加压硫化胶鞋的机械。

2.11.16 **脱楦机** **shoe last stripping machine**
扒楦机(被取代术语)
将硫化后的成品鞋从鞋楦上脱下的机械。

2.11.17 **修口机** **top trimmping machine**
修剪胶面胶鞋鞋口余边的机械。

2.12 胶乳制品生产机械

2.12.1 **胶乳配料罐** **latex compounding tank**
胶乳混合罐(被取代术语)
用于将配合剂分散在胶乳中的立式夹套式容器，内装有搅拌桨，夹套内可通水冷却。

2.12.2 **胶乳(预)硫化罐** **latex pre-vulcanizing tank**
用于制备硫化胶乳的立式夹套式容器。内装有搅拌桨，夹套内可通水或蒸汽加温。

2.12.3 **球磨机** **ball mill**
内装坚硬小球的旋转的筒状容器，通常是水平放置。用于制备配合剂分散体。

2.12.4 **砂磨机** **szegvari attritor**
内装玻璃砂的带搅拌桨的立式夹套贮罐，夹套内可通水冷却。用于制备配合剂分散体。

2.12.5 **乳化器** **colloid mill**
乳化泵、胶体磨(被取代术语)
用于制备配合剂乳浊液的设备。由转子、定子和乳化室壳体等组成。

2.12.6 **浸渍机** **dipping machine**
用于胶乳浸渍制品成膜的机械。由盛放胶乳的浸渍槽、模型架和升降装置等组成。

2.12.7 **浸渍生产线** **dipping line**
用于完成胶乳浸渍制品生产作业的联动机械，如避孕套浸渍生产线、手套浸渍生产线等。
由凝固剂装置、浸渍槽、匀胶装置、干燥箱、卷边装置、热水槽、脱模装置、洗模装置和运模链等组成。有的还包括电检装置。

2.12.8 **匀胶装置** **dip tray**
匀浆装置(被取代术语)

浸渍生产线中，使模型上的胶乳流布均匀的装置。

2.12.9 **翻板装置 turnover device**

浸渍生产机组中，在浸渍后将模型插板从上工序移送到下工序并将模型插板翻转，使模型上余胶流布均匀或使其便于操作的装置。

2.12.10 **卷边装置 bead rolling device**

将模型上的浸渍胶膜边部卷成圆边的装置。

2.12.11 **脱模装置 form stripper**

脱型装置（被取代术语）

利用水力或机械等方法将胶乳浸渍制品从模型上脱下的装置。

2.12.12 **避孕套电检机 prophylactics electronic testing machine**

避孕套检查机（被取代术语）

利用导电方法对避孕套针孔等缺陷进行检查的机械。

2.12.13 **胶圈切割机 rubber band cutting machine**

胶圈裁断机（被取代术语）

将浸渍制成的管状坯料切割成一个个胶圈的机械。

2.12.14 **泡洗机 leaching machine**

由旋转叶轮推动浸渍制品沿环形热水槽流动，泡洗除去制品上的可溶性杂质和隔离剂并补充硫化的机械。

2.12.15 **六角转鼓干燥机 rotary hex-durm dryer**

热风循环六角摇箱（被取代术语）

主要部分为采用热风循环进行干燥的六角形旋转鼓。用于干燥和补充硫化泡洗后的胶乳浸渍制品的机械。

2.12.16 **胶乳胶丝压出生产线 latex thread extruding line**

用于生产胶乳胶丝的联动机械。由压出槽、压出嘴、酸凝槽、输送辊、热水槽、碱槽、隔离剂槽、干燥室和卷取装置等组成。

2.12.17 **胶乳胶管压出装置 latex tubing extruding device**

利用胶乳静压以热敏化法生产胶乳管的装置。

2.12.18 **压出嘴 extruding nozzle**

压出头（被取代术语）

由玻璃或不锈钢等材料制成，用作生产胶乳压出制品的口型。

2.12.19 **压出槽 extruding tank**

下部装有压出嘴，以静压进行胶乳制品压出的胶乳槽。

2.12.20 **酸凝槽 acid coagulant bath**

酸处理槽（被取代术语）

盛放酸性凝固剂的浅口浴槽。用于对胶丝等压出制品的酸法胶凝，以形成湿凝胶。

2.12.21 **胶丝卷取装置 latex thread spooling device**

将胶丝按单根分别卷取在卷取盘或卷取筒上的装置。

2.12.22 **（间歇）打泡机 （batch） foamer**

用于逐桶生产起泡胶乳的机械，由能作公转和自转的打泡笼与打泡桶等组成。

2.12.23 **连续打泡机 continuous foamer**

用于连续生产起泡胶乳的机械。由输胶泵、流量计、打泡室等组成。

2.12.24 **海绵个体硫化机 individual sponge curing press**

具有模型开、闭装置和加热、冷却装置，用模型个体成型和硫化海绵制品的机械。

2.12.25 **海绵洗涤机 sponge washing machine**
对硫化后的海绵制品进行滚压、水洗，以除去可溶性杂质的机械。

2.12.26 **海绵连续干燥机 sponge continuous dryer**
连续烘干机（被取代术语）
利用蒸汽或其他热源对硫化、洗涤后的海绵制品在移动过程中进行连续干燥的机械。

2.12.27 **海绵切割机 sponge cutter**
把脱水干燥后的海绵切割成要求形状的机械。

2.13 其他生产机械

2.13.1 **切胶机 bale cutter**
将大生胶块切成小胶块的机械。

2.13.2 **精密预成型机 precision preformer**
胶坯挤切机
由柱塞式挤出机和装在机头上的切割装置组成，以相匹配的挤出速度和切割速度挤出并切割胶料，制取所需断面形状、重量精确的胶坯的机械。

2.13.3 **胶浆搅拌机 cement agitator; solution mixer**
打浆机（被取代术语）
使胶料均匀溶解于溶剂中成为胶浆的搅拌机。

2.13.4 **垫布整理机 liner rewinding machine**
将使用过的垫布倒卷，进行清理展平的机械。

2.13.5 **撕布机 fabric slitter**
由两组异向回转的辊子将胶布或细布沿经线撕裂成一定宽度布条的机械。

2.13.6 **涂胶机 coating machine**
刮浆机（被取代术语）
由长刀片紧贴布面将胶浆均匀刮涂在布料上的机械。

2.13.7 **胶布连续硫化装置 rubberized fabric continuous vulcanizing unit**
胶布在连续移动过程中进行加热硫化的装置。

2.13.8 **盐浴硫化装置 molten salt curing bath**
将适当的共熔无机盐混合物，放在长浴槽内，加热熔融后作为载热体，用以连续硫化橡胶挤出制品的装置。

2.13.9 **沸腾硫化床 fluidized bed**
将蒸汽、空气等气体经过分布板以一定速度吹动微径玻璃珠或其他颗粒材料，使之流态化并受热达到要求的温度，用以连续硫化长条形橡胶制品的装置。

2.13.10 **微波硫化装置 microwave curing unit**
利用微波发生器产生一定强度和波长的微波，用以硫化极性橡胶制品的装置。

2.13.11 **瓶塞冲边机 bottle stopper trim cutter**
利用冲切刀，使橡胶瓶塞与流失胶边分离的机械。

2.13.12 **油封修边机 oil-seal trimming machine**
利用刀片或砂轮，切除油封的流失胶边和修整唇口的机械。

2.13.13 **冷冻修边机 cryogenic deflasher**
将小型橡胶模型制品的流失胶边冷冻至脆化温度并进行撞击，以除去流失胶边的机械。

2.13.14 **胶丝切割机 rubber thread cutter**
利用高速旋转的圆盘刀，将卷在鼓上的多层硫化薄胶片切割成方断面胶丝的机械。

2.13.15 **胶球缠绕成型机** **ball winding machine**

以单线有规律地缠绕于橡胶蓝、排球等球胆上,形成胶球耐压骨架层的机械。

2.13.16 **胶球硫化机** **ball curing press**

能对模型加热、加压,具有开模、合模等装置,用于硫化橡胶蓝球、排球等胶球的硫化机械。

2.13.17 **废胶切割机** **scrap cutting machine**

在再生胶或胶粉生产中,用于将废旧橡胶切成小块的机械。

2.13.18 **废胶洗涤机** **scrap washing machine**

在再生胶生产中,用水洗涤以除去废旧橡胶块上泥砂杂质的机械。

2.13.19 **脱硫罐** **devulcanizer**

内部装有搅拌桨,可通入蒸汽加热,用于胶粉脱硫的压力容器,如立式脱硫罐、动态脱硫罐等。

2.13.20 **清洗罐** **blowdown tank**

再生胶生产中,对脱硫后的胶粉搅拌,并以水清洗,除去部分纤维绒毛和所吸附的软化剂等的设备。

2.13.21 **螺杆挤水机** **dewatering press**

压水机(被取代术语)

再生胶生产中,将清洗滤水后的胶粉用螺杆挤压脱水的机械。

2.13.22 **螺旋干燥机** **screw conveyer dryer**

再生胶生产中,使脱硫挤水后的胶粉在螺旋输送过程中连续加热干燥的机械。

2.13.23 **废胶粉碎机** **scrap grinder**

将预碎后的废旧橡胶块通过机械方法破碎,制造胶粉的机械。

2.14 **橡胶制品检验机械**

2.14.1 **轮胎断面锯切机** **tyre section sawing machine**

用于切割轮胎断面的机械。

2.14.2 **轮胎静负荷试验机** **tyre static load testing machine**

轮胎缓冲试验机(被取代术语)

测定轮胎在静负荷条件下的静半径、断面宽度、印痕面积等参数的机械。

2.14.3 **轮胎强度与脱圈试验机** **tyre strength and bead unseating resistance testing machine**

测定轮胎压穿强度、无内胎轮胎脱圈阻力的机械。

2.14.4 **轮胎耐久性试验机** **tyre endurance testing machine**

转鼓试验机

轮胎机床试验机、轮胎里程试验机(被取代术语)

测定轮胎耐疲劳生热性能的机械。

2.14.5 **轮胎高速试验机** **tyre high speed testing machine**

高速转鼓试验机

测定轮胎在高速行驶时的临界速度等性能的机械。

2.14.6 **轮胎力和力矩试验机** **tyre force and moment testing machine**

轮胎动性能试验机

测定轮胎在模拟行驶条件下,所产生的力和力矩的机械。

2.14.7 **轮胎动平衡试验机** **tyre dynamic balancing machine**

轮胎平衡试验机(被取代术语)

检测轮胎旋转时所产生的离心力和离心力偶的平衡差度及其部位的机械。

2.14.8 **轮胎静平衡试验机** **tyre static balancing machine**

轮胎平衡试验机(被取代术语)

检测轮胎旋转时所产生的离心力的平衡差度及其部位的机械。

2.14.9 **轮胎接地力测量装置** **tread and road interface contact force metering device**

测量轮胎接地面上力分布的装置。

2.14.10 **轮胎滚动阻力试验机** **tyre rolling resistance testing machine**

测定轮胎行驶单位距离的能量损失的机械。其测定值可以是力或功率。

2.14.11 **轮胎均匀性试验机** **tyre uniformity testing machine**

轮胎均衡性试验机(被取代术语)

检测轮胎在恒定半径下转动时,所产生的力和力的变量的机械。

2.14.12 **轮胎X射线检验机** **tyre X-ray inspection machine**

轮胎X光机(被取代术语)

利用X射线对轮胎进行无损探伤检验的机械。

2.14.13 **轮胎全息照相检验装置** **tyre holographic analyzer**

利用激光全息照相技术对轮胎进行无损探伤检验的装置。

2.14.14 **轮胎水压爆破试验机** **tyre hydraulic burst testing machine**

测定轮胎耐压强度的机械。

2.14.15 **轮胎噪声测量装置** **tyre noise metering device**

测量轮胎在路面上滚动时产生的噪声的装置。

2.14.16 **胶管耐压试验机** **hose burst pressure testing machine**

对胶管进行气密性试验或爆破压力试验的机械。

2.14.17 **胶管脉冲试验机** **hose impulse testing machine**

胶管置于一定的或变化的曲率半径状态下,按一定的脉冲波形和试验要求,进行脉冲压力试验,测定胶管耐冲击次数的机械。

2.14.18 **胶管屈挠试验机** **hose flex testing machine**

胶管在充压条件下,进行屈挠试验的机械。通常有高温、低温等型式。

2.14.19 **胶管弯曲试验机** **hose bend testing machine**

胶管在低温和充压条件下,进行弯曲试验的机械。

2.14.20 **V带疲劳试验机** **V-belt fatigue testing machine**

V带在一定张力下高速运转,检验其疲劳寿命的机械。

2.14.21 **汽车V带疲劳试验机** **automotive V-belt fatigue testing machine**

汽车V带在一定张力下高速运转,检验其疲劳寿命的机械。

2.14.22 **海绵疲劳试验机** **sponge fatigue testing machine**

海绵反复压缩试验机(被取代术语)

利用一块平板以一定频率对海绵制品作反复压缩试验的机械。用于试验海绵制品的抗裂、抗变形等的性能。

附　录　A
（标准的附录）
汉语拼音索引

E

F

G

H

J

K

L

M

N

W

X

Y

Z

附 录 B
（标准的附录）
英语索引

A

B

C

D

E

F

G

H

I

J

L

M

N

O

P

R

S

T

U

V

W

备案号:10165—2002

HG/T 3224—2001

前 言

本标准是等效采用国际标准 ISO 2393:1994《橡胶试验胶料——制备、混炼和硫化——设备及程序》中 6.1 开放式炼胶机的技术内容,对推荐性化工行业标准 HG/T 3224—1986《试验用开放式炼胶机》修订而成。

本标准与 HG/T 3224—1986 的主要差异为:

——提高了产品的制动要求,增加了电气安全、产品安全及人身安全等项内容。

——增加了产品使用说明书的编制要求。

本标准自实施之日起,同时代替 HG/T 3224—1986。

本标准由原国家石油和化学工业局政策法规司提出。

本标准由全国橡胶塑料机械标准化技术委员会橡胶机械分技术委员会归口。

本标准起草单位:上海轻工机械股份有限公司橡胶机械厂。

本标准主要起草人:邱丽萍、陈忠烈、王承绪。

本标准于 1986 年 4 月首次发布为化工部部颁标准 HG 5-1615—86,于 1999 年 5 月转化为推荐性化工行业标准,并重新编号为 HG/T 3224—1986。

中华人民共和国化工行业标准

HG/T 3224—2001

代替 HG/T 3224—1986

试验用开放式炼胶机

Mill for test

1 范围

本标准规定了试验用开放式炼胶机(以下简称开炼机)的技术要求、安全要求、试验方法、检验规则、标志、使用说明书、包装、运输及贮存。

本标准适用于橡胶加工试验用的开炼机。

2 引用标准

下列标准所包含的条文,通过在本标准中引用而构成为本标准的条文。本标准出版时,所示版本均为有效。所有标准都会被修订,使用本标准的各方应探讨使用下列标准最新版本的可能性。

GB 191—2000 包装储运图示标志

GB 4064—1983 电气设备安全设计导则

GB 10095—1988 渐开线圆柱齿轮的精度

GB/T 12783—2000 橡胶塑料机械产品型号编制方法

GB/T 13306—1991 标牌

GB/T 13384—1992 机电产品包装通用技术条件

HG/T 2108—1991 橡胶机械噪声声压级的测定

HG/T 3108—1998 冷硬铸铁辊筒

HG/T 3120—1998 橡胶塑料机械外观通用技术条件

HG/T 3228—2001 橡胶塑料机械涂漆通用技术条件

JB/T 5995—1992 工业产品使用说明书 机电产品使用说明书编写规定

3 型号与基本参数

3.1 开炼机型号应符合 GB/T 12783 的规定。

3.2 开炼机的基本参数应符合表 1 的规定。

表 1

参数项目	参数值
辊筒直径,mm	150～155
辊面宽度,mm	320
挡胶板最大间距,mm	280
前辊筒转速,r/min	24±1
前、后辊筒速比	1∶1.4
辊距调节范围,mm	0.2～8.0
一次投料量,kg	1～2
主电机功率,kW	≤7.5

国家经济贸易委员会 2002-01-24 批准 2002-07-01 实施

4 技术要求

4.1 开炼机应符合本标准的要求，并按照经规定程序批准的图样及技术文件制造。

4.2 开炼机辊筒材料性能及技术要求应符合 HG/T 3108 标准的规定。

4.3 开炼机辊筒工作表面粗糙度参数值 Ra 不得大于 1.6 μm。

4.4 开炼机的传动装置应工作平稳。驱动齿轮和速比齿轮的加工精度不得低于 GB 10095—1988 中 9 级公差的规定。

4.5 开炼机应装备温度控制装置。该装置能使 280 mm 的工作辊面温度控制在规定温度的±5℃之内。

4.6 开炼机应具有调节方便的移动式挡胶装置。

4.7 开炼机必须具有可指示辊距大小的调距装置，并能在负荷工作状态下进行调整。调距装置应操作灵活、平稳、无阻滞现象。其调距精度应符合表 2 的规定。

表 2

单位为毫米

调距范围	调距精度
>0.2～0.5	±0.05
>0.5～1.0	±0.075
>1.0～3.0	±0.10
>3.0～8.0	±10%e
注：e 为工作辊距。	

4.8 开炼机空运转时辊筒轴承体及减速机的轴承壳体温度不得有骤升现象，最大温升不得大于 20℃。

4.9 负荷运转时，各轴承壳体温升不得大于表 3 的规定。

表 3

部　　位	温升，℃
辊筒轴承	30
减速机轴承	35

4.10 开炼机空运转功率不得超过主电机额定功率的 15%。

4.11 开炼机负荷运转功率不得超过主电机额定功率(允许瞬时过载)。

4.12 开炼机辊筒轴承、传动齿轮、减速机等各润滑点的润滑应充分，每个油封处的泄漏量不得超过 1 滴/h。

4.13 开炼机在负荷运转中，辊筒温度控制装置不得有泄漏现象。

4.14 开炼机的外观质量应符合 HG/T 3120 的规定。

4.15 开炼机的涂漆质量应符合 HG/T 3228 的规定。

5 安全要求

5.1 开炼机空运转时的噪声声压级不得大于 76 dB(A)；负荷运转时的噪声声压级不得大于 80 dB(A)。

5.2 开炼机应设有操作方便、灵敏可靠的紧急制动装置。在辊筒上部和操作者侧前部(操作者膝盖部)二处均应装设该紧急制动装置的控制杆(按钮)，当整机紧急制动后，辊筒应停止转动并自动反转辊筒周长的四分之一。

5.3 开炼机传动装置应能在点动控制下进行反转。

5.4 开炼机在动力电路导线和保护接地电路间施加 500 Vd.c 时测得的绝缘电阻不应小于 1 MΩ。

5.5 开炼机电气设备的所有电路导线和保护接地电路之间应经受至少 1 s 时间的耐压试验，在试验电压具有两倍的电气设备额定电源电压值或 1 000 V，取其中的较大者的情况下，不得有闪炼击穿现象。

5.6 开炼机传动装置的所有外露运转部分必须设置防护装置。

5.7 开炼机外壳应有接地标志和接地端子。

5.8 丌炼机电气控制系统安全应符合 GB 4064 的有关规定。

6 试验方法

6.1 空运转试验

空运转试验必须在整机总装配检验合格后方可进行，连续空运转时间不少于 2 h，空运转中，检查下列项目：

——连续试验辊距调节装置不少于三次，并按表 1 和 4.7 的规定检查辊距范围和调距装置的准确性、平稳性。

——按 4.8 要求，检查轴承壳体的温升。

——按 4.10 要求，检查主电机的功率。

——按 4.12 要求，检查开炼机润滑系统的漏油情况。

——按 5.1 要求，检查整机的噪声。并按 HG/T 2108 测定。

——按 5.2～5.3 要求，连续试验紧急制动装置不少于三次，检查制动装置的可靠性。

——按 5.4～5.5 要求。检查设备电气安全。

6.2 负荷运转试验

6.2.1 负荷运转试验必须在空运转试验合格后方可进行，连续负荷运转时间不少于 2 h，负荷运转中检查下列项目：

——按表 1 中规定的辊距范围先选定一个被测的工作辊距值，调整调距装置使其指示值与被测工作辊距值相一致。用两根宽为(10±3) mm，最小长度为 50 mm，厚度比被测距离厚 0.25 mm 至 0.5 mm的铅条来测辊距。把这两根铅条分别放在辊筒的两端，距挡胶板约 25 mm 的地方，然后将一个门尼粘度 ML(1+4)100℃大于 50，尺寸约为 75 mm×75 mm×6 mm 的混炼胶块从两个辊筒中心部位通过，辊筒温度应在规定的混炼温度范围内，铅条通过辊距后，用精度为±0.01 mm 的千分尺测量其厚度，辊距精度应符合表 2 的规定。

——按 4.5 要求，检查工作辊面温度。

——按 4.9 要求，检查轴承壳体的温升。

——按 4.11 要求，检查主电机的功率。

——按 4.13 要求，检查辊筒温度控制装置的渗漏情况。

——按 5.1 要求，检查整机噪声。并按 HG/T 2108 测定。

6.2.2 开炼机的反转功能应可靠。

6.2.3 负荷试验后传动装置中各齿轮副不得有明显的磨损、胶合等现象。

7 检验规则

7.1 出厂检验

7.1.1 每台产品出厂前必须进行出厂检验。

7.1.2 出厂检验按 4.14、4.15、5.6～5.8、6.1 进行检查，并应符合其规定。

7.2 型式检验

7.2.1 型式检验应对本标准中的各项要求进行检查，并应符合其规定。

7.2 2 型式检验仅在下列情况下进行：

a) 新产品或老产品转厂生产的试制定型鉴定。

b）当产品在设计、结构、工艺或材料有较大改变，可能影响产品性能时。

c）产品停产二年及其以上时间，再恢复生产时。

d）成批生产时，每年最少抽试一台。

e）出口产品逐台进行型式检验。

7.2.3 成批生产抽试不合格时，应再抽试二台。若再不合格，则应对该产品逐台进行试验。

7.2.4 每台产品应经制造单位质量检验部门检验合格后方可出厂。出厂时应附有产品质量合格证和主要实测数据等随机文件。

8 标志、使用说明书、包装、运输、贮存

8.1 开炼机应在适当的明显位置固定产品标牌。标牌型式、尺寸和技术要求应符合 GB/T 13306 的规定，标牌的基本内容包括：

a）制造厂名及商标。

b）产品名称及型号。

c）制造日期、编号或生产批号。

d）产品的主要参数。

8.2 开炼机的使用说明书应符合 JB/T 5995 的规定。

8.3 开炼机的包装应符合 GB/T 13384 的规定。

8.4 开炼机的储运图示标志应符合 GB 191 的规定。

8.5 开炼机的运输应符合运输部门的有关规定。

8.6 开炼机在安装前应贮存在防雨干燥通风的仓库内或临时棚房内，并妥善保管。

ICS 71.120;83.00
G 95
备案号:27371—2010

中华人民共和国化工行业标准

HG/T 3226.1—2009
代替 HG/T 3226—1987

轮胎成型机头
第1部分:折叠式机头

**Tyre building drums—
Part 1:Collapsible drums**

2009-12-04 发布 2010-06-01 实施

中华人民共和国工业和信息化部 发布

前　言

HG/T 3226《轮胎成型机头》分为两个部分：

——第1部分：折叠式机头；

——第2部分：涨缩式机头。

本部分为HG/T 3226的第1部分，代替HG/T 3226—1987《轮胎成型机头》。

本部分与HG/T 3226—1987相比主要变化如下：

——将HG/T 3226—1987分为两部分(本部分和HG/T 3226.2)；

——修改了范围(见第1章)；

——增加了规范性引用文件(见第2章)；

——增加了术语和定义(见第3章)；

——增加了折叠式机头的型号编制，型号的组成及示例见附录A；

——修改了轮胎成型机头的参数表，见附录B。

本部分的附录A和附录B为资料性附录。

本部分由中国石油和化学工业协会提出。

本部分由全国橡胶塑料机械标准化技术委员会橡胶机械标准化分技术委员会(SAC/TC 71/SC 1)归口。

本部分负责起草单位：青岛高校软控股份有限公司。

本部分参加起草单位：天津赛象科技股份有限公司、福建建阳龙翔科技开发有限公司、北京戴瑞科技发展有限公司、北京敬业机械设备有限公司、青岛双星橡塑机械有限公司。

本部分主要起草人：徐孔然、闻德生、徐建华。

本部分参加起草人：张建浩、戴造成、禹文松、袁亚平、杨博、李继岭。

本部分所代替标准的历次版本发布情况为：

——HG/T 3226—1987(ZB/T G 95001—1987)。

轮胎成型机头
第1部分:折叠式机头

1 范围

本部分规定了折叠式机头的术语和定义、型号与基本参数、要求、检验、检验规则、标志、包装、运输和贮存等要求。

本部分适用于成型机头外径小于2 120 mm、宽度小于3 180 mm的折叠式机头,包括鼓式、半鼓式、芯轮式和半芯轮式成型机头。

2 规范性引用文件

下列文件中的条款通过本部分的引用而构成为本部分的条款。凡是注日期的引用文件,其随后所有修改单(不包括勘误的内容)或修订版均不适用于本部分,然而,鼓励根据本部分达成协议的各方研究是否可使用这些文件的最新版本。凡是不注日期的引用文件,其最新版本适用于本部分。

GB/T 1801—1999 极限与配合 公差带和配合的选择

GB/T 1800.4—1999 极限与配合 标准公差等级和孔、轴的极限偏差表

GB/T 6326 轮胎术语及其定义(GB/T 6326—2005,neq ISO 4228-1:2002,Definitions of some terms used in tyre industy—Part 1:Pneumatic tyres)

GB/T 12783 橡胶塑料机械产品型号编制方法

GB/T 13306 标牌

GB/T 13384 机电产品包装通用技术条件

HG/T 3223 橡胶机械术语

3 术语和定义

GB/T 6326和HG/T 3223确立的以及下列术语和定义适用于本部分。

3.1

鼓肩 shoulder segment

成型机头鼓面的端部区域,常做成对应曲线的弧面。

3.2

中间调节环 center segment

用于调整鼓面宽度的距离(鼓肩距离)的环形零件。

3.3

连杆 link

用于机头瓦块和轴套连接的零件。

4 型号与基本参数

4.1 折叠式机头型号的编制方法应符合GB/T 12783的规定,型号的组成及示例参见附录A。

4.2 折叠式机头的基本参数参见附录B。

5 要求

5.1 基本要求

折叠式机头应符合本部分的要求，并按经过规定程序批准的图样及技术文件制造。

5.2 功能要求

折叠式机头应运转平稳、叠合灵活、定位准确、安全可靠。

5.3 主要零部件技术要求

5.3.1 主、副连杆和弯直连杆材料的屈服强度不低于 275 MPa。

5.3.2 鼓肩材料的屈服强度不低于 275 MPa。

5.3.3 鼓架材料的屈服强度不低于 295 MPa。

5.3.4 销轴材料的屈服强度不低于 295 MPa。

5.3.5 连杆应进行调质处理，硬度 HB 235～HB 255。

5.3.6 销轴表面应进行热处理，硬度 HRC 38～HRC 45。

5.3.7 鼓的贴合面应进行防粘、防锈处理。

5.4 折叠式机头装配要求

5.4.1 折叠式机头外径尺寸的极限偏差符合 GB/T 1800.4—1999 中 JS13 的规定。

5.4.2 折叠式机头外表面粗糙度 R_a 值不大于 3.2 μm。

5.4.3 折叠式机头瓦块的端面和径向跳动公差值应符合以下要求：

a） 外直径≤500 mm，径向跳动公差应不大于外直径的 0.12%；

b） 500 mm＜外直径≤700 mm，径向跳动公差应不大于外直径的 0.13%；

c） 700 mm＜外直径≤1 200 mm，径向跳动公差应不大于外直径的 0.15%；

d） 1 200 mm＜外直径≤2 120 mm，径向跳动公差应不大于外直径的 0.17%。

5.4.4 鼓肩曲线与曲线样板在任意位置上的间隙不大于 0.2 mm，其表面粗糙度 R_a≤3.2 μm。

5.5 配合及公差要求

5.5.1 滑动衬套内径与主轴外径的配合公差应符合 GB/T 1801—1999 中的 H8/f8。

5.5.2 连杆销轴与轴孔之间的配合公差应符合 GB/T 1801—1999 中的 F8/h7。

5.5.3 鼓瓦间的间隙量应符合以下要求：

a） 300 mm＜外直径≤500 mm，间隙不大于 0.3 mm；

b） 500 mm＜外直径≤1 000 mm，间隙不大于 0.4 mm；

c） 1 000 mm＜外直径≤2 120 mm，间隙不大于 0.6 mm。

5.5.4 鼓肩轴向错位量应符合以下要求：

a） 300 mm＜外直径≤500 mm，错位量为±0.25 mm；

b） 500 mm＜外直径≤1 000 mm，错位量为±0.35 mm；

c） 1 000 mm＜外直径≤2 120 mm，错位量为±0.65 mm。

6 检验

折叠式机头在出厂前应在试验台上进行 10 次以上的叠合试验，在试验过程中检验以下项目：

a） 折叠式机头外径尺寸公差应符合 5.4.1 的要求；

b） 折叠式机头瓦块的径向跳动应符合 5.4.3 的要求；

c） 折叠式机头瓦块的端面跳动应符合 5.4.3 的要求；

d） 折叠式机头瓦块间的间隙应符合 5.5.3 的要求；

e） 折叠式机头鼓肩瓦块的错位量应符合 5.5.4 的要求；

f） 折叠式机头的鼓肩曲线公差应符合 5.4.4 的要求，检测点均布，且不少于 4 个点，如若一处不

合格,可在其他两个对称部位加倍再次检验 8 处,若仍有一处不合格时,则判定不合格;

g) 曲线样板的厚度不大于 1 mm,工作面的表面粗糙度 $R_a \leqslant 3.2\ \mu m$。

7 检验规则

7.1 出厂检验

7.1.1 每台产品应经质量检验部门检验合格后方可出厂。出厂时应附有产品合格证。

7.1.2 每台产品出厂前,应按照 5.1～5.5 和 6 进行检验。

7.2 型式检验

7.2.1 有下列情况之一时,应进行型式检验:

a) 新产品或老产品转厂时;

b) 正式生产后,如结构、材料、工艺有较大变化,可能影响产品性能时;

c) 产品长期停产后,恢复生产时;

d) 出厂检验结果与上次型式检验结果有较大差异时;

e) 正常生产时,每三年至少抽检一台;

f) 国家质量监督机构提出进行型式检验要求时。

7.2.2 型式检验应按本部分中的各项规定进行检验。

7.2.3 型式检验项目全部符合本部分规定,则判为合格。型式检验每次抽检一台,若有不合格项时,应再抽两台进行检验,若仍有不合格项时,则应逐台进行检验。

8 标志、包装、运输和贮存

8.1 应在每台折叠机头的明显位置固定标牌,标牌应符合 GB/T 13306 的规定。标牌的内容应包括:

a) 产品名称;

b) 产品型号;

c) 产品编号;

d) 执行标准号;

e) 主要参数;

f) 外形尺寸;

g) 重量;

h) 制造单位名称、商标;

i) 制造日期。

8.2 折叠式机头发货时,应随机附带下列文件:

a) 产品合格证;

b) 产品使用说明书;

c) 装箱单。

8.3 折叠式机头的包装应符合 GB/T 13384 的规定。

8.4 折叠式机头的运输应符合运输部门的有关规定。

8.5 折叠式机头安装前应贮存在防雨、干燥、通风良好的场所,并且妥善保管。

附 录 A
（资料性附录）
型号的组成及示例

A.1 型号组成

A.1.1 折叠式机头型号由产品代号、规格参数、设计代号三部分组成，三者之间用短横线隔开，产品型号格式如下：

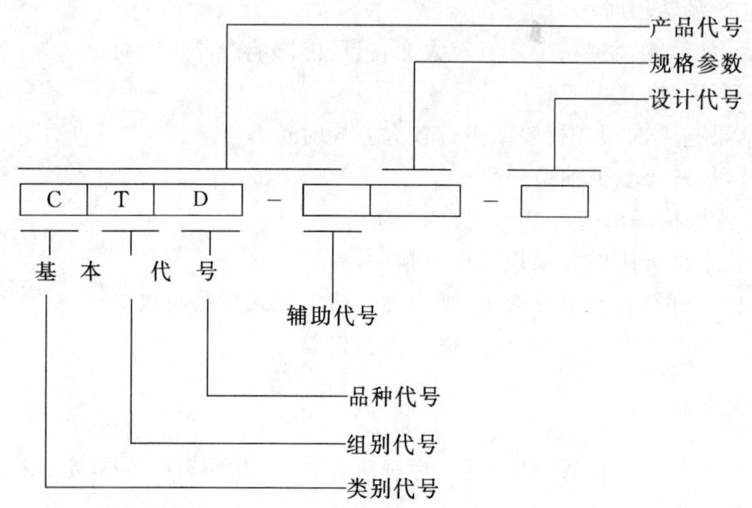

A.1.2 产品代号由基本代号和辅助代号组成，用大写汉语拼音字母表示。

A.1.3 基本代号由类别代号、组别代号、品种代号组成，其定义：类别代号 C 表示成型机械（成）；组别代号 T 表示机头（头）；品种代号 D 表示折叠式机头（叠）。

A.1.4 辅助代号定义：L 表示半芯轮式（轮）；G 表示半鼓式（鼓）；X 表示卸鼓肩结构（卸）；S 表示缩鼓肩结构（缩）；LX 表示半芯轮式卸鼓肩结构；LS 表示半芯轮式缩鼓肩结构；GX 表示半鼓式卸鼓肩结构；GS 表示半鼓式缩鼓肩结构。

A.1.5 规格参数：用机头外径×内口公称直径表示（内口直径：钢圈着合处，鼓肩瓦块的内直径）。

A.1.6 设计代号：A、B、C……表示设计顺序号或厂家代号。

A.2 型号说明及示例

外径为 740 mm，内口公称直径为 500 mm，设计顺序号为 A 的半芯轮式卸鼓肩结构的成型机头型号为：

CTD-LX 740×500-A

附 录 B
（资料性附录）
基本参数

表 B.1 轮胎成型机头基本参数表

外径/mm	内口公称直径/mm	调宽范围/mm	适用于轮胎规格
300	250	310～390	5.00-10
345	300	230～340	4.00-12;4.50-12
360		200～280	4.50-12;5.00-12
380		310～360	6.00-12
390	330	330～430	5.50-13;6.00-13
400		340～410	6.70-13;6.95-13
415	350	350～410	6.00-14;6.40-14
420		300～400	6.40-14
430		340～390	6.00-14
435	350	360～420	6.00-14;6.50-14
440		350～440	6.50-14
465	375	320～410	6.00-15;6.50-15;6.00-16
500		360～420	7.50-15;6.50-16
510	400	320～370	6.50-16
525		320～410	7.00-16;7.50-16
540		470～540	9.00-16
620	500	270～330	6.00-20;6.50-20
635		310～420	7.50-20
650		430～520	8.25-20;9.00-20
660		380～520	8.25-20;9.00-20
680		460～560	9.00-20;10.00-20
690		510～630	10.00-20;11.00-20;12.00-20
740		540～740	12.00-20;12.50-20;13.00-20;14.00-20
790	610	520～620	11.25-24;12.00-24
820	700	450～550	10.00-28
830	600	680～780	14.00-24
875	700	510～550	11.00-28
		610～650	12.40-28;13.00-28
900		680～720	14.00-28
950		370～410	11.00-28
985	800	465～500	11.00-32
		560～600	13.50-32
1 070	900	420～465	9.00-36
1 090	950	540～640	11.00-28;12.00-38
1 140	950	820～1 100	18.50-38
1 380	975	1 980～2 230	37.50-39
1 560	1 225	1 600～1 720	27.00-49
1 765	1 275	1 690～1 780	36.00-51
1 820	1 425	2 350～2 650	40.00-57
2 120	1 575	2 800～3 180	59/80-63

ICS 71.120;83.200
G 95
备案号:34716—2012

HG

中华人民共和国化工行业标准

HG/T 3226.2—2011

轮胎成型机头
第2部分:涨缩式机头

Tyre building drums—
Part 2: expansible and contractible drum

2011-12-20 发布　　2012-07-01 实施

中华人民共和国工业和信息化部　发布

前　言

HG/T 3226《轮胎成型机头》分为以下两个部分；

——第1部分：折叠式机头；

——第2部分：涨缩式机头。

本部分为HG/T 3226的第2部分。

本部分按照GB/T 1.1—2009给出的规则起草。

请注意本文件的某些内容可能涉及专利。本文件的发布机构不承担识别这些专利的责任。

本标准的附录A、附录B为资料性附录。

本部分由中国石油和化学工业联合会提出。

本部分由全国橡胶塑料机械标准化技术委员会橡胶机械标准化分技术委员会(SAC/TC71/SC1)归口。

本部分负责起草单位：软控股份有限公司。

本部分参加起草单位：天津赛象科技股份有限公司、福建建阳龙翔科技开发有限公司、北京戴瑞科技发展有限公司、北京敬业机械设备有限公司、青岛双星橡塑机械有限公司。

本部分主要起草人：徐孔然、闻德生、徐建华、张建浩、陈玉泉、禹文松、杨博、刘云启。

轮胎成型机头
第2部分:涨缩式机头

1 范围

本部分规定了涨缩式机头的术语和定义、分类、型号与基本参数、要求、检验、检验规则、标志、包装、运输和贮存等要求。

本部分适用于轿车、轻型载重汽车、载重汽车、工程机械子午线轮胎成型机头的涨缩式机头。也可适用于其他车辆用轮胎成型机头的涨缩式机头。

2 规范性引用文件

下列文件对于本文件的应用是必不可少的。凡是注日期的引用文件,仅注日期的版本适用于本文件。凡是不注日期的引用文件,其最新版本(包括所有的修改单)适用于本文件。

GB/T 1173 铸造铝合金

GB/T 1800.2—2009 产品几何技术规范(GPS)极限与配合 标准公差等级和孔、轴的极限偏差表(mod ISO 286—2:1988)

GB/T 3190 变形铝及铝合金化学成分[mod,GB/T 3190—2008,ISO 209:2007(E)]

GB/T 6326 轮胎术语及其定义

GB/T 13306 标牌

GB/T 13384 机电产品包装通用技术条件

HG/T 3223 橡胶机械术语

3 术语和定义

GB/T 6326 和 HG/T 3223 界定的以及下列术语和定义适用于本文件。

3.1

鼓板 drum segment

固定在机头外面的一组瓦块,形成完整的筒形面,用于胎体、内衬层等部件贴合的支撑零件。

3.2

支撑板 support plate

用于固定鼓板,实现鼓板径向涨缩的连接板。

3.3

反包胶囊 turn up bladder

用于实现对胎侧胶进行反包的囊状橡胶部件。

3.4

助推胶囊 pushing bladder

胎侧胶进行反包时,用于对反包胶囊助推的囊状橡胶部件。

3.5

指形反包杆 turn up finger

带有滚轮的机械杆式机构,用于实现对胎侧的反包。

3.6

锁块 bead lock segment

轮胎胎坯成型时，用于锁紧胎圈的零件。

3.7

定型机头(鼓)　shaping drum

利用锁块的径向运动锁定胎圈，通过中鼓充气实现胎坯成型的装置。常用在子午线轮胎两次法成型，第二段成型机。

3.8

胶囊反包定型机头(鼓)　bladder turn up shaping drum

胎圈锁定后，中鼓充气定型，通过反包胶囊的充气实现胎侧反包的一类定型鼓。包括有助推胶囊和无助推胶囊。

3.9

机械指反包定型机头(鼓)　machinery turn up shaping drum

胎圈锁定后，中鼓充气定型，通过机械指反包杆实现胎侧反包的一类定型鼓。

4　分类

涨缩式机头分为胎体贴合机头(鼓)、带束层贴合机头(鼓)和成型机头(鼓)三类。

4.1　胎体贴合机头

4.1.1　鼓式胎体贴合机头(鼓)结构示意图参见图1。

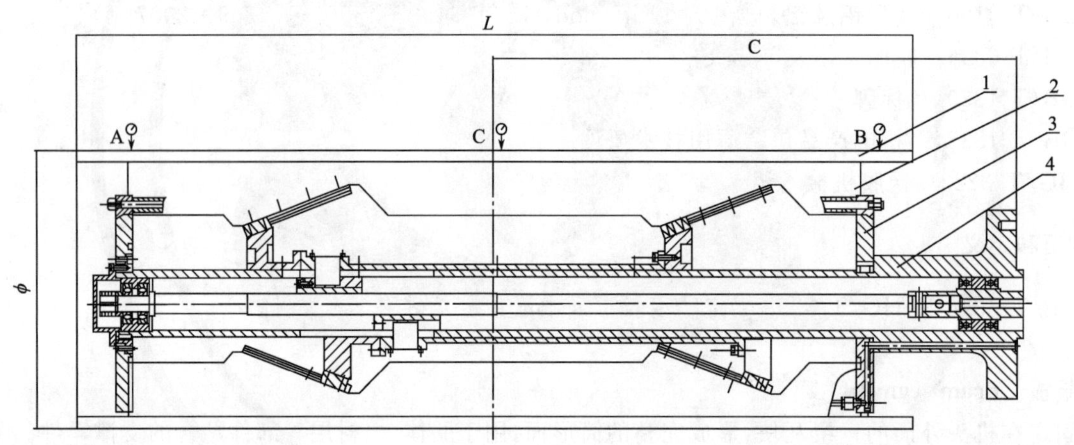

1——鼓板；

2——支撑板；

3——墙板；

4——轴；

A、B、C——测量点；

L——鼓面宽度；

ϕ——机头外直径。

图1　鼓式胎体贴合机头(鼓)结构示意图

4.1.2 半鼓式胎体贴合机头(鼓)结构示意图参见图2。

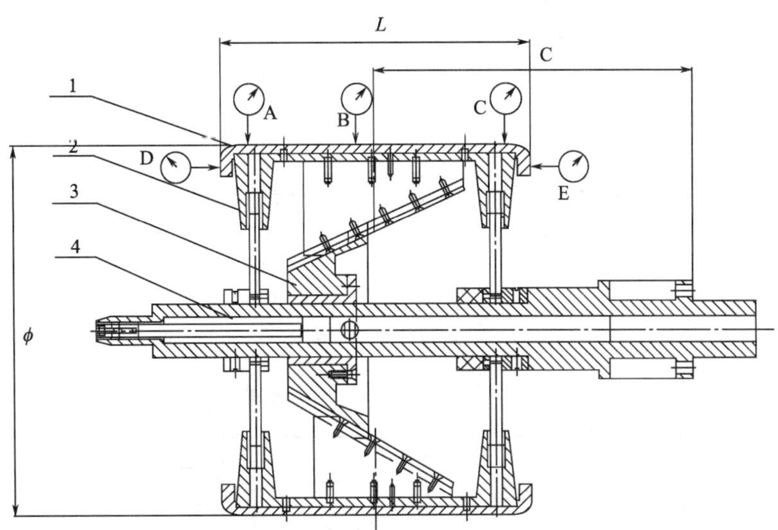

1——鼓板；

2——支撑板；

3—— 滑动锥台；

4——轴；

A、B、C、D、E——测量点；

L——鼓面宽度；

ϕ——机头外直径。

图2 半鼓式胎体贴合机头(鼓)结构示意图

4.2 带束层贴合机头

带束层贴合机头(鼓)结构示意图参见图3。

4.3 成型机头

4.3.1 不带反包功能的定型机头,不包括定型卡盘,结构示意图参见图4。

4.3.2 带反包功能的定型机头(鼓)分类：

——按结构分为胶囊反包定型机头和机械指反包定型机头。结构示意图参见图5、图6；

——按功能分为带有贴合功能的反包定型机头和不带贴合功能的反包定型机头。

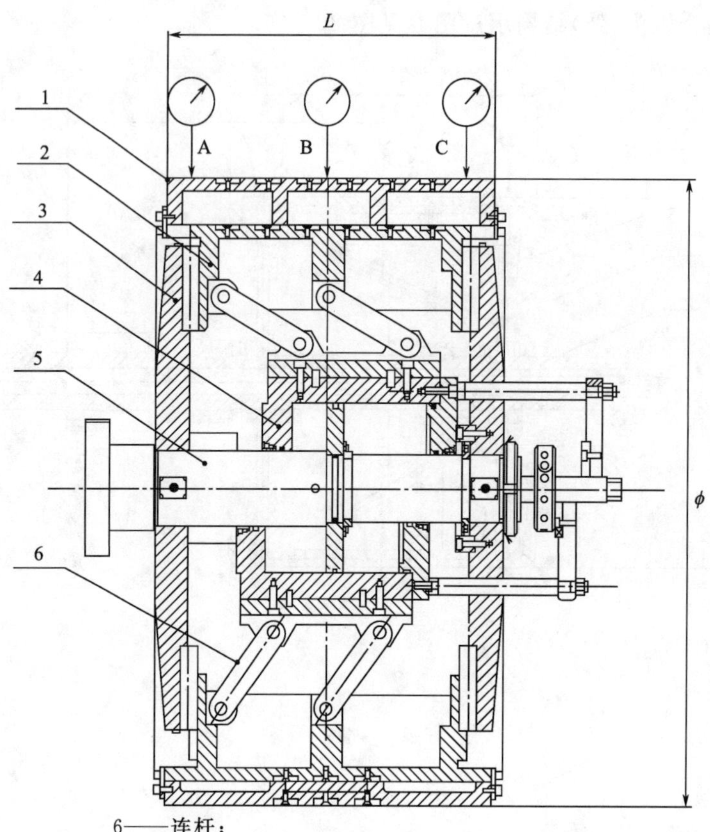

1——鼓瓦；
2——支撑板；
3——墙板；
4——气缸套；
5——轴；
6——连杆；
A、B、C——测量点；
L——鼓面宽度；
ϕ——外直径。

图3　带束层贴合机头(鼓)结构示意图

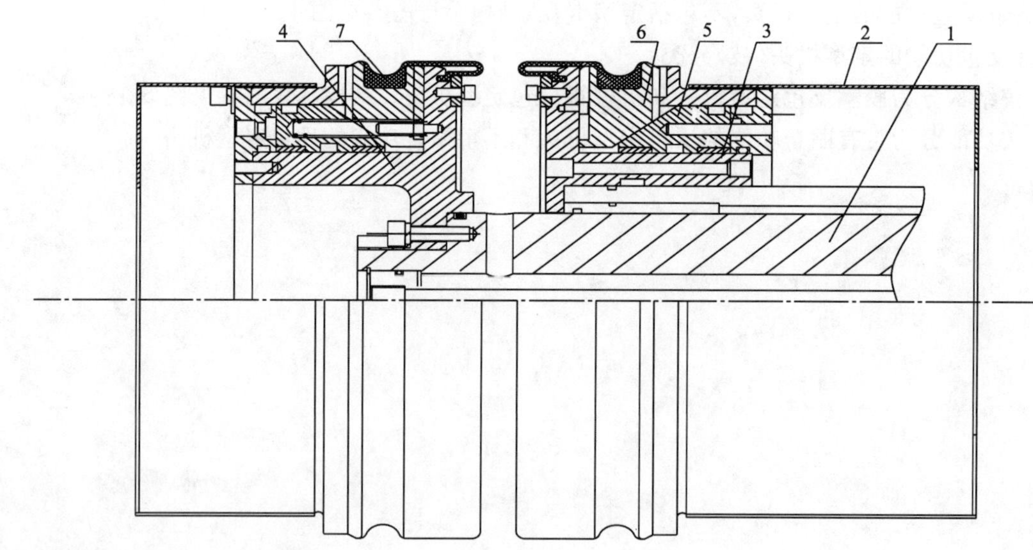

1——主轴；
2——安全罩；
3——右半鼓；
4——左半鼓；
5——锥形套；
6——滑块；
7——PU环。

图4　不带反包功能的定型机头(鼓)结构示意图

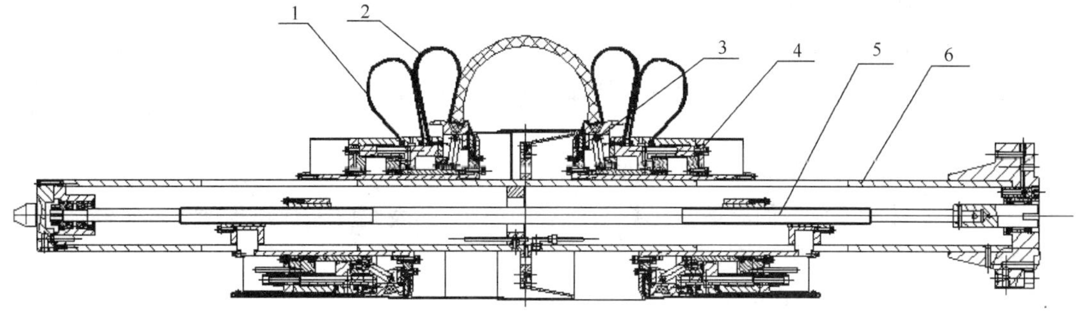

1——助推胶囊；

2——反包胶囊；

3——锁块；

4——锁块气缸组件；

5——滚轴丝杠副；

6——主轴组件。

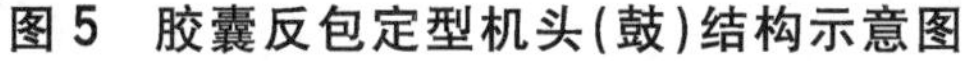

图5　胶囊反包定型机头(鼓)结构示意图

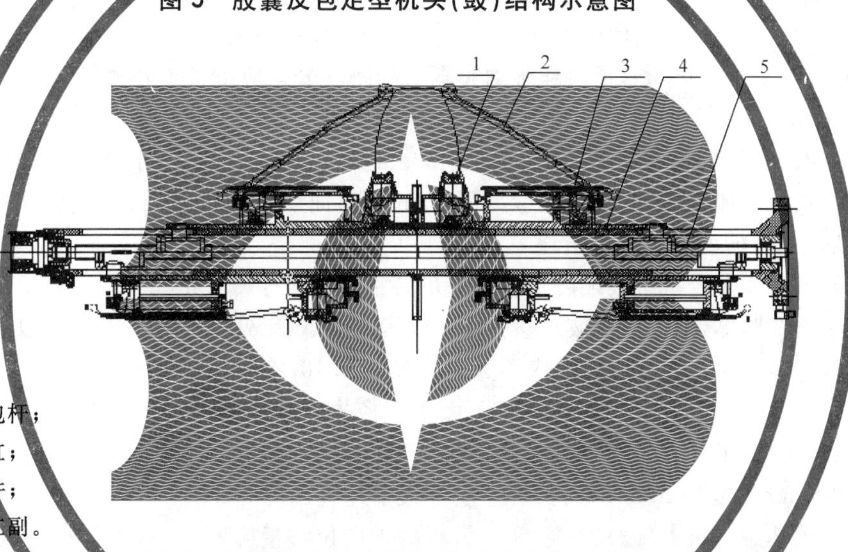

1——锁块；

2——指形反包杆；

3——反包气缸；

4——主轴组件；

5——滚珠丝杠副。

图6　机械指反包定型机头(鼓)结构示意图

5　型号与基本参数

5.1　型号

涨缩式机头型号编制方法参见附录A。

5.2　基本参数

5.2.1　带束层贴合机头(鼓)直径范围参见附录B表B.1。

5.2.2　定型机头(鼓)基本参数参见附录B表B.2。

5.2.3　胎体贴合机头(鼓)基本参数参见附录B表B.3。

6　要求

6.1　总则

涨缩机头应符合本部分的要求，并按照经过规定程序批准的图样和技术文件制造。

6.2　胎体贴合机头(鼓)的要求

6.2.1　基本要求

6.2.1.1　胎体贴合机头(鼓)应运转平稳、涨缩灵活、定位准确、安全可靠。

6.2.1.2 胎体贴合机头(鼓)在胎体接头位置,鼓板应具有吸附机构或粘附能力,确保胎体接头准确。

6.2.2 主要零部件技术要求

6.2.2.1 对于通过滑动锥台的滑移实现鼓瓦涨缩的胎体贴合机头(鼓),其滑动配合面应滑动自如,无卡阻现象。

6.2.2.2 胎体贴合机头(鼓)的鼓板需要镀铬的表面不应有脱层现象。

6.2.2.3 采用铝型材加工成型的胎体贴合机头(鼓)的鼓板,其表面应进行硬化处理或喷砂防粘处理。

6.2.2.4 滑动副或连杆铰接装置应采用减摩材料。

6.2.2.5 以气缸作为动力,实现鼓瓦涨缩的,涨缩时应平稳,不应有冲击现象。

6.2.2.6 半鼓式胎体贴合机头(鼓)的鼓板表面应进行防锈和防粘处理。

6.2.2.7 半鼓式胎体贴合机头(鼓)的外表面粗糙度 $R_a \leqslant 3.2\ \mu m$。

6.2.2.8 机头主轴法兰端面子口处,端面圆跳动和径向圆跳动应不大于 0.02 mm。

6.2.3 装配要求

6.2.3.1 对于半鼓式胎体贴合机头(鼓)(参见图 2),鼓板在涨紧状态下,其径向圆跳动和端面圆跳动公差值应符合以下要求:

a) 外直径 $\phi \leqslant 500$ mm,径向圆跳动和端面圆跳动公差应不大于外直径的 0.02 %;

b) 500 mm $< \phi \leqslant 900$ mm,径向圆跳动和端面圆跳动公差应不大于外直径的 0.04 %;

c) 900 mm $< \phi \leqslant 1\,500$ mm,径向圆跳动和端面圆跳动公差应不大于外直径的 0.08 %;

d) 1 500 mm $< \phi \leqslant 2\,120$ mm,径向圆跳动和端面圆跳动公差应不大于外直径的 0.12 %。

6.2.3.2 半鼓式的胎体贴合机头(鼓)(参见图 2)的鼓肩曲线与样板曲线在任意位置上的间隙应不大于 0.2 mm,其表面粗糙度 $R_a \leqslant 3.2\ \mu m$。

6.2.3.3 半鼓式胎体贴合机头装配后主轴尾端的挠度应不大于 0.1 mm。

6.2.3.4 对于鼓式胎体贴合机头(鼓)(参见图 1),其 A、B、C 三处的周长公差符合以下要求:

a) 外直径 $\phi \leqslant 500$ mm,周长公差应不大于直径的 0.10 %;

b) 500 mm $< \phi \leqslant 900$ mm,周长公差应不大于直径的 0.15 %;

c) 900 mm $< \phi \leqslant 1\,500$ mm,周长公差应不大于外直径的 0.18 %;

d) 1 500 mm $< \phi \leqslant 2\,120$ mm,周长公差应不大于外直径的 0.20 %。

6.2.3.5 鼓式胎体贴合机头(鼓)(参见图 1)鼓板的轴向位移量应不大于 0.1 mm。

6.2.3.6 鼓式胎体贴合机头装配后主轴尾端挠度应符合以下要求:

a) 鼓面宽度 $\leqslant 600$ mm,挠度不大于 0.1 mm;

b) 600 mm $<$ 鼓面宽度 $\leqslant 1\,200$ mm,挠度不大于 0.2 mm;

c) 1 200 mm $<$ 鼓面宽度 $\leqslant 2\,700$ mm,挠度不大于 0.4 mm。

6.2.4 配合及公差要求

6.2.4.1 胎体贴合机头(鼓)外径尺寸的极限偏差应符合 GB/T 1800.2—2009 中 JS12 的规定。

6.2.4.2 半鼓式胎体贴合机头(鼓)(参见图 2)的鼓板间的间隙量应符合以下要求:

a) 300 mm $< \phi \leqslant 500$ mm,间隙应不大于 0.3 mm;

b) 500 mm $< \phi \leqslant 1\,000$ mm,间隙应不大于 0.4 mm;

c) 1 000 mm $< \phi \leqslant 2\,120$ mm,间隙应不大于 0.6 mm。

6.2.4.3 半鼓式胎体贴合机头(鼓)(参见图 2)的鼓肩瓦块轴向错位量应符合以下要求:

a) 300 mm $< \phi \leqslant 500$ mm,错位量应不大于 0.25 mm;

b) 500 mm $< \phi \leqslant 1\,000$ mm,错位量应不大于 0.35 mm;

c) 1 000 mm $< \phi \leqslant 2\,120$ mm,错位量应不大于 0.65 mm。

6.3 带束层贴合机头(鼓)的要求

6.3.1 基本要求

6.3.1.1 带束层贴合机头(鼓)鼓板应涨缩自如,定位准确、安全可靠无冲击,缩鼓后带束层能够自由移出。

6.3.1.2 具有吸附功能的鼓板,带束层接头吸附应稳定,无翘头移位现象。

6.3.1.3 不同两组鼓板,直径范围的重叠区差值应不小于 20 mm。

6.3.1.4 鼓板外直径应连续可调,且方便调整。

6.3.2 主要零部件的技术要求

6.3.2.1 采用铸造铝合金材料的鼓板应符合 GB/T 1173 的力学要求和热处理规范。

6.3.2.2 采用铝合金材料的零件应符合 GB/T 3190 的要求。

6.3.2.3 滑动副应作耐磨处理,连杆铰接处应采用减摩材料。

6.3.2.4 铝合金鼓板应采取阳极化处理,表面应作防粘处理。

6.3.3 装配要求

6.3.3.1 带束层贴合机头(鼓)外径尺寸的极限偏差,应符合 GB/T 1800.2—2009 中 JS12 的规定。

6.3.3.2 装配后鼓板径向圆跳动,以每块鼓板周向的中点为检测点,应符合以下要求:

a) 外直径 $\phi \leqslant 500$ mm,径向圆跳动公差应不大于外直径的 0.12 %;

b) 500 mm $<\phi \leqslant 700$ mm,径向圆跳动公差应不大于外直径的 0.13 %;

c) 700 mm $<\phi \leqslant 1\,200$ mm,径向圆跳动公差应不大于外直径的 0.15 %;

d) 1 200 mm$<\phi \leqslant 2\,000$ mm,径向圆跳动公差应不大于外直径的 0.17 %;

e) 2 000 mm$<\phi \leqslant 3\,000$ mm,径向圆跳动公差应不大于外直径的 0.19 %;

f) 3 000 mm$<\phi \leqslant 4\,350$ mm,径向圆跳动公差应不大于外直径的 0.21 %。

6.3.3.3 具有吸附功能的鼓板,表面应合理设置吸附材料,连接应牢固。

6.4 定型机头的要求

6.4.1 基本要求

6.4.1.1 定型机头(鼓)其外轮廓尺寸,应能满足胎体筒和胎坯的自由进出。

6.4.1.2 胶囊反包定型机头(鼓)的锁块,起落应同步;在成型时具有锁紧胎体部件和胎圈在成型时不滑移的功能。

6.4.1.3 胶囊反包定型机头(鼓)胶囊反包时应由钢圈根部逐渐膨胀。

6.4.1.4 胶囊反包定型机头(鼓)的反包胶囊充气应同步,胶囊反包应一致。

6.4.1.5 胶囊反包定型机头(鼓)有贴合功能的,其鼓面应圆滑,不应有凹凸不平的沟槽。

6.4.1.6 胶囊反包定型机头(鼓)有贴合功能的,在接头位置可设置吸附装置。

6.4.1.7 机械指反包定型机头(鼓)有贴合功能的,其鼓面应圆滑,不应有凹凸不平的沟槽。

6.4.1.8 机械指反包机头(鼓)应设有安全装置,防止高速旋转状态时,反包杆在离心力作用下分离。

6.4.1.9 机械指反包定型机头(鼓)的指形反包杆的结构应减小胎侧拉伸。

6.4.1.10 机械指反包杆应摆转自如,滚轮应转动灵活。

6.4.1.11 机械反包定型机头(鼓)指形反包杆的反包动作应一致,目测无明显差异。

6.4.1.12 通过气缸运动实现胎侧反包的机械指反包杆,应无爬行现象。

6.4.1.13 定型机头(鼓)的锁块移动范围(最大平宽值和最小超定型值)应符合轮胎成型工艺要求。

6.4.2 主要零部件技术要求

6.4.2.1 锁块应采用错齿结构,锐角倒钝,以适用轮胎成型工艺要求。

6.4.2.2 胶囊应结构一致,弹性一致,表面应进行防粘处理。

6.4.2.3 机械指反包杆与胎体材料接触的外表面,应喷涂防粘材料或采用拖滚装置,以减小对胎体材料的拉伸。

6.4.2.4 碳钢材料的零件外露表面应作防锈处理。

6.4.3 装配要求

6.4.3.1 定型机头(鼓)外径尺寸的极限偏差应符合 GB/T 1800.2—2009 中 JS12 的规定。

6.4.3.2 定型机头(鼓)锁块在涨紧状态下,其锁块槽表面的径向圆跳动量应不大于 0.2 mm。

6.4.3.3 定型机头(鼓)两侧锁块的涨缩应同步,目测无明显差异。

6.4.3.4 定型机头(鼓)锁块槽中心相对于鼓的中心线对称度应不大于 0.5 mm。

6.5 安全要求

6.5.1 胶囊定型机头(鼓)的反包胶囊应设置安全阀。

6.5.2 机械指反包定型机头(鼓)应设置安全装置,用于保护人机安全。

7 检验

7.1 胎体贴合机头的检验

胎体贴合机头在出厂前应在试验台上进行 10 次以上涨缩试验,在试验过程中检验以下项目。

7.1.1 用游标卡尺检验胎体贴合机头(鼓)的外径尺寸,应符合 6.2.4.1 的要求。

7.1.2 半鼓式胎体贴合机头(鼓)的检验:

a) 用百分表检验鼓板的径向圆跳动和端面圆跳动应符合 6.2.3.1 的要求;

b) 用塞规检验鼓板间的间隙应符合 6.2.4.2 的要求;

c) 用游标卡尺检验鼓肩瓦块的轴向错位量应符合 6.2.4.3 的要求;

d) 用厚度不大于 1 mm,工作面的表面粗糙度 $R_a \leqslant 3.2\ \mu m$ 的曲线样板检验鼓肩曲线,应符合 6.2.3.2 的要求;检验方法:检测点均布,且不少于 4 个点。如有一处不合格,可在其他两个对称部位加倍再次检验 8 处,若仍有一处不合格时,则判定不合格;

e) 在检验工装上,用百分表检验半鼓式机头尾端挠度,应符合 6.2.3.3 的要求。

7.1.3 鼓式胎体贴合机头(鼓)的检验:

a) 用卷尺检验鼓面 A、B、C 三处的周长,均应符合 6.2.3.4 的要求;

b) 用百分表检验鼓板的轴向位移量,应符合 6.2.3.5 的要求;

c) 在检验平台上,检验机头尾端的挠度,应符合 6.2.3.6 的要求。

7.2 带束层贴合机头(鼓)的检验

出厂前,带束层贴合机头(鼓)要进行 10 次以上的涨缩试验,试验过程中要检验如下内容。

7.2.1 用游标卡尺检验带束层贴合机头(鼓)外直径应符合 6.3.3.1 的要求;检验方法:错位 90°测量两次,取平均值为该直径。

7.2.2 用百分表检验带束层贴合机头(鼓)鼓板的径向圆跳动应符合 6.3.3.2 的要求。

7.3 定型机头(鼓)的检验

定型机头(鼓)在出厂前应在试验台上进行 10 次以上涨缩试验;反包式定型机头(鼓)应在试验平台上进行锁块的涨缩试验,同时应进行反包同步性检验,次数不小于 10 次。在试验过程中检验以下项目。

7.3.1 用百分表检验定型机头(鼓)锁块涨开时槽面的径向圆跳动应符合 6.4.3.2 的要求。

7.3.2 目测检验定型机头(鼓)的锁块同步性,应符合 6.4.3.3 的要求。

7.3.3 目测检验带反包功能的定型机头(鼓)的指形反包杆的同步性应符合 6.4.1.11 的要求。

7.3.4 用检测环钢板尺检验带反包功能的定型机头(鼓)锁块中心线相对中心线的对称性应符合 6.4.3.4 的要求;检验方法同 7.3.5。

7.3.5 定型机头(鼓)的锁块移动范围(最大平宽值和最小超定型值)检验应符合 6.4.1.13 的要求。检测方法:将有刻线的检测环放置在锁块胶环上,锁块气缸通气,锁块涨开;通过手动旋转滚珠丝杠,用卷尺测量检测环上刻线的距离,测量出锁块移动范围(最大平宽值和最小超定型值);同时检验检测环与鼓轴中心线的距离,检验左右侧鼓与中心线的对称性。定型机头(鼓)锁块移动范围见表 B.2。

7.3.6 目测检验气缸运动及机械指反包杆,应符合 6.4.1.12 的要求。

7.3.7 反包胶囊和助推胶囊膨胀的同步性检验应符合 6.4.1.4 的要求;检验方法:给胶囊通 0.15 MPa

的压缩空气,调节节流阀,目测检验胶囊膨胀的同步性。

8 检验规则

8.1 出厂检验

8.1.1 每台产品应经制造厂质量检验部门检验合格后,方可出厂。出厂时应附有产品合格证。

8.1.2 每台产品出厂前,按照各自类型机头的相关要求进行检验。

8.2 型式检验

8.2.1 有下列情况之一时,应进行型式检验:

a) 新产品或老产品转厂时;

b) 正式生产后,如结构、材料、工艺有较大变化,可能影响产品性能时;

c) 产品长期停产后,恢复生产时;

d) 出厂检验结果与上次型式检验结果有较大差异时;

e) 正常生产时,每三年至少抽检一台;

f) 国家质量监督机构提出进行型式检验要求时。

8.2.2 型式检验应按本部分中的各项规定进行检验。

8.2.3 型式检验项目全部符合本部分规定,则判为合格。型式检验每次抽检一台,若有不合格项时,应再抽两台进行检验,若仍有不合格项时,则应逐台进行检验。

9 标志、包装、运输和贮存

9.1 应在每台涨缩式机头的明显位置固定标牌,标牌应符合 GB/T 13306 的规定。标牌的内容如下:

a) 产品名称;

b) 产品型号;

c) 产品编号;

d) 执行标准编号;

e) 主要参数;

f) 外形尺寸;

g) 重量;

h) 制造单位名称、商标;

i) 制造日期。

9.2 涨缩式机头应随机附带下列文件:

a) 产品合格证;

b) 产品使用说明书;

c) 装箱单。

9.3 涨缩式机头的包装应符合 GB/T 13384 的规定。

9.4 涨缩式机头的运输应符合运输部门的有关规定。

9.5 涨缩式机头安装前应贮存在防雨、干燥、通风良好的场所,并且妥善保管。

附 录 A
(资料性附录)
型号的组成及示例

A.1 型号组成

A.1.1 涨缩式机头的型号由产品代号、规格参数、设计代号三部分组成，产品型号格式如下：

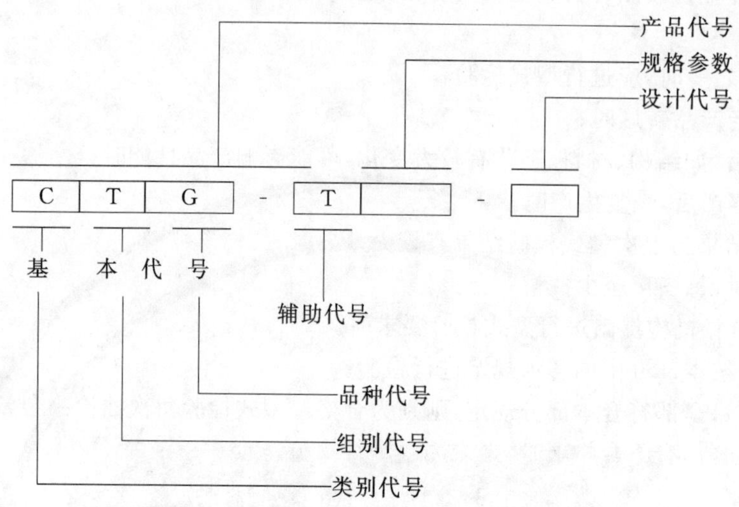

A.1.2 产品代号由基本代号和辅助代号组成，用大写汉语拼音字母表示。

A.1.3 基本代号由类别代号、组别代号、品种代号组成，其定义：类别代号 C 表示成型机械（成）；组别代号 T 表示机头（头）；品种代号 G 表示鼓式涨缩式机头（鼓）；B 表示半鼓式涨缩式机头（半）；F 表示反包成型机头（反）。

A.1.4 辅助代号定义：T 表示胎体贴合鼓（胎）；D 表示带束层贴合鼓（带）；J 表示胶囊反包成型机头（胶）；Z 表示机械指型反包成型机头（指）。

A.1.5 规格参数：

a) 半鼓式胎体鼓用机头外径(mm)×轮辋名义直径(in)表示；

b) 鼓式胎体鼓用轮辋名义直径(in)表示；

c) 带束层和胎面贴合机头用鼓瓦的膨胀范围代码表示(参见表 B.1)；

d) 反包成型机头用轮辋名义直径(in)表示；

e) 带贴合功能的反包成型机头用外直径(mm)×轮辋名义直径(in)表示。

A.1.6 设计代号用 A、B、C 等表示设计顺序或厂家代号。

A.2 型号说明及示例

A.2.1 用于 TBR 轮胎 20 in 胎体贴合的胎体鼓，机头型号为：CTG-T20

A.2.2 用于 PCR 轮胎 15 in 外直径 412.8 mm 的胎体鼓，机头型号为：CTB-T412.8×15

A.2.3 直径范围在 810 mm～1 140 mm 的带束层和胎面贴合的贴合鼓，机头型号：CTB-T Ⅲ

A.2.4 用于 PCR 17 in 轮胎能够实现胎体贴合的胶囊反包成型鼓，机头型号为：CTF-J414×17

A.2.5 20 inTBR 轮胎不带贴合功能的机械指型反包成型机头，机头型号：CTF-Z20

附 录 B
（资料性附录）
基本参数

B.1 带束层贴合机头（鼓）的直径范围划分和参数见表 B.1。

表 B.1 带束层贴合机头（鼓）的直径范围划分

直径范围/mm	范围代码
ϕ450～ϕ660	Ⅰ
ϕ640～ϕ810	Ⅱ
ϕ790～ϕ1 140	Ⅲ
ϕ1 120～ϕ1 675	Ⅳ
ϕ1 620～ϕ2 250	Ⅴ
ϕ2 200～ϕ2 950	Ⅵ
ϕ2 900～ϕ3 650	Ⅶ
ϕ3 600～ϕ4 350	Ⅷ

B.2 定型机头（鼓）基本参数见表 B.2。

表 B.2 定型机头（鼓）基本参数

轮辋名义直径/in	成型鼓外直径/mm	锁块移动范围/mm
12	287	160～400
13	312	180～420
14	337	195～580
15	362	195～580
16	385	195～580
16.5	397	250～720
17	403	250～600
17.5	396	270～520
18	406	180～700
19	425	180～700
19.5	430	280～550
20	470	260～800
22	490	180～700
22.5	500	260～900
24	516	320～900
24.5	550	300～900
25	583	460～1 650

B.3 胎体贴合机头（鼓）基本参数见表 B.3。

表 B.3 胎体贴合机头(鼓)基本参数

轮辋名义直径/in	贴合机头(鼓)外直径/mm	鼓面宽度/mm
12	287	1 000
13	312	
14	337	
15	362	
16	387	
17	417	
18	442	
19	463	1 200
20	488	
21	513	
22	538	
23	563	
24	588	
25	613	

ICS 71.120;83.200
G 95
备案号：25859—2009

中华人民共和国化工行业标准

HG/T 3227.1—2009

轮胎外胎模具 第1部分：活络模具

Mould for tyre covers—Part 1：Segmented mould

2009-02-05 发布　　　　2009-07-01 实施

中华人民共和国工业和信息化部　发布

前　言

HG/T 3227《轮胎外胎模具》分为两个部分：

——第1部分：活络模具；

——第2部分：两半模具。

本部分为HG/T 3227的第1部分。

本部分的附录A和附录B为资料性附录。

本部分由中国石油和化学工业协会提出。

本部分由全国橡胶塑料机械标准化技术委员会橡胶机械标准化分技术委员会归口。

本部分负责起草单位：广东巨轮模具股份有限公司。

本部分参加起草单位：山东豪迈机械科技有限公司、浙江来福模具有限公司、北京橡胶工业研究设计院。

本部分主要起草人：曾旭钊、沈锡良、张伟、潘伟润、张良、夏向秀。

本部分为首次发布。

轮胎外胎模具
第1部分:活络模具

1 范围

HG/T 3227的本部分规定了子午线轮胎外胎活络模具的术语和定义、分类、基本参数、型号编制方法、要求、检验方法、检验规则及判定,还给出了标志、标牌和使用说明书、包装运输和贮存的要求。

本部分适用于轿车、轻型载重汽车、载重汽车、工程机械子午线轮胎的外胎活络模具(以下简称模具)。也可适用于其他子午线轮胎外胎活络模具。

2 规范性引用文件

下列文件中的条款通过本部分的引用而成为本部分的条款。凡是注日期的引用文件,其随后所有的修改单(不包括勘误的内容)或修订版均不适用于本部分,然而,鼓励根据本部分达成协议的各方研究是否可使用这些文件的最新版本。凡是不注日期的引用文件,其最新版本适用于本部分。

GB 191 包装储运图示标志(eqv ISO 780:1997)

GB/T 985 气焊、手工电弧焊及气体保护焊焊缝坡口的基本形式与尺寸

GB/T 986 埋弧焊焊缝坡口的基本形式和尺寸

GB/T 1800.2—1998 极限与配合 基础 第2部分:公差、偏差和配合的基本规定(eqv ISO 286-1:1988)

GB/T 1800.3—1998 极限与配合 基础 第3部分:标准公差和基本偏差数值表(eqv ISO 286-1:1998)

GB/T 1804—2000 一般公差 未注公差的线性和角度尺寸的公差(eqv ISO 2768-1:1989)

GB/T 6326 轮胎术语及其定义

GB/T 13306 标牌

GB/T 13384 机电产品包装通用技术条件

HG/T 3223 橡胶机械术语

JB/T 5995 工业产品使用说明书 机电产品使用说明书编写规定

3 术语和定义

GB/T 6326和HG/T 3223确立的以及下列术语和定义适用于本部分。

3.1

型腔 cavity

构成轮胎制品外轮廓的零件组合。

3.2

花纹块 segment

用于轮胎胎面花纹定型硫化的块形模具零件。

3.3

胎侧板 sidewall plate

用于轮胎侧面及其商标字体定型硫化的模具零件。

3.4

钢圈 bead ring

用于轮胎轮辋部位定型硫化的模具零件。

3.5

胶囊夹盘 clamp

胶囊夹具

用于夹持硫化胶囊的零件组合。

3.6

向心机构 container

模具壳体

构成模具外壳并实现花纹块开合的零件组合。

3.7

滑块 segment holder

弓形座 slide block

用于搭载花纹块并在模具开合过程中传递来自中模套的动力、同时向花纹块传递热量的模具零件。

3.8

中模套 actuator ring

导环 cone ring

传递采自硫化设备的动力并实现模具开合的模具零件。

3.9

上盖 top plate

固定模具上胎侧板并连接在硫化设备驱动机构上、传递来自驱动机构的动力并辅助模具开合的模具零件。

3.10

底板 bottom plate

固定模具下胎侧板,使模具准确定位并固定在硫化设备下工作台上的模具零件。

3.11

模具上环 fitting ring

安装环

紧固在中模套上面,与硫化设备连接的环形模具零件。

3.12

减摩板 sliding plate

滑板

降低模具各滑动部位摩擦力的一种特殊材料的模具零件。

3.13

分型面 parting surface

花纹块和花纹块间的接触面、花纹块和胎侧板间的接触面、胎侧板和钢圈间的接触面。

3.14

模具蒸汽室 steam chamber

在中模套、上热板、下热板里面通过蒸汽并加热模具的一种空腔结构。

3.15

圆锥面结构 conical

在外力的作用下,由内圆锥面导向并驱动模具开启或闭合的结构。

3.16

斜平面结构　angular

在外力的作用下，由内斜平面导向并驱动模具开启或闭合的结构。

3.17

预加载量　preload

模具组装后预留的补偿实际硫化过程中因内压作用而使模具内腔高度回弹的一个变化量。

4　分类

4.1　按结构型式不同分为圆锥面导向活络模具和斜平面导向活络模具。

4.1.1　圆锥面导向活络模具的结构示意图参见图1、图2。

4.1.2　斜平面导向活络模具的结构示意图参见图3、图4。

4.2　按模具加热方式不同分为热板式活络模具和蒸锅式活络模具。

4.3　图1～图4中符号代表的含义如下：

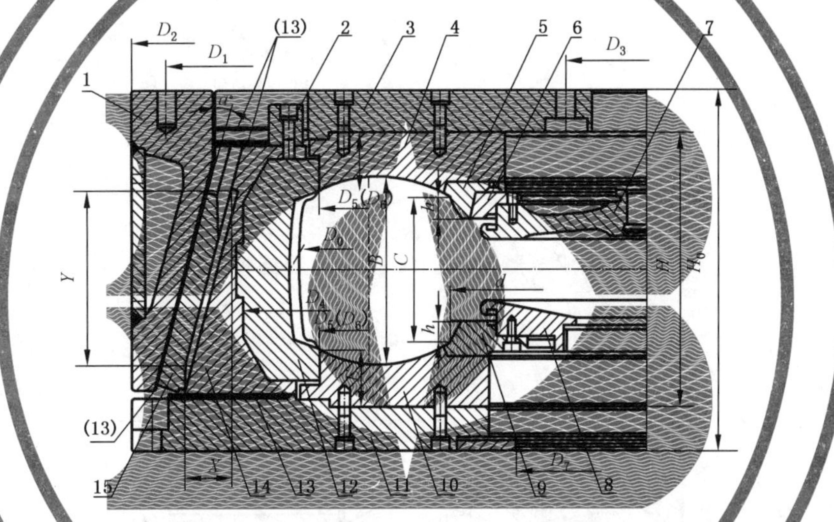

1——中模套；
2——提升块；
3——上盖；
4——上胎侧板；
5——上钢圈；
6——上压盘；
7——胶囊上夹盘；
8——胶囊下夹盘；
9——下钢圈；
10——下胎侧板；
11——底板；
12——花纹块；
13——减摩板；
14——滑块；
15——导向条。

图1　热板式圆锥面导向活络模具

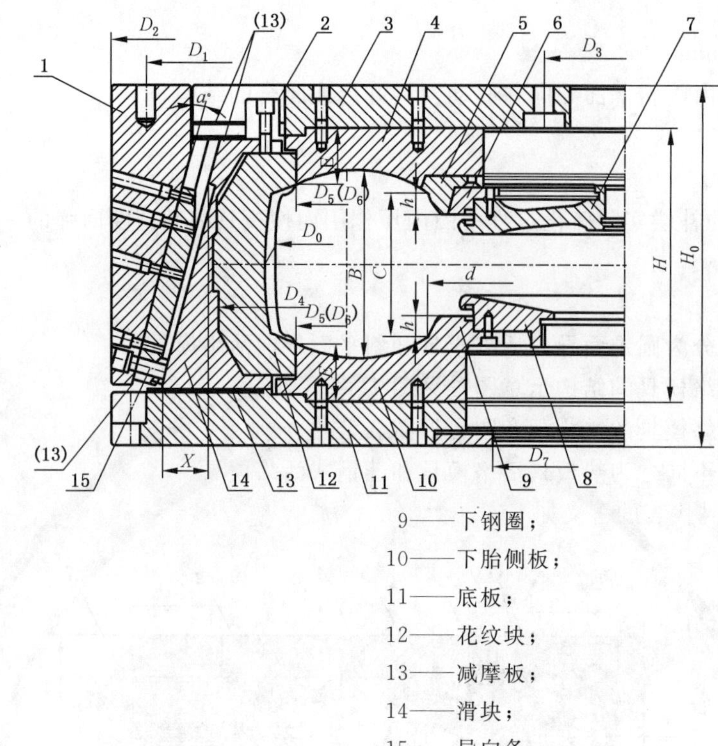

1——中模套；
2——提升块；
3——上盖；
4——上胎侧板；
5——上钢圈；
6——上压盘；
7——胶囊上夹盘；
8——胶囊下夹盘；
9——下钢圈；
10——下胎侧板；
11——底板；
12——花纹块；
13——减摩板；
14——滑块；
15——导向条。

图 2　蒸锅式圆锥面导向活络模具

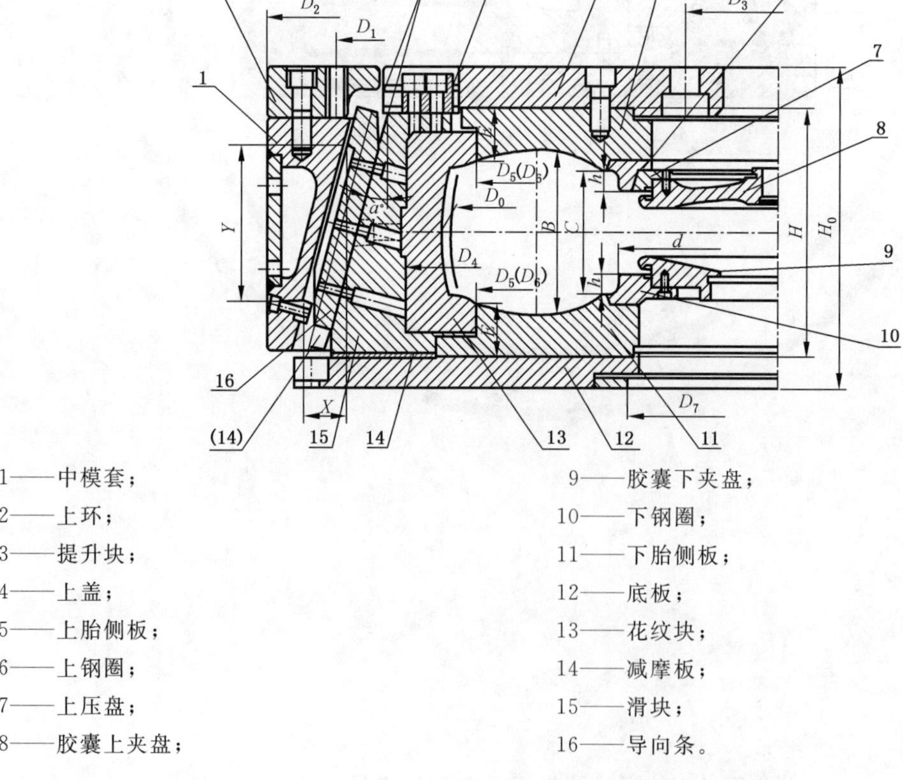

1——中模套；
2——上环；
3——提升块；
4——上盖；
5——上胎侧板；
6——上钢圈；
7——上压盘；
8——胶囊上夹盘；
9——胶囊下夹盘；
10——下钢圈；
11——下胎侧板；
12——底板；
13——花纹块；
14——减摩板；
15——滑块；
16——导向条。

图 3　热板式斜平面导向活络模具

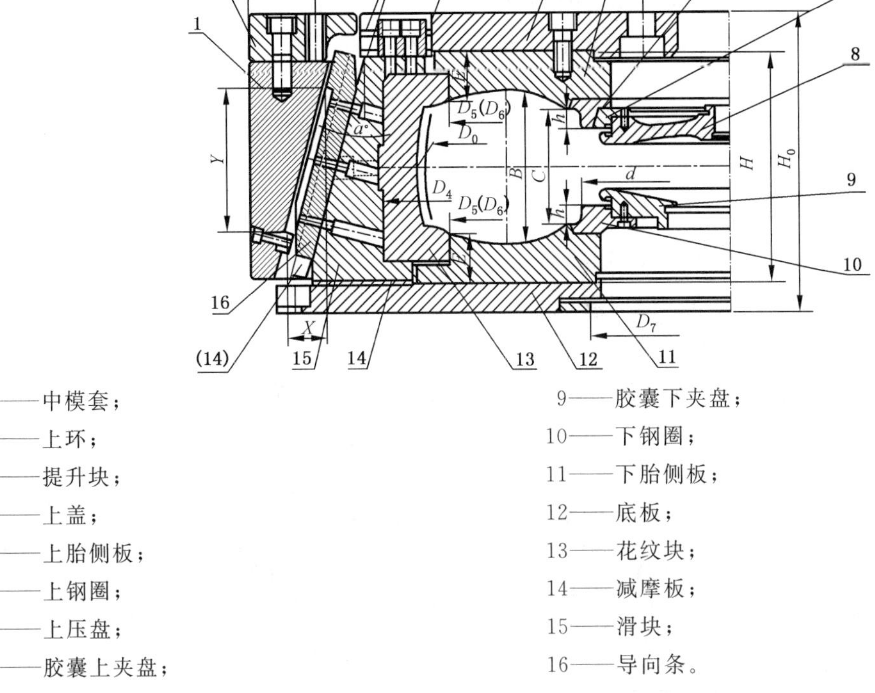

1——中模套；
2——上环；
3——提升块；
4——上盖；
5——上胎侧板；
6——上钢圈；
7——上压盘；
8——胶囊上夹盘；
9——胶囊下夹盘；
10——下钢圈；
11——下胎侧板；
12——底板；
13——花纹块；
14——减摩板；
15——滑块；
16——导向条。

图 4 蒸锅式斜平面导向活络模具

4.3 图 1～图 4 中符号代表的含义如下：

B——轮胎断面宽度；
C——轮辋间宽度；
D_0——轮胎外直径；
D_1——装机孔中心直径；
D_2——模具外直径；
D_3——驱动机构法兰连接孔中心直径；
D_4——花纹块直径；
D_5——胎侧板分型直径；
D_6——花纹块分型直径；
D_7——定位环直径；
d——钢圈子口直径；
E——上下胎侧板分模点处的厚度；
H——向心机构型腔高度；
H_0——模具高度；
h——钢圈子口宽度；
X——模具径向开模行程；
Y——模具轴向开模行程；
a——导向角。

5 基本参数

模具的基本参数参见附录 A 中表 A.1 和表 A.2。

6 型号编制方法

模具型号编制方法参见附录 B。

7 要求

7.1 材料要求

7.1.1 模具的中模套、滑块、上盖、底板、胎侧板等主体材料应采用 ZG 270-500 或不低于同等性能的钢材。

7.1.2 模具的花纹块可采用机械性能不低于 ZG 200-400 的钢材或采用铝合金材料。

7.2 加工要求

7.2.1 模具各部位主要尺寸的极限偏差应符合表 1 的规定。

7.2.2 上下胎侧板与钢圈之间分型面的锥度配合应符合 GB/T 1800.2—1998 中 H7/h6 的规定，其表面的粗糙度 $R_a \leqslant 1.6\ \mu m$。

7.2.3 模具花纹尺寸的极限偏差应符合 GB/T 1804—2000 中 m12 级的规定，其表面的粗糙度 $R_a \leqslant 3.2\ \mu m$。

7.2.4 模具的花纹块分型面平面度不大于 0.05 mm，表面的粗糙度 $R_a \leqslant 1.6\ \mu m$。

7.2.5 模具胎侧板型腔表面粗糙度 $R_a \leqslant 1.6\ \mu m$。

7.2.6 模具的上下平面表面粗糙度 $R_a \leqslant 3.2\ \mu m$。

7.2.7 模具各滑动配合面其表面的粗糙度 $R_a \leqslant 1.6\ \mu m$。

7.2.8 所有的型腔表面不应有任何砂眼、裂纹等影响轮胎表面质量的缺陷。

7.2.9 模具的滑块及各种非复合材料的垫板其摩擦表面应进行表面硬化处理，其硬度不小于 330HV30或 HRC35。

表 1 各部位主要尺寸的极限偏差

单位为毫米

项目名称	轮胎类型			
	轿车、轻型载重汽车轮胎	载重汽车轮胎	工程机械轮胎	
			外径＜ϕ2 000	外径≥ϕ2 000
模具外直径 D_2 偏差	±0.5	±0.5	±1.0	±2.0
模具高度 H_0 偏差	±0.5	±0.5	±1.0	±2.0
上模装机孔位置度	≤ϕ0.5	≤ϕ0.5	≤ϕ1.0	≤ϕ2.0
驱动机构连接孔位置度	≤ϕ0.5	≤ϕ0.5	≤ϕ1.0	≤ϕ2.0
轮胎外直径 D_0 偏差	±0.2	±0.3	±0.5	±0.8
断面宽 B 偏差	±0.2	±0.3	±0.4	±0.5
轮辋间宽度 C 偏差	±0.2	±0.3	±0.4	±0.5
钢圈子口宽度 h 偏差	±0.05	±0.1	±0.2	±0.3
钢圈子口直径 d 偏差	±0.05	±0.1	±0.15	±0.15
对接花纹合模错位量	≤0.1	≤0.1	≤0.2	≤0.3
非对接花纹合模错位量	≤0.3	≤0.5	≤1.0	≤2.0
花纹节距偏差	±0.2	±0.3	±0.5	±1.0
各断面曲线样板间隙	≤0.1	≤0.1	≤0.2	≤0.3
模具上下平面的平面度	≤0.15	≤0.2	≤0.25	≤0.5
模具上下平面的平行度	≤0.3	≤0.4	≤0.5	≤1.0
胎冠圆跳动	≤0.2	≤0.3	≤0.5	≤0.8
胎肩圆跳动	≤0.2	≤0.3	≤0.5	≤0.8
轮胎外直径 D_0 与钢圈子口直径 d 的同轴度	≤ϕ0.1	≤ϕ0.2	≤ϕ0.3	≤ϕ0.5
钢圈子口直径 d 与定位环的同轴度	≤ϕ0.1	≤ϕ0.2	≤ϕ0.3	≤ϕ0.5

7.2.10 有焊接结构的零件其焊接缝形式及尺寸应符合 GB/T 985 和 GB/T 986 的规定，焊缝应平整均匀、圆滑过渡，不应有气孔、夹渣、裂纹、弧坑、未熔合、烧穿等焊接缺陷，焊渣及飞溅物应清理干净。

7.2.11 带蒸汽室结构的模具焊接前必须清理干净蒸汽室内的杂物。

7.2.12 胎侧字体的排列顺序、表面质量、字体深度、字体大小、线条粗细等应符合客户图纸的要求。

7.3 装配要求

7.3.1 模具的钢质花纹块组装后各分型面间的间隙不大于 0.03 mm。

7.3.2 模具的铝质花纹块组装后各分型面间应根据模腔尺寸和硫化条件留有适当的间隙。

7.3.3 模具的花纹块组装后与上下胎侧板局部的配合间隙不大于 0.1 mm。

7.3.4 模具在装配后应留适当的预加载量。

7.3.5 模具装配后各活络块应滑动平稳、开合自如,无卡阻、干涉等现象。

7.3.6 模具装配后其上盖、上环、中模套、底板、胎侧板等的正前方位置应一致,并和硫化机的正前方位置对应。

7.3.7 所有零件表面清洁无污渍、无杂质。

7.4 互换性要求

对于同一轮胎厂家、同一轮胎规格的以下模具,零部件应具有互换性:

——同一型号向心机构的型腔;

——钢圈、胶囊夹盘;

——胎侧板上同一位置的活字块。

7.5 安全要求

7.5.1 带蒸汽室结构的模具出厂前应进行水压或蒸汽试验,试水压力不小于 3.0 MPa,保压时间不少于 1 h,试压结果不应渗漏;蒸汽压力不小于 1.6 MPa,保压时间不少于 1 h,试压结果不应泄漏。

7.5.2 整套模具和重量较大的零部件应设置便于安全起吊的吊装装置。

7.5.3 模具应具有安全可靠的行程限制装置。

7.5.4 对带有保温罩的模具其保温罩应填装环保的隔热材料。

7.6 外观要求

模具经检验合格后应及时作防锈处理,模具内腔应喷涂防锈剂,外表面喷高温漆(耐温 250 ℃以上)或进行其他表面防锈处理,涂漆或防锈处理前表面应除锈和去除油迹、油斑。

8 检验方法

8.1 用专用样板检验各断面曲线及花纹尺寸精度,专用样板精度应符合 GB/T 1800.2—1998 和 GB/T 1800.3—1998 中 IT6 级的规定。

8.2 用专用样板检验钢圈直径和子口宽度,专用样板精度应符合 GB/T 1800.2—1998 和 GB/T 1800.3—1998 中 IT6 级的规定。

8.3 用专用样板检验上下胎侧板与钢圈配合面的尺寸,专用样板精度应符合 GB/T 1800.2—1998 和 GB/T 1800.3—1998 中 IT6 级的规定。

8.4 用塞尺检验花纹块装配后各分型面间隙及花纹块与上下胎侧板的局部配合间隙。

8.5 用标准样块比较检验表面粗糙度。

8.6 用平台、平尺和百分表检验平行度。

8.7 用平尺和百分表检验平面度。

8.8 用游标卡尺或千分尺检验胎侧板与花纹块的分型面直径及分模点处的厚度。

8.9 胎冠和胎肩部位的圆跳动、胎冠直径、胎肩直径、各部位要求的同轴度等可采用三坐标测量仪或具有同等功能的检测设备检测。

8.10 模具外直径、模具高度、装机孔的位置度、驱动机构连接孔位置度、断面宽、轮辋间宽度、花纹间距等线性尺寸可采用游标卡尺、内径千分尺检测。

8.11 经过表面硬化处理的零件其表面硬度可采用维氏硬度计或洛氏硬度计检验。

8.12 商标字体的检验：

——字体的正误、排列顺序及其表面质量采用目测法检验；

——字体的深度采用具有测深度功能检测器具检验；

——字体的大小、线条宽窄等采用拓印对比法检验。

8.13 型腔表面的砂眼、裂纹等缺陷采用目测检验。

8.14 带蒸汽室的零件在焊接后用室温水或蒸汽试压，采用压力表检验。

8.15 模具装配后可在合模机或采用具有同等功能的工装上合模检测预加载量。

8.16 模具装配后可在合模机或采用具有同等功能的工装上作空载开合模试验。

8.17 电焊表面质量、正前方标志、零部件表面清洁、吊装装置等采用目测检验。

9 检验规则及判定

9.1 检验规则

9.1.1 出厂检验

9.1.1 模具出厂前，应按本部分 7.2、7.3、7.5 及 7.6 规定的要求进行检验，应检项目全部合格后附上合格证方可出厂。

9.1.1.2 模具出厂时应附有产品检验合格证书、产品质量检验报告书、装箱单和产品使用说明书，并可根据用户要求提供专用样板等。

9.1.2 型式检验

9.1.2.1 型式检验应对本部分中的各项要求进行检验，并应符合其规定。

9.1.2.2 凡有下列情况之一时，应进行型式检验：

——新产品或老产品转厂生产的试制型鉴定；

——正式生产后，如结构、材料、工艺有较大改变，可能影响产品性能时；

——正式生产时应进行周期检验，每两年至少一次；

——出厂检验结果与上次型式检验结果有较大差异时；

——产品长期停产后恢复生产时；

——国家质量监督机构提出进行型式检验要求时。

9.2 判定与复检

模具在检验过程中如发现有不合格项目，允许进行返工或更换零件，然后进行复检，直至应检项目全部合格。

10 标志、标牌和使用说明书

10.1 标志

10.1.1 每套模具应在外型正前方明显位置或客户要求的位置打印标志。

10.1.2 主要零部件上的标志包含以下内容：

——花纹块与滑块对应的装配顺序编号；

——花纹块上的轮胎规格、花纹代号和产品编号；

——上下胎侧板的正前方标志线及“FRONT”字样、轮胎规格、花纹代号和产品编号；

——中模套、上环和底板的正前方标志线及“FRONT”字样；

——钢圈上的轮胎规格和花纹代号。

10.2 标牌

装配后的模具外径表面正前方要求安装或刻印标牌，标牌的尺寸和技术要求应符合 GB/T 13306 的规定，标牌的内容包括：

——模具名称和型号；

——制造单位名称或商标；

——模具的主要参数；

——产品编号；

——模具重量；

——制造日期。

10.3 使用说明书

产品使用说明书应符合 JB/T 5995 的规定。

11 包装、运输和贮存

11.1 包装

产品包装运输应符合 GB/T 13384 的规定。

11.2 运输

11.2.1 模具的运输应符合运输部门的有关规定，储运图示标志应符合 GB 191 的规定。

11.2.2 模具在运输过程中应谨防碰撞和受潮。

11.3 贮存

模具内外各表面应涂上防锈油并存放于干燥、无腐蚀、通风良好的场所中妥善保管。

附 录 A
（资料性附录）
基本参数

A.1 表 A.1～表 A.2 给出了子午线轮胎外胎活络模具的基本参数。

A.2 表 A.1 所示的基本参数用于子午线轮胎外胎圆锥面导向活络模具。

表 A.1

<table>
<tr><th>型号</th><th>模具外径/mm</th><th>合模高度/mm</th><th>径向行程/mm</th><th>轴向行程/mm</th><th>导向角/(°)</th><th>型腔高度/mm</th><th>花纹块直径/mm</th><th>适用轮胎尺寸（≤外径×断面宽）/mm×mm</th></tr>
<tr><td>LMH-YR655×256</td><td>955</td><td>328</td><td>50</td><td>154</td><td>18</td><td>256</td><td>655</td><td>ϕ600×200</td></tr>
<tr><td>LMH-YR750×326</td><td>1 020</td><td>370</td><td>50</td><td>186.6</td><td>15</td><td>326</td><td>750</td><td>ϕ700×265</td></tr>
<tr><td>LMH-YR720×270</td><td>1 020</td><td>330</td><td>60</td><td>156</td><td>21</td><td>270</td><td>720</td><td>ϕ660×210</td></tr>
<tr><td>LMH-YR740×340</td><td>1 100</td><td>415</td><td>60</td><td>185</td><td>18</td><td>340</td><td>740</td><td>ϕ680×210</td></tr>
<tr><td>LMH-YR800×290</td><td>1 120</td><td>365</td><td>55</td><td>170</td><td>18</td><td>290</td><td>800</td><td>ϕ740×230</td></tr>
<tr><td>LMH-YR770×350</td><td>1 080</td><td>420</td><td>50</td><td>186.6</td><td>15</td><td>350</td><td>770</td><td>ϕ715×290</td></tr>
<tr><td>LMH-YR845×290</td><td>1 160</td><td>366</td><td>52</td><td>160</td><td>18</td><td>290</td><td>845</td><td>ϕ785×230</td></tr>
<tr><td>LMH-YR876×316</td><td>1 160</td><td>400</td><td>70</td><td>215.4</td><td>18</td><td>316</td><td>876</td><td>ϕ820×255</td></tr>
<tr><td>LMH-YR876×368</td><td>1 168</td><td>466</td><td>60</td><td>224</td><td>15</td><td>368</td><td>876</td><td>ϕ820×305</td></tr>
<tr><td>LMH-YR890×310</td><td>1 195</td><td>386</td><td>52</td><td>160</td><td>18</td><td>310</td><td>890</td><td>ϕ835×250</td></tr>
<tr><td>LMH-YR935×336</td><td rowspan="2">1 240</td><td rowspan="2">400</td><td rowspan="2">64</td><td rowspan="2">197</td><td rowspan="2">18</td><td rowspan="2">336</td><td rowspan="2">935</td><td rowspan="2">ϕ875×275</td></tr>
<tr><td>LMH-YZ935×336</td></tr>
<tr><td>LMH-YR860×360</td><td rowspan="2">1 180</td><td rowspan="2">450</td><td rowspan="2">53</td><td rowspan="2">197.8</td><td rowspan="2">15</td><td rowspan="2">360</td><td rowspan="2">860</td><td rowspan="2">ϕ790×300</td></tr>
<tr><td>LMH-YZ860×360</td></tr>
<tr><td>LMH-YR935×370</td><td rowspan="2">1 250</td><td rowspan="2">440</td><td rowspan="2">54</td><td rowspan="2">201.5</td><td rowspan="2">15</td><td rowspan="2">370</td><td rowspan="2">935</td><td rowspan="2">ϕ855×300</td></tr>
<tr><td>LMH-YZ935×370</td></tr>
<tr><td>LMH-YR980×410</td><td rowspan="2">1 300</td><td rowspan="2">490</td><td rowspan="2">54</td><td rowspan="2">201.5</td><td rowspan="2">15</td><td rowspan="2">410</td><td rowspan="2">980</td><td rowspan="2">ϕ900×340</td></tr>
<tr><td>LMH-YZ980×410</td></tr>
<tr><td>LMH-YR1 095×362</td><td rowspan="2">1 470</td><td rowspan="2">460</td><td rowspan="2">55</td><td rowspan="2">205</td><td rowspan="2">15</td><td rowspan="2">362</td><td rowspan="2">1 095</td><td rowspan="2">ϕ1 035×300</td></tr>
<tr><td>LMH-YZ1 095×362</td></tr>
<tr><td>LMH-YR1 178×396</td><td rowspan="2">1 510</td><td rowspan="2">520</td><td rowspan="2">68</td><td rowspan="2">254</td><td rowspan="2">15</td><td rowspan="2">396</td><td rowspan="2">1 178</td><td rowspan="2">ϕ1 120×335</td></tr>
<tr><td>LMH-YZ1 178×396</td></tr>
<tr><td>LMH-YR1 205×520</td><td rowspan="2">1 590</td><td rowspan="2">620</td><td rowspan="2">68</td><td rowspan="2">254</td><td rowspan="2">15</td><td rowspan="2">520</td><td rowspan="2">1 205</td><td rowspan="2">ϕ1 140×450</td></tr>
<tr><td>LMH-YR1 205×520</td></tr>
<tr><td colspan="9">表中各参数如客户有特殊要求的除外。</td></tr>
</table>

A.3 表 A.2 所示的基本参数用于子午线轮胎外胎斜平面导向活络模具。

表 A.2

型号	模具外径/mm	模具高度/mm	径向行程/mm	轴向行程/mm	导向角/(°)	型腔高度/mm	花纹块直径/mm	适用轮胎尺寸(≤外径×断面宽)/mm×mm
LMH-XR730×280	1 025	358	45	168	15	280	730	ϕ670×220
LMH-XR785×300	1 025	378	45	168	15	300	785	ϕ725×240
LMH-XR730×270	1 020	330	45	168	15	270	730	ϕ670×210
LMH-XR730×300	1 085	385	48	179	15	300	730	ϕ670×240
LMH-XR866×320	1 130	406	48	179	15	320	866	ϕ805×260
LMH-XR866×350	1 130	425	52	194	15	350	866	ϕ805×290
LMH-XR740×340	1 085	415	48	179	15	340	740	ϕ680×280
LMH-XR900×360	1 210	450	52	194	15	360	900	ϕ840×300
LMH-XR900×310	1 300	420	45	168	15	310	900	ϕ840×250
LMH-XZ900×310								
LMH-XR940×310	1 360	402	52	194	15	310	940	ϕ880×250
LMH-XZ940×310								
LMH-XR1 040×338	1 390	428	48	179	15	338	1 040	ϕ980×275
LMH-ZR1 040×338								
LMH-XR1 100×338	1 390	428	48	179	15	338	1 100	ϕ1 050×275
LMH-XZ1 100×338								
LMH-XR998×350	1 300	438	50	186	15	350	998	ϕ940×290
LMH-XZ998×350								
LMH-XR1 188×380	1 510	500	52	194	15	380	1 188	ϕ1 130×320
LMH-XZ1 188×380								
LMH-XR1 278×400	1 570	520	52	194	15	400	1 278	ϕ1 220×330
LMH-XZ1 278×400								
LMH-XR1 228×520	1 580	628	55	205	15	520	1 228	ϕ1 170×460
LMH-XZ1 228×520								
表中各参数如客户有特殊要求的除外。								

附　录　B
（资料性附录）
模具型号编制方法

B.1　型号组成

B.1.1　轮胎外胎活络模具型号由基本代号、辅助代号和规格参数、设计代号三部分组成，三者之间用短横线隔开，其表示方法如下：

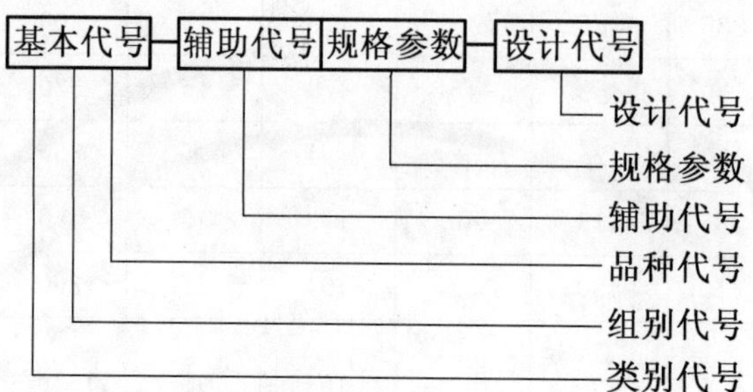

B.1.2　基本代号由类别代号、组别代号、品种代号组成：

a)　类别代号采用大写的汉字拼音字母 L(轮胎)表示。

b)　组别代号采用大写的汉字拼音字母 M(模具)表示。

c)　品种代号采用大写的汉字拼音字母 H(活络)表示。

B.1.3　辅助代号采用大写的汉字拼音字母表示：

a)　以 X(斜平面)表示斜平面导向的模具。

b)　以 Y(圆锥面)表示圆锥面导向的模具。

c)　以 R(热)表示配热板式硫化机用的模具。

d)　以 Z(蒸)表示配蒸锅式硫化机用的模具。

B.1.4　规格参数采用花纹块和滑块的配合外直径×型腔高度表示。

当模具结构设计成花纹块和滑块连体、侧板分别与上盖和底板连体时，规格参数直接采用轮胎规格型号及花纹代号表示。

B.1.5　设计代号在必要时使用，可以用于表示制造单位的代号或产品设计顺序代号，也可以是两者的组合代号。当设计代号使用英文字母时，一般不使用 I 和 O，以免与数字混淆。

B.2　型号示例

B.2.1　花纹块和滑块的配合外直径为 ϕ860 mm，型腔高度为 360 mm 的热板式圆锥面活络模具，其型号为：

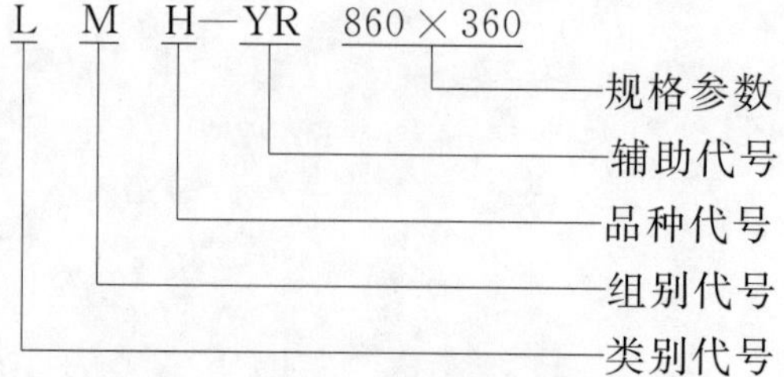

B.2.2　花纹块和滑块的配合外直径为 ϕ1 188 mm，型腔高度为 380 mm 的蒸锅式斜平面活络模具，其型号为：

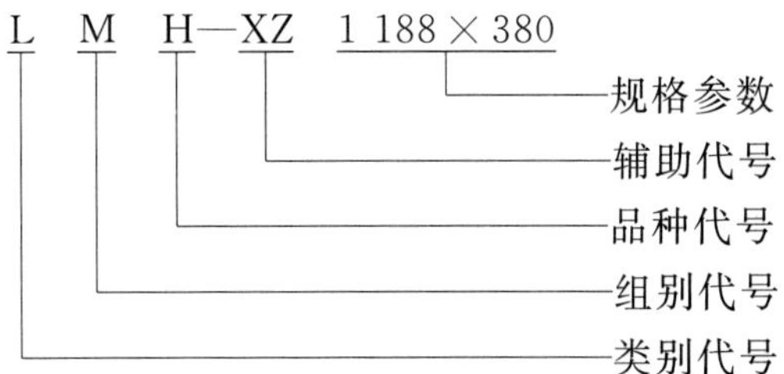

B.2.3 规格为23.5R25,花纹代号K101,结构为连体结构的蒸锅式圆锥面活络模具,其型号为:

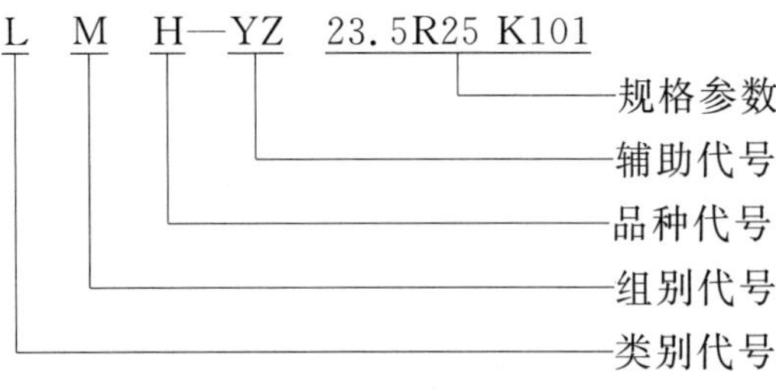

ICS 71.120;83.200
G 95
备案号：25860—2009

中华人民共和国化工行业标准

HG/T 3227.2—2009
代替 HG/T 3227—1987

轮胎外胎模具 第2部分：两半模具

Mould for tyre covers—Part 2: Two pieces mould

2009-02-05 发布　　2009-07-01 实施

中华人民共和国工业和信息化部　发布

前　　言

HG/T 3227《轮胎外胎模具》分为二个部分：

——第 1 部分：活络模具；

——第 2 部分：两半模具。

本部分为 HG/T 3227 的第 2 部分，是对 HG/T 3227—1987《轮胎外胎模具》进行修订。

本部分代替 HG/T 3227—1987。

本部分与 HG/T 3227—1987 标准相比主要变化如下：

——将 HG/T 3227—1987 分为两部分(HG/T 3227.1—2008 和本部分)；

——修改了范围(见本部分第 1 章)；

——增加了规范性引用文件(见本部分第 2 章)；

——增加了术语和定义(见本部分第 3 章)；

——删除了原标准表 1、表 2、表 3；

——将原硫化罐常用模具划分为罐用胶囊硫化模具和罐用水胎硫化模具，并增加了 AB 型机用模具(见本部分第 4 章)；

——将模具型腔各部位极限偏差的技术参数和模具外部各部位极限偏差的技术参数合并成各部位主要尺寸的极限偏差表，并删除了凸线间距、定位件接合面间隙、对接花纹间距、非对接花纹间距的技术参数，同时修改了其他项目的技术参数、增加了上模装机孔位置度、轮辋间宽度、钢圈子口宽度、各断面曲线样板间隙、胎冠圆跳动、胎肩圆跳动等项目的技术参数(见本部分表 1)；

——修改了技术要求内容，补充了要求内容，将要求划分为材料要求、加工要求、装配要求、互换要求、安全要求、外观要求等内容(见本部分第 6 章)；

——修改了试验方法及检验规则，按内容将其分成两章，并分别加以详细描述(分别见本部分第 7 章和第 8 章)；

——修改了标志、包装、运输、贮存，按内容将其分成两章，并分别加以详细描述(分别见本部分第 9 章和第 10 章)；

——修改了斜交胎两半模具的型号编制方法，将原编号中型别代号 W 改为 B，修改了结构形式代号，将主要参数改为轮胎规格及花纹代号，结构形式代号改为辅助代号(见本部分附录 A)；

——增加子午线轮胎两半模具的型号编制示例(见本部分附录 A.2)。

本部分的附录 A 为资料性附录。

本部分由中国石油和化学工业协会提出。

本部分由全国橡胶塑料机械标准化技术委员会橡胶机械标准化分技术委员会归口。

本部分负责起草单位：广东巨轮模具股份有限公司。

本部分参加起草单位：浙江来福模具有限公司、山东豪迈机械科技有限公司、北京橡胶工业研究设计院。

本部分主要起草人：曾旭钊、潘伟润、张良、沈锡良、张伟、夏向秀。

本部分所代替标准的历次版本发布情况为：

——HG/T 3227—1987。

轮胎外胎模具
第2部分:两半模具

1 范围

HG/T 3227的本部分规定了轮胎外胎两半模具的术语和定义、分类、型号编制方法、要求、检验方法、检验规则及判定,还给出了标志、标牌及包装、运输和贮存的要求。

本部分适用于轿车、轻型载重汽车、载重汽车、农业机械、工业车辆、工程机械等轮胎外胎两半模具(以下简称模具)。

本部分不适用于摩托车轮胎、力车轮胎外胎模具。

2 规范性引用文件

下列文件中的条款通过本部分的引用而成为本部分的条款。凡是注日期的引用文件,其随后所有的修改单(不包括勘误的内容)或修订版均不适用于本标准,然而,鼓励根据本部分达成协议的各方研究是否可使用这些文件的最新版本。凡是不注日期的引用文件,其最新版本适用于本部分。

GB 191 包装储运图示标志(eqv ISO 780:1997)

GB/T 985 气焊、手工电弧焊及气体保护焊焊缝坡口的基本形式与尺寸

GB/T 986 埋弧焊焊缝坡口的基本形式和尺寸

GB/T 1800.2—1998 极限与配合 基础 第2部分:公差、偏差和配合的基本规定(eqv ISO 286-1:1988)

GB/T 1800.3—1998 极限与配合 基础 第3部分:标准公差和基本偏差数值表(eqv ISO 286-1:1998)

GB/T 1804—2000 一般公差 未注公差的线性和角度尺寸的公差(eqv ISO 2768-1:1989)

GB/T 6326 轮胎术语及其定义

GB/T 13306 标牌

GB/T 13384 机电产品包装通用技术条件

HG/T 3223 橡胶机械术语

3 术语和定义

GB/T 6326和HG/T 3223确立的以及下列术语和定义适用于本部分。

3.1

型腔 cavity

构成轮胎制品外轮廓的零件组合。

3.2

花纹圈 tread ring

用于轮胎胎面花纹定型硫化的环形模具零件。

3.3

胎侧板 sidewall plate

用于轮胎侧面及其商标字体定型硫化的模具零件。

3.4

钢圈　head ring

用于轮胎轮辋部位定型硫化的模具零件。

3.5

胶囊夹盘　clamp

胶囊夹具

用于夹持硫化胶囊的零件组合。

3.6

两半模　two pieces mould

结构呈上、下两半的模具。

3.7

上模　top mould

构成模具上半部分的零件组合。

3.8

下模　bottom mould

构成模具下半部分的零件组合。

3.9

分型面　parting surface

花纹圈和胎侧板间的配合面、上下花纹圈之间的接触面、胎侧板和钢圈间的接触面。

4　分类

4.1　按模具的硫化设备不同分为机用模具和罐用模具。

4.2　机用模具分为A型机用模具、B型机用模具和AB型机用模具，结构示意图参见图1a～图1c。

4.3　罐用模具分为罐用胶囊硫化模具和罐用水胎硫化模具，结构示意图参见图2a、图2b。

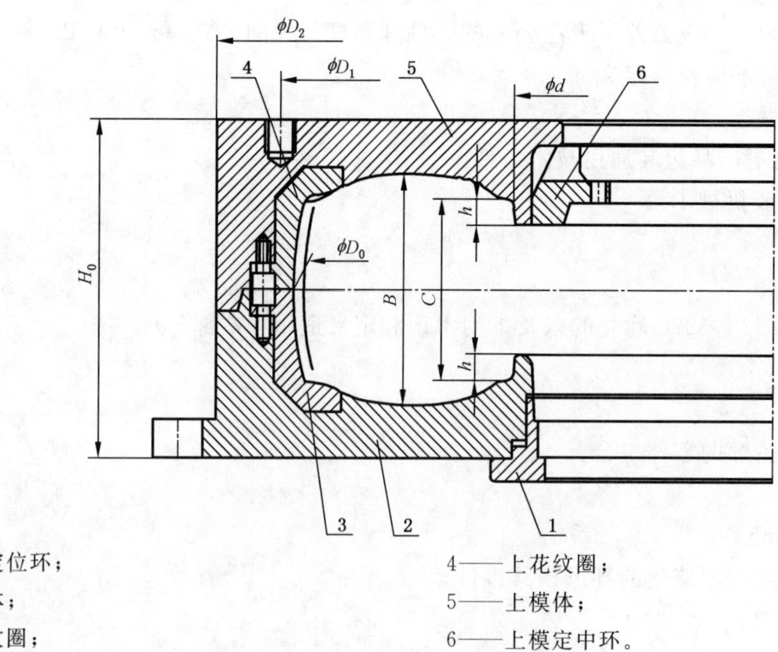

1——下模定位环；

2——下模体；

3——下花纹圈；

4——上花纹圈；

5——上模体；

6——上模定中环。

图1a　A型机用模具

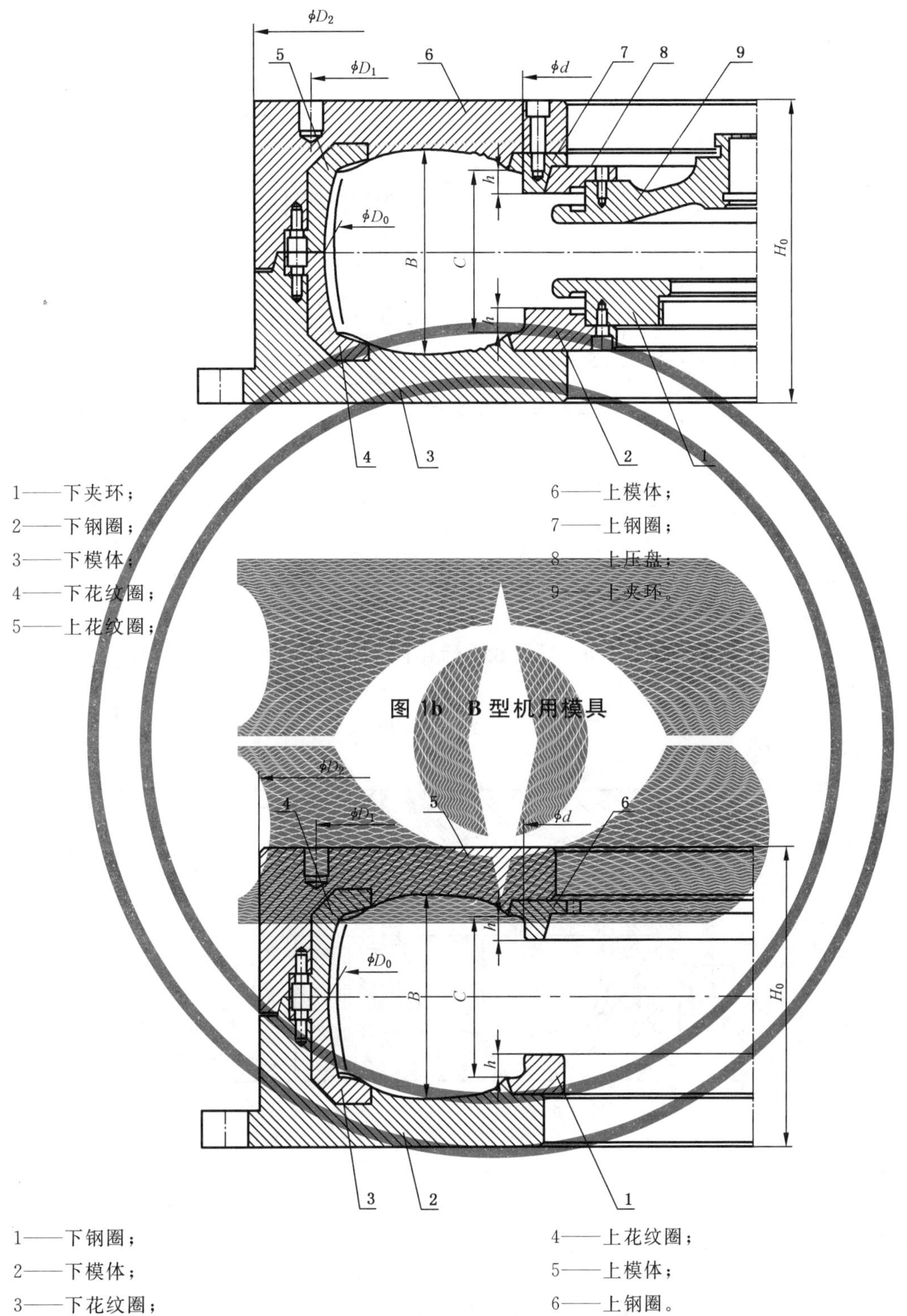

1——下夹环；
2——下钢圈；
3——下模体；
4——下花纹圈；
5——上花纹圈；
6——上模体；
7——上钢圈；
8——上压盘；
9——上夹环。

图 1b　B 型机用模具

1——下钢圈；
2——下模体；
3——下花纹圈；
4——上花纹圈；
5——上模体；
6——上钢圈。

图 1c　AB 型机用模具

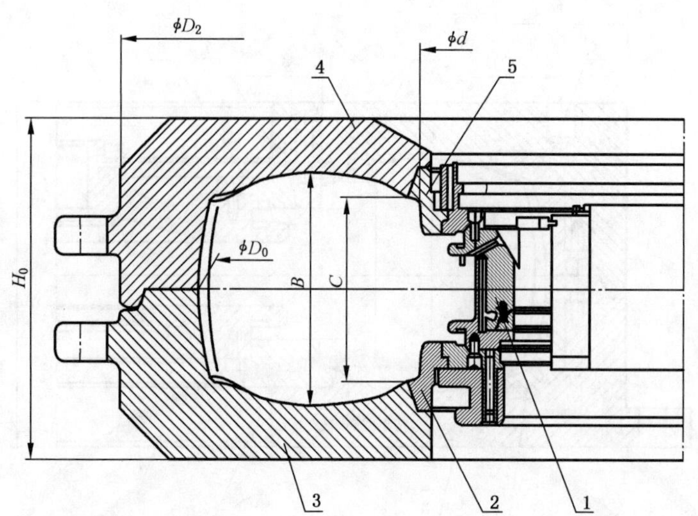

1——胶囊夹具；

2——下钢圈；

3——下模体；

4——上模体；

5——上钢圈。

图 2a 罐用胶囊硫化模具

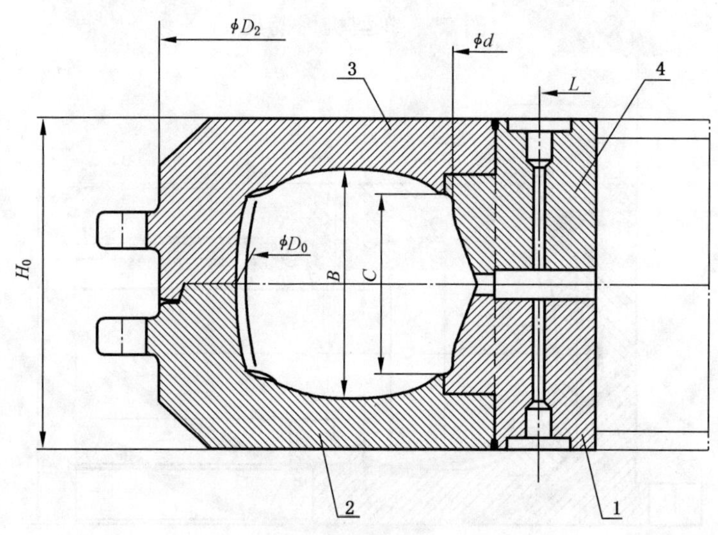

1——下钢圈；

2——下模体；

3——上模体；

4——上钢圈。

图 2b 罐用水胎硫化模具

4.4 图 1a～图 2b 中符号代表的含义如下：

B ——轮胎断面宽度；

C ——轮辋间宽度；

D_0 ——轮胎外直径；

D_1 ——装机孔中心直径；

D_2 ——模具外直径；

d ——钢圈子口直径；

H_0 ——模具高度；

h ——钢圈子口宽度；

L ——过热水嘴中心距。

5 型号编制方法

模具型号编制方法参见附录A。

6 要求

6.1 材料要求

6.1.1 模具的上模体、下模体、钢圈、胶囊夹盘等主体材料采用ZG 270-500或不低于同等性能的钢材。

6.1.2 模具的花纹圈可采用机械性能低于ZG 200-400的钢材或采用铝合金材料。

6.2 加工要求

6.2.1 模具各部位主要尺寸的极限偏差应符合表1的规定。

6.2.2 上下模锥面的配合应符合GB/T 1800.2—1998中H7/h6的规定，其表面粗糙度$R_a \leqslant 1.6\ \mu m$。

6.2.3 上下模与钢圈之间分型面的配合应符合GB/T 1800.2—1998中H7/h6的规定，其表面粗糙度$R_a \leqslant 1.6\ \mu m$。

6.2.4 模具花纹尺寸极限偏差应符合GB/T 1804—2000中m12级的规定，其表面粗糙度$R_a \leqslant 3.2\ \mu m$。

6.2.5 模具胎侧板型腔表面粗糙度$R_a \leqslant 1.6\ \mu m$。

6.2.6 模具的上下平面表面粗糙度$R_a \leqslant 3.2\ \mu m$。

6.2.7 上下两半模具锥度面的配合面研红丹接触面积达到80%以上。

6.2.8 有焊接结构的零件其焊缝形式及尺寸应符合GB/T 985和GB/T 986的规定，焊缝应平整均匀、圆滑过渡，不应有气孔、夹渣、裂纹、弧坑、未熔合、烧穿等焊接缺陷，焊渣及飞溅物应清理干净。

6.2.9 带蒸汽室结构的模具焊接前应清理干净蒸汽室内的杂物。

6.2.10 所有的型腔表面不应有任何砂眼、裂纹等影响轮胎表面质量的缺陷。

6.2.11 胎侧字体的排列顺序、表面质量、字体深度、字体大小、线条粗细等应符合客户图纸的要求。

表1 各部位主要尺寸的极限偏差

单位为毫米

项目名称	轮胎类型			
	轿车、轻型载重汽车轮胎	载重汽车轮胎	工程机械轮胎	
			外径<ϕ2 000	外径≥ϕ2 000
模具外直径 D_2	±0.5	±0.5	±1.0	±2.0
模具高度 H_0	±0.5	±0.5	±1.0	±2.0
上模装机孔位置度 D_1	≤ϕ0.5	≤ϕ0.5	≤ϕ1.0	≤ϕ2.0
过热水嘴中心距 L	±0.3	±0.3	±0.5	±1.0
轮胎外直径 D_0	±0.2	±0.3	±0.5	±0.8
断面宽 B	±0.2	±0.3	±0.4	±0.5
轮辋间宽度 C	±0.2	±0.3	±0.4	±0.5
钢圈子口宽度 h	±0.05	±0.1	±0.2	±0.3
钢圈子口直径 d	±0.05	±0.1	±0.2	±0.3
对接花纹合模错位量	≤0.1	≤0.1	≤0.2	≤0.3
非对接花纹合模错位量	≤0.3	≤0.5	≤1.0	≤2.0
型腔直径合模错位量	≤0.1	≤0.2	≤0.3	≤0.5

表 1（续） 单位为毫米

项目名称	轮胎类型			
	轿车、轻型载重汽车轮胎	载重汽车轮胎	工程机械轮胎	
			外径＜ϕ2 000	外径≥ϕ2 000
花纹节距	±0.2	±0.3	±0.5	±1.0
模口合模面间隙	≤0.1	≤0.1	≤0.2	≤0.3
各断面曲线样板间隙	≤0.1	≤0.1	≤0.2	≤0.3
模具上下平面的平面度	≤0.15	≤0.2	≤0.25	≤0.5
模具上下平面的平行度	≤0.3	≤0.4	≤0.5	≤1.0
胎冠圆跳动	≤0.2	≤0.3	≤0.5	≤0.8
胎肩圆跳动	≤0.2	≤0.3	≤0.5	≤0.8
轮胎外直径 D_0 与钢圈子口直径 d 的同轴度	≤ϕ0.1	≤ϕ0.2	≤ϕ0.3	≤ϕ0.5
钢圈子口直径 d 与定位环的同轴度	≤ϕ0.1	≤ϕ0.2	≤ϕ0.3	≤ϕ0.5

6.3 装配要求

6.3.1 全钢质花纹的模具组装后上下模分型面间的间隙不大于 0.03 mm。

6.3.2 铝质花纹的模具组装后上下模分型面间的间隙为 0.05 mm～0.10 mm。

6.3.3 模具上、下模正前方位置应一致。

6.3.4 模具上、下模的定位装置应一一对应。

6.3.5 所有零件表面清洁无污渍、无杂质。

6.4 互换要求

对于同一轮胎厂家、同一轮胎规格的以下零部件应具有互换性：

——钢圈、胶囊夹盘；

——胎侧板上同一位置的活字块。

6.5 安全要求

6.5.1 带蒸汽室结构的模具出厂前应进行水压或蒸汽试验，试水压力不小于 3.0 MPa，保压时间不少于 1 h，试压结果不应渗漏；蒸汽压力不小于 1.6 MPa，保压时间不少于 1 h，试压结果不应泄漏。

6.5.2 整套模具和重量较大的零部件应设置便于安全起吊的吊装装置。

6.6 外观要求

模具经检验合格后应及时作防锈处理，模具内腔应喷涂防锈剂，外表面喷高温漆（耐温 250 ℃以上）或进行其他表面防锈处理，涂漆或防锈处理前表面应除锈和去除油迹、油斑。

7 检验方法

7.1 用专用样板检验花纹轮廓及尺寸精度，专用样板精度应符合 GB/T 1800.2—1998 和 GB/T 1800.3—1998 中 IT6 级的规定。

7.2 用专用样板检验钢圈直径和子口宽度，专用样板精度应符合 GB/T 1800.2—1998 和 GB/T 1800.3—1998 中 IT6 级的规定。

7.3 用专用样板检验上下胎侧板与钢圈配合面的尺寸，专用样板精度应符合 GB/T 1800.2—1998 和 GB/T 1800.3—1998 中 IT6 级的规定。

7.4 用塞尺检验花纹圈装配后各分型面间隙及花纹圈与上下胎侧板的局部配合间隙。

7.5 用标准样块比较检验表面粗糙度。

7.6 用平台、平尺和百分表检验平行度。

7.7　用平尺和百分表检验平面度。

7.8　胎冠和胎肩部位的圆跳动、胎冠直径、胎肩直径、各部位要求的同轴度等可采用三坐标测量仪或具有同等功能的检测设备检测。

7.9　模具外直径、模具高度、装机孔的位置度、断面宽、轮辋间宽度、花纹间距等线性尺寸可采用游标卡尺、内径千分尺检测。

7.10　经过表面硬化处理的零件其表面硬度可采用维氏硬度计或洛氏硬度计检验。

7.11　商标字体的检验：

——字体的正误、排列顺序及其表面质量采用目测法检验；

——字体的深度采用具有测深度功能检测器具检验；

——字体的大小、线条宽窄等采用拓印对比法检验。

7.12　型腔表面的砂眼、裂纹等缺陷采用目测检验。

7.13　上下两半模具锥度面的配合面接触面积采用研红丹的方法检验。

7.14　带蒸汽室的零件在焊接后用室温水或蒸汽试压，采用压力表检验。

7.15　电焊表面质量、正前方标志、零部件表面清洁、吊装装置等采用目测检验。

8　检验规则及判定

8.1　检验规则

8.1.1　出厂检验

8.1.1.1　模具出厂前，应按本部分6.2、6.3、6.5及6.6规定的要求进行检验，应检项目全部合格后附上合格证方可出厂。

8.1.1.2　模具出厂时应附有产品检验合格证书、产品质量检验报告书、装箱单，并可根据用户要求提供专用样板等。

8.1.2　型式检验

8.1.2.1　型式检验应对本部分中的各项要求进行检验，并应符合其规定。

8.1.2.2　凡有下列情况之一时，应进行型式检验：

a)　新产品或老产品转厂生产的试制型鉴定。

b)　正式生产后，如结构、材料、工艺有较大改变，可能影响产品性能时。

c)　正式生产时应进行周期检验，每两年至少一次。

d)　出厂检验结果与上次型式检验结果有较大差异时。

e)　产品长期停产后恢复生产时。

f)　国家质量监督机构提出进行型式检验要求时。

8.2　判定与复检

模具在检验过程中如发现有不合格项目，允许进行返工或更换零件，然后进行复检，直至应检项目全部合格。

9　标志、标牌

9.1　标志

9.1.1　每套模具应在外型正前方明显位置或客户要求的位置打印标志。

9.1.2　主要零部件上的标志包含以下内容：

a)　上、下模的轮胎规格、花纹代号、产品编号。

b)　上、下模正前方标志线及“FRONT”字样。

c)　钢圈上的轮胎规格、花纹代号。

9.2 标牌

装配后的模具外径表面正前方要求安装或刻印标牌，标牌的尺寸和技术要求应符合 GB/T 13306 的规定，标牌的内容包括：

a) 模具名称和型号。

b) 制造单位名称或商标。

c) 模具的主要参数。

d) 产品编号。

e) 模具重量。

f) 制造日期。

10 包装、运输和贮存

10.1 包装

产品包装运输应符合 GB/T 13384 的规定。

10.2 运输

10.2.1 模具的运输应符合运输部门的有关规定，储运图示标志应符合 GB 191 的规定。

10.2.2 模具在运输过程中应谨防碰撞和受潮。

10.3 贮存

模具内外各表面应涂上防锈油并存放于干燥、无腐蚀、通风良好的场所中妥善保管。

附　录　A
（资料性附录）
模具型号编制方法

A.1　型号组成

A.1.1　轮胎外胎两半模具型号由基本代号、辅助代号和规格参数、设计代号三部分组成，三者之间用短横线隔开，其表示方法如下：

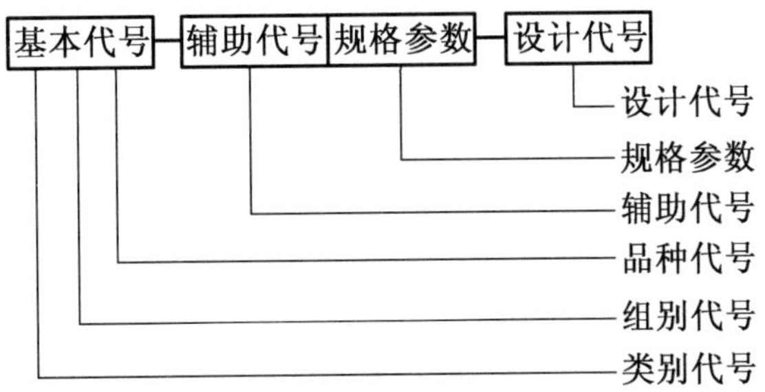

A.1.2　基本代号由类别代号、组别代号、品种代号组成。

a）类别代号采用大写的汉字拼音字母 L（轮胎）表示。

b）组别代号采用大写的汉字拼音字母 M（模具）表示。

c）品种代号采用大写的汉字拼音字母 B（两半）表示。

A.1.3　辅助代号采用大写的汉字拼音字母表示：

a）以 JA（A 型机）表示 A 型硫化机用模具。

b）以 JB（B 型机）表示 B 型硫化机用模具。

c）以 JAB（AB 型机）表示 AB 型硫化机用模具。

d）以 GN（罐用胶囊）表示硫化罐、胶囊硫化用模具。

e）以 GS（罐用水胎）表示硫化罐、水胎硫化用模具。

A.1.4　规格参数采用轮胎规格型号及花纹代号表示。

A.1.5　设计代号在必要时使用，可以用于表示制造单位的代号或产品设计顺序代号，也可以是两者的组合代号。当设计代号使用英文字母时，一般不使用 I 和 O，以免与数字混淆。

A.2　型号示例

A.2.1　轮胎（斜交胎）规格为 10.00-20，花纹代号为 P300，采用胶囊硫化的罐用模具，其型号为：

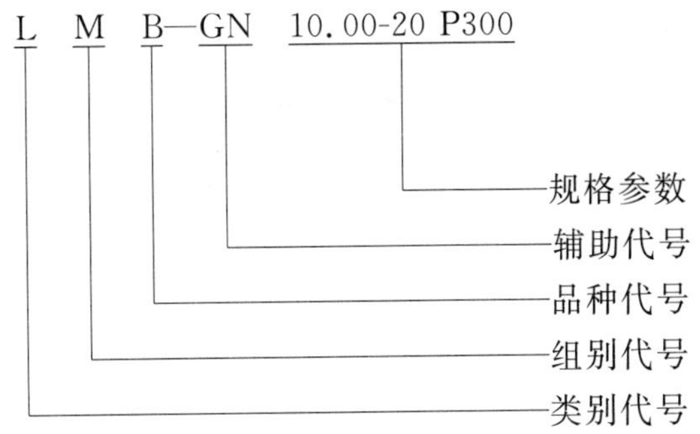

A.2.2 轮胎(子午线胎)规格型号为165/70R13，花纹代号为S550，适用B型硫化机的机用模具，其型号为：

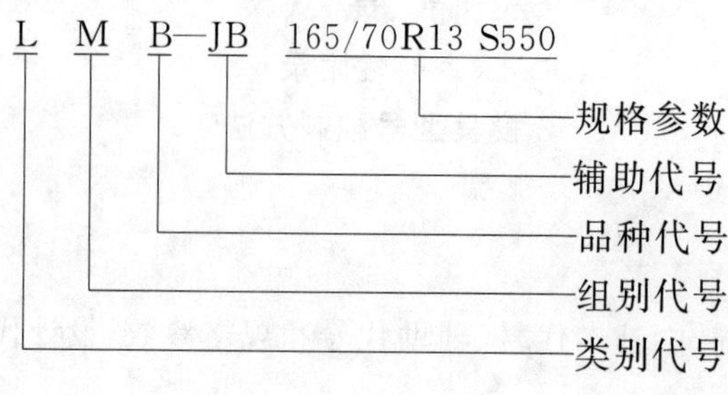

ICS 71.120;83.200
G 95
备案号:34500—2012

HG

中华人民共和国化工行业标准

HG/T 3229—2011
代替 HG/T 3229—1999

平板硫化机检测方法

Testing and measuring methods for daylight press

2011-12-20 发布 2012-07-01 实施

中华人民共和国工业和信息化部 发布

前　言

本标准代替 HG/T 3229—1999《平板硫化机检测方法》。

本标准与 HG/T 3229—1999 相比主要变化如下：

——在范围中增加了平板硫化机的主要精度及性能的检测和安全要求的检测；

——取消了 HG/T 2108—1991　橡胶机械噪声声压级的测定(见 1999 年版的 2)；

——增加了液压系统的自动补压功能检测(见本版的 3.3)；

——增加了液压系统耐压试验(见本版的 3.4)；

——增加了安全要求的检测(见本版的 4)；

——删除了原安全要求检测的三项内容(见 1999 年版的 4.1、4.2 和 4.3)；

——修改了公称合模力的检测方法及检测工具(见本版的 3.1)；

——修改了热板的温度调节误差的检测方法及检测工具(见本版的 3.6)；

——修改了热板工作表面的温度差检测方法及检测简图(见本版的 3.7)；

——修改了加热后相邻两热板的平行度检测简图(见本版的 3.8)。

本标准由中国石油和化学工业联合会提出。

本标准由全国橡胶塑料机械标准化技术委员会(SAC/TC71)归口。

本标准负责起草单位:益阳橡胶塑料机械集团有限公司。

本标准参加起草单位:宁波千普机械制造有限公司、余姚华泰橡塑机械有限公司、大连橡胶塑料机械股份有限公司、福建华橡自控技术股份有限公司、湖州东方机械有限公司。

本标准主要起草人:贺刚、姚建华、洪军、杨雅凤、贺平、曾友平、孙鲁西、王连明。

本标准所代替标准的历次版本发布情况为：

—— HG/T 3229—1989；

—— HG/T 3229—1999。

平板硫化机检测方法

1 范围

本标准规定了平板硫化机的主要精度及性能的检测和安全要求的检测方法。

本标准适用于平板硫化机的检测。

2 规范性引用文件

下列文件中的条款通过本标准的引用而成为本标准的条款。凡是注日期的引用文件，其随后所有的修改单(不包括勘误的内容)或修订版均不适用于本标准，然而，鼓励根据本标准达成协议的各方研究是否可使用这些文件的最新版本。凡是不注日期的引用文件，其最新版本适用于本标准。

GB/T 25155—2010　平板硫化机

GB 25432—2010　平板硫化机安全要求

3 主要精度及性能的检测

见表1。

表 1

序号	检测项目及对应 GB/T 25155—2010 条款	检测方法	检测简图	检测工具
3.1	公称合模力 3.2.1	在各层热板间放入模具或适当的胶板(以防热板工作面直接接触)，以工作压力加压，记录压力表读数，用下列公式计算公称合模力： $P=10^{-4}\cdot P_1\cdot F\cdot n$ 式中： P——公称合模力，MN； P_1——压力表读数值，MPa； F——液压作用于柱塞(活塞)上的有效面积，cm^2； n——液压缸个数		1.6 级压力表
3.2	压力降 4.2.2	在各层热板间放入模具或适当厚度的胶板(也可不放，但应不使热板表面受损)，以工作压力加压，使各热板完全闭合，停止供工作液 1 min 时，开始记录压力表读数，同时计时，当计时到 1 h，再次记录压力表读数，计算压力降		1.6 级压力表、计时器

表 1(续)

序号	检测项目及对应 GB/T 25155—2010 条款	检测方法	检测简图	检测工具
3.2	压力降 4.2.2	压力降计算公式： $\frac{P_1-P_2}{P_1}\times 100\%$ 式中： P_1——压力表第一次读数； P_2——压力表第二次读数		1.6 级压力表、计时器
3.3	液压系统的自动补压功能 4.2.3	当液压系统的压力降超过规定值时，目测检查补压功能		
3.4	液压系统耐压试验 4.2.4	在 1.25 倍工作压力下，保压 5 min 内，目测整个液压系统无外渗漏		计时器
3.5	热板的最高工作温度 4.3	蒸汽加热的平板硫化机，以压力为 0.8 MPa 饱和蒸汽加热；油加热和电加热的平板硫化机，接通热油源或电源加热热板达稳定状态，按图示测量范围 L_1，用相应量程的温度测量仪在中心线附近测量。 $L\leqslant 1\,000$ mm，测一点(中心点)； 1 000 mm＜$L\leqslant 3\,000$ mm，测两点； 3 000 mm＜$L\leqslant 6\,000$ mm，测三点； L＞6 000 mm，测四点。 取其平均值为热板的最高工作温度	测点 a δ L_1 L a——从边缘至第三个加热孔的距离； δ——其值等于热板的厚度； L_1——测量范围； L——热板长度； ○——测点	1 级温度测量仪 (可在用户厂检查)
3.6	热板的温度调节误差 4.5	合模后，设定加热温度为 150 ℃，待热板温度达到设定值，稳定 30 min 后，记录温度测量仪上的显示值 t，误差计算公式： $\frac{t-150}{150}\times 100\ \%$		1 级温度测量仪

表 1(续)

序号	检测项目及对应 GB/T 25155—2010 条款	检测方法	检测简图	检测工具
3.7	热板工作表面的温度差 4.4	蒸汽加热、油加热和电加热的平板硫化机,将热板加热到工作温度,待温度达到稳定状态后,用温度测量仪测量。 1. $L \leqslant 1\,000$ mm,按图 a 所示布点测值; 2. $1\,000\text{ mm} < L \leqslant 2\,000$ mm 测 9 点,按图 b 所示布点; 3. $L > 2\,000$ mm,按图 c 所示布点测值。在长度方向每隔 1 000 mm 布点测值。 用下式计算温差: $\Delta t = t_{\max} - \dfrac{t_{\max} + t_{\min}}{2}$ $\Delta t = t_{\min} - \dfrac{t_{\max} + t_{\min}}{2}$ 式中: Δt——温差,℃; $t_{\max}$——温度测量仪最大读数,℃; $t_{\min}$——温度测量仪最小读数,℃	图 a 图 b 单位为毫米 图 c a——从边缘至第三加热孔的距离; δ——其值等于热板厚度; L——热板长度; ○——测点	1 级温度测量仪

表 1(续)

序号	检测项目及对应 GB/T 25155—2010 条款	检测方法	检测简图	检测工具
3.8	加压后相邻两热板的平行度 4.6	用在热板上放置熔断丝的方法检测： 硫化模型制品的硫化机，按图 a 所示均布熔断丝(长度为 100 mm ～ 150 mm，直径为 4 mm～6 mm)，以 10 %的工作压力加压； 硫化胶板、输送带传动带的硫化机，按图 b 所示均布熔断丝(长度为 150 mm～200 mm，直径为 4 mm～6 mm)以 30 %的工作压力加压，加热板完全闭合后，保压 3 min 后，取出被压扁的熔断丝，用千分尺测量各熔断丝中部的厚度，最大厚度与最小厚度之差即为加压后相邻两热板的平行度。 对多层平板硫化机允许任意抽一层检验	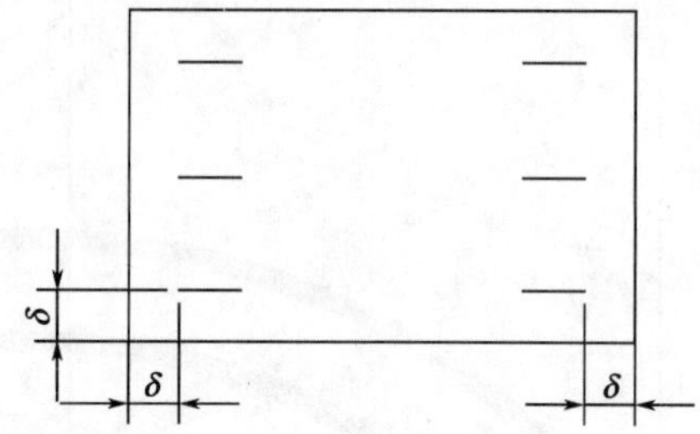 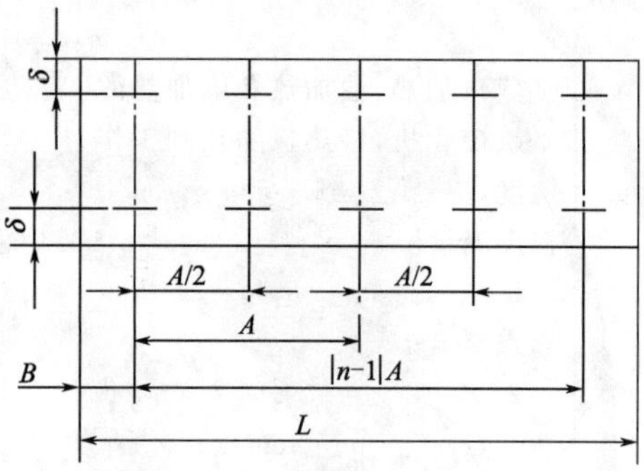 δ δ δ 图 a δ δ A/2 A/2 A B $(n-1)A$ L 图 b δ——其值等于热板厚度； A——两液压缸中心距； B——从热板边缘到第一组液压缸中心距离； L——热板长度； n——液压缸组数 $B=\frac{L-(n-1)A}{2}$	1 级外径千分尺、熔断丝
3.9	热板工作面表面粗糙度 R_a 值 4.7	在离开热板各边缘 δ 距离的任一位置进行检验，检验方法可用下列两种方法之一： ①用触针式表面粗糙度测量仪进行测量； ②用表面粗糙度比较样块进行比较	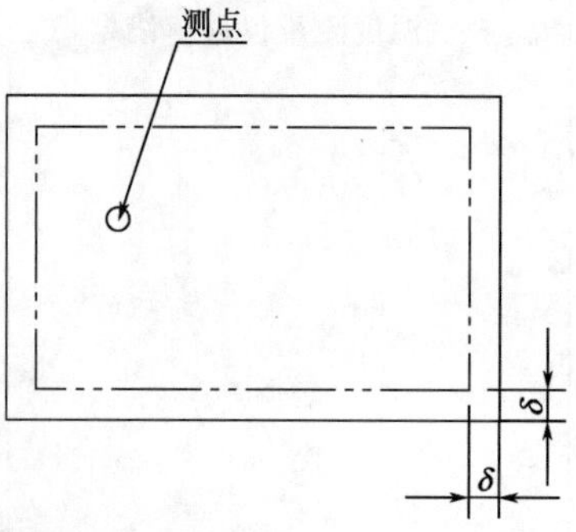 测点 δ δ δ——其值等于热板厚度； ○——测点	触针式表面粗糙度测量仪； 表面粗糙度比较样块

表 1(续)

序号	检测项目及对应 GB/T 25155—2010 条款	检测方法	检测简图	检测工具
3.10	热板的开启和闭合速度 4.8	空运转,使热板处于完全闭合的位置。按下“开启”按钮,同时用秒表计时,当热板开至最大开启位置并终止运行时,停止计时,记录其时间并用钢尺测量其开启距离。 在热板处于最大开启位置时,按下“闭合”按钮,同时用秒表计时,当热板完成闭合并终止运行时,停止计时,并记录其时间。 连续重复测定三次,分别计算,取其小值为热板的开启、闭合速度		秒表、钢尺
3.11	真空度 4.10	观察真空压力表读数		1.6 级真空压力表

4 安全要求的检测

4.1 四种确认方法

平板硫化机是否与 GB 25432—2010 第 5 章的安全要求相符,应按下列四种确认方法予以判定。当某一安全要求具有多种方法可判定时,几种方法判定的结果均应相符。

a) 确认方法 1——直观检查:通过对规定部件的目视测定,检查是否达到必须具备的要求和性能。直观检查包括检查或审查机器的使用信息。

b) 确认方法 2——功能检测:通过安全功能试验检查规定部件的功能是否满足要求。功能检测包括根据下列要求检测防护和安全装置的功能和有效性:

——使用说明中特性描述;

——有关设计文件的安全叙述和电路图表;

——GB 25432—2010 中第 5 章要求及其规范性引用文件中给定的要求。

c) 确认方法 3——测量:借助检测仪器、仪表,优先选择现有的标准化的测定方法,检查规定的要求是否在限定之内。

d) 确认方法 4——计算:利用计算来分析和检查规定部件是否满足要求,对某些特定要求(如稳定性、重心位置等)适用这种方法。

4.2 安全条款的检测

GB 25432—2010 中安全条款的检测方法见表 2。

表 2

序号	对应 GB 25432—2010 条款	确认方法	检测条件	检测工具
4.2.1	5.1 总则	4.1.a)～c)	空运转和停机时检测	
4.2.2	5.2.5.1 防护装置设计	4.1.a)～c)	空运转和停机时检测	钢尺

表 2(续)

序号	对应 GB 25432—2010 条款	确认方法	检测条件	检测工具
4.2.3	5.2.5.2 光幕形式的电感应防护装置	4.1.a)～d)	空运转时检测	钢尺
4.2.4	5.2.5.3 双手控制装置	4.1.a)～c)	停机和运行时检测	钢尺
4.2.5	5.2.5.4 止-动控制装置	4.1.a)～c)	空运转时检测	测速仪
4.2.6	5.2.5.5 机械压敏垫、压敏地板和压敏边缘	4.1.b)	空运转时检测	
4.2.7	5.2.6.1 自动监视总体要求	4.1.b)	空运转时检测	
4.2.8	5.2.6.2 自动监视对组合防护装置Ⅲ的附加要求	4.1.b)	停机和空运转时检测	
4.2.9	5.3.1.1 挤压、剪切与冲击危险	4.1.a)～c)	停机和空运转时检测	钢尺
4.2.10	5.3.2 电气危险	4.1.a)、b)	停机和空运转时检测	
4.2.11	5.3.3 热危险	4.1.a)、c)	加热	温度测量仪
4.2.12	5.3.4 噪声危险	4.1.a)、c)	运行时检测	2 级声级计
4.2.13	5.3.5 粉尘、气体和烟气产生的危险	4.1.a)	运行时检测	
4.2.14	5.3.6 滑倒、绊倒和跌落的危险	4.1.a)、c)	停机时检测	钢尺
4.2.15	5.3.7 液压系统故障危险	4.1.a)	停机时检测	
4.2.16	5.4.1.1.1 因生产需要接近平板硫化机侧面，活动热板闭合运动的危险	4.1.a)～c)	停机和运行时检测	钢尺
4.2.17	5.4.1.1.2 在生产时不接近平板硫化机的位置上，活动热板闭合运动的危险	4.1.a)、b)	运行时检测	
4.2.18	5.4.1.1.3 热板意外闭合的危险	4.1.a)～c)	停机和运行时检测	钢尺
4.2.19	5.4.1.1.4 模芯和顶推器及其驱动机构运动的危险	4.1.a)～c)	运行时检测	测速仪
4.2.20	5.4.1.1.5 控制防护装置的使用	4.1.a)～c)	停机和运行时检测	钢尺
4.2.21	5.4.1.2 模具区热危险	4.1.a)	停机时检测	
4.2.22	5.4.2.1 热板驱动机构	4.1.a)、b)	停机和运行时检测	
4.2.23	5.4.2.2 热板开启运动	4.1.a)、b)	停机和空运转时检测	
4.2.24	5.4.2.3 模芯和顶推器的驱动机构	4.1.a)、b)	空运转时检测	

表 2(续)

序号	对应 GB 25432—2010 条款	确认方法	检测条件	检测工具
4.2.25	5.5.1 可以在模具区活动防护装置或光幕与模具区之间全身进出的平板硫化机	4.1.a)～c)	停机和空运转时检测	钢尺
4.2.26	5.5.2 全身可以进出模具区的平板硫化机	4.1.a)、c)	停机和空运转时检测	
4.2.27	5.5.2.2 联锁防护装置	4.1.a)、b)	停机和空运转时检测	
4.2.28	5.5.2.3 光幕	4.1.a)～c)	停机和空运转时检测	钢尺
4.2.29	5.5.2.4 双手控制装置	4.1.a)、c)	停机和空运转时检测	钢尺
4.2.30	5.5.3 往复平板硫化机/转台平板硫化机	4.1.a)、b)	停机和空运转时检测	
4.2.31	5.6.1 失稳	4.1.c)～d)	停机时检测	
4.2.32	5.6.2 其他危险	4.1.a)、b)	停机和空运转时检测	
4.2.33	5.6.3 活动锁模装置	4.1.a)、b)	停机和空运转时检测	
4.2.34	附录 A 活动联锁防护装置Ⅰ型	4.1.a)、b)	停机和空运转时检测	
4.2.35	附录 B 活动联锁防护装置Ⅱ型	4.1.a)、b)	停机和空运转时检测	
4.2.36	附录 C 活动联锁防护装置Ⅲ型	4.1.a)、b)	停机和空运转时检测	
4.2.37	附录 D 光幕式电子感应防护装置	4.1.b)	停机和空运转时检测	
4.2.38	附录 E 双手控制装置	4.1.b)	停机和空运转时检测	
4.2.39	附录 F 噪声测定规范	4.1.a)～c)	运行时检测	
4.2.40	附录 G 热板运动比例阀的使用	4.1.a)、b)	空运转时检测	
4.2.41	附录 H 图 C.I 第二个断路装置的附加要求	4.1.a)、b)	空运转时检测	

ICS 71.120;83.200
G 95
备案号:27369—2010

中华人民共和国化工行业标准

HG/T 3230—2009
代替 HG/T 3230—1989

橡胶单螺杆挤出机检测方法

Rubber single screw extruder—Testing and measuring methods

2009-12-04 发布　　2010-06-01 实施

中华人民共和国工业和信息化部　发布

前 言

本标准代替 HG/T 3230—1989《橡胶单螺杆挤出机检测方法》。

本标准与 HG/T 3230—1989 相比主要变化如下：

——增加了对螺杆、机筒、衬套、旁压辊工作表面的硬度的检测要求（见本版的 3.3 和 3.4）；

——增加了对螺杆、机筒、衬套工作表面硬度层的深度的检测要求（见本版的 3.5 和 3.6）；

——增加了对机头压力的检测要求（见本版的 4.3）；

——增加了对挤出机进料温度的检测要求（见本版的 5.1 和 5.2）；

——增加了对温度调节精度及温升时间的检测要求（见本版的 5.3 和 5.4）；

——增加了对螺杆转速误差的检测要求（见本版的 5.5）；

——增加了对系统密封性能的检测要求（见本版的 5.6、5.7 和 5.10）；

——增加了对润滑油及轴承温升的检测要求（见本版的 5.8）；

——增加了对旁压辊漏胶量的检测要求（见本版的 5.9）；

——增加了对机头内胶料压力及温度的检测要求（见本版的 5.11 和 5.12）；

——增加了对温控系统自动排气功能的检测要求（见本版的 5.13）；

——增加了对温控系统缺水报警及保护功能的检测要求（见本版的 5.14）；

——增加了对安全的检测要求（见本版的 6、6.1、6.2、6.3 和 6.4）；

——增加了对耗电量的检测要求（见本版的 7 和 7.1）；

——取消了原标准中对挤出胶料温度的检测要求（见 1989 年版的 3.2）。

本标准由中国石油和化学工业协会提出。

本标准由全国橡胶塑料机械标准化技术委员会橡胶机械标准化分技术委员会（SAC/TC 71/SC 1）归口。

本标准主要起草单位：中国化学工业桂林工程有限公司。

本标准参加起草单位：绍兴精诚橡塑机械有限公司、内蒙古宏立达橡塑机械有限责任公司、北京橡胶工业研究设计院。

本标准主要起草人：吴志勇、莫湘晋、张志强。

本标准参加起草人：王元力、韦兆山、何成。

本标准所代替标准的历次版本发布情况为：

——HG/T 3230—1989（ZB/TG 95012—1989）。

本标准委托全国橡胶塑料机械标准化技术委员会橡胶机械标准化分技术委员会（SAC/TC 71/SC 1）负责解释。

橡胶单螺杆挤出机检测方法

1 范围

本标准规定了橡胶单螺杆挤出机主要检测项目的检测方法。

本标准适用于橡胶单螺杆挤出机的检测。

本标准应同 HG/T 3110—2009《橡胶单螺杆挤出机》配合使用。

本标准不适用于橡胶销钉冷喂料挤出机。

2 规范性引用文件

下列文件中的条款通过本标准的引用而成为本标准的条款，凡是注日期的引用文件，其随后所有的修改单(不包括勘误的内容)或修改版均不适用于本标准，然而，鼓励根据本标准达成协议的各方研究是否可使用这些文件的最新版本。凡是不注日期的引用文件，其最新版本适用于本标准。

HG/T 2108 橡胶机械噪声声压级的测定

3 主要精度检测

橡胶单螺杆挤出机主要精度的检测方法见表 1。

表 1 主要精度检测方法

条款	检验项目	检测方法	检验工具
3.1	机筒、螺杆工作表面的表面粗糙度 R_a	用触针式表面粗糙度测量仪测量或粗糙度样板比较	触针式表面粗糙度测量仪或粗糙度样块
3.2	螺杆、机筒、衬套、旁压辊工作表面的氮化硬度	1) 螺杆、旁压辊：沿工作长度方向上，均匀地选择 3 个部位，在每个部位正交地取 4 个检测点，用硬度计测其硬度，取算术平均值作为螺杆或旁压辊工作表面的氮化硬度值 2) 机筒、衬套：在尺寸为 100 mm×50 mm×20 mm、相同材质和工艺条件的样块的大表面上，沿长度方向等分 5 个检测点，用硬度计测其硬度，取算术平均值作为机筒或衬套工作表面的氮化硬度值	维氏硬度计
3.3	螺杆、机筒、衬套、旁压辊工作表面的硬质合金层或淬火层硬度	1) 螺杆、旁压辊：沿工作长度方向上，均匀地选择 3 个部位，在每个部位正交地取 4 个检测点，用硬度计测其硬度，取算术平均值作为螺杆或旁压辊工作表面的硬质合金层或淬火层硬度值 2) 机筒、衬套：在尺寸为 100 mm×50 mm×20 mm、相同材质和工艺条件的样块的大表面上，沿长度方向等分 5 个检测点，用硬度计测其硬度，取算术平均值作为机筒或衬套工作表面的硬质合金层或淬火层硬度值	洛氏硬度计

表 1（续）

条款	检验项目	检测方法	检验工具
3.4	螺杆、机筒、衬套渗氮层深度	测量随炉试块断面	游标卡尺
3.5	螺杆、机筒、衬套的硬质合金层深度	检测双金属断面(沿圆周间隔 120°测量三个位置，计算其平均值)	游标卡尺
3.6	螺杆与衬套或机筒的内表面配合间隙沿圆周的分布	对于轴端固定式结构的螺杆，用塞尺分别在机筒前端垂直方向上、下两点和水平方向左、右两点测量其单面侧隙；对于浮动式结构的螺杆，用塞尺分别在机筒前端垂直方向上部和水平方向左、右两点测量其单面侧隙；应在螺杆回转 360°的条件下，查其前端下部是否与衬套或机筒保持无刮伤的接触	塞尺(测量端宽度为 3 mm～5 mm)

4 主要性能检测

橡胶单螺杆挤出机主要性能的检测方法见表 2。

表 2 主要性能检测方法

<table>
<tr><th>条款</th><th>检验项目</th><th colspan="3">检测方法</th><th>检验工具</th></tr>
<tr><td>4.1</td><td>螺杆转速</td><td colspan="3">用转速表直接测量螺杆空运转时和负荷运转的最高转速。各测量 3 次，取其平均值</td><td>转速表
(0.5 级)</td></tr>
<tr><td>4.2</td><td>主电动机功率消耗</td><td colspan="3">在螺杆最高转速和最大加胶量条件下，测挤出机负荷运转的功率消耗
在挤出机达到稳定工作状态时，用功率表测量 3 次，取其平均值
对于交流电动机使用三相功率表测量，对于直流电动机使用直流功率表测量。</td><td>三相功率表
直流功率表
(精度 2.5%)</td></tr>
<tr><td>4.3</td><td>机头压力</td><td colspan="3">将压力传感器装入机头测量孔中</td><td>带显示表的高温熔体压力传感器(精度 0.5%)</td></tr>
<tr><td>4.4</td><td>机头温度</td><td colspan="3">将温度传感器装入机头测量孔中</td><td>温度传感器及电子仪表
(精度 0.5%)</td></tr>
<tr><td rowspan="5">4.5</td><td rowspan="5">最大挤出能力</td><td colspan="3">对测试用胶料的性能参数要求</td><td rowspan="5">秒表，衡器</td></tr>
<tr><td>温度/℃</td><td>门尼黏度 $ML_{1+4}^{100\,℃}$</td><td>硬度 HS</td></tr>
<tr><td>≥15(冷喂料挤出机)50～80(热喂料挤出机、热喂料滤胶挤出机)</td><td>40～60</td><td>40～60</td></tr>
<tr><td colspan="3">在机头压力为 3 MPa 的条件下进行测试</td></tr>
<tr><td colspan="3">注 1：用原挤出机头测试时，可不安装口型板。
注 2：滤胶机用测试装置采用原挤出机头、滤胶板和 12 目滤网一层。
注 3：在螺杆最高转速和最大加胶量的条件下，挤出机达到稳定工作状态时，测量其每 2 min 挤出的胶料量。连续测量 3 次，取其平均值，计算出最大挤出能力。</td></tr>
</table>

5 技术要求的检测

橡胶单螺杆挤出机技术要求的检测方法见表3。

表3 技术要求的检测方法

条款	检验项目	检测方法	检验工具
5.1	冷喂料挤出机进料温度	当挤出机负荷运转时,用测温仪在喂入挤出机胶片的表面测量3次,取其最高温度值	测温仪 (精度0.5%)
5.2	热喂料挤出机和滤胶机的进料温度	当挤出机负荷运转时,用测温仪在喂入挤出机胶片的表面测量3次,取其最高温度值	测温仪 (精度0.5%)
5.3	温度调节精度	记录温控装置仪表的每个调温周期中的实际显示值与设置值之差,记录3次,取其平均值	温控仪 (精度0.5%)
5.4	各区段升温时间	记录温控装置仪表上的水温显示值由40 ℃达到100 ℃所需要的时间	计时器
5.5	螺杆转速变化误差	1) 螺杆负荷运转时测量其转速,每次持续1 min 2) 记录最大、最小值,取其平均值,并计算其差值 3) 测量3次,取平均值 4) 以转速差的平均值除以设定转速值	转速表 (精度0.5级)
5.6	液压、润滑、气动等管路系统的密封性能	1) 在系统密封状态下,静态加压 2) 在保压25 min的时间内,压力表值下降不大于2% 3) 在保压持续25 min~30 min的时间内,压力表值下降为0%	加压泵、压力表 (精度0.5级)
5.7	温控管路系统密封性能	1) 在系统密封状态下,静态加压 2) 在保压25 min的时间内,压力表值下降不大于4% 3) 在保压持续25 min~30 min的时间内,压力表值下降为0%	加压泵、压力表 (精度0.5级)
5.8	润滑油的温升和各轴承温升测量	1) 在额定转速条件下,空负荷运转1 h后检测 2) 用测温仪在润滑油油箱外壁或轴承座外壳上测量3次 3) 取其最高温度值(温升=测得温度-工作环境温度)	接触式测温仪或红外测温仪 (精度0.5级)
5.9	旁压辊漏胶量	在挤出机负荷运转的同时间段,称量旁压辊处的漏胶量与喂入胶量的比值	衡器
5.10	各结合面不得有漏胶现象;密封面允许渗胶层厚度	1) 在额定工作压力下持续10 min 2) 对于活动密封面,打开观察渗漏胶情况 3) 对于固定密封面,从侧面观察渗漏胶情况	高温熔体压力传感器及仪表 (精度0.5级)
5.11	机头内胶料压力的准确显示	1) 用测量用压力表测定出胶料的实际压力值 2) 换用压力传感器及电子仪表,在同等条件下测量出胶料的压力值 3) 比较以上两值,误差应小于5%	高温熔体压力表,高温熔体压力传感器及仪表(精度0.5级)

表 3（续）

条款	检验项目	检测方法	检验工具
5.12	机头内胶料温度的准确显示	1）用测量用温度表测定出胶料的实际温度值 2）换用温度传感器及电子仪表，在同等条件下测量出胶料的温度值 3）比较以上两值，误差应小于 5%	温度表 （精度 0.5 级）
5.13	温控系统的自动排气功能	在对温控系统首次充入循环水并运转后，观察各排气阀排气现象	表观检测
5.14	温控系统缺水报警及保护功能	在温控系统运转过程中，将供水压力降低至设计许可值之下检查： 1）温度控制仪表应断电 2）循环泵应停止工作 3）报警灯应闪亮	表观检测
5.15	涂漆	按 HG/T 3228 进行目测	表观检测
5.16	外观质量	按 HG/T 3120 进行目测	表观检测

6 安全要求的检测

橡胶单螺杆挤出机安全要求的检测方法见表 4。

表 4 安全要求的检测方法

条款	检验项目	检测方法	检验工具
6.1	机头压力超压的联锁保护功能	1）在负荷运转过程中，调节口型，使机头压力达到额定压力值 2）调节压力表上的报警压力值，使其比额定压力值低 5% 3）压力表应报警，挤出机应立即停机 4）重复 3 次检查	功能检查
6.2	强制集中润滑系统的连锁保护功能	1）在空负荷运转过程中进行检查 2）断开润滑油控制回路 3）挤出机应立即停机 4）重复 3 次检查	空气开关
6.3	安全及急停开关的功能	1）在空荷运转过程中进行检查 2）人为动作安全开关或急停开关，检查是否立即有相关报警或停机现象	功能检查
6.4	动力电路与保护电路导线的绝缘电阻	测量短接的动力电路与设备外壳之间的绝缘电阻	500 V 兆欧表 （摇表）
6.5	电加热器的冷态绝缘电阻	先通电加热，然后断电冷却至室温，测量其绝缘电阻	500 V 兆欧表 （摇表）
6.6	裸露零件的接地电阻	测量外部保护导线的端子与设备任何裸露零件之间接地电阻	接地电阻测试仪
6.7	面板上及喂料口附近，安置急停装置	观察	功能检查

表 4（续）

条款	检验项目	检测方法	检验工具
6.8	喂料口处，安置固定的料斗和其他固定式防护装置	观察	功能检查
6.9	裸露在外对人身有危险的部位，必须安置防护罩	观察	功能检查

7 耗电量的检测

橡胶单螺杆挤出机耗电量的检测方法见表 5。

表 5 耗电量的检测方法

条款	检验项目	检测方法	检验工具
	挤出机的单位耗电量	1）按表 2 中的 4.5 测出最大挤出能力，同时记录相应耗电量 2）以耗电量值（kW·h）除以最大挤出值（kg）	秒表、衡器、三相电度表

8 噪声检测

橡胶单螺杆挤出机噪声的检测方法见表 6。

表 6 噪声检测方法

条款	检验项目	检测方法	检验工具
	运转时的噪声声压级	按照 HG/T 2108 规定执行	声级计

ICS 71.120;83.200
G 95
备案号:13289—2004

中华人民共和国化工行业标准

HG/T 3231—2003
代替 HG/T 3231—1989

内胎硫化机检测方法

Testing and measuring methods for tube curing press

2004-01-09 发布 2004-05-01 实施

中华人民共和国国家发展和改革委员会 发布

前　言

本标准与 HG/T 3106《内胎硫化机》是配套标准。

本标准代替化工行业标准 HG/T 3231—1989《内胎硫化机检测方法》。

本标准与 HG/T 3231—1989 的主要差别是：

——增加了曲柄连杆式的内胎硫化机的垂直度检测方法(3.4 和 3.5)；

——增加了对冷模合模力达到最大时，主电机电流值的检测方法(4.4)；

——取消对硫化机运转时的噪声声压级的检测简图，直接引用了 HG/T 2108 方法；

——增加了当主电机断电后，上横梁在惯性作用下的移动量的检测方法(5.4)。

本标准由中国石油和化学工业协会提出。

本标准由全国橡胶塑料机械标准化技术委员会橡胶机械分技术委员会归口。

本标准起草单位：益阳橡胶塑料机械集团有限公司。

本标准主要起草人：张金莲、姜志刚。

本标准所代替标准的历次版本发布情况为：

——HG/T 3231—1989(ZBG 95013—1989)。

内胎硫化机检测方法

1 范围

本标准规定了内胎硫化机主要项目的检测方法。

本标准适用于内胎硫化机(以下简称硫化机)的检测。

2 规范性引用文件

下列文件中的条款通过本标准的引用而成为本标准的条款。凡是注日期的引用文件，其随后所有的修改单(不包括勘误的内容)或修订版均不适用于本标准，然而，鼓励根据本标准达成协议的各方研究是否可使用这些文件的最新版本。凡是不注日期的引用文件，其最新版本适用于本标准。

HG/T 2108 橡胶机械噪声声压级的测定

3 主要精度检测

硫化机主要精度检测见表1。

表 1

序号	检验项目	检测方法	简图	检验工具
3.1	联杆内侧间距	在合模终点位置，按图示测点方位，用钢直尺或钢卷尺分别在前、后部位测量联杆内侧的间距 A。取其较小值为联杆内侧间距。	A	钢直尺、钢卷尺
3.2	模型安装高度	在合模终点位置，按图示测点方位，用内径千分尺测量底座上平面至横梁(顶盖)下平面间的垂直距离。取其较小值为模型最大安装高度 H_{max}。 然后，调整调节螺栓至最低位置，再测量底座上平面至调节螺栓下顶端平面间的垂直距离。取其较大值为模型最小安装高度 H_{min}。	H ●—测点	内径千分尺(2级)
3.3	横梁(顶盖)下平面与底座上平面的平行度	在合模终点位置，按图示测点方位，用百分表或内径千分尺测量，取其最大与最小读数之差为横梁(顶盖)下平面对底座上平面的平行度误差。	●—测点	百分表表座、内径千分尺

表 1(完)

序号	检验项目	检 测 方 法	简 图	检验工具
3.4	墙板滑道直线段对底座上平面的垂直度(同一方向)	按图示,用百分表测量左、右墙板滑道直线端的上、中、下三点,其最大与最小读数之差为墙板滑道直线段对底座上平面的垂直度误差。	百分表 标准直角尺	百分表、标准直角尺
3.5	轨道平面与底座上平面垂直度	按图示,用百分表测量轨道两侧面上、中、下三点,其最大与最小读数之差为轨道平面与底座上平面垂直度误差。	百分表 标准直角尺	百分表、标准直角尺

4 主要性能检测

硫化机主要性能检测见表 2。

表 2

序号	检验项目	检 测 方 法	简 图	检验工具
4.1	冷模合模力	调整模型安装高度,当冷模合模至终点位置时,目视左、右联杆上吨位表的指示值应不低于规定值的 98%。 左、右吨位表的指示值之差应小于规定值的 2%。	吨位表	吨位表、模具
4.2	开、合模时间	在空运转稳定后,按下开模按钮,同时用秒表计时。当上模开至最大位置时,停止计时,秒表上的读数为开模时间。按下合模按钮,同时计时,当上模完全闭合时,停止计时,秒表上的读数为合模时间。		秒表
4.3	控制装置工作的正确性	在空运转过程中,检查合模-硫化-开模等工艺过程自动控制的正确性,检查不少于二次,每次合模时必须手动。		
4.4	主电机的电流值	在冷模合模力达到规定值的98%时,用电流表测量主电机的电流值,测量二次,取其中较大值为规定合模力时的电流值。		电流计(1 级精度)、模具

5 安全要求的检测

硫化机安全要求检测见表 3。

表 3

序号	检验项目	检 测 方 法	简 图	检验工具
5.1	安全杆的安装装置	当内胎硫化机处于合模位置时，上、下模总高度的二分之一处视为模型分型面。 将平尺放在底座上平面上，用钢尺测量出平尺下平面至安全杆中心位置的距离。按下式计算： $b=H/2-l$ 式中： b——安全杆安装位置尺寸，单位为毫米(mm)； H——模型安装高度，单位为毫米(mm)； l——平尺下平面至安全杆中心位置距离，单位为毫米(mm)。	b l H 平尺	平尺、钢尺
5.2	开启模型的安全联锁装置的灵敏性和可靠性	将压力表串接在内压管路上，向胎内加压至 0.2 MPa 时，接通电路，压力继电器不应动作，模型不能打开，然后调整压力，使胎内压力逐渐降低。当压力降至 0.03 MPa以下时，压力继电器方可动作，模型才能打开。		压力表
5.3	合模中任意位置停止并使其反向运动的安全联锁装置的灵敏可靠性	在空运转的合模过程中，当在任意位置处抬起安全杆，合模运动应及时停止，并应进行开模运动。检查 3～5 次，应灵敏可靠。	安全杆	
5.4	主电机断电后，上横梁在惯性作用下的移动量	将惯性测量装置放在底座平面上，使横梁下降，横梁平面触及碰杆上的微动开关，切断主电机电源，当主电机断电后，由于惯性作用，横梁继续下移至停止后，惯性测量仪上的指针在标尺上的显示值为惯性移动量。	惯性测量装置	惯性测量装置
5.5	运转时的噪声声压级	按 HG/T 2108 进行。		2 级 声级计

ICS 71.120;83.200
G 95
备案号:27373—2010

中华人民共和国化工行业标准

HG/T 3232—2009
代替 HG/T 3232—1989

软边力车胎成型机

Soft bead cycle tyre building machine

2009-12-04 发布　　2010-06-01 实施

中华人民共和国工业和信息化部　发布

前　言

本标准代替 HG/T 3232—1989《软边力车胎成型机》。

本标准与 HG/T 3232—1989 相比主要变化如下：

——增加了软边力车胎成型机的术语和定义(见本标准 3)；

——增加了软边力车胎成型机的型号编制方法(见本标准 4.1)；

——增加了安全和环保要求(见本标准 5.2)；

——增加了涂漆和外观要求(见本标准 5.3)；

——增加了型式检验(见本标准 7.2)。

本标准由中国石油和化学工业协会提出。

本标准由全国橡胶塑料机械标准化技术委员会橡胶机械标准化分技术委员会归口。

本标准负责起草单位：福建建阳龙翔科技开发有限公司、北京橡胶工业研究设计院。

本标准主要起草人：陈玉泉、戴造成、夏向秀、何成。

本标准所代替标准的历次版本发布情况为：

——HG/T 3232—1989(ZB/T G 95014—1989)。

软边力车胎成型机

1 范围

本标准规定了软边力车胎成型机(以下简称成型机)的术语和定义、型号与基本参数、要求、试验方法、检验规则、标志、包装、运输、贮存。

本标准适用于成型自行车和手推车软边外胎的成型机。

2 规范性引用文件

下列文件中的条款通过本标准的引用而成为本标准的条款。凡是注日期的引用文件,其随后所有的修改单(不包括勘误的内容)或修订版均不适用于本标准,然后,鼓励根据本标准达成协议的各方研究是否可使用这些文件的最新版本。凡是不注日期的引用文件,其最新版本适用于本标准。

GB/T 191 包装储运图示标志(GB/T 191—2008,mod ISO 780:1997)

GB/T 1801 极限与配合 公差带和配合的选择

GB 4208—2008 外壳防护等级(IP 代码)(idt IEC 60529:2001)

GB 5083 生产设备安全卫生设计总则

GB 5226.1 机械安全 机械电气设备 第1部分:通用技术条件(GB 5226.1—2002,idt IEC 60204-1:2000)

GB/T 6388 运输包装收发货标志

GB/T 8196 机械安全 防护装置 固定式和活动式防护装置设计与制造一般要求(GB/T 8196—2003,mod ISO 14120:2002)

GB/T 12783 橡胶塑料机械产品型号编制方法

GB/T 13306 标牌

GB/T 13384 机电产品包装通用技术条件

HG/T 3120 橡胶塑料机械外观通用技术条件

HG/T 3223 橡胶机械术语

HG/T 3228 橡胶塑料机械涂漆通用技术条件

3 术语和定义

HG/T 3223 中确立的以及下列术语和定义适用于本标准。

3.1

三角压轮 triangle stitcher roller

用于压实三角胶条的部件。

3.2

多片压轮 mulrichip stitcher roller

用于压实帘布和胎面的部件。

4 型号与基本参数

4.1 成型机型号编制方法应符合 GB/T 12783 中的规定。

4.2 成型机主要规格参数见表1。

表1 成型机主要规格参数

规格/in	中心高度/mm	主轴直径/mm	主轴额定转速/(r/min)	电机功率/kW	最大工作气压/MPa
24～28	915±10	45	21～34	0.75～1.1	0.5

5 要求

成型机应符合本标准的要求，并按照经规定程序批准的图样及技术文件制造。

5.1 基本要求

5.1.1 精度要求

5.1.1.1 成型机主轴在成型机头中心位置的径向跳动应不大于 0.20 mm。

5.1.1.2 成型机头装于主轴后，其径向跳动应不大于 0.50 mm。

5.1.1.3 成型机头瓦块开口间隙应不大于 0.30 mm，瓦间错位量应不大于 0.30 mm。

5.1.1.4 三角压轮和多片压轮与成型机头工作表面应吻合，其间隙应不大于 0.20 mm。

5.1.1.5 成型机运转中，当离合器脱开，并制动成型机头后，成型机头外径圆周惯性位移量应不大于 50 mm。

5.1.1.6 三角压轮的三角槽型与牙距应符合生产工艺的要求。动半轮在工作中沿轴向向内移动量应不大于 2 mm。

5.1.1.7 成型机头外径表面粗糙度 R_a 值应不大于 3.2 μm。

5.1.2 功能要求

5.1.2.1 成型机应具有联锁装置的自动控制系统，按成型工艺顺序协调动作，保证程序准确，工作可靠。

5.1.2.2 成型机配置的座位，应保证操作者能在座位上控制全部动作，并能适当调节其高度和角度。

5.1.3 减速器运转应平稳、正常，各密封处、接合处不得有渗漏现象。减速器油池温升应不大于 30 ℃。

5.1.4 在工作压力下，各汽缸应工作平稳，无爬行现象。

5.1.5 成型机应具有工作压力调节和显示装置。

5.1.6 成型机主传动系统应配置离合器装置。

5.1.7 成型机应能保证主轴与成型机头连接尺寸的互换性，其配合公差应符合 GB/T 1801 H 8/h 7 的规定。

5.2 安全和环保要求

5.2.1 成型机应符合 GB 5083、GB 5226.1 和 GB/T 8196 规定的安全要求。

5.2.2 成型机的电气控制系统应具有过载保护功能和紧急停机功能；外壳防护等级应符合 GB 4208—2008 规定的 IP 54 级。

5.2.3 成型机运转时噪声的声压级应不大于 80 dB(A)。

5.2.4 成型机空负荷运转和负荷运转时，应无异常振动。

5.3 涂漆和外观要求

5.3.1 成型机的涂漆应符合 HG/T 3228 的规定。

5.3.2 成型机的外观应符合 HG/T 3120 的规定。

6 试验方法

6.1 空运转试验

6.1.1 每台产品在出厂前须进行空运转试验。

6.1.2 连续空运转时间不少于 1 h。按成型工艺顺序进行工作循环试验 10 次以上，并检验以下项目：

a) 自动控制系统工作的可靠性，应符合 5.1.2.1 的规定；

b) 用百分表检验主轴的径向圆跳动,应符合 5.1.1.1 的规定;

c) 用百分表检验成型机头的径向圆跳动,应符合 5.1.1.2 的规定;

d) 用塞尺检验成型机头瓦块开口间隙,用百分表检验瓦间错位量,应符合 5.1.1.3 的规定;

e) 检验压轮的压合情况,并用塞尺检验压轮与成型机头工作表面的间隙,应符合 5.1.1.4 的规定;

f) 检验成型机头外径圆周的惯性位移量,应符合 5.1.1.5 的规定;

g) 用声级计测量成型机运转时噪声的声压级,应符合 5.2.3 的规定。

6.2 负荷运转试验

6.2.1 空负荷运转试验合格后,方可进行负荷运转试验。

6.2.2 负荷运转试验期间,设备应连续累计运转 72 h 无故障,若中间出现故障,故障排除时间不应超过 2 h,否则应重新进行试验。

6.2.3 负荷运转试验应按 4.2、5.2.1、5.2.3、5.2.4 的项目规定检验,并达其要求。

7 检验规则

7.1 出厂检验

7.1.1 每台产品出厂前应进行空负荷运转试验。

7.1.2 每台产品须经制造单位检验部门检验合格后方能出厂。出厂时,应具有符合 GB/T 13384 要求的随机文件。

7.1.3 出厂检验还应按 5.3.1、5.3.2 的规定进行检验。

7.2 型式检验

7.2.1 有下列情况之一时,应进行型式检验:

a) 新产品和老产品转厂时;

b) 正式生产后,如结构、材料、工艺有较大变化,影响产品性能时;

c) 产品停产两年以上,恢复生产时;

d) 出厂检验结果与上次型式检验结果有较大差异时;

e) 正常生产时,每年至少抽检一台。

7.2.2 型式检验应按本标准中的各项规定进行检验。

7.2.3 型式检验项目全部符合本标准规定时,则判为合格。型式检验每次抽检一台,若有不合格项时,应再抽两台进行检验;若仍有不合格项时,则应逐台进行检验。

8 标志、包装、运输、贮存

8.1 每台产品应在明显的位置固定产品标牌,标牌的形式、尺寸及技术要求应符合 GB/T 13306 的规定。

8.2 标牌的基本内容应包括:

a) 制造单位及商标;

b) 产品名称及型号;

c) 产品编号及出厂日期;

d) 产品的主要参数;

e) 产品标准号。

8.3 成型机的包装应符合 GB/T 13384 的规定,

8.4 成型机的运输应符合 GB/T 6388 的规定。

8.5 成型机的储运图示标志应符合 GB/T 191 的规定。

8.6 成型机安装前应贮存在防雨、通风的室内或临时棚房内并妥善保管,若露天存放应有防雨措施。

ICS 71.120;83.200
G 95
备案号：27372—2010

中华人民共和国化工行业标准

HG/T 3233—2009
代替 HG/T 3233—1989

垫 带 硫 化 机

Flap curing press

2009-12-04 发布　　2010-06-01 实施

中华人民共和国工业和信息化部　发布

前　言

本标准代替 HG/T 3233—1989《垫带硫化机》。

本标准与 HG/T 3233—1989 相比主要变化如下：

——增加了垫带硫化机的型号编制方法(见本标准 3)；

——基本参数不作为标准的规定，本次纳入标准的附录 A(见本标准 3)；

——取消了原标准中 4.3 的内容；

——取消了原标准中“柱塞表面应耐腐蚀，其硬度不低于 HRC43”的规定(见本标准 4.7)；

——将原标准中 6.3 噪声声压级“不大于 82 dB(A)”改为“不大于 80 dB(A)”；

——增加了型式检验(见本标准 7.3.2)。

本标准的附录 A 为资料性附录。

本标准由中国石油和化学工业协会提出。

本标准由全国橡胶塑料机械标准化技术委员会橡胶机械标准化分技术委员会(SAC/TC71/SC1)归口。

本标准负责起草单位：绍兴精诚橡塑机械有限公司。

本标准参加起草单位：桂林橡胶机械厂、北京橡胶工业研究设计院。

本标准主要起草人：何锦荣、徐银虎、劳光辉、夏向秀、何成。

本标准所代替标准的历次版本发布情况为：

——HG/T 3233—1989(ZB/T G 95018—1989)。

垫 带 硫 化 机

1 范围

本标准规定了垫带硫化机的基本参数、技术要求、安全要求、试验方法与检验规则等。

本标准适用于硫化垫带的液压式硫化机。

2 规范性引用文件

下列文件中的条款通过本标准的引用成为本标准的条款。凡是注日期的引用文件，其随后所有的修改单(不包括勘误的内容)或修订版均不适用于本标准。然后，鼓励根据本标准达成协议的各方研究是否可使用这些文件的最新版本。凡是不注日期的引用文件，其最新版本适用于本标准。

GB/T 191 包装储运图示标志(GB/T 191—2008,mod ISO 780:1997)

GB/T 1184—1996 形状和位置公差 未注公差值(eqv ISO 2768-2:1989)

GB/T 2346 流体传动系统及元件 公称压力系列(GB/T 2346—2003,mod ISO 2944:2000)

GB/T 12783 橡胶塑料机械型号编制方法

GB/T 13306 标牌

GB/T 13384 机电产品包装通用技术条件

GB 5226.1 机械安全 机械电气设备 第1部分:通用技术条件(GB 5226.1—2002,idt IEC 60204-1:2000)

HG/T 3120 橡胶塑料机械外观通用技术条件

HG/T 3228 橡胶塑料机械涂漆通用技术条件

3 型号与基本参数

3.1 垫带硫化机型号应符合 GB/T 12783 中的规定。

3.2 垫带硫化机的基本参数参见附录 A。

4 技术要求

4.1 垫带硫化机应符合本标准的各项要求，并按照经规定程序批准的图样及技术文件制造。

4.2 液压系统工作液的公称压力应符合 GB/T 2346 的规定。

4.3 垫带硫化机应具有手动和半自动控制装置及压力显示仪表。

4.4 当工作液达到公称压力时，保压 1 h，液压系统的压力降不得大于公称压力的 10%。

4.5 当液压系统的压力降超过公称压力 10%时，液压泵应能自动启动补压，直至达到公称压力为止。

4.6 垫带硫化机在最小总装模高度位置时，安装模型的上、下平面的平行度应符合 GB/T 1184—1996 表 B.3 中 8 级公差值的规定。

4.7 柱塞工作表面粗糙度 $R_a \leqslant 1.6\ \mu m$。

4.8 液压系统应在 1.25 倍的公称压力下进行耐压试验，保压 5 min，不得有外渗漏。

5 涂漆与外观要求

5.1 垫带硫化机的涂漆要求应符合 HG/T 3228 的规定。

5.2 垫带硫化机的外观要求应符合 HG/T 3120 的规定。

6 安全要求

6.1 垫带硫化机应配置紧急事故开关，液压系统应有可靠的限压装置，并操作可靠。

6.2 电气控制系统应符合 GB 5226.1 的规定。

6.3 垫带硫化机在运转时的噪声声压级应不大于 80 dB(A)。

6.4 热带硫化机整机或重量较大的零部件，应充分考虑其吊装结构的设计。

7 试验方法与检验规则

7.1 空运转试验

7.1.1 空运转试验应在整机总装配完毕，检验合格后进行。

7.1.2 空运转试验柱塞上下运动应不少于 5 次，试验时检查各安全装置及控制可靠性应符合 6.1 和 6.2 的规定。

7.1.3 检查上下装模平面的平行度应符合 4.6 的规定。

7.2 负荷运转试验

7.2.1 空运转试验合格后方可进行负荷运转试验。

7.2.2 负荷运转试验应检查下列项目：

a) 公称总压力应符合基本参数表中的规定；

b) 液压系统的保压性能应符合 4.4 的规定；

c) 液压系统的自动补压性能应符合 4.5 的规定；

d) 液压系统的密封性应符合 4.8 的规定；

e) 负荷运转时的噪声声压级应符合 6.3 的规定。

7.3 检验规则

7.3.1 出厂检验

7.3.1.1 每台产品出厂应经制造单位检验部门检验合格后方能出厂。出厂时，应附有产品质量合格证。

7.3.1.2 每台产品出厂前，一般只进行空运转试验和/或模拟负荷运转试验。

注：模拟负荷运转试验是机组内安装假设模具进行试验。

7.3.1.3 出厂检验还应按 4.2、4.3、5.1 和 5.2 的规定进行检验。

7.3.2 型式检验

7.3.2.1 有下列情况之一时，要进行型式检验：

a) 新产品和老产品转厂时；

b) 正式生产后，结构、材料、工艺有较大变化，可能影响产品性能时；

c) 产品长期停产后，恢复生产时；

d) 出厂检验结果与上次型式检验结果有较大差异时；

e) 正常生产时，每年至少抽检一台。

7.3.2.2 型式验验应按本标准的所有内容进行检验。

7.3.2.3 型式检验项目全部符合本标准规定时，则判为合格。型式检验每次抽检一台，若有不合格项时，应再抽两台进行检验；若还有不合格时，则应逐台检验。

8 标志、包装、运输、贮存

8.1 每台产品应在适当的位置固定产品标牌，标牌尺寸及技术要求应符合 GB/T 13306 的规定。

8.2 标牌的基本内容应包括：

a) 制造单位及商标；

b） 产品名称及型号；

c） 产品的编号及出厂日期；

d） 产品的主要参数；

e） 产品执行的标准号。

8.3 产品包装应符合 GB/T 13384 的规定。

8.4 产品的运输应符合运输部门的有关规定。

8.5 产品的储运图示标志应符合 GB/T 191 的规定。

8.6 产品安装前应贮存在防雨、通风的室内或临时棚房内并妥善保管。

附 录 A
（资料性附录）
垫带硫化机的基本参数

垫带硫化机的基本参数见表 A.1。

表 A.1 基本参数

规 格	公称总压力/kN	最大装模直径/mm	装模高度/mm	层 数
500	500	745	220～300	1
1 000	1 000	1 100	400～450	

ICS 71.120;83.200
G 95
备案号:18278—2006

中华人民共和国化工行业标准

HG/T 3235—2006
代替 HG/T 3235—1989

橡胶机械用气动二位四通滑阀

Pneumatic two-position four-way slide valve for rubber machinery

2006-07-26 发布　　2007-03-01 实施

中华人民共和国国家发展和改革委员会　发布

前言

本标准代替 HG/T 3235—1989《橡胶机械用气动二位四通滑阀》。

本标准与 HG/T 3235—1989 相比主要变化如下：

——按 JB/T 9236—1999《工业自动化仪表　产品型号编制原则》修改了型号表示方法；

——修订了基本参数的项目内容(见 3.2)；

——增加了结构的内容(见 3.3)；

——提高了产品泄漏量的技术要求(见 4.2.1)；

——增加了以气泡数每分钟为单位表示泄漏量(见 4.2.1)；

——修改了耐压强度的技术要求及试验方法(见 4.2.3、5.5)；

——提高了产品寿命试验的技术要求(见 4.2.7)；

——修改了产品外观的技术要求(见 4.2.8)；

——修改了产品泄漏量的试验方法(见 5.4.4)；

——修改了试验装置中标准试验段布置要求(见 5.6.1)；

——修改了型式检验的规定(见 6.3)。

本标准由中国石油和化学工业协会提出。

本标准由全国橡胶塑料机械标准化技术委员会橡胶机械标准化分技术委员会归口。

本标准起草单位：中山市调节阀厂有限公司、中国化学工业桂林工程公司。

本标准主要起草人：黄锡群、沈杰、古永明。

本标准所代替标准的历次版本发布情况为：

——HG/T 3235—1989(ZB/TG 95020—1989)。

橡胶机械用气动二位四通滑阀

1 范围

本标准规定了橡胶机械用气动二位四通滑阀(以下简称滑阀)的产品型号、基本参数、结构、要求、试验方法、检验规则、标志、包装和贮存。

本标准适用于由气动薄膜执行机构或气动活塞执行机械和四通阀组成的气动二位四通滑阀。

2 规范性引用文件

下列文件中的条款通过本标准的引用而成为本标准的条款。凡是注日期的引用文件,其随后所有的修改单(不包括勘误的内容)或修订版均不适用于本标准,然而,鼓励根据本标准达成协议的各方研究是否可使用这些文件的最新版本。凡是不注日期的引用文件,其最新版本适用于本标准。

GB/T 4213—1992 气动调节阀

GB/T 7306.2—2000 55°密封管螺纹第 2 部分:圆锥内螺纹与圆锥外螺纹

GB/T 15464 仪器仪表包装通用技术条件

3 产品型号、基本参数和结构

3.1 产品型号

滑阀的型号表示方法应按下列方法编制:

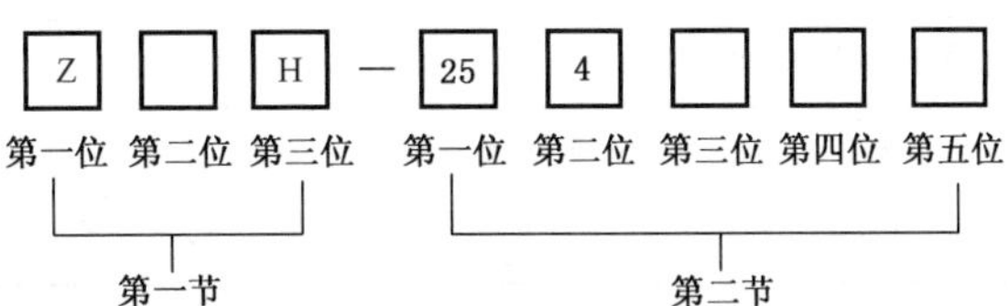

3.1.1 第一节第一位用代号 Z 表示执行器类;第一节第二位表示该产品气动执行机构的类别,用代号 M 表示气动薄膜执行机构,用代号 S 表示气动活塞执行机构;第一节第三位用代号 H 表示滑阀。

3.1.2 第二节第一位用 25 表示公称压力;第二节第二位用 4 表示四通;第二节第三位用 8 或 10……表示公称通径;第二节第四位表示结构型式,用 1 表示单气控,用 2 表示双气控;第二节第五位表示设计序号,用 A 或 B……表示。

3.2 基本参数

3.2.1 公称压力

滑阀的公称压力应选取 2.5 MPa。

注:公称压力表示方法,用 25 表示,单位为 10^5 Pa。

3.2.2 公称通径

滑阀的公称通径应自下列数系中选取:

8 mm、10 mm、15 mm、20 mm。

3.3 结构

3.3.1 滑阀的结构型式可分为单气控和双气控。

3.3.2 连接端型式和尺寸

滑阀的连接端应为螺纹连接端,螺纹尺寸应符合 GB/T 7306.2—2000 的规定。

注:按用户需要,可采用其他标准或特定的连接端型式和尺寸。

3.3.3 信号接管螺纹

气动执行机构的信号接管螺纹为 M16×1.5，按用户要求也可采用其他尺寸。

4 要求

4.1 使用要求

4.1.1 气源

4.1.1.1 气源应为清洁、干燥的空气，不含有明显的腐蚀性气体：

a) 气源中所含固体微粒数量应少于 0.1 g/m³，且微粒直径应不大于 6 μm；

b) 气源中含油量应小于 18 mg/m³。

4.1.1.2 滑阀信号压力范围为 300 kPa～350 kPa。

注：按用户的需要，信号压力最大值许可增加到 500 kPa。

4.1.2 工作条件

4.1.2.1 工作介质：经过滤后无明显腐蚀性的水。

4.1.2.2 工作介质温度：第一等级 5 ℃～60 ℃；第二等级 5 ℃～80 ℃。

4.1.2.3 环境温度：5 ℃～55 ℃。

4.2 技术要求

4.2.1 泄漏量

滑阀在规定试验条件下（见 5.4）的泄漏量应符合表 1 的规定。

表 1

公称通径/mm		8	10	15	20
最大泄漏量	mL/min	9	11	17	23
	气泡数每分钟	60	73	113	153
注 1：表中最大泄漏量相当于 GB/T 4213—1992 泄漏等级Ⅳ-S2 级。 注 2：0.15 mL/min 约等于每分钟 1 个气泡（见 GB/T 4213—1992 中 5.6.4 表 3）。					

4.2.2 密封性

4.2.2.1 阀体与支架连接处的密封性

滑阀的阀体与支架连接处应保证在 1.1 倍公称压力下无渗漏现象。

4.2.2.2 执行机构气室的密封性

气动执行机构的气室应保证气密，在 350 kPa 信号压力作用下，气室内的压力下降值，5 min 内薄膜执行机构应小于或等于 2.5 kPa；活塞执行机构应小于或等于 5 kPa。

4.2.3 耐压强度

滑阀应以 1.5 倍公称压力的试验压力进行 1 min 的耐压强度试验，阀体、支架处不应有可见的渗漏。

4.2.4 换向时间

滑阀的阀杆动作应平稳，无卡阻现象。当信号压力（双向 100 kPa，单向 200 kPa）通入执行机构的上气室或下气室（单气控滑阀靠弹簧作用力复位），阀杆即可动作，其单向全行程的动作时间应不大于 1 s。

4.2.5 额定流量系数

4.2.5.1 滑阀额定流量系数的数值由制造厂规定。

4.2.5.2 滑阀额定流量系数的实测值与规定值的偏差应不超过±10%。

4.2.6 耐振动性能

滑阀应进行 30 min 振动频率为 10 Hz～60 Hz、幅值为 0.14 mm 和振动频率为 60 Hz～150 Hz、加

速度为 2g 的正弦扫频振动试验。试验后滑阀仍应符合 4.2.1、4.2.2 和 4.2.4 的规定。

4.2.7 寿命

滑阀在规定的试验条件下动作 16 万次后，滑阀仍应符合 4.2.1、4.2.2 和 4.2.4 的规定。

4.2.8 外观

滑阀的气动执行机构和阀体的外表面应涂漆或其他涂料，不锈钢或铜制阀体可不涂漆，表面应光洁、完好，不能有剥落、碰伤和斑痕等缺陷。紧固件不能有松动、损伤等现象。

5 试验方法

5.1 外观检查

用目测法检查外观应符合 4.2.8 的规定。

5.2 密封性试验

5.2.1 阀体与支架连接处的密封性试验

以 1.1 倍公称压力的室温水，按规定的入口方向输入滑阀的阀体，其他出、入口封闭，使阀杆每分钟作 1 次～3 次的往复动作，持续时间不少于 1 min，目测其密封性应符合 4.2.2.1 的规定。

5.2.2 执行机构气室的密封性试验

将 350 kPa 信号压力的气源输入执行机构的气室内，切断气源，在 5 min 内气室内的压力下降值应符合 4.2.2.2 的规定。

5.3 换向时间试验

5.3.1 气控双向动作的滑阀，将 100 kPa 试验信号压力的气源交替输入阀两端的气室，当气室受信号压力后，阀杆分别作往复全行程动作，测量阀杆单向全行程的动作时间，重复试验阀杆往复动作各 5 次，均应符合 4.2.4 的规定。

5.3.2 气控单向动作的滑阀，将 200 kPa 试验信号压力的气源输入执行机构气室内，当气室受信号压力后，阀杆做全行程动作，气信号消失，由弹簧推动阀杆复位，测量阀杆单向全行程的动作时间，重复试验阀杆往复动作各 5 次，均应符合 4.2.4 的规定。

5.4 泄漏量试验

5.4.1 试验介质为 10 ℃～50 ℃的清洁空气或氮气。

5.4.2 试验介质压力为 350 kPa。

5.4.3 试验信号压力为 350 kPa。

5.4.4 将试验介质按规定流向输入阀内，封闭输出口。在排空口用一根外径为 6 mm，壁厚为 1 mm 的管子连接（管端表面应平整光滑、无斜口和毛刺，管子轴线应与水平丽垂直），浸入水中 5 mm～10 mm 深度，分别测取阀在两个动作位置上的泄漏量，均应不大于 4.2.1 的规定。

5.5 耐压强度试验

以 1.5 倍公称压力的室温水，从滑阀的入口方向输入阀内，向一端执行机构输入 350 kPa 气源压力，使阀的输入口与一个输出口相通，并将阀的输出口和排空口均封闭，使阀腔承受试验压力 1 min，其受压部分应符合 4.2.3 的规定；排除气压和压力水，再向另一端执行机构输入 350 kPa 气源压力（单向由弹簧推动阀杆复位），然后再将试验压力的室温水输入阀内，使阀的输入口与另一输出口相通，阀腔承受试验压力 1 min，同样受压部分应符合 4.2.3 的规定。

5.6 额定流量系数试验

5.6.1 试验装置

5.6.1.1 标准试验段

标准试验段应由表 2 所示的两个直管段组成，连接被试滑阀的上、下游管段应与被试滑阀的公称通径一致。

表 2

标准试验段布置	阀前 直管段 L_1	阀前 取压孔距 L_2	阀后 取压孔距 L_3	阀后 直管段 L_4
L_4 L_3 A O 流向 流向 P D B L_2 L_1 L_3 L_4	>20D	2D	6D	>7D
注：D 为管道公称直径，A、B 分别为两个输出口，P 为输入口，O 为排空口。				

5.6.1.2　取压孔

取压孔应按表 2 的要求和图 1 所示的结构设置，其孔径 d 为管道公称直径的十分之一，最小为 3 mm，最大为 12 mm，长度 L 为 2.5d～5d。阀前、后取压孔径应相同。

取压孔应处于水平位置，其中心线应与管道中心线垂直相交，孔的边缘不应凸出管内壁，且倒去锐角和毛刺。

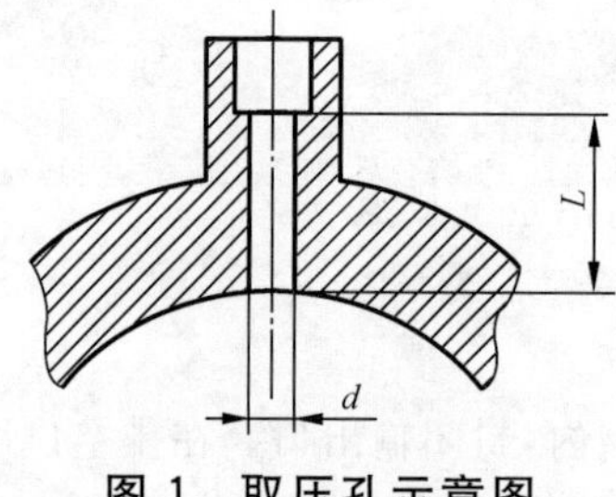

图 1　取压孔示意图

5.6.1.3　试验阀的安装

试验阀按表 2 所示位置分别与试验管道相连接，管道公称直径应与被试滑阀的公称通径相同。密封垫片的内径尺寸应准确，不应在管道内壁造成凸出。

5.6.2　试验介质

试验介质为 5 ℃～40 ℃的水。

5.6.3　试验压差

滑阀前后的压差为 35 kPa～70 kPa。

5.6.4　测量误差

各参数的测量误差应小于或等于下列规定值：

a)　流量：实际流量的±2%，重复性应在 0.5%以内；

b)　压差：实际压差的±2%；

c)　温度：试验介质温度的±1 ℃，试验过程中，介质入口温度变化应保持在±3 ℃以内。

5.6.5 **流量系数计算**

流量系数按式(1)进行计算：

$$Kv = \frac{Q}{\sqrt{10\Delta P/\rho}} \qquad \cdots\cdots (1)$$

式中：

Kv——流量系数；

Q——流量，单位为立方米每小时(m^3/h)；

ΔP——阀前后压差，单位为兆帕(MPa)；

ρ——密度，单位为千克每立方米(kg/m^3)。

5.6.6 **额定流量系数的测量**

使滑阀分别处于两个位置状态，在大于或等于 35 kPa 的三个压差下(增量大于或等于 15 kPa)，分别测量并计算流量系数，取其算术平均值即为相应的额定流量系数。

5.7 **耐振动性能试验**

5.7.1 将滑阀按工作位置安装在振动试验台上，并输入 50%的信号压力，按 4.2.6 规定的频率、幅值或加速度进行 x、y、z 三个方向的扫频振动试验。扫频应是连续和对数的，扫频速度均为每分钟 0.5 个倍频程。

5.7.2 滑阀应在引起阀杆振动幅值最大的振动方向上进行(30±1)min 的耐振试验。试验后，按 5.2、5.3 和 5.4 要求测量各项性能。

5.8 **寿命试验**

滑阀在 5 ℃～40 ℃的环境温度下，将频率大于或等于每分钟一次的 200 kPa 的气源压力通入执行机构的气室中，使阀杆做往复动作，试验 16 万次后，按 5.2、5.3 和 5.4 要求测量各项性能。

6 检验规则

6.1 滑阀的出厂检验和型式检验应按表 3 给出的技术要求和试验方法条款进行。

表 3

序号	项目	技术要求条款	试验方法条款	出厂检验	型式检验
1	泄漏量	4.2.1	5.4	△	△
2	密封性	4.2.2	5.2	△	△
3	耐压强度	4.2.3	5.5	△	△
4	换向时间	4.2.4	5.3	△	△
5	外观	4.2.8	5.1	△	△
6	额定流量系数	4.2.5	5.6	—	△
7	耐振动性能	4.2.6	5.7	—	△
8	寿命	4.2.7	5.8	—	△
注：“△”为检验项目。					

6.2 每台滑阀出厂前应进行出厂检验。

6.3 在下列情况下，滑阀应进行型式检验：

a) 新产品或老产品转厂生产的试制定型鉴定；

b) 正式生产后如结构、材料和工艺上有较大改变，可能影响产品性能时；

c) 产品长期停产后，恢复生产时；

d) 正常生产时，定期或积累一定产量后，应周期性进行一次检验；

e) 出厂检验结果与上次型式检验有较大差异时；

f) 国家质量监督机构提出进行型式检验的要求时。

6.4 每台滑阀应由制造厂质量检验部门检验合格后方可出厂。出厂时，应附有产品质量合格证和主要实测数据。

7 标志、包装和贮存

7.1 每台产品应在适当的位置上固定产品标志。

7.2 产品标志的基本内容包括：

a) 制造厂名或商标；

b) 产品名称和型号；

c) 公称通径；

d) 公称压力；

e) 工作温度范围；

f) 信号压力范围；

g) 出厂编号和制造日期。

7.3 滑阀的阀体上应铸出或打印出的内容包括：

a) 表示介质输出口的字母 A 及 B、输入口的字母 P 和排空口的字母 O；

b) 表示公称通径的“DN”字样及数值；

c) 表示公称压力的“PN”字样及数值。

7.4 产品包装应符合 GB/T 15464 的规定。滑阀的出、入口及信号接管螺纹应包扎封闭。

7.5 滑阀应贮存在不含有腐蚀有害介质、环境温度为 5 ℃～40 ℃、相对湿度不大于 90％的室内。

ICS 71.120;83.200
G 95
备案号:18279—2006

中华人民共和国化工行业标准

HG/T 3236—2006
代替 HG/T 3236—1989

橡胶机械用气动二位切断阀

Pneumatic shut-off control valves for rubber machinery

2006-07-26 发布 2007-03-01 实施

中华人民共和国国家发展和改革委员会 发布

前　言

本标准代替 HG/T 3236—1989《橡胶机械用气动二位切断阀》。

本标准与 HG/T 3236—1989 相比主要变化如下：

——按 JB/T 9236—1999《工业自动化仪表　产品型号编制原则》修改了型号表示方法；

——增加了产品公称压力系列(见 3.2.1)；

——增加了薄膜执行机构的产品类型(见 3.3.1)；

——增加了产品连接端螺纹连接的型式和连接端尺寸的内容(见 3.3.3)；

——增加了信号接管螺纹尺寸的规定(见 3.3.4)；

——提高了产品工作介质温度的工作条件(见 4.1.2.2)；

——修改了耐压强度技术要求及试验方法(见 4.2.3、5.5)；

——提高了产品寿命试验的技术要求(见 4.2.7)；

——修改了产品外观的技术要求(见 4.2.8)；

——修改了产品阀座泄漏量试验方法(见 5.4)；

——修改了型式检验的规定(见 6.3)。

本标准由中国石油和化学工业协会提出。

本标准由全国橡胶塑料机械标准化技术委员会橡胶机械标准化分技术委员会归口。

本标准起草单位：中山市调节阀厂有限公司、中国化学工业桂林工程公司。

本标准主要起草人：黄锡群、沈杰、李少邦。

本标准所代替标准的历次版本发布情况为：

——HG/T 3236—1989(ZB/T G 95021—1989)。

橡胶机械用气动二位切断阀

1 范围

本标准规定了橡胶机械用气动二位切断阀(以下简称切断阀)的产品型号、基本参数、结构、要求、试验方法、检验规则、标志、包装和贮存。

本标准适用于由气动薄膜执行机构或气动活塞执行机构和二通阀或三通阀组成的气动二位切断阀。

2 规范性引用文件

下列文件中的条款通过本标准的引用而成为本标准的条款。凡是注日期的引用文件,其随后所有的修改单(不包括勘误的内容)或修订版均不适用于本标准,然而,鼓励根据本标准达成协议的各方研究是否可使用这些文件的最新版本。凡是不注日期的引用文件,其最新版本适用于本标准。

GB/T 4213—1992 气动调节阀

GB/T 7306.2—2000 55°密封管螺纹 第2部分:圆锥内螺纹与圆锥外螺纹

GB/T 9113.1—2000 平面、突面整体钢制管法兰

GB/T 9113.2—2000 凹凸面整体钢制管法兰

GB/T 15464 仪器仪表包装通用技术条件

3 产品型号、基本参数和结构

3.1 产品型号

切断阀的型号表示方法应按下列方法编制:

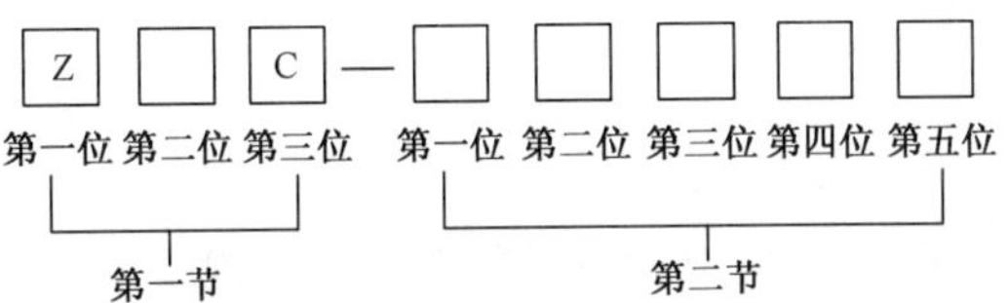

3.1.1 第一节第一位用代号Z表示执行器类;第一节第二位表示该产品气动执行机构的类别,用代号M表示气动薄膜执行机构,用代号S表示气动活塞执行机构;第一节第三位用代号C表示切断阀。

3.1.2 第二节第一位表示公称压力;第二节第二位表示结构型式,用2表示二通切断阀,用3表示三通切断阀;第二节第三位用15或20……表示公称通径;第二节第四位表示密封型式,用1表示软密封。用2表示硬密封;第二节第五位用A或B……表示设计序号。

3.2 基本参数

3.2.1 公称压力

切断阀的公称压力应自下列数系中选取:

1.6 MPa、2.5 MPa、4 MPa。

注:公称压力用16、25或40表示,单位为10^5 Pa。

3.2.2 公称通径

切断阀的公称通径应自下列数系中选取:

15 mm、20 mm、25 mm、32 mm、40 mm、50 mm。

3.3 结构

3.3.1 结构型式

3.3.1.1 切断阀按执行机构型式可分为气动薄膜二位切断阀和气动活塞二位切断阀。

3.3.1.2 切断阀按阀体结构型式可分为二通切断阀和三通切断阀。

3.3.2 密封型式

切断阀按密封型式可分为软密封和硬密封。

3.3.3 连接端型式和尺寸

切断阀按连接端型式可分为法兰连接端和螺纹连接端。法兰尺寸应符合 GB/T 9113.1—2000、GB/T 9113.2—2000 的规定，螺纹尺寸应符合 GB/T 7306.2—2000 的规定。

注：按用户需要，可采用其他标准或特定的连接端型式和尺寸。

3.3.4 信号接管螺纹

气动执行机构的信号接管螺纹为 M16×1.5，按用户要求也可采用其他尺寸。

4 要求

4.1 使用要求

4.1.1 气源

4.1.1.1 气源应为清洁、干燥的空气，不含有明显的腐蚀性气体：

a) 气源中所含固体微粒数最应少于 0.1 g/m^3，且微粒直径应不大于 6 μm；

b) 气源中含油量应小于 18 mg/m^3。

4.1.1.2 切断阀信号压力范围为 300 kPa～350 kPa。

注：按用户的需要，信号压力最大值可增加到 500 kPa。

4.1.2 工作条件

4.1.2.1 工作介质：经过滤后无明显杂质的蒸汽、水、空气或氮气。

4.1.2.2 工作介质温度：第一等级≤200 ℃；第二等级≤250 ℃。

4.1.2.3 环境温度：5 ℃～55 ℃。

4.2 技术要求

4.2.1 阀座泄漏量

切断阀在规定试验条件下(见 5.4)的泄漏量应符合表 1 的规定。

表 1

公称通径/mm		15	20	25	32	40	50
阀座最大泄漏量 气泡数每分钟	软密封	1			2		3
	硬密封	2			4		6
注：表中阀座最大泄漏量相当于 GB/T 4213—1992 的泄漏等级；软密封为Ⅵ级，硬密封大于Ⅵ级小于Ⅳ-S2 级。							

4.2.2 密封性

4.2.2.1 填料函及其他连接处的密封性

切断阀的填料函及其他连接处应保证在 1.1 倍公称压力下无渗漏现象。

4.2.2.2 执行机构气室的密封性

气动执行机构的气室应保证气密，在 350 kPa 信号压力作用下，气室内的压力下降值，5 min 内薄膜执行机构应小于或等于 2.5 kPa；活塞执行机构应小于或等于 5 kPa。

4.2.3 耐压强度

切断阀应以 1.5 倍公称压力的试验压力进行 1 min 的耐压强度试验，阀体、阀盖处不应有可见的渗漏。

4.2.4 换向时间

切断阀阀杆动作应平稳，无卡阻现象。当以 250 kPa 信号压力输入气室或信号压力消失后，正行程或反行程的动作时间应符合表 2 的规定。

表 2

公称通径/mm	15	20	25	32	40	50
全行程动作时间/s	≤1			≤2		

4.2.5 额定流量系数

4.2.5.1 切断阀额定流量系数的数值由制造厂规定。

4.2.5.2 切断阀额定流量系数的实测值与规定值的偏差应不超过±10%。

4.2.6 耐振动性能

切断阀应进行 30 min 振动频率为 10 Hz～60 Hz、幅值为 0.14 mm 和振动频率为 60 Hz～150 Hz、加速度为 2g 的正弦扫频振动试验。试验后切断阀仍应符合 4.2.1、4.2.2 和 4.2.4 的规定。

4.2.7 寿命

切断阀在规定的试验条件下动作 16 万次后，切断阀仍应符合 4.2.1、4.2.2 和 4.2.4 的规定。

4.2.8 外观

切断阀外表面应涂漆或其他涂料。不锈钢或铜阀体可不涂漆，表面应光洁、完好，不能有剥落、碰伤和斑痕等缺陷。紧固件不能有松动、损伤等现象。

5 试验方法

5.1 外观检查

用目测法检查外观应符合 4.2.8 的规定。

5.2 密封性试验

5.2.1 填料函及其他连接处的密封性试验

以 1.1 倍公称压力的室温水，按规定的入口方向输入切断阀的阀体，另一端封闭，使阀杆每分钟做 2 次～3 次往复运动，持续时间不少于 5 min，其密封性应符合 4.2.2.1 的规定。

5.2.2 执行机构气室的密封性试验

将 350 kPa 信号压力的气源输入气动执行机构的气室内，切断气源，5 min 内气塞内的压力下降值应符合 4.2.2.2 的规定。

5.3 换向时间试验

将 250 kPa 信号压力的气源输入气动执行机构的气室内，测量受信号压力后，阀杆正向全行程的时间和信号压力消失后阀杆反向全行程的时间。重复试验阀杆正向和反向动作各 5 次，均应符合 4.2.4 的规定。

5.4 阀座泄漏量试验

5.4.1 试验介质为 10 ℃～50 ℃的清洁空气或氮气。

5.4.2 试验介质压力为 350 kPa。

5.4.3 试验信号压力为 350 kPa。

5.4.4 将试验介质按规定流向输入阀内，使阀座处于关闭状态，在阀出口用一根外径为 6 mm，壁厚为 1 mm 的管子(管端表面应平整光滑、无斜口和毛刺，管子轴线应与水平面垂直)连接，浸入水中 5 mm～10 mm 深度。测取的阀座泄漏量不应超过 4.2.1 的规定。

5.5 耐压强度试验

以 1.5 倍公称压力的室温水，从切断阀的入口方向输入阀内，充满整个阀腔，另一端封闭，使阀腔承受试验压力 1 min，目视阀体、阀盖处应符合 4.2.3 的规定。

5.6 额定流量系数试验

5.6.1 试验装置

5.6.1.1 标准试验段

标准试验段应由表3所示的两个直管段组成，连接被测试切断阀的上、下游管段的公称通径 D 应与被测试切断阀的公称通径一致。

表3

标准试验段布置	阀前直管段 L_1	阀前取压孔距 L_2	阀后取压孔距 L_3	阀后直管段 L_4
流向 D L_1 L_2 L_3 L_4	$>20D$	$2D$	$6D$	$>7D$

5.6.1.2 取压孔

取压孔应按表3的要求和图1所示的结构设置。其孔径 d 为公称直径的十分之一，最小为3 mm，最大为12 mm，长度 L 为 $2.5d \sim 5d$。阀前后取压孔径应相同。

取压孔应处于水平位置，其中心线应与管道中心线垂直相交，孔的边缘不应凸出管内壁，且倒去锐角和毛刺。

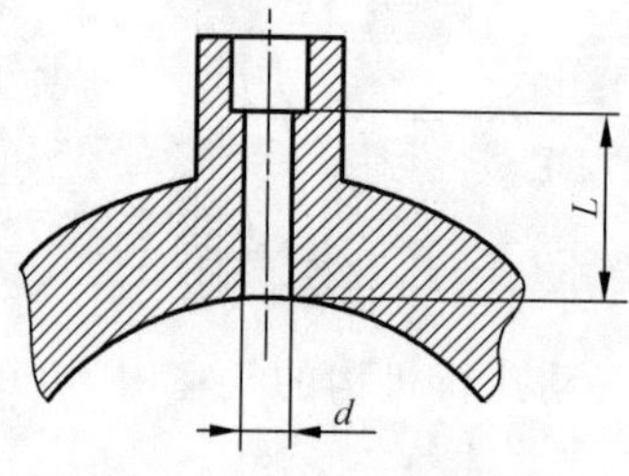

图1 取压孔示意图

5.6.1.3 试验阀的安装

试验阀按规定安装位置与试验管道相连接，管道公称直径应与切断阀公称通径相同，管道中线与试验阀出、入口中心线应同轴，密封垫片的内径尺寸应准确，不应在管道内壁造成凸出。

5.6.2 试验介质

试验介质为5 ℃～40 ℃的水。

5.6.3 试验压差

切断阀的前后压差为35 kPa～70 kPa。

5.6.4 测量误差

各参数的测量误差应小于或等于下列规定值：

a) 流量：实际流量的±2%，重复性应在0.5%以内；

b) 压差：实际压差的±2%；

c) 阀行程：实际行程的0.5%；

d) 温度：试验介质温度的±1 ℃，试验过程中，介质入口温度变化应保持在±3 ℃以内。

5.6.5 **流量系数计算**

流量系数按式(1)进行计算：

$$Kv=\frac{Q}{\sqrt{10\Delta P/\rho}} \qquad (1)$$

式中：

Kv——流量系数；

Q——流量，单位为立方米每小时(m^3/h)；

ΔP——阀前后压差，单位为兆帕(MPa)；

ρ——密度，单位为千克每立方米(kg/m^3)。

5.6.6 **额定流量系数的测量**

使切断阀处于全开状态，在大于或等于 35 kPa 的三个压差下(增量大于或等于 15 kPa)，分别测量并计算流量系数，取其算术平均值即为相应的额定流量系数。

5.7 **耐振动性能试验**

5.7.1 将切断阀按工作位置安装在振动试验台上，并输入 180 kPa 的信号压力，按 4.2.6 的规定频率、幅值或加速度进行 x、y、z 三个方向的扫频振动试验。扫频应是连续和对数的，扫频速度均为每分钟 0.5个倍频程。

5.7.2 切断阀应在引起阀杆振动幅值最大的振动方向上进行(30±1)min 的振动试验。试验后，按 5.2、5.3 和 5.4 的规定测量各项性能。

5.8 **寿命试验**

切断阀在 5 ℃～40 ℃的环境温度下，将频率不低于每分钟一次的 200 kPa 的气源压力输入气动执行机构的气室中，使阀杆做往复动作，试验 16 万次后，按 5.2、5.3 和 5.4 的规定测量各项性能。

6 检验规则

6.1 切断阀的出厂检验和型式检验应按表 4 的技术要求和试验方法条款进行。

表 4

序号	项目	技术要求条款	试验方法条款	出厂检验	型式检验
1	阀座泄漏量	4.2.1	5.4	△	△
2	密封性	4.2.2	5.2	△	△
3	耐压强度	4.2.3	5.5	△	△
4	换向时间	4.2.4	5.3	△	△
5	外观	4.2.8	5.1	△	△
6	额定流量系数	4.2.5	5.6	—	△
7	耐振动性能	4.2.6	5.7	—	△
8	寿命	4.2.7	5.8	—	△
注："△"为检验项目。					

6.2 每台切断阀出厂前应进行出厂检验。

6.3 在下列情况下，切断阀应进行型式检验：

a) 新产品或老产品转厂生产的试制定型鉴定；

b) 正式生产后如结构、材料和工艺上有较大改变，可能影响产品性能时；

c) 产品长期停产后，恢复生产时；

d) 正常生产时，定期或积累一定产量后，应周期性进行一次检验；

e) 出厂检验结果与上次型式检验有较大差异时；

f) 国家质量监督机构提出进行型式检验的要求时。

6.4 每台切断阀应由制造厂质量检验部门检验合格后方可出厂。出厂时，应附有产品质量合格证和主要实测数据。

7 标志、包装和贮存

7.1 每台产品应在适当的位置上固定产品标志。

7.2 产品标志的基本内容包括：

a) 制造厂名或商标；

b) 产品名称和型号；

c) 公称通径；

d) 公称压力；

e) 工作温度范围；

f) 信号压力范围；

g) 出厂编号和制造日期。

7.3 切断阀的阀体上应铸出或打印出表示介质流向的箭头、公称通径“DN”和公称压力“PN”字样及数值。

7.4 产品包装应符合 GB/T 15464 的规定。切断阀的出、入口及信号接管螺纹应包扎封闭。

7.5 切断阀应贮存在不含有腐蚀有害介质、环境温度为 5 ℃～40 ℃、相对湿度不大于 90％的室内。

ICS 71.120;83.200
G 95
备案号:18280—2006

中华人民共和国化工行业标准

HG/T 3237—2006
代替 HG/T 3237—1989

橡胶机械用自力式压力调节阀

Self-operated pressure regulators for rubber machinery

2006-07-26 发布　　2007-03-01 实施

中华人民共和国国家发展和改革委员会　发布

前　言

本标准代替 HG/T 3237—1989《橡胶机械用自力式压力调节阀》。

本标准与 HG/T 3237—1989 相比主要变化如下：

——按 JB/T 9236—1999《工业自动化仪表　产品型号编制原则》修改了型号表示方法；

——修订了基本参数的项目内容(见 3.2)；

——修改了产品连接端型式和尺寸的内容(见 3.3.2)；

——增加了信号接管螺纹尺寸的规定(见 3.3.3)；

——提高了产品工作介质温度的工作条件(见 4.1.2.2)；

——提高了产品泄漏量的技术要求(见 4.2.1)；

——增加了以气泡数每分钟为单位表示泄漏量(见 4.2.1)；

——修改了耐压强度的技术要求及试验方法(见 4.2.3、5.4)；

——提高了产品寿命试验的技术要求(见 4.2.7)；

——修改了产品外观的技术要求(见 4.2.8)；

——修改了产品泄漏量的试验方法(见 5.3.3)；

——修改了压力变化特性的试验方法(见 5.6)；

——修改了型式检验的规定(见 6.3)。

本标准由中国石油和化学工业协会提出。

本标准由全国橡胶塑料机械标准化技术委员会橡胶机械标准化分技术委员会归口。

本标准起草单位：中山市调节阀厂有限公司、中国化学工业桂林工程公司。

本标准主要起草人：黄锡群、沈杰、梁少希。

本标准所代替标准的历次版本发布情况为：

——H G/T 3237—1989(ZB/T G 95022—1989)。

橡胶机械用自力式压力调节阀

1 范围

本标准规定了橡胶机械用自力式压力调节阀(以下简称调节阀)的产品型号、基本参数、结构、要求、试验方法、检验规则、标志、包装和贮存。

本标准适用于调节压力的自力式压力调节阀。

2 规范性引用文件

下列文件中的条款通过本标准的引用而成为本标准的条款。凡是注日期的引用文件,其随后所有的修改单(不包括勘误的内容)或修订版均不适用予本标准,然而,鼓励根据本标准达成协议的各方研究是否可以使用这些文件的最新版本。凡是不注日期的引用文件,其最新版本适用于本标准。

GB/T 4213—1992 气动调节阀

GB/T 7306.2—2000 55°密封管螺纹 第2部分:圆锥内螺纹与圆锥外螺纹

GB/T 9113.1—2000 平面、突面整体钢制管法兰

GB/T 15464 仪器仪表包装通用技术条件

3 产品型号、基本参数和结构

3.1 产品型号

调节阀的型号表示方法应按下列方法编制:

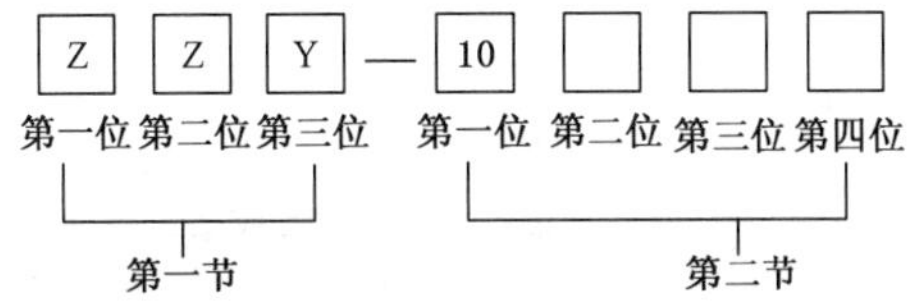

3.1.1 第一节第一位用代号 Z 表示执行器类;第一节第二位用代号 Z 表示自力式;第一节第三位用代号 Y 表示压力调节阀。

3.1.2 第二节第一位用 10 表示公称压力;第二节第二位用 15 或 20……表示公称通径;第二节第三位表示密封形式,用 1 表示软密封,用 2 表示硬密封;第二节第四位用 A 或 B……表示设计序号。

3.2 基本参数

3.2.1 公称压力

调节阀的公称压力应选取 1 MPa。

注:公称压力表示方法,用 10 表示,单位为 10^5 Pa。

3.2.2 公称通径

调节阀的公称通径应自下列数系中选取:

15 mm、20 mm、25 mm、32 mm。

3.2.3 调节压力范围

调节阀调节压力范围 20 kPa~600 kPa。

3.3 结构

3.3.1 密封型式

调节阀按密封型式可分为软密封和硬密封。

3.3.2 连接端型式和尺寸

调节阀的连接端应为法兰连接端和螺纹连接端。法兰尺寸应符合 GB/T 9113.1—2000 的规定，螺纹尺寸应符合 GB/T 7306.2—2000 的规定。

注：按用户需要，可采用其他标准或特定的连接端型式和尺寸。

3.3.3 信号接管螺纹

调节阀的信号接管螺纹为 M16×1.5，按用户要求也可采用其他尺寸。

4 要求

4.1 使用要求

4.1.1 气源

4.1.1.1 气源应为清洁、干燥的空气，不含有明显的腐蚀性气体：

a) 气源中所含固体微粒数量应少于 0.1 g/m^3，且微粒直径应不大于 6 μm；

b) 气源中含油量应小于 18 mg/m^3。

4.1.1.2 调节阀信号压力范围为 30 kPa～620 kPa。

4.1.2 工作条件

4.1.2.1 工作介质：经过滤无杂质的蒸汽、空气或氮气。

4.1.2.2 工作介质温度：第一等级≤200 ℃；第二等级≤250 ℃。

4.1.2.3 环境温度：5 ℃～55 ℃。

4.2 技术要求

4.2.1 阀座泄漏量

调节阀在规定试验条件下（见 5.3）的泄漏量应符合表 1 的规定。

表 1

公称通径/mm			15	20	25	32
阀座最大泄漏量	软密封	mL/min	8	10	13	17
		气泡数每分钟	53	66	86	113
	硬密封	mL/min	18	23	29	37
		气泡数每分钟	120	153	193	246
注 1：表中阀座最大泄漏量相当于 GB/T 4213—1992 的泄漏等级：软密封大于Ⅳ-S2 级小于Ⅵ级，硬密封为Ⅳ-S2 级。 注 2：0.15 mL/min 约等于每分钟 1 个气泡（见 GB/T 4213—1992 中 5.6.4 表 3）。						

4.2.2 密封性

调节阀的上膜室应保证气密，在 600 kPa 信号压力作用下，上膜室内的压力下降值，5 min 内应小于或等于 2.5 kPa。

4.2.3 耐压强度

调节阀应以 1.5 倍公称压力的试验压力进行 1 min 的耐压强度试验，阀体、阀盖处不应有可见的渗漏。

4.2.4 调压特性

当阀前压力 P_1=700 kPa 恒定值时，信号压力 $P_{信}$ 与阀后压力 P_2 的对应值应符合表 2 的规定。

表 2

单位为千帕

$P_{信}$	22	42	50	70	120	215	315	410	605
P_2	起动	20±10	30±10	50±10	100±10	200±10	300±10	400±10	600±10

4.2.5 压力变化特性

调节阀在信号压力不变而阀前压力波动时，阀后压力仍能保持相对稳定，其阀后压力波动值与阀前压力波动值之比应小于或等于0.029。

4.2.6 耐振动性能

调节阀应进行振动频率为10 Hz～60 Hz、幅值为0.14 mm和振动频率为60 Hz～150 Hz、加速度为2 g的正弦扫频振动试验。试验后调节阀仍应符合4.2.1、4.2.2和4.2.4的规定。

4.2.7 寿命

调节阀在规定试验条件下动作16万次后，调节阈仍应符合4.2.1、4.2.2、4.2.4和4.2.5的规定。

4.2.8 外观

调节阀的外表面应涂漆或其他涂料，不锈钢或铜阀体可不涂漆，表面应光洁、完好，不能有剥落、碰伤和斑痕等缺陷。紧固件不能有松动、损伤等现象。

5 试验方法

5.1 外观检查

用目测法检查外观应符合4.2.8的规定。

5.2 密封性试验

接通气源(700 kPa)，缓慢输入信号压力600 kPa至上膜室，切断信号压力气源，上膜室内的压力下降值，5 min内应符合4.2.2的规定。

5.3 阀座泄漏量试验

5.3.1 试验介质为10 ℃～50 ℃的清洁空气或氮气。

5.3.2 试验介质压力为350 kPa。

5.3.3 将试验介质按规定流向输入阀内，在阀出口用一根外径为6 mm，壁厚为1 mm的管子(管端表面应平整光滑、无斜口和毛刺，管子轴线应与水平面垂直)连接，浸入水中5 mm～10 mm深度，测取的阀座泄漏量，不应超过4.2.1的规定。

5.4 耐压强度试验(可在装配前进行)

试验时，气室内应无膜片。用1.5倍公称压力的室温水，按调节阀的入口方向输入阀体内，输出口和其他接管孔口均封闭，阀腔承受试验压力1 min，目视阀体、阀盖处应符合4.2.3的规定。

5.5 调压特性试验

5.5.1 试验应在校验装置上进行。试验时，当升高信号压力时，阀后的放空阀可关闭或视情况略启开；当降低信号压力时必须先略启开阀后的放空阀，再控制信号压力降低，以免使气室内膜片变形。

5.5.2 当阀前压力为恒定值700 kPa时，缓慢增大和减小输入的信号压力，观察阀后压力值的变化，并按4.2.4的规定校验读数，重复试验两次，其对应值应符合4.2.4的规定。

5.6 压力变化特性试验

试验时应使阀前压力达700 kPa。调节信号压力使阀后压力恒定在200 kPa，记录此时阀前压力值。当缓慢增大或减小阀前压力100 kPa时，目视阀后压力的变化值；以同样的方法分别使阀后压力在400 kPa、600 kPa时，目视输出压力的变化值均应符合4.2.5的规定，即输出压力值的变化应小于或等于2.9 kPa。

5.7 耐振动性能试验

5.7.1 将调节阀按工作位置安装在振动试验台上，并输入信号压力范围内的任一压力，按4.2.6规定的频率、幅值或加速度进行x、y、z三个方向的扫频振动试验。扫频应是连续和对数的，扫频速度均为每分钟0.5个倍频程。

5.7.2 调节阀应在引起阀杆振动幅值最大的振动方向上进行(30±1)min的耐振试验。试验后，按5.2、5.3和5.5的规定测量各项性能。

5.8 寿命试验

调节阀在5 ℃～40 ℃的条件下，将频率不低于每分钟一次的50 kPa的气源压力通入调节阀的气室中,使阀杆作往复动作,试验16万次后,按5.2、5.5和5.6的规定测量各项性能。

6 检验规则

6.1 调节阀的出厂检验和型式检验应按表3的技术要求和试验方法条款进行。

表3

序号	项目	技术要求条款	试验方法条款	出厂检验	型式检验
1	阀座泄漏量	4.2.1	5.3	△	△
2	密封性	4.2.2	5.2	△	△
3	耐压强度	4.2.3	5.4	△	△
4	调压特性	4.2.4	5.5	△	△
5	外观	4.2.8	5.1	△	△
6	压力变化特性	4.2.5	5.6	—	△
7	耐振动性能	4.2.6	5.7	—	△
8	寿命	4.2.7	5.8	—	△
注:"△"为检验项目。					

6.2 每台调节阀出厂前应进行出厂检验。

6.3 在下列情况下,调节阀应进行型式检验:

a) 新产品或老产品转厂生产的试制定型鉴定;

b) 正式生产后如结构、材料和工艺上有较大改变,可能影响产品性能时;

c) 产品长期停产后,恢复生产时;

d) 正常生产时,定期或积累一定产量后,应周期性进行一次检验;

e) 出厂检验结果与上次型式检验有较大差异时;

f) 国家质量监督机构提出进行型式检验的要求时。

6.4 每台调节阀应由制造厂质量检验部门检验合格后方可出厂。出厂时,应附有产品质量合格证和主要实测数据。

7 标志、包装和贮存

7.1 每台产品应在适当的位置上固定产品标志。

7.2 产品标志的基本内容包括:

a) 制造厂名或商标;

b) 产品名称和型号;

c) 公称通径;

d) 公称压力;

e) 工作温度范围;

f) 信号压力范围;

g) 出厂编号和制造日期。

7.3 调节阀的阀体上应铸出或打印出表示介质流向的箭头、公称通径"DN"和公称压力"PN"字样及数值。

7.4 产品包装应符合GB/T 15464的规定。调节阀的出、入口及信号接管螺纹应包扎封闭。

7.5 调节阀应贮存在不含有腐蚀有害介质、环境温度为5 ℃~40 ℃、相对湿度不大于90%的室内。

ICS 71.120；83.200
G 95
备案号：49644—2015

HG

中华人民共和国化工行业标准

HG/T 3685—2015
代替 HG/T 3685—2000

轿车子午线轮胎第一段成型机

Radial ply tyre first stage building machine

2015-05-11 发布　　2015-10-01 实施

中华人民共和国工业和信息化部　发布

前 言

本标准按照GB/T 1.1—2009给出的规则起草。

本标准代替HG/T 3685—2000《轿车子午线轮胎第一段成型机技术条件》，与HG/T 3685—2000相比，除编辑性修改外主要技术变化如下：

——修改了标准名称；
——修改了标准的适用范围（见1，2000年版的1）；
——增加了术语和定义（见3）；
——增加了型号及基本参数（见4.1、4.2）；
——增加了基本要求（见5.1）；
——增加了功能要求（见5.2）；
——修改了图1精度要求指引（见5.3，2000年版的4.2）；
——修改了成型机头径向圆跳动和端面圆跳动（见5.3.3、5.3.4，2000年版的4.2.6、4.2.7）；
——增加了机头旋转角度定位精度（见5.3.10）；
——增加了供料装置定中挡板与成型机头中心线对中精度（见5.3.12）；
——修改了机械系统、气动系统要求（见5.1.1、5.1.2，2000年版的4.5、4.6）；
——增加了电气系统要求（见5.1.3）；
——增加了安全防护装置要求（见5.4.1）；
——增加了保护联结电路连续性、绝缘电阻试验、耐压试验要求（见5.4.3、5.4.4、5.4.5）；
——增加了外壳防护等级要求（见5.4.6）；
——修改了试验方法（见6，2000年版的6）；
——修改了标志（见8.1，2000年版的8.2）；
——修改了使用说明书、包装、运输和贮存（见8.2、8.3、8.4，2000年版的8.3、8.4、8.5、8.6、8.7）。

本标准由中国石油和化学工业联合会提出。

本标准由全国橡胶塑料机械标准化技术委员会橡胶机械分技术委员会（SAC/TC71/SC1）归口。

本标准起草单位：软控股份有限公司、天津赛象科技股份有限公司、福建建阳龙翔科技开发有限公司、北京敬业机械设备有限公司、北京贝特里戴瑞科技发展有限公司、桂林橡胶机械厂、北京橡胶工业研究设计院。

本标准主要起草人：李海涛、杨慧丽、张建浩、陈玉泉、杨博、宋震方、黄波、何成。

本标准于2000年6月首次发布，本次为第一次修订。

轿车子午线轮胎第一段成型机

1 范围

本标准规定了轿车子午线轮胎第一段成型机（以下简称第一段成型机）的术语和定义，型号及基本参数，要求，试验，检验规则、标志、包装、运输和贮存。

本标准适用于两次法成型轿车子午线轮胎第一段成型机，也适用于两次法成型轻型载重汽车子午线轮胎第一段成型机。

2 规范性引用文件

下列文件对于本文件的应用是必不可少的。凡是注日期的引用文件，仅注日期的版本适用于本文件。凡是不注日期的引用文件，其最新版本（包括所有的修改单）适用于本文件。

GB/T 191 包装储运图示标志

GB 4208—2008 外壳防护等级（IP代码）

GB 5226.1—2008 机械电气安全 机械电气设备 第1部分：通用技术条件

GB/T 6326 轮胎术语及其定义

GB/T 6388 运输包装收发货标志

GB/T 7932—2003 气动系统通用技术条件

GB/T 8196—2003 机械安全 防护装置 固定式和活动式防护装置设计与制造一般要求

GB/T 9969 工业产品使用说明书 总则

GB/T 12783 橡胶塑料机械产品型号编制方法

GB/T 13306 标牌

GB/T 13384 机电产品包装通用技术条件

GB/T 24342 工业机械电气设备 保护接地电路连续性试验规范

GB/T 24343 工业机械电气设备 绝缘电阻试验规范

GB/T 24344 工业机械电气设备 耐压试验规范

HG/T 2108 橡胶机械噪声声压级的测定

HG/T 3120 橡胶塑料机械外观通用技术条件

HG/T 3223 橡胶机械术语

HG/T 3228—2001 橡胶塑料机械涂漆通用技术条件

3 术语和定义

GB/T 6326 和 HG/T 3223 界定的术语和定义适用于本文件。为了便于使用，以下重复列出了 GB/T 6326 和 HG/T 3223 中的一些术语和定义。

3.1

轿车轮胎 passenger car tyre

设计用于轿车的轮胎。

这种车辆为在设计和技术特性上主要用于载运乘客及其随身行李和/或临时物品的汽车及其拖挂车。这种车辆包括驾驶员在内不超过 9 个座位。

[GB/T 6326—2005，定义 4.3.1]

3.2

轻型载重汽车轮胎　light truck tyre

设计用于轻型载重汽车或小型客车的轮胎，是载重汽车轮胎的一种类型。

[GB/T 6326—2005，定义 4.3.3]

3.3

主机箱　headstock

在轮胎成型机中，由箱体、主轴及其传动装置、内扣圈装置等组成的部件。有的包括成型机头运转控制装置。

[HG/T 3223—2000，定义 2.7.24]

3.4

内扣圈装置　inside bead setter

装于轮胎成型机主机箱侧的扣钢丝圈的装置。

[HG/T 3223—2000，定义 2.7.25]

3.5

外扣圈装置　outside bead setter

装于轮胎成型机左侧机组或主轴悬臂端外的扣钢丝圈的装置。

[HG/T 3223—2000，定义 2.7.26]

3.6

下压辊装置　underneath stitcher

压辊位于成型机头下方的滚压装置。

[HG/T 3223—2000，定义 2.7.27]

3.7

后压辊装置　back stitcher

压辊位于成型机头后方的滚压装置（即以成型机头为准，压辊位于操作者相对的一侧）。通常压辊可作径向、轴向及旋转运动。

[HG/T 3223—2000，定义 2.7.28]

3.8

左侧机组　left hand stock

尾架　tail stock

轮胎成型机主轴前端的支架。一般还装有外扣圈装置和相应的包边装置。

[HG/T 3223—2000，定义 2.7.32]

3.9

帘布层供料装置　ply servicer

往成型机头或贴合鼓供给帘布的装置，有的还可供给复合层帘布。

[HG/T 3223—2000，定义 2.7.36]

3.10

（成型）机头　(building) drum

成型鼓

装在轮胎成型机主轴上，用于进行轮胎部件的贴合、压实的圆柱形支撑体，用以成型胎坯或筒装胎体。

[HG/T 3223—2000，定义 2.7.39]

4 型号及基本参数

4.1 型号

第一段成型机的型号编制方法应符合 GB/T 12783 的规定，型号组成及定义参见附录 A。

4.2 基本参数

第一段成型机的基本参数参见附录 B。

5 要求

5.1 基本要求

5.1.1 机械系统空负荷运转和负荷运转时，不应有异常震动，运动部件的动作应平稳、顺畅，不应有卡滞、爬行及过冲现象。

5.1.2 气动系统应符合 GB/T 7932—2003 第 4 章的规定。

5.1.3 电气系统应按成型工艺顺序协调动作，保证程序准确、工作可靠。

5.2 功能要求

5.2.1 应具有供料、对中、定长、裁断、贴合、反包、压合等功能。

5.2.2 应具有手动控制与自动控制无扰动切换功能。

5.2.3 应具有根据不同规格轮胎型号成型参数自动读取、调用功能。

5.2.4 自动控制系统应具有联锁装置。

5.2.5 应具有故障实时报警、故障自诊断、故障信息提示功能。

5.2.6 应具有人机对话界面。

5.2.7 应具有轮胎规格参数的输入、编辑和调用功能。

5.2.8 应具有动态监视、实时显示和控制运行状态功能。

5.2.9 应具有各功能部件根据手动操作需要独立动作功能。

5.2.10 应具有成型轮胎规格更换、设备操作信息提示功能。

5.2.11 可具有根据预设定参数调用机械、电气等部分自动调节功能。

5.2.12 可具有网络接口功能。

5.3 精度要求

精度要求指引部位见图 1。

5.3.1 图示①主机箱主轴径向圆跳动不大于 0.10 mm。

5.3.2 图示②主机箱主轴与尾架支撑轴的同轴度不大于 Φ0.20 mm。

5.3.3 图示③成型机头装于主轴后，轴端径向圆跳动不大于 0.30 mm。

5.3.4 图示④成型机头装于主轴后，成型机头端面圆跳动不大于 0.30 mm。

5.3.5 图示⑤内、外扣圈盘与主轴的同轴度不大于 Φ0.30 mm。

5.3.6 图示⑥内、外扣圈盘与主轴的垂直度不大于 0.30 mm。

5.3.7 图示⑦主机箱主轴对导轨（机座）平行度（水平方向和垂直方向）不大于 0.30 mm/m。

5.3.8 图示中 $L1$、$L2$ 后压辊中心偏差 $|L1-L2|\leqslant 1.0$ mm。

5.3.9 图示中 $L3$、$L4$ 下压辊中心偏差 $|L3-L4|\leqslant 1.5$ mm。

5.3.10 机头旋转角度定位精度应不大于 1.0°。

5.3.11 定位指示灯定位偏差应小于或等于 0.50 mm。

5.3.12 供料装置定中挡板与成型机头中心线对中精度 $\Delta L\leqslant 2.0$ mm。

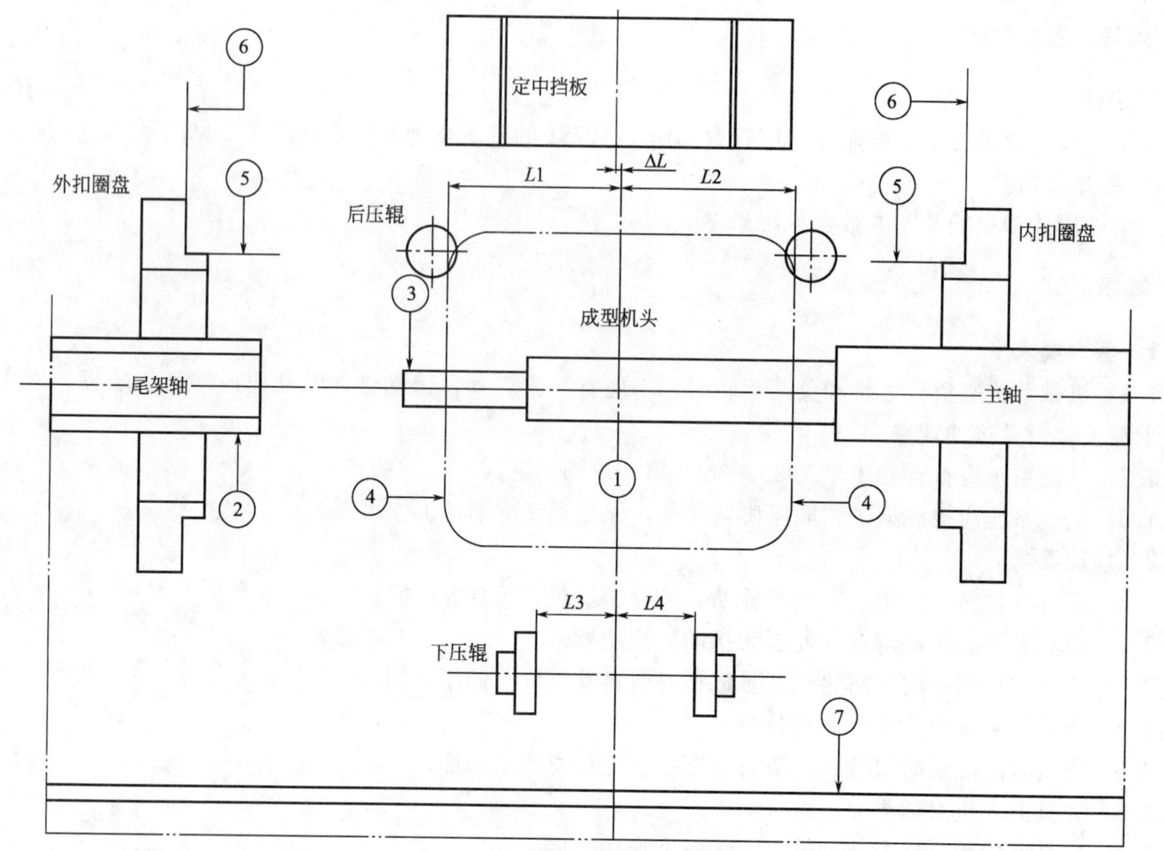

图 1 机械精度要求指引部位

5.4 安全和环保要求

5.4.1 应设置安全防护装置。联锁防护装置应符合 GB/T 8196—2003 中 3.6 的要求。

5.4.2 电气控制系统应具有过载保护功能和紧急停机功能。

5.4.3 保护联结电路连续性试验应符合 GB 5226.1—2008 中 18.2.2 试验 1 的规定。

5.4.4 绝缘电阻试验应符合 GB 5226.1—2008 中 18.3 的规定。

5.4.5 所有电路导线和保护接地之间耐压试验应符合 GB 5226.1—2008 中 18.4 的规定。

5.4.6 电气设备的外壳防护等级应符合 GB 4208—2008 规定的 IP54 级要求。

5.4.7 气路应设置过压保护装置。

5.4.8 空负荷运转时的噪声声压级应不大于 80 dB (A)；负荷运转时的噪声声压级应不大于 83 dB (A)。

5.5 涂漆和外观要求

5.5.1 涂漆质量应符合 HG/T 3228—2001 中 3.4.6 的规定。

5.5.2 外观质量应符合 HG/T 3120 的规定。

6 试验

6.1 检测方法

检测方法见附录 C。

6.2 空负荷运转前试验

空负荷运转前，应按照 5.3、5.4.1～5.4.7 对设备进行检查，均应符合要求。

6.3 空负荷运转试验

6.3.1 空负荷运转试验应在装配检验合格并符合 6.2 的要求后方可进行，连续空负荷运转时间不少于 30 min。

6.3.2 空负荷运转时，应按照5.1、5.2、5.4.8对设备进行检查，均应符合要求。

6.4 负荷运转试验

6.4.1 空负荷运转试验合格后进行负荷运转试验，连续负荷运转时间不少于30 min。

6.4.2 负荷运转时，应按照4.2、5.1～5.3、5.4.8对设备进行检查，均应符合要求。

7 检验规则

7.1 检验分类

第一段成型机的检验分为出厂检验和型式检验。

7.2 出厂检验

每台第一段成型机出厂前应按照5.1～5.5进行检查，经制造厂质量检验部门检验合格并签发合格证后方可出厂。

7.3 型式检验

7.3.1 有下列情况之一时，应进行型式检验：

a) 新产品或老产品转厂时；

b) 正式生产后，如结构、材料、工艺有较大变化，可能影响产品性能时；

c) 产品停产两年后恢复生产时；

d) 出厂检验结果与上次型式检验结果有较大差异时；

e) 正常生产时，每3年至少抽检1台；

f) 国家质量监督机构提出进行型式检验要求时。

7.3.2 型式检验应按照本标准中4.2及第5章的规定进行检验。

7.3.3 型式检验项目全部符合本标准规定，则判为合格。型式检验每次抽检1台，若有不合格项时，应再抽2台进行检验，若仍有不合格项时，则应逐台进行检验。

8 标志、包装、运输和贮存

8.1 标志

每台第一段成型机应在适当的明显位置固定产品标牌。标牌型式及尺寸应符合GB/T 13306的规定。产品标牌应有下列内容：

a) 产品名称；

b) 产品型号；

c) 产品编号；

d) 执行标准号；

e) 基本参数；

f) 外形尺寸；

g) 重量；

h) 制造单位名称和商标；

i) 制造日期。

8.2 包装

8.2.1 第一段成型机包装应符合GB/T 13384的有关规定。包装箱内应装有下列技术文件（装入防水袋内）：

a) 产品合格证；

b) 使用说明书，其内容应符合GB/T 9969的规定；

c) 装箱单；

d) 安装图。

8.2.2 包装储运图示标志应符合 GB/T 191 的规定。

8.3 运输

第一段成型机运输应符合 GB/T 191 和 GB/T 6388 的有关规定。

8.4 贮存

第一段成型机应贮存在干燥、通风处，避免受潮腐蚀，不能与有腐蚀性的气（物）体一起存放，露天存放应有防雨措施。

附　录　A
(资料性附录)
型号组成及定义

A.1　型号组成及定义

A.1.1　产品型号由产品代号、规格参数和设计代号三部分组成，产品型号结构见图 A.1。

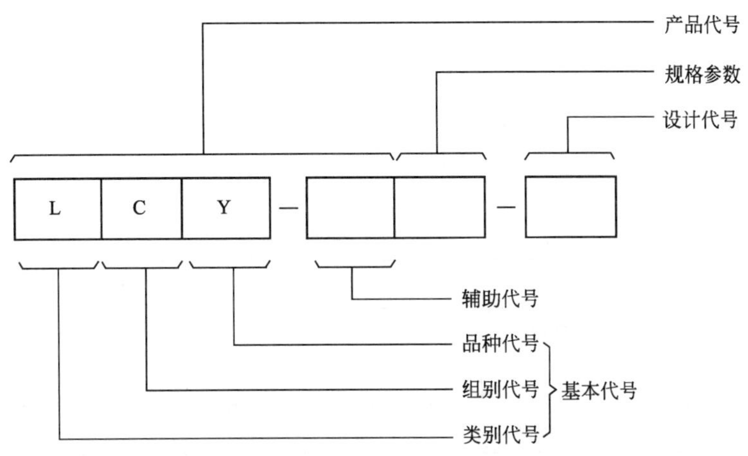

图 A.1　产品型号结构

A.1.2　产品代号由基本代号和辅助代号组成。

A.1.3　基本代号由类别代号、组别代号和品种代号组成，用大写汉语拼音字母表示。其定义：类别代号 L 表示轮胎生产机械（轮 L)；组别代号 C 表示成型机械（成 C)；品种代号 Y 表示第一段成型机（一 Y)。

A.1.4　辅助代号缺项可不标注。

A.1.5　规格参数：标注轮胎轮辋名义直径范围，用英寸（in）表示。

A.1.6　设计代号在必要时使用，应符合 GB/T 12783—2000 中 3.5 的规定。

A.2　型号标记示例

轮胎轮辋名义直径范围为 12 in～16 in 的轿车子午线轮胎第一段成型机型号标记为：LCY-1216。

附 录 B
(资料性附录)
第一段成型机基本参数

第一段成型机的基本参数参见表 B.1。

表 B.1 第一段成型机基本参数

项 目	基 本 参 数			
规格代号	1216	1418	1520	2028
适用轮胎轮辋名义直径范围/in	12～16	14～18	15～20	20～28
适用机头外径/mm	300～470	370～495	410～558	495～606
成型宽度/mm	240～600	260～600	320～620	390～639
机头转速/(r/min)	0～200	0～200	0～200	0～200
内衬层宽度/mm	250～600	250～600	330～750	330～750
胎体帘布宽度/mm	300～870	300～870	330～900	330～900
胎侧宽度/mm	70～250	70～250	90～250	90～250
胎侧间距(内)～(外)/mm	80～650	80～650	80～650	80～650

附　录　C
(规范性附录)
检 测 方 法

C.1　基本要求检测

C.1.1　目测及实际操作，对5.2第一段成型机的功能要求进行检测：

a)　目测应具有供料、对中、定长、裁断、贴合、反包、压合等功能；

b)　通过触摸屏程序及操作检查，应具有手动控制与自动控制无扰动切换功能；

c)　通过触摸屏操作检查，应具有根据不同规格轮胎型号成型参数自动读取、调用功能；

d)　通过空负荷试车检查，应采用具有联锁装置的自动控制系统，按成型工艺顺序协调动作，保证程序准确、工作可靠；

e)　通过触摸屏程序及操作检查，应具有故障实时报警、故障自诊断、故障信息提示功能；

f)　通过触摸屏操作检查，应具有人机对话界面；

g)　通过触摸屏操作检查，应具有轮胎规格参数的输入、编辑和调用功能；

h)　通过空负荷试车、触摸屏操作检查，应具有动态监视、实时显示和控制运行状态功能；

i)　通过空负荷试车、触摸屏操作检查，应具有各功能部件根据手动操作需要独立动作功能；

j)　通过触摸屏操作检查，应具有成型轮胎规格更换、设备操作信息提示功能。

C.1.2　气动系统的检验。

a)　出厂检验时：应按GB/T 7932—2003中14.3规定的方法检验流体的泄漏。

b)　型式检验时：应按GB/T 7932—2003第14章的规定进行试运行。

C.1.3　目测及实际操作，对5.1.1运动部件的动作进行检测。

C.2　精度要求检测

C.2.1　用百分表对5.3.1进行检测，其检测见图C.1。具体操作：先将主机箱主轴安装好并达到图样要求，把百分表座固定在固定的安装座上，把表的测头触及主轴轴端表面上，转动机头，测得的最大值和最小值差值作为主机箱主轴径向圆跳动值。

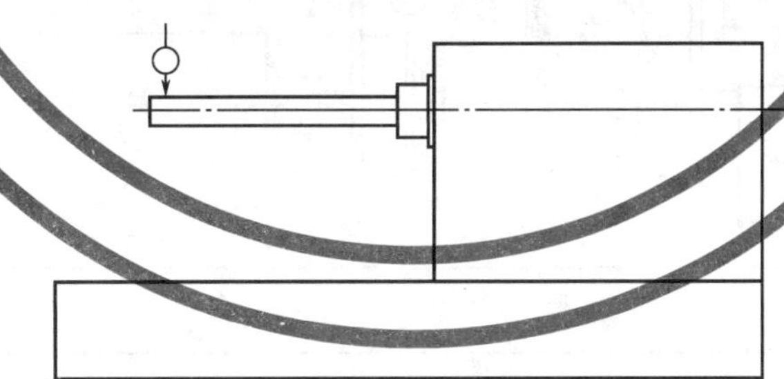

图C.1　主机箱主轴径向圆跳动检测

C.2.2　用百分表对5.3.2进行检测，其检测见图C.2。具体操作：先将尾架与主机箱安装好并达到图样要求，把百分表固定在主机箱主轴上，把表的测头触及尾架主轴表面上，转动主机箱主轴，测得的最大值和最小值的差值作为主机箱主轴与尾架支撑轴的同轴度。

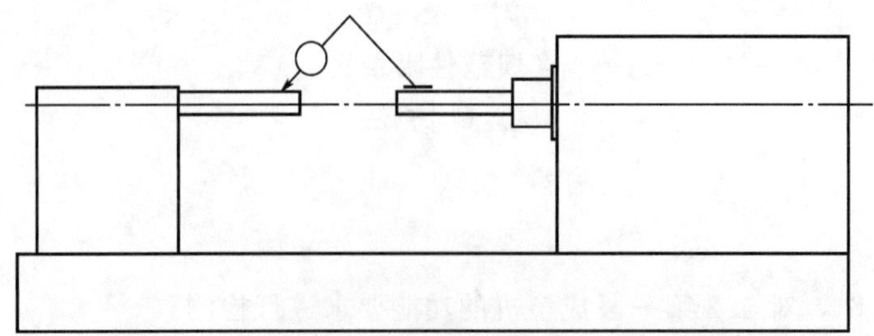

图 C.2　主机箱主轴与尾架支撑轴同轴度检测

C.2.3　用百分表对 5.3.3、5.3.4 进行检测，其检测见图 C.3。具体操作：先将机头与主轴安装好并达到图样要求，把百分表座固定在固定的安装座上，把表的测头触及机头主轴表面上，转动机头，测得的最大值和最小值的差值作为机头径向圆跳动值。再把表的测头触及机头端面，转动机头，测得的最大值和最小值的差值作为机头端面圆跳动值。

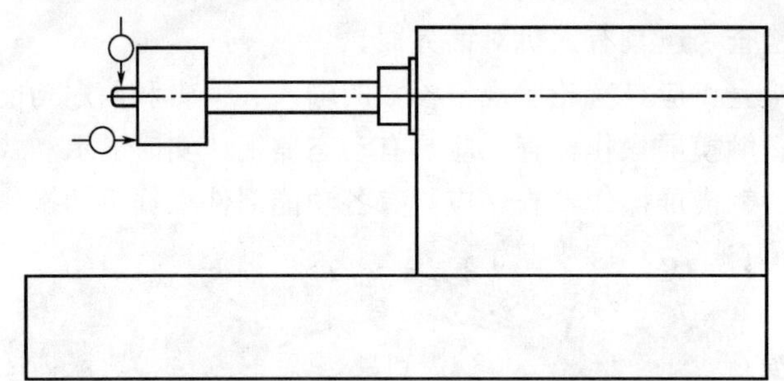

图 C.3　成型机头径向圆跳动与端面圆跳动检测

C.2.4　用百分表对 5.3.5、5.3.6 进行检测，其检测见图 C.4。具体操作：先将内扣圈装置和外扣圈装置安装好并达到图样要求，把百分表固定在机头上，分别把表的测头触及内扣圈装置、外扣圈装置的扣圈盘轴向、径向表面上，转动主机箱主轴，测得的最大值和最小值的差值分别作为扣圈盘径向跳动与轴向跳动值。

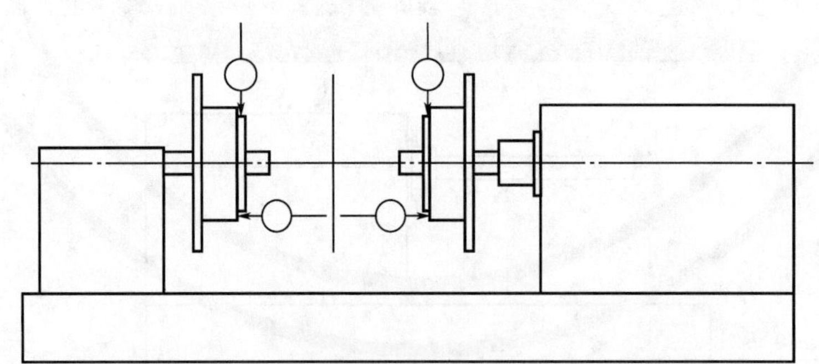

图 C.4　内、外扣圈盘与主轴的同轴度和垂直度检测

C.2.5　用百分表对 5.3.7 进行检测，其检测见图 C.5。具体操作：先将主机箱主轴安装好并达到图样要求，把百分表座固定在机座导轨滑块上，通过工装把表的测头触及主轴侧表面上，沿主轴方向移动滑块，测得的最大值和最小值的差值作为主机箱主轴对机座导轨平行度。

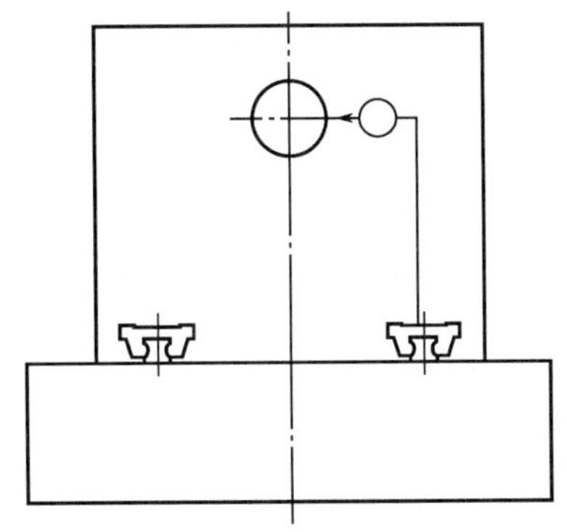

图 C.5 主机箱主轴对机座导轨平行度检测

C.2.6 用卷尺对 5.3.8、5.3.9 进行检测，其检测见图 C.6。具体操作：先将机头与主轴安装好，记录好机头中心线位置，通过手动模式将后压辊伸进至机头处，分别测量左、右后压辊中心到机头中线距离，二者的差值为后压辊中心偏差值。再通过手动模式将下压辊升起，测量左、右压辊端面到机头中线距离，二者的差值为下压辊中心偏差值。

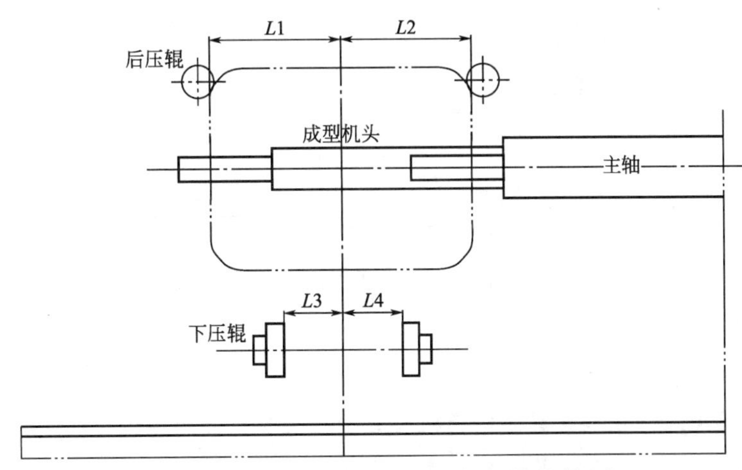

图 C.6 后压辊和下压辊中心偏差检测

C.2.7 用卷尺对 5.3.10 进行检测，其检测见图 C.7。具体操作：先将机头与主轴安装好，记录好机头端面上某一点位置，通过控制系统控制转动主机箱主轴 360°，测得的该点位置变化长度值换算后得到角度偏差值作为机头旋转角度定位精度。

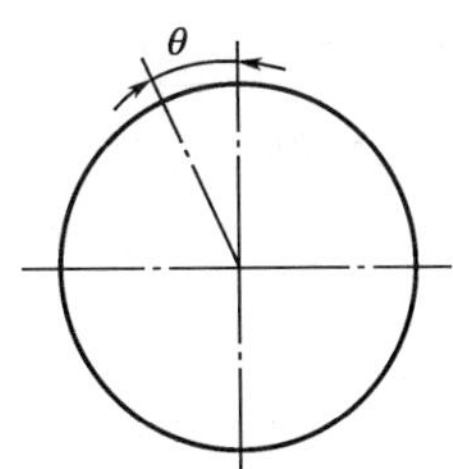

图 C.7 机头旋转角度定位精度检测

C.2.8 用卷尺对 5.3.11 进行检测，其检测见图 C.8。具体操作：先将机头与主轴安装好，记录好机头中心线位置，通过手动模式将定位指示灯标线指示在机头两端，分别测量左、右标线到机头中心线距离，二者的差值为定位指示灯定位偏差。

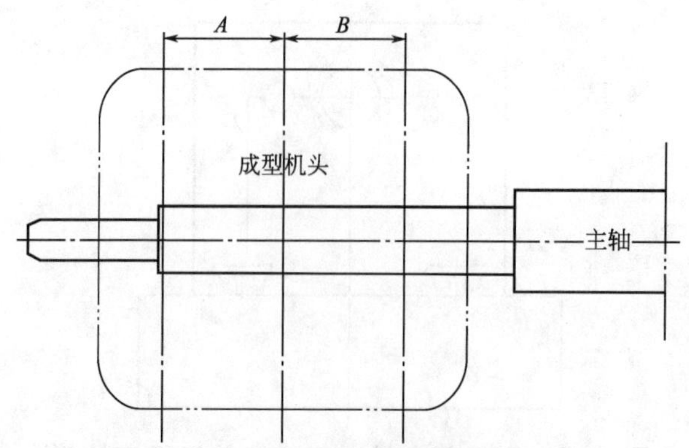

图 C.8 定位指示灯定位偏差检测

C.2.9 用卷尺对 5.3.12 进行检测，其检测见图 C.9。具体操作：先将供料装置与机头安装好并达到图样要求，测量供料模板定中挡板中心线与机头中心线的距离，测得的数值作为供料装置定中挡板与成型机头中心线对中精度。

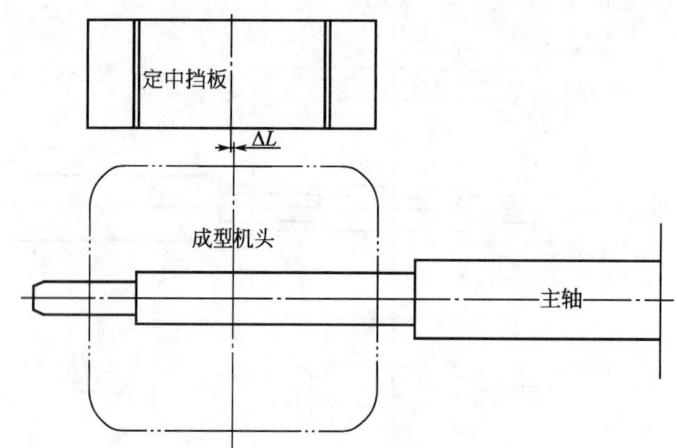

图 C.9 供料装置定中挡板与成型机头中心线对中精度检测

C.3 安全要求检测

C.3.1 目测及实际操作，对 5.4.1 进行联锁防护装置保持关闭和锁定的检测。

C.3.2 目测检查 5.4.2、5.4.7 的紧急停机装置安装到位、气路设置过压保护装置。

C.3.3 按 GB/T 24342 的规定，对 5.4.3 进行保护联结电路连续性试验。

C.3.4 按 GB/T 24343 的规定，对 5.4.4 进行绝缘电阻试验。

C.3.5 按 GB/T 24344 的规定，对 5.4.5 进行电路导线和保护接地之间耐压试验。

C.3.6 按 GB 4208—2008 规定的方法，对 5.4.6 电气设备的外壳防护等级进行 IP54 级试验。

C.3.7 按 HG/T 2108 规定的方法，对 5.4.8 进行噪声检测。

C.4 涂漆和外观要求检测

C.4.1 按 HG/T 3228—2001 规定的方法，对 5.5.1 进行涂漆质量检测。

C.4.2 按 HG/T 3120 规定的方法，对 5.5.2 进行外观质量检测。

ICS 71.120；83.200
G 95
备案号：49645—2015

HG

中华人民共和国化工行业标准

HG/T 3686—2015
代替 HG/T 3686—2000

轿车子午线轮胎第二段成型机

Radial ply type second stage building machine

2015-05-11 发布 2015-10-01 实施

中华人民共和国工业和信息化部 发布

前　言

本标准按照 GB/T 1.1—2009 给出的规则起草。

本标准代替 HG/T 3686—2000《轿车子午线轮胎第二段成型机技术条件》，与 HG/T 3686—2000 相比，除编辑性修改外主要技术变化如下：

——修改了标准名称；

——修改了标准的适用范围（见 1，2000 年版的 1）；

——增加了术语和定义（见 3）；

——增加了型号及基本参数（见 4.1、4.2）；

——增加了基本要求（见 5.1）；

——增加了功能要求（见 5.2）；

——修改了图 1 精度要求指引（见 5.3，2000 年版的 4.2）；

——修改了贴合机轴径向圆跳动描述（见 5.3.2，2000 年版的 4.2.2）；

——修改了左、右定型盘径向圆跳动和端面圆跳动（见 5.3.3、5.3.4，2000 年版的 4.2.4、4.2.5）；

——增加了带束层贴合鼓装于主轴后，其轴端径向跳动（见 5.3.5）；

——增加了带束层传递环与定型鼓主轴垂直度（见 5.3.8）；

——增加了后压辊对左、右定型盘中心偏差（见 5.3.12）；

——增加了带束层贴合鼓旋转角度定位精度（见 5.3.13）；

——增加了供料装置定中挡板与带束层贴合鼓中心线对中精度（见 5.3.15）；

——修改了机械系统、气动系统要求（见 5.1.1、5.1.2，2000 年版的 4.3、4.5、4.8）；

——增加了电气系统要求（见 5.1.3）；

——增加了安全防护装置要求（见 5.4.1）；

——增加了保护联结电路连续性、绝缘电阻试验、耐压试验要求（见 5.4.3、5.4.4、5.4.5）；

——增加了外壳防护等级要求（见 5.4.6）；

——修改了试验方法（见 6，2000 年版的 6）；

——修改了标志（见 8.1，2000 年版的 8.2）；

——修改了使用说明书、包装、运输和贮存（见 8.2、8.3、8.4，2000 年版的 8.3、8.4、8.5、8.6、8.7）。

本标准由中国石油和化学工业联合会提出。

本标准由全国橡胶塑料机械标准化技术委员会橡胶机械分技术委员会（SAC/TC71/SC1）归口。

本标准起草单位：软控股份有限公司、北京敬业机械设备有限公司、天津赛象科技股份有限公司、福建建阳龙翔科技开发有限公司、北京贝特里戴瑞科技发展有限公司、桂林橡胶机械厂、北京橡胶工业研究设计院。

本标准主要起草人：李海涛、杨慧丽、杨博、张建浩、陈玉泉、宋震方、黄波、何成。

本标准于 2000 年 6 月首次发布，本次为第一次修订。

轿车子午线轮胎第二段成型机

1 范围

本标准规定了轿车子午线轮胎第二段成型机（以下简称第二段成型机）的术语和定义，型号及基本参数，要求，试验，检验规则，标志、包装、运输和贮存。

本标准适用于两次法成型轿车子午线轮胎第二段成型机，也适用于两次法成型轻型载重汽车子午线轮胎第二段成型机。

2 规范性引用文件

下列文件对于本文件的应用是必不可少的。凡是注日期的引用文件，仅注日期的版本适用于本文件。凡是不注日期的引用文件，其最新版本（包括所有的修改单）适用于本文件。

GB/T 191　包装储运图示标志

GB 4208—2008　外壳防护等级（IP 代码）

GB 5226.1—2008　机械电气安全　机械电气设备　第 1 部分：通用技术条件

GB/T 6326　轮胎术语及其定义

GB/T 6388　运输包装收发货标志

GB/T 7932—2003　气动系统通用技术条件

GB/T 8196—2003　机械安全　防护装置　固定式和活动式防护装置设计与制造一般要求

GB/T 9969　工业产品使用说明书　总则

GB/T 12783　橡胶塑料机械产品型号编制方法

GB/T 13306　标牌

GB/T 13384　机电产品包装通用技术条件

GB/T 24342　工业机械电气设备　保护接地电路连续性试验规范

GB/T 24343　工业机械电气设备　绝缘电阻试验规范

GB/T 24344　工业机械电气设备　耐压试验规范

GB/T 25937—2010　子午线轮胎一次法成型机

HG/T 2108　橡胶机械噪声声压级的测定

HG/T 3120　橡胶塑料机械外观通用技术条件

HG/T 3223　橡胶机械术语

HG/T 3228—2001　橡胶塑料机械涂漆通用技术条件

3 术语和定义

GB/T 6326、HG/T 3223 和 GB/T 25937—2010 界定的以及下列术语和定义适用于本文件。为了便于使用，以下重复列出了 GB/T 6326、HG/T 3223、GB/T 25937—2010 中的一些术语和定义。

3.1

轿车轮胎　passengerc art tyre

设计用于轿车的轮胎。

这种车辆为在设计和技术特性上主要用于载运乘客及其随身行李和/或临时物品的汽车及其拖挂车。这种车辆包括驾驶员在内不超过 9 个座位。

［GB/T 6326—2005，定义 4.3.1］

3.2

轻型载重汽车轮胎　light truckt tyre

设计用于轻型载重汽车或小型客车的轮胎，是载重汽车轮胎的一种类型。

[GB/T 6326—2005，定义 4.3.3]

3.3

带束层贴合鼓　belt drum

将带束层或带束层和胎面组件进行贴合的装置。

[GB/T 25937—2010，定义 3.2]

3.4

带束层传递环　belt transfer ring

将带束层贴合鼓完成的轮胎半成品部件传递给定型鼓的装置。

[GB/T 25937—2010，定义 3.6]

3.5

带束层贴合鼓驱动箱　belt drum station

驱动带束层贴合鼓的装置。

[GB/T 25937—2010，定义 3.9]

3.6

定型鼓驱动箱　building drum station

一般由箱体、主轴及其传动装置等组成的部件，用于驱动定型鼓的装置。

[GB/T 25937—2010，定义 3.10]

3.7

带束层供料装置　belt servicer

往成型机头或贴合鼓供给带束层帘布的装置。

[HG/T 3223—2000，定义 2.7.37]

3.8

胎面供料装置　tread servicer

往成型机头或贴合鼓供给胎面的装置。

[HG/T 3223—2000，定义 2.7.38]

3.9

(成型) 机头　(building) drum

成型鼓

装在轮胎成型机主轴上，用于进行轮胎部件的贴合、压实的圆柱形支撑体，用以成型胎坯或筒状胎体。

[HG/T 3223—2000，定义 2.7.39]

3.10

冠带缠绕装置　cap strip applicator

将冠带条按成型工艺要求缠绕至带束层上形成冠带层的装置。

4　型号及基本参数

4.1　型号

第二段成型机的型号编制方法应符合 GB/T 12783 的规定，型号组成及定义参见附录 A。

4.2　基本参数

第二段成型机的基本参数参见附录 B。

5 要求

5.1 基本要求

5.1.1 机械系统空负荷运转和负荷运转时，不应有异常震动，运动部件的动作应平稳、顺畅，不应有卡滞、爬行及过冲现象。

5.1.2 气动系统应符合 GB/T 7932—2003 第 4 章的规定。

5.1.3 电气系统应按成型工艺顺序协调动作，保证程序准确、工作可靠。

5.2 功能要求

5.2.1 应具有供料、对中、定长、裁断、贴合、定型、压合等功能。

5.2.2 应具有手动控制与自动控制无扰动切换功能。

5.2.3 应具有根据不同规格轮胎型号成型参数自动读取、调用功能。

5.2.4 自动控制系统应具有联锁装置。

5.2.5 应具有故障实时报警、故障自诊断、故障信息提示功能。

5.2.6 应具有人机对话界面。

5.2.7 应具有轮胎规格参数的输入、编辑和调用功能。

5.2.8 应具有动态监视、实时显示和控制运行状态功能。

5.2.9 应具有各功能部件根据手动操作需要独立动作功能。

5.2.10 应具有成型轮胎规格更换、设备操作信息提示功能。

5.2.11 可具有根据配方参数调用机械、电气等部分自动调节功能。

5.2.12 可具有网络接口功能。

5.3 精度要求

精度要求指引部位见图 1。

5.3.1 图示①定型鼓驱动箱轴端径向圆跳动不大于 0.15 mm。

5.3.2 图示②带束层贴合鼓驱动箱轴端径向圆跳动不大于 0.15 mm。

5.3.3 图示③左、右定型盘径向圆跳动不大于 0.25 mm。

5.3.4 图示④左、右定型盘端面圆跳动不大于 0.25 mm。

5.3.5 图示⑤带束层贴合鼓装于主轴后，其轴端径向跳动均应不大于 0.25 mm。

5.3.6 图示中 $d1$、$d2$ 带束层贴合鼓两端周长差不大于名义周长的 0.15 %。

5.3.7 图示⑥带束层传递环与定型鼓主轴同轴度不大于 Φ0.40 mm；带束层传递环端面与带束层贴合鼓轴同轴度不大于 Φ0.40 mm。

5.3.8 图示⑦带束层传递环与定型鼓主轴垂直度不大于 0.40 mm；带束层传递环端面与带束层贴合鼓轴垂直度不大于 0.40 mm。

5.3.9 图示⑧定型鼓主轴、带束层贴合鼓轴对导轨（机座）平行度（平行方向和垂直方向）不大于 0.30 mm/m。

5.3.10 带束层传递环重复定位精度（带束层贴合鼓、定型鼓中心位置）不大于 0.50 mm。

5.3.11 图示中 $L1$、$L2$ 左、右定型盘中心偏差 $|L1-L2|\leqslant$0.50 mm。

5.3.12 图示中 $L3$、$L4$ 后压辊对左、右定型盘中心偏差 $|L3-L4|\leqslant$0.50 mm。

5.3.13 带束层贴合鼓旋转角度定位精度应不大于 1.0°。

5.3.14 定位指示灯定位偏差应小于或等于 0.50 mm。

5.3.15 供料装置定中挡板与带束层贴合鼓中心线对中精度 $\Delta L\leqslant$2.0 mm。

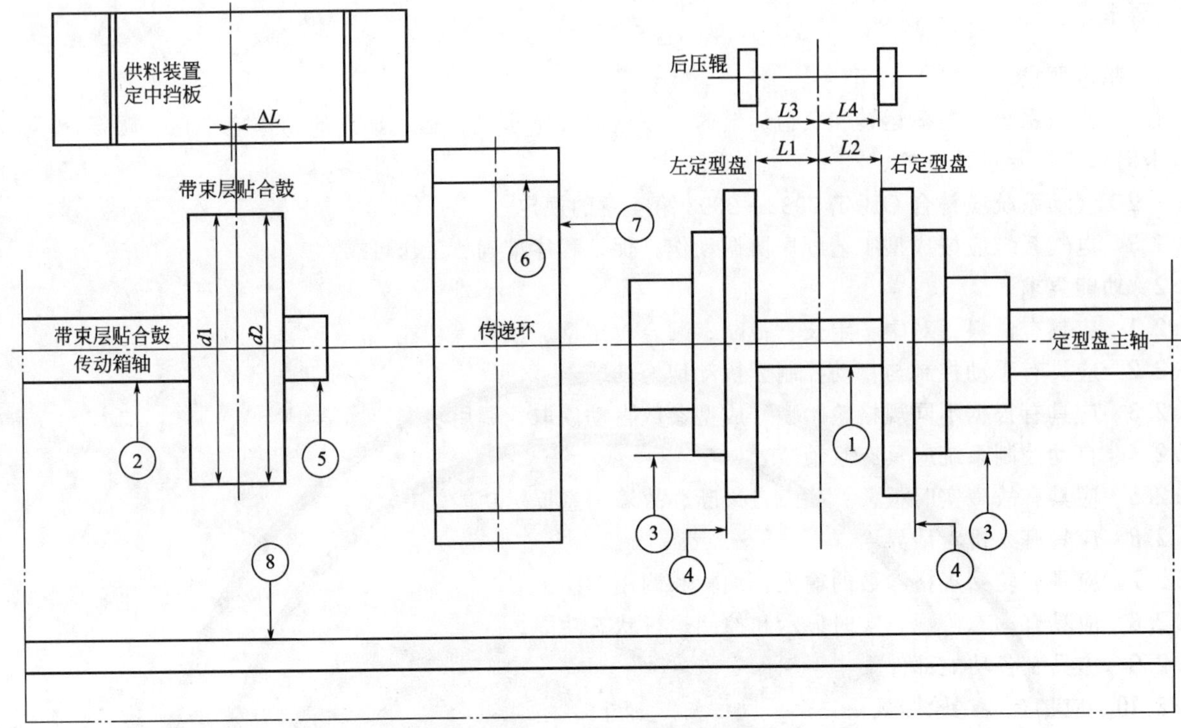

图1　机械精度要求指引部位

5.4　安全和环保要求

5.4.1　应设置安全防护装置。联锁防护装置应符合 GB/T 8196—2003 中 3.6 的要求。

5.4.2　电气控制系统应具有过载保护功能和紧急停机功能。

5.4.3　保护联结电路连续性试验应符合 GB 5226.1—2008 中 18.2.2 试验 1 的规定。

5.4.4　绝缘电阻试验应符合 GB 5226.1—2008 中 18.3 的规定。

5.4.5　所有电路导线和保护接地之间耐压试验应符合 GB 5226.1—2008 中 18.4 的规定。

5.4.6　电气设备的外壳防护等级应符合 GB 4208—2008 规定的 IP54 级要求。

5.4.7　气路应设置过压保护装置。

5.4.8　空负荷运转时的噪声声压级应不大于 80 dB(A)；负荷运转时的噪声声压级应不大于 83 dB(A)。

5.5　涂漆和外观要求

5.5.1　涂漆质量应符合 HG/T 3228—2001 中 3.4.6 的规定。

5.5.2　外观质量应符合 HG/T 3120 的规定。

6　试验

6.1　检测方法

检测方法见附录 C。

6.2　空负荷运转前试验

空负荷运转前，应按照 5.3、5.4.1～5.4.7 对设备进行检查，均应符合要求。

6.3　空负荷运转试验

6.3.1　空负荷运转试验应在装配检验合格并符合 6.2 的要求后方可进行，连续空负荷运转时间不少于 30 min。

6.3.2　空负荷运转时，应按照 5.1、5.2、5.4.8 对设备进行检查，均应符合要求。

6.4　负荷运转试验

6.4.1　空负荷运转试验合格后进行负荷运转试验，连续负荷运转时间不少于 30 min。

6.4.2　负荷运转时，应按照 4.2、5.1～5.3、5.4.8 对设备进行检查，均应符合要求。

7 检验规则

7.1 检验分类

第二段成型机的检验分为出厂检验和型式检验。

7.2 出厂检验

每台第二段成型机出厂前应按照5.1～5.5进行检查，经制造厂质量检验部门检验合格并签发合格证后方可出厂。

7.3 型式检验

7.3.1 有下列情况之一时，应进行型式检验：

a) 新产品或老产品转厂时；

b) 正式生产后，如结构、材料、工艺有较大变化，可能影响产品性能时；

c) 产品停产两年后恢复生产时；

d) 出厂检验结果与上次型式检验结果有较大差异时；

e) 正常生产时，每3年至少抽检1台；

f) 国家质量监督机构提出进行型式检验要求时。

7.3.2 型式检验应按本标准中4.2及第5章的规定进行检验。

7.3.3 型式检验项目全部符合本标准规定，则判为合格。型式检验每次抽检1台，若有不合格项时，应再抽2台进行检验，若仍有不合格项时，则应逐台进行检验。

8 标志、包装、运输和贮存

8.1 标志

每台第二段成型机应在适当的明显位置固定产品标牌。标牌型式及尺寸应符合GB/T 13306的规定。产品标牌应有下列内容：

a) 产品名称；

b) 产品型号；

c) 产品编号；

d) 执行标准号；

e) 基本参数；

f) 外形尺寸；

g) 重量；

h) 制造单位名称和商标；

i) 制造日期。

8.2 包装

8.2.1 第二段成型机包装应符合GB/T 13384的有关规定。包装箱内应装有下列技术文件（装入防水袋内）：

a) 产品合格证；

b) 使用说明书，其内容应符合GB/T 9969的规定；

c) 装箱单；

d) 安装图。

8.2.2 包装储运图示标志应符合GB/T 191的规定。

8.3 运输

第二段成型机运输应符合GB/T 191和GB/T 6388的有关规定。

8.4 贮存

第二段成型机应贮存在干燥、通风处，避免受潮腐蚀，不能与有腐蚀性的气（物）体一起存放，露天存放应有防雨措施。

附 录 A
(资料性附录)
型号组成及定义

A.1 型号组成及定义

A.1.1 产品型号由产品代号、规格参数和设计代号三部分组成，产品型号结构见图 A.1。

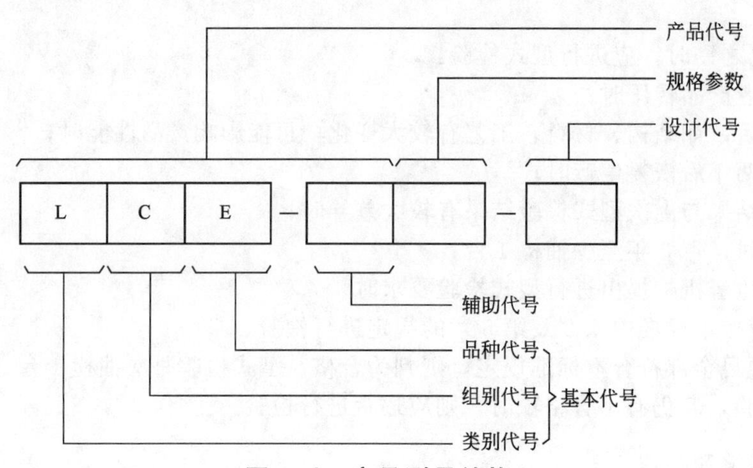

图 A.1 产品型号结构

A.1.2 产品代号由基本代号和辅助代号组成。

A.1.3 基本代号由类别代号、组别代号和品种代号组成，用大写汉语拼音字母表示。其定义：类别代号 L 表示轮胎生产机械（轮 L）；组别代号 C 表示成型机械（成 C）；品种代号 E 表示第二段成型机（二 E）。

A.1.4 辅助代号缺项可不标注。

A.1.5 规格参数：标注轮胎轮辋名义直径范围，用英寸（in）表示。

A.1.6 设计代号在必要时使用，应符合 GB/T 12783—2000 中 3.5 的规定。

A.2 型号标记示例

轮胎轮辋名义直径范围为 12 in～16 in 的轿车子午线轮胎第二段成型机型号标记为：LCE-1216。

附 录 B
(资料性附录)
第二段成型机基本参数

第二段成型机的基本参数参见表 B.1。

表 B.1 第二段成型机基本参数

项 目	基 本 参 数			
规格代号	1216	1418	1520	2028
适用轮胎轮辋名义直径范围/in	12～16	14～18	15～20	20～28
成型生胎外径/mm	480～820	480～845	510～875	620～960
胎圈定位范围(外侧)/mm	120～580	120～580	140～700	280～750
带束层贴合鼓直径/mm	460～790	460～825	460～855	600～940
带束层贴合鼓宽度/mm	330	370	400	400～450
带束层贴合鼓转速/(r/min)	0～200	0～200	0～200	0～200
带束层宽度/mm	80～305	80～320	90～370	90～370
冠带层胶条宽度/mm	5～20	5～20	5～20	5～20
胎面胶宽度/mm	130～300	130～350	150～350	150～400
胎面胶最大长度/mm	2 750	2 750	2 750	3 200

附　录　C
(规范性附录)
检测方法

C.1　基本要求检测

C.1.1　目测及实际操作，对5.2第二段成型机的功能要求进行检测：

a)　目测应具有供料、对中、定长、裁断、贴合、反包、压合等功能；

b)　通过触摸屏程序及操作检查，应具有手动控制与自动控制无扰动切换功能；

c)　通过触摸屏操作检查，应具有根据不同规格轮胎型号成型参数自动读取、调用功能；

d)　通过空负荷试车检查，应采用具有联锁装置的自动控制系统，按成型工艺顺序协调动作，保证程序准确、工作可靠；

e)　通过触摸屏程序及操作检查，应具有故障实时报警、故障自诊断、故障信息提示功能；

f)　通过触摸屏操作检查，应具有人机对话界面；

g)　通过触摸屏操作检查，应具有轮胎规格参数的输入、编辑和调用功能；

h)　通过空负荷试车、触摸屏操作检查，应具有动态监视、实时显示和控制运行状态功能；

i)　通过空负荷试车、触摸屏操作检查，应具有各功能部件根据手动操作需要独立动作功能；

j)　通过触摸屏操作检查，应具有成型轮胎规格更换、设备操作信息提示功能。

C.1.2　气动系统的检验。

a)　出厂检验时：应按GB/T 7932—2003中14.3规定的方法检验流体的泄漏。

b)　型式检验时：应按GB/T 7932—2003第14章的规定进行试运行。

C.1.3　目测及实际操作，对5.1.1运动部件的动作进行检测。

C.2　精度要求检测

C.2.1　用百分表对5.3.1、5.3.2进行检测，其检测见图C.1。具体操作：先将定型鼓驱动箱、带束层贴合鼓驱动箱安装好并达到图样要求，把百分表座固定在固定的安装座上，把表的测头触及定型鼓、带束层贴合鼓主轴轴端表面上，转动定型鼓、带束层贴合鼓主轴，测得的最大值和最小值差值作为定型鼓驱动箱、带束层贴合鼓驱动箱主轴轴端径向圆跳动值。

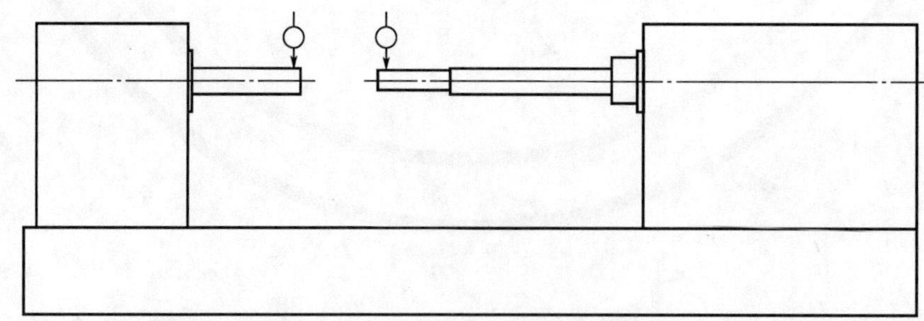

图C.1　定型鼓驱动箱、带束层贴合鼓驱动箱主轴轴端径向圆跳动检测

C.2.2　用百分表对5.3.3、5.3.4进行检测，其检测见图C.2。具体操作：先将定型盘或径向伸缩定型鼓与主轴安装好并达到图样要求，把百分表座固定在固定的安装座上，把表的测头触及左、右定型盘表面上，转动定型盘，测得的最大值和最小值的差值作为定型盘径向圆跳动值。再把表的测头触及左、右定型盘端面上，转动定型盘，测得的最大值和最小值的差值作为定型盘或径向伸缩定型鼓端面圆跳动值。

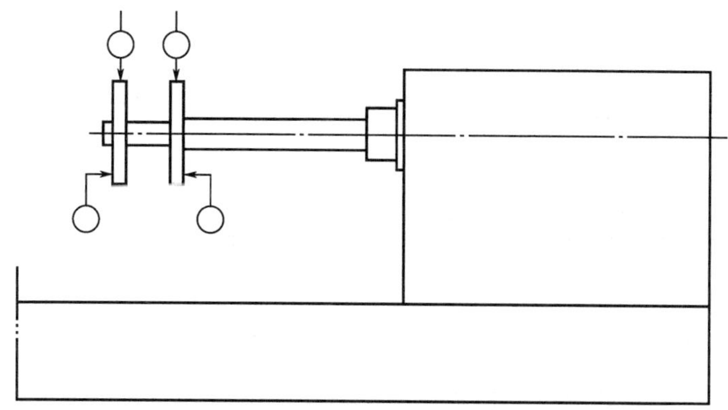

图 C.2 左、右定型盘径向圆跳动、端面圆跳动检测

C.2.3 用百分表对 5.3.5 进行检测，其检测见图 C.3。具体操作：先将带束层贴合鼓与主轴安装好并达到图样要求，把百分表座固定在固定的安装座上，把表的测头触及带束层贴合鼓主轴轴端表面上，转动带束层贴合鼓，测得的最大值和最小值的差值作为带束层贴合鼓轴端径向圆跳动值。

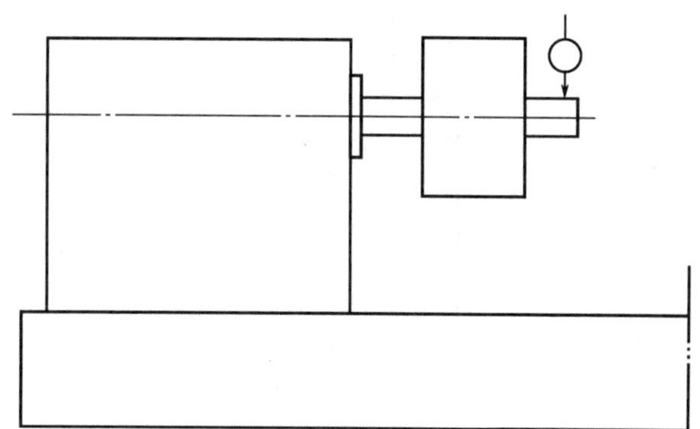

图 C.3 带束层贴合鼓轴端径向圆跳动检测

C.2.4 用卷尺对 5.3.6 进行检测，其检测见图 C.4。具体操作：先将带束层贴合鼓与主轴安装好，分别记录好带束层贴合鼓两端表面上某一点位置，测量两端位置的周长，测得的两端周长差值与带束层贴合鼓理论周长值的比值作为带束层贴合鼓周长的精度。

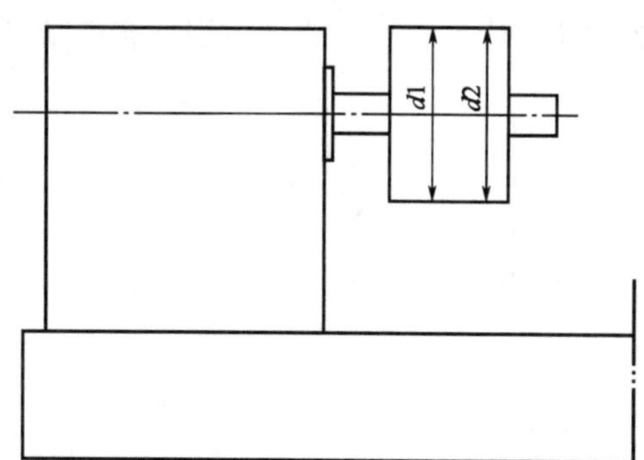

图 C.4 带束层贴合鼓两端周长差检测

C.2.5 用百分表对 5.3.7 进行检测，其检测见图 C.5。具体操作：先将带束层贴合鼓驱动箱、定型鼓驱动箱、带束层传递环安装好并达到图样要求，把百分表分别固定在带束层贴合鼓驱动箱轴、定型鼓驱动箱主轴上，把表的测头触及带束层传递环加工表面上，分别转动带束层贴合鼓驱动箱轴、定型鼓驱动箱主轴，测得的最大值和最小值的差值分别作为带束层传递环与带束层贴合鼓轴、定型鼓主轴同轴度。

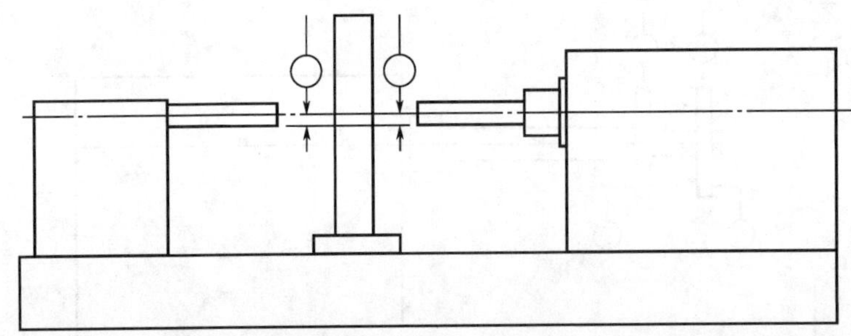

图 C.5　带束层传递环分别与带束层贴合鼓轴、定型鼓主轴同轴度检测

C.2.6　用百分表对 5.3.8 进行检测，其检测见图 C.6。具体操作：先将带束层贴合鼓驱动箱、定型鼓驱动箱、带束层传递环安装好并达到图样要求，把百分表分别固定在带束层贴合鼓驱动箱轴、定型鼓驱动箱主轴上，把表的测头触及带束层传递环加工表面端面上，分别转动带束层贴合鼓驱动箱轴、定型鼓驱动箱主轴，测得的最大值和最小值的差值分别作为带束层传递环与带束层贴合鼓轴、定型鼓主轴垂直度。

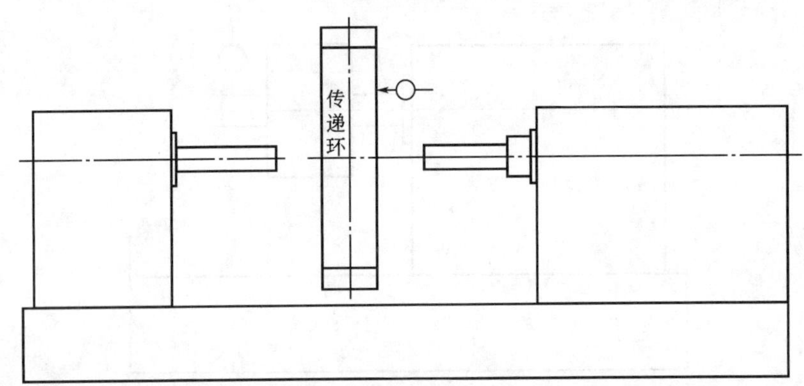

图 C.6　带束层传递环分别与带束层贴合鼓轴、定型鼓主轴垂直度检测

C.2.7　用百分表对 5.3.9 进行检测，其检测见图 C.7。具体操作：先将定型鼓驱动箱、带束层贴合鼓驱动箱安装好并达到图样要求，把百分表座固定在机座导轨滑块上，通过工装把表的测头分别触及定型鼓主轴、带束层贴合鼓轴侧表面上，分别沿定型鼓主轴、带束层贴合鼓轴方向移动滑块，测得的最大值和最小值的差值分别作为主机箱定型鼓主轴、带束层贴合鼓轴对机座导轨平行度。

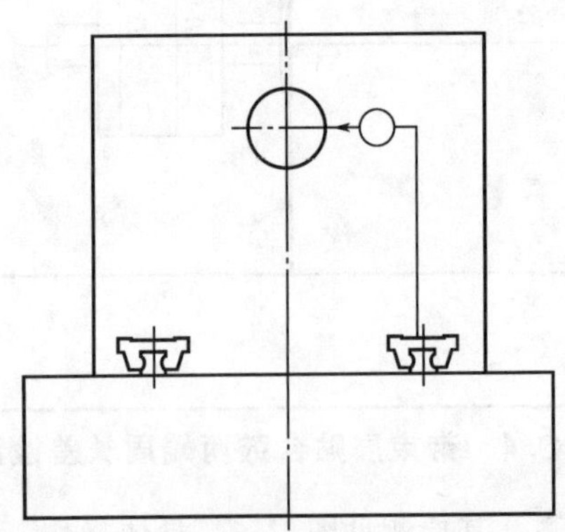

图 C.7　定型鼓主轴、带束层贴合鼓轴对机座导轨平行度检测

C.2.8　用百分表对 5.3.10 进行检测，其检测见图 C.8。具体操作：先将带束层贴合鼓、定型鼓和带束层传递环安装好并达到图样要求，把百分表固定在带束层贴合鼓、定型鼓中心位置，分别把表的测头触及传递环表面上，移动传递环分别至带束层贴合鼓、定型鼓中心位置 3 次，测得的最大值和最小值的差值分别作为带束层传递环重复定位精度（带束层贴合鼓、定型鼓中心位置）。

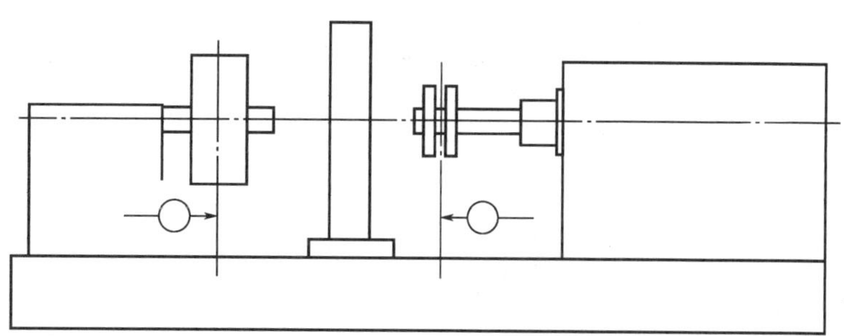

图 C.8 带束层传递环重复定位精度检测

C.2.9 用卷尺对 5.3.11 进行检测，其检测见图 C.9。具体操作：先将左、右定型盘或径向伸缩定型鼓安装好，记录好定型鼓主轴上中心位置，测量左、右定型盘或径向伸缩定型鼓端面至主轴中心位置的差值，作为左、右定型盘或径向伸缩定型鼓中心偏差。

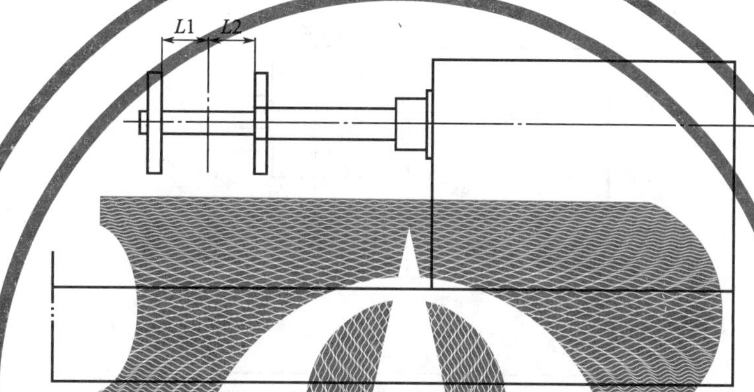

图 C.9 左、右定型盘或径向伸缩定型鼓中心偏差检测

C.2.10 用卷尺对 5.3.12 进行检测，其检测见图 C.10。具体操作：先将左、右定型盘或径向伸缩定型鼓安装好，记录好左、右定型盘或径向伸缩定型鼓中心线位置，通过手动模式将后压辊伸进定型鼓处，分别测量左、右后压辊中心到定型盘或径向伸缩定型鼓中心线距离，二者的差值为后压辊对左、右定型盘或径向伸缩定型鼓中心偏差值。

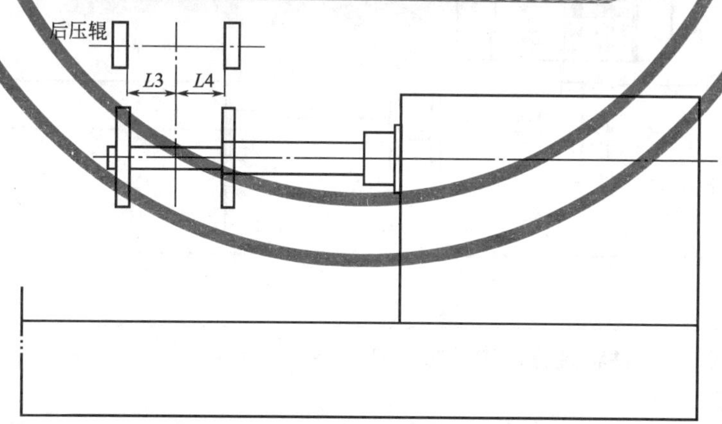

图 C.10 后压辊对左、右定型盘或径向伸缩定型鼓中心偏差检测

C.2.11 用卷尺对 5.3.13 进行检测，其检测见图 C.11。具体操作：先将带束层贴合鼓与主轴安装好，记录好机头端面上某一点位置，通过控制系统控制转动带束层贴合鼓驱动箱轴 360°，测得的该点位置变化长度值换算后得到角度偏差值作为带束层贴合鼓旋转角度定位精度。

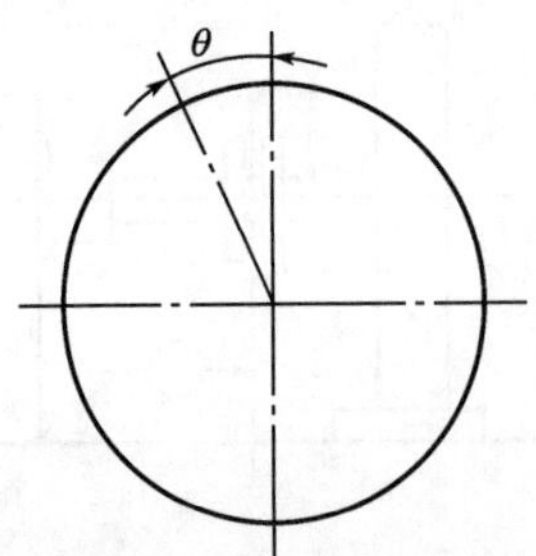

图 C.11　带束层贴合鼓旋转角度定位精度检测

C.2.12　用卷尺对 5.3.14 进行检测，其检测见图 C.12。具体操作：先将带束层贴合鼓与主轴安装好，记录好带束贴合层鼓中心线位置，通过手动模式将定位指示灯标线指示在带束层贴合鼓两端，分别测量左、右标线到带束层贴合鼓中心线距离，二者的差值为定位指示灯定位偏差。

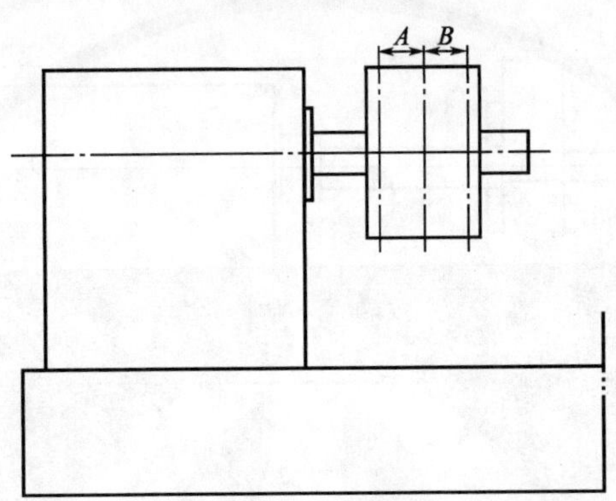

图 C.12　定位指示灯定位偏差检测

C.2.13　用卷尺对 5.3.15 进行检测，其检测见图 C.13。具体操作：先将供料装置与带束层贴合鼓安装好并达到图样要求，测量供料装置中心线与带束层贴合鼓中心线的距离，测得的数值作为供料装置定中挡板与带束层贴合鼓中心线对中精度。

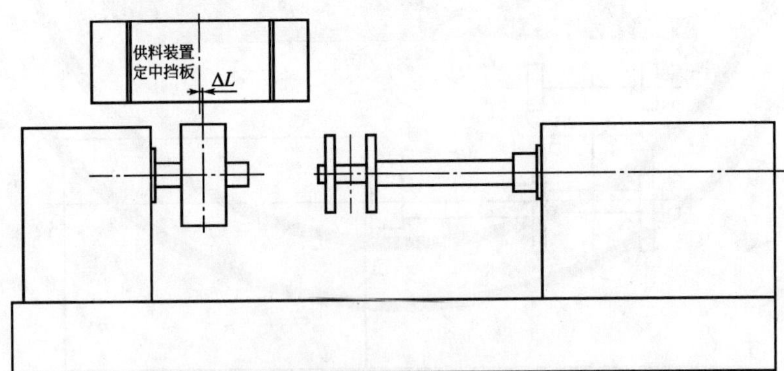

图 C.13　供料装置定中挡板与带束层贴合鼓中心线对中精度检测

C.3　安全要求检测

C.3.1　目测及实际操作，对 5.4.1 进行联锁防护装置保持关闭和锁定的检测。

C.3.2　目测检查 5.4.2、5.4.7 的紧急停机装置安装到位、气路设置过压保护装置。

C.3.3　按 GB/T 24342 的规定，对 5.4.3 进行保护联结电路连续性试验。

C.3.4　按 GB/T 24343 的规定，对 5.4.4 进行绝缘电阻试验。

C.3.5　按 GB/T 24344 的规定，对 5.4.5 进行电路导线和保护接地之间耐压试验。

C.3.6 按 GB 4208—2008 规定的方法，对 5.4.6 电气设备的外壳防护等级进行 IP54 级试验。

C.3.7 按 HG/T 2108 规定的方法，对 5.4.8 进行噪声检测。

C.4 涂漆和外观要求检测

C.4.1 按 HG/T 3228 -2001 规定的方法，对 5.5.1 进行涂漆质量检测。

C.4.2 按 HG/T 3120 规定的方法，对 5.5.2 进行外观质量检测。

ICS 71.120;83.200
G 95
备案号：17271—2006

中华人民共和国化工行业标准

HG/T 3798—2005

销钉机筒冷喂料挤出机

Pin-barrel cold-feed extruder

2006-01-17 发布　　2006-07-01 实施

中华人民共和国国家发展和改革委员会　发布

前　言

本标准由中国石油和化学工业协会提出。

本标准由全国橡胶塑料机械标准化技术委员会橡胶机械标准化分技术委员会归口。

本标准主要起草单位：中国化学工业桂林工程公司（原化学工业部桂林橡胶工业设计研究院）。

本标准参加起草单位：广东省湛江机械厂、天津赛象科技股份有限公司。

本标准主要起草人：吴志勇、黎立贤、杨锋、施政敏、苏寿琼。

本标准委托全国橡胶塑料机械标准化技术委员会橡胶机械标准化分技术委员会负责解释。

销钉机筒冷喂料挤出机

1 范围

本标准规定了销钉机筒冷喂料挤出机(以下简称销钉冷喂料挤出机)的系列、基本参数、技术要求、安全要求、试验方法与检验规则、标志和包装等。

本标准适用于销钉机筒冷喂料挤出机。

2 规范性引用文件

下列文件中的条款通过本标准的引用而成为本标准的条款。凡是注日期的引用文件,其随后所有的修改单(不包括勘误的内容)或修订版不适用于本标准,然而,鼓励根据本标准达成协议的各方研究是否可使用这些文件的最新版本。凡是不注日期的引用文件,其最新版本适用于本标准。

GB 191 包装储运图示标志

GB/T 1800.1—1997 极限与配合 基础 第1部分:词汇

GB/T 1800.2—1998 极限与配合 基础 第2部分:公差、偏差和配合的基本规定

GB/T 1800.3—1998 极限与配合 基础 第3部分:标准公差和基本偏差数值表

GB/T 1800.4—1999 极限与配合 标准公差等级和孔、轴的极限偏差表

GB/T 1801—1999 极限与配合 公差带和配合的选择

GB/T 4064 电气设备安全设计导则

GB/T 12783 橡胶塑料机械产品型号编制方法

GB/T 13306 标牌

GB/T 13384 机电产品包装通用技术条件

HG/T 3120 橡胶塑料机械外观通用技术条件

HG/T 3228 橡胶塑料机械涂漆通用技术条件

HG/T 3799 销钉机筒冷喂料挤出机检测方法

3 型号与基本参数

3.1 销钉冷喂料挤出机型号的编制应符合 GB/T 12783 中的规定。

3.2 销钉冷喂料挤出机的基本参数见表1。

表1 销钉冷喂料挤出机基本参数

规格	螺杆直径/mm	螺杆长径比 L/D	销钉排数(最多)/每排个数	螺杆最高转速/(r/min)	主电动机功率/kW	最大挤出能力/(kg/h)
60	60	10	5/6	80	18.5～22	80～150
		12	7/6			
90	90	12	8/6	60	45～55	250～350
		14	10/6	55	55～75	
		16				

表 1（续）

<table>
<tr><th>规格</th><th>螺杆直径/mm</th><th>螺杆长径比
L/D</th><th>销钉排数(最多)/
每排个数</th><th>螺杆最高转速/
(r/min)</th><th>主电动机功率/
kW</th><th>最大挤出能力/
(kg/h)</th></tr>
<tr><td rowspan="3">120</td><td rowspan="3">120</td><td>12</td><td>8/6</td><td rowspan="3">50</td><td rowspan="3">75～110</td><td rowspan="3">600～800</td></tr>
<tr><td>14</td><td rowspan="2">10/6</td></tr>
<tr><td>16</td></tr>
<tr><td rowspan="3">150</td><td rowspan="3">150</td><td>12</td><td>8/8</td><td>45</td><td>160</td><td rowspan="3">1 000～1 500</td></tr>
<tr><td>16</td><td rowspan="2">10/8</td><td rowspan="2">40/45</td><td rowspan="2">185～250</td></tr>
<tr><td>18</td></tr>
<tr><td rowspan="3">200</td><td rowspan="3">200</td><td>12</td><td>8/10</td><td>33</td><td rowspan="3">220～355</td><td rowspan="3">1 600～2 500</td></tr>
<tr><td>16</td><td>10/10</td><td rowspan="2">28/33</td></tr>
<tr><td>18</td><td>12/10</td></tr>
<tr><td rowspan="3">250</td><td rowspan="3">250</td><td>12</td><td>10/12</td><td rowspan="3">26</td><td rowspan="3">400～500</td><td rowspan="3">2 800～3 500</td></tr>
<tr><td>16</td><td rowspan="2">12/12</td></tr>
<tr><td>18</td></tr>
<tr><td colspan="7">注 1：最大挤出能力系指在最高螺杆转数及最大加胶量条件下的挤出能力。
注 2：挤出能力随胶种而变化。</td></tr>
</table>

4 技术要求

4.1 销钉冷喂料挤出机应符合本标准的各项要求，并按经规定程序批准的图样和技术文件制造。

4.2 销钉冷喂料挤出机加工胶料的工艺参数应符合下列规定：

a) 进料温度不低于 15 ℃；

b) 单根螺杆所能适应的门尼黏度变化值不小于 40 mL(1＋4)100 ℃。

4.3 销钉冷喂料挤出机的螺杆转速是无级可调的，调速范围为不小于 1∶10，且应有转速显示装置。

4.4 销钉冷喂料挤出机应具有使胶料均匀喂入的喂料装置。

4.5 销钉冷喂料挤出机应具有多区段温度自动调节和显示的装置，其温度调节范围为 40 ℃～95 ℃，温度误差为±2.0 ℃；各区段升温时间不大于 45 min。

4.6 螺杆螺纹表面应具有良好的耐磨性。采用氮化处理时，其渗氮层深度不低于 0.5 mm，表面硬度不低于 HV800，脆性不超过Ⅱ级；采用双金属结构时，硬度不低于 HRC58，深度不低于 1.5 mm；螺杆螺纹表面粗糙度 R_a 不大于 1.6 μm。

4.7 机筒衬套的内表面应具有良好的耐磨性。采用氮化处理时，其渗氮层深度不低于 0.5 mm，表面硬度不低于 HV900，脆性不超过Ⅱ级；采用双金属结构时，硬度不低于 HRC62，深度不低于 1.5 mm，衬套内表面的表面粗糙度 R_a 不大于 1.6 μm。

4.8 螺杆与衬套或机筒的内表面配合间隙应不低于 GB/T 1800.1～GB/T 1800.4、GB/T 1801—1991 中 D9/c9 的规定。装配后，螺杆与衬套或机筒的内表面配合间隙沿圆周的分布：对于轴端固定式结构的螺杆，其单面侧隙的最小值不得小于单面侧隙的最大值的 1/5；对于浮动式结构的螺杆，允许螺杆前端下部与衬套或机筒内表面接触，但不得有刮伤现象。

4.9 销钉冷喂料挤出机空运转功率不大于 10％主电机额定功率。

4.10 强制润滑系统所到达的各润滑点、各结合面和润滑管路接头处在工作压力下不得有漏油现象。

4.11 润滑油的油温和各轴承点（包括喂料装置喂料辊轴承）的温升不得大于 45 ℃。

4.12 温控系统设有缺水显示(信号灯亮)装置,并应具有自动排气功能。

4.13 温控管路系统应进行 1.25 倍工作压力的密封性试验,持续 30 min 不得有渗漏现象。

4.14 当带机头正常挤出时,机头与机身连接平面处不得有漏胶现象。喂料辊的刮胶刀处和两端返胶螺纹下方允许有少量漏胶,但应不影响喂料辊正常运行。

4.15 销钉冷喂料挤出机的涂漆应符合 HG/T 3228 的规定。

4.16 销钉冷喂料挤出机的外观质量应符合 HG/T 3120 的规定。

5 安全要求

5.1 销钉冷喂料挤出机在最高转速空负荷状态下的噪声声压级不得大于 85 dB(A)。

5.2 电气控制系统应符合 GB/T 4064 的规定。

5.3 当销钉冷喂料挤出机的减速器具有强制集中润滑系统时,该系统的油泵电机与主电机应有相互联锁的装置。

5.4 喂料口处应设有紧急停车装置及警示标志。

6 试验方法

6.1 按 HG/T 3799 检查 4.6～4.8,并应符合其规定。

6.2 空运转试验

6.2.1 空运转试验前应向机筒内加入润滑油。

6.2.2 空运转试验时间不小于 2 h。

6.2.3 在空运转试验中检查下列项目:

a) 按 4.3、4.5 进行检查,并应符合规定;

b) 按 HG/T 3799 测定 5.1,并应符合规定;

c) 检查喂料辊运转情况,应无异常的响声,速比齿轮应无偏磨现象;

d) 检查整机空运转功率,应符合 4.9 规定;

e) 检查有无紧固件松动和异常响声;

f) 强制润滑系统所到达的各润滑点、各结合面和润滑管路接头处在工作压力下不得有漏油现象;

g) 润滑油的油温和各轴承点(包括喂料装置喂料辊轴承)的温升不得大于 45 ℃。

6.3 负荷运转试验

6.3.1 空运转试验合格后方可进行负荷运转试验。

6.3.2 负荷运转试验时间 10 min～30 min(根据不同规格酌情确定)。

6.3.3 负荷运转试验中检查下列项目:

a) 按 HG/T 3799 中 3.1、3.2、3.3 的规定对螺杆转数、主电机功率、最大挤出能力进行测定,应符合表 1 的规定;

b) 按 4.5 要求检查温度范围和误差,应符合其规定;

c) 按 4.11、4.14 要求进行检查,应符合其规定;

d) 检查有无紧固件松动和异常响声。

6.4 在空运转试验或负荷运转试验检查合格后,在交付包装、运输或贮存之前,必须将各管路内的水和减速器的油放净,各管路阀门置于开启位置以防止在贮存和运输中冻坏、胀坏或污损设备。

7 检验规则

7.1 出厂检验

7.1.1 出厂检验应按 4.15、4.16、6.1、6.2 进行检查,并符合其规定。

7.1.2 每台产品必须经产品检验部门检验合格方能出厂,出厂时应附有证明产品质量合格的文件。

7.2 型式检验

7.2.1 型式检验应对标准中的各项要求进行检查，并应符合其规定。

7.2.2 凡有下列情况之一时，必须进行型式检验：

a) 正式生产后，如材料、结构、工艺有较大改变，可能影响产品性能时；

b) 正常批量生产时，每年至少抽检一台；

c) 国家质量监督机构提出进行型式检验要求时。

7.2.3 单机进行抽检不合格时，应再抽检一台；若再不合格时则应逐台进行检验。

8 标志、包装、运输、贮存

8.1 本产品应在明显位置固定产品标牌。标牌的型式、尺寸和技术要求应符合 GB/T 13306 的规定。

8.2 产品标牌的基本内容包括：

a) 产品名称和型号规格；

b) 制造单位名称；

c) 出厂编号；

d) 出厂日期。

8.3 本产品的包装应符合 GB/T 13384 的规定。

8.4 本产品的储运图示标志应符合 GB 191 的规定。

8.5 本产品的运输应符合运输部门的有关规定。

8.6 本产品应贮存在干燥通风处，避免受潮；当露天存放时，应有防雨措施。

9 其他

在遵守运输、贮存、安装和使用等有关要求，并在产品到站后 3 个月内开箱检验的条件下，供货单位应承担从到站之日起的 12 个月的保质期。

ICS 71.120;83.200
G 95
备案号：17272—2006

中华人民共和国化工行业标准

HG/T 3799—2005

销钉机筒冷喂料挤出机　检测方法

Pin-barrel cold-feed extruder—Testing and measuring methods

2006-01-17 发布　　2006-07-01 实施

中华人民共和国国家发展和改革委员会　发布

前　言

本标准由中国石油和化学工业协会提出。

本标准由全国橡胶塑料机械标准化技术委员会橡胶机械标准化分技术委员会归口。

本标准主要起草单位:中国化学工业桂林工程公司(原化学工业部桂林橡胶工业设计研究院)。

本标准参加起草单位:广东省湛江机械厂、天津赛象科技股份有限公司。

本标准主要起草人:吴志勇、黎立贤、杨锋、苏寿琼、施政敏。

本标准委托全国橡胶塑料机械标准化技术委员会橡胶机械标准化分技术委员会负责解释。

销钉机筒冷喂料挤出机　检测方法

1　范围

本标准规定了销钉机筒冷喂料挤出机的主要检测项目的检测方法。

本标准适用于销钉机筒冷喂料挤出机的检测。

本标准应同 HG/T 3798—2005《销钉机筒冷喂料挤出机》配合使用。

2　规范性引用文件

下列文件中的条款通过本标准的引用而构成为本标准的条款。凡是注日期的引用文件，其随后所有的修改单(不包括勘误的内容)或修订版不适用于本标准，然而，鼓励根据本标准达成协议的各方研究是否可使用这些文件的最新版本。凡是不注日期的引用文件。其最新版本适用于本标准。

HG/T 2108　橡胶机械噪声声压级的测定

3　主要性能检测

销钉机筒冷喂料挤出机主要性能检测见表 1。

表 1

序号	检验项目	检 测 方 法	检验工具
3.1	螺杆转速	用转速表测量螺杆的最高转速。测量 3 次，取其平均值	转速表 (0.5 级)
3.2	主电机功率	挤出机达到稳定工作状态时，用功率表测量 3 次，取其平均值 对于交流电机使用三相功率表测量，对于直流电机使用单相功率表测量	功率表 (精度 2.5%)
3.3	最大挤出能力	在螺杆最高转速和最大加胶量的条件下，挤出机敞开机头挤出，达到稳定工作状态时，测量其每 5 min 挤出的胶料量。连续测量 3 次，取其平均值，计算出最大挤出能力	计时表、 衡器

4　主要精度检测

销钉机筒冷喂料挤出机主要精度检测见表 2。

表 2

序号	检验项目	检 测 方 法	检验工具
4.1	螺杆螺纹的表面粗糙度 R_a	用表面粗糙度测量仪测量或粗糙度样板比较	表面粗糙度测量仪或粗糙度样块
4.2	机筒、衬套内表面的表面粗糙度 R_a	用表面粗糙度测量仪测量或粗糙度样板比较	表面粗糙度测量仪或粗糙度样块

表 2（续）

序号	检验项目	检 测 方 法	检验工具
4.3	螺杆与衬套或机筒的内表面配合间隙沿圆周的分布	对于轴端固定式结构的螺杆，用塞尺分别在机筒前端垂直方向上、下两点和水平方向左、右两点测量其单面侧隙； 对于浮动式结构的螺杆，应在螺杆回转 360°的条件下，查其前端下部是否与衬套或机筒保持无刮伤的接触	塞尺（测量端宽度为 3 mm～5 mm）
4.4	硬度	检测工件或与工件同时制作的样块，在工件或样块长端均匀地取 5 点测量，取其平均值	硬度仪
4.5	硬度层深度	检测试块	断面光谱仪

5 噪声检测

销钉机筒冷喂料挤出机噪声检测见表 3。

表 3

序号	检验项目	检 测 方 法	检验工具
	运转时的噪声声压级	按 HG/T 2108 规定进行	2 型声级计

ICS 71.120;83.200
G 95
备案号：17273—2006

中华人民共和国化工行业标准

HG/T 3800—2005

橡胶双螺杆挤出压片机

Twin-screw extruder of rubber

2006-01-17 发布　　2006-07-01 实施

中华人民共和国国家发展和改革委员会　发布

前　言

本标准的附录A为资料性附录。

本标准由中国石油和化学工业协会提出。

本标准由全国橡胶塑料机械标准化技术委员会橡胶机械标准化分技术委员会归口。

本标准主要起草单位:益阳橡胶塑料机械集团有限公司。

本标准参加起草单位:大连冰山橡塑股份有限公司。

本标准主要起草人:魏通锡、张金莲、杨红。

本标准委托全国橡胶塑料机械标准化技术委员会橡胶机械标准化分技术委员会负责解释。

橡胶双螺杆挤出压片机

1 范围

本标准规定了橡胶双螺杆挤出压片机的系列、基本参数、技术要求、安全要求、试验方法与检验规则、标志和包装等。

本标准适用于橡胶双螺杆挤出压片机(以下简称挤出压片机)。

2 规范性引用文件

下列文件中的条款通过本标准的引用而成为本标准的条款。凡是注日期的引用文件,其随后所有的修改单(不包括勘误的内容)或修订版不适用于本标准,然而,鼓励根据本标准达成协议的各方研究使用这些文件的最新版本。凡是不注日期的引用文件,其最新版本适用于本标准。

GB 191 包装储运图示标志

GB/T 4064 电气设备安全设计导则

GB/T 12783 橡胶塑料机械产品型号编制方法

GB/T 13306 标牌

GB/T 13384 机电产品包装通用技术条件

GB/T 13577 开放式炼胶机炼塑机

HG/T 3108—1998 冷硬铸铁辊筒

HG/T 3120 橡胶塑料机械外观通用技术条件

HG/T 3228 橡胶塑料机械涂漆通用技术条件

HG/T 3801 橡胶双螺杆挤出压片机检测方法

JB/T 5995 工业产品使用说明书机电产品说明书编写规定

3 型号、规格与基本参数

3.1 挤出压片机的型号的编制应符合 GB/T 12783 的规定。

3.2 挤出压片机规格与基本参数见附录 A 中表 A.1。

4 要求

4.1 挤出压片机应符合本标准的各项要求,并按经规定程序批准的图样和技术文件制造。

4.2 挤出压片机的螺杆、机筒体与胶料接触的表面应做硬化处理,硬化层硬度不低于 HRC50。

4.3 挤出机的压片辊筒应符合 HG/T 3108—1998 中第 5 章规定。

4.4 螺杆表面和机筒体内表面粗糙度 R_a 值不大于 3.2 μm。

4.5 左右螺杆与机筒的径向间隙误差为±2 mm。

4.6 左右机架框内侧面的平面度不大于 0.04 mm。

4.7 上下压片辊筒与挡胶板间的间隙为 0.5 mm~1.5 mm。

4.8 挤出压片机的螺杆转速应是可调的,调速范围参见附录 A,且应有转速显示装置。

4.9 挤出压片机的电气控制系统应能分别控制螺杆挤出速度和辊筒压片速度,并能实现连续挤出压片的工艺要求。

4.10 挤出压片机应具有水冷系统,压出胶片的温度应低于密炼机排胶温度 10 ℃以上。

4.11 挤出压片机空运转时,各轴承温度不应有骤升现象,最大温升不大于 20 ℃。

4.12　挤出压片机负荷运转时，各轴承温度不应有骤升现象.最大温升不大于 40 ℃，最高温度不超过 80 ℃。

4.13　挤出压片机空运转时，主电机功率不大于额定功率的 15%。

4.14　挤出压片机负荷运转时，主电机功率不应大于额定功率(允许瞬时超载)。

4.15　挤出压片机压片辊筒应具有自动调距装置。上辊可上升高度不小于 200 mm。

4.16　挤出压片机应具有自动润滑装置，以润滑螺杆和压片辊筒轴承。

4.17　螺杆、机筒体、冷却水管路系统应进行 1.25 倍工作压力的密封性试验，持续 10 min 不得有渗漏现象。

4.18　挤出压片机的涂漆应符合 HG/T 3228 的规定。

4.19　挤出压片机的外观质量应符合 HG/T 3120 的规定。

4.20　挤出压片机的制造，应符合 GB/T 13577 的规定。

5　安全要求

5.1　当挤出压片机连续空运转时间不少于 2 h，且不得有异常振动及周期性噪声，噪声声压级不应大于 85 dB(A)。

5.2　电气控制系统应符合 GB/T 4064 的规定。

5.3　挤出压片机应在上压片辊筒与上横梁之间明显的位置设有紧急停车装置，启动时应能切断电源。

5.4　所有外露传动部分应设有安全防护罩。

6　试验方法

6.1　空负荷运转试验

6.1.1　空负荷运转试验应在整机总装配时，按 4.5～4.17 的要求检验合格后方可进行。

6.1.2　空运转试验时，螺杆和辊筒转速以最高转速的三分之一进行试验，试验时间为 2 h，再升到最高转速进行试验，试验时间为 10 min，试验中检查有无紧固件松动、异常振动和周期性噪声。

6.1.3　在空运转试验中检查下列项目：

a)　按 4.11 的要求检查各轴承的温升；

b)　按 4.17 检查各系统；

c)　按 4.13 检查主电机功率；

d)　按 5.1～5.3 检查安全要求。

6.2　负荷运转试验(可在用户厂进行)

6.2.1　空负荷运转试验合格后方可进行负荷运转试验。负荷连续运转试验时间不得少于 2 h。

6.2.2　在负荷运转试验中检查下列项目：

a)　按 4.12 的要求检查各轴承的温升；

b)　按 4.14 检查主电机功率。

6.3　检测方法按 HG/T 3801 的要求进行。

6.4　在空负荷运转试验或负荷运转试验检杳合格后，在交付包装、运输或贮存之前，必须将各管路内的水和减速器内的油放净，各管路阀门置于开启位置以防止在贮存和运输中冻坏或污损设备。

7　检验规则

7.1　出厂检验

7.1.1　出厂检验应按 4.11、4.13、4.18、4.19、5.1、5.3、5.4 进行检查，并符合其规定。

7.1.2　每台产品必须经产品检验部门检验合格方能出厂，出厂时应附有证明产品合格证书和主要性能参数。

7.2 **型式检验**

7.2.1 型式检验应对标准中的各项要求进行检查,并应符合其规定。

7.2.2 凡有下列情况之一时,必须进行型式检验:

a) 新产品或老产品转厂时,要进行型式检验;
b) 正式生产后,若材料、结构、工艺有较大改变,可能影响产品性能时;
c) 产品长期停产后,恢复生产时(相隔三年及其以上);
d) 出厂检验结果与上次型式试验结果有较大差异时;
e) 正常生产时,每年至少抽检一台;
f) 国家质量监督机构提出进行型式检验要求时。

7.2.3 型式检验每次抽检一台。当检验不合格时,再抽检两台,若仍不合格时,应对该批产品逐台检验。

8 标志、包装、运输、贮存

8.1 每台产品应在适当位置固定产品标牌,标牌的尺寸和技术要求应符合 GB/T 13306 的规定,标牌的内容包括:

a) 产品名称和型号规格;
b) 制造单位名称或商标;
c) 产品的主要参数;
d) 出厂编号;
e) 制造日期。

8.2 产品包装运输应符合 GB/T 13384 的规定。

8.3 产品的储运图示标志应符合 GB 191 的规定。

8.4 产品的运输应符合运输部门的有关规定。

8.5 产品使用说明书应符合 JB/T 5995 的规定。

8.6 产品应贮存在干燥通风处,避免受潮,当露天存放时,应有防水措施。

9 其他

在遵守运输、贮存、安装和使用等有关要求,并在产品到站后 3 个月内开箱检验的条件下. 供货单位应承担从到站之日起的 12 个月的保质期。

附 录 A
（资料性附录）
挤出机的规格与基本参数

挤出压片机规格与基本参数见表 A.1。

表 A.1

参数 \ 型号	XJY-SZ 482×200 双螺杆挤出压片机	XJY-SZ 602×250 双螺杆挤出压片机	XJY-SZ 743×300 双螺杆挤出压片机	XJY-SZ 936×416 双螺杆挤出压片机
挤 出 机 部 分				
螺杆直径/mm	ϕ482/ϕ200	ϕ602/ϕ250	ϕ743/ϕ300 （ϕ743/ϕ330）	ϕ936/ϕ416
螺杆最高转速/(r/min)	≥20			
螺杆驱动电机功率/kW	75～90	90～100	110～160	160～250
压 片 机 部 分				
辊筒直径/工作长度/mm	ϕ360/610	ϕ400/800	ϕ400/1 100 或 ϕ450/1 100	ϕ510/1 200 ϕ610/1 200 ϕ600/1 200
压片辊筒驱动电机功率/kW	75～90	90～100	110～160	160～250
辊筒最大线速度/(m/min)	≥28	≥30	≥35	≥40
两辊筒工作间隙/mm	3～10			
两挡胶板间的最大距离/mm	500	600	750	900
上辊提升高度/mm	≥200			
冷却水压力/MPa	0.3～0.5			
生产能力/(kg/h)	2 500	3 500	9 000	11 000

ICS 71.120;83.200
G 95
备案号：17274—2006

中华人民共和国化工行业标准

HG/T 3801—2005

橡胶双螺杆挤出压片机检测方法

Testing and measuring methods for twin-screw extruder of rubber

2006-01-17 发布 2006-07-01 实施

中华人民共和国国家发展和改革委员会 发布

前　言

本标准与《橡胶双螺杆挤出压片机》配套标准。

本标准由中国石油和化学工业协会提出。

本标准由全国橡胶塑料机械标准化技术委员会橡胶机械标准化分技术委员会归口。

本标准主要起草单位:益阳橡胶塑料机械集团有限公司。

本标准参加起草单位:大连冰山橡塑股份有限公司。

本标准主要起草人:贺刚、康玉梅、魏通锡、张金莲、丛培凡。

本标准委托全国橡胶塑料机械标准化技术委员会橡胶机械标准化分技术委员会负责解释。

橡胶双螺杆挤出压片机检测方法

1 范围

本标准规定了橡胶双螺杆挤出压片机的检测方法。

本标准适用于橡胶双螺杆挤出压片机(以下简称挤出压片机)的检验。

本标准与 HG/T 3800—2005《橡胶双螺杆挤出压片机》产品标准配合使用。

2 规范性引用文件

下列文件中的条款通过本标准的引用而构成为本标准的条款。凡是注日期的引用文件,其随后所有的修改单(不包括勘误的内容)或修订版不适用于本标准,然而,鼓励根据本标准达成协议的各方研究是否可使用这些文件的最新版本。凡是不注日期的引用文件,其最新版本适用于本标准。

HG/T 3118　冷硬铸铁辊筒检测方法

HG/T 2108　橡胶机械噪声声压级的测定

3 检测

3.1　主要零部件精度的检测见表1。

表 1

序号	检测项目	检测方法	检测简图	检验工具
3.1.1	螺杆、机筒体硬度和表面粗糙度	1. 用硬度计检测硬化层硬度; 2. 用粗糙度比较样块比较,或粗糙度检测仪检测		1. 硬度计 2. 粗糙度比较样块 3. 粗糙度检测仪
3.1.2	1. 辊筒工作直径 2. 表面粗糙度 3. 白口层深度和硬度	按 HG/T 3118 检测		1. 外径千分尺 2. 表面粗糙度检测仪或表面粗糙度比较样块 3. 肖氏硬度计 4. 直钢尺

3.2　装配精度检测见表2。

表 2

序号	检测项目	检测方法	检测简图	检验工具
3.2.1	左右螺杆与机筒的径向间隙	用块规和塞尺按图示检查螺杆小端螺纹外径与机筒内圆周的间隙(C)	C 图 1	块规 塞尺

表 2（续）

序号	检测项目	检测方法	检测简图	检验工具
3.2.2	左右机架框内侧面的平面度	用平尺紧靠两被测面，用塞尺检查其间隙	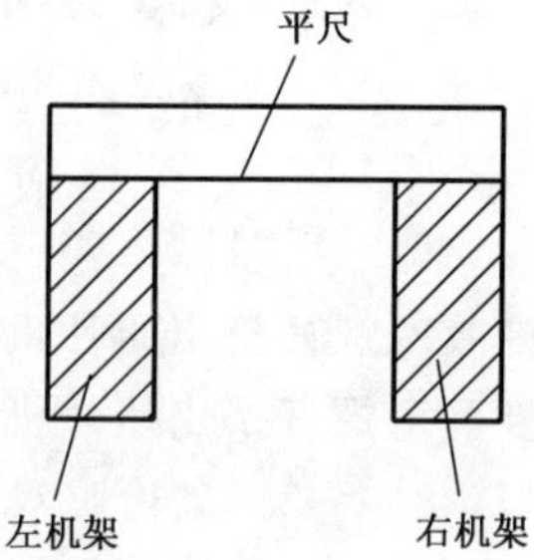 平尺 左机架 右机架 图 2	塞尺 平尺
3.2.3	上下压片辊筒与挡胶板之间的间隙	用塞尺检查图示部位的间隙(C)	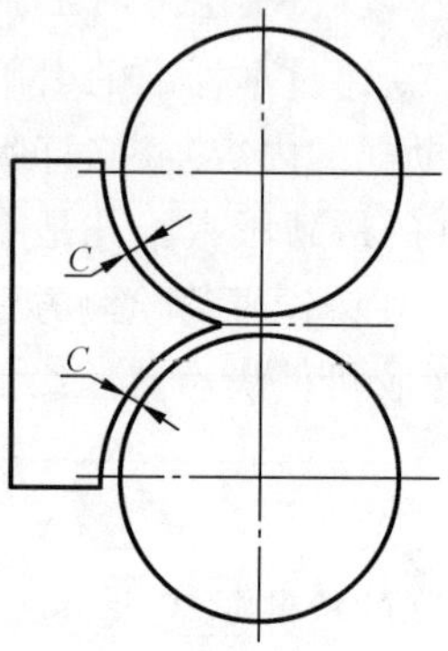 C C 图 3	塞尺
3.2.4	上下压片辊筒调距范围	将上下压片辊筒置于下位，用量块按图示测 C_1 的距离，然后将上压辊筒置于调距位置，按图示测 C_2 的距离，最后调至最高位置时，再测 C_3 的距离	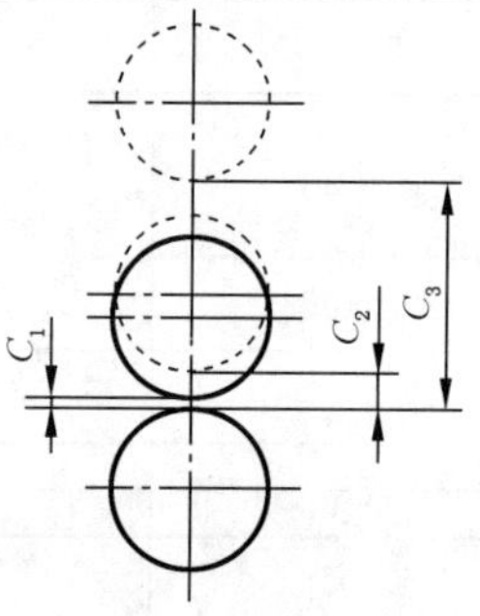 C_1 C_2 C_3 图 4	塞尺 量规 块规

3.3 产品性能与安全要求检测见表 3。

表 3

序号	检测项目	检测方法	检测简图	检验工具
3.3.1	空(负荷)运转时功率	1. 用功率表测试电机三次，最大值为电机空负荷运转功率； 2. 也可用电流表测试电机三次，电流最大值为电机空负荷运转电流，再换算为功率		功率表 电流表
3.3.2	空(负荷)运转时螺杆轴承温升	空负荷运转时间 1 h 后用点温计或测温计沿各轴承座部位测 3～4 点，取最大值减去环境温度，即为轴承温升		点温计 测温计
3.3.3	空(负荷)运转时压片辊筒轴承温升			
3.3.4	空(负荷)运转时减速器轴承温升			

表 3（续）

序号	检测项目	检测方法	检测简图	检验工具
3.3.5	螺杆、机筒、冷却水管路系统的水压试验	将螺杆、机筒、冷却水管路按试验压力要求进行保压试验，日测渗漏情况		试压泵
3.3.6	产品运转时噪声	按 HG/T 2108 的规定检测		2 型声级计

ICS 71.120;83.200
G 95
备案号:34501—2012

HG

中华人民共和国化工行业标准

HG/T 4179—2011

预硫化翻新轮胎硫化罐

Pre-cure autoclave of retreading tyre

2011-12-20 发布　　2012-07-01 实施

中华人民共和国工业和信息化部　发布

前　言

本标准的附录A、附录B为资料性附录，附录C为规范性附录。

本标准由中国石油和化学工业联合会提出。

本标准由全国橡胶塑料机械标准化技术委员会橡胶机械分技术委员会(SAC/TC71/SC1)归口。

本标准负责起草单位：北京多贝力轮胎有限公司。

本标准参加起草单位：中航工业北京航空制造工程研究所、软控股份有限公司、无锡纽耶拉轮胎再生技术有限公司、四川省乐山市亚轮模具有限公司、桂林橡胶机械厂、中国化学工业桂林工程有限公司、福建华橡自控技术股份有限公司、高唐兴鲁-奔达可轮胎强化有限公司。

本标准主要起草人：范致星、朱世兴、于荣、赵德仁、关旭鸣、刘裕厚、何晓旭、谭志滨、曾友平、田建国。

本标准为首次发布。

预硫化翻新轮胎硫化罐

1 范围

本标准规定了预硫化翻新轮胎硫化罐的术语和定义、型号及基本参数、要求、试验、检验规则和标志、包装、运输及贮存等。

本标准适用于以电加热或以蒸汽、导热油为传热介质的预硫化翻新轮胎硫化罐(以下简称硫化罐)。

2 规范性引用文件

下列文件中的条款通过本标准的引用而成为本标准的条款,凡是注日期的引用文件,其随后所有的修改单(不包括勘误的内容)或修订版均不适用于本标准,然而,鼓励根据本标准达成协议的各方研究是否可使用这些文件的最新版本。凡是不注日期的引用文件,其最新版本适用于本标准。

GB 150—1998 钢制压力容器

GB/T 191 包装储运图示标志(mod GB/T 191—2008,ISO 780:1997)

GB 2894 安全标志及其使用导则

GB 5226.1—2008 机械电气安全 机械电气设备 第1部分:通用技术条件(idt IEC 60204-1:2005)

GB/T 6326 轮胎术语及其定义

GB/T 12783 橡胶塑料机械产品型号编制方法

GB/T 13306 标牌

HG/T 2108 橡胶机械噪声声压级的测定

HG/T 3120 橡胶塑料机械外观通用技术条件

JB/T 4711 压力容器涂敷与运输包装

JB/T 4746 钢制压力容器用封头

TSG R0004—2009 固定式压力容器安全技术监察规程

3 术语和定义

GB/T 6326 确立的以及以下术语和定义适用于本标准。

3.1

预硫化翻新轮胎 precuring retreaded tyre

按预硫化工艺完成的翻新轮胎。

3.2

快开门硫化罐 quick-actuating doorautoclave

罐门与罐口之间采用错齿连接的快速开启和关闭的硫化罐。

4 型号及基本参数

4.1 型号

硫化罐型号的编制方法应符合 GB/T 12783 的规定,其型号组成及定义参见附录 A。

4.2 基本参数

硫化罐基本参数参见附录 B。

5 要求

5.1 基本要求

5.1.1 硫化罐设计单位应持有相应级别的特种设备设计许可证。

5.1.2 硫化罐制造单位应持有相应级别的特种设备制造许可证。

5.1.3 硫化罐的电器设备在下列条件下应能正常工作：

a) 交流稳态电压 0.9～1.1 倍额定电压；

b) 环境温度 5 ℃～40 ℃；

c) 当温度为 40 ℃、相对湿度不超过 50 %时，温度低则对应高的相对湿度(如 20 ℃时为 90 %)；

d) 海拔高度 1 000 m 以下。

5.2 功能要求

5.2.1 硫化罐应具有手动调节和自动控制硫化过程中罐内工作压力和工作温度的装置或接口。

5.2.2 硫化罐应具有测量、显示罐内压力和温度的装置或接口。

5.2.3 硫化罐应具有测量热风循环装置轴承温度的接口。

5.2.4 硫化罐应有冷凝水排放装置或接口。

5.2.5 硫化罐罐门(盖)的启闭和锁紧应通过机械装置完成，并具有自动或手动控制装置。

5.2.6 硫化罐中的每条内胎、包封套应单独设有压力的控制装置和显示仪表，且包封套压力显示表应含有正、负压力量程。

5.3 技术要求

5.3.1 硫化罐应符合本标准要求，并按 GB 150 和 TSG R0004 有关规定进行设计、制造。

5.3.2 筒体尺寸偏差要求

5.3.2.1 筒体的圆度应符合 GB 150—1998 中 10.2.4.10 的规定。

5.3.2.2 筒体长度偏差应符合表 1 的规定。

表 1 筒体长度偏差

单位为毫米

筒体长度	$L\leqslant 3\ 000$	$3\ 000<L\leqslant 6\ 000$	$6\ 000<L\leqslant 10\ 000$
长度允差	±6.0	±10.0	±15.0

5.3.2.3 筒体内径允许偏差为±5.0 mm。

5.3.3 封头尺寸允许偏差应符合 JB/T 4746 的规定。

5.3.4 硫化罐工作温度、压力的调节范围和精度应能满足翻新轮胎硫化工艺要求，且温度仪表显示值和设定值之差应不大于 2 ℃，压力仪表显示值与设定值之差应不大于 0.05 MPa。

5.3.5 硫化罐热风循环装置，轴承温升应不大于 20 ℃，且运转平稳，无异常振动和响声。

5.3.6 硫化罐热风循环装置在运行时，电机功率不得大于额定功率。

5.3.7 硫化罐的吊轨、快开罐门等运动部件的动作应平稳、灵活、准确、可靠、无卡阻现象。

5.3.8 硫化罐硫化过程中各点温差：筒体长度不大于 5 m 时，温差应不超过 3 ℃；筒体长度大于 5 m 时，温差应不超过 5 ℃。

5.3.9 产品的涂敷质量应符合 JB/T 4711 的规定。

5.3.10 产品外观质量应符合 HG/T 3120 的规定。

5.4 安全、环保要求

5.4.1 硫化罐应设有安全阀、超压应急手动与自动排气装置；快开门的安全联锁装置应具备 TSG R0004—2009 中 3.20 规定的功能。

5.4.2 内胎和包封套的充气系统应设有超压自动排气装置。

5.4.3 硫化罐工作时，噪声声压级应不大于 80 dB(A)。

5.4.4 硫化罐应有便于吊装的结构。

5.4.5 人体可接触的硫化罐外表面最高温度不宜高于 60 ℃，高于 60 ℃的部位，应加防护装置或警示标志。

5.4.6 硫化罐体表面应填充绝热材料，绝热材料不得使用含石棉材料。

5.4.7 硫化罐外露的齿轮、齿条、皮带等传动部件应设有安全防护装置。

5.4.8 硫化罐与电气设备导体间的绝缘电阻应符合 GB 5226.1—2008 中 18.3 的规定。

5.4.9 硫化罐电气设备的保护连接电路应符合 GB 5226.1—2008 中 18.2 的规定。

5.4.10 硫化罐应设置相应的安全警示标志，安全警示标志应符合 GB 2894 的规定。

5.4.11 硫化罐内电气元件(含密封垫)应耐温 150 ℃，耐压 1.0 MPa。

5.4.12 采用电加热时，风机与加热电路要联锁，防止干烧，并装有过热保护装置。

5.4.13 硫化罐的安装、使用管理与维修应按 TSG R0004—2009 第 5 章和第 6 章执行。

5.4.14 硫化罐所有的温度和压力仪器仪表应合格、有效；安全附件应符合 TGS R0004—2009 第 8 章的规定。

6 试验

6.1 空负荷试验

6.1.1 空负荷试验应在 5.2、5.3.2、5.3.3、5.3.7、5.4.1、5.4.2、5.4.4、5.4.6～5.4.12 检查合格后进行。其中 5.3.2 检测方法按附录 C 中 C.1 的规定。其余各条按相应规定或目测检查。

6.1.2 空负荷试验运转 1 h 后进行下列试验和检查：

a) 检查仪表显示的温度、压力与设定值之差，应符合 5.3.4 的规定。

b) 用测温仪测量热风循环装置轴承座外壳的温度，测量三次，取最高值，计算温升，温升应符合 5.3.5 的规定。

6.2 负荷试验

6.2.1 负荷试验应在空负荷试验合格后进行，可在用户厂进行负荷试验。

6.2.2 负荷试验中应进行下列试验和检查：

a) 在额定电压下，罐内压力 0.6 MPa 时，用功率表(精度不低于 1.5 级)测量电机的功率值。测量三次，取其中最大值，应符合 5.3.6 的规定。

b) 运行噪声声压级按 HG/T 2108 规定方法用声级计进行测量，应符合 5.4.3 的规定。

c) 硫化过程中各点的温差检查方法按附录 C 中 C.2 的规定，测量值应符合 5.3.8 的规定。

d) 用测温仪测量硫化罐人体可触及部位温度，应符合 5.4.5 的规定。

7 检验规则

7.1 出厂检验

7.1.1 每台硫化罐须经制造单位质量检验部门检验合格和质量技术监督部门安全性能监督检验合格后方能出厂。出厂时应附有产品质量合格证和产品使用说明书。

7.1.2 每台硫化罐出厂前应按 5.3.9、5.3.10 和 6.1 进行试验和检验，并应符合其规定。

7.2 型式试验

7.2.1 型式试验应对标准中的各项要求进行检查，并应符合规定。

7.2.2 凡有下列情况之一时，应进行型式试验：

a) 新产品鉴定或老产品转厂生产时；

b) 产品在结构、工艺、材料上有较大的改变，可能影响产品性能时；

c) 产品长期停产(相隔 3 年及 3 年以上)，恢复生产时；

d） 出厂检验结果与上次型式试验结果有较大差异时；

e） 正常生产时，每年至少抽检一台；

f） 国家质量监督机构提出进行型式试验时。

7.2.3 判定：型式试验每次抽一台，检验项目全部符合标准规定，则为合格。当抽检不合格时应再抽两台复验，若仍有不合格时，则应查明原因对该批产品逐台进行检验。

8 标志、包装、运输及贮存

8.1 标志

每台产品应在明显位置固定产品标牌，标牌的型式、尺寸和技术要求应符合 GB/T 13306 的规定，产品标牌的内容应包括：

a） 产品名称及型号；

b） 产品的主要参数；

c） 制造单位名称及商标；

d） 产品执行标准号；

e） 产品编号及生产日期；

f） GB 150 中规定的内容。

8.2 包装运输

8.2.1 产品的包装应符合 JB/T 4711 的规定。包装储运图示标志应符合 GB/T 191 的规定。运输包装应符合运输部门的有关规定。

8.2.2 随机文件应统一装在防水的塑料袋内；随机文件应包括：

a） 产品质量合格证；

b） 使用说明书；

c） 装箱单；

d） 备件清单；

e） TSG R0004 中规定的文件。

8.3 贮存

产品应存放在通风、干燥、无火源、无腐蚀性气（物）体的地方，加工表面应涂防锈油（脂），露天存放应有防雨措施。

附 录 A
(资料性附录)
型号组成及定义

A.1 型号组成

A.1.1 预硫化翻新轮胎硫化罐型号由产品代号、规格参数和设计代号三部分组成，产品型号格式如下：

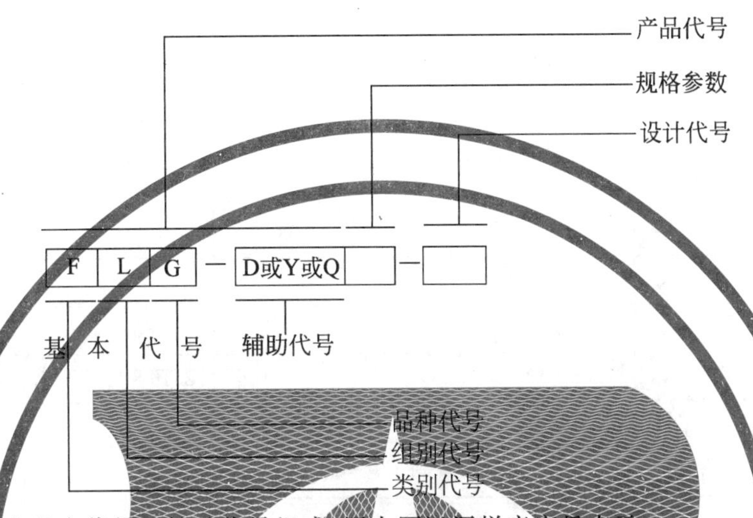

A.1.2 产品代号由基本代号和辅助代号组成，用大写汉语拼音字母表示。

A.1.3 基本代号由类别代号、组别代号和品种代号组成，其定义：类别代号 F 表示轮胎翻新机械(翻)；组别代号 L 表示硫化机械(硫)；品种代号 G 表示罐类机械(罐)。

A.1.4 辅助代号定义：电加热为 D(电)；导热油加热为 Y(油)；水蒸气加热为 Q(汽)。

A.1.5 规格参数：由罐体内径乘筒体长度表示，单位为米(m)，取一位小数。

A.1.6 设计代号在必要时使用。设计代号由制造单位代号和设计序号组成。制造单位代号用汉语拼音大写字母表示，设计序号用大写罗马数字表示，第一次设计，序号“Ⅰ”可以省略。

A.2 型号说明及示例

某制造单位(代号为 M)，第二次设计的罐体内径 1.5 m，可使用长度 5.0 m，电加热的预硫化翻新硫化罐，其型号为：

FLG-D1.5×5.0-MⅡ

附　录　B
（资料性附录）
硫化罐基本参数

硫化罐基本参数见表B.1。

表B.1　硫化罐基本参数

罐体内径/m		1.5					
筒体长度/m（推荐可装条数）		2.2 (6)	2.9 (8)	4.2 (12)	5.5 (16)	7.5 (22)	8.2 (24)
单胎设计工位长度/mm	≥	320					
最高工作压力/MPa		0.6					
工作温度/℃	≤	120					
测温点/个	≥	2	2	3	3	4	4
升温时间/min	≤	50					
电加热功率/kW	≤	30	35	50	60	75	85
蒸汽耗能/(kJ/h)	≤	1.08×10^5	1.26×10^5	1.8×10^5	2.16×10^5	2.7×10^5	3.06×10^5
注1：推荐可装条数是以10.00R20为例测算的。 注2：升温时间是指空载条件下从环境温度20 ℃升到120 ℃所需时间。							

附　录　C
（规范性附录）
硫化罐检测方法

C.1　筒体尺寸偏差检测方法见表C.1。

表C.1　筒体尺寸偏差检测方法

检测项目	检测条件	检测仪器	检测方法	检测示图
罐体内径	罐体组焊后，内件安装前	内径尺	罐体同一截面相隔90°各测量1次（见图1），取D_1、D_2的算术平均值作为罐体内径	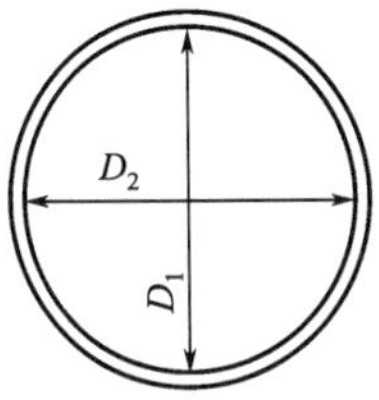 D_2 D_1 图1
筒体长度	罐体组焊后	钢卷尺	测量筒体与封头（或罐口法兰）两环焊缝中线间的长度（见图2）	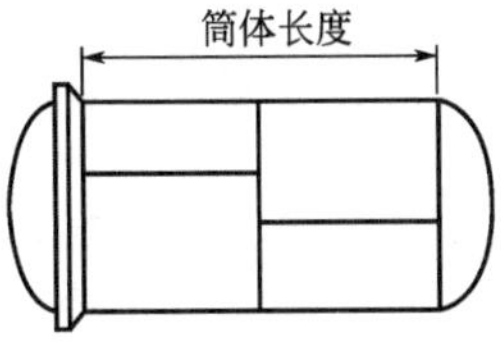 筒体长度 图2

C.2　温差检测方法见表C.2。

表C.2　温差检测方法

检测项目	检测条件	检测仪器	检测方法	检测示图
硫化罐硫化过程中各点温差	负荷运转	a) 压力表； b) 双金属温度计； c) 留点温度计（仪表精度等级1.5级）	a) 达到额定压力和温度下保持20 min，卸压后开启罐盖，记下各测量点的温度。 b) 径向温差的计算方法： 分别计算各测量截面每侧两个测量点温度的算术平均值，对面两侧温差为径向温差，取其中最大径向温差作为硫化罐径向温差。 c) 轴向温差的计算方法： 分别计算各测量截面各测量点温度的算术平均值，取其中最大值与最小值之差作为硫化罐轴向温差。 d) 取径向温差和轴向温差中最大值作为硫化过程中各点温差值	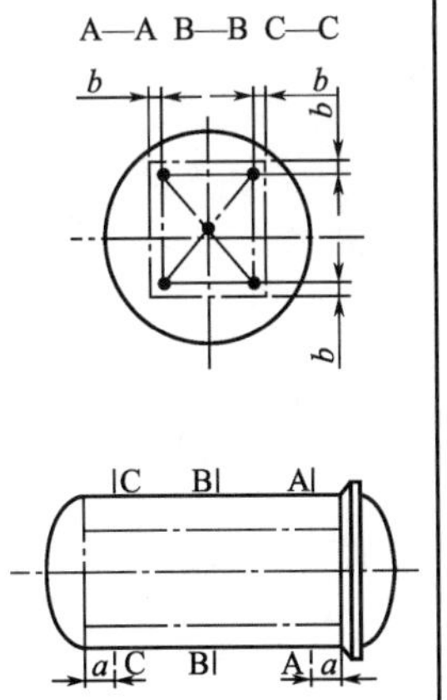 A—A B—B C—C b b b b C B A a C B A a
注：图中双点画线表示罐内有效空间范围，截面间距相等，a=150 mm～300 mm，b=50 mm～100 mm，"•"代表测温点。				

ICS 71.120;83.200
G 95
备案号:34502—2012

HG

中华人民共和国化工行业标准

HG/T 4180—2011

翻新轮胎打磨机

Tyre retreading buffer

2011-12-20 发布

2012-07-01 实施

中华人民共和国工业和信息化部 发布

前　言

本标准的附录 A 和附录 B 为资料性附录。

本标准由中国石油和化学工业联合会提出。

本标准由全国橡胶塑料机械标准化技术委员会橡胶机械标准化分技术委员会(SAC/TC71/SC1)归口。

本标准负责起草单位:软控股份有限公司。

本标准参加起草单位:北京多贝力轮胎有限公司、中国化学工业桂林工程有限公司、无锡组耶拉轮胎再生技术有限公司、四川省乐山市亚轮模具有限公司、桂林橡胶机械厂、中航工业北京航空制造工程研究所、高唐兴鲁-奔达可轮胎强化有限公司。

本标准主要起草人:仇世剑、蓝宁、徐建华、范致星、沈杰、关旭鸣、刘裕厚、谢盛烈、于荣、田建国。

本标准首次发布。

翻新轮胎打磨机

1 范围

本标准规定了翻新轮胎打磨机(简称打磨机)的术语和定义、型号与基本参数、要求、试验、检验规则、标志、包装、运输和贮存等要求。

本标准适用于轮胎规格(轮辋名义直径)为 15 in～22.5 in 的打磨机,包括膨胀鼓式打磨机和卡盘式打磨机。

2 规范性引用文件

下列文件中的条款通过本标准的引用而成为本标准的条款。凡是注日期的引用文件,其随后所有的修改单(不包括勘误的内容)或修订版均不适用于本标准,然而,鼓励根据本标准达成协议的各方研究是否可使用这些文件的最新版本。凡是不注日期的引用文件,其最新版本适用于本标准。

GB 4208—2008　外壳防护等级(IP 代码)(idt IEC 60529：2001)

GB 5226.1—2008　机械电气安全　机械电气设备　第 1 部分:通用技术条件(idt IEC 60204-1：2005)

GB/T 6326　轮胎术语及其定义

GB/T 7932　气动系统通用技术条件(idt GB/T 7932—2003,ISO 4414：1998)

GB/T 12783—2000　橡胶塑料机械产品型号编制方法

GB/T 13306　标牌

GB/T 13384　机电产品包装通用技术条件

HG/T 2108　橡胶机械噪声声压级的测定

HG/T 3120　橡胶塑料机械外观通用技术条件

HG/T 3223　橡胶机械术语

HG/T 3228　橡胶塑料机械涂漆通用技术条件

3 术语和定义

GB/T 6326 和 HG/T 3223 确立的以及下列术语和定义适用于本标准。

3.1

轮胎装夹卡盘　tyre clamping chuck

用于定位、夹紧被翻新轮胎,与轮胎胎圈部位形状尺寸相配合的圆盘。

3.2

膨胀鼓　expansible drum

用于被翻新轮胎定位、夹紧和充气的可径向涨缩的鼓型部件。

3.3

膨胀鼓式翻新轮胎打磨机　expansible drum type tyre retreading buffer

用膨胀鼓定位、夹紧被翻新轮胎的打磨机。

3.4

卡盘式翻新轮胎打磨机　chuck type tyre retreading buffer

用双卡盘定位、夹紧被翻新轮胎的打磨机。

4 型号与基本参数

4.1 打磨机的型号编制方法应符合 GB/T 12783 的规定。型号组成及定义参见附录 A。

4.2 打磨机的基本参数参见附录 B。

5 要求

5.1 基本要求

5.1.1 打磨机应符合本标准的要求，并按照经过规定程序批准的图样和技术文件制造。

5.1.2 打磨机的气动系统应符合 GB/T 7932 的规定。

5.1.3 打磨机打磨时应保持工作压力稳定。

5.2 功能要求

5.2.1 打磨机应具有可调节被翻新轮胎旋转速度的功能。

5.2.2 打磨机应具有对磨轮降温的功能。

5.2.3 自动打磨机应具有半自动、自动工作模式，具有按照工艺参数进行设定的功能。

5.2.4 自动打磨机应具有人机对话操作界面，可进行参数设置、过程参数记录、报警提示、设备动作控制等功能。

5.2.5 自动打磨机可配置具有自动测厚、周长检测和温度检测等功能的装置。

5.2.6 自动打磨机应能够按设定程序和工艺参数自动完成整个工艺过程。

5.3 精度要求

打磨机的主要精度应符合表 1 的规定。

5.4 涂漆和外观要求

5.4.1 涂漆质量应符合 HG/T 3228 的规定。

5.4.2 外观质量应符合 HG/T 3120 的规定。

5.5 安全和环保要求

5.5.1 打磨机外置的机械传动部件应设安全防护装置。

5.5.2 打磨机的打磨部位应设有吸尘罩。

5.5.3 卡盘夹紧结构的打磨机，轮胎夹紧与轮胎转动应有电气联锁，防止轮胎在未夹紧状态下转动。

5.5.4 卡盘夹紧结构的打磨机，胎腔内充气气路应设有可靠的限压装置。

5.5.5 打磨机应具有安全可靠的急停装置，并安装在易于操作的明显位置。

5.5.6 打磨机的电气控制系统应具有良好的防护，外壳防护等级应符合 GB 4208—2008 规定的 IP54 级要求。

5.5.7 打磨机的绝缘电阻应符合 GB 5226.1—2008 中 18.3 的规定。

5.5.8 打磨机的所有电路导线和保护接地之间耐压应符合 GB 5226.1—2008 中 18.4 的规定。

5.5.9 打磨机空负荷运转时的噪声声压级应不大于 80 dB(A)；负荷运转时的噪声声压级应不大于 85 dB(A)。

表 1　主要精度要求

单位为毫米

项目名称	示意简图	适用轮胎轮辋名义 直径 15 in～22.5 in
膨胀鼓主轴连接盘径向圆跳动	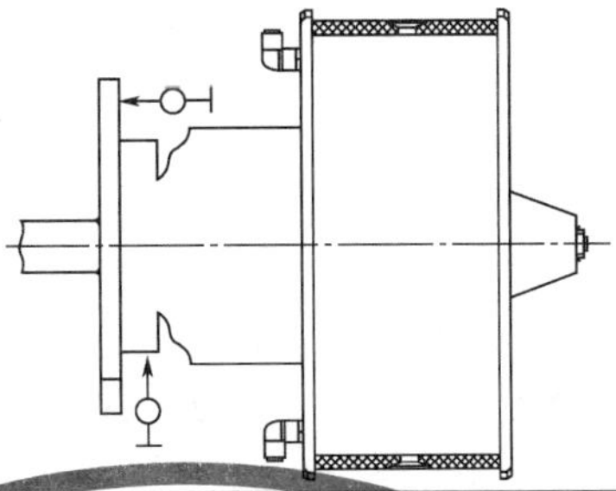	≤0.20
膨胀鼓主轴连接盘端面圆跳动		≤0.20
左右卡盘同轴度	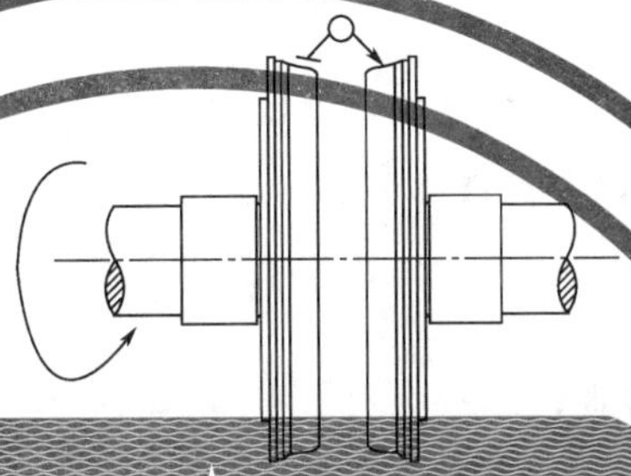	≤ϕ0.90
卡盘径向圆跳动	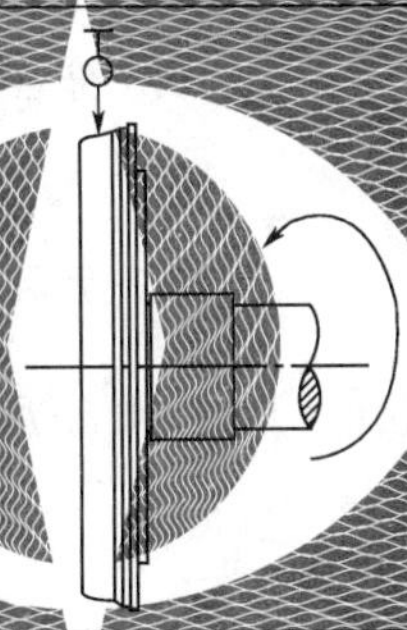	≤0.50
磨轮主轴径向圆跳动	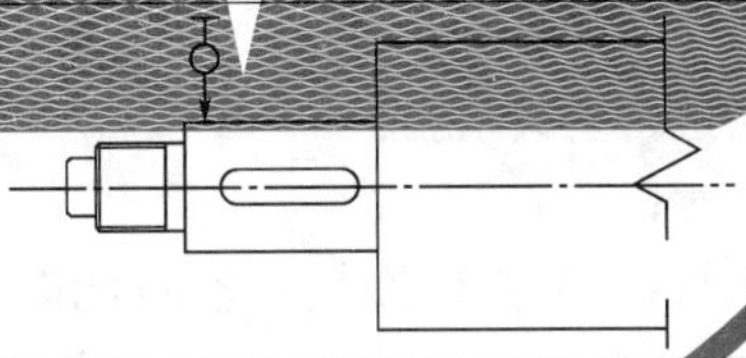	≤0.05
磨轮进给精度(适用于自动打磨机)	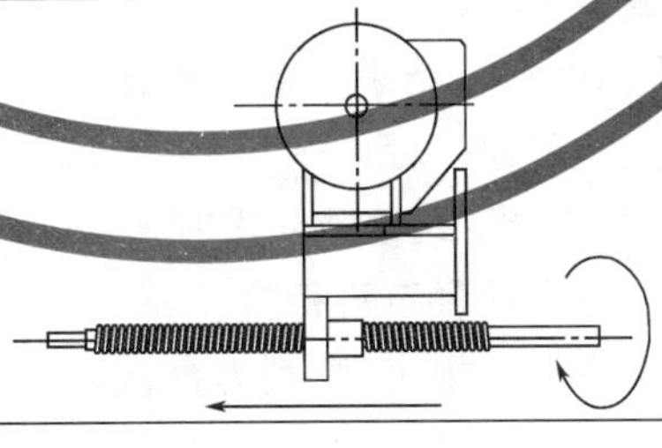	±0.20
主轴与磨轮的对称度(不适用于自动打磨机)	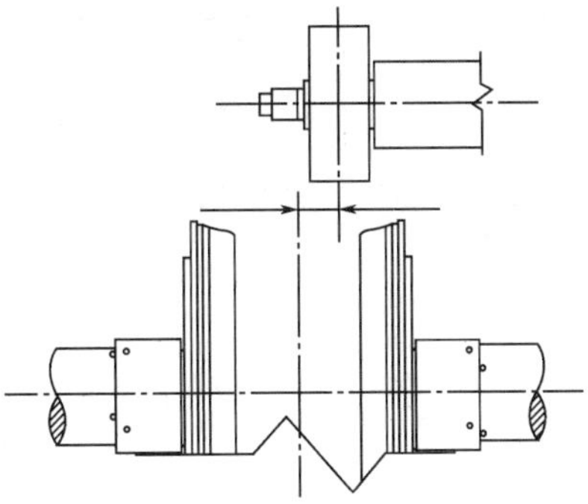	≤1.00

6 试验

6.1 空负荷运转试验

6.1.1 空负荷运转试验应在装配检验合格后方可进行，连续空负荷运转时间不少于 2 h。

6.1.2 空负荷运转试验中进行以下检查：

a) 检查基本参数；

b) 按照 5.1.3 检查；

c) 检查打磨机的主要精度，其检查方法见附录 C，应符合 5.3 的要求；

d) 按照 5.5.6～5.5.8 检查电气控制系统应安全可靠；

e) 按照 HG/T 2108 检查设备运行噪声，应符合 5.5.9 的要求。

6.2 负荷运转试验

6.2.1 应在空负荷运转试验合格后，进行负荷运转试验，连续负荷运转试验时间不少于 2 h。

6.2.2 负荷运转试验中进行以下检查：

a) 检查基本参数；

b) 按照 5.1.3 检查；

c) 按照 5.5.3、5.5.4 检查；

d) 按照 5.5.6～5.5.8 检查电气控制系统应安全可靠；

e) 按照 HG/T 2108 检查设备运行噪声，应符合 5.5.9 的要求。

7 检验规则

7.1 出厂检验

7.1.1 每台产品应经制造厂质量检验部门检验合格后，方可出厂。出厂时应附有产品合格证。

7.1.2 每台产品出厂前，按照 5.1～5.4、5.5.1～5.5.8 进行检验，按 5.5.9 检验空负荷运转时噪声声压级。

7.2 型式检验

7.2.1 有下列情况之一时，应进行型式检验：

a) 新产品或老产品转厂时；

b) 正式生产后，如结构、材料、工艺有较大变化，可能影响产品性能时；

c) 产品停产两年后，恢复生产时；

d) 出厂检验结果与上次型式检验结果有较大差异时；

e) 正常生产时，每三年至少抽检一台；

f) 国家质量监督机构提出进行型式检验要求时。

7.2.2 型式检验应按本标准中的各项规定进行检验。

7.2.3 型式检验项目全部符合本标准规定，则判为合格。型式检验每次抽检一台，若有不合格项时，应再抽两台进行检验，若仍有不合格项时，则应逐台进行检验。

8 标志、包装、运输和贮存

8.1 应在每台打磨机的明显位置固定标牌，标牌应符合 GB/T 13306 的规定。标牌的内容如下：

a) 产品名称；

b) 产品型号；

c) 产品编号；

d) 执行标准号；

e) 主要参数；

f) 外形尺寸；

g) 重量；

h) 制造单位名称、商标；

i) 制造日期。

8.2 打磨机发货时，应随机附带下列文件：

a) 产品合格证；

b) 产品使用说明书；

c) 装箱单。

8.3 打磨机的包装应符合 GB/T 13384 的规定。

8.4 打磨机的运输应符合运输部门的有关规定。

8.5 打磨机安装前应贮存在防雨、干燥、通风良好的场所或仓库内，并且妥善保管好。

附　录　A
（资料性附录）
型号组成及定义

A.1　型号组成

A.1.1　打磨机型号由产品代号、规格参数和设计代号三部分组成，产品型号格式如下：

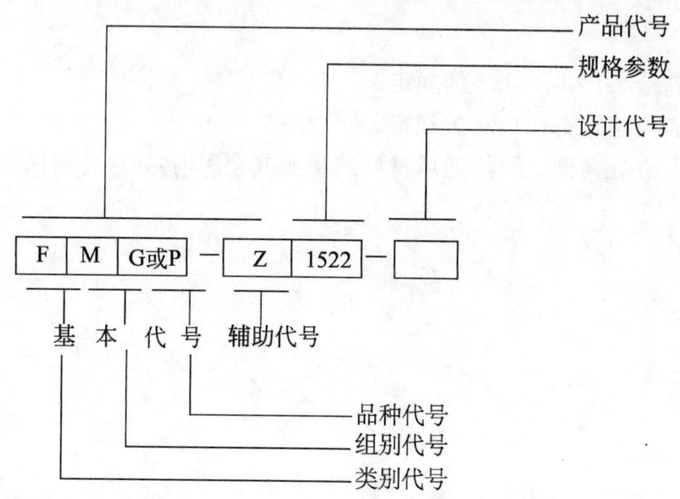

A.1.2　产品代号由基本代号和辅助代号组成，用大写汉语拼音字母表示。

A.1.3　基本代号由类别代号、组别代号和品种代号组成，其定义：类别代号 F 表示轮胎翻新机械（翻）；组别代号 M 表示磨胎机械（磨）；品种代号 G 表示膨胀鼓式打磨机（鼓）或 P 表示卡盘式打磨机（盘）。

A.1.4　辅助代号定义：Z 表示自动打磨机（自）。

A.1.5　规格参数：标注适用轮胎的轮辋直径范围，用英寸（in）表示，取整数。

A.1.6　设计代号在必要时使用，应符合 GB/T 12783—2000 中 3.5 的规定。

A.2　型号说明及示例

可打磨轮胎的轮辋直径范围为 15 in～22.5 in 的膨胀鼓式打磨机型号为：

FMG-1522

附　录　B
（资料性附录）
打磨机基本参数

轮胎打磨机的基本参数见表B.1。

表B.1　轮胎打磨机的基本参数

项目名称		参数
适用轮胎范围	轮辋名义直径/in	15～22.5
	外径/mm	624～1271
	断面宽度/mm	185～401
	最大重量/kg	80
气源压力/MPa		0.8
磨轮转速/(r/min)		2900
膨胀鼓式打磨机主轴工作转速/(r/min)		30～70
卡盘式打磨机主轴工作转速/(r/min)		30～70
中心高/mm		1 100
轮胎充气压力/MPa		<0.2
最大磨轮进给量/(mm/次)		≤4
最大装机总功率/kW		≤52

附　录　C
（规范性附录）
打磨机主要精度检验方法

打磨机主要精度检验方法见表 C.1。

表 C.1　打磨机主要精度检验方法

序号	检验项目	检测方法	检测示意图	检测仪器
C.1	膨胀鼓主轴连接盘径向圆跳动	将百分表测头触及主轴连接盘径向面，转动主轴，测得的最大值和最小值之差，即为主轴连接盘径向圆跳动公差值	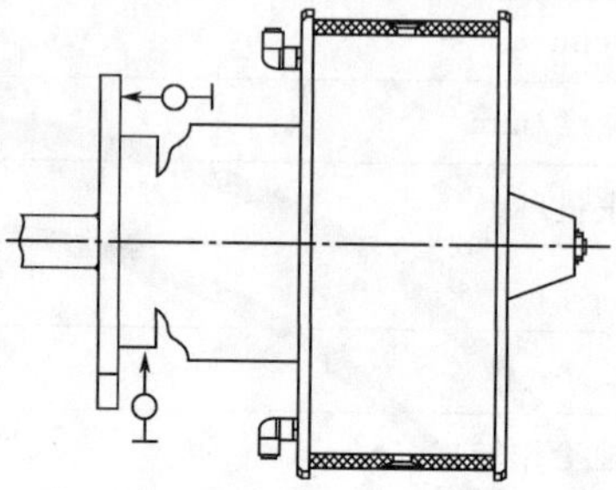	百分表
C.2	膨胀鼓主轴连接盘端面圆跳动	将百分表测头触及主轴连接盘端面，转动主轴，测得的最大值和最小值之差，即为主轴连接盘端面圆跳动公差值		百分表
C.3	左右卡盘同轴度	把百分表座固定在轮胎装夹卡盘上，把表测头触及另一轮胎装夹卡盘(两轮胎装夹卡盘相距 300 mm)定位锥面上，转动轮胎装夹卡盘，测得最大值和最小值之差；调换被检测卡盘，重复上述检测步骤，两次检测的最大差值作为两轮胎装夹卡盘中心线同轴度公差值	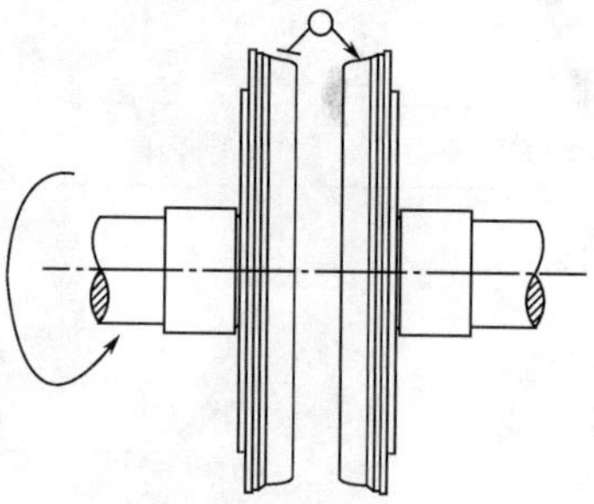	百分表
C.4	卡盘径向圆跳动	将百分表测头触及轮胎装夹卡盘定位锥面上，转动装夹卡盘，测得的最大值和最小值之差，即为卡盘径向圆跳动公差值	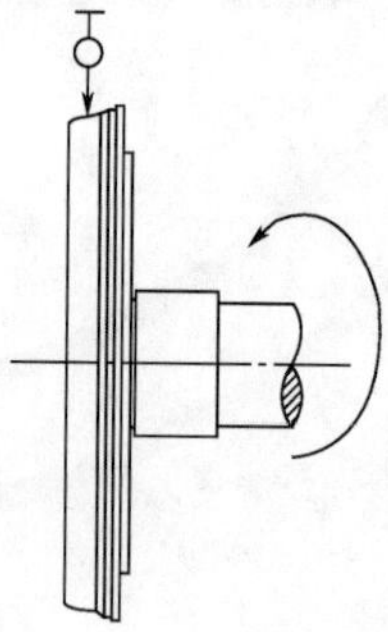	百分表
C.5	磨轮主轴径向圆跳动	将百分表测头触及主轴径向面，转动主轴，测得的最大值和最小值之差，即为主轴径向圆跳动公差值	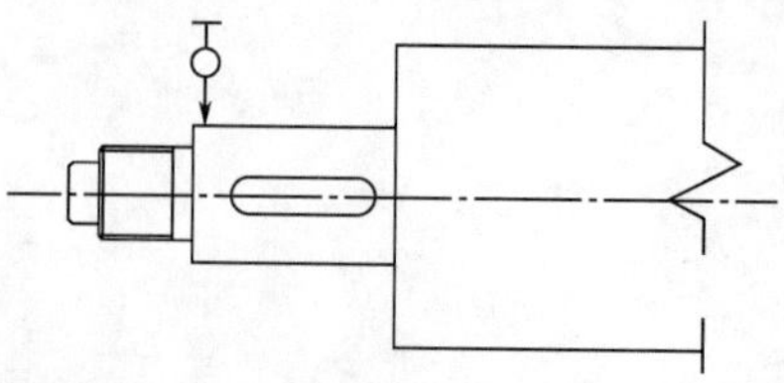	百分表

表 C.1(续)

序号	检验项目	检测方法	检测示意图	检测仪器
C.6	磨轮进给精度(适用于自动打磨机)	将百分表测头触及磨轮箱体,点动进给,计算百分表读数值与设定值的偏差,重复测量三次,取其最大偏差值,即为磨轮进给精度	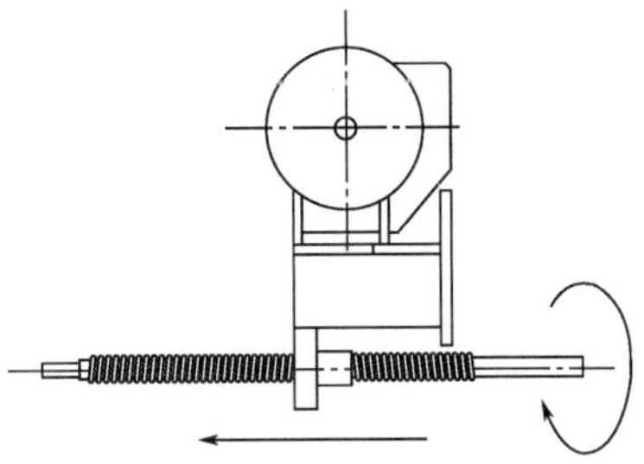	百分表
C.7	主轴与磨轮的对称度(不适用于自动打磨机)	将激光灯标线调至磨轮中心,检测轮胎卡盘中心与之差值	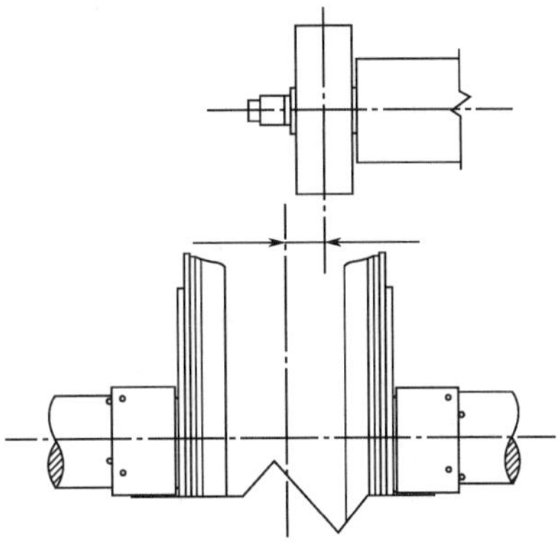	激光灯标线或铅垂、钢板尺

ICS 71.120;83.200
G 95
备案号:34503—2012

HG

中华人民共和国化工行业标准

HG/T 4181—2011

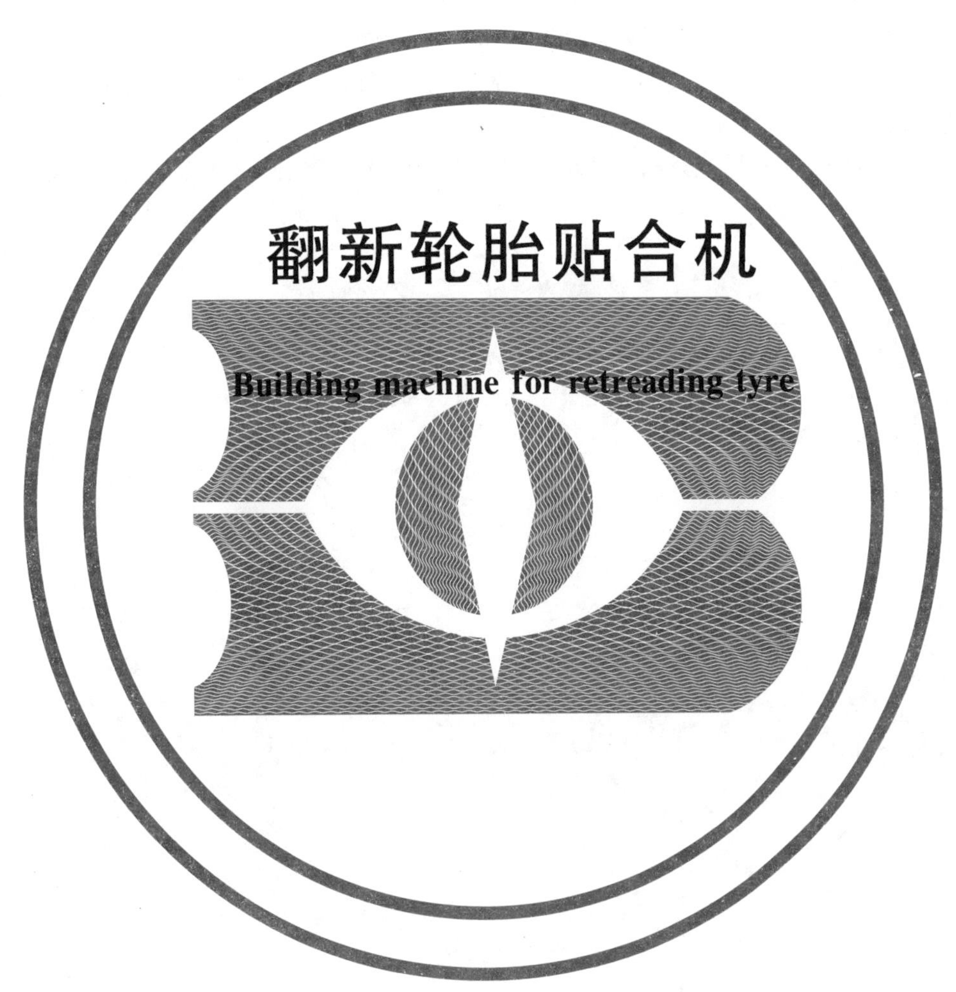

2011-12-20 发布　　2012-07-01 实施

中华人民共和国工业和信息化部　发布

前　言

本标准的附录 A 和附录 B 为资料性附录，附录 C 为规范性附录。

本标准由中国石油和化学工业联合会提出。

本标准由全国橡胶塑料机械标准化技术委员会橡胶机械标准化分技术委员会(SAC/TC71/SC1)归口。

本标准负责起草单位：中国化学工业桂林工程有限公司。

本标准参加起草单位：北京多贝力轮胎有限公司、软控股份有限公司、无锡组耶拉轮胎再生技术有限公司、四川省乐山市亚轮模具有限公司、桂林橡胶机械厂、中航工业北京航空制造工程研究所、高唐兴鲁-奔达可轮胎强化有限公司。

本标准主要起草人：沈杰、谭志滨、范致星、蓝宁、关旭鸣、刘裕厚、谢盛烈、于荣、田建国。

本标准首次发布。

翻新轮胎贴合机

1 范围

本标准规定了翻新轮胎贴合机的术语和定义、型号与基本参数、要求、试验、检验规则、标志、包装及贮存。

本标准适用于预硫化胎面的翻新轮胎贴合机(以下简称贴合机)。

2 规范性引用文件

下列文件中的条款通过本标准的引用而成为本标准的条款,凡是注日期的引用文件,其随后的修改单(不包括勘误的内容)或修订版均不适用于本标准,然而,鼓励根据本标准达成协议的各方研究是否可使用这些文件的最新版本。凡是不注日期的引用文件,其最新版本适用于本标准。

GB/T 191 包装储运图示标志(mod GB/T 191—2008,ISO 780:1997)

GB 2894 安全标志及其使用导则

GB 4208—2008 外壳防护等级(IP 代码)(idt IEC 60529:2001)

GB 5226.1—2008 机械电气安全 机械电气设备 第 1 部分:通用技术条件(idt IEC 60204-1:2005)

GB/T 12783—2000 橡胶塑料机械产品型号编制方法

GB/T 13306 标牌

GB/T 13384 机电产品包装通用技术条件

HG/T 2108 橡胶机械噪声声压级的测定

HG/T 3120 橡胶塑料机械外观通用技术条件

HG/T 3223 橡胶机械术语

HG/T 3228 橡胶塑料机械涂漆通用技术条件

3 术语和定义

HG/T 3223 确立的以及下列术语和定义适用于本标准。

3.1

轮胎装夹卡盘 tyre clamping chuck

用于定位、夹紧被翻新轮胎,与轮胎胎圈部位形状尺寸相配合的圆盘。

3.2

膨胀鼓 expansible drum

用于被翻新轮胎定位、夹紧和充气的可径向涨缩的鼓型部件。

4 型号与基本参数

4.1 贴合机型号编制方法应符合 GB/T 12783 的规定。型号组成及定义参见附录 A。

4.2 贴合机基本参数参见附录 B。

5 要求

5.1 整机要求

5.1.1 贴合机应符合本标准的规定,并按照经规定程序批准的图样和技术文件制造。

5.1.2 贴合机电气设备在下列条件下应能正常工作：

a) 交流稳态电压 0.9～1.1 倍的标称电压；

b) 环境空气温度 5 ℃～40 ℃；

c) 当最高温度为 40 ℃、相对湿度不超过 50 %时，温度低则对应高的相对湿度（如 20 ℃时为 90 %）；

d) 海拔 1 000 m 以下。

5.1.3 贴合机应具有手动或自控系统，能够完成装胎、定位、粘贴、压合、卸胎等工艺过程。

5.1.4 贴合机各运动部件的动作应平稳、灵活、准确可靠，液压、气动部件运动时无爬行和卡阻现象。

5.1.5 贴合机应设有气压显示和调整装置，其工作应灵敏可靠。

5.1.6 贴合机各管路系统敷设应安全、牢固、整齐、清洁、畅通，无堵塞及渗漏现象。

5.1.7 贴合机涂漆质量应符合 HG/T 3228 的规定。

5.1.8 贴合机外观质量应符合 HG/T 3120 的规定。

5.2 精度要求

贴合机的主要精度应符合表 1 的规定。

5.3 安全和环保要求

5.3.1 贴合机运转时，噪声声压级应不大于 75 dB(A)。

5.3.2 采用轮胎装夹卡盘夹紧结构的贴合机，轮胎夹紧与轮胎转动应有电气联锁，防止轮胎在未夹紧状态转动。

5.3.3 贴合机胎腔内充气气路应设有可靠的限压装置。

5.3.4 采用轮胎装夹卡盘夹紧结构的贴合机，应具有轮胎胎腔内压力不大于 0.02 MPa 时轮胎装夹卡盘方能打开的安全装置。

5.3.5 贴合机应具有安全可靠的急停装置，并安装在易于操作的明显位置。

5.3.6 贴合机电气控制系统应有良好的防护，其外壳防护等级应符合 GB 4208—2008 规定的 IP5X 级要求。

5.3.7 贴合机动力电路导线和保护接地电路间的绝缘电阻应符合 GB 5226.1—2008 中 18.3 的规定。

5.3.8 贴合机的电气设备的所有电路导线和保护接地电路之间的耐压应符合 GB 5226.1—2008 中 18.4 的规定。

5.3.9 贴合机各限位开关应限位准确、灵敏、可靠。

5.3.10 贴合机应设有方便吊装的装置。

5.3.11 贴合机应有各种安全警示标志，标志的样式和使用应符合 GB 2894 的规定。

表1　贴合机主要精度要求

单位为毫米

序号	项目名称	示意简图	要　求
1	左右卡盘同轴度	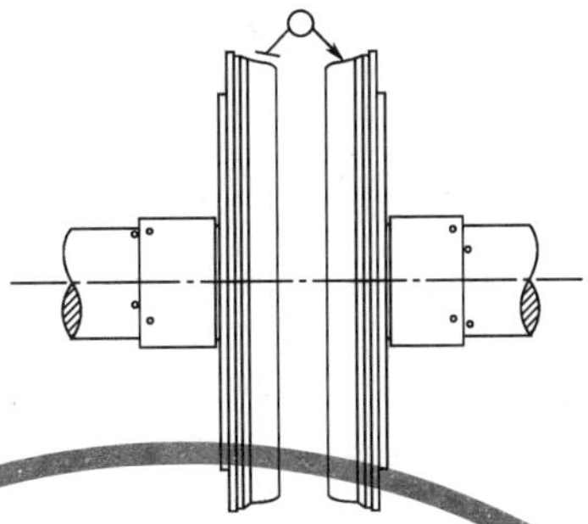	≤ϕ1.50
2	膨胀鼓主轴连接盘径向圆跳动	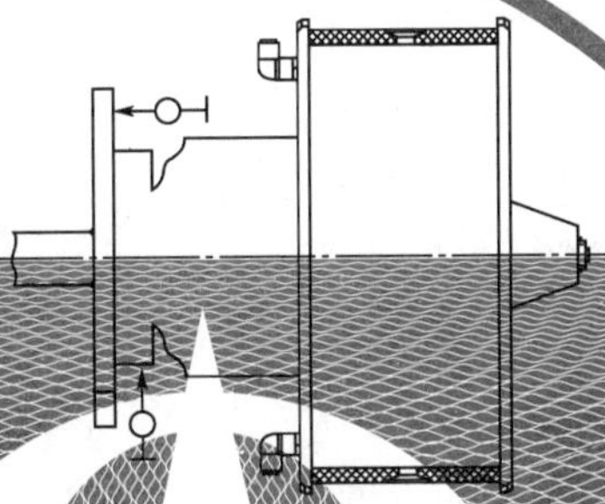	≤0.20
3	膨胀鼓主轴连接盘端面圆跳动		≤0.20
4	双压轮中心面与轮胎装夹卡盘工作中心面或膨胀鼓中心面的对称度	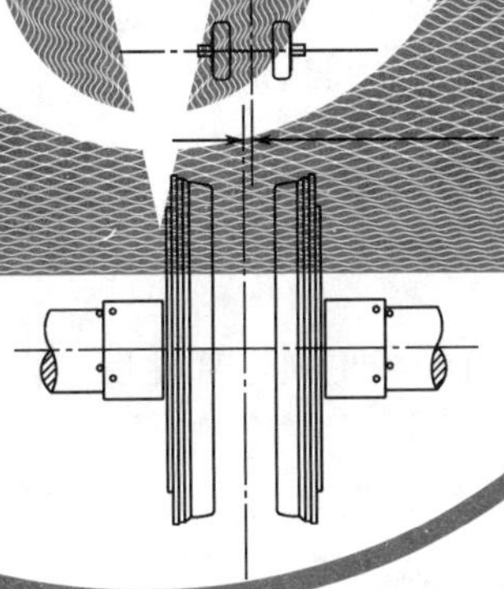	≤1.50
5	胎面供料装置的中心面与轮胎装夹卡盘工作中心面或膨胀鼓中心面的对称度	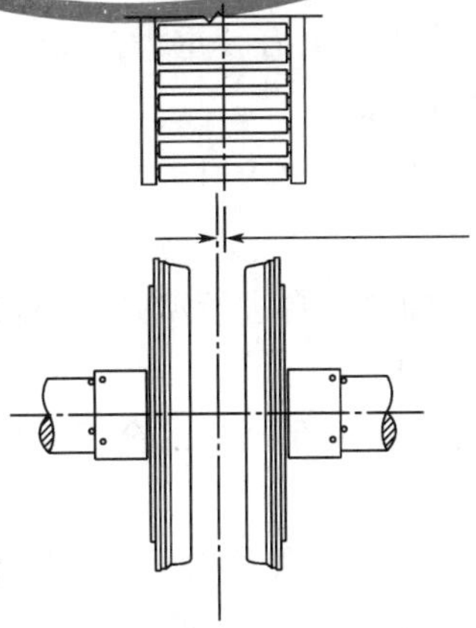	≤1.50

6 试验

6.1 空负荷试验

6.1.1 空负荷试验前,对5.2、5.3.3～5.3.11项目进行试验或检测,均应符合要求。

6.1.2 空负荷试验应在整机总装配完成后,方可进行。

空负荷试验过程中对5.1.4～5.1.6、5.3.1、5.3.2、5.3.9项目进行试验或检测,均应符合要求。

6.2 负荷试验

空负荷试验合格后,方可进行负荷试验。负荷试验过程中对5.1.3～5.1.6、5.3.1～5.3.4、5.3.9项目进行试验或检测,均应符合要求。

6.3 试验方法

6.3.1 贴合机的精度测量方法见附录C。

6.3.2 贴合机运行噪声的测量按HG/T 2108的规定。

7 检验规则

7.1 检验分类

贴合机检验分为出厂检验和型式检验。

7.2 出厂检验

7.2.1 出厂规定

每台贴合机出厂前应经制造厂质量检验部门按本标准的规定检验合格后方可出厂,出厂时应附有产品质量合格证书。

7.2.2 检验项目

贴合机出厂检验项目为6.1规定的项目,应符合要求。

7.2.3 合格判定

出厂检验项目全部符合本标准规定,则判为出厂检验合格。

7.2.4 不合格品的处理

出厂检验不合格的产品,通过维修或更换零部件后可再次提交检验。

7.3 型式检验

7.3.1 检验要求

有下列情况之一时,应进行型式试验:

——新产品或老产品转厂生产的试制鉴定;

——当产品在设计、结构、材料、工艺上有较重大改变时;

——产品停产三年以上,恢复生产时;

——国家质量监督机构提出型式检验要求时。

7.3.2 抽样

从出厂检验合格的产品中随机抽取一台进行型式检验,当检验不合格时,另抽检两台复验。

7.3.3 检验项目

型式检验项目为本标准第5章和第6章规定的全部项目。

7.3.4 合格判定

当型式检验项目全部符合本标准规定,则判为合格;当出现不合格项时,再对复验用的两台的相同不合格项目进行复验,若所检项目全部合格,则本次型式检验合格;若仍有不合格项,则本次型式检验不合格。

8 标志、包装、运输及贮存

8.1 标志

每台贴合机应在明显位置固定产品标牌。标牌的型式、尺寸和技术要求应符合 GB/T 13306 规定，产品标牌应有下列内容：

——制造单位名称及商标；

——产品名称及型号；

——产品主要参数；

——产品标准号；

——产品编号；

——制造日期。

8.2 包装

8.2.1 产品包装应符合 GB/T 13384 的规定。包装箱储运图示标志应符合 GB/T 191 的规定。包装运输应符合运输部门的有关规定。

包装箱上应有下列内容：

——产品名称及型号；

——制造单位名称；

——产品编号；

——外形尺寸；

——毛重；

——生产日期。

8.2.2 在产品包装箱的明显位置注明“随机文件在此箱”内容；随机文件应统一装在防水的塑料袋内；随机文件应包括下列内容：

——产品合格证；

——使用说明书；

——装箱单；

——备件清单；

——安装图。

8.3 运输及贮存

8.3.1 产品应存放在干燥通风处，避免受潮腐蚀，不能与有腐蚀性气(物)体一起存放，露天放置应有防雨措施。

8.3.2 产品的运输应符合运输部门的有关规定。运输中产品要固定，有防雨措施，平稳装卸，不得磕碰损坏。

附 录 A
(资料性附录)
型号的组成及定义

A.1 型号组成

A.1.1 翻新轮胎贴合机型号由产品代号、规格参数(代号)和设计代号三部分组成。产品型号格式如下:

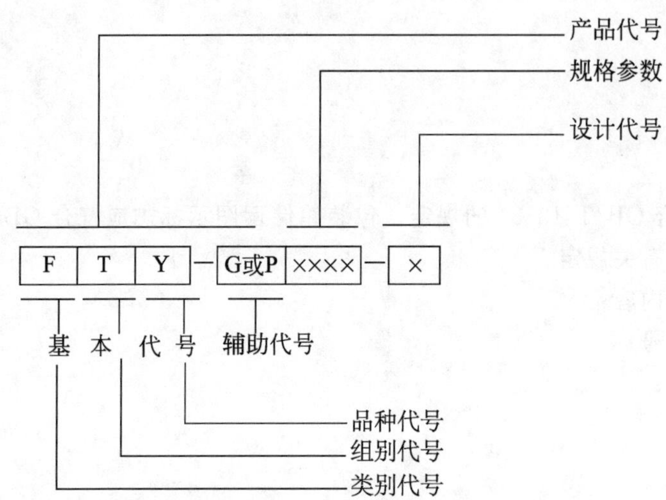

A.1.2 产品代号由基本代号和辅助代号组成,用大写汉语拼音字母表示。基本代号与辅助代号之间用短横线"—"隔开。

A.1.3 基本代号由类别代号、组别代号和品种代号三个小节顺序组成,其定义:类别代号 F 表示轮胎翻新机械(翻);组别代号 T 表示贴合机械(贴);品种代号 Y 表示压合设备(压)。

A.1.4 辅助代号定义:G 表示轮胎装夹为膨胀鼓式(鼓)或 P 表示轮胎装夹为卡盘式(盘)。

A.1.5 规格参数:标注适用轮胎的轮辋直径范围,用英寸(in)表示,取整数。

A.1.6 设计代号在必要时使用,应符合 GB/T 12783—2000 中 3.5 的规定。

A.2 型号示例及说明

FTY-G1522 表示可贴合轮胎的轮辋直径范围为 15 in～22.5 in 的膨胀鼓式翻新轮胎贴合机。

附 录 B
(资料性附录)
翻新轮胎贴合机基本参数

翻新轮胎贴合机基本参数见表 B.1。

表 B.1 翻新轮胎贴合机基本参数

项 目 名 称	基 本 参 数
适用轮胎轮辋名义直径范围/mm	380～570(15 in～22.5 in)
贴合胎面最大宽度/mm	400
贴合轮胎最大直径/mm	1 260
主轴转速/(r/min)	≤20
轮胎充气压力/MPa	≤0.3
双压轮压力/N	≥2 000
大压轮压力/N	≥2 000

附 录 C
(规范性附录)
翻新轮胎贴合机精度检验方法

表C.1中规定了翻新轮胎贴合机精度检验方法。

表C.1 翻新轮胎贴合机精度检验方法

序号	检 验 项 目	检验方法	检验示意图	检验仪器
1	左右卡盘同轴度	把百分表座固定在一侧的轮胎装夹卡盘上,把百分表测头触及另一轮胎装夹卡盘(两轮胎装夹卡盘相距300 mm)定位锥面上,转动轮胎装夹卡盘,测得最大和最小值之差;调换被检测卡盘,重复上述检测步骤,两次检测的最大差值作为两轮胎装夹卡盘中心线同轴度公差值	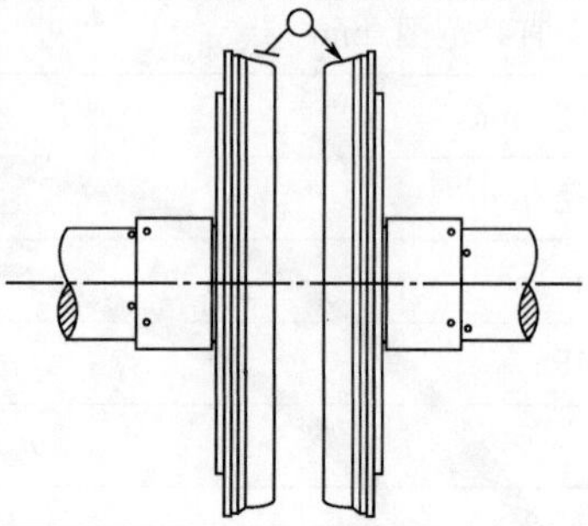	百分表
2	膨胀鼓主轴连接盘径向圆跳动	将百分表测头触及主轴连接盘径向面,转动主轴,测得的最大值和最小值之差,即为主轴连接盘径向圆跳动公差值	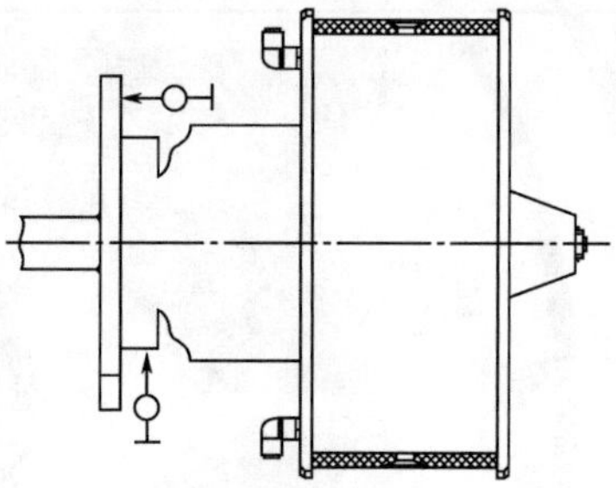	百分表
3	膨胀鼓主轴连接盘端面圆跳动	将百分表测头触及主轴连接盘端面,转动主轴,测得的最大值和最小值之差,即为主轴连接盘端面圆跳动公差值		百分表
4	双压轮中心面与轮胎装夹卡盘工作中心面或膨胀鼓中心面的对称度	测量双压轮中心面与轮胎装夹卡盘中心面或膨胀鼓中心面的对称度公差	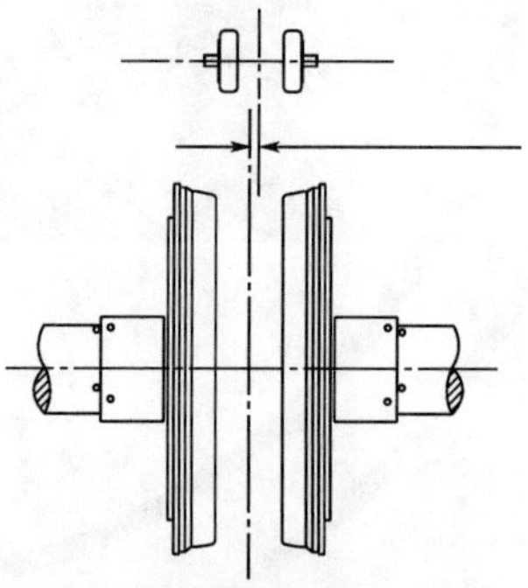	游标卡尺(精度:0.02 mm)、钢直尺、直角尺
5	胎面供料装置的中心面与轮胎装夹卡盘工作中心面或膨胀鼓中心面的对称度	测量胎面供料装置的中心与轮胎装夹卡盘中心面或膨胀鼓中心面的对称度公差	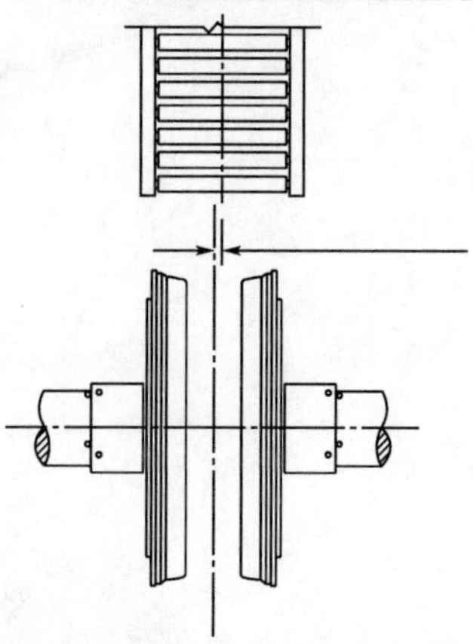	游标卡尺(精度:0.02 mm)、钢直尺、直角尺

ICS 71.120;83.200
G 95
备案号:38728—2013

HG

中华人民共和国化工行业标准

HG/T 4402—2012

摩托车轮胎胶囊反包成型机

Motorcycle tire builder with turning-up bladder

2012-12-28 发布　　2013-06-01 实施

中华人民共和国工业和信息化部　发布

前　言

本标准按照 GB/T 1.1—2009 给出的规则起草。

本标准的附录 A 和附录 B 为资料性附录、附录 C 为规范性附录。

本标准由中国石油和化学工业联合会提出。

本标准由全国橡胶塑料机械标准化技术委员会橡胶机械分技术委员会(SAC/TC71/SC1)归口。

本标准起草单位:无锡市蓉阳橡塑机械厂、福建建阳龙翔科技开发有限公司、北京橡胶工业研究设计院。

本标准主要起草人:杨建忠、贺大慰、顾康顺、戴造成、陈玉泉、何成。

本标准首次发布。

摩托车轮胎胶囊反包成型机

1 范围

本标准规定了摩托车轮胎胶囊反包成型机的术语和定义、型号与基本参数、要求、试验、检验规则、标志、包装、运输和贮存。

本标准适用于成型摩托车轮胎的成型机，也适用于成型沙滩车轮胎的成型机(以下简称成型机)。

2 规范性引用文件

下列文件对于本文件的应用是必不可少的。凡是注日期的引用文件，仅所注日期的版本适用于本文件。凡是不注日期的引用文件，其最新版本(包括所有的修改单)适用于本文件。

GB/T 191　包装储运图示标志

GB 4208—2008　外壳防护等级

GB 5226.1—2008　机械电气安全　机械电气设备　第1部分:通用技术条件

GB/T 9969　工业产品使用说明书　总则

GB/T 12783—2000　橡胶塑料机械产品型号编制方法

GB/T 13306　标牌

GB/T 13384　机电产品包装通用技术条件

GB/T 24342　工业机械电气设备　保护接地电路连续性试验规范

GB/T 24343　工业机械电气设备　绝缘电阻试验规范

GB/T 24344　工业机械电气设备　耐压试验规范

HG/T 2108　橡胶机械噪声声压级的测定

HG/T 3120　橡胶塑料机械外观通用技术条件

HG/T 3223　橡胶机械术语

HG/T 3228—2001　橡胶塑料机械涂漆通用技术条件

3 术语和定义

HG/T 3223 界定的术语和定义适用于本文件。

4 型号与基本参数

4.1 型号

型号的编制方法应符合 GB/T 12783 的规定，组成及定义参见附录 A。

4.2 基本参数

成型机的基本参数参见附录 B。

5 要求

5.1 技术要求

5.1.1 成型鼓要求

5.1.1.1 成型鼓张缩自如，无卡阻，不应有撞击现象。

5.1.1.2 成型鼓的鼓瓦表面应进行防锈和防粘处理。

5.1.1.3 成型鼓的外表面粗糙度 $R_a \leqslant 3.2\ \mu m$。

5.1.1.4 成型鼓主轴法兰端面止口处，端面圆跳动和径向圆跳动应不大于 0.02 mm。

5.1.1.5 成型鼓（参见图 1）鼓瓦在张开状态下，其径向圆跳动和端面圆跳动应不大于外直径的 0.035 %。

5.1.1.6 鼓瓦在张开状态下，鼓瓦间的间隙量应不大于 0.2 mm。

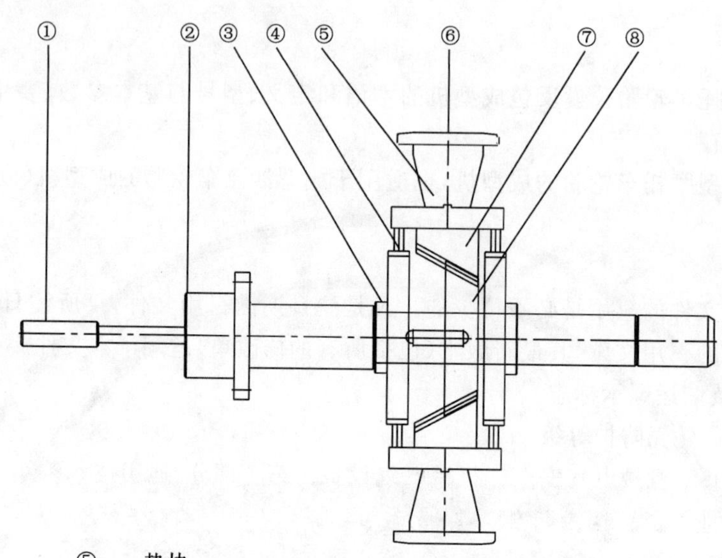

①——拉杆；
②——主轴；
③——定位套；
④——导柱；
⑤——垫块；
⑥——鼓瓦；
⑦——三角块；
⑧——锥套。

图 1 成型鼓示意图

5.1.2 整机要求

5.1.2.1 成型机各气缸动作准确、行程到位，在额定工作压力的 1.25 倍时，各气动连接管路无泄漏现象。

5.1.2.2 成型机应具有手动和自动控制功能，并能无扰动切换。

5.1.2.3 成型机连续工作 2 h 后主轴轴承温升不大于 30 ℃。

5.1.2.4 指形正包、胶囊反包动作准确、可靠。

5.1.2.5 成型机精度要求如下（见图 2）：

a) 主轴径向圆跳动应不大于 0.10 mm；

b) 尾座轴径向圆跳动应不大于 0.20 mm；

c) 左、右扣圈盘与主轴同轴度应不大于 ϕ0.3 mm；

d) 左、右扣圈盘与主轴垂直度应不大于 0.3 mm；

e) 主轴对导轨（机座）平行度应不大于 0.3 mm/m；

f) 成型鼓径向圆跳动应不大于 0.3 mm；

g) 成型鼓端面圆跳动应不大于 0.3 mm；

h) 左、右下压辊与成型鼓中心偏差 $|A-B| \leqslant 1.5$ mm。

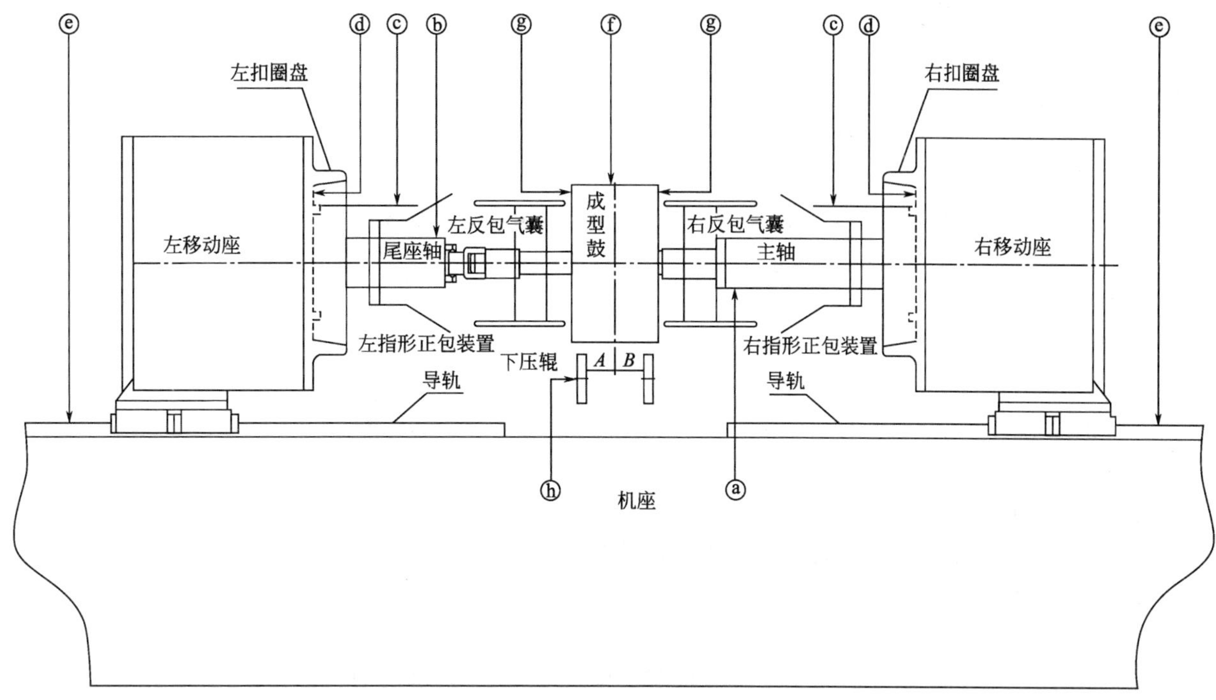

图 2 成型机示意图

5.2 安全环保要求

5.2.1 成型机机械传动部位危及人身安全处应设有安全防护罩，并应设有各种警示标志。

5.2.2 成型机应具有安全可靠的急停装置，并安装在易于操作的明显位置。

5.2.3 成型机的保护联结电路连续性的试验应符合 GB 5226.1—2008 中 18.2.2 试验 1 的规定。

5.2.4 成型机的绝缘电阻试验应符合 GB 5226.1—2008 中 18.3 的规定。

5.2.5 成型机的所有电路导线和保护接地之间耐压试验应符合 GB 5226.1—2008 中 18.4 的规定。

5.2.6 电气设备的外壳防护等级应符合 GB 4208—2008 中规定的 IP54 级要求。

5.2.7 成型机空负荷运转时的噪声声压级应不大于 80 dB(A)。

5.2.8 成型机负荷运转时的噪声声压级应不大于 85 dB(A)。

5.3 涂漆和外观要求

5.3.1 涂漆质量应符合 HG/T 3228—2001 中 3.4.6 的规定。

5.3.2 外观质量应符合 HG/T 3120 的规定。

6 试验

6.1 检测方法

检测方法见附录 C。

6.2 空负荷运转前试验

空负荷运转前，按 5.1.1、5.1.2.2、5.2.1～5.2.6 要求对成型机进行检查。

6.3 空负荷运转试验

6.3.1 空负荷运转试验应在装配检验合格并符合 6.2 的要求后方可进行，连续空负荷运转时间不少于 2 h。

6.3.2 空负荷运转时，按 5.1.1.1、5.1.1.4～5.1.1.6、5.1.2、5.2.2、5.2.7 要求对成型机进行检查。

6.4 负荷运转试验

6.4.1 空负荷运转试验合格后，方可进行负荷运转试验，连续负荷运转时间不少于 2 h。

6.4.2 负荷运转时，按 5.1.1.2、5.1.2.3、5.2.1、5.2.2、5.2.8 要求对成型机进行检查。

7 检验规则

7.1 检验分类

成型机的检验分为出厂检验和型式检验。

7.2 出厂检验

7.2.1 每台成型机须经制造厂质量检验部门检验合格后，并附有产品合格证方可出厂。

7.2.2 出厂检验应按第5章的规定进行检测。

7.3 型式检验

7.3.1 型式检验的项目为本标准的全部要求，有下列情况之一时，应做型式检验：

a） 新产品或老产品转厂生产的试制定型鉴定；

b） 正式生产后，如结构、材料和工艺有较大改变，可能影响产品性能时；

c） 正常生产时，每年最少抽试一台/套；

d） 产品长期停产后，恢复生产时；

e） 出厂检验结果与上次型式检验有较大差异时；

f） 国家质量监督机构提出进行型式检验的要求时。

7.3.2 判定规则

型式检验项目全部符合本标准规定时，则判为合格。型式检验每次抽验一台，若有不合格项时，应再抽验两台，若还有不合格项时，则应逐台检验。

8 标志、包装、运输和贮存

8.1 标志

每台成型机应在适当的明显位置固定产品的标牌，标牌尺寸及技术要求应符合GB/T 13306的规定，产品标牌的内容应包括：

a） 制造厂名称和商标；

b） 产品型号及名称；

c） 产品主要技术参数；

d） 制造日期和产品编号；

e） 执行标准号。

8.2 包装

8.2.1 成型机包装前，机件及工具的外露加工面应涂防锈剂。

8.2.2 成型机包装应符合GB/T 13384的规定，包装标志应符合GB/T 191的要求，并注明制造厂地址。包装箱内应装有下列技术文件（装入防水袋内）：

a） 产品合格证；

b） 使用说明书，其内容应符合GB/T 9969的规定；

c） 装箱单；

d） 安装图。

8.3 运输

成型机运输时应防雨、防潮及防挤压振动；吊车搬运时，应达到防止滚动的要求。

8.4 贮存

成型机应贮存在通风、干燥、无火源、无腐蚀性气体的库房内。

附 录 A
（资料性附录）
产品型号组成及定义

A.1 产品型号组成及定义

A.1.1 产品型号由产品代号、规格参数、设计代号三部分组成，产品型号结构见图 A.1。

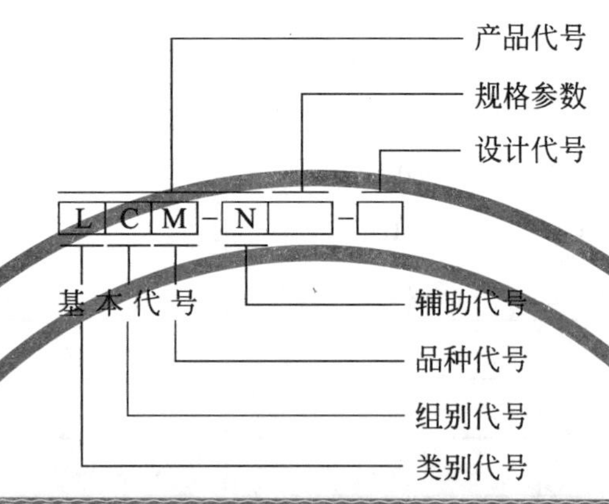

图 A.1 产品型号结构

A.1.2 产品型号由基本代号和辅助代号组成，用大写汉语拼音字母表示。

A.1.3 基本代号由类别代号、组别代号、品种代号组成。其定义：类别代号 L 表示轮胎机械（轮）；组别代号 C 表示成型机械（成）；品种代号 M 表示摩托车胎（摩）。

A.1.4 辅助代号定义：N 表示指形正包胶囊反包（囊）。

A.1.5 规格参数：标注轮胎轮辋名义直径范围，用英寸（in）表示。

A.1.6 设计代号在必要时使用，应符合 GB/T 12783—2000 中 3.5 的规定。

A.2 示例

轮胎轮辋名义直径范围为 8 in～14 in，指形正包胶囊反包的摩托车轮胎成型机型号标记为：LCM-N814。

附 录 B
（资料性附录）
成型机的基本参数

成型机基本参数见表 B.1。

表 B.1 成型机基本参数

项 目	参 数		
适用轮辋名义直径范围/in	8～14	15～18	19～21
主轴中心高度/mm	900	920	920
成型鼓宽度/mm	180～400	180～400	180～400
主轴直径 ϕ/mm	100	150	150
主轴转速/(r/min)	35/70/250	35/70/250	35/70/250
主电机功率/kW	3	3	5
供料架层数	4	4	4
供料架电机功率/kW	0.55	0.55	0.55

附　录　C
（规范性附录）
检测方法

C.1　气动系统

C.1.1　总装结束，气缸及管路连接后进行气密性试验。

C.1.2　试验条件：环境温度为 0 ℃～80 ℃，连接管路正常。

C.1.3　试验手段：压力试验装置。

C.1.4　试验方法：在气动系统注入 1.25 倍额定工作压力的压缩空气，保压 5 min，检查气动系统各连接处应无泄漏和明显的变形现象及是否保持设定的试验压力。

C.2　轴承温升

C.2.1　空运转和负荷运转时进行轴承温升试验。

C.2.2　试验条件：空运转、负荷运转 2 h 后测量各处轴承温升。

C.2.3　试验手段：用数字温度计测量。

C.2.4　试验方法：用数字温度计测量轴承外表面温度，取最高温度为轴承温度，轴承温度与环境温度之差为轴承温升。

C.3　噪声

C.3.1　空运转和负荷运转时进行噪声试验。

C.3.2　试验方法：按 HG/T 2108 规定检测。

C.4　安全要求检测

C.4.1　目测检查和功能试验检查安全防护装置及急停按钮。

C.4.2　按 GB/T 24342 中规定的方法进行保护接地电路连续性试验。

C.4.3　按 GB/T 24343 中规定的方法进行绝缘电阻试验。

C.4.4　按 GB/T 24344 中规定的方法进行耐压试验。

C.4.5　按 GB 4208—2008 中规定的方法进行外壳防护等级试验。

C.5　精度要求检测

C.5.1　在未安装成型鼓的情况下，将百分表座吸在右移动底板上，百分表针头对在主轴端面 30 mm 处，用手旋转主轴，检测主轴径向圆跳动，取最大值减最小值为跳动值。

C.5.2　在未安装成型鼓的情况下，将百分表座吸在主轴端面上，百分表针头对在离尾轴端面 30 mm 处，用手旋转主轴，检测尾座轴径向圆跳动，取最大值减最小值为跳动值。

C.5.3　在未安装成型鼓的情况下，将百分表座吸在主轴上，百分表针头对在扣圈盘径向上，用手旋转主轴，检测左右扣圈盘与主轴同轴度，取最大值减最小值为同轴度。

C.5.4　在未安装成型鼓的情况下，将百分表座吸在主轴上，百分表针头对在扣圈盘端向上，用手旋转主轴，检测左右扣圈盘与主轴垂直度，取最大值减最小值为垂直度。

C.5.5　将百分表座吸在导轨直线轴承上，百分表针头对在主轴侧面上，移动直线轴承，检测主轴对导轨平行度，取最大值减最小值为平行度值。

C.5.6　将百分表座吸在导轨专用角铁上，百分表针头对在成型鼓径向中心线上，用手旋转成型鼓，检测成型鼓径向圆跳动，取最大值减最小值为跳动值。

C.5.7 将百分表座吸在导轨专用角铁上，百分表针头对在成型鼓端面上，用手旋转成型鼓，检测成型鼓端面圆跳动，取最大值减最小值为跳动值。

C.5.8 用游标卡尺从左压辊端面量到成型鼓中心线，读出 A 值，再用游标卡尺从右压辊端面量到成型鼓中心线，读出 B 值，取 $|A-B|$ 为左、右下压辊与成型鼓中心偏差。

ICS 71.120;83.200
G 95
备案号:38755—2013

HG

中华人民共和国化工行业标准

HG/T 4403—2012

翻新轮胎气压检查机

Air pressure inspection machine for retreaded tyre

2012-12-28 发布　　2013-06-01 实施

中华人民共和国工业和信息化部　发布

前　言

本标准按照 GB/T 1.1—2009 给出的规则起草。

本标准的附录 A 和附录 B 为资料性附录,附录 C 为规范性附录。

本标准由中国石油和化学工业联合会提出。

本标准由全国橡胶塑料机械标准化技术委员会橡胶机械分技术委员会(SAC/TC71/SC1)归口。

本标准起草单位:软控股份有限公司、山东锜锋轮胎科技有限公司、北京橡胶工业研究设计院。

本标准主要起草人:蓝宁、刘先东、何成。

本标准首次发布。

翻新轮胎气压检查机

1 范围

本标准规定了翻新轮胎气压检查机的术语和定义、型号及基本参数、要求、试验、检验规则、标志、包装、运输和贮存。

本标准适用于用气压检查法检查轮胎轮辋名义直径为 15 in～22.5 in 的翻新轮胎的气压检查机(以下简称气压检查机)。

2 规范性引用文件

下列文件对于本文件的应用是必不可少的。凡是所注日期的引用文件,仅注日期的版本适用于本文件。凡是不注日期的引用文件,其最新版本(包括所有的修改单)适用于本文件。

GB/T 191 包装储运图示标志

GB 4208—2008 外壳防护等级(IP 代码)

GB 5226.1—2008 机械电气安全 机械电气设备 第 1 部分:通用技术条件

GB/T 6326—2005 轮胎术语及其定义

GB/T 6388 运输包装收发货标志

GB/T 7932—2003 气动系统通用技术条件

GB/T 8196—2003 机械安全 防护装置 固定式和活动式防护装置设计与制造一般要求

GB/T 9969 工业产品使用说明书 总则

GB/T 12783—2000 橡胶塑料机械产品型号编制方法

GB/T 13306 标牌

GB/T 13384 机电产品包装通用技术条件

GB/T 18831 机械安全 带防护装置的联锁装置 设计和选择原则

GB/T 24342 工业机械电气设备 保护接地电路连续性试验规范

GB/T 24343 工业机械电气设备 绝缘电阻试验规范

GB/T 24344 工业机械电气设备 耐压试验规范

HG/T 2108 橡胶机械噪声声压级的测定

HG/T 3120 橡胶塑料机械外观通用技术条件

HG/T 3223 橡胶机械术语

HG/T 3228—2001 橡胶塑料机械涂漆通用技术条件

3 术语和定义

GB/T 6326—2005 和 HG/T 3223 界定的以及下列术语和定义适用于本文件。为了便于使用,以下重复列出了 GB/T 6326 中的一些术语和定义。

3.1

翻新 retread

对使用后的轮胎进行修补、重新更换新胎面、新胎侧橡胶或二者同时更换的过程,使轮胎胎体的使用寿命延长的一种方法。

[GB/T 6326—2005,定义 13.1]

3.2

翻新轮胎 retreaded tyre

经过翻新的轮胎。

[GB/T 6326—2005,定义 13.2]

3.3

气压检查法 air pressure inspection

一种利用压缩空气检查轮胎损伤和形变缺陷的方法。

4 型号及基本参数

4.1 型号

气压检查机的型号编制方法应符合 GB/T 12783—2000 的规定,型号组成及定义参见附录 A。

4.2 基本参数

气压检查机的基本参数参见附录 B。

5 要求

5.1 基本要求

5.1.1 气压检查机的功能要求:

a) 应具有监视和控制运行状态的功能;

b) 应具有手动和自动检查及手动和自动无扰动切换功能;

c) 根据轮胎规格品种,应具有自动调用参数及调节的功能;

d) 应具有被测轮胎装卡、充气、旋转、气压显示和自动控制等功能;

e) 应具有人机对话界面;

f) 应具有便于直接或间接观察轮胎表面的窗口或装置;

g) 可具有网络接口功能;

h) 可具有动态抓拍功能。

5.1.2 气动系统应符合 GB/T 7932—2003 第 4 章的规定。

5.1.3 运动部件的动作应平稳移动,不得有卡滞、爬行及过冲现象。

5.2 精度要求

5.2.1 左右卡盘的同轴度应不大于 ϕ1 mm。

5.2.2 工作压力应在压力设定值±0.02 MPa 以内。

5.3 安全环保要求

5.3.1 气压检查机应设置安全防护装置,应采用符合 GB/T 8196—2003 中的 3.6 和 GB/T 18831 要求的联锁防护装置,气压检查机检查时,联锁防护装置保持关闭和锁定,以防止误入检查区域。

5.3.2 轮胎充气气路应设置限压和压力超压泄放装置。

5.3.3 气压检查机应设置急停装置。

5.3.4 气压检查机的保护联结电路连续性的试验应符合 GB 5226.1—2008 中 18.2.2 试验 1 的规定。

5.3.5 气压检查机的绝缘电阻试验应符合 GB 5226.1—2008 中 18.3 的规定。

5.3.6 气压检查机的所有电路导线和保护接地之间耐压试验应符合 GB 5226.1—2008 中 18.4 的规定。

5.3.7 电气设备的外壳防护等级应符合 GB 4208—2008 中规定的 IP54 级要求。

5.3.8 气压检查机空负荷及负荷运转时的噪声声压级均应不大于 80 dB(A)。

5.4 涂漆和外观要求

5.4.1 涂漆质量应符合 HG/T 3228—2001 中 3.4.6 的规定。

5.4.2 外观质量应符合 HG/T 3120 的规定。

6 试验

6.1 检测方法

检测方法见附录 C。

6.2 空负荷运转前试验

空负荷运转前，按 5.2.1、5.3.2～5.3.7 对气压检查机进行检查，均应符合要求。

6.3 空负荷运转试验

6.3.1 空负荷运转试验应在装配检验合格并符合 6.2 的要求后方可进行，连续空负荷运转时间不少于 30 min。

6.3.2 空负荷运转时，按 5.1、5.3.1 及 5.3.8 对气压检查机进行检查，均应符合要求。

6.4 负荷运转试验

6.4.1 空负荷运转试验合格后，进行负荷运转试验，连续负荷运转时间不少于 30 min。

6.4.2 负荷运转时，按 5.2.2 及 5.3.8 对气压检查机进行检查，均应符合要求。

7 检验规则

7.1 检验分类

气压检查机的检验分为出厂检验和型式检验。

7.2 出厂检验

每台气压检查机出厂前应按 5.1、5.2、5.3.1～5.3.6、5.4 进行检查，经制造厂质量检验部门检验合格并签发合格证后，方可出厂。

7.3 型式检验

7.3.1 有下列情况之一时，应进行型式检验：

a) 新产品或老产品转厂时；

b) 正式生产后，如结构、材料、工艺有较大变化，可能影响产品性能时；

c) 产品停产两年后，恢复生产时；

d) 出厂检验结果与上次型式检验结果有较大差异时；

e) 正常生产时，每三年至少抽检一台；

f) 国家质量监督机构提出进行型式检验要求时。

7.3.2 型式检验应按本标准中的各项规定进行检验。

7.3.3 型式检验项目全部符合本标准规定，则判为合格。型式检验每次抽检一台，若有不合格项时，应再抽两台进行检验，若仍有不合格项时，则应逐台进行检验。

8 标志、包装、运输和贮存

8.1 标志

每台气压检查机应在适当的明显位置固定产品标牌。标牌型式及尺寸应符合 GB/T 13306 的规定。产品标牌应有下列内容：

a) 产品名称、型号；

b) 产品的主要技术参数；

c) 执行的标准号；

d) 制造单位名称和商标；

e) 制造日期和产品编号。

8.2 包装

8.2.1 气压检查机包装应符合 GB/T 13384 的有关规定，包装箱内应装有下列技术文件（装入防水袋内）：

a） 产品合格证；

b） 使用说明书，其内容应符合 GB/T 9969 的规定；

c） 装箱单；

d） 安装图。

8.2.2 包装储运图示标志应符合 GB/T 191 的规定。

8.3 运输

气压检查机运输应符合 GB/T 191 和 GB/T 6388 的有关规定。

8.4 贮存

气压检查机应贮存在干燥通风处，避免受潮腐蚀，不能与有腐蚀性的气（物）体一起存放，露天存放应有防雨措施。

附　录　A
(资料性附录)
型号组成及定义

A.1　型号组成及定义

A.1.1　产品型号由产品代号、规格参数、设计代号三部分组成,产品型号结构见图A.1。

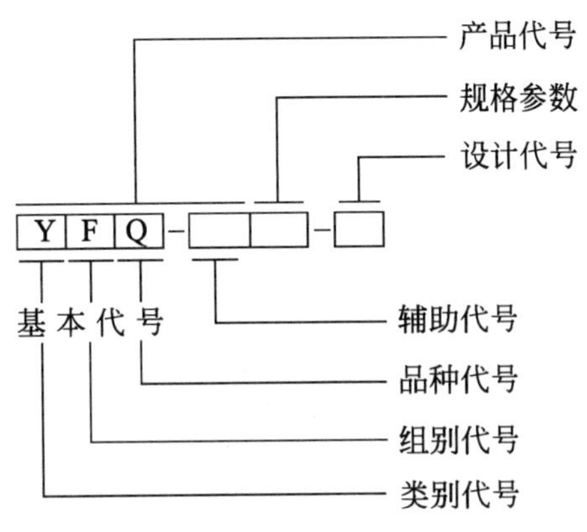

图A.1　产品型号结构

A.1.2　产品代号由基本代号和辅助代号组成。

A.1.3　基本代号由类别代号、组别代号、品种代号组成,用大写汉语拼音字母表示。其定义:类别代号Y表示检验机械(验Y);组别代号F表示轮胎翻修机械(翻F);品种代号Q表示气压检查(气Q)。

A.1.4　辅助代号:缺项可不标注。

A.1.5　规格参数:标注轮胎轮辋名义直径范围,用英寸(in)表示。

A.1.6　设计代号在必要时使用,应符合GB/T 12783—2000中3.5的规定。

A.2　型号标记

轮胎轮辋名义直径范围为15 in～22.5 in的轮胎气压检查机型号标记为:

YFQ-1522

附 录 B
(资料性附录)
气压检查机的基本参数

气压检查机基本参数见表 B.1。

表 B.1 气压检查机基本参数

项 目	参 数
轮胎轮辋名义直径范围/in	15～22.5
最高工作压力/MPa	0.9
电机额定功率/kW	1.5

附 录 C
（规范性附录）
检测方法

C.1 基本要求检测

C.1.1 目测及实际操作，按 5.1.1 对气压检查机的功能要求进行检测。

C.1.2 气动系统的检验：

a) 出厂检验时：应按 GB/T 7932—2003 中 14.3 规定的方法检验流体的泄漏；

b) 型式检验时：应按 GB/T 7932—2003 中第 14 章的规定进行试运行。

C.1.3 目测及实际操作，按 5.1.3 对运动部件的动作进行检测。

C.2 精度要求检测

C.2.1 用百分表按 5.2.1 对卡盘同轴度进行检测，卡盘同轴度检测见图 C.1，具体操作：先将左右卡盘分别与轴安装好并达到图样要求，把百分表座固定在一侧卡盘上，把表的测头触及另一卡盘（两卡盘相距 300 mm）定位锥面上，转动固定百分表的卡盘，测得最大值和最小值之差；调换被检测卡盘，重复上述检测步骤，两次检测的最大差值作为两轮胎装夹卡盘中心线同轴度误差值。

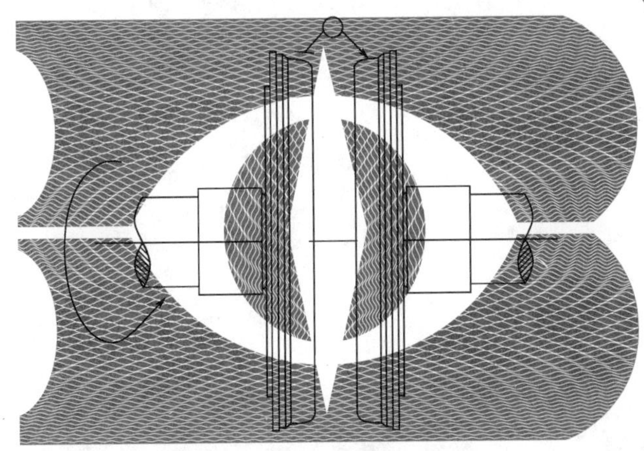

图 C.1 卡盘同轴度检测

C.2.2 目测压力表的读数，按 5.2.2 检测压力设定值与工作压力偏差。

C.3 安全要求检测

C.3.1 目测及实际操作，进行联锁防护装置保持关闭和锁定的检测。

C.3.2 目测检查 5.3.2、5.3.3 的限压装置、压力超压泄放装置和急停装置应安装到位。

C.3.3 按 GB/T 24342 的规定，进行保护联结电路连续性试验。

C.3.4 按 GB/T 24343 的规定，进行绝缘电阻试验。

C.3.5 按 GB/T 24344 的规定，进行耐压试验。

C.3.6 按 GB 4208—2008 中规定的方法，进行外壳防护等级 IP54 试验。

C.3.7 按 HG/T 2108 规定的方法，进行噪声检测。

C.4 涂漆和外观要求检测

C.4.1 按 HG/T 3228—2001 规定的方法进行涂漆质量检测。

C.4.2 按 HG/T 3120 规定的方法进行外观质量检测。

ICS 71.120;83.200
G 95
备案号:38729—2013

HG

中华人民共和国化工行业标准

HG/T 4404—2012

钢丝帘布裁断机

Steel cord cutting machine

2012-12-28 发布 2013-06-01 实施

中华人民共和国工业和信息化部 发布

前　言

本标准按照 GB/T 1.1—2009 给出的规则起草。

本标准的附录 A 为资料性附录，附录 B 为规范性附录。

本标准由中国石油和化学工业联合会提出。

本标准由全国橡胶塑料机械标准化技术委员会橡胶机械分技术委员会(SAC/TC71/SC1)归口。

本标准起草单位：天津赛象科技股份有限公司、软控股份有限公司、桂林中昊力创机电设备有限公司、北京贝特里戴瑞科技发展有限公司、北京橡胶工业研究设计院。

本标准主要起草人：张建浩、于立、王秀琴、王善梅、欧哲学、宋震方、何成。

本标准首次发布。

钢丝帘布裁断机

1 范围

本标准规定了钢丝帘布裁断机的术语和定义、产品分类、型号及基本参数、要求、试验、检验规则、标志、包装、运输和贮存。

本标准适用于裁断胎体钢丝帘布、带束层钢丝帘布的钢丝帘布裁断机(以下简称裁断机)。

2 规范性引用文件

下列文件对于本文件的应用是必不可少的。凡是注日期的引用文件,仅注日期的版本适用于本文件。凡是不注日期的引用文件,其最新版本(包括所有的修改单)适用于本文件。

GB/T 191 包装储运图示标志

GB/T 3766—2001 液压系统通用技术条件

GB 5226.1—2008 机械电气安全 机械电气设备 第1部分:通用技术条件

GB/T 6326 轮胎术语及其定义

GB/T 6388 运输包装收发货标志

GB/T 9969 工业产品使用说明书 总则

GB/T 12783 橡胶塑料机械产品型号编制方法

GB/T 13306 标牌

GB/T 13384 机电产品包装通用技术条件

GB/T 15706.2 机械安全 基本概念与设计通则 第2部分:技术原则

GB/T 24342 工业机械电气设备 保护接地电路连续性试验规范

GB/T 24343 工业机械电气设备 绝缘电阻试验规范

GB/T 24344 工业机械电气设备 耐压试验规范

HG/T 2108 橡胶机械噪声声压级的测定

HG/T 3120 橡胶塑料机械外观通用技术条件

HG/T 3223 橡胶机械术语

HG/T 3228—2001 橡胶塑料机械涂漆通用技术条件

3 术语和定义

GB/T 6326 和 HG/T 3223 界定的以及下列术语和定义适用于本文件。

3.1

钢丝帘布 steel cord

用于生产轮胎骨架部件的覆胶平行钢丝帘线层。

4 产品分类、型号及基本参数

4.1 产品分类

裁断机按照用途分为胎体钢丝帘布裁断机和带束层钢丝帘布裁断机。

4.2 型号

裁断机的型号编制方法应符合 GB/T 12783 的规定。

4.3 基本参数

裁断机的基本参数参见附录A。

5 要求

5.1 总则

裁断机应符合本标准的要求,并按规定程序批准的图样及技术文件制造。

5.2 技术要求

5.2.1 送布长度应根据需要设定,参见附录A表A.1或表A.2中送布长度。

5.2.2 送布机构重复运动偏差应不大于±0.1 mm。

5.2.3 上下裁刀的间隙应不大于0.02 mm。

5.2.4 帘布接头机构接头长度应可调,参见附录A表A.1或表A.2中接头长度范围。

5.2.5 带束层钢丝帘布裁断角度应可调,参见附录A表A.2中裁断角度范围。

5.2.6 带束层钢丝帘布纵裁的宽度比应可调,参见附录A表A.2中纵裁带束层宽度比范围。

5.2.7 裁刀的硬度应不小于60 HRC。

5.2.8 裁刀连续裁切应不粘帘布。裁后的帘布的切口处应整齐,无粘连。

5.2.9 裁断机应具有人机对话界面。

5.2.10 裁断机控制系统宜有故障报警及自诊断功能。

5.2.11 裁断机控制系统宜有制品参数和产量统计存储、调用功能。

5.2.12 裁断机宜有网络接口功能。

5.2.13 裁断机所裁切后物料偏差应符合下列规定:

a) 裁断宽度极限偏差±1.0 mm;

b) 裁断角度偏差±0.1°;

c) 帘布接头错边偏差±1.0 mm。

5.3 安全环保要求

5.3.1 裁断机的保护联结电路连续性的试验应符合GB 5226.1—2008中18.2.2试验1的规定。

5.3.2 裁断机的绝缘电阻试验应符合GB 5226.1—2008中18.3的规定。

5.3.3 裁断机的所有电路导线和保护接地之间耐压试验应符合GB 5226.1—2008中18.4的规定。

5.3.4 对人身安全有危险的部位,应有安全防护装置,必要时设有安全标志。

5.3.5 裁断机帘布导开装/卸料、裁断主机、接头、包边、贴胶及卷取等部位应设置急停器件,并应符合GB 5226.1—2008中10.7的规定。

5.3.6 裁断机应有可靠的联锁保护措施和报警装置。

5.3.7 电气系统联锁保护应符合GB 5226.1—2008中9.3的规定。

5.3.8 液压系统保护应符合GB/T 3766—2001中10.2.3、10.5.4及10.6.1的规定。

5.3.9 裁断机工作时的噪声声压级应不大于85 dB(A)。

5.4 涂漆和外观要求

5.4.1 涂漆质量应符合HG/T 3228—2001中3.4.6的规定。

5.4.2 外观质量应符合HG/T 3120的规定。

6 试验

6.1 检测方法

检测方法见附录B。

6.2 空负荷运转前试验

空负荷运转前,按5.2.7、5.3.1～5.3.8要求对裁断机进行检查。

6.3 空负荷运转试验

6.3.1 空负荷运转试验应在装配检验合格后方可进行。

6.3.2 空负荷运转中应进行下列检测：

a) 按5.2.1～5.2.6、5.2.9～5.2.12检查各项精度和功能要求；

b) 按5.3.9要求进行检查。

6.4 负荷运转试验

6.4.1 应在空负荷运转试验合格后，进行负荷运转试验。负荷运转试验可在用户现场进行。

6.4.2 负荷运转试验所用的钢丝帘布应为合格品。

6.4.3 负荷运转试验期间，设备应连续累计运转72 h无故障，若中间出现故障，故障排除时间不应超过2 h，否则应重新进行试验。

6.4.4 负荷运转应按照5.2.8、5.2.13进行检查。

7 检验规则

7.1 检验分类

裁断机的检验分为出厂检验和型式检验。

7.2 出厂检验

7.2.1 每台/套裁断机须经制造厂质量检验部门检验合格后，并附有产品合格证方可出厂。

7.2.2 出厂检测应按5.2、5.3、5.4的规定进行检测。

7.3 型式检验

7.3.1 型式检验的项目为本标准的全部要求，有下列情况之一时，应做型式检验：

a) 新产品或老产品转厂生产的试制定型鉴定；

b) 正式生产后，如结构、材料和工艺有较大改变，可能影响产品性能时；

c) 正常生产时，每年最少抽试一台/套；

d) 产品长期停产后，恢复生产时；

e) 出厂检验结果与上次型式检验有较大差异时；

f) 国家质量监督机构提出进行型式检验的要求时。

7.3.2 判定规则

型式检验项目全部符合本标准规定时，则判为合格。型式检验每次抽验一台，若有不合格项时，应再抽验两台，若还有不合格项时，则应逐台检验。

8 标志、包装、运输和贮存

8.1 标志

每台/套裁断机应在适当的明显位置固定产品标牌。标牌型式、尺寸及技术要求应符合GB/T 13306的规定。产品标牌应有下列内容：

a) 产品名称、型号；

b) 产品的主要技术参数；

c) 制造厂名称和商标；

d) 制造日期和产品编号；

e) 执行的标准号。

8.2 包装

8.2.1 裁断机包装应符合GB/T 13384的有关规定。包装箱内应装有下列技术文件（装入防水袋内）：

a) 产品合格证；

b) 使用说明书，其内容应符合GB/T 9969的规定；

c) 装箱单；

d） 安装图。

8.2.2 包装储运图示标志应符合 GB/T 191 的规定。

8.3 运输

裁断机运输应符合 GB/T 191 和 GB/T 6388 的有关规定。

8.4 贮存

裁断机应贮存在干燥、通风处，避免受潮腐蚀，不能与有腐蚀性的气（物）体一起存放，露天存放应有防雨措施。

附 录 A
(资料性附录)
钢丝帘布裁断机基本参数

A.1 胎体钢丝帘布裁断机基本参数见表 A.1。

表 A.1 胎体钢丝帘布裁断机基本参数

项 目		载重胎	工程胎
压延钢丝帘布宽度范围/mm		600～1 000	600～1 000
压延钢丝帘布厚度范围/mm		1.4～3.6	3.0～8.6
每分钟裁断次数	圆盘刀式	≥9	≥0.20
	铡刀式	≥11	≥0.25
裁断宽度范围/mm		400～1 000	1 000～5 000
裁断角度/(°)		90	90
每分钟接头次数	圆盘刀式	≥8	≥0.20
	铡刀式	≥8	≥0.25
接头长度范围/mm		400～1 000	1 000～5 000
包边与贴胶胶片宽度范围/mm		50～260	60～800
送布长度范围/mm		400～1 000	1 000～5 000

A.2 带束层钢丝帘布裁断机基本参数见表 A.2。

表 A.2 带束层钢丝帘布裁断机基本参数

项 目	乘用胎、载重胎	工程胎
压延钢丝帘布宽度范围/mm	600～1 000	600～1 000
压延钢丝帘布厚度范围/mm	0.8～3.0	2.0～6.0
每分钟裁断次数	≥14	≥0.25
裁断角度范围/(°)	15～70	15～70
裁断宽度范围/mm	50～500	500～1 200
递布线速度(Max)/(m/s)	0.9	0.9
每分钟接头次数	≥13	≥0.25
接头长度范围/mm	120～1 500	500～4 200
送布长度范围/mm	120～1 500	500～4 200
适用纵裁的带束层宽度范围/mm	75～500	—
适用纵裁的带束层宽度比范围	(1∶1)～(1∶1.5)	—
包边与贴胶胶片宽度范围/mm	20～60	20～100
全包胶片宽度范围/mm	75～420	—

附 录 B
(规范性附录)
检测方法

B.1 技术要求检测

B.1.1 送布长度用钢直尺检测。

B.1.2 送布机构重复运动偏差检测:将百分表固定并将送布机构前移 1 m 或 0.5 m,在工作台上固定一个方铁与表头接触面垂直运动方向,并使表头压缩 1.5 mm,将送布机构后退 1 m 或 0.5 m 后以送布速度前移 1 m 或 0.5 m,观察表针变化,往返测试 5 次,取最大值。

B.1.3 上下裁刀的间隙用塞尺检测。

B.1.4 帘布接头长度用钢直尺检测。

B.1.5 带束层钢丝帘布裁断角度用角度尺检测。

B.1.6 带束层钢丝帘布纵裁的宽度用钢直尺检测。

B.1.7 裁刀表面硬度用洛式硬度计检测,每面至少测量 4 点,取最小值。

B.1.8 裁刀连续裁切试验应至少裁 5 块帘布。

B.1.9 用便携式计算机检测人机对话界面。

B.1.10 用便携式计算机检测控制系统的故障报警及自诊断功能。

B.1.11 用便携式计算机检测控制系统的制品参数和产量统计存储、调用功能。

B.1.12 用便携式计算机检测网络接口功能。

B.1.13 裁断机所裁切后物料偏差检测。

a) 裁断宽度极限偏差:用游标卡尺或钢直尺检测,至少连续检测 5 次,取偏差绝对值的最大值。

b) 裁断角度偏差:用游标卡尺或钢直尺测量宽度和斜边长度,然后计算出角度,或用角度尺测量出角度,至少连续检测 5 次,取偏差绝对值的最大值。

c) 帘布接头错边偏差:用游标卡尺或钢直尺检测,至少连续检测 5 次,取偏差绝对值的最大值。

B.2 安全要求检测

B.2.1 按 GB/T 24342 中规定的方法进行保护接地电路连续性试验检测。

B.2.2 按 GB/T 24343 中规定的方法进行绝缘电阻试验检测。

B.2.3 按 GB/T 24344 中规定的方法进行耐压试验检测。

B.2.4 目测检测安全防护装置和安全标志。

B.2.5 裁断机工作时,打开任何一个防护门,系统给出停机指令并报警。

B.2.6 按 GB/T 15706.2 中的规定进行电气系统联锁保护检测。

B.2.7 按 GB/T 3766—2001 中的规定进行液压系统保护检测。

B.2.8 按 HG/T 2108 中的规定方法进行噪声检测。

ICS 71.120;83.200
G 95
备案号:38730—2013

HG

中华人民共和国化工行业标准

HG/T 4405—2012

实心轮胎压力成型机

Press building machine for solid tyre

2012-12-28 发布 2013-06-01 实施

中华人民共和国工业和信息化部 发布

前　言

本标准按照 GB/T 1.1—2009 给出的规则起草。

本标准的附录 A 和附录 B 为资料性附录，附录 C 为规范性附录。

本标准由中国石油和化学工业联合会提出。

本标准由全国橡胶塑料机械标准化技术委员会橡胶机械分技术委员会(SAC/TC71/SC1)归口。

本标准起草单位：青岛双星橡塑机械有限公司、福建华橡自控技术股份有限公司、福建建阳龙翔科技开发有限公司、北京橡胶工业研究设计院。

本标准主要起草人：刘云启、孙鲁西、戴造成、陈玉泉、何成。

本标准为首次发布。

实心轮胎压力成型机

1 范围

本标准规定了实心轮胎压力成型机的型号与基本参数、要求、试验、检验规则、产品标志、包装、运输、贮存等。

本标准适用于用压力法生产轮辋名义直径为 12 in～25 in 实心轮胎的成型机(以下简称成型机)。

2 规范性引用文件

下列文件对于本文件的应用是必不可少的。凡是注日期的引用文件,仅所注日期的版本适用于本文件。凡是不注日期的引用文件,其最新版本(包括所有的修改单)适用于本文件。

GB/T 191　包装储运图示标志

GB/T 3766—2001　液压系统通用技术条件

GB 5226.1—2008　机械安全　机械电气设备　第1部分:通用技术条件

GB/T 6388　运输包装收发货标志

GB/T 9969　工业产品使用说明书　总则

GB/T 12783　橡胶塑料机械产品的型号编制方法

GB/T 13306　标牌

GB/T 13384　机电产品包装通用技术条件

GB/T 15706.2　机械安全　基本概念与设计通则　第2部分:技术原则

GB/T 24342　工业机械电气设备　保护接地电路连续性试验规范

GB/T 24343　工业机械电气设备　绝缘电阻试验规范

GB/T 24344　工业机械电气设备　耐压试验规范

HG/T 2108　橡胶机械噪声声压级的测定

HG/T 3120　橡胶塑料机械外观通用技术条件

HG/T 3228—2001　橡胶塑料机械涂漆通用技术条件

3 型号与基本参数

3.1 成型机型号的编制方法应符合 GB/T 12783 的规定,型号的组成及定义参见附录 A。

3.2 成型机的基本参数参见附录 B。

4 要求

4.1 技术要求

4.1.1 成型机应符合本标准的规定,并按照经规定程序批准的图样和技术文件制造。

4.1.2 成型机主机示意图见图 1,锁模、开模与下定中心机构示意图见图 2,主要精度要求见表 1。

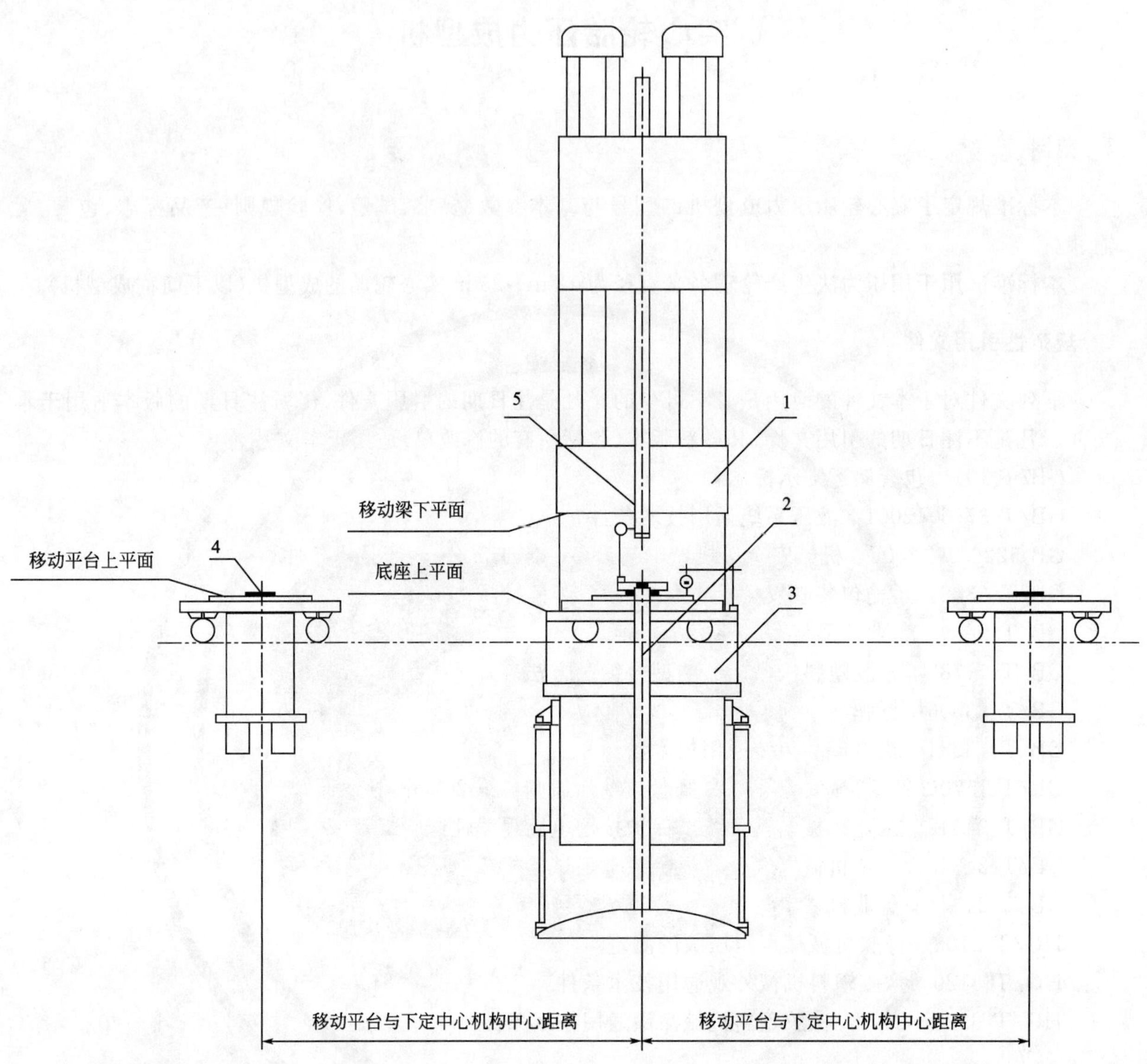

1——移动梁；
2——下定中心机构中心杆；
3——底座；
4——移动平台；
5——上定中心机构中心杆。

图1　成型机主机示意图

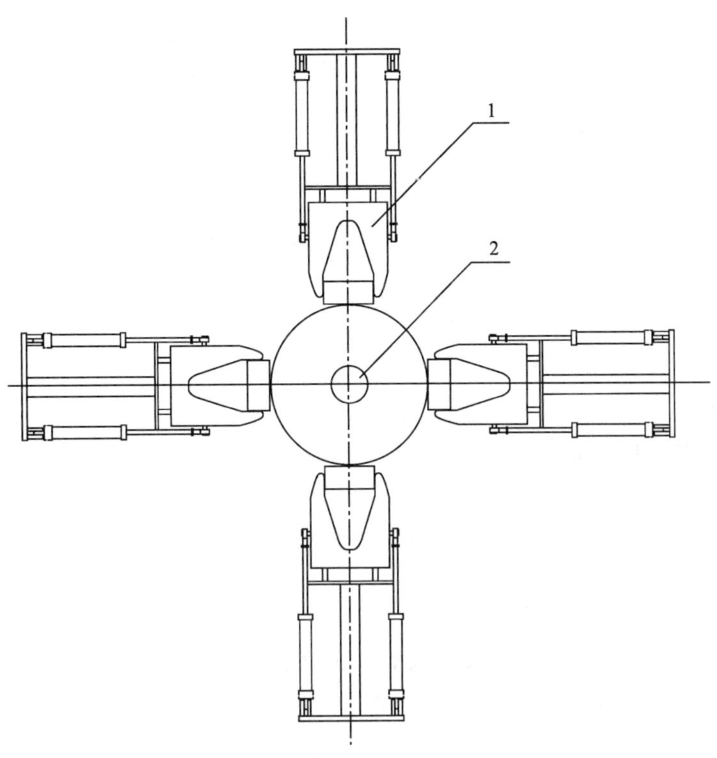

1——锁模、开模机构；
2——下定中心机构。

图 2 锁模、开模与下定中心机构示意图

表 1 主要精度要求

精度要求项目	规格		
	12 in	15 in	25 in
移动梁下平面与底座上平面平行度/mm	≤0.12	≤0.15	≤0.20
移动平台上平面与底座上平面的平行度(中间工作位置时)/mm	≤0.10	≤0.12	≤0.17
上、下定中心机构中心杆中心的同轴度/ mm	≤ϕ0.3	≤ϕ0.35	≤ϕ0.5
移动平台定中心机构与中间定中心机构轴线距离偏差/ mm	≤0.4	≤0.5	≤0.7
锁模、开模机构与下定中心机构的同轴度/ mm	≤ϕ1.0	≤ϕ1.2	≤ϕ1.5

4.1.3 成型机应具有装胎(装模)、定型、锁模、取模等功能。

4.1.4 成型机各运动部件的动作应平稳、灵活、准确可靠，液压、气动部件运动时不应有爬行和卡阻现象。

4.1.5 成型机应具有人机界面功能。

4.1.6 成型机应具有合模力自动补压功能。

4.1.7 液压系统应满足以下要求：

a) 当工作液达到工作压力时，保压 1 h，液压系统的压力降应不大于工作压力的 10 %；

b) 液压系统须进行不低于工作压力的 1.5 倍的耐压试验，保压 5 min，不应有外渗漏；

c) 液压系统各控制阀应灵敏，动作准确、可靠；

d) 正常工作时油箱内液压油的温度不大于 60 ℃。

4.1.8 成型机应具有调节合模力、锁紧力的功能。

4.1.9 成型机应设有移动平台，移动平台(电机驱动)应具有电机制动功能。

4.1.10 成型机涂漆质量应符合 HG/T 3228—2001 中 3.4.6 的规定。

4.1.11 成型机外观质量应符合 HG/T 3120 的规定。

4.2 安全、环保要求

4.2.1 成型机的保护联结电路连续性的试验应符合 GB 5226.1—2008 中 18.2.2 试验 1 的规定。

4.2.2 成型机的绝缘电阻试验应符合 GB 5226.1—2008 中 18.3 的规定。

4.2.3 成型机的所有电路导线和保护接地之间耐压试验应符合 GB 5226.1—2008 中 18.4 的规定。

4.2.4 成型机装、卸模，开、合模应具有安全联锁电路(或程序)并报警的功能。

4.2.5 成型机控制系统应有急停按钮，并易于操作。

4.2.6 成型机各限位开关应保证限位准确、灵敏、可靠。

4.2.7 成型机控制系统应具有电力中断后，机器保持现状，通电后只能通过手动操作机器方能运转的安全功能。

4.2.8 成型机应设有断电后防止移动梁因自重下降的安全锁装置，在断电后其因自重下降距离 1 h 内应不大于 10 mm。

4.2.9 成型机应设有可靠的限压装置。

4.2.10 成型机应设有安全防护装置，必要时设有安全标志。

4.2.11 成型机开、合模试验时，噪声声压级应不大于 80 dB(A)。

5 试验

5.1 检测方法

成型机检测方法见附录 C。

5.2 空负荷运转前检查

空负荷运转试验前，按 4.1.2、4.1.3、4.1.5～4.1.11、4.2.1～4.2.6、4.2.9、4.2.10 要求对成型机进行检查。

5.3 空负荷运转试验

5.3.1 空负荷运转试验应在整机装配合格后进行。

5.3.2 空负荷运转试验按 4.1.3、4.1.4、4.2.4～4.2.9 进行。

5.4 负荷运转试验

5.4.1 应在空负荷运转试验合格后，进行 2 h 连续负荷运转试验，负荷试验可在用户工厂进行。

5.4.2 负荷试验按 4.1.6、4.2.4～4.2.9、4.2.11 进行。

6 检验规则

6.1 出厂检验

每台成型机应经制造厂质量检验部门按第 4 章检验合格后方可出厂，出厂时应附产品质量合格证书。

6.2 型式检验

6.2.1 型式检验项目的内容包括本标准中的各项要求。

6.2.2 有下列情况之一时，应进行型式检验：

a) 有新产品或老产品转厂生产的试制鉴定；

b) 当产品在设计、结构、材料、工艺上有较重大改变时；

c) 产品停产 3 年以上，恢复生产时；

d) 国家质量监督机构提出型式检验要求时。

6.2.3 型式检验每次抽检一台，当检验不合格时，再抽检两台，若仍不合格时，应对该批产品逐台检验。

7 产品标志、包装、运输、贮存

7.1 标志

每台成型机应在明显位置固定产品标牌，标牌型式、尺寸和技术要求应符合 GB/T 13306 的规定。产品标牌应有下列内容：

a） 制造单位名称及商标；

b） 产品名称及型号；

c） 产品主要参数；

d） 产品标准号；

e） 产品编号；

f） 制造日期。

7.2 包装

7.2.1 成型机包装应符合 GB/T 13384 的规定。包装箱储运图示应符合 GB/T 191 的规定。包装运输应符合运输部门的有关规定。

7.2.2 在产品包装箱的明显位置注明“随机文件在此箱”内容；随机文件应统一装在防水的塑料袋内；随机文件应包括下列内容：

a） 产品合格证；

b） 使用说明书，其内容应符合 GB/T 9969 的规定；

c） 装箱单；

d） 备件清单；

e） 安装图。

7.3 运输

成型机运输应符合 GB/T 191 和 GB/T 6388 的有关规定。

7.4 贮存

成型机应贮存在干燥、通风处，避免受潮腐蚀，不能与有腐蚀性的气(物)体一起存放，露天存放时应有防雨措施。

附　录　A
（资料性附录）
型号组成及定义

A.1　型号组成及定义

A.1.1　产品型号由产品代号、规格参数、设计代号三部分组成，产品型号结构见图 A.1。

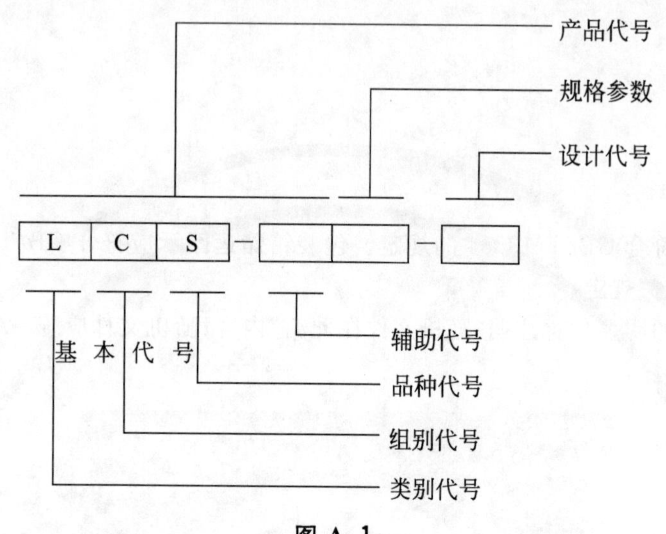

图 A.1

A.1.2　产品代号由基本代号和辅助代号组成。

A.1.3　基本代号由类别代号、组别代号、品种代号组成，用大写汉语拼音字母表示。其定义：类别代号 L 表示轮胎机械（轮 L）；组别代号 C 表示成型机械（成 C）；品种代号 S 表示实心轮胎（实 S）。

A.1.4　辅助代号定义：缺项，可不标注。

A.1.5　规格参数：标注轮胎轮辋名义直径，用英寸(in)表示。

A.1.6　设计代号在必要时使用，应符合 GB/T 12783 的有关规定。

A.2　示例

轮胎轮辋名义直径为 15 in 的实心轮胎压力成型机型号标记为：LCS-15。

附 录 B
(资料性附录)
成型机基本参数

成型机基本参数见表 B.1。

表 B.1 成型机基本参数

参数	规格		
	LCS-12	LCS-15	LCS-25
移动平台规格(长×宽)/mm	1 440×820	1 650×1 260	2 350×2 000
合模力/kN	4 000	4 500	10 550
最大合模间距(含模具高度)/mm	1 220	1 420	1 820
加压油缸直径/mm	350	220	800
加压油缸数量	2	4	1
加压油缸行程/mm	700	1 000	500
加压油缸上升速度/(mm/s)	140	135	55
加压油缸下降速度/(mm/s)	70	50	150
锁模力矩/N·m	3 200	9 400	14 000

附　录　C
(规范性附录)
成型机检测方法

C.1　技术要求检测方法

技术要求检测方法参见表C.1。

表C.1　技术要求检测方法

序号	检测项目	检测方法	检验工具
C.1.1	合模力	在移动梁与平台间放入模具或工装，以最大工作压力加压5 min，记录压力表读数，用下列公式计算公称合模力：合模力=压力表读数×油缸的作用面积×数量	1.6级压力表、计时器
C.1.2	压力降	在移动梁与平台间放入模具或适当工装，以最大工作压力加压，使两者间完全闭合，停止供工作液1 min时，开始记录压力表读数 P_1，同时计时，当计时到1 h，再次记录压力表读数 P_2，计算压力降。 压力降计算公式，数值以%表示： $\frac{P_1-P_2}{P_1}\times 100$	1.6级压力表、计时器
C.1.3	液压系统的自动补压功能	当液压系统的压力降超过规定值时检查补压功能	1.6级压力表
C.1.4	液压系统耐压试验	在1.5倍工作压力下，保压5 min内整个液压系统无外渗漏	试压试验装置、压力表、计时器
C.1.5	移动梁下平面与底座上平面平行度	把三坐标测量仪固定在底座上用测头在移动梁下平面、底座上平面取点的方法检测	三坐标测量仪
C.1.6	移动平台上平面与底座上平面的平行度(中间工作位置时)	把三坐标测量仪固定在底座上用测头在移动平台上平面、底座上平面取点的方法检测	三坐标测量仪
C.1.7	上、下定中心机构中心杆中心的同轴度	把三坐标测量仪固定在底座上用测头在上下中心杆圆周上取点的方法检测，显示最大偏差即为同轴度值	三坐标测量仪
C.1.8	移动平台定中心机构与中间定中心机构轴线距离偏差	用经纬仪检测移动平台前后两个工位与定中心机构轴线距离，检测数据差即为偏差值	经纬仪
C.1.9	锁模、开模机构与下定中心机构的同轴度	做一符合图纸尺寸要求的环形工装固定在中心机构杆上，用塞尺检测与四位置锁、开模机构间隙，取最大值即为同轴度值	专用工装、塞尺
C.1.10	加压油缸的上升下降速度	空运转，使移动梁处于合模位置。按下“开启”按钮，同时用秒表计时，当移动梁上升至最大开启位置并终止运行时，停止计时，记录其时间并用钢尺测量其开启距离。反之，测量闭合时间及距离。连续重复测定三次，分别计算，取其小值为加压油缸的升降速度	秒表、钢尺

C.2　安全、环保要求检测方法

C.2.1　按GB/T 24342中规定的方法进行保护接地电路连续性试验检测。

C.2.2　按GB/T 24343中规定的方法进行绝缘电阻试验检测。

C.2.3　按GB/T 24344中规定的方法进行耐压试验检测。

C.2.4 目视检测安全防护装置和安全标志。

C.2.5 成型机工作时，打开任何一个安全开关，系统给出停机指令并报警。

C.2.6 按 GB/T 15706.2 中的规定进行电气系统联锁保护检测。

C.2.7 按 GB/T 3766—2001 中的规定进行液压系统保护检测。

C.2.8 按 HG/T 2108 中的规定方法进行噪声检测。

ICS 71.120;83.200
G 95
备案号：45326—2014

HG

中华人民共和国化工行业标准

HG/T 4635—2014

轮胎激光散斑无损检测机

Tire laser shearography non-destructive detector

2014-05-12 发布　　2014-10-01 实施

中华人民共和国工业和信息化部　发布

前　言

本标准按照 GB/T 1.1—2009 给出的规则起草。

本标准由中国石油和化学工业联合会提出。

本标准由全国橡胶塑料机械标准化技术委员会橡胶机械分技术委员会(SAC/TC71/SC1)归口。

本标准起草单位：广州华工百川科技股份有限公司、软控股份有限公司、北京橡胶工业研究设计院、北京贝特里戴瑞科技发展有限公司。

本标准主要起草人：曾启林、谢雷、侯朋、杭柏林、何成、宋震方。

轮胎激光散斑无损检测机

1 范围

本标准规定了轮胎激光散斑无损检测机的术语和定义、产品基本参数及型号、要求、试验、检验及判定规则、标记、标牌、包装、运输和贮存。

本标准适用于轮胎激光散斑无损检测机(以下简称检测机)。

2 规范性引用文件

下列文件对于本文件的应用是必不可少的。凡是注日期的引用文件,仅注日期的版本适用于本文件。凡是不注日期的引用文件,其最新版本(包括所有的修改单)适用于本文件。

GB/T 191—2008 包装储运图示标志(mod ISO 780:1997)

GB 4208—2008 外壳防护等级(IP 代码)(idt IEC 60529:2001)

GB 5226.1—2008 机械电气安全 机械电气设备 第1部分:通用技术条件(idt IEC 60204-1:2005)

GB/T 6326 轮胎术语及其定义

GB 7247.1—2001 激光产品的安全 第1部分:设备分类、要求和用户指南

GB/T 8196 机械安全 防护装置 固定式和活动式防护装置设计与制造一般要求

GB/T 13306 标牌

GB/T 13384 机电产品包装通用技术条件

GB 16754 机械安全 急停 设计原则

GB/T 18831 机械安全 带防护装置的联锁装置 设计和选择原则

GB/T 24342 工业机械电气设备 保护接地电路连续性试验规范

GB/T 24343 工业机械电气设备 绝缘电阻试验规范

GB/T 24344 工业机械电气设备 耐压试验规范

HG/T 2108—1991 橡胶机械噪声声压级的测定

HG/T 3120 橡胶塑料机械外观通用技术条件

HG/T 3223 橡胶机械术语

HG/T 3228—2001 橡胶塑料机械涂漆通用技术条件

3 术语和定义

GB/T 6326 和 HG/T 3223 界定的以及下列术语和定义适用于本文件。

3.1

轮胎激光散斑无损检测机 tire laser shearography non-destructive detector

用激光散斑来检测轮胎内部缺陷(如脱层或气泡)的机器。

3.2

激光散斑 laser shearography

轮胎受到激光束照射时,表面反射后的激光形成随机干扰图像(随机分布的亮区和暗区斑点)。

3.3

无损检测 non-destructive testing

不需破坏结构的检测内部缺陷的方法。

3.4

脱层　delamination

轮胎内部的部件粘贴面存在气体或粘不牢而形成的脱开。

3.5

气泡　bubble

轮胎内部存在密闭的气体空腔。

3.6

相位图　phase images

将加载前后激光散斑干涉形成的图像，通过计算得到相位差图，用灰度图显示。

3.7

缺陷分辨率　defect resolution

检测机分辨最小缺陷的能力。

3.8

校准板　calibration panel

带有确定尺寸缺陷的、用来标定检测机的板。

4　产品基本参数及型号

4.1　基本参数

检测机基本参数参见附录A。

4.2　产品型号

检测机的产品型号组成及定义参见附录B。

5　要求

5.1　总则

轮胎激光散斑无损检测机应符合本标准的要求，并按经规定程序批准的图样和技术文件制造。

5.2　工作环境条件要求

工作环境要求见表1。

表1

序号	项　目	要　求
1	环境温度要求	10 ℃～40 ℃
2	电源	AC 220 V或380 V，16 A
3	气源	0.8 MPa

5.3　功能要求

5.3.1　检测机应有手动和自动检测轮胎功能。

5.3.2　检测仪应有上胎、出胎、自动定位和自动检测轮胎功能。

5.3.3　应具有缺陷尺寸验证装置，便于对设备识别能力进行验证。

5.3.4　检测机应有标识缺陷大小功能。

5.3.5　缺陷显示功能：检测机应能将缺陷检测出来，缺陷应以相位图显示，同时应能显示轮胎原图。

5.3.6　检测机的真空泵及电磁阀应有开启和关闭功能。

5.3.7　检测机可以有轮胎条形码自动识别功能或轮胎号输入功能。

5.3.8 检测机应具有将轮胎各部分检测图像自动合成完整轮胎检测图像的功能。

5.3.9 结果输出功能：应能通过电脑显示及打印机打印结果。

5.4 技术要求

5.4.1 检测机激光器应能正常工作，单只功率大于或等于 50 mW，波长在 700 nm 以上。

5.4.2 检测机 CCD 图像传感器应能正常工作，能响应 700 nm 以上红外波长的激光。

5.4.3 轮胎检测仪应有真空室及真空系统，真空能力应小于或等于－20 kPa。

5.4.4 真空度的要求：在真空室的真空门关闭状态下，应在 1 min 内压力变化小于 5 %。

5.4.5 分辨率要求：检测仪应能检测出 1 mm 的缺陷。

5.4.6 检测周期要求：采用双头检测轮胎 1 周(360°)时间应小于或等于 70 s。

5.4.7 轮胎中心定位偏移量要求：应小于或等于±5 mm。

5.4.8 检测机涂漆质量应符合 HG/T 3228—2001 中 3.4.6 的规定。

5.4.9 检测仪外观质量应符合 HG/T 3120 的规定。

5.5 安全要求

5.5.1 检测机的保护联结电路连续性的要求应符合 GB/T 24342 和 GB 5226.1—2008 中 18.2.2 试验的规定。

5.5.2 检测机的绝缘电阻试验应符合 GB/T 24343 和 GB 5226.1—2008 中 18.3 的规定。

5.5.3 检测机的所有电路导线和保护接地之间耐压要求应符合 GB/T 24344 和 GB 5226.1—2008 中 18.4 的规定。

5.5.4 对人身安全有危险的部位，应有安全防护装置，符合 GB/T 8196 的规定要求。必要时设有安全标志，移动部件应采用警示黄色，进出门应采用警示黄色。

5.5.5 检测机应有急停止功能，符合 GB 16754 规定要求。

5.5.6 电气系统联锁保护应符合 GB 5226.1—2008 中 9.3 的规定。

5.5.7 检测机激光防护应符合 GB 7247.1—2001 中 1 类激光产品的安全要求。

5.5.8 电气设备的外壳防护等级应符合 GB 4208—2008 中规定的 IP54 级要求。

5.5.9 按 HG/T 2108—1991 的规定，检测机运转时的噪声声压级应小于 85 dB(A)。

5.5.10 检测机应设计有维修门。对翻盖式检测机应有机械安全保护装置，符合 GB/T 18831 的规定要求。

5.5.11 检测机应有维修灯。

5.5.12 维修门机构中有安全传感器，维修门在打开时检测机不可以进入工作状态。

6 试验

6.1 试验方法

检测机试验方法见附录 C。

6.2 空负荷运转前试验

在空负荷运转前，应对 5.5.1～5.5.8 和 5.5.10 的要求进行检查。

6.3 空负荷运转试验

6.3.1 空负荷运转试验应在装配检验合格后方可进行。

6.3.2 空负荷运转中应对 5.3、5.4.1～5.4.4、5.4.8、5.4.9 和 5.5.9 的要求进行检查。

6.4 负荷运转试验

6.4.1 应在空负荷运转试验合格后，进行负荷运转试验。负荷运转试验可在用户现场进行。

6.4.2 负荷运转试验所用的轮胎应为合格品。

6.4.3 负荷运转试验期间，设备应连续累计运转 8 h 无故障。

6.4.4 负荷运转应按照 5.4.5～5.4.7 和 5.5.9 的要求进行检查。

7 检验及判定规则

7.1 检验规则

7.1.1 出厂检验

7.1.1.1 检测机出厂前，应按 6.2～6.4 规定的要求进行检验，应检项目全部合格后附上合格证方可出厂。

7.1.1.2 检测机出厂时应附有产品检验合格证、产品质量证明书、装箱单，并可根据用户要求提供专用样板等。

7.1.2 型式检验

7.1.2.1 型式检验应对本标准中的各项要求进行检验，并应符合其规定。

7.1.2.2 凡有下列情况之一时，应进行型式检验：

a) 新产品或老产品转厂生产的试制定型鉴定；

b) 正式生产后，如结构、材料、工艺有较大改变，可能影响产品性能时；

c) 正式生产时应进行周期检验，每两年至少一次；

d) 出厂检验结果与上次型式检验结果有较大差异时；

e) 产品长期停产后恢复生产时；

f) 国家质量监督机构提出进行型式检验要求时。

7.2 判定与复检

检测机在检验过程中如发现有不合格项目，允许进行返工或更换零件，然后进行复检，直至应检项目全部合格。

8 标记、标牌

8.1 每台检测机应在产品正前方明显位置或客户要求的位置打印标志。

8.2 主要零部件上的标志包含检测机规格、产品编号。

8.3 调试装配后的检测机按要求安装或刻印标牌，标牌的尺寸和技术要求应符合 GB/T 13306 的规定，标牌的内容包括：

a) 检测机名称和型号；

b) 制造单位名称或商标；

c) 检测机的主要参数；

d) 产品编号；

e) 检测机重量；

f) 制造日期。

9 包装、运输和贮存

9.1 包装

产品包装运输应符合 GB/T 13384 的规定。

9.2 运输

9.2.1 检测机的运输应符合运输部门的有关规定，贮运图示标志应符合 GB/T 191 的规定。

9.2.2 检测机在运输过程中应谨防碰撞和受潮。

9.3 贮存

检测机应存放于干燥、无腐蚀、通风良好的场所中妥善保管。

附 录 A
(资料性附录)
轮胎激光散斑无损检测机基本参数

检测机基本参数参见表 A.1。

表 A.1 检测机基本参数

序号	项 目	型 号		
		YLB-2X800	YLB-2X1200	YLB-2X1600
1	检测头数	2	2	2
2	检测区	胎面、胎肩、胎侧	胎面、胎肩、胎侧	胎面、胎肩、胎侧
3	检测缺陷类型	脱层、气泡	脱层、气泡	脱层、气泡
4	检测头定位	自动	自动	自动
5	轮胎定中	自动	自动	自动
6	检测速度	40 条胎/h	40 条胎/h	40 条胎/h
7	适用轮胎尺寸	最大外径 800 mm 最小胎圈直径 300 mm 断面宽小于 300 mm	最大外径 1 200 mm 最小胎圈直径 300 mm 断面宽小于 450 mm	最大外径 1 600 mm 最小胎圈直径 300 mm 断面宽小于 450 mm

附 录 B
（资料性附录）
检测机型号组成及定义

B.1 型号组成及定义

B.1.1 检测机型号由产品代号、规格参数、设计代号三部分组成，产品型号结构见图 B.1。

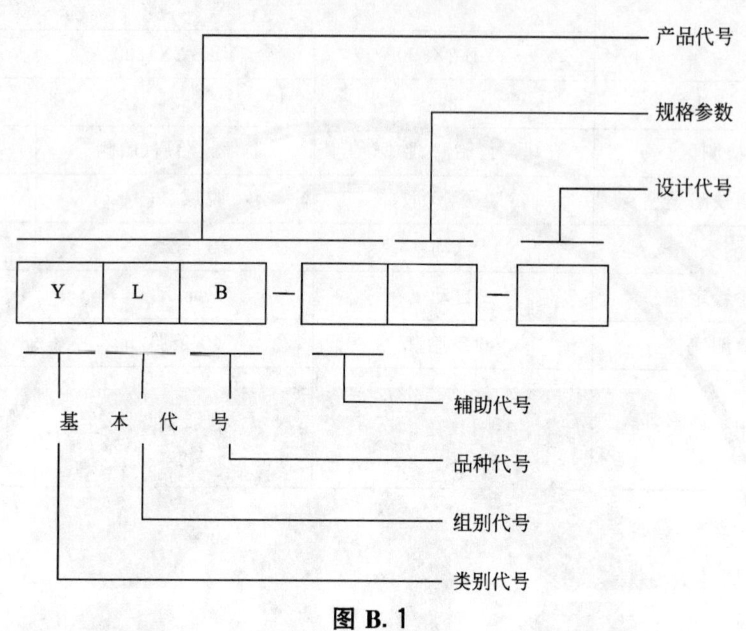

图 B.1

B.1.2 产品代号由基本代号和辅助代号组成，用大写汉语拼音字母表示。

B.1.3 基本代号由类别代号、组别代号、品种代号组成。其定义：类别代号 Y 代表橡胶制品检测机械；组别代号 L 代表轮胎检测机械；品种代号 B 表示激光散斑检测机（激光散斑）。

B.1.4 辅助代号：缺项可不标注。

B.1.5 规格参数定义：激光检测头数量×能检测的最大轮胎外直径（单位为毫米）。

B.1.6 设计代号在必要时使用，应符合 GB/T 12783 的规定。

B.2 示例

检测轮胎最大外径 1 200 mm，配 2 个检测头的检测机，其型号标记为：YLB-2×1 200。

附　录　C
（规范性附录）
检测方法

C.1　检测前准备

检测机通电 2 min 后进行各种检测，需准备校准板一只。

C.2　工作环境条件要求

检测工作环境条件要求见表 C.1。

表 C.1

序号	项　目	要　求	检测方法
1	环境温度	10 ℃～40 ℃	用温度计测
2	电源	AC220 V 或 380 V，16 A	用万用表测
3	气源	0.8 MPa	用气压表测

C.3　功能要求检测

C.3.1　在检测机电脑软件上测试手动和自动检测轮胎功能：打开检测程序，在电脑软件界面按自动运行功能键，轮胎自动进入检测室，自动检测，检测结束后自动退出。在控制界面按手动检测键，按任一功能键，检测机均能执行。

C.3.2　用检测仪控制软件测试上胎、出胎和检测轮胎功能：在控制界面的手动功能上按上胎功能键，轮胎完成上胎动作；按检测功能键，检测机能自动检测轮胎；按出胎键，轮胎被送出检测机。

C.3.3　用校准板检测检测机标识缺陷的功能：在软件界面查看缺陷大小。校准板的缺陷分布和大小见图 C.1。

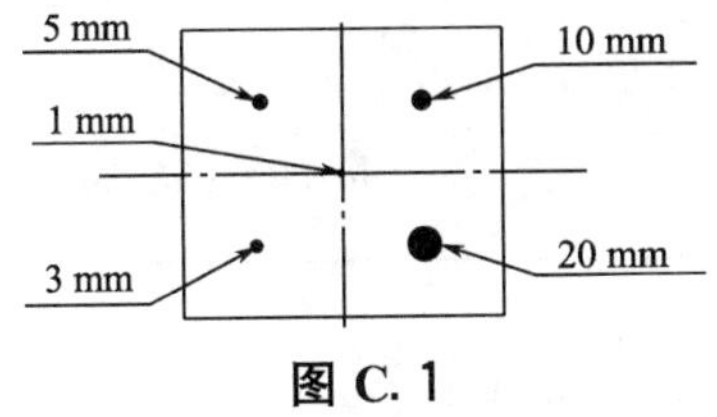

图 C.1

校准板制作方法：

在 200 mm×200 mm×20 mm 的橡胶板上埋直径为 1 mm、3 mm、5 mm、10 mm、20 mm 的密封孔洞各一个，孔洞深 5 mm，距表面 2 mm。

C.3.4　用校准板检测缺陷显示功能：将校准板放入检测机，在负压下检测，用检测软件查看检测结果，缺陷以相位图显示，同时显示轮胎原图。

C.3.5　用控制软件检测检测机的真空泵及电磁阀开启和关闭功能：输入开启信号，能听到真空泵启动及电磁阀开启；输入关闭信号，能听到真空泵停机及电磁阀关闭。

C.3.6　用条形码扫描枪录入轮胎条码，在电脑上查看条码结果。或将轮胎号输入装置，在电脑上查看胎号结果。

C.3.7　通过电脑查看显示结果，用打印机查看打印结果。

C.4 技术要求检测

技术要求检测见表 C.2。

表 C.2

序号	项　目	要　求	检测方法	检测工具
1	激光器功率和波长	功率大于或等于 50 mW，波长大于或等于 700 nm	将功率计的接受面紧贴未扩束的激光器测出其功率	用红外波段激光功率计测功率，用 700 nm 以上波长计测波长
2	CCD 图像传感器感应波长	大于或等于 700 nm 以上激光	在密闭的检测室，关闭维修灯，打开激光器，将检测头对准轮胎，在电脑界面上查看轮胎表面图	700 nm 以上激光器
3	真空系统能力	真空度小于或等于 −20 kPa	将真空室关闭，打开真空泵，抽到 −20 kPa	真空表或真空传感器
4	真空稳定性	在 1 min 内，真空室的压力变化小于 5 %	将真空室关闭，打开真空泵，抽到设定值，检测真空室压力值，1 min 后再次检测真空室压力值，计算真空室压力变化	真空表或传感器
5	分辨率	1 mm	将校准板放入检测机室内检测，能将 1 mm 缺陷检测出来并显示。同时将板中的缺陷检测出	校准板
6	扫描周期	≤70 s	从轮胎第一扇区开始自动检测到结束所用时间	秒表
7	轮胎定位偏移	±5 mm	自动输送轮胎进入检测室，轮胎自动停在检测室中心，测量轮胎外胎面到门框的距离	钢板尺
8	检测机涂漆质量	HG/T 3228—2001 中 3.4.6	按 HG/T 3228—2001 中 3.4.6 检测	目测
9	检测仪外观质量	HG/T 3120	按 HG/T 3120 的要求检测	目测

C.5 安全要求检测

C.5.1 按 GB 5226.1—2008 中 18.2.2 试验 1 的规定检测检测机保护联结电路连续性。

C.5.2 按 GB 5226.1—2008 中 18.3 的规定检测检测机的绝缘电阻试验。

C.5.3 按 GB 5226.1—2008 中 18.4 的规定检测检测机的所有电路导线和保护接地之间耐压。

C.5.4 按 GB/T 8196 的规定对检测机的对人身安全有危险的部位进行检测。对进出门警示黄色检测用目测。

C.5.5 按 GB 16754 的规定检测检测机急停止功能。

C.5.6 按 GB 5226.1—2008 中 9.3 的规定检测电气系统联锁保护。

C.5.7 按 GB 7247.1—2001 中 1 类激光产品的安全要求检测检测机的激光防护。

C.5.8 按 GB 4208—2008 规定的 IP54 级要求检测电气设备的外壳防护等级。

C.5.9 按 HG/T 2108—1991 的要求检测设备的机械噪声。

C.5.10 对检测机维修门检测用目测。对翻盖式检测机的机械安全保护装置检测用目测。

C.5.11 对检测机维修灯检测用目测。

C.5.12 用可编程控制器 PLC 测维修门机构中安全传感器。用控制程序测试:在维修门打开时,检测机不执行任何命令。

ICS 71.120；83.200
G 95
备案号：49646—2015

HG

中华人民共和国化工行业标准

HG/T 4799—2015

轮胎均匀性检验机

Tyre uniformity testing machine

2015-05-11 发布

2015-10-01 实施

中华人民共和国工业和信息化部 发布

前　言

本标准按照 GB/T 1.1—2009 给出的规则起草。

本标准由中国石油和化学工业联合会提出。

本标准由全国橡胶塑料机械标准化技术委员会橡胶机械分技术委员会（SAC/TC71/SC1）归口。

本标准起草单位：软控股份有限公司、广州阿克隆百川检测设备有限公司、天津赛象科技股份有限公司、北京贝特里戴瑞科技发展有限公司、北京橡胶工业研究设计院。

本标准主要起草人：咸龙新、杭柏林、李海辉、张建浩、宋震方、何成。

轮胎均匀性检验机

1 范围

本标准规定了轮胎均匀性检验机（以下简称检验机）的术语和定义，型号及基本参数，要求，试验，检验规则，标志、包装、运输和贮存。

本标准适用于在线检测轿车轮胎和载重汽车轮胎均匀性的检验机。

2 规范性引用文件

下列文件对于本文件的应用是必不可少的。凡是注日期的引用文件，仅注日期的版本适用于本文件。凡是不注日期的引用文件，其最新版本（包括所有的修改单）适用于本文件。

GB/T 191 包装储运图示标志

GB 4208—2008 外壳防护等级（IP 代码）

GB 5226.1—2008 机械电气安全 机械电气设备 第1部分：通用技术条件

GB/T 6326 轮胎术语及其定义

GB/T 6388 运输包装收发货标志

GB/T 7932—2003 气动系统通用技术条件

GB/T 8196—2003 机械安全 防护装置 固定式和活动式防护装置设计与制造一般要求

GB/T 9969 工业产品使用说明书 总则

GB/T 12783 橡胶塑料机械产品型号编制方法

GB/T 13277.1 压缩空气 第1部分：污染物净化等级

GB/T 13306 标牌

GB/T 13384 机电产品包装通用技术条件

GB/T 18506 汽车轮胎均匀性试验方法

GB/T 24342 工业机械电气设备 保护接地电路连续性试验规范

GB/T 24343 工业机械电气设备 绝缘电阻试验规范

GB/T 24344 工业机械电气设备 耐压试验规范

HG/T 2108 橡胶机械噪声声压级的测定

HG/T 3120 橡胶塑料机械外观通用技术条件

HG/T 3223 橡胶机械术语

HG/T 3228—2001 橡胶塑料机械涂漆通用技术条件

3 术语和定义

GB/T 6326、GB/T 18506 和 HG/T 3223 界定的术语和定义适用于本文件。为了便于使用，以下重复列出上述标准中的一些术语和定义。

3.1

均匀性 uniformity

在静态和动态条件下，轮胎圆周特性恒定不变的性能。

注：虽然均匀性可包括轮胎的不平衡、跳动和力的波动等，但本标准仅指轮胎力的波动。

[GB/T 18506—2001，定义 3.1]

3.2

试验转鼓　test drum

旋转的圆筒形飞轮。

[GB/T 18506—2001，定义 3.9]

3.3

轿车轮胎　passenger car tyre

设计用于轿车的轮胎。

这种车辆为在设计和技术特性上主要用于载运乘客及其随身行李和/或临时物品的汽车及其拖挂车。这种车辆包括驾驶员在内不超过 9 个座位。

[GB/T 6326—2005，定义 4.3.1]

3.4

轻型载重汽车轮胎　light truck tyre

设计用于轻型载重汽车或小型客车的轮胎，是载重汽车轮胎的一种类型。

[GB/T 6326—2005，定义 4.3.3]

3.5

载重汽车轮胎　truck tyre

设计用于载重汽车和客车及其拖挂车的轮胎。

这种车辆为在设计和技术特性上主要用于运送人员和货物的汽车及其拖挂车。

[GB/T 6326—2005，定义 4.3.2]

4　型号及基本参数

4.1　型号

检验机的型号编制方法应符合 GB/T 12783 的规定，型号组成及定义参见附录 A。

4.2　基本参数

检验机的基本参数参见附录 B。

5　要求

5.1　基本要求

5.1.1　检验机的检验条件参数

检验机的检验条件参数见表 1。

表 1　检验条件参数

参　　数	参数范围
轮胎检验转速/(r/min) 允差	60 ±设定转数×0.5%
环境温度/℃	5～40
湿度(RH)(20℃时)	≤80%
压缩空气	应符合 GB/T 13277.1 中固体粒子尺寸和浓度等级 3 级、压力露点等级 4 级、含油量等级 4 级的要求
注 1： 轮胎检验时的充气压力为单胎最大负荷对应气压的 80%。 **注 2：** 轮胎检验时负荷加载为轮胎额定负荷的 80%。 **注 3：** 设备周围应无明显的振动源。	

5.1.2 检验参数

5.1.2.1 检验参数

——径向力波动（RFV）；

——侧向力波动（LFV）。

5.1.2.2 计算参数

——径向力波动各次谐波（RFH1～RFH10）；

——侧向力波动各次谐波（LFH1～LFH10）；

——侧向力偏移（LFD）；

——锥度效应力（CONY）；

——角度效应力（PLSY）。

5.1.3 检验精度

检验机的检验精度见表2。

表2 检验精度

检验项目		轿车/轻型载重汽车轮胎系列	载重汽车轮胎系列
不卸胎 *Y* 次检验	径向力波动、径向力波动一次谐波的标准偏差	≤3 N	≤15 N
	侧向力波动、侧向力波动一次谐波的标准偏差	≤3 N	≤10 N
卸胎 *M*×*Y* 检验	径向力波动、径向力波动一次谐波的平均标准偏差	≤3 N	≤15 N
	侧向力波动、侧向力波动一次谐波的平均标准偏差	≤3 N	≤10 N
	锥度效应力的平均标准偏差	≤3 N	≤10 N
	标识精度[a]	±5°(RFH1≥50 N)	±10°(RFH1≥200 N)
注1：轿车/轻型载重汽车轮胎系列(采用195/65R15标准轮胎进行5×5检验)。 **注2**：载重汽车轮胎系列(采用11R22.5标准轮胎进行5×5检验)。			
[a] 标识位置为检验径向力一次谐波高点。			

5.1.4 机械系统空负荷运转和负荷运转时，不得有异常震动，运动部件的动作应平稳、顺畅，不得有卡滞、爬行及过冲现象。

5.1.5 气动系统应符合GB/T 7932—2003第4章的规定。

5.2 功能要求

5.2.1 应具有轮胎输送、定中和胎圈润滑功能。

5.2.2 应具有自动装卡、充气、检验、卸胎功能。

5.2.3 应具有根据检验结果对轮胎进行标识、自动分级功能。

5.2.4 控制系统应具有各部分联锁运行、故障报警功能。

5.2.5 应具有实时监控和数据信息处理功能。

5.2.6 应具有自动调整段宽功能。

5.2.7 应具有以下工作模式。

5.2.7.1 手动工作模式：控制系统的操作应对轮胎均匀性检验机的动作部件实现单独操作、调试、维修和维护。

5.2.7.2 自动工作模式：轮胎进入轮胎均匀性检验机后，自动完成输送、润滑、装卡、充气、检验、卸胎、标识、分级、数据记录等操作。

5.2.7.3 校准工作模式：用砝码对轮胎均匀性检验机进行径向力及侧向力校准的系列操作。

5.2.7.4 检验精度工作模式：采用 M 条同规格标准轮胎进行 $M \times Y$ 检验，根据检验数据所计算的标准偏差或极差判定设备的精度。

5.2.8 可具有自动更换轮辋功能。

5.2.9 可具有胎号识别、规格识别、称重功能。

5.2.10 可具有与汽车轮胎动平衡检验机联机，实现轮胎的综合判级、标识功能。

5.3 精度要求

5.3.1 上、下轮辋安装座径向圆跳动和端面圆跳动均应不大于 0.025 mm。

5.3.2 上、下轮辋同轴度应不大于 Φ0.03 mm。

5.3.3 上、下轮辋段宽定位误差应不大于±0.5 mm。

5.3.4 上、下轮辋径向圆跳动和端面圆跳动均应不大于 0.03 mm。

5.3.5 转鼓径向圆跳动和端面圆跳动均应不大于 0.025 mm。

5.3.6 转鼓的静态残余不平衡量小于 500 g·cm，动态残余不平衡量小于 5000 g·cm。

5.4 安全和环保要求

5.4.1 外购或自制的储气罐应符合国家相关安全规定。

5.4.2 应设置安全防护装置。联锁防护装置应符合 GB/T 8196—2003 中 3.6 的规定。

5.4.3 检验机的保护联结电路连续性试验应符合 GB 5226.1—2008 中 18.2.2 试验 1 的规定。

5.4.4 检验机的绝缘电阻试验应符合 GB 5226.1—2008 中 18.3 的规定。

5.4.5 检验机的所有电路导线和保护接地之间耐压试验应符合 GB 5226.1—2008 中 18.4 的规定。

5.4.6 电气设备的外壳防护等级应符合 GB 4208—2008 规定的 IP54 级要求。

5.4.7 检验机空负荷运转时的噪声声压级应不大 80 dB (A)；负荷运转时的噪声声压级应不大于 85 dB (A)。

5.5 涂漆和外观要求

5.5.1 涂漆质量应符合 HG/T 3228—2001 中 3.4.6 的规定。

5.5.2 外观质量应符合 HG/T 3120 的规定。

6 试验

6.1 检测方法

检测方法见附录 C。

6.2 空负荷运转前试验

空负荷运转前，应按照 5.3、5.4.1～5.4.6 和 5.5 对设备进行检查，均应符合要求。

6.3 空负荷运转试验

空负荷运转时，应按照 5.1.4、5.1.5 和 5.4.7 对设备进行检查，均应符合要求。

6.4 负荷运转试验

6.4.1 空负荷运转试验合格后进行负荷运转试验，连续负荷运转时间不少于 30 min。

6.4.2 负荷运转时，应按照 5.1.2～5.1.4、5.2、5.4.7 对设备进行检查，均应符合要求。

7 检验规则

7.1 检验分类

检验机的检验分为出厂检验和型式检验。

7.2 出厂检验

每台检验机出厂前应按照 5.1.2～5.1.4、5.2、5.3、5.4.3～5.4.5、5.4.7、5.5 进行检查，经制造厂质量检验部门检验合格并签发合格证后方可出厂。

7.3 型式检验

7.3.1 有下列情况之一时，应进行型式检验：

a) 新产品或老产品转厂时；

b) 正式生产后，如结构、材料、工艺有较大变化，可能影响产品性能时；

c) 产品停产两年以上恢复生产时；

d) 出厂检验结果与上次型式检验结果有较大差异时；

e) 正常生产时，每 3 年至少抽检 1 台；

f) 国家质量监督机构提出进行型式检验要求时。

7.3.2 检验项目

型式检验应按本标准中的全部规定进行检验。

7.3.3 判定规则

型式检验项目全部符合本标准规定，则判为合格。型式检验每次抽检 1 台，若有不合格项时，应再抽 2 台进行检验，若仍有不合格项时，则应逐台进行检验。

8 标志、包装、运输和贮存

8.1 标志

每台检验机应在适当的明显位置固定产品标牌。标牌型式及尺寸应符合 GB/T 13306 的规定。产品标牌应有下列内容：

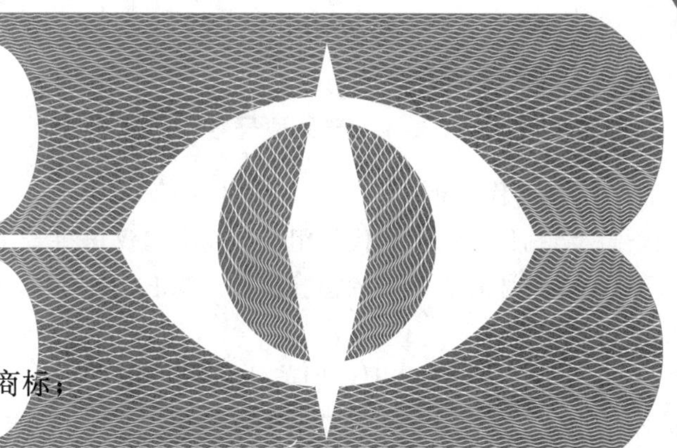

a) 产品名称；

b) 产品型号；

c) 产品编号；

d) 执行标准号；

e) 主要技术参数；

f) 设备净重；

g) 外形尺寸；

h) 制造单位名称、商标；

i) 制造日期。

8.2 包装

8.2.1 检验机包装应符合 GB/T 13384 的要求。包装箱内应装有下列技术文件（装入防水袋内）：

a) 产品合格证；

b) 使用说明书，应符合 GB/T 9969 的要求；

c) 装箱单；

d) 安装图。

8.2.2 包装储运图示标志应符合 GB/T 191 的规定。

8.3 运输

检验机运输应符合 GB/T 191 和 GB/T 6388 的有关规定。运输时应防雨、防潮，以及防挤压、防振动；吊车搬运时防止滚动。

8.4 贮存

检验机应贮存在干燥、通风处，避免受潮腐蚀，不能与有腐蚀性的气（物）体一起存放，露天存放应有防雨措施。

附 录 A
(资料性附录)
型号组成及定义

A.1 型号组成及定义

A.1.1 产品型号由产品代号、规格参数和设计代号三部分组成，产品型号结构见图 A.1。

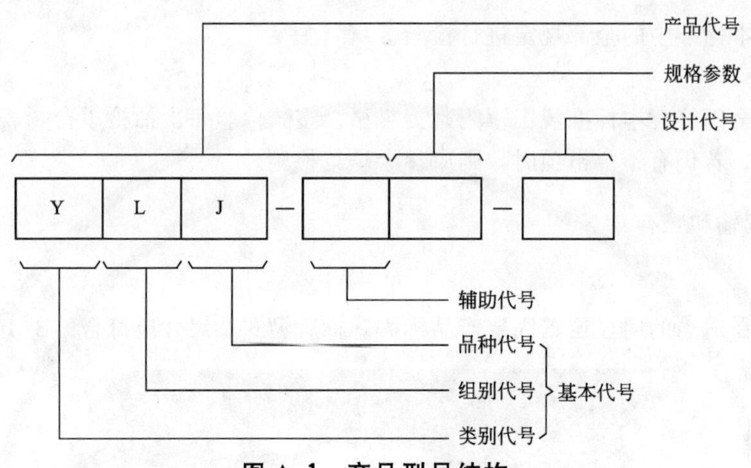

图 A.1 产品型号结构

A.1.2 产品代号由基本代号和辅助代号组成。

A.1.3 基本代号由类别代号、组别代号和品种代号组成，用大写汉语拼音字母表示。其定义：类别代号 Y 表示检验机械（验 Y）；组别代号 L 表示轮胎检验机械（轮 L）；品种代号 J 表示均匀性（均 J）。

A.1.4 辅助代号缺项可不标注。

A.1.5 规格参数：标注轮胎轮辋名义直径范围，用英寸（in）表示。

A.1.6 设计代号在必要时使用，应符合 GB/T 12783—2000 中 3.5 的规定。

A.2 型号标记示例

轮胎轮辋名义直径范围为 13 in～26 in 的轿车轮胎均匀性检验机型号标记为：YLJ-1326。

轮胎轮辋名义直径范围为 16 in～24.5 in 的载重轮胎均匀性检验机型号标记为：YLJ-1624。

附 录 B
（资料性附录）
检验机基本参数

B.1 检验机的基本参数见表 B.1。

表 B.1 检验机基本参数

<table>
<tr><td>基本参数</td><td>轿车/轻型载重汽车轮胎系列</td><td colspan="2">载重汽车轮胎系列</td></tr>
<tr><td>充气压力/MPa
允差/MPa</td><td>0.2～0.45
±0.01</td><td colspan="2">0.2～0.9
±0.01</td></tr>
<tr><td>负荷/N
允差</td><td>0～15 000
±设定负荷×0.5%</td><td colspan="2">0～60 000
±设定负荷×0.5%</td></tr>
<tr><td>转鼓外径/mm
允差/mm</td><td>854
±1</td><td>854
±1</td><td>1 600
±1</td></tr>
</table>

B.2 检验轮胎的参数范围见表 B.2。

表 B.2 检验轮胎参数范围

轮胎参数	轿车/轻型载重汽车轮胎系列	载重汽车轮胎系列
轮胎外径/mm	500～1 050	700～1 400
轮辋直径/in	13～26	16～24.5
断面宽度/mm	≤350	≤500
轮胎重量/kg	≤40	≤130

B.3 检验参数范围见表 B.3。

表 B.3 检验参数范围

单位为 N

检验参数	轿车/轻型载重汽车轮胎系列	载重汽车轮胎系列
径向力波动(RFV)	0～1 000	0～5 000
侧向力波动(LFV)	0～560	0～2 000

附 录 C
(规范性附录)
检 测 方 法

C.1 功能检测

C.1.1 检测前准备：检测机通电 2 min 后进行各种检测。

C.1.2 功能要求检测：目测及实际操作，对 5.2 轮胎均匀性检验机的功能要求进行检测。

a) 通过目测及实际操作，应具有轮胎输送、定中和胎圈润滑功能。

b) 通过目测及实际操作，应具有自动装卡、充气、检验、卸胎功能。

c) 通过目测及实际操作，应具有根据检验结果将轮胎进行标识、自动分级功能。

d) 通过目测及实际操作，控制系统应具有各部分联锁运行、故障报警功能。

e) 通过目测及实际操作，应具有实时监控和数据信息处理功能。

f) 通过目测及实际操作，应具有自动调整段宽功能。

g) 通过目测及实际操作，应具有以下工作模式：

——手动工作模式：控制系统的操作应对轮胎均匀性检验机的动作部件实现单独操作、调试、维修和维护；

——自动工作模式：轮胎进入轮胎均匀性检验机后，自动完成输送、润滑、装卡、充气、检验、卸胎、标识、分级、数据记录等操作；

——校准工作模式：用砝码对轮胎均匀性检验机进行径向力及侧向力校准的系列操作；

——检验精度工作模式：采用 M 条同规格标准轮胎进行 $M \times Y$ 检验，根据检验数据所计算的标准偏差或极差判定设备的精度。

C.1.3 气动系统的检验：按 GB/T 7932—2003 第 4 章的规定，对气动系统进行检查。

C.1.4 通过目测，检查检验机运动部件的动作应平稳，不应有卡滞、爬行及过冲现象。

C.2 参数检测

参数检测方法见表 C.1。

表 C.1 参数检测

参 数	检测用具
轮胎测试转速	用转速表检测
充气压力	标准压力表
负荷	标准砝码
环境温度	用温度计检测
湿度	用湿度计检测
压缩空气	见 GB/T 13277.1

C.3 精度检测

依照表 1 的工作环境条件，用标准胎做 5×5 测试。测试方法如下：

将 5 条标准胎依次编号，按 1、2、3、4、5、1、2、…的顺序每条轮胎测试 5 次，5 条轮胎共测试 25 次，检验设备的重现性。每条轮胎表 2 中所列参数的标准偏差（σ_j）用公式（C.1）计算，并且计算 5 条轮胎的平均标准偏差（σ）。

$$\sigma_j=\left[\frac{\sum_{j=1}^{n}(x_j^2)-\frac{1}{n}\left(\sum_{j=1}^{n}x_j\right)^2}{n-1}\right]^{1/2} \qquad \cdots\cdots (C.1)$$

式中：

n——检验次数，$n=5$；

x——检验值。

平均标准偏差（σ），定义见公式（C.2）：

$$\sigma=\frac{\sum_{j=1}^{5}\sigma_j}{5} \qquad \cdots\cdots (C.2)$$

C.4 检测方法

C.4.1 用百分表检测上、下轮辋安装座的径向圆跳动和端面圆跳动。

C.4.2 用百分表检测上、下轮辋的同轴度。

C.4.3 用游标卡尺检测上、下轮辋段宽定位误差，检测方法见图C.1。

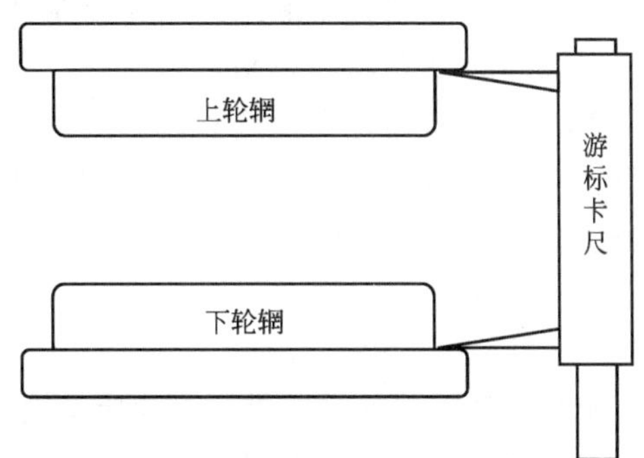

图C.1 上、下轮辋段宽定位误差

C.4.4 用百分表检测上、下轮辋径向圆跳动和端面圆跳动，检测方法见图C.2。

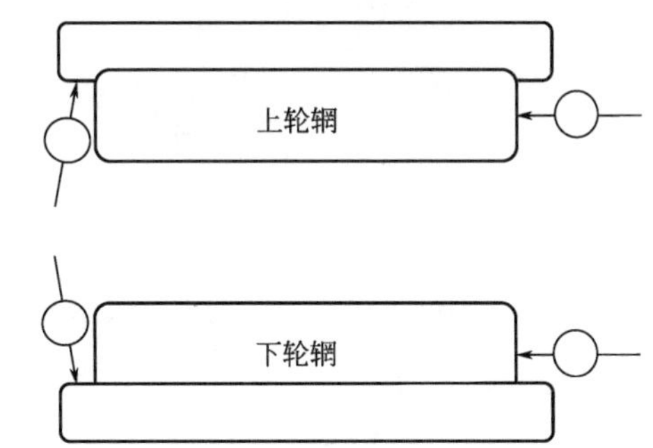

图C.2 上、下轮辋径向圆跳动和端面圆跳动

C.4.5 用百分表检测转鼓径向圆跳动和端面圆跳动，检测方法见图C.3。

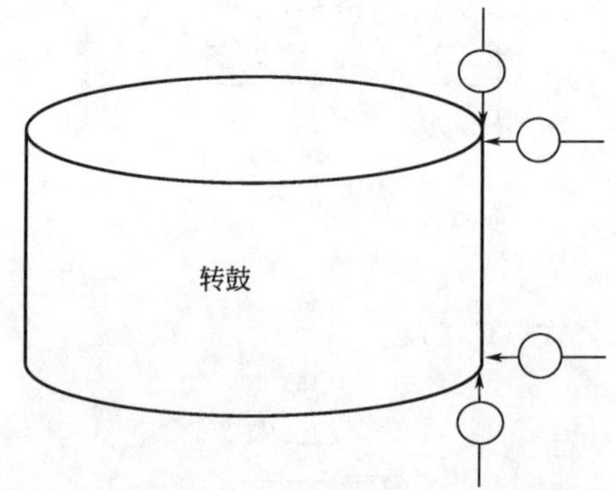

图 C.3　转鼓径向圆跳动和端面圆跳动

C.4.6　用动平衡测量仪检测转鼓的静态残余不平衡量、转鼓的动态残余不平衡量。

C.5　安全要求检测

C.5.1　按 GB/T 8196—2003 的规定，对检验机的安全防护装置进行检查。

C.5.2　按 GB/T 24342 的规定，对 5.4.3 进行保护联结电路连续性试验。

C.5.3　按 GB/T 24343 的规定，对 5.4.4 进行绝缘电阻试验。

C.5.4　按 GB/T 24344 的规定，对 5.4.5 进行电路导线和保护接地之间耐压试验。

C.5.5　按 GB 4208—2008 规定的方法，对 5.4.6 电气设备的外壳防护等级进行 IP54 级试验。

C.5.6　按 HG/T 2108 规定的方法，对 5.4.7 进行噪声检测。

C.6　涂漆和外观要求检测

C.6.1　按 HG/T 3228—2001 规定的方法，对 5.5.1 进行涂漆质量检测。

C.6.2　按 HG/T 3120 规定的方法，对 5.5.2 进行外观质量检测。

ICS 71.120；83.200
G 95
备案号：49647—2015

HG

中华人民共和国化工行业标准

HG/T 4800—2015

轮胎 X 射线检验机

X-ray inspection machine for tyre

2015-05-11 发布　　2015-10-01 实施

中华人民共和国工业和信息化部　发布

前　言

本标准按照 GB/T 1.1—2009 给出的规则起草。

本标准由中国石油和化学工业联合会提出。

本标准由全国橡胶塑料机械标准化技术委员会橡胶机械分技术委员会（SAC/TC71/SC1）归口。

本标准起草单位：软控股份有限公司、天津赛象科技股份有限公司、北京贝特里戴瑞科技发展有限公司、北京橡胶工业研究设计院。

本标准主要起草人：李石磊、侯朋、张建浩、宋震方、何成。

轮胎X射线检验机

1　范围

本标准规定了轮胎X射线检验机（以下简称检验机）的术语和定义，型号及基本参数，要求，试验，检验规则，标志、包装、运输和贮存。

本标准适用于使用X射线在线检测轿车轮胎、轻型载重汽车轮胎、载重汽车轮胎内部结构的检验机。

2　规范性引用文件

下列文件对于本文件的应用是必不可少的。凡是注日期的引用文件，仅注日期的版本适用于本文件。凡是不注日期的引用文件，其最新版本（包括所有的修改单）适用于本文件。

GB/T 191　包装储运图示标志

GB 4208—2008　外壳防护等级（IP代码）

GB 5226.1—2008　机械电气安全　机械电气设备　第1部分：通用技术条件

GB/T 6326　轮胎术语及定义

GB/T 6388　运输包装收发货标志

GB/T 8196—2003　机械安全　防护装置　固定式和活动式防护装置设计与制造一般要求

GB/T 9969　工业产品使用说明书　总则

GB/T 12783　橡胶塑料机械产品型号编制方法

GB/T 13306　标牌

GB/T 13384　机电产品包装通用技术条件

GB/T 23903　射线图像分辨力测试计

GBZ 117—2006　工业X射线探伤放射卫生防护标准

HG/T 2108　橡胶机械噪声声压级的测定

HG/T 3120　橡胶塑料机械外观通用技术条件

HG/T 3228—2001　橡胶塑料机械涂漆通用技术条件

3　术语和定义

GB/T 6326所界定的术语和定义适用于本文件。为了便于使用，以下重复列出了GB/T 6326中的某些术语和定义。

3.1

X射线检验　X-ray inspection

利用X射线检验轮胎内部缺陷。

[GB/T 6326—2005，定义9.15.1]

3.2

轿车轮胎　passenger car tyre

设计用于轿车的轮胎。

这种车辆为在设计和技术特性上主要用于载运乘客及其随身行李和/或临时物品的汽车及其拖挂车。这种车辆包括驾驶员在内不超过9个座位。

[GB/T 6326—2005，定义4.3.1]

3.3

载重汽车轮胎　truck tyre

设计用于载重汽车和客车及其拖挂车的轮胎。

这种车辆为在设计和技术特性上用于运送人员和货物的汽车及其拖挂车。

[GB/T 6326—2005，定义 4.3.2]

3.4

轻型载重汽车轮胎　light truck tyre

设计用于轻型载重汽车或小型客车的轮胎。

是载重汽车轮胎的一种类型。

[GB/T 6326—2005，定义 4.3.3]

4　型号及基本参数

4.1　型号

检验机的型号编制方法应符合 GB/T 12783 的规定，型号组成及定义参见附录 A。

4.2　基本参数

检验机的基本参数参见附录 B。

5　要求

5.1　基本要求

5.1.1　图像分辨率不大于 1.0 mm（0.5 LP/cm）。

5.1.2　冷却系统应保证 X 射线装置正常使用，无渗漏。

5.1.3　检验机运动部件的动作应平稳、顺畅，不应有卡滞、爬行及过冲现象。

5.2　功能要求

5.2.1　应具有自动在线连续检测功能。

5.2.2　应具有轮胎规格识别、对不同轮胎实现自动混装测试功能。

5.2.3　应具有轮胎 X 射线检测、图像处理及显示功能。

5.2.4　图像处理系统应具有进行电子偏差和增益校准的功能，以确保获得稳定的清晰图像，使整条轮胎的内部结构图在显示器上滚动显示。

5.2.5　发射 X 射线的角度应确保轮胎在连续检测的情况下不存在死角；发射的 X 射线应有足够的强度，以确保对不同厚度的轮胎部件进行照射时呈现清晰的图像；根据轮胎检验需要，应具有调整 X 射线发射强度的功能。

5.2.6　控制系统应具有手动模式、自动模式。

5.2.7　应具有故障报警功能。

5.2.8　根据轮胎图像，应具有人工判级、记录功能。

5.2.9　应具有轮胎图像、轮胎规格、检测记录的管理功能。

5.2.10　可具有数字化轮胎识别接口。

5.3　精度要求

5.3.1　轮胎驱动系统定位精度应不大于 1.0 mm。

5.3.2　X 射线管驱动系统定位精度应不大于 1.0 mm。

5.3.3　探测器驱动系统定位精度应不大于 1.0 mm。

5.4　安全和环保要求

5.4.1　应设置安全防护装置。联锁防护装置应符合 GB/T 8196—2003 中 3.6 的要求。

5.4.2　电气控制系统应具有过载保护功能和紧急停机功能。

5.4.3 保护联结电路连续性应符合 GB 5226.1—2008 中 18.2.2 试验 1 的规定。

5.4.4 绝缘电阻应符合 GB 5226.1—2008 中 18.3 的规定。

5.4.5 所有电路导线和保护接地之间耐压应符合 GB 5226.1—2008 中 18.4 的规定。

5.4.6 电气设备的外壳防护等级应符合 GB 4208—2008 中规定的 IP54 级要求。

5.4.7 空负荷运转时的噪声声压级均应不大于 80 dB(A)；负荷运转时的噪声声压级均应不大于83 dB(A)。

5.4.8 检验机的 X 射线装置在额定工作条件下，X 射线屏蔽铅房周围辐射水平应符合 GBZ 117—2006 中 4.1.2 的要求。

5.5 涂漆和外观要求

5.5.1 涂漆质量应符合 HG/T 3228—2001 中 3.4.6 的规定。

5.5.2 外观质量应符合 HG/T 3120 的规定。

6 试验

6.1 检测方法

检测方法见附录 C。

6.2 空负荷运转前试验

空负荷运转前，应按照 5.3、5.4.1、5.4.3～5.4.6、5.5 对设备进行检查，均应符合要求。

6.3 空负荷运转试验

6.3.1 空负荷运转试验应在装配检验合格并符合 6.2 的要求后方可进行，连续空负荷运转时间不少于 30 min。

6.3.2 空负荷运转时，应按照 5.1.2、5.1.3、5.2 对设备进行检查，均应符合要求。

6.4 负荷运转试验

6.4.1 空负荷运转试验合格后进行负荷运转试验，连续负荷运转时间不少于 30 min。

6.4.2 负荷运转时，应按照 5.1.1、5.2、5.4.7、5.4.8 对设备进行检查，均应符合要求。

7 检验规则

7.1 检验分类

检验机的检验分为出厂检验和型式检验。

7.2 出厂检验

每台检验机出厂前应按 5.1～5.5 进行检查，经制造厂质量检验部门检验合格并签发合格证后方可出厂。

7.3 型式检验

7.3.1 有下列情况之一时，应进行型式检验：

a) 新产品或老产品转厂时；

b) 正式生产后，如结构、材料、工艺有较大变化，可能影响产品性能时；

c) 产品停产两年以上恢复生产时；

d) 出厂检验结果与上次型式检验结果有较大差异时；

e) 正常生产时，每 3 年至少抽检 1 台；

f) 国家质量监督机构提出进行型式检验要求时。

7.3.2 型式检验应按本标准中的各项规定进行检验。

7.3.3 型式检验项目全部符合本标准规定，则判为合格。型式检验每次抽检 1 台，若有不合格项时，应再抽 2 台进行检验，若仍有不合格项时，则应逐台进行检验。

8 标志、包装、运输和贮存

8.1 标志

每台检验机应在适当的明显位置固定产品标牌。标牌型式及尺寸应符合 GB/T 13306 的规定。产品标牌应有下列内容：

a) 产品名称；

b) 产品型号；

c) 产品编号；

d) 执行标准号；

e) 基本参数；

f) 外形尺寸；

g) 重量；

h) 制造单位名称和商标；

i) 制造日期。

8.2 包装

8.2.1 检验机包装应符合 GB/T 13384 的有关规定。包装箱内应装有下列技术文件（装入防水袋内）：

a) 产品合格证；

b) 使用说明书，其内容应符合 GB/T 9969 的规定；

c) 装箱单；

d) 安装图。

8.2.2 包装储运图示标志应符合 GB/T 191 的规定。

8.3 运输

检验机运输应符合 GB/T 191 和 GB/T 6388 的有关规定。

8.4 贮存

检验机应贮存在干燥、通风处，避免受潮腐蚀，不能与有腐蚀性的气（物）体一起存放，露天存放应有防雨措施。

附 录 A
(资料性附录)
型号组成及定义

A.1 型号组成及定义

A.1.1 产品型号由产品代号、规格参数和设计代号三部分组成，产品型号结构见图 A.1。

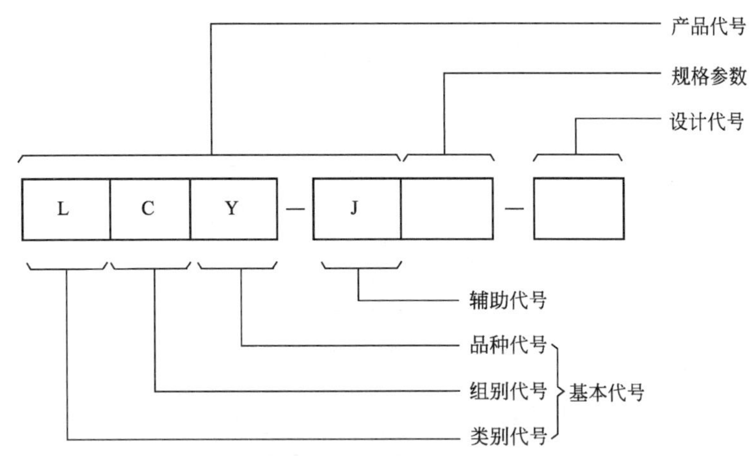

图 A.1 产品型号结构

A.1.2 产品代号由基本代号和辅助代号组成。

A.1.3 基本代号由类别代号、组别代号和品种代号组成，用大写汉语拼音字母表示。其定义：类别代号 Y 表示检验机械（验 Y）；组别代号 L 表示轮胎检验机械（轮 L）；品种代号 X 表示 X 射线检验（X）。

A.1.4 辅助代号：轮胎检测时的姿态，“L” 为立式，“W” 为卧式，企业也可自行定义。

A.1.5 规格参数：标注轮胎轮辋名义直径范围，用英寸（in）表示。

A.1.6 设计代号在必要时使用，应符合 GB/T 12783—2000 中 3.5 的规定。

A.2 型号标记示例

轮胎轮辋名义直径为 15 in～27 in 的立式轮胎 X 射线检验机型号标记为：YLX-L1527。

附 录 B
(资料性附录)
检验机基本参数

检验机的基本参数参见表 B.1。

表 B.1 检验机基本参数

<table>
<tr><th colspan="2">项 目</th><th colspan="2">基 本 参 数</th></tr>
<tr><td colspan="2">产品系列</td><td>轿车/轻型载重汽车轮胎系列</td><td>载重汽车轮胎系列</td></tr>
<tr><td colspan="2">规格代号</td><td>1326</td><td>1527</td></tr>
<tr><td rowspan="5">适用轮胎参数</td><td>轮辋名义直径/in</td><td>13～26</td><td>15～27</td></tr>
<tr><td>外直径/mm</td><td>500～1 000</td><td>700～1 400</td></tr>
<tr><td>总宽度/mm</td><td>≤350</td><td>≤500</td></tr>
<tr><td>重量/kg</td><td>≤35</td><td>≤120</td></tr>
<tr><td>着合宽度/mm</td><td>≤75</td><td>≤90</td></tr>
<tr><td colspan="2">探测器分辨率/mm</td><td>0.4</td><td>0.8</td></tr>
<tr><td colspan="2">最高管电压/kV</td><td>100</td><td>100</td></tr>
<tr><td colspan="2">射线管功率/W</td><td>300</td><td>480</td></tr>
<tr><td colspan="2">平均单胎检测效率/s</td><td>≤30</td><td>20～35</td></tr>
</table>

附　录　C
(规范性附录)
检 测 方 法

C.1　基本要求检测

C.1.1　检测前准备：检验机通电 2 min 后进行各种检测。

C.1.2　使用符合 GB/T 23903 规定的分辨力测试计，粘贴在轮胎胎侧上，使线对栅条与胎体帘线垂直。采集轮胎 X 射线图像，在显示屏上观察轮胎 X 射线图像，观察到测试计上栅条刚好分离的一组线对，则该组线对所对应的分辨率即为检验机的图像分辨率。

C.1.3　通过目测，检查检验机冷却系统是否正常、有无泄漏。

C.1.4　通过目测，检查检验机运动部件的动作是否平稳，是否有卡滞、爬行及过冲现象。

C.2　目测及实际操作，对 5.2 的各项功能要求进行检测。

C.3　精度要求检测

C.3.1　用卷尺对 5.3.1 进行检测，其检测见图 C.1。具体操作：先将轮胎驱动装置安装好后安装在铅房底面上并达到图样要求，同时移动滑动架与扩子口支架，使扩胎杆移动到轮胎检测位多次，以铅房前门内侧表面为基准测量导杆端部与铅房前门内侧表面之间的距离，测得的最大值和最小值的差值作为轮胎驱动系统定位精度。

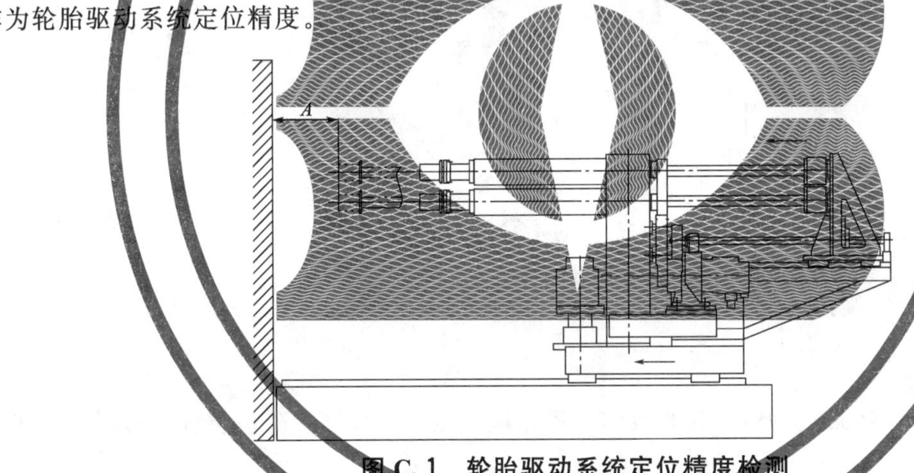

图 C.1　轮胎驱动系统定位精度检测

C.3.2　用卷尺对 5.3.2 进行检测，其检测见图 C.2。具体操作：先将 X 射线管装置安装好后安装在铅房内壁上并达到图样要求，把导杆收拢到一固定位置，用一平板水平放置于上侧导杆体上表面作为测量基准，移动升降架到轮胎检测位置多次，测得的最大值和最小值的差值作为 X 射线管驱动系统定位精度。

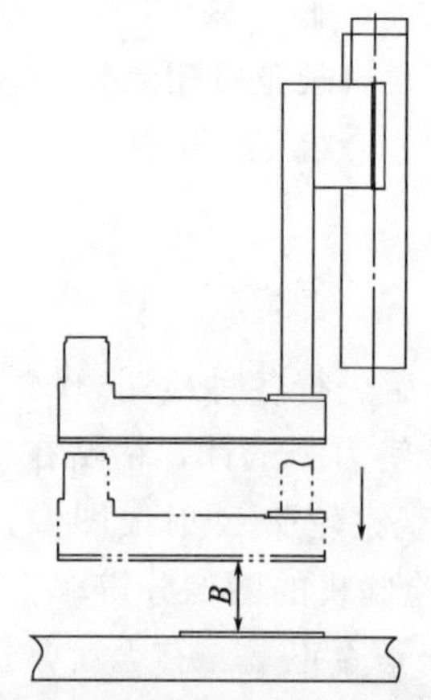

图 C.2 X射线管驱动系统定位精度检测

C.3.3 用卷尺对5.3.3进行检测，其检测见图C.3。具体操作：先将探测器驱动装置安装好后安装在铅房内壁上并达到图样要求，把导杆收拢到一固定位置，用一平板水平放置于上侧导杆体上表面作为测量基准，移动升降架到轮胎检测位置多次，测得的最大值和最小值的差值作为探测器驱动系统定位精度。

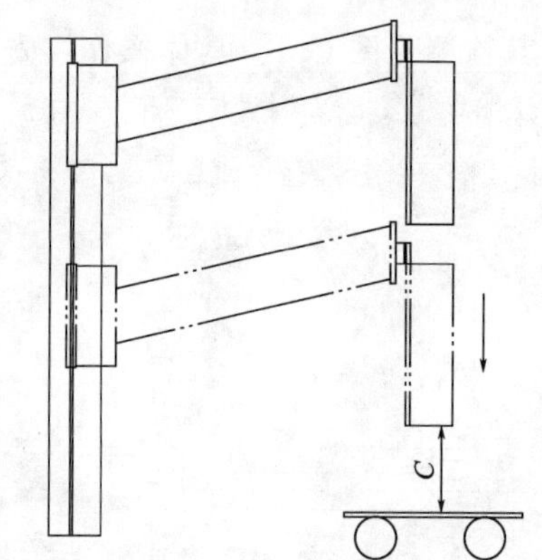

图 C.3 探测器驱动系统定位精度检测

C.4 安全和环保要求

C.4.1 按GB/T 8196—2003的规定，目测及实际操作对5.4.1进行联锁防护装置的检测，验证防护及急停的可靠性。

C.4.2 按GB 5226.1—2008中18.2.2试验1的规定，对5.4.3进行保护联结电路连续性试验。

C.4.3 按GB 5226.1—2008中18.3的规定，对5.4.4进行绝缘电阻试验。

C.4.4 按GB 5226.1—2008中18.4的规定，对5.4.5进行耐压试验。

C.4.5 按GB 4208—2008中的规定，对5.4.6进行IP54级试验。

C.4.6 按HG/T 2108规定的方法，对5.4.7进行噪声检测。

C.4.7 在检验机X射线装置的额定工作条件下，使用符合GBZ 117—2006中5.1规定的监测仪器，按照GBZ 117—2006中5.4规定的监测方法对X射线屏蔽铅房周围进行辐射水平检测。

C.5 涂漆和外观要求

C.5.1 按HG/T 3228—2001中3.4.6规定的方法，对5.5.1进行涂漆质量检测。

C.5.2 按HG/T 3120规定的方法，对5.5.2进行外观质量检测。

ICS 71.120；83.200
G 95
备案号：49648—2015

HG

中华人民共和国化工行业标准

HG/T 4801—2015

环形胎面硫化机

Ring tread curing press

2015-05-11 发布　　2015-10-01 实施

中华人民共和国工业和信息化部　发布

前　言

本标准按照GB/T 1.1—2009给出的规则起草。

本标准由中国石油和化学工业联合会提出。

本标准由全国橡胶塑料机械标准化技术委员会橡胶机械分技术委员会（SAC/TC71/SC1）归口。

本标准起草单位：软控股份有限公司、福建建阳龙翔科技开发有限公司、北京橡胶工业研究设计院。

本标准主要起草人：蓝宁、张希望、陈玉泉、何成。

环形胎面硫化机

1 范围

本标准规定了环形胎面硫化机（以下简称硫化机）的术语和定义，型号及基本参数，要求，试验，检验规则，标志、包装、运输和贮存。

本标准适用于硫化环形胎面的芯模胀缩式硫化机。

2 规范性引用文件

下列文件对于本文件的应用是必不可少的。凡是注日期的引用文件，仅注日期的版本适用于本文件。凡是不注日期的引用文件，其最新版本（包括所有的修改单）适用于本文件。

GB/T 191 包装储运图示标志

GB 4208—2008 外壳防护等级（IP代码）

GB 5226.1—2008 机械电气安全 机械电气设备 第1部分：通用技术条件

GB/T 6388 运输包装收发货标志

GB/T 7932—2003 气动系统通用技术条件

GB/T 12783 橡胶塑料机械产品型号编制方法

GB/T 13306 标牌

GB/T 13384 机电产品包装通用技术条件

GB/T 24343 工业机械电气设备 绝缘电阻试验规范

GB/T 24344 工业机械电气设备 耐压试验规范

HG/T 2108 橡胶机械噪声声压级的测定

HG/T 3120 橡胶塑料机械外观通用技术条件

HG/T 3228—2001 橡胶塑料机械涂漆通用技术条件

3 术语和定义

下列术语和定义适用于本文件。

3.1

环形胎面硫化机 ring tread curing press

对环形胎面半成品进行硫化的机械。

3.2

芯模 centre mold

内模为中心膨胀式的模具。

3.3

外模 outer mold

将胎面半成品硫化成环形胎面的外部带花纹块的模具。

4 型号及基本参数

4.1 型号

硫化机的型号编制方法应符合 GB/T 12783 的规定，型号组成及定义参见附录A。

4.2 基本参数

硫化机的基本参数参见附录B。

5 要求

5.1 基本要求

5.1.1 机械系统空负荷运转和负荷运转时，不应有异常震动，运动部件的动作应平稳、顺畅，不应有卡滞、爬行及过冲现象。

5.1.2 气动系统应符合GB/T 7932—2003的规定。

5.1.3 电气系统应按成型工艺顺序协调动作，保证程序准确、工作可靠。

5.1.4 气动及润滑系统管道和阀门接头应连接可靠。各管路系统干净、畅通。

5.2 功能要求

5.2.1 硫化机应具有手控及自控系统，能够完成装胎面、定型、硫化、卸胎面等工艺过程。

5.2.2 硫化机各运动部件的动作应平稳、灵活、准确可靠，不应有爬行和卡阻现象。

5.2.3 硫化机应具有显示合模力的装置。

5.2.4 硫化机合模力应不小于规定值的98％。

5.2.5 硫化机电气系统导线连接点应标明易于识别的接线号。

5.2.6 硫化机管路系统应清洁、畅通，不应有堵塞及渗漏现象。

5.2.7 硫化机气室应进行不低于工作压力1.5倍的耐压试验，保压不低于30 min，不应渗漏。

5.2.8 硫化机应进行温度均匀性试验，当温度达到稳定状态时芯模及外模各表面的温差不大于4 ℃。

5.2.9 硫化机应具有显示及记录芯模和外模温度功能。

5.2.10 硫化机应具有自动调节芯模和外模温度的装置。

5.2.11 硫化机正常工作时油箱内液压油的温度应不大于60 ℃。

5.2.12 硫化机应具有芯模胀缩自动补压装置，其保压压力不低于工作压力的98％。

5.3 精度要求

硫化机合模后的轴向间隙和径向间隙应符合表1的规定。

表1 硫化机精度参数

单位为毫米

模具的胎面外径	轴向间隙	径向间隙
900～950	≤0.5	≤1.0
950～1 000	≤0.5	≤1.0
1 000～1 050	≤0.5	≤1.0
1 050～1 100	≤0.5	≤1.0

5.4 安全和环保要求

5.4.1 硫化机在开合模试验及运转时，噪声声压级应不大于80 dB（A）。

5.4.2 硫化机动力电路导线和保护接地电路之间的绝缘电阻应符合GB 5226.1—2008中18.3的规定。

5.4.3 硫化机电气设备的所有电路导线和保护接地之间耐压应符合GB 5226.1—2008中18.4的规定。

5.4.4 电气设备的外壳防护等级应符合GB 4208—2008规定的IP54级要求。

5.4.5 硫化机控制柜操作面板应具有安全可靠的急停按钮，并安装在易于操作的明显位置。

5.4.6 硫化机各限位开关限位准确、灵敏、可靠。

5.4.7 硫化机应具有开模后防止外模滑落的安全装置。

5.4.8 硫化机应具有模具内压力不大于 0.02 MPa 时方可开启模型的安全装置。

5.4.9 硫化机装胎面、卸胎面、开模、合模及硫化过程应采用互锁/联锁电路（或程序），以确保动作安全、协调。

5.4.10 硫化机应具有防止装胎面装置和卸胎面装置滑落的安全装置。硫化机外模连接架与外模、主机油缸与模具底座之间应装配隔热板。硫化时，油缸外表面平均温度与环境温度之差应不大于 25 ℃，外模连接架外表面平均温度与环境温度之差应不大于 40 ℃。

5.4.11 硫化机应具有外模在合模过程中停止或反向运行的紧急停车装置。

5.4.12 硫化机液压站突然断电后外模的惯性下滑量应不大于 30 mm。

5.5 涂漆和外观要求

5.5.1 硫化机涂漆质量应符合 HG/T 3228—2001 中 3.4.6 的规定。

5.5.2 硫化机外观质量应符合 HG/T 3120 的规定。

6 试验

6.1 检测方法

检测方法见附录 C。

6.2 空负荷运转前试验

空负荷运转前，对 5.1.2、5.1.4、5.2.3、5.2.5、5.2.7、5.2.9、5.3、5.4.2～5.4.4 项目进行试验和检测，均应符合要求。

6.3 空负荷运转试验

6.3.1 空负荷运转试验应在整机装配完成并符合 6.2 的要求后方可进行。

6.3.2 空负荷运转试验过程中对 5.1.1、5.1.3、5.2.1、5.2.2、5.2.6、5.4.1、5.4.5～5.4.7、5.4.9、5.4.11、5.4.12 项目进行试验或检测，均应符合要求。

6.4 负荷运转试验

6.4.1 空负荷运转试验合格后方可进行负荷运转试验。负荷运转试验分为冷模合模试验和热模硫化试验。

6.4.2 冷模合模试验

冷模合模试验对 5.1.1、5.2.4、5.2.12、5.4.1 项目进行试验或检测，均应符合要求。

6.4.3 热模硫化试验

冷模合模试验合格后方可进行热模硫化试验，可在用户现场进行。热模硫化试验连续运行不少于 72 h，应对 5.1.4、5.2.1、5.2.4、5.2.8、5.2.10～5.2.12、5.4.8、5.4.10 项目进行试验或检测，均应符合要求。

7 检验规则

7.1 检验分类

硫化机的检验分出厂检验和型式检验。

7.2 出厂检验

每台硫化机出厂前应按 6.2～6.4、8.1、8.2 进行检查，经制造厂质量检验部门检验合格并签发合格证后方可出厂。

7.3 型式检验

7.3.1 有下列情况之一时，应进行型式检验：

a) 新产品或老产品转厂时；

b) 正式生产后，如结构、材料、工艺有较大变化，可能影响产品性能时；

c) 产品停产两年后恢复生产时；

d) 出厂检验结果与上次型式检验结果有较大差异时；

e) 正常生产时，每 3 年至少抽检 1 台；

f) 国家质量监督机构提出进行型式检验要求时。

7.3.2 型式检验应按本标准中的各项规定进行检验。

7.3.3 型式检验项目全部符合本标准规定，则判为合格。型式检验每次抽检 1 台，若有不合格项时，应再抽 2 台进行检验，若仍有不合格项时，则应逐台进行检验。

8 标志、包装、运输和贮存

8.1 标志

每台硫化机应在明显位置固定产品标牌。标牌形式、尺寸和技术要求应符合 GB/T 13306 的规定。产品标牌应有下列内容：

a) 产品名称；

b) 产品型号；

c) 产品编号；

d) 执行标准号；

e) 基本参数；

f) 外形尺寸；

g) 重量；

h) 制造单位名称和商标；

i) 制造日期。

8.2 包装

8.2.1 产品包装应符合 GB/T 13384 的规定。包装箱储运图示标志应符合 GB/T 191 的规定。包装运输应符合运输部门的有关规定。

包装箱上应有下列内容：

——产品制造单位名称；

——产品名称及型号；

——产品编号；

——外形尺寸；

——毛重；

——制造日期。

8.2.2 在产品包装箱的明显位置应注明“随机文件在此箱”内容，随机文件应统一装在防水的塑料袋内。随机文件应包括下列内容：

——产品合格证；

——使用说明书；

——装箱单；

——备件清单；

——安装图。

8.3 运输

硫化机运输应符合 GB/T 191 和 GB/T 6388 的有关规定。

8.4 贮存

硫化机应贮存在干燥、通风处，避免受潮腐蚀，不能与有腐蚀性的气（物）体一起存放，露天存放应有防雨措施。

附　录　A
(资料性附录)
型号组成及定义

A.1　型号组成及定义

A.1.1　硫化机型号由产品代号、规格参数（代号）和设计代号三部分组成，产品型号结构见图A.1。

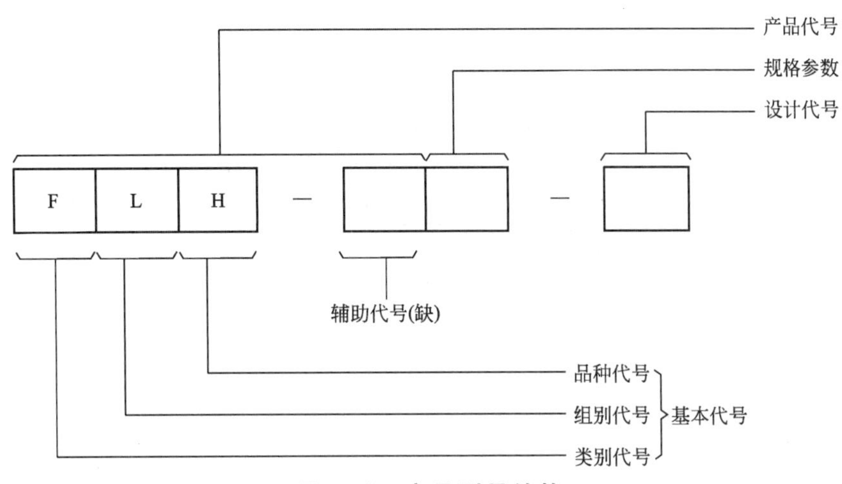

图 A.1　产品型号结构

A.1.2　产品代号由基本代号和辅助代号组成。

A.1.3　基本代号由类别代号、组别代号和品种代号组成，用大写汉语拼音字母表示。其定义：类别代号F代表轮胎翻修机械（翻F）；组别代号L表示硫化机械（硫L）；品种代号H表示环形（环H）。

A.1.4　辅助代号缺项可不标注。

A.1.5　规格参数：标注硫化机硫化的胎面外直径，用毫米（mm）表示。

A.1.6　设计代号在必要时使用，应符合GB/T 12783—2000中3.5的规定。

A.2　型号标记示例

胎面外直径为1050 mm的环形胎面硫化机可标记为：FLH-1050。

附 录 B
(资料性附录)
硫化机基本参数

硫化机的基本参数见表 B.1。

表 B.1 硫化机基本参数

规 格	模具的胎面外径/mm	合模力(额定)/kN	蒸汽压力/MPa	适用环形胎面尺寸范围/mm	
				直径	宽度
950	950	1 800	0.45～0.60	900～950	≤250
1000	1 000	1 900	0.45～0.60	950～1 000	≤260
1050	1 050	2 000	0.45～0.60	1 000～1 050	≤260
1100	1 100	2 200	0.45～0.60	1 050～1 100	≤280

附 录 C
(规范性附录)
检测方法

C.1 基本要求检测

C.1.1 目测及实际操作，对5.1整机要求进行检测。

a) 目测硫化机，应具有手控及自控系统，能够完成装胎面、定型、硫化、卸胎面等工艺过程。

b) 目测及实际操作，检查硫化机各运动部件的动作应平稳、灵活、准确可靠，不应有爬行和卡阻现象。

c) 目测硫化机，应具有显示合模力的装置。

d) 通过负荷试车检查，合模过程中直接读出合模油缸压力指示值，合模力应不小于规定值的98％。

e) 目测硫化机电气系统导线连接点，应标明易于识别的接线号。

f) 目测硫化机管路系统，应清洁、畅通，不应有堵塞及渗漏现象。

g) 通过空负荷试车，硫化机气室、油缸等应进行不低于工作压力1.5倍的耐压试验，保压时间不低于30 min，目测不应有渗漏现象。

h) 通过空负荷试车、触摸屏操作检查，硫化机应具有显示及记录芯模和外模温度功能。

i) 通过负荷试车、触摸屏操作检查，硫化机应具有自动调节芯模和外模温度的装置。

j) 通过负荷试车，目测读出油箱内液压油的温度，应不大于60℃。

k) 通过负荷试车，检查芯模胀缩油缸压力表压力值，其保压压力不低于工作压力的98％。

l) 通过负荷试车，当温度达到稳定状态时，按照表C.1方法检测芯模和外模各表面的温度波动值。

表C.1 芯模和外模温差检测

序号	检测项目	检测方法	检测示意图	检测工具
1	芯模和外模温差	当模具温度达到稳定状态时，用数字式点温计分别测量：按照上图示外模上4个圆周方向均布测温点的温度；按照下图示4个芯模块测温点的温度。其最高温度与最低温度之差即为该温差。	h h/2	数字式点温计

C.1.2 气动系统的检验。

a) 出厂检验时：应按GB/T 7932—2003中14.3规定的方法检验流体的泄漏。

b) 型式检验时：应按GB/T 7932—2003第14章的规定进行试运行。

C.2 精度检测

精度按表C.2的规定进行检测。

表 C.2 精度检测

序号	检测项目	检测方法	检测示意图	检测工具
1	轴向间隙	当芯模处于收缩状态时，在外模上沿 *a* 处和外模下沿 *b* 处按照图示粗实线位置分别布置 8 段铅丝(等间距，上沿处长度约为 60 mm 且在 20 mm 和 40 mm 处弯曲成[形，下沿处长度约为 40 mm 且在 20 mm 处弯曲成 ∟ 形)，合模，当合模力达到 80 % 总压力时开模。测量各铅丝的厚度，轴向方向其最大厚度与最小厚度之差即为径向间隙，径向方向其最大厚度与最小厚度之差即为轴向间隙。	a b	铅丝 千分尺
2	径向间隙			

C.3 安全要求检测

C.3.1 按 HG/T 2108 规定的方法，对 5.4.1 进行噪声检测。

C.3.2 按 GB/T 24343 的规定，对 5.4.2 进行绝缘电阻试验。

C.3.3 按 GB/T 24344 的规定，对 5.4.3 进行电路导线和保护接地之间耐压试验。

C.3.4 按 GB 4208—2008 中规定的方法，对 5.4.4 电气设备的外壳防护等级进行 IP54 级试验。

C.3.5 目测检查 5.4.5～5.4.7 、5.4.11 的急停按钮、限位开关、防止外膜滑落的安全装置及紧急停车装置。

C.3.6 目测及实际操作，对 5.4.8～5.4.10、5.4.12 的安全装置、互锁/联锁电路、硫化时的温差、断电时外模的惯性下滑量进行检验。

C.4 涂漆和外观要求检测

C.4.1 按 HG/T 3228—2001 规定的方法，对 5.5.1 进行涂漆质量检测。

C.4.2 按 HG/T 3120 规定的方法，对 5.5.2 进行外观质量检测。

ICS 71.120；83.200
G 95
备案号：49649—2015

HG

中华人民共和国化工行业标准

HG/T 4802—2015

环形胎面贴合机

Ring tread building machine

2015-05-11 发布　　2015-10-01 实施

中华人民共和国工业和信息化部　发布

前　言

本标准按照 GB/T 1.1—2009 给出的规则起草。

本标准由中国石油和化学工业联合会提出。

本标准由全国橡胶塑料机械标准化技术委员会橡胶机械分技术委员会（SAC/TC71/SC1）归口。

本标准起草单位：软控股份有限公司、福建建阳龙翔科技开发有限公司、北京橡胶工业研究设计院。

本标准主要起草人：张希望、刘永禄、陈玉泉、何成。

环形胎面贴合机

1 范围

本标准规定了环形胎面贴合机（以下简称贴合机）的术语和定义，型号及基本参数，要求，试验，检验规则，标志、包装、运输和贮存。

本标准适用于翻新轮胎贴合环形胎面的贴合机。

2 规范性引用文件

下列文件对于本文件的应用是必不可少的。凡是注日期的引用文件，仅注日期的版本适用于本文件。凡是不注日期的引用文件，其最新版本（包括所有的修改单）适用于本文件。

GB/T 191 包装储运图示标志

GB 2894 安全标志及其使用导则

GB 4208—2008 外壳防护等级（IP 代码）

GB 5226.1—2008 机械电气安全 机械电气设备 第1部分：通用技术条件

GB/T 6388 运输包装收发货标志

GB/T 7932—2003 气动系统通用技术条件

GB/T 12783 橡胶塑料机械产品型号编制方法

GB/T 13306 标牌

GB/T 13384 机电产品包装通用技术条件

GB/T 24343 工业机械电气设备 绝缘电阻试验规范

GB/T 24344 工业机械电气设备 耐压试验规范

HG/T 2108 橡胶机械噪声声压级的测定

HG/T 3120 橡胶塑料机械外观通用技术条件

HG/T 3228—2001 橡胶塑料机械涂漆通用技术条件

3 术语和定义

下列术语和定义适用于本文件。

3.1

环形胎面贴合机 ring tread building machine

将环形胎面套装在打磨后的轮胎胎体上的机械。

环形胎面贴合机各部分组成见图1。

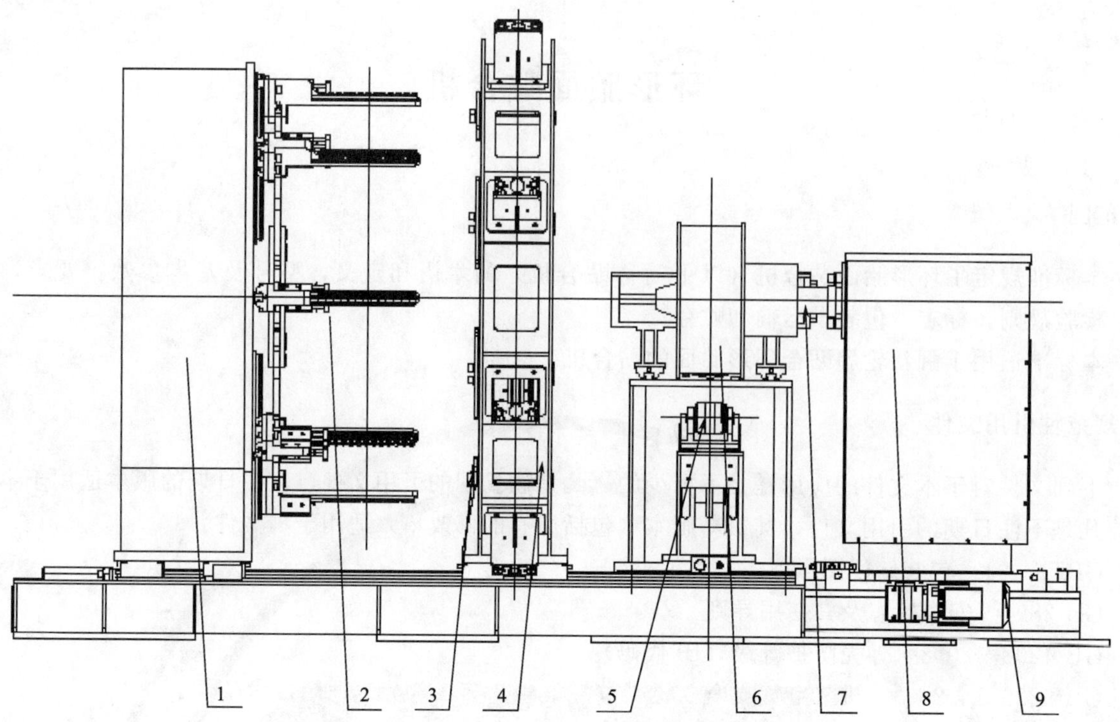

说明：

1——膨胀环；

2——支撑杆；

3——夹持块；

4——夹持环；

5——压合装置；

6——膨胀鼓；

7——主轴；

8——主机；

9——底座。

图 1　环形胎面贴合机

4　型号及基本参数

4.1　型号

贴合机的型号编制方法应符合 GB/T 12783 的规定，型号组成及定义参见附录 A。

4.2　基本参数

贴合机的基本参数参见附录 B。

5　要求

5.1　基本要求

5.1.1　机械系统空负荷运转和负荷运转时，不应有异常震动，运动部件的动作应平稳、顺畅，不应有卡滞、爬行及过冲现象。

5.1.2　气动系统应符合 GB/T 7932—2003 第 4 章的规定。

5.1.3　电气系统应按成型工艺顺序协调动作，保证程序准确、工作可靠。

5.1.4　气动及润滑系统管道和阀门接头应连接可靠。各管路系统干净、畅通。

5.2 功能要求

5.2.1 贴合机应具有手控及自控系统，能够完成装胎、定位、粘贴、压合、卸胎等工艺过程。

5.2.2 贴合机各运动部件的动作应平稳、灵活、准确可靠，不应有爬行和卡阻现象。

5.2.3 贴合机应设有气压显示和调整装置，其工作应灵敏可靠。

5.2.4 贴合机各管路系统敷设应安全、牢固、整齐、清洁、畅通，无阻塞及渗漏现象。

5.2.5 贴合机应具有根据不同规格轮胎型号贴合参数自动读取、调用功能。

5.2.6 贴合机应采用具有联锁装置的自动控制系统，按贴合工艺顺序协调动作，保证程序准确、工作可靠。

5.2.7 贴合机应具有故障实时报警、故障自诊断、故障信息提示功能。

5.2.8 贴合机应具有人机对话界面。

5.2.9 贴合机应具有轮胎规格参数的输入、编辑和调用功能。

5.2.10 贴合机应具有各功能部件根据手动操作需要独立动作功能。

5.2.11 贴合机根据预设定参数可具有自动调节功能。

5.3 精度要求

贴合机的主要精度应符合表1的规定。

表1 贴合机主要精度参数

单位为毫米

序号	项目名称	要求
1	膨胀鼓主轴连接盘径向圆跳动	≤0.20
2	膨胀鼓主轴连接盘端面圆跳动	≤0.20
3	膨胀鼓中心与压合装置中心对中精度	≤1.00
4	膨胀鼓中心与膨胀环定位胎面中心对中精度	≤1.00
5	膨胀鼓中心与夹持环均布夹持块中心同轴度，ϕ	≤1.00

5.4 安全和环保要求

5.4.1 贴合机运转时，噪声声压级应不大于85 dB(A)。

5.4.2 贴合机胎腔内充气气路应设有可靠的限压和超压泄放装置。

5.4.3 贴合机应具有安全可靠的急停装置，并安装在易于操作的明显位置。

5.4.4 贴合机电气控制系统应具有良好的防护措施，其外壳防护等级应符合GB 4208—2008规定的IP54级要求。

5.4.5 贴合机动力电路导线和保护接地电路之间的绝缘电阻应符合GB 5226.1—2008中18.3的规定。

5.4.6 贴合机电气设备的所有电路导线和保护接地电路之间耐压应符合GB 5226.1—2008中18.4的规定。

5.4.7 贴合机应有各种安全警示标志，标志的样式和使用应符合GB 2894的规定。

5.5 涂漆和外观要求

5.5.1 贴合机涂漆质量应符合HG/T 3228—2001中3.4.6的规定。

5.5.2 贴合机外观质量应符合HG/T 3120的规定。

6 试验

6.1 检测方法

检测方法见附录C。

6.2 空负荷运转前试验

空负荷运转前，对5.1.2、5.1.4、5.3、5.4.2～5.4.7项目进行试验和检测，均应符合要求。

6.3 空负荷运转试验

6.3.1 空负荷运转试验应在整机装配完成并符合6.2的要求后方可进行。

6.3.2 空负荷运转试验过程中对5.1.1、5.1.3、5.2.2～5.2.4、5.4.1、5.4.7项目进行试验或检测，均应符合要求。

6.4 负荷运转试验

6.4.1 空负荷运转试验合格后进行负荷运转试验，连续负荷运转时间不少于30 min。

6.4.2 负荷试验过程中对5.1.1、5.1.3、5.2.1～5.2.11、5.4.1、5.4.2、5.4.7项目进行试验或检测，均应符合要求。

7 检验规则

7.1 检验分类

贴合机检验分出厂检验和型式检验。

7.2 出厂检验

每台贴合机出厂检验应按6.1～6.4规定的项目进行检查，经制造厂质量检验部门按本标准的规定检验合格后方可出厂，出厂时应附有产品质量合格证书。

7.3 型式检验

7.3.1 有下列情况之一时，应进行型式检验：

a） 新产品或老产品转厂时；

b） 正式生产后，如结构、材料、工艺有较大变化，可能影响产品性能时；

c） 产品停产两年后恢复生产时；

d） 出厂检验结果与上次型式检验结果有较大差异时；

e） 正常生产时，每3年至少抽检1台；

f） 国家质量监督机构提出进行型式检验要求时。

7.3.2 型式检验应按本标准中的各项规定进行检验。

7.3.3 型式检验项目全部符合本标准规定，则判为合格。型式检验每次抽检1台，若有不合格项时，应再抽2台进行检验，若仍有不合格项时，则应逐台进行检验。

8 标志、包装、运输和贮存

8.1 标志

每台贴合机应在明显位置固定产品标牌。标牌形式、尺寸和技术要求应符合GB/T 13306的规定。产品标牌应有下列内容：

a） 产品名称；

b） 产品型号；

c） 产品编号；

d） 执行标准号；

e） 基本参数；

f） 外形尺寸；

g） 重量；

h） 制造单位名称和商标；

i） 制造日期。

8.2 包装

8.2.1 产品包装应符合 GB/T 13384 的规定。包装储运图示标志应符合 GB/T 191 的规定。包装运输应符合运输部门的有关规定。

包装箱上应有下列内容：

——产品制造单位名称；

——产品名称及型号；

——产品编号；

——外形尺寸；

——毛重；

——制造日期。

8.2.2 在产品包装箱的明显位置应注明“随机文件在此箱”内容，随机文件应统一装在防水的塑料袋内。随机文件应包括下列内容：

——产品合格证；

——使用说明书；

——装箱单；

——备件清单；

——安装图。

8.3 运输

贴合机运输应符合 GB/T 191 和 GB/T 6388 的有关规定。

8.4 贮存

贴合机应贮存在干燥、通风处，避免受潮腐蚀，不能与有腐蚀性的气（物）体一起存放，露天存放应有防雨措施。

附 录 A
（资料性附录）
型号组成及定义

A.1 型号组成及定义

A.1.1 贴合机型号由产品代号、规格参数（代号）和设计代号三部分组成，产品型号结构见图A.1。

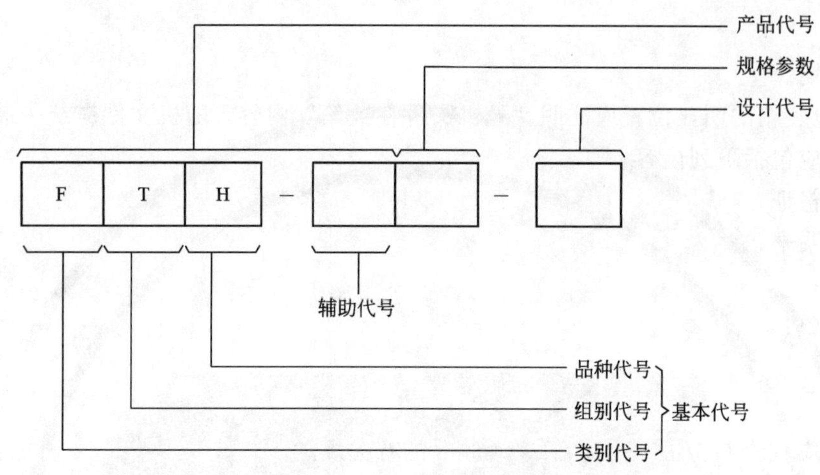

图A.1 产品型号结构

A.1.2 产品代号由基本代号和辅助代号组成。

A.1.3 基本代号由类别代号、组别代号和品种代号组成，用大写汉语拼音字母表示。其定义：类别代号F代表轮胎翻修机械（翻F）；组别代号T表示贴合机械（贴T）；品种代号H表示环形（环H）。

A.1.4 辅助代号定义：n代表鼓的数量，G表示轮胎装夹为膨胀鼓式（鼓G）。当为单鼓时，可省略辅助代号，缺项可不标注。

A.1.5 规格参数：标注适用于环形胎面的外直径范围，用毫米（mm）表示，取整数，中间用“/”隔开。

A.1.6 设计代号在必要时使用，应符合GB/T 12783—2000中3.5的规定。

A.2 型号标记示例

贴合外直径为900 mm～1110 mm环形胎面的双膨胀鼓式环形胎面贴合机型号标记：FTH-2G900/1110。

附 录 B
(资料性附录)
贴合机基本参数

贴合机的基本参数见表 B.1。

表 B.1 贴合机基本参数

项 目 名 称	基 本 参 数
适用轮胎外径/mm	900～1 110
支撑杆膨胀范围/mm	800～1 300
适用轮胎胎面宽/mm	160～280
适用轮胎胎面厚/mm	10～25
主轴转速/(r/min)	0～36
膨胀环重复定位精度/mm	≤1
工作周期/min	3～5
轮胎充气压力/MPa	0.15～0.20
压辊汽缸压力/MPa	0.20～0.40

附 录 C
(规范性附录)
检 测 方 法

C.1 基本要求检测

C.1.1 目测及实际操作，对5.2功能要求进行检测。

a) 目测应具有手控及自控系统，能够完成装胎、定位、粘贴、压合、卸胎等工艺过程。

b) 目测及实际操作，各运动部件的动作应平稳、灵活、准确可靠，不应有爬行和卡阻现象。

c) 目测贴合机，应设有气压显示和调整装置，通过负荷试车验证其工作应灵敏、可靠。

d) 目测贴合机各管路系统，敷设应安全、牢固、整齐、清洁、畅通，无阻塞及渗漏现象。

e) 通过触摸屏程序及操作检查，贴合机应具有根据不同规格轮胎型号贴合参数自动读取、调用功能。

f) 通过空负荷试车检查，应采用具有联锁装置的自动控制系统，按成型工艺顺序协调动作，保证程序准确、工作可靠。

g) 通过触摸屏程序及操作检查，应具有故障实时报警、故障自诊断、故障信息提示功能。

h) 通过触摸屏操作检查，应具有人机对话界面。

i) 通过触摸屏操作检查，应具有轮胎规格参数的输入、编辑和调用功能。

j) 通过空负荷试车、触摸屏操作检查，应具有各功能部件根据手动操作需要独立动作功能。

k) 通过空负荷试车、触摸屏操作检查，可具有根据预设定参数调用机械、电气等部分自动调节功能。

C.2 精度要求检测

表C.1规定了贴合机精度检测方法。

表 C.1 贴合机精度检测方法

序号	检测项目	检测方法	检测示意图	检测工具
1	膨胀鼓主轴连接盘径向圆跳动	将百分表测头触及主轴连接盘径向面，转动主轴，测得的最大值和最小值之差即为主轴连接盘径向圆跳动公差值。		百分表
2	膨胀鼓主轴连接盘端面圆跳动	将百分表测头触及主轴连接盘端面，转动主轴，测得的最大值和最小值之差即为主轴连接盘端面圆跳动公差值。		百分表
3	膨胀鼓中心与压合装置中心对中精度	测量双压轮中心面与膨胀鼓中心的对中精度公差。		游标卡尺（精度：0.02 mm）、钢板尺、直角尺
4	膨胀鼓中心与膨胀环定位胎面中心对中精度	根据胎面宽度计算出膨胀环定位胎面中心，测量膨胀环定位胎面中心与膨胀鼓中心的对中精度公差。	膨胀环定位胎面中心 膨胀鼓中心	游标卡尺（精度：0.02 mm）、钢板尺、直角尺
5	膨胀鼓中心与夹持环均布夹持块中心同轴度	分别测量上、下、左、右夹持块左端（右端）与膨胀鼓左侧端面（右侧端面）外径间距，同直线方向测得的最大值和最小值之差即为膨胀鼓中心与夹持环均布夹持块中心同轴度。	隐藏夹持环后显示夹持块示意图	游标卡尺（精度：0.02 mm）、钢板尺、直角尺

C.3 安全要求检测

C.3.1 按 HG/T 2108 规定的方法，对 5.4.1 进行噪声检测。

C.3.2 目测检查 5.4.2、5.4.3 的限压装置、急停装置。

C.3.3 按 GB 4208—2008 规定的方法，对 5.4.4 电气设备的外壳防护等级进行 IP54 级试验。

C.3.4 按 GB/T 24343 的规定，对 5.4.5 进行绝缘电阻试验。

C.3.5 按 GB/T 24344 的规定，对 5.4.6 进行电路导线和保护接地之间耐压试验。

C.3.6 按 GB 2894 的规定，对 5.4.7 安全警示标志进行检验。

C.4 涂漆和外观要求检测

C.4.1 按 HG/T 3228—2001 规定的方法，对 5.5.1 进行涂漆质量检测。

C.4.2 按 HG/T 3120 规定的方法，对 5.5.2 进行外观质量检测。

江门市辉隆塑料机械有限公司

HUILONG PLASTICS MACHINERY CO.,LTD

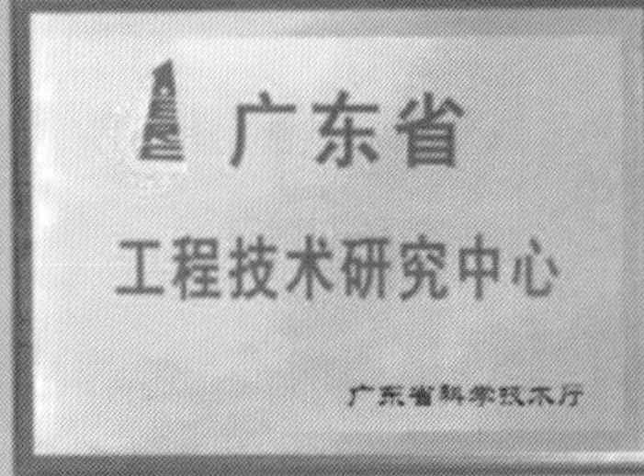

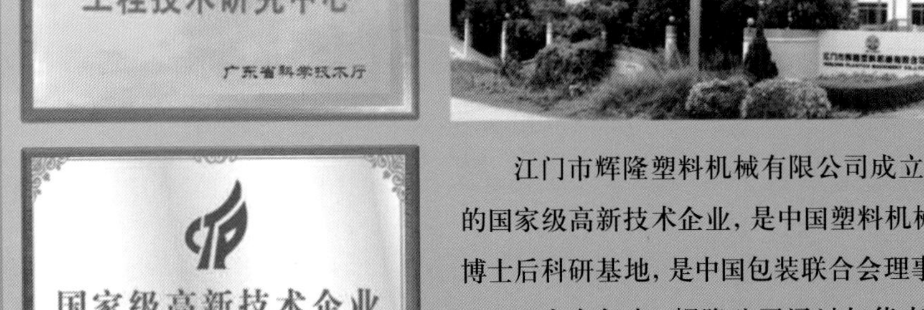

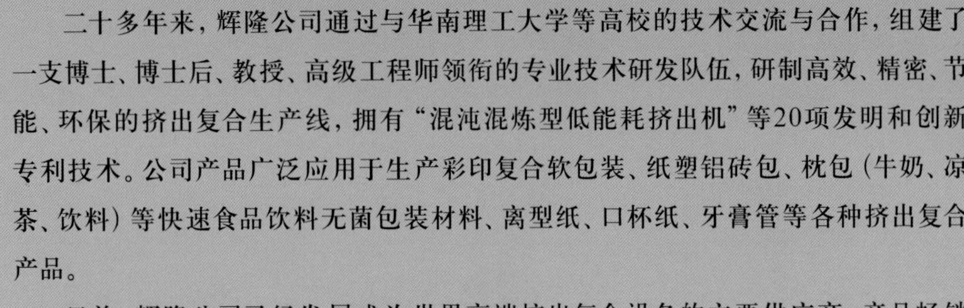

江门市辉隆塑料机械有限公司成立于1996年，是一家专业研制挤出复合生产设备的国家级高新技术企业，是中国塑料机械研究权威华南理工大学博士后科研流动站、博士后科研基地，是中国包装联合会理事单位和广东省包装技术协会常务理事单位。

二十多年来，辉隆公司通过与华南理工大学等高校的技术交流与合作，组建了一支博士、博士后、教授、高级工程师领衔的专业技术研发队伍，研制高效、精密、节能、环保的挤出复合生产线，拥有“混沌混炼型低能耗挤出机”等20项发明和创新专利技术。公司产品广泛应用于生产彩印复合软包装、纸塑铝砖包、枕包（牛奶、凉茶、饮料）等快速食品饮料无菌包装材料、离型纸、口杯纸、牙膏管等各种挤出复合产品。

目前，辉隆公司已经发展成为世界高端挤出复合设备的主要供应商，产品畅销十多个国家和地区，许多著名企业如AMCOR、黄山永新、皇冠胶粘、印度U-FLEX等都在使用辉隆的设备。

地址：广东省江门市高新区德发路12号

电话：+86 750 3866988

传真：+86 750 3866987

Email：hl@huilongpm.com

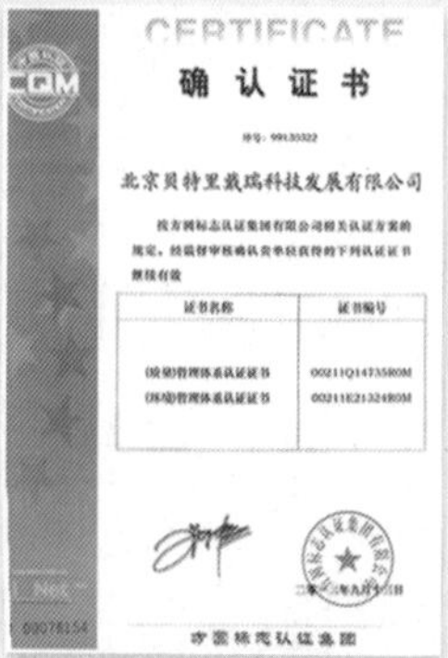